QUÍMICA GERAL
2ª edição
Volume 2

QUÍMICA GERAL
2ª edição
Volume 2

JOHN B. RUSSELL
Professor de Química
Universidade do Estado de Humboldt, Canadá

Cordenação
Maria Elizabeth Brotto

Tradução e Revisão
Márcia Guekezian
Maria Cristina Ricci
Maria Elizabeth Brotto
Maria Olívia A. Mengod
Paulo César Pinheiro
Sonia Braunstein Faldini
(Departamento de Química das Faculdades Oswaldo Cruz)
Wagner José Saldanha
(Departamento de Letras das Faculdades Oswaldo Cruz)

Do original: *General Chemistry*, 2/ed.
© 1992, 1980 McGraw-Hill Inc.
© 1982 McGraw-Hill do Brasil, Inc.
© 1994 Pearson Education do Brasil Ltda.

Todos os direitos reservados. Nenhuma parte desta publicação poderá ser reproduzida ou transmitida de qualquer modo ou por qualquer outro meio, eletrônico ou mecânico, incluindo fotocópia, gravação ou qualquer outro tipo de sistema de armazenamento e transmissão de informação, da Pearson Education do Brasil.

PRODUTORA EDITORIAL: Mônica Franco Jacintho
PRODUTOR GRÁFICO: José Rodrigues
CAPA/LAYOUT: José Roberto Petroni
EDITORAÇÃO E FOTOLITOS EM ALTA RESOLUÇÃO JAG

Dados Internacionais de Catalogação na Publicação (CIP)
(Câmara Brasileira do Livro, SP, Brasil)

Russel, John Blair, 1929-
  Química geral / John B. Russel ; tradução e revisão Márcia Guekezian
...l et. al. 1 – 2. ed. – São Paulo: Pearson Makron Books, 1994.
  Volume 2.
  Bibliografia
  ISBN: 978-85-346-0151-1

94-0697   CDD-540

Índice para catálogo sistemático:
1. Química : Ciências puras 540

Direitos exclusivos cedidos à
Pearson Education do Brasil Ltda.,
uma empresa do grupo Pearson Education
Avenida Santa Marina, 1193
CEP 05036-001 - São Paulo - SP - Brasil
Fone: 11 2178-8609 e 11 2178-8653
pearsonuniversidades@pearson.com

Para Barb e Deb

AGRADECIMENTOS

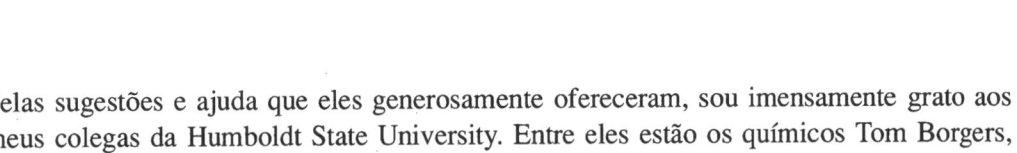

Pelas sugestões e ajuda que eles generosamente ofereceram, sou imensamente grato aos meus colegas da Humboldt State University. Entre eles estão os químicos Tom Borgers, Greg Bowman, Thomas Clark, Clyde Davis, Mervim Hanson, John Hennings, Richard Paselk, M. G. Suryaraman, Robert Wallace, Roger Weiss e William Wood, cuja experiência coletiva proveu-me de uma fonte virtualmente ilimitada. Em várias ocasiões, os físicos Frederick Cranston e Richard Thompson, aos quais estou especialmente grato, mantiveram-me em uma linha de conduta rigorosa.

  Os manuscritos para esta revisão foram lidos em vários estágios pelo seguinte grupo de revisores, cujas cuidadosas avaliações resultaram em numerosos melhoramentos significativos para este livro e para os quais estendo meu profundo agradecimento: Robert Allendoerfer, *State University of New York-Buffalo*; Lester Andrews, *University of Virginia*; Norman C. Baenziger, *University of Iowa*; Graeme Baker, *University of Central Florida*; W. G. Baldwin, *University of Manitoba*; Aaron Bertrand, *Georgia Institute of Technology*; George Bodner, *Purdue University*; Bruce Bursten, *Ohio State University*; Alison Butler, *University of Califonia-Santa Barbara*; Roy Caton, *University of New Mexico*; John Chandler, *University of Massachusetts-Amherst*; Thomas J. Cogdell, *University of Texas-Arlington*; Arnold C. Craig, *Montana State University*; Michael I. Davis, *University of Texas-El Paso*; Norman Eatough, *California Polytechnic State University*, San Louis Obispo; Lawrence Epstein, *University of Pittsburgh*; Phillip E. Fanwick, *University of Kentucky*; Normal Fogel, *University of Oklahoma*; Peter Gold, *Pennsylvania State University;* David Gutman, *Illinois Institute of Technology;* Leland Harris, *University of Arizona*; Alton Hassell, *Baylor University*; Jack W. Hausser, *Duquesne University*; Robert E. Holmes, *West Hill College*; J.

E. House, Jr., *Illinois State University*; Reggie L. Hudson, *Eckerd College*; Wilbert Hutton, *Iowa State University*; Ronald Johnson, *Emory University*; Philip keller, *University of Arizona*; Robert Kerber, *State University of New York-Stony Boock*; Brian Kipling, *University of Calgary*; Mary-Beth Krogh-Jespersen, *Pace University*; Michael Lipschytz, *Purdue University*; Siegfried Lodwig, *Centralia College*; Gary Long, *Virginia Polytechnic Institute and State University*; Chris McGowan, *Tennessee Technological University*; Samuel P. Massie, *United States Naval Academy*; Bruce Mattson, *Creighton University*; J. Charles Morrow, *University of North Carolina-Chapel Hill*; George V. Nazaroff, *Indiana University at South Bend*; Dean P. Nelson, *University of Wisconsin-Eau Claire*; Major Thomas R. Noreen, *United States Military Academy*; W. D. Perry, *Auburn University;* William Perry. *Auburn University*; Helen Place, *Washington State University*; John Ragle, *University of Masschusetts-Amherst*; Warren L. Reynolds, *University of Minnesota*; James W. Richardson, *Purdue University*; Roberto Rittenhouse, *Eastern Michigan University*; B. Ken Robertson, *University of Missouri-Rolla*; Edward Rosenberg, *California State University-Northridge*; John J. Rupp, *St. Lawrence University*; Charles R. R*uss, University of Maine at Orono;* Lawrence Scroggins, *Tulsa Junior College-Metro Campus*; Jodye Selco, *University of Redlands*; Harry Sisler, *University of Florida*; Martin Stabb, *University of Wisconsin*, Yi-Noo Tang, *Texas A & M Wisconsin*; J. C. Thompson, *University of Toronto*; Paul Treichel, *University of Wisconsin*; William W. Trigg, *Arkansas Tech University*; Archie S. Wilson, *University of Minnesota*; George Wittenberg, *Arizona State University*.

A preparação dos manuscritos para este livro foi apoiada imensuravelmente por leitura cuidadosa e trabalho de reconhecimento de caráter óptico, feito por Richard Harper da Redwood Software, e para ele eu transmito meu profundo agradecimento. Eric Snyder, um aluno da Humboldt, ajudou-me na pequena etapa de supervisão das partes do manuscrito, e sou-lhe imensamente grato.

O valor das fontes e suporte fornecidos pelo grupo da McGraw-Hill é inestimável. Desejo expressar um carinho especial por Denise Schanck, Susan Tubb, Kirk Emry, Scott Spoolman, Margery Luhrs, Jo Jones e Kathy Bendo – sem suas sugestões, competência técnica, energia e fé, eu teria desanimado em mais de uma ocasião.

Finalmente, devo agradecer pelas contribuições que meus alunos fizeram para este livro. O processo ensino-aprendizagem é realmente, interação, e eu agradeço por tudo que eles me ensinaram.

John B. Russell
Departamento de Química
Humboldt State University
Arcata, CA 95521

TABELA PERIÓDICA DOS ELEMENTOS

Grupos tradicionais (Estados Unidos) →	IA	IIA	IIIB	IVB	VB	VIB	VIIB	VIIIB			IB	IIB	IIIA	IVA	VA	VIA	VIIA	O
Grupos IUPAC →	1	2	3	4	5	6	7	8	9	10	11	12	13	14	15	16	17	18
Período 1	1 **H** 1,008																	2 **He** 4,003
Período 2	3 **Li** 6,941	4 **Be** 9,012											5 **B** 10,81	6 **C** 12,01	7 **N** 14,01	8 **O** 16,00	9 **F** 19,00	10 **Ne** 20,18
Período 3	11 **Na** 22,99	12 **Mg** 24,30											13 **Al** 26,98	14 **Si** 28,09	15 **P** 30,97	16 **S** 32,07	17 **Cl** 35,45	18 **Ar** 39,95
Período 4	19 **K** 39,10	20 **Ca** 40,08	21 **Sc** 44,96	22 **Ti** 47,88	23 **V** 50,94	24 **Cr** 52,00	25 **Mn** 54,94	26 **Fe** 55,85	27 **Co** 58,93	28 **Ni** 58,69	29 **Cu** 63,55	30 **Zn** 65,39	31 **Ga** 69,72	32 **Ge** 72,61	33 **As** 74,92	34 **Se** 78,96	35 **Br** 79,90	36 **Kr** 83,80
Período 5	37 **Rb** 85,47	38 **Sr** 87,62	39 **Y** 88,91	40 **Zr** 91,22	41 **Nb** 92,91	42 **Mo** 95,94	43 **Tc** [98,91]	44 **Ru** 101,1	45 **Rh** 102,9	46 **Pd** 106,4	47 **Ag** 107,9	48 **Cd** 112,4	49 **In** 114,8	50 **Sn** 118,7	51 **Sb** 121,8	52 **Te** 127,6	53 **I** 126,9	54 **Xe** 131,3
Período 6	55 **Cs** 132,9	56 **Ba** 137,3	71 **Lu** 175,0	72 **Hf** 178,5	73 **Ta** 180,9	74 **W** 183,8	75 **Re** 186,2	76 **Os** 190,1	77 **Ir** 192,2	78 **Pt** 195,1	79 **Au** 197,0	80 **Hg** 200,6	81 **Tl** 204,4	82 **Pb** 207,7	83 **Bi** 209,0	84 **Po** [209,0]	85 **At** [210,0]	86 **Rn** [222,0]
Período 7	87 **Fr** [223,0]	88 **Ra** [226,0]	103 **Lr** [260,1]	104 **Unq** [261,1]	105 **Unp** [262,1]	106 **Unh** [263,1]	107 **Uns** [262,1]	108 **Uno** [265,1]	109 **Une** [266,1]									

57 **La** 138,9	58 **Ce** 140,1	59 **Pr** 140,9	60 **Nd** 144,2	61 **Pm** [144,9]	62 **Sm** 150,4	63 **Eu** 152,0	64 **Gd** 157,2	65 **Tb** 158,9	66 **Dy** 162,5	67 **Ho** 164,9	68 **Er** 167,3	69 **Tm** 168,9	70 **Yb** 173,0
89 **Ac** [227,0]	90 **Th** 232,0	91 **Pa** 231,0	92 **U** 238,0	93 **Np** [237,0]	94 **Pu** [244,1]	95 **Am** [243,1]	96 **Cm** [247,1]	97 **Bk** [247,1]	98 **Cf** [251,1]	99 **Es** [252,1]	100 **Fm** [257,1]	101 **Md** [258,1]	102 **No** [259,1]

Chave:
27
Co
58,93
(Número atômico / Símbolo / Massa atômica)

Os valores entre colchetes são as massas dos isótopos mais estáveis.

OS ELEMENTOS: NOMES, SÍMBOLOS, NÚMEROS ATÔMICOS E MASSAS ATÔMICAS

Elemento	Símbolo	Número atômico	Massa atômica*
Actínio	Ac	89	[227,02](^{227}Ac)
Alumínio	Al	13	26,982
Amerício	Am	95	[243,06](^{243}Am)
Antimônio	Sb	51	121,75
Argônio	Ar	18	39,948
Arsênio	As	33	74,922
Astato	At	85	[209,99](^{210}At)
Bário	Ba	56	137,33
Berílio	Be	4	9,0122
Berquélio	Bk	97	[247,07](^{247}Bk)
Bismuto	Bi	83	208,98
Boro	B	5	10,811
Bromo	Br	35	79,904
Cádmio	Cd	48	112,41
Cálcio	Ca	20	40,078
Califórnio	Cf	98	[251,08](^{251}Cf)
Carbono	C	6	12,011
Cério	Ce	58	140,12
Césio	Cs	55	132,91
Chumbo	Pb	82	207,2
Cloro	Cl	17	35,453
Cobalto	Co	27	58,933
Cobre	Cu	29	63,546

Elemento	Símbolo	Número atômico	Massa atômica*
Criptônio	Kr	36	83,80
Crômio	Cr	24	51,996
Cúrio	Cm	96	[247,07](^{247}Cm)
Disprósio	Dy	66	162,50
Einstênio	Es	99	[252,08](^{252}Es)
Enxofre	S	16	32,066
Érbio	Er	68	167,26
Escândio	Sc	21	44,956
Estanho	Sn	50	118,71
Estrôncio	Sr	38	87,62
Európio	Er	63	151,96
Férmio	Fm	100	[257,10](^{257}Fm)
Ferro	Fe	26	55,847
Flúor	F	9	18,998
Fósforo	P	15	30,974
Frâncio	Fr	87	[223,02](^{223}Fr)
Gadolínio	Gd	64	157,25
Gálio	Ga	31	69,723
Germânio	Ge	32	72,61
Háfnio	Hf	72	178,49
Hélio	He	2	4,0026
Hidrogênio	H	1	1,0079
Hólmio	Ho	67	164,93
Índio	In	49	114,82
Iodo	I	53	126,90
Irídio	Ir	77	192,22
Itérbio	Yb	70	173,04
Ítrio	Y	39	88,906
Lantânio	La	57	138,91
Laurêncio	Lw	103	[260,11](^{260}Lw)

Elemento	Símbolo	Número atômico	Massa atômica*
Lítio	Li	3	6,941
Lutécio	Lu	71	174,97
Magnésio	Mg	12	24,305
Manganês	Mn	25	54,938
Mendelévio	Md	101	[258,10](^{258}Md)
Mercúrio	Hg	80	200,59
Molibdênio	Mo	42	95,94
Neodímio	Nd	60	144,24
Neônio	Ne	10	20,180
Neptúnio	Np	93	[237,05](^{237}Np)
Nióbio	Nb	41	92,906
Níquel	Ni	28	58,69
Nitrogênio	N	7	14,007
Nobélio	No	102	[259,10](^{259}No)
Ósmio	Os	76	190,2
Ouro	Au	79	196,97
Oxigênio	O	8	15,999
Paládio	Pd	46	106,42
Platina	Pt	78	195,08
Plutônio	Pu	94	[244,06](^{244}Pu)
Polônio	Po	84	[208,98](^{209}Po)
Potássio	K	19	39,098
Praseodímio	Pr	59	140,91
Prata	Ag	47	107,87
Promécio	Pm	61	[144,91](^{145}Pm)
Protactínio	Pa	91	231,04
Rádio	Ra	88	[226,03](^{226}Ra)
Radônio	Rn	86	[222,02](^{222}Rn)
Rênio	Re	75	186,21

Elemento	Símbolo	Número atômico	Massa atômica*
Ródio	Rh	45	102,91
Rubídio	Rb	37	85,468
Rutênio	Ru	44	101,07
Samário	Sm	62	150,36
Selênio	Se	34	78,96
Silício	Si	14	28,086
Sódio	Na	11	22,990
Tálio	Tl	81	204,38
Tantálio	Ta	73	180,95
Tecnécio	Tc	43	[97,907](^{98}Tc)
Telúrio	Te	52	127,60
Térbio	Tb	65	158,93
Titânio	Ti	22	47,88
Tório	Th	90	232,04
Túlio	Tm	69	168,93
Tungstênio	W	74	183,85
Unnilennium	Une	109	[266,14](^{266}Une)
Unnilhexium	Unh	106	[263,12](^{263}Unh)
Unniloctium	Uno	108	[265,13](^{265}Uno)
Unnilpentium	Unp	105	[262,11](^{262}Unp)
Unnilquadium	Unp	104	[261,11](^{261}Unp)
Unnilseptium	Uns	107	[262,12](^{262}Uns)
Urânio	U	92	238,03
Vanádio	V	23	50,942
Xenônio	Xe	54	131,29
Zinco	Zn	30	65,39
Zircônio	Zr	40	91,224

* Muitos dos valores representam as massas médias dos átomos dos elementos que se encontram naturalmente na Terra. Para um elemento que não tem característica terrestre (isótopos naturais), a massa atômica é incluída em colchetes e é a massa do elemento do isótopo mais estável. Todos os valores expressos são relativos a exatamente ^{12}C = 12.

CONSTANTES FÍSICAS

Constantes	Símbolo	Valor Numérico
Número de Avogadro	N	$6{,}022137 \times 10^{23}$ mol^{-1}
Constante de Faraday	$\mathcal{F}$	$9{,}648531 \times 10^{4}$ C mol^{-1}
Constante dos gases ideais	R	$8{,}31451$ J K^{-1} mol^{-1} $8{,}31451$ dm^{3} kPa K^{-1} mol^{-1} $58{,}20578 \times 10^{-2}$ L atm K^{-1} mol^{-1}
Constante de Planck	h	$6{,}626076 \times 10^{-34}$ J s
Constante de Rydberg	R	$1{,}097373153 \times 10^{7}$ m^{-1}
Volume molar dos gases ideais nas CNPT	V_m	$22{,}4141$ L mol^{-1}
Carga do elétron	e	$1{,}6021773 \times 10^{-19}$ C
Massa de repouso de elétrons	m_e	$9{,}109390 \times 10^{-28}$ g $5{,}485799 \times 10^{-4}$ u
Massa de repouso do nêutron	m_n	$1{,}674929 \times 10^{-24}$ g $1{,}008665$ u
Massa de repouso do próton	m_p	$1{,}672623 \times 10^{-24}$ g $1{,}007276$ u
Velocidade da luz no vácuo	c	$2{,}99792458 \times 10^{8}$ m s^{-1} (exatamente)

EQUAÇÃO DE CONVERSÃO

Conversão	Equação	Conversão	Equação
Energia		**Massa**	
Calorias – joules	1 cal = 4,184 J (exatamente)	Onças-(avovidupios) – gramas	10 z = 28,35 g
Eletrovolts – joules	1 eV = 1,602 × 10^{-19} J	Libras (avovidupios) – quilogramas	1 lb = 0,4536 Kg
Litro atmosferas – joules	1 Latm = 101,3 J	**Pressão** Atmosferas – quilopascals	1 atm = 101,3 kPa
Comprimento Ångstroms – metros	1 Å = 10^{-10} m	Atmosferas – milímetros e mercúrio	1 atm = 760,0 mmHg
Ångstrom – nanometros	1 Å = 10^{-1} nm	Atmosferas – pascals	1 atm = 1,013 × 10^5 Pa
Polegadas – centímetros	1 in = 2,54 cm (exatamente)	Atmosferas – torr	1 atm = 760,0 torr
Jardas – metros	1 yd = 0,9144 m (exatamente)	Bars – pascals	1 Bar = 10^5 Pa
Volume Litros – decímetros cúbicos	1 L = 1 dm^3		
Quartos (US) –litros	1 qt = 0,9464 L		

UNIDADES, CONSTANTES E EQUAÇÕES DE CONVERSÃO (Ver também Apêndice B)

UNIDADES BÁSICAS DO SI

Quantidade física	Nome da unidade SI	Símbolo
Comprimento	Metro	m
Massa	Quilograma	kg
Tempo	Segundo	s
Corrente elétrica	Ampére	A
Temperatura termodinâmica	Kelvin	K
Intensidade luminosa	Candela	cd
Quantidade de substância	Mol	mol

UNIDADES DERIVADAS DO SI

Quantidade física	Unidade	Símbolo	Definição	
Força	Newton	N	$m\ kg\ s^{-2}$	
Pressão	Pascal	Pa	$N\ m^{-2}$	$= m^{-1}\ kg\ s^{-2}$
Energia, Trabalho	Joule	J	$N\ m$	$= m^{2}\ kg\ s^{-2}$
Potência	Watt	W	$J\ s^{-1}$	$= m^{2}\ kg\ s^{-3}$
Carga elétrica	Coulomb	C	$A\ s$	
Potencial elétrico, Força eletromotriz	Volt	V	$J\ C^{-1}$	$= m^{2}\ kg\ s^{-3}\ A^{-1}$
Freqüência	Hertz	Hz	s^{-1}	

PREFIXOS MÉTRICOS

Múltiplos	10^{18}	10^{15}	10^{12}	10^{9}	10^{6}	10^{3}	10^{2}	10^{1}
Prefixos	exa	peta	tera	giga	mega	quilo	hecto	deca
Símbolo	E	P	T	G	M	K	h	da
Submúltiplos	10^{-1}	10^{-2}	10^{-3}	10^{-6}	10^{-9}	10^{-12}	10^{-15}	10^{-18}
Prefixos	deci	centi	mili	micro	nano	pico	femto	ato
Símbolo	d	c	m	µ	n	p	f	a

SUMÁRIO

Volume I

Capítulo 1	Noções Preliminares	1
Capítulo 2	As Fórmulas, as Equações e a Estequiometria	51
Capítulo 3	Termoquímica	110
Capítulo 4	Gases	140
Capítulo 5	O Átomo	205
Capítulo 6	Os Elétrons	242
Capítulo 7	Periodicidade Química	295
Capítulo 8	Ligações Químicas	341
Capítulo 9	Sólidos	408
Capítulo 10	Líquidos e Mudanças de Estado	453
Capítulo 11	Soluções	501
Capítulo 12	Reações em Soluções Aquosas	563

Volume II

Capítulo 13	Cinética Química	622
Capítulo 14	Equilíbrio Químico	680
Capítulo 15	Soluções Aquosas: Equilíbrio Ácido-Base	721
Capítulo 16	Solução Aquosa: Solubilidade e Equilíbrio dos Íons Complexos	786
Capítulo 17	Termodinâmica Química	820
Capítulo 18	Eletroquímica	866
Capítulo 19	Ligações Covalentes	925
Capítulo 20	Os Não-Metais	967
Capítulo 21	Os Metais Representativos e os Semi-Metais	1047
Capítulo 22	Os Metais de Transição	1098
Capítulo 23	Química Orgânica	1169
Capítulo 24	Processos Nucleares	1235

ÍNDICE

Prefácio		....	XXXIII
	Ao Aluno	....	XXXIII
	Ao Instrutor	....	XXXV
	Aspectos Adicionais	....	XXXVII

Volume II

Capítulo 13	**Cinética Química**	....	623
	Tópicos Gerais	....	623
	13.1 Velocidades de Reação e Mecanismos: Uma Rápida Introdução	.	624
	O Significado de Velocidade	....	624
	O Significado de Mecanismo	....	631
	13.2 A Equação de Velocidade	....	632
	A Medida das Velocidades de Reação	....	632
	A Influência da Concentração Sobre as Velocidades de Reação	..	633
	Reações de Primeira Ordem	....	635
	Reações de Segunda Ordem	....	644
	Reações de Outras Ordens	....	648
	Reações de Zero, Primeira e Segunda Ordens: Um Resumo dos Métodos Gráficos	....	649
	13.3 A Teoria das Colisões	....	650
	Processos Elementares e Molecularidade	....	650
	Processos Bimoleculares em Fase Gasosa	....	651

	Processos Unimoleculares e Trimoleculares	655
	A Energia de Ativação e a Variação com a Temperatura	657
	Reações em Soluções Líquidas	662
13.4	O Complexo Ativado	663
	Teoria do Estado de Transição	663
13.5	Mecanismos de Reação: Uma Introdução	666
13.6	Catálise	667
	Catálise Homogênea	668
	Catálise Heterogênea	669
	Inibidores	670
Resumo		670
Problemas		672
Problemas Adicionais		678

Capítulo 14   Equilíbrio Químico 681

	Tópicos Gerais	681
14.1	Equilíbrios Químicos Homogêneos	682
	O Estado de Equilíbrio	683
	A Abordagem do Equilíbrio	684
	Equilíbrio Químico e o Princípio de Le Châtelier	686
14.2	Lei do Equilíbrio Químico	689
	Expressão da Lei de Ação das Massas	689
	A Constante de Equilíbrio	691
14.3	Cinética e Equilíbrio	698
	Processos Elementares	698
	Reações de Múltiplas Etapas	699
	Mecanismos de Reações em Multietapas	700
14.4	Equilíbrios Químicos Heterogêneos	702
14.5	Variação de K com a Temperatura	703
	Equação de Van't Hoff	704
14.6	Cálculos de Equilíbrio	707
Resumo		713
Problemas		714
Problemas Adicionais		719

Capítulo 15	**Soluções Aquosas: Equilíbrio Ácido-Base**	722
	Tópicos Gerais	722
	15.1 A Dissociação de Ácidos Fracos	723
	Constantes de Dissociação Para Ácidos Fracos	723
	Ácidos Polipróticos	725
	Cálculos para Ácidos Fracos	727
	15.2 A Dissociação de Bases Fracas	735
	Constantes de Dissociação de Bases Fracas	735
	Cálculos Para Bases Fracas	737
	15.3 A Dissociação da Água	741
	O Produto Iônico da Água	741
	Soluções Ácidas, Básicas e Neutras	742
	pH	743
	15.4 Hidrólise	745
	Hidrólise do Ânion	745
	Constantes para Reações de Hidrólise de Ânions	748
	Hidrólise do Cátion	751
	Constantes para Reações de Hidrólise de Cátions	752
	O Mecanismo da Hidrólise do Cátion	753
	Hidrólise e pH	755
	O pH de Soluções de Sais	756
	15.5 Indicadores Ácido-Base e Titulação	757
	Indicadores	758
	Titulações Ácido-Base	761
	Curvas de Titulação	764
	15.6 Tampões	768
	O Efeito Tampão	770
	Tampões em Sistemas Biológicos	772
	15.7 Equilíbrios Ácido-Base Simultâneos	775
	Misturas de Ácidos Fracos	775
	Ácidos Polipróticos	778
	Sais Ácidos	778
	Resumo	779
	Problemas	781
	Problemas Adicionais	785

Capítulo 16	**Solução Aquosa: Solubilidade e Equilíbrio dos Íons Complexos** ...	787
	Tópicos Gerais	787
	16.1 A Solubilidade de Sólidos Iônicos	788
	O Produto de Solubilidade	788
	O Efeito do Íon Comum	793
	16.2 Reações de Precipitação	798
	Prevendo a Ocorrência de Precipitação	799
	16.3 Equilíbrios Envolvendo Íons Complexos	801
	A Dissociação de Íons Complexos	802
	Cálculos de Dissociação de Íons Complexos	805
	Anfoterismo de Hidróxidos Compostos	807
	16.4 Equilíbrios Simultâneos	809
	A Precipitação de Sulfetos Metálicos	812
	Resumo	817
	Problemas	817
	Problemas Adicionais	819
Capítulo 17	**Termodinâmica Química**	821
	Tópicos Gerais	821
	17.1 A Primeira Lei: Uma Reconsideração	823
	O Calor e o Trabalho	823
	O Trabalho de Expansão	825
	A Energia e a Entalpia	829
	17.2 A Segunda Lei	832
	Transformação Espontânea	833
	Probabilidade e Desordem	835
	A Probabilidade, a Entropia e a Segunda Lei	841
	17.3 A Energia Livre de Gibbs e a Transformação Espontânea	842
	17.4 As Variações de Entropia e a Energia Livre de Gibbs	847
	A Entropia e as Mudanças de Fase	847
	A Terceira Lei e as Entropias Absolutas	848
	Variações de Entropia em Reações Químicas	850
	As Energias Livres de Gibbs – Padrão de Formação	851
	As Energias Livres de Gibbs de Reações	852
	17.5 A Termodinâmica e o Equilíbrio	855

	A Energia Livre de Gibbs, o Equilíbrio e o Vale de Gibbs	855
	As Variações da Energia Livre de Gibbs e as Constantes de Equilíbrio	858
	Resumo	860
	Problemas	861
	Problemas Adicionais	865

Capítulo 18   **Eletroquímica** 867

Tópicos Gerais 867

18.1 Células Galvânicas 868
    Reações Espontâneas e a Célula Galvânica 868
    Diagramas de Célula 873
    Eletrodos nas Células Galvânicas 874
    Tensão de Célula e Espontaneidade 877

18.2 Célula Eletrolíticas 879
    Reações Não-Espontâneas e Células Eletrolíticas 879
    Eletrólise 884
    A Eletrólise do Cloreto de Sódio Fundido 886
    A Eletrólise de Solução Aquosa de Cloreto de Sódio 888
    Outras Eletrólises 889
    Leis de Faraday 892

18.3 Potenciais-Padrão de Eletrodo 894
    O Eletrodo Padrão de Hidrogênio 895
    Potenciais de Redução Padrão 896

18.4 Energia Livre, Tensão de Célula e Equilíbrio 902
    Termodinâmica e Eletroquímica 902
    O Efeito da Concentração Sobre a Tensão de Célula 904
    A Equação de Nernst 905
    Potenciais-Padrão e Constantes de Equilíbrio 907

18.5 A Medida Eletroquímica do pH 908
    A Medida do pH com o Eletrodo de Hidrogênio 909
    Medidores de pH e o Eletrodo de Vidro 911

18.6 Células Galvânicas Comerciais 913
    Células Primárias 913
    Células Secundárias 915

Resumo 918

	Problemas	919
	Problemas Adicionais	924
Capítulo 19	**Ligações Covalentes**	926
	Tópicos Gerais	926
	19.1 Teoria de Ligação de Valência e Sobreposição de Orbitais	927
	Ligações Simples	928
	Ligações Múltiplas	930
	19.2 Orbitais Híbridos	933
	Orbitais Híbridos sp	936
	Orbitais Híbridos sp^2	939
	Orbitais Híbridos sp^3	941
	A Molécula de Amônia	943
	A Molécula de Água	945
	Outros Conjuntos de Orbitais Híbridos	945
	A Relação entre as Teoria VSEPR e Orbital Híbrido	946
	19.3 Teoria do Orbital Molecular	948
	Orbitais nas Moléculas	948
	Distribuições Espaciais dos Orbitais Moleculares	948
	Energias dos Orbitais Moleculares	951
	O Preenchimento dos Orbitais Moleculares	954
	Moléculas Diatômicas Heteronucleares	963
	Resumo	964
	Problemas	965
	Problemas Adicionais	966
Capítulo 20	**Os Não-Metais**	968
	Tópicos Gerais	968
	20.1 Nomenclatura Inorgânica	969
	20.2 Hidrogênio	971
	Elemento Hidrogênio	971
	Preparação do Hidrogênio	973
	Compostos de Hidrogênio	975
	20.3 Oxigênio	977
	O Elemento Oxigênio	977
	Preparação do Oxigênio	979

		Compostos de Oxigênio	980
	20.4	Água	985
		Hidratos	986
		Clatratos	988
	20.5	Os Halogênios	988
		Flúor	989
		Cloro	991
		Bromo	997
		Iodo	998
		Compostos Inter-halogênios	1000
	20.6	Os Calcogênios, especialmente o Enxofre	1001
		Enxofre	1002
	20.7	O Grupo VA (Não-Metais): Nitrogênio e Fósforo	1013
		Nitrogênio	1014
		Fósforo	1024
	20.8	Carbono	1028
		O Elemento Carbono	1029
		Compostos Inorgânicos do Carbono	1033
	20.9	Gases Nobres	1037
		Compostos de Xenônio	1038
	Resumo		1039
	Problemas		1040
	Problemas Adicionais		1045
Capítulo 21	**Os Metais Representativos e os Semi-Metais**		1048
	Tópicos Gerais		1048
	21.1	Os Metais Alcalinos	1049
		Preparação dos Elementos	1050
		Reações dos Elementos	1051
		Compostos dos Metais Alcalinos	1054
		Usos de Metais Alcalinos e de Seus Compostos	1055
	21.2	Os Metais Alcalino-terrosos	1056
		Preparação dos Elementos	1057
		Reações dos Elementos	1058
		Compostos de Metais Alcalino-Terrosos	1060

		Dureza da Água	1062
		Usos de Metais Alcalinos-Terrosos e Seus Compostos	1065
	21.3	O Grupo de Metais IIIA	1066
		Alumínio	1066
		Gálio, Índio e Tálio	1072
	21.4	Outros Metais Representativos	1073
		Estanho	1073
		Chumbo	1075
		Bismuto	1077
	21.5	Semi-metais	1078
		Boro	1078
		Silício	1086
		Germânio	1090
		Arsênio	1090
		Antimônio	1091
		Selênio	1092
		Telúrio	1092
	Resumo		1093
	Problemas		1094
	Problemas Adicionais		1097
Capítulo 22	**Os Metais de Transição**		1099
	Tópicos Gerais		1099
	22.1	Configurações Eletrônicas	1100
	22.2	Propriedades Gerais: Propriedades Físicas	1101
		Propriedades Químicas	1103
	22.3	Íons Complexos: Estrutura Geral e Nomenclatura	1106
		Número de Coordenação	1107
	22.4	Ligação Química nos Complexos	1112
		Teoria da Ligação pela Valência	1112
		Teoria do Campo Cristalino	1117
		Propriedades Magnéticas	1123
		Cor e Transições d–d	1125
		A Série Espectroquímica	1126
		Complexos Tetraédricos	1127

		Teoria do Orbital Molecular	1129
	22.5	A Estereoquímica dos Íons Complexos	1132
		Número de Coordenação 2	1132
		Número de Coordenação 4	1132
		Número de Coordenação 6	1136
	22.6	Química Descritiva de Determinados Elementos de Transição	1138
		Os Metais do Grupo da Platina	1155
	Resumo		1162
	Problemas		1164
	Problemas Adicionais		1167
Capítulo 23	**Química Orgânica**		1170
	Tópicos Gerais		1170
	23.1	Hidrocarbonetos Saturados	1173
		Os Alcanos	1173
		Os Cicloalcanos	1182
		Propriedades dos Hidrocarbonetos Saturados	1182
		Reações dos Hidrocarbonetos Saturados	1183
	23.2	Hidrocarbonetos Insaturados	1185
		Os Alcenos	1185
		Os Alcinos	1188
		Propriedades dos Hidrocarbonetos Insaturados	1189
		Reações dos Hidrocarbonetos Insaturados	1189
	23.3	Hidrocarbonetos Aromáticos	1191
		Benzeno	1191
		Outros Hidrocarbonetos Aromáticos	1193
		Fontes e Propriedades de Hidrocarbonetos Aromáticos	1194
		Reações dos Hidrocarbonetos Aromáticos	1195
	23.4	Grupos Funcionais	1196
	23.5	Álcoois	1197
		Nomenclatura	1197
		Propriedades	1198
		Reações	1201
	23.6	Éteres	1203
		Nomenclatura	1203

    Propriedades 1204
    Reações 1205
  23.7 Aldeídos 1205
    Nomenclatura 1206
    Propriedades 1206
    Reações 1207
  23.8 Cetonas 1209
    Nomenclatura 1209
    Propriedades 1210
    Reações 1211
  23.9 Ácidos Carboxílicos 1211
    Nomenclatura 1212
    Propriedades 1213
    Reações 1214
  23.10 Ésteres 1215
    Nomenclatura 1215
    Propriedades e Usos 1216
    Gorduras e Óleos 1216
    Saponificação dos Glicerídeos 1217
  23.11 Aminas 1218
    Nomenclatura 1218
    Propriedades 1219
    Reações 1219
  23.12 Isomeria Ótica em Compostos Orgânicos 1221
  23.13 Carboidratos e Proteínas 1222
    Carboidratos 1223
    Proteínas 1226
 Resumo 1228
 Problemas 1229
 Problemas Adicionais 1234

Capítulo 24   **Processos Nucleares** 1236
 Tópicos Gerais 1236
  24.1 Radioatividade 1237
    Radioatividade Natural 1237

		Detecção e Medida da Radioatividade	1239
		Séries de Desintegrações Radioativas	1240
		Outros Processos Nucleares Naturais	1241
	24.2	A Cinética da Desintegração Nuclear	1241
		Desintegração Radioativa de Primeira Ordem	1243
		Datação Radioquímica	1244
	24.3	Reações Nucleares	1247
		Transmutação	1247
	24.4	Estabilidade Nuclear	1249
		O Cinturão de Estabilidade	1249
		Fissão Nuclear	1252
	24.5	Fissão, Fusão e Energia de Ligação Nuclear	1254
		Variações de Massa e Energia na Fissão Nuclear	1254
		Energia de Ligação Nuclear	1255
		Armas Nucleares e Reatores Nucleares	1257
		Fusão Nuclear	1258
	24.6	Aplicações Químicas da Radioatividade	1260
		Traçadores Radioativos	1260
		Técnicas Analíticas	1262
		Modificações Estruturais	1262
		Difração de Nêutrons	1263
		Resumo	1263
		Problemas	1264
		Problemas Adicionais	1267
Apêndice A		**Glossário de termos importantes**	A1
Apêndice B		**Unidades, Constantes e Equação de Conversão**	B1
	B.1	Unidades	B1
		Unidades Si	B1
		Prefixos Métricos	B3
	B.2	Constantes Físicas	B4
	B.3	Equações de Conversão	B6
Apêndice C		**Nomenclatura Química**	C1
	C.1	Nomes Triviais	C1

	C.2	Nomenclatura Sistemática Inorgânica	C2
		Elementos	C2
		Cátions	C3
		Ânions	C7
		Sais, Óxidos e Hidróxidos	C11
		Ácidos	C14
		Outros Compostos Inorgânicos	C15
		Complexos	C16
	C.3	Nomenclatura Sistemática Orgânica	C20
		Hidrocarbonetos	C20
		Derivados de Hidrocarbonetos	C24
Apêndice D	**Operações Matemáticas**		D1
	D.1	Equações Lineares e Seus Gráficos	D1
	D.2	Equações Quadráticas	D2
	D.3	Logaritmos	D3
Apêndice E	**Método de Clark para Representar a Estrutura de Lewis**		E1
Apêndice F	**Pressão de Vapor da Água**		F1
Apêndice G	**Algumas Propriedades Termodinâmicas a 25°C**		G1
Apêndice H	**Constantes de Equilíbrio a 25°C**		H1
	H.1	Constantes de Dissociação de Ácidos Fracos	H1
	H.2	Constantes de Dissociação de Bases Fracas	H3
	H.3	Produtos de Solubilidade	H4
Apêndice I	**Potenciais de Redução Padrão a 25°C**		I1
Apêndice J	**Respostas dos problemas numéricos selecionados**		J1
Índice Analítico			AI1

PREFÁCIO

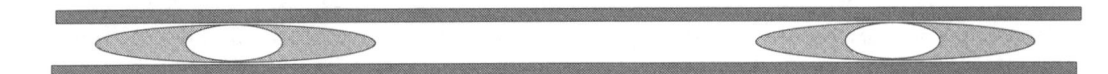

AO ALUNO

Escrevi este livro por várias razões. Espero que o auxilie e lhe forneça uma base sólida de conhecimento que seja válida em todos os aspectos da vida. Além do mais, espero que o estudo da química forneça fundamentos que o ajudarão a compreender e talvez solucionar alguns dos problemas causados por uma população burguesa em um mundo de recursos minguados. Finalmente, espero convencê-lo com um pouco do entusiasmo, estímulo e prazer que a química me deu.

Características Especiais. Quando começar a ler este livro, você encontrará um número de características especiais que serão úteis enquanto desenvolve sua técnica pessoal para estudar química.

Tópicos Gerais. Alguma vez você já iniciou a leitura do capítulo de um livro-texto perguntando a si mesmo o que o título realmente significaria e onde o capítulo o levaria? Todo capítulo neste livro começa com um *Tópico Geral*. Cada *Tópico Geral* pode ser útil por duas razões: primeira, logo no início da leitura, é apresentado um resumo, com a organização e os pontos principais do capítulo, que agilizam sua habilidade de seguir o fluxo de idéias, como mover-se através do capítulo. Segunda, retornando ao *Tópico Geral*, sua releitura pode ser uma técnica útil para revisão dos conteúdos dentro do capítulo.

Comentários Adicionais. No decorrer deste livro você encontrará um número de seções intituladas *Comentários Adicionais* que são pontos principais da discussão. Muitas estão inseridas em lugares onde eu sei, por experiência, que alguns alunos tendem a ficar "fora dos trilhos". Em algumas dessas seções, descrevo o conceito durante uma discussão usando uma linguagem amena e diferente, ou apresento-o de um ponto de vista alternativo. (Algumas vezes, considerar uma idéia não-familiar sob mais de uma perspectiva fornece um sentimento intuitivo, útil para a compreensão da idéia.) Uma parte dos *Comentários Adicionais* oferece um esclarecimento adicional que, apesar de não ser indispensável para a compreensão de um conceito, fornece uma luz lateral que intensifica sua apreciação.

Notas de Nomenclatura. A palavra "nomenclatura" refere-se a um método ou sistema de nomear coisas. Em química, a nomenclatura é essencial não somente para a comunicação cuidadosa das idéias, mas um conhecimento da nomenclatura química precisa verdadeiramente auxiliar no processo de aprendizagem em uma extensão que é geralmente subestimada pelos alunos. Neste livro, a nomenclatura química é introduzida por pequenas unidades em seções especiais, como *Notas de Nomenclatura*, inseridas no texto sempre que o tópico a ser discutido as requer. Toda a nomenclatura química está resumida no Apêndice C.

Glossário de Termos Importantes. Você encontrará um *Glossário de Termos Importantes* no Apêndice A. Tentei fazê-lo o mais completo possível. Foi elaborado para ser usado a qualquer hora que você se sentir inseguro sobre o significado de um termo ou conceito particular.

Resumos. No final de cada capítulo deste livro há um *Resumo* que focaliza a idéia principal do capítulo. Pode ser de grande valor para revisão do capítulo. Leia cada resumo e veja se todas as idéias nele "se encaixam" para você. Caso contrário, volte para o capítulo e reestude os conceitos obscuros.

Estudando e Aprendendo Química. Muitos dos seus hábitos e técnicas de estudo foram provavelmente formados quando você estava no colégio, talvez antes, e você está indubitavelmente ciente da importância de acompanhá-los com o seu dever de casa. Lembro-me da velha história do aluno em uma aula de história americana que, ao fazer esforço para reaver o lápis caído, perdeu a guerra civil. A química não se move tão rápido, porém seus conceitos tendem a estabelecer conceitos prévios, e, caso fique muito para trás, você se perderá. A recuperação pode ser muito difícil. Não desanime!

Você encontrará algumas sugestões para técnicas de estudo efetivo no final da Seção 1.1.

Um Pedido. Como químico e professor, vibro especialmente quando vejo que um estudante de química passa por cima de um obstáculo mental e domina um conceito desafiador. Escrevendo este livro, tentei ajudar *você* a vencer todas as barreiras. Se estiver disposto, então que tal escrever-me algumas linhas e contar onde este livro foi especialmente útil para você e onde ele fracassou? Tenho recebido alguns dos melhores conceitos de alunos. (Meu endereço está no final dos *Agradecimentos*.)

AO INSTRUTOR

Filosofia. Uma das minhas propostas principais ao escrever este livro-texto é narrar aos leitores aqueles aspectos da realidade física que são revelados pela química. Outra proposta é dar ao aluno uma medida de intuição química proveitosa. Espero ensinar-lhe uma gama de experiências químicas práticas.

O principal foco deste livro está nos conceitos básicos e fundamentais por meio dos quais os alunos podem crescer e obter êxito, tanto em cursos subseqüentes de química como em outros campos e no desempenho de suas vidas. Isto é feito pela química atual de maneira simultaneamente rigorosa e amigável ao usuário, para usar um termo que é correntemente popular.

Os alunos se inscrevem em um típico curso de química geral, formando um grupo heterogêneo. Seus conhecimentos em ciência e matemática, suas leituras de compreensão, seus hábitos de estudos e suas motivações variam grandemente. Em vista da extrema diversificação, é claro que não há um caminho único para ensinar química que seja igualmente adequado para todos os alunos. Entretanto, eu creio que este problema pode ser minimizado – a organização e muitos outros aspectos deste texto foram planejados para fazê-lo.

Organização. O livro original é composto de um volume. Optamos por dividí-lo em dis volumes para atender melhor aos estudantes. O primeiro volume contém os capítulos de 1 a 12 e o segundo, os de 13 a 24. Ambos contêm prefácio, os apêndices e o índice analítico. O tópico de estequiometria é introduzido antecipadamente neste texto (Capítulo 2) e inclui uma introdução à solução estequiométrica. Isto permite a incorporação de experimentos estequiométricos em currículos de laboratórios. (O instrutor pode decidir desprezar o assunto de solução estequiométrica. A Seção 12.6 mostrará uma discussão mais rigorosa deste tópico.) O capítulo de estequiometria precede um pequeno capítulo de termoquímica. Isto permite a introdução antecipada da terminologia de ΔH, o que intensifica a discussão de muitos tópicos subseqüentes, tais como energia de ionização, afinidade eletrônica, energia de ligação, energia reticular, cálculo de Born-Haber, e assim por diante. As propriedades dos gases ideal e real são discutidas no Capítulo 4, tão logo seja pertinente a inclusão dos experimentos relativos aos gases nos estágios iniciais de laboratório.

Os Capítulos 5 (O Átomo) e 6 (Os Elétrons) começam uma seqüência modificada de micro para macro. Proporcionam o fundamento para o Capítulo 7 (Periodicidade Química) que inclui uma breve introdução à química inorgânica descritiva, enfatizando as diferenças metal-não metal. A ligação química é introduzida no Capítulo 8, cuja ênfase está na base das ligações iônica e covalente, a regra do octeto, a estrutura de Lewis, geometria molecular (teoria de VSEPR) e a polaridade molecular. (Conceitos mais avançados, incluindo sobreposição de orbitais, orbitais híbridos e moleculares são adiados até o Capítulo 19.) As propriedades do estado sólido, ideal e não-perfeito, são descritas no Capítulo 9. O comportamento dos líquidos é descrito no Capítulo 10 juntamente com as mudanças de estado, diagramas de fase e o princípio de Le Châtelier (como é aplicado para os equilíbrios de fase).

Os Capítulos 11 e 12 focalizam a atenção dos alunos nas propriedades das soluções, especialmente as das soluções aquosas. O Capítulo 12 discute os tipos comuns de reações em solução aquosa e introduz procedimentos sistemáticos para escrever as equações iônicas líquidas. (Algumas equações são usadas do começo ao fim do livro, sempre que forem apropriadas.)

A cinética química é discutida no Capítulo 13, que serve como um fundamento conceitual para o Capítulo 14 (Equilíbrio Químico). (O problema de como descrever o mecanismo cinético que envolve as etapas do equilíbrio vem sendo abordado em discussões demoradas de tais mecanismos, até uma seção especial dedicada a isso no Capítulo sobre equilíbrio.) Os Capítulos 15 e 16 descrevem os equilíbrios em solução-aquosa (ácido-base, solubilidade e íon complexo) em detalhes. A termodinâmica química é introduzida no Capítulo 17, culminando com a descrição da aproximação do estado de equilíbrio nos termos do vale de Gibbs. A eletroquímica é discutida no Capítulo 18 e inclui uma descrição especial da relação entre as células eletrolíticas e galvânicas.

Como mencionado, os aspectos mais avançados da ligação química estão descritos no Capítulo 19. Isto completa a situação de um fundamento conceitual para uma discussão sistemática da química inorgânica descritiva, nos Capítulos 20 (Não-Metais), 21 (Metais Representativos e Metalóides) e 22 (Metais de Transição). Uma avaliação dos compostos orgânicos e algumas das suas reações características estão propostas no Capítulo 23, e no capítulo final deste livro há uma breve avaliação de processos nucleares.

O problema de como e quando discutir química descritiva em um texto introdutório é um processo permanente. Com o objetivo de estabelecer um extensivo e adequado fundamento teórico, este livro detém uma discussão sistemática da química inorgânica descritiva dos Capítulos 20 a 22; isto possibilita o embasamento descritivo de todos os elementos discutidos nesses capítulos com a mesma base sólida e uniforme. Isto não significa que a química descritiva seja ignorada totalmente nos capítulos iniciais. Por exemplo, como já foi dito, o Capítulo 7 (Periodicidade Química) inclui uma comparação das propriedades dos metais e não-metais. Além disso, qualquer menção às propriedades ou comportamento específico é adequada para a ilustração de um conceito ou princípio que foi incluído. Completando, aplicações da química para o *"mundo real"* estão descritas nos pontos apropriados.

A organização deste texto foi cuidadosamente planejada, permitindo uma variação na preferência individual do professor. Por exemplo, gases (Capítulo 4) poderá facilmente ser ministrado precedendo os sólidos, os líquidos e as mudanças de estado (Capítulos 9 e 10). Com uma pequena compensação, a discussão da termoquímica (Capítulo 3) pode ser postergada. A cinética química (Capítulo 13) pode ser ministrada um pouco antes do Capítulo 20. Os aspectos mais avançados de ligações (Capítulo 19) podem ser introduzidos imediatamente após o Capítulo 8. Finalmente, muitas outras seqüências de partes dos capítulos podem ser adequados de forma bem-sucedida de acordo com as preferências individuais do instrutor.

ASPECTOS ADICIONAIS

Muitos aspectos deste livro foram discutidos em *Ao Aluno*, citado anteriormente. Os aspectos adicionais seguintes serão do interesse do instrutor.

Exemplos e Problemas Paralelos. Cerca de 200 *Exemplos* elaborados de cálculos químicos estão incluídos nos capítulos. Na seqüência destes está o *Problema Paralelo*, baseado no mesmo conceito do *Exemplo*, mas para o qual somente a resposta é dada. Muitos alunos tendem a ignorar os cálculos simples com uma atitude "Sim, eu sei como é feito" até que uma dúvida ou um exame sejam suficientes para ele ou ela descobrir que a autoconfiança era prematura. Não é possível para a maioria dos alunos aprender química meramente por leitura (ou ouvindo) a respeito. É necessário um esforço mental para a resolução dos seus próprios problemas. Cada *Problema Paralelo* possibilita ao aluno poder testar sua compreensão imediatamente após a resolução do *Exemplo* precedente. (Em muitos casos, o *Problema Paralelo* não é simplesmente uma duplicata do *Exemplo*, com números diferentes, portanto, a mera memorização de um método não capacita o aluno a obter a resposta correta.)

Ilustrações. Há um problema difícil que o professor enfrenta em química geral, associado ao nível de abstração de alguns tópicos. Por exemplo, é difícil para muitos alunos visualizar a natureza tridimensional dos orbitais atômico e molecular. O programa de ilustração neste texto foi cuidadosamente planejado, em parte para agir contra o problema de visualização do abstrato. Inclui desenhos, gráficos, e representações geradas por computador. O uso dos tons de cinza realça mais intensamente a aparência das páginas; também há um complexo trabalho de arte representando a construção de objetos abstratos de maneira mais fácil para a compreensão do aluno.

Problemas no Final do Capítulo. Aproximadamente 1.200 *Problemas* são propostos nos finais dos capítulos. A rigor, metade dos problemas numéricos são marcados por quadrinhos cheios, que identificam aqueles problemas cujas respostas são dadas no Apêndice J.

Apêndices. Os apêndices englobam uma variedade de assuntos, seguindo o último capítulo no texto. Os apêndices A (Glossário de Termos Importantes) e J (Respostas para os Problemas Numéricos Selecionados) foram já mencionados. As observações que devem ser especialmente destacadas estão nos apêndices B (Unidades, Constantes e Equações de Conversão), C (Nomenclatura Química), D (Operações Matemáticas) e E (Método de Clark para escrever as Estruturas de Lewis). O restante dos Apêndices fornecem dados de referências numéricas em um número de áreas.

Índice Analítico. O *Índice Analítico* no fim do livro é completo, e foi elaborado para ser especialmente fácil de manusear. Nele, o aluno está sempre em contato com a página de referência, nunca transpondo referências. (Isto faz o Índice um pouco maior que o usual, mas muito mais conveniente de usar.)

Tratamento das "Áreas de Dificuldades Habituais". Um aspecto deste texto, que não é imediatamente óbvio em uma leitura superficial, reside na maneira como as "áreas de dificuldades" estão disponíveis. Alguns tópicos incluídos em todos os cursos introdutórios sempre parecem causar um resultado desordenado de dificuldade para alguns alunos. Tais tópicos incluem estequiometria, ligação covalente, estruturas do estado sólido, como escrever as equações iônicas simplificadas, cinética química, termodinâmica química e eletroquímica. Neste livro, estas "áreas de dificuldades" são desenvolvidas até certo grau, de forma mais lenta e deliberativa do que a habitual em muitos textos introdutórios. Devo enfatizar que isto foi feito sem comprometer o nível de rigor global.

Capítulo 13

CINÉTICA QUÍMICA

TÓPICOS GERAIS

13.1 VELOCIDADES DE REAÇÃO E MECANISMOS: UMA RÁPIDA INTRODUÇÃO
O significado de velocidade
O significado de mecanismo

13.2 A EQUAÇÃO DE VELOCIDADE
A medida das velocidades de reação
A influência da concentração sobre as velocidades de reação
Reações de primeira ordem
Reações de segunda ordem
Reações de outras ordens
Reações de zero, primeira e segunda ordens: um resumo dos métodos gráficos

13.3 A TEORIA DAS COLISÕES
Processos elementares e molecularidade
Processos bimoleculares em fase gasosa
Processos unimoleculares e trimoleculares
A energia de ativação e a variação com a temperatura
Reações em soluções líquidas

13.4 O COMPLEXO ATIVADO
Teoria do estado de transição

13.5 MECANISMOS DE REAÇÃO: UMA INTRODUÇÃO

13.6 CATÁLISE
Catálise homogênea
Catálise heterogênea
Inibidores

Em uma ou outra ocasião, quem não desejou que transformações tais como o estrago de alimentos, a queima de velas, o rachamento e o descascamento de pinturas e a ferrugem da lataria dos automóveis ocorressem um pouco mais lentamente? E quem já não desejou que a cicatrização de feridas, o cozimento de batatas, o endurecimento do concreto, o crescimento de plantas e a desintegração de plásticos e outros objetos jogados no lixo ocorressem mais rapidamente? As velocidades das reações químicas podem ser extremamente lentas ou extremamente rápidas. O estudo dos fatores que influenciam as velocidades das reações tem aplicações práticas óbvias. Além disso, este estudo fornece informações valiosas de como as reações químicas ocorrem na realidade.

A *cinética química* é o *estudo das velocidades e mecanismos das reações químicas*. A *velocidade* de uma reação é a medida da rapidez com que se formam os produtos e se consomem os reagentes. O *mecanismo* de uma reação consiste na descrição detalhada da seqüência de etapas individuais que conduzem os reagentes aos produtos. A equação simplificada para uma reação não exibe essas etapas, mostrando apenas a modificação global, resultado final de todas as etapas que participam do mecanismo. Muito do que conhecemos sobre os mecanismos das reações provém do estudo das velocidades de reação e de como são influenciadas por vários fatores. Em geral, a velocidade de uma reação é determinada: (1) pelas propriedades dos reagentes, (2) pelas concentrações dos reagentes e (3) pela temperatura. A velocidade pode ser influenciada, ainda: (4) pelas concentrações de outras substâncias que não são os reagentes e (5) pelas áreas das superfícies em contato com os reagentes.

Neste capítulo introduzimos um novo símbolo, os colchetes [ ], que indicarão a concentração da espécie que está representada no seu interior. Esta é uma convenção usual e significa: *concentração molar*, a menos que uma outra unidade seja especificada. Assim, por exemplo, "a concentração molar dos íons sódio" será escrita [Na$^+$].

13.1 VELOCIDADES DE REAÇÃO E MECANISMOS: UMA RÁPIDA INTRODUÇÃO

O SIGNIFICADO DE VELOCIDADE

A *velocidade de reação* mede quão rapidamente um reagente é consumido ou um produto é formado, durante a reação. Para ver como as velocidades de reação podem ser descritas quantitativamente, considere a reação hipotética, homogênea (em fase única):

$$A + B \rightarrow C + D$$

Admita que A e B são misturados no tempo $t = 0$ e que a concentração inicial de A é 10,00 mol/L. Com a ocorrência da reação, [A] decresce, como é mostrado pela curva da Figura 13.1. Expressar a velocidade da reação numericamente não é fácil, pois a velocidade com que os reagentes são consumidos (e os produtos são formados) varia constantemente. Diante desta dificuldade, como poderemos expressar a velocidade? Uma solução para o problema é considerar a velocidade *média* de desaparecimento de A (decréscimo de sua concentração) num certo intervalo de tempo. A tabela seguinte mostra [A] num intervalo de 2 min (os pontos da tabela estão representados no gráfico da Figura 13.1.):

Tempo, min	[A], *mol/L*
0,0	10,00
2,0	6,69
4,0	4,48
6,0	3,00
8,0	2,00
10,0	1,34
12,0	0,90
14,0	0,60
16,0	0,40

A *velocidade média de desaparecimento d*e A durante o intervalo de tempo, t_1 a t_2, é definida como a variação da concentração de A, $\Delta[A]$, dividida pelo correspondente intervalo de tempo, Δt, ou,

$$\text{velocidade média} = -\frac{\Delta[A]}{\Delta t} = -\frac{[A]_2 - [A]_1}{t_2 - t_1}$$

Costuma-se expressar a velocidade da reação como um número positivo, por este motivo, o sinal de menos antecede a fração. No intervalo de $t = 0,0$ a $t = 16,0$, a concentração de A decresce de 10,00 mol/L a 0,40 mol/L e a velocidade média correspondente a estes 16 min é

$$\text{velocidade média} = -\frac{\Delta[A]}{\Delta t} = -\frac{0,40 \text{ mol/L} - 10,00 \text{ mol/L}}{16,0 \text{ min} - 0,0 \text{ min}} =$$

$$= 0,60 \text{ mol L}^{-1} \text{ min}^{-1}$$

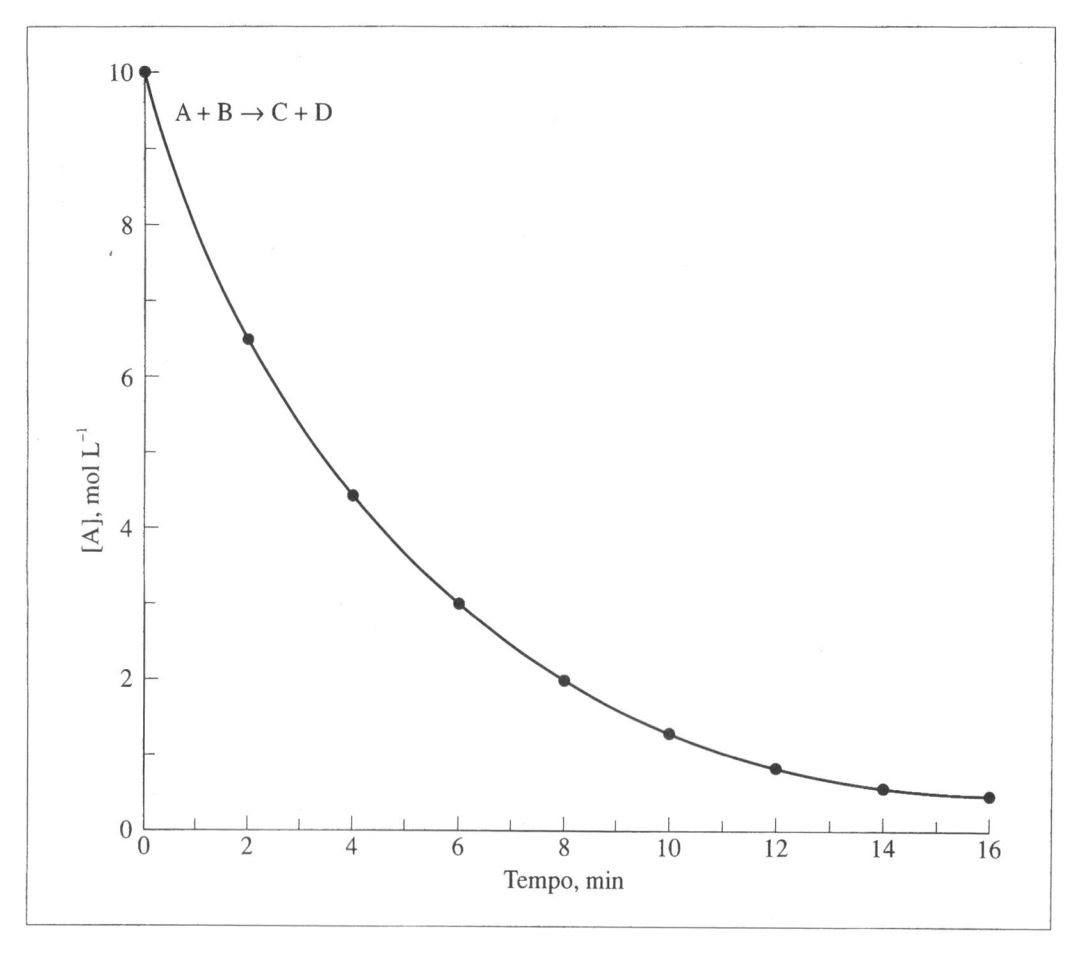

Figura 13.1 Variação da concentração com o tempo.

A velocidade média no intervalo de tempo, t_1 a t_2,

$$-\frac{[A]_2 - [A]_1}{t_2 - t_1}$$

é o coeficiente angular, ou inclinação, com sinal negativo, da reta que une o ponto $(t_2, [A]_2)$ com o ponto $(t_1, [A]_1)$, no gráfico. A reta para o intervalo de $t = 0{,}0$ a $t = 16{,}0$ min é mostrada na Figura 13.2.

O valor numérico para a velocidade média de uma reação depende do intervalo de tempo considerado. Se, por exemplo, considerarmos o *intervalo de* $t = 4{,}0$ min a $t = 12{,}0$ min, então

$$\text{velocidade média} = -\frac{\Delta[A]}{\Delta t} = -\frac{[A]_2 - [A]_1}{t_2 - t_1} =$$

$$= -\frac{0,90 \text{ mol/L} - 4,48 \text{ mol/L}}{12,0 \text{ min} - 4,0 \text{ min}} =$$

$$= 0,45 \text{ mol L}^{-1} \text{ min}^{-1}$$

A Figura 13.2 mostra também a inclinação da reta para este intervalo de tempo (4,0 a 12,0 min). Os coeficientes angulares de cada uma das duas retas, com sinais trocados, representam as velocidades médias nos respectivos intervalos de tempo. Observe que as duas retas têm diferentes inclinações, portanto, correspondem a diferentes velocidades médias.

Muito mais útil do que a velocidade média é a medida da velocidade num determinado instante, a *velocidade instantânea*. A velocidade instantânea de uma reação é a inclinação da reta *tangente* à curva concentração-tempo no ponto desejado. Tal tangente está desenhada no ponto correspondente ao tempo de 8 min, na Figura 13.3. A inclinação desta reta, com sinal negativo, é a velocidade instantânea após 8 min do início da reação, podendo ser avaliada a partir das coordenadas (t, [A]) de dois pontos quaisquer da reta, como por exemplo (2,0; 4,3) e (12,0; 0,3). Então,

$$\text{velocidade instantânea a 8 min} = -\text{ inclinação} = -\frac{[A]_2 - [A]_1}{t_2 - t_1}$$

$$= -\frac{0,3 \text{ mol/L} - 4,3 \text{ mol/L}}{12,0 \text{ min} - 2,0 \text{ min}} = 0,40 \text{ mol L}^{-1} \text{ min}^{-1}$$

Devido ao uso da relação $-\frac{\Delta[A]}{\Delta t}$, para representar a *velocidade média* de desaparecimento de A, um outro símbolo é necessário para a representação da *velocidade instantânea*. O símbolo quase sempre utilizado para este propósito é[1]

$$-\frac{d[A]}{dt}$$

---

[1] Aqueles que já estudaram cálculo reconhecerão que esse símbolo representa a derivada. Aqueles que não estudaram cálculo não devem ficar receosos. Neste livro apenas utilizaremos um pouco desta simbologia.

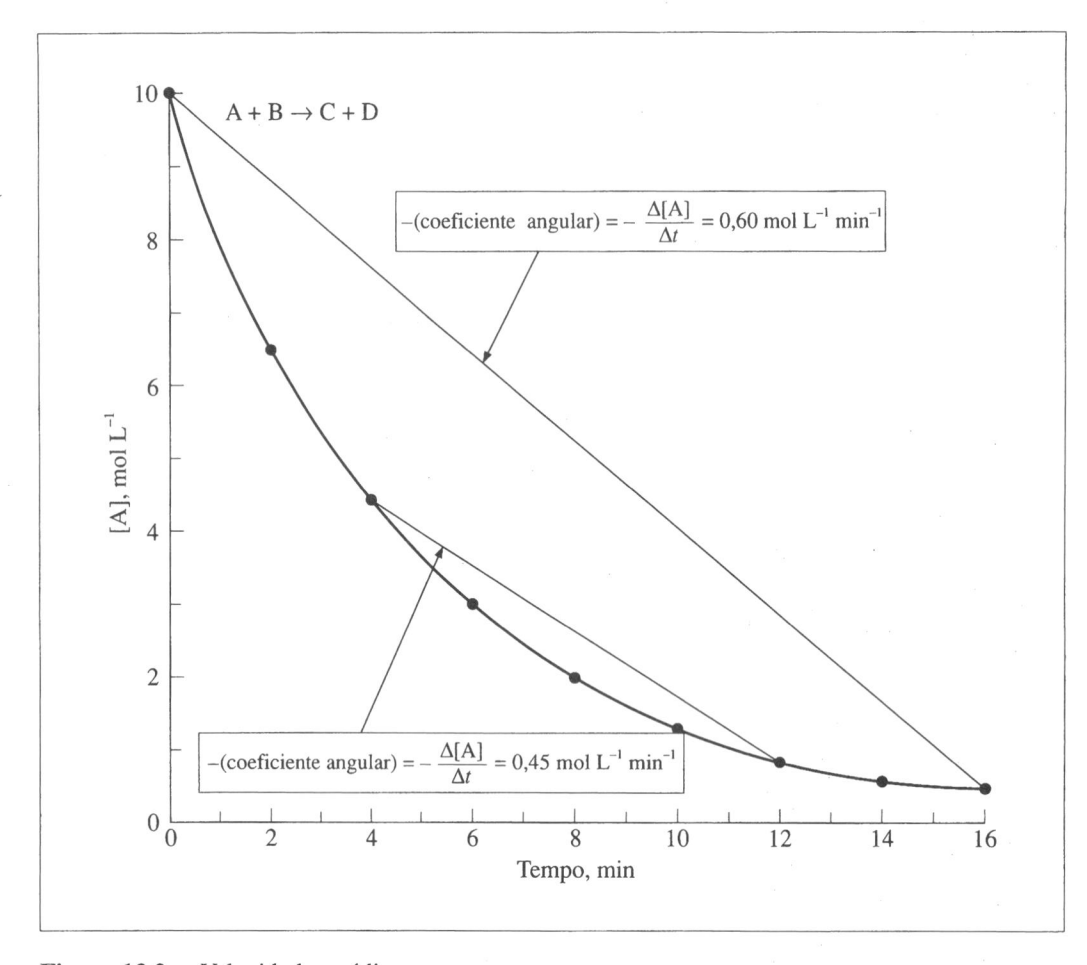

[Figura: gráfico de [A] (mol L⁻¹) vs Tempo (min) para a reação A + B → C + D, mostrando:
$-(\text{coeficiente angular}) = -\dfrac{\Delta[A]}{\Delta t} = 0{,}60 \text{ mol L}^{-1} \text{ min}^{-1}$
$-(\text{coeficiente angular}) = -\dfrac{\Delta[A]}{\Delta t} = 0{,}45 \text{ mol L}^{-1} \text{ min}^{-1}$]

Figura 13.2   Velocidades médias.

Nesta expressão, os *d*'s não significam os *x*'s e *y*'s da álgebra. A combinação $\dfrac{d}{dt}$ significa *taxa de variação com o tempo*. Ao escrevermos

$$\frac{d[A]}{dt}$$

estabelecemos a taxa da variação da concentração de A com o tempo. Para expressar a taxa *decrescente*, colocamos um sinal negativo na frente:

$$-\frac{d[A]}{dt}$$

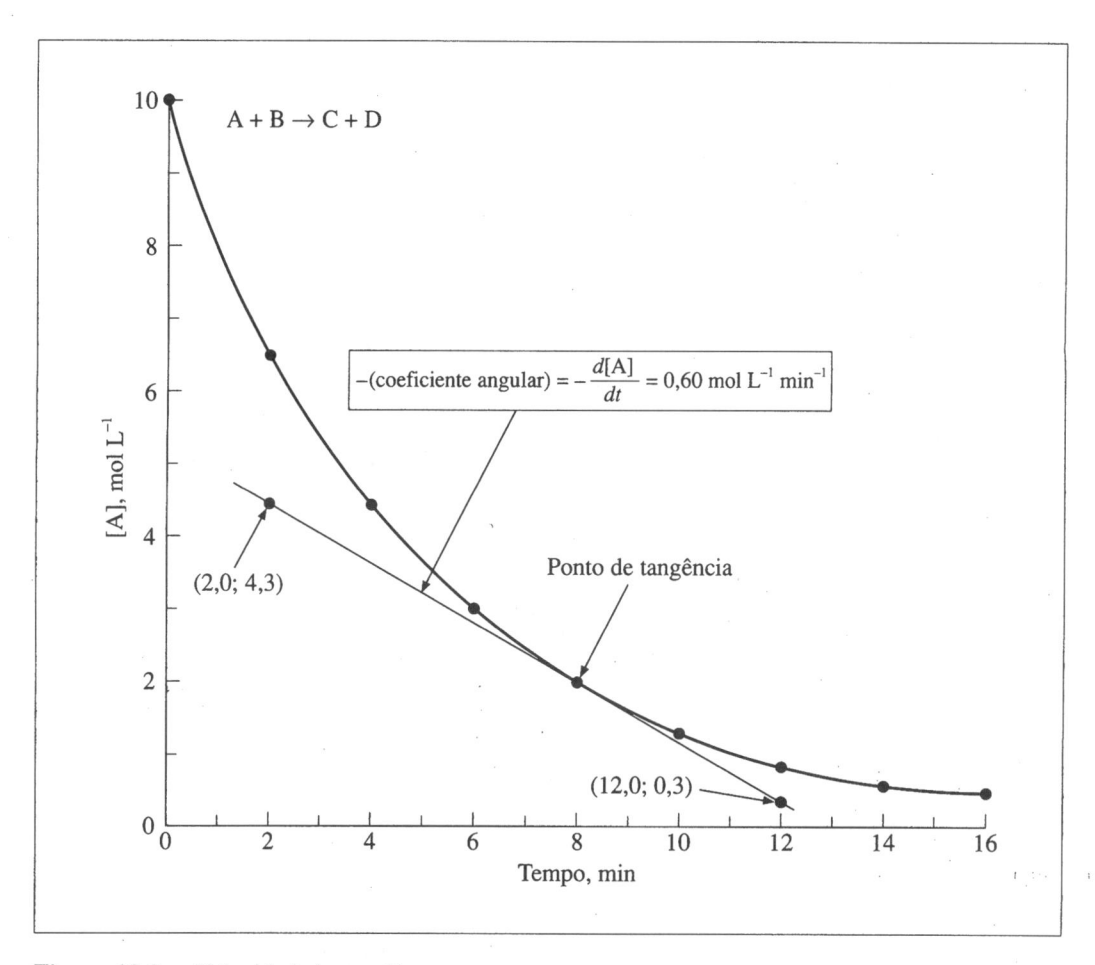

[A], mol L⁻¹ vs Tempo, min — gráfico da reação $A + B \rightarrow C + D$

$-(\text{coeficiente angular}) = -\dfrac{d[A]}{dt} = 0{,}60 \text{ mol L}^{-1} \text{ min}^{-1}$

Pontos indicados: (2,0; 4,3), Ponto de tangência, (12,0; 0,3)

Figura 13.3 Velocidade instantânea.

A velocidade instantânea nos 8 min é dada por

$$\text{velocidade instantânea} = -\dfrac{d[A]}{dt} = -\text{inclinação} = 0{,}40 \text{ mol L}^{-1} \text{ min}^{-1}$$

A velocidade de uma reação é expressa como a taxa de desaparecimento dos reagentes ou de aparecimento dos produtos. Embora estas taxas sejam proporcionais, não são necessariamente iguais. No exemplo a seguir, considere a reação hipotética

$$A + 2B \rightarrow 3C + 4D$$

> **Comentários Adicionais**
>
> A interpretação adequada da expressão $\dfrac{d}{dt}$ é importante. O significado desta expressão é, simplesmente, uma taxa de variação com o tempo. Observe, em particular, que a letra d não é um símbolo algébrico; em outras palavras, dt não significa "d vezes t", nem $\dfrac{d}{dt}$ significa "d dividido por dt".

A expressão *velocidade de reação* é vaga, a não ser que se especifique a taxa de variação. Assim, a velocidade pode ser dada por qualquer uma das seguintes expressões:

$$-\frac{d[A]}{dt} \quad \text{(velocidade de decréscimo de [A])}$$

$$-\frac{d[B]}{dt} \quad \text{(velocidade de decréscimo de [B])}$$

$$\frac{d[C]}{dt} \quad \text{(velocidade de acréscimo de [C])}$$

$$\frac{d[D]}{dt} \quad \text{(velocidade de acréscimo de [D])}$$

Observando, porém, a equação da reação, percebemos que as velocidades das quatro variações não são as mesmas. Por exemplo, B é consumida duas vezes mais rapidamente do que A (um mol de A consome dois mols de B). As diferentes velocidades são inter-relacionadas por

$$-\frac{d[A]}{dt} = -\frac{1}{2}\frac{d[B]}{dt} = \frac{1}{3}\frac{d[C]}{dt} = \frac{1}{4}\frac{d[D]}{dt}$$

Genericamente, para qualquer reação

$$a\text{A} + b\text{B} \rightarrow c\text{C} + d\text{D}$$

as velocidades são relacionadas por

$$-\frac{1}{a}\frac{d[A]}{dt} = -\frac{1}{b}\frac{d[B]}{dt} = \frac{1}{c}\frac{d[C]}{dt} = \frac{1}{d}\frac{d[D]}{dt}$$

O SIGNIFICADO DE MECANISMO

A maioria das reações não ocorre em uma única etapa, como descrita pela equação simplificada, mas em uma série de etapas. Às vezes estas etapas se ordenam em uma seqüência simples, enquanto em outros casos se relacionam de uma maneira mais complexa. As etapas que conduzem os reagentes aos produtos e a relação entre estas etapas constituem o *mecanismo da reação*. Observação: *os mecanismos só podem ser determinados experimentalmente*.

Por exemplo, uma reação que ocorre por um simples mecanismo de duas etapas, em fase gasosa e homogênea, é a reação do monocloreto de iodo com hidrogênio,

$$2ICl(g) + H_2(g) \rightarrow 2HCl(g) + I_2(g) \qquad \text{(equação simplificada)}$$

O mecanismo desta reação, encontrado experimentalmente, é:

Etapa 1: $\quad ICl + H_2 \rightarrow HI + HCl$

Etapa 2: $\quad ICl + HI \rightarrow I_2 + HCl$

A primeira etapa deste mecanismo consiste na colisão das moléculas de ICl com as de H_2. Elas reagem para formar uma molécula de HI e uma molécula de HCl. Na etapa 2, a molécula de HI colide e reage com uma segunda molécula de ICl, formando uma molécula de I_2 e uma segunda molécula de HCl. A transformação completa é descrita pela equação global, que pode ser obtida pela adição das equações correspondentes às duas etapas.

Comentários Adicionais

Uma questão não muito óbvia é que, apesar de dizermos que a etapa 1 do mecanismo precede a etapa 2, na realidade ambas ocorrem simultaneamente na mistura reagente. Esta aparente contradição é desfeita quando consideramos um grande conjunto de moléculas de ICl e H_2. Não seria razoável supor que todas as "colisões da etapa 2" ocorressem somente após a realização de todas as "colisões da etapa 1". É verdade que as "colisões da etapa 2" não ocorrem enquanto não se forma uma molécula de HI na etapa 1, mas, após a mistura inicial de ICl e H_2, muitas "colisões da etapa 2" ocorrerão antes que todas as moléculas de H_2 se esgotem na etapa 1.

O mecanismo anterior ilustra a formação de um **intermediário**, uma espécie que é formada numa etapa somente para ser consumida na subseqüente. O HI é o intermediário neste mecanismo, e não aparece entre os produtos finais da reação.

13.2 A EQUAÇÃO DE VELOCIDADE

Vários fatores podem influenciar a velocidade de uma reação, e um deles é a concentração das espécies reagentes. A expressão algébrica que relaciona a concentração e a velocidade é denominada *equação de velocidade* da reação.

É importante entender que a equação de velocidade não pode ser determinada a partir da equação simplificada, mas deve ser obtida a partir das medidas experimentais de velocidades de reação.

A MEDIDA DAS VELOCIDADES DE REAÇÃO

Projetar e realizar experiências para medir a velocidade de uma reação é um desafio, pois a medida de concentrações que variam constantemente nem sempre é direta. Em princípio poderemos medir a velocidade de uma reação misturando primeiro os reagentes e depois tirando, periodicamente, pequenas amostras da mistura reagente para análise. Deste modo, podemos medir a variação da concentração dos reagentes ou dos produtos durante o intervalo de tempo precedente. Este procedimento pode ser satisfatório se a reação não for muito rápida. Mas se a reação for tão rápida a ponto de ocorrerem alterações apreciáveis nas concentrações durante a retirada e análise de amostra, os resultados experimentais podem ser imprecisos. Uma maneira de solucionar este problema de amostragem, análise e tempo é diminuir subitamente a velocidade ("congelamento" da reação), seja mediante um resfriamento rápido da amostra seja pela rápida remoção de um dos reagentes. (Neste segundo caso, a adição de uma substância que rapidamente se combine com um dos reagentes pode interromper efetivamente a reação.) Um outro problema crítico no caso das reações rápidas se refere ao tempo de mistura. Não é possível misturar os reagentes instantaneamente. Para uma reação lenta, o tempo necessário para a mistura dos reagentes pode ser desprezível em comparação ao intervalo de tempo necessário da mistura à amostragem. Com reações rápidas, entretanto, deve-se recorrer a métodos especiais de mistura rápida. Em lugar das análises químicas convencionais da mistura reagente, muitas vezes *métodos instrumentais* são empregados para medir as propriedades físicas que se alteram no decurso de uma reação. Assim, por exemplo, a velocidade de decomposição do óxido de etileno, em fase gasosa, em metano e dióxido de carbono

$$C_2H_4O(g) \rightarrow CH_4(g) + CO(g)$$

pode ser acompanhada pela observação do aumento da pressão da mistura com o tempo. (Observe que o progresso de uma reação em fase gasosa desse tipo só pode ser acompanhado pela variação da pressão se a estequiometria de reação for tal que o número de mols dos produtos for diferente do número de mols dos reagentes.)

A princípio, qualquer propriedade física que se altera pode ser utilizada para acompanhar o progresso da reação. A absorção de luz pelo iodo gasoso pode ser usada como medida de sua concentração na reação

$$H_2(g) + I_2(g) \rightarrow 2HI(g)$$

que não poderia ser estudada pela observação das variações de pressão. (Por quê?) Em experiências semelhantes a esta é empregado, usualmente, um *espectrofotômetro*, um dispositivo que mede a absorção da luz em vários comprimentos de onda. Escolhendo um comprimento de onda no qual um dos componentes da mistura absorva energia intensamente, a variação de concentração deste componente pode ser acompanhada, à medida que a reação se processa. Outras técnicas que podem ser empregadas no acompanhamento da reação incluem medidas de condutividade elétrica, densidade, índice de refração e viscosidade.

A INFLUÊNCIA DA CONCENTRAÇÃO SOBRE AS VELOCIDADES DE REAÇÃO

A velocidade de uma reação geralmente depende, de algum modo, da concentração de um ou mais reagentes, mas também das concentrações dos produtos, ou mesmo de substâncias que não aparecem na equação da reação global. Considere, por exemplo, a seguinte reação hipotética e homogênea:

$$A + 2B + C \rightarrow D + E$$

Suponhamos que uma série de experimentos mostrou que, *dobrando* [A], a velocidade medida da reação *dobra*, e *triplicando* [A], *triplica-se* a velocidade, mantendo-se todas as outras concentrações e condições da experiência. Matematicamente, isto significa a existência de uma proporcionalidade direta entre a velocidade e [A]. Se usarmos a expressão $-\dfrac{d[A]}{dt}$ para representar a velocidade de desaparecimento de A, então a proporcionalidade é expressa por

$$-\frac{d[A]}{dt} \propto [A]$$

Suponhamos também que, de experiências, observou-se que a velocidade é proporcional a [B] (mas é independente de [C], [D] e [E]). Então podemos escrever

$$-\frac{d[A]}{dt} \propto [B]$$

Combinando estas duas relações, obtemos

$$-\frac{d[A]}{dt} \propto [A][B]$$

e substituindo o sinal de proporcionalidade pelo de igualdade, encontramos

$$-\frac{d[A]}{dt} = k\,[A][B]$$

onde k, a constante de proporcionalidade, é chamada *constante de velocidade* da reação. Este é um exemplo de uma **equação de velocidade**. Esta equação expressa a relação entre a velocidade da reação e as concentrações das espécies que a influenciam. A constante de velocidade k possui um valor fixo numa dada temperatura para todas as concentrações de A e B, mas seu valor varia com a temperatura. É de extrema importância notar que não há, necessariamente, nenhuma relação entre a estequiometria da equação simplificada de uma reação e a sua equação de velocidade. Isto significa que é impossível escrever a equação de velocidade de uma reação pela simples análise da correspondente equação química. As equações de velocidade são determinadas a partir de dados experimentais.

A **ordem de uma reação** é a soma dos expoentes aos quais estão elevadas as concentrações, na equação de velocidade. A *ordem em relação a uma espécie* é o expoente da concentração dessa espécie na equação. Assim, por exemplo, a reação cuja equação de velocidade é

$$-\frac{d[X]}{dt} = k\,[X][Y]^2$$

dita de *primeira ordem relativamente a X*, de *segunda ordem quanto a Y* e, portanto, de *terceira ordem global*.

A equação de velocidade descreve a relação concentração-velocidade. Como a velocidade da reação varia com a temperatura, então a constante de velocidade, k, é uma função de temperatura, usualmente crescendo com a mesma. (Discutiremos a relação entre a temperatura e as velocidades de reação na Seção 13.3.)

REAÇÕES DE PRIMEIRA ORDEM

Método da Velocidade Inicial. Vários métodos são úteis na determinação das equações de velocidade. Um destes, o *método da velocidade inicial*, envolve a realização de uma série de experiências, em separado, numa dada temperatura. Este método consiste na determinação da velocidade e concentração dos reagentes no início de cada experiência, com posterior análise matemática da relação entre a concentração inicial e a velocidade inicial. Considere, por exemplo, a reação hipotética

$$A(g) \rightarrow \text{produtos}$$

Suponha que esta reação seja muito lenta à temperatura ambiente e rápida a temperaturas elevadas. Imagine que a experiência seja executada com a introdução de A num recipiente, a 500°C, e que o decréscimo de A seja acompanhado periodicamente com a retirada de uma pequena amostra de mistura reagente que será rapidamente resfriada à temperatura ambiente e analisada. Os resultados hipotéticos são:

Tempo, min	[A], *mol/L*
0,0	1,30
5,0	1,08
10,0	0,90
15,0	0,75
20,0	0,62
25,0	0,52
30,0	0,43

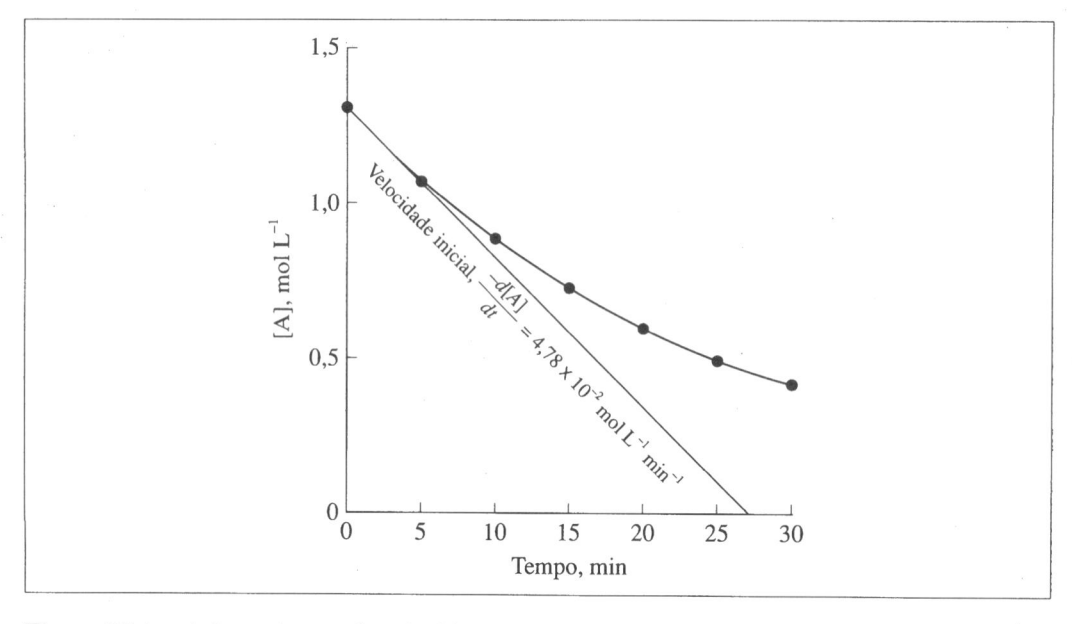

Figura 13.4 A determinação de velocidade inicial.

Se os dados resultantes forem colocados num gráfico, como o da Figura 13.4, a velocidade instantânea da reação, correspondente a qualquer tempo, poderá ser obtida a partir do coeficiente angular da tangente à curva no tempo em questão. A *velocidade inicial* da reação é encontrada desenhando-se a tangente à curva para $t = 0$. Na Figura 13.4 a tangente é traçada, e o seu coeficiente angular é obtido:

$$\text{coeficiente angular} = \frac{[A]_2 - [A]_1}{t_2 - t_1}$$

$$= \frac{0 \text{ mol/L} - 1,30 \text{ mol/L}}{27,2 \text{ min} - 0 \text{ min}} =$$

$$= -4,78 \times 10^{-2} \text{ mol/L min}^{-1}$$

Esta é a velocidade instantânea da variação de [A] no instante $t = 0$, que é a velocidade inicial. Em outras palavras, no início da reação,

$$-\frac{d[A]}{dt} = 4,78 \times 10^{-2} \text{ mol L}^{-1}\text{min}^{-1}$$

Com a realização de outras experiências (2,3 e 4) à mesma temperatura, a velocidade inicial da reação pode ser encontrada para as outras concentrações iniciais, como resumido a seguir:

Experiência nº	[A] inicial, mol/L	Velocidade inicial, $-\dfrac{d[A]}{dt}$, $mol\ L^{-1}\ min^{-1}$
1	1,30	$4,78 \times 10^{-2}$
2	2,60	$9,56 \times 10^{-2}$
3	3,90	$1,43 \times 10^{-1}$
4	0,891	$3,28 \times 10^{-2}$

Da comparação dos resultados das experiências 1 e 2, observamos que, ao se *dobrar* a concentração inicial de A, ocorre uma *duplicação* da velocidade inicial. Semelhantemente, uma comparação das experiências 1 e 3 indica que, ao se *triplicar* a concentração inicial de A, *triplica-se* a velocidade de reação. Estas comparações mostram que existe uma proporcionalidade direta entre a velocidade e a concentração, ou seja,

$$-\frac{d[A]}{dt} \propto [A]$$

Expressando isso como uma igualdade, obtemos a equação de velocidade:

$$-\frac{d[A]}{dt} = k[A]$$

Nas experiências 1, 2 e 3 (anteriores), por simples inspeção, vemos que as concentrações iniciais de A estão na razão de 1:2:3. O que aconteceria se a razão de duas concentrações da substância reagente não fosse expressa por números inteiros? Uma situação semelhante a esta é vista na comparação das experiências 1 e 4. A concentração inicial neste caso decresceria por um fator de $\dfrac{0,891}{1,30}$, ou 0,685, e a velocidade inicial decresceria por um fator de $\dfrac{3,28 \times 10^{-2}}{4,78 \times 10^{-2}}$, ou 0,686. Com exceção da pequena diferença proveniente do arredondamento, as razões são idênticas, mostrando que a reação é de primeira ordem.

Um método mais geral para determinar a ordem de uma reação a partir dos dados precedentes é descrito a seguir. Primeiro escreva a equação de velocidade na forma

$$-\frac{d[A]}{dt} = k\,[A]^x$$

onde x é a ordem da reação em relação a A, ou seja, é o número a ser obtido. Substituindo os dados da experiência 1 podemos escrever

$$4{,}78 \times 10^{-2} = k\,(1{,}30)^x$$

e, com os da experiência 4,

$$3{,}28 \times 10^{-2} = k\,(0{,}891)^x$$

Agora dividimos as duas igualdades membro a membro,

$$\frac{4{,}78 \times 10^{-2}}{3{,}28 \times 10^{-2}} = \frac{k\,(1{,}30)^x}{k\,(0{,}891)^x}$$

$$1{,}46 = 1{,}46^x$$

Podemos ver que $x = 1$. Se isto não fosse óbvio, poderíamos aplicar os logaritmos de ambos os lados, e resolver facilmente a equação para x. (Esta técnica será ilustrada na discussão das reações de segunda ordem.) Novamente encontraremos que o expoente da [A] é igual a 1, mostrando, mais uma vez, que a reação é de primeira ordem.

Com a determinação da equação da velocidade, os dados de *qualquer* experiência podem ser utilizados no cálculo do valor numérico da constante de velocidade, k. (Na realidade, considerar um valor médio dos valores de k obtidos experimentalmente pode minimizar o erro experimental.) Assim,

$$-\frac{d[A]}{dt} = k\,[A]$$

$$k = \frac{-\dfrac{d[A]}{dt}}{[A]}$$

Substituindo os dados da experiência 1, temos:

$$k = \frac{4{,}78 \times 10^{-2} \text{ mol L}^{-1} \text{ min}^{-1}}{1{,}30 \text{ mol L}^{-1}} = 3{,}68 \times 10^{-2} \text{ min}^{-1}$$

As constantes de velocidade de primeira ordem têm sempre as dimensões do inverso de tempo: s^{-1}, min^{-1}, h^{-1} etc.

Exemplo 13.1 O azometano, $C_2H_6N_2$, se decompõe de acordo com a equação:

$$C_2H_6N_2(g) \rightarrow C_2H_6(g) + N_2(g)$$

Determine a ordem da reação e avalie a constante de velocidade a partir dos seguintes dados:

Experiência nº	$[C_2H_6N_2]$ inicial, mol/L	Velocidade inicial, $-\dfrac{d[C_2H_6N_2]}{dt}$, mol L^{-1} min^{-1}
1	$1{,}96 \times 10^{-2}$	$3{,}14 \times 10^{-4}$
2	$2{,}57 \times 10^{-2}$	$4{,}11 \times 10^{-4}$

Solução: Os dados mostram que se a concentração inicial de azometano é aumentada por um fator de

$$\frac{2{,}57 \times 10^{-2}}{1{,}96 \times 10^{-2}}, \text{ ou } 1{,}31$$

então, a velocidade inicial aumenta por um fator de

$$\frac{4{,}11 \times 10^{-4}}{3{,}14 \times 10^{-4}}, \text{ ou } 1{,}31$$

A velocidade e a concentração do azometano são claramente proporcionais. Isto significa que a reação é de primeira ordem, e que a lei de velocidade é

$$-\frac{d[C_2H_6N_2]}{dt} = k\,[C_2H_6N_2]$$

Portanto,

$$k = \frac{-\dfrac{d[C_2H_6N_2]}{dt}}{[C_2H_6N_2]}$$

$$= \frac{4{,}11 \times 10^{-4}\ \text{mol L}^{-1}\ \text{min}^{-1}}{2{,}57 \times 10^{-2}\ \text{mol L}^{-1}} = 1{,}60 \times 10^{-2}\ \text{min}^{-1}$$

Problema Paralelo Escreva a equação de velocidade e determine o valor da constante de velocidade para a decomposição térmica da fosfina a 680°C,

$$4PH_3(g) \rightarrow P_4(g) + 6H_2(g)$$

dada a velocidade inicial da reação, que é $1{,}98 \times 10^{-4}$ mol L^{-1} s^{-1} para uma [PH$_3$] inicial de $1{,}00 \times 10^{-2}$ mol/L e é de $8{,}91 \times 10^{-4}$ mol L^{-1} s^{-1} quando a [PH$_3$] inicial for $4{,}5 \times 10^{-2}$ mol/L. **Resposta:** $-\dfrac{d[PH_3]}{dt} = k\,[PH_3]$; $k = 1{,}98 \times 10^{-2}$ s^{-1}.

O Método Gráfico. Um segundo método, o *método gráfico*, é muitas vezes usado para mostrar que a reação é de primeira ordem. Considere uma reação com uma estequiometria genérica

$$A \rightarrow \text{produtos}$$

cuja equação de velocidade é

$$-\frac{d[A]}{dt} = k\,[A]$$

Dos métodos de cálculo, é possível mostrar que, para uma reação de primeira ordem, é verdadeira a seguinte relação concentração-tempo:

$$\ln[A] = -kt + \ln[A]_0$$

onde [A] é a concentração de A em um tempo t qualquer, e [A]$_0$ é a concentração inicial de A (para t igual a 0). Esta é a base de um método gráfico para demonstrar que uma reação é de primeira ordem e determinar a sua constante de velocidade.

A relação anterior possui a forma de uma equação de reta:

$$\ln [A] = -kt + \ln [A]_0$$

$$\uparrow \uparrow\uparrow \uparrow$$

$$y = mx + b$$

em que $\ln[A] = y$ e $t = x$. Assim, para uma reação de primeira ordem, a representação gráfica do logaritmo natural de [A] em função do tempo resulta em uma reta, com inclinação $-k^2$.

Com os dados já tabelados nesta seção relativos à reação hipotética

$$A \rightarrow \text{produtos}$$

calcularemos o ln [A] a intervalos de 5 min, durante um período de 30 min:

Tempo	[A], *mol/L*	ln [A]
0,0	1,30	0,26
5,0	1,08	0,08
10,0	0,90	−0,11
15,0	0,75	−0,29
20,0	0,62	−0,48
25,0	0,52	−0,65
30,0	0,43	−0,84

---

2 Escrita em termos de logaritmos decimais, a relação é dada por

$$\log [A] = \left(\frac{k}{2{,}303}\right) t + \log [A]_0$$

e a representação gráfica do logaritmo de [A] em função do tempo, para uma reação de primeira ordem, resulta em uma reta, com inclinação $-\dfrac{k}{2{,}303}$.

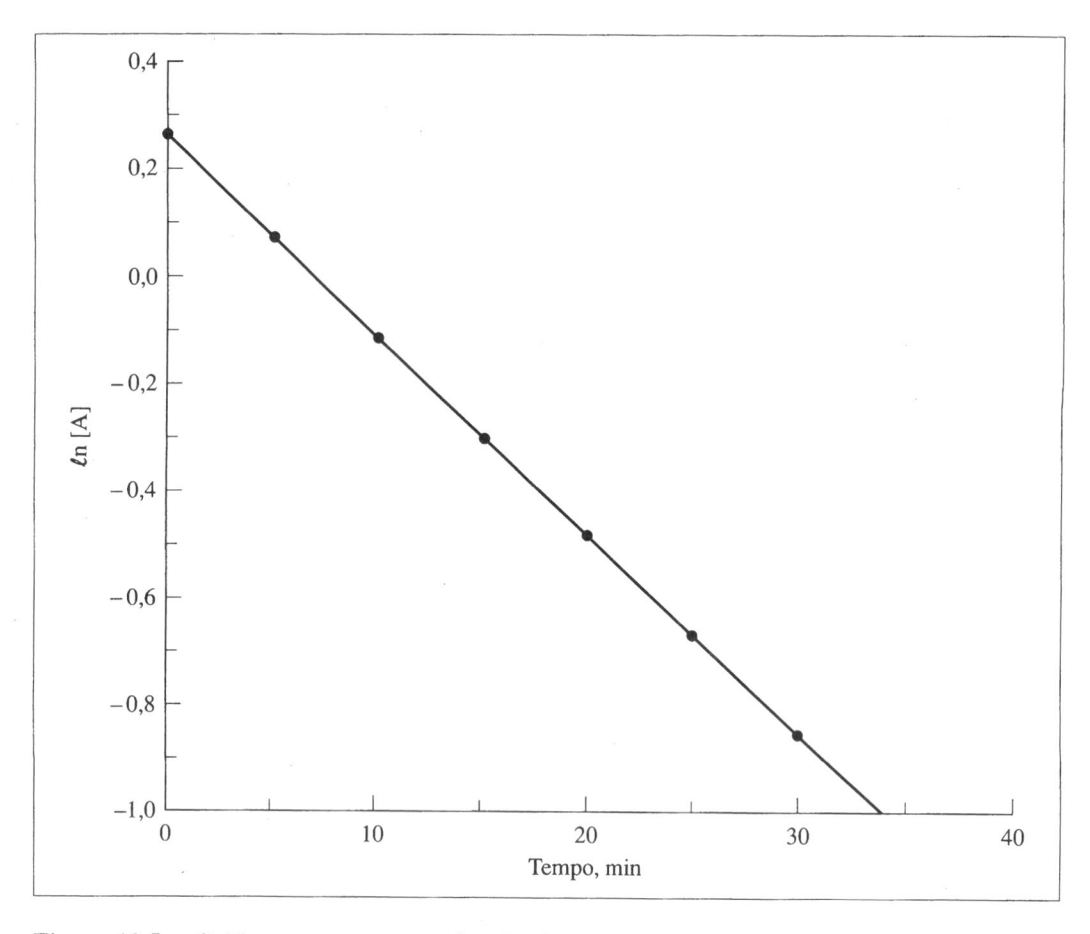

Figura 13.5 Gráfico para uma reação de primeira ordem.

A representação em um gráfico de ln [A] (no eixo y) em função do tempo (no eixo x), Figura 13.5, resulta em uma reta. O resultado demonstra que a reação é de primeira ordem, pois *este tipo de gráfico resultará numa reta somente para reações de primeira ordem*. A inclinação da reta obtida é de $-3,7 \times 10^{-2}$ min^{-1}, portanto $k = -$ inclinação da reta $= -(-3,7 \times 10^{-2})$, ou $3,7 \times 10^{-2}$ min^{-1}, essencialmente o mesmo resultado determinado pelo método da velocidade inicial.

O método gráfico apresenta três vantagens sobre o método da velocidade inicial. Primeira, é necessário somente uma experiência para a obtenção de dados, com a finalidade de determinar a ordem da reação e avaliar a constante de velocidade. Segunda, a necessidade do cálculo das velocidades iniciais pela estimativa das tangentes à curva para $t = 0$ é eliminada. E terceira, no processo de determinação da reta que melhor represente uma série de pontos experimentais, o efeito de pequenos erros em pontos individuais é minimizado.

O Método da Meia-Vida. Um terceiro método para a determinação da ordem de uma reação é o *método da meia-vida*, especialmente no caso de reações de primeira ordem. A **meia-vida** de uma reação é definida como sendo o *período de tempo necessário para que a concentração do reagente diminua a metade do seu valor inicial*. Considerando a relação concentração-tempo para uma reação de primeira ordem,

$$\ln [A] = -kt + \ln [A]_0$$

e fazendo a $[A]_{1/2}$ igual à concentração remanescente de A no fim do período de meia-vida, isto é, no tempo $t_{1/2}$, então, por substituição,

$$\ln [A]_{1/2} = -kt_{1/2} + \ln [A]_0$$

$$kt_{1/2} = \ln [A]_0 - \ln [A]_{1/2}$$

$$= \ln \frac{[A]_0}{[A]_{1/2}}$$

mas, por definição, $[A]_{1/2} = \frac{1}{2} [A]_0$, assim

$$kt_{1/2} = \ln \frac{[A]_0}{\frac{1}{2}[A]_0} = \ln 2$$

$$t_{1/2} = \frac{\ln 2}{k} = \frac{0{,}693}{k}$$

Isto indica que a meia-vida de uma reação é *independente da concentração inicial do reagente* e é igual a $\frac{0{,}693}{k}$. Em outras palavras, se puder ser mostrado que a meia-vida de uma reação é independente da concentração inicial, a reação será de primeira ordem.

Comentários Adicionais

Note que, para qualquer reação de primeira ordem A → produtos, o tempo necessário para a [A] se reduzir à metade do seu valor inicial é o mesmo necessário para a concentração se reduzir, de novo, à metade, ou seja, para um quarto do seu valor inicial (e assim por diante).

REAÇÕES DE SEGUNDA ORDEM

Método da Velocidade Inicial. O método da velocidade inicial pode ser usado para verificar se uma reação é de segunda ordem. Considere que para a reação hipótetica

$$C + 2D \rightarrow produtos$$

os seguintes dados foram obtidos:

Experiência nº	[C] inicial, mol/L	[D] inicial mol/L	Velocidade inicial, $-\dfrac{d[C]}{dt}$, $mol\ L^{-1}\ min^{-1}$
1	0,346	0,369	0,123
2	0,692	0,369	0,492
3	0,346	0,738	0,123

Neste caso, ao se dobrar [C], mantendo-se [D] constante (experiências 1 e 2), a velocidade da reação aumenta por um fator não de 2, mas 2^2, ou 4 (0,123 × 4 = 0,492). A velocidade é, deste modo, proporcional a $[C]^2$. (A velocidade é de segunda ordem em relação a C.) Mas a variação da concentração de D não apresenta nenhuma influência sobre a velocidade (experiências 1 e 3.) Em outras palavras, a velocidade é independente de [D]. (A reação é de ordem zero em relação a D.) Portanto, a equação de velocidade é

$$-\frac{d[C]}{dt} = k\,[C]^2$$

Uma forma alternativa e mais sistemática é algumas vezes útil. Considere, por exemplo, a reação

$$2E + F \rightarrow produtos$$

para a qual foram obtidos os seguintes dados:

Experiência nº	[E] inicial, mol/L	[F] inicial, mol/L	Velocidade inicial, $-\dfrac{d[E]}{dt}$, $mol\,L^{-1}\,s^{-1}$
1	0,0167	0,234	$3,61 \times 10^{-2}$
2	0,0569	0,234	$4,20 \times 10^{-1}$
3	0,0569	0,361	$4,20 \times 10^{-1}$

Da comparação dos dados das experiências 2 e 3 vemos que a velocidade é independente de [F]. Os dados sugerem que a velocidade é, provavelmente, proporcional a [E] elevada a uma potência determinada, isto é,

$$-\frac{d[E]}{dt} = k\,[E]^x$$

Agora precisamos calcular x, ou seja, encontrar a ordem da reação. Substituindo os dados das experiências 1 e 2, separadamente, na relação anterior, e dividindo o resultado membro a membro, obtemos

$$\frac{3,61 \times 10^{-2}}{4,20 \times 10^{-1}} = \frac{k(0,0167)^x}{k(0,0569)^x}$$

$$8,60 \times 10^{-2} = \left(\frac{0,0167}{0,0569}\right)^x$$

$$= (2,93 \times 10^{-1})^x$$

Aplicando-se o logaritmo em ambos os membros, obtemos

$$x\,\ln(2,93 \times 10^{-1}) = \ln(8,60 \times 10^{-2})$$

$$x = \frac{\ln(8,60 \times 10^{-2})}{\ln(2,93 \times 10^{-1})} = 2,00$$

Assim, a reação é de segunda ordem em relação a E, e a equação de velocidade é

$$-\frac{d[E]}{dt} = k\,[E]^2$$

Método Gráfico. Analogamente a uma reação de primeira ordem, este método pode ser utilizado para indicar se a reação é de segunda ordem, entretanto, com outras funções nos eixos das coordenadas. Pelo uso do cálculo é possível mostrar que para uma reação de segunda ordem, cuja equação de velocidade é

$$\text{velocidade} = k\,[A]^2$$

é verificada a seguinte relação concentração-tempo:

$$\frac{1}{[A]} = kt + \frac{1}{[A]_0}$$

onde [A] é a concentração de A no tempo t, e $[A]_0$ é a concentração a $t = 0$. Comparando esta equação com $y = mx + b$, vemos que para uma reação de segunda ordem um gráfico de $\frac{1}{[A]}$ (no eixo y) em função de t (no eixo x) resulta em uma reta de inclinação igual a k. *Este tipo de gráfico resultará numa reta somente para reações de segunda ordem.*

Exemplo 13.2 A 383°C, medidas da decomposição de dióxido de nitrogênio, NO_2, formando NO e O_2, fornecem os seguintes dados:

Tempo, s	0	5	10	15	20
$[NO_2]$, mol/L	0,10	0,017	0,0090	0,0062	0,0047

Mostre que a reação é de segunda ordem e calcule a constante de velocidade.

Solução: Para construir um gráfico referente a uma reação de segunda ordem, devemos calcular o recíproco de cada concentração.

Tempo, s	0	5	10	15	20
$\frac{1}{[NO_2]}$, (mol/L)$^{-1}$	10	59	111	161	213

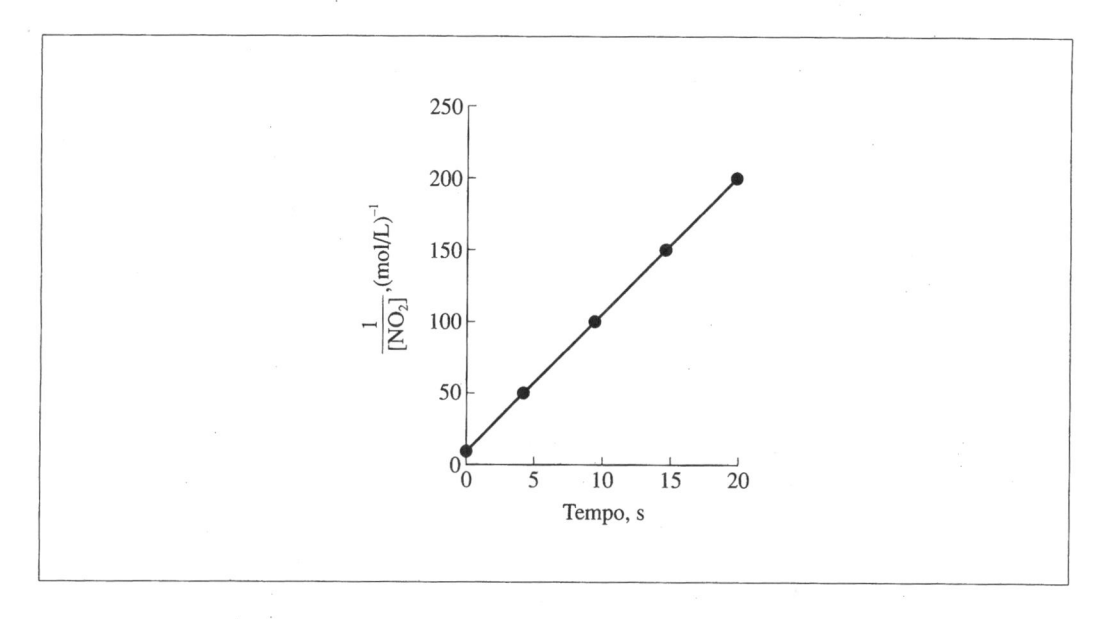

Figura 13.6 A decomposição, de segunda ordem, do dióxido de nitrogênio.

Agora colocaremos no gráfico $\frac{1}{[NO_2]}$ em função do tempo, como mostra a Figura 13.6. Unindo-se os pontos encontramos uma reta, conseqüentemente a reação deve ser de segunda ordem. A equação de velocidade é, portanto:

$$-\frac{d[NO_2]}{dt} = k[NO_2]^2$$

e a inclinação $k = 1,0 \times 10^1$ mol^{-1} L s^{-1}.

Problema Paralelo A reação do cianato de amônio, NH_4OCN, formando uréia, $(NH_2)_2CO$, foi acompanhada e os seguintes dados foram obtidos:

Tempo, min	0	10	25	40	60
[NH$_4$OCN], mol/L	0,400	0,324	0,253	0,207	0,167

Escreva a equação de velocidade para a reação e calcule sua constante de velocidade. **Resposta:**
$-\frac{d[NH_4OCN]}{dt} = k[NH_4OCN]^2$; $k = 5,8 \times 10^{-2}$ mol^{-1} L min^{-1}.

A Meia-Vida de uma Reação de Segunda Ordem. A meia-vida $t_{1/2}$ de uma reação de segunda ordem não é independente da concentração inicial como no caso da reação de primeira ordem. Para uma reação A → produtos, a equação de velocidade é

$$-\frac{d[A]}{dt} = k\,[A]^2$$

e pode-se mostrar que a meia-vida é

$$t_{1/2} = \frac{1}{k\,[A]_0}$$

onde $[A]_0$ é a concentração inicial de A. *A meia-vida é independente da concentração inicial somente no caso da reação de primeira ordem.*

REAÇÕES DE OUTRAS ORDENS

As ordens de muitas reações são diferentes de um ou dois. Por exemplo, a reação do óxido nítrico com o oxigênio para formar dióxido de nitrogênio,

$$2NO(g) + O_2(g) \to 2NO_2(g)$$

obedece a uma equação de velocidade de terceira ordem,

$$-\frac{d[NO]}{dt} = k\,[NO]^2[O_2]$$

Esta reação pode ocorrer na atmosfera; a coloração marrom da fumaça fotoquímica é, pelo menos em parte, devida ao NO_2. (*Observação:* a correspondência existente entre os coeficientes da reação global e os expoentes na equação de velocidade é acidental.)

Poucas reações apresentam uma *ordem zero* (global). Uma dessas é a decomposição heterogênea da amônia sobre a superfície do tungstênio metálico,

$$2NH_3(g) \to N_2(g) + 3H_2(g)$$

A equação de velocidade para esta reação é

$$-\frac{d[NH_3]}{dt} = k$$

Isto significa que a decomposição da amônia ocorre a uma velocidade que é independente de qualquer concentração.

Algumas reações são de *ordem fracionária*. Assim, a decomposição térmica do acetaldeído, CH_3CHO, formando metano, CH_4, e monóxido de carbono, CO, tem a seguinte equação

$$-\frac{d[CH_3CHO]}{dt} = k\,[CH_3CHO]^{3/2}$$

A ordem em relação a uma determinada espécie pode ser *negativa*. Um exemplo é a decomposição do ozone,

$$2O_3(g) \rightarrow 3O_2(g)$$

cuja equação é

$$-\frac{d[O_3]}{dt} = k\,\frac{[O_3]^2}{[O_2]} = k\,[O_3]^2[O_2]^{-1}$$

Observe que esta é uma reação de primeira ordem (global).

Finalmente, devemos destacar que algumas equações de velocidade são tão complexas que não é possível lhes atribuir uma ordem global. Por exemplo, a reação entre os gases hidrogênio e bromo,

$$H_2(g) + Br_2(g) \rightarrow 2HBr(g)$$

é descrita pela equação de velocidade

$$-\frac{d[H_2]}{dt} = \frac{k\,[H_2][Br_2]^{1/2}}{1 + k'\,\dfrac{[HBr]}{[Br_2]}}$$

Neste caso, dizemos que a reação é de primeira ordem relativamente ao H_2, mas a relação entre a velocidade e as concentrações de $[Br_2]$ e $[HBr]$ é complexa.

REAÇÕES DE ZERO, PRIMEIRA E SEGUNDA ORDENS: UM RESUMO DOS MÉTODOS GRÁFICOS

O método gráfico é comumente usado nas determinações da ordem da reação e da constante de velocidade. Com este procedimento os resultados dos pequenos erros experimentais são minimizados. A última coluna da Tabela 13.1 resume as funções utilizadas na obtenção do gráfico para as três primeiras ordens inteiras. Se o gráfico resultar em uma reta, a ordem da reação e, conseqüentemente, a equação de velocidade estão determinadas. (*Observação*: a Tabela só é válida para casos em que a equação de velocidade contenha apenas a [A]).

Tabela 13.1   Determinação da ordem de uma reação para as três primeiras ordens inteiras.

Ordem	Equação	Lei de velocidade	Meia-Vida	Gráfico para a obtenção da reta
0	A + ... → produtos	$-\dfrac{d[A]}{dt} = k$	$\dfrac{[A]_0}{2k}$	$[A]$ vs. t
1	A + ... → produtos	$-\dfrac{d[A]}{dt} = k[A]$	$\dfrac{\ln 2}{k}$	$\ln [A]$ vs. t
2	A + ... → produtos	$-\dfrac{d[A]}{dt} = k[A]^2$	$\dfrac{1}{k[A]_0}$	$\dfrac{1}{[A]}$ vs. t

13.3   A TEORIA DAS COLISÕES

No início do século XX, a primeira teoria bem-sucedida de velocidades de reação foi desenvolvida com base na teoria cinética dos gases. Esta teoria admite que, para ocorrer uma reação entre moléculas de gás, é necessário que estas moléculas colidam entre si. Por este motivo esta teoria é conhecida como a *teoria das colisões*.

PROCESSOS ELEMENTARES E MOLECULARIDADE

Mencionamos que muitas reações consistem em um certo número de etapas, e que esta seqüência é chamada *mecanismo da reação*. Cada etapa individual é denominada *processo elementar* (ou *reação elementar*). Um processo elementar é descrito por uma equação que especifica as partículas do reagente e do produto, para a etapa em questão. Por exemplo, a equação do processo elementar

$$2ClO(g) \rightarrow Cl_2(g) + O_2(g)$$

descreve que duas moléculas de ClO, colidindo entre si, reagem formando uma molécula de Cl_2 e outra de O_2. Cada processo elementar pode ser caracterizado pela especificação da *molecularidade* do processo, o número de moléculas do lado esquerdo da seta na equação. Quando uma partícula simples (molécula, átomo, íon) é o único reagente que participa do processo elementar, o processo é denominado *unimolecular* (molecularidade = 1). Quando duas partículas colidem e reagem, o processo é denominado *bimolecular* (molecularidade = 2). Os processos *trimoleculares* são pouco comuns, pois a colisão simultânea de três partículas, chamada *colisão de três corpos*, é um evento pouco provável. (Pense na probabilidade de três bolas de bilhar colidirem, simultâneamente, sobre a mesa de bilhar.)

Os termos unimolecular, bimolecular e trimolecular indicam o número de partículas reagentes num processo elementar único. Propriamente falando, estes termos não devem ser aplicados para uma reação global. Entretanto, no uso comum eles são, às vezes, utilizados. Por exemplo, se uma reação possui uma etapa bimolecular lenta, que determina a sua velocidade (ver Seção 13.5), então, a reação global é freqüentemente chamada de reação bimolecular, mesmo que esta denominação não esteja inteiramente correta.

Observe que as molecularidades, contrariamente às ordens de reação, devem ser expressas por números inteiros. (Uma fração de molécula não pode colidir.) Note, também, que a molecularidade de uma única etapa não apresenta necessariamente relação com a ordem da reação global.

PROCESSOS BIMOLECULARES EM FASE GASOSA

A teoria das colisões considera todos os fatores, a nível molecular, que podem influenciar na velocidade de uma reação. Considere o processo elementar em fase gasosa.

$$A_2(g) + B_2(g) \rightarrow 2AB(g)$$

Para ocorrer a reação, uma molécula A_2 deve colidir com uma molécula B_2, assim, concluímos que a velocidade da reação depende da *freqüência de colisões* Z (número de colisões por segundo) entre moléculas A_2 e B_2. Como a velocidade deve ser o dobro se A_2 e B_2 colidirem em número duas vezes maior, podemos dizer que a velocidade da reação é diretamente proporcional a Z, ou

$$\text{velocidade} \propto Z \qquad (13.1)$$

Por outro lado, a freqüência de colisões depende das concentrações de A_2 e de B_2. Se, por exemplo, dobrarmos a concentração de moléculas A_2, dobrará a probabilidade de ocorrerem colisões entre A_2 e B_2, ou seja, dobrará a freqüência de colisões. A mesma lógica é aplicada quando se dobra a concentração de moléculas B_2 e, portanto, a freqüência de colisões Z é proporcional a $[A_2]$ e a $[B_2]$. Em outras palavras,

$$Z \alpha [A_2] \quad \text{e} \quad Z \alpha [B_2]$$

portanto,

$$Z \alpha [A_2][B_2]$$

Reescrevendo como uma igualdade obtemos

$$Z = Z_0 [A_2][B_2] \qquad (13.2)$$

onde a constante de proporcionalidade, Z_0, representa a freqüência de colisões, quando $[A_2] = [B_2] = 1$. Substituindo a Equação (13.2) na Equação (13.1), obtemos

$$\text{velocidade} \alpha Z_0[A_2][B_2]$$

De que outros fatores depende a velocidade? Que outros termos poderiam ser incluídos nesta proporcionalidade, além da freqüência de colisões? Imagine que uma única molécula A_2 colida com uma única molécula B_2. Para que esta colisão produza moléculas AB, a colisão deve ocorrer com energia suficiente para quebrar as ligações A—A e B—B, de modo que as ligações A—B possam ser formadas. Desse modo, as moléculas que colidem devem ter uma certa energia mínima, denominada *energia de ativação* E_a, para que as colisões sejam efetivas na formação do produto. (Uma colisão suave, de "raspão", não distorce a nuvem eletrônica das moléculas a ponto de quebrar as suas ligações.) Durante a segunda metade do século XIX o físico escocês James Clark Maxwell e o físico austríaco Ludwig Boltzmann desenvolveram, independentemente, a relação que descreve a distribuição de velocidades e energias moleculares em um gás. Utilizando as equações de Maxwell-Boltzmann, é possível mostrar que, para um grande conjunto de moléculas reagentes, a fração de moléculas que possuem energia pelo menos igual à energia de ativação molar E_a é

$$e^{-\frac{E_a}{RT}}$$

onde e é a base dos logaritmos naturais (Apêndice D.3), uma constante igual a 2,71828 ..., R é a constante dos gases ideais e T é a temperatura absoluta.

De acordo com a teoria das colisões, a freqüência de colisões moleculares *bem-sucedidas*, isto é, colisões que conduzem à formação de produtos, é proporcional à fração das colisões com energias iguais ou excedentes à energia de ativação. Em outras palavras,

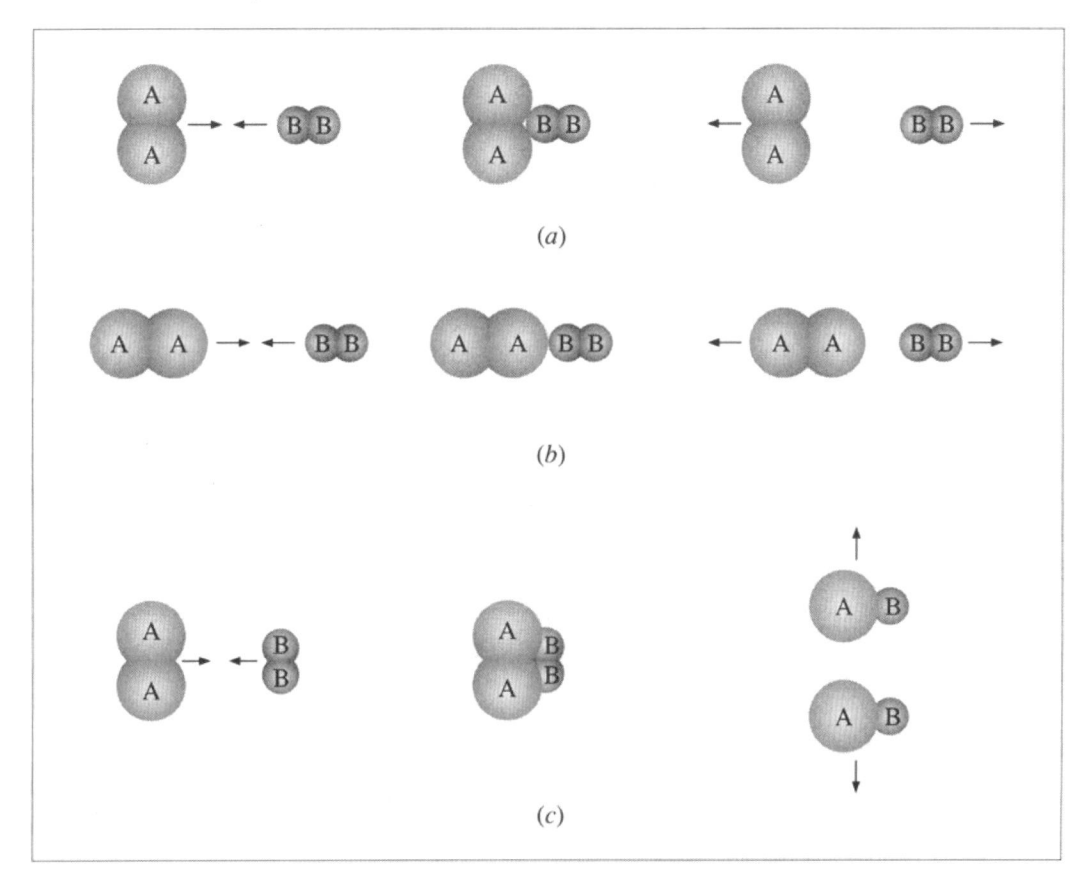

Figura 13.7 Efeito estérico nas colisões. (a) Não ocorre reação. (b) Não ocorre reação. (c) A reação ocorre.

$$\text{velocidade} \propto e^{-\frac{E_a}{RT}}$$

Embora não incluído na versão original da teoria das colisões, devemos considerar mais um fator. Não é suficiente que uma molécula A_2 colida com uma molécula B_2; nem sequer basta que elas tenham a energia de ativação necessária, antes da colisão. Não ocorrerá reação alguma se a orientação relativa das moléculas no instante de colisão não for favorável à ruptura das ligações A—A e B—B e à formação de ligações A—B. A Figura 13.7 mostra algumas possíveis orientações para as colisões A_2–B_2. Somente em uma das colisões representadas, Figura 13.7c, a reação ocorre. Nas situações representadas nas Figuras 13.7a e 13.7b, as moléculas simplesmente se rebatem. Na Figura 13.7c, entretanto, as moléculas que colidem estão devidamente orientadas, o que favorece a formação de moléculas AB. Este efeito, o *efeito estérico* (ou *efeito de orientação*) limita as colisões bem-sucedidas àquelas cujas moléculas estão com a orientação apropriada. O *fator estérico* *p*, também chamado *fator de probabilidade*, é a fração de colisões nas quais as moléculas estão favoravelmente orientadas à reação. Os fatores estéricos podem ser determinados experimentalmente. Os valores dos fatores estéricos para algumas reações são dados na Tabela 13.2. O significado aproximado de um fator estérico de, por exemplo, 0,1 é que somente uma em dez colisões ocorre com a orientação favorável à reação. (Entretanto, esta é uma supersimplificação, e poucas reações têm fatores estéricos maiores do que 1. Contudo, é verdade que, quando se necessita de uma orientação muito específica, *p* é muito pequeno.)

Tabela 13.2   Fatores estéricos para algumas colisões bimoleculares.

Reação	*p*
$CH_4 + H \rightarrow CH_3 + H_2$	0,5
$H_2 + I_2 \rightarrow 2HI$	0,2
$2NO_2 \rightarrow 2NO + O_2$	0,06
$CO + O_2 \rightarrow CO_2 + O$	0,004
$2ClO \rightarrow Cl_2 + O_2$	0,002

De acordo com a teoria das colisões, a velocidade de uma reação é igual ao produto de três fatores:

1. A freqüência de colisões Z.

2. A fração de colisões, $e^{-\frac{E_a}{RT}}$, bem-sucedidas na produção de reações.

3. O fator estérico *p*.

Combinando estes fatores em uma única relação,

$$\text{velocidade} = p \left(e^{-\frac{E_a}{RT}} \right) Z$$

e substituindo a Equação (13.2) em Z, obtemos

$$\text{velocidade} = p\left(e^{-\frac{E_a}{RT}}\right)Z_0[A_2][B_2]$$

Note que para um processo bimolecular *numa dada temperatura* todos os termos precedentes a $[A_2][B_2]$ na última expressão são constantes; assim, reunindo-os em uma constante k, obtemos

$$\text{velocidade} = k\,[A_2]\,[B_2]$$

que é a equação de velocidade para o processo bimolecular

$$A_2(g) + B_2(g) \rightarrow 2AB(g)$$

e onde

$$k = p\left(e^{-\frac{E_a}{RT}}\right)Z_0$$

Para um processo bimolecular do tipo

$$2C \rightarrow \text{produtos}$$

a probabilidade de uma colisão C—C é quadruplicada quando se dobra [C], porque ambas as partículas colidentes são moléculas C. A teoria das colisões prediz que a equação de velocidade para tal processo é

$$\text{velocidade} = k\,[C]^2$$

Observe que para os processos elementares, como $A_2 + B_2 \rightarrow 2AB$ e $2C \rightarrow$ produtos, os expoentes das concentrações correspondem aos coeficientes escritos na frente dos símbolos das espécies colidentes na equação da reação.

PROCESSOS UNIMOLECULARES E TRIMOLECULARES

Um processo *unimolecular* elementar,

$$X \rightarrow \text{produtos}$$

aparentemente envolve uma quebra espontânea de uma molécula X sem a intervenção de uma causa externa. Isto, de fato, não é verdade, pois para que as ligações de uma molécula X quebrem, energia deve ser fornecida à molécula. Isto pode ocorrer quando X colide com outra molécula X ou com uma molécula de qualquer substância inerte que esteja presente.

Em algumas reações a energia é fornecida por radiações energéticas (eletromagnéticas). A molécula X energizada pode, então, ou perder energia para alguma outra molécula mediante uma colisão ou transformar-se em produtos. De acordo com a teoria das colisões, processo unimolecular é um processo em que a probabilidade de rompimento da molécula é pequena em comparação com a probabilidade de ocorrer desenergização por uma colisão secundária. Assim, muitas moléculas energizadas perdem energia por meio das colisões e somente poucas vezes ocorre a formação de produtos. Recorrendo-se à teoria das colisões, é possível mostrar que para tal processo a equação de velocidade é

$$\text{velocidade} = k\,[X]$$

(Observe, novamente, a correspondência entre o expoente na equação de velocidade e o coeficiente na equação do processo elementar.)

Devido à baixa probabilidade de ocorrerem colisões simultâneas, de três corpos, os processos *trimoleculares* são pouco freqüentes. Poucos processos do tipo

$$2A + B \rightarrow \text{produtos}$$

são conhecidos. A teoria das colisões prevê para estes casos equações de velocidade do tipo:

$$\text{velocidade} = k\,[A]^2[B]$$

Para cada um dos processos elementares descritos, os expoentes na equação de velocidade correspondem aos coeficientes da equação, no processo. Em geral, *para cada processo elementar*, a equação de velocidade pode ser escrita a partir da estequiometria. Em outras palavras, se a equação para um destes processos for

$$xA + yB \rightarrow \text{produtos} \qquad (\text{processo elementar})$$

então a equação de velocidade é

$$\text{velocidade} = k\,[A]^x[B]^y$$

Comentários Adicionais

Atente para a restrição da generalização anterior. Um erro comum consiste na aplicação da regra para a equação da reação global. Não faça isto! A correspondência entre a estequiometria e a equação de velocidade só é válida quando aplicada a um processo elementar, isto é, com uma etapa única.

A ENERGIA DE ATIVAÇÃO E A VARIAÇÃO COM A TEMPERATURA

Na maioria dos casos a velocidade observada de uma reação química aumenta com o aumento da temperatura, embora a extensão deste aumento varie muito de reação para reação. Conforme uma regra antiga, a velocidade de uma reação aproximadamente dobra para cada aumento de 10°C da temperatura. (Infelizmente a regra é tão aproximada que só pode ser utilizada em um número limitado de casos.) Em termos de equação de velocidade, a causa da variação da velocidade da reação com a temperatura reside no fato de a constante de velocidade k variar com a temperatura. A relação entre ambas foi descoberta em 1887 por van't Hoff e, independentemente, em 1889, por Arrhenius. Arrhenius realizou um estudo extensivo de sua aplicação para muitas reações. A relação, conhecida como *equação de Arrhenius*, é

$$k = Ae^{-\frac{E_a}{RT}}$$

onde A é denominado *fator de freqüência* e E_a, R e T têm seus significados previamente definidos. Uma comparação da equação de Arrhenius com a equação da teoria das colisões, deduzida anteriormente para a velocidade de um processo bimolecular, mostra que

$$A = pZ_0$$

De acordo com a equação de Arrhenius, o valor da constante de velocidade k aumenta com a temperatura. (Repare na equação: quando T aumenta, $\frac{E_a}{RT}$ decresce e, portanto $-\frac{E_a}{RT}$ aumenta, aumentando assim o lado direito da equação.)

Isto significa que um aumento da temperatura deve produzir um aumento de velocidade de reação, o que é, usualmente, observado. Por quê? A resposta é encontrada no fato de que em qualquer temperatura existe uma distribuição, a *distribuição de Maxwell-Boltzmann*, de energias cinéticas moleculares, e, a temperaturas mais elevadas, essa distribuição se desloca no sentido de se ter um maior número de moléculas rápidas e menos moléculas lentas. A Figura 13.8 mostra a distribuição de energias cinéticas moleculares de uma substância, em duas temperaturas diferentes. A energia de ativação E_a está assinalada no diagrama. Podemos ver que a fração de moléculas com energia igual ou superior a E_a (área sombreada sob cada curva) aumenta com a temperatura.

A equação de Arrhenius é útil porque expressa a relação quantitativa entre a temperatura, a energia de ativação e a constante de velocidade. Uma de suas principais aplicações é a determinação da energia de ativação de uma reação, partindo-se de dados cinéticos experimentais a diferentes temperaturas. A melhor maneira de efetuarmos esta determinação é graficamente. Se aplicarmos logaritmos naturais em ambos os membros de equação de Arrhenius podemos escrever

$$k = Ae^{-\frac{E_a}{RT}}$$

$$\ln k = \ln A - \frac{E_a}{RT}$$

ou

$$\ln k = -\frac{E_a}{R}\frac{1}{T} + \ln A$$

Esta equação tem a forma correspondente à de uma equação de reta,

$$y = mx + b,$$

onde $y = \ln k$, $m = -\frac{E_a}{R}$, $x = \frac{1}{T}$ e $b = \ln A$. Portanto, se tivermos os valores da constante de velocidade k a diferentes temperaturas, um gráfico de ln k em função de $\frac{1}{T}$ resultará em uma reta com inclinação de $-\frac{E_a}{R}$.

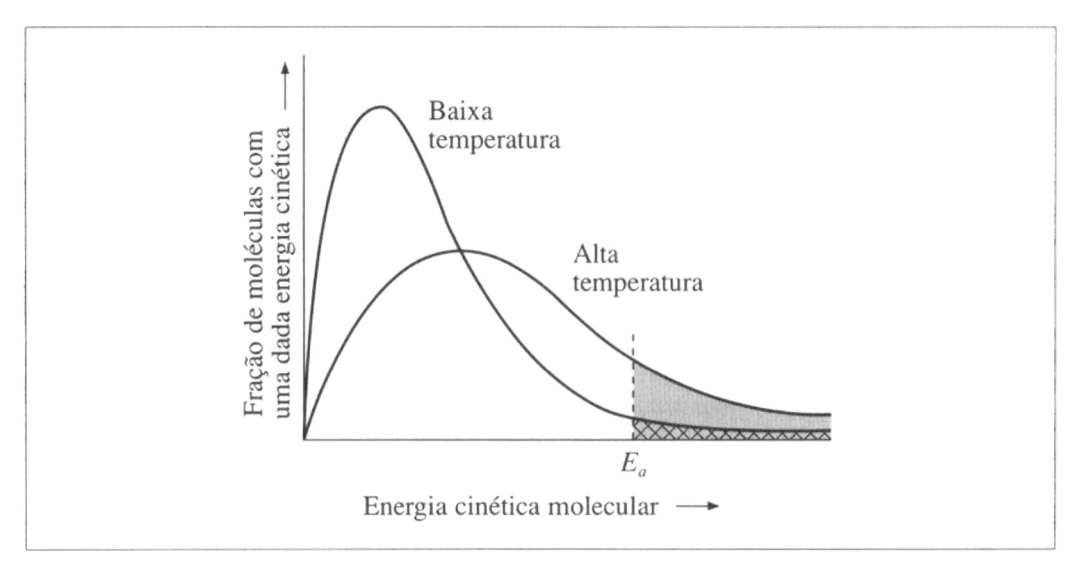

Figura 13.8 O efeito da temperatura sobre a fração do número total de moléculas com energia igual ou superior à energia de ativação.

Exemplo 13.3 A velocidade de decomposição do N_2O_5 foi estudada em uma série de temperaturas diferentes. Os seguintes valores de constante de velocidade foram encontrados:

t, °C	k, s^{-1}
0	$7{,}86 \times 10^{-7}$
25	$3{,}46 \times 10^{-5}$
35	$1{,}35 \times 10^{-4}$
45	$4{,}98 \times 10^{-4}$
55	$1{,}50 \times 10^{-3}$
65	$4{,}87 \times 10^{-3}$

Calcule o valor da energia de ativação para esta reação.

Solução: Primeiro devemos converter a temperatura de °C para K, calcular o recíproco da temperatura absoluta e a seguir determinar o logaritmo de cada valor de k. Os resultados destes cálculos são, para cada linha:

t, °C	T, K	$\dfrac{1}{T}$, K^{-1}	k, s^{-1}	$\ln k$
0	273	$3{,}66 \times 10^{-3}$	$7{,}86 \times 10^{-7}$	$-14{,}07$
25	298	$3{,}36 \times 10^{-3}$	$3{,}46 \times 10^{-5}$	$-10{,}27$
35	308	$3{,}24 \times 10^{-3}$	$1{,}35 \times 10^{-4}$	$-8{,}91$
45	318	$3{,}14 \times 10^{-3}$	$4{,}98 \times 10^{-4}$	$-7{,}60$
55	328	$3{,}05 \times 10^{-3}$	$1{,}50 \times 10^{-3}$	$-6{,}50$
65	338	$2{,}96 \times 10^{-3}$	$4{,}87 \times 10^{-3}$	$-5{,}32$

O gráfico de $\ln k$ em função de $\dfrac{1}{T}$ está na Figura 13.9, e é usualmente denominado *curva de Arrhenius*. Neste caso, a inclinação da reta é $-1{,}24 \times 10^4$ K. Como

$$\text{inclinação} = -\frac{E_a}{R}$$

então,

$$E_a = -R \text{ (inclinação)}$$

$$= -(8{,}315 \text{ J K}^{-1} \text{ mol}^{-1})(-1{,}24 \times 10^4 \text{ K})$$

$$= 1{,}03 \times 10^5 \text{ J mol}^{-1}, \text{ ou } 103 \text{ kJ mol}^{-1}$$

Problema Paralelo A velocidade de decomposição do dióxido de nitrogênio, NO_2, foi medida a várias temperaturas, e os valores obtidos são os seguintes:

t, °C	319	330	354	378	383
k, mol^{-1} L s^{-1}	0,522	0,755	1,700	4,020	5,030

Calcule o valor da energia de ativação da reação. **Resposta:** $1{,}14 \times 10^2$ kJ mol^{-1}.

O uso de métodos gráficos na resolução de problemas como os precedentes é de grande valia, pois traçar a melhor reta a partir dos pontos experimentais equivale a "tirar a média" do resultado, desde que se tenha mais de dois pontos. Quando se dispõe de valores de k apenas em duas temperaturas diferentes, entretanto, o método gráfico é melhor do que o método analítico exposto a seguir.

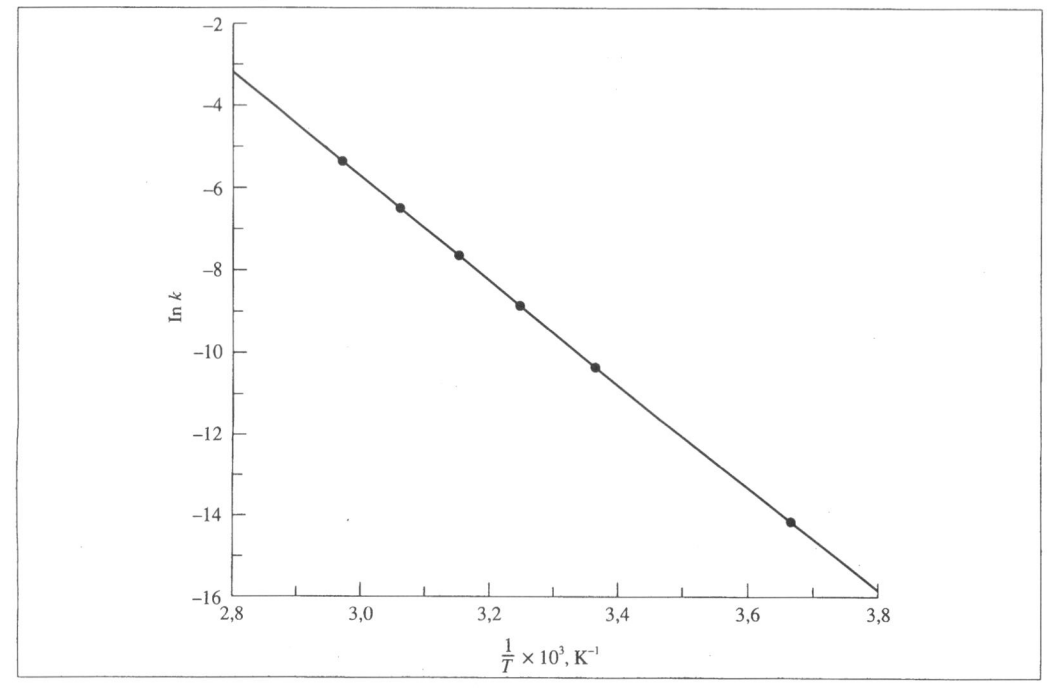

Figura 13.9 Curva de Arrhenius.

Suponhamos o conhecimento de dois valores de constantes de velocidade k_1 e k_2, em duas temperaturas T_1 e T_2, respectivamente. Então

$$\ln k_1 = -\frac{E_a}{R}\frac{1}{T_1} + \ln A$$

$$\ln k_2 = -\frac{E_a}{R}\frac{1}{T_2} + \ln A$$

Subtraindo a segunda equação da primeira, obtemos

$$\ln k_1 - \ln k_2 = -\frac{E_a}{R}\left(\frac{1}{T_1} - \frac{1}{T_2}\right)$$

ou

$$\ln \frac{k_1}{k_2} = -\frac{E_a}{R}\left(\frac{1}{T_1} - \frac{1}{T_2}\right)$$

Esta equação permite o cálculo de qualquer uma das cinco variáveis k_1, k_2, T_1, T_2 e E_a, desde que conheçamos as outras quatro.

Exemplo 13.4 A constante de velocidade da combinação de H_2 com I_2 para formar HI é 0,0234 $mol^{-1}\ L\ s^{-1}$ a 400°C e 0,750 $mol^{-1}\ L\ s^{-1}$ a 500°C. Calcule a energia de ativação da reação.

Solução: Como $k_1 = 0{,}750\ mol^{-1}\ L\ s^{-1}$ a $T_1 = 500 + 273$, ou 773 K; e como $k_2 = 0{,}0234$ $mol^{-1}\ L\ s^{-1}$ a $T_2 = 400 + 273$, ou 673 K, então:

$$\ln \frac{k_1}{k_2} = -\frac{E_a}{R}\left(\frac{1}{T_1} - \frac{1}{T_2}\right)$$

$$E_a = -\frac{R \ln \dfrac{k_1}{k_2}}{\dfrac{1}{T_1} - \dfrac{1}{T_2}}$$

$$= - \frac{(8{,}315 \text{ J K}^{-1} \text{ mol}^{-1}) \ln \left(\dfrac{0{,}0234 \text{ mol}^{-1} \text{ L s}^{-1}}{0{,}750 \text{ mol}^{-1} \text{L s}^{-1}} \right)}{\left(\dfrac{1}{673 \text{ K}} - \dfrac{1}{773 \text{ K}} \right)}$$

$$= 1{,}50 \times 10^5 \text{ J mol}^{-1}, \text{ ou } 1{,}50 \times 10^2 \text{ kJ mol}^{-1}$$

Problema Paralelo O valor da constante de velocidade para a decomposição do ozone, O_3, em oxigênio, O_2, é $1{,}9 \times 10^{-9}$ s^{-1} a 0°C e $5{,}0 \times 10^{-3}$ s^{-1} a 100°C. Calcule a energia de ativação da reação. **Resposta:** $1{,}3 \times 10^2$ kJ mol^{-1}.

REAÇÕES EM SOLUÇÕES LÍQUIDAS

Sob certos aspectos, a cinética das reações em soluções líquidas é muito semelhante à das reações gasosas. Em solventes não-polares, especialmente, as grandezas das velocidades de reação, fatores de freqüência e energias de ativação são muitas vezes similares àquelas de reações em fase gasosa. Em muitos casos, contudo, o solvente desempenha um papel de maior importância no mecanismo de reação, afetando a sua velocidade. Em soluções líquidas, a velocidade pode depender do número de *encontros*, e não colisões, que uma espécie reagente tenha com outra. Considere as seqüências de eventos mostrados na Figura 13.10. Uma partícula de soluto, como A ou B na Figura 13.10*a*, pode ser considerada como estando dentro de uma gaiola de moléculas do solvente (linhas tracejadas na ilustração). Cercadas pelas moléculas de solventes próximas, as partículas de soluto difundem-se lentamente através da solução, colidindo muitas vezes. Esta difusão pode ser descrita como o movimento das partículas de soluto de uma gaiola a outra. Eventualmente, partículas dos dois reagentes podem acabar em gaiolas adjacentes (Figura 13.10*b*) e finalmente na mesma gaiola (Figura 13.10*c*). Esta situação é chamada *encontro*, e tem um tempo de duração maior do que uma colisão em fase gasosa. Uma vez na mesma gaiola, as partículas reagentes podem colidir entre si centenas de vezes antes que ocorra a reação ou, então, que escapem da gaiola. Por causa deste efeito, o *efeito de gaiola*, as colisões entre os reagentes, no decorrer de tempo, equivalem a encontros de muitas colisões, mas com longos intervalos de tempo entre os encontros sucessivos. Reações elementares com fatores estéricos (*p*) baixos e energias de ativação elevadas exibem velocidades que dependem do número de colisões por segundo, semelhantemente ao fenômeno que ocorre em fase gasosa. Reações com fatores estéricos elevados ou energias de ativação baixas têm um comportamento diferente. Nestes casos, um encontro oferece tantas oportunidades de reação que, virtualmente, todo encontro conduz à formação de produtos. Estas reações ocorrem com a mesma rapidez com que as espécies reagentes se difundem através do solvente, uma em direção à outra; por isto são chamadas de *reações controladas por difusão*.

13.4 O COMPLEXO ATIVADO

Quando a espécie reagente em um processo bimolecular colide numa orientação favorável e com uma energia pelo menos igual à energia de ativação, forma-se uma partícula composta, altamente instável e de curta duração. Esta partícula é denominada *complexo ativado* ou *estado de transição* da reação. O estudo detalhado da formação e decomposição do complexo ativado é focalizado na teoria conhecida por várias denominações: *teoria do estado de transição, teoria da velocidade absoluta de reação* e *teoria do complexo ativado*.

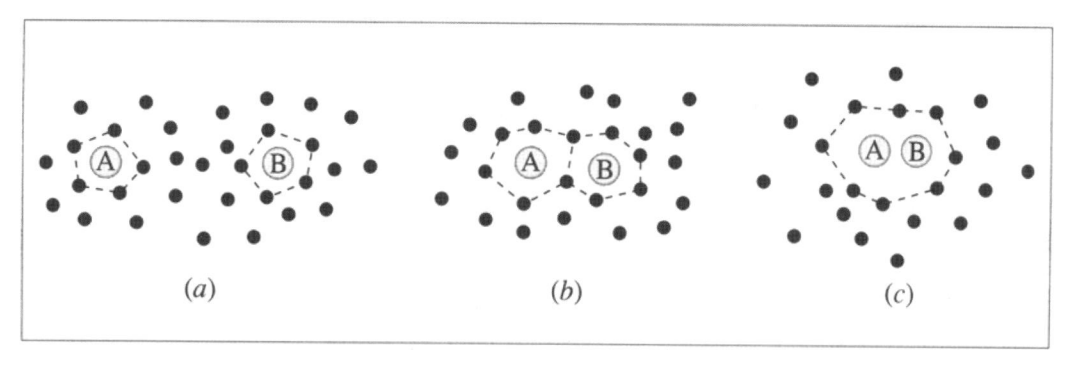

Figura 13.10 O efeito de gaiola. (*a*) A e B em gaiolas separadas. (*b*) Junção das gaiolas. (*c*) A e B na mesma gaiola.

TEORIA DO ESTADO DE TRANSIÇÃO

Consideremos novamente o processo elementar hipotético (Seção 13.3):

$$A_2(g) + B_2(g) \rightarrow 2AB(g)$$

As moléculas reagentes formarão o complexo ativado, um agregado designado por $[A_2B_2]^\ddagger$, se tiverem energia suficiente e se colidirem de um modo geometricamente favorável para a formação do complexo.

[Reagentes (estado inicial)] ⇌ [Complexo ativado (estado de transição)] ⇒ [Produtos (estado final)]

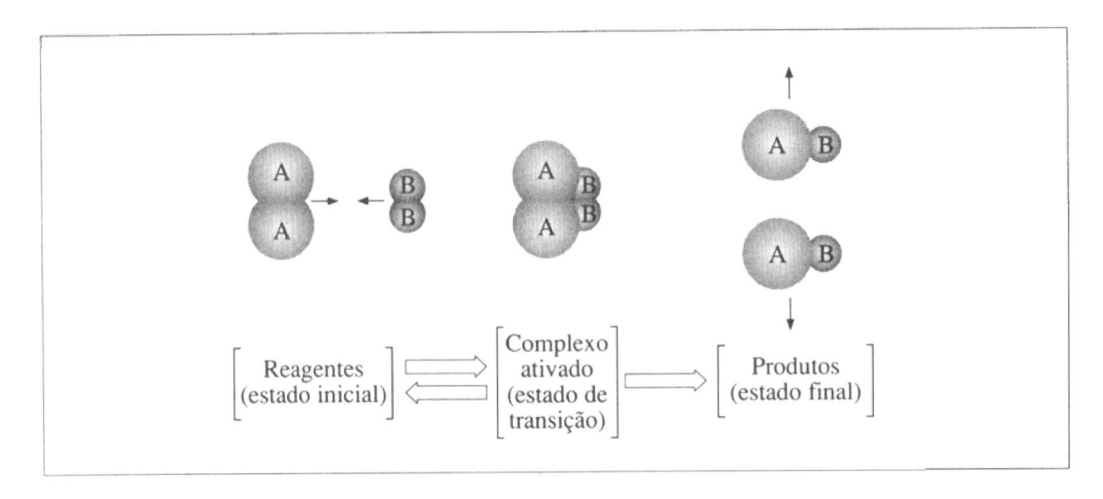

Figura 13.11 O complexo ativado.

Uma vez que o complexo esteja formado, pode se decompor formando os reagentes iniciais ou dando origem às moléculas do produto AB. O processo completo pode ser representado por

$$A_2(g) + B_2(g) \rightleftharpoons [A_2B_2]^\ddagger \rightarrow 2AB(g)$$

A Figura 13.11 representa este processo. Deve-se ter em mente que o complexo ativado não é uma molécula estável e só existe por um instante, antes de se decompor de uma maneira ou outra. A sua decomposição acontece porque a sua energia potencial é mais elevada do que as moléculas dos reagentes ou produtos. (No instante da colisão entre duas partículas, a energia potencial do par é mais elevada do que antes ou depois. Uma parte, ou toda a energia cinética das partículas em movimento é convertida em energia potencial durante o curto intervalo de tempo da colisão, transformando-se logo em seguida, quando as moléculas se afastam, em energia cinética. Desse modo, a energia total do par que colide é conservada.)

A Figura 13.12a ilustra como a energia potencial do sistema reagente varia no decorrer da reação. (O eixo horizontal, "coordenadas de reação", mede o avanço da reação.) As moléculas A_2 e B_2 se movem rapidamente, colidem e a energia potencial do conjunto aumenta até o valor de topo da "colina" de energia potencial. E_a representa o aumento de energia potencial associado com a formação de $[A_2B_2]^\ddagger$, o complexo ativado, ou estado de transição, e, assim, deve ser igual à energia cinética que A_2 e B_2 devem ter para reagirem. Depois, o caminho é "colina abaixo", regenerando as moléculas reagentes A_2 e B_2, ou rompendo as ligações A—A e B—B, para dar origem às moléculas do produto, AB. Na Figura 13.12a a energia potencial dos produtos é menor do que a dos reagentes; como é indicado, ocorre uma perda líquida de energia, isto é, o ΔH da reação é negativo. No caso de uma reação endotérmica, esquematicamente mostrado na Figura 13.12b, a energia potencial dos produtos é superior à energia dos reagentes; assim, o ΔH da reação é positivo.

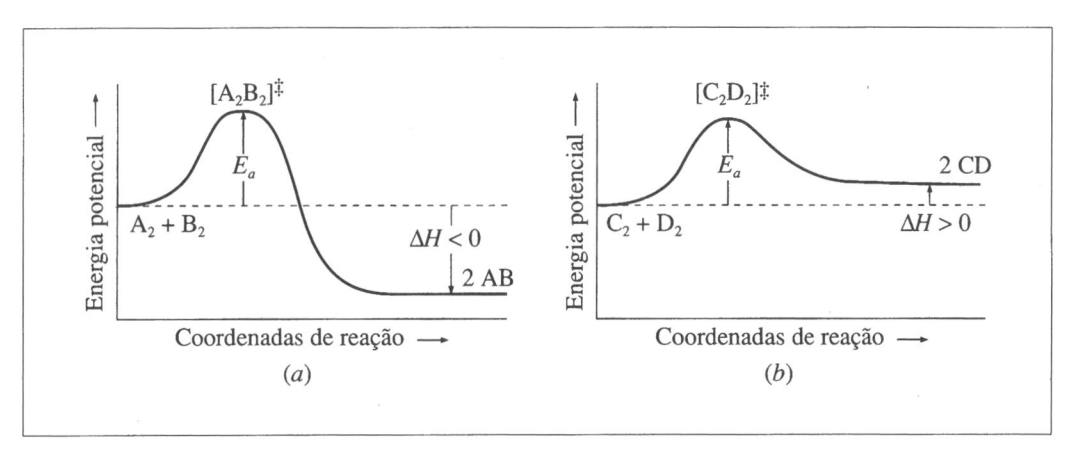

Figura 13.12 Variações de energia potencial no decorrer da reação. (a) Reação exotérmica. (b) Reação endotérmica.

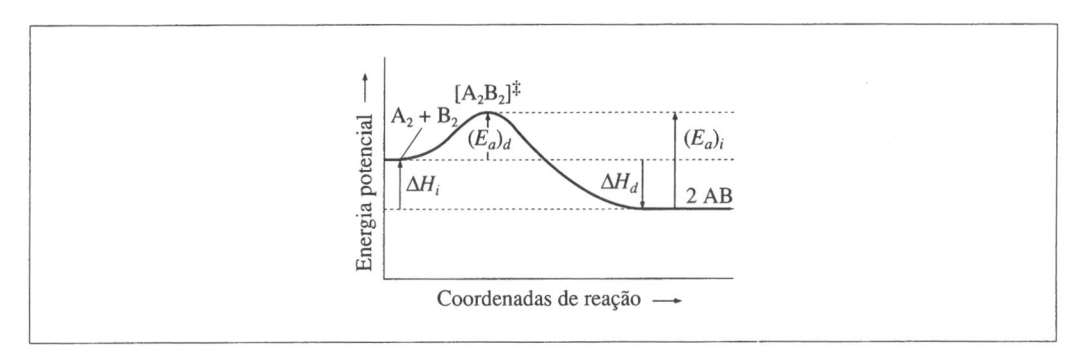

Figura 13.13 As energias de ativação para as reações direta e inversa.

Se as moléculas de A_2 e B_2 podem reagir formando duas moléculas AB, então o processo inverso é possível: duas moléculas AB podem reagir para formar A_2 e B_2. A relação entre as energias de ativação e os calores de reação para as reações direta (d) e inversa (i) é ilustrada na Figura 13.13.

Os diagramas de energia potencial, como o da Figura 13.12, são úteis no entendimento de como reações altamente exotérmicas ainda podem ser muito lentas. É claro que não há nenhuma relação direta entre E_a e o ΔH da reação. Se E_a é elevada, isto significa que as moléculas que colidem necessitam de uma energia considerável para vencer a barreira da energia potencial, e se somente uma fração pequena tiver realmente essa energia (dependendo da temperatura), a reação será lenta. Uma reação deste tipo pode ser intensamente exotérmica; se o declive do topo da barreira de potencial for maior do que a ascensão, a energia liberada será igual à diferença entre a E_a e a energia liberada quando $[A_2B_2]^{\ddagger}$ se decompõe formando os produtos da reação. Por outro lado, uma reação endotérmica pode ser rápida, se a sua energia de ativação for baixa.

13.5 MECANISMOS DE REAÇÃO: UMA INTRODUÇÃO

Como mencionamos na Seção 13.1, a maioria das reações ocorre em uma seqüência de etapas, e não por meio de um único processo elementar. Delinear o mecanismo correto, a partir dos dados experimentais, nem sempre é uma tarefa fácil. Pode não ser difícil por um mecanismo que seja consistente com a equação de velocidade e com a estequiometria da equação simplificada, balanceada, da reação. O problema é que podemos propor vários mecanismos, e o projeto de experiências que permita decidir entre possíveis alternativas razoáveis é muitas vezes um grande desafio.

Para uma reação de muitas etapas, com um mecanismo constituído de uma seqüência simples de etapas, observa-se, freqüentemente, que uma dessas etapas é consideravelmente mais lenta do que as outras. Neste caso, a velocidade da reação global é determinada (limitada) pela velocidade da etapa lenta[3]. A etapa mais lenta de um mecanismo é denominada *etapa determinante da velocidade* (ou *etapa limitante da velocidade*). A seguir, um exemplo:

Etapa 1: $A + B \xrightarrow{k_1} C + I$ (lenta)

Etapa 2: $A + I \xrightarrow{k_2} D$ (rápida)

onde k_1 e k_2 são as respectivas constantes de velocidade. I é um *intermediário*, uma espécie que é formada na etapa 1 mas é consumida na etapa 2. A equação global é obtida somando-se as equações das duas etapas:

$$2A + B \rightarrow C + D$$

---

[3] Este é o chamado *princípio do gargalo*.

Como a reação não pode ser mais rápida do que a velocidade da etapa lenta, a velocidade experimentalmente observada de formação dos produtos é igual à velocidade da primeira etapa, que é a etapa determinante de velocidade:

$$\text{velocidade}_{\text{global}} = \frac{d[D]}{dt} = \text{velocidade}_{\text{etapa1}} = k_1[A][B]$$

Qual seria o efeito na equação de velocidade, na mesma seqüência de etapas, se a segunda fosse a etapa limitante da velocidade? Para uma resposta satisfatória a esta pergunta, consideraremos primeiro algumas propriedades do equilíbrio químico, dessa forma, até a Seção 14.3 ela será respondida.

Comentários Adicionais

Neste momento, você pode ficar em dúvida, e, de fato, está com a razão. Mas você entenderá melhor a relação mecanismo-equação de velocidade, nos casos em que a primeira etapa não é a etapa determinante da velocidade, após a discussão das propriedades do estado de equilíbrio, que será feita no próximo capítulo. Na Seção 14.3 este assunto será retomado.

13.6 CATÁLISE

A velocidade de muitas reações químicas aumenta na presença de um **catalisador**, *substância que, sem ser consumida durante a reação, aumenta a sua velocidade*. Embora à primeira vista isto pareça impossível, pode acontecer de fato, porque o catalisador é uma substância usada numa etapa do mecanismo da reação e é regenerada na etapa posterior. Um catalisador atua tornando possível um novo mecanismo de reação, com uma energia de ativação menor. A Figura 13.14 compara o caminho de uma reação não-catalisada com o da catalisada. (Cada máximo de energia potencial corresponde à formação de um complexo ativado.)

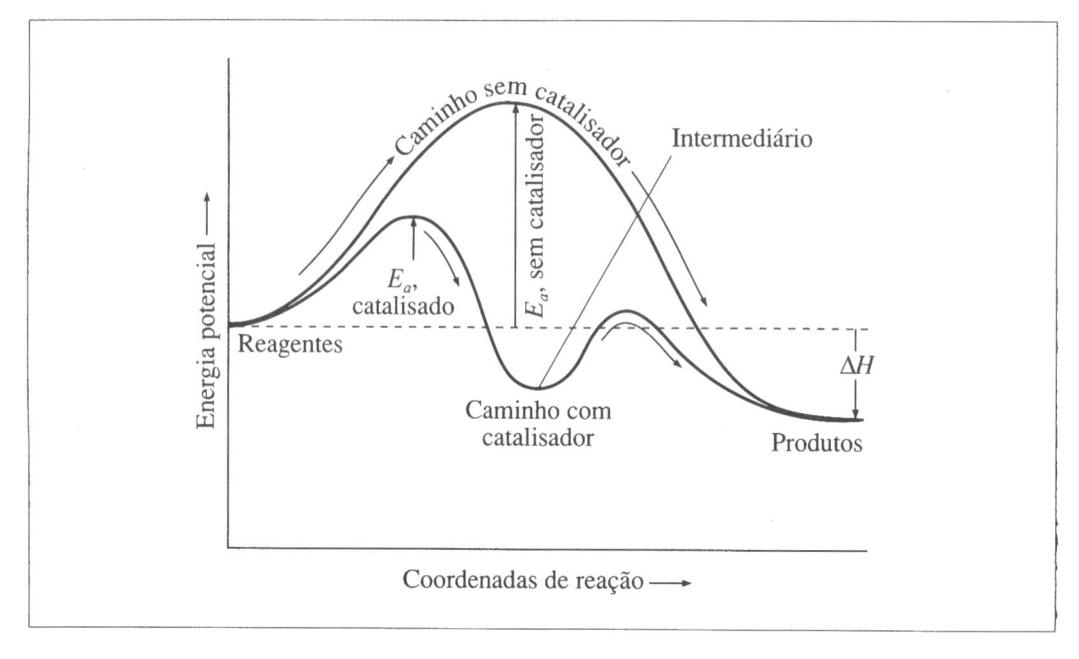

Figura 13.14 A diminuição da energia de ativação pelo catalisador.

Observe que o ΔH da reação é independente do mecanismo da reação e depende somente da identidade dos reagentes e produtos. Entretanto, a energia de ativação da reação catalisada é menor do que a da não-catalisada. Assim, numa dada temperatura, um maior número de moléculas reagentes possui a energia de ativação necessária para a reação catalisada do que para a não-catalisada. Então, o mecanismo catalisado predomina. Um catalisador não elimina um mecanismo de reação, mas possibilita um novo mecanismo, mais rápido. Mais moléculas, praticamente todas, seguirão o novo mecanismo (catalisado) em lugar do antigo.

CATÁLISE HOMOGÊNEA

Na *catálise homogênea* o catalisador e os reagentes estão presentes na mesma fase. Considere o processo elementar

$$A + B \rightarrow \text{produtos} \quad \text{(lento)}$$

Admita que este processo apresenta uma energia de ativação elevada. Se, agora, adicionarmos um catalisador C à mistura reagente, um novo *mecanismo*, *consistindo* em duas etapas, torna-se possível:

Etapa 1: A + C → AC (rápida)

Etapa 2: AC + B → produtos + C (mais rápida)

e a etapa determinante da velocidade (etapa 1) tem uma menor energia de ativação. Neste caso, ambas as energias de ativação são baixas e cada reação é mais rápida do que a reação original, não-catalisada. Note que a reação global permanece inalterada e que, enquanto o catalisador C é usado na etapa 1, será regenerado na etapa 2. A equação de velocidade da reação não-catalisada é

$$\text{velocidade} = k\,[A]\,[B]$$

e, para a reação catalisada,

$$\text{velocidade} = k'\,[A]\,[C]$$

Um exemplo de catálise homogênea é dado pela oxidação do dióxido de enxofre a trióxido de enxofre pelo oxigênio, sendo o óxido de nitrogênio, NO, o catalisador. A equação global da reação é

$$2SO_2(g) + O_2(g) \rightarrow 2SO_3(g)$$

A reação não-catalisada é muito lenta, seja por se tratar de uma reação trimolecular (pouco provável), seja porque uma das etapas do mecanismo da reação apresenta uma energia de ativação muito elevada. A adição de óxido de nitrogênio, NO, à mistura aumenta muito a velocidade da reação por possibilitar o seguinte mecanismo:

Etapa 1: $O_2(g)$ + $2NO(g)$ → $2NO_2(g)$

Etapa 2: [$NO_2(g)$ + $SO_2(g)$ → $NO(g) + SO_3(g)$] × 2

A soma destas etapas resulta na equação global original e, porque a energia de ativação para cada etapa é razoavelmente baixa, a reação ocorre mais rapidamente do que sem o catalisador.

CATÁLISE HETEROGÊNEA

O *catalisador heterogêneo* é aquele que fornece uma *superfície* sobre a qual as moléculas podem reagir mais facilmente. A catálise homogênea começa com a *adsorção* de uma molécula sobre a superfície do catalisador. Existem dois tipos gerais de adsorção: a relativamente fraca, adsorção *física*, ou de *van der Waals*, e a mais forte, adsorção *química* ou *quimissorção*. A evidência de que a molécula quimissorvida está mais fortemente ligada à superfície provém do fato de que durante a quimissorção se desprende consideravelmente mais calor do que durante a adsorção física.

A quimissorção é comum na catálise heterogênea e aparentemente ocorre, de preferência, sobre determinados sítios da superfície, chamados *sítios ativos* ou *centros ativos*. A natureza destes sítios não é compreendida inteiramente; pode ser que estejam relacionados com defeitos de superfície ou emersões provocadas por deslocamentos (Seção 9.7). Em qualquer caso, a molécula quimissorvida é de alguma maneira modificada no sítio ativo, de modo que pode reagir mais facilmente com outra molécula. Existem evidências de que algumas moléculas se dissociam em fragmentos altamente reativos. Em algumas superfícies metálicas, o hidrogênio, por exemplo, pode se dissociar em átomos e, assim, reagir mais rapidamente do que as moléculas de H_2. A reação do etileno, C_2H_4, com hidrogênio,

$$H_2(g) + C_2H_4(g) \rightarrow C_2H_6(g)$$

é supostamente catalisada pela superfície do níquel metálico, desse modo.

INIBIDORES

Os *inibidores*, às vezes impropriamente chamados "catalisadores negativos", são substâncias que, adicionadas a uma mistura reagente, diminuem a velocidade da reação. Os inibidores podem agir de várias maneiras. Uma espécie de inibição ocorre quando a substância adicionada se combina com um catalisador em potencial, tornando-a inativa e abaixando a velocidade da reação. Por exemplo, a inibição de uma reação catalisada em uma superfície pode ocorrer quando moléculas estranhas se ligarem aos sítios ativos, bloqueando-os do contato das moléculas de substrato. Uma inibição deste tipo é denominada muitas vezes de *envenenamento* e o inibidor, de *veneno*.

RESUMO

O enfoque deste capítulo é relativo às *velocidades* e aos *mecanismos* das reações químicas. As velocidades de reações químicas são, freqüentemente, difíceis de serem determinadas, porque necessitam de medidas de uma grandeza variável: a concentração. Os métodos instrumentais são freqüentemente úteis, pois determinam a variação na concentração pela medida da variação de alguma propriedade física, como a pressão, a absorção de luz ou a condutividade.

As velocidades de reação dependem, em geral, das concentrações das várias espécies presentes na mistura reagente. Estas incluem, geralmente, um ou mais reagentes, podendo incluir também os produtos ou outras substâncias. A *equação de velocidade* expressa a natureza da proporcionalidade entre a velocidade e estas concentrações. A *ordem de uma reação* é a soma dos expoentes das concentrações que aparecem na equação de velocidade. A equação de velocidade de uma reação global não pode ser deduzida da equação da reação simplificada, mas tem de ser obtida a partir de dados experimentais.

O *mecanismo* de uma reação consiste, em geral, em uma série de etapas individuais denominadas *processos elementares*. A *molecularidade* de um processo elementar é o número de moléculas reagentes que colidem na etapa em questão; a molecularidade pode ser igual a um, dois ou, ocasionalmente, três.

Um *intermediário* é uma espécie formada em uma etapa e consumida numa etapa subseqüente do mecanismo de reação.

A *energia de ativação* de uma reação é importante, pois determina a influência da temperatura na velocidade. É a energia mínima que as moléculas reagentes, que colidem, devem ter para a formação dos produtos. A grandeza da energia de ativação pode ser determinada a partir da *curva de Arrhenius*.

Um processo elementar pode ser interpretado com base na *teoria das colisões*, de acordo com a qual a velocidade de um processo elementar depende: (1) do número de colisões de moléculas reagentes por segundo; (2) da fração de moléculas que possuem energia pelo menos igual à energia de ativação, que é a energia necessária para o rearranjo "bem-sucedido" das ligações; e (3) da fração das colisões com orientação geométrica favorável para a formação dos produtos (o *fator estérico*).

Uma teoria alternativa, *a teoria do estado de transição*, focaliza a maneira pela qual os átomos se rearranjam e a seqüência das variações de energia potencial que ocorrem durante o processo elementar. De acordo com esta teoria, quando as partículas colidem têm energia igual ou maior do que a energia de ativação, e das colisões resulta o *complexo ativado*, que é um agregado instável e temporário de átomos, fracamente ligados. O complexo ativado pode se decompor nos reagentes ou nos produtos. O caminho de um processo elementar pode ser acompanhado colocando-se num gráfico a energia potencial do sistema e a sua transformação de reagentes para o complexo ativado, e deste em produtos.

Um mecanismo de reação deve ser consistente com a estequiometria da equação global balanceada e com a equação de velocidade experimental. Muitas reações ocorrem por meio de uma seqüência de etapas, uma das quais é mais lenta do que as outras. Esta etapa, a *etapa determinante de velocidade*, atua como um gargalo e limita a velocidade do processo global.

O *catalisador* aumenta a velocidade da reação fornecendo um mecanismo alternativo com baixas energias de ativação. O catalisador não é consumido na reação e, embora reaja numa etapa, é regenerado em outra etapa posterior. Os *catalisadores heterogêneos* são superfícies com *sítios ativos* que transformam as moléculas em espécies mais reativas.

PROBLEMAS

Velocidades de Reação

13.1 Esboce um gráfico mostrando como pode diminuir a concentração de um reagente com o tempo. Recorrendo ao seu gráfico, explique a diferença entre as *velocidades média* e *instantânea*.

13.2 Enumere os fatores que determinam a velocidade de uma reação.

13.3 Escreva uma expressão que simbolize cada uma das seguintes velocidades instantâneas:

(a) velocidade de consumo de H_2; (b) velocidade de formação de ClO^-.

13.4 Qual é a reação química mais rápida que você pode imaginar? Qual é a mais lenta? Como você desenvolveria experiências para medir a velocidade de cada uma delas?

■ **13.5** Se $-\dfrac{d[N_2]}{dt}$ para a reação em fase gasosa $N_2 + 3H_2 \rightarrow 2NH_3$ é $2{,}60 \times 10^{-3}$ mol L^{-1} s^{-1}, qual é $-\dfrac{d[H_2]}{dt}$?

■ **13.6** O que é $\dfrac{d[NH_3]}{dt}$ para a reação descrita no Problema 13.5?

■ **13.7** Numa experiência, a pressão parcial de N_2O_5 decresce de 34,0 mmHg em 1 min devido à reação em fase gasosa $2N_2O_5 \rightarrow 4NO_2 + O_2$. De quanto varia a pressão total durante este intervalo?

■ **13.8** A velocidade de decréscimo de [A] numa reação foi medida como segue:

Tempo, min	0,0	20,0	40,0	60,0	80,0	100,0
[A], *mol/L*	1,00	0,819	0,670	0,549	0,449	0,368

Calcule a velocidade média da reação $-\dfrac{\Delta[A]}{\Delta t}$ entre:

(a) 40,0 e 60,0 min. (b) 20,0 e 80,0 min. (c) 0,0 e 100,0 min.

■ **13.9** A partir dos dados do Problema 13.8, calcule a velocidade instantânea da reação $-\dfrac{d[A]}{dt}$ a: (a) 50,0 min. (b) 0,0 min.

13.10 Em quais condições as velocidades médias e as velocidades instantâneas são essencialmente iguais?

Equações de Velocidade

13.11 Faça uma distinção clara entre velocidade de reação, equação de velocidade e constante de velocidade.

13.12 Uma certa reação é de primeira ordem em relação a A, segunda ordem em relação a B, e terceira ordem com relação a C. Qual a influência sobre a velocidade da reação se duplicamos a concentração de: (a) [A], (b) [B], (c) [C]?

13.13 Uma certa reação é de ordem 1/2 em relação a D, 3/2 em relação a E e de ordem zero com relação a F. Qual a influência sobre a velocidade de reação se duplicarmos as concentrações de (a) [D], (b) [E], (c) [F]?

13.14 Das reações descritas para cada uma das equações de velocidade a seguir, indique a ordem respectiva a cada espécie e a ordem global: (a) velocidade = k [A] [B]^2, (b) velocidade = k [A]^2 e (c) velocidade = $k \dfrac{[A][B]}{[C]}$.

■ **13.15** Para a reação $2A + B \rightarrow C + 3D$ foram obtidas as seguintes velocidades iniciais:

[A], *mol/L* inicial	[B], *mol/L* inicial	$-\dfrac{d[A]}{dt}$, $mol\ L^{-1}\ s^{-1}$ inicial
0,127	0,346	$1,64 \times 10^{-6}$
0,254	0,346	$3,28 \times 10^{-6}$
0,254	0,692	$1,31 \times 10^{-5}$

(a) Escreva a equação de velocidade da reação. (b) Calcule o valor da constante de velocidade. (c) Calcule a velocidade de consumo de A, quando [A] = 0,100 mol/L e [B] = 0,200 mol/L. (d) Calcule a velocidade de formação de D sob as condições de (c).

13.16 Para a reação A + 2B → 3C + 4D foram obtidas as seguintes velocidades iniciais:

[A], mol/L inicial	[B], mol/L inicial	[X], mol/L inicial	$-\dfrac{d[A]}{dt}$, $mol\ L^{-1}\ s^{-1}$ inicial
0,671	0,238	0,127	$1,41 \times 10^{-3}$
0,839	0,238	0,127	$1,41 \times 10^{-3}$
0,421	0,476	0,127	$5,64 \times 10^{-3}$
0,911	0,238	0,254	$2,82 \times 10^{-3}$

(a) Escreva a equação de velocidade da reação. (b) Calcule a constante de velocidade. (c) Calcule $-\dfrac{d[A]}{dt}$ quando [A] = [B] = [X] = 0,500 mol/L. (d) Calcule $\dfrac{d[C]}{dt}$, quando [A] = [B] = [X] = 0,200 mol/L. (e) Calcule $\dfrac{d[D]}{dt}$, quando [A] = [B] = [X] = 0,100 mol/L.

13.17 Determine a equação de velocidade e calcule a constante de velocidade para a reação A + B → C, usando as seguintes velocidades iniciais:

[A], mol/L inicial	[B], mol/L inicial	$-\dfrac{d[A]}{dt}$ $mol\ L^{-1}\ s^{-1}$ inicial
0,395	0,284	$1,67 \times 10^{-5}$
0,482	0,284	$2,04 \times 10^{-5}$
0,482	0,482	$5,88 \times 10^{-5}$

13.18 Os dados a seguir foram obtidos a 320°C para a reação $SO_2Cl_2 \rightarrow SO_2 + Cl_2$:

Tempo, h	0,00	1,00	2,00	3,00	4,00
$[SO_2Cl_2]$, mol/L	1,200	1,109	1,024	0,946	0,874

Determine, mediante um método gráfico, a ordem de reação e a constante de velocidade a 320°C.

■ 13.19 A 310°C a decomposição térmica da arsina ocorre de acordo com a equação $2AsH_3(g) \rightarrow 2As(s) + 3H_2(g)$; a essa temperatura foram obtidos os seguintes dados:

Tempo, h	0,0	3,0	4,0	5,0	6,0	7,0	8,0
$[AsH_3]$ mol/L	0,0216	0,0164	0,0151	0,0137	0,0126	0,0115	0,0105

(a) Qual é a ordem da reação? (b) Qual é o valor da constante de velocidade?

13.20 A decomposição do N_2O_5 em solução de CCl_4 para formar NO_2 e O_2 foi estudada a 30°C. A partir dos resultados:

Tempo, min	0	80	160	240	320
$[N_2O_5]$, mol/L	0,170	0,114	0,078	0,053	0,036

determine a ordem da reação e calcule a constante de velocidade.

■ 13.21 Qual é a meia-vida de uma reação de primeira ordem para a qual $k = 1,4 \times 10^{-2}$ min^{-1}?

13.22 A meia-vida de uma reação de primeira ordem é independente da sua concentração inicial. Como a meia-vida de uma reação de segunda ordem do tipo 2 A → produtos dependerá da concentração inicial? E no caso de uma reação de ordem zero?

■ 13.23 A decomposição, em fase gasosa, do N_2O_3 em NO_2 e NO é de primeira ordem com $k_1 = 3,2 \times 10^{-4}$ s^{-1}. Em uma reação na qual $[N_2O_3]$ inicial é 1,00 mol/L, quanto tempo levará para esta concentração reduzir-se a 0,125 mol/L?

■ 13.24 A decomposição do acetaldeído em fase gasosa $CH_3CHO \rightarrow CH_4 + CO$ é, sob certas condições, de segunda ordem com $k_2 = 0,25$ mol^{-1} L s^{-1}. Em quanto tempo $[CH_3CHO]$ decresceria de 0,0300 a 0,0100 mol/L?

Teoria das Colisões

13.25 Como a molecularidade difere da ordem da reação? Em quais circunstâncias é possível prever a ordem de uma reação a partir da molecularidade?

13.26 O que é um processo unimolecular? Sugira uma maneira para uma molécula reagir sem ter colidido com outra molécula.

13.27 Para um processo bimolecular, quais são os três fatores que determinam a velocidade de formação dos produtos?

13.28 Coloque os seguintes processos bimoleculares em ordem decrescente de fator estérico, p:

(a) $O_3 + NO \rightarrow NO_2 + O_2$,
(b) $CH_3 + CH_3 \rightarrow C_2H_6$,
(c) $I^+ + I^- \rightarrow I_2$,
(d) $CH_3CH_2CH_2COOH + CH_3OH \rightarrow CH_3CH_2CH_2COOCH_3 + H_2O$.

13.29 Explique o fato de as reações unimoleculares obedecerem a equações de primeira ordem a pressões mais altas, e de segunda ordem a pressões inferiores.

13.30 Por que são raras as reações trimoleculares?

Influência da Temperatura

13.31 Descreva a energia de ativação:

(a) sob o ponto de vista teórico, (b) sob o ponto de vista experimental.

■ **13.32** Se a velocidade de uma reação aproximadamente duplica quando a temperatura é aumentada de 10°C, qual deve ser a energia de ativação no caso da temperatura inicial ser de:

(a) 25°C? (b) 500°C?

13.33 Uma certa reação apresenta $E_a = 146$ kJ mol^{-1}. Se a constante de velocidade for de $4{,}25 \times 10^{-4}$ s^{-1} a 25,0°C, qual será o seu valor a 100,0°C?

■ **13.34** Se a E_a para uma reação é 198 kJ mol^{-1} e $k = 5{,}00 \times 10^{-6}$ s^{-1} a 25°C, em que temperatura k será igual a $5{,}00 \times 10^{-5}$ s^{-1}?

13.35 Que tipos de processos elementares devem ter energias de ativação muito baixas ou nulas?

13.36 Um processo elementar pode ter energia de ativação negativa? Explique.

13.37 A velocidade de poucas reações decresce com o aumento da temperatura. O que pode ser dito a respeito das energias de ativação determinadas experimentalmente para estas reações? Como este comportamento poderia ser explicado em termos do mecanismo destas reações?

13.38 Os valores das constantes de velocidade para a decomposição do NO_2 são 0,755 mol^{-1} L s^{-1} a 330°C e 4,02 mol^{-1} L s^{-1} a 378°C. Qual é a energia de ativação da reação?

Teoria do Estado de Transição

13.39 O que é complexo ativado? Quais são os dois modos pelos quais o complexo ativado pode se decompor?

13.40 Que relação existe entre as energias de ativação para as reações direta, inversa e ΔH de um processo elementar?

13.41 Em uma reação que ocorre por um mecanismo em etapas, qual é a relação entre E_a da reação global e E_a da etapa determinante da velocidade?

13.42 Esboce a curva de energia potencial em função das coordenadas de reação, no caso de um mecanismo de duas etapas no qual a energia da segunda etapa é maior do que a da primeira etapa. Indique no seu desenho a energia de ativação para toda a reação global e como ela poderia ser obtida experimentalmente.

13.43 Resolva o Problema 13.42 para o caso em que a segunda etapa apresenta uma energia de ativação menor.

Mecanismos de Reação

13.44 Escreva as equações de velocidade para os seguintes processos elementares:

(a) X + Y → produtos, (b) 2X → produtos, (c) 2X + Y → produtos, (d) X → produtos.

13.45 Num mecanismo que consiste em uma série de etapas, como a etapa posterior à etapa determinante da velocidade influi sobre a reação global?

13.46 Explique por que o catalisador não aparece na equação de velocidade de uma reação catalisada.

13.47 Se um catalisador abaixa a energia de ativação aparente de uma reação, o "catalisador negativo" (inibidor) a aumenta? Explique.

PROBLEMAS ADICIONAIS

13.48 A equação de velocidade de uma certa reação consiste de dois termos separados e somados. O que isto nos informa quanto ao mecanismo da reação?

13.49 A decomposição térmica do clorato de potássio, $KClO_3$, para formar KCl e O_2 é catalisada pelo dióxido de manganês sólido, MnO_2. Como você determinaria se esta catálise é homogênea ou heterogênea?

13.50 Algumas reações são chamadas autocatalíticas. Sugira um significado para este termo. Qual seria o aspecto geral da equação de velocidade de uma reação autocatalítica?

13.51 Por que é necessário acender uma vela para queimá-la? Após estar acesa, por que continua queimando?

13.52 Se uma reação for de ordem zero em relação a um dos reagentes, isto significa que a velocidade independe da concentração deste reagente. Como isto é possível considerando que se o reagente em questão for totalmente removido da mistura reagente, a reação pára?

■ **13.53** Para a reação $A + B \rightarrow C$ foram obtidas as seguintes velocidades iniciais:

[A], mol/L inicial	[B], mol/L inicial	$-\dfrac{d[A]}{dt}$, $mol^{-1} L\ s^{-1}$ inicial
0,245	0,128	$1{,}46 \times 10^{-4}$
0,490	0,128	$2{,}92 \times 10^{-4}$
0,735	0,256	$8{,}76 \times 10^{-4}$

Escreva a equação de velocidade da reação.

13.54 Escreva a equação de velocidade e calcule a constante de velocidade para a reação $A + B \rightarrow C$, usando as seguintes velocidades iniciais:

[A], mol/L inicial	[B], mol/L inicial	[C], mol/L inicial	$-\dfrac{d[A]}{dt}$, mol L^{-1} s^{-1} inicial
0,918	0,216	0,712	$1,46 \times 10^{-4}$
0,621	0,216	0,712	$9,88 \times 10^{-5}$
0,420	0,719	0,712	$6,68 \times 10^{-5}$
0,514	0,319	0,448	$1,30 \times 10^{-4}$

13.55 A decomposição térmica do éter dimetílico ocorre segundo a equação:

$$(CH_3)_2O(g) \to CH_4(g) + H_2(g) + CO(g)$$

Uma amostra de éter dimetílico foi colocada em um recipiente e aquecida rapidamente até 504°C. Durante a reação observou-se a seguinte variação da pressão:

Tempo, min	0,00	6,50	12,95	19,92	52,58
Pressão total, mmHg	312	408	488	562	779

Determine a ordem da reação e calcule a constante de velocidade a 504°C.

13.56 A reação $2HI(g) \to H_2(g) + I_2(g)$ foi estudada a 600 K. Os seguintes dados foram obtidos:

Tempo, h	0,0	1,0	2,0	3,0	4,0	5,0
[HI], mol/L	3,95	3,73	3,54	3,37	3,22	3,08

Escreva a equação de velocidade em termos de consumo de HI e calcule o valor da constante de velocidade a 600 K.

■ **13.57** A decomposição de primeira ordem do peróxido de hidrogênio, $2H_2O_2(l) \to 2H_2O(l) + O_2(g)$, possui uma constante de velocidade de $2,25 \times 10^{-6}$ s^{-1} a uma certa temperatura. Em uma dada solução a $[H_2O_2] = 0,800$ mol/L: (a) Qual será a $[H_2O_2]$ na solução após 1,00 dia? (b) Quanto tempo levará para a concentração de H_2O_2 cair a 0,750 mol/L?

13.58 A meia vida da reação A → 2B em fase gasosa é de 35 min. A foi colocado num recipiente até a pressão de 725 mmHg. Após 140 min, qual será: (a) a pressão parcial de A? (b) a pressão total?

13.59 Uma certa reação apresenta uma energia de ativação experimental de 50 kJ mol^{-1} a 100°C e 200 kJ mol^{-1} a 25°C. Como explicar esta diferença?

13.60 A decomposição do N_2O_5 ocorre com uma constante de velocidade igual a 4,87 × 10^{-3} s^{-1} a 65°C e 3,38 × 10^{-5} s^{-1} a 25°C. Calcule a energia de ativação da reação.

Capítulo 14

EQUILÍBRIO QUÍMICO

TÓPICOS GERAIS

14.1 EQUILÍBRIOS QUÍMICOS HOMOGÊNEOS
O estado de equilíbrio
A abordagem do equilíbrio
Equilíbrio químico e o princípio de Le Châtelier

14.2 LEI DO EQUILÍBRIO QUÍMICO
Expressão da lei da ação das massas
A constante de equilíbrio

14.3 CINÉTICA E EQUILÍBRIO
Processos elementares
Reações de múltiplas etapas
Mecanismos de reações em multietapas

14.4 EQUILÍBRIOS QUÍMICOS HETEROGÊNEOS

14.5 VARIAÇÃO DE K COM A TEMPERATURA
Equação de van't Hoff

14.6 CÁLCULOS DE EQUILÍBRIO

Uma das razões pelas quais as propriedades dos sistemas em equilíbrio são muito importantes é que todas as reações químicas tendem a alcançar um equilíbrio. De fato, se permitirmos que isso ocorra, todas as reações atingem o estado de equilíbrio, embora em alguns casos isto nem sempre seja evidente. Às vezes dizemos que a reação "foi completada". Mas, rigorosamente falando, não existem reações que consumam *todos* os reagentes. Todos os sistemas que reagem alcançam um estado de equilíbrio, no qual permanecem pequenas quantidades de reagentes que estão sendo consumidas até que seja quase impossível de se medir. Por exemplo, na explosão de uma mistura 2:1 mol por mol de gases H_2 e O_2, a reação:

$$2H_2(g) + O_2(g) \rightarrow 2H_2O(g)$$

certamente parece ter reagido totalmente, porque não são detectadas quantidades remanescentes de hidrogênio e oxigênio. Na realidade, a reação se processa rapidamente para um estado de equilíbrio.

$$2H_2(g) + O_2(g) \rightleftharpoons 2H_2O(g)$$

no qual permanecem *ínfimas* quantidades de H_2 e O_2. Assim, cada vez que você ouvir a expressão "a reação foi completada", lembre-se de que o equilíbrio foi estabilizado.

Em capítulos anteriores consideramos diferentes tipos de sistemas em equilíbrio, incluindo líquidos em equilíbrio com vapor (Capítulo 10), uma solução saturada em equilíbrio com soluto em excesso (Capítulo 11) e um eletrólito fraco em equilíbrio com seus íons em solução (Capítulo 11). Neste capítulo, aprofundaremos nosso estudo no estado de equilíbrio. Lembre-se: todos estes equilíbrios são *dinâmicos*; cada um consiste em dois processos opostos que ocorrem exatamente na mesma velocidade, um deles neutralizando o outro.

14.1 EQUILÍBRIOS QUÍMICOS HOMOGÊNEOS

Antes de estudar os aspectos quantitativos do equilíbrio, devemos ter uma idéia do ponto de vista qualitativo, isto é, como o estado de equilíbrio pode ser alcançado, e como ele responde às perturbações ou tensões.

O ESTADO DE EQUILÍBRIO

Considere a reação entre o dióxido de carbono e hidrogênio para formar monóxido de carbono e água:

$$CO_2(g) + H_2(g) \rightarrow CO(g) + H_2O(g)$$

Suponha que certa quantidade de CO_2 de H_2 estão contidos em um recipiente e que dispomos de um instrumento que nos permita acompanhar esta reação. Assim que ela ocorre, observamos que as concentrações dos reagentes diminuem e que a dos produtos aumentam, como é mostrado na Figura 14.1. Consideremos que a reação inicia-se no tempo t_0. No tempo t_1, as concentrações de CO_2 e H_2 diminuíram e as de CO e H_2O aumentaram. (As de [CO] e [H_2O] são sempre iguais porque são formadas em razão mol por mol 1:1, como mostra a equação.) No tempo t_2, [CO_2] e [H_2] diminuíram e [CO] e [H_2O] aumentaram ainda mais, porém suas velocidades de troca são agora menores do que no início da reação. Após o tempo t_3, essencialmente não há mais variação em nenhuma das concentrações.

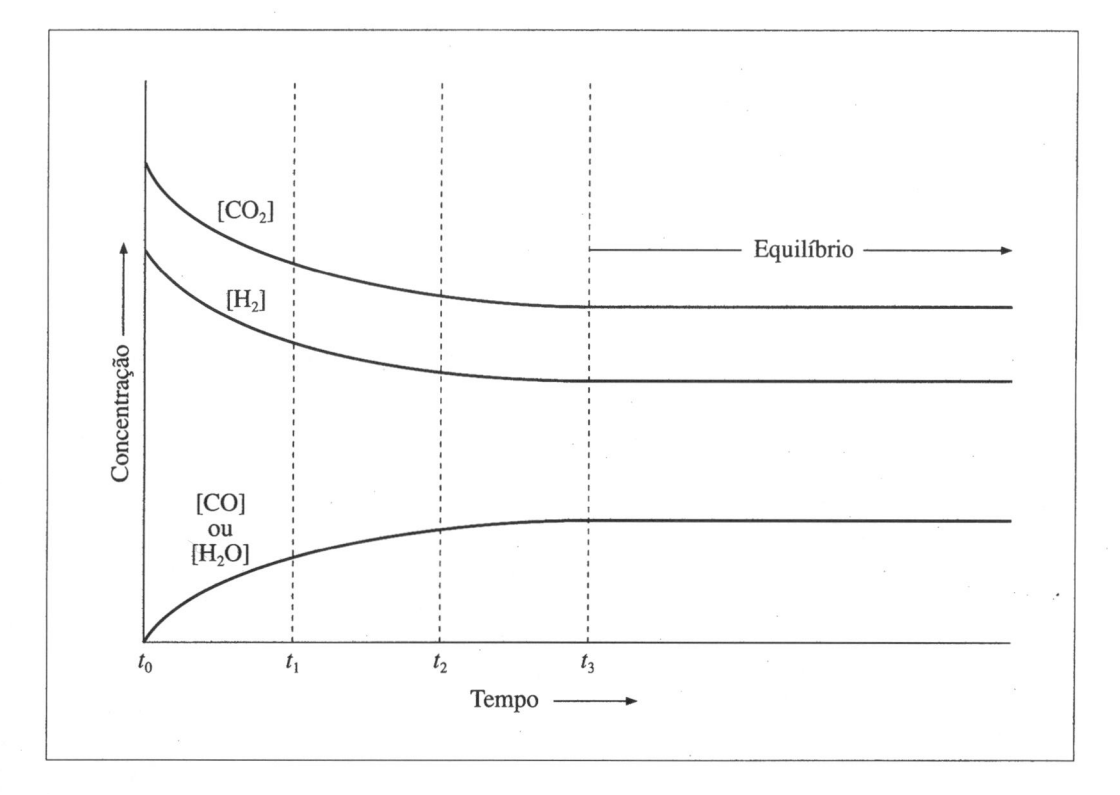

Figura 14.1 A visão do equilíbrio.

No tempo t_0, somente pode ocorrer a reação no sentido de formação de produtos:

$$CO_2(g) + H_2(g) \rightarrow CO(g) + H_2O(g)$$

Entretanto, no tempo t_1 já foi formada certa quantidade de CO e H_2O, portanto, pode-se iniciar a reação no sentido inverso:

$$CO(g) + H_2O(g) \rightarrow CO_2(g) + H_2(g)$$

A velocidade da reação de formação de produto diminui com o tempo, devido ao decréscimo de $[CO_2]$ e $[H_2O]$. Ao mesmo tempo, a velocidade da reação inversa aumenta, devido a $[CO]$ e $[H_2O]$ aumentarem por causa da reação de formação de produtos.

Finalmente, em t_3, a velocidade da reação de formação de produtos diminui e a reação inversa aumenta a ponto de se igualarem. A partir deste ponto não há mais variação na concentração, uma vez que reagentes e produtos são formados e consumidos em velocidades iguais:

$$CO_2(g) + H_2(g) \rightleftharpoons CO(g) + H_2O(g)$$

A ABORDAGEM DO EQUILÍBRIO

Existem maneiras diferentes de se estabelecer um equilíbrio. Considere, novamente, a reação:

$$CO_2(g) + H_2(g) \rightleftharpoons CO(g) + H_2O(g)$$

Neste caso, uma maneira de alcançar o equilíbrio é adicionar quantidades iguais, por exemplo 1 mol de CO_2 e H_2, a um recipiente e então esperar que todas as concentrações atinjam valores constantes. As variações nas concentrações dos reagentes e produtos são vistas na Figura 14.2a. Uma segunda maneira de alcançar o equilíbrio é adicionar quantidades iguais, ou seja, um mol de cada (de CO e H_2O) ao recipiente; as variações nas concentrações são mostradas na Figura 14.2b. Neste caso, a reação inicial é a reação inversa da Figura 14.2a, entretanto, o resultado final é o mesmo, As concentrações finais de equilíbrio na Figura 14.2b são iguais às em a. A Figura 14.2c mostra o que ocorre quando o equilíbrio é alcançado pela adição de quantidades de matéria diferentes de H_2 e CO_2 ao recipiente. Uma quarta variação é mostrada na Figura 14.2d; neste caso, quantidades de matéria iguais de CO_2 e H_2 são adicionadas juntamente com certa quantidade de CO em um recipiente. Um equilíbrio pode ser estabelecido, pelo menos a princípio, a partir de qualquer combinação de reagentes ou produtos em qualquer concentração, desde que todos os reagentes ou todos os produtos estejam presentes na mistura inicial. (Se esta condição não for cumprida, a reação não poderá ocorrer em nenhum dos dois sentidos.)

Comentários Adicionais

Lembre-se: os termos *reagentes*, *produtos*, *reação direta* e *reação inversa* apenas têm algum significado quando se referem a uma certa equação escrita. (Um reagente torna-se um produto quando a equação é escrita no sentido inverso.)

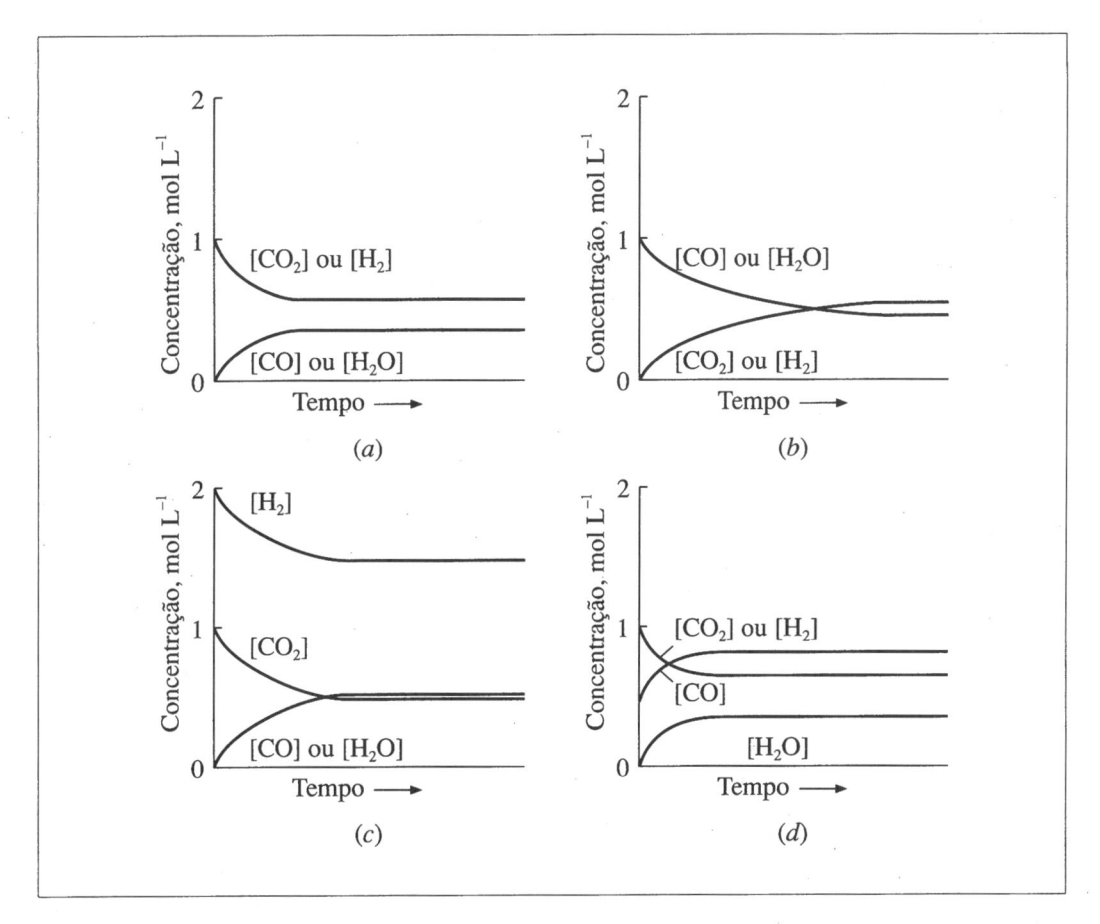

Figura 14.2 Diferentes condições para o equilíbrio $CO_2(g) + H_2(g) \rightleftharpoons CO(g) + H_2O(g)$. (*a*) Um mol de cada, CO_2 e H_2, é introduzido no recipiente vazio. (*b*) Um mol de cada, CO e H_2O, é adicionado ao recipiente. (*c*) São introduzidos diferentes números de mols de H_2 e CO_2. (*d*) São colocados números iguais de mols de CO_2 e H_2 além de certa quantidade CO.

EQUILÍBRIO QUÍMICO E O PRINCÍPIO DE LE CHÂTELIER

Quando sistemas em equilíbrio são submetidos a qualquer perturbação exterior, o equilíbrio desloca-se no sentido contrário a fim de minimizar esta perturbação. Este é o enunciado do princípio de Le Châtelier, discutido na Seção 10.6. Conforme o sistema se ajusta, "a posição de equilíbrio" muda. Isto significa que após o equilíbrio ter sido restabelecido, mais produtos reagentes aparecem, dependendo do que foi formado durante a mudança. Na equação escrita, um deslocamento favorecendo a formação de mais produtos é chamado "deslocamento para a direita" uma vez que os produtos se localizam do lado direito nas equações escritas. Um deslocamento favorecendo os reagentes é chamado "deslocamento para a esquerda".

Considere, por exemplo, o equilíbrio:

$$N_2(g) + 3H_2(g) \rightleftharpoons 2NH_3(g)$$

Suponha que tenhamos colocado N_2, H_2 e NH_3 em um recipiente mantido à temperatura constante e que tenhamos esperado até que o sistema tenha atingido o equilíbrio. Mediremos em seguida a concentração de equilíbrio de cada uma das três substâncias. Seqüencialmente, perturbaremos o equilíbrio adicionando N_2 no recipiente e imediatamente inicia-se o monitoramento em cada concentração. Os resultados são mostrados na Figura 14.3. A concentração de cada substância mostra ser constante à esquerda do gráfico: o sistema está em equilíbrio. Repentinamente, a concentração de N_2 aumenta, quando maior quantidade é adicionada ao recipiente. Vejamos o que aconteceu: a concentração de N_2 e de H_2 imediatamente começou a diminuir, ao mesmo tempo a concentração de NH_3 começou a aumentar. Estas mudanças ocorrem quando falamos que o equilíbrio "foi deslocado para a direita".

$$N_2(g) + 3H_2(g) \rightleftharpoons 2NH_3(g)$$

A Figura 14.3 mostra que estas mudanças continuam, entretanto a velocidade diminui gradualmente, até que o sistema novamente restabelece um estado de equilíbrio, após o qual a concentração de cada um permanece constante.

Note que neste experimento alguma quantidade de N_2 adicionada é consumida no deslocamento do equilíbrio, assim, o efeito da adição (aumento na concentração) é parcialmente compensado. Em outras palavras, o ajuste do sistema tende a minimizar o efeito de adição de mais N_2 como prevê o princípio de Le Châtelier. Note, entretanto, a *mudança* nas grandezas relativas da concentração, que ocorre após a adição de N_2. Estas mudanças estão na proporção de 1:3:2 (de $[N_2]$ para $[H_2]$ e para $[NH_3]$), o que está em concordância com a estequiometria da reação.

A resposta dada por um sistema em equilíbrio à adição ou remoção de um componente é mais uma resposta à mudança de *concentração* do que a uma variação de quantidade. Para confirmar esta afirmação, considere novamente o equilíbrio:

$$N_2(g) + 3H_2(g) \rightleftharpoons 2NH_3(g)$$

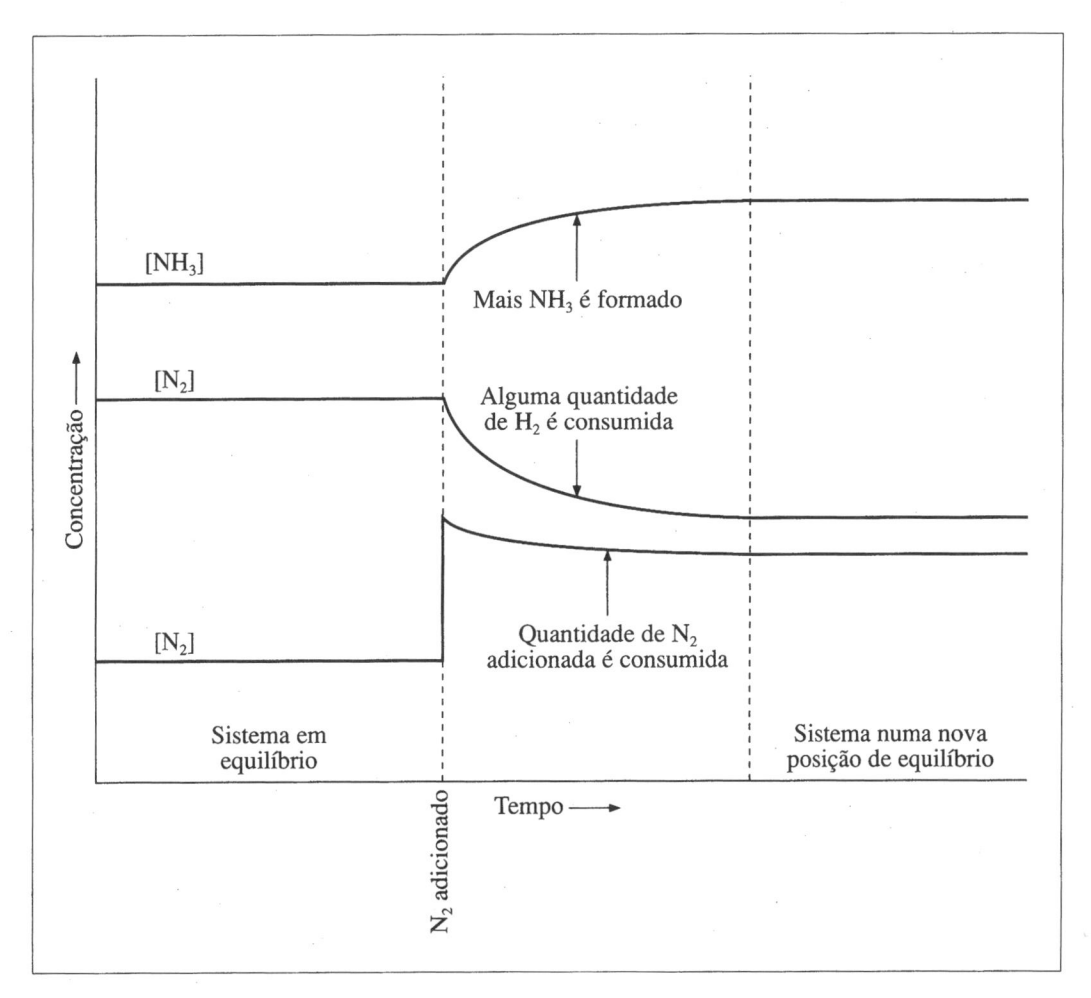

Figura 14.3 Deslocamento do equilíbrio $N_2(g) + 3H_2(g) \rightleftharpoons 2NH_3(g)$.

Se repentinamente diminuirmos o volume do recipiente à temperatura constante, as *quantidades* de N_2, H_2 e NH_3 não são imediatamente afetadas, entretanto, as *concentrações* aumentam. Neste caso, o equilíbrio se desloca para a direita; é formado mais NH_3, e menos N_2 e H_2 estarão presentes depois de restabelecido o equilíbrio. A resposta do sistema deve estar vinculada à concentração. De que maneira o princípio de Le Châtelier explica a formação de mais NH₃ neste equilíbrio? O equilíbrio é deslocado para a direita porque assim será reduzido o número total de moléculas, e portanto, a pressão total no recipiente (ver a equação – na reação de formação de produtos, duas moléculas substituem quatro). A diminuição do volume de uma mistura de gases aumentará a pressão total (lei de Boyle). Neste caso, porém, o aumento de pressão é minimizado pela diminuição do número de moléculas de gás. Note, entretanto, que depois do equilíbrio ser restabelecido, embora esteja presente mais NH₃ e menos H₂ e N₂, as *concentrações* de todos os três aumentaram, como conseqüência da diminuição de volume do recipiente. (Pode-se facilmente concluir que um aumento do volume do recipiente produz resultados opostos aos que discutimos aqui, com o equilíbrio deslocando para esquerda.)

Nem sempre uma variação no volume do recipiente provocará um deslocamento no equilíbrio num sistema gasoso em equilíbrio. Por exemplo, no equilíbrio

$$2HI(g) \rightleftharpoons H_2(g) + I_2(g)$$

o número de moléculas de gás é igual nos dois lados da equação, o sistema em equilíbrio não responde a uma diminuição de volume, à temperatura constante. Neste caso não existe mecanismo para minimizar o aumento de pressão, portanto, nenhum deslocamento é produzido pela variação de volume do recipiente.

O que acontece a um equilíbrio se for aumentada a pressão total por meio da adição de um gás inerte ao recipiente? Neste caso, poderíamos esperar que o equilíbrio se deslocasse na direção em que existem menos moléculas, mas não é o que ocorre. Isto é explicado pelo fato das concentrações de N_2, H_2 e NH_3 não serem afetadas pela adição de um gás inerte, já que o volume do recipiente é mantido constante.

Finalmente, consideraremos a influência de mudanças de temperatura sobre um sistema em equilíbrio. O princípio de Le Châtelier prevê que um aumento de temperatura favorece uma reação endotérmica. A formação de amônia a partir de seus elementos é uma reação exotérmica.

$$N_2(g) + 3H_2(g) \rightleftharpoons 2NH_3(g) \quad \Delta H = -92,2 \text{ kJ}$$

o que poderia ser reescrito como

$$N_2(g) + 3H_2(g) \rightleftharpoons 2NH_3(g) + 92,2 \text{ kJ}$$

Assim, a reação à direita é exotérmica e a da esquerda é endotérmica. A adição de calor a este equilíbrio causa um deslocamento para a *esquerda*. A reação endotérmica (para a esquerda) consome parte do calor adicionado para produzir mais N₂ e H₂ a partir de NH₃, e desta maneira a temperatura aumenta menos do que se poderia esperar. A temperaturas mais altas, as concentrações de equilíbrio de [N₂] e [H₂] são maiores e a de [NH₃] é menor.

Com a diminuição da temperatura há uma inversão de todos os efeitos citados, uma vez que é favorecida a reação exotérmica. É produzido calor que compensa parcialmente aquele retirado do sistema.

14.2 LEI DO EQUILÍBRIO QUÍMICO

Até agora vimos apenas *como* um equilíbrio se desloca em resposta a uma força externa ou a uma perturbação, mas não o *quanto*.

Felizmente, o tratamento quantitativo do equilíbrio depende fundamentalmente de uma única relação, conhecida como *lei do equilíbrio químico*. Entretanto, primeiramente precisamos definir alguns termos.

EXPRESSÃO DA LEI DA AÇÃO DAS MASSAS

Considere uma reação hipotética em fase gasosa:

$$A(g) + B(g) \rightarrow C(g) + D(g)$$

Para esta reação a quantidade, Q, é definida como:

$$Q = \frac{[C][D]}{[A][B]}$$

Q é chamada de *expressão da lei da ação das massas* para a reação; é também chamada *quociente de reação*.

Para uma segunda reação:

$$E(g) + F(g) \rightarrow 2G(g)$$

$$Q = \frac{[G]^2}{[E][F]}$$

Normalmente a expressão da lei da ação das massas, Q, é um quociente, uma fração que tem como numerador o produto das concentrações dos produtos da reação, e como denominador, o produto das concentrações dos reagentes. Cada concentração é elevada a uma potência igual ao seu coeficiente na equação balanceada. Para a reação geral

$$p\text{H} + q\text{I} + \ldots \rightarrow r\text{J} + s\text{K} + \ldots$$

a expressão da lei da ação das massas é

$$Q = \frac{[J]^r[K]^s\ldots}{[H]^p[I]^q\ldots}$$

A expressão da lei da ação das massas pode ter qualquer valor (exceto um valor negativo), porque depende da extensão da reação. Por exemplo, assuma que misturamos um mol de $N_2(g)$ e $H_2(g)$ em um recipiente de um litro mantido a 350°C. Antes da reação

$$N_2(g) + 3H_2(g) \rightarrow 2NH_3(g)$$

iniciar, sua expressão da lei da ação das massas terá o valor

$$Q = \frac{[NH_3]^2}{[N_2][H_2]^3} = \frac{(0)^2}{1(1)^3} = 0$$

No decorrer da reação, entretanto, sua expressão da lei da ação das massas aumenta, como ilustra a tabela seguinte:

Tempo	$[N_2]$	$[H_2]$	$[NH_3]$	$Q = \dfrac{[NH_3]^2}{[N_2][H_2]^3}$
t_0	1,000	1,000	0	0
t_1	0,874	0,622	0,252	0,302
t_2	0,814	0,442	0,372	1,97
t_3	0,786	0,358	0,428	5,08
t_4	0,781	0,343	0,438	6,09
t_5	0,781	0,343	0,438	6,09

O valor de Q em função do tempo é mostrado na Figura 14.4. Como pode ser visto, o valor de Q aumenta com o aumento de $[NH_3]$ e com a diminuição de $[H_2]$ e $[N_2]$, até que o sistema atinja um equilíbrio (no tempo t_4), após o qual Q permanece constante.

A Tabela 14.1 mostra expressões da lei da ação das massas para diferentes reações.

A CONSTANTE DE EQUILÍBRIO

Já que a expressão da lei da ação das massas pode ter vários valores, qual a sua utilidade? Considere três experimentos: em cada experimento o equilíbrio

$$N_2(g) + 3H_2(g) \rightarrow 2NH_3(g)$$

é estabelecido pela adição de pelo menos dois dos gases acima a um recipiente de 1,00 litro mantido à temperatura constante de 350°C.

Tabela 14.1 Algumas expressões da lei da ação das massas.

Reação	Expressão da lei da ação das massas, Q
$2HI(g) \rightarrow H_2(g) + I_2(g)$	$\dfrac{[H_2][I_2]}{[HI]^2}$
$PCl_5(g) \rightarrow PCl_3 + Cl_2(g)$	$\dfrac{[PCl_3][Cl_2]}{[PCl_5]}$
$2NO(g) + O_2 \rightarrow 2NO_2(g)$	$\dfrac{[NO_2]^2}{[NO]^2[O_2]}$
$N_2O_4(g) \rightarrow 2NO_2(g)$	$\dfrac{[NO_2]^2}{[N_2O_4]}$
$CS_2(g) + 4H_2(g) \rightarrow CH_4(g) + 2H_2S(g)$	$\dfrac{[CH_4][H_2S]^2}{[CS_2][H_2]^4}$

Experimento 1 1,000 mol de N_2 e 3,000 mol de H_2 são adicionados a um recipiente. Depois de estabelecido o equilíbrio, o conteúdo de recipiente é analisado. Foi encontrado o seguinte resultado:

$[N_2] = 0,325 \text{ mol L}^{-1}$

$[H_2] = 0,975 \text{ mol L}^{-1}$

$[NH_3] = 1,350 \text{ mol L}^{-1}$

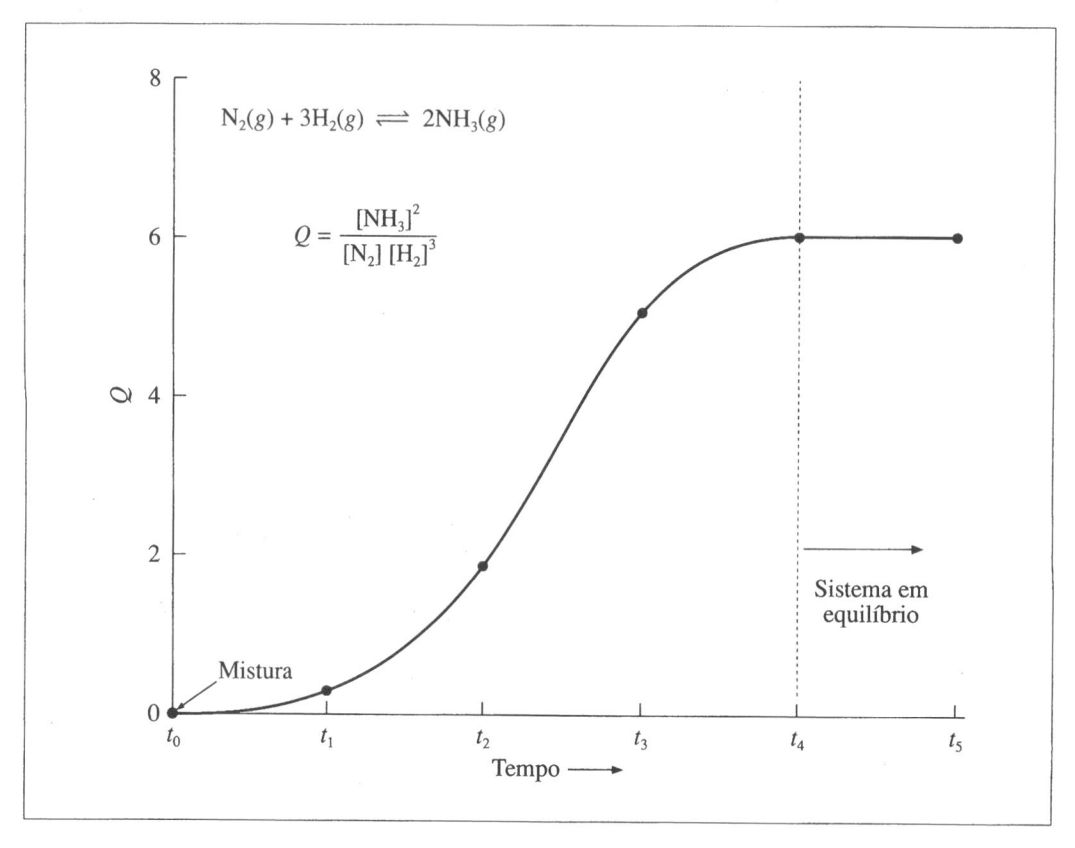

$$N_2(g) + 3H_2(g) \rightleftharpoons 2NH_3(g)$$

$$Q = \frac{[NH_3]^2}{[N_2][H_2]^3}$$

Figura 14.4 Variação da expressão da ação das massas Q com o tempo.

Experimento 2 Diferente do experimento 1, adiciona-se ao recipiente 1,000 mol de N_2 e 1,000 mol de H_2. No equilíbrio, as concentrações obtidas foram:

$[N_2] = 0,781 \text{ mol L}^{-1}$

$[H_2] = 0,343 \text{ mol L}^{-1}$

$[NH_3] = 0,438 \text{ mol L}^{-1}$

Experimento 3 Adicionam-se 1,000 mol N_2, 1,000 mol de H_2 e 1,000 mol de NH_3. As concentrações de equilíbrio encontradas foram:

$[N_2] = 0,885$ mol L^{-1}

$[H_2] = 0,655$ mol L^{-1}

$[NH_3] = 1,230$ mol L^{-1}

Tabela 14.2   Estudo do equilíbrio: $N_2(g) + 3H_2(g) \rightleftharpoons 2NH_3(g)$ a 350°C.

Experiência	Concentração inicial, mol litro^{-1}			Concentração de equilíbrio, mol litro^{-1}			Q no equilíbrio, $\dfrac{[NH_3]^2}{[N_2][H_2]^3}$
	N_2	H_2	NH_3	N_2	H_2	NH_3	
1	1,000	3,000	0	0,325	0,975	1,350	6,05
2	1,000	1,000	0	0,781	0,343	0,438	6,09
3	1,000	1,000	1,000	0,885	0,655	1,230	6,08

A Tabela 14.2 resume os resultados dos três experimentos. À primeira vista as concentrações de equilíbrio de N_2, H_2 e NH_3 parecem não apresentar relação entre si. Entretanto, observe o valor de Q, da expressão da lei da ação das massas, depois de estabelecido o equilíbrio. O valor de Q é igual em todos os casos (as pequenas diferenças no terceiro algarismo significativo são devidas aos arrendondamentos feitos nos cálculos). Outros experimentos podem confirmar esta conclusão. Independentemente da maneira pela qual o equilíbrio foi estabelecido, o valor de Q é uma constante do equilíbrio a 350°C.

Resultados semelhantes poderiam ser obtidos para qualquer equilíbrio a uma dada temperatura; portanto, pode ser feita a seguinte generalização, denominada *lei do equilíbrio químico*.

Lei do equilíbrio químico: *A uma dada temperatura o valor da expressão da lei da ação das massas para uma certa reação em equilíbrio é uma constante*[1].

Esta constante é conhecida como a *constante de equilíbrio*, K, para uma reação àquela temperatura. Em outras palavras, o equilíbrio

$$Q = K$$

Esta igualdade descreve a condição que é obedecida por um sistema em equilíbrio, *a condição de equilíbrio*. ($Q = K$ *somente* se o sistema estiver em equilíbrio.)

O verdadeiro valor numérico da constante de equilíbrio para uma reação depende das unidades utilizadas nas expressão da lei da ação das massas. Utilizando concentração em mol por litro podemos escrever a condição de equilíbrio para

$$N_2(g) + 3H_2(g) \rightleftharpoons 2NH_3(g)$$

como

$$\frac{[NH_3]^2}{[N_2][H_2]^3} = K_c$$

onde o subíndice c indica que na expressão da lei da ação das massas estão sendo utilizadas concentrações (molaridade).

Para *gases*, muitas vezes a expressão da lei da ação das massas é escrita como uma função de *pressões parciais*, normalmente em atmosferas. Assim, a condição de equilíbrio para a reação anterior pode ser escrita

$$\frac{P_{NH_3}}{P_{N_2} P_{H_2}^3} = K_P$$

onde os três diferentes valores de P são respectivas pressões parciais das três substâncias em equilíbrio. Embora K_c e K_p sejam constantes a qualquer temperatura, não são necessariamente iguais. A relação entre as duas é facilmente estabelecida. Para a reação geral no equilíbrio

$$kA(g) + lB(g) \rightleftharpoons mC(g) + nD(g)$$

---

[1] A lei do equilíbrio químico foi primeiramente derivada por meio de um procedimento não muito rigoroso, pelos químicos noruegueses Cato Maximilian Guldberg e Peter Waage em 1864. Eles se referiam a "massas ativas" de substâncias reagentes, de onde surgiu nosso termo *expressão da ação da massa*. As massas ativas de Guldberg e Waage correspondem aproximadamente as nossas concentrações.

a condição de equilíbrio pode ser escrita em termos de pressões parciais como:

$$K_P = \frac{P_C^m P_D^n}{P_A^k P_B^l}$$

Da lei dos gases perfeitos, $PV = nRT$, temos

$$P = \frac{nRT}{V}$$

Substituindo pela pressão parcial de cada componente anterior, obtemos:

$$K_P = \frac{\left(\dfrac{n_C RT}{V}\right)^m \left(\dfrac{n_D RT}{V}\right)^n}{\left(\dfrac{n_A RT}{V}\right)^k \left(\dfrac{n_B RT}{V}\right)^l} = \frac{\left(\dfrac{n_C}{V}\right)^m \left(\dfrac{n_D}{V}\right)^n}{\left(\dfrac{n_A}{V}\right)^k \left(\dfrac{n_B}{V}\right)^l} (RT)^{[(m+n)-(k+l)]}$$

Mas n/V é simplesmente a concentração molar e $(m + n) - (k + l)$ é a variação do número de mols de gás, $\Delta n_{gás}$, mostrada na equação balanceada. Portanto

$$K_P = \frac{[C]^m[D]^n}{[A]^k[B]^l} (RT)^{\Delta n_{gás}}$$

$$K_P = K_c (RT)^{\Delta n_{gás}}$$

Exemplo 14.1 Para o equilíbrio

$$2NOCl(g) \rightleftharpoons 2NO(g) + Cl_2(g)$$

o valor da constante do equilíbrio K_c é $3{,}75 \times 10^{-6}$ a 796°C. Calcular K_P para esta reação nesta temperatura.

Solução:

Para esta reação $\Delta n_{gás} = (2 + 1) - 2$, ou $+1$

$$K_P = K_c (RT)^{\Delta n_{gás}}$$

$$= (3{,}75 \times 10^{-6})[(0{,}0821)(796 + 273)]^1$$

$$= 3{,}29 \times 10^{-4}$$

Problema Paralelo: O valor de K_P para o equilíbrio $2SO_2(g) + O_2(g) \rightleftharpoons 2SO_3$ é $2,8 \times 10^2$ a 10^3 K. Encontre o valor de K_c nesta temperatura. **Resposta:** $2,3 \times 10^4$.

Comentários Adicionais

Um comentário especial é necessário. As constantes de equilíbrio aparentemente deveriam ter unidades (dimensões). Na realidade, alguns livros dão unidades a K_c e Kp. Nós não o faremos, porque se a expressão da lei da ação das massas Q e, portanto, a constante de equilíbrio, K, vêm expressas em atmosferas ou concentrações molares, elas efetivamente não têm dimensões. Resolver completamente o que parece ser um paradoxo é inadequado para este livro, mas salientaremos um fato: cada termo de pressão em uma expressão da lei da ação das massas Q_P não é somente uma pressão, representa uma razão que é 1 atm. Em outras palavras, se a pressão parcial do gás A é 2 atm, então, na expressão da lei da ação das massas, P_A significa

$$\frac{2 \text{ atm}}{1 \text{ atm}} \text{ ou } 2$$

que é numericamente igual à pressão parcial, mas não tem unidades. Como isto é verdadeiro para cada termo de pressão parcial, Q_P não tem unidades, tampouco o valor de equilíbrio K_P.

A constante de equilíbrio da concentração é adimensional por uma razão simples: cada termo é uma razão de concentração no seu estado padrão, que é 1 mol L^{-1}. (Pode-se encontrar discussões completas deste tópico na maioria dos livros de físico-química.)

(*Nota:* Neste livro usaremos K_c mais freqüentemente que K_P. Por esta razão geralmente deixaremos de usar o subíndice c de K_c, a não ser que ele seja necessário para dar ênfase.)

A ordem da grandeza de uma constante de equilíbrio dá uma indicação da posição do equilíbrio de uma reação. Por exemplo, para o equilíbrio

$$A(g) + B(g) \rightleftharpoons C(g) + D(g)$$

se K for grande, aproximadamente 1000 ou mais, isso significa que na expressão da lei da ação das massas

$$\frac{[C][D]}{[A][B]}$$

o numerador é pelos menos 1.000 vezes maior do que o denominador. Assim, em equilíbrios, as concentrações dos produtos tendem a ser relativamente altas e, correspondentemente, as concentrações dos reagentes, baixas. Em outras palavras, podemos dizer que a reação "foi completada". Por outro lado, se K for muito pequeno, poderemos concluir que, no deslocamento para alcançar o equilíbrio, o sistema precisa formar apenas pequenas quantidades de produtos para tornar $Q = K$.

Apenas quando o sistema está em equilíbrio a expressão da lei da ação das massas Q é igual à constante de equilíbrio K. Portanto, para a reação

$$A + B \rightarrow C + D$$

a condição algébrica é

$$\frac{[C][D]}{[A][B]} = K$$

Se

$$\frac{[C][D]}{[A][B]} < K$$

saberemos que a reação procederá no sentido da esquerda para a direita, aumentado [C] e [D] e diminuindo [A] e [B], até que $Q = K$. Por outro lado, se

$$\frac{[C][D]}{[A][B]} > K$$

a reação procederá no sentido da direita para esquerda, aumentando [A] e [B] e diminuindo [C] e [D] até que o equilíbrio seja estabelecido.

Exemplo 14.2 Para o equilíbrio

$$2SO_3(g) \rightleftharpoons 2SO_2(g) + O_2(g)$$

o valor da constante de equilíbrio é $4,8 \times 10^{-3}$ a 700°C. Se, no recipiente, as concentrações das três substâncias acima são

$$[SO_3] = 0,60 \text{ mol/L}$$

$$[SO_2] = 0,15 \text{ mol/L}$$

$$[O_2] = 0,025 \text{ mol/L}$$

de que maneira estas concentrações mudarão, à medida que o sistema se aproxima do equilíbrio, se a temperatura for mantida a 700°C?

Solução: Primeiro devemos encontrar o valor da expressão da lei da ação das massas.

$$Q = \frac{[SO_2]^2[O_2]}{[SO_3]^2}$$

$$= \frac{(0,15)^2(0,025)}{(0,60)^2} = 1,6 \times 10^{-3}$$

Como o valor é menor do que o valor da constante de equilíbrio ($4,8 \times 10^{-3}$), a reação procede no sentido da esquerda para a direita, de maneira a aumentar [SO_2], aumentar [O_2] e diminuir [SO_3] até que $Q = K$.

Problema Paralelo: Para o equilíbrio

$$CO(g) + H_2O(g) \rightleftharpoons CO_2(g) + H_2(g)$$

O valor da constante de equilíbrio é 302 a 600 K. Se a concentração das quatro substâncias iniciar-se a 0,100 mol/L, responda qualitativamente de que maneira estas concentrações mudarão, à medida que o sistema se aproxima do equilíbrio, se a temperatura for mantida a 600 K. **Resposta:** [CO] e [H_2O] diminuem, e [CO_2] e [H_2] aumentam.

14.3 CINÉTICA E EQUILÍBRIO

Uma explicação para o comportamento de sistemas em equilíbrio ou quase em equilíbrio é dada por meio de uma análise cinética destes sistemas.

PROCESSOS ELEMENTARES

No equilíbrio, as velocidades das reações nos dois sentidos são iguais. Como conseqüência, as constantes de velocidade para as reações nos dois sentidos e a constante de equilíbrio estão relacionadas. Esta relação é mais facilmente demonstrada no caso de um processo elementar. Considere a reação em equilíbrio

$$A + B \underset{k_i}{\overset{k_d}{\rightleftharpoons}} C + D$$

onde k_d e k_i são as constantes de velocidade das reações da esquerda para a direita e da direita para esquerda, respectivamente. As velocidades são:

velocidade da reação da esquerda para a direita = k_d[A][B]

velocidade da reação da direita para a esquerda = k_i[C][D]

No equilíbrio estas velocidades são iguais, portanto,

$$k_d[A][B] = k_i[C][D]$$

ou

$$\frac{[C][D]}{[A][B]} = \frac{k_d}{k_i} = K$$

A expressão à esquerda é a expressão da lei da ação das massas para a reação, e porque k_d e k_i são constantes (à temperatura constante), isto constitui uma prova de que esta expressão é uma constante para uma reação elementar em equilíbrio.

REAÇÕES DE MÚLTIPLAS ETAPAS

Pode-se provar que a expressão da lei da ação das massas é uma constante (à temperatura constante) para reações que possuem mecanismo de múltiplos estágios.

Já vimos que, para um processo elementar

$$K = \frac{k_d}{k_i}$$

isto é, a constante de equilíbrio é igual à relação entre as constantes de velocidade específicas das reações nos sentidos reagentes-produtos e vice-versa. Embora não o provemos aqui, a relação se aplica a reações complexas, isto é,

$$K = \frac{k_{direta}}{k_{inversa}}$$

onde k_{direta} e $k_{inversa}$ são as constantes de velocidade determinadas *experimentalmente* para as reações nos sentidos de formação reagentes-produtos e vice-versa. (Assumimos aqui que o mecanismo das duas reações seja o mesmo no equilíbrio e quando as duas constantes específicas de velocidade são avaliadas experimentalmente.)

MECANISMOS DE REAÇÕES EM MULTIETAPAS

Vimos na Seção 13.5 que a etapa determinante da velocidade de mecanismos de múltiplos estágios numa reação é determinada por meio de observações experimentais. Nós também mostramos que se a primeira etapa é a determinante da velocidade, a lei de velocidade determinada experimentalmente é exatamente a lei de velocidade da primeira etapa. Mas adiamos uma discussão sobre os mecanismos mais complexos, em que a primeira etapa não é a determinante da velocidade. Considere a reação:

$$2A + B \rightarrow C + D$$

e suponhamos que o mecanismo da reação consiste em duas etapas:

Etapa 1: $\quad A + B \xrightarrow{k_1} C + I \quad$ (rápida)

Etapa 2: $\quad A + I \xrightarrow{k_2} D \quad$ (lenta)

Neste caso a velocidade da reação global é a velocidade da segunda etapa:

$$\text{velocidade} = k_2[A][I]$$

Entretanto, as equações de velocidade correspondentes a reações globais não são escritas em termos de concentrações de intermediários, [I] neste caso. Velocidades são normalmente escritas em termos de substâncias adicionadas à mistura reagente original, e não em termos de intermediários, que geralmente têm somente uma existência passageira e cujas concentrações não são geralmente mensuráveis. Precisamos recorrer, então, a uma combinação de química e álgebra, de modo que possamos eliminar [I] da equação da velocidade. Podemos fazer isto se reconhecermos que a primeira etapa no mecanismo, sendo mais rápida que a segunda, atingirá logo o equilíbrio. Isto acontece porque a formação do intermediário I na primeira etapa ocorre rapidamente; I é consumido lentamente na segunda etapa. Assim, podemos reescrever o mecanismo como sendo:

Etapa 1: $\quad A + B \xrightleftharpoons{K_1} C + I \quad$ (rápida; equilíbrio)

Etapa 2: $\quad A + I \xrightarrow{k_2} D \quad$ (lenta)

onde K_1 é a constante de equilíbrio para a etapa 1.

A condição de equilíbrio para a etapa 1 é:

$$\frac{[C][I]}{[A][B]} = K_1$$

Solucionando para [I], obtemos

$$[I] = \frac{K_1[A][B]}{[C]}$$

Substituindo essa expressão na equação de velocidade da etapa 2,

$$\text{velocidade} = k_2 [A] [I]$$

obtemos:

$$\text{velocidade} = \frac{K_1 k_2 [A]^2 [B]}{[C]}$$

Uma série de experiências designadas para obter a lei da velocidade para essa reação traduz o seguinte:

$$\text{velocidade} = \frac{k_{exp}[A]^2[B]}{[C]}$$

onde k_{exp} representa o valor da constante da velocidade específica observada experimentalmente (global) numa reação, e é igual a $K_1 k_2$. (Note que a lei da velocidade não contém um termo para a concentração do intermediário I.)

Comentários Adicionais

Uma coisa é dar o mecanismo e dele descobrir a lei da velocidade para a reação global. É muito diferente porém determinar experimentalmente uma lei de velocidade e então descobrir qual(is) o(s) mecanismo(s) que é (são) compatível(eis) com as observações. Freqüentemente algumas idéias são sugeridas e então inúmeras experiências são necessárias com a finalidade de escolher o mecanismo mais adequado entre as diversas possibilidades.

Como o volume de informações em cinética química tem aumentado, muitas das reações que se pensaram inicialmente ter ocorrido por simples mecanismos têm-se mostrado complexas. Há um velho adágio entre os estudiosos de cinética química: "As únicas reações simples são as únicas que necessitam de mais estudo".

14.4 EQUILÍBRIOS QUÍMICOS HETEROGÊNEOS

Todos os equilíbrios que discutimos até agora eram homogêneos. Um equilíbrio heterogêneo envolve duas ou mais fases. Um exemplo é o equilíbrio a alta temperatura

$$C(s) + S_2(g) \rightleftharpoons CS_2(g)$$

para o qual podemos escrever a condição de equilíbrio

$$\frac{[CS_2]}{[C][S_2]} = K'$$

(O motivo de usarmos K' será visto a seguir.)

Não é incorreto formular a condição de equilíbrio desta maneira, entretanto esta expressão pode ser (e normalmente é) simplificada. O valor numérico entre colchetes numa expressão da lei da ação das massas representa a concentração de um componente *em uma determinada fase*.

Na expressão da lei da ação das massas

$$\frac{[CS_2]}{[C][S_2]}$$

$[CS_2]$ e $[S_2]$ se referem às respectivas concentrações de CS_2 e S_2 na fase gasosa. Entretanto $[C]$ se refere à concentração de carbono sólido numa fase de carvão sólido puro. É o número de mols de átomos de carbono em um litro de carvão. Entretanto, *a concentração de carbono em carvão puro não pode ser mudada significativamente* em condições normais, portanto ela é uma constante. Assim, se reescrevermos a condição de equilíbrio como

$$\frac{[CS_2]}{[S_2]} = [C]K'$$

o lado direito é o produto de duas constantes. Se representarmos o seu produto por K, a condição de equilíbrio será

$$\frac{[CS_2]}{[S_2]} = K$$

A Tabela 14.3 contém algumas reações heterogêneas e suas condições de equilíbrio.

Tabela 14.3 Alguns equilíbrios heterogêneos.

Reação	Condições de equilíbrio
$2SO_3(g) + S(s) \rightleftharpoons 3SO_2(g)$	$\dfrac{[SO_2]^3}{[SO_3]^2} = K$
$2HgO(s) \rightleftharpoons 2Hg(g) + O_2(g)$	$[Hg]^2[O_2] = K$
$Fe_3O_4(s) + H_2(g) \rightleftharpoons 3FeO(s) + H_2O(g)$	$\dfrac{[H_2O]}{[H_2]} = K$
$N_2(g) + 2H_2O(g) \rightleftharpoons NH_4NO_2(s)$	$\dfrac{1}{[N_2][H_2O]^2} = K$
$4CuO(s) \rightleftharpoons 2Cu_2O(s) + O_2(g)$	$[O_2] = K$

Comentários Adicionais

Isso segue a convenção geral de "incorporar" a concentração de qualquer fase líquida ou sólida pura no valor de K, como foi feito anteriormente. Você pode sempre considerar que isto foi feito quando lhe for fornecido um valor numérico para uma constante de equilíbrio, e a expressão da lei da ação das massas deve ser escrita de acordo. Lembre, simplesmente, que a concentração de cada fase condensada é omitida da expressão da ação das massas.

14.5 VARIAÇÃO DE K COM A TEMPERATURA

Vimos que o princípio de Le Châtelier nos permite perceber como a mudança da temperatura afetará o equilíbrio. Isso equivale a prever o efeito de uma mudança de temperatura numa constante de equilíbrio. Para uma reação *exotérmica* ($\Delta H < 0$)

$$\text{Reagentes} \rightleftharpoons \text{Produtos} + \text{Calor}$$

um *aumento* na temperatura desloca o equilíbrio para a *esquerda*, consumindo parte do calor adicionado, minimizando assim o aumento da temperatura (para uma quantidade de calor definida), visto que um deslocamento do equilíbrio para a *esquerda* favorece mais os reagentes que os produtos; isto equivale a dizer que um aumento da temperatura *diminui* o valor da constante de equilíbrio. (Lembre-se: os produtos vão no numerador da expressão da lei da ação das massas, e os reagentes no denominador.)

Para uma reação endotérmica ($\Delta H > 0$)

$$\text{Calor} + \text{Reagentes} \rightleftharpoons \text{Produtos}$$

um *aumento* na temperatura provoca um deslocamento para a *direita*, o que equivale a dizer que a temperatura *aumenta* o valor da constante de equilíbrio.

EQUAÇÃO DE VAN'T HOFF

Uma descrição quantitativa da variação de uma constante de equilíbrio na temperatura é descrita pela **equação de van't Hoff** [2].

A equação é:

$$\ln \frac{(K_P)_1}{(K_P)_2} = \frac{-\Delta H°}{R} \left(\frac{1}{T_1} - \frac{1}{T_2} \right)$$

onde $(K_P)_1$ é o valor da constante de equilíbrio para pressões, à temperatura T_1, e $(K_P)_2$ é o valor da mesma constante na temperatura T_2. R é a constante do gás ideal, e $\Delta H°$ é o *calor de reação* ou *entalpia de reação* quando reagentes e produtos estão em seu estado padrão (para gases, 1 atm de pressão e para soluções, 1 mol L^{-1}, em ambos os casos assumindo comportamento ideal).

A equação de van't Hoff é comumente usada para determinar os valores de constantes de equilíbrio a uma dada temperatura a partir dos valores em outra temperatura. Também oferece meios de obter calores de reação quando as constantes de equilíbrio são conhecidas em duas temperaturas [3].

---

[2] Esta equação não deve ser confundida com a equação da pressão osmótica de van't Hoff (Seção 11.5), que sustenta uma pequena relação.

[3] Outra forma de equação de van't Hoff descreve a mudança da constante de equilíbrio para a concentração, K_c, com a temperatura:

$$\ln \frac{(K_c)_1}{(K_c)_2} = \frac{-\Delta U°}{R} \left(\frac{1}{T_1} - \frac{1}{T_2} \right)$$

Observe que esta forma contém $\Delta U°$, em vez de $\Delta H°$.

> **Comentários Adicionais**
>
> A equação de van't Hoff parece familiar? Deveria, porque é a versão geral mais atualizada da equação de Clausius-Clapeyron (Seção 10.3), que descreve a variação da temperatura em função da pressão de vapor. A pressão de vapor de um líquido é a constante de equilíbrio K_P para o processo
>
> $$\text{Líquido} \rightleftharpoons \text{Gasoso}$$
>
> (Neste caso, a expressão da lei da ação das massas não tem denominador porque o reagente é um líquido puro; ver Seção 14.4.)

Exemplo 14.3 Para o equilíbrio

$$2H_2S(g) \rightleftharpoons 2H_2(g) + S_2(g)$$

$K_P = 1{,}18 \times 10^{-2}$ a 1065°C e $5{,}09 \times 10^{-2}$ a 1200°C. Calcular $\Delta H°$ para a reação.

Solução: Rearranjando a equação de van't Hoff para $\Delta H°$, temos

$$\Delta H° = \frac{R \ln \frac{(K_P)_1}{(K_P)_2}}{\frac{1}{T_1} - \frac{1}{T_2}}$$

Sendo $T_1 = 1065 + 273 = 1338\ K$; $T_2 = 1200 + 273 = 1473\ K$; $(K_P)_1 = 1{,}18 \times 10^{-2}$; e $(K_P)_2 = 5{,}09 \times 10^{-2}$ e substituindo:

$$\Delta H° = \frac{(8{,}315\ J\ K^{-1}\ mol^{-1})\ \ln \frac{1{,}18 \times 10^{-2}}{5{,}09 \times 10^{-2}}}{\left(\frac{1}{1338\ K}\right) - \left(\frac{1}{1473\ K}\right)}$$

$$= 1{,}77 \times 10^5\ J\ mol^{-1},\ \text{ou}\ 177\ kJ\ mol^{-1}$$

(Observe que usamos R em unidades $J\ K^{-1}\ mol^{-1}$, para que $\Delta H°$ fosse obtido em joules por mol.)

Problema Paralelo: Para o equilíbrio $PCl_5(g) \rightleftharpoons PCl_3(g) + Cl_2(g)$, K_p igual a $1{,}8 \times 10^{-7}$ a 25°C e 1,8 a 249°C. Qual o valor de $\Delta H°$ para a reação? **Resposta:** 93 kJ mol^{-1}.

Observe a equação de van't Hoff

$$\ln \frac{(K_P)_1}{(K_P)_2} = \frac{-\Delta H°}{R} \left(\frac{1}{T_1} - \frac{1}{T_2} \right)$$

Olhe cuidadosamente a equação de van't Hoff e observe a correlação existente entre ela e o deslocamento do equilíbrio induzido pela temperatura, prevista pelo princípio de Le Châtelier. Se a temperatura é aumentada para uma reação exotérmica ($\Delta H°$ é negativo), então

$$T_2 > T_1$$

e assim

$$\frac{1}{T_2} < \frac{1}{T_1}$$

e, portanto,

$$\frac{1}{T_1} - \frac{1}{T_2} > 0$$

Como $\Delta H°$ é negativo, $-\Delta H°$ tem um valor positivo. Assim, todo o lado direito da equação é positivo. Isto significa que

$$\ln \frac{(K_P)_1}{(K_P)_2} > 0$$

A única maneira disso ser possível é para

$$(K_P)_1 > (K_P)_2$$

ou

$$(K_P)_2 < (K_P)_1$$

Significando que, para uma reação exotérmica, K_P *diminui* com o *aumento* da temperatura. O que equivale dizer que no equilíbrio as pressões parciais dos reagentes aumentam e as dos produtos diminuem. Em outras palavras, o equilíbrio se desloca para a esquerda, exatamente como prevê o princípio de Le Châtelier.

14.6 CÁLCULOS DE EQUILÍBRIO

Exemplo 14.4 Adiciona-se iodeto de hidrogênio em um recipiente a 458°C. O HI se dissocia formando H_2 e I_2. Depois de estabelecido o equilíbrio a esta temperatura, são tomadas amostras que são analisadas. O [HI] encontrado é 0,421 mol L^{-1}, enquanto [H_2] e [I_2] são ambos $6,04 \times 10^{-2}$ mol L^{-1}. Calcule o valor da constante de equilíbrio para a dissociação de HI a 458°C.

Solução: A equação do equilíbrio é

$$2HI(g) \rightleftharpoons H_2(g) + I_2(g)$$

A expressão da lei da ação das massas é

$$\frac{[H_2][I_2]}{[HI]^2}$$

Para acharmos o valor da constante de equilíbrio, substituímos as concentrações de equilíbrio na expressão da lei da ação das massas

$$K_c = \frac{(6,04 \times 10^{-2})(6,04 \times 10^{-2})}{(0,421)^2} = 2,06 \times 10^{-2}$$

Problema Paralelo: Estudou-se que $PCl_5(g) \rightleftharpoons PCl_3(g) + Cl_2(g)$. Num recipiente, foram colocadas quantidades de PCl_5 a 160°C. Depois de estabelecido o equilíbrio, as concentrações encontradas das três espécies gasosas encontradas foram:

$$[PCl_5] = 0,0346 \text{ mol } L^{-1} \text{ e } [PCl_3] = [Cl_2] = 0,0270 \text{ mol } L^{-1}.$$

Calcule o valor da constante de equilíbrio (para concentrações) nesta temperatura. **Resposta:** $2,11 \times 10^{-2}$.

Exemplo 14.5 HI, H_2 e I_2 são todos colocados num recipiente a 458°C. No equilíbrio, [HI] = 0,360 mol L^{-1} e $[I_2]$ = 0,150 mol L^{-1}. Qual é a concentração de equilíbrio de $[H_2]$ nesta temperatura? [K_c para $2HI(g) \rightleftharpoons H_2(g) + I_2(g)$ é igual a $2,06 \times 10^{-2}$ a 458°C.]

Solução: Iniciaremos escrevendo a equação de equlíbrio

$$\frac{[H_2][I_2]}{[HI]^2} = K_c$$

$$[H_2] = \frac{K_c[HI]^2}{[I_2]}$$

$$= \frac{(2,06 \times 10^{-2})(0,360)^2}{0,150} = 1,78 \times 10^{-2} \text{ mol L}^{-1}$$

Problema Paralelo: O valor de K_c para o equilíbrio $PCl_5(g) \rightleftharpoons PCl_3(g) + Cl_2(g)$ é 0,0211 a 160°C. Na experiência, à mesma temperatura e após equilíbrio encontram-se as seguintes concentrações das espécies gasosas: $[PCl_3]$ = 0,0466 mol L^{-1} e $[Cl_2]$ = 0,0123 mol L^{-1}. Calcule $[PCl_5]$. **Resposta:** 0,0272 mol L^{-1}.

Exemplo 14.6 Em outra experiência, 1,00 mol de HI é colocado num recipiente de 5,00 litros a 458°C. Quais são as concentrações de HI, I_2 e H_2 depois de estabelecido o equilíbrio a esta temperatura? [K_c para $2HI(g) \rightleftharpoons H_2(g) + I_2(g)$ é igual a $2,06 \times 10^{-2}$ a 458°C.]

Solução: Novamente a equação é

$$2HI(g) \rightleftharpoons H_2(g) + I_2(g)$$

Imediatamente após a introdução de HI no recipiente, sua concentração é

$$\frac{1,00 \text{ mol}}{5,00 \text{ L}}, \text{ ou } 0,200 \text{ mol L}^{-1}$$

As concentrações iniciais de H_2 e I_2 são ambas 0. A reação prossegue aumentando $[H_2]$ e $[I_2]$ e diminuindo [HI] até que se estabeleça a condição de equilíbrio.

Suponha x igual ao aumento da concentração de H_2 necessário para alcançar o equilíbrio. Então, x deve também ser igual ao aumento da concentração de I_2. A diminuição de concentração de HI é $2x$, porque 2 mol de HI são gastos para produzir 1 mol de H_2 e 1 mol de I_2. Assim, no equilíbrio, a concentração de HI é de $0,200 - 2x$, que H_2 é x, e a de I_2 é x. Resumindo:

Concentração inicial, mol L^{-1}		Variação da concentração devido à reação, mol L^{-1}	Concentração em equilíbrio, mol L^{-1}
[H$_2$]	0	$+x$	x
[I$_2$]	0	$+x$	x
[HI]	0,200	$-2x$	$0,200 - 2x$

A condição de equilíbrio é

$$\frac{[H_2][I_2]}{[HI]^2} = K$$

na qual substituímos as concentrações de equilíbrio anteriores:

$$\frac{(x)(x)}{(0,200 - 2x)^2} = 2,06 \times 10^{-2}$$

Resolvendo para x, temos

$$\frac{x}{0,200 - 2x} = 1,44 \times 10^{-1}$$

$$x = 2,24 \times 10^{-2}$$

No equilíbrio, portanto,

$$[H_2] = x = 2,24 \times 10^{-2} \text{ mol L}^{-1}$$

$$[I_2] = x = 2,24 \times 10^{-2} \text{ mol L}^{-1}$$

$$[HI] = 0,200 - 2x = 0,155 \text{ mol L}^{-1}$$

Problema Paralelo: 0,100 mol PCl$_5$ é colocado em um recipiente de 2,00 L a 160°C. Após estabelecido o equilíbrio: PCl$_5$(g) $\rightleftharpoons$ PCl$_3$(g) + Cl$_2$(g). Quais as concentrações de todas as espécies? ($K_c = 2,11 \times 10^{-2}$ nesta temperatura.) **Resposta:** [PCl$_3$] = [Cl$_2$] = 0,0236 mol L^{-1}; [PCl$_5$] = 0,0264 mol L^{-1}.

Exemplo 14.7 Suponha que 3,00 mol de HI, com 2,00 mol de H_2 e 1,00 mol de I_2, são colocados num recipiente de 1,00 litro a 458°C. Depois de estabelecido o equilíbrio, quais são as concentrações de todas as espécies?

[K_c para $2HI(g) \rightleftharpoons H_2(g) + I_2(g)$ é igual a $2,06 \times 10^{-2}$ a 458°C]

Solução: Como neste caso o volume do recipiente é de 1,00 litro, as concentrações iniciais são numericamente iguais ao número de mols adicionais:

$$[H_2] = 2,00 \text{ mol L}^{-1}$$

$$[I_2] = 1,00 \text{ mol L}^{-1}$$

$$[HI] = 3,00 \text{ mol L}^{-1}$$

Novamente, a equação de equilíbrio é

$$2HI(g) \rightleftharpoons H_2(g) + I_2(g)$$

Considere x = ao aumento de $[H_2]$ quando se vai do estado inicial imediatamente após a mistura ao estado final de equilíbrio. Então x = ao aumento de $[I_2]$ e $2x$ = a diminuição de [HI].

Nota: Assumimos que a reação total se processará para a direita, isto é, alguma quantidade de HI se transformará em mais H_2 e I_2. Se estivermos errados, x seria um número negativo, significando que $[H_2]$ e $[I_2]$ diminuem, enquanto [HI] aumenta, e obteríamos a resposta correta de qualquer maneira. (Existe uma maneira fácil de prever qual das duas possibilidades ocorre: simplesmente compare a magnitude da expressão da lei da ação das massas com aquela de K_c.)

No equilíbrio,

$$[H_2] = 2,00 + x$$

$$[I_2] = 1,00 + x$$

$$[HI] = 3,00 - 2x$$

A condição de equilíbrio é

$$\frac{[H_2][I_2]}{[HI]^2} = K$$

Substituindo, obtemos:

$$\frac{(2,00 + x)(1,00 + x)}{(3,00 - 2x)^2} = 2,06 \times 10^{-2}$$

Rearranjando e resolvendo a equação acima, obtém-se uma equação de 2º grau:

$$0,918x^2 + 3,25x + 1,81 = 0$$

de fórmula geral $ax^2 + bx + c = 0$ (ver o Apêndice D.2), que pode ser resolvida por meio da fórmula quadrática:

$$x = \frac{-b \pm \sqrt{b^2 - 4ac}}{2a}$$

Substituindo,

$$x = \frac{-3,25 \pm \sqrt{(3,25)^2 - 4(0,918)(1,81)}}{2(0,918)}$$

de onde se obtêm as raízes

$$x = -0,69 \quad \text{ou} \quad x = -2,8$$

Como a 2ª raiz leva a concentrações negativas de H_2 e I_2, ela será rejeitada. A outra raiz, x = –0,69, tem significado físico. Como o número é negativo, significa que nossa suposição inicial estava errada e que $[H_2]$ e $[I_2]$ na realidade diminuem e [HI] aumenta. Portanto, as concentrações finais no equilíbrio são

$$[H_2] = 2,00 + x = 2,00 - 0,69 = 1,31 \text{ mol L}^{-1}$$

$$[I_2] = 1,00 + x = 1,00 - 0,69 = 0,31 \text{ mol L}^{-1}$$

$$[HI] = 3,00 - 2x = 3,00 - 2(-0,69) = 4,38 \text{ mol L}^{-1}$$

Problema paralelo: Coloca-se 1,00 mol de PCl_5, 1 mol de PCl_3 e 1 mol de Cl_2 num recipiente de 2,00 L a 160°C. Qual é a concentração de cada substância depois de estabelecido o equilíbrio? [K_c para $PCl_5(g) \rightleftharpoons PCl_3(g) + Cl_2(g)$ é igual a $2,11 \times 10^{-2}$ à mesma temperatura.] **Resposta:** $[PCl_3] = [Cl_2] = 0,14$ mol L^{-1}; $[PCl_5] = 0,86$ mol L^{-1}.

Exemplo 14.8 Um mol de gás NOCl é colocado em um recipiente de 4,0 litros a 25°C. O NOCl sofre pequena decomposição, formando os gases NO e Cl₂. Se a constante de equilíbrio K_c

$$2NOCl(g) \rightleftharpoons 2NO(g) + Cl_2(g)$$

é $2,0 \times 10^{-10}$ a 25°C, quais são as concentrações de todas as espécies no equilíbrio, nesta temperatura?

Solução: As concentrações iniciais são:

$$[NOCl] = \frac{1,0 \text{ mol}}{4,0 \text{ L}} = 0,25 \text{ mol L}^{-1}$$

$$[NO] = 0$$

$$[Cl_2] = 0$$

Considere x o aumento da concentração de $[Cl_2]$. Então $2x =$ ao aumento no [NO], e $2x =$ à diminuição de [NOCl]. No equilíbrio,

$$[NO] = 2x$$

$$[Cl_2] = x$$

$$[NOCl] = 0,25 - 2x$$

$$\frac{[NO]^2[Cl_2]}{[NOCl]^2} = K_c$$

$$\frac{(2x)^2(x)}{(0,25 - 2x)^2} = 2,0 \times 10^{-10}$$

Esta é uma equação de 3º grau, entretanto, é facilmente resolvida com um pouco de bom senso químico. O valor de K, $2,0 \times 10^{-10}$, é muito pequeno, significando que no equilíbrio o numerador da expressão da lei da ação das massas é muito menor que o denominador (a reação está muito pouco deslocada para a direita). Assim, x deve ser um número pequeno, tão pequeno que no denominador $2x$ é desprezível em comparação a 0,25 do qual deveria ser subtraído. Podemos então simplificar a equação para

$$\frac{(2x)^2(x)}{(0,25)^2} \approx 2,0 \times 10^{-10}$$

onde $\approx$ significa "é aproximadamente igual a". Esta equação é facilmente resolvida:

$$4x^3 \approx 1,25 \times 10^{-11}$$

$$x \approx 1,5 \times 10^{-4}$$

Agora podemos verificar se nossa suposição, de que $2x$ é desprezível em comparação a 0,25, estava correta:

$$0,25 - 2x = 0,25 - 2(1,5 \times 10^{-4}) = 0,25 - 0,00030 = 0,25$$

Certamente 0,00030 é desprezível em comparação a 0,25.

No equilíbrio, então,

$$[NO] = 2x = 2(1,5 \times 10^{-4}) = 3,0 \times 10^{-4} \text{ mol L}^{-1}$$

$$[Cl_2] = x = 1,5 \times 10^{-4} \text{ mol L}^{-1}$$

$$[NOCl] = 0,25 - 2x = 0,25 - 2(1,5 \times 10^{-4}) = 0,25 \text{ mol L}^{-1}$$

Nota: Se tivéssemos resolvido este problema por meio da equação de 3º grau, sem aproximações, teríamos chegado ao mesmo resultado. Existem programas para resolver estes cálculos facilmente, disponíveis para a maioria dos microcomputadores.)

Problema Paralelo: Usando os dados do problema anterior, determine as concentrações de equilíbrio de todas as espécies num recipiente de 1,0 L que contém 1,0 mol de NOCl e NO a 25°C. **Resposta:** $[NOCl] = [NO] = 1,0$ mol L^{-1}; $[Cl_2] = 2,0 \times 10^{-10}$ mol L^{-1}.

RESUMO

Estudamos os equilíbrios porque todas as reações químicas agem no sentido de se aproximarem do estado de equilíbrio. Neste capítulo consideramos o equilíbrio tanto sob o aspecto qualitativo como quantitativo. O *princípio de Le Châtelier*, uma descrição qualitativa, pode ser aplicado a um sistema em equilíbrio com a finalidade de prever a maneira pela qual o sistema responderá a uma perturbação, como por exemplo a adição ou a remoção de reagentes, mudanças de pressão ou mudanças de temperatura.

A *lei do equilíbrio químico* afirma que, embora a *expressão da lei da ação das massas* para uma reação possa apresentar um número ilimitado de valores a cada temperatura, quando a reação está em equilíbrio ela tem apenas um único valor. Este valor é a *constante de equilíbrio, K*, para a reação. Esta relação fornece uma maneira de descrever os equilíbrios quantitativamente. O valor de K é igual à razão das constantes de velocidade específicas para as reações de formação de produtos e de formação de reagentes.

Para *reações heterogêneas* a lei da ação das massas é quase sempre simplificada, de tal maneira que as concentrações (ou, para gases, as pressões parciais) de fases, como líquido puro e sólido, não são mostradas. No equilíbrio estas concentrações constantes estão "incorporadas" ao valor da constante de equilíbrio.

As constantes de equilíbrio variam com a temperatura. Este fato é descrito quantitativamente pela *equação de van't Hoff*, que considera esta variação em função de $\Delta H°$ da reação.

A técnica de resolução de problemas sobre equilíbrios foi demonstrada no fim deste capítulo. Esta técnica é aplicável a todos os sistemas em equilíbrio, inclusive aos sistemas aquosos que serão estudados nos dois próximos capítulos.

PROBLEMAS

A Abordagem do Equilíbrio

14.1 Pretende-se estabelecer o seguinte equilíbrio:

$$FeO(s) + CO(g) \rightleftharpoons Fe(l) + CO_2(g)$$

Quais das seguintes combinações não reagiriam quando colocadas num recipiente, a uma temperatura elevada? (a) FeO e CO, (b) FeO, CO e Fe, (c) FeO, Fe e CO, (d) CO e Fe, (e) FeO e CO_2.

14.2 As substâncias A, B e C são colocadas num recipiente e misturadas, e a seguir este é fechado. Depois de algumas semanas o recipiente é aberto e seu conteúdo, analisado. Verificou-se que as quantidade de A, B e C não variaram. Dar três explicações possíveis.

14.3 Considere a reação $A(g) + 2B(g) \rightarrow C(g) + 2D(g)$.

Dê as curvas mostrando a variação das concentrações com o tempo (semelhantes às da Figura 14.1), supondo inicialmente: (a) [A] = [B], (b) [A] = 1/2[B].

14.4 Para o equilíbrio

$$A(g) \rightleftharpoons B(g) + C(g) \quad K_c = 2$$

explique o que ocorrerá com a concentração de A num recipiente de 1 litro, em cada caso, independentemente, se forem adicionados: (a) 1 mol de cada A, B e C. (b) 2 mol de cada A, B e C. (c) 3 mol de cada A, B e C.

14.5 Todas as reações tendem a atingir o equilíbrio. Cite algumas razões pelas quais isso nem sempre ocorre.

Alterações no Equilíbrio

14.6 Considere a reação

$$2Cl_2(g) + 2H_2O(g) \rightleftharpoons 4HCl(g) + O_2(g)$$

$$\Delta H° = 113 \text{ kJ}$$

Admita que o sistema esteja em equilíbrio. O que ocorrerá ao número de mols de H_2O no recipiente se: (a) for adicionado O_2, (b) for retirado HCl, (c) o volume do recipiente for diminuído, (d) a temperatura for diminuída, (e) for adicionado hélio.

14.7 Estabeleceu-se o seguinte equilíbrio:

$$2C(s) + O_2(g) \rightleftharpoons 2CO(g)$$

$$\Delta H° = -221 \text{ kJ}$$

Explique qual será o efeito sobre a concentração de O_2 no equilíbrio se: (a) for adicionado CO, (b) for adicionado O_2, (c) for aumentado o volume do recipiente, (e) for elevada a temperatura.

14.8 Quando o volume de um sistema em equilíbrio é diminuído, o número de mols de cada componente permanece inalterado. O que você pode dizer sobre essa reação?

14.9 Quando a temperatura de certo sistema em equilíbrio é aumentada, o número de mols de cada componente permanece inalterado. O que você diria a respeito da reação?

14.10 Discuta a lei de Henry como uma ilustração do princípio de Le Châtelier.

14.11 Considere o seguinte sistema em equilíbrio

$$2NOBr(g) \rightleftharpoons 2NO(g) + Br_2(g)$$

Proponha uma maneira de aumentar a pressão do sistema a fim de (a) provocar uma diminuição do número de mols de Br_2 no equilíbrio, (b) provocar um aumento do número de mols de Br_2 no equilíbrio, (c) deixar inalterado o número de mols de Br_2 no equilíbrio.

A Condição de Equilíbrio

14.12 Diferencie claramente: *expressão da lei da ação das massas, constante de equilíbrio* e *condição de equilíbrio*.

14.13 Escreva as condições de equilíbrio usando concentrações:

(a) $2H_2O(g) \rightleftharpoons 2H_2(g) + O_2(g)$

(b) $2NO(g) + O_2(g) \rightleftharpoons 2NO_2(g)$

(c) $O_2(g) + 2SO_2(g) \rightleftharpoons 2SO_3(g)$

(d) $4HCl(g) + O_2(g) \rightleftharpoons 2H_2O(g) + 2Cl_2(g)$

(e) $NOCl(g) \rightleftharpoons NO(g) + \frac{1}{2}Cl_2(g)$

14.14 Escreva as condições de equilíbrio usando concentrações:

(a) $NH_4NO_2(s) \rightleftharpoons N_2(g) + 2H_2O(g)$

(b) $Fe_3O_4(s) + H_2(g) \rightleftharpoons 3FeO(s) + H_2O(g)$

(c) $CaCO_3(s) \rightleftharpoons CaO(s) + CO_2(g)$

(d) $H_2O(l) \rightleftharpoons H_2O(g)$

(e) $CO_2(g) + 2NH_3(g) \rightleftharpoons NH_4CO_2NH_2(s)$

14.15 A constante de equilíbrio K_c para

$$2SO_2(g) + O_2(g) \rightleftharpoons 2SO_3(g)$$

é 249 a uma dada temperatura. Uma análise do conteúdo do recipiente que contém estes três componentes, nesta temperatura, dá os seguintes resultados: $[SO_3] = 0{,}262$ mol L^{-1}, $[SO_2] = 0{,}0149$ mol L^{-1}, $[O_2] = 0{,}0449$ mol L^{-1}. O sistema está em equilíbrio?

14.16 $K_c = 1{,}77$ para $PCl_5(g) \rightleftharpoons PCl_3(g) + Cl_2(g)$ a 250°C. Um recipiente de 4,50 litros contém $5{,}22 \times 10^{-3}$ mol de PCl_5, 0,288 mol de PCl_3 e 0,144 mol de Cl_2 a 250°C. O sistema está em equilíbrio?

14.17 $K_c = 0{,}983$ para $2FeBr_3(s) \rightleftharpoons 2FeBr_2(g) + Br_2(g)$ a uma certa temperatura. Um recipiente de 6,00 L contém 0,412 mol de $FeBr_3$, 0,726 mol de $FeBr_2$ e 0,403 mol de Br_2 nesta temperatura. O sistema está em equilíbrio?

Cinética e Equilíbrio

14.18 Para cada um dos seguintes mecanismos em fase gasosa, escreva a equação e a lei da velocidade para todas as reações:

(a) Etapa 1: $X + Y \rightarrow Z + I$ (lenta)

Etapa 2: $I + Y \rightarrow A$ (rápida)

(b) Etapa 1: $A \rightarrow B + C$ (lenta)

Etapa 2: $C + D \rightarrow E$ (rápida)

(c) Etapa 1: $A \rightleftharpoons B + C$ (rápida)

Etapa 2: $B + D \rightarrow E$ (lenta)

(d) Etapa 1: $A + B \rightleftharpoons C + D$ (rápida)

Etapa 2: $C + B \rightarrow E$ (lenta)

Etapa 3: $E + A \rightarrow F$ (rápida)

14.19 Qual é o significado do velho provérbio: "As mais simples reações são as que mais precisam de estudo"?

K_c e K_P

■ **14.20** A 1205°C, K_c para $2CO(g) + O_2(g) \rightleftharpoons 2CO_2(g)$ é $7{,}09 \times 10^{12}$. Calcule K_p a esta temperatura.

14.21 K_P do equilíbrio $CO_2(g) + H_2(g) \rightleftharpoons CO(g) + H_2O(g)$ é 4,40 a $2{,}00 \times 10^3$ K. Calcule K_c a esta temperatura.

■ **14.22** K_P para o equilíbrio $NH_4HS(s) \rightleftharpoons NH_3(g) + H_2S(g)$ é 0,11 a 25°C. Calcule K_c a esta temperatura.

Temperatura e K

■ **14.23** K_P para o equilíbrio $I_2(g) + Cl_2(g) \rightleftharpoons 2ICl(g)$ é $2{,}0 \times 10^5$ a 298 K. Se para esta reação $\Delta H°$ é $-26{,}9$ kJ, qual é o valor de K_P a 673 K?

14.24 Para o equilíbrio $CaCO_3(s) \rightleftharpoons CaO(s) + CO_2(g)$, $K_p = 1,5 \times 10^{-23}$ a 298 K. Calcule K_P a 1273 K, supondo que permaneça inalterado o $\Delta H° = 178$ kJ desta reação.

■ **14.25** K_P para $H_2(g) + Cl_2(g) \rightleftharpoons 2HCl(g)$ é 1,08 a 298 K e $1,15 \times 10^{-12}$ a 473 K. Calcule $\Delta H°$ para esta reação.

Cálculos de Equilíbrio

■ **14.26** O valor de K_c para o equilíbrio $CO(g) + H_2O(g) \rightleftharpoons CO_2(g) + H_2(g)$ a 600 K é 302. Um recipiente de 1,00 litro contém em equilíbrio 0,100 mol de CO, 0,200 mol de H_2O e 0,300 mol de CO_2. Calcule $[H_2]$.

■ **14.27** A 600 K o valor de K_c para $CO(g) + H_2O(g) \rightleftharpoons CO_2(g) + H_2(g)$ é 302. Números iguais de mols de CO e H_2O são adicionados a um recipiente a 600 K. Depois de estabelecido o equilíbrio, CO_2 é 4,60 mol L^{-1}. Qual é a concentração de CO no equilíbrio?

■ **14.28** Calcule o número inicial de mols de CO adicionados no Problema 14.27, a um recipiente de 5,00 L.

■ **14.29** A 600 K o valor de K_c para $CO(g) + H_2O(g) \rightleftharpoons CO_2)(g) + H_2(g)$ é 302. Suponha que são adicionados, a um recipiente de 1,00 litro, a 600 K, 2,00 mol de CO e 2,00 mol de H_2O. Qual é a concentração de equilíbrio de (a) CO_2? (b) H_2? (c) CO? (d) H_2O?

■ **14.30** A 600 K o valor de K_c para $CO(g) + H_2O(g) \rightleftharpoons CO_2(g) + H_2(g)$ é 302. Suponha que são adicionados, a um recipiente de 4,00 litros a 600 K, 1,67 mol de CO_2 e 1,67 mol de H_2. Qual é a concentração de equilíbrio de (a) CO_2? (b) H_2? (c) CO? (d) H_2O?

■ **14.31** A 600 K o valor de K_c para $CO(g) + H_2O(g) \rightleftharpoons CO_2(g) + H_2(g)$ é 302. Suponha que são adicionados, a um recipiente de 2,00 litros a 600 K, 0,400 mol de CO_2, 0,400 mol de H_2O, 0,400 mol de CO e 0,400 mol de H_2. Quais são as concentrações de todas as espécies no equilíbrio?

■ **14.32** A 600 K o valor K_c para $CO(g) + H_2O(g) \rightleftharpoons CO_2(g) + H_2(g)$ é 302. Suponha que são adicionados, a um recipiente de 1,00 litro, 0,600 mol de CO_2 e 0,400 mol de H_2. Quais são as concentrações de todas as espécies no equilíbrio?

14.33 A 1000 K o valor de K_c para $2CO_2(g) \rightleftharpoons 2CO(g) + O_2(g)$ é $4,5 \times 10^{-23}$. As concentrações de equilíbrio de CO_2 e O_2 são $4,3 \times 10^{-1}$ mol L^{-1} a 1000 K. Calcule [CO] nesta temperatura.

14.34 A 1000 K o valor de K_c para $2CO_2(g) \rightleftharpoons 2CO(g) + O_2(g)$ é $4,5 \times 10^{-23}$. Suponha que 1,00 mol de CO_2 é adicionado a um recipiente de 1,00 litro. No equilíbrio, quais são as concentrações de todas as espécies presentes?

■ **14.35** O valor de K_c a 25°C para $N_2(g) + O_2(g) \rightleftharpoons 2NO(g)$ é $4,5 \times 10^{-31}$. Suponha que 0,100 mol de N_2 e 0,100 mol de O_2 são adicionados a um recipiente de 1,00 litro a 25°C. Qual é a concentração de NO no equilíbrio?

14.36 O valor de K_c para $N_2(g) + O_2(g) \rightleftharpoons 2NO(g)$ a 25°C é $4,5 \times 10^{-31}$. Foram adicionados 0,040 mol de N_2 e 0,080 mol de O_2 a um recipiente de 1,00 litro a 25°C. Qual é a concentração de NO no equilíbrio?

■ **14.37** A 1400 K o valor de K_c para $2HBr(g) \rightleftharpoons H_2(g) + Br_2(g)$ é $1,5 \times 10^{-5}$. Calcule a concentração de equilíbrio de H_2 num recipiente de 0,500 litro ao qual tenham sido adicionados 0,118 mol de HBr a 1400 K.

PROBLEMAS ADICIONAIS

14.38 Coloca-se N_2, H_2 e NH_3 num recipiente e espera-se que se estabeleça o equilíbrio. A seguir adiciona-se 1 mol de NH_3 e 1 mol de N_2 simultaneamente. O que acontece com $[H_2]$? Explique.

14.39 Escreva as condições de equilíbrio usando pressões parciais:

(a) $2SO_2(g) \rightleftharpoons S_2(g) + 2O_2(g)$,

(b) $SO_2(g) \rightleftharpoons \frac{1}{2}S_2(g) + O_2(g)$,

(c) $S_2(g) + 2O_2(g) \rightleftharpoons 2SO_2(g)$,

(d) $\frac{1}{2}S_2(g) + O_2(g) \rightleftharpoons SO_2(g)$

14.40 $K_P = 3,29 \times 10^{-4}$ para $2NOCl(g) \rightleftharpoons 2NO(g) + Cl_2(g)$ a 796°C. Nesta temperatura, estes componentes num certo recipiente têm as pressões parciais: $P_{NOCl} = 3,46$ atm, $P_{NO} = 0,110$ atm, e $P_{Cl_2} = 0,430$ atm. O sistema está em equilíbrio?

14.41 $K_c =$ para o equilíbrio $SO_2(g) + \frac{1}{2}O_2(g) \rightleftharpoons SO_3(g)$ a 727°C é 16,7. Calcule K_P a esta temperatura.

14.42 A 298 K, K_p para o equilíbrio $2NaHSO_4(s) \rightleftharpoons Na_2S_2O_7(s) + H_2O(g)$ é $2,5 \times 10^{-7}$. Se para a reação $\Delta H° = 82,8$ kJ, qual a pressão de vapor da água no equilíbrio neste sistema a 773 K?

14.43 Para o equilíbrio $NO_2(g) + CO(g) \rightleftharpoons NO(g) + CO_2(g)$, $K_p = 6,4 \times 10^{28}$ a 127°C e $9,4 \times 10^{18}$ a 327°C. Calcule $\Delta H°$ para esta reação.

14.44 O valor de K_p para $PCl_5(g) \rightleftharpoons PCl_3(g) + Cl_2(g)$ a 150°C é $8,2 \times 10^{-3}$. Foi adicionado 1,00 mol de PCl_5 a um recipiente de 10,0 litros a 150°C. Calcule a pressão parcial de equilíbrio do Cl_2.

14.45 A 1400 K o valor de K_c para $2HBr(g) \rightleftharpoons H_2(g) + Br_2(g)$ é $1,5 \times 10^{-5}$. Calcule a concentração de H_2 num recipiente de 0,37 litro, ao qual tenham sido adicionados 0,10 mol de HBr e 0,15 mol de Br_2, depois de estabelecido o equilíbrio a 1400 K.

14.46 O valor de K_p a 800°C para $NOCl(g) \rightleftharpoons NO(g) + \frac{1}{2}Cl_2(g)$ é $1,8 \times 10^{-2}$. NOCl foi adicionado a um recipiente e esperou-se que se estabelecesse o equilíbrio. Se P_{NOCl} chegou a 0,657 atm, qual foi a pressão parcial do NO?

14.47 Descreva dois tipos diferentes de situações nos quais $K_c = K_P$.

14.48 Óxido nítrico, NO, é produzido na atmosfera como resultado da atividade humana e de fenômenos "naturais" como os relâmpagos. Uma quantidade mínima de NO no ar pode ser determinada por meio do equilíbrio $N_2(g) + O_2(g) \rightleftharpoons 2NO(g)$ para o qual $\Delta H° = 1,80 \times 10^2$ kJ e $K_c = 4,5 \times 10^{-31}$ a 25°C. Calcule a pressão parcial de NO no "ar puro" a: (a) 25°C e (b) 1000°C. Presuma que o ar tem 21% de O_2 e 78% de N_2 em volume.

14.49 Adiciona-se a um recipiente de 1,0 litro a 600 K, 1,0 mol de SO_2, O_2 e SO_2 e espera-se o estabelecimento do equilíbrio

$$2SO_2(g) + O_2(g) \rightleftharpoons 2SO_3(g)$$

Se K_c é $8,3 \times 10^2$, nesta temperatura, quais são as concentrações de equilíbrio de todas as espécies?

14.50 Dímeros ("moléculas duplas") de ácido trifluoracético dissociam-se conforme o equilíbrio

$$(CF_3COOH)_2(g) \rightleftharpoons 2CF_3COOH(g)$$

Se a densidade do ácido trifluoracético é de 4,30 g L^{-1} a 0,908 atm e 118°C, qual é o valor de K_c para a dissociação acima?

14.51 NH$_4$HS sólido é colocado num recipiente, onde se decompõe formando NH$_3$ e H$_2$S:

$$NH_4HS(s) \rightleftharpoons NH_3(g) + H_2S(g)$$

A pressão medida total do gás é de 0,659 atm. Se for adicionada quantidade tal de NH$_3$ que a pressão total no equilíbrio passe a 1,250 atm, qual será a nova pressão parcial de H$_2$S? (Admita que a temperatura permanece constante.)

■ **14.52** A constante de equilíbrio, K_P a 1000 K, da decomposição de CaCO$_3$ sólido dando CaO sólido e CO$_2$ gasoso é $4,0 \times 10^{-2}$. Adiciona-se certa quantidade de CaCO$_3$ a um recipiente de 5,00 litros a 1000 K. Quantos gramas de CaO estarão presentes depois de estabelecido o equilíbrio?

14.53 Carbamato de amônio sólido, NH$_4$CO$_2$NH$_2$, decompõe-se formando NH$_3$ e CO$_2$ gasosos. K_c para esta decomposição, a 37°C, é 4,1. Um recipiente de 0,40 litro é mantido a 37°C e a ele é adicionado lentamente o carbamato de amônio. Quantos gramas precisam ser adicionados até que permaneça algum sólido no equilíbrio?

Capítulo 15

SOLUÇÕES AQUOSAS: EQUILÍBRIO ÁCIDO-BASE

TÓPICOS GERAIS

15.1 A DISSOCIAÇÃO DE ÁCIDOS FRACOS
Constantes de dissociação para ácidos fracos
Ácidos polipróticos
Cálculos para ácidos fracos

15.2 A DISSOCIAÇÃO DE BASES FRACAS
Constantes de dissociação de bases fracas
Cálculos para bases fracas

15.3 A DISSOCIAÇÃO DA ÁGUA
O produto iônico da água
Soluções ácidas, básicas e neutras
pH

15.4 HIDRÓLISE
Hidrólise do ânion
Constantes para reações de hidrólise de ânions
Hidrólise do cátion

Constantes para reações de hidrólise de cátions
O mecanismo da hidrólise do cátion
Hidrólise e pH
O pH de soluções de sais

15.5 INDICADORES ÁCIDO-BASE E TITULAÇÃO
Indicadores
Titulações ácido-base
Curvas de titulação

15.6 TAMPÕES
O efeito tampão
Tampões em sistemas biológicos

15.7 EQUILÍBRIOS ÁCIDO-BASE SIMULTÂNEOS
Misturas de ácidos fracos
Ácidos polipróticos
Sais ácidos

Neste capítulo e no próximo consideramos o caso especial dos sistemas em equilíbrio no solvente água. Todas as características gerais de equilíbrio que discutimos no Capítulo 14 também aparecem nestes sistemas. Por exemplo, o princípio de Le Châtelier é de suma importância na previsão das mudanças do equilíbrio em solução aquosa e, como ocorre com os sistemas gasosos, todas as reações em solução aquosa tendem a atingir um equilíbrio.

Neste capítulo, consideramos aqueles equilíbrios em soluções aquosas que são classificados como equilíbrios ácido-base de acordo com as definições de Arrhenius ou de Brønsted-Lowry. São todos equilíbrios homogêneos; todas as espécies reativas se encontram em soluções aquosas. No Capítulo 16, estudaremos os equilíbrios de solubilidade e de íons complexos, além de sistemas mais complicados nos quais há vários equilíbrios inter-relacionados.

15.1 A DISSOCIAÇÃO DE ÁCIDOS FRACOS

CONSTANTES DE DISSOCIAÇÃO PARA ÁCIDOS FRACOS

Já vimos (Seções 11.6 e 12.1) que um ácido fraco é aquele que não está completamente dissociado. A equação de *Arrhenius* para a dissociação do ácido fraco HA é

$$HA(aq) \rightleftharpoons H^+(aq) + A^-(aq)$$

cuja condição de equilíbrio é

$$\frac{[H^+][A^-]}{[HA]} = K$$

Como este equilíbrio é um equilíbrio de *dissociação*, sua constante é denominada *constante de dissociação* e é normalmente designada por K_{diss}, K_d ou K_a (*a* para ácido). É também chamada *constante de ionização*, K_i.

A equação de *Brønsted-Lowry* para a dissociação[1] de HA enfatiza o fato do ácido transferir um próton para a água,

$$HA(aq) + H_2O(aq) \rightleftharpoons H_3O^+(aq) + A^-(aq)$$

---

[1] Para sermos mais exatos, devemos chamar a atenção para o fato do termo *dissociação* se referir à definição de Arrhenius, não sendo portanto apropriado para a definição de Brønsted-Lowry. Apesar disso, é comum usar este termo quando nos referimos à perda de um próton por um ácido (e a respectiva transferência de água), quer seja o processo analisado sob o ponto de vista de Arrhenius quer de Brønsted-Lowry.

e a condição de equilíbrio é escrita como

$$\frac{[H_3O^+][A^-]}{[HA][H_2O]} = K'$$

Em soluções diluídas, entretanto, a concentração de moléculas de água é essencialmente a mesma do que em água pura (aproximadamente 55 mol/L). Esta é uma concentração alta e como comparativamente são necessárias poucas moléculas de água para a hidratação, reação etc., a concentração da H_2O em soluções diluídas permanece essencialmente constante. Considerando a $[H_2O]$ constante, podemos escrever

$$\frac{[H_3O^+][A^-]}{[HA]} = K'[H_2O] = K$$

onde K' é uma constante devido ao fato de ser o produto de duas quantidades constantes.

As duas expressões

$$\frac{[H^+][A^-]}{[HA]} = K \quad \text{(Arrhenius)}$$

Tabela 15.1 Constantes de dissociação de ácidos fracos (25°).

Ácido	Reação de Dissociação (a) Arrhenius (b) Brønsted-Lowry	K_a
Acético	(a) $HC_2H_3O_2 \rightleftharpoons H^+ + C_2H_3O_2^-$ (b) $HC_2H_3O_2 + H_2O \rightleftharpoons H_3O^+ + C_2H_3O_2^-$	$1,8 \times 10^{-5}$
Cloroso	(a) $HClO_2 \rightleftharpoons H^+ + ClO_2^-$ (b) $HClO_2 + H_2O \rightleftharpoons H_3O^+ + ClO_2^-$	$1,1 \times 10^{-2}$
Cianídrico	(a) $HCN \rightleftharpoons H^+ + CN^-$ (b) $HCN + H_2O \rightleftharpoons H_3O^+ + CN^-$	$4,0 \times 10^{-10}$
Fluorídrico	(a) $HF \rightleftharpoons H^+ + F^-$ (b) $HF + H_2O \rightleftharpoons H_3O^+ + F^-$	$6,7 \times 10^{-4}$
Hipocloroso	(a) $HOCl \rightleftharpoons H^+ + OCl^-$ (b) $HOCl + H_2O \rightleftharpoons H_3O^+ + OCl^-$	$3,2 \times 10^{-8}$

e

$$\frac{[H_3O^+][A^-]}{[HA]} = K \quad \text{(Brønsted-Lowry)}$$

são equivalentes; indicam que no equilíbrio o produto das concentrações dos íons hidrogênio (hidratados) e dos íons A^- dividido pela concentração de moléculas de HA não-dissociadas é uma constante, a constante de dissociação do HA[2].

A *força* de um ácido, isto é, o seu grau de dissociação em solução, é indicada pela magnitude de sua constante de dissociação. Quanto mais fraco um ácido, menor será sua constante de dissociação. A Tabela 15.1 apresenta valores de K_a para alguns ácidos fracos. Em cada caso é mostrada a dissociação de acordo com a descrição de: (a) Arrhenius e (b) Brønsted-Lowry. Outras constantes de dissociação de ácidos fracos são dadas no Apêndice H.

ÁCIDOS POLIPRÓTICOS

Muitos ácidos têm mais de um próton disponível. Estes ácidos são chamados *dipróticos* se houver dois prótons disponíveis por molécula, *tripróticos* se houver três prótons disponíveis etc. Assim, o ácido sulfuroso, H_2SO_3, é um ácido diprótico e se dissocia em duas etapas, tendo cada uma delas sua própria constante de dissociação. Estas etapas podem ser escritas como dissociações de Arrhenius:

$$H_2SO_3(aq) \rightleftharpoons H^+(aq) + HSO_3^-(aq) \quad \frac{[H^+][HSO_3^-]}{[H_2SO_3]} = K_1 = 1,3 \times 10^{-2}$$

$$HSO_3^-(aq) \rightleftharpoons H^+(aq) + SO_3^{2-}(aq) \quad \frac{[H^+][SO_3^{2-}]}{[HSO_3^-]} = K_2 = 6,3 \times 10^{-8}$$

---

[2] Mais rigorosamente falando, a expressão da lei da ação das massas é uma constante no equilíbrio apenas se for expressa em termos de *atividades* químicas em vez de concentrações. A atividade química de uma espécie em solução diluída é aproximadamente igual a sua concentração – esta afirmação é mais correta quanto mais diluída for a solução. Numa *solução ideal* a concentração é igual à atividade. Quando as partículas do soluto são íons, a solução precisa ser bastante diluída para que a atividade e a concentração sejam essencialmente iguais.

Tabela 15.2 Constantes de dissociação de ácidos polipróticos (25°C).

Ácido	Fórmula	K_a
Ascórbico	$H_2C_6H_6O_6$	$K_1 = 5,0 \times 10^{-5}$
		$K_2 = 1,5 \times 10^{-12}$
Carbônico	H_2CO_3 ($H_2O + CO_2$)	$K_1 = 4,2 \times 10^{-7}$
		$K_2 = 5,6 \times 10^{-11}$
Fosfórico	H_3PO_4	$K_1 = 7,6 \times 10^{-3}$
		$K_2 = 6,3 \times 10^{-8}$
		$K_3 = 4,4 \times 10^{-13}$
Sulfúrico	H_2SO_4	K_1 (grande; ácido forte)
		$K_2 = 1,2 \times 10^{-2}$
Sulfuroso	H_2CO_3 ($H_2O + SO_2$)	$K_1 = 1,3 \times 10^{-2}$
		$K_2 = 6,3 \times 10^{-8}$

ou como transferências de prótons segundo Brønsted-Lowry:

$$H_2SO_3(aq) + H_2O \rightleftharpoons H_3O^+(aq) + HSO_3^-(aq)$$

$$\frac{[H_3O^+][HSO_3^-]}{[H_2SO_3]} = K_1 = 1,3 \times 10^{-2}$$

$$HSO_3^-(aq) + H_2O \rightleftharpoons H_3O^+(aq) + SO_3^{2-}(aq)$$

$$\frac{[H_3O^+][SO_3^{2-}]}{[HSO_3^-]} = K_2 = 6,3 \times 10^{-8}$$

A Tabela 15.2 indica as constantes de dissociação de alguns ácidos polipróticos (outras são fornecidas no Apêndice H). Observe que, para todos os ácidos, K_2 é menor do que K_1. Isto é verdadeiro porque é necessário mais energia para separar um próton de um íon dinegativo do que para separá-lo de um íon mononegativo.

CÁLCULOS PARA ÁCIDOS FRACOS

Os métodos introduzidos na Seção 14.6 são facilmente aplicáveis a problemas que envolvem a dissociação de ácidos fracos.

Exemplo 15.1 Qual é a concentração de cada espécie derivada do soluto numa solução de ácido acético ($HC_2H_3O_2$), 0,50 mol/L?

Solução: O equilíbrio de dissociação é

$$HC_2H_3O_2(aq) \rightleftharpoons H^+(aq) + C_2H_3O_2^-(aq)$$

para o qual $K_a = 1,8 \times 10^{-5}$ (Tabela 15.1). Seja x o número de mols de $HC_2H_3O_2$ em um litro, que se dissocia para estabelecer o equilíbrio. Então, o número de mols de $HC_2H_3O_2$ por litro no equilíbrio será $0,50 - x$. Como *um* mol de $HC_2H_3O_2$ se dissocia para formar *um* mol de H^+ e *um* mol de $C_2H_3O_2^-$, o número de mols de H^+ e o número de mols de $C_2H_3O_2^-$ por litro, no equilíbrio, devem ser iguais a x. As concentrações iniciais (antes de ocorrer a dissociação) e as concentrações finais de equilíbrio são dadas a seguir:

Soluto	Concentração inicial, mol/L	Variação na concentração, mol/L	Concentração no equilíbrio, mol/L
$HC_2H_3O_2$	0,50	$-x$	$0,50 - x$
H^+	0	$+x$	x
$C_2H_3O_2^-$	0	$+x$	x

A condição de equilíbrio é

$$\frac{[H^+][C_2H_3O_2^-]}{[HC_2H_3O_2]} = K_a$$

Substituindo, temos

$$\frac{(x)(x)}{0,50 - x} = 1,8 \times 10^{-5}$$

$$x^2 = 9,0 \times 10^{-6} - (1,8 \times 10^{-5})x$$

$$x^2 + (1,8 \times 10^{-5})x - 9,0 \times 10^{-6} = 0$$

Substituindo na fórmula quadrática (Apêndice D),

$$x = \frac{-(1{,}8 \times 10^{-5}) \pm \sqrt{(1{,}8 \times 10^{-5})^2 - 4(1)(-9{,}0 \times 10^{-6})}}{2(1)}$$

e resolvendo para x, temos

$$x = 3{,}0 \times 10^{-3} \text{ ou } x = -3{,}0 \times 10^{-3}$$

Rejeitamos a raiz negativa porque corresponde a uma concentração negativa; assim,

$$[HC_2H_3O_2] = 0{,}50 - x = 0{,}50 - 3{,}0 \times 10^{-3} = 0{,}50 \text{ mol/L}$$

$$[H^+] = x = 3{,}0 \times 10^{-3} \text{ mol/L}$$

$$[C_2H_3O_2^-] = x = 3{,}0 \times 10^{-3} \text{ mol/L}$$

Apesar da fórmula quadrática nos fornecer uma resposta correta, poderíamos ter resolvido o problema mais facilmente usando o senso químico comum, já aplicado anteriormente no Exemplo 14.8. Como o ácido é bastante fraco (K_a é pequeno), admitiremos que o número de mols de $HC_2H_3O_2$ dissociados por litro é pequeno em comparação com o número total de mols presentes. Isto significa que na expressão

$$\frac{(x)(x)}{0{,}50 - x} = 1{,}8 \times 10^{-5}$$

se $x << 0{,}50$ (x é muito menor que 0,50), então

$$0{,}50 - x \approx 0{,}50$$

e

$$\frac{(x)(x)}{0{,}50} \approx 1{,}8 \times 10^{-5}$$

Isto é mais fácil de ser resolvido:

$$x^2 \approx 9{,}0 \times 10^{-6}$$

$$x \approx 3{,}0 \times 10^{-3}$$

Agora, é importante testar nossa suposição de que $x << 0{,}50$. Realmente, a suposição é correta porque

$$0{,}50 - x = 0{,}50 - (3{,}0 \times 10^{-3}) = 0{,}50$$

Em outras palavras x é desprezível em comparação a 0,50. Tendo provado isto, podemos continuar e encontrar todas as concentrações como fizemos no primeiro método (fórmula quadrática).

Problema Paralelo: Calcule a concentração de todas as espécies de soluto presentes em uma solução 0,10 mol/L de ácido hipocloroso, HOCl ($K_a = 3,2 \times 10^{-8}$). **Resposta:** [HOCl] = 0,10 mol/L; [H$^+$] = 5,7 $\times$ 10^{-5} mol/L; [OCl$^-$] = 5,7 $\times$ 10^{-5} mol/L.

Exemplo 15.2 Em HC$_2$H$_3$O$_2$ 0,50 mol/L, qual a percentagem de moléculas de HC$_2$H$_3$O$_2$ dissociadas?

Solução: No Exemplo 15.1, chamamos x o número de mols de HC$_2$H$_3$O$_2$ que se dissociam por litro. A percentagem de dissociação de um ácido é o número de mols dissociados por litro dividido pelo número inicial de mols por litro, vezes 100, ou

$$\%_{diss} = \frac{3,0 \times 10^{-3} \text{ mols por litro, dissociados}}{0,50 \text{ mols por litro, inicial}} \times 100 = 0,60\%$$

Problema Paralelo: Qual a percentagem de dissociação em HOCl 0,20 mol/L? (ver Problema Paralelo 15.1). **Resposta:** $4,0 \times 10^{-2}\%$.

Neste ponto, um fato muitas vezes esquecido é que a igualdade expressa pela condição de equilíbrio

$$\frac{[H^+][A^-]}{[HA]} = K_a$$

é verdadeira independentemente de como o equilíbrio é estabelecido e de quanto valem as concentrações individuais. Mais especificamente, é verdadeira mesmo que [H$^+$] $\neq$ [A$^-$], como é o caso no próximo exemplo.

Exemplo 15.3 Uma solução é preparada pela adição de 0,40 mol de acetato de sódio, NaC$_2$H$_3$O$_2$, e 0,50 mol de ácido acético e quantidade de água suficiente para completar um litro. Calcule a concentração de todas as espécies de soluto presentes e a porcentagem de dissociação do ácido acético nesta solução.

Solução: O acetato de sódio é um sal, portanto dissocia-se totalmente (100%) ao se dissolver:

$$NaC_2H_3O_2(s) \rightarrow Na^+(aq) + C_2H_3O_2^-(aq)$$

sendo que na solução resultante, [Na$^+$] = 0,40 mol/L e [C$_2$H$_3$O$_2^-$] = 0,40 mol/L. O ácido acético se dissolve, mas por ser um ácido fraco não se dissocia totalmente. Apenas algumas de suas moléculas se dissociam atingindo o equilíbrio

$$HC_2H_3O_2(aq) \rightleftharpoons H^+(aq) + C_2H_3O_2^-(aq)$$

Agora, como anteriormente, x é o número de mols de HC$_2$H$_3$O$_2$ dissociados por litro. Isto significa que [H$^+$] = x. Porém, [C$_2$H$_3$O$_2^-$] desta vez é diferente de [H$^+$] porque há duas fontes de íons

$C_2H_3O_2^-$: o sal $NaC_2H_3O_2$, totalmente dissociado, e o ácido $HC_2H_3O_2$, pouco dissociado. A concentração total de $C_2H_3O_2^-$ é a soma das contribuições dos dois: 0,40 mol/L (do sal) mais x mol/L (do ácido). Como no Exemplo 15.2, $[HC_2H_3O_2]$ no equilíbrio é igual a $0,50 - x$. Em resumo,

Soluto	Concentração inicial, mol/L	Variação na concentração, mol/L	Concentração de equilíbrio, mol/L
$HC_2H_3O_2$	0,50	$-x$	$0,50 - x$
H^+	0	$+x$	x
$C_2H_3O_2^-$	0,40	$+x$	$0,40 + x$

A condição de equilíbrio é

$$\frac{[H^+][C_2H_3O_2^-]}{[HC_2H_3O_2]} = K_a$$

Substituindo, obtemos

$$\frac{(x)(0,40 + x)}{0,50 - x} = 1,8 \times 10^{-5}$$

Em vez de enfrentar a exatidão minuciosa da fórmula quadrática, simplesmente observamos o valor baixo de K_a e prevemos que o número de mols de $HC_2H_3O_2$ dissociado é provavelmente muito menor do que o número total de mols de $HC_2H_3O_2$; assim, se

$$x \ll 0,50$$

então, provavelmente

$$x \ll 0,40$$

de modo que

$$0,40 + x \approx 0,40$$

e

$$0,50 - x \approx 0,50$$

Portanto,

$$\frac{(x)(0,40)}{0,50} \approx 1,8 \times 10^{-5}$$

Resolvendo para x, obtemos

$$x \approx 2,3 \times 10^{-5}$$

As aproximações foram justificadas? Certamente: $2,3 \times 10^{-5}$ é tão menor do que 0,50 ou 0,40 que este se torna desprezível em comparação a cada um destes números. Assim,

$$[HC_2H_3O_2] = 0,50 - x = 0,50 - 2,3 \times 10^{-5} = 0,50 \text{ mol/L}$$

$$[H^+] = x = 2,3 \times 10^{-5} \text{ mol/L}$$

$$[C_2H_3O_2^-] = 0,40 + x = 0,40 + 2,3 \times 10^{-5} = 0,40 \text{ mol/L}$$

$$[Na^+] = 0,40 \text{ mol/L (não esqueça este!)}$$

$$\%_{diss} = \frac{\text{mols dissociados}}{\text{mols totais}} \times 100 =$$

$$= \frac{2,3 \times 10^{-5}}{0,50} \times 100 = 4,6 \times 10^{-3} \%$$

Problema Paralelo: 0,10 mol de NaOCl é dissolvido em 0,500 L de uma solução 0,20 mol/L HOCl. Se o volume final é 0,500 L, qual a concentração de cada espécie de soluto e qual a percentagem de dissociação do HOCl na solução resultante? (K_a para HOCl é $3,2 \times 10^{-8}$.) **Resposta:** [HOCl] = 0,20 mol/L; [H$^+$] = $3,2 \times 10^{-8}$ mol/L; [OCl$^-$] = 0,20 mol/L; [Na$^+$] = 0,20 mol/L; $\%_{diss}$ = $1,6 \times 10^{-5}$ %

Compare a porcentagem de dissociação encontrada no Exemplo 15.3 com aquela encontrada no Exemplo 15.2.

Exemplo	Solução	% de $HC_2H_3O_2$ dissociado
15.2	0,50 mol/L $HC_2H_3O_2$	0,60%
15.3	0,50 mol/L $HC_2H_3O_2$ + 0,40 mol/L $C_2H_3O_2^-$	0,0046%

Vemos novamente uma ilustração do princípio de Le Châtelier. Os íons $C_2H_3O_2^-$ adicionais (Exemplo 15.3) mantiveram o equilíbrio

$$HC_2H_3O_2(aq) \rightleftharpoons H^+(aq) + C_2H_3O_2^-(aq)$$

bastante deslocado para a esquerda, reprimindo a dissociação do $HC_2H_3O_2$. Este é um exemplo do chamado *efeito do íon comum*, no qual a presença de íons adicionais na solução reprime uma dissociação. A dissociação do $HC_2H_3O_2$ também pode ser contida pela presença de íons H^+, provenientes de um ácido forte como o HCl.

O princípio de Le Châtelier prevê também que o grau ou percentagem de dissociação de um eletrólito fraco é maior quanto mais diluída for sua solução.

Exemplo 15.4 Calcule a percentagem de dissociação em uma solução 0,10 mol/L de $HC_2H_3O_2$.

Solução:

$$HC_2H_3O_2(aq) \rightleftharpoons H^+(aq) + C_2H_3O_2^-(aq)$$

Considere x igual ao número de mols de $HC_2H_3O_2$ dissociados por litro. Assim, no equilíbrio:

$$[H^+] = x$$

$$[C_2H_3O_2^-] = x$$

$$[HC_2H_3O_2] = 0{,}10 - x$$

A condição de equilíbrio é

$$\frac{[H^+][C_2H_3O_2^-]}{[HC_2H_3O_2]} = K_a$$

$$\frac{(x)(x)}{0{,}10 - x} = 1{,}8 \times 10^{-5}$$

Admitindo que $x \ll 0{,}10$, de tal modo que $0{,}10 - x \approx 0{,}10$, então

$$\frac{(x)(x)}{0{,}10} \approx 1{,}8 \times 10^{-5}$$

o que dá

$$x \approx 1{,}3 \times 10^{-3}$$

(A suposição foi justificada? Sim: $1{,}3 \times 10^{-3} \ll 0{,}10$.)

$$\%_{diss} = \frac{1{,}3 \times 10^{-3}}{0{,}10} \times 100 = 1{,}3\%$$

Problema Paralelo: Calcule a percentagem de dissociação em uma solução 0,10 mol/L HOCl. **Resposta:** $5{,}7 \times 10^{-2}\%$.

Agora, compare os resultados dos Exemplos 15.2 e 15.4:

Exemplo	Concentração de $HC_2H_3O_2$	% diss
15.2	0,50 mol/L	0,60
15.4	0,10 mol/L	1,3

Como prevê o princípio de Le Châtelier, a percentagem de dissociação de um eletrólito fraco em solução aumenta com a diluição. (O número total de partículas de soluto aumenta e compensa parcialmente o efeito da diluição.)

Exemplo 15.5 Calcule a concentração de todas as espécies de soluto em uma solução de H_2SO_3 0,10 mol/L. (Ver a Tabela 15.2 para os valores das constantes de dissociação.)

Solução: O ácido sulfuroso é diprótico, portanto, temos de considerar duas dissociações:

$$H_2SO_3(aq) \rightleftharpoons H^+(aq) + HSO_3^-(aq) \quad K_1 = 1,3 \times 10^{-2}$$

$$HSO_3^-(aq) \rightleftharpoons H^+(aq) + SO_3^{2-}(aq) \quad K_2 = 6,3 \times 10^{-8}$$

Observe que K_2 é muito menor que K_1. Isto implica duas importantes conseqüências: primeiro, embora ambas as dissociações produzam H^+, a contribuição da segunda dissociação pode ser desprezada em comparação com a da primeira; segundo, podemos desprezar o HSO_3^- consumido na segunda dissociação, comparando com aquele formado na primeira. Uma última observação: o valor de K_1 é razoavelmente grande tendo em vista as constantes de dissociação de ácidos fracos. (É o mesmo que dizer que, apesar do ácido sulfuroso ser um ácido fraco, ele não é tão fraco.) Quando o valor de uma constante de dissociação é maior que 10^{-5}, a proporção de ácido dissociado não pode ser desprezada em comparação com o total.

Considerando x igual ao número de mols dissociados por litro, temos, no equilíbrio,

$$[H^+] = x$$

$$[HSO_3^-] = x$$

$$[H_2SO_3] = 0,10 - x$$

(Note que, considerando $[H^+] = x$, estamos ignorando a contribuição feita pela segunda dissociação.) A condição de equilíbrio é

$$\frac{[H^+][HSO_3^-]}{[H_2SO_3]} = K_1$$

$$\frac{(x)(x)}{0{,}10 - x} = 1{,}3 \times 10^{-2}$$

Entretanto, como neste caso K_1 não é tão pequena, não podemos desprezar x em comparação a $0{,}10$ no denominador. (Se fizermos isto e resolvermos a equação aproximada resultante, vamos encontrar um valor aparente para x igual a $0{,}036$, que certamente não pode ser desprezado frente a $0{,}10$.) Portanto, sem efetuar a aproximação, obtemos

$$x^2 = (0{,}10 - x)(1{,}3 \times 10^{-2})$$

Rearranjando, resolvendo por meio da fórmula quadrática e escolhendo a raiz positiva, obtemos

$$x = 3{,}0 \times 10^{-2}$$

e assim,

$$[H^+] = x = 3{,}0 \times 10^{-2}$$

$$[HSO_3^-] = x = 3{,}0 \times 10^{-2}$$

$$[H_2SO_3] = 0{,}10 - x = 3{,}0 \times 10^{-2} = 0{,}07 \ mol/L$$

Ainda não terminamos porque uma pequena quantidade de SO_3^{2-} (íon sulfito) está presente. Qual é a sua concentração? Pela segunda dissociação vemos que sua condição de equilíbrio é

$$\frac{[H^+][SO_3^{2-}]}{[HSO_3^-]} = K_2$$

Agora $[H^+]$ e $[HSO_3^-]$ se referem a concentrações *totais* na solução e não apenas às proporções produzidas por uma ou outra etapa. Além disso, determinamos do nosso primeiro cálculo que

$$[H^+] = [HSO_3^-] = 3{,}0 \times 10^{-2} \ mol/L$$

e assim,

$$\frac{(3 \times 10^{-2})[SO_3^{2-}]}{3 \times 10^{-2}} = K_2$$

$$[SO_3^{2-}] = K_2 = 6{,}3 \times 10^{-8} \ mol/L$$

Nota adicional: Observe a segunda equação de dissociação. $6{,}3 \times 10^{-8}$ deve ser também o número de mols de H^+ por litro produzido *apenas pela segunda dissociação*. Este valor é negligenciável quando comparado com o produzido pela primeira, $3,0 \times 10^{-2}$ mol/L. $6,3 \times 10^{-8}$ representa também o número de mols de HSO^3- por litro consumido na segunda dissociação. Este é certamente pequeno quando comparado com $3,0 \times 10^{-2}$ mol litro–1 formado na primeira dissociação, justificando portanto o fato de ter sido desprezado no nosso primeiro cálculo.

Comentários Adicionais

Você pode não estar familiarizado com a técnica de resolução de uma equação aproximada e até desconfiar dela. Entretanto, ela pode ser perfeitamente válida e confiável se usada corretamente. Por exemplo, quando você admite que pode "desprezar x quando comparado com 0,50" no termo $(0,50 - x)$, se esta suposição não for correta você logo perceberá ao comparar o valor calculado de x com 0,50. Se o valor de x for, por exemplo, 0,08, certamente ele *não* poderá ser desprezado porque $0,50 - 0,08 = 0,42$. Isto significa que você precisa usar a fórmula quadrática ou algum método equivalente. Chega-se à conclusão de que "desprezível" normalmente significa menos do que 5% da concentração original. Ao resolver um problema sobre equilíbrios, se a subtração de x de um número muda o valor deste número de mais de 1 ou 2 no último algarismo significativo, o valor de x não é desprezível.

Problema Paralelo Calcule as concentrações de todas as espécies de soluto em uma solução 0,25 mol/L de ácido ascórbico (vitamina C), $H_2C_6H_6O_6$. (Consulte a Tabela 15.2.)
Resposta: $[H^+] = [HC_6H_6O_6^-] = 3,5 \times 10^{-3}$ mol/L; $[H_2C_6H_6O_6] = 0,25$ mol/L; $[C_6H_6O_6^{2-}] = 1,5 \times 10^{-12}$ mol/L.

15.2 A DISSOCIAÇÃO DE BASES FRACAS

CONSTANTES DE DISSOCIAÇÃO DE BASES FRACAS

A dissociação de uma base fraca em solução aquosa é semelhante à de um ácido fraco, exceto pelo fato de que a atenção é focalizada na produção de íons OH^-. Se considerarmos o hidróxido DOH como sendo uma base fraca de Arrhenius, sua dissociação é dada por

$$DOH(aq) \rightleftharpoons D^+(aq) + OH^-(aq)$$

para a qual a condição de equilíbrio é

$$\frac{[D^+][OH^-]}{[DOH]} = K_b$$

onde o subscrito *b* se refere à base. Esta constante é muitas vezes designada por K_{diss}, K_d ou K_i (*i* para ionização).

Uma base de Brønsted-Lowry é um receptor de prótons. Se C for tal base, a dissociação pode ser representada por

$$C(aq) + H_2O \rightleftharpoons CH^+(aq) + OH^-(aq)$$

para a qual a condição de equilíbrio é

$$\frac{[CH^+][OH^-]}{[C]} = K_b$$

onde, como anteriormente, a concentração de água essencialmente constante foi "incorporada" a K_b.

Embora geralmente o ponto de vista de Brønsted-Lowry seja o mais útil para bases fracas, as duas abordagens são equivalentes. Considere, por exemplo, a substância amônia, NH_3. Amônia é um gás a temperatura e pressão ambientes muito solúvel em água formando uma solução aquosa básica. No passado acreditava-se na hipótese de que amônia reagisse com a água formando uma base fraca de Arrhenius, de fórmula NH_4OH e chamada *hidróxido de amônio*.

$$NH_4OH(aq) \rightleftharpoons NH_4^+(aq) + OH^-(aq)$$

para a qual a condição de equilíbrio é

$$\frac{[NH_4^+][OH^-]}{[NH_4OH]} = K_b$$

Existe um pequeno problema aí. Não só o NH_4OH não pode ser isolado como substância pura, mas também pode ser demonstrado que moléculas de NH_4OH não existem, nem em solução. Uma maneira de contornar o problema é tratar a amônia como uma base de Brønsted-Lowry:

$$NH_3(aq) + H_2O \rightleftharpoons NH_4^+(aq) + OH^-(aq)$$

para a qual a condição de equilíbrio é

$$\frac{[NH_4^+][OH^-]}{[NH_3]} = K_b$$

Está claro que o resultado é essencialmente o mesmo, quer consideremos a base como NH_4OH ou NH_3. No equilíbrio

$$\frac{[NH_4^+][OH^-]}{[\text{espécies não-dissociadas}]}$$

e a natureza da espécie não-dissociada não é importante (na realidade ela deve ser mais complexa do que NH_3 ou NH_4OH). É por esta razão que a constante de dissociação K_b é encontrada em algumas tabelas às vezes referindo-se a NH_3 e em outras a NH_4OH. Seu valor numérico é $1,8 \times 10^{-5}$ e está incluído entre as constantes de dissociação de várias bases na Tabela 15.3 e no Apêndice H. Soluções aquosas de amônia disponíveis comercialmente, fornecidas para uso em laboratório, são invariavelmente rotuladas como "hidróxido de amônio". No entanto, a visão de Brønsted-Lowry é normalmente mais conveniente para descrever bases fracas em água e, assim, as equações de dissociação foram escritas de acordo com ela na Tabela 15.3.

Tabela 15.3 Constantes de dissociação de bases fracas (25°C).

Base	Reação de dissociação (Brønsted-Lowry)	K_b
Amônia	$NH_3 + H_2O \rightleftharpoons NH_4^+ + OH^-$	$1,8 \times 10^{-5}$
Hidroxilamina	$NH_2OH + H_2O \rightleftharpoons NH_3OH^+ + OH^-$	$9,1 \times 10^{-9}$
Metilamina	$CH_3NH_2 + H_2O \rightleftharpoons CH_3NH_3^+ + OH^-$	$4,4 \times 10^{-4}$
Nicotina	$C_{10}H_{14}N_2 + H_2O \rightleftharpoons C_{10}H_{14}N_2H^+ + OH^-$	$7,4 \times 10^{-7}$
	$C_{10}H_{14}N_2H^+ + H_2O \rightleftharpoons C_{10}H_{14}N_2H_2^{2+} + OH^-$	$1,4 \times 10^{-11}$
Fosfina	$PH_3 + H_2O \rightleftharpoons PH_4^+ + OH^-$	1×10^{-14}

CÁLCULOS PARA BASES FRACAS

Exemplo 15.6 Calcule a concentração de cada espécie de soluto presente numa solução de NH_3 0,40 mol/L. Qual é a percentagem de dissociação nesta solução?

Solução: O equilíbrio de dissociação é

$$NH_3(aq) + H_2O \rightleftharpoons NH_4^+(aq) + OH^-(aq)$$

Se x é o número de mols de NH_3 por litro que se dissociam ("que recebem prótons" seria uma linguagem melhor), no equilíbrio

$$[NH_4^+] = x$$

$$[OH^-] = x$$

$$[NH_3] = 0{,}40 - x$$

a condição de equilíbrio é

$$\frac{[NH_4^+][OH^-]}{[NH_3]} = K_b$$

$$\frac{(x)(x)}{0{,}40 - x} = 1{,}8 \times 10^{-5}$$

Aqui, K_b é um número tão pequeno que podemos admitir $x \ll 0{,}40$, de maneira que $0{,}40 - x \approx 0{,}40$. Então,

$$\frac{(x)(x)}{0{,}40} \approx 1{,}8 \times 10^{-5}$$

o que nos dá

$$x \approx 2{,}7 \times 10^{-3}$$

(Um teste mostra que nossa suposição é válida; $2{,}7 \times 10^{-3} \ll 0{,}40$.) Portanto,

$$[NH_4^+] = x = 2{,}7 \times 10^{-3} \text{ mol/L}$$

$$[OH^-] = x = 2{,}7 \times 10^{-3} \text{ mol/L}$$

$$[NH_3] = 0{,}40 - x = 0{,}40 - 2{,}7 \times 10^{-3} = 0{,}40 \text{ mol/L}$$

$$\%_{diss} = \frac{\text{mols dissociados}}{\text{total de mols}} \times 100$$

$$= \frac{2{,}7 \times 10^{-3}}{0{,}40} \times 100 = 0{,}68\%$$

> **Comentários Adicionais**
>
> Você percebe que não faria diferença se tivéssemos escrito a dissociação como
>
> $$NH_4OH(aq) \rightleftharpoons NH_4^+(aq) + OH^-(aq)$$
>
> Poderíamos ter escrito
>
> $$[NH_4^+] = x$$
>
> $$[OH^-] = x$$
>
> $$[NH_4OH] = 0{,}40 - x$$
>
> o que, quando substituído na condição de equilíbrio
>
> $$\frac{[NH_4^+][OH^-]}{[NH_4OH]} = K_b$$
>
> nos dá
>
> $$\frac{(x)(x)}{0{,}40 - x} = 1{,}8 \times 10^{-5}$$
>
> de tal modo que
>
> $$[NH_4^+] = x = 2{,}7 \times 10^{-3} \text{ mol/L}$$
>
> $$[OH^-] = x = 2{,}7 \times 10^{-3} \text{ mol/L}$$
>
> $$[NH_4OH] = 0{,}40 - x = 0{,}40 - 2{,}7 \times 10^{-3} = 0{,}40 \text{ mol/L}$$
>
> $$\%_{diss} = \frac{\text{mols dissociados}}{\text{total de mols}} \times 100$$
>
> $$\frac{2{,}7 \times 10^{-3}}{0{,}40} \times 100 = 0{,}68\%$$
>
> que é exatamente o que obtivemos antes. A única diferença é se queremos chamar a espécie não-dissociada de NH_3 ou NH_4OH.

Problema Paralelo: Calcule a concentração de cada espécie de soluto e a percentagem de dissociação em uma solução 0,10 mol/L de hidroxilamina, NH_2OH. (Ver Tabela 15.3.) **Resposta:** $[NH_3OH^+] = [OH^-] = 3{,}0 \times 10^{-5}$ mol/L; $[NH_2OH] = 0{,}10$ mol/L; $\%_{diss} = 3{,}0 \times 10^{-2}\%$.

Exemplo 15.7 Suponha que 0,10 mol de NH_3 é adicionado a 1,0 litro de NaOH 0,10 mol/L. Qual é a concentração de íons NH_4^+ se o volume da solução permanece inalterado?

Solução: A dissociação é

$$NH_3(aq) + H_2O \rightleftharpoons NH_4^+(aq) + OH^-(aq)$$

Entretanto, desta vez a maior parte dos íons OH^- é proveniente da base forte NaOH

$$NaOH(s) \rightarrow Na^+(aq) + OH^-(aq)$$

e poucos da base fraca NH_3.

A solução de NaOH é 0,10 mol/L e $[OH^-] = 0,10$ mol/L antes da adição da amônia. Seja x o número de mols de NH_3 que se dissociam por litro. Então

$$[NH_4^+] = x$$

$$[OH^-] = 0,10 + x$$

$$[NH_3] = 0,10 - x$$

A condição de equilíbrio é

$$\frac{[NH_4^+][OH^-]}{[NH_3]} = K_b$$

Substituindo, obtemos

$$\frac{(x)(0,10 + x)}{0,10 - x} = 1,8 \times 10^{-5}$$

Admitindo que $x \ll 0,10$, então $0,10 + x \approx 0,10$ e $0,10 - x \approx 0,10$ e, assim,

$$\frac{(x)(0,10)}{0,10} \approx 1,8 \times 10^{-5}$$

$$x \approx 1,8 \times 10^{-5}$$

(A suposição foi justificada, $1,8 \times 10^{-5} \ll 0,10$.) Assim

$$[NH_4^+] = x = 1,8 \times 10^{-5} \text{ mol/L}$$

Problema Paralelo: A 0,400 litros de água foram adicionados 0,10 mol de NH_3 e 0,10 mol de NH_4Cl. Se o volume final é de 0,400 litros, qual a $[OH^-]$ na solução resultante? **Resposta:** $1,8 \times 10^{-5}$.

15.3 A DISSOCIAÇÃO DA ÁGUA

A água pura apresenta uma condutividade elétrica definida, ainda que baixa, como conseqüência de sua habilidade em sofrer autodissociação.

O PRODUTO IÔNICO DA ÁGUA

A autodissociação da água pode ser escrita como

$$H_2O \rightleftharpoons H^+ (aq) + OH^- (aq)$$

ou como

$$H_2O + H_2O \rightleftharpoons H_3O^+ (aq) + OH^- (aq)$$

e, portanto, a condição de equilíbrio pode ser escrita como

$$\frac{[H^+][OH^-]}{[H_2O]} = K'$$

ou como

$$\frac{[H_3O^+][OH^-]}{[H_2O]^2} = K''$$

Em ambos os casos, como a concentração de moléculas de água é essencialmente constante,

$$[H^+][OH^-] = K' [H_2O] = K_w$$

ou

$$[H_3O^+][OH^-] = K'' [H_2O]^2 = K_w$$

O valor da constante K_w, chamada *constante de dissociação para a água*, é $1,0 \times 10^{-14}$ a 25°C. (K_w é também chamada *produto iônico da água*). A esta temperatura, independentemente de a água ser a mais pura das águas destiladas ou a mais suja proveniente do grande, escuro e lamacento rio Tietê, o produto das concentrações do íon hidrogênio (hidratado) e do íon hidróxido é uma constante: $1,0 \times 10^{-14}$ a 25°C.

> **Comentários Adicionais**
>
> Note que K_w é um número muito pequeno. A água pura é um eletrólito fraco e, portanto, um fraco condutor de eletricidade.

SOLUÇÕES ÁCIDAS, BÁSICAS E NEUTRAS

Em uma **solução ácida** a concentração de íons hidrogênio (hidrônio) é maior do que a de íons hidróxido. Uma **solução básica** é aquela na qual ocorre o inverso, isto é, $[OH^-]$ excede $[H^+]$. Finalmente, em uma **solução neutra**, $[OH^-]$ é igual a $[H^+]$.

Como $[OH^-][H^+]$ é igual a uma constante, estas duas concentrações podem ser consideradas "balanceadas" uma em relação à outra: quando uma delas aumenta, a outra deve diminuir. Elas não são independentes, são vinculadas por meio de $[OH^-][H^+] = K_w$, o que nos permite calcular a concentração de uma a partir da outra.

Exemplo 15.8 Qual é a concentração de íon hidróxido em uma solução de HCl 0,020 mol/L (a 25°C)?

Solução: Como HCl é um ácido forte, está completamente dissociado em H^+ e Cl^-. Além disso, todo o H^+ na solução é proveniente do HCl, já que a H_2O é um eletrólito muito fraco. Portanto, nesta solução, $[H^+] = 0{,}020$ mol/L.

$$[H^+][OH^-] = K_w$$

$$[OH^-] = \frac{K_w}{[H^+]} = \frac{1{,}0 \times 10^{-14}}{0{,}020} = 5{,}0 \times 10^{-13} \text{ mol/L}$$

Problema Paralelo: Qual a concentração de íons hidrogênio em uma solução 0,020 mol/L $Ca(OH)_2$ (a 25°C)? **Resposta:** $2{,}5 \times 10^{-13}$ mol/L.

Exemplo 15.9 Qual a concentração de íons hidrogênio em uma solução neutra?

Solução: Em uma solução neutra

$$[H^+] = [OH^-]$$

Portanto,

$$[H^+][OH^-] = [H^+]^2 = K_w = 1{,}0 \times 10^{-14}$$

$$[H^+] = \sqrt{1{,}0 \times 10^{-14}} = 1{,}0 \times 10^{-7} \text{ mol/L}$$

Problema Paralelo: Qual a concentração de íons hidróxido em água pura (a 25°C)? **Resposta:** $1{,}0 \times 10^{-7}$ mol/L.

pH

A concentração hidrogeniônica em uma solução pode variar de mais de 10 mol/L a menos de 1×10^{-15} mol/L. A escala de pH foi feita para expressar este grande intervalo de acidez de uma maneira mais conveniente. O **pH** é definido como *o logaritmo negativo da concentração hidrogeniônica* (ou do íon hidrônio)[3].

Matematicamente,

$$pH = -\log [H^+]$$

ou

$$pH = -\log [H_3O^+]$$

Assim, para uma solução na qual $[H^+] = 1 \times 10^{-3}$ mol/L, o pH é 3,0. Uma solução neutra, $[H^+] = 1{,}0 \times 10^{-7}$ mol/L, tem pH 7,0.

Exemplo 15.10 Qual é o pH de uma solução de HCl $4{,}6 \times 10^{-3}$ mol/L?

Solução: Como o HCl é um ácido forte (e a contribuição de H^+ proveniente da H_2O é muito pequena), $[H^+] = 4{,}6 \times 10^{-3}$ mol/L. Então,

$$pH = -\log (4{,}6 \times 10^{-3}) = 2{,}34$$

Problema Paralelo: Qual o pH de uma solução de NaOH $2{,}0 \times 10^{-2}$ mol/L? **Resposta:** 12,30.

Exemplo 15.11 O pH de uma certa solução é 11,68. Qual a sua concentração hidrogeniônica?

Solução: Desta vez temos de fazer a operação inversa:

$$[H^+] = \text{antilog}(-pH) = 10^{-pH}$$

$$= \text{antilog}(-11{,}68) = 10^{-11{,}68} = 2{,}1 \times 10^{-12} \text{ mol/L}$$

---

[3] Novamente estamos considerando que a solução é suficientemente diluída para ser ideal e, assim sendo, a *atividade química* pode ser substituída pela concentração. Mais rigorosamente, pH = - log a_{H^+}, onde *a* representa a atividade.

Problema Paralelo: O pH de uma certa solução é 3,49. Qual é [H$^+$] na solução? **Resposta:** $3,2 \times 10^{-4}$ mol/L.

A 25°C, [H$^+$] em uma solução é $1,0 \times 10^{-7}$ mol/L, portanto, o pH desta solução é 7,00. Como uma solução *ácida* tem uma [H$^+$] *maior que* $1,0 \times 10^{-7}$ mol/L, ela deve ter um pH *menor que* 7,00. E, como uma solução básica tem uma [H$^+$] *menor que* $1,0 \times 10^{-7}$ mol/L, ela deve ter um pH maior que 7,00. (Leia de novo.)

O uso do simbolismo p_ foi estendido para outras quantidades. Por exemplo, pOH = –log [OH$^-$], pCl = –log [Cl$^-$], e pK_a = –log K_a. pOH é especialmente útil por causa da seguinte relação:

$$[H^+][OH^-] = K_w$$

Tomando o logaritmo decimal de ambos os lados, obtemos

$$\log [H^+] + \log [OH^-] = \log K_w$$

$$-\log [H^+] - \log [OH^-] = -\log K_w$$

e portanto

$$pH + pOH = pK_w$$

A 25°C, K_w é $1,0 \times 10^{-14}$ mol/L; assim, pK_w = 14,00. Portanto,

$$pH + pOH = 14,00$$

Exemplo 15.12 Qual é o pH e o pOH de uma solução de NaOH 0,016 mol/L (a 25°C)?

Solução: O NaOH é uma base forte. Ignorando a contribuição mínima feita por [OH$^-$] proveniente da dissociação da água, podemos dizer que [OH$^-$] = 0,016 mol/L = $1,6 \times 10^{-2}$ mol/L. Então,

$$pOH = -\log(1,6 \times 10^{-2}) = 1,80$$

Para achar o pH podemos escolher entre dois métodos:

Método 1:

$$[H^+][OH^-] = K_w$$

$$[H^+] = \frac{K_w}{[OH^-]}$$

$$= \frac{1{,}0 \times 10^{-14}}{1{,}6 \times 10^{-2}} = 6{,}3 \times 10^{-13} \text{ mol/L}$$

$$pH = -\log(6{,}3 \times 10^{-13}) = 12{,}20$$

Método 2:

$$pH = 14{,}00 - pOH$$
$$= 14{,}00 - 1{,}80 = 12{,}20$$

Problema Paralelo: Quais são o pH e o pOH de uma solução de HNO_3, $3{,}36 \times 10^{-3}$ mol/L (a 25°C)? **Resposta:** pH = 2,47; pOH = 11,53.

A relação entre $[H^+]$, $[OH^-]$, pH e pOH, acidez e basicidade está resumida na Tabela 15.4. Observe que cada linha na tabela representa uma *diminuição* de $[H^+]$ e *um aumento* de $[OH^-]$ *por um fator de 10*, comparado à linha imediatamente inferior. Tem-se a tendência de esquecer que a variação de apenas uma unidade de pH corresponde a uma variação tão grande (décupla) em $[OH^-]$ e $[H^+]$.

Na Figura 15.1 são dados os valores de pH de uma série de substâncias comuns.

15.4 HIDRÓLISE

Hidrólise é um termo útil, oriundo da definição de Arrhenius de ácidos e bases. A palavra significa "quebra pela água". A hidrólise é uma reação entre um ânion ou um cátion e água, com fornecimento de íons OH^- ou H^+ para a solução.

HIDRÓLISE DO ÂNION

A hidrólise de um ânion A^- pode ser representada como

$$A^- (aq) + H_2O \rightleftharpoons HA (aq) + OH^- (aq)$$

Tabela 15.4 pH, pOH e acidez (25°C).

	$[H^+]$, mol/L	pH	$[OH^-]$, mol/L	pOH	
Mais ácido ↑	10	−1	10^{-15}	15	↑ Mais ácido
	1	0	10^{-14}	14	
	10^{-1}	1	10^{-13}	13	
	10^{-2}	2	10^{-12}	12	
	10^{-3}	3	10^{-11}	11	
	10^{-4}	4	10^{-10}	10	
	10^{-5}	5	10^{-9}	9	
	10^{-6}	6	10^{-8}	8	
Neutro	10^{-7}	7	10^{-7}	7	Neutro
	10^{-8}	8	10^{-6}	6	
	10^{-9}	9	10^{-5}	5	
	10^{-10}	10	10^{-4}	4	
Mais básico	10^{-11}	11	10^{-3}	3	Mais básico
	10^{-12}	12	10^{-2}	2	
	10^{-13}	13	10^{-1}	1	
	10^{-14}	14	1	0	
↓	10^{-15}	15	10	−1	↓

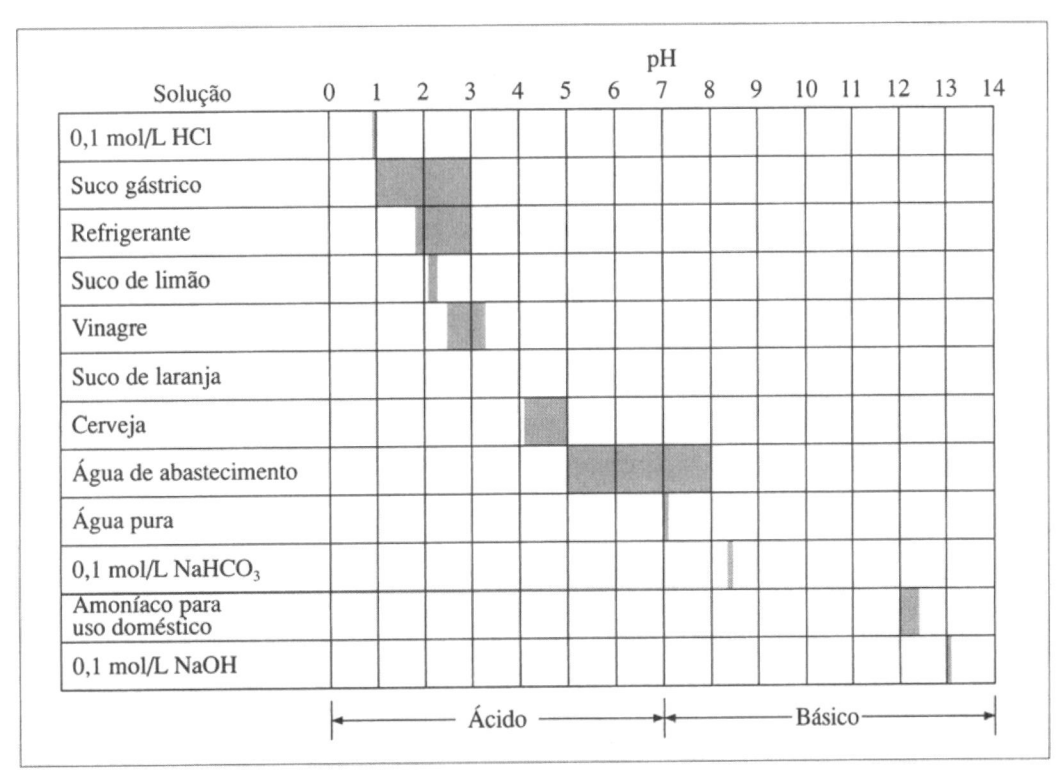

Solução	pH 0	1	2	3	4	5	6	7	8	9	10	11	12	13	14
0,1 mol/L HCl		▓													
Suco gástrico			▓												
Refrigerante			▓												
Suco de limão				▓											
Vinagre				▓											
Suco de laranja															
Cerveja						▓									
Água de abastecimento							▓	▓							
Água pura															
0,1 mol/L NaHCO₃												▓			
Amoníaco para uso doméstico													▓		
0,1 mol/L NaOH														▓	

|←——— Ácido ———→|←——— Básico ———→|

Figura 15.1 Valores de pH de algumas substâncias comuns.

A reação consiste na remoção de prótons da molécula de água para formar moléculas de HA e íons hidróxidos, sendo que estes últimos deixam a solução básica. Por que ocorreria esta reação? De acordo com Arrhenius, ela ocorre porque HA é um ácido fraco. Em outras palavras, afirmar que HA é um ácido *fraco* equivale a afirmar que a ligação na molécula HA é suficientemente forte para evitar que esta molécula se dissocie completamente.

A definição de ácido e base dada por Brønsted-Lowry não distingue entre a hidrólise de qualquer outra reação de transferência de prótons. Em outras palavras, um ânion que hidrolisa (remove um próton da água) é simplesmente uma base de Brønsted-Lowry e a hidrólise de um ânion é apenas uma transferência de próton da água para o ânion. A hidrólise do ânion ocorre quando A^- é uma base suficientemente forte para remover um próton da água e estabelecer o equilíbrio acima.

Como se pode prever qualitativamente o grau de uma reação de hidrólise? Um ácido fraco de Arrhenius é o produto da hidrólise de um ânion e quanto mais fraco for este ácido maior o grau de hidrólise do ânion. Por exemplo, pode-se prever que o íon cianeto, CN^-, hidrolise mais que o íon fluoreto, F^-, porque HCN é um ácido mais fraco

($K_a = 1,0 \times 10^{-10}$) do que HF ($K_a = 6,7 \times 10^{-4}$). Quanto mais fraco um ácido, mais fortemente seu próton está ligado à molécula e, conseqüentemente, maior a tendência de seu ânion hidrolisar para formar o ácido. Na linguagem de Brønsted-Lowry, *quanto mais fraco é um ácido, mais forte é sua base conjugada.* (Ver Seção 12.1)

Exemplo 15.13 O íon cloreto, Cl⁻, hidrolisa em solução aquosa?

Solução: Não. Se o íon cloreto hidrolisasse, o faria para formar o ácido HCl, e a equação para o processo seria

$$Cl^- \ (aq) + H_2O \rightleftharpoons HCl \ (aq) + OH^- \ (aq)$$

Mas esta reação não ocorre. Como podemos afirmar isso? O ácido clorídrico é um ácido forte, existe pouca tendência para que H⁺ e Cl⁻ combinem entre si. Portanto, a hidrólise do Cl⁻ e a remoção de H⁺ da molécula de água não ocorre.

Comentários Adicionais

Não pense que "HCl é formado e depois dissocia-se totalmente porque é um ácido forte". Em vez disto, pense que, "como o HCl é um ácido forte, não existe a tendência de ele se formar em solução".

Problema Paralelo: Será que o íon fluoreto, F⁻, hidrolisa em solução aquosa? **Resposta:** Sim. Sabemos que HF é um ácido fraco, portanto, podemos prever que o F⁻ hidrolisa para formar HF.

CONSTANTES PARA REAÇÕES DE HIDRÓLISE DE ÂNIONS

Quando o ânion A⁻ hidrolisa, o seguinte equilíbrio é estabelecido

$$A^- \ (aq) + H_2O \rightleftharpoons HA \ (aq) + OH^- \ (aq)$$

para o qual a condição de equilíbrio é

$$\frac{[HA][OH^-]}{[A^-]} = K_h$$

onde K_h é a *constante de hidrólise* ou *constante hidrolítica* (e na qual [H₂O] foi, como sempre, "incorporada" ao valor de K_h). As constantes de hidrólise raramente são dadas em tabelas, uma vez que é muito fácil calcular seus valores a partir de outros dados, como segue: multiplicando o numerador e o denominador da condição de equilíbrio anterior por [H$^+$], obtemos

$$\frac{[HA][OH^-]}{[A^-]} \times \frac{[H^+]}{[H^+]} = K_h$$

Rearranjando, teremos

$$\frac{[HA]}{[H^+][A^-]} \times [H^+][OH^-] = K_h$$

ou

$$\frac{1}{K_a} K_w = K_h$$

Simplificando

$$K_h = \frac{K_w}{K_a}$$

Observe que K_a é a constante de dissociação de um ácido fraco formado durante a hidrólise. Como estas constantes de dissociação são facilmente disponíveis e como K_w é conhecido, torna-se fácil obter K_h para ser usado num cálculo de hidrólise.

Do ponto de vista de Brønsted-Lowry, como a hidrólise anterior é simplesmente a reação de uma base A$^-$ com água para formar seu ácido conjugado HA, podemos escrever

$$K_b = \frac{K_w}{K_a}$$

ou

$$K_a K_b = K_w$$

Esta relação mostra como a constante de dissociação de uma base está relacionada com a de seu ácido conjugado.

Exemplo 15.14 Calcule o pH e a percentagem de hidrólise em uma solução de NaCN 1,0 mol/L (25°C).

Solução: NaCN (cianeto de sódio) é um sal, portanto, totalmente dissociado em solução, formando Na^+ (1,0 mol/L) e CN^- (1,0 mol/L). Sabemos que o íon sódio não hidrolisa (NaOH é uma base forte) e que o íon cianeto, CN^-, hidrolisa porque é o ânion de um ácido fraco, HCN:

$$CN^- (aq) + H_2O \rightleftharpoons HCN (aq) + OH^- (aq)$$

para o qual a condição de equilíbrio é

$$\frac{[HCN][OH^-]}{[CN^-]} = K_h$$

Primeiro, encontraremos o valor numérico de K_h.

$$K_h = \frac{K_w}{K_a}$$

$$= \frac{1,0 \times 10^{-14}}{4,0 \times 10^{-10}} = 2,5 \times 10^{-5}$$

onde K_a para o HCN foi tirado da Tabela 15.1. Agora que sabemos o valor de K_h, podemos continuar. Seja x o número de mols de CN^- que hidrolisa por litro. Assim, no equilíbrio

$$[HCN] = x$$

$$[OH^-] = x$$

$$[CN^-] = 1,0 - x$$

Substituindo na condição de equilíbrio,

$$\frac{(x)(x)}{1,0 - x} = 2,5 \times 10^{-5}$$

admitiremos como de costume que $x \ll 1,00 - x \approx 1,0$ e

$$\frac{(x)(x)}{1,0} \approx 2,5 \times 10^{-5}$$

$$x \approx \sqrt{2,5 \times 10^{-5}} = 5,0 \times 10^{-3}$$

(A suposição foi justificada: $5,0 \times 10^{-3} \ll 1,0$.) Portanto,

$$[OH^-] = [HCN] = x = 5,0 \times 10^{-3} \text{ mol/L}$$

$$[CN^-] = 1,0 - x = 1,0 - 5,0 \times 10^{-3} = 1,0 \text{ mol/L}$$

A partir de [OH⁻] podemos obter [H⁺] e a partir desta, o pH:

$$[H^+] = \frac{K_w}{[OH^-]} = \frac{1{,}0 \times 10^{-14}}{5{,}0 \times 10^{-3}} = 2{,}0 \times 10^{-12}\, mol/L$$

$$pH = -\log(2{,}0 \times 10^{-12}) = 11{,}70$$

$$\% \text{ hidrólise} = \frac{\text{mols de CN}^- \text{ hidrolisados}}{\text{total de mols CN}^-} \times 100$$

$$= \frac{5{,}0 \times 10^{-3}}{1{,}0} \times 100 = 0{,}50\%$$

Problema Paralelo: Calcule o pH e a percentagem de hidrólise em uma solução 1,0 mol/L de $NaC_2H_3O_2$ (25°C). **Resposta:** pH = 9,37; % de hidrólise = 2,4 × 10⁻³%.

HIDRÓLISE DO CÁTION

Quando um cátion hidrolisa, os produtos são uma base fraca e íons H⁺. A hidrólise de um cátion, M⁺, pode geralmente ser representada pela equação:

$$M^+ (aq) + H_2O \rightleftharpoons MOH (aq) + H^+ (aq)$$

se o cátion for um simples íon metálico. Entretanto, se mostramos a hidrólise do íon amônio desta maneira, devemos indicar a formação da espécie questionável NH₄OH (Seção 15.2):

$$NH_4^+ (aq) + H_2O \rightleftharpoons NH_4OH (aq) + H^+ (aq)$$

para a qual a condição de equilíbrio é

$$\frac{[NH_4OH][H^+]}{[NH_4^+]} = K_h$$

A equação de Brønsted-Lowry para esta reação é

$$NH_4^+ (aq) + H_2O \rightleftharpoons NH_3 (aq) + H_3O^+ (aq)$$

para a qual a condição de equilíbrio é

$$\frac{[NH_3][H_3O^+]}{[NH_4^+]} = K_a$$

As duas maneiras (Arrhenius e Brønsted-Lowry) de escrever as equações e suas condições de equilíbrio são equivalentes.

CONSTANTES PARA REAÇÕES DE HIDRÓLISE DE CÁTIONS

Como já vimos anteriormente, a constante de hidrólise pode ser calculada a partir de K_w e da constante de dissociação do eletrólito fraco:

$$K_h = \frac{K_w}{K_b}$$

Na linguagem de Brønsted-Lowry, isto significa

$$K_a = \frac{K_w}{K_b}$$

Geralmente

$$K_a K_b = K_w$$

Exemplo 15.15 Qual é o pH de uma solução de cloreto de amônio, NH₄Cl, 0,20 mol/L?

Solução: Cloreto de amônio é um sal e, portanto, totalmente dissociado em NH_4^+ (0,20 mol/L) e Cl^- (0,20 mol/L). Os íons NH_4^+ hidrolisam. (Ver Exemplo 15.13.)

$$NH_4^+ \ (aq) + H_2O \rightleftharpoons NH_3 \ (aq) + H_3O^+ \ (aq)$$

A condição de equilíbrio é

$$\frac{[NH_3][H_3O^+]}{[NH_4^+]} = K_h$$

Primeiro calculamos K_h

$$K_h = \frac{K_w}{K_b} = \frac{1{,}0 \times 10^{-14}}{1{,}8 \times 10^{-5}} = 5{,}6 \times 10^{-10}$$

onde o valor K_b foi obtido da Tabela 15.3.

Se x é o número de mols de NH_4^+ que hidrolisa por litro, então

$$[NH_3] = x$$

$$[H_3O^+] = x$$

$$[NH_4^+] = 0{,}20 - x$$

Substituindo estes dados na condição de equilíbrio, obtemos

$$\frac{(x)(x)}{0{,}20 - x} = 5{,}6 \times 10^{-10}$$

Se $x \ll 0{,}20$, então $0{,}20 - x \approx 0{,}20$, e

$$\frac{(x)(x)}{0{,}20} \approx 5{,}6 \times 10^{-10}$$

$$x \approx 1{,}1 \times 10^{-5}$$

($1{,}1 \times 10^{-5} \ll 0{,}20$, então nossa aproximação foi justificada.)

$$[NH_3] = x = 1{,}1 \times 10^{-5} \text{ mol/L}$$

$$[H_3O^+] = x = 1{,}1 \times 10^{-5} \text{ mol/L}$$

$$[NH_4^+] = 0{,}20 - x = 0{,}20 - 1{,}1 \times 10^{-5} = 0{,}20 \text{ mol/L}$$

Finalmente, o pH da solução é

$$pH = -\log [H_3O^+]$$

$$= -\log (1{,}1 \times 10^{-5}) = 4{,}96$$

Problema Paralelo: Qual é o pH de uma solução 0,25 mol/L de cloreto básico de amônio, NH_3OHCl (25°C)? **Resposta:** 3,28.

O MECANISMO DA HIDRÓLISE DO CÁTION

Cátions que apresentam uma alta relação carga/raio sofrem hidrólise. No caso de uma solução de nitrato crômico $Cr(NO_3)_3$, o íon crômico Cr^{3+} hidrolisa e a reação é escrita simplesmente como

$$Cr^{3+} (aq) + H_2O \rightleftharpoons CrOH^{2+} (aq) + H^+ (aq)$$

Esta é na realidade uma supersimplificação. Em solução aquosa o íon crômico está hidratado por seis moléculas de água,

$$Cr(H_2O)_6^{3+}$$

e este *aquo-complexo* sofre dissociação doando um próton para a água:

$$Cr(H_2O)_6^{3+} (aq) + H_2O \rightleftharpoons Cr(OH)(H_2O)_5^{2+} (aq) + H_3O^+ (aq)$$

As seis moléculas de água que hidratam o íon crômico o envolvem situando-se nos vértices de um octaedro regular, como mostra a Figura 15.2. A alta carga positiva no íon crômico tende a atrair elétrons das moléculas de água, enfraquecendo as ligações O—H, de maneira que um (ou mais) próton(s) pode(m)ser transferido(s) para as moléculas do solvente H_2O.

Exemplo 15.16 Calcule o pH de uma solução 0,10 mol/L $Cr(NO_3)_3$ a 25°C. Considere apenas a primeira etapa na hidrólise, para a qual $K_h = 1{,}3 \times 10^{-4}$.

Solução: A maneira mais simples de escrever a equação de hidrólise é

$$Cr^{3+} (aq) + H_2O \rightleftharpoons CrOH^{2+} (aq) + H^+ (aq)$$

Considere x igual ao número de mols de Cr^{3+} que hidrolisam por litro. Então

$$x = [CrOH^{2+}]$$

$$x = [H^+]$$

$$0{,}10 - x = [Cr^{3+}]$$

A condição de equilíbrio é

$$\frac{[CrOH^{2+}][H^+]}{[Cr^{3+}]} = K_h$$

$$\frac{(x)(x)}{0{,}10 - x} = 1{,}3 \times 10^{-4}$$

Admitindo, como já tem sido feito, que $x \ll 0{,}10$, obtemos

$$\frac{(x)(x)}{0{,}10} \approx 1{,}3 \times 10^{-4}$$

o que dá $3{,}6 \times 10^{-3}$ (nossa suposição foi justificada: $3{,}6 \times 10^{-3} \ll 0{,}10$).

$$[H^+] = x = 3{,}6 \times 10^{-3} \text{ mol/L}$$

$$pH = -\log(3{,}6 \times 10^{-3}) = 2{,}44$$

Problema Paralelo: Calcule o pH de uma solução 0,10 mol/L $Fe(NO_3)_3$ (25°C). Considere apenas a primeira etapa na hidrólise, para a qual $K_h = 7{,}6 \times 10^{-3}$. **Resposta:** 1,62.

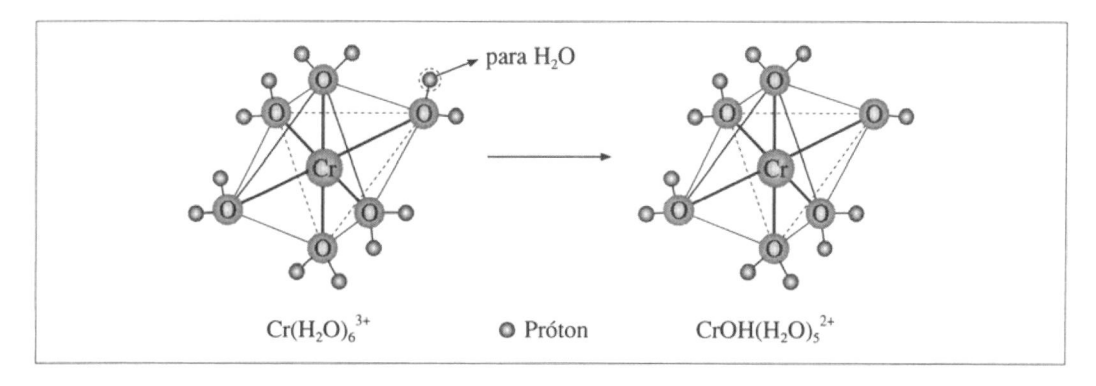

Figura 15.2 Hidrólise do íon crômio(III) hidratado, ou, íon crômico.

Muitos oxoânions podem ser descritos como sendo o produto da perda de prótons de um cátion hidratado. Por exemplo, pode-se imaginar o íon sulfato SO_4^{2-} como sendo o produto obtido pela perda de seis prótons de um cátion hipotético hidratado S^{6+}.

$$S^{6+} + 4H_2O \longrightarrow S(H_2O)_4^{6+}(aq)$$

$$S(H_2O)_4^{6+}(aq) \xrightarrow{\text{em 8 etapas}} SO_4^{2-}(aq) + 8H^+(aq)$$

A carga no enxofre não é suficientemente alta para que haja perda total do último próton; assim, o seguinte equilíbrio é estabelecido:

$$HSO_4^-(aq) \rightleftharpoons SO_4^{2-}(aq) + H^+(aq) \qquad K = 1,2 \times 10^{-2}$$

onde a constante de equilíbrio K é normalmente chamada K_2 para H_2SO_4.

HIDRÓLISE E pH

A hidrólise pode ser considerada como sendo um distúrbio do equilíbrio da autodissociação da água. Assim, a hidrólise de um ânion, A^-, de um ácido fraco pode ser considerada como composta de duas etapas: a primeira é a combinação de um ânion com íons H^+ provenientes da dissociação da água:

$$A^-(aq) + H^+(aq) \rightleftharpoons HA(aq)$$

e a segunda, o deslocamento do equilíbrio da água para repor parte dos íons H^+ perdidos:

$$H_2O \rightleftharpoons H^+(aq) + OH^-(aq)$$

Estas duas mudanças ocorrem simultaneamente, de tal maneira que o resultado final é apresentado pela soma das duas equações:

$$A^- (aq) + H_2O \rightleftharpoons HA (aq) + OH^- (aq)$$

Quando o equilíbrio da água é perturbado, a igualdade $[H^+] = [OH^-]$ da água pura é destruída de tal maneira que a solução deixa de ser neutra. A hidrólise de um cátion tende a diminuir o pH da solução, e a hidrólise de um ânion tende a aumentar o pH.

O pH DE SOLUÇÕES DE SAIS

Quando um sal se dissolve em água, a solução resultante pode ser ácida, básica ou neutra, dependendo da natureza do sal. Se for um sal de um ácido forte e de uma base forte, a solução é neutra. Por exemplo, o NaCl, sal de um ácido forte, HCl, e de uma base forte, NaOH, se dissolve formando uma solução neutra. Nem o íon Na^+ nem o íon Cl^- hidrolisam.

A solução de um sal de um ácido fraco e uma base forte é básica. Um exemplo é o NaF, o sal de HF (fraco) e NaOH (forte). O íon Na^+ não hidrolisa, mas o íon F^- o faz:

$$F^- (aq) + H_2O \rightleftharpoons HF (aq) + OH^- (aq)$$

e assim a solução de NaF é básica.

A solução de um sal de um ácido forte e uma base fraca é ácida. NH_4Cl, o sal de HCl (forte) e NH_3 (fraca), é um sal deste tipo. Os íons Cl^- não hidrolisam, mas o NH_4^+ sim:

$$NH_4^+ (aq) + H_2O \rightleftharpoons NH_3 (aq) + H_3O^+ (aq)$$

ou

$$NH_4^+ (aq) + H_2O \rightleftharpoons NH_4OH (aq) + H^+ (aq)$$

e, assim, a solução é ácida.

Existe ainda mais uma combinação: o sal de um ácido fraco e de uma base fraca. Aqui é impossível dar uma única generalização. Se o ácido é um eletrólito mais forte que a base, a solução do sal será ácida. Se a base é um eletrólito mais forte que o ácido, a solução será básica. A solução só será neutra se a força eletrolítica do ácido for igual à da base. Considere a hidrólise de solução de fluoreto de amônio, NH_4F. Nesta solução o cátion hidrolisa

$$NH_4^+ (aq) + H_2O \rightleftharpoons NH_3 (aq) + H_3O^+ (aq)$$

para a qual

$$K_h = \frac{K_w}{K_b} = \frac{1,0 \times 10^{-14}}{1,8 \times 10^{-5}} = 5,6 \times 10^{-10}$$

O ânion também hidrolisa

$$F^- (aq) + H_2O \rightleftharpoons HF (aq) + OH^- (aq)$$

para a qual

$$K_h = \frac{K_w}{K_a} = \frac{1,0 \times 10^{-14}}{6,7 \times 10^{-4}} = 1,5 \times 10^{-11}$$

Como K_h para a hidrólise do cátion (que tende a tornar a solução ácida) é um pouco maior do que K_h para a hidrólise do ânion (que tende a tornar a solução básica), a solução acaba tendo um pequeno excesso de íons H^+ (H_3O^+) e é, portanto, ácida.

No caso da hidrólise do NH_4CN,

$$CN^- (aq) + H_2O \rightleftharpoons HCN (aq) + OH^- (aq)$$

para a qual $K_h = 2,5 \times 1,0^{-5}$, a produção de íons OH^- a partir da hidrólise do CN^- é maior que a produção de H^+ da hidrólise do NH_4^+ para a qual $K_h = 5,6 \times 10^{-10}$. Conseqüentemente, esta solução é básica.

A hidrólise do acetato de amônio é um caso interessante. $NH_4C_2H_3O_2$ é o sal de um ácido ($HC_2H_3O_2$) e de uma base (NH_3) igualmente fracos. Suas constantes de dissociação são quase exatamente iguais, $1,8 \times 10^{-5}$, considerando-se dois algarismos significativos. Assim, as constantes de hidrólise do cátion e do ânion são essencialmente iguais, $5,6 \times 10^{-10}$. A produção de íons H^+ provenientes da hidrólise do cátion é quase exatamente comparável à produção de íons OH^- provenientes da hidrólise do ânion, e assim uma solução de $NH_4C_2H_3O_2$ é quase neutra em qualquer concentração.

15.5 INDICADORES ÁCIDO-BASE E TITULAÇÃO

Os princípios da análise de soluções de ácidos e bases foram descritos nas Seções 2.8 e 12.6. Como um equivalente de um ácido (a quantidade que fornece um mol de íons hidrogênio, ou prótons) neutraliza exatamente um equivalente de uma base (a quantidade que fornece um mol de íons hidroxilas ou recebe um mol de prótons), tudo o que você precisa para analisar uma solução de uma base ou de um ácido é adicionar um ácido ou uma base respectivamente até que quantidades equivalentes tenham reagido. A partir dos volumes das duas soluções e da normalidade de uma delas, pode-se calcular a normalidade da outra. Isto foi descrito na Seção 12.6. O que ainda não foi mencionado é como você sabe quando foram misturados números iguais de equivalentes de ácido e de base. Na Seção 2.8 mencionamos o uso de um indicador, uma substância que é adicionada à solução a ser titulada e que nos indica o ponto final por meio de uma mudança de coloração. Entretanto, ainda não foi explicado como um indicador muda de cor e por que tantos desses indicadores podem ser usados em titulações diferentes. Agora vamos esclarecer isto.

INDICADORES

Um **indicador** é um par conjugado de ácido e base de Brønsted-Lowry cujo ácido apresenta uma coloração e a base, outra. (Algumas vezes uma das duas é incolor.) Pelo menos uma das colorações é suficientemente intensa para ser visualizada em soluções diluídas. A maioria dos indicadores são moléculas orgânicas com estruturas relativamente complexas; um indicador comum é o 3,3-bis(4-hidroxifenil)-1-(3H)-isobenzofuranona, cuja fórmula é $HC_{20}H_{13}O_4$ e que, felizmente, é conhecido como fenolftaleína. A interconversão entre suas duas formas pode ser representada pela equação de Brønsted-Lowry:

$$HC_{20}H_{13}O_4(aq) + H_2O \rightleftharpoons C_{20}H_{13}O_4^-(aq) + H_3O^+(aq)$$
(incolor) (vermelho)

A interconversão é semelhante para todos os indicadores, e assim podemos usar a abreviatura HIn para representar a *forma ácida*, e In⁻ para a *forma básica* conjugada, de qualquer indicador. Desta forma, o equilíbrio anterior pode ser escrito como

$$HIn\ (aq) + H_2O \rightleftharpoons In^-(aq) + H_3O^+(aq)$$
forma ácida forma ácida

A concentração de um indicador em solução é geralmente tão baixa que sua influência sobre o pH da mesma é desprezível. O equilíbrio acima pode ser deslocado tanto para a esquerda como para a direita de acordo com mudanças na acidez, por isto pode ser usado para indicar o pH da solução à qual foi adicionado. Como pode ser obervado a partir da equação anterior um indicador pode existir na forma ácida em soluções mais ácidas e na forma básica em soluções menos ácidas (mais básicas). Por exemplo, a forma ácida HIn da fenolftaleína é incolor, enquanto sua forma básica In⁻ é vermelha. Para o azul de bromotimol, HIn é amarela e In⁻ é azul. Usando K_{In} para representar a constante para o equilíbrio anterior, a obtemos

$$\frac{[\text{In}^-][\text{H}_3\text{O}^+]}{[\text{HIn}]} = K_{\text{In}}$$

Rearranjando, obtemos

$$\frac{[\text{In}^-]}{[\text{HIn}]} = \frac{K_{\text{In}}}{[\text{H}_3\text{O}^+]}$$

Agora suponha que observamos a cor do indicador vermelho de clorofenol em soluções apresentando vários valores de pH. A forma ácida do vermelho de clorofenol, HIn, é amarela, enquanto a forma básica, In$^-$, é vermelha.

$$\text{HIn }(aq) + \text{H}_2\text{O} \rightleftharpoons \text{In}^- (aq) + \text{H}_3\text{O}^+(aq)$$
$$\text{(amarela)} \qquad\qquad \text{(vermelha)}$$

K_{In} para este indicador é 1×10^{-6}. Assim, temos

$$\frac{[\text{In}^-]}{[\text{HIn}]} = \frac{K_{\text{In}}}{[\text{H}_3\text{O}^+]} = \frac{1 \times 10^{-6}}{[\text{H}_3\text{O}^+]}$$

A cor observada numa solução deste indicador depende da relação entre [In$^-$] e [HIn]. Em solução de pH, 4,0, [H$_3$O$^+$] é 1×10^{-4}; assim,

$$\frac{[\text{In}^-]}{[\text{HIn}]} = \frac{1 \times 10^{-6}}{1 \times 10^{-4}} = 1 \times 10^{-2} \text{ ou } \frac{1}{100}$$

Isto significa que numa solução de pH 4,0 a concentração de HIn é 100 vezes a de In$^-$, e a solução aparece amarela. Agora, considere uma solução mais básica. Se o pH for 5,0, a relação entre [In$^-$] e [HIn] é

$$\frac{[\text{In}^-]}{[\text{HIn}]} = \frac{1 \times 10^{-6}}{1 \times 10^{-5}} = 1 \times 10^{-1} \text{ ou } \frac{1}{10}$$

e a concentração da forma In⁻ vermelha começa a aumentar. A solução ainda parece amarela, mas talvez com uma tonalidade alaranjada.

Tabela 15.5 Mudança de cor do indicador vermelho de clorofenol*.

pH	$\dfrac{[In]}{[HIn]}$	Coloração observada
4	$\dfrac{1}{100}$	Amarelo
5	$\dfrac{1}{10}$	Amarelo
6	$\dfrac{1}{1}$	Laranja
7	$\dfrac{10}{1}$	Vermelho
8	$\dfrac{100}{1}$	Vermelho

*$K_{In} = 1 \times 10^{-6}$; HIn, amarelo; In⁻, vermelho.

Em pH 6,0

$$\frac{[In^-]}{[HIn]} = \frac{1 \times 10^{-6}}{1 \times 10^{-6}} = \frac{1}{1}$$

Concentrações iguais de In⁻ e HIn darão à solução uma coloração alaranjada. Assim, como o aumento do pH faz a coloração tornar-se vermelha, também há um aumento na relação In⁻/HIn. Estas mudanças são resumidas na Tabela 15.5.

Um indicador como o vermelho de clorofenol pode ser usado para determinar o pH aproximado de uma solução. Como diferentes indicadores têm diferentes valores de K_{In}, o intervalo de pH, no qual há variação da coloração, muda de um indicador para outro. Isto significa que, testando uma solução com diferentes indicadores, seu pH pode ser determinado com precisão de uma unidade de pH ou menos. O intervalo de pH que a vista humana pode perceber como uma mudança na coloração do indicador varia de um indicador para outro e de uma pessoa para outra (a capacidade de discriminação entre as cores varia até entre pessoas ditas de visão perfeita). Assim, o intervalo de pH no qual a coloração do vermelho de clorofenol passa de amarelo para vermelho é aproximadamente 5,2 a 6,8, embora, por exemplo, algumas pessoas não sejam capazes de visualizar o início da transição amarelo-laranja, até que tenha sido alcançado um pH 5,4. A Tabela 15.6 dá vários indicadores mais comuns, seus valores de pK_{In} ($-\log K_{In}$), mudanças de cor e intervalo de pH aproximado no qual se pode visualizar a mudança de cor. A melhor maneira de se pensar no pK_{In} de um indicador é considerar o pH no qual [HIn] = [In$^-$].

TITULAÇÕES ÁCIDO-BASE

A análise ácido-base de uma solução de concentração desconhecida é geralmente feita por um procedimento conhecido como *titulação*. Na titulação de uma solução de um ácido de concentração desconhecida, um volume medido do ácido é adicionado a um frasco e um *titulante*, uma solução de concentração conhecida de base, é adicionada com uma bureta até o *ponto de equivalência*, que é o ponto onde números iguais de equivalentes de ácido e base foram adicionados. O ponto de equivalência é em geral indicado pela mudança de cor de um indicador adicionado antes do início da titulação. O pH próximo ao ponto de equivalência muda rapidamente com a adição de pequenas quantidades de titulante; assim, uma nítida mudança de cor fornece uma indicação clara do ponto de equivalência.

Observe que, em titulações ácido-base, o ponto de equivalência não ocorre necessariamente em pH 7. (Uma *neutralização* não produz necessariamente uma solução *neutra*.) Isto significa que deve ser escolhido um indicador adequado antes de ser iniciada a titulação. Normalmente o pH aproximado no ponto de equivalência pode ser previsto; desta forma, o problema se resume em escolher um indicador em uma tabela semelhante à Tabela 15.6.

Tabela 15.6 Indicadores e suas mudanças de cor.

Indicador	pH_{In}	Intervalo de pH aproximado para a mudança de cor	Mudança de cor correspondente
Vermelho de metacresol	1,5	1,2 – 2,8	Vermelho para amarelo
Alaranjado de metila	3,4	3,1 – 4,4	Vermelho para laranja
Azul de bromofenol	3,8	3,0 – 4,6	Amarelo para azul
Vermelho de metila	4,9	4,4 – 6,2	Vermelho para amarelo
Vermelho de clorofenol	6,0	5,2 – 6,8	Amarelo para vermelho
Azul de bromotimol	7.1	6,2 – 7,6	Amarelo para azul
Vermelho de metacresol	8,3	7,6 – 9,2	Amarelo para púrpura
Fenolftaleína	9,4	8,0 – 10,0	Incolor para vermelho
Timolftaleína	10,0	9,4 – 10,6	Incolor para azul
Amarelo de alizarina R	11,2	10,0 – 12,0	Amarelo para violeta

Exemplo 15.17 Qual é o pH no ponto de equivalência em uma titulação de 25 mililitros de HCl 0,10 mol/L com 25 mililitros de NaOH 0,10 mol/L (25°C)?

Solução: A equação da reação de neutralização de um ácido forte com uma base forte é

$$H^+(aq) + OH^-(aq) \rightarrow H_2O$$

No ponto de equivalência terão sido adicionados números iguais de mols de H^+ e OH^- e a solução conterá Na^+ proveniente da solução de NaOH e Cl^- do HCl. Nenhum destes hidrolisa, portanto o equilíbrio da autodissociação da água não será perturbado. Conseqüentemente, o pH da solução será aquele da água pura, 7,00.

Problema Paralelo: Qual é o pH no ponto de equivalência de uma titulação de 25 mililitros de KOH 0,10 mol/L com o de HNO_3 0,20 mol/L (25°C)? **Resposta:** 7,00.

Exemplo 15.18 Qual é o pH no ponto de equivalência de uma titulação de 25,0 mililitros de $HC_2H_3O_2$ com NaOH 0,10 mol/L (25°C)? (Admita volumes aditivos.)

Solução: A equação da reação de neutralização de um ácido fraco com uma base forte é

$$HC_2H_3O_2(aq) + OH^-(aq) \rightarrow H_2O + C_2H_3O_2^-(aq)$$

No ponto de equivalência, portanto, permanecem em solução íons $C_2H_3O_2^-$, juntamente com íons Na^+ do NaOH. Mas como o íon acetato é o ânion de um ácido fraco, ele hidrolisa:

$$C_2H_3O_2^-(aq) + H_2O \rightleftharpoons HC_2H_3O_2(aq) + OH^-(aq)$$

e, assim, a solução é básica no ponto de equivalência. Achar o pH desta solução é simplesmente calcular o pH de uma solução de acetato de sódio. Primeiro achamos a concentração de íons acetato. No início o número de mols de ácido acético é

$$(0{,}0250 \text{ L})(0{,}10 \text{ mol L}^{-1}) = 2{,}5 \times 10^{-3} \text{ mol}$$

A equação de neutralização nos mostra que são formados $2{,}5 \times 10^{-3}$ mol de $C_2H_3O_2^-$. Entretanto, agora o volume passou a ser 50,0 mL porque foram adicionados 25 mL de solução NaOH 0,10 mol/L para ser alcançado o ponto de equivalência, e agora admitimos que os volumes são aditivos. Assim, desprezando qualquer hidrólise, a concentração final é

$$\frac{2{,}5 \times 10^{-3} \text{ mol}}{0{,}0500 \text{ L}} = 0{,}050 \text{ mol/L}$$

Calculamos a seguir o pH de uma solução na qual $[C_2H_3O_2^-] = 0{,}050$ mol/L. A equação da hidrólise é

$$C_2H_3O_2^-(aq) + H_2O \rightleftharpoons HC_2H_3O_2(aq) + OH^-(aq)$$

Se considerarmos x igual ao número de mols de $C_2H_3O_2^-$ que hidrolisa por litro, então

$$[HC_2H_3O_2] = x$$

$$[OH^-] = x$$

$$[C_2H_3O_2^-] = 0{,}050 - x$$

A condição de equilíbrio é

$$\frac{[HC_2H_3O_2][OH^-]}{[C_2H_3O_2^-]} = K_h$$

Podemos obter o valor de K_h a partir de K_a do $HC_2H_3O_2$:

$$K_h = \frac{K_w}{K_a} = \frac{1,0 \times 10^{-14}}{1,8 \times 10^{-5}} = 5,6 \times 10^{-10}$$

Portanto,

$$\frac{(x)(x)}{0,050 - x} = 5,6 \times 10^{-10}$$

Admitindo que $x \ll 0,050$, obtemos

$$\frac{(x)(x)}{0,050} \approx 5,6 \times 10^{-10}$$

$$x \approx 5,3 \times 10^{-6}$$

Tendo testado para ver se nossa suposição era justificada, concluímos que

$$[OH^-] = x = 5,3 \times 10^{-6} \text{ mol/L}$$

$$pOH = -\log(5,3 \times 10^{-6}) = 5,28$$

$$pH = 14,00 - 5,28 = 8,72 \text{ (uma solução básica)}$$

Problema Paralelo: Qual é o pH no ponto de equivalência de uma titulação de 25,0 mL 0,10 mol/L de $HC_2H_3O_2$ com uma solução de NaOH 0,20 mol/L (25°C)? (Observe a diferença na concentração da base quando comparada com a do exemplo anterior.) **Resposta:** 8,79.

Um cálculo semelhante indica que a titulação de uma base fraca com um ácido forte fornece uma solução ácida devido à hidrólise do cátion. Como ácidos e bases fracas fornecem valores de pH finais diferentes, devemos escolher o indicador certo, ou seja, aquele que apresenta mudança de coloração no pH apropriado.

CURVAS DE TITULAÇÃO

É possível calcular o pH de uma solução sendo titulada em cada ponto da titulação, se forem conhecidas as concentrações do ácido e da base. O exemplo seguinte ilustra a técnica.

Exemplo 15.19 Em uma titulação de 25,0 mL de uma solução de $HC_2H_3O_2$ 0,10 mol/L com NaOH 0,10 mol/L, qual é o pH da solução após adição de 10 mL da base (25°C)? Admita volumes aditivos.

Solução: Isto principia como um problema de estequiometria. Em 25 mL de uma solução de $HC_2H_3O_2$ 0,10 mol/L, o número de mols de $HC_2H_3O_2$ é

$$(0{,}0250 \text{ L})(0{,}10 \text{ mol L}^{-1}) = 2{,}5 \times 10^{-3} \text{ mol}$$

Em 10 mL de uma solução 0,10 mol/L de NaOH, o número de mols de OH^- é

$$(0{,}010 \text{ L})(0{,}10 \text{ mol L}^{-1}) = 1{,}0 \times 10^{-3} \text{ mol}$$

Por meio da equação da reação de neutralização podemos achar o número de mols de $HC_2H_3O_2$ e de $C_2H_3O_2^-$ depois da mistura e reação.

	$HC_2H_3O_2(aq)$ +	$OH^-(aq)$	$\rightleftharpoons$ $C_2H_3O_2^-(aq) + H_2O$
Mols no início:	$2{,}5 \times 10^{-3}$	$1{,}0 \times 10^{-3}$	~0
Variação:	$-1{,}0 \times 10^{-3}$	$-1{,}0 \times 10^{-3}$	$+1{,}0 \times 10^{-3}$
Mols no final:	$1{,}5 \times 10^{-3}$	~0	$1{,}0 \times 10^{-3}$

Assim, as concentrações depois da mistura são

$$[HC_2H_3O_2] = \frac{1{,}5 \times 10^{-3} \text{ mol}}{0{,}0350 \text{ L}} = 4{,}3 \times 10^{-2} \text{ mol/L}$$

$$[C_2H_3O_2^-] = \frac{1{,}0 \times 10^{-3} \text{ mol}}{0{,}0350 \text{ L}} = 2{,}9 \times 10^{-2} \text{ mol/L}$$

onde se supõe que o volume final é 25,0 mL + 10,0 mL, ou seja, 35,0 mL. Entretanto, o $HC_2H_3O_2$ remanescente sofre dissociação:

$$HC_2H_3O_2(aq) \rightleftharpoons H^+(aq) + C_2H_3O_2^-(aq)$$

Se x é o número de mols de $HC_2H_3O_2$ que se dissocia por litro, então

$$[H^+] = x$$

$$[C_2H_3O_2^-] = (2{,}9 \times 10^{-2}) + x$$

$$[HC_2H_3O_2] = (4{,}3 \times 10^{-2}) - x$$

A condição de equilíbrio é

$$\frac{[H^+][C_2H_3O_2^-]}{[HC_2H_3O_2]} = K_a$$

$$\frac{(x)[(2,9 \times 10^{-2}) + x]}{(4,3 \times 10^{-2}) - x} = 1,8 \times 10^{-5}$$

Se supormos que x é desprezível em comparação com $2,9 \times 10^{-2}$, e com $4,3 \times 10^{-2}$, temos

$$\frac{(x)(2,9 \times 10^{-2})}{4,3 \times 10^{-2}} \approx 1,8 \times 10^{-5}$$

$$x \approx 2,7 \times 10^{-5}$$

Nossa suposição é justificada ($2,7 \times 10^{-5} \ll 2,9 \times 10^{-2}$), e portanto podemos concluir que:

$$[H^+] = x = 2,7 \times 10^{-5} \text{ mol/L}$$

$$pH = -\log [H^+] = -\log (2,7 \times 10^{-5}) = 4,57$$

Problema Paralelo: Considere de novo a titulação do Exemplo 15.19. Qual é o pH da solução após a adição de 20,0 mL de base (25°C)? **Resposta: 5,35.**

O pH de uma solução que está sendo titulada pode ser colocado em um gráfico sob forma de *curva de titulação*, que mostra a variação do pH da solução em função de qualquer volume de titulante adicionado. As curvas de titulação mostram nitidamente a necessidade da escolha do indicador certo para uma determinada titulação. A Figura 15.3 ilustra a curva de titulação de 50 mL de HCl 1,0 mol/L com NaOH 1,0 mol/L. Todas as curvas de *ácido forte* com *base forte* têm este mesmo aspecto porque a reação envolvida é a mesma:

$$H^+(aq) + OH^-(aq) \rightarrow H_2O$$

Para esta titulação uma série de indicadores seriam satisfatórios para indicar o ponto de equivalência, porque o pH aumenta muito bruscamente quando o ponto de equivalência é ultrapassado. Certamente qualquer indicador cuja cor muda no intervalo de 4 a 10 poderia ser usado.

Na Figura 15.4 é vista uma curva de titulação de um *ácido fraco* com uma *base forte*. Neste caso, 50 mL de $HC_2H_3O_2$ 1 mol/L está sendo titulado com NaOH 1 mol/L. Existem várias diferenças entre esta curva e a da Figura 15.3. Observe que o pH no ponto de equivalência é maior que 7 e que a variação do pH no ponto de equivalência é menos brusca do que na titulação ácido forte-base forte.

Para que haja uma mudança nítida na coloração do indicador, devemos escolher aquele cuja zona de transição caia aproximadamente na região do ponto de equivalência da titulação. A fenolftaleína é muitas vezes empregada na titulação de $HC_2H_3O_2$ com NaOH.

Se fosse escolhido um indicador não-apropriado, como por exemplo o vermelho de metila, a coloração mudaria gradualmente com a adição de um volume considerável de NaOH. E, ainda, a mudança de coloração se completaria antes de ser atingido o ponto de equivalência. Assim, o *ponto final* indicado seria incorreto, não correspondendo ao *ponto de equivalência*.

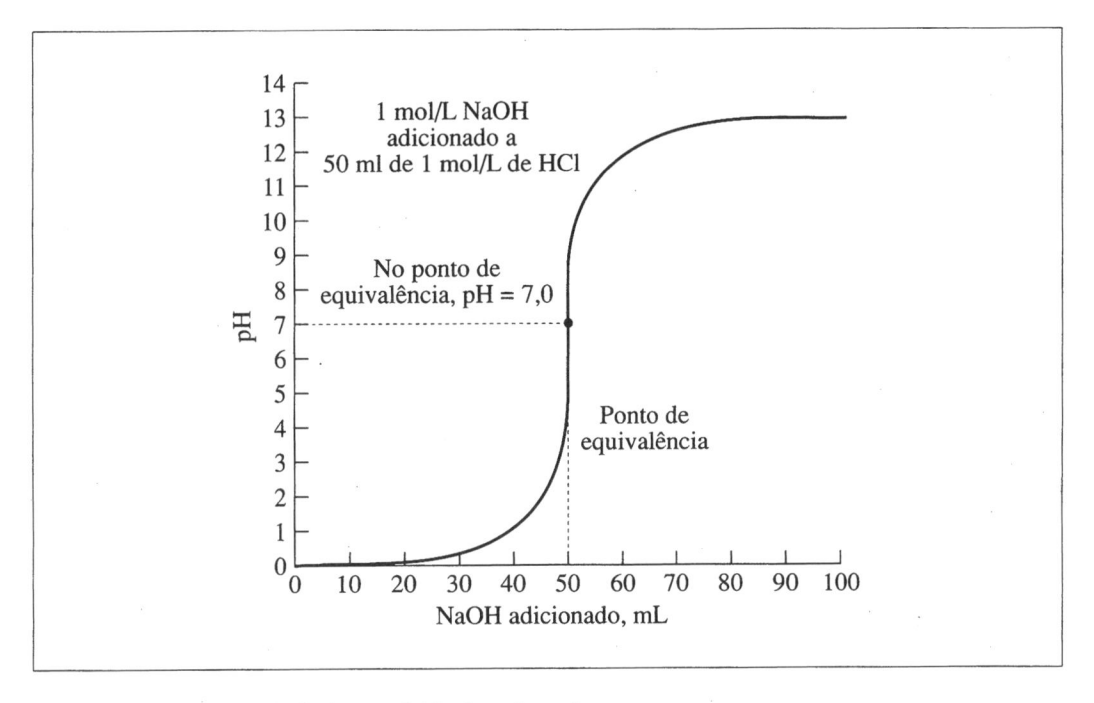

Figura 15.3 Curva de titulação: ácido forte-base forte.

Uma curva de titulação ácido *forte-base fraca* é mostrada na Figura 15.5 e representa as variações de pH que ocorrem durante a titulação de 50 mL de NH_3 1 mol/L com HCl 1 mol/L. O ponto de equivalência é em pH 4,8, portanto deveria ser escolhido um indicador que tivesse este pH no seu intervalo de variação de coloração. Vermelho de metila serve neste caso, e o ponto final indicado seria muito próximo do ponto de equivalência. A fenolftaleína, por sua vez, seria totalmente insatisfatória, como mostra a Figura 15.5.

Um *ácido poliprótico* tem mais de um ponto de equivalência. O ácido sulfuroso, H_2SO_3, tem um para a reação

$$H_2SO_3(aq) + OH^-(aq) \rightarrow HSO_3^-(aq) + H_2O$$

e outro para

$$HSO_3^-(aq) + OH^-(aq) \rightarrow SO_3^{2-}(aq) + H_2O$$

A curva de titulação de 50 mL de H_2SO_3 1 mol/L com NaOH é apresentada na Figura 15.6. Em cada um dos pontos de equivalência há um aumento mais ou menos brusco no pH. Como pode ser visto, o vermelho de clorofenol pode ser usado para indicar o primeiro ponto de equivalência e a timolftaleína provavelmente seria escolhida para indicar o segundo.

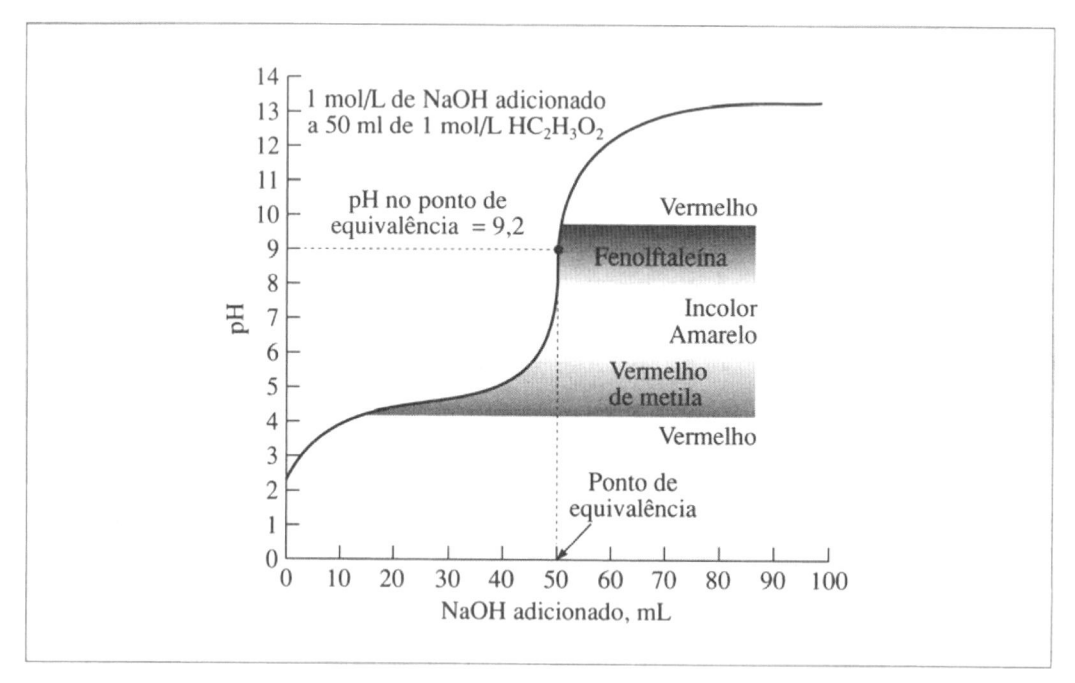

Figura 15.4 Curva de titulação: ácido fraco-base forte.

15.6 TAMPÕES

Uma das características de uma curva de titulação ácido fraco-base forte é um aumento do pH inicial seguido por um intervalo no qual o pH permanece relativamente constante mesmo que continue sendo adicionada base. (Ver Figura 15.4.) Uma situação semelhante ocorre em curvas de titulação ácido forte-base fraca: uma queda brusca de pH inicial seguida por um intervalo no qual o pH permanece relativamente constante. (Ver Figura 15.5.) Em ambos os casos a resposta lenta do pH à adição de ácido ou base indica a ação *tampão* da solução.

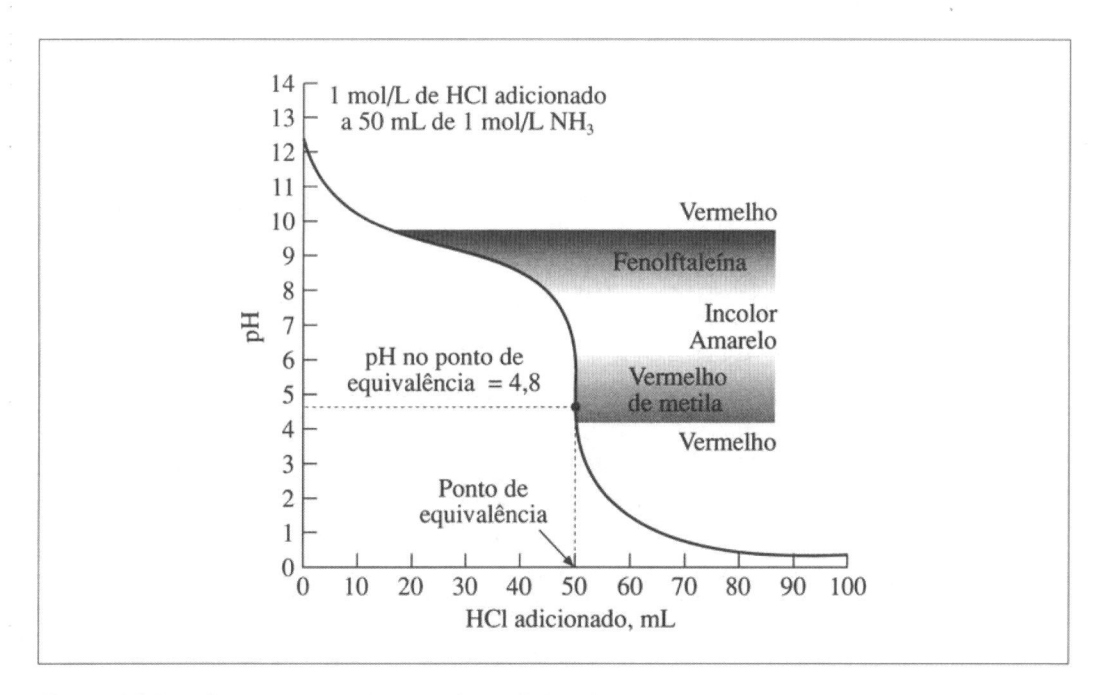

Figura 15.5 Curva de titulação: base fraca–ácido-forte.

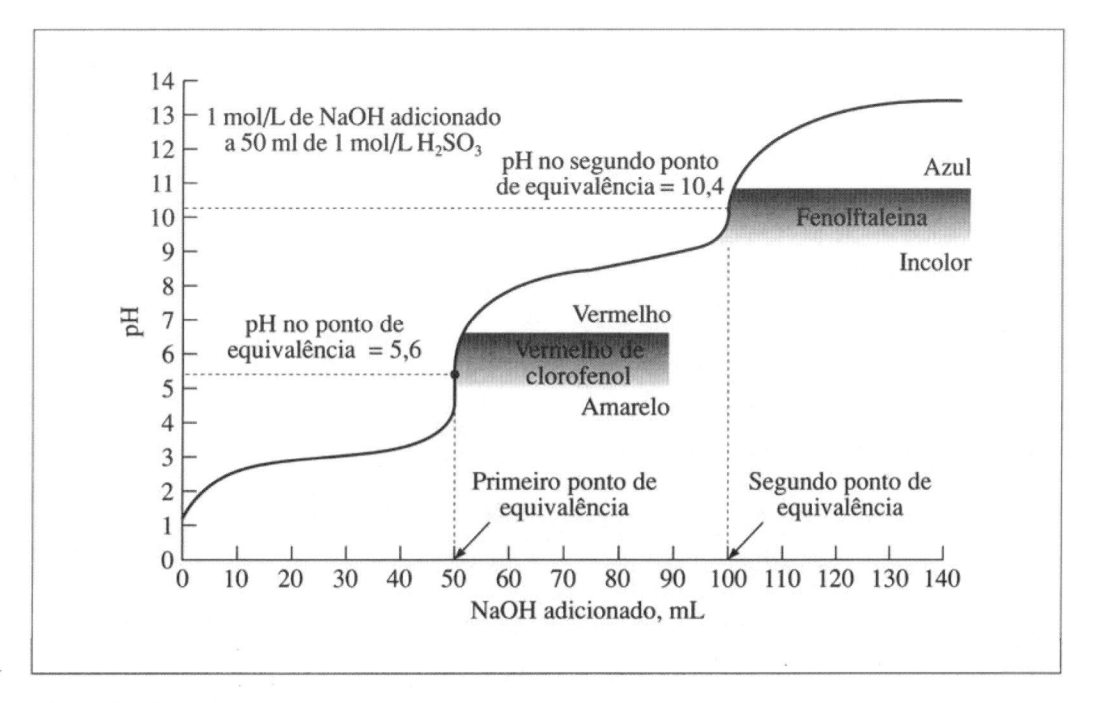

Figura 15.6 Curva de titulação para o ácido fraco diprótico H_2SO_3.

O EFEITO TAMPÃO

Um *tampão* ou uma *solução tampão* é uma solução que sofre apenas pequena variação de pH quando a ela são adicionados íons H⁺ ou OH⁻. É uma solução que contém *um ácido mais a sua base conjugada*, em concentrações aproximadamente iguais. Um exemplo de uma solução tampão é uma solução que contém ácido acético e íons acetato em concentrações quase iguais. De que maneira a combinação $HC_2H_3O_2/C_2H_3O_2^-$ tampona a solução? Considere o equilíbrio

$$HC_2H_3O_2(aq) \rightleftharpoons C_2H_3O_2^-(aq) + H^+(aq)$$

Se $HC_2H_3O_2$ e $C_2H_3O_2^-$ estiverem presentes em concentrações razoáveis, este equilíbrio pode facilmente se deslocar em qualquer sentido. A adição de H⁺ provocará um deslocamento do equilíbrio para a esquerda, enquanto, colocando OH⁻, este removerá H⁺, deslocando o equilíbrio para a direita. Em ambos os casos, grande parte do H⁺ ou OH⁻ adicionado é consumido sem alterar significativamente o pH da solução. Para descrever a ação tampão quantitativamente, escreve-se inicialmente a condição de equilíbrio da reação:

$$\frac{[H^+][C_2H_3O_2^-]}{[HC_2H_3O_2]} = K_a$$

Rearranjando um pouco, temos

$$[H^+] = K_a \frac{[HC_2H_3O_2]}{[C_2H_3O_2^-]}$$

Agora, se tomarmos o logaritmo negativo de ambos os lados, temos

$$-\log[H^+] = -\log K_a - \log \frac{[HC_2H_3O_2]}{[C_2H_3O_2^-]}$$

o que pode ser escrito como

$$pH = pK_a - \log \frac{[HC_2H_3O_2]}{[C_2H_3O_2^-]}$$

Esta é a *relação de Henderson-Hasselbalch*, que representa o enunciado da condição de equilíbrio escrito em forma logarítmica.

Para uma solução na qual $[HC_2H_3O_2] = [C_2H_3O_2^-]$,

$$\log \frac{[HC_2H_3O_2]}{[C_2H_3O_2^-]} = 0$$

e, assim,

$$pH = pK_a = -\log(1{,}8 \times 10^{-5}) = 4{,}74$$

Se forem adicionadas pequenas quantidades de H^+ ou OH^- a esta solução, o resultado será a conversão de algum $HC_2H_3O_2$ a $C_2H_3O_2^-$ ou vice-versa. Entretanto, a relação entre as concentrações de ácido acético e acetato não muda muito. Por exemplo, se no início $[HC_2H_3O_2] = [C_2H_3O_2^-] = 1{,}00$ mol/L, a adição de 0,10 mol de OH^- por litro mudará a relação para

$$\frac{[HC_2H_3O_2]}{[C_2H_3O_2^-]} = \frac{1{,}00 - 0{,}10}{1{,}00 + 0{,}10} = 0{,}82$$

E como $\log 0{,}82 = -0{,}09$, isto significa que, de acordo com a equação Henderson-Hasselbalch, o novo pH será

$$pH = 4{,}74 - (-0{,}09) = 4{,}83$$

Assim, a adição de 0,10 mol de base aumentou o pH da solução de somente 4,74 a 4,83, ou seja, 0,09 unidades. Enquanto $[HC_2H_3O_2]$ tiver a mesma ordem de grandeza de $[C_2H_3O_2^-]$, a relação entre os dois permanecerá bastante próxima da unidade; assim, o pH mudará pouco pela adição de ácido ou base. Logicamente teremos o melhor tampão quando $[HC_2H_3O_2] = [C_2H_3O_2^-]$.

Exemplo 15.20 Compare o efeito no pH da adição de 0,10 mol de H^+ a 1,0 litro de: (a) tampão ácido fórmico-formiato no qual as concentrações de ácido fórmico ($HCHO_2$) e íon formiato (CHO_2^-) = 1,00 mol/L (K_a para o ácido fórmico é $1{,}8 \times 10^{-4}$, (b) água pura.

Solução:

(a) Para o ácido fórmico,

$$pK_a = -\log(1{,}8 \times 10^{-4}) = 3{,}74$$

Usando a equação de Henderson-Hasselbalch,

$$pH = pK_a - \log \frac{[HCHO_2]}{[CHO_2^-]}$$

$$= 3{,}74 - \log\frac{1{,}00}{1{,}00} = 3{,}74$$

Portanto, o pH inicial do tampão é 3,74. A adição de 0,10 mol de H^+ transformará 0,10 mol de CHO_2^- em $HCHO_2$:

	$H^+(aq)$	+	$CHO_2^-(aq)$	$\rightleftharpoons$	$HCHO_2(aq)$
Mols no início:	0,10		1,00		1,00
Variação:	–0,10		–0,10		+0,10
Mols no final:	~ 0		0,90		1,10

O novo pH será

$$pH = 3{,}74 - \log\frac{1{,}10}{0{,}90} = 3{,}65$$

b) Água pura não é tamponada porque no equilíbrio

$$H_2O + H_2O \rightleftharpoons H_3O^+(aq) + OH^-(aq)$$

não está presente o par ácido-base conjugada (H_2O e H_3O^+ ou H_2O e OH^-) em concentrações iguais. Portanto, a variação do pH na água pura é muito suscetível à adição de ácidos e bases. Quando é adicionado 0,10 mol de H^+ a 1 litro de H_2O (pH inicial = 7,00), a $[H^+]$ resultante será 0,10 mol/L porque não há base forte presente para remover uma quantidade apreciável de H^+. Assim, o pH passa a ser 1,00. Isto significa que o pH da água não tamponada mudou de 6 unidades, enquanto no tampão da parte (a) houve mudança de apenas 0,09 unidades.

Problema Paralelo: Calcule a variação no pH produzida pela adição do dobro de OH^-, ou seja 0,20 mol, a 1 litro do tampão ácido fórmico-formiato descrito anteriormente. As concentrações iniciais do ácido fórmico $HCHO_2$ e do íon formiato CHO_2^- são ambas iguais a 1,00 mol/L. **Resposta:** A variação de pH é de 3,74 a 3,92, o que ainda não é muito.

TAMPÕES EM SISTEMAS BIOLÓGICOS

As velocidades de reações bioquímicas em plantas ou animais são sensíveis a variações de pH, ou porque são afetados equilíbrios críticos ou, mais freqüentemente, porque a velocidade de uma das etapas do mecanismo de reação é muito alterada pela mudança do pH do meio de reação. Entretanto, estas variações de pH normalmente não ocorrem em organismos sadios, porque seus fluidos internos são bem tamponados. Grandes variações na comida, na bebida e na maneira de viver, embora produzam mudanças internas considerá-veis no corpo, afetam muito pouco o pH do sangue. Até a maioria das doenças provoca mudanças muito pequenas.

O sangue humano é tamponado por uma série de sistemas, incluindo:

$$H_2PO_4^-(aq) \rightleftharpoons HPO_4^{2-}(aq) + H^+(aq) \qquad pK_a = 7,20$$

e

$$H_2CO_3(aq) \rightleftharpoons HCO_3^-(aq) + H^+(aq) \qquad pK_a = 6,38$$

O sistema $H_2CO_3 - HCO_3^-$ no sangue é especialmente interessante. Dióxido de carbono gasoso se dissolve na água, e uma pequena porção, aproximadamente 1%, se combina com a água formando ácido carbônico, H_2CO_3:

$$CO_2(aq) + H_2O \rightleftharpoons H_2CO_3(aq)$$

H_2CO_3 não pode ser isolado puro, entretanto em solução comporta-se como ácido diprótico fraco. A perda do primeiro próton produz o íon hidrogenocarbonato HCO_3^-, geralmente chamado pelo seu nome comum, *íon bicarbonato*:

$$H_2CO_3(aq) \rightleftharpoons H^+(aq) + HCO_3^-(aq) \qquad K_1 = 4,2 \times 10^{-7}$$

Mas o valor de K_1 dado aqui (e normalmente dado) reflete a expressão da lei de ação das massas, na qual a concentração *total* de CO_2 dissolvido, incluindo aquele que está combinado sob forma de H_2CO_3, está no denominador:

$$\frac{[H^+][HCO_3^-]}{[CO_2 + H_2CO_3]} = K_1$$

Como a maior parte do CO_2 não está combinado sob forma de H_2CO_3, escreve-se normalmente

$$\frac{[H^+][HCO_3^-]}{[CO_2]} = K_1$$

e o equilíbrio como

$$CO_2(aq) + H_2O \rightleftharpoons H^+(aq) + HCO_3^-(aq)$$

Portanto, a adição de CO_2 à água produz uma solução ácida, e o CO_2 dissolvido mais o HCO_3^- constituem um sistema tampão. As células do corpo humano produzem CO_2, que se dissolve no sangue venoso retornando ao coração e pulmões. Nos pulmões, parte do

CO_2 é perdido por meio da exalação e, assim, o pH aumenta um pouco. Na realidade, se não houvesse outros sistemas tampões no sangue, a mudança de pH seria excessiva. Normalmente esta variação é pequena. Perda excessiva de CO_2 do sangue pode ser produzida por hiperventilação, respiração rápida e profunda. Como a respiração é estimulada pela presença de CO_2 dissolvido no sangue, é possível segurarmos a respiração por longos períodos, mesmo até o início do desfalecimento, devido à falta de oxigênio (aparentemente o acúmulo de CO_2 é muito lento para forçar a respiração). A hiperventilação pode aumentar o pH do sangue de 0,05 unidades, o suficiente para produzir, na melhor das hipóteses, tontura leve e, na pior, dores fortes no peito, semelhantes às de ataques cardíacos. O efeito inverso, a diminuição do pH do sangue devido ao acúmulo de CO_2, ocorre às vezes em algumas formas de pneumonia, nas quais os pulmões começam a falhar. Esta condição, chamada *acidose*, provoca sérios distúrbios no funcionamento de vários tecidos do corpo humano.

Exemplo 15.21 O sangue humano tem um pH invariavelmente próximo de 7,4. Calcule a relação $[CO_2]/[HCO_3^-]$ no sangue que apresenta este pH.

Solução: Aplicando a equação de Henderson-Hasselbalch, temos

$$pH = pK_a - \log \frac{[CO_2]}{[HCO_3^-]}$$

ou

$$\log \frac{[CO_2]}{[HCO_3^-]} = pK_a - pH$$

$$= 6{,}38 - 7{,}4, \text{ ou } -1{,}0$$

Tirando os antilogaritmos, obtemos

$$\frac{[CO_2]}{[HCO_3^-]} = 0{,}1$$

Como esta relação não é próxima da unidade, o sistema tampão $CO_2 - HCO_3^-$ sozinho não seria bastante eficiente. Na realidade, acredita-se que a hemoglobina e a albumina são os principais tampões no sangue.

Problema Paralelo: Calcule a relação $[H_2PO_4^-]/[HPO_4^{2-}]$ no sangue a um pH de 7,4. **Resposta:** 0,6.

15.7 EQUILÍBRIOS ÁCIDO-BASE SIMULTÂNEOS

Muitas vezes em solução aquosa ocorrem simultaneamente vários equilíbrios. Felizmente, devido ou a uma constante de equilíbrio alta ou a altas concentrações de uma certa espécie, um dos equilíbrios geralmente predomina. Assim, em uma solução aquosa de ácido acético se estabelecem os seguintes equilíbrios:

$$HC_2H_3O_2(aq) \rightleftharpoons H^+(aq) + C_2H_3O_2^-(aq) \qquad K_a = 1{,}8 \times 10^{-5}$$

$$H_2O \rightleftharpoons H^+(aq) + OH^-(aq) \qquad K_w = 1{,}0 \times 10^{-14}$$

As condições para ambos os equilíbrios são satisfeitas simultaneamente, mas no cálculo da concentração hidrogeniônica geralmente apenas o primeiro equilíbrio precisa ser considerado, já que o segundo contribui muito pouco para [H^+].

MISTURAS DE ÁCIDOS FRACOS

Em uma solução contendo dois ácidos fracos, será considerado como fonte primária de íons hidrogênio o mais forte dos dois, a não ser que as duas constantes de dissociação sejam muito próximas.

Exemplo 15.22 Calcule [H^+] em uma solução preparada pela adição de soluções 0,10 mol de $HC_2H_3O_2$ e HCN à água suficiente para preparar 1,0 litro de solução.

Solução:

Nesta solução os seguintes equilíbrios ocorrem simultaneamente:

$$HC_2H_3O_2(aq) \rightleftharpoons H^+(aq) + C_2H_3O_2^-(aq) \qquad K_a = 1{,}8 \times 10^{-5}$$
$$HCN(aq) \rightleftharpoons H^+(aq) + CN^-(aq) \qquad K_a = 4{,}0 \times 10^{-10}$$
$$H_2O(aq) \rightleftharpoons H^+(aq) + OH^-(aq) \qquad K_w = 1{,}0 \times 10^{-14}$$

As condições de equilíbrio para os três devem ser satisfeitas simultaneamente, mas como o ácido acético é o mais forte, a contribuição feita pelo HCN e H_2O à concentração hidrogeniônica pode ser desprezada. Se x é igual ao número de mols de $HC_2H_3O_2$ dissociado por litro, então, no equilíbrio,

$$[H^+] = x$$

$$[C_2H_3O_2^-] = x$$

$$[HC_2H_3O_2^-] = 0{,}10 - x$$

Substituindo na condição de equilíbrio,

$$\frac{[H^+][C_2H_3O_2^-]}{[HC_2H_3O_2]} = K_{a,HC_2H_3O_2}$$

obtemos

$$\frac{(x)(x)}{0{,}10 - x} = 1{,}8 \times 10^{-5}$$

que resolvemos da maneira usual:

$$x = 1{,}3 \times 10^{-3}$$

$$[H^+] = 1{,}3 \times 10^{-3} \text{ mol/L}$$

Problema Paralelo: Calcule [CN⁻] na solução descrita anteriormente (Exemplo 15.22). **Resposta:** $3{,}1 \times 10^{-8}$ mol/L.

Exemplo 15.23 Na solução descrita no Exemplo 15.22, qual é a percentagem de íons hidrogênio produzida: (a) pela dissociação de HCN? (b) pela dissociação de H₂O?

Solução: Embora no exemplo anterior consideremos que íons H⁺ produzidos por HCN e H₂O são desprezíveis em comparação com aqueles produzidos por HC₂H₃O₂, isto não significa que admitamos que sejam iguais a zero.

(a) Usando a dissociação do HCN

$$HCN(aq) \rightleftharpoons H^+(aq) + CN^-(aq)$$

considere y igual ao número de mols de HCN dissociados por litro. Então

$$y = [H^+] \text{ apenas da dissociação de HCN}$$

Mas [H⁺] total é a soma da contribuição de três equilíbrios. Ignorando a contribuição da água, que deve ser muito pequena, podemos escrever que no equilíbrio

$$[H^+] = (1{,}3 \times 10^{-3}) + y$$

$$[CN^-] = y$$

$$[HCN] = 0{,}10 - y$$

Como

$$\frac{[H^+][CN^-]}{[HCN]} = K_{a,HCN}$$

então, substituindo, obtemos

$$\frac{[(1,3 \times 10^{-3})+y](y)}{0,10 - y} = 4,0 \times 10^{-10}$$

Podemos admitir que $y \ll 0,10$ e até que $y \ll 1,3 \times 10^{-3}$, porque HCN é um ácido muito fraco e sua dissociação foi ainda mais contida pelo H^+ do $HC_2H_3O_2$. Assim, temos

$$\frac{(1,3 \times 10^{-3})(y)}{0,10} \approx 4,0 \times 10^{-10}$$

o que nos dá $y \approx 3,1 \times 10^{-8}$, e vemos que nossas suposições foram justificadas. Portanto,

$$[H^+] \text{ do HCN apenas} = 3,1 \times 10^{-8} \text{ mol/L}$$

A fração de $[H^+]$ fornecida pelo HCN é, portanto,

$$\frac{[H^+] \text{ do HCN}}{[H^+] \text{ total}} \approx \frac{[H^+] \text{ do HCN}}{[H^+] \text{ do } HC_2H_3O_2} = \frac{3,1 \times 10^{-8}}{1,3 \times 10^{-3}} = 2,4 \times 10^{-5}$$

o que, multiplicado por 100, nos dá a porcentagem de $[H^+]$ proveniente da dissociação apenas do HCN: $2,4 \times 10^{-3}\%$.

(b) Podemos achar a contribuição feita pela dissociação da água para $[H^+]$ da mesma maneira. Se considerarmos z igual ao número de mols de H_2O que se dissocia por litro, então, como

$$H_2O \rightleftharpoons H^+(aq) + OH^-(aq)$$

$$z = [H^+] \text{ de } H_2O \text{ apenas}$$

de maneira que o total $[H^+] = (1,3 \times 10^{-3}) + (3,1 \times 10^{-8}) + z \approx (1,3 \times 10^{-3}) + z$.

Agora, como

$$[OH^-] = z$$

e

$$[H^+][OH^-] = K_w$$

$$[(1,3 \times 10^{-3}) + z](z) = 1,0 \times 10^{-14}$$

$$z = 7,7 \times 10^{-12}$$

Portanto,

$$[H^+] \text{ apenas de } H_2O = 7{,}7 \times 10^{-12} \text{ mol/L}$$

$$\text{Percentagem de } [H^+] \text{ apenas de } H_2O = \frac{[H^+] \text{ de } H_2O}{[H^+] \text{ total}} \times 100$$

$$\frac{7{,}7 \times 10^{-12}}{(1{,}3 \times 10^{-3}) + (3{,}1 \times 10^{-8}) + (7{,}7 \times 10^{-12})} \times 100 = 5{,}9 \times 10^{-7}\%$$

Problema Paralelo: Calcule $[OH^-]$ na solução anterior. **Resposta:** $7{,}7 \times 10^{-12}$ mol/L.

ÁCIDOS POLIPRÓTICOS

Ácidos polipróticos em solução fornecem outra situação na qual várias condições de equilíbrio são satisfeitas simultaneamente. Mas, como no caso de misturas de ácidos fracos de forças bastante diferentes, normalmente predomina uma das dissociações. Isto pode ser julgado por meio da comparação dos sucessivos valores de K_a. Geralmente K_1 será 10^4 ou muitas vezes maior do que K_2 e, nestas condições, o cálculo pode ser tratado como no Exemplo 15.5.

SAIS ÁCIDOS

O termo *sal ácido* é dado a um sal formado pela remoção de apenas parte dos prótons de um ácido poliprótico. $NaHCO_3$, $NaHSO_3$, $NaHSO_4$, NaH_2PO_4 e Na_2HPO_4 são exemplos destes sais.

NOTAS DE NOMENCLATURAS		
Fórmula	*Nome sistemático (IUPAC)*	*Nome comum (trivial)*
$NaHCO_3$	Hidrogenocarbonato de sódio	Bicarbonato de sódio
$NaHSO_3$	Hidrogenosulfito de sódio	Bissulfito de sódio
$NaHSO_4$	Hidrogenosulfato de sódio	Bissulfato de sódio
NaH_2PO_4	Dihidrogenofosfato de sódio	
Na_2HPO_4	Hidrogenofosfato de sódio	

Uma situação interessante ocorre quando um sal ácido é dissolvido em água: o ânion pode tanto se dissociar como hidrolisar. No caso do hidrogenocarbonato (bicarbonato), as reações são

Dissociação: $\quad\quad\quad\quad HCO_3^-(aq) \rightleftharpoons H^+(aq) + CO_3^{2-}(aq)$

Hidrólise: $\quad\quad\quad HCO_3^-(aq) + H_2O(aq) \rightleftharpoons H_2CO_3(aq) + OH^-(aq)$

(Aqui, H_2CO_3 representa o CO_2 total dissolvido, como anteriormente; ver Seção 15.6.) A acidez ou basicidade destes sais depende dos valores relativos de K_a (para a dissociação) e K_h (para a hidrólise).

Do ponto de vista de Brønsted–Lowry, o íon hidrogenocarbonato pode se comportar seja como ácido,

$$HCO_3^-(aq) + H_2O \rightleftharpoons H_3O^+(aq) + CO_3^{2-}(aq)$$

seja como base,

$$HCO_3^-(aq) + H_2O \rightleftharpoons H_2CO_3(aq) + OH^-(aq)$$

Resolver problemas de soluções contendo sais ácidos pode ser um desafio, entretanto, existe um grande número de programas de computador que auxiliam na resolução de sistemas de equações simultâneas. Também é possível usar o bom senso químico tornando o processo menos complicado e obtendo uma solução aproximada, dependendo da concentração, valores de K, pH etc.

RESUMO

Este foi o primeiro de dois capítulos sobre equilíbrios iônicos em soluções aquosas. Dissociações de *ácidos fracos* podem ser descritas em termos das teorias de Arrhenius e ou Brønsted-Lowry. Em qualquer dos casos a condição de equilíbrio é que a expressão da lei da ação das massas seja igual à *constante de dissociação* K_a. Quanto mais fraco um ácido, menor será sua constante de dissociação. *Ácidos polipróticos* têm mais de um próton disponível por molécula e, portanto, sofrem dissociação em etapas, tendo cada etapa sua própria constante de dissociação.

A condição de equilíbrio da dissociação de um ácido fraco pode ser usada para calcular as concentrações das espécies de soluto presentes em solução destes ácidos. Por meio destes cálculos pode ser mostrado que a presença de uma concentração apreciável de ânion de um ácido fraco em uma solução reprime a dissociação do ácido. Esta é uma ilustração do princípio de Le Châtelier chamada *efeito do íon comum*. Cálculos com ácidos fracos também evidenciam que o grau de dissociação de um ácido fraco aumenta com a diminuição da concentração – outro efeito previsto pelo princípio de Le Châtelier.

Bases fracas se dissociam em água da mesma maneira que ácidos fracos, só que com um aumento da concentração de íons hidróxido, em vez de com aumento da concentração de íons hidrogênio (hidrônio). Uma base fraca comum e importante é a amônia. Em sua solução aquosa as espécies moleculares não-dissociadas foram formuladas como NH_3 ou como NH_4OH, embora se acredite hoje que ambas são formas excessivamente simplificadas. Entretanto, a fórmula NH_3 é normalmente a preferida.

Cálculos de bases fracas se baseiam na igualdade entre a expressão da lei da ação das massas e a constante de dissociação da base K_b, no equilíbrio. Estes cálculos são semelhantes a cálculos com ácidos fracos.

A água sofre *autodissociação* liberando pequena concentração de íons hidrogênio hidratado e hidróxido. A expressão da lei da ação das massas para esta reação é simplesmente $[H^+][OH^-]$ ou $[H_3O^+][OH^-]$ e no equilíbrio é igual à constante de dissociação da água K_w, também chamada *produto iônico da água*. Ela tem o valor $1,0 \times 10^{-14}$ a 25°C. A adição de um ácido perturba este equilíbrio de tal maneira que $[H^+] > [OH^-]$ (a solução é ácida) e a adição de uma base torna $[OH^-] > [H^+]$ (a solução é básica). Em uma solução neutra, $[H^+] = [OH^-]$.

O *pH* de uma solução é definido como $-\log[H^+]$. A escala de pH fornece uma maneira conveniente de expressar a acidez ou basicidade de uma solução que pode variar num intervalo de mais de 10^{16}.

A *hidrólise* na linguagem de Arrhenius é descrita como sendo a reação de um íon com água para formar um ácido ou base fraca e OH^- ou H^+, respectivamente. Quanto mais fraco o ácido ou a base, maior será a tendência do íon sofrer hidrólise. Um ânion hidrolisa recebendo um próton da água. O íon OH^- resultante torna a solução básica. Um cátion hidrolisa doando um próton ao seu solvente, muitas vezes de sua camada de moléculas de água de hidratação. Este próton é recebido pelo solvente água e, assim, a solução se torna ácida. O equilíbrio de hidrólise pode ser tratado quantitativamente usando-se as constantes de hidrólise, K_h. O valor de K_h para uma certa hidrólise é calculado dividindo-se K_w pelo valor da constante de dissociação do eletrólito fraco formado na hidrólise. Na terminologia de Brønsted-Lowry esta relação é $K_a K_b = K_w$, onde K_a e K_b são as constantes de "dissociação" dos respectivos ácido e base conjugados.

Pode-se analisar ácidos e bases em solução por meio da *titulação*. O *ponto de equivalência* numa titulação ácido–base é normalmente salientado pela mudança de coloração de um *indicador* adicionado à solução. Um gráfico da variação do pH com a adição gradativa de um ácido a uma base (ou vice-versa) é conhecido como *curva de titulação*. O pH e a inclinação da curva de titulação no ponto de equivalência dependem da força do ácido e da base, ou seja, de suas constantes de dissociação.

Um *tampão* é uma solução que contém um ácido e sua base conjugada em concentrações aproximadamente iguais. O pH destas soluções muda muito pouco em resposta à adição de H^+ ou OH^-; portanto, os tampões são usados quando se quer manter o pH da solução dentro de certos limites.

O último tópico deste capítulo foi o de equilíbrios simultâneos. Embora todas as condições de equilíbrio em um sistema complexo devam ser satisfeitas simultaneamente, muitas vezes é possível fazer algumas aproximações criteriosas que geralmente simplificam os cálculos.

PROBLEMAS

Observação: *Suponha uma temperatura de 25 °C, a não ser que outro valor seja especificado, e use os dados do Apêndice H, quando necessário.*

pH

- **15.1** Calcule o pH de uma solução na qual a concentração hidrogeniônica é: (a) 1,0 mol/L, (b) $4,6 \times 10^{-3}$ mol/L, (c) $6,0 \times 10^{-9}$ mol/L, (d) $2,2 \times 10^{-12}$ mol/L.

- **15.2** Determine a concentração hidrogeniônica em uma solução que tem um pH de: (a) 2,22, (b) 4,44, (c) 6,66, (d) 12,12.

- **15.3** Calcule a concentração de íons hidróxido em uma solução que tem um pH de (a) 4,32, b) 6,54, (c) 4,00, (d) 3,21.

- **15.4** Calcule o pOH de uma solução que tem uma concentração hidrogeniônica de: (a) $2,1 \times 10^{-2}$ mol/L, (b) $5,6 \times 10^{-6}$ mol/L, (c) $9,0 \times 10^{-10}$ mol/L, (d) $3,9 \times 10^{-14}$ mol/L.

- 15.5 Calcule o pH de cada uma destas soluções: (a) 0,14 mol/L HCl, (b) $3,4 \times 10^{-3}$ mol/L NaOH, (c) 0,033 mol/L HNO_3, (d) 0,065 mol/L $Sr(OH)_2$.

- **15.6** Quanto HCl 3,0 mol/L precisa ser adicionado a 1,000 litro de água para se obter uma solução cujo pH é 1,50? (Admita volumes aditivos.)

15.7 Quanto NaOH 5,0 mol/L deve ser adicionado a 475 mL de água para se obter uma solução de pH 10,90? (Admita volumes aditivos.)

■ **15.8** A 50°C o produto iônico da água, K_w, é $5,5 \times 10^{-14}$. Qual é o pH de uma solução neutra a 50°C?

15.9 A constante de autodissociação para amônia líquida é $1,0 \times 10^{-33}$ a $-33°C$. Qual é o pH de uma solução neutra em amônia líquida nesta temperatura?

Ácidos Fracos

■ **15.10** Uma solução obtida pela dissolução de ácido acético em água tem um pH de 4,45. Qual é a concentração de íons acetato nessa solução?

■ **15.11** Uma solução de ácido acético em água tem uma concentração de acetato de $3,35 \times 10^{-3}$ mol/L. Qual é o pH da solução?

■ **15.12** Em certa solução a concentração de equilíbrio de $HC_2H_3O_2$ é 0,25 mol/L e $[C_2H_3O_2^-]$ é 0,40 mol/L. Qual é o pH da solução?

■ **15.13** Calcule a concentração de íons acetato em uma solução de pH 4,20 na qual $[HC_2H_3O_2]$ = 0,20 mol/L.

15.14 Determine o pH de cada uma das seguintes soluções: (a) $HC_2H_3O_2$ $4,9 \times 10^{-1}$ mol/L, (b) HOCl 0,80 mol/L, (c) $HClO_2$ 0,20 mol/L.

■ **15.15** Calcular o pH de cada uma das seguintes soluções: (a) $HC_2H_3O_2$ $3,9 \times 10^{-1}$ mol/L, (c) $HC_2H_3O_2$ $2,3 \times 10^{-4}$ mol/L.

15.16 Qual a percentagem de dissociação em: (a) $HC_2H_3O_2$ 0,25 mol/L, (b) $HC_2H_3O_2$ 0,025 mol/L, (c) $HC_2H_3O_2$ 0,0025 mol/L.

15.17 Calcule as concentrações de todas as espécies moleculares e iônicas dissolvidas nas seguintes soluções: (a) HCN 1,5 mol/L, (b) H_2CO_3 1,5 mol/L.

■ **15.18** Suponha que 0,29 mol de um ácido monoprótico desconhecido é dissolvido em água suficiente para preparar 1,55 litros de solução. Se o pH da solução é 3,82, qual é a constante de dissociação do ácido?

■ **15.19** Igual número de mols do ácido fraco HA e do seu sal NaA são dissolvidos em um copo de água. Se o pH da solução é 3,13, qual é o valor de K_a?

Bases Fracas

■ **15.20** Prepara-se uma solução dissolvendo-se NH_3 em água. Se o pH da solução é 10,30, qual é a concentração do íon NH_4^+?

■ **15.21** Prepara-se 1,36 litros de uma solução dissolvendo-se NH_3 em água. O pH da solução é 11,11. Quantos mols de NH_3 foram dissolvidos?

15.22 Calcule $[NH_4^+]$ em uma solução na qual $[NH_3] = 6,9 \times 10^{-2}$ mol/L e o pH é 9,00.

■ **15.23** Qual é o pH de cada uma das seguintes soluções: (a) NH_3 0,22 mol/L, (b) CH_3NH_2 0,62 mol/L?

15.24 Quantos mols de cloreto de amônio deveriam ser adicionados a 25,0 mL de NH_3 0,20 mol/L para abaixar seu pH até 8,50? (Admita que não haja variação de volumes.)

Hidrólise

15.25 Classifique cada uma das seguintes soluções 1 mol/L conforme seu caráter ácido, básico ou neutro. Escreva uma ou mais equações justificando cada resposta: (a) NH_4Cl, (b) KCN, (c) Na_2SO_3, (d) NH_4CN, (e) KBr, (f) $KHSO_4$.

15.26 Para cada um dos seguintes pares diga qual solução 1 mol/L seria mais básica e explique sua resposta: (a) $NaC_2H_3O_2$ ou NaCN, (b) Na_2SO_4 ou Na_2SO_3, (c) Na_2SO_4 ou $NaHSO_4$, (d) H_2SO_3 ou $NaHSO_3$, (e) NH_4CN ou NaCN.

■ **15.27** Calcule o pH das seguintes soluções: (a) $NaC_2H_3O_2$ 0,25 mol/L, (b) NaCN 0,45 mol/L, (c) NH_4Cl 0,10 mol/L.

■ **15.28** Determine o pH das seguintes soluções: (a) Na_2SO_3 0,15 mol/L, (b) Na_3PO_4 0,15 mol/L.

15.29 Calcule a percentagem de hidrólise nas seguintes soluções: (a) $NaC_2H_3O_2$ 0,42 mol/L, (b) NaCN 0,60 mol/L.

15.30 O pH de uma solução 1,0 mol/L de nitrito de sódio, $NaNO_2$, é 8,65. Calcule K_a para o ácido nitroso, HNO_2.

■ **15.31** O pH de uma solução 1,0 mol/L de seleneto de sódio, Na_2Se, é 12,51. Calcule K_2 para o ácido selenídrico, H_2Se.

- **15.32** Calcule a concentração de todas as espécies moleculares e iônicas em uma solução 0,31 mol/L de NH_4Cl.

Titulações e Indicadores

- **15.33** Qual será o pH no ponto de equivalência de uma titulação na qual 35 mL de HNO_3 0,25 mol/L são titulados com KOH 0,15 mol/L?

- **15.34** 25,0 mL de $HC_2H_3O_2$ 0,18 mol/L são titulados com NaOH 0,20 mol/L. Qual é o pH no ponto de equivalência?

    15.35 35,0 mL de NH_3 0,10 mol/L são titulados com HNO_3 0,25 mol/L. Qual é o pH no ponto de equivalência?

- **15.36** 25,0 mL de NH_3 0,22 mol/L são titulados com HCl 0,24 mol/L. Qual é o pH no ponto de equivalência?

    15.37 25,0 mL de H_2SO_3 0,22 mol/L são titulados com NaOH 0,20 mol/L. Qual é o pH em cada ponto de equivalência?

- **15.38** 10,0 mL de HCl 0,10 mol/L são titulados com NaOH 0,20 mol/L. Se for usada a fenolftaleína como indicador, de quantos mililitros será ultrapassado o ponto de equivalência quando ocorrer a viragem do indicador no ponto final? Admita que o pH no ponto final acusado pelo indicador seja igual a pK_{In}.

    15.39 10,0 mL de NaOH 0,10 mol/L são titulados com HCl 0,10 mol/L. Calcule o pH da solução depois da adição de: (a) 1,0 mL, (b) 5,0 mL, (c) 9,0 mL, (d) 9,9 mL, (e) 10,0 mL do HCl.

- **15.40** 10,0 mL de uma solução 0,10 mol/L de NH_3 são titulados com HCl 0,10 mol/L. Calcule o pH da solução depois da adição de: (a) 1,0 mL, (b) 5,0 mL, (c) 9,0 mL, (d) 9,9 mL, (e) 10,0 mL do HCl.

    15.41 Construa um gráfico de titulação de 10,0 mL de $HC_2H_3O_2$ 0,10 mol/L com NaOH 0,10 mol/L. Os pontos da curva serão dados pelo cálculo do pH da solução após a adição de 1,0 mL de cada um, desde o início até que o total de 20,0 mL de base tenha sido adicionado.

- **15.42** Uma solução de um ácido fraco 0,25 mol/L é titulada com NaOH 0,25 mol/L. Quando metade da base necessária para alcançar o ponto de equivalência tiver sido adicionada, o pH da solução será 4,41. Qual é a constante de dissociação do ácido?

15.43 Escolha o indicador adequado para a titulação de uma solução 0,1 mol/L de cada um dos seguintes ácidos com NaOH 0,1 mol/L: (a) aspártico ($K_3 = 2 \times 10^{-10}$), (b) barbitúrico ($K_a = 9,1 \times 10^{-5}$), (c) fenol ($Ka = 1,0 \times 10^{-10}$), (d) oxálico ($K_2 = 5,0 \times 10^{-5}$), (e) fólico ($K_a = 5,5 \times 10^{-9}$).

Tampões

■ **15.44** Qual é o pH de cada um dos seguintes tampões: (a) $HC_2H_3O_2$ 0,4 mol/L + $NaC_2H_3O_2$ 0,4 mol/L? (b) NH_3 0,7 mol/L + NH_4NO_3 0,7 mol/L? (c) CO_2 0,1 mol/L + $NaHCO_3$ 0,1 mol/L? (d) $NaHCO_3$ 0,1 mol/L + Na_2CO_3 0,1 mol/L?

15.45 A *capacidade de um tampão* é a sua habilidade de resistir à variação de pH e expressa quanto de ácido ou base pode ser adicionado a uma solução antes de se produzir uma significativa variação no pH. Para um dado sistema tamponado para um certo pH, o que determina sua capacidade de tamponamento?

■ **15.46** Quantos mols de $NaC_2H_3O_2$ deveriam ser adicionados a 275 mL de $HC_2H_3O_2$ 0,20 mol/L para preparar um tampão com pH = 4,50? Suponha que não haja variação de volume.

15.47 Quantos mols de H^+ podem ser adicionados a 75 mL de um tampão que é 0,50 mol/L em ambos, $HC_2H_3O_2$ e $C_2H_3O_2^-$, antes que o pH da solução se altere de uma unidade?

15.48 Calcule o pH antes e depois da adição de 0,010 mol de HCl a 0,100 litro de: (a) água pura, (b) NaOH 0,10 mol/L, (c) HCl 0,10 mol/L, (d) $HC_2H_3O_2$ 0,20 mol/L + $NaC_2H_3O_2$ 0,20 mol/L, (e) $HC_2H_3O_2$ 1,00 mol/L + $NaC_2H_3O_2$ 1,00 mol/L.

PROBLEMAS ADICIONAIS

■ **15.49** Suponha que 315 mL de solução contenham 0,20 mol de $HC_2H_3O_2$. (a) Qual é o pH da solução? (b) Qual é o pH depois da adição de 0,12 mol de $NaC_2H_3O_2$? (Suponha que não houve variação de volume.) (c) Qual é o pH se forem adicionados à solução original 0,050 mol de NaOH? (Suponha que não haja variação de volume.)

15.50 (a) Qual é o pH de um solução de NH_3 0,20 mol/L? (b) Qual será o pH final se forem adicionados 0,020 mol de NH_4Cl a 333 mL de uma solução 0,20 mol/L de NH_3? (Suponha que não haja variação de volume.) (c) Qual será o pH final se forem adicionados 0,020 mol de HCl a 333 mL de NH_3 0,20 mol/L? (Suponha que não haja variação de volume.)

15.51 Calcule o pH de uma solução obtida pela mistura de volumes iguais de: (a) água e HCl 0,020 mol/L, (b) HCl 0,020 mol/L e NaOH 0,020 mol/L, (c) HCl 0,020 mol/L e NaOH 0,040 mol/L, (d) HCN 0,020 mol/L e NaOH 0,020 mol/L.

■ **15.52** Calcule o pH de uma solução obtida pela mistura de 111 mL de HCN 0,50 mol/L com 111 mL de: (a) água, (b) NaCN 0,50 mol/L, (c) NaOH 0,25 mol/L, (d) NaOH 0,50 mol/L, (e) HCl 0,50 mol/L.

15.53 Coloque em ordem decrescente de concentração: H^+, HSO_3^-, H_2SO_3, SO_3^{2-} e OH^- em solução 1 mol/L de H_2SO_3.

15.54 Coloque em ordem decrescente de concentração: H^+, HSO_3^-, H_2SO_3, SO_3^{2-}, OH^-, Na^+ em solução 1 mol/L de Na_2SO_3.

15.55 Coloque em ordem decrescente de concentração: H^+, HSO_3^-, SO_3^{2-}, OH^-, Na^+, H_2SO_3 em solução 1 mol/L de $NaHSO_3$.

15.56 Em uma solução 0,1 mol/L de $HC_2H_3O_2$, qual percentagem dos íons hidrogênio presentes é proveniente da dissociação da água?

■ **15.57** Calcule $[H^+]$, $[H_2PO_4^-]$, $[HPO_4^{2-}]$ e $[PO_4^{3-}]$ em uma solução 1,0 mol/L de H_3PO_4.

■ **15.58** A constante de equilíbrio para a dissociação de $AlOH^{2+}$ em Al^{3+} e OH^- é $7,1 \times 10^{-10}$. Calcule o pH de uma solução 0,32 mol/L de $AlCl_3$.

15.59 Deseja-se preparar 100,0 mL de um tampão que tenha um pH = 5,30. Suponha que são disponíveis soluções 0,10 mol/L de $HC_2H_3O_2$ e $NaC_2H_3O_2$. Que volumes deveriam ser misturados, assumindo que os volumes são aditivos?

15.60 Em 1,0 litro de CO_2 0,10 mol/L: (a) qual é a $[CO_3^{2-}]$ na solução? (b) se for adicionado à solução original 1,0 litro de NaOH 0,20 mol/L, qual será a nova $[CO_3^{2-}]$? (c) se for adicionado 0,50 litro de HCl 0,10 mol/L à solução obtida em (b), qual será a nova $[CO_3^{2-}]$? (Admita volumes aditivos.)

15.61 Calcule o pH de uma solução $1,00 \times 10^{-7}$ mol/L de HCl.

Capítulo 16

SOLUÇÕES AQUOSAS: SOLUBILIDADE E EQUILÍBRIO DOS ÍONS COMPLEXOS

TÓPICOS GERAIS

16.1 A SOLUBILIDADE DE SÓLIDOS IÔNICOS
O produto de solubilidade
O efeito do íon-comum

16.2 REAÇÕES DE PRECIPITAÇÃO
Prevendo a ocorrência de precipitação

16.3 EQUILÍBRIOS ENVOLVENDO ÍONS COMPLEXOS
A dissociação de íons complexos
Cálculos de dissociação de íons complexos
Anfoterismo de hidróxidos compostos

16.4 EQUILÍBRIOS SIMULTÂNEOS
A precipitação de sulfetos metálicos

Neste capítulo continuaremos nossos estudos de equilíbrio iônico em soluções aquosas. Estudaremos inicialmente os equilíbrios de solubilidade, que são exemplos de equilíbrio heterogêneo, porque envolvem o equilíbrio de um sólido com seus íons em solução, em sistema de duas fases. Em seguida, consideraremos o equilíbrio (homogêneo) entre um íon complexo e seus produtos de dissociação. Finalmente, abordaremos alguns sistemas nos quais interagem equilíbrios envolvendo solubilidade e outros, de tal maneira que várias condições de equilíbrio são satisfeitas simultaneamente.

16.1 A SOLUBILIDADE DE SÓLIDOS IÔNICOS

Quando um *não-eletrólito* sólido se dissolve em água, a solução resultante contém apenas um tipo de espécie de soluto: moléculas neutras. Assim, uma solução saturada de sacarose, $C_{12}H_{22}O_{11}$, contém apenas moléculas de sacarose em equilíbrio com um excesso de soluto não-dissolvido.

$$C_{12}H_{22}O_{11}(s) \rightleftharpoons C_{12}H_{22}O_{11}(aq)$$

Entretanto, quando um *eletrólito* sólido se dissolve, pelo menos dois tipos de partículas (íons) são liberados para a solução e, na saturação, o equilíbrio é mais complexo. Assim, em uma solução saturada de NaCl, íons sódio e íons cloreto em solução estão em equilíbrio com excesso de NaCl sólido:

$$NaCl(s) \rightleftharpoons Na^+(aq) + Cl^-(aq)$$

O PRODUTO DE SOLUBILIDADE

Considere um sólido iônico, MA, pouco solúvel, formado de íons M^+ e A^- localizados em pontos no retículo cristalino. Suponha que uma quantidade suficiente de MA seja dissolvida em água para produzir uma solução saturada contendo algum MA sólido. Estabelece-se um *equilíbrio de solubilidade* que pode ser escrito:

$$MA(s) \rightleftharpoons M^+(aq) + A^-(aq)$$

para o qual a condição de equilíbrio é

$$\frac{[M^+][A^-]}{[MA]} = K'$$

Entretanto, esta expressão pode ser simplificada. Como vimos na Seção 14.4, a concentração de uma substância quando em fase sólida pura é uma constante. Assim, a condição de equilíbrio pode ser reescrita como

$$[M^+][A^-] = K'[MA]$$

ou

$$[M^+][A^-] = K_{ps}$$

onde K_{ps} representa o produto dos dois termos constantes K' e [MA]. A expressão da lei da ação das massas à esquerda, $[M^+][A^-]$, é chamada de *produto iônico* e a constante ou equilíbrio K_{ps} é o *produto solubilidade*, ou *constante do produto de solubilidade* da substância MA. No equilíbrio, o produto iônico é igual ao produto de solubilidade.

Resumindo: Para uma solução de MA dissolvida em água,

$$MA(s) \rightleftharpoons M^+(aq) + A^-(aq)$$

o produto iônico é definido como:

$$[M^+][A^-]$$

Se a solução estiver saturada, isto é, se ela estiver no equilíbrio

$$MA(s) \rightleftharpoons M^+(aq) + A^-(aq)$$

então o produto iônico será igual à constante K_{ps}, chamado *produto de solubilidade*. (Isto é, naturalmente, apenas o enunciado da condição de equilíbrio.)

A forma do produto iônico depende da estequiometria da reação. Assim, para

$$CaF_2(s) \rightleftharpoons Ca^{2+}(aq) + 2F^-(aq)$$

a condição de equilíbrio é

$$[Ca^{2+}][F^-]^2 = K_{ps}$$

e para

$$Ca_3(PO_4)_2(s) \rightleftharpoons 3Ca^{2+} + 2PO_4^{3-}$$

a condição de equilíbrio é

$$[Ca^{2+}]^3[PO_4^{3-}]^2 = K_{ps}$$

Valores numéricos de produtos de solubilidade podem ser calculados a partir de medidas de solubilidade, embora geralmente sejam usados métodos indiretos para substâncias que apresentam solubilidade muito baixa.

Exemplo 16.1 A solubilidade de sulfato de cálcio em água é $4,9 \times 10^{-3}$ mol L^{-1} a 25°C. Calcule o valor de K_{ps} para o CaSO$_4$ a esta temperatura.

Solução: O equilíbrio de solubilidade é

$$CaSO_4(s) \rightleftharpoons Ca^{2+}(aq) + SO_4^{2-}(aq)$$

e assim a condição de equilíbrio é

$$[Ca^{2+}][SO_4^{2-}] = K_{ps}$$

Da equação, podemos ver que quando $4,9 \times 10^{-3}$ mol de CaSO$_4$ se dissolvem para preparar 1 litro de uma solução saturada, as concentrações iônicas resultantes são

$$[Ca^{2+}] = 4,9 \times 10^{-3} \text{ mol L}^{-1}$$

e

$$[SO_4^{2-}] = 4,9 \times 10 \text{ mol L}^{-1}$$

Portanto,

$$[Ca^{+2}][SO_4^{2-}] = (4,9 \times 10^{-3})(4,9 \times 10^{-3}) = 2,4 \times 10^{-5}$$

K_{ps} para o CaSO$_4$ é $2,4 \times 10^{-5}$ a 25°C.

Problema Paralelo: A solubilidade de ZnS é $3,5 \times 10^{-12}$ mol L^{-1} a 25°C. Calcule o valor de K_{ps} para ZnS nessa temperatura. **Resposta:** $1,2 \times 10^{-23}$.

Exemplo 16.2 A solubilidade do cloreto de chumbo é $1,6 \times 10^{-2}$ mol L^{-1} a 25°C. Qual é o valor de K_{ps} para PbCl$_2$ nessa temperatura?

Solução: O equilíbrio de solubilidade é

$$PbCl_2(s) \rightleftharpoons Pb^{2+}(aq) + 2Cl^-(aq)$$

e desta forma no equilíbrio

$$K_{ps} = [Pb^{2+}][Cl^-]^2$$

e avaliando K_{ps} como um problema de substituição de concentrações molares do lado direito.

Quando $1,6 \times 10^{-2}$ mol de $PbCl_2$ se dissolvem por litro, o processo é:

$$PbCl_2(s) \rightarrow Pb^{2+}(aq) + 2Cl^-(aq)$$

e as concentrações iônicas resultantes são:

$$[Pb^{2+}] = 1,6 \times 10^{-2} \text{ mol L}^{-1}$$

$$[Cl^-] = 2(1,6 \times 10^{-2}) = 3,2 \times 10^{-2} \text{ mol L}^{-1}$$

Desta forma, substituindo na expressão de produto iônico, obtemos

$$K_{ps} = [Pb^{2+}][Cl^-]^2$$

$$= (1,6 \times 10^{-2})(3,2 \times 10^{-2})^2 = 1,6 \times 10^{-5}$$

Problema Paralelo: A solubilidade do hidróxido de cobalto(III) $Co(OH)_3$ é $7,8 \times 10^{-12}$ mol L^{-1} a 25°C. Calcule o valor de K_{ps} para o composto nesta temperatura. **Resposta:** $1,0 \times 10^{-43}$.

Valores de alguns produtos de solubilidade a 25°C são dados na Tabela 16.1 (uma lista mais completa está no Apêndice H). Tais valores são úteis para calcular solubilidades molares de substâncias.

Exemplo 16.3 O produto de solubilidade do iodeto de prata, AgI, é $8,5 \times 10^{-17}$ a 25°C. Qual é a solubilidade do AgI em água a esta temperatura?

Solução: Iodeto de prata se dissolve de acordo com a equação

$$AgI(s) \rightleftharpoons Ag^+(aq) + I^-(aq)$$

Neste exemplo, os íons Ag^+ e I^- estão presentes numa relação 1:1, uma vez que a sua única fonte é o AgI que se dissolveu. (Isto não é sempre verdade; ver Exemplo 16.5.) Se x é igual ao número de mols de AgI dissolvidos por litro (a solubilidade do AgI), então

$$[Ag^+] = x$$

$$[I^-] = x$$

Tabela 16.1 Produtos de solubilidade (25°C).

Composto	K_{ps}
AgCl	$1,7 \times 10^{-10}$
Ag_2CrO_4	$1,9 \times 10^{-12}$
Ag_2S	$5,5 \times 10^{-51}$
$Al(OH)_3$	5×10^{-33}
BaF_2	$1,7 \times 10^{-6}$
$BaSO_4$	$1,5 \times 10^{-9}$
CaF_2	$1,7 \times 10^{-10}$
$Ca(OH)_2$	$1,3 \times 10^{-6}$
$CaSO_4$	$2,4 \times 10^{-5}$
$Cu(OH)_2$	$1,6 \times 10^{-19}$
CuS	8×10^{-37}
$Fe(OH)_2$	2×10^{-15}
$Mg(OH)_2$	$8,9 \times 10^{-12}$
$PbCl_2$	$1,6 \times 10^{-5}$
ZnS	$1,2 \times 10^{-23}$

No equilíbrio,

$$[Ag^+][I^-] = K_{ps}$$

Substituindo, temos

$$(x)(x) = 8,5 \times 10^{-17}$$

$$x = \sqrt{8,5 \times 10^{-17}} = 9,2 \times 10^{-9}$$

A solubilidade do AgI é $9,2 \times 10^{-9}$ mol L^{-1} a 25°C.

Problema Paralelo: A 25°C o valor de K_{ps} para o sulfeto de cobre(II) é 8×10^{-37}. Qual é a solubilidade molar do CuS em água nesta temperatura? **Resposta:** 9×10^{-19} mol L^{-1}.

Exemplo 16.4 K_{ps} para o fluoreto de estrôncio a 25°C é $2,5 \times 10^{-9}$. Calcule a solubilidade de SrF_2 em água a esta temperatura.

Solução: O equilíbrio de solubilidade é

$$SrF_2(s) \rightleftharpoons Sr^{2+}(aq) + 2F^-(aq)$$

Esta estequiometria indica que em solução saturada de SrF_2 a $[F^-]$ é o dobro da $[Sr^{2+}]$. Se x é igual ao número de mols de SrF_2 dissolvidos por litro de solução (a solubilidade), então

$$[Sr^{2+}] = x$$

$$[F^-] = 2x$$

No equilíbrio,

$$[Sr^{2+}][F^-]^2 = K_{ps}$$

$$x(2x)^2 = 2,5 \times 10^{-9}$$

$$4x^3 = 2,5 \times 10^{-9}$$

$$x = 8,5 \times 10^{-4}$$

A solubilidade do SrF_2 em água é $8,5 \times 10^{-4}$ mol L^{-1} a 25°C.

Problema Paralelo: O valor de K_{ps} para o sulfato de prata é $1,6 \times 10^{-5}$ a 25°C. Calcule a solubilidade molar de Ag_2SO_4 em água nessa temperatura. **Resposta:** $1,6 \times 10^{-2}$ mol L^{-1}.

O EFEITO DO ÍON COMUM

Na Seção 15.1 mostramos que a dissociação de um ácido fraco, HA,

$$HA(aq) \rightleftharpoons H^+(aq) + A^-(aq)$$

é reprimida pela presença de íon A^- adicional na solução, o que é chamado *efeito do íon comum*. Este efeito é também responsável pela redução da solubilidade de um sólido iônico provocada pela presença de cátions ou ânions adicionais comuns aos do sólido.

No Exemplo 16.3 calculamos que a solubilidade do iodeto de prata, AgI, em água a 25°C é $9,2 \times 10^{-9}$ mol L^{-1}. O princípio de Le Châtelier prevê que um aumento de $[I^-]$ deslocará o equilíbrio

$$AgI(s) \rightleftharpoons Ag^+ (aq) + I^- (aq)$$

para a esquerda, diminuindo [Ag^+]. Assim, se dissolvermos AgI em uma solução que já contém algum I^-, o equilíbrio será estabelecido a uma [Ag^+] menor. Portanto, a solubilidade do AgI é menor em solução de NaI do que em água pura.

Exemplo 16.5 Calcular a solubilidade de AgI em uma solução de NaI 0,10 mol L^{-1} a 25°C. K_{ps} para AgI é $8,5 \times 10^{-17}$ a 25°C.

Solução: Neste exemplo a relação [Ag^+] para [I^-] *não* é 1:1 (como no Exemplo 16.3), devido aos íons I^- adicionados em solução do NaI. Antes da dissolução de qualquer AgI, [I^-] = 0,10 mol L^{-1}. (Lembre-se: NaI é um eletrólito forte.) x é o número de mols de AgI que se dissolve por litro (a solubilidade). Então, no equilíbrio,

$$[Ag^+] = x$$

$$[I^-] = 0,10 + x$$

As concentrações iônicas antes e depois da dissolução de AgI podem ser resumidas como:

	AgI(s) $\rightleftharpoons$	$Ag^+(aq)$ +	$I^-(aq)$
Concentração antes da análise de AgI (mol L^{-1}):		0	0,10
Variação (mol L^{-1}):		$+x$	$+x$
Concentracção de equilíbrio (mol L^{-1}):		$+x$	$0,10 + x$

Substituindo na condição de equilíbrio,

$$[Ag^+][I^-] = K_{ps}$$

obtemos

$$x(0,10 + x) = 8,5 \times 10^{-17}$$

Admitindo que $x \ll 0,10$, então $0,10 + x \approx 0,10$ e, assim,

$$x(0,10) \approx 8,5 \times 10^{-17}$$

$$x \approx 8,5 \times 10^{-16}$$

Este número, evidentemente, é negligenciável em comparação com 0,10 e, assim, nossa suposição foi justificada. Portanto, a solubilidade de AgI em, 0,10 mol L^{-1} de NaI é $8,5 \times 10^{-16}$ mol L^{-1} a 25°C.

Comentários Adicionais

Se compararmos os resultados dos Exemplos 16.3 e 16.5, podemos ver uma evidência quantitativa da diminuição da solubilidade devido ao efeito do íon comum.

Exemplo	Solvente	Solubilidade de AgI mol L^{-1}
16.3	Água	$9,2 \times 10^{-9}$
16.5	0,10 mol L^{-1} NaI	$8,5 \times 10^{-16}$

Problema Paralelo: A 25°C o valor de K_{ps} para o sulfeto de cobre(II) é 8×10^{-37}. Qual é a solubilidade molar de CuS na solução nesta temperatura em que $[S^{2-}]$ é 1×10^{-10} mol L^{-1}? **Resposta:** 8×10^{-27} mol L^{-1}.

Exemplo 16.6 Calcule a solubilidade do hidróxido de magnésio, $Mg(OH)_2$, a 25°C em: (a) água pura e (b) solução tendo pH igual a 12,00 K_{ps} do $Mg(OH)_2$ é $8,9 \times 10^{-12}$ nesta temperatura.

Solução:

(a) O equilíbrio de solubilidade neste caso é

$$Mg(OH)_2(s) \rightleftharpoons Mg^{2+} + 2OH^-$$

Se x é o número de mols de $Mg(OH)_2$ que se dissolvem por litro, então

$$[Mg^{2+}] = x$$

$$[OH^-] = 2x$$

(Mas e os íons OH^- presentes devido à dissociação da água? A água é um eletrólito tão fraco que admitiremos que $[OH^-]$ proveniente de sua dissociação é negligenciável em comparação com a $[OH^-]$ proveniente do $Mg(OH)_2$.) No equilíbrio

$$[Mg^{2+}][OH^-]^2 = K_{ps}$$

substituindo, temos

$$x(2x)^2 = 8{,}9 \times 10^{-12}$$

$$4x^3 = 8{,}9 \times 10^{-12}$$

e, assim,

$$\text{Solubilidade} = x = 1{,}3 \times 10^{-4} \text{ mol L}^{-1}$$

E quanto à nossa suposição de que a contribuição [OH⁻] obtida da dissociação de água é desprezível? A concentração do íon hidróxido nesta solução é

$$[\text{OH}^-] = 2x = 2(1{,}3 \times 10^{-4}) = 2{,}6 \times 10^{-4} \text{ mol L}^{-1}$$

Em água pura, [OH⁻] da autodissociação

$$\text{H}_2\text{O} \rightleftharpoons \text{H}^+ (aq) + \text{OH}^- (aq)$$

é apenas $1{,}0 \times 10^{-17}$ mol L^{-1} e nesta solução [OH⁻] de apenas esta autodissociação é ainda menor, porque o equipamento foi deslocado para a esquerda pelos íons OH⁻ de Mg(OH)$_2$. Portanto, neste caso estávamos seguros quando admitimos que a [OH⁻] da água pode ser desprezada.

(*b*) Neste caso, [OH⁻] é alta no início (antes que qualquer Mg(OH)$_2$ tenha sido dissolvido). Como pH = 12,00,

$$[\text{H}^+] = 1{,}0 \times 10^{-12} \text{ mol L}^{-1}$$

e, assim, antes que qualquer Mg(OH)$_2$ tenha sido dissolvido,

$$[\text{OH}^-] = \frac{K_w}{[\text{H}^+]} = \frac{1{,}0 \times 10^{-14}}{1{,}0 \times 10^{-12}} = 0{,}010 \text{ mol L}^{-1}$$

Se x é o número de mols de Mg(OH)$_2$ que se dissolvem por litro, então

$$\text{Mg(OH)}_2(s) \rightleftharpoons \text{Mg}^{2+}(aq) + 2\text{OH}^-(aq)$$

	Mg(OH)$_2$(s)	Mg^{2+}(aq)	2OH⁻(aq)
Concentração no início (mol L^{-1}):		0	0,010
Variação (mol L^{-1}):		+x	2x
Concentração de equilíbrio (mol L^{-1}):		+x	0,010 + 2x

No equilíbrio

$$[Mg^{2+}][OH^-]^2 = K_{ps}$$

substituindo,

$$x(0,010 + 2x)^2 = 8,9 \times 10^{-12}$$

Admitindo que $2x \ll 0,010$, podemos simplificar esta equação:

$$x(0,010)^2 \approx 8,9 \times 10^{-12}$$

$$x \approx 8,9 \times 10^{-8}$$

Podemos ver que nossa suposição foi válida. a solubilidade de $Mg(OH)_2$ em uma solução de pH = 12,00 é $8,9 \times 10^{-8}$ mol L^{-1} a 25°C.

Comentários Adicionais

O Exemplo 16.6 é outra demonstração clara do efeito do íon comum. A presença de OH^- adicional em solução reduz bastante a solubilidade de $Mg(OH)_2$.

Exemplo	Solvente	Solubilidade de $Mg(OH)_2$ mol L^{-1}
16.6(a)	Água	$1,3 \times 10^{-4}$
16.6(b)	Solução, pH = 12,00	$8,9 \times 10^{-8}$

Problema Paralelo: Qual é a solubilidade molar do fluoreto de bário a 25°C em (a) água pura, (b) 0,10 mol L^{-1} $BaCl_2$? K_{ps} de BaF_2 nesta temperatura é $1,7 \times 10^{-6}$. **Resposta:** (a) $7,5 \times 10^{-3}$ mol L^{-1}, (b) $2,1 \times 10^{-3}$ mol L^{-1}.

16.2 REAÇÕES DE PRECIPITAÇÃO

Agora, vamos analisar em detalhes o que ocorre com um íon de um sal insolúvel quando é adicionado a uma solução contendo ânions de sal. Considere novamente o equilíbrio de solubilidade para o iodeto de prata

$$AgI(s) \rightleftharpoons Ag^+(aq) + I^-(aq)$$

$$[Ag^+][I^-] = K_{ps}$$

Esta condição é satisfeita no equilíbrio, o que significa em uma *solução saturada*. Se a solução for *insaturada* o produto iônico, $[Ag^+][I^-]$, é *menor que* K_{ps}. Na condição instável de *supersaturação*, $[Ag^+][I^-]$ é *maior que* K_{ps}.

Suponha que temos uma solução de iodeto de sódio, NaI 0,50 mol L^{-1} à qual adicionamos pequenas porções de AgNO$_3$ sólido, pouco a pouco. A solução de NaI contém íons Na$^+$ e I$^-$, porque NaI é um sal e, portanto, um forte eletrólito. O nitrato de prata, um sal e eletrólito forte, libera Ag$^+$ para a solução:

$$AgNO_3(s) \rightarrow Ag^+(aq) + NO_3^-(aq)$$

À medida que adicionamos AgNO$_3$, [Ag$^+$] aumenta gradativamente, portanto, o valor numérico do produto iônico também aumenta, $[Ag^+][I^-]$. Não ocorre nada visível até que o valor do produto iônico alcance o do K_{ps}. Neste ponto a próxima pequena porção de AgNO$_3$ adicionada provoca o início da precipitação de AgI (e a sua saturação não ocorre):

$$Ag^+(aq) + I^-(aq) \rightarrow AgI(s)$$

A adição de mais Ag$^+$ causará mais precipitação, o que diminui [I$^-$] de tal maneira que $[Ag^+][I^-]$ permaneça igual a K_{ps}.

Os resultados deste experimento são resumidos na Tabela 16.2. [Ag$^+$] no início aumenta irregularmente com a adição de diferentes porções de AgNO$_3$. Quando [Ag$^+$] alcança $1,7 \times 10^{-16}$, o produto iônico é igual a K_{ps} e, assim, a adição de mais Ag$^+$ inicia a precipitação, já que o produto iônico não pode exceder K_{ps} (estamos admitindo que não ocorre supersaturação). Aumento ainda maior de [Ag$^+$] diminui [I$^-$] por meio de precipitação, de tal maneira que a condição de equilíbrio

$$[Ag^+][I^-] = K_{ps}$$

é mantida.

Tabela 16.2 Variação das concentrações iônicas durante a precipitação de AgI (25°C).

Condição	$[Ag^+]$ mol L^{-1}	$[I^-]$ mol L^{-1}	Produto iônico $[Ag^+][I^-]$	K_{ps} para AgI
Insaturação	0	0,50	0	$< 8,5 \times 10^{-17}$
	$1,0 \times 10^{-50}$	0,50	$5,0 \times 10^{-51}$	$< 8,5 \times 10^{-17}$
	$3,6 \times 10^{-38}$	0,50	$1,8 \times 10^{-38}$	$< 8,5 \times 10^{-17}$
	$6,4 \times 10^{-29}$	0,50	$3,2 \times 10^{-29}$	$< 8,5 \times 10^{-17}$
	$3,2 \times 10^{-19}$	0,50	$1,6 \times 10^{-19}$	$< 8,5 \times 10^{-17}$
Saturação	$1,7 \times 10^{-16}$	0,50	$8,5 \times 10^{-17}$	$= 8,5 \times 10^{-17}$
Saturação e precipitação	$1,8 \times 10^{-16}$	0,47	$8,5 \times 10^{-17}$	$= 8,5 \times 10^{-17}$
	$2,0 \times 10^{-16}$	0,43	$8,5 \times 10^{-17}$	$= 8,5 \times 10^{-17}$
	$7,1 \times 10^{-16}$	0,12	$8,5 \times 10^{-17}$	$= 8,5 \times 10^{-17}$
	$4,3 \times 10^{-15}$	0,02	$8,5 \times 10^{-17}$	$= 8,5 \times 10^{-17}$
	$6,5 \times 10^{-12}$	$1,3 \times 10^{-5}$	$8,5 \times 10^{-17}$	$= 8,5 \times 10^{-17}$

PREVENDO A OCORRÊNCIA DE PRECIPITAÇÃO

Quando uma solução de $AgNO_3$ é misturada com uma de NaI, não haverá formação de precipitado, desde que o produto iônico permaneça menor do que K_{ps}. Entretanto, se o produto iônico na mistura (calculado como se não tivesse ocorrido precipitação) exceder o K_{ps}, então a solução estará em uma condição supersaturada instável e as precipitações irão ocorrer, geralmente imediatamente, até as concentrações de ambos os íons ficarem reduzidos a um ponto no qual o produto iônico seja igual a K_{ps}. Todavia, para *prever* se o precipitado pode ou não se formar, é necessário simplesmente calcular o valor que o produto iônico teria se não ocorresse precipitação e compará-lo com o produto de solubilidade. Naturalmente, a não ser que seja formada uma solução supersaturada, o produto iônico, na realidade, nunca terá chance de exceder o K_{ps}. Para prever se uma precipitação pode ou não ocorrer, primeiro calculamos o valor que o produto iônico teria imediatamente após a mistura, mas antes de qualquer possível precipitação. Então comparamos este resultado com o valor do produto de solubilidade. *Se o produto iônico exceder o K_{ps} ocorrerá precipitação.* (Se ocorrer supersaturação, a previsão de ocorrência de precipitação poderá ser retardada.)

Exemplo 16.7 Haverá formação de precipitado se forem misturados 25,0 mL de NaI $1,4 \times 10^{-9}$ mol L^{-1} e 35,0 mL de AgNO$_3$ $7,9 \times 10^{-7}$ mol L^{-1}? (K_{ps} de AgI = $8,5 \times 10^{-17}$ a 25°C.) Assuma que não haja supersaturação.

Solução: Na solução original de NaI, $[I^-] = 1,4 \times 10^{-9}$ mol L^{-1}, e na solução de AgNO$_3$, $[Ag^+] = 7,9 \times 10^{-7}$ mol L^{-1}. Precisamos calcular estas concentrações depois de feita a mistura, admitindo que não ocorra precipitação. Se os volumes são aditivos, o que é sempre uma boa suposição quando as soluções são diluídas, então o volume da mistura final é 25,0 mL + 35,0 mL ou 60 mL. Cada concentração é, portanto, reduzida por diluição quando as duas soluções são misturadas. Como o volume da solução contendo iodeto aumenta de 25,0 para 60,0 mL, a concentração final de iodeto (antes de qualquer possível precipitação) é

$$[I^-] = [I^-]_{inicial} \times (\text{razão dos volumes})$$

$$= 1,4 \times 10^{-9} \text{ mol } L^{-1} \times \frac{25,0 \text{ mL}}{60,0 \text{ mL}} = 5,8 \times 10^{-10} \text{ mol } L^{-1}$$

Assim, a concentração final de prata (antes de uma possível precipitação) é:

$$[Ag^+] = [Ag^+]_{inicial} \times (\text{razão dos volumes})$$

$$= 7,9 \times 10^{-7} \text{ mol } L^{-1} \times \frac{35,0 \text{ mL}}{60,0 \text{ mL}} = 4,6 \times 10^{-7} \text{ mol } L^{-1}$$

Portanto, o produto iônico é

$$[Ag^+][I^-] = (4,6 \times 10^{-7})(5,8 \times 10^{-10}) = 2,7 \times 10^{-16}$$

$$2,7 \times 10^{-16} > 8,5 \times 10^{-17}$$

Produto iônico > K_{ps}

Então a precipitação do AgI ocorrerá até que o valor do produto iônico tenha sido diminuído ao do produto de solubilidade.

Problema Paralelo: O valor do produto de solubilidade do cloreto de chumbo, PbCl$_2$, é $1,6 \times 10^{-5}$ (a 25°C). São misturados 5,0 mL de 0,02 mol L^{-1} de Pb(NO$_3$)$_2$ com 25 mL de 0,01 mol L^{-1} de HCl. Ocorrerá precipitação do PbCl$_2$? Assuma que não ocorra supersaturação. **Resposta:** Não.

Exemplo 16.8 O produto de solubilidade do CaF$_2$ é $1,7 \times 10^{-10}$ e do CaCO$_3$ é $4,7 \times 10^{-9}$ (ambos a 25°C. Uma solução contém F$^-$ e CO$_3^{2-}$ em concentrações $5,0 \times 10^{-5}$ mol L^{-1}. CaCl$_2$ sólido é adicionado lentamente. Que sólido precipita primeiro: CaF$_2$ ou CaCO$_3$?

Solução: Precisamos determinar qual produto de solubilidade é ultrapassado primeiro quando [Ca^{2+}] aumenta ligeiramente. Simplesmente pelos valores de K_{ps} poderíamos chegar à conclusão de que, como $1,7 \times 10^{-10}$ é menor que $4,7 \times 10^{-9}$, o primeiro K_{ps} a ser excedido será o do CaF_2 e, portanto, precipitará primeiro. Mas este não é o caso. Para CaF_2 precipitar,

$$[Ca^{2+}][F^-]^2 > 1,7 \times 10^{-10}$$

ou

$$[Ca^{2+}] > \frac{1,7 \times 10^{-10}}{[F^-]^2} = \frac{1,7 \times 10^{-10}}{(5 \times 10^{-5})^2} = 6,8 \times 10^{-2} \text{ mol L}^{-1}$$

Para $CaCO_3$ ser precipitado,

$$[Ca^{2+}][CO_3^{2-}] > 4,7 \times 10^{-9}$$

e assim

$$[Ca^{2+}] > \frac{4,7 \times 10^{-9}}{[CO_3^{2-}]} = \frac{4,7 \times 10^{-9}}{5,0 \times 10^{-5}} = 9,4 \times 10^{-5} \text{ mol L}^{-1}$$

Em outras palavras, quando [Ca^{2+}] atinge o valor $9,4 \times 10^{-5}$ mol L^{-1}, o $CaCO_3$ começa a precipitar. Neste ponto o K_{ps} do CaF_2 ainda não foi ultrapassado, portanto, esta substância não precipita. (O CaF_2 só começará a precipitar depois de ter sido adicionada uma quantidade suficiente de $CaCl_2$ para aumentar [Ca^{2+}] para $6,8 \times 10^{-2}$ mol L^{-1}.)

Problema Paralelo: O produto de solubilidade do $BaSO_4$ é $1,5 \times 10^{-9}$, e para o BaF_2 é $1,7 \times 10^{-6}$ (os dois a 25°C). Em uma solução, [SO_4^{2-}] = $5,0 \times 10^{-3}$ mol L^{-1} e [F^-] = $7,0 \times 10^{-2}$ mol L^{-1}. $Ba(NO_3)_2$ sólido é lentamente adicionado à solução. Qual substância precipita primeiro? **Resposta:** $BaSO_4$.

16.3 EQUILÍBRIOS ENVOLVENDO ÍONS COMPLEXOS

Como foi dito na Seção 12.2, o termo *íon complexo* normalmente significa uma partícula carregada composta de um íon central cercado por íons ou moléculas denominados *ligantes*. O número de ligações formadas entre os ligantes e o íon central é chamado de *número de coordenação* ou *ligantes* do íon central no complexo. No Capítulo 22 estudaremos a estrutura geométrica e a ligação nestes complexos. Consideraremos agora os processos de equilíbrios pelos quais tais complexos perdem seus ligantes, isto é, se dissociam em solução.

A DISSOCIAÇÃO DE ÍONS COMPLEXOS

Quando sulfato cúprico, $CuSO_4$, é dissolvido em água, o íon cúprico Cu^{2+} se torna hidratado. Quatro moléculas de água estão fortemente ligadas ao Cu^{2+}; podemos escrever o processo de hidratação como

$$Cu^{2+} (aq) + 4H_2O \rightarrow Cu(H_2O)_4^{2+} (aq)$$

O íon cobre(II) hidratado é um íon complexo e apresenta uma coloração azul média. Agora, se adicionarmos um excesso de amônia, a solução adquire uma cor azul muito escura. A nova coloração indica a presença de um novo íon complexo, no qual moléculas de água foram substituídas por NH_3 como ligantes. A reação simples pode ser escrita

$$Cu(H_2O)_4^{2+} (aq) + 4NH_3 (aq) \rightarrow Cu(NH_3)_4^{2+} (aq) + 4H_2O$$

Comentários Adicionais

Se adicionarmos NH_3 aquoso a uma solução contendo Cu^{2+}, veremos a formação de um precipitado de hidróxido de cobre(II) de coloração azul-média:

$$Cu(H_2O)_4^{2+} (aq) + 2NH_3 (aq) \rightarrow Cu(OH)_2(s) + 2NH_4^+ (aq) + 2H_2O$$

Isto ocorre devido à basicidade da amônia. Adições posteriores de amônia farão o precipitado se redissolver, formando um íon complexo cobre-amônia:

$$Cu(OH)_2(s) + 4NH_3 (aq) \rightarrow Cu(NH_3)_4^{2+} (aq) + 2OH^- (aq)$$

O processo todo é representado pela equação (precipitação seguida de formação do íon complexo de amônia):

$$Cu(H_2O)_4^{2+} (aq) + 4NH_3 (aq) \rightarrow Cu(NH_3)_4^{2+} (aq) + 4H_2O$$

Para simplificar, as *hidratações da água* que circulam um íon em soluções aquosas são freqüentemente omitidas em suas fórmulas. Assim, em soluções aquosas, o íon de cobre(II) é normalmente escrito Cu^{2+}. Entretanto, algumas vezes, essas moléculas de água são importantes e devem ser mostradas.

Um íon complexo como o $Cu(NH_3)_4^{2+}$ tem tendência de trocar ligantes com o solvente por meio dos processos de equilíbrios em etapas. Assim, quando $Cu(NH_3)_4^{2+}$ está em solução, são estabelecidas as seguintes seqüências de equilíbrio:

$$Cu(NH_3)_4^{2+}\ (aq) + H_2O \rightleftharpoons Cu(H_2O)(NH_3)_3^{2+}\ (aq) + NH_3\ (aq)$$

$$K_1 = \frac{[Cu(H_2O)(NH_3)_3^{2+}][NH_3]}{[Cu(NH_3)_4^{2+}]}$$

$$Cu(H_2O)(NH_3)_3^{2+}\ (aq) + H_2O \rightleftharpoons Cu(H_2O)_2(NH_3)_2^{2+}\ (aq) + NH_3\ (aq)$$

$$K_2 = \frac{[Cu(H_2O)_2(NH_3)_2^{2+}][NH_3]}{[Cu(H_2O)(NH_3)_3^{2+}]}$$

$$Cu(H_2O)_2(NH_3)_2^{2+}\ (aq) + H_2O \rightleftharpoons Cu(H_2O)_3(NH_3)^{2+}\ (aq) + NH_3\ (aq)$$

$$K_3 = \frac{[Cu(H_2O)_3(NH_3)^{2+}][NH_3]}{[Cu(H_2O)_2(NH_3)_2^{2+}]}$$

$$Cu(H_2O)_3(NH_3)^{2+}\ (aq) + H_2O \rightleftharpoons Cu(H_2O)_4^{2+}\ (aq) + NH_3\ (aq)$$

$$K_4 = \frac{[Cu(H_2O)_4^{2+}][NH_3]}{[Cu(H_2O)_3(NH_3)^{2+}]}$$

Cada uma destas reações é uma *reação de troca*, porque moléculas de NH_3 e H_2O trocam de lugar. Na prática, cada uma é chamada *dissociação* porque, se as moléculas de H_2O forem omitidas, cada equação apresenta a perda de uma molécula de NH_3 pelo complexo (análogo à perda do íon de hidrogênio de um ácido poliprótico fraco). Isto nos leva à seguinte equação na condição de equilíbrio:

$$Cu(NH_3)_4^{2+}(aq) \rightleftharpoons Cu(NH_3)_3^{2+}(aq) + NH_3(aq)$$

$$K_1 = \frac{[Cu(NH_3)_3^{2+}][NH_3]}{[Cu(NH_3)_4^{2+}]}$$

$$Cu(NH_3)_3^{2+}(aq) \rightleftharpoons Cu(NH_3)_2^{2+}(aq) + NH_3(aq)$$

$$K_2 = \frac{[Cu(NH_3)_2^{2+}][NH_3]}{[Cu(NH_3)_3^{2+}]}$$

$$Cu(NH_3)_2^{2+}(aq) \rightleftharpoons Cu(NH_3)^{2+}(aq) + NH_3(aq)$$

$$K_3 = \frac{[Cu(NH_3)^{2+}][NH_3]}{[Cu(NH_3)_2^{2+}]}$$

$$Cu(NH_3)^{2+}(aq) \rightleftharpoons Cu^{2+}(aq) + NH_3(aq)$$

$$K_4 = \frac{[Cu^{2+}][NH_3]}{[Cu(NH_3)^{2+}]}$$

Multiplicando entre si as condições de equilíbrio das etapas de dissociação, obtemos

$$K_1 K_2 K_3 K_4 = \frac{[Cu^{2+}][NH_3]^4}{[Cu(NH_3)_4^{2+}]}$$

O produto das constantes de dissociação individuais é muitas vezes denominado *constante de dissociação global*, K_{diss}, do íon complexo. Temos, portanto, a condição de equilíbrio

$$K_{diss} = \frac{[Cu^{2+}][NH_3]^4}{[Cu(NH_3)_4^{2+}]}$$

Tabela 16.3 Constantes de dissociação (instabilidade) global para alguns íons complexos (25°).

Íon	Reação global	K_{diss}
$Ag(NH_3)_2^+$	$Ag(NH_3)_2^+ \rightleftharpoons Ag^+ + 2NH_3$	$5,9 \times 10^{-8}$
$Ag(S_2O_3)_2^{3-}$	$Ag(S_2O_3)_2^{3-} \rightleftharpoons Ag^+ + 2S_2O_3^{2-}$	6×10^{-14}
$Co(NH_3)_6^{3+}$	$Co(NH_3)_6^{3+} \rightleftharpoons Co^{2+} + 6NH_3$	$6,3 \times 10^{-36}$
$Cu(NH_3)_4^{2+}$	$Cu(NH_3)_4^{2+} \rightleftharpoons Cu^{2+} + 4NH_3$	1×10^{-12}
$Cu(CN)_4^{2-}$	$Cu(CN)_4^{2-} \rightleftharpoons Cu^{2+} + 4CN^-$	1×10^{-25}
$Fe(CN)_6^{3-}$	$Fe(CN)_6^{3-} \rightleftharpoons Fe^{3+} + 6CN^-$	1×10^{-42}

> **Comentários Adicionais**
>
> K_{diss} é chamada constante de dissociação *global* por ter sido escrita para um equilíbrio no qual todas as quatro moléculas de amônia liberam íons Cu^{2+} simultaneamente:
>
> $$Cu(NH_3)_4^{2+}(aq) \rightleftharpoons Cu^{2+}(aq) + 4NH_3(aq)$$
>
> Lembre-se, entretanto, de que as quatro moléculas de NH_3 deixam o complexo separadamente. A "condição de equilíbrio global" acima está correta, mas a equação combinada da qual parece derivar não indica o correto equilíbrio estequiométrico.

Constantes de dissociação globais para alguns íons são dadas na Tabela 16.3. Os valores destas constantes podem ser usados para estimar a estabilidade de complexos[1].

CÁLCULOS DE DISSOCIAÇÃO DE ÍONS COMPLEXOS

É claro que, devido às dissociações serem em múltiplas etapas, o cálculo exato das concentrações de todas as espécies em soluções de complexos como $Cu(NH_3)_4^{2+}$ é uma tarefa difícil. Entretanto, em algumas situações, as concentrações das espécies dissolvidas mais importantes podem ser calculadas fazendo-se algumas suposições razoáveis.

Exemplo 16.9   0,10 mol de sulfato cúprico, $CuSO_4$, é adicionado a 1,0 litro de NH_3 2,0 mol L^{-1}. Calcule a concentração de Cu^{2+} na solução resultante, assumido volume constante.

Solução: A Tabela 16.3 indica que a constante de dissociação para $Cu(NH_3)_4^{2+}$ é 1×10^{-12} e, como este é um valor baixo, concluímos que este complexo será formado:

$$Cu^{2+}(aq) + 4NH_3(aq) \rightarrow Cu(NH_3)_4^{2+}(aq)$$

---

[1]   Constantes de dissociação de íons complexos são também chamadas constantes de instabilidade, porque quanto maior a constante, mais instável é o complexo. Muitas vezes são dadas em tabelas as recíprocas destas constantes. Elas correspondem a reações escritas de maneira inversa, isto é, como associações. Quando dadas desta maneira, estas constantes são denominadas *constantes de estabilidade* ou *constantes de formação*.

Sabemos, entretanto, que esta reação não é quantitativa e portanto no equilíbrio haverá uma pequena quantidade de Cu^{2+} na solução. Para calcular esta concentração, executamos um experimento hipotético. Primeiro admitimos que a reação é quantitativa, consumindo todo Cu^{2+}:

$$Cu^{2+}(aq) + 4NH_3(aq) \rightarrow Cu(NH_3)_4^{2+}(aq)$$

Mols no início	0,10	2,0	0
Variação	–0,10	–0,40	+0,10
Mols depois da reação	0	1,6	0,10

Imaginemos agora que o $Cu(NH_3)_4^{2+}$ dissocia-se ligeiramente para fornecer um pouco de Cu^{2+} para a solução a fim de estabelecer o equilíbrio final. x é igual ao número de mols de íons Cu^{2+} liberados para um litro de solução. Como K_{diss} é pequeno, sabemos que o complexo se dissocia muito pouco e que o número de mols de $Cu(NH_3)_4^{2+}$ e de NH_3 será essencialmente aquele de antes da dissociação do complexo. Como o volume da solução é 1,0 L, no equilíbrio,

$$[Cu(NH_3)_4^{2+}] \approx 0,10 \text{ mol L}^{-1}$$

$$[NH_3] \approx 1,6 \text{ mol L}^{-1}$$

$$[Cu^{2+}] = x$$

A condição de equilíbrio para a dissociação é

$$K_{diss} = \frac{[Cu^{2+}][NH_3]^4}{[Cu(NH_3)_4^{2+}]}$$

Substituindo, temos

$$\frac{(x)(1,6)^4}{0,10} \approx 1 \times 10^{-10} \quad \text{(Ver Tabela 16.3)}$$

$$x \approx 2 \times 10^{-14}$$

Assim, a presença de amônia reduziu a concentração de Cu^{2+} [na realidade $Cu(H_2O)_4^{2+}$], para

$$[Cu^{2+}] = 2 \times 10^{-14} \text{ mol L}^{-1}$$

Problema Paralelo: 2,0 mol de KCN são adicionados a 1,0 L de 0,10 mol L^{-1} de $FeCl_3$. Assumindo volume constante, e negligenciando a hidrólise do Fe^{3+} e CN^-, calcule $[Fe^{3+}]$ na solução resultante. **Resposta:** 1×10^{-44} mol L^{-1}.

Comentários Adicionais

Provar que as suposições acima são válidas não é fácil, porque a dissociação ocorre em quatro passos. Desta forma, resolver um problema semelhante, no qual um grande excesso de NH_3 não esteja presente, exige a solução de várias equações simultâneas, o que, quando possível, leva muito tempo sem a ajuda de um computador. Já existem programas para a solução destes sistemas de equações.

ANFOTERISMO DE HIDRÓXIDOS COMPOSTOS

Quando uma solução de NaOH é adicionada a uma de $ZnCl_2$, forma-se um precipitado de hidróxido de zinco. A equação simplificada pode ser escrita como

$$Zn^{2+}(aq) + 2OH^-(aq) \rightarrow Zn(OH)_2(s)$$

O produto, hidróxido de zinco, se dissolverá com a adição de excesso de base,

$$Zn(OH)_2(s) + OH^-(aq) \rightarrow Zn(OH)_3^-(aq)$$

ou de ácido

$$Zn(OH)_2(s) + H^+(aq) \rightarrow Zn(OH)^+(aq) + H_2O$$

O hidróxido de zinco é, portanto, capaz de agir tanto como um ácido de Arrhenius (reagindo com OH^-) quanto como uma base de Arrhenius (reagindo com H^+). Estas substâncias são chamadas *anfóteras*.

O comportamento anfótero de hidróxido de metais pode ser explicado em termos do equilíbrio envolvendo íons complexos. Acredita-se que, em todas as espécies contendo zinco dadas anteriormente, o zinco tem um número de coordenação 4. Na realidade, Zn^{2+} é $Zn(H_2O)_4^{2+}$ e $Zn(OH)_3^-$ é $Zn(OH)_3(H_2O)^-$, por exemplo. O hidróxido de zinco pouco solúvel se dissolve em solução ácida porque reage com H^+:

$$Zn(OH)_2(H_2O)_2(s) + H^+(aq) \rightarrow Zn(OH)(H_2O)_3^+(aq)$$

onde o produto que contém o zinco na solução é mais estável do que o reagente, porque carrega uma carga elétrica, que é um íon.

Hidróxido de zinco se dissolve em solução básica pela mesma razão: quando OH^- retira um próton de uma das moléculas de água,

$$Zn(OH)_2(H_2O)_2(s) + OH^-(aq) \rightarrow Zn(OH)_3(H_2O)^-(aq) + H_2O$$

um ânion é formado.

O critério experimental para o anfoterismo num composto hidróxido (algum grupo que contenha o grupo OH) é que eles são solúveis em ácidos e bases fortes.

Hidróxidos podem ser ácidos, básicos ou anfóteros. A diferença depende das forças relativas da ligação entre o átomo central e o oxigênio e da ligação entre o oxigênio e o hidrogênio. Se indicamos esquematicamente um composto hidróxido como sendo

então, o comportamento ácido pode ser descrito como a perda de um próton por um ligante água para o íon hidróxido:

O comportamento básico é descrito como o ganho de um próton por um grupo hidróxido.

Na terminologia de Brønsted-Lowry, uma espécie capaz tanto de doar ou aceitar prótons é denominada *anfiprótica*.

Para um hidroxi-composto poder agir como ácido, a ligação O—H deve ser fraca. Para que ele aja como base, a ligação O—H deve ser forte. O fato de que um ou outro ou ambos os fatos ocorrerem, depende, por sua vez, da capacidade do átomo central do complexo de atrair elétrons para si. Se ele tem forte tendência de atrair elétrons, a ligação O—H é enfraquecida e um próton é perdido, resultando um comportamento ácido. Se, por outro lado, a capacidade do átomo central de atrair elétrons é fraca, os átomos de oxigênio podem se ligar a mais prótons, resultando um comportamento básico.

A tendência de um átomo em atrair elétrons é medida pela sua eletronegatividade. O composto hidroxi-composto de um metal altamente eletropositivo geralmente chamado hidróxido é, portanto, básico, enquanto aquele de um não-metal altamente eletronegativo é ácido. Assim, hidróxido de sódio (NaOH) é básico, mas o ácido hipocloroso (ClOH, usualmente escrito HOCl) é ácido. As equações para a dissociação de Arrhenius destes hidroxi-compostos são escritas

$$NaOH(s) \rightarrow Na^+(aq) + OH^-(aq)$$

$$HOCl(aq) \rightleftharpoons OCl^-(aq) + H^+(aq)$$

O hidróxido de zinco representa um caso intermediário, anfoterismo.

16.4 EQUILÍBRIOS SIMULTÂNEOS

Equilíbrios ácido-base, de solubilidade e de formação de íons complexos podem competir simultaneamente por uma ou mais espécies em solução. Embora o cálculo exato das concentrações nestes sistemas possa envolver a resolução de quatro, cinco, seis ou mais equações com muitas incógnitas, é possível fazer simplificações.

Exemplo 16.10 Uma solução contém Cl^- 0,10 mol L^{-1} e CrO_4^{2-} 1,0 × 10^{-8} mol L^{-1}. $AgNO_3$ sólido é adicionado lentamente. Admitindo que o volume da solução da solução permanece constante, calcule: (a) [Ag^+] quando AgCl começa a precipitar; (b) [Ag^+] quando começa a precipitar Ag_2CrO_4; (c) [Cl^-] quando começa a precipitar Ag_2CrO_4. (Valores de K_{ps} são dados na Tabela 16.1.)

Solução: (a) AgCl começará primeiro a precipitar quando o produto iônico tornar-se igual ao valor do K_{ps}.

$$AgCl(s) \rightleftharpoons Ag^+(aq) + Cl^-(aq)$$

$$[Ag^+][Cl^-] = K_{ps}$$

$$[Ag^+] = \frac{K_{ps}}{[Cl^-]} = \frac{1,7 \times 10^{-10}}{0,10} = 1,7 \times 10^{-9} \text{ mol L}^{-1}$$

(b) Com a adição de mais Ag^+, $[Ag^+]$ aumenta e $[Cl^-]$ diminui com a precipitação de AgCl na solução. Finalmente, $[Ag^+]$ fica suficientemente alta para que o produto de solubilidade do Ag_2CrO_4 seja ultrapassado pelo seu produto iônico.

$$Ag_2CrO_4(s) \rightleftharpoons 2Ag^+(aq) + CrO_4^{2-}(aq)$$

$$[Ag^+]^2[CrO_4^{2-}] = K_{ps}$$

$$[Ag^+] = \sqrt{\frac{K_{ps}}{[CrO_4^{2-}]}}$$

$$= \sqrt{\frac{1,9 \times 10^{-12}}{1,0 \times 10^{-8}}} = 1,4 \times 10^{-2} \text{ mol L}^{-1}$$

(c) Quando $[Ag^+]$ tiver aumentado até $1,4 \times 10^{-2}$ mol L^{-1}, $[Cl^-]$ será diminuída até

$$[Cl^-] = \frac{K_{ps}}{[Ag^+]} = \frac{1,7 \times 10^{-10}}{1,4 \times 10^{-2}} = 1,2 \times 10^{-8} \text{ mol L}^{-1}$$

Problema Paralelo: Em um 1,00 L de uma certa solução, $[F^-] = [SO_4^{2-}] = 0,10$ mol L^{-1}. Adiciona-se lentamente $BaCl_2$ sólido. Assumindo volume constante, calcule: (a) $[Ba^{2+}]$ quando $BaSO_4$ começa a precipitar, (b) $[Ba^{2+}]$ quando BaF_2 começa a precipitar, (c) $[SO_4^{2-}]$ quando BaF_2 começa a precipitar. (Use os valores K_{ps} da Tabela 16.1.) **Resposta**: (a) $1,5 \times 10^{-8}$ mol L^{-1}, (b) $1,7 \times 10^{-4}$ mol L^{-1}, (c) $8,8 \times 10^{-6}$ mol L^{-1}.

Exemplo 16.11 Se 0,050 mols de NH_3 é adicionado a 1,0 litro de $MgCl_2$ 0,020 mol L^{-1}, quantos mols de NH_4Cl devem ser adicionados na solução para evitar a precipitação do $Mg(OH)_2$? (Assuma volume constante.)

Solução: Mg(OH)$_2$ precipitará se a [OH$^-$] ficar suficientemente alta para ultrapassar o K_{ps}. Pela dissociação do NH$_3$ são produzidos íons OH$^-$, mas esta dissociação pode ser reprimida pela adição de NH$_4^+$ à solução. Inicialmente, devemos achar em que ponto o K_{ps} para Mg(OH)$_2$ é ultrapassado.

$$Mg(OH)_2(s) \rightleftharpoons Mg^{2+}(aq) + 2OH^-(aq)$$

$$[Mg^{2+}][OH^-]^2 = K_{ps}$$

$$[OH^-] = \sqrt{\frac{K_{ps}}{[Mg^{2+}]}}$$

$$[OH^-] = \sqrt{\frac{8,9 \times 10^{-12}}{0,020}} = 2,1 \times 10^{-5} \text{ mol L}^{-1}$$

Devemos adicionar NH$_4^+$ suficiente para reprimir a dissociação do NH$_3$, de tal maneira que [OH$^-$] não ultrapasse o valor $2,1 \times 10^{-5}$ mol L^{-1}.

$$NH_3(aq) + H_2O \rightleftharpoons NH_4^+(aq) + OH^-(aq)$$

$$\frac{[NH_4^+][OH^-]}{[NH_3]} = K_b$$

Se [OH$^-$] deve ser mantida *abaixo* de $2,1 \times 10^{-5}$ mol L^{-1}, então [NH$_4^+$] deve ser mantida *acima*

$$[NH_4^+] = \frac{[NH_3]K_b}{[OH^-]}$$

$$= \frac{(0,050)(1,8 \times 10^{-5})}{2,1 \times 10^{-5}} = 0,043 \text{ mol L}^{-1}$$

Assim, a adição de pelo menos 0,043 mol de NH$_4$Cl evitará a precipitação do Mg(OH)$_2$.

Problema Paralelo: Deseja-se misturar volumes iguais de 0,20 mol L^{-1} CaCl$_2$ e 0,020 mol L^{-1} NaF. Normalmente, o CaF$_2$ insolúvel precipitará. Qual deverá ser a concentração de [H$^+$] na solução, para prevenir a precipitação? (Assuma volumes aditivos. K_{ps} para CaF$_2$ é $1,7 \times 10^{-10}$ e K_a para HF é $6,7 \times 10^{-4}$.) **Resposta:** 0,46 mol L^{-1}.

A PRECIPITAÇÃO DE SULFETOS METÁLICOS

Umas das ilustrações mais interessantes de equilíbrios simultâneos é encontrada na precipitação seletiva de sulfetos insolúveis em análise inorgânica qualitativa. Sulfeto de cobre(II) (CuS; $K_{ps} = 8 \times 10^{-37}$) e sulfeto de zinco (ZnS; $K_{ps} = 1,2 \times 10^{-23}$) podem ser precipitados de uma solução contendo Cu^{2+} e Zn^{2+} havendo S^{2-} suficiente para que ambos os valores dos K_{ps} sejam ultrapassados. Por meio do controle da concentração do íon sulfeto, de tal maneira que apenas o K_{ps} do CuS seja ultrapassado, mas não o do ZnS, os íons Cu^{2+} podem ser removidos deixando apenas íons Zn^{2+} na solução.

Temos uma solução 0,020 mol L^{-1} em Zn^{2+} e em Cu^{2+}. Para que o K_{ps} de CuS seja ultrapassado,

$$CuS(s) \rightleftharpoons Cu^{2+}(aq) + S^{2-}(aq) \qquad K_{ps} = 8 \times 10^{-37}$$

$$[Cu^{2+}][S^{2-}] = K_{ps}$$

$$[S^{2-}] = \frac{K_{ps}}{[Cu^{2+}]}$$

$$= \frac{8 \times 10^{-37}}{0,020} = 4 \times 10^{-35} \text{ mol L}^{-1}$$

Para que o K_{ps} do ZnS seja ultrapassado,

$$ZnS(s) \rightleftharpoons Zn^{2+}(aq) + S^{2-}(aq) \qquad K_{ps} = 1,2 \times 10^{-23}$$

$$[Zn^{2+}][S^{2-}] = K_{ps}$$

$$[S^{2-}] = \frac{K_{ps}}{[Zn^{2+}]}$$

$$= \frac{1,2 \times 10^{-23}}{0,020} = 6,0 \times 10^{-22} \text{ mol L}^{-1}$$

Se regularmos a concentração de íons sulfeto de tal maneira que seja maior do que 4×10^{-35} mol L^{-1}, mas menor que $6,0 \times 10^{-23}$ mol L^{-1}, somente o CuS precipitará. Teoricamente, poderíamos fazer esta separação adicionando suficientes íons sulfeto, do Na_2S, por exemplo, para obter a $[S^{2-}]$ desejada na solução, mas pense na impossibilidade prática de medir uma quantidade tão pequena de mols de sulfeto de sódio[2]. Felizmente, existe uma maneira mas fácil. Podemos regular a concentração de íons sulfeto em solução, *indiretamente*, usando a dissociação do ácido fraco H_2S.

Sulfeto de hidrogênio, ou ácido sulfídrico, é um ácido diprótico fraco.

$H_2S(aq) \rightleftharpoons H^+(aq) + HS^-(aq)$ $\qquad K_1 = 1,1 \times 10^{-7}$

$HS^-(aq) \rightleftharpoons H^+(aq) + S^{2-}(aq)$ $\qquad K_2 = 1,0 \times 10^{-14}$

É evidente destas equações que um aumento da $[H^+]$ deslocará ambos os equilíbrios para a esquerda, reduzindo $[S^{2-}]$. Abaixando $[H^+]$, aumentará $[S^{2-}]$. Portanto, podemos regular $[S^{2-}]$ meramente ajustando o pH da solução, o que é muito mais fácil do que ajustar $[S^{2-}]$ diretamente. H_2S é adicionado, resultando numa saturação da solução; a temperatura e pressão normais, isso significa que $[H_2S]$ é aproximadamente igual a 0,10 mol L^{-1}.

Exemplo 16.12 Uma solução contém Cu^{2+} e Zn^{2+} em concentração 0,020 mol L^{-1}. Deseja-se separar os dois ajustando o pH e em seguida saturando a solução com H_2S de tal maneira que apenas o CuS precipite. Calcule: (a) o pH *mais baixo* que poderia ser usado para precipitar CuS e (b) o pH *mais alto* que poderia ser usado sem que haja precipitação de ZnS. (Admita uma solução saturada de H_2S 0,10 mol L^{-1}.)

Solução: (a) No equilíbrio,

$$\frac{[H^+][HS^-]}{[H_2S]} = K_1$$

e

$$\frac{[H^+][S^{2-}]}{[HS^-]} = K_2$$

---

[2] Por curiosidade, calcule o número de íons sulfeto que estão presentes em um litro de solução de 4×10^{-35} mol L^{-1}.

Multiplicando estas igualdades entre si, temos

$$\frac{[H^+][HS^-]}{[H_2S]} \times \frac{[H^+][S^{2-}]}{[HS^-]} = K_1 K_2$$

ou

$$\frac{[H^+]^2[S^{2-}]}{[H_2S]} = K_1 K_2$$

Como $[H_2S]$ em uma solução saturada é 0,10 mol L^{-1},

$$[H^+]^2[S^{2-}] = [H_2S] K_1 K_2$$

$$= (0,10)(1,1 \times 10^{-7})(1,0 \times 10^{-14}) = 1,1 \times 10^{-22}$$

ou

$$[H^+] = \sqrt{\frac{1,1 \times 10^{-22}}{[S^{2-}]}}$$

Já salientamos que para precipitar o CuS em uma solução Cu^{2+} 0,020 mol L^{-1}, $[S^{2-}]$ deve ultrapassar o valor 4×10^{-35} mol L^{-1}. Isto significa que $[H^+]$ não deve ser mais alta do que

$$[H^+] = \sqrt{\frac{1,1 \times 10^{-22}}{4 \times 10^{-35}}} = 2 \times 10^6 \text{ mol L}^{-1}$$

Em outras palavras, o pH não deve ser mais baixo do que

$$pH = -\log(2 \times 10^6) = -6,3$$

Uma solução tão ácida não pode ser preparada, e assim concluímos que CuS é tão insolúvel que a concentração do íon sulfeto sempre será suficientemente alta para precipitar CuS, por mais baixo que seja o pH.

(b) Para que não haja precipitação de ZnS, a concentração do íon sulfeto deve ser mantida abaixo de $6,0 \times 10^{-22}$ mol L^{-1}, como calculamos anteriormente. Precisamos encontrar quão alta deve ser a [H$^+$] para manter [S^{2-}] abaixo deste valor. Desta relação

$$[H^+] = \sqrt{\frac{1,1 \times 10^{-22}}{[S^{2-}]}}$$

para termos agora a concentração máxima de íon hidrogênio permitida

$$[H^+] = \sqrt{\frac{1,1 \times 10^{-22}}{6,0 \times 10^{-22}}} = 0,43 \text{ mol L}^{-1}$$

Isto corresponde a um pH de $-\log 0,43 = 0,37$.

Resumindo, qualquer pH menor que 0,37 permitirá a precipitação de CuS, mas impedirá a precipitação de ZnS em uma solução saturada de H$_2$S.

Problema Paralelo: Calcule o pH mínimo no qual CoS ($K_{ps} = 5,0 \times 10^{-22}$) poderá precipitar de uma solução saturada de H$_2$S no qual [Co^{2+}] é 0,020 mol L^{-1}. **Resposta:** 1,18.

Comentários Adicionais

Observe a relação:

$$\frac{[H^+]^2[S^{2-}]}{[H_2S]} = K_1K_2$$

Ela é útil para o cálculo de uma das três concentrações da esquerda, se duas delas forem dadas, conhecendo-se o valores de K_1 e K_2. Entretanto, isto é perigoso. Esta relação *parece* ser o enunciado da condição de equilíbrio para

$$H_2S(aq) \rightleftharpoons 2H^+(aq) + S^{2-}(aq)$$

e a dificuldade aqui é que, se você fizer usa da estequiometria mostrada na equação, encontrará, provavelmente, conclusões erradas. Você deve, por exemplo, concluir que $[H^+]$ é duas vezes $[S^{2-}]$ na solução de sulfeto de hidrogênio dissolvida em água. Na verdade, a relação de $[H^+]$ para $[S^{2-}]$ é muitas vezes maior do que aquela. (Prova-se, usando K_1 e K_2 separadamente para calcular $[H^+]$ e $[S^{2-}]$ em uma solução 0,10 mol L^{-1} de H_2S.) Também a equação parece indicar que em tal solução a $[S^{2-}]$ iguala-se ao decréscimo na $[H_2S]$ devido à dissociação, que também é incorreta. A estequiometria 1:2:1 mostrada pela equação será válida se uma molécula de H_2S liberar seus 2 íons de hidrogênio simultaneamente. Entretanto, isto ocorre seqüencialmente:

$$H_2S(aq) \rightleftharpoons H^+(aq) + HS^-(aq) \qquad K_1 = 1{,}1 \times 10^{-7}$$

$$HS^-(aq) \rightleftharpoons H^+(aq) + S^{2-}(aq) \qquad K_2 = 1{,}0 \times 10^{14}$$

A estequiometria mostrada na equação

$$H_2S(aq) \rightleftharpoons 2H^+(aq) + S^{2-}(aq)$$

está incorreta porque a equação é a soma de duas outras e não representa um *processo simples*. Quando se somar duas equações de equilíbrio, o resultado poderá mostrar uma estequiometria incorreta.

Sempre que precisar, use a relação

$$\frac{[H^+]^2[S^{2-}]}{[H_2S]} = K_1K_2$$

mas não use a estequiometria errada que a equação de pseudo-equilíbrio acima supõe.

RESUMO

Neste capítulo estudamos equilíbrios entre eletrólitos "insolúveis" (ligeiramente solúveis) e seus íons em solução. Estes *equilíbrios de solubilidade* são heterogêneos e, assim, a concentração do excesso de sólido não aparece na expressão da lei da ação das massas. A constante de equilíbrio nestes casos é chamada *produto de solubilidade*. Um dos seus usos é prever se haverá ou não precipitação em uma mistura de soluções. Se o produto de solubilidade de um composto é ultrapassado pelo seu *produto iônico* em solução, que é a expressão da ação das massas para a reação de dissolução, ocorrerá precipitação.

O segundo tipo de equilíbrio descrito neste capítulo é o *equilíbrio de íons complexos*. Os cálculos baseados em tais equilíbrios são muitas vezes matematicamente complicados, mas a presença de um grande excesso de um dos componentes simplifica bastante o problema.

Foi apresentada uma breve discussão sobre o comportamento anfotérico de hidróxidos. O comportamento ácido-base destes compostos pode ser relacionado com a eletronegatividade do átomo central do complexo.

O capítulo é concluído com vários exemplos de *equilíbrios simultâneos,* equilíbrios que competem simultaneamente por uma ou mais espécies de soluto.

PROBLEMAS

Nota: Assumir 25°C. Use dados do Apêndice H quando necessário.

Equilíbrio de Solubilidade

■ **16.1** Em uma solução saturada de $BaCrO_4$, $[Ba^{2+}] = 9,2 \times 10^{-6}$ mol L^{-1}. Calcule o produto de solubilidade do $BaCrO_4$.

16.2 Adiciona-se brometo de prata (AgBr) sólido a uma solução de NaBr 0,10 mol L^{-1} até saturá-la. $[Ag^+]$ neste ponto é $5,0 \times 10^{-12}$. Calcule o K_{ps} do AgBr.

■ **16.3** Em uma solução saturada de fluoreto de magnésio, MgF_2, em água, $[Mg^{2+}] = 2,7 \times 10^{-3}$ mol L^{-1}. Qual é o K_{ps} do MgF_2?

16.4 A solubilidade do fluoreto de bário, BaF_2, em NaF 0,10 mol L^{-1} é $1,7 \times 10^{-4}$ mol L^{-1}. Calcule o K_{ps} do BaF_2.

16.5 A solubilidade do cianeto de prata, AgCN, em água é $1,3 \times 10^{-7}$ mol L^{-1}. Qual é o K_{ps} do AgCN?

16.6 A solubilidade do iodato de chumbo, $Pb(IO_3)_2$, em água é $3,1 \times 10^{-5}$ mol L^{-1}. Qual é o K_{ps} deste composto?

16.7 A solubilidade do hidróxido de manganês(II) $Mn(OH)_2$, em uma solução de pH = 12,50 é $2,0 \times 10^{-10}$ mol L^{-1}. Calcule o K_{ps} para o $Mn(OH)_2$.

16.8 Qual é a solubilidade do hidróxido cúprico, $Cu(OH)_2$, em água pura?

16.9 Qual é a solubilidade do $Cu(OH)_2$ em uma solução de pH = 10,80?

16.10 Qual é a concentração de íons sulfato em uma solução saturada de $BaSO_4$?

16.11 Qual é a concentração de íons prata em uma solução saturada de Ag_2CrO_4?

16.12 O K_{ps} do brometo de chumbo, $PbBr_2$, é $4,0 \times 10^{-5}$. Qual é a concentração mínima de íons brometo necessária para precipitar $PbBr_2$ de uma solução 0,080 mol L^{-1} de $Pb(NO_3)_2$?

16.13 Volumes iguais de soluções $2,0 \times 10^{-5}$ mol L^{-1} de HCl e $AgNO_3$ são misturados. AgCl precipitará?

Equilíbrios de Íons Complexos

16.14 Suponha que 0,10 mol $AgNO_3$ e 1,0 mol de NH_3 sejam dissolvidos em água suficiente para preparar 1,0 L de solução. Calcule $[Ag^+]$ na solução.

16.15 0,10 mol de ferricianeto de potássio, $K_3Fe(CN)_6$, e 0,10 mol de cianeto de potássio são dissolvidos em água suficiente para preparar 255 mL de solução. Calcule a concentração de Fe^{3+} na solução resultante (ignorar todas as hidrólises).

16.16 Qual deveria ser a concentração de amônia em uma solução para abaixar $[Ag^+]$ de uma solução de $AgNO_3$ 0,10 mol L^{-1}? Admita que não haja variação de volume com a adição de NH_3.

Equilíbrios Simultâneos

16.17 Sulfeto de cádmio (CdS; $K_{ps} = 1,0 \times 10^{-28}$) precipitará, se forem adicionados $1,5 \times 10^{-2}$ mols de $CdCl_2$ a 575 mL de solução de H_2S saturada? (Ignore a hidrólise do Cd^{2+}.)

16.18 Uma solução de $SnCl_2$ $5,0 \times 10^{-3}$ mol L^{-1} tamponada, em pH 2,0, é saturada com H_2S. O SnS precipitará? (K_{ps} para o SnS é 1×10^{-26}.)

■ 16.19 Qual é o pH mais baixo no qual Co^{2+} 0,20 mol L^{-1} pode ser precipitado como CoS ($K_{ps} = 5,0 \times 10^{-22}$) de uma solução saturada de H_2S (0,10 mol L^{-1})?

16.20 0,10 mol de AgCl se dissolverá em 0,10 L de tiossulfato de sódio ($Na_2S_2O_3$) 4,0 mol L^{-1}?

16.21 Uma solução é preparada pela mistura de 125 mL de NaF 0,40 mol L^{-1} e 365 mL de Na_2SO_4 0,40 mol L^{-1}. Em seguida adiciona-se lentamente $BaCl_2$ sólido a esta solução. (a) Calcule $[Ba^{2+}]$ quando o $BaSO_4$ começa a precipitar. (b) Calcule $[Ba^{2+}]$ quando o BaF_2 começa a precipitar. (c) Calcule $[SO_4^{2-}]$ quando o BaF_2 começa a precipitar.

PROBLEMAS ADICIONAIS

16.22 Calcule a solubilidade do sulfeto de zinco, ZnS, em água pura (ignore a hidrólise).

16.23 Calcule a solubilidade do ZnS em $ZnCl_2$ 0,25 mol L^{-1} (ignore a hidrólise).

16.24 O íon mercuroso é Hg_2^{2+}. Calcule sua concentração em uma solução de cloreto mercuroso, Hg_2Cl_2. (K_{ps} do Hg_2Cl_2 é $1,1 \times 10^{-18}$.)

■ 16.25 Qual é a concentração mínima de íons sulfato necessária para iniciar a precipitação de sulfato de cálcio, $CaSO_4$, de uma solução de $CaCl_2$ 0,50 mol L^{-1}?

16.26 25,0 mL de $Ba(NO_3)_2$ $1,8 \times 10^{-2}$ mol L^{-1} são misturados com 35,0 mL de NaF $3,0 \times 10^{-2}$ mol L^{-1}. BaF_2 precipitará?

16.27 Adiciona-se lentamente NaF 0,10 mol L^{-1} a uma solução que contém Ba^{2+} e Ca^{2+} cujas concentrações são $1,0 \times 10^{-4}$ mol L^{-1}. Que substância precipita primeiro?

■ 16.28 Uma solução é $1,0 \times 10^{-5}$ mol L^{-1} em SO_4^{2-} e contém alguns íons F^-. Quando $BaCl_2$ sólido é adicionado, formam-se simultaneamente BaF_2 e $BaSO_4$. Qual é a concentração de íons fluoreto antes da precipitação?

16.29 É possível precipitar $CaSO_4$ de uma solução $1,0 \times 10^{-4}$ mol L^{-1} de Na_2SO_4 pela adição de $CaCl_2$ 0,020 mol L^{-1}?

16.30 Em uma solução preparada pela adição de $CuSO_4$ e NH_3 em água suficiente para preparar 1,0 L, $[NH_3]$ é 2,0 mol L^{-1} e $[Cu^{2+}]$ é $5,0 \times 10^{-15}$ mol L^{-1}. Quantos mols de $CuSO_4$ foram adicionados à solução?

16.31 Na_2CO_3 sólido é lentamente adicionado a uma solução de $MgCl_2$ $1,0 \times 10^{-3}$ mol L^{-1}. Qual precipita primeiro: $MgCO_3$ ou $Mg(OH)_2$? (K_{ps} do $MgCO_3$ é $2,1 \times 10^{-5}$ e do $Mg(OH)_2$ é $8,9 \times 10^{-12}$.)

16.32 NH_3 é lentamente adicionado a uma solução 1,0 mol L^{-1} de $Ca(NO_3)_2$, sem mudança de volume. Calcule $[NH_3]$ quando começa a precipitação.

16.33 Numa solução em que $[Pb^{2+}] = 0,10$ mol L^{-1} e $[NH_3] = 1,0 \times 10^{-2}$ mol L^{-1}. Qual é a mínima $[NH_4^+]$ necessária para evitar a precipitação do $Pb(OH)_2$?

Capítulo 17

TERMODINÂMICA QUÍMICA

TÓPICOS GERAIS

17.1 A PRIMEIRA LEI: UMA RECONSIDERAÇÃO
O calor e o trabalho
O trabalho de expansão
A energia e a entalpia

17.2 A SEGUNDA LEI
Transformação espontânea
Probabilidade e desordem
Probabilidade, entropia e a segunda lei

17.3 A ENERGIA LIVRE DE GIBBS E A TRANSFORMAÇÃO ESPONTÂNEA

17.4 AS VARIAÇÕES DE ENTROPIA E ENERGIA LIVRE DE GIBBS
A entropia e as mudanças de fase
A terceira lei e as entropias absolutas
Variações de entropia em reações químicas
As energias livres de Gibbs – padrão de formação
As energias livres de Gibbs de reações

17.5 A TERMODINÂMICA E O EQUILÍBRIO
A energia livre de Gibbs, o equilíbrio e o vale de Gibbs
As variações da energia livre de Gibbs e as constantes de equilíbrio

Em todos os dias de nossas vidas observamos muitas transformações que, uma vez iniciadas, procedem "naturalmente" ou "por si mesmas", sem qualquer ajuda exterior. Por exemplo, uma vez dada uma cotovelada em um livro que se encontra na beirada de uma mesa, este cai ao solo. Também podemos imaginar muitos processos que "não são naturais": a estes correspondem transformações que as experiências mostram não ocorrer, pelo menos sem uma intervenção ou ajuda externa de alguma espécie. Pode-se prever, por exemplo, que é impossível um livro erguer-se do solo para a mesa, sem nenhuma ajuda. As transformações naturais, ou seja, transformações que *podem* ocorrer, são chamadas *transformações espontâneas*. Escrito de uma forma quase-química:

$$\text{livro}_{\text{na mesa}} \rightarrow \text{livro}_{\text{no solo}} \quad \text{(espontânea)}$$

O contrário, isto é, transformações que não podem ocorrer sem um auxílio exterior, são chamadas *transformações não-espontâneas*. Por exemplo,

$$\text{livro}_{\text{no solo}} \rightarrow \text{livro}_{\text{na mesa}} \quad \text{(não-espontânea)}$$

O estudo da diferença entre as transformações espontâneas e não-espontâneas é uma parte da disciplina conhecida como *termodinâmica*, definida como *o estudo das alterações ou transformações de energia que acompanham as transformações físicas e químicas da matéria*. Aplicada à química, a termodinâmica fornece muitos meios para prever se uma transformação química tem possibilidade de ocorrer ou não, isto é, se uma reação é espontânea ou não, sob um dado conjunto de condições. Por exemplo, por intermédio da termodinâmica nós somos capazes de prever que a 25°C e 1 atm o sódio metálico reage com o gás cloro formando cloreto de sódio:

$$2Na(s) + Cl_2(g) \rightarrow 2NaCl(s) \quad \text{(espontânea)}$$

Esta previsão é realmente verificada pela observação, pois, se expusermos um pedaço de sódio metálico ao gás cloro, forma-se cloreto de sódio espontaneamente. Mais tarde, a termodinâmica nos auxiliará a verificar que sob as mesmas condições a reação inversa não ocorre.

$$2NaCl(s) \rightarrow 2Na(s) + Cl_2(g) \quad \text{(não-espontânea)}$$

A termodinâmica nos ensina que é possível *forçar* a ocorrência da segunda reação (tal como podemos "forçar" um livro a erguer-se do solo para a mesa, levantando-o) pelo fornecimento de alguma energia ao cloreto de sódio, de modo apropriado. De fato, o sódio metálico e o gás cloro podem ser formados a partir do cloreto de sódio, primeiro pela fusão de NaCl, seguida pela passagem de corrente elétrica pelo líquido. Então, uma reação não-espontânea pode ser forçada a ocorrer pelo fornecimento de uma energia exterior ao sistema.

A termodinâmica é uma disciplina poderosa, com aplicações em todas as ciências. Neste capítulo apresentaremos uma breve introdução à termodinâmica química.

17.1 A PRIMEIRA LEI: UMA RECONSIDERAÇÃO

A termodinâmica descreve o comportamento de sistemas macroscópicos, para grandes coleções de moléculas. É um sistema lógico baseado em poucas generalizações, conhecidas como as **leis da termodinâmica**, que descrevem de modo universal o comportamento macroscópico observado. Como mostrado na Seção 3.1, a *primeira lei da termodinâmica* é uma maneira real de estabelecer *a lei da conservação da energia*.

O CALOR E O TRABALHO

A energia U de um sistema pode ser alterada de dois modos: pelo *calor* e/ou pelo *trabalho*. Quando um sistema ganha calor, sua energia aumenta, e quando ele perde calor, sua energia diminui, quando nenhum trabalho é realizado. Quando o trabalho é feito sobre um sistema, sua energia aumenta, e quando um sistema realiza trabalho, sua energia diminui, na ausência de uma transferência de calor. Para qualquer transformação, o q é definido como a quantidade de calor absorvida pelo sistema, e o w é definido como a quantidade de trabalho realizada sobre o sistema durante a transformação. Isto significa que, quando o q é um número positivo, o calor é absorvido pelo sistema (das vizinhanças); quando o q é negativo, o calor é perdido pelo sistema. Quando o w é um número positivo, o trabalho é realizado sobre o sistema; quando w é negativo, significa que o sistema realiza trabalho (nas vizinhanças).

Quando nenhum trabalho é realizado durante uma transformação, mas uma quantidade de calor é transferida entre o sistema e as vizinhanças, a variação de energia ΔU experimentada pelo sistema depende da transferência de calor:

$$\Delta U = q$$

Quando nenhum calor é transferido durante a transformação, mas algum trabalho é realizado, a variação de energia experimentada pelo sistema depende da quantidade de trabalho:

$$\Delta U = w$$

Quando o calor é transferido e o trabalho é realizado simultaneamente, a variação de energia experimentada pelo sistema depende de ambos, calor e trabalho:

$$\Delta U = q + w$$

Esta é a expressão algébrica (expressão matemática) da **primeira lei da termodinâmica**. (Ver também a Seção 3.1).

Comentários Adicionais

Não esqueça de anotar a convenção de sinais aqui empregados. q representa o calor *ganho por um* sistema (das vizinhanças) e w o trabalho *realizado sobre um* sistema (pelas suas vizinhanças). As quantidades q e w podem ter valores positivos ou negativos. Quando q é negativo, isto é, quando um sistema absorve uma quantidade negativa de calor, significa realmente que o calor é *perdido* do sistema (para as vizinhanças). Semelhantemente, quando w é negativo, isto é, quando uma quantidade negativa de trabalho é realizada sobre um sistema, significa que o sistema faz trabalho nas vizinhanças[1]. Em resumo:

Quantidade	Sinal Algébrico	Significado
q	$+ (q > 0)$	O calor é absorvido pelo sistema das vizinhanças.
	$- (q < 0)$	O calor é perdido do sistema para as vizinhanças.
w	$+ (w > 0)$	O trabalho é realizado sobre o sistema pelas vizinhanças.
	$- (w < 0)$	O trabalho é realizado pelo sistema sobre as vizinhanças.
ΔU	$+ (\Delta U > 0)$	A energia do sistema aumenta.
	$- (\Delta U < 0)$	A energia do sistema diminui.

---

[1] Em alguns livros, particularmente antigos, a convenção de sinal utilizada na definição do w é oposta à usada aqui; o w é definido como o trabalho realizado *pelo* sistema *sobre* as vizinhanças. Nesses livros, a primeira lei é expressa: $\Delta U = q - w$. Se você estiver lendo a respeito de termodinâmica em um livro que não lhe é familiar, seria prudente observar qual a convenção adotada pelo autor.

O TRABALHO DE EXPANSÃO

Como um sistema pode realizar trabalho nas vizinhanças? O trabalho mecânico é feito quando alguma coisa é movida contra uma força de oposição. Considere, por exemplo, a expansão de um gás (o sistema, neste caso) contra um pistão num cilindro, como mostrado na Figura 17.1. (Na verdade, o que vamos dizer não se restringe apenas a gases, mas a expansão de um gás é facilmente visualizada.) No início da expansão (Figura 17.1a) o volume ocupado pelo gás é V_1. Agora, considere que a força externa F_{ext} que se opõe à expansão do gás é menor do que a força interna exercida pelo gás contra o pistão e que a força externa *permanece constante* durante a expansão. Desse modo, há um desequilíbrio de forças que movimenta o pistão. Contudo, com a expansão do gás a sua pressão decresce, e portanto decresce também a força exercida contra o pistão. Eventualmente, esta força diminui para o valor de F_{ext}, e, quando isto acontece, o pistão pára porque agora as forças externa e interna são iguais. Esse estado está ilustrado na Figura 17.1b.

Agora, l é igual à distância percorrida pelo pistão pela expansão do gás. O trabalho mecânico é definido como o produto da distância percorrida vezes a força oposta ao movimento e, assim, na expansão mostrada na Figura 17.1, *o trabalho realizado pelo gás com a expansão é*

$$\text{trabalho de expansão} = l \times F_{ext}$$

Se a área superficial do pistão é A e porque a pressão é definida como a força por unidade de área, então a pressão P_{ext} exercida pelo pistão no gás é

$$P_{ext} = \frac{F_{ext}}{A}$$

Portanto,

$$F_{ext} = P_{ext} A$$

e assim, o trabalho de expansão torna-se

$$l \times P_{ext} A = P_{ext} \times Al$$

Mas Al é o volume de um cilindro com área de base A e comprimento l. Da Figura 17.1 vimos que este é exatamente o aumento de volume do gás, ou

$$Al = V_2 - V_1, \text{ ou } \Delta V$$

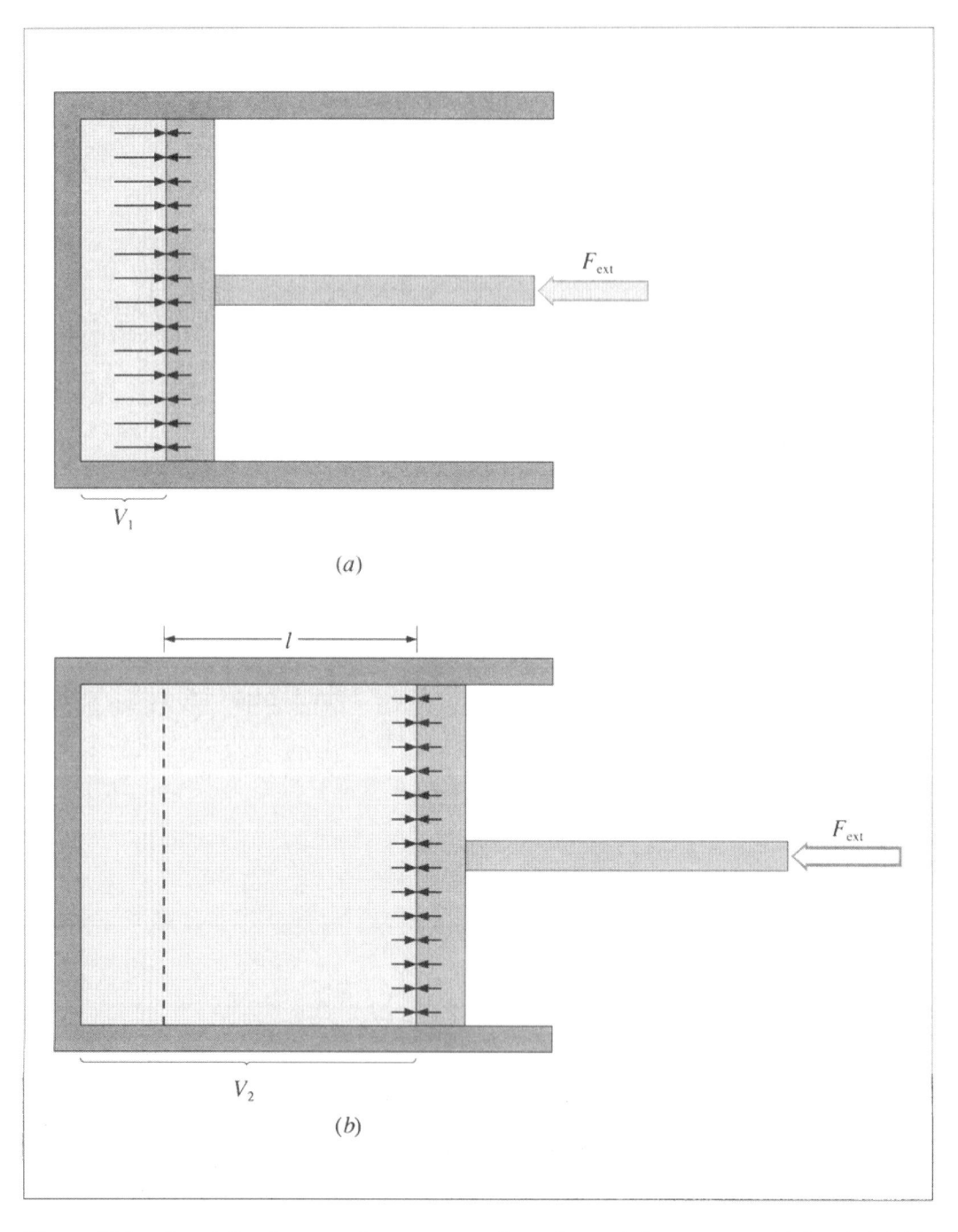

Figura 17.1 O trabalho de expansão contra uma força de oposição constante. (*a*) Estado inicial. (*b*) Estado final.

Desse modo, o trabalho de expansão pode ser escrito como o produto de pressão externa vezes o aumento de volume:

$$\text{trabalho de expansão} = P_{ext} \Delta V$$

Finalmente, desde que o sistema *realize trabalho* nas vizinhanças quando se expande, w, o trabalho *realizado pelo* gás, é expresso por

$$w = -P_{ext} \Delta V$$

(A alteração de sinal é necessária por causa da forma como o w foi definido.)

Comentários Adicionais

Um comentário sobre unidades: Se P é expresso em atmosferas e ΔV em litros, então as unidades do trabalho serão litro-atmosfera (L atm), na equação anterior. Ainda que nada esteja errado com a unidade litro-atmosfera, esta não é comumente usada para calor, trabalho ou energia. Uma unidade mais usual é o joule (J). Para fazer a conversão, use a relação

$$1 \text{ L atm} = 101{,}3 \text{ J}$$

Exemplo 17.1   Calcule o valor de w, quando uma substância expande seu volume de 14,00 L para 18,00 L, contra uma pressão externa constante de 1,00 atm. Expresse a resposta em: (a) litro-atmosfera; (b) joules.

Solução:

(a) $w = -P_{ext} \Delta V$

$= -(1{,}00 \text{ atm})(18{,}00 \text{ L} - 14{,}00 \text{ L}) = -4{,}00 \text{ L atm}$

(b) Este valor equivale a

$$-4{,}00 \text{ L atm} \times \frac{101{,}3 \text{ J}}{1 \text{ L atm}} = -405 \text{ J}$$

Problema paralelo: Calcule o w, em joules, quando um líquido expande contra uma pressão constante de 1,0000 atm, de 1,0000 cm^3 para um volume de 1,0010 cm^3.
Resposta: $w = 1{,}0 \times 10^{-4}$ J.

Agora, considere um sistema sofrendo uma transformação durante a qual o calor é transferido e um trabalho de expansão é realizado. De acordo com a primeira lei,

$$\Delta U = q + w$$
$$= q + (-P_{ext}\Delta V)$$
$$= q - P_{ext}\Delta V$$

Exemplo 17.2 Um sistema com um volume de 25,00 L absorve exatamente 1,000 kJ de calor. Calcule ΔU para o sistema se: (a) o calor é absorvido a volume constante; (b) o sistema expande para um volume de 28,95 L, contra uma pressão constante de 1,00 atm; (c) o sistema expande para um volume de 42,63 L, contra uma pressão constante de 0,560 atm.

Solução:

(a) Se o volume do sistema permanece constante, $\Delta V = 0$, desse modo nenhum trabalho é realizado. ($w = -P_{ext}\Delta V = 0$.) Portanto,

$$\Delta U = q + w = q = 1,000 \text{ kJ}$$

(b) Agora, o sistema realiza trabalho à medida que se expande de $V_1 = 25,00$ L para $V_2 = 28,95$ L contra uma pressão externa $P_{ext} = 1,00$ atm.

$$w = -P_{ext}\Delta V = -(1,00 \text{ atm})(28,95 \text{ L} - 25,00 \text{ L}) = -3,95 \text{ L atm}$$

que corresponde a

$$-3,95 \text{ L atm} \times \frac{101,3 \text{ J}}{1 \text{ L atm}} = -4,00 \times 10^2 \text{ J, ou} -0,400 \text{ kJ}$$

e, assim, a variação de energia é

$$\Delta U = q + w = 1,000 \text{ kJ} + (-0,400 \text{ kJ}) = 0,600 \text{ kJ}$$

(c) Neste caso,

$$w = -P_{ext}\Delta V$$
$$= -(0,560 \text{ atm})(42,63 \text{ L} - 25,00 \text{ L}) = -9,87 \text{ L atm}$$

que corresponde a

$$-9,87 \text{ L atm} \times \frac{101,3 \text{ J}}{1 \text{ L atm}} = -1,00 \times 10^3 \text{ J, ou} -1,00 \text{ kJ}$$

Portanto, pela primeira lei,

$$\Delta U = q + w$$

$$= 1,000 \text{ kJ} + (-1,00 \text{ kJ}) = 0$$

Está claro da comparação dos resultados dos itens (a), (b) e (c) que a variação de energia experimentada por um sistema quando este absorve calor depende não só de quanto calor é absorvido, mas também de quanto trabalho é realizado pelo sistema; ΔU depende do q e do w. Observe que no item (c) podemos considerar que o calor absorvido foi completamente transformado em trabalho, deixando o sistema com a mesma energia que possuía no início.

Problema Paralelo: Um sistema absorve calor expandindo-se de 1,000 L para 3,000 L contra uma pressão constante de 2,00 atm. Se ΔU para o processo é zero, quantos joules de calor são absorvidos? **Resposta:** $q = 405$ J.

A ENERGIA E A ENTALPIA

Na Seção 3.2 introduzimos o conceito de entalpia, H, e apesar de esta grandeza não ter sido definida rigorosamente, mostramos que, quando um sistema sofre uma transformação à pressão constante, o calor absorvido durante o processo é igual à variação de entalpia ΔH do sistema. Veremos agora por que esta afirmação é verdadeira:

A *entalpia* é definida como

$$H \equiv U + PV$$

(Aqui, o símbolo $\equiv$ significa "é definido como".) A entalpia de um sistema é igual, assim, à soma de sua energia e o produto de sua pressão pelo seu volume. A entalpia é definida desse modo pela seguinte razão: se um sistema sofre uma transformação de um estado inicial 1, em que

$$H_1 = U_1 + P_1 V_1$$

a um estado final 2, em que

$$H_2 = U_2 + P_2 V_2$$

então, a variação de entalpia do sistema durante a transformação é

$$H_2 - H_1 = (U_2 + P_2 V_2) - (U_1 + P_1 V_1)$$

$$= (U_2 - U_1) + (P_2 V_2 - P_1 V_1)$$

ou, simplesmente,

$$\Delta H = \Delta U + \Delta(PV)$$

Repare que cada variável nesta equação é relativa ao próprio sistema, e não às suas vizinhanças. Especificamente, P é a pressão *do sistema*.

Para qualquer transformação que ocorra a *pressão constante*, $P_1 = P_2$. Representamos esta pressão simplesmente por P, o que simplifica a equação anterior:

$$\Delta H = \Delta U + P(V_2 - V_1)$$

$$= \Delta U + P\Delta V \quad \text{(à pressão constante)} \qquad (17.1)$$

Retornando à primeira lei,

$$\Delta U = q + w$$

Admitindo-se transformações em que (1) o sistema não pode realizar outro tipo de trabalho, a não ser o trabalho de expansão (algumas vezes chamado trabalho PV), e (2) a expansão ocorrerá sob a condição de pressão constante, a primeira lei será

$$\Delta U = q - P_{ext} \Delta V \quad \text{(à pressão constante, somente trabalho de expansão)}$$

Mais tarde, para qualquer transformação que ocorra à pressão constante, P_{ext}, a pressão externa exercida sobre o sistema pelas vizinhanças não pode ser diferente de P, a pressão do próprio sistema. Portanto,

$$\Delta U = q - P\Delta V$$

Rearranjando, obtemos

$$q = \Delta U + P\Delta V \qquad (17.2)$$

onde P é a pressão do sistema. Comparando as Equações (17.1) e (17.2), observamos que

$$\Delta H = q \quad \text{(à pressão constante; somente trabalho de expansão)}$$

Em outras palavras, quando um sistema sofre um processo à pressão constante, em que o único trabalho realizado é o de expansão, a variação de entalpia do sistema é, então, simplesmente, a quantidade de calor por ele absorvida.

Exemplo 17.3 No seu ponto de ebulição (100°C a 1,00 atm), a água líquida tem uma densidade de 0,958 g mL^{-1}. Se o calor molar de vaporização, ΔH_{vap}, da água é de 40,66 kJ mol^{-1}, calcule a ΔU_{vap} sob estas condições. (Admita que o vapor de água comporta-se idealmente.)

Solução: Primeiramente, devemos encontrar ΔV para o processo

$$H_2O(l) \rightarrow H_2O(g)$$

Como a massa molar da água é 18,0, o volume molar do líquido é

$$V_{\text{líquido}} = \frac{18,0 \text{ g}}{1 \text{ mol}} \times \frac{1 \text{ mL}}{0,958 \text{ g}} = 18,8 \text{ mL mol}^{-1}$$

ou

$$= 0,0188 \text{ L mol}^{-1}$$

O volume molar da água gasosa pode ser determinado pelo uso da lei do gás ideal (Seção 4.4):

$$PV_{\text{gás}} = nRT$$

$$\frac{V_{\text{gás}}}{n} = \frac{RT}{P}$$

$$= \frac{(0,0821 \text{ L atm K}^{-1} \text{ mol}^{-1})(373 \text{ K})}{1,00 \text{ atm}} = 30,6 \text{ L mol}^{-1}$$

A variação de volume na vaporização de um mol de água é, portanto,

$$\Delta V = V_{\text{gás}} - V_{\text{líquido}}$$

$$= 30,6 \text{ L mol}^{-1} - 0,0188 \text{ L mol}^{-1} = 30,6 \text{ L mol}^{-1}$$

O w, em joules, para a expansão da água ao vaporizar contra uma pressão constante de 1,00 atm, é

$$w = -P_{\text{ext}} \Delta V$$

$$= -(1,00 \text{ atm})(30,6 \text{ L mol}^{-1})(101,3 \text{ J L}^{-1} \text{ atm}^{-1})$$

$$= -3,10 \times 10^3 \text{ J mol}^{-1}$$

Para qualquer transformação,

$$\Delta H = \Delta U + \Delta(PV)$$

À pressão constante,

$$\Delta H = \Delta U + P\Delta V$$

Então,

$$\Delta U_{\text{vap}} = \Delta H_{\text{vap}} - P\Delta V = \Delta H_{\text{vap}} + w$$

$$= 40,66 \times 10^3 \text{ J mol}^{-1} + (-3,10 \times 10^3 \text{ J mol}^{-1})$$

$$= 37,56 \times 10^3 \text{ J mol}^{-1}, \text{ ou } 37,56 \text{ kJ mol}^{-1}$$

Mostramos que dos 40,66 kJ de calor usados para vaporizar 1 mol de água, 37,56 kJ na verdade convertem o líquido em gás, e 3,10 kJ realizam o trabalho de empurrar a atmosfera com a expansão da água.

Problema Paralelo: O calor de vaporização, ΔH_{vap} do clorofórmio, $CHCl_3$, no seu ponto de ebulição normal, 61,5°C, é de 29,47 kJ mol^{-1}. Se a densidade do clorofórmio líquido nesta temperatura é 1,489 g mL^{-1}, calcule a ΔU_{vap} do clorofórmio. (Admita que no ponto de ebulição do clorofórmio seu vapor comporta-se idealmente.) **Resposta:** 26,69 kJ mol^{-1}.

17.2 A SEGUNDA LEI

De acordo com a primeira lei da termodinâmica, durante qualquer transformação a energia se conserva, e transformações em que a energia não se conserva não podem ocorrer. Não se observou nenhuma exceção a este enunciado. As transformações de uma forma de energia em outra são, naturalmente, possíveis. Um livro sobre uma mesa (estado de maior energia) pode cair ao solo (estado de menor energia), e quando isto ocorre a energia perdida pelo livro é convertida em outras formas de energia no momento de impacto com o solo, desse modo a energia total se conserva. (Uma parte do solo vibra, aquece um pouco e um estalo de energia sonora se afasta do ponto de impacto pelo ar e pelo solo.) De acordo com a primeira lei, *se* uma transformação ocorre, a energia se conserva. Infelizmente, contudo, a primeira lei é bastante inadequada para predizer quando uma transformação *pode* ou não ocorrer.

Considere as limitações da primeira lei imaginando o seguinte processo: um livro se encontra sobre o solo e está próximo a uma mesa. Então, parte da energia cinética das moléculas do solo é convertida na energia necessária para impulsionar o livro para cima da mesa. (Suponha que todas as moléculas comecem a vibrar na direção vertical.) Com a elevação do livro para a mesa, seu estado de energia será maior. Nada nesta suposição é proibido pela primeira lei, que estabelece que se este evento surpreendente ocorresse, o aumento de energia do livro deveria ser compensado pela diminuição da energia do solo. (Provavelmente, o solo deveria estar um pouco mais frio.) A primeira lei não é contrariada durante a ocorrência desta transformação imaginária: a energia é conservada. Entretanto, a experiência nos revela que esta transformação não ocorre. "O senso comum" nos mostra que certos processos tais como

$$livro_{na\ mesa} \rightarrow livro_{no\ solo}$$

só ocorrem neste sentido e que os processos inversos, imaginários, tais como

$$\text{livro}_{\text{no solo}} \rightarrow \text{livro}_{\text{na mesa}}$$

são impossíveis, a não ser que haja uma intervenção externa. É evidente que, para predizer o sentido de uma transformação espontânea, ou natural, é necessário alguma coisa a mais além da primeira lei.

TRANSFORMAÇÃO ESPONTÂNEA

A procura de características comuns para todas as transformações espontâneas, no mundo real, revela duas tendências gerais, embora não universais. A primeira destas é a tendência dos sistemas buscarem um estado de menor energia pela perda de energia para as suas vizinhanças. (O livro ao nível do solo tem menos energia do que o livro ao nível da mesa; o livro naturalmente cai ao solo.). A energia diminui, entretanto, esta consideração não pode isoladamente ser usada como um critério para uma transformação espontânea. Considere, por exemplo, um recipiente rígido e bem isolado dividido em dois compartimentos, um dos quais contendo um gás e o outro evacuado ($P = 0$). (Ver Figura 17.2.) Admita que a parede que separa os dois compartimentos tem um orifício pelo qual o gás flui e se expande, preenchendo todo o recipiente. Tal expansão é certamente espontânea, mas a energia do gás diminui durante o processo? De acordo com a primeira lei, o gás pode perder energia somente de dois modos: liberando calor para as suas vizinhanças ou realizando trabalho. A aparelhagem da Figura 17.2 não permite a perda de calor por causa do isolante ($q = 0$). Além do mais, nenhum trabalho é realizado porque não há nenhuma força que se oponha à expansão. Em outras palavras, para este sistema isolado, porque $P_{ext} = 0$, então

$$w = -P_{ext}\Delta V = 0$$

Portanto, pela primeira lei,

$$\Delta U = q + w = 0 + 0 = 0$$

Esta expansão é um exemplo de processo que é espontâneo, mas no qual não há transferência de energia.

Alguns processos espontâneos realmente absorvem calor, o que representa uma alteração para um estado de maior energia. A dissolução do iodeto de potássio em água é um exemplo:

$$KI(s) \rightarrow K^+(aq) + I^-(aq) \qquad \Delta H = +21 \text{ kJ}$$

Quando o iodeto de potássio é adicionado à água com agitação, a mistura torna-se notavelmente mais fria com a dissolução do KI. O decréscimo da temperatura evidencia que o processo é endotérmico, pois remove energia da única fonte disponível, a energia cinética da mistura, que decresce com a dissolução do KI. Um outro exemplo é o da fusão do gelo a uma temperatura acima de 0°C. Neste processo, o calor é certamente absorvido enquanto a água vai para um estado de maior energia, e o processo é espontâneo.

Os processos espontâneos, em que o sistema não adquire um estado de menor energia, possuem alguma característica comum? Sim, e isto é importante: em cada um destes processos o sistema vai de um estado *mais ordenado* para um *menos ordenado*. Considere a fusão do gelo. Observamos que acima de 0°C o gelo funde espontaneamente, apesar do fato de que, quando isto ocorre, ele absorve calor e adquire um estado de maior energia. Durante o processo de fusão, contudo, o gelo transforma-se de um estado cristalino altamente ordenado para um estado líquido relativamente desordenado:

gelo (maior ordem, menor energia) → água líquida (menor ordem, maior energia)

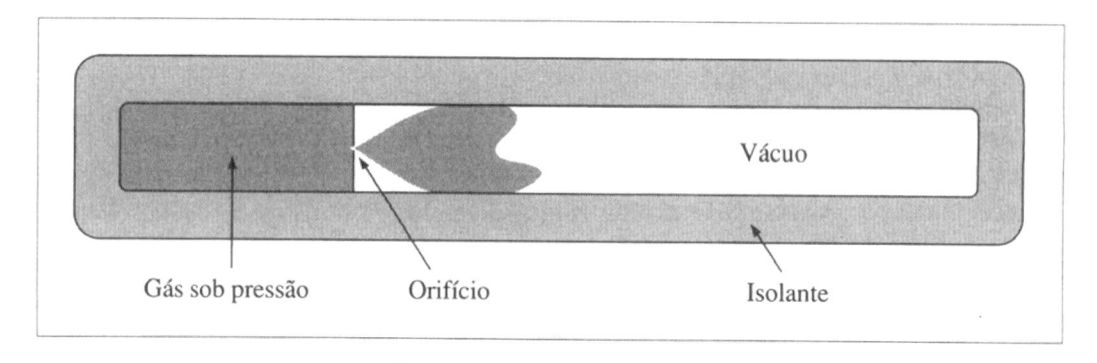

Figura 17.2 A expansão espontânea de um gás no vácuo.

Se examinarmos muitos exemplos de transformações espontâneas, encontraremos uma tendência aparente do sistema em ir para um estado mais desordenado, uma tendência, às vezes, suficientemente forte para predominar sobre a tendência observada de ir para um estado de menor energia.

Entretanto, nem tudo é tão simples. A tendência que o gelo tem em tornar-se mais desordenado (isto é, fundir) acima de 0°C, embora pareça ser predominante, não ocorre a temperaturas inferiores a 0°C. Sob estas condições a água líquida congela-se espontaneamente, liberando energia para as suas vizinhanças e transformando-se em um estado mais ordenado:

água líquida (menor ordem, maior energia) → gelo (maior ordem, menor energia)

Das duas tendências, a "tendência a desordem" e a "tendência ao decréscimo de energia", para a água, acima de 0°C a tendência a desordem é predominante, mas abaixo de 0°C, a tendência para um estado de menor energia é mais importante. Na temperatura de exatos 0°C as duas tendências se compensam, e o sistema está de fato em equilíbrio, sem predominância da fusão ou do congelamento.

Por que estas duas tendências se relacionam com as transformações espontâneas e de que forma podemos usá-las como um critério que conduz a diferentes conclusões? Por que a tendência a um decréscimo de energia predomina em algumas situações, mas a tendência à desordem predomina em outras? E que efeito tem a temperatura na determinação de qual tendência é predominante? Temos algumas questões a serem respondidas.

PROBABILIDADE E DESORDEM

Os sistemas tendem a transformar-se em estados mais desordenados por causa de a *probabilidade* de tais estados ser maior do que a de um estado mais ordenado. Como a desordem e a probabilidade estão relacionadas? Para responder a esta pergunta, considere um sistema isolado constituído por um par de bulbos idênticos X e Y conectados por meio de um tubo, como na Figura 17.3. Se colocarmos uma única molécula de gás neste recipiente duplo, a chance de num instante qualquer a molécula estar no bulbo X é de uma em duas, e assim dizemos que a probabilidade da molécula neste bulbo é ½. Naturalmente, a probabilidade da molécula estar no bulbo Y também é ½.

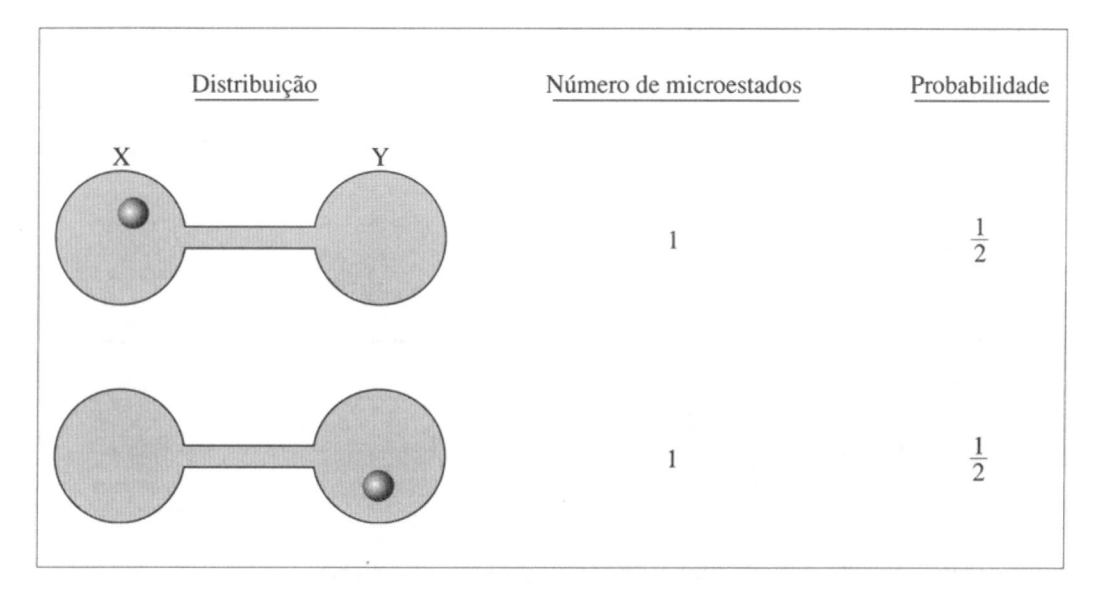

Distribuição	Número de microestados	Probabilidade
X Y (molécula em X)	1	$\frac{1}{2}$
X Y (molécula em Y)	1	$\frac{1}{2}$

Figura 17.3 A distribuição de uma única molécula de gás entre dois bulbos.

Consideremos agora duas moléculas idênticas, A e B, no mesmo recipiente de dois bulbos (Figura 17.4). Desta vez, temos quatro diferentes modos de acomodar as moléculas A e B nos dois bulbos, como podemos ver na ilustração. A probabilidade de cada arranjo individual é chamada um *microestado*, e é a mesma, isto é, igual a ¼ para cada um dos quatro microestados. Portanto, a probabilidade de ambas as moléculas estarem no bulbo X é ¼, assim como para ambas estarem no bulbo Y também é ¼. Mas a probabilidade de uma molécula em cada bulbo é 2 × ¼ ou ½, porque há duas maneiras de se obter esta distribuição emparelhada ou balanceada das moléculas. (A distribuição aos pares consiste em dois microestados.) Observe que a distribuição mais ao acaso ou desordenada (uma molécula em cada bulbo) é mais provável porque existem mais modos de obtê-la – dois, em vez de um.

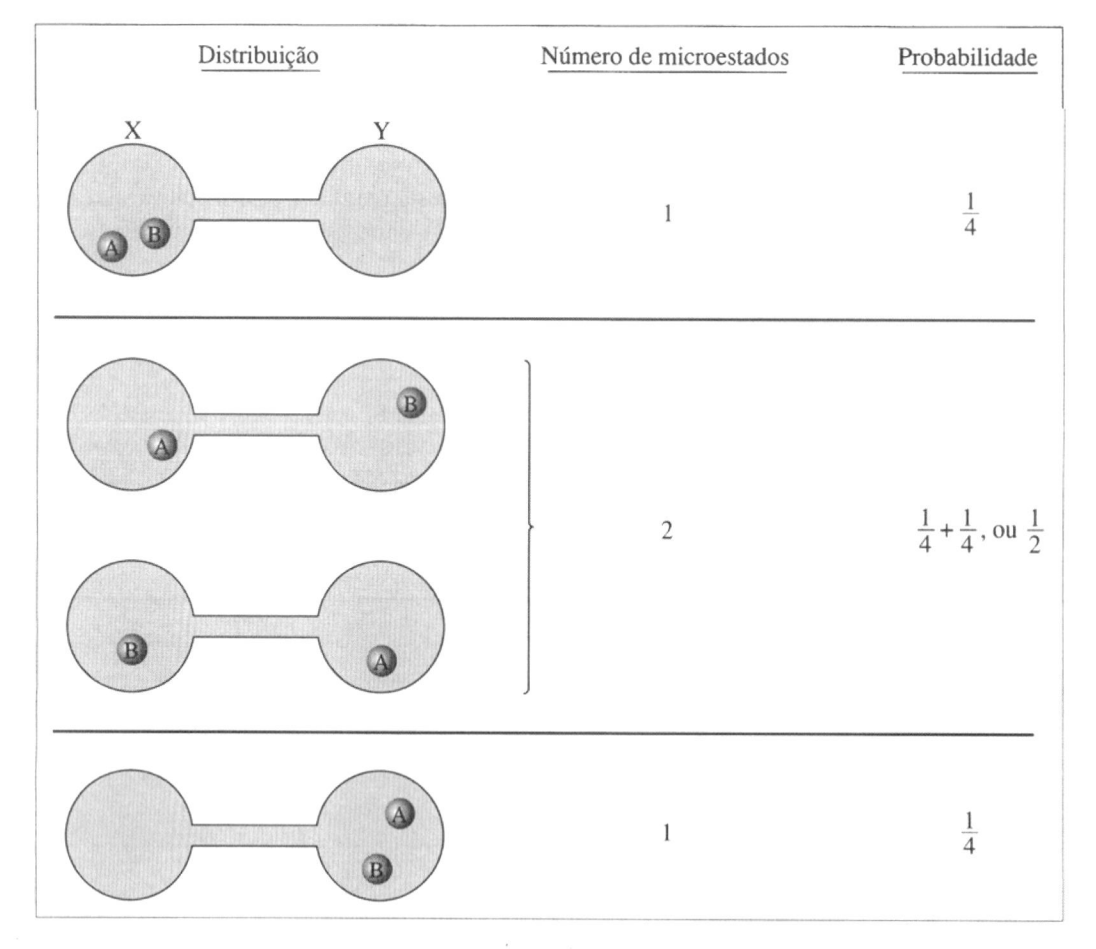

Distribuição	Número de microestados	Probabilidade
X (A B) — Y	1	$\frac{1}{4}$
(A) — (B) ; (B) — (A)	2	$\frac{1}{4}+\frac{1}{4}$, ou $\frac{1}{2}$
— (A B)	1	$\frac{1}{4}$

Figura 17.4 A distribuição de duas moléculas de gás entre dois bulbos.

Dispor quatro moléculas A, B, C e D em um recipiente de bulbo duplo (Figura 17.5) cria a possibilidade de dezesseis modos individuais das moléculas nos dois bulbos (microestados), todos mostrados na ilustração. A probabilidade de todas as moléculas serem encontradas no bulbo X (vamos chamar de distribuição 4–0) é $1/16$. E a probabilidade das quatro estarem igualmente distribuídas (uma distribuição 2–2) é $6 \times 1/16$, ou $3/8$, porque existem seis maneiras de distribuir as quatro moléculas igualmente entre os dois bulbos. Observe que a probabilidade de tal distribuição balanceada é agora *seis vezes* a probabilidade de cada distribuição 4–0. Por quê? Porque há *seis vezes* mais modos de se obter esta distribuição.

Colocaremos, agora, oito moléculas no recipiente de bulbo duplo. Desta vez, obtemos 256 microestados, e assim a probabilidade de todas as moléculas estarem no bulbo X é $1/256$, o que, escrito na forma de fração decimal, é cerca de 0,004. E porque há 70 maneiras de distribuir as 8 moléculas igualmente (uma distribuição 4–4), a probabilidade da distribuição balanceada é $70 \times 1/256$, ou cerca de 0,27. A distribuição balanceada é agora *setenta vezes* mais provável do que a distribuição 8–0 ou 0–8.

Se continuarmos a aumentar o número de moléculas no recipiente de bulbo duplo, vários fatos tornam-se visíveis:

1. A probabilidade de uma distribuição balanceada é sempre mais alta do que qualquer outra distribuição.

2. A probabilidade para todas as moléculas ocuparem um dos bulbos torna-se eventualmente pequena. Ela é igual a

$$\left(\frac{1}{2}\right)^n$$

   onde n é o número total de moléculas.

3. Em relação a qualquer distribuição significativamente não-balanceada, uma distribuição balanceada ou quase balanceada torna-se bem mais provável. Na prática podemos estar certos de que as distribuições significativamente não-balanceadas não ocorrem, sendo simplesmente bem improváveis.

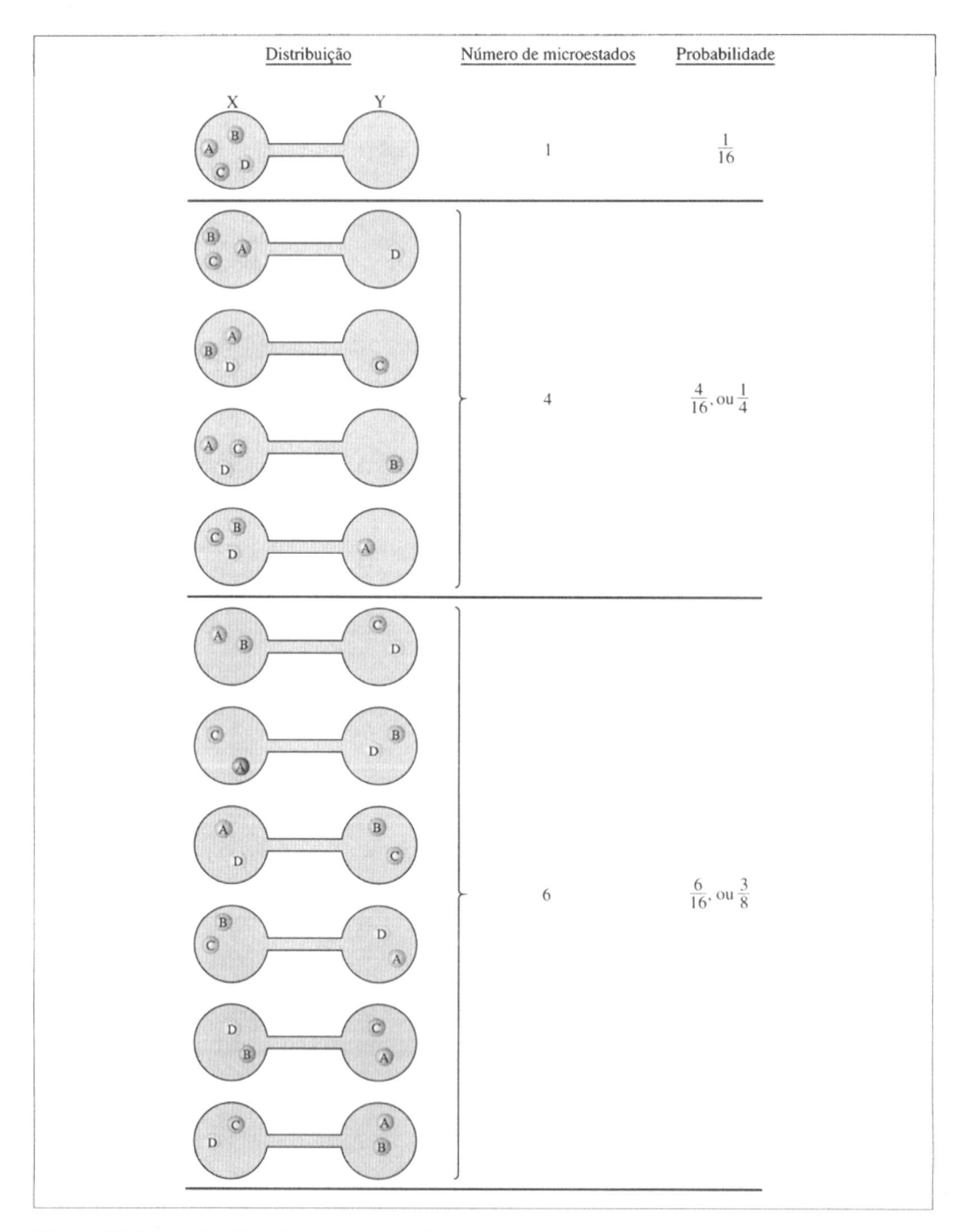

Distribuição	Número de microestados	Probabilidade
X: A,B,C,D ; Y: —	1	$\frac{1}{16}$
X: A,B,C ; Y: D X: A,B,D ; Y: C X: A,C,D ; Y: B X: B,C,D ; Y: A	4	$\frac{4}{16}$, ou $\frac{1}{4}$
X: A,B ; Y: C,D X: A,C ; Y: B,D X: A,D ; Y: B,C X: B,C ; Y: A,D X: B,D ; Y: A,C X: C,D ; Y: A,B	6	$\frac{6}{16}$, ou $\frac{3}{8}$

Figura 17.5 A distribuição de quatro moléculas de gás entre dois bulbos.

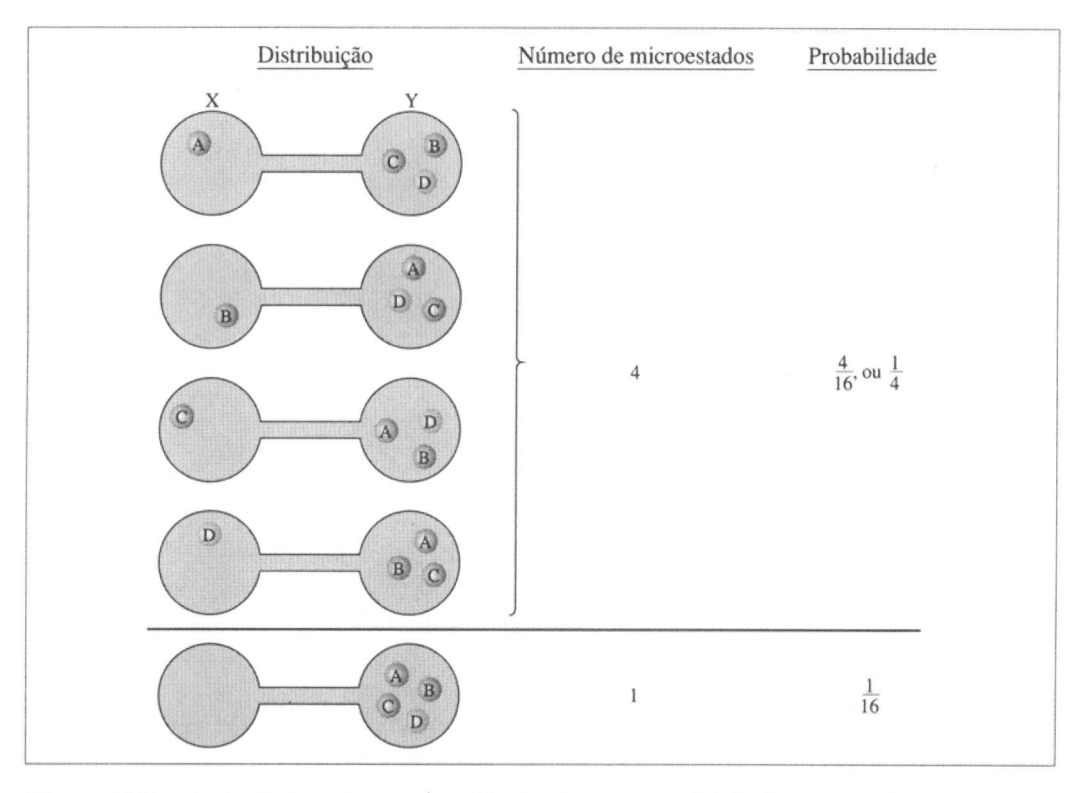

Distribuição	Número de microestados	Probabilidade
(A em X; B,C,D em Y)		
(B em X; A,C,D em Y)	4	$\frac{4}{16}$, ou $\frac{1}{4}$
(C em X; A,B,D em Y)		
(D em X; A,B,C em Y)		
(vazio em X; A,B,C,D em Y)	1	$\frac{1}{16}$

Figura 17.5 A distribuição de quatro moléculas de gás entre dois bulbos. (*continuação*)

Comentários Adicionais

Imagine que um recipiente de dois bulbos, como o descrito, contém um número de Avogadro de moléculas. A probabilidade de todas as moléculas estarem em um bulbo é

$$\left(\frac{1}{2}\right)^{6,02 \times 10^{23}}$$

Este é um número incompreensivelmente pequeno. Escrito na forma convencional de fração decimal, certamente seria necessária uma quantidade de tinta de impressão muito maior do que a disponível no mundo inteiro, para escrever todos os zeros após a vírgula. Mas talvez porque as moléculas movimentam-se rapidamente, muito tempo seria necessário para que todas elas se localizassem em um único bulbo. Com poucas moléculas no recipiente, entretanto, isto poderia ser praticado. Com a finalidade de visualizar um mol de moléculas localizadas em um bulbo, teríamos de esperar, provavelmente, um período de tempo muito maior do que a idade estimada do universo. Sob o ponto de vista prático é mais seguro dizer que nunca todas as moléculas estarão em um único bulbo.

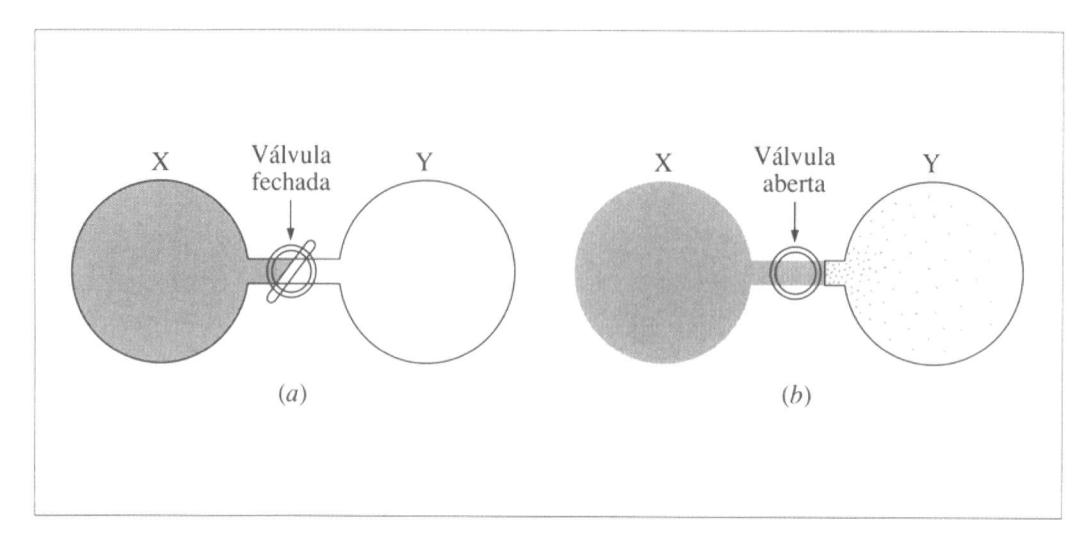

Figura 17.6 Uma transformação gasosa de um estado de maior ordem e probabilidade para um outro de menor ordem e probabilidade pela expansão no vácuo. (a) Antes da abertura da válvula. (b) Imediatamente após a abertura da válvula.

Se um sistema é conduzido para um estado menos provável e então liberado, será natural a transformação do estado menos provável para o estado mais provável. Retornando novamente ao aparelho de duplo bulbo, introduziremos uma válvula no tubo ligando os bulbos X e Y, colocaremos um gás no bulbo X e evacuaremos o bulbo Y (ver Figura 17.6a). Agora, o que acontecerá se abrirmos a válvula (Figura 17.6b)? A experiência nos mostra que o gás flui espontaneamente do bulbo X para o bulbo Y, até que a pressão se iguale no recipiente. Em termos de probabilidades, isto ocorre porque, dada a oportunidade, *um sistema isolado naturalmente (espontaneamente) transforma-se de um estado menos provável para um estado mais provável*.

Um **sistema isolado** é aquele que não troca matéria ou qualquer forma de energia com suas vizinhanças. Cada sistema isolado comporta-se como as moléculas no recipiente de duplo bulbo, isto é, transforma-se para um estado mais provável, e, como este é o estado de maior desordem ou casualidade, vemos que *há uma tendência natural para um sistema isolado tornar-se mais desordenado*. Esta é uma das maneiras de se enunciar a **segunda lei da termodinâmica**.

A PROBABILIDADE, A ENTROPIA E A SEGUNDA LEI

A desordem ou a distribuição ao acaso de um sistema, em um determinado estado, pode ser expressa quantitativamente por um dado número de microestados dos quais o estado é composto, isto é, o número de modos alternativos em que as partículas podem se arranjar para constituir aquele estado. Este número, representado por W e chamado *probabilidade termodinâmica*, é elevado quando a desordem, ou a distribuição ao acaso, é elevada. Vemos que o número de modos que quatro moléculas podem ocupar num recipiente de dois bulbos (Figura 17.5) em uma distribuição balanceada (duas moléculas por bulbo) é seis. Então, neste caso, o maior acaso e a distribuição mais provável é $W = 6$. O valor de W para qualquer outra distribuição destas quatro moléculas é menor do que seis.

Definiremos agora uma nova quantidade termodinâmica, chamada **entropia** (do grego, "variação em") que é representada pela letra S. A entropia se relaciona com a probabilidade termodinâmica pela equação

$$S = k \ln W$$

Aqui, k é a *constante de Boltzmann*, assim denominada em homenagem a Ludwig Boltzmann que foi quem propôs pela primeira vez a relação. Na realidade, k é a constante dos gases ideais *por molécula*, em vez de por mol, isto é,

$$k = \frac{R}{6{,}02 \times 10^{23}}$$

Está claro que um sistema altamente desordenado tem uma elevada probabilidade W e, portanto, uma elevada entropia S. Os gases têm, em geral, entropias maiores do que a dos sólidos, porque estão muito menos ordenados. Os gases a baixas pressões têm maiores entropias do que a pressões mais altas. (As moléculas estão mais "espalhadas".) Além do mais, uma substância a uma temperatura elevada tem, geralmente, uma entropia maior do que a uma baixa temperatura.

Em um *sistema isolado*, naquele em que as fronteiras são impenetráveis a todas as formas de matéria e de energia, a entropia aumenta com qualquer transformação espontânea, porque em cada caso o sistema tende a um estado de equilíbrio mais provável e mais estável. Em outras palavras,

$$\Delta S > 0 \quad \text{(transformação espontânea; sistema isolado)}$$

Se um sistema não está isolado, podendo portanto trocar energia com as suas vizinhanças, o sistema e as suas vizinhanças podem ser considerados como um sistema único, maior e isolado. Neste caso, a variação de entropia total ΔS_{total} é igual à soma das variações das entropias do sistema (original), $\Delta S_{sistema}$, e das vizinhanças, $\Delta S_{vizinhanças}$. Isto é,

$$\Delta S_{total} = \Delta S_{sistema} + \Delta S_{vizinhanças} > 0 \quad \text{(transformação espontânea)}$$

As vizinhanças de qualquer sistema podem ser consideradas como o restante do universo. O universo é o último sistema isolado. Concluímos, portanto, que, como as transformações espontâneas realmente ocorrem por toda a parte, a entropia do universo tende a aumentar continuamente.

No século XIX o físico alemão Rudolf Clausius resumiu a primeira e a segunda leis da termodinâmica:

Primeira lei: A energia do universo é constante.

Segunda lei: A entropia do universo aumenta constantemente[2].

A entropia, assim como a energia e a entalpia, é uma propriedade de estado do sistema, e é independente da história passada do mesmo. (As probabilidades não são dependentes da história.) Isto significa que a variação de entropia que acompanha um determinado processo depende somente dos estados inicial e final, e independe do caminho, ou seqüência de etapas, que conduz um estado para o outro. Em outras palavras,

$$\Delta S = S_2 - S_1$$

onde os subíndices 1 e 2 são relativos aos estados inicial e final, respectivamente.

17.3 A ENERGIA LIVRE DE GIBBS E A TRANSFORMAÇÃO ESPONTÂNEA

Na maioria das vezes é difícil aplicar diretamente a segunda lei na determinação da espontaneidade de um processo. A dificuldade provém do fato de que a espontaneidade depende da variação da entropia *total* do sistema e de suas vizinhanças, e isto significa de todo o universo. É bastante inconveniente tentar estimar a variação da entropia do universo a fim de predizer se um certo processo pode ou não ocorrer no laboratório.

Felizmente, há uma maneira de contornar este problema, um método para a previsão da espontaneidade que não requer uma análise explícita do universo. O método, entretanto, exige para o seu uso uma consideração restrita a transformações que ocorrem *à*

---

[2] Trata-se realmente de uma força de expressão; Clausius falava do mundo, e não do universo.

temperatura e pressão constantes. (Na prática, realmente, esta restrição não é um problema, pois muitos processos ocorrem sob condições de temperatura e pressão aproximadamente constantes.)

Para um processo em que as vizinhanças permanecem a temperatura constante T, a variação da entropia das vizinhanças $\Delta S_{\text{vizinhanças}}$ depende somente da (1) quantidade de calor absorvida pelas vizinhanças do sistema e (2) temperatura das vizinhanças $T_{\text{vizinhanças}}$ durante esta transferência de calor. Especificamente,

$$\Delta S_{\text{vizinhanças}} = \frac{\text{calor absorvido pelas vizinhanças}}{T_{\text{vizinhanças}}}$$

Mas o calor absorvido *pelas vizinhanças* é igual a $-q$, em que q é o calor absorvido *pelo sistema*. (Se o sistema libera calor, q é um número negativo, o que torna a quantidade $-q$ positiva.) À pressão constante, $q = \Delta H_{\text{sistema}}$ (Seção 17.1). Então, para as *vizinhanças*, a temperatura e pressão constantes,

$$\Delta S_{\text{vizinhanças}} = \frac{-\Delta H_{\text{sistema}}}{T_{\text{vizinhanças}}} \quad (\text{a } T, P \text{ constantes})$$

(No processo exotérmico, q é negativo, e portanto ΔH é negativo. Assim, $-\Delta H$ é positivo, e portanto ΔS é também positivo; a entropia das vizinhanças aumenta quando um sistema perde energia por um processo exotérmico.) Mas como

$$\Delta S_{\text{total}} = \Delta S_{\text{sistema}} + \Delta S_{\text{vizinhanças}}$$

então

$$\Delta S_{\text{total}} = \Delta S_{\text{sistema}} - \frac{\Delta H_{\text{sistema}}}{T_{\text{vizinhanças}}}$$

Agora, considerando os processos em que a temperatura do sistema é constante, e é a mesma das vizinhanças,

$$T_{\text{sistema}} = T_{\text{vizinhanças}} = T$$

vimos que

$$\Delta S_{\text{total}} = \Delta S_{\text{sistema}} - \frac{\Delta H_{\text{sistema}}}{T}$$

Multiplicando-a por $-T$, teremos

$$-T\Delta S_{\text{total}} = \Delta H_{\text{sistema}} - T\Delta S_{\text{sistema}} \quad (\text{a } T, P \text{ constantes})$$

Uma nova função termodinâmica será definida agora, G, a *energia livre de Gibbs*, ou simplesmente, *energia livre*[3]:

$$G \equiv H - TS$$

Assim, como U, H e S, G também só depende do estado do sistema, então para qualquer mudança do estado 1 para o estado 2,

$$\Delta G = G_1 - G_1 = (H_2 - H_1) - (T_2 S_2 - T_1 S_1)$$

$$= \Delta H - \Delta(TS)$$

ou, para qualquer transformação à temperatura constante,

$$\Delta G = \Delta H - T\Delta S$$

Observe que ΔG, ΔU e ΔS são relativos ao sistema, e não às suas vizinhanças. Se compararmos esta equação com a equação escrita anteriormente,

$$-T\Delta S_{total} = \Delta H_{sistema} - T\Delta S_{sistema}$$

vemos que

$$\Delta G_{sistema} = -T\Delta S_{total} \quad \text{(a } T, P \text{ constantes)}$$

Finalmente estamos prontos para estabelecer um critério para uma transformação espontânea de um sistema mantido a temperatura e pressão constantes. De acordo com a segunda lei, $\Delta S_{total} > 0$ para qualquer transformação espontânea. Isto significa que para tal transformação

$$-T\Delta S_{total} < 0 \quad \text{(transformação espontânea, } T, P \text{ constantes)}$$

Portanto, desde que o valor de T (temperatura absoluta) não pode ser negativo,

$$\Delta G_{sistema} < 0 \quad \text{(transformação espontânea, } T, P \text{ constantes)}$$

Em outras palavras, *quando um sistema sofre uma transformação espontânea à temperatura e pressão constantes, sua energia de Gibbs diminui.*

O inverso de uma transformação espontânea é uma transformação não-espontânea (impossível). Se tal transformação ocorresse, resultaria no *decréscimo* da entropia total do sistema e de suas vizinhanças, isto é,

---

[3] G é também chamada *energia de Gibbs* ou *função de Gibbs*, e em livros mais antigos é representada pela letra F. Esta função foi primeiramente proposta pelo físico americano J. Willard Gibbs.

$$\Delta S_{total} = \Delta S_{sistema} + \Delta S_{vizinhanças} < 0 \quad \text{(transformação não-espontânea)}$$

Para tal transformação,

$$-T\Delta S_{total} > 0$$

Portanto,

$$\Delta G_{sistema} > 0 \quad \text{(transformação não-espontânea, } T, P \text{ constantes)}$$

Um exemplo de uma *transformação não-espontânea* seria o *congelamento* da água em uma temperatura *acima* de 273,2 K (a 1 atm de pressão):

$$H_2O(l) \rightarrow H_2O(s)$$

Para esta transformação,

$$\Delta G_{água} > 0 \quad (T \text{ constante, acima de 273,2 K e } P \text{ constante})$$

(Lembre-se: isto significa que o processo é *impossível*.)

Sob as mesmas condições ($T > 273,2$ K), o processo de fusão,

$$H_2O(s) \rightarrow H_2O(l)$$

é espontâneo. Para esta transformação,

$$\Delta G_{água} < 0 \quad (T \text{ constante, acima de 273,2 K e } P \text{ constante})$$

Para um sistema *em equilíbrio*,

$$-T\Delta S_{total} = 0$$

e, portanto,

$$\Delta G_{sistema} = 0$$

A partir deste momento omitiremos o subíndice *sistema* e escreveremos simplesmente ΔG, ΔU, ΔS etc., lembrando, contudo, que estas grandezas representam variações termodinâmicas do sistema, e não (afortunadamente) do universo. A relação entre o sinal de ΔG e a espontaneidade de uma transformação, à temperatura e pressão constantes, é resumida a seguir:

ΔG (T, P constantes)	Transformação
< 0 (negativo)	Espontânea
= 0	Nenhuma transformação *líquida*, o sistema está em equilíbrio
> 0 (positivo)	Não-espontânea; a transformação inversa é, portanto, a transformação espontânea

Os comentários anteriores relataram as tendências independentes de um sistema em ir para um estado (1) de menor energia e (2) de maior desordem e mais ao acaso. Agora veremos que, quando estas tendências forem contrárias, um terceiro fator determina qual delas será predominante. Observe atentamente a relação

$$\Delta G = \Delta H - T\Delta S$$

Quando ΔH é negativo (a reação é exotérmica) e ΔS é positivo (o sistema torna-se mais desordenado), ΔG deve ser negativo (o processo é espontâneo). (Lembre-se de que T é sempre positivo.) Quando ΔH é positivo e ΔS é negativo, ΔG deverá ser positivo (o processo é não-espontâneo). Quando ΔH e ΔS têm o mesmo sinal algébrico, contudo, os valores relativos de ΔH e $T\Delta S$ determinam o sinal de ΔG. Estas relações estão resumidas a seguir:

ΔH	ΔS	ΔG (= $\Delta H - T\Delta S$)	Transformação
−	+	−	Espontânea
+	−	+	Não-espontânea
−	−	? −, a T baixa	Espontânea
		+, a T alta	Não-espontânea
+	+	? +, a T baixa	Não-espontânea
		−, a T alta	Espontânea

Podemos ver que quando ΔH e ΔS têm o mesmo sinal, ambos positivos ou ambos negativos, é a *temperatura* que determina o sinal de ΔG e, portanto, a espontaneidade da reação. O congelamento e a fusão de água são transformações que ilustram este fato. Para o processo de fusão

$$H_2O\,(s) \rightarrow H_2O\,(l)$$

$\Delta H = 6{,}008$ kJ mol^{-1}, e $\Delta S = 21{,}99$ J K^{-1} mol^{-1}. O cálculo de ΔG, para este processo em três temperaturas diferentes é dado a seguir:

Temperatura		$\Delta H,$ J mol^{-1}	$\Delta S,$ J K^{-1} mol^{-1}	$-T\Delta S,$ J mol^{-1}	$\Delta G,$ J mol^{-1}	Fusão espontânea?
°C	K					
1,0	274,2	6008	21,99	−6030	−22	Sim
0,0	273,2	6008	21,99	−6008	0	Equilíbrio
−1,0	272,2	6008	21,99	−5986	+22	Não

(Nestes cálculos desprezamos as pequenas variações de ΔH e ΔS com a temperatura; os erros numéricos que resultam destas aproximações são pequenos e não afetam as conclusões finais.)

17.4 AS VARIAÇÕES DE ENTROPIA E A ENERGIA LIVRE DE GIBBS

Os valores de ΔS e ΔG podem ser calculados para muitos tipos de processos. Dois dos mais importantes processos são as mudanças de fase e as reações químicas.

A ENTROPIA E AS MUDANÇAS DE FASE

Considere uma substância mudando de fase, tal como numa mudança de estado (fusão, ebulição etc.), na sua temperatura de equilíbrio. Para o sistema em equilíbrio,

$$\Delta G = \Delta H - T\Delta S = 0$$

e assim

$$\Delta S = \frac{\Delta H}{T}$$

Por exemplo, se o ponto de fusão da substância é T_{fus} e o seu calor molar de fusão é ΔH_{fus}, então o aumento da entropia associado à fusão de 1 mol da substância é

$$\Delta S_{fus} = \frac{\Delta H_{fus}}{T_{fus}}$$

Exemplo 17.4   O calor de fusão do ouro é 12,36 kJ mol^{-1}, e a sua entropia de fusão é 9,250 J K^{-1} mol^{-1}. Qual é o ponto de fusão do ouro?

Solução: Rearranjando a relação

$$\Delta S_{fus} = \frac{\Delta H_{fus}}{T_{fus}}$$

obtemos

$$T = \frac{\Delta H_{fus}}{\Delta S_{fus}}$$

$$= \frac{12{,}36 \times 10^3 \text{ J mol}^{-1}}{9{,}250 \text{ J K}^{-1} \text{ mol}^{-1}} = 1336 \text{ K}$$

Isto é 1336 − 273, ou 1063°C.

Problema Paralelo: O calor de fusão da platina é 22,2 kJ mol^{-1}, e seu ponto de fusão é 1755°C. Qual é a entropia molar de fusão da platina? **Resposta:** 10,9 J K^{-1} mol^{-1}.

A TERCEIRA LEI E AS ENTROPIAS ABSOLUTAS

Um estado de entropia mínima é um estado de ordenação máxima. Tal estado somente pode existir para um cristal puro e perfeito, no zero absoluto. Cada átomo de tal cristal vibra com uma energia mínima (o *ponto de energia zero*) em posições fixas no retículo cristalino. Há, então, um mínimo de acaso ou desordem relativamente à posição e à energia. A **terceira lei da termodinâmica** estabelece que a *entropia de um sólido cristalino, puro e perfeito é igual a zero no zero absoluto*. A entropia de um cristal imperfeito, ou de um sólido amorfo (um vidro), ou a de uma solução sólida, é maior do que zero no zero absoluto, e mede a desordem na substância.

        O fornecimento de calor a um cristal puro e perfeito no zero absoluto acarretará um aumento de sua temperatura, resultando num movimento molecular crescente e na desordem de sua estrutura, de modo a aumentar a sua entropia. Pela determinação da capacidade calorífica de uma substância num certo intervalo de temperaturas, de 0K a temperaturas mais altas, é possível calcular a variação de entropia ΔS que resulta da variação de temperatura. Para um aumento de temperatura do zero absoluto a uma temperatura T,

$$\Delta S_{0 \to T} = S_T - S_0$$

onde $\Delta S_{0 \to T}$ representa o aumento de entropia resultante da elevação da temperatura. De acordo com a terceira lei, contudo, $S_0 = 0$. Portanto,

$$\Delta S_{0 \to T} = S_T - 0 = S_T$$

Isto significa que se a entropia de uma substância é zero no zero absoluto (terceira lei), então a entropia de uma substância a qualquer temperatura mais alta é numericamente igual ao aumento da entropia que ocorre quando a substância é aquecida do zero absoluto para uma temperatura mais elevada. As entropias de muitas substâncias no estado padrão (Seção 3.4) foram determinadas e são denominadas *entropias-padrão absolutas*, designadas por $S°$. Os valores de algumas entropias, a 25°C, estão na Tabela 17.1, e outros podem ser encontrados no Apêndice G.

Tabela 17.1 Entropias-padrão absolutas a 25°C.

Substância	$S°, J\,K^{-1}\,mol^{-1}$
C(diamante)	2,38
C(grafite)	5,74
$CH_4(g)$	187,9
$CH_3OH(l)$	126,3
$C_2H_2(g)$	200,8
$C_2H_4(g)$	219,5
$C_2H_6(g)$	229,5
$CO(g)$	197,6
$CO_2(g)$	213,6
$Cl_2(g)$	222,9
$H_2(g)$	130,6
$HCl(g)$	186,8
$H_2O(g)$	188,7

Tabela 17.1 Entropias-padrão absolutas a 25°C. (*continuação*)

Substância	$S°, J\,K^{-1}\,mol^{-1}$
$H_2O(l)$	69,9
$H_2S(g)$	205,7
$H_2SO_4(l)$	156,9
$N_2(g)$	191,5
$NH_3(g)$	192,3
$NH_4Cl(s)$	94,6
$Na(s)$	51,0
$NaCl(s)$	72,4
$Na_2O(s)$	72,8
$O_2(g)$	205,1
S_8(ortorrômbico)	255,1
$SO_2(g)$	248,1
$SO_3(g)$	256,6

VARIAÇÕES DE ENTROPIA EM REAÇÕES QUÍMICAS

As entropias-padrão absolutas são utilizadas no cálculo das variações de entropia-padrão, $\Delta S°$, para as reações químicas. Genericamente, para a reação

$$kA + lB \rightarrow mC + nD$$

$$\Delta S° = (mS°_C + nS°_D) - (kS°_A + lS°_B)$$

Exemplo 17.5 Calcule $\Delta S°$ para a reação, a 25°C

$$2CH_3OH(l) + 3O_2(g) \rightarrow 2CO_2(g) + 4H_2O(g)$$

Solução: Dos dados da Tabela 17.1, obtemos

$$\Delta S° = (4S°_{H_2O} + 2S°_{CO_2}) - (2S°_{CH_3OH} + 3S°_{O_2})$$

$$= [4(188,7) + 2(213,6)] - [2(126,3) + 3(205,1)] = 314,1 \text{ J K}^{-1}$$

(Aqui, para facilitar, deixamos as unidades fora do cálculo.)

Problema Paralelo: Calcule a entropia-padrão molar de formação do HCl gasoso a 25°C. **Resposta:** 10,0 J K^{-1} mol^{-1}.

AS ENERGIAS LIVRES DE GIBBS – PADRÃO DE FORMAÇÃO

Na Seção 3.4 mostramos como os valores tabelados dos calores-padrão de formação podem ser usados no cálculo dos calores-padrão de reações. As energias livres de Gibbs-padrão estão tabeladas de modo semelhante e podem ser igualmente utilizadas. Vários métodos podem ser empregados na determinação de $\Delta G°$, mas um é particularmente imediato. Depende simplesmente da relação $\Delta G = \Delta H - T\Delta S$, e está ilustrado no exemplo seguinte.

Exemplo 17.6 Dos dados das Tabelas 3.2 e 17.1, calcule a energia livre de Gibbs-padrão de formação do cloreto de amônio, a 25°C.

Solução: A equação de formação do NH$_4$Cl a partir de seus elementos é

$$\tfrac{1}{2}N_2(g) + 2H_2(g) + \tfrac{1}{2}Cl_2(g) \rightarrow NH_4Cl(s)$$

Da Tabela 3.2 encontramos que $\Delta H°_f$ é $-314,4$ k J mol^{-1}. Da Tabela 17.1 vemos que

$$S°_{N_2} = 191,5 \text{ J K}^{-1} \text{ mol}^{-1}$$

$$S°_{H_2} = 130,6 \text{ J K}^{-1} \text{ mol}^{-1}$$

$$S°_{Cl_2} = 223,0 \text{ J K}^{-1} \text{ mol}^{-1}$$

$$S°_{NH_4Cl} = 94,6 \text{ J K}^{-1} \text{ mol}^{-1}$$

Portanto, para a reação de formação anterior,

$$\Delta S°_f = S°_{NH_4Cl} - (\tfrac{1}{2} S°_{N_2} + 2 S°_{H_2} + \tfrac{1}{2} S°_{Cl_2})$$

$$= 94,6 - [\tfrac{1}{2}(191,5) + 2(130,6) + \tfrac{1}{2}(223,0)]$$

$$= -373,8 \text{ J K}^{-1} \text{ mol}^{-1}$$

Com os valores de $\Delta H°$ e $\Delta S°$, encontraremos $\Delta G°$

$$\Delta G°_f = \Delta H°_f - T\Delta S°_f$$

$$= -314,4 \times 10^3 \text{ J mol}^{-1} - (298,2 \text{ K})(-373,8 \text{ J K}^{-1} \text{ mol}^{-1})$$

$$= -2,029 \times 10^5 \text{ J mol}^{-1}, \text{ ou } 202,9 \text{ kJ mol}^{-1}$$

Comentários Adicionais

Observe que, embora a variação da entropia seja negativa para esta reação, o que não favorece a espontaneidade, a variação de entalpia também é negativa, o que favorece a espontaneidade. A temperatura é suficientemente baixa para prevenir que ΔS "se sobreponha" ao ΔH, e assim ΔG acaba sendo negativo. A reação é espontânea a 1 atm e 25°C.

Problema Paralelo: Dos dados das Tabelas 3.2 e 17.1, calcule a energia livre de Gibbs-padrão de formação do HCl a 25°C. **Resposta:** $-95,3$ kJ mol^{-1}.

Como mencionado na Seção 3.4, nenhuma temperatura está implícita no termo "estado padrão", e desse modo as substâncias têm energias livres de Gibbs-padrão de formação diferentes para cada temperatura. (Exceção: a energia livre de Gibbs-padrão de formação de um elemento não-combinado, em sua forma mais estável, é zero em todas as temperaturas.) As energias livres de Gibbs-padrão de formação são comumente tabeladas a 25°C.

AS ENERGIAS LIVRES DE GIBBS DE REAÇÕES

Os valores das energias livres de Gibbs-padrão de formação de muitos compostos foram determinados. Alguns destes valores estão na Tabela 17.2, e uma lista mais extensa é encontrada no Apêndice G.

Na Seção 3.4 mostramos como a lei de Hess pode ser aplicada na obtenção dos valores de $\Delta H°$ para reações químicas, a partir dos valores tabelados dos calores-padrão de formação, $\Delta H°_f$. Os valores de $\Delta G°_f$ padrão são usados, de modo similar, nos cálculos das energias livres de Gibbs-padrão de reações. Observe que, como para os calores de formação, a energia livre de Gibbs-padrão $\Delta G°_f$ de um *elemento não-combinado em sua forma mais estável é zero*.

Tabela 17.2 Energias livres-padrão de formação a 25°C.

Substância	$\Delta G°_f$, kJ mol^{-1}
C(diamante)	2,87
$CH_4(g)$	–50,8
$CH_3OH(l)$	–166,5
$C_2H_2(g)$	209,2
$C_2H_4(g)$	68,1
$C_2H_6(g)$	–32,9
$CO(g)$	–137,2
$CO_2(g)$	–394,4
$HCl(g)$	–95,3
$H_2O(g)$	–228,6
$H_2O(l)$	–237,2
$H_2O_2(l)$	–120,4
$H_2S(g)$	–33,6
$H_2SO_4(l)$	–690,1
$NH_3(g)$	–16,5
$NH_4Cl(s)$	–202,9
$NaCl(s)$	–384,0
$Na_2O(s)$	–376,6
$O_3(g)$	163,2
$SO_2(g)$	–300,2
$SO_3(g)$	–371,1

Exemplo 17.7 Calcule a energia livre de Gibbs-padrão molar de combustão do etano, C_2H_6, para formar CO_2 e H_2O (g) a 25°C.

Solução: A equação para esta reação de combustão é

$$C_2H_6(g) + \tfrac{7}{2}O_2(g) \rightarrow 2CO_2(g) + 3H_2O\,(g)$$

e, portanto,

$$\Delta G°_{\text{reação}} = \Sigma(\Delta G°_f)_{\text{produtos}} - \Sigma(\Delta G°_f)_{\text{reagentes}}$$

$$= [2(\Delta G°_f)_{CO_2} + 3(\Delta G°_f)_{H_2O}] - [(\Delta G°_f)_{C_2H_6} + \tfrac{7}{2}(\Delta G°_f)_{O_2}]$$

$$= [2(-394,4) + 3(-228,6)] - [(-32,9) + \tfrac{7}{2}(0)]$$

$$= -1441,7 \text{ kJ mol}^{-1}$$

Problema Paralelo: O etano queima em presença de oxigênio? **Resposta:** Sim. O valor da variação da energia livre de Gibbs-padrão para a combustão é *negativo*, o que indica que a reação é espontânea (quando todos os reagentes e produtos estiverem no seu estado padrão).

Comentários Adicionais

Por que o resultado do cálculo no Exemplo 17.7 é, estritamente falando, válido somente para 1 atm de pressão e 25°C? É verdade que o resultado calculado só é exato quando todos os reagentes e produtos estão a uma pressão (parcial) de 1 atm, mas os cálculos mostram que o valor final de $\Delta G°$ varia relativamente pouco, a não ser que as pressões difiram grandemente da pressão padrão. Além do mais, o resultado final calculado (anteriormente) é válido para o processo global, em que os produtos são resfriados a 25°C. Nesta temperatura, a água, naturalmente, não estaria muito longe do estado gasoso (a 1 atm). O cálculo então refere-se a uma condição imaginária para um dos produtos, mas, como antes, pode ser visto pelos dados da Tabela 17.2 que a diferença é pequena, somente cerca de 9 kJ mol^{-1}. (Compare as energias livres de Gibbs-padrão de formação da água líquida e gasosa.)

17.5 A TERMODINÂMICA E O EQUILÍBRIO

A importância da termodinâmica química está na sua habilidade em descrever a aproximação ao equilíbrio e as propriedades do estado de equilíbrio.

A ENERGIA LIVRE DE GIBBS, O EQUILÍBRIO E O VALE DE GIBBS

Todas as reações químicas tendem ao equilíbrio. Para algumas reações, as quantidades em excesso de todos os reagentes, após o equilíbrio ser atingido, são tão pequenas que não são mensuráveis. Nestes casos, dizemos que a reação "teve uma conversão completa". Em outros casos, a reação parece não ter-se completado. Esta situação é um resultado do efeito cinético (a reação realmente ocorre, mas tão lentamente que nenhuma alteração pode ser observada) ou termodinâmico, em que somente quantidades extremamente pequenas de reagentes devem ser consumidos, e de produtos formados, a fim de estabelecer o equilíbrio.

Considere a seguinte reação hipotética ocorrendo à temperatura e pressão constantes: os reagentes, todos em seu estado padrão, são colocados juntamente em um recipiente, onde reagem *completamente* formando os produtos, também todos no seu estado padrão:

$$\text{reagentes}_{(\text{estado padrão})} \rightarrow \text{produtos}_{(\text{estado padrão})}$$

Designaremos a somatória das entalpias dos reagentes (no início da reação) como $\Sigma H°_{\text{reagentes}}$ e dos produtos (após a conversão hipotética de 100% de reagentes para produtos) como $\Sigma H°_{\text{produtos}}$. Durante o curso de reação, a entalpia total de mistura reagente varia continuamente, pois os reagentes são consumidos gradualmente e os produtos são formados. A situação descrita é mostrada esquematicamente na Figura 17.7a. Neste exemplo, $\Sigma H°_{\text{produtos}}$ é menor do que $\Sigma H°_{\text{reagentes}}$ e desse modo $\Delta H°$ para a reação é negativo. (A reação é exotérmica.)

Por esta mesma razão, a entropia total da mistura reagente também varia continuamente, pois, na mistura, as quantidades de reagentes diminuem e as quantidades dos produtos aumentam. Esta variação é mostrada na Figura 17.7b. Observe que desta vez a curva atinge um máximo, isto é, um pouco antes de todos os reagentes terem se transformado em produtos, a entropia total da mistura é maior do que a soma das entropias dos reagentes puros, $\Sigma S°_{\text{reagentes}}$ ou dos produtos puros, $\Sigma S°_{\text{produtos}}$. Isto ocorre por causa de um efeito conhecido como *entropia de mistura*: a entropia de uma mistura é maior do que a soma das entropias de seus constituintes puros, porque a mistura é um sistema mais desordenado.

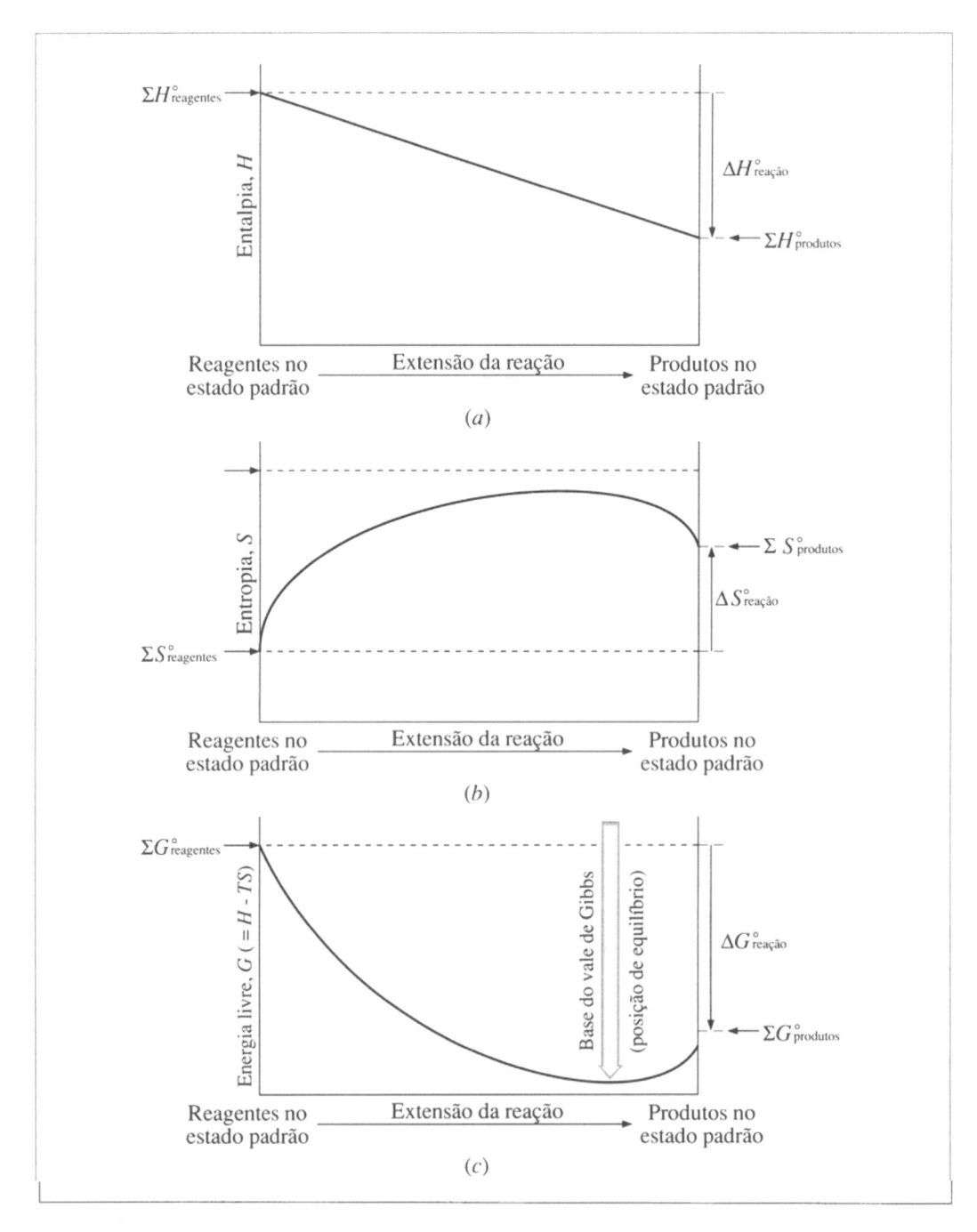

Figura 17.7 A variação de H, S e G à temperatura constante T com a extensão da reação (esquemática, não desenhada em escala). (*a*) Entalpia, (*b*) Entropia, (*c*) Energia livre.

Agora, consideraremos como a *energia livre de Gibbs* da mistura reagente varia durante o curso da reação. Podemos substituir os valores de H representados graficamente na Figura 17.7a e os de S na Figura 17.7b na relação

$$G = H - TS$$

(Seção 17.3) com a finalidade de encontrar a variação da energia livre total de Gibbs, G, da mistura reagente durante a reação em determinada temperatura constante T. Os resultados deste processo estão no gráfico da Figura 17.7c. Observe que, porque há um sinal de "menos" antes do termo TS na relação anterior, e porque há um *máximo* na curva de entropia (Figura 17.7b), o resultado é um *mínimo* na curva da energia livre de Gibbs. Isto significa que em algum ponto durante o curso da reação a energia livre total de Gibbs é menor do que a dos reagentes puros ou dos produtos puros.

Na Seção 17.3, mostramos que a *energia livre de Gibbs diminui durante a transformação espontânea*. Desse modo, a reação por nós discutida só pode ocorrer de fato com $\Delta G < 0$, isto é, com o decréscimo da energia livre total de Gibbs do sistema. Mas o decréscimo da energia livre de Gibbs ocorre somente até atingir um valor mínimo, mostrado na Figura 17.7c. Neste ponto, o sistema atingiu o estado de menor energia livre de Gibbs, e nenhuma mudança posterior é possível. *A reação atingiu o equilíbrio*. Como não é possível para o sistema passar o mínimo da energia livre de Gibbs mostrada na Figura 17.7c, a conversão completa dos reagentes em produtos não é possível. A reação realmente não se completou.

Da Figura 17.7c podemos observar que o estado de equilíbrio também pode ser atingido começando com os produtos puros (as substâncias escritas do lado direito da equação e representados à direita no gráfico). A energia livre de Gibbs do sistema decresce ("colina abaixo") e atinge um mínimo (o menor ponto no "vale"), não importa a combinação ("reagentes" puros à esquerda, ou "produtos" puros, à direita) com que iniciemos. O mínimo na curva da energia livre de Gibbs para a reação é algumas vezes chamado de *vale de Gibbs*.

Comentários Adicionais

Uma curva de energia livre, tal como a da Figura 17.7c, pode ser lida da esquerda para a direita ou da direita para a esquerda, dependendo de que substâncias são consideradas como a mistura reagente.

Todas as reações apresentam o vale de Gibbs. Para algumas, o vale está muito próximo do lado direito ("produtos") do diagrama. Isto significa que no equilíbrio os produtos estão bastante favorecidos sobre os reagentes, e assim a reação essencialmente se completa. Para outras reações, o vale de Gibbs está próximo do lado esquerdo ("reagentes") do diagrama; isto indica que a reação mal iniciou e o equilíbrio foi estabelecido. Finalmente, em muitos casos a posição do equilíbrio tem uma localização intermediária ao longo do eixo da extensão da reação.

Em todos os casos, após ter se estabelecido o equilíbrio nenhuma reação posterior é possível porque qualquer mudança detectável produziria um aumento na energia livre de Gibbs do sistema, o que, como vimos, não ocorre. *No equilíbrio, a energia livre de Gibbs de um sistema é mínima.*

AS VARIAÇÕES DA ENERGIA LIVRE DE GIBBS E AS CONSTANTES DE EQUILÍBRIO

A energia livre de Gibbs-*padrão* de uma substância é a sua energia livre quando a substância se encontra no estado padrão. Para um gás, isto significa 1 atm de pressão, considerando um comportamento ideal. Pode se mostrar que, quando um gás está a uma pressão P diferente de 1 atm, a sua energia livre de Gibbs G pode ser relacionada com a sua energia livre padrão $G°$ pela equação:

$$G = G° + RT \ln P \qquad (17.3)$$

onde R é a constante dos gases ideais e T é a temperatura absoluta.

Considere uma reação em fase gasosa, quando A_2 e B_2 formam um único produto AB. No início, AB não está presente, existe somente a mistura de A_2 e B_2. Com a ocorrência da reação, AB é formado de acordo com a equação

$$A_2(g) + B_2(g) \rightarrow 2AB(g)$$

Aplicando a Equação 17.3 a todas as substâncias presentes nesta equação, não é difícil mostrar que a variação da energia livre de Gibbs associada à reação é dada pela expressão

$$\Delta G = \Delta G° + RT \ln \frac{P^2_{AB}}{P_{A_2} P_{B_2}}$$

onde o quociente à direita contém as pressões parciais dos produtos e dos reagentes. Mas este quociente,

$$\frac{P^2_{AB}}{P_{A_2} P_{B_2}}$$

é Q_P, a expressão da lei da ação das massas, ou o quociente de pressões, para a reação (escrita como uma função das pressões parciais). Portanto,

$$\Delta G = \Delta G° + RT \ln Q_P$$

Como vimos (Seção 17.3), para qualquer sistema no equilíbrio $\Delta G = 0$. Também, no equilíbrio $Q_P = K_P$. Então,

$$0 = \Delta G° + RT \ln K_P$$

ou

$$\Delta G° = -RT \ln K_P$$

Esta relação é freqüentemente usada no cálculo do valor das constantes de equilíbrio, a partir dos dados de energia livre padrão, quando os métodos experimentais diretos são difíceis ou impossíveis. Também pode ser usada para avaliar as energias livres-padrão da reação, a partir das constantes de equilíbrio.

Quando os gases não são ideais, a relação entre G e $G°$ é dada por

$$G = G° + RT \ln a$$

onde a é a quantidade conhecida como a *atividade termodinâmica ou química*, que conduz à relação

$$\Delta G° = -RT \ln K_a$$

onde K_a, a *constante de equilíbrio termodinâmico*, é uma função de atividades e não de pressões. O uso desta equação não é restrito a reações em que os gases comportam-se idealmente. Existem métodos padronizados para a determinação das atividades, mas extrapolam a proposta deste livro.

Para reações que se processam em solução, relações semelhantes podem ser deduzidas. Como o estado padrão de um soluto é freqüentemente considerado em uma concentração de 1 molL^{-1} de soluto, a constante de equilíbrio é escrita em termos de concentrações molares se a solução é ideal. Este raciocínio conduz à seguinte relação, entre a variação de energia livre padrão e a constante de equilíbrio expressa em termos de concentração:

$$\Delta G° = -RT \ln K_c$$

(Se a solução não é ideal, a constante de equilíbrio é escrita como uma função de atividades, K_a.)

A equação

$$\Delta G° = -RT \ln K$$

é útil porque relaciona os conhecimentos do estado padrão e aqueles relativos ao estado de equilíbrio.

Exemplo 17.8 A energia livre de Gibbs-padrão de formação da amônia a 25°C é –16,5 kJ mol^{-1}. Calcule o valor da constante de equilíbrio K_P nesta temperatura para a reação

$$N_2(g) + 3H_2(g) \rightarrow 2NH_3(g)$$

Solução: Para a reação como escrita, $\Delta G°$ é 2(– 16,5), ou –33,0 kJ, porque 2 mols de NH$_3$ são formados

$$\Delta G° = -RT \ln K_P$$

$$\ln K_P = -\frac{\Delta G°}{RT}$$

$$= -\frac{-33,0 \times 10^3 \text{ J mol}^{-1}}{(8,315 \text{ J K}^{-1} \text{ mol}^{-1})(298\text{K})} = 13,3$$

$$K_P = 6 \times 10^5$$

Problema Paralelo: O K_P para a reação

$$I_2(g) + Cl_2(g) \rightarrow 2ICl(g)$$

é igual a 2,0 × 10^5 a 298 K. Qual é o valor da energia livre de Gibbs – padrão molar de formação do cloreto de iodo? **Resposta:** –15 kJ mol^{-1}.

RESUMO

A *primeira lei da termodinâmica* é a lei da conservação de energia e pode ser escrita como $\Delta U = q + w$, onde ΔU é a variação na energia de um sistema, q é o calor absorvido pelo sistema, e w é o trabalho realizado sobre o sistema. Para transformações em que o trabalho é realizado quando o sistema se expande contra uma pressão externa constante, P_{ext}, o trabalho realizado pelo sistema é $P_{ext} \Delta V$, onde ΔV representa a variação no volume do sistema. Portanto, para tal expansão, $w = -P_{ext} \Delta V$.

A *entalpia H* do sistema é definida como $H = U + PV$. Para uma transformação realizada a pressão constante, a variação na entalpia do sistema é igual ao calor absorvido durante a transformação.

A *segunda lei da termodinâmica* estabelece que *a entropia do universo aumenta constantemente*. A *entropia* mede a desordem ou a distribuição ao acaso de um sistema. Desde que estados ao acaso são mais prováveis do que estados ordenados, os sistemas isolados tendem, naturalmente, a experimentar um aumento de sua entropia. A *entropia absoluta padrão* foi determinada para muitas substâncias. Estas determinações estão baseadas na *terceira lei da termodinâmica*, segundo a qual a *entropia de um sólido cristalino, puro e perfeito, é zero no zero absoluto*.

Nas transformações dos sistemas à temperatura e pressão constantes, a variação da *energia livre de Gibbs* permite uma previsão quanto à espontaneidade da transformação. A *energia livre de Gibbs G* é definida por $G = H - TS$. Para um processo que ocorre à temperatura e pressão constantes, se ΔG é menor do que zero (um número negativo), o processo é espontâneo; se ΔG é maior do que zero, o processo não é espontâneo, isto é, não pode ocorrer naturalmente. Se $\Delta G = 0$, o sistema está em equilíbrio. À temperatura e pressão constantes, a relação $\Delta G = \Delta H - T\Delta S$ mostra como a inter-relação da entalpia, da entropia e da temperatura determina se um processo é ou não espontâneo.

As *energias livres de Gibbs-padrão de formação* de compostos podem ser usadas no cálculo das variações da energia livre de Gibbs-padrão das reações químicas, e estas por sua vez podem ser usadas na previsão da espontaneidade da reação.

Uma reação se processa até que o sistema reagente atinja uma energia livre mínima (o *vale de Gibbs*). Neste momento $\Delta G = 0$, o que significa que as energias livres dos reagentes e produtos são iguais. A variação da energia livre de Gibbs padrão, $\Delta G°$, de uma reação está relacionada com a constante de equilíbrio K pela equação $\Delta G° = - RT \ln K$.

PROBLEMAS

Nota: *Utilize os dados do Apêndice G, quando necessário.*

A primeira lei

17.1 Discuta a validade da expressão $\Delta U = q + w$. Teria limitações ou restrições?

■ **17.2** Calcule w em joules, quando 1,00 mol de um gás ideal se expande de um volume de 10,0 L para 100,0 L, a temperatura constante de 25°C, se a expansão é realizada (a) no vácuo, (b) contra uma pressão de oposição constante de 0,100 atm.

■ **17.3** Calcule w e ΔU para a expansão de 20,0 g de N_2 de um volume de 30,0 L para 40,0 L, a temperatura constante de 300°C, contra uma pressão oposta constante de 0,800 atm, se é absorvido 125 J de calor.

17.4 Discuta a sugestão de que o calor e o trabalho não são formas de energias, mas medidas da variação de energia.

17.5 Um certo gás se expande no vácuo. Se o sistema for isolado das suas vizinhanças termicamente, sua energia aumenta ou diminui? Sua resposta depende do comportamento ideal ou real do gás? Explique.

17.6 Comente a respeito da afirmação: "O calor produz um movimento ao acaso, mas o trabalho produz um movimento direcionado".

17.7 Como um gás pode se expandir sem realizar trabalho? Como deve ser a expansão para que o trabalho seja máximo?

■ **17.8** Um sistema se expande de um volume de 2,50 L para 5,50 L contra uma pressão de oposição constante de 4,80 atm. Calcule (a) o trabalho realizado pelo sistema sobre as suas vizinhanças, (b) o trabalho realizado sobre o sistema pelas suas vizinhanças. Expresse as respostas em atmosfera-litro e em joules.

17.9 Um sistema é comprimido por uma pressão externa de 8,00 atm de um volume inicial de $4,50 \times 10^2$ mL a um volume final de $2,50 \times 10^2$ mL. Calcule (a) o trabalho realizado pelo sistema sobre as suas vizinhanças, (b) o trabalho realizado pelas vizinhanças sobre o sistema. Expresse suas respostas em atmosfera-litro e em joules.

■ **17.10** Quando um gás ideal se expande isotermicamente ($\Delta T = 0$), sua energia permanece constante. Se um gás ideal se expande isotermicamente de um volume de 2,40 L para 6,43 L contra uma pressão de oposição de 4,50 atm, quantos quilojoules de calor são absorvidos pelo gás?

■ **17.11** Calcule ΔU para uma substância que absorve 1,48 kJ de calor em uma expansão de volume de 1,00 L para $5,00 \times 10^2$ L, contra uma pressão oposta de 5,00 atm.

17.12 Quando um gás ideal se expande isotermicamente ($\Delta T = 0$), sua energia permanece constante. 1,00 mol de um gás ideal nas CNTP expande-se isotermicamente contra uma pressão oposta de 0,100 atm. Quanto calor é absorvido pelo gás se a sua pressão final é (a) 0,500 atm, (b) 0,100 atm?

A Energia e a Entalpia

17.13 Um sistema se expande sob uma pressão constante de 1,00 atm, de um volume de 3,00 L para 9,00 L, enquanto absorve 13,0 kJ de calor. Quais os valores de ΔH e ΔU para o processo?

17.14 Um sistema reagente libera 128 kJ de calor ao se expandir de um volume de 16,2 L para um de 22,2 L sob uma pressão constante de 1,00 atm. Calcule ΔH e ΔU.

17.15 A densidade do gelo a 0°C é 0,917 g mL^{-1} e da água líquida, na mesma temperatura, é 0,9998 g mL^{-1}. Se ΔH_{fus} do gelo é 6,009 kJ mol^{-1}, qual é ΔU_{fus}?

A Entropia e a Segunda Lei

17.16 Indique se a entropia de um sistema aumenta ou diminui quanto este é submetido às seguintes transformações: (a) congelamento da água, (b) evaporação do clorofórmio, (c) sublimação do dióxido de carbono, (d) o gás nitrogênio é comprimido a temperatura constante, (e) a água é misturada ao álcool a temperatura constante, (f) a água é aquecida de 25°C para 26°C; (g) um automóvel enferruja e (h) um pacote de moedas é sacudido.

17.17 Para cada um dos seguintes pares, a 1 atm, indique qual substância tem maior entropia: (a) 1 mol de NaCl(s) ou 1 mol de HCl(g), ambos a 25°C, (b) 1 mol de HCl(g) a 25°C ou 1 mol de HCl(g) a 50°C, (c) 1 mol de H$_2$O(l) ou 1 mol de H$_2$O(g), ambos a 0°C.

17.18 O ponto de ebulição normal do benzeno, C$_6$H$_6$, é 80,1°C, e seu calor molar de vaporização nesta temperatura e 1 atm é 30,8 kJ mol^{-1}. Qual é a entropia molar de vaporização do benzeno? Qual é a variação de entropia quando 1,00 g de benzeno ferve a 1 atm?

17.19 O calor de fusão do brometo de potássio é 20,9 kJ mol^{-1}. Se a entropia de fusão do KBr é 20,5 J K^{-1} mol^{-1}, qual é o ponto de fusão deste composto?

17.20 O que é um *sistema isolado*? Este sistema pode, realmente, existir? Explique.

17.21 Faça uma previsão do sinal algébrico de ΔS para cada uma das seguintes reações:

(a) $C_2H_4(g) + 2O_2(g) \rightarrow 2CO(g) + 2H_2O(g)$

(b) $CO(g) + 2H_2(g) \rightarrow CH_3OH(l)$

(c) $Hg_2Cl_2(s) \rightarrow 2Hg(l) + Cl_2(g)$

(d) $Mg(s) + H_2O(l) \rightarrow MgO(s) + H_2(g)$

17.22 Calcule o valor de $\Delta S°$ a 25°C para a reação $CO_2(g) + C(\text{grafite}) \rightarrow 2CO(g)$. Comente o sinal do resultado.

■ **17.23** Calcule a entropia-padrão de formação do metanol, CH_3OH, a 25°C.

Energia Livre de Gibbs

17.24 Exponha como ΔG pode ser usado na previsão da espontaneidade de uma reação. A exposição apresenta algumas restrições?

17.25 Explique, em termos das variações de entropia e de entalpia, por que o sinal algébrico de ΔG_{fus} de uma substância altera-se com a temperatura no ponto de fusão.

17.26 ΔS para uma certa reação é 100 J K^{-1} mol^{-1}. Se a reação ocorre espontaneamente, qual deve ser o sinal de ΔH para o processo?

■ **17.27** Calcule a energia livre de Gibbs-padrão de combustão do acetileno, C_2H_2, formando $CO(g)$ e $H_2O(l)$ a 25°C.

17.28 Calcule a energia livre de Gibbs-padrão de combustão do acetileno, C_2H_2, formando $CO_2(g)$ e $H_2O(l)$ a 25°C.

■ **17.29** Calcule a energia livre de Gibbs-padrão de combustão do acetileno, C_2H_2, formando $CO_2(g)$ e $H_2O(g)$ a 25°C.

17.30 Suponha que para um dado processo o valor de ΔH é 50 kJ, e que o valor de ΔS é 120 J K^{-1} mol^{-1}. O processo é espontâneo a 25°C?

Equilíbrio

■ **17.31** Calcule o valor da constante de equilíbrio K_P a 25°C para a reação $2SO_2(g) + O_2(g) \rightleftharpoons 2SO_3(g)$.

17.32 Calcule o valor da constante de equilíbrio K_P, a 25°C, para a reação $C(\text{grafite}) + 2H_2(g) \rightleftharpoons CH_4(g)$.

■ **17.33** A desagradável coloração marrom da fumaça fotoquímica é, em grande parte, causada pela presença de dióxido de nitrogênio, NO_2, que pode ser formada pela oxidação de óxido de nitrogênio (óxido nítrico), NO. Se as energias livres padrão de formação dos gases NO_2 e NO são 51,8 e 86,7 kJ mol^{-1}, respectivamente, a 25°C, qual é o valor da constante de equilíbrio K_P nesta temperatura para $2NO(g) + O_2(g) \rightleftharpoons 2NO_2(g)$.

PROBLEMAS ADICIONAIS

17.34 Medidas experimentais exatas mostram que o monóxido de carbono sólido parece ter uma pequena, mas significante, entropia residual próxima do zero absoluto. Proponha uma razão para esta aparente contradição à terceira lei.

17.35 Quando um gás ideal se expande isotermicamente ($\Delta T = 0$), sua energia permanece constante. 1,00 mol de um gás ideal inicialmente nas CNTP se expande isotermicamente para um volume de 50,0 L. Qual é a maior quantidade possível de trabalho (em kJ) que um gás pode realizar sobre as vizinhanças, se o gás se expande contra uma pressão de oposição constante?

17.36 Para quais dos seguintes processos o valor de ΔH é significativamente diferente do valor de ΔU? (a) A queima do etanol líquido, C_2H_5OH, pelo oxigênio, formando $CO(g)$ e $H_2O(l)$. (b) A sublimação do dióxido de carbono sólido. (c) A queima do gás metano, CH_4, pelo O_2, formando $CO_2(g)$ e $H_2O(g)$. (d) A combinação do CaO sólido e CO_2 gasoso formando $CaCO_3$ sólido.

■ 17.37 A 25°C, o $\Delta H°$ para a combustão do benzeno líquido, C_6H_6, formando CO_2 e H_2O, ambos gasosos, é –3135 kJ mol^{-1}. (a) Calcule $\Delta U°$ a 25°C; (b) Quais são os valores de $\Delta H°$ e $\Delta U°$ para esta reação a 25°C, se é formada água líquida?

17.38 É possível, teoricamente, obter uma perfeita ordenação (distribuição) de cartas após embaralhá-las? Este evento é provável? Você acha que ele sempre ocorrerá? Compare a entropia de uma distribuição perfeitamente ordenada de cartas com uma em que cada carta se encontra ao acaso.

17.39 O calor de vaporização do etanol, C_2H_5OH, é 39,4 kJ mol^{-1}, e seu ponto de ebulição normal é 78,3°C. Calcule a variação de entropia quando 20,0 g de etanol vapor a 1 atm condensam para líquido a esta temperatura.

17.40 Vinte e cinco estranhos entram em uma sala com muitas cadeiras e um corredor no meio. Qual é a probabilidade de eles escolherem cadeiras do mesmo lado do corredor?

17.41 Diz-se que os organismos vivos violam a segunda lei porque crescem e amadurecem, criando estruturas altamente ordenadas e organizadas. A vida contraria a segunda lei? Explique.

■ **17.42** Calcule o valor de $\Delta S°$ para a reação $NH_4Cl(s) \rightarrow NH_3(g) + HCl(g)$.

17.43 Diferencie claramente ΔG e $\Delta G°$, para uma mesma reação. Qual dos dois valores seria usado para prever a espontaneidade da reação? Por quê?

17.44 Para uma dada reação, $\Delta H = 95$ kJ e $\Delta S = 83$ J K^{-1}. Acima de qual temperatura a reação será espontânea?

17.45 A pressão de vapor da água é 23,8 mmHg a 25°C. Calcule ΔG por mol para cada um dos seguintes processos a 25°C:

(a) $H_2O(l, 1\text{ atm}) \rightarrow H_2O(g, 23,8\text{ mmHg})$

(b) $H_2O(g, 23,8\text{ mmHg}) \rightarrow H_2O(g, 1\text{ atm})$

(c) $H_2O(l, 1\text{ atm}) \rightarrow H_2O(g, 1\text{ atm})$

■ **17.46** O ponto de ebulição normal do tolueno é 111°C, e seu calor molar de vaporização é 33,5 kJ mol^{-1}. Calcule w, q, ΔH, ΔU, ΔG e ΔS para a vaporização de um mol de tolueno no seu ponto de ebulição.

17.47 Para a reação $2SO_2(g) + O_2(g) \rightarrow 2SO_3(g)$, encontre ΔG a 25°C, se a pressão parcial de cada gás é 0,0100 atm.

17.48 A concentração de uma espécie presente em solução é 0,50 mol/L. De quanto é menor a energia livre de Gibbs desta espécie, em relação a sua energia livre de Gibbs padrão? (Admita 25°C.)

17.49 Para cada uma das seguintes transformações indique o sinal algébrico de ΔU, ΔH, ΔS e ΔG. (Considere somente o sistema, despreze as vizinhanças.)

(a) A expansão de um gás ideal no vácuo.

(b) A água em ebulição a 100°C e 1 atm.

(c) A queima do hidrogênio pelo oxigênio.

17.50 O calor de fusão do gelo é 6,008 kJ mol L^{-1}. (a) Calcule a entropia molar de fusão do gelo a 0,00°C (273,15 K). Admitindo que ΔS_{fus} não varia com a temperatura, calcule ΔG para a fusão de 1 mol de gelo a (b) 10,00°C, (c) 0,00°C e (d) $-$10,00°C.

Capítulo 18

ELETROQUÍMICA

TÓPICOS GERAIS

18.1 CÉLULAS GALVÂNICAS
Reações espontâneas e a célula galvânica
Diagramas de célula
Eletrodos nas células galvânicas
Tensão de célula e espontaneidade

18.2 CÉLULAS ELETROLÍTICAS
Reações não-espontâneas e células eletrolíticas
Eletrólise
A eletrólise do cloreto de sódio fundido
A eletrólise de solução aquosa do cloreto de sódio
Outras eletrólises
Leis de Faraday

18.3 POTENCIAIS-PADRÃO DE ELETRODO
O eletrodo padrão de hidrogênio
Potenciais de redução padrão

18.4 ENERGIA LIVRE, TENSÃO DE CÉLULA E EQUILÍBRIO
Termodinâmica e eletroquímica
O efeito da concentração sobre a tensão da célula
A equação de Nernst
Potenciais-padrão e constantes de equilíbrio

18.5 A MEDIDA ELETROQUÍMICA DO pH
A medida do pH com o eletrodo de hidrogênio
Medidores de pH e o eletrodo de vidro

18.6 CÉLULAS GALVÂNICAS COMERCIAIS
Células primárias
Células secundárias

A matéria é composta de partículas eletricamente carregadas, portanto não é surpreendente que seja possível converter energia química em energia elétrica e vice-versa. O estudo destes processos de interconversão é uma parte importante da *eletroquímica*, cujo objetivo é o estudo da *relação entre energia elétrica e transformação química*.

Na Seção 12.3 examinamos as maneiras de predizer quais tipos de reação podem ocorrer quando várias substâncias são misturadas. Naquela ocasião consideramos reações de precipitação, reações que formam eletrólitos fracos e reações de complexação, porém adiamos as considerações de como prever reações de óxido-redução. No presente capítulo retomaremos o assunto e mostraremos como a aplicação de um pouco de termodinâmica pode ajudar a prever a espontaneidade de reações redox.

18.1 CÉLULAS GALVÂNICAS[1]

Uma **célula eletroquímica** é um dispositivo que utiliza reações de óxido-redução para produzir a interconversão de energia química e elétrica. (Para uma revisão de óxido-redução, ver a Seção 12.5.) Existem dois tipos de células eletroquímicas: as **células galvânicas**, nas quais energia química é convertida em energia elétrica, e as **células eletrolíticas**, nas quais energia elétrica é convertida em energia química. Primeiro consideraremos a operação das células galvânicas.

REAÇÕES ESPONTÂNEAS E A CÉLULA GALVÂNICA

Consideremos a reação de óxido-redução simples

$$Zn(s) + Cu^{2+}(aq) \rightarrow Zn^{2+}(aq) + Cu(s)$$

que ocorre espontaneamente quando mergulhamos uma barra de zinco metálico em uma solução aquosa de sulfato de cobre(II) ou sulfato cúprico, $CuSO_4$, como é mostrado na Figura 18.1. Imediatamente após a imersão notamos um depósito escuro sobre a superfície do zinco. Este depósito consiste em partículas finamente divididas de cobre metálico e cresce formando uma camada grossa e esponjosa; ao mesmo tempo a cor azul característica da solução de $CuSO_4$ descora gradualmente, indicando que os íons de cobre(II) hidratados, $Cu(H_2O)_4^{2+}$, são consumidos na reação. Além disto, o zinco metálico corrói lentamente, provocando o destacamento do depósito de cobre metálico que acaba se depositando no fundo do recipiente.

---

1   N. do R.T.: As células galvânicas são comumente chamadas pilhas.

A reação entre zinco e íons de cobre(II) é espontânea; o zinco é oxidado e os íons cúpricos são reduzidos:

$$Zn(s) \rightarrow Zn^{2+}(aq) + 2e^- \quad \text{(oxidação)}$$
$$2e^- + Cu^{2+}(aq) \rightarrow Cu(s) \quad \text{(redução)}$$
$$\overline{Zn(s) + Cu^{2+}(aq) \rightarrow Zn^{2+}(aq) + Cu(s)} \quad \text{(equação completa)}$$

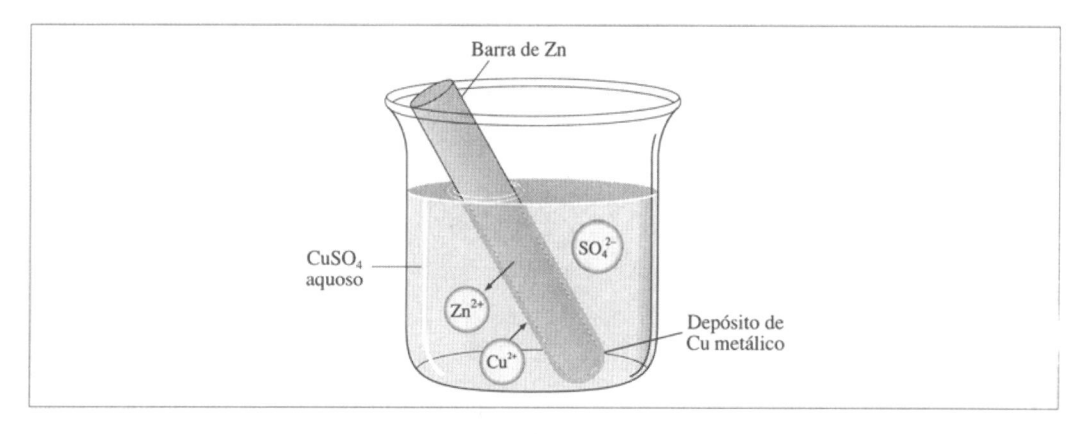

Figura 18.1 Reação espontânea: $Zn(s) + Cu^{2+}(aq) \rightarrow Zn^{2+}(aq) + Cu(s)$.

Para esta reação, $\Delta G°$ é igual a -212 kJ mol^{-1}. Este grande valor negativo indica uma forte tendência dos elétrons em se transferirem do Zn metálico para os íons de Cu^{2+}, pelo menos quando reagentes e produtos se encontram em seus estados padrões (metais puros e concentrações iônicas 1 mol L^{-1}). É importante verificar que essa tendência mostrada pela reação depende apenas da natureza, estados e concentrações dos reagentes e produtos, e não de *como ocorre* a reação. Em outras palavras, para a reação anterior, enquanto fornecemos condições para os elétrons se transferirem do Zn(s) ao Cu^{2+}(aq), esta transferência irá ocorrer. Suponhamos, por exemplo, que separemos fisicamente a barra de zinco de solução da solução de sulfato de cobre(II), como é ilustrado na Figura 18.2a. A barra de zinco é imersa numa solução de sulfato de zinco, a barra de cobre encontra-se imersa em uma solução de sulfato cúprico e as duas encontram-se interligadas eletricamente mediante um fio. Este dispositivo forma uma *célula galvânica*, também conhecida como *célula voltaica*. As duas metades da célula são chamadas *compartimentos* e são separadas por um material poroso, por exemplo, uma peça de argila não-vitrificada ou de porcelana. As barras de zinco e de cobre são denominadas *eletrodos* e fornecem a superfície na qual ocorrem as reações de oxidação e de redução. Cada eletrodo e o meio onde está imerso forma uma *semipilha*. O circuito elétrico que conecta os dois eletrodos fora da célula é denominado *circuito externo*.

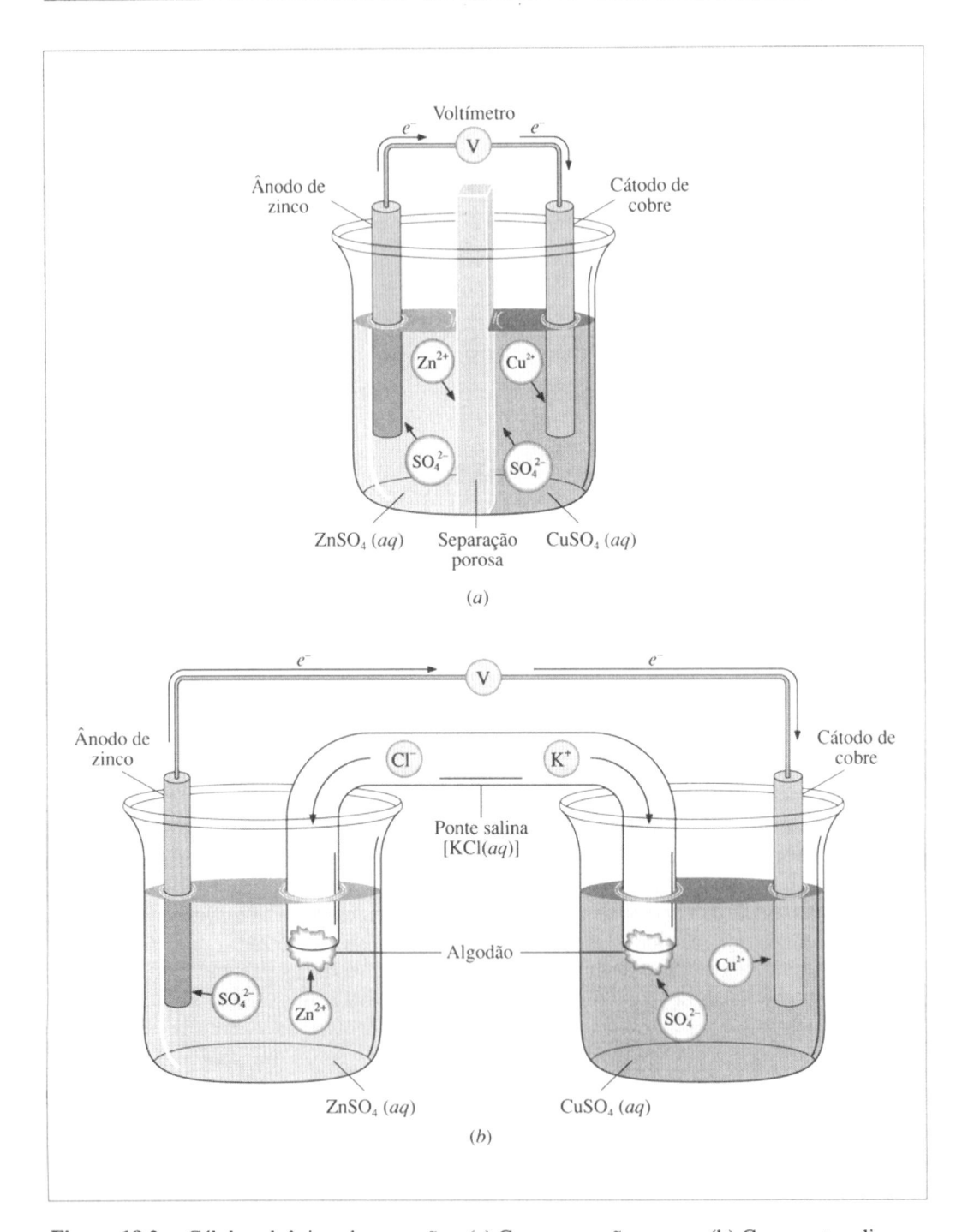

Figura 18.2 Célula galvânica: duas versões. (a) Com separação porosa. (b) Com ponte salina.

Se os eletrodos de zinco e de cobre da Figura 18.2a forem ligados entre si por meio de um circuito externo, haverá um escoamento de elétrons através deste circuito, do eletrodo de zinco para o eletrodo de cobre em cuja superfície serão recebidos pelos íons de Cu^{2+}. Este íons são reduzidos e os átomos de cobre resultantes se depositam sobre a superfície do eletrodo de cobre, em um processo denominado *eletrodeposição*. O eletrodo de cobre é denominado **cátodo**, ou seja, é o *eletrodo onde ocorre a redução*. A semi-reação no cátodo é

$$2e^- + Cu^{2+}(aq) \rightarrow Cu(s) \qquad \text{(semi-reação catódica)}$$

Nesta célula, os átomos da superfície do zinco perdem elétrons (são oxidados) e se tornam íons. À medida que os elétrons deixam o metal saindo pelo circuito externo, os íons se dissolvem na solução aquosa. O eletrodo de zinco é denominado **ânodo**, isto é, *o eletrodo onde ocorre a oxidação*. A semi-reação de oxidação é

$$Zn(s) \rightarrow Zn^{+2}(aq) + 2e^- \qquad \text{(semi-reação anódica)}$$

Comentários Adicionais

Na realidade, não é necessário que o cátodo da célula galvânica mostrada na Figura 18.2a seja de cobre. O cátodo pode ser qualquer material inerte que conduza eletricidade, tal como platina ou grafite. Este eletrodo será de qualquer forma um eletrodo de cobre, pois uma vez iniciada a reação ele é recoberto com cobre, passando a ser um eletrodo de cobre. Da mesma forma, a solução do compartimento anódico (onde a chapa de zinco se encontra imersa) não precisa conter íons zinco no início. Estes íons serão fornecidos ao iniciar a reação.

Truque para lembrar: **o**xidação ocorre no **â**nodo (ambas as palavras começam com vogal), e **r**edução ocorre no **c**átodo (ambas as palavras começam com consoantes).

A separação mediante o material poroso tem por finalidade manter os íons cúpricos afastados do ânodo de zinco. Isto evita a transferência direta de elétrons do zinco para o cobre, e conseqüentemente permite o escoamento de elétrons pelo circuito externo. O material poroso também permite a migração dos íons entre os dois compartimentos. (Esta migração constitui uma corrente elétrica e é necessária para completar o circuito elétrico dentro da célula.)

À medida que se vai realizando a reação da célula, os íons de zinco migram afastando-se do ânodo de zinco na direção do eletrodo de cobre, à semelhança do que ocorre com os íons cúpricos. Os íons positivos são chamados *cátions* porque migram em direção ao cátodo. Da mesma maneira, os íons sulfato migram em direção ao ânodo e por isso são denominados *ânions*.

Se um voltímetro é colocado no lugar do circuito externo, como na Figura 18.2a, e se este voltímetro tiver uma alta resistência elétrica interna (alta resistência ao fluxo de elétrons), a passagem de elétrons pelo circuito externo essencialmente pára, acontecendo o mesmo com as semi-reações no cátodo e no ânodo. (A reação espontânea não pode ocorrer se não há circulação dos elétrons entre o ânodo e o cátodo através do circuito externo.) O voltímetro lê a *diferença de potencial elétrico* ou *tensão*, entre os dois eletrodos, usualmente expressa em *volts* (V)[2]. Isto nos dá uma medida da tendência dos elétrons em fluírem do ânodo para o cátodo através do circuito externo e esta tendência depende por sua vez da tendência das reações anódicas e catódicas ocorrerem.

Se no lugar do voltímetro na célula da Figura 18.2*a* colocássemos uma lâmpada, as semi-reações ocorreriam havendo aquecimento do filamento até a incandescência devido à passagem dos elétrons no circuito externo. Por outro lado, se fosse colocado no circuito externo um pequeno motor elétrico, obteríamos um trabalho elétrico como resultado das semi-reações.

A Figura 18.2*b* mostra uma maneira alternativa de se construir uma pilha. Nesta versão, a divisão porosa da Figura 18.2*a* foi substituída por uma *ponte salina*, que consiste em um tubo em U cheio de uma solução de cloreto de potássio. Na ponte salina os íons Cl$^-$ migram em direção ao ânodo e os íons K$^+$ em direção ao cátodo, à medida que a célula se descarrega.

A ponte salina preenche três funções: separa fisicamente os compartimentos eletródicos, provê a continuidade elétrica (um caminho contínuo para a migração dos ânions e dos cátions) na célula e reduz o *potencial de junção líquida*, uma diferença de potencial produzida quando duas soluções diferentes são postas em contato entre si. Esta diferença se origina pelo fato do ânion e do cátion migrarem através da região de contato ou junção líquida, com velocidades diferentes. Se o ânion e o cátion na ponte salina migrarem com velocidades praticamente iguais, o potencial de junção líquida é minimizado, e isto simplifica a interpretação da medida de tensão de uma pilha.

Em ambas as versões da pilha da Figura 18.2 as semi-reações de eletrodo e a reação da célula são as mesmas:

Ânodo: $\quad Zn(s) \rightarrow Zn^{2+}(aq) + 2e^-$

Cátodo: $2e^- + Cu^{2+}(aq) \rightarrow Cu(s)$

Célula: $Zn(s) + Cu^{2+}(aq) \rightarrow Zn^{2+}(aq) + Cu(s)$

---

[2] A diferença de potencial em um circuito elétrico é de alguma forma semelhante à diferença de pressão em uma coluna de água. Um voltímetro mede a tendência dos elétrons em fluírem através de um circuito da mesma forma que um medidor de pressão mede a tendência de fluxo de água. O potencial elétrico pode ser imaginado como uma "pressão de elétrons".

> **Comentários Adicionais**
>
> Por que não podemos eliminar o potencial de junção líquida simplesmente removendo a ponte salina da Figura 18.2b? A razão é que, se o fizermos, todos os processos serão interrompidos: as semi-reações de eletrodo param e a leitura do voltímetro cai a zero, porque a tendência de fluir dos elétrons através de um circuito externo é eliminada. A reação no ânodo (oxidação do zinco) pára porque os íons zinco não podem mais migrar do compartimento anódico. O aumento dos íons zinco (positivos) em solução impede que os elétrons (negativos) deixem o metal zinco pelo circuito externo. Da mesma forma, a reação catódica (redução dos íons cúpricos) pára porque não há mais elétrons vindo através do circuito externo. A deficiência de elétrons resultante neste eletrodo (uma carga positiva) impede íons cúpricos de se depositarem na superfície do eletrodo. Uma ponte salina (ou uma placa porosa) é necessária para fornecer condições dos íons migrarem entre os compartimentos eletródicos e, assim, completar o circuito elétrico interno da célula.

Qualquer célula que use esta reação se chama *pilha de Daniell*, nome dado por ser seu inventor o químico inglês J. F. Daniell. Pode-se ver que a reação da pilha de Daniell é exatamente a mesma que ocorre quando uma barra de zinco é colocada num béquer contendo solução de $CuSO_4$. A grande diferença é que na pilha de Daniell os elétrons devem atravessar o circuito externo antes de chegarem aos íons de Cu^{2+} no compartimento catódico.

DIAGRAMAS DE CÉLULA

As células galvânicas são comumente representadas mediante uma notação simplificada chamada *diagrama de célula*. O diagrama da pilha de Daniell da Figura 18.2a é:

$$Zn(s) \mid Zn^{2+}(aq) \mid Cu^{2+}(aq) \mid Cu(s)$$

onde cada símbolo e fórmula representa a fase em que a substância ou espécie se encontra e as linhas verticais representam interfases ou junções. A convenção geralmente seguida apresenta o *ânodo* na *esquerda* do diagrama. Isto significa que os elétrons deixam a célula para entrar no circuito externo, partindo do eletrodo que está escrito à esquerda.

Quando uma ponte salina está presente para minimizar o potencial de junção líquida, como na Figura 18.2b, escreve-se uma linha dupla vertical para dizer que a junção foi eliminada (na medida do possível):

$$Zn(s) \mid Zn^{2+}(aq) \parallel Cu^{2+}(aq) \mid Cu(s)$$

Um diagrama de célula é muitas vezes escrito para mostrar a fórmula completa do soluto em cada compartimento da célula. Para a pilha de Daniell podemos escrever então:

$$Zn(s) \mid ZnSO_4(aq) \parallel CuSO_4(aq) \mid Cu(s)$$

ELETRODOS NAS CÉLULAS GALVÂNICAS

Os eletrodos em uma célula servem como dispositivos de remoção de elétrons do agente redutor no ânodo e fonte de elétrons para o agente oxidante no cátodo. Qualquer eletrodo pode funcionar como cátodo ou como ânodo. Os cinco tipos importantes de eletrodos são:

1. Eletrodo metal-íon metálico
2. Eletrodo gás-íon
3. Eletrodo metal-ânion de sal insolúvel
4. Eletrodos de "óxido-redução" inertes
5. Eletrodos de membrana

Eletrodos metal-íon metálico. O eletrodo metal-íon metálico consiste em um metal em contato com seus íons presentes na solução. Um exemplo é uma peça de prata imersa em solução de nitrato de prata. O diagrama para este tipo de eletrodo, empregado como cátodo (aparecerá do lado direito no diagrama de célula), é

$$Ag^+(aq) \mid Ag(s)$$

e a semi-reação de cátodo é

$$Ag^+(aq) + e^- \rightarrow Ag(s)$$

onde o elétron que aparece nesta equação provém do circuito externo. Quando este eletrodo funciona como ânodo, escreve-se

$$Ag(s) \mid Ag^+(aq)$$

(e aparecerá do lado esquerdo no diagrama de célula). A semi-reação de eletrodo, neste caso, é

$$Ag(s) \rightarrow Ag^+(aq) + e^-$$

e o elétron que aparece na equação parte da prata para o circuito externo. Os eletrodos de cobre-íon cúprico e zinco-íon da pilha de Daniell também são desse tipo.

Eletrodos gás-íon. No eletrodo gás-íon é empregado um gás em contato com o seu ânion, ou cátion, em solução. O gás é borbulhado na solução e o contato elétrico é feito mediante um metal inerte, geralmente platina. Na Figura 18.3 aparece uma das possíveis construções do eletrodo hidrogênio-íon hidrogênio (denominação que é comumente simplificada para eletrodo de hidrogênio). O diagrama deste eletrodo quando funciona como cátodo é

$$H^+(aq) \mid H_2(g) \mid Pt(s)$$

e a semi-reação catódica é

$$2e^- + 2\,H^+(aq) \rightarrow H_2(g)$$

Para que este eletrodo funcione satisfatoriamente, a platina deve ser recoberta por uma fina camada de platina finamente dividida (negro de platina), que catalisa a reação. (Este eletrodo é chamado *eletrodo de platina platinizado*.)

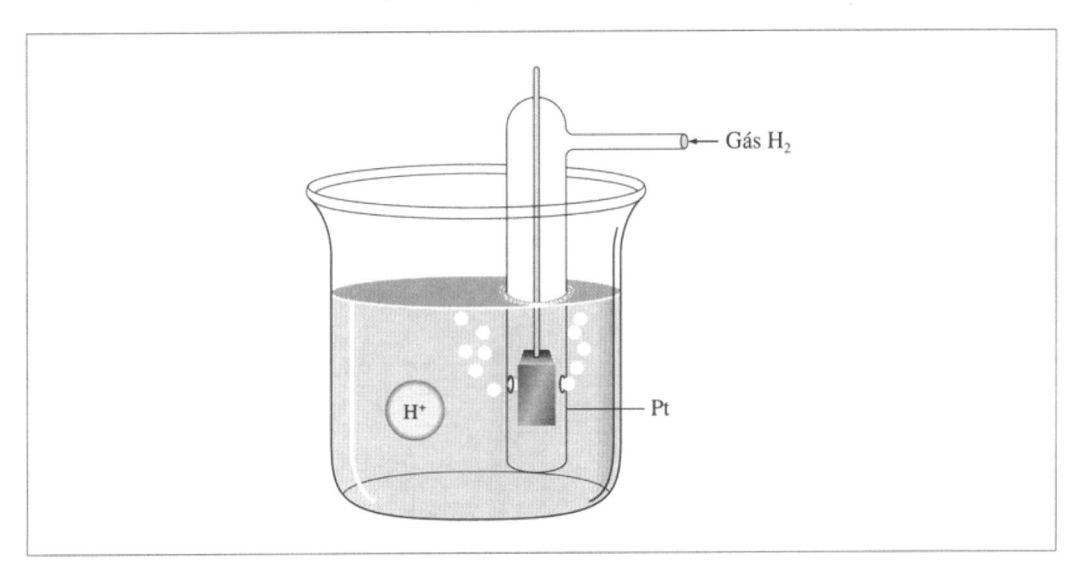

Figura 18.3 Eletrodo de hidrogênio.

Eletrodo metal–ânion de sal insolúvel. Neste eletrodo, um metal se encontra em contato com um dos seus sais insolúveis e, ao mesmo tempo, com uma solução que contém o ânion do sal. Um exemplo é dado pelo eletrodo de prata-cloreto de prata, cujo diagrama como cátodo é:

$$Cl^-(aq) \mid AgCl(s) \mid Ag(s)$$

e para o qual a semi-reação catódica

$$AgCl(s) + e^- \rightarrow Ag(s) + Cl^-(aq)$$

Neste eletrodo um fio de prata é coberto por uma pasta de cloreto de prata e imerso em uma solução que contenha os íons cloreto, como é visto na Figura 18.4.

O eletrodo metal-óxido insolúvel é semelhante ao eletrodo metal-ânion de sal insolúvel.

Eletrodos de "óxido-redução" inertes. Este eletrodo é na realidade tanto de óxido-redução quanto qualquer outro eletrodo. Consiste em um pedaço de fio metálico inerte, digamos, platina, em contato com uma solução de uma substância em dois estados de oxidação diferentes. Este eletrodo caracteriza-se por não participar da reação, ele nem fornece íons para a solução e tampouco reduz seus próprios íons. Neste eletrodo, ambos os reagentes e produtos se encontram em solução. Por exemplo, temos o eletrodo férrico-ferroso funcionando como cátodo cujo diagrama é

$$Fe^{3+}, Fe^{2+}(aq) \mid Pt(s)$$

O íon ferro(III), ou íon férrico, $Fe^{3+}(aq)$, é reduzido a íon ferro(II), ou íon ferroso, $Fe^{2+}(aq)$:

$$Fe^{3+}(aq) + e^- \rightarrow Fe^{2+}(aq)$$

Observe o uso da vírgula no diagrama deste eletrodo; ela indica que ambos os íons férrico e ferroso se encontram na mesma fase, neste caso, a solução.

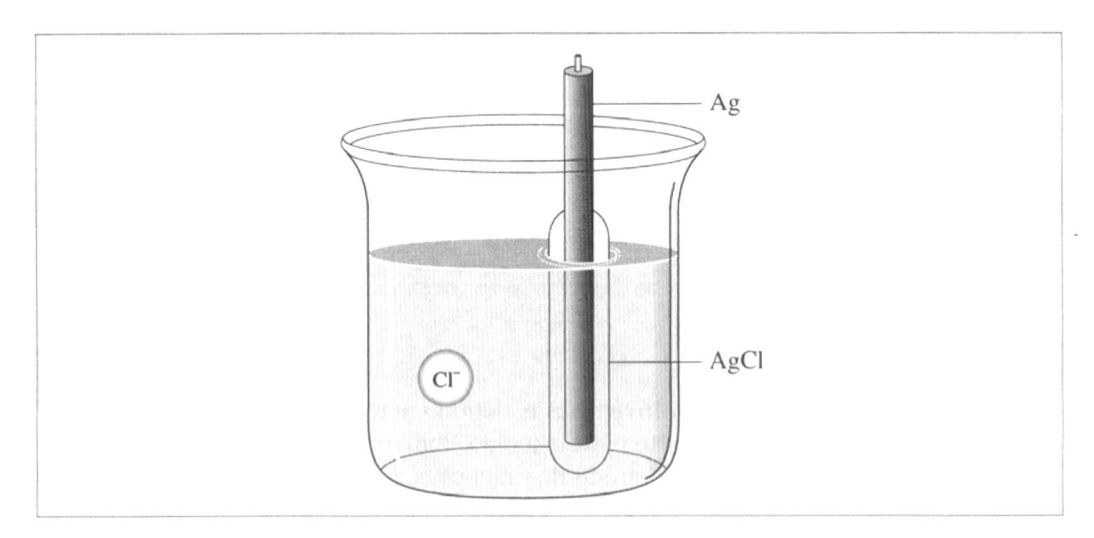

Figura 18.4 Eletrodo de prata-cloreto de prata.

Eletrodos de membrana. Veremos um tipo de eletrodo de membrana, o eletrodo de vidro, na Seção 18.5.

TENSÃO DE CÉLULA E ESPONTANEIDADE

Quando um voltímetro ou outro dispositivo de medida de tensão é ligado a uma célula galvânica, ele indica uma diferença de potencial elétrico. Chamamos esta diferença *tensão* ou *potencial* produzido pela célula e atribuímos-lhe o sinal algébrico *positivo*. O sinal mais indica que a reação de célula se desenrola espontaneamente, mas a questão permanece: *em qual direção*? Em outras palavras, como podemos dizer quem é o cátodo e quem é o ânodo?

Para ilustrar este problema, imaginemos uma célula formada pelo eletrodo A–A$^+$ e pelo eletrodo B–B$^+$ ligados mediante uma ponte salina. Como não fizemos distinção entre ânodo e cátodo, não sabemos se devemos escrever a célula

$$A(s) \mid A^+(aq) \parallel B^+(aq) \mid B(s)$$

para a qual as reações são

Ânodo:	$A(s) \rightarrow A^+(aq) + e^-$	(oxidação)
Cátodo:	$e^- + B^+(aq) \rightarrow B(s)$	(redução)
Célula:	$A(s) + B^+(aq) \rightarrow B^+(aq) + B(s)$	

ou como

$$B(s) \mid B^+(aq) \parallel A^+(aq) \mid A(s)$$

para a qual as reações são

Ânodo:	$B(s) \rightarrow B^+(aq) + e^-$	(oxidação)
Cátodo:	$e^- + A^+(aq) \rightarrow A(s)$	(redução)
Célula:	$B(s) + A^+(aq) \rightarrow B^+(aq) + A(s)$	

Para determinar qual dos eletrodos é o ânodo, ligamos o borne "–" do voltímetro ao eletrodo A e o "+" ao eletrodo B, e observamos a tensão indicada. A leitura positiva do voltímetro significa que ligamos o voltímetro corretamente; o eletrodo A é carregado com carga negativa e o B com carga positiva. Se um eletrodo aparece (em relação ao voltímetro) como carregado negativamente, significa que os elétrons tenderão a emergir da célula (para entrar no circuito externo). Assim, concluímos: (1) que o eletrodo A da nossa célula imaginária é o ânodo, (2) que o diagrama de célula é

$$A(s) \mid A^+(aq) \parallel B^+(aq) + B(s)$$

e (3) que o potencial medido (positivo) está associado com a reação de célula (espontânea)

$$A(s) + B^+(aq) \rightarrow A^+(aq) + B(s)$$

A reação da célula de Daniell,

$$Zn(s) + Cu^{2+}(aq) \rightarrow Zn^{2+}(aq) + Cu(s)$$

ocorre espontaneamente e, se as concentrações dos íons cúpricos e de zinco forem ambas iguais a 1 mol L^{-1} e a temperatura for 25°C, a tensão medida é +1,10 V. Como ressaltamos anteriormente, a tendência que uma reação tem de ocorrer depende apenas da natureza, estados e concentrações de seus reagentes e produtos e não de "como" ocorre. Não depende, por exemplo, das quantidades de reagentes sólidos que possam estar presentes nem das quantidades de solução ou do tamanho e forma dos béqueres, tubos U, eletrodos etc. Além disso, não depende se a reação produz ou não uma quantidade útil de energia elétrica. Como a tensão de célula mede a "força motriz" de transferência de elétrons do Zn(s) para Cu^{2+}(aq), esta tensão é uma medida direta da tendência de uma reação ocorrer, *independente do fato de que ela realmente ocorra ou não numa célula*. Assim, a "reação de célula de Daniell" é espontânea mesmo que não tenhamos uma célula real. (Ver novamente a Figura 18.1.)

Uma tensão *positiva* é associada a uma reação *espontânea*, e uma tensão *negativa*, a uma reação *não-espontânea*. Assim, a tensão no caso de

$$Cu(s) + Zn^{2+}(aq) \rightarrow Cu^{2+}(aq) + Zn(s)$$

que é a da célula de Daniell *invertida*, é –1,10 V (às concentrações iônicas 1 mol L^{-1} e 25°C). Isto significa que o metal cobre não é oxidado pelos íons zinco.

Comentários Adicionais

Está na hora de dizermos algo sobre as cargas aparentes (mais ou menos) do eletrodo. O ânodo de uma pilha, observado fora da célula, aparece como negativo porque os elétrons, que são cargas negativas, tendem a emergir do mesmo eletrodo e entrar no circuito externo. Observado do interior da célula, porém, este eletrodo aparece *positivo* porque os íons positivos emergem dele e dissolvem na solução. Na pilha de Daniell, por exemplo, os íons positivos de zinco deixam o eletrodo e entram em solução. Felizmente, não nos encontramos sentados no interior da célula, meditando sobre os sinais dos eletrodos. Uma maneira menos ambígua de identificar os eletrodos consiste em designá-los, simplesmente, de ânodo e cátodo.

18.2 CÉLULAS ELETROLÍTICAS

O segundo tipo de células eletroquímicas é a *célula eletrolítica*. Nesta célula, a energia elétrica proveniente de uma fonte externa é utilizada para produzir reações químicas.

REAÇÕES NÃO-ESPONTÂNEAS E CÉLULAS ELETROLÍTICAS

Consideremos a seguinte célula galvânica operando a 25°C:

$$Sn(s) \mid Sn^{2+}(aq) \parallel Cu^{2+}(aq) \mid Cu(s)$$

Esta célula é mostrada esquematicamente na Figura 18.5. O ânodo consiste em uma barra de estanho imersa numa solução contendo estanho(II), ou íon estanoso. O cátodo é o mesmo da pilha de Daniell, imerso em uma solução contendo íons cobre(II). As reações do eletrodo e da célula são

Ânodo de estanho: $\quad Sn(s) \rightarrow Sn^{2+}(aq) + 2e^-$

Cátodo de cobre: $Cu^{2+}(aq) + 2e^- \rightarrow Cu(s)$

Célula: $\quad Sn(s) + Cu^{2+}(aq) \rightarrow Sn^{2+}(aq) + Cu(s)$

No ânodo de estanho, os elétrons tendem a deixar a célula para entrar no circuito externo; no cátodo de cobre os elétrons, provenientes do circuito externo, tendem a entrar. Se os íons estanho(II) e cobre(II) em solução se encontram nos seus estados-padrão, ou seja, se suas concentrações forem 1 mol L^{-1}, a tensão produzida por esta célula galvânica é 0,48 V.

Agora, desliguemos o voltímetro da célula e no seu lugar conectemos uma fonte externa de tensão variável, de maneira que a tensão aplicada pela fonte esteja em *oposição* à tensão produzida pela pilha. (Ver Figura 18.6.) (As conexões entre a fonte de tensão externa e a célula galvânica são feitas entre pólos negativo da fonte e negativo da célula e positivo da fonte e positivo da célula, de maneira que a fonte externa tende a bombear os elétrons para dentro do eletrodo de estanho e para fora do eletrodo de cobre. Este sentido dos elétrons é oposto ao da célula.) Em seguida ajustamos a fonte de tensão para que forneça 0,47 V, que é uma tensão um pouquinho inferior à tensão da célula galvânica. Como a tensão da célula ainda excede a tensão externa (de 0,01 V), a célula galvânica ainda funciona como pilha; suas reações ainda ocorrem espontaneamente, produzindo um fluxo de elétrons no circuito externo, proveniente do eletrodo de estanho em direção ao eletrodo de cobre. Como anteriormente, as reações nos eletrodos e na célula são

Ânodo de estanho: $Sn(s) \rightarrow Sn^{2+}(aq) + 2e^-$

Cátodo de cobre: $Cu^{2+}(aq) + 2e^- \rightarrow Cu(s)$

Célula: $Sn(s) + Cu^{2+}(aq) \rightarrow Sn^{2+}(aq) + Cu(s)$

Agora, se aumentarmos a tensão externa de 0,01 V, de modo que seja 0,48, não vai haver mais fluxo de elétrons, já que a tensão da célula foi "contrabalanceada". (Ver Figura 18.7.) O efeito é parar a produção de $Cu(s)$ e $Sn^{2+}(aq)$ e estabelecer os seguintes equilíbrios em cada eletrodo:

Eletrodo de estanho: $Sn(s) \rightleftharpoons Sn^{2+}(aq) + 2e^-$

Eletrodo de cobre: $Cu^{2+}(aq) + 2e^- \rightleftharpoons Cu(s)$

Célula: $Sn(s) + Cu^{2+}(aq) \rightleftharpoons Sn^{2+}(aq) + Cu(s)$

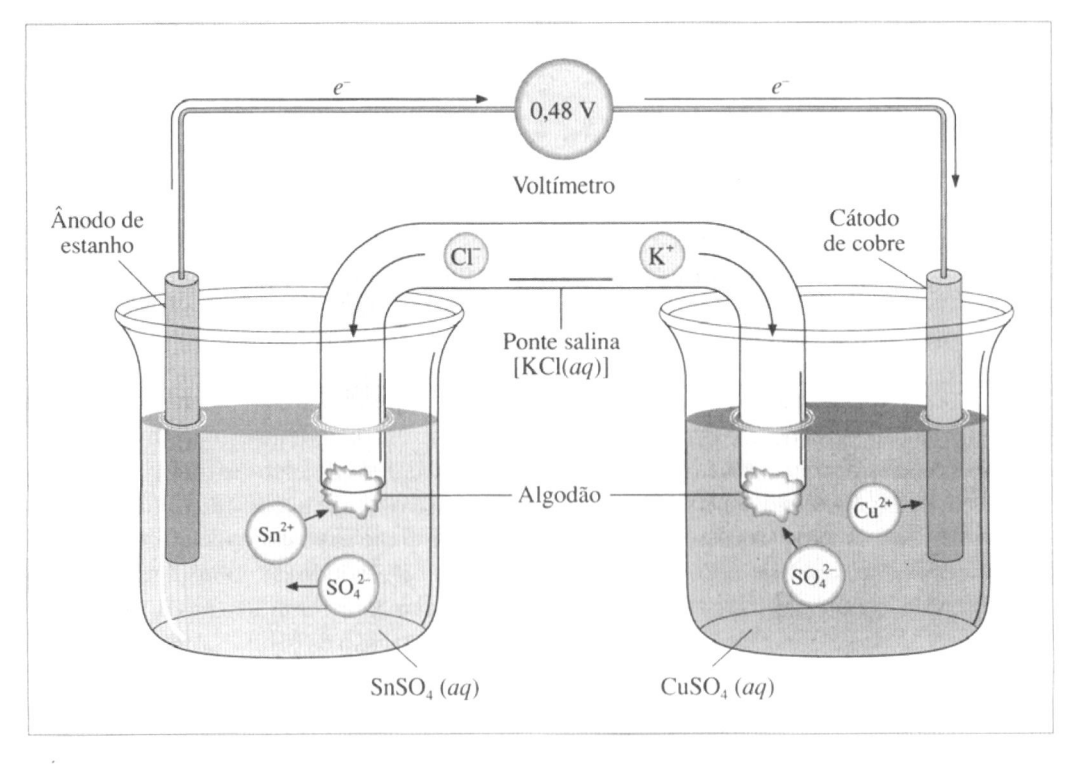

Figura 18.5 Célula galvânica de estanho-cobre ligada a um voltímetro.

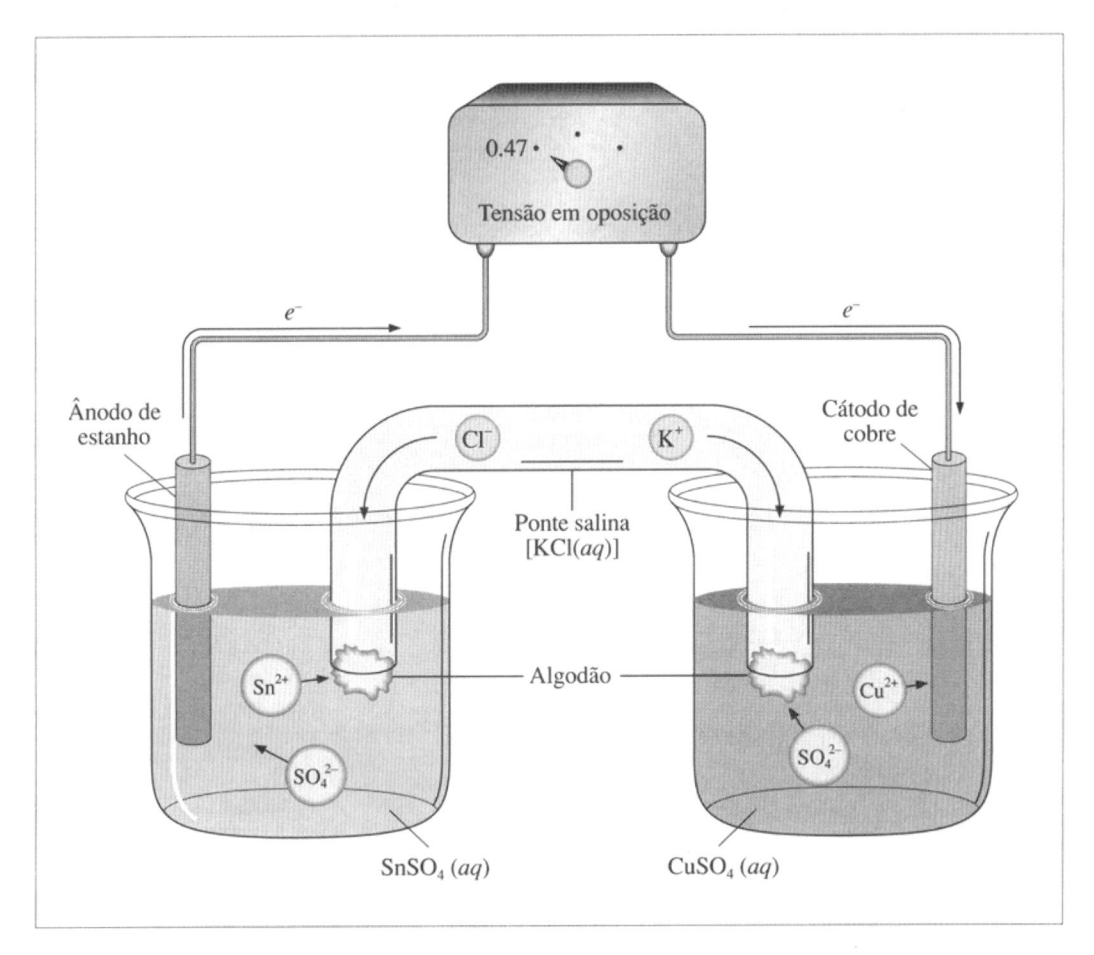

Figura 18.6 Célula galvânica de estanho-cobre ligada a uma tensão em oposição menor que $\mathcal{E}_{célula}$.

Finalmente, se aumentarmos a tensão oposta externa um pouco mais, de maneira que ela seja *maior* que a tensão da célula, ou seja, 0,49 V (Figura 18.8), os elétrons provenientes do circuito externo *entram* no eletrodo de estanho, transformando-o em *cátodo*. Da mesma forma, o eletrodo de cobre se torna o *ânodo*, uma vez que os elétrons *saem* dele. Isto inverte a direção de todos os processos que ocorrem na célula e o fluxo de elétrons no circuito externo:

Cátodo de estanho:		$Sn(s) \leftarrow Sn^{2+}(aq) + 2e^-$
Ânodo de cobre:	$Cu^{2+}(aq) + 2e^-$	$\leftarrow Cu(s)$
Célula:	$Sn(s) + Cu^{2+}(aq)$	$\leftarrow Sn^{2+}(aq) + Cu(s)$

Nestas condições, a célula funciona como uma *célula eletrolítica*. Numa célula eletrolítica a energia elétrica proveniente de uma fonte externa é usada para inverter o sentido termodinamicamente espontâneo de uma reação, isto é, *forçar a realização de uma reação não-espontânea*.

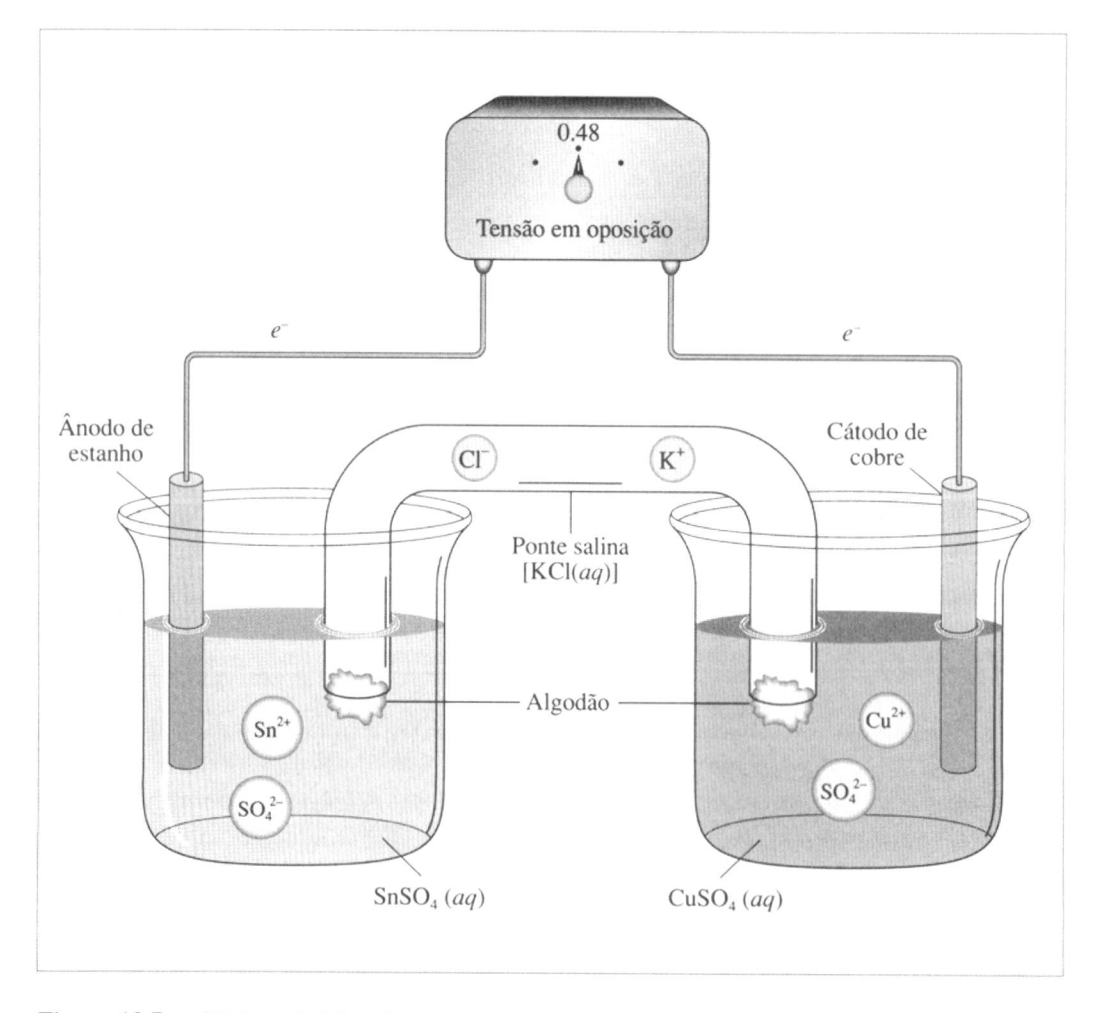

Figura 18.7 Célula galvânica de estanho-cobre ligada a uma tensão em oposição exatamente igual a $\mathcal{E}_{célula}$.

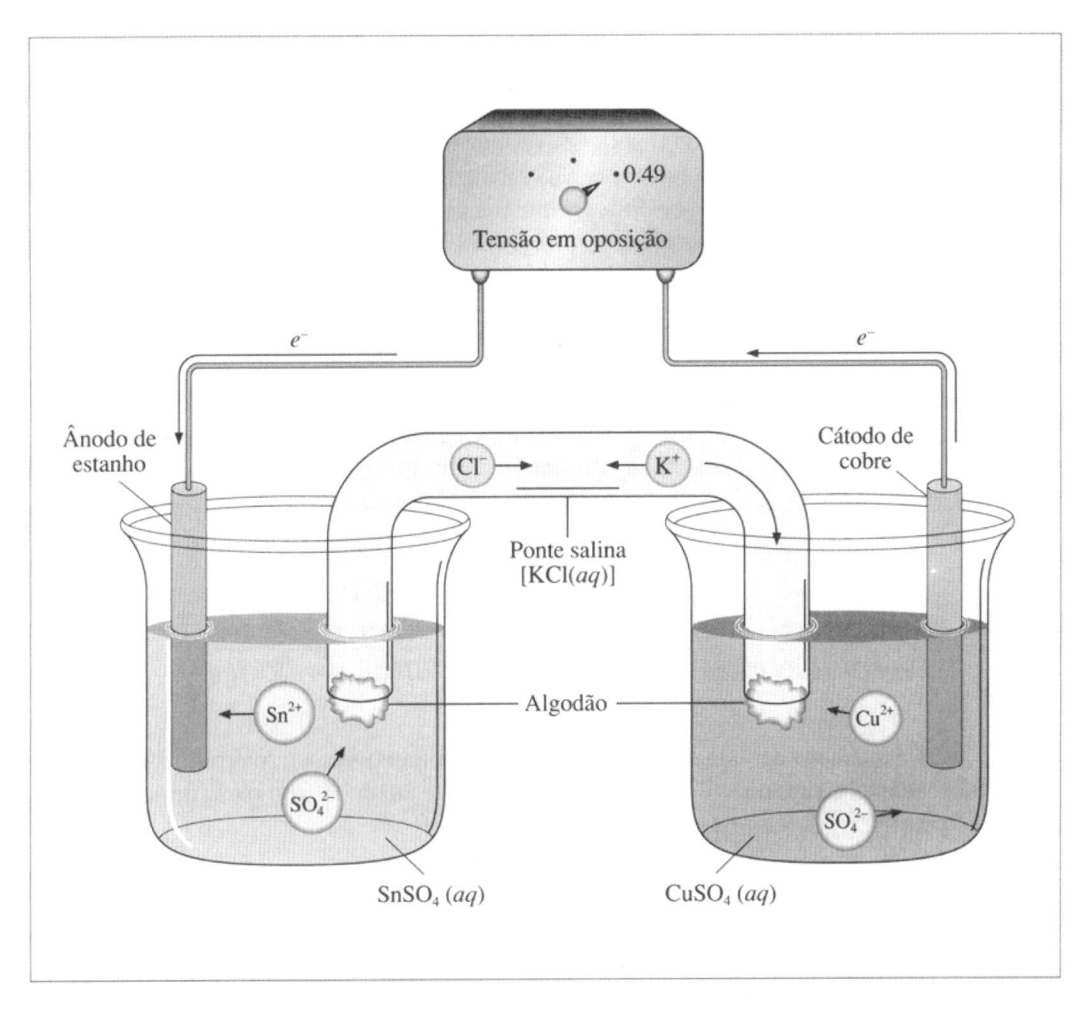

Figura 18.8 Célula galvânica de estanho-cobre ligada a uma tensão em oposição um pouco maior que $\mathcal{E}_{célula}$.

Comentários Adicionais

Atenção: Uma reação não-espontânea é aquela que não pode ocorrer sem ajuda, ou seja, sem intervenção externa. A reação ocorre porque há uma fonte externa de energia elétrica que a *força*, da mesma maneira que uma fonte de energia mecânica *força* um livro a se elevar do chão até uma mesa.

ELETRÓLISE

Em princípio, qualquer pilha (célula) pode ser convertida em célula eletrolítica aplicando-se uma tensão externa oponente superior à tensão produzida pela pilha. (Na prática, a inversão das reações nem sempre ocorre devido a problemas cinéticos ou termodinâmicos. Voltaremos a falar a este respeito.) Considere a pilha formada pelo ânodo gás hidrogênio – íon hidrogênio e pelo cátodo gás cloro – íon cloreto:

$$Pt(s) \mid H_2(g) \mid H^+, Cl^- (aq) \mid Cl_2(g) \mid Pt(s)$$

Nesta pilha, cátodo e ânodo estão num único compartimento que contém ácido clorídrico. (Não é necessária a presença de uma ponte salina; você pode ver por quê?) Se a concentração de HCl é 1 mol/L e se a pressão dos gases for de 1 atm, a célula operará como pilha e produzirá uma tensão de 1,36 V. Os processos que ocorrem na célula são

Ânodo:	$H_2(g) \rightarrow 2H^+(aq) + 2e^-$
Cátodo:	$2e^- + Cl_2(g) \rightarrow 2Cl^-(aq)$
Célula (galvânica):	$H_2(g) + Cl_2(g) \rightarrow 2H^+(aq) + 2Cl^-(aq)$

Esta reação é espontânea na direção escrita, mas o seu sentido pode ser invertido aplicando-se uma tensão oponente superior a 1,36 V. Isto acarreta a redução do H^+ (aq) para formar H_2 (g) e a oxidação do Cl^- (aq), formando $Cl_2(g)$. As reações são

Cátodo:	$2e^- + 2H^+(aq) \rightarrow H_2(g)$
Ânodo:	$2Cl^-(aq) \rightarrow Cl_2(g) + 2e^-$
Célula (eletrolítica):	$2H^+(aq) + 2Cl^-(aq) \rightarrow H_2(g) + Cl_2(g)$

Pode-se ver que o efeito global da inversão resume-se em converter o HCl dissolvido nos gases H_2 e Cl_2. Este é um exemplo de *eletrólise*, processo no qual uma reação termodinamicamente não-espontânea ($\Delta G > 0$) é forçada a ocorrer pelo fornecimento de energia de uma fonte externa. Uma reação de eletrólise freqüentemente (mas nem sempre) resulta na decomposição de um composto para formar os seus elementos.

Usualmente as eletrólises são realizadas aplicando-se uma tensão a um par de eletrodos inertes imersos em um líquido. Quando, por exemplo, dois eletrodos de platina platinizada (Seção 18.1) estão mergulhados em ácido clorídrico e aplica-se uma tensão gradualmente crescente, não se forma uma quantidade apreciável de $H_2(g)$ e $Cl_2(g)$ antes que a tensão atinja o valor 1,36 V. Isto acontece porque a formação de quantidades diminutas de H_2 e Cl_2 dão origem a uma pilha cuja reação espontânea é oposta à de decomposição eletrolítica da solução de HCl. Somente quando a tensão aplicada exceder a tensão da pilha é que se iniciará a eletrólise. A tensão externa necessária para começar a eletrólise de uma solução é denominada *potencial de decomposição* da solução.

Às vezes a tensão necessária para iniciar a eletrólise é maior do que a tensão produzida pela pilha oponente de um ou mais volts. As causas disto residem em efeitos cinéticos junto aos eletrodos ou na solução, em que a difusão lenta dos íons em direção aos eletrodos pode requerer a aplicação de tensões cada vez maiores para produzir a eletrólise. Esta tensão extra é denominada *sobretensão* ou *sobrepotencial*.

Chamamos a atenção para o fato de que uma célula eletrolítica pode ser considerada como uma célula galvânica forçada a funcionar no sentido inverso devido à aplicação, no circuito externo, de uma tensão suficientemente grande. Algumas vezes, entretanto, não é possível inverter o sentido de uma reação; neste caso outras reações podem ocorrer. Considere novamente a pilha de Daniell

$$Zn(s) \mid Zn^{2+}(aq) \parallel Cu^{2+}(aq) \mid Cu(s)$$

e suas reações de eletrodo e da célula

Ânodo:	$Zn(s) \rightarrow Zn^{2+}(aq) + 2e^-$
Cátodo:	$2e^- + Cu^{2+}(aq) \rightarrow Cu(s)$
Célula:	$Zn(s) + Cu^{2+}(aq) \rightarrow Zn^{2+}(aq) + Cu(s)$

Como vimos, a tensão produzida por esta célula é 1,10 V a 25°C. Podemos tentar inverter esta reação aplicando uma tensão externa oposta maior que 1,10 V e obter as seguintes reações da célula eletrolítica resultante

Cátodo:	$Zn^{2+}(aq) + 2e^- \rightarrow Zn(s)$
Ânodo:	$Cu(s) \rightarrow Cu^{2+}(aq) + 2e^-$
Célula:	$Zn^{2+}(aq) + Cu(s) \rightarrow Zn(s) + Cu^{2+}(aq)$

Verificamos, entretanto, que, ao aplicarmos uma tensão por volta de 0,75 V, um processo inesperado começa a ocorrer: gás hidrogênio é produzido no cátodo. Como veremos nas Seções 18.3 e 18.4, a redução de íons hidrogênio a gás hidrogênio é um processo termodinamicamente mais favorecido, ou seja, mais espontâneo do que a redução de íons zinco a zinco metálico. (É mais "fácil" reduzir H^+ do que Zn^{2+}.) Os processos que ocorrem nesta célula eletrolítica são:

Cátodo:	$2H^+(aq) + 2e^- \rightarrow H_2(g)$	
Ânodo:	$Cu(s) \rightarrow Cu^{2+}(aq) + 2e^-$	
Célula:	$2H^+(aq) + Cu^{2+}(aq) \rightarrow H_2(g) + Cu(s)$	

Os íons H^+ que se reduzem são provenientes da autodissociação da água. Como veremos na Seção 18.4, a tensão na qual esta redução ocorre depende da pressão e da concentração dos íons H^+ presentes em solução.

A ELETRÓLISE DO CLORETO DE SÓDIO FUNDIDO

Consideremos a célula eletrolítica da Figura 18.9; ela consiste em um par de eletrodos inertes, digamos, de platina, mergulhados em NaCl fundido (líquido). Como o ponto de fusão do NaCl é cerca de 800°C, a célula deve operar acima desta temperatura. A bateria ligada por meio do circuito externo tem a finalidade de bombear elétrons para fora do ânodo e para dentro do cátodo. Os íons cloreto com sua carga negativa são atraídos pelo ânodo, onde perdem um elétron:

$$Cl^- \rightarrow Cl + e^-$$

Os átomos de cloro se juntam, dois a dois, formando gás Cl_2:

$$2Cl \rightarrow Cl_2(g)$$

de modo que a semi-reação anódica completa é

$$2Cl^- \rightarrow Cl_2(g) + 2e^-$$

Os íons de sódio positivamente carregados são atraídos pelo cátodo, onde cada íon recebe um elétron:

$$Na^+ + e^- \rightarrow Na(l)$$

Sendo o ponto de fusão do sódio apenas 98°C, o sódio que se forma permanece líquido e *sobe* à superfície do cátodo. (*Nota*: O metal sódio é menos denso que o líquido cloreto de sódio.)

O processo global que ocorre na célula pode ser, então, escrito como

Ânodo:	$2Cl^- \rightarrow Cl_2(g) + 2e^-$	(oxidação)
Cátodo:	$[Na^+ + e^- \rightarrow Na(l)] \times 2$	(redução)
Célula:	$2Na^+ + 2Cl^- \rightarrow 2Na(l) + Cl_2(g)$	

À medida que os íons Cl⁻ são removidos no ânodo, outros íons Cl⁻ se movem em direção a este eletrodo e tomam o lugar dos primeiros. Semelhantemente, a remoção dos íons Na⁺ no cátodo acarreta a movimentação de outros Na⁺ para este eletrodo. A migração contínua de cátions em direção ao cátodo e de ânions em direção ao ânodo é denominada *corrente iônica* e deve ser distinguida da corrente eletrônica, que se dá nos condutores metálicos. Nesta última, todas as partículas em movimento (elétrons) transportam uma carga negativa e se movimentam no mesmo sentido. O movimento de íons ocorre de tal maneira que não se acumulam cargas positivas ou negativas em nenhuma região da fase líquida. A Figura 18.10 mostra um volume pequeno de NaCl líquido na célula, um volume tão pequeno que não pode conter mais do que um único íon Na⁺ e um único íon Cl⁻, como é apresentado na Figura 18.10*a*. Agora imagine que o íon Cl⁻ se mova para fora deste volume, em direção ao ânodo, como ilustra a Figura 18.10*b*. Para manter a eletroneutralidade, duas coisas podem acontecer: o íon Na⁺ pode se mover para fora do volume (Figura 18.10*c*), *ou* outro Cl⁻ poderá ingressar no volume em questão (Figura 18.10*d*). Em qualquer caso, a eletroneutralidade será mantida. O que na realidade acontece é uma combinação dos eventos esquematizados nas Figuras 18.10*c* e *d*, embora não com participações iguais, visto que as velocidades de migração dos íons de cargas opostas, presentes numa solução, geralmente não são iguais.

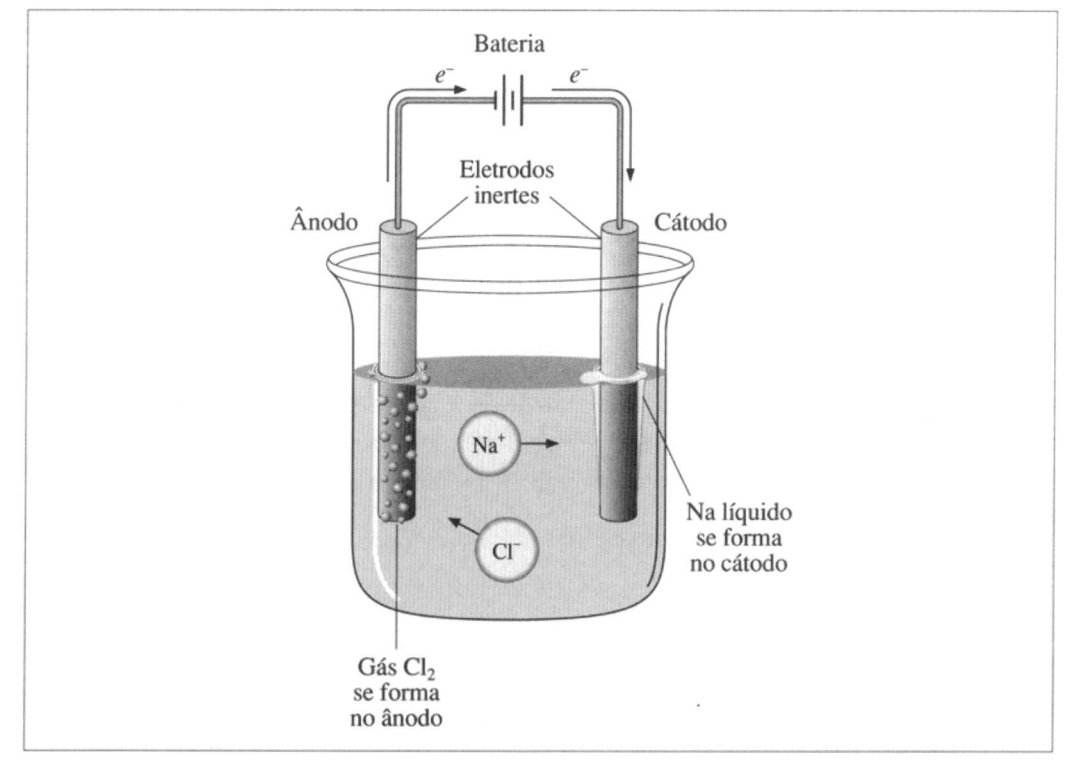

Figura 18.9 Eletrólise de NaCl fundido.

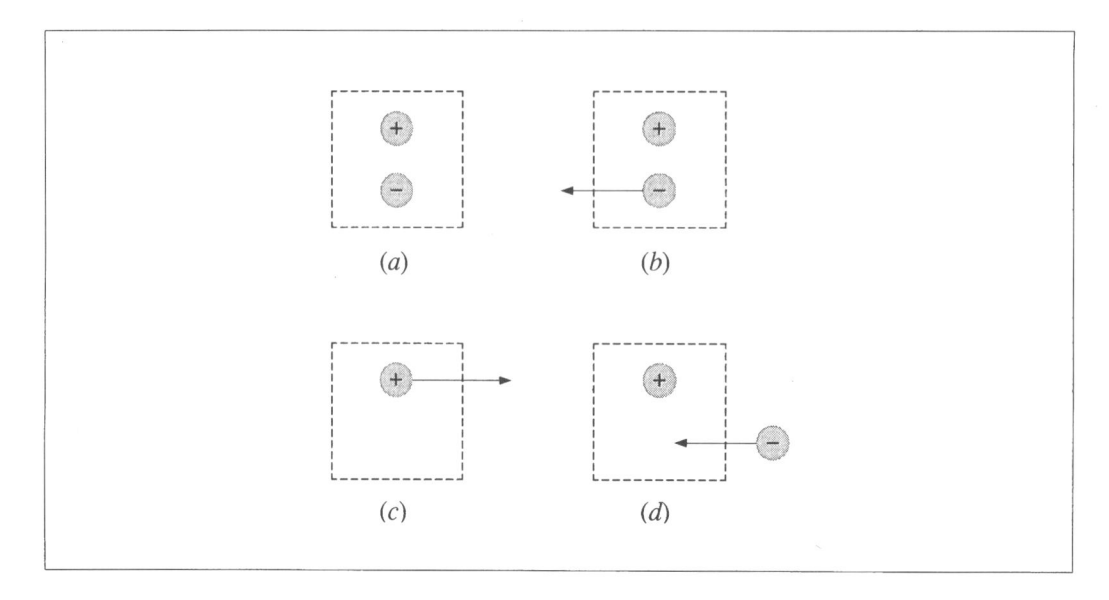

Figura 18.10 Manutenção da eletroneutralidade. (*a*) Volume pequeno de NaCl líquido, suficientemente grande para conter um Na$^+$ e um Cl$^-$. (*b*) O Cl$^-$ se move para fora do volume. Como resultado, ou (*c*) Na$^+$ se move para fora do volume ou (*d*) outro Cl$^-$ se move para dentro do volume.

A ELETRÓLISE DE SOLUÇÃO AQUOSA DE CLORETO DE SÓDIO

Considere agora a célula eletrolítica que aparece na Figura 18.11. Esta célula contém uma solução aquosa 1 mol/L de NaCl, em vez de NaCl líquido puro. Como existem muitas espécies presentes na célula, várias são as reações anódicas e catódicas possíveis:

Possíveis reações anódicas (oxidação):

$$2Cl^-(aq) \rightarrow Cl_2(g) + 2e^-$$
$$2H_2O \rightarrow O_2(g) + 4H^+(aq) + 4e^-$$
$$4OH^-(aq) \rightarrow O_2(g) + 2H_2O + 4e^-$$

Reações catódicas possíveis (redução):

$$e^- + Na^+(aq) \to Na(s)$$
$$2e^- + 2H_2O \to H_2(g) + 2OH^-(aq)$$
$$2e^- + 2H^+(aq) \to H_2(g)$$

Verifica-se que no ânodo se produz gás cloro; assim, a reação do ânodo é

$$2Cl^-(aq) \to Cl_2(g) + 2e^-$$

No cátodo, forma-se gás hidrogênio, assim sabemos que ou H^+ ou H_2O sofreu uma redução. A concentração de moléculas H_2O na solução aquosa de NaCl é muito maior que a dos íons H^+ (aproximadamente 560 milhões de vezes maior, como podemos calcular a partir do K_w), portanto a reação catódica pode ser escrita como

$$2e^- + 2H_2O \to H_2(g) + 2OH^-(aq)$$

Mesmo que H^+ seja a espécie que está sendo reduzida, na realidade, a reação eletródica anterior representa melhor a transformação global, pois pode ser considerada como sendo a combinação de

$$2e^- + 2H^+(aq) \to H_2(g)$$

seguida pelo deslocamento do equilíbrio da água:

$$H_2O \rightleftharpoons H^+(aq) + OH^-(aq)$$

conduzindo a soma dessas duas reações à reação eletródica já mencionada

Ânodo:	$2Cl^-(aq) \to Cl_2(g) + 2e^-$	(oxidação)
Cátodo:	$2e^- + 2H_2O \to H_2(g) + 2OH^-(aq)$	(redução)
Célula:	$2H_2O + 2Cl^-(aq) \to H_2(g) + Cl_2(g) + 2OH^-(aq)$	

OUTRAS ELETRÓLISES

Ácido clorídrico. A eletrólise de uma solução do ácido forte HCl é similar à do NaCl aquoso, pois os mesmos produtos são formados: $Cl_2(g)$ no ânodo e $H_2(g)$ no cátodo. Devido à elevada concentração de íons hidrogênio na solução, a reação catódica é usualmente escrita na forma de redução do H^+:

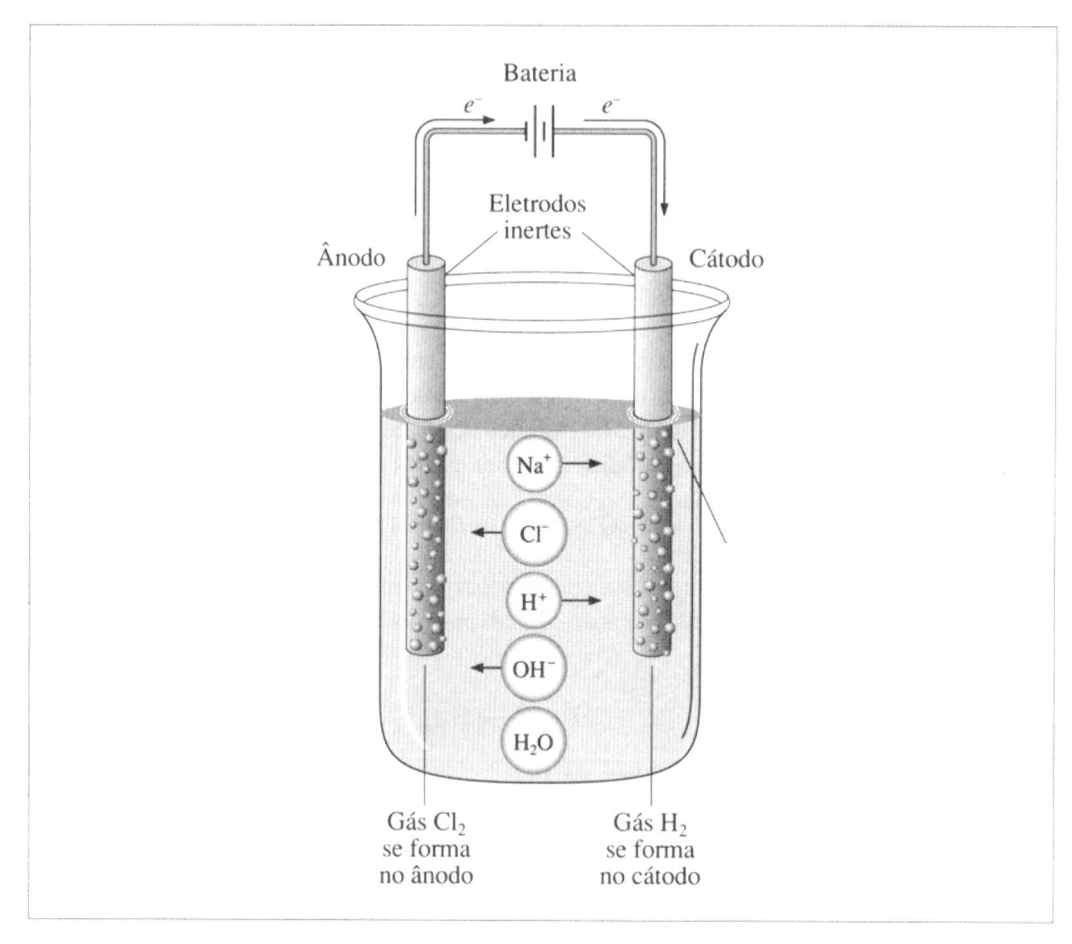

Figura 18.11 Eletrólise de NaCl aquoso 1 mol/L.

Ânodo:	$2Cl^-(aq) \to Cl_2(g) + 2e^-$	(oxidação)
Cátodo:	$2e^- + 2H^+(aq) \to H_2(g)$	(redução)
Célula:	$2H^+(aq) + 2Cl^-(aq) \to H_2(g) + Cl_2(g)$	

Ácido sulfúrico. H_2SO_4 também é um ácido forte (pela perda de um próton), e assim a reação catódica é a mesma do HCl: a redução de H^+ a H_2. No ânodo, o íon bissulfato HSO_4^- poderia ser oxidado, entretanto verifica-se que a água perde elétrons mais facilmente. As reações são

Ânodo: $\quad\quad\quad\quad 2H_2O \rightarrow O_2(g) + 4H^+(aq) + 4e^-\quad\quad$ (oxidação)
Cátodo: $\quad [2e^- + 2H^+(aq) \rightarrow H_2(g)] \quad\quad\quad\quad\quad\quad \times 2\quad\quad$ (redução)
Célula: $\quad\quad\quad\quad 2H_2O \rightarrow 2H_2(g) + O_2(g)$

(Ao adicionar as duas semi-reações de eletrodo, os íons hidrogênio ficam cancelados em ambos os lados, visto que eles são produzidos no ânodo, mas são consumidos no cátodo.)

Note que o íon HSO_4^- não aparece na reação da célula e nem nas reações de eletrodo. Isto significa que este íon é desnecessário? Não, o íon em questão desempenha duas funções interligadas. Primeiro, serve para transportar parte da corrente elétrica através da célula, ao se mover do cátodo ao ânodo. Segundo, contribui para a manutenção da eletroneutralidade nas proximidades do eletrodo. À medida que os íons H^+ são consumidos no cátodo, os íons HSO_4^- se afastam para manter a região eletricamente neutra. Da mesma maneira quando os íons H^+ são formados no ânodo, mais íons HSO_4^- movem-se para esta região, preservando a neutralidade elétrica.

Sulfato de sódio. Em uma solução do sal Na_2SO_4, nem os íons sódio nem os íons sulfato envolvem-se diretamente nas reações de eletrodo. H_2O é mais facilmente oxidado no ânodo do que SO_4^- e no cátodo a situação é a mesma da eletrólise do NaCl aquoso, isto é, as moléculas de água são reduzidas mais facilmente que os íons de sódio. As reações, portanto, são:

Ânodo: $\quad\quad 2H_2O \rightarrow O_2(g) + 4H^+(aq) + 4e^-\quad\quad\quad\quad\quad$ (oxidação)
Cátodo: $\quad [2e^- + 2H_2O \rightarrow H_2(g) + 2OH^-(aq)] \quad\quad\quad\quad \times 2\quad\quad$ (redução)

Célula: $\quad\quad 6H_2O \rightarrow 2H_2(g) + O_2(g) + 4H^+(aq) + 4OH^-(aq)$

Se o conteúdo da célula for agitado durante a eletrólise, os íons hidrogênio produzidos no ânodo reagirão com os íons hidróxidos produzidos no cátodo:

$$H^+(aq) + OH^-(aq) \rightarrow H_2O$$

de modo que a equação global do processo é

$$2H_2O \rightarrow 2H_2(g) + O_2(g)$$

Nesta célula os íons Na^+ e SO_4^{2-} servem para conduzir a corrente elétrica e preservar a neutralidade elétrica nas vizinhanças dos eletrodos e através da célula, evitando com isto o acúmulo de carga positiva ou negativa nas regiões dos eletrodos.

LEIS DE FARADAY

No início do século XIX, Michael Faraday estabeleceu algumas relações quantitativas conhecida como as *leis de Faraday para a eletrólise*. São elas: (1) que a quantidade de substância produzida pela eletrólise é proporcional à quantidade de eletricidade utilizada e (2) que para uma dada quantidade de eletricidade a quantidade de substância produzida é proporcional à sua massa equivalente. (Ver Seção 12.6.)

Para uma ilustração da primeira lei de Faraday, consideraremos a eletrólise do NaCl fundido. No cátodo se dá a reação

$$Na^+ + e^- \rightarrow Na(l)$$

A própria equação já expressa a primeira lei de Faraday, pois mostra que um elétron é necessário para produzir um átomo de sódio. Isto significa que um mol de elétrons será necessário para produzir um mol de átomos de sódio. Agora, *um mol de elétrons* constitui uma quantidade elevada de eletricidade denominada *um faraday* (F). Uma unidade menor é o *coulomb* (C); há $9,6487 \times 10^4$ coulombs em um faraday, ou

$$1 \text{ F} = 9,6487 \times 10^4 \text{ C}$$

(Em geral é suficiente escrever este valor com apenas três algarismos significativos: $1 \text{ F} = 9,65 \times 10^{-4}$ C.)

Quanto vale o coulomb? Quando um coulomb de eletricidade atravessa um condutor num segundo, dizemos que o condutor transporta uma *corrente elétrica* de um *ampère* (A). Em outras palavras, um ampère é igual a um coulomb por segundo.

Uma ilustração da segunda lei de Faraday é fornecida também pela eletrólise do NaCl fundido. No ânodo a reação é

$$2Cl^- \rightarrow Cl_2(g) + 2e^-$$

Aqui, *dois* elétrons devem ser retirados de *dois* íons Cl^- para a produção de *uma* molécula de Cl_2. Assim, *dois mols* de elétrons são necessários para produzir *um mol* de moléculas de Cl_2. Isto significa que *um equivalente* de Cl_2 (a quantidade produzida por um mol de elétrons; ver Seção 12.6) é o mesmo que 0,5 mol. (Também significa que a massa equivalente é a metade da massa molar.) Quando NaCl fundido é eletrolizado, então, um faraday de eletricidade produz um equivalente (1 mol) de Na no cátodo mais um equivalente (0,5 mol) de Cl_2 no ânodo. (Consome-se duas vezes mais elétrons para produzir 1 mol de Cl_2 do que para produzir 1 mol de Na.)

Exemplo 18.1 Uma solução aquosa de $CuSO_4$ é eletrolizada usando-se eletrodos inertes. Quantos gramas de cobre metálico e de gás oxigênio são produzidos se uma corrente de 5,0 A atravessa a célula durante 1,5 h?

Solução: Como a reação de eletrodo pode ser interpretada em termos de faradays de eletricidade, é preciso, primeiro, calcular quantos faradays atravessam a célula. Sendo 1 ampère igual a 1 coulomb por segundo, o número total de coulombs é

$$(5,0 \text{ C s}^{-1})(60 \text{ s min}^{-1})(60 \text{ min h}^{-1})(1,5 \text{ h}) \text{ ou } 2,7 \times 10^4 \text{ C}$$

E como há $9,65 \times 10^4$ C em 1 faraday, temos

$$2,7 \times 10^4 \text{ C} \times \frac{1 \cdot F}{9,65 \times 10^4 \text{ C}} = 0,28 \text{ F}$$

Examinando, agora, a reação de eletrodo, vemos que no cátodo os íons cúpricos, Cu^{2+}, se reduzem a cobre metálico:

$$Cu^{2+}(aq) + 2e^- \rightarrow Cu(s)$$

Vemos que um mol de Cu é produzido a partir de dois faradays de eletricidade (dois mols de elétrons) e, assim, o número de gramas de Cu produzido é

$$0,28 \text{ F} \times \frac{1 \text{ mol Cu}}{2 \text{ F}} \times \frac{63,5 \text{ g Cu}}{1 \text{ mol Cu}} = 8,9 \text{ g Cu}$$

No ânodo, oxigênio é formado:

$$2H_2O \rightarrow O_2(g) + 4H^+(aq) + 4e^-$$

Esta semi-reação nos diz que, para produzir um mol de O_2, quatro faradays de eletricidade (quatro mols de elétrons) devem passar através da célula. Assim, a quantidade em gramas de O_2 formado é

$$0,28 \text{ F} \times \frac{1 \text{ mol } O_2}{4 \text{ F}} \times \frac{32,0 \text{ g } O_2}{1 \text{ mol } O_2} = 2,2 \text{ g } O_2$$

Problema Paralelo: Uma solução aquosa de sulfato de sódio é eletrolizada usando-se eletrodos inertes. Uma corrente de 1,00 A passa através da solução durante 1,00 dia. Quantos gramas de cada produto gasoso são formados? **Resposta:** 0,902 g H_2 e 7,16 g de O_2.

Exemplo 18.2 Uma solução de ácido sulfúrico foi eletrolizada durante um período de 35,0 minutos, empregando-se eletrodos inertes, O hidrogênio produzido no cátodo foi recolhido sobre água à pressão total de 752 mmHg e à temperatura de 28°C. Se o volume de H_2 foi de 145 mL, qual era a corrente média de eletrólise? (A pressão de vapor da água a 28°C é de 28 mmHg.)

Solução: Primeiro, achamos o número de mols de gás H_2. Sua pressão parcial era 752 – 28, ou seja, 724 mmHg, e a sua temperatura, 273 + 28, ou 301 K. Assim, pela equação dos gases ideais, temos

$$n = \frac{PV}{RT} = \frac{(724 \text{ mmHg})\left(\frac{1 \text{ atm}}{760 \text{ mmHg}}\right)(0,145 \text{ L})}{(0,0821 \text{ L atm K}^{-1} \text{ mol}^{-1})(301 \text{ K})} = 5,59 \times 10^3 \text{ mol}$$

A semi-reação no cátodo é

$$2e^- + 2H^+(aq) \rightarrow H_2(g)$$

Como dois faradays são necessários para produzir um mol de H_2, o número de faradays que atravessou a célula foi de

$$5,59 \times 10^{-3} \text{ mol} \times \frac{2 \text{ F}}{1 \text{ mol } H_2} = 1,12 \times 10^{-12} \text{ F}$$

Em coulombs, isto equivale a

$$1,12 \times 10^{-2} \text{ F} \times \frac{9,65 \times 10^4 \text{ C}}{1 \text{ F}} = 1,08 \times 10^3 \text{ C}$$

Como essa quantidade atravessou a célula em 35 min, o número de coulombs por segundos foi igual a

$$\frac{1,08 \times 10^3 \text{ C}}{35,0 \text{ min}} \times \frac{1 \text{ min}}{60 \text{ s}} = 0,514 \text{ C s}^{-1}, \text{ o qual é } 0,514 \text{ A}$$

Problema Paralelo: Usando eletrodos inertes e uma corrente de 10,0 A, quanto tempo é necessário para depositar 1,00 kg de cobre a partir de uma solução de sulfato de cobre(II)? **Resposta:** 3,52 dias.

18.3. POTENCIAIS-PADRÃO DE ELETRODO

Como é impossível que ocorra uma oxidação sem uma redução, é claro que ambas as semi-reações de oxidação e de redução devem ter alguma influência sobre a tendência de uma reação de óxido-redução ocorrer. Por esta razão, consideramos que a tensão, ou potencial, produzida por uma célula galvânica é a soma das contribuições do ânodo e do cátodo, admitindo que o potencial de junção seja negligenciável. Esta tensão escrita algebricamente é

$$\mathcal{E}_{célula} = \mathcal{E}_{ânodo} + \mathcal{E}_{cátodo}$$

onde $\mathcal{E}_{célula}$ representa a tensão de célula medida, e as duas outras tensões são, respectivamente, as contribuições feitas pelo ânodo e pelo cátodo. (Lembre-se, se $\mathcal{E}_{célula} > 0$, a reação de célula é espontânea.)

Seria útil se tivéssemos as tensões das várias semi-reações, ou seja, os chamados *potenciais de eletrodo absoluto*, os quais poderiam ser somados algebricamente fornecendo as tensões de um grande número de reações de óxido-redução. Isto nos permitiria avaliar a tendência destas reações em ocorrerem. Infelizmente a tensão produzida por um eletrodo não pode ser medida diretamente. O problema é contornado medindo-se a tensão de um dado eletrodo em relação a um eletrodo de referência ao qual se atribui um valor arbitrário. O eletrodo de referência escolhido por consenso internacional é o *eletrodo-padrão de hidrogênio*.

O ELETRODO PADRÃO DE HIDROGÊNIO

Num eletrodo *padrão* todos os reagentes e produtos da semi-reação de eletrodo se encontram nos seus *estados padrão*. (Ver Seção 3.4.) O estado padrão para um íon em solução é aquele no qual a atividade (ver Seção 17.5) do íon é igual à unidade, ou seja, corresponde ao íon na *concentração 1 mol L^{-1} em uma solução ideal*. Usualmente, em cálculos aproximados, substituímos as atividades pelas concentrações, de modo que o estado padrão de um íon torna-se, efetivamente, o íon na concentração de 1 mol L^{-1}. Assim, o eletrodo padrão de hidrogênio funcionando como ânodo pode ser representado por:

$$Pt(s) \mid H_2(g, 1 \text{ atm}) \mid H^+(aq, 1 \text{ mol } L^{-1})$$

e como cátodo, por:

$$H^+(aq, 1 \text{ mol } L^{-1}) \mid H_2(g, 1 \text{ atm}) \mid Pt(s)$$

(Ver Figura 18.3)

O potencial, ou tensão, arbitrariamente atribuído ao eletrodo-padrão de hidrogênio em qualquer temperatura é 0 V, operando tanto como ânodo como cátodo. Assim, $\mathcal{E}°_{H_2} = 0$, onde o subíndice indica "padrão". Isto significa que, quando a célula é construída com o eletrodo-padrão de hidrogênio e mais um segundo eletrodo-padrão, o potencial medido é atribuído apenas ao segundo eletrodo. Isto é melhor explicado mediante exemplos.

Exemplo 18.3 Um eletrodo padrão de cobre-íon cúprico é combinado com um eletrodo padrão de hidrogênio para formar uma célula galvânica. A tensão medida da célula é de 0,34 V a 25°C e os elétrons entram no circuito a partir do eletrodo de hidrogênio. Qual é o potencial do eletrodo padrão de cobre-íon de cobre nesta temperatura?

Solução: Como os elétrons deixam a célula no eletrodo de hidrogênio, ocorre a oxidação e esse deve ser o ânodo. O diagrama da célula e as reações serão, portanto:

$$Pt(s) \mid H_2(g) \mid H^+(aq) \parallel Cu^{2+}(aq) \mid Cu(s)$$

Ânodo: $\quad H_2(g) \rightarrow 2H^+(aq) + 2e^- \quad \mathcal{E}° = 0 \quad$ (definido)

Cátodo: $\quad 2e^- + Cu^{2+}(aq) \rightarrow Cu(s) \quad \mathcal{E}° = ?$

Célula: $\quad H_2(g) + Cu^{2+}(aq) \rightarrow 2H^+(aq) + Cu(s) \quad \mathcal{E}° = 0,34 \text{ V} \quad$ (medido)

Como $\mathcal{E}°_{célula} = \mathcal{E}°_{ânodo} + \mathcal{E}°_{cátodo} = \mathcal{E}°_{(Pt \mid H_2 \mid H^+)} + \mathcal{E}°_{(Cu^{2+} \mid Cu)}$, portanto,

$$\mathcal{E}°_{(Cu^{2+} \mid Cu)} = \mathcal{E}°_{célula} - \mathcal{E}°_{(Pt \mid H_2 \mid H^+)}$$

$$= 0,34 \text{ V} - 0 \text{ V}, \text{ ou } 0,34 \text{ V}$$

(para a semi-reação ocorrendo como redução).

Problema Paralelo: Um eletrodo padrão de cobre-íon cúprico é combinado com um eletrodo padrão de cádmio-íon de cádmio formando uma pilha. A tensão medida da célula é 0,74 V a 25°C, e os elétrons entram no circuito externo a partir do eletrodo de cobre-íon cúprico. Qual é o potencial de eletrodo padrão do eletrodo de cádmio-íon de cádmio a esta temperatura? **Resposta:** 0,40 V.

POTENCIAIS DE REDUÇÃO PADRÃO

Visto que uma reação de cátodo é uma reação de redução, o potencial produzido por um eletrodo desses é chamado *potencial de redução*. Semelhantemente, o potencial produzido num ânodo é denominado *potencial de oxidação*. Tanto os potenciais de redução como os de oxidação podem ser reunidos em tabelas, mas, devido a um acordo internacional, somente os primeiros vêm tabelados como *potenciais de redução padrão*. Tabelas de valores de potenciais para semi-reações nas quais todos os reagentes e produtos encontram-se em seus estados padrão estão prontamente disponíveis. Eles são conhecidos como *potenciais de redução padrão* ou *potenciais de eletrodo padrão*. As tabelas são geralmente a 25°C.

Exemplo 18.4 Numa célula galvânica que consiste em um eletrodo padrão de hidrogênio e um eletrodo padrão de zinco-íon de zinco, a tensão medida é de 0,76 V a 25°C. Se o eletrodo de hidrogênio for o cátodo, encontre o potencial de redução padrão a 25°C para

$$2e^- + Zn^{2+}(aq) \rightarrow Zn(s)$$

Solução: Como o cátodo da célula é o eletrodo de hidrogênio, o diagrama de célula e as reações são:

$$Zn(s) \mid Zn^{2+}(aq) \parallel H^+(aq) \mid H_2(g) \mid Pt(s)$$

Ânodo:	$Zn(s)$	$\rightarrow Zn^{2+}(aq) + 2e^-$	$\mathcal{E}° = ?$
Cátodo:	$2e^- + 2H^+(aq)$	$\rightarrow H_2(g)$	$\mathcal{E}° = 0$ V
Célula:	$Zn(s) + 2H^+(aq)$	$\rightarrow Zn^{2+}(aq) + H_2(g)$	$\mathcal{E}° = 0,76$ V

Assim,

$$\mathcal{E}°_{Zn \mid Zn^{2+}} = \mathcal{E}°_{célula} - \mathcal{E}°_{H^+ \mid H_2 \mid Pt} = 0,76 \text{ V} - 0 \text{ V} = 0,76 \text{ V}$$

Note, entretanto, que este é o valor de $\mathcal{E}°$ correspondente à semi-reação de oxidação. Em outras palavras, encontramos um potencial de oxidação. Para se obter a tensão correspondente à reação inversa, uma redução, devemos trocar o sinal algébrico. A inversão do sentido da reação do eletrodo ou de uma célula sempre acarreta a mudança do sinal da respectiva tensão.

Finalmente, temos

$$2e^- + Zn^{2+}(aq) \rightarrow Zn(s) \qquad \mathcal{E}° = -0,76 \text{ V}$$

Problema Paralelo: A tensão produzida por uma célula galvânica, composta de um ânodo de cobre-íon cúprico e de um cátodo de prata-íon prata, é de 0,46 V a 25°C. Se o potencial de redução padrão para $Cu^{2+}(aq) + 2e^- \rightarrow Cu(s)$ é igual a 0,34 V, qual o valor do potencial de redução padrão para $Ag^+(aq) + e^- \rightarrow Ag(s)$ a esta temperatura? **Resposta:** 0,80 V.

Uma vez determinado o potencial padrão de um eletrodo qualquer, esse eletrodo poderá ser utilizado para se achar o potencial desconhecido de um outro eletrodo. Procedendo-se dessa maneira é que foram compilados os potenciais da Tabela 18.1. (Uma tabela maior se encontra no Apêndice I.) Observe que cada semi-reação de eletrodo é escrita na forma de redução. Para se obter o potencial padrão da semi-reação inversa, a *oxidação*, basta mudar o sinal da tensão dada. Uma tabela dos potenciais de redução padrão pode ser empregada para: (1) calcular a tensão que uma dada célula galvânica padrão produzirá, (2) predizer a espontaneidade de uma dada reação redox, (3) comparar as forças relativas de agentes oxidantes e (4) comparar as forças relativas de agentes redutores. A previsão das tensões de células é feita com base na adição algébrica dos potenciais padrão correspondentes às semi-reações de eletrodo *tal como ocorrem na célula*. Ou seja, devemos adicionar o potencial de uma semi-reação de oxidação ao de uma semi-reação de redução, acoplada à primeira.

Tabela 18.1 Potenciais de redução padrão a 25°C.

Semi-reação			$\mathcal{E}°$, V
$2e^- + F_2(g)$	$\rightarrow$	$2F^-(aq)$	+2,87
$5e^- + 8H^+(aq) + MnO_4^-(aq)$	$\rightarrow$	$Mn^{2+}(aq) + 4H_2O$	+1,51
$2e^- + Cl_2(g)$	$\rightarrow$	$2Cl^-(aq)$	+1,36
$6e^- + 14H^+(aq) + Cr_2O_7^{2-}(aq)$	$\rightarrow$	$2Cr^{3+}(aq) + 7H_2O$	+1,33
$4e^- + 4H^+(aq) + O_2(g)$	$\rightarrow$	$2H_2O$	+1,23
$2e^- + Br_2(l)$	$\rightarrow$	$2Br^-(aq)$	+1,07
$3e^- + 4H^+(aq) + NO_3^-(aq)$	$\rightarrow$	$NO(g) + 2H_2O$	+0,96
$e^- + Ag^+(aq)$	$\rightarrow$	$Ag(s)$	+0,80
$e^- + Fe^{3+}(aq)$	$\rightarrow$	$Fe^{2+}(aq)$	+0,77
$2e^- + I_2(aq)$	$\rightarrow$	$2I^-(aq)$	+0,54
$4e^- + 2H_2O + O_2(g)$	$\rightarrow$	$4OH^-(aq)$	+0,41
$2e^- + Cu^{2+}(aq)$	$\rightarrow$	$Cu(s)$	+0,34
$e^- + AgCl(s)$	$\rightarrow$	$Ag(s) + Cl^-(aq)$	+0,22
$2e + Sn^{4+}(aq)$	$\rightarrow$	$Sn^{2+}(aq)$	+0,15
$2e^- + 2H^+(aq)$	$\rightarrow$	$H_2(g)$	0,00
$2e^- + Sn^{2+}(aq)$	$\rightarrow$	$Sn(s)$	–0,14
$e^- + Cr^{3+}(aq)$	$\rightarrow$	$Cr^{2+}(aq)$	–0,41
$2e^- + Fe^{2+}(aq)$	$\rightarrow$	$Fe(s)$	–0,45
$3e^- + Cr^{3+}(aq)$	$\rightarrow$	$Cr(s)$	–0,74
$2e^- + Zn^{2+}(aq)$	$\rightarrow$	$Zn(s)$	–0,76
$3e- + Al^{3+}(aq)$	$\rightarrow$	$Al(s)$	–1,67
$2e^- + Mg^{2+}(aq)$	$\rightarrow$	$Mg(s)$	–2,37
$e^- + Na^+(aq)$	$\rightarrow$	$Na(s)$	–2,71
$2e^- + Ca^{2+}(aq)$	$\rightarrow$	$Ca(s)$	–2,87
$e^- + Li^+(aq)$	$\rightarrow$	$Li(s)$	–3,04

Exemplo 18.5 Calcule a tensão produzida a 25°C por uma célula galvânica na qual se dá a reação

$$Ag^+(aq) + Cr^{2+}(aq) \rightarrow Ag(s) + Cr^{3+}(aq)$$

admitindo que as concentrações iônicas sejam iguais a 1 mol L^{-1}.

Solução: Primeiro decompomos a reação de célula nas semi-reações de eletrodo

Ânodo: $Cr^{2+}(aq) \rightarrow Cr^{3+}(aq) + e^-$

Cátodo: $e^- + Ag^+(aq) \rightarrow Ag(s)$

Então atribuímos as tensões respectivas, obtidas da Tabela 18.1, e efetuamos a adição

Ânodo:	$Cr^{2+}(aq) \rightarrow Cr^{3+}(aq) + e^-$	$\mathcal{E}° = +0,41$ V
Cátodo:	$e^- + Ag^+(aq) \rightarrow Ag(s)$	$\mathcal{E}° = +0,80$ V
Célula:	$Ag^+(aq) + Cr^{2+}(aq) \rightarrow Ag(s) + Cr^{3+}(aq)$	$\mathcal{E}° = +1,21$ V

Observe que *trocamos o sinal* do potencial da semi-reação de crômio uma vez que ela é de *oxidação*.

Problema Paralelo: Calcule a tensão (25°C) produzida por uma célula galvânica padrão na qual se dá a reação

$$2Fe^{3+}(aq) + Sn(s) \rightarrow 2Fe^{2+}(aq) + Sn^{2+}(aq)$$

Resposta: 0,91 V.

Exemplo 18.6 Encontre o potencial padrão (25°C) produzido pela célula

$$Pt(s) \mid Fe^{2+}, Fe^{3+}(aq) \parallel Cl^-(aq) \mid Cl_2(g) \mid Pt(s)$$

Solução:

As semi-reações e seus potenciais-padrão (da Tabela 18.1) são

Ânodo:	$2 \times \quad [Fe^{2+}(aq) \rightarrow Fe^{3+}(aq) + e^-]$	$\mathcal{E}° = -0,77$ V
Cátodo:	$2e^- + Cl_2(g) \rightarrow 2Cl^-(aq)$	$\mathcal{E}° = +1,36$ V
Célula:	$2Fe^{2+}(aq) + Cl_2(g) \rightarrow 2Fe^{3+}(aq) + 2Cl^-$	$\mathcal{E}° = +0,59$ V

O potencial-padrão produzido pela célula é 0,59 V.

> **Comentários Adicionais**
>
> Olhe novamente a solução do Exemplo 18.6. Note que, apesar de termos de multiplicar a reação anódica por 2, o potencial da semi-reação de oxidação *não* deve ser multiplicado. A tensão produzida por uma célula (ou por um eletrodo) não depende das quantidades de reagentes ou produtos, ou seja, de multiplicarmos a semi-reação de eletrodo ou a reação da célula por 2 (ou por qualquer outro número). As tensões produzidas pelas células dependem da natureza, dos estados e das concentrações dos reagentes e produtos, mas não dependem das quantidades presentes de cada um (e nem de como a equação foi escrita). Por exemplo, o cátodo de cobre numa pilha de Daniell pode ser imerso em 50 ou 500 mL de solução de $CuSO_4$ a uma dada concentração e a tendência de ocorrer a reação catódica não será afetada.

Problema Paralelo: Calcule o potencial-padrão (250°C) para a célula

$$Cr(s) \mid Cr^{3+}(aq) \parallel Br^-(aq) \mid Br_2(l) \mid Pt(s)$$

Resposta: 1,81 V.

Como já foi estabelecido na Seção 18.1, um voltímetro conectado apropriadamente no circuito externo de uma pilha lê uma tensão positiva. Em outras palavras, *uma tensão positiva é associada com uma reação espontânea*. A previsão da espontaneidade de uma reação redox é conseguida adicionando-se os potenciais apropriados da semi-reação de oxidação e da semi-reação de redução. Um resultado positivo indica que a reação é espontânea; uma soma negativa mostra que a reação não é espontânea.

Exemplo 18.7 Diga se a seguinte reação ocorre espontaneamente ou não a 25°C, se todos os reagentes e produtos se encontram no estado padrão:

$$Sn^{2+}(aq) + 2I^-(aq) \rightarrow Sn(s) + I_2(aq)$$

Solução: Adicionando os potenciais padrão da semi-reação de oxidação e da semi-reação de redução tomados da Tabela 18.1, temos

Oxidação:	$2I^-(aq) \rightarrow I_2(aq) + 2e^-$		$\mathcal{E}° = -0,54$ V
Redução:	$2e^- + Sn^{2+}(aq) \rightarrow Sn(s)$		$\mathcal{E}° = -0,14$ V
Redox:	$Sn^{2+}(aq) + 2I^-(aq) \rightarrow Sn(s) + I_2(aq)$		$\mathcal{E}° = -0,68$ V

Como a soma é *negativa*, a reação *não* é *espontânea*, não pode ocorrer.

[A reação inversa,

$$I_2(aq) + Sn(s) \rightarrow 2I^-(aq) + Sn^{2+}(aq)$$

é previsivelmente espontânea, pois $\mathcal{E}°$ é igual a +0,68 V.]

Problema Paralelo: Diga se a seguinte reação pode ocorrer ou não como escrita, a 25°C, se todos os reagentes e produtos estiverem no seu estado padrão:

$$8H^+(aq) + MnO_4^-(aq) + 5Fe^{2+}(aq) \rightarrow Mn^{2+}(aq) + 5Fe^{3+}(aq) + 4H_2O$$

Resposta: Sim, a reação ocorre.

Na realidade não é necessário calcular o valor de $\mathcal{E}°$ para dizer se a reação é espontânea. Observe novamente e com atenção a Tabela 18.1. Como foi mencionado, cada semi-reação é escrita como redução. Além disso, os valores de $\mathcal{E}°$ decrescem, indo de valores positivos na parte superior para valores negativos na parte inferior da tabela. Assim, as semi-reações de redução são ordenadas de acordo com sua *tendência decrescente de ocorrer*. Ao inverter a direção da semi-reação, além da mesma mudar de redução para oxidação, o sinal do seu potencial muda. Para que a soma dos potenciais das semi-reações de redução e de oxidação seja positiva, a semi-reação de oxidação (direção invertida e sinai de $\mathcal{E}°$ trocado) deve estar *abaixo* da semi-reação de redução na tabela. Esta regra pode ser simplificada ainda mais. Como todas as espécies à esquerda da tabela são agentes oxidantes (podem ser reduzidas) e todas as que estão à esquerda são agentes redutores (podem ser oxidadas), *para que um agente oxidante reaja com um agente redutor, o agente oxidante* (à esquerda) *deve estar* **acima** *do agente redutor* (à direita). Em resumo: *espécies que se encontram numa diagonal traçada a partir da parte superior à esquerda e indo até a parte inferior à direita reagem espontaneamente.*

Exemplo 18.8   Pode o $Sn^{2+}(aq)$, a 25°C e com concentração 1 mol L^{-1}, oxidar I$^-(aq)$ para formar Sn(s) e $I_2(aq)$?

Solução: O Sn^{2+} (à esquerda na Tabela 18.1) não está acima do I$^-$ (à direita). A reação, portanto, não ocorre espontaneamente. (Compare com o Exemplo 18.7.)

Problema Paralelo: Diga se Ag$^+(aq)$, a 25°C e com concentração 1 mol L^{-1}, pode oxidar Cu(s) para formar Ag(s) e $Cu^{2+}(aq)$. **Resposta:** Sim.

As forças relativas de agentes oxidantes e redutores podem ser encontradas rapidamente numa tabela de potenciais de redução padrão. Como as tensões se tornam menos positivas à medida que se desce na tabela, a tendência da redução ocorrer é maior no topo da mesma do que na base. Assim, o agente oxidante (à esquerda) torna-se *mais fraco* quando se vai *para baixo* na tabela e a tendência da reação inversa aumenta. E, assim, os agentes redutores (à direita) tornam-se *mais fortes* indo para *baixo* na tabela. [Exemplos: $Cr^{3+}(aq)$ é um agente oxidante mais forte que o $Zn^{2+}(aq)$; o $Zn(s)$ é um agente redutor mais forte que o $Cr(s)$.]

18.4 ENERGIA LIVRE, TENSÃO DE CÉLULA E EQUILÍBRIO

No Capítulo 17 mostramos que a temperatura e pressão constantes, o valor de ΔG para a reação pode ser utilizado para predizer a espontaneidade da reação. Neste capítulo vimos que a tensão associada à reação de oxi-redução é uma medida da espontaneidade da mesma. Você já deve suspeitar de que existe uma relação exata entre ΔG e $\mathcal{E}$ e, portanto, entre $\Delta G°$ e $\mathcal{E}°$.

TERMODINÂMICA E ELETROQUÍMICA

Embora não o provemos aqui, o decréscimo de energia livre para um processo que se realiza a temperatura e pressão constantes é igual ao trabalho máximo teórico, excluído o trabalho de expansão, que pode ser realizado pelo processo. No caso de uma reação que ocorre numa pilha, o trabalho elétrico máximo $w_{max,\ elet}$ que pode ser realizado é igual à tensão $\mathcal{E}$ produzida pela célula multiplicada pela quantidade de carga elétrica Q, que no circuito externo passa pelo dispositivo produtor de trabalho (um motor com eficiência igual a 100%). Em outras palavras,

$$w_{max,\ elet} = \mathcal{E} \times Q$$

onde, se $\mathcal{E}$ é em volts e Q em coulombs, então w é expresso em joules, porque um coulomb-volt é equivalente a um joule, isto é,

$$1\ C\ V = 1\ J$$

Mas Q (em coulombs) pode ser transformado em faradays por meio da seguinte conversão:

$$Q \text{ (coulombs)} = n \text{ (faradays)} \times \mathcal{F} \text{ (coulombs por faraday)}$$

onde n é a carga em faradays e F é o fator de conversão unitário que permite transformar coulombs em faradays, isto é, é o número de coulombs por faraday

$$F = 9{,}6485 \times 10^4 \text{ C F}^{-1}$$

Portanto,

$$w_{\text{max, elet}} = \mathcal{E} \times n\mathcal{F}$$

Como já estabelecemos, isto é igual ao decréscimo de energia livre durante o desenrolar da reação:

$$-\Delta G = w_{\text{max, elet}} = \mathcal{E} \times n\mathcal{F}$$

ou, como geralmente é escrito,

$$\Delta G = -n\mathcal{F}\mathcal{E}$$

Quando todos os reagentes e produtos se encontram no estado padrão, esta relação se torna

$$\Delta G° = -n\mathcal{F}\mathcal{E}°$$

A reação de célula para a pilha da Daniell é

$$Zn(s) + Cu^{2+}(aq) \rightarrow Zn^{2+}(aq) + Cu(s) \qquad \mathcal{E}° = 1{,}10 \text{ V (a } 25°C)$$

Quando 1 mol de Cu é formado, 2 faradays de carga elétrica (dois mols de elétrons) são transferidos do ânodo de zinco através do circuito externo para o cátodo de cobre. Portanto, a variação de energia livre que acompanha a oxidação de um mol de cobre é

$$\begin{aligned}\Delta G° &= -n\mathcal{F}\mathcal{E}° \\ &= -(2F)(9{,}6485 \times 10^4 \text{ F C}^{-1})(1{,}10 \text{ V}) \\ &= -2{,}12 \times 10^5 \text{ C V, ou } -2{,}12 \times 10^5 \text{ J, ou } -212 \text{ kJ}\end{aligned}$$

A equação

$$\Delta G = -n\mathcal{F}\mathcal{E}$$

é a importante "ponte" entre a variação de energia livre da termodinâmica e a tensão de célula da eletroquímica. É responsável pelo fato de que qualquer uma das duas grandezas pode ser utilizada para prever a espontaneidade de uma reação redox. Quando os reagentes e os produtos se encontram nos seus estados padrão, a relação se torna

$$\Delta G° = -n\mathcal{F}\mathcal{E}°$$

Exemplo 18.9   Calcule $\Delta G°$ a 25°C para a reação

$$8H^+(aq) + MnO_4^-(aq) + 5Ag(s) \rightarrow Mn^{2+}(aq) + 5Ag^+(aq) + 4H_2O$$

Solução: Da Tabela 18.1 obtemos os valores de $\mathcal{E}°$ de cada semi-reação

Oxidação: $5e^- + MnO_4^-(aq) + 8H^+(aq)$	$\rightarrow Mn^{2+}(aq) + 4H_2O$	$\mathcal{E}° = +1{,}51$ V
Redução: $5 \times \quad [Ag(s)$	$\rightarrow Ag^+(aq) + e^-]$	$\mathcal{E}° = -0{,}80$ V
$8H^+(aq) + MnO_4^-(aq) + 5Ag(s)$	$\rightarrow Mn^{2+}(aq) + 5Ag^+(aq) + 4H_2O$	$\mathcal{E}° = +0{,}71$ V

Neste caso, n, o número de faradays (mols de elétrons) transferidos na reação tal como escrita, é 5, conforme se pode ver das semi-reações. Portanto

$$\Delta G° = -n \mathcal{F} \mathcal{E}°$$

$$= -(5 \text{ F})(9{,}65 \times 10^4 \text{ C F}^{-1})(0{,}71 \text{ V})$$

$$= -3{,}4 \times 10^5 \text{ C V, ou } -3{,}4 \times 10^5 \text{ J, que é } -3{,}4 \times 10^2 \text{ kJ}$$

($\mathcal{E}°$ é positivo; $\Delta G°$ é negativo; a reação é espontânea.)

Problema Paralelo: A energia livre de formação padrão do óxido de alumínio Al_2O_3 a 25°C é -1576 kJ mol^{-1}. Se uma pilha utilizando a reação

$$6Al(s) + 3O_2(g) \rightarrow 3Al_2O_3(s)$$

opera a 25°C e a 1 atm, qual a tensão produzida? **Resposta:** 2,72 V.

O EFEITO DA CONCENTRAÇÃO SOBRE A TENSÃO DE CÉLULA

Até agora, consideramos apenas pilhas em que os reagentes e os produtos se encontram nos estados-padrão. A tensão produzida por uma pilha depende das concentrações dos reagentes e produtos, e esta relação pode ser prevista *qualitativamente* pelo princípio de Le Châtelier. Considere, novamente, a pilha de Daniell,

$$Zn(s) \mid Zn^{2+}(aq) \parallel Cu^{2+}(aq) \mid Cu(s)$$

A 25°C, a tensão que a célula produz é 1,10 V. O que acontecerá se a concentração dos íons zinco for reduzida abaixo de 1 mol L^{-1}? Se olharmos para a reação do ânodo

$$Zn(s) \rightarrow Zn^{2+}(aq) + 2e^-$$

ou para a reação da célula

$$Zn(s) + Cu^{2+}(aq) \rightarrow Zn^{2+}(aq) + Cu(s)$$

poderemos supor, de acordo com o princípio de Le Châtelier, que uma *diminuição* da [Zn^{2+}] acarretará um *aumento* da tendência de ocorrer a reação direta e, assim, deveremos observar um *aumento* na tensão produzida pela célula. Semelhantemente, com um *decréscimo* da [Cu^{2+}] na pilha de Daniell, *decresce* a tendência de ocorrer a reação do cátodo,

$$2e^- + Cu^{2+}(aq) \rightarrow Cu(s)$$

e, igualmente, de ocorrer a reação de célula

$$Zn(s) + Cu^{2+}(aq) \rightarrow Zn^{2+}(aq) + Cu(s)$$

A tensão observada numa célula dessas é então inferior ao valor padrão 1,10 V.

A EQUAÇÃO DE NERNST

A dependência da tensão da célula com as concentrações pode ser descrita quantitativamente. Na Seção 17.5 mostramos que a variação de energia livre, ΔG, de qualquer reação e a variação de energia livre padrão, $\Delta G°$, estão relacionadas por meio da seguinte equação:

$$\Delta G = \Delta G° + RT \ln Q$$

onde Q é a expressão da lei de ação das massas da reação. Vimos também para uma reação de óxido-redução que

$$\Delta G = -n \mathcal{F} \mathcal{E} \text{ e } \Delta G° = -n \mathcal{F} \mathcal{E}°$$

Assim, para uma reação redox, temos

$$-n \mathcal{F} \mathcal{E} = -n \mathcal{F} \mathcal{E}° + RT \ln Q$$

ou

$$\mathcal{E} = \mathcal{E}° - \frac{RT}{n\mathcal{F}} \ln Q$$

Essa relação é chamada *equação de Nernst*, em homenagem ao alemão Walther Nernst, que a deduziu em 1889. Pode ser simplificada, por exemplo, para ser usada a 25°C, substituindo-se

$R = 8,315$ J K^{-1} mol^{-1}

$T = 298,2$ K

$F = 96.485$ C mol^{-1}

de modo que, a 25°C, a equação de Nernst se reduz a

$$\mathcal{E} = \mathcal{E}° - \frac{0{,}0257}{n} \ln Q$$

Alternativamente, a equação de Nernst escrita em termos do logaritmo decimal toma a seguinte forma:

$$\mathcal{E} = \mathcal{E}° - \frac{0{,}0592}{n} \log Q$$

Usando a equação de Nernst, podemos calcular a tensão produzida por qualquer célula, uma vez conhecidos os potenciais-padrão do ânodo e do cátodo e as concentrações (pressões parciais no caso de gases) dos seus reagentes e produtos.

Exemplo 18.10 Calcule a tensão produzida a 25°C pela célula

$$Sn(s) \;|\; Sn^{2+}(aq) \;||\; Ag^+(aq) \;|\; Ag(s)$$

se $[Sn^{2+}] = 0{,}15$ mol L^{-1}, e $[Ag^+] = 1{,}7$ mol L^{-1}.

Solução: As reações do ânodo, do cátodo e da célula e os correspondentes potenciais-padrão (Tabela 18.1) são

Ânodo:	$Sn(s) \rightarrow Sn^{2+}(aq) + 2e$		$\mathcal{E}° = +0{,}14$ V
Cátodo:	$[e^- + Ag^+(aq) \rightarrow Sn(s)$	$\times 2$	$\mathcal{E}° = +0{,}80$ V
Célula:	$Sn(s) + 2Ag^+(aq) \rightarrow Sn^{2+}(aq) + 2Ag(s)$		$\mathcal{E}° = -0{,}94$ V

A expressão da lei de ação das massas Q para esta reação é

$$Q = \frac{[Sn^{2+}]}{[Ag^+]^2}$$

(Geralmente, os termos dos sólidos puros são omitidos de Q.)

A equação de Nernst para esta reação é, portanto,

$$\mathcal{E} = \mathcal{E}° - \frac{0{,}0257}{2} \ln \frac{[Sn^{2+}]}{[Ag^+]^2}$$

Nota: Nesta equação, $n = 2$ faradays, porque esta é a quantidade de cargas elétricas que passa através da célula quando os reagentes se transformam em produtos em quantidades molares.

$$\mathcal{E} = 0{,}94 - \frac{0{,}0257}{2} \ln \frac{0{,}15}{(1{,}7)^2}$$

$$= 0{,}94 \text{ V} - (-0{,}038 \text{ V})$$

$$= +0{,}98 \text{ V}$$

A variação das concentrações relativamente a 1 mol L^{-1} não afeta muito o $\mathcal{E}$ da célula, como muitas vezes ocorre, salvo no caso em que as concentrações são muito baixas. O fato de $\mathcal{E}$ ser mais positivo que $\mathcal{E}°$ mostra-nos que, com estas concentrações, a reação da célula apresenta uma tendência maior para ocorrer do que quando as concentrações são iguais a 1 mol L^{-1}, o que é consistente com a previsão baseada no princípio de Le Châtelier.

Problema Paralelo: Calcule a tensão produzida por uma pilha de Daniell na qual [Cu^{2+}] = 1,0 × 10^{-3} mol L^{-1}, e [Zn^{2+}] = 1,0 × 10^{-2} mol L^{-1}. **Resposta:** 1,07 V.

POTENCIAIS-PADRÃO E CONSTANTES DE EQUILÍBRIO

Quando um sistema reagente se encontra em equilíbrio, a energia livre dos produtos é igual à energia livre dos reagentes, ou seja, $\Delta G = 0$. Além do mais, quando o sistema faz parte de uma célula galvânica, a célula não produz tensão; $\mathcal{E}$ da célula é zero, visto que a reação não apresenta tendência alguma de ocorrer numa direção ou outra. No equilíbrio, a expressão Q da lei de ação das massas passa a ser igual a K, a constante de equilíbrio da reação; nestas condições a equação de Nernst é escrita como

$$0 = \mathcal{E}° - \frac{RT}{n\mathcal{F}} \ln K$$

ou

$$\mathcal{E}° = \frac{RT}{n\mathcal{F}} \ln K$$

que, a 25°C, é simplificada para

$$\mathcal{E}° = \frac{0{,}0257}{n} \ln K$$

Escrita em termos do logaritmo decimal, é

$$\mathcal{E}° = \frac{0{,}0592}{n} \log K$$

Em qualquer uma destas formas, esta equação nos permite calcular $\mathcal{E}°$ a partir de K, ou vice-versa.

Exemplo 18.11 Calcule o valor da constante de equilíbrio a 25°C para a reação dada no Exemplo 18.10.

Solução:

$$\mathcal{E}° = \frac{0{,}0257}{n} \ln K$$

Resolvendo para $\ln K$ e substituindo $\mathcal{E}°$ por 0,94 V e n por 2, obtemos

$$\ln K = \frac{n\mathcal{E}°}{0{,}0257} = \frac{2(0{,}94)}{0{,}0257} = 73$$

$$K = 10^{32}$$

Problema Paralelo: Calcule o valor da constante de equilíbrio para a pilha de Daniell a 25°C. **Resposta:** 2×10^{37}.

Desenvolvemos três quantidades termodinâmicas interligadas que podem servir para predizer a espontaneidade de uma reação de oxi-redução: ΔG, K e $\mathcal{E}$. Seu uso para esta finalidade se encontra resumido a seguir:

Reação	ΔG	K	$\mathcal{E}$
Espontânea	$\Delta G < 0$	$K > Q$	$\mathcal{E} > 0$
Não-espontânea	$\Delta G > 0$	$K < Q$	$\mathcal{E} < 0$
Equilíbrio	$\Delta G = 0$	$K = Q$	$\mathcal{E} = 0$

18.5 A MEDIDA ELETROQUÍMICA DO pH

A equação de Nernst possibilita um método para determinar concentrações iônicas mediante medidas com células galvânicas. Utilizando a célula adequada, chega-se à base da determinação experimental do pH de uma solução.

A MEDIDA DO pH COM O ELETRODO DE HIDROGÊNIO

Um dos primeiros métodos para a medida precisa de pH empregava o eletrodo de hidrogênio. Este eletrodo era imerso em uma solução cujo pH deveria ser determinado e que, por meio de uma ponte salina, era ligado a um eletrodo de referência de potencial conhecido, medindo-se a tensão entre eles. Um eletrodo de referência comumente usado é o *eletrodo saturado de calomelano*[3], que, se cuidadosamente preparado, apresenta uma tensão reprodutível de 0,24453 V a 25°C. O diagrama desse eletrodo é

$$Cl^-(aq) \mid Hg_2Cl_2(s) \mid Hg(l)$$

O eletrodo de calomelano é um eletrodo metal-sal insolúvel, para o qual a semi-reação é

$$2e^- + Hg_2Cl_2(s) \rightarrow 2Hg(l) + 2Cl^-(aq)$$

Quando esse eletrodo é acoplado com o eletrodo de hidrogênio, o diagrama da célula é

$$Pt(s) \mid H_2(g) \mid H^+(aq, M = ?) \parallel Cl^-(aq) \mid Hg_2Cl_2(s) \mid Hg(l)$$

Para essa célula, as reações de eletrodo e da célula são

Ânodo (hidrogênio):	$H_2(g)$	$\rightarrow 2H^+(aq, M = ?) + 2e^-$
Cátodo (calomelano):	$2e^- + Hg_2Cl_2(s)$	$\rightarrow 2Hg(l) + 2Cl^-(aq)$
Célula:	$Hg_2Cl_2(s) + H_2(g)$	$\rightarrow 2H^+(aq, M = ?) + 2Cl^-(aq) + 2Hg(l)$

A tensão de célula medida é a soma das tensões do ânodo e do cátodo (desprezando o potencial de junção líquida):

$$\mathcal{E}_{célula} = \mathcal{E}_{H_2} + \mathcal{E}_{calomelano}$$

Agora, a equação de Nernst pode ser escrita para um único eletrodo ou semi-célula. Para o eletrodo de hidrogênio sozinho, a equação é

$$\mathcal{E}_{H_2} = \mathcal{E}^\circ_{H_2} - \frac{0,0257}{2} \ln \frac{[H^+]^2}{P_{H_2}}$$

---

[3] *Calomelano* é o nome antigo do Hg_2Cl_2, cloreto de mercúrio(I), ou cloreto mercuroso. O termo "saturado" refere-se ao fato dos íons Cl^- serem provenientes de uma solução saturada de cloreto de potássio.

Assim,

$$\mathcal{E}_{\text{célula}} = \left[\mathcal{E}^\circ_{H_2} - \frac{0,0257}{2} \ln \frac{[H^+]^2}{P_{H_2}} \right] + \mathcal{E}_{\text{calomelano}}$$

Como $\mathcal{E}^\circ_{H_2} = 0$,

$$\mathcal{E}_{\text{célula}} = \left[\frac{0,0257}{2} \ln \frac{[H^+]^2}{P_{H_2}} \right] + \mathcal{E}_{\text{calomelano}}$$

que, ao ser resolvida para ln [H$^+$], fornece:

$$\ln [H^+] = \frac{\mathcal{E}_{\text{calomelano}} - \mathcal{E}_{\text{célula}}}{0,0257} + \tfrac{1}{2} \ln P_{H_2}$$

Mudando o logaritmo natural para logaritmo decimal $\left(\log x = \dfrac{\ln x}{2,303} \right)$ e multiplicando por –1, obtemos,

$$-\log [H^+] = \frac{\mathcal{E}_{\text{célula}} - \mathcal{E}_{\text{calomelano}}}{(2,303)(0,0257)} - \tfrac{1}{2} \log P_{H_2}$$

$$= \frac{\mathcal{E}_{\text{célula}} - \mathcal{E}_{\text{calomelano}}}{0,0592} - \tfrac{1}{2} \log P_{H_2}$$

Mas o lado esquerdo desta equação é simplesmente o pH, e como $\mathcal{E}_{\text{calomelano}} = 0,24453$ V (ver anteriormente), obtemos (finalmente)

$$\text{pH} = \frac{\mathcal{E}_{\text{célula}} - 0,24453 \text{ V}}{0,0592} - \tfrac{1}{2} \log P_{H_2}$$

Usando um eletrodo de referência como o eletrodo de calomelano junto com um eletrodo de hidrogênio (no qual a pressão parcial do gás hidrogênio é conhecida), o pH de uma solução pode ser calculado mediante a medida da tensão da célula.

Exemplo 18.12 Um eletrodo de hidrogênio ($P_{H_2} = 723$ mmHg) é imerso numa solução de pH desconhecido. Um eletrodo de referência de calomelano saturado é ligado à solução por meio de uma ponte salina e a tensão produzida pela célula assim constituída é de 0,537 V a 25°C. Qual é o pH da solução?

Solução:

$$\text{pH} = \frac{\mathcal{E}_{\text{célula}} - \mathcal{E}_{\text{calomelano}}}{0,0592} - \tfrac{1}{2}\log P_{H_2}$$

$$= \frac{0,537\text{ V} - 0,24453\text{ V}}{0,0592} - \tfrac{1}{2}\log\left(\frac{723\text{ mmHg}}{760\text{mmHg}}\right)$$

$$= 4,95$$

Problema Paralelo: Que tensão seria produzida a 25°C por uma célula galvânica composta por um eletrodo de hidrogênio (P_{H_2} = 745 mmHg) imerso numa solução de pH = 11,0 e um eletrodo saturado de calomelano? **Resposta:** 0,895 V.

MEDIDORES DE pH E O ELETRODO DE VIDRO

A relação entre o pH e a tensão da célula eletrodo de hidrogênio-eletrodo de calomelano a 25°C pode ser escrita como

$$\text{pH} = \frac{\mathcal{E}_{\text{célula}}}{0,0592} - \left(\frac{\mathcal{E}_{\text{calomelano}}}{0,0592} + \tfrac{1}{2}\log P_{H_2}\right)$$

Observe o termo entre parênteses à direita. Para uma pressão parcial do hidrogênio constante, o termo todo é constante. (A tensão do eletrodo de calomelano não pode variar porque a ponte salina o isola da solução de pH desconhecido.) Então podemos escrever

$$\text{pH} = \frac{\mathcal{E}_{\text{célula}}}{0,0592} - \text{constante}$$

Isto indica que, a P_{H_2} constante, o pH da solução é diretamente proporcional à tensão medida produzida pela célula.

Há muitos anos atrás, verificou-se que uma membrana fina de vidro, que separa duas soluções de pH diferentes, desenvolve uma diferença de potencial entre as suas superfícies. Essa diferença de potencial varia com o pH de uma das soluções, exatamente da mesma maneira como varia o potencial do eletrodo de hidrogênio com o pH. Uma membrana dessas é incorporada na extremidade de um sistema denominado *eletrodo de vidro*, que hoje é utilizado universalmente como um dos eletrodos de um *medidor de pH*. O outro eletrodo, muitas vezes, é o eletrodo de calomelano. O diagrama da célula é

Pt(*s*) | Ag(*s*) | AgCl(*s*) | HCl(*aq*, 1 mol L^{-1}) | vidro | solução pH = ? || Cl$^-$(*aq*) | Hg$_2$Cl$_2$(*s*) | Hg(*l*)

Como com o eletrodo de hidrogênio, o pH da solução desconhecida é diretamente proporcional à tensão da célula:

$$pH = \frac{\mathcal{E}_{célula}}{0,0592} - \text{constante}$$

A Figura 18.12 apresenta um eletrodo de vidro e um de calomelano imerso numa solução desconhecida[4]. Os eletrodos encontram-se ligados a um medidor de pH que é um voltímetro digital de alta resistência interna, o que praticamente impede a passagem de corrente. A escala do medidor é graduada, diretamente, em unidades de pH.

Não é possível fabricar um eletrodo de vidro com um potencial predeterminado; assim, antes de usarmos o medidor de pH e o conjunto de eletrodos, devemos padronizar o sistema, isto é, ajustá-lo de modo que as leituras sejam corretas. Isto é feito imergindo os eletrodos numa solução tampão de pH conhecido, e então ajustando o medidor (girando o botão adequado) ao valor do pH da solução tampão. Assim, o dispositivo indicará corretamente o valor do pH de qualquer solução na qual seus eletrodos tenham sido imersos. Alguns medidores de pH funcionam com eletrodo combinado, isto é, uma construção na qual os dois eletrodos vêm reunidos em um só, tendo em vista facilitar seu uso.

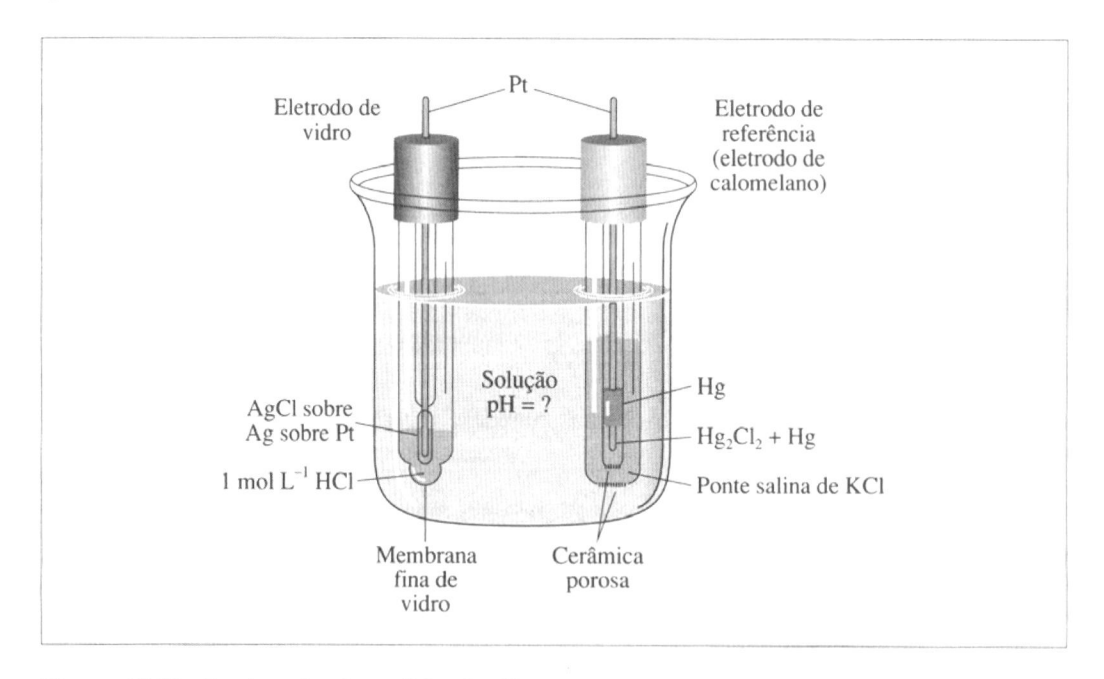

Figura 18.12 Os eletrodos do medidor de pH.

---

[4] Observe o eletrodo de prata-cloreto de prata dentro do eletrodo de vidro. Este e a solução de ácido clorídrico no qual está imerso servem para abaixar a resistência elétrica e favorecer a estabilidade do eletrodo. É sabido hoje em dia que este "eletrodo interno" não é mais necessário. O eletrodo pode trabalhar (de certo modo) com apenas ar no seu interior.

18.6 CÉLULAS GALVÂNICAS COMERCIAIS

Algumas células galvânicas possuem aplicações industriais ou domésticas. Incluem-se entre estas não somente as pilhas para rádio portáteis, calculadoras, aparelhos para surdez e outros dispositivos miniaturizados, mas também sistemas de fornecimento de tensões de emergência para casas e prédios comerciais, telefones, redes de computadores, bancos de armazenagem de energia para coletores solares e geradores aeólicos, baterias para veículos e muitos outros.

Duas células galvânicas comuns são as baterias de flash e as de carro. Originalmente, o termo *bateria* designava o conjunto de duas ou mais células galvânicas ligadas em série entre si, para produzir uma tensão múltipla da tensão fornecida por uma só célula. Hoje a palavra é comumente usada referindo-se a uma ou mais células. A bateria de flash consiste numa única célula, e a bateria de automóvel em seis células.

Células galvânicas usadas para armazenar energia são geralmente classificadas em células primárias e células secundárias.

CÉLULAS PRIMÁRIAS

Uma *célula primária* é aquela que não pode ser recarregada. A reação da célula não pode ser invertida por meio de uma eletrólise (Seção 10.2), portanto logo que a célula for descarregada ela deve ser substituída.

A pilha seca. A bateria de flash comum, também chamada de *pilha seca* ou *pilha de Leclanché*, constitui um exemplo interessante de célula galvânica. É comercializada em várias formas, a mais comum das quais é esquematizada na Figura 18.13. Esta forma consiste em um copo de zinco que serve de ânodo, uma barra central cilíndrica de carbono que é o cátodo, e uma pasta de MnO_2, carbono, NH_4Cl e $ZnCl_2$ umidificado com água. (A "pilha seca" não é, de fato, seca.) O funcionamento dessa pilha é complexo e não é completamente compreendido. Entretanto, acredita-se que ocorre algo como descrito a seguir: o zinco se oxida no ânodo

$$Zn(s) \rightarrow Zn^{2+}(aq) + 2e^-$$

e, no cátodo, MnO_2 é reduzido

$$e^- + NH_4^+(aq) + MnO_2(s) \rightarrow MnO(OH)(s) + NH_3(aq)$$

Os íons de zinco produzidos no ânodo aparentemente migram para o cátodo, onde são complexados pelas moléculas de NH_3 ali produzidas:

$$Zn^{2+}(aq) + 4NH_3(g) \rightarrow Zn(NH_3)_4^{2+}(aq)$$

Se puxarmos uma corrente muito intensa da pilha seca, ela se inutiliza prematuramente, talvez devido à formação de uma camada isolante do gás NH_3 em torno do cátodo. Com o "repouso", uma pilha seca dessas "rejuvenesce", possivelmente em conseqüência da remoção das moléculas de NH_3 por parte dos íons migrantes, Zn^{2+}.

A pilha de Leclanché produz uma tensão de 1,5 V.

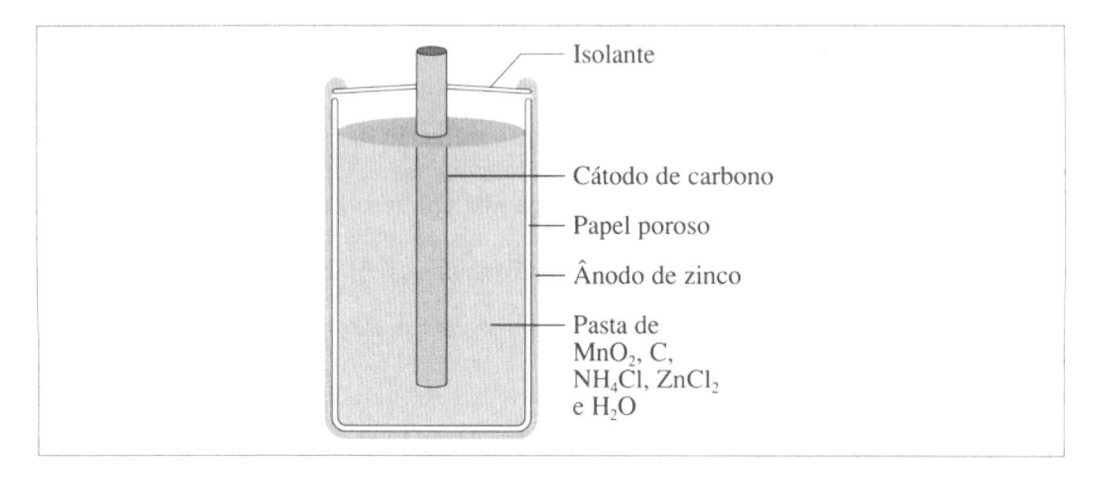

Figura 18.13 A pilha seca, ou de Leclanché.

A bateria de mercúrio. Uma célula primária que apresenta um uso bastante comum em aplicações domésticas e industriais é a *bateria de mercúrio*. É encontrada em tamanhos muito pequenos em relógios e aparelhos auditivos. O ânodo da bateria de mercúrio é uma amálgama de zinco, sendo *amálgama* o termo usado para indicar qualquer liga contendo mercúrio. O cátodo consiste em aço inoxidável em contato com óxido de mercúrio(II). Entre o ânodo e o cátodo há uma pasta de hidróxido de potássio e de hidróxido de zinco. O diagrama de uma célula de mercúrio é o seguinte:

$$Zn(Hg) \mid Zn(OH)_2(s) \mid OH^-(aq) \mid HgO(s) \mid Hg(l) \mid aço$$

e está ilustrado na Figura 18.14.

As reações de eletrodo e da célula numa bateria de mercúrio são:

Ânodo:	$Zn(Hg) + 2OH^-(aq)$	$\rightarrow Zn(OH)_2(s) + H_2O + 2e^-$
Cátodo:	$HgO(s) + H_2O + 2e^-$	$\rightarrow Hg(l) + 2OH^-(aq)$
Célula:	$Zn(Hg) + HgO(s)$	$\rightarrow Zn(OH)_2(s) + Hg(l)$

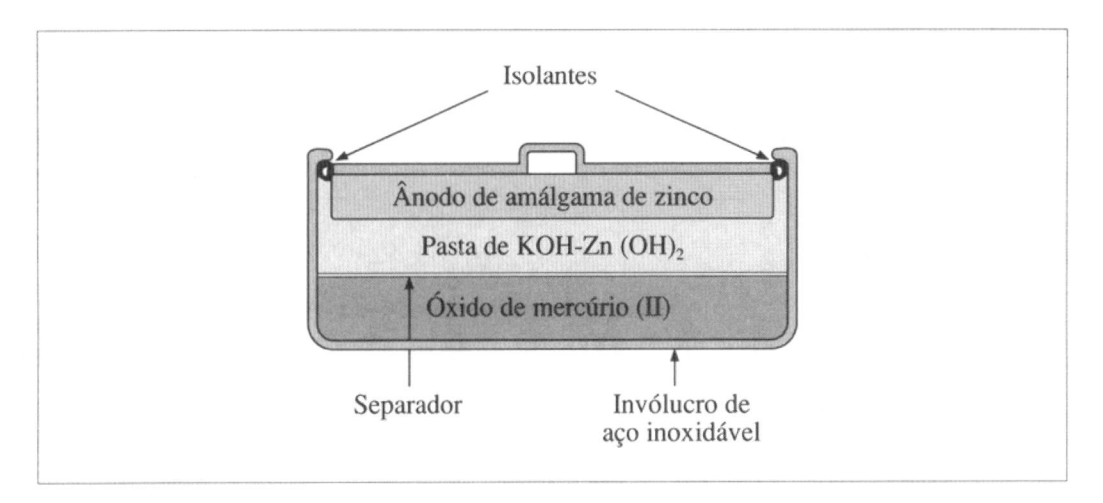

Figura 18.14 A bateria de mercúrio.

A reação global da célula mostra que as concentrações iônicas não variam à medida que a célula descarrega, portanto a tensão produzida por essa célula (1,35 V) permanece praticamente constante durante sua vida útil.

CÉLULAS SECUNDÁRIAS

Uma célula secundária é aquela que pode ser recarregada. Isto é feito usando um carregador de baterias, o qual aplica à célula uma tensão externa oposta, que inverte os processos da célula e regenera as substâncias usadas durante a descarga.

A bateria de chumbo. Nenhum dispositivo de armazenamento de energia elétrica tem sido mais útil do que a *bateria de chumbo*. Ela é universalmente usada na ignição do motor de veículos e em outras aplicações estacionárias. Está representada esquematicamente na Figura 18.15 e seu diagrama de célula é

$$Pb(s) \mid PbSO_4(s) \mid H^+, HSO_4^-(aq) \mid PbO_2(s) \mid Pb(s)$$

O ânodo de uma bateria carregada consiste em uma grade de chumbo comum preenchida com chumbo esponjoso. Quando o chumbo esponjoso é oxidado, o produto, íons Pb^{2+}, precipita imediatamente na forma de $PbSO_4$, que adere à grade de chumbo. A semi-reação anódica é

$$\text{Ânodo: } Pb(s) + HSO_4^-(aq) \rightarrow PbSO_4(s) + H^+(aq) + 2e^-$$

O cátodo consiste em outra grade de chumbo, que neste caso é preenchida com óxido de chumbo (IV), PbO_2, comumente chamado de dióxido de chumbo. A semi-reação catódica é

$$\text{Cátodo: } 2e^- + PbO_2(s) + 3H^+(aq) + HSO_4^-(aq) \rightarrow PbSO_4(s) + 2H_2O$$

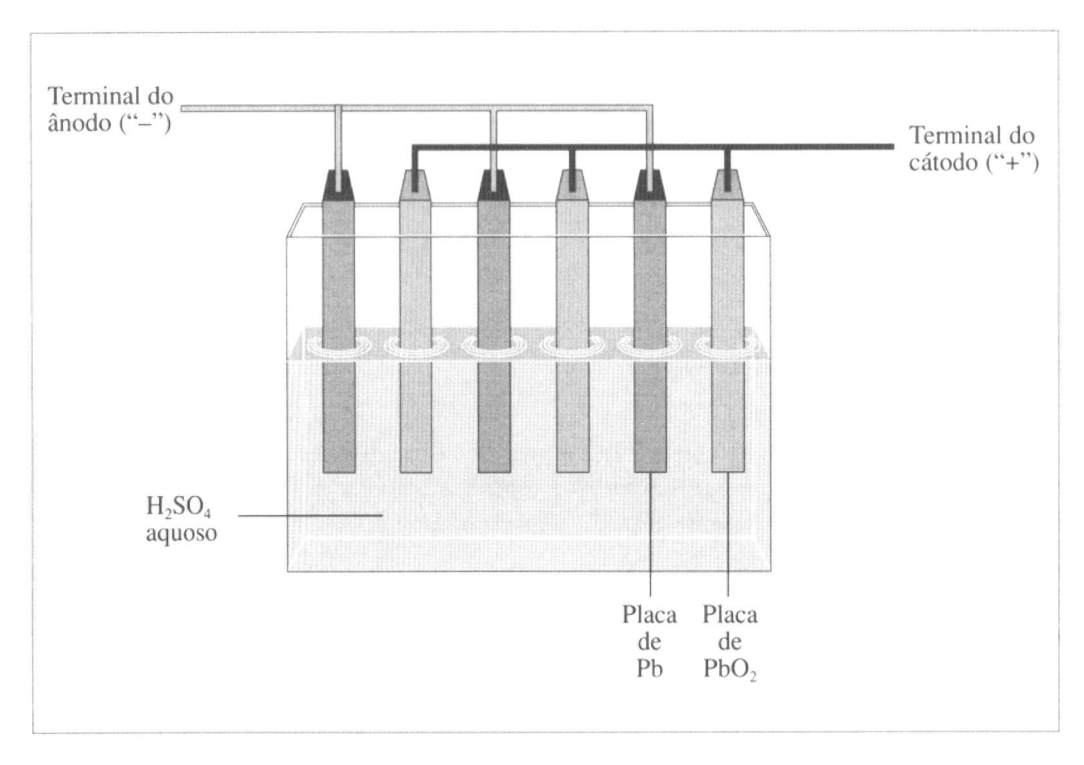

Figura 18.15 Bateria de chumbo (esquema).

Quando em operação, com passagem de corrente, a reação global na bateria de chumbo é

$$\text{Célula: } Pb(s) + PbO_2(s) + 2H^+(aq) + 2HSO_4^-(aq) \rightarrow 2PbSO_4(s) + 2H_2O$$

Assim, $PbSO_4$ é produzido em ambos os eletrodos, à medida que a célula se descarrega. Simultaneamente, H^+ e HSO_4^- (os íons do ácido sulfúrico, H_2SO_4) são removidos da solução.

A célula de armazenamento, ou bateria de chumbo, não só produz muita corrente mas também pode ser recarregada. Isto é feito impondo-se à célula uma tensão inversa, ligeiramente superior à produzida pela célula, forçando os elétrons a escoarem para dentro do que era o ânodo e para fora do que era o cátodo. Com isto o sentido de todas as reações se inverte e a célula opera como célula eletrolítica, convertendo $PbSO_4$ em Pb e em PbO_2, nos respectivos eletrodos. Quando uma célula é "sobrecarregada", a água sofre eletrólise e o desprendimento de hidrogênio e oxigênio degrada a superfície dos eletrodos. Este fato, mais a adição de água impura para compensar as perdas por evaporação, acarretam o desprendimento do $PbSO_4$ dos eletrodos. Assim, a capacidade da célula se reduz e pode eventualmente, produzir, no fundo do recipiente, resíduos em quantidade suficiente para curto-circuitar os eletrodos, destruindo a bateria.

A condição de uma bateria de chumbo pode ser acompanhada por medidas de densidade da solução de H_2SO_4 (é o que se faz nos postos de serviço com o "densímetro"). Numa célula completamente carregada, a concentração e a densidade de uma solução de H_2SO_4 são altas; na célula descarregada, a solução de H_2SO_4 é mais diluída e a sua densidade, portanto, menor. Visto que cada célula produz 2 V, uma "bateria de 12 V" contém seis células ligadas em série.

A bateria de níquel-cádmio. A bateria de níquel cádmio é uma outra célula secundária. É usada em quase tudo, desde calculadoras de bolso até aparadores de plantas. O seu diagrama é

$$Cd(s) \mid Cd(OH)_2(s) \mid OH^-(aq) \mid Ni(OH)_2(s) \mid NiO_2(s)$$

Durante a descarga ocorreram as seguintes reações:

Ânodo:	$Cd(s) + 2OH^-(aq) \rightarrow Cd(OH)_2(s) + 2e^-$
Cátodo:	$2e^- + NiO_2(s) + 2H_2O \rightarrow Ni(OH)_2(s) + 2OH^-(aq)$
Célula:	$Cd(s) + NiO_2(s) + 2H_2O \rightarrow Cd(OH)_2(s) + Ni(OH)_2(s)$

Ao contrário da bateria de chumbo, a bateria de níquel–cádmio é leve e pode ser facilmente vedada e miniaturizada. Igualmente importante é o fato do potencial desta bateria permanecer praticamente constante até que esteja completamente descarregada. Isto é verdade porque as concentrações iônicas no interior da célula não variam durante seu uso. (Os íons hidróxidos consumidos no ânodo são simultaneamente regenerados no cátodo: veja as equações anteriores.)

RESUMO

Neste capítulo consideramos a interconversão de energia química e energia elétrica. Um dispositivo que permite essa interconversão é denominado *célula eletroquímica*, da qual existem dois tipos: a *célula galvânica* ou *pilha* e a *célula eletrolítica*. A pilha utiliza a variação negativa da energia livre de uma reação espontânea para produzir energia elétrica. ΔG para a reação de uma célula eletrolítica é positivo; neste caso deve-se usar energia elétrica para forçar uma reação não-espontânea. Ambas as células galvânicas e eletrolíticas empregam uma reação redox que é fisicamente separada, de forma que a oxidação ocorre num eletrodo, o *ânodo*, e a redução no outro, o *cátodo*.

No processo de eletrólise os produtos dependem de quais constituintes são mais facilmente e mais rapidamente oxidados (no ânodo) e reduzidos (no cátodo). As quantidades formadas destes produtos dependem de suas massas equivalentes a da quantidade de eletricidade aplicada (*leis de Faraday da eletrólise*).

A descrição simbólica abreviada das células galvânicas é feita por meio dos *diagramas de célula*. Uma célula galvânica produz uma tensão, ou potencial, que é a soma correspondente a seus eletrodos e mais, possivelmente, um potencial de junção líquida. (O potencial de junção líquida pode ser minimizado mediante o uso de uma *ponte salina*.) A tensão produzida pela célula mede a espontaneidade da reação de célula. Os *potenciais-padrão do eletrodo* encontram-se tabelados; em cada um dos casos, medem a tendência de ocorrer uma reação de redução, relativamente à tendência do $H^+(aq)$ ser reduzido a $H_2(g)$. Aqui, *padrão* implica estado padrão dos reagentes e dos produtos. A *equação de Nernst* permite o cálculo das tensões de células nas quais os reagentes e os produtos não se encontram nos respectivos estados padrão. Como existem muitos tipos de eletrodos, é possível haver uma grande variedade de células.

As células galvânicas podem ser empregadas para medir a concentração de íons em solução por meio da equação de Nernst. O pH pode ser medido por meio do eletrodo de hidrogênio e, mais convenientemente, pelo eletrodo de vidro e o medidor de pH.

Algumas células galvânicas, comumente chamadas "baterias", têm aplicação prática como dispositivos que guardam energia.

PROBLEMAS

Células Eletroquímicas

18.1 Faça uma distinção clara entre uma pilha e uma célula eletrolítica. Comente os sinais de ΔG e $\mathcal{E}$ para a reação da célula em cada caso. Uma dada célula pode funcionar seja como pilha seja como célula eletrolítica? Explique.

18.2 Como se distingue o ânodo do cátodo numa célula eletroquímica?

18.3 Em que sentido as designações "+" e "−" dos eletrodos de uma célula galvânica podem ser ambíguas?

18.4 Se quiser eletrolisar a água usando uma bateria de chumbo como fonte de eletricidade, você ligaria o eletrodo no qual quer a produção de hidrogênio ao pólo "+" ou "−" da bateria? Explique o seu raciocínio.

Células Galvânicas

18.5 Escreva o diagrama de célula que utiliza cada uma das seguintes reações:

(a) $H_2(g) + Cl_2(g) \rightarrow 2H^+(aq) + 2Cl^-(aq)$

(b) $Cl_2(g) + Cd(s) \rightarrow Cd^{2+}(aq) + 2Cl^-(aq)$

(c) $2Ag^+(aq) + Cu(s) \rightarrow 2Ag(s) + Cu^{2+}(aq)$

(d) $14H^+(aq) + Cr_2O_7^{2-}(aq) + 6Fe^{2+}(aq) \rightarrow 2Cr^{3+}(aq) + 6Fe^{3+}(aq) + 7H_2O$

Problemas

18.6 Faça um esquema de cada uma das células do Problema 18.5. Indique no seu desenho o conteúdo de cada compartimento da célula, a ponte salina, se houver, marque o ânodo e o cátodo e a direção do fluxo de elétrons e de íons.

18.7 Escreva as semi-reações anódicas e catódicas e a reação global para cada uma das seguintes células galvânicas:

(a) $Pt(s) \mid H_2(g) \mid H^+(aq) \parallel Ag^+(aq) \mid Ag(s)$

(b) $Cu(s) \mid Cu^{2+}(aq), Cl^-(aq) \mid Cl_2(g) \mid Pt(s)$

(c) Pt(s) | H$_2$(g) | H$^+$(aq), Cl$^-$(aq) | Cl$_2$(g) | Pt(s)

(d) Pt(s) | H$_2$(g) | H$^+$(aq), Cl$^-$(aq) | AgCl(s) | Ag(s)

(e) Cd(s) | Cd^{2+}(aq) ‖ Hg$_2^{2+}$(aq) | Hg(l)

(f) Al(s) | Al^{3+}(aq) ‖ Sn^{2+}(aq) | Sn(s)

18.8 O que é uma ponte salina? Qual a sua função numa célula galvânica? Uma ponte salina pode ser substituída por um fio de platina em forma de U? Explicar.

18.9 Quando uma bateria de chumbo se descarrega, sua tensão cai lentamente, mas, como na descarga da célula de níquel-cádmio, sua tensão permanece praticamente constante. Explique.

Células Eletrolíticas e Eletrólise

18.10 Descreva todas as diferenças que se pode pensar entre as conduções metálica e eletrolítica.

18.11 Uma fonte de eletricidade (corrente direta ou contínua) tem um dos terminais ligados a um fio imerso em uma solução de H$_2$SO$_4$ em um béquer e o outro imerso em uma solução diferente de H$_2$SO$_4$ em um segundo béquer. Explique por que não ocorre eletrólise.

18.12 É possível eletrolisar água pura? Por que se adiciona, usualmente, um eletrólito à água antes de eletrolisá-la? Quais devem ser as características de cada um desses eletrólitos?

18.13 Compare a eletrólise de NaCl fundido com aquela de NaCl aquoso. Por que os produtos são diferentes?

18.14 Uma solução aquosa de nitrato de prata, AgNO$_3$, é eletrolisada entre eletrodos inertes. Faça um esquema da célula eletrolítica e mostre a direção do fluxo dos elétrons e dos íons. Escreva as semi-reações anódicas e catódicas e a reação da célula sabendo-se que Ag(s) e O$_2$(g) são produzidos.

■ **18.15** Uma solução de H$_2$SO$_4$ é eletrolisada entre eletrodos inertes. 248 mL de H$_2$ a 742 mmHg e a 35°C são formados no cátodo durante 38 min de eletrólise. Quantos mililitros de O$_2$ medidos nas mesmas condições de temperatura e pressão são obtidos simultaneamente no ânodo?

18.16 Uma solução de sulfato cúprico, $CuSO_4$, é eletrolisada entre eletrodos inertes. Se 1,62 g de cobre são depositados, qual a quantidade de coulombs gasta?

■ **18.17** Quantos coulombs de eletricidade são necessários para depositar 15,0 g de sulfato de gálio, $Ga_2(SO_4)_3$?

18.18 Suponha que $8,69 \times 10^3$ C passa através de uma célula eletrolítica contendo $CuSO_4$. Quantos gramas de cobre são depositados sobre o cátodo?

■ **18.19** Uma solução de nitrato de prata, $AgNO_3$, é eletrolisada durante 55,0 min usando uma corrente de 0,335 A. Quantos gramas de prata são depositados?

18.20 Durante quanto tempo uma corrente de 2,25 A deve passar através de uma solução de $CuSO_4$ a fim de depositar 30,0 g de cobre metálico?

Potenciais de Eletrodo

Nota: Use os dados da Tabela 18.1, quando necessário.

■ **18.21** Qual é o potencial padrão $\mathcal{E}°$ para cada uma das seguintes semi-reações a 25°C?

(a) $e^- + Cr^{3+}(aq) \rightarrow Cr^{2+}(aq)$

(b) $Cu(s) \rightarrow Cu^{2+}(aq) + 2e^-$

(c) $2Cl^-(aq) \rightarrow Cl_2(g) + 2e^-$

(d) $Cl^-(aq) \rightarrow \frac{1}{2}Cl_2(g) + e^-$

■ **18.22** Calcule o potencial padrão da célula $\mathcal{E}°$ para cada uma das seguintes reações redox a 25°C:

(a) $3Br_2(l) + 2Cr(s) \rightarrow 2Cr^{3+}(aq) + 6Br^-(aq)$

(b) $Sn^{4+}(aq) + Sn(s) \rightarrow 2Sn^{2+}(aq)$

(c) $2Sn^{2+}(aq) \rightarrow Sn(s) + Sn^{4+}(aq)$

(d) $4MnO_4^-(aq) + 12H^+(aq) \rightarrow 4Mn^{2+}(aq) + 5O_2(aq) + 6H_2O$

(e) $8H^+(aq) + 2NO_3^-(aq) + 3Cu(s) \rightarrow 2NO(g) + 3Cu^{2+}(aq) + 4H_2O$

18.23 Se todos os reagentes e produtos estão nos seus estados-padrão, quais das seguintes reações redox são espontâneas a 25°C?

(a) $Zn(s) + 2H^+(aq) \rightarrow Zn^{2+}(aq) + H_2(g)$

(b) $Cu(s) + 2H^+(aq) \rightarrow Cu^{2+}(aq) + H_2(g)$

(c) $I_2(aq) + 2Fe^{2+}(aq) \rightarrow 2I^-(aq) + 2Fe^{3+}(aq)$

(d) $Cr(s) + 3Fe^{3+}(aq) \rightarrow Cr^{3+}(aq) + 3Fe^{2+}(aq)$

(e) $2Fe^{3+}(aq) + Fe(s) \rightarrow 3Fe^{2+}(aq)$

18.24 Em cada um dos pares seguintes escolha o agente oxidante mais forte a 25°C (admita estado padrão para todos os reagentes e produtos):

(a) $Sn^{4+}(aq)$ ou $Sn^{2+}(aq)$

(b) $Zn^{2+}(aq)$ ou $Cu^{2+}(aq)$

(c) $Cl_2(g)$ ou $Ag^+(aq)$

18.25 Em cada um dos seguintes pares, escolha o melhor agente redutor a 25°C (admita estado padrão para todos os reagentes e produtos).

(a) $Zn(s)$ ou $Cu(s)$

(b) $H_2(g)$ ou $Fe^{2+}(aq)$

(c) $Br^-(aq)$ ou $Cl^-(aq)$

■ **18.26** Calcule o valor de $\mathcal{E}°$ para cada uma das seguintes células a 25°C:

(a) $Zn(s) \mid Zn^{2+}(aq) \parallel I^-(aq) \mid I_2(aq) \mid Pt(s)$

(b) $Mg(s) \mid Mg^{2+}(aq) \parallel Ag^+(aq) \mid Ag(s)$

(c) $Al(s) \mid Al^{3+}(aq) \parallel H^+(aq) \mid H_2(g) \mid Pt(s)$

(d) $Ag(s) \mid Ag^+(aq) \parallel Cl^-(aq) \mid Cl_2(g) \mid Pt(s)$

18.27 Calcule a tensão produzida por uma célula de Daniell a 25°C na qual a $[Cu^{2+}] = 0{,}75$ mol L^{-1} e $[Zn^{2+}] = 0{,}030$ mol L^{-1}.

18.28 A tensão produzida por uma célula de Daniell é 1,22 V a 25°C. Se a $[Cu^{2+}] = 1{,}0$ mol L^{-1}, qual a $[Zn^{2+}]$ nesta célula?

■ **18.29** Calcule a tensão produzida a 25°C pela célula

$Fe(s) \mid Fe^{2+}(aq, 0{,}45 \text{ mol L}^{-1}) \parallel H^+(aq, 0{,}20 \text{mol L}^{-1}) \mid H_2(g, 0{,}85 \text{ atm}) \mid Pt(s)$

18.30 Calcule a tensão produzida a 25°C pela célula

$$Cu(s) \mid Cu^{2+}(aq, 0{,}80 \text{ mol L}^{-1}) \parallel$$

$$Cl^-(aq, 0{,}10 \text{ mol L}^{-1}) \mid Cl_2(g, 1{,}6 \text{ atm}) \mid Pt(s)$$

■ **18.31** Calcule a tensão produzida a 25°C pela célula

$$Cu(s) \mid Cu^{2+}(aq, 0{,}70 \text{ mol L}^{-1}, Cl^-(aq, 1{,}4 \text{ mol L}^{-1}) \mid Cl_2(g, 725 \text{ mmHg}) \mid Pt(s)$$

Eletroquímica e Termodinâmica

■ **18.32** Calcule o valor de $\Delta G°$ a 25°C para cada uma das reações do Problema 18.22.

18.33 Calcule o valor de $\Delta G°$ a 25°C para cada uma das reações do Problema 18.23.

■ **18.34** Calcule o valor de $\Delta G°$ a 25°C para cada uma das células do Problema 18.26, admitindo que 1 mol de agente redutor é consumido em cada caso.

18.35 Calcule o valor de $\Delta G°$ a 25°C para cada uma das reações a seguir:

(a) $F_2(g, 1 \text{ atm}) + 2Fe^{2+}(aq, 0{,}010 \text{ mol L}^{-1}) \rightarrow 2F^-(aq, 0{,}050 \text{ mol L}^{-1}) + 2Fe^{3+}(aq, 0{,}20 \text{ mol L}^{-1})$

(b) $Cu^{2+}(aq, 1{,}4 \text{ mol L}^{-1}) + Zn(s) \rightarrow Cu(s) + Zn^{2+}(aq, 0{,}18 \text{ mol L}^{-1})$

(c) $Cl_2(g, 0{,}80 \text{ atm}) + Sn^{2+}(aq, 0{,}50 \text{ mol L}^{-1}) \rightarrow 2Cl^-(aq, 0{,}40 \text{ mol L}^{-1}) + Sn^{4+}(aq, 2{,}0 \text{ mol L}^{-1})$

■ **18.36** O valor de $\Delta G°$ a 25°C para a reação

$$Hg_2Br_2(s) + Ni(s) \rightarrow 2Hg(l) + 2Br^-(aq) + Ni^{2+}(aq)$$

é $-72{,}3$ kJ. Qual a tensão de uma célula que usa esta reação, se a concentração do $NiBr_2$ na célula é 0,45 mol L^{-1}?

18.37 Calcule o valor da constante de equilíbrio a 25°C para cada uma das seguintes reações:

(a) $Mg^{2+}(aq) + H_2(g) \rightleftharpoons Mg(s) + 2H^+(aq)$
(b) $Br_2(l) + Cu(s) \rightleftharpoons 2Br^-(aq) + Cu^{2+}(aq)$
(c) $Fe(s) + 2Fe^{3+}(aq) \rightleftharpoons 3Fe^{2+}(aq)$

■ **18.38** Qual o valor da constante de equilíbrio para uma reação cujo $\mathcal{E}° = 0$?

PROBLEMAS ADICIONAIS

18.39 Uma solução de sulfato de níquel, $NiSO_4$, foi eletrolisada durante 1,50 h entre eletrodos inertes. Se foram depositados 35,0 g de níquel, qual o valor da corrente média?

18.40 Suponha que 445 mL de uma solução de $CuSO_4$ é eletrolisada entre eletrodos inertes durante 2,00 h usando uma corrente de 0,207 A. Assumindo que apenas o cobre é depositado sobre o cátodo, qual foi o pH da solução final?

18.41 Suponha que 265 mL de uma solução de NaCl foi eletrolisada durante 75,0 min. Se o pH da solução final era 11,12, qual o valor da corrente média usada?

18.42 Escreva o diagrama de uma célula que utiliza cada uma das seguintes reações de célula:

(a) $2Fe^{2+}(aq) + Cl_2(g) \rightarrow 2Fe^{3+}(aq) + 2Cl^-(aq)$

(b) $Zn(s) + 2AgCl(s) \rightarrow Zn^{2+}(aq) + 2Cl^-(aq) + 2Ag(s)$

(c) $Ag^+(aq) + Cl^-(aq) \rightarrow AgCl(s)$

18.43 Faça um esquema de cada uma das células do Problema 18.42. Indique no seu desenho o conteúdo de cada compartimento, a ponte salina, se houver, e marque o ânodo e o cátodo e a direção dos fluxos de elétrons e de íons.

18.44 Em algumas versões da pilha de Leclanché (pilha seca), as posições do ânodo e do cátodo são invertidas; isto é, o "copo" externo é feito de grafite e a barra central de zinco. Qual vantagem apresenta este tipo de célula? Que problema você vê nesta versão?

18.45 Durante a descarga de uma bateria de chumbo, os íons HSO_4^- se dirigem ao *cátodo* a fim de formar $PbSO_4$. Considerando que são *ânions*, como isto pode ser possível?

18.46 Calcule a tensão produzida por uma célula de Daniell na qual $[Zn^{2+}] = [Cu^{2+}]$.

18.47 Uma tensão de 1,09 V a 25°C foi obtida para a seguinte célula

$Sn(s) \mid Sn^{2+}(aq) \parallel Ag^+(aq, 0,50 \text{ mol L}^{-1}) \mid Ag(s)$

Qual era a $[Sn^{2+}]$ nesta célula?

18.48 Prove que, na mesma temperatura, a equação de Nernst fornece o mesmo valor para as seguintes reações

$$Zn(s) + 2H^+(aq) \rightarrow Zn^{2+}(aq) + H_2(g)$$

$$\tfrac{1}{2}Zn(s) + H^+(aq) \rightarrow \tfrac{1}{2}Zn^{2+}(aq) + \tfrac{1}{2}H_2(g)$$

■ **18.49** Um eletrodo de hidrogênio (P_{H_2} = 1,0 atm), uma ponte salina e um eletrodo saturado de calomelano são usados para determinar o pH de uma solução a 25°C. Se a combinação produz uma tensão de 0,790 V, qual é o pH da solução?

18.50 A combinação de eletrodo de vidro, ponte salina e eletrodo de calomelano saturado é usada para determinar o pH de uma solução. Quando imersa num tampão de pH = 7,00, a combinação fornece um potencial de 0,433 V. Quando imersa em uma segunda solução, o potencial observado é 0,620 V. Qual o pH da segunda solução?

18.51 Calcule a energia molar padrão de formação de água líquida a 25°C.

18.52 Qual é o valor do potencial de redução para o eletrodo de hidrogênio com pH = 7,00, 1,00 atm, e 25°C?

■ **18.53** Calcule o valor do potencial padrão de redução a 25° para

$$2e^- + 2H_2O \rightarrow H_2(g) + 2OH^-(aq)$$

18.54 Dados os seguintes potenciais padrão de redução a 25°C:

$$Ag^+(aq) + e^- \rightarrow Ag(s)$$

$$\mathcal{E}° = +0,7991 \text{ V}$$

$$AgCl(s) + e^- \rightarrow Ag(s) + Cl^-(aq)$$

$$\mathcal{E}° = +0,2225 \text{ V}$$

calcule o valor do produto de solubilidade para o cloreto de prata a essa temperatura.

18.55 Algumas vezes não é necessário o uso de uma ponte salina numa célula galvânica. Explique.

18.56 Uma solução aquosa diluída de NaCl é eletrolisada. Inicialmente, o gás produzido no ânodo é Cl_2 puro, após um certo tempo é uma mistura de Cl_2 e O_2 e finalmente consiste em apenas O_2. Explique, usando equações quando for necessário.

Capítulo 19

LIGAÇÕES COVALENTES

TÓPICOS GERAIS

19.1 TEORIA DE LIGAÇÃO DE VALÊNCIA E SOBREPOSIÇÃO DE ORBITAIS
Ligações simples
Ligações múltiplas

19.2 ORBITAIS HÍBRIDOS
Orbitais híbridos sp
Orbitais híbridos sp^2
Orbitais híbridos sp^3
A molécula de amônia
A molécula de água

Outros conjuntos de orbitais híbridos
A relação entre as teorias VSEPR e o orbital híbrido

19.3 TEORIA DO ORBITAL MOLECULAR
Orbitais nas moléculas
Distribuições espaciais das orbitais moleculares
Energias dos orbitais moleculares
O preenchimento dos orbitais moleculares
Moléculas diatômicas heteronucleares

No início deste livro, no Capítulo 8, introduzimos os conceitos básicos de ligação química e descrevemos uma ligação covalente como um par de elétrons compartilhados entre dois átomos. Agora, é tempo de retomar e firmar o conceito de *par compartilhado*. Quando nós desenhamos uma estrutura de Lewis para uma molécula de hidrogênio, por exemplo,

H:H

o que significam, realmente, esses dois pontos entre os símbolos? Além disso, como podemos relacionar o simples conceito de par compartilhado com o modelo da mecânica quântica de um átomo, descrito no Capítulo 6? Por exemplo, o que é distribuição natural da densidade de probabilidade para um elétron *em uma molécula*? Como é vista a superfície de ligação de distribuição?

E há outra questão ainda para ser respondida: Quais orbitais são usados por um átomo cujo par de elétrons é orientado com uma geometria que é ótima para minimizar a repulsão inter-eletrônica? Nós apresentamos como a teoria VSEPR pode ser usada para encontrar a melhor geometria (Seção 8.7), mas, na maioria dos exemplos, os orbitais dos estados fundamentais (s, p, d, f) de um átomo isolado não fornecem diretamente a geometria. São esses outros orbitais que podem dar uma interpretação apropriada dos ângulos? É hora de ver o que a mecânica quântica diz a respeito da ligação covalente.

19.1 TEORIA DE LIGAÇÃO DE VALÊNCIA E SOBREPOSIÇÃO DE ORBITAIS

Duas abordagens teóricas são úteis para descrever a ligação covalente e a estrutura eletrônica das moléculas. A primeira delas, chamada *teoria de ligação de valência* (VB)[1], é baseada na suposição de que (1) os níveis eletrônicos de energia em um átomo (orbitais atômicos; AOs) são usados quando o átomo forma uma ligação com um ou mais outros átomos, e que (2) um par de elétrons ligados ocupa um orbital em cada um dos átomos simultaneamente. O segundo método, *a teoria dos orbitais moleculares* (MO) assume que os orbitais atômicos originalmente ligados são substituídos por um novo conjunto de níveis energéticos na molécula, chamados *orbitais moleculares* (MOs). Embora os dois métodos pareçam bem diferentes, sabe-se que cálculos rigorosos usando esses métodos fornecem resultados semelhantes; ambos são úteis na revelação da natureza da ligação covalente.

---

1 N. do R.T.: Foi mantida a sigla VB, do inglês "valence-bond".

Nesta seção, apresentaremos a teoria de ligação de valência, embora já tenhamos utilizado uma pequena terminologia MO. Então, na Seção 19.3, introduziremos os elementos da teoria dos orbitais moleculares.

LIGAÇÕES SIMPLES

A Molécula de Hidrogênio. Vamos começar aplicando a teoria VB para a molécula de hidrogênio, H_2, que é formada por dois átomos de hidrogênio isolados, no seu estado fundamental. Com o propósito de identificá-los, chamaremos os dois átomos de H_A e H_B. Cada átomo de hidrogênio tem, de início, um elétron no seu orbital 1s. De acordo com a teoria VB, depois da formação da ligação covalente *cada* elétron ocupa o orbital 1s de *cada* átomo. Isso pode ser esquematizado como:

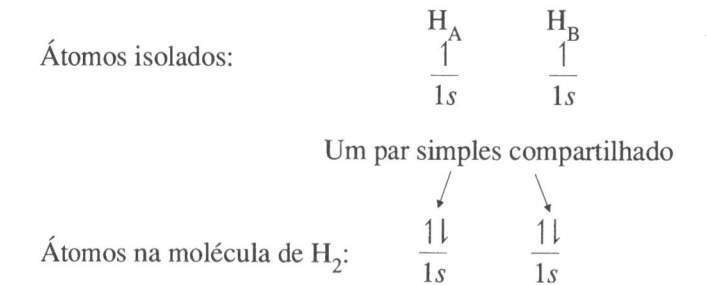

Átomos isolados:
$$\begin{array}{cc} H_A & H_B \\ \uparrow & \uparrow \\ \overline{1s} & \overline{1s} \end{array}$$

Um par simples compartilhado

Átomos na molécula de H_2:
$$\begin{array}{cc} \uparrow\downarrow & \uparrow\downarrow \\ \overline{1s} & \overline{1s} \end{array}$$

IMPORTANTE! É importante que você não faça uma interpretação errada deste diagrama. Na teoria VB, considera-se que o par de elétrons ligados ocupem um orbital de *cada* átomo ligado. *Só dois elétrons são mostrados nesse diagrama*. Eles são um par que simultaneamente ocupa o orbital 1s de cada átomo de hidrogênio ligado, H_A e H_B. Como cada átomo H tem sua própria região de orbitais, o par acima foi mostrado duas vezes.

De acordo com a teoria VB, um par de elétrons pode simultaneamente ocupar os orbitais de dois átomos somente se existir significante *sobreposição* no espaço. A Figura 19.1 mostra as superfícies limites (Seção 6.4) dos orbitais 1s de dois átomos de hidrogênio ligados. A sobreposição no orbital produz uma região em que a densidade de probabilidade eletrônica está diretamente entre os núcleos e em que a região de sobreposição é simétrica ao redor do eixo de ligação (mostrado), porque cada orbital 1s é esférico. Uma ligação na qual a região de sobreposição do orbital mostra essa simetria axial é chamada de ligação σ (sigma), um termo emprestado da teoria MO. Um simples par de elétrons compartilhados entre dois átomos é chamado de *ligação simples*, e como o resultado da sobreposição tem sempre simetria axial ou cilíndrica, uma ligação simples é sempre uma ligação σ.

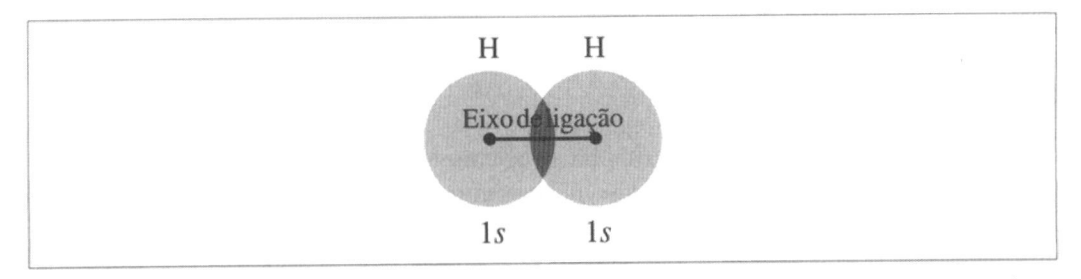

Figura 19.1 A sobreposição de dois orbitais 1s em H₂ (ligação σ).

Nós podemos justificar a estabilidade da molécula de hidrogênio (e, assim, a tendência mostrada pelos dois átomos de hidrogênio de combinar-se) pelo fato de que, depois de a molécula de H_2 ter sido formada, cada um dos pares de elétrons é atraído por dois núcleos e, como resultado, a mudança da nuvem eletrônica de cada um dilata-se para um volume maior. Isto aumenta a estabilidade do sistema de dois elétrons, dois núcleos. (A mecânica quântica mostra que a dilatação de uma distribuição da densidade de probabilidade eletrônica abaixa a energia do elétron.)

A Molécula de Fluoreto de Hidrogênio. Uma ligação simples pode também ser formada como resultado da sobreposição de orbitais s e p, como ocorre no fluoreto de hidrogênio, HF. Antes de ligar-se, o átomo de flúor tem a seguinte configuração eletrônica no estado fundamental:

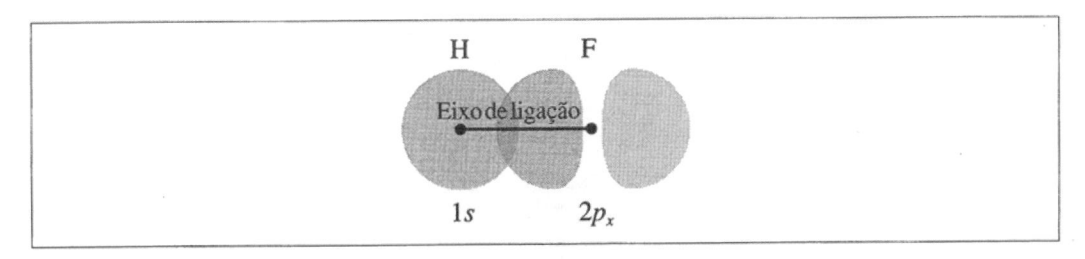

$$F (Z = 9): \underset{1s}{\underline{\uparrow\downarrow}} \Big| \underset{2s}{\underline{\uparrow\downarrow}} \underbrace{\underline{\uparrow\downarrow}\,\underline{\uparrow\downarrow}\,\underline{\uparrow}}_{2p}$$

Figura 19.2 A sobreposição de orbitais 1s e $2p_x$ no HF (ligação σ)

Considere que o eixo de ligação é o eixo x e que os elétrons desemparelhados, estão no orbital $2p_x$. Se o orbital 1s de um átomo de hidrogênio sobrepõe um lóbulo do orbital $2p_x$ do flúor, e se núcleos de hidrogênio estão no eixo x (Figura 19.2), então a condição para a formação de uma ligação é satisfeita, cada átomo contribui com um elétron para formar um par compartilhado e, assim, uma ligação simples é formada. Por causa da região de sobreposição de dois orbitais ser simétrica em torno do eixo de ligação, a ligação simples HF é outro exemplo de uma ligação σ.

A Molécula de Flúor. Uma ligação simples pode também ser formada como um resultado da sobreposição terminal de dois orbitais p. Isto ocorre na molécula de flúor, F_2, na qual há sobreposição de orbitais $2p_x$ de dois átomos de F. (Ver Figura 19.3.) Novamente, a ligação é uma ligação σ.

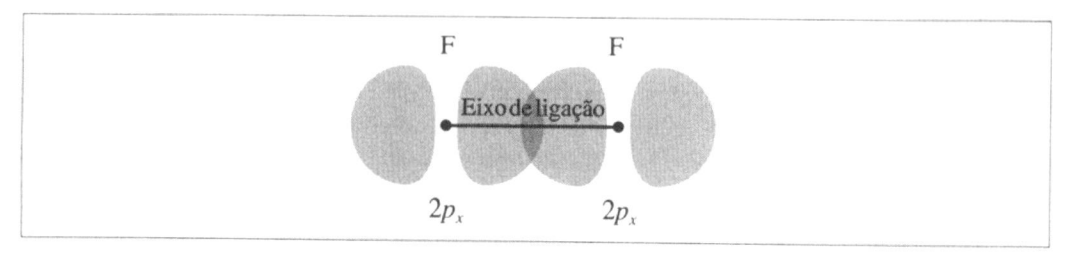

Figura 19.3 A sobreposição de dois orbitais $2p_x$ no F_2 (ligação σ).

LIGAÇÕES MÚLTIPLAS

Dois orbitais p podem também se sobrepor a cada outro, lado a lado. Quando isso acontece, a ligação resultante não tem simetria axial. A Figura 19.4 mostra a sobreposição de lado de dois orbitais $2p_y$. Pode-se ver que a sobreposição ocorre em duas regiões que estão em *lados opostos* do eixo de ligação. O resultado é conhecido como uma ligação π (pi), outro termo emprestado da teoria MO.

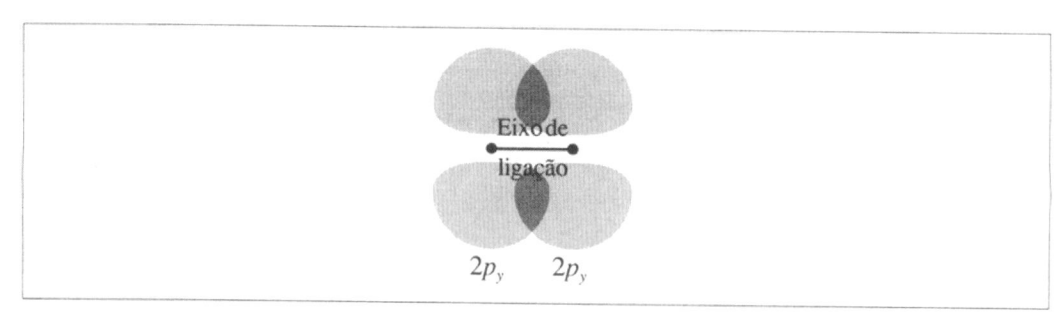

Figura 19.4 A formação de uma ligação π.

Duplas Ligações. Uma *dupla ligação* consiste em uma ligação σ mais uma ligação π. Na molécula de eteno ou etileno

$$\begin{array}{c} \text{H} \quad \text{H} \\ \text{H:C::C:H} \end{array}$$

cada átomo de carbono pode ser considerado por formar uma ligação σ de sobreposição $2p_x - 2p_x$ e, na adição, uma ligação π da sobreposição $2p_y - 2p_y$. (Aqui, consideramos o eixo x o eixo de ligação, como é o usual.) A combinação resultante (σ + π) constitui uma dupla ligação.

Triplas Ligações. Uma *tripla ligação* é uma ligação σ mais duas ligações π. A molécula de N_2 é um bom exemplo de tal ligação. A configuração do átomo de nitrogênio no estado fundamental é

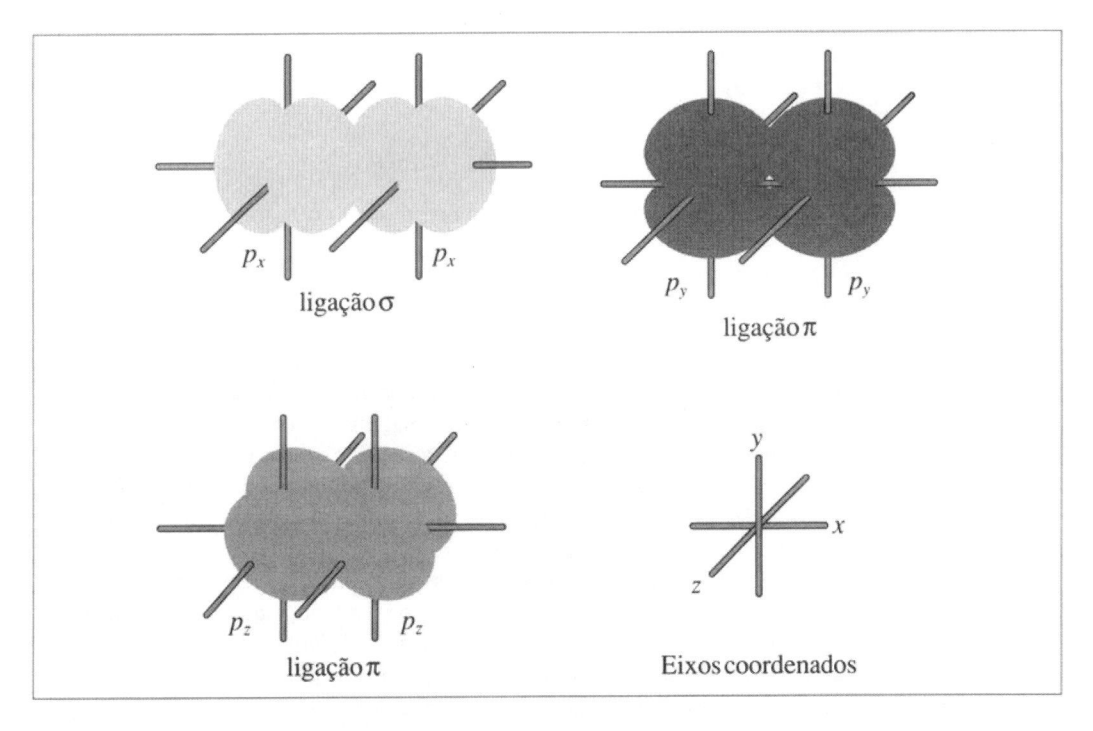

$$N\,(Z=7): \frac{\uparrow\downarrow}{1s} \Big| \frac{\uparrow\downarrow}{2s} \underbrace{\frac{\uparrow}{\;}\frac{\uparrow}{\;}\frac{\uparrow}{\;}}_{2p}$$

Figura 19.5 A tripla ligação no N_2.

Aqui, os três elétrons desemparelhados estão nos orbitais $2p_x$, $2p_y$ e $2p_z$. Cada um desses orbitais se sobrepõe aos orbitais correspondentes de um segundo átomo de nitrogênio: dois orbitais $2p_x$ se sobrepõem para formar uma ligação σ, dois orbitais $2p_y$ para formar uma ligação π e dois orbitais $2p_z$ para formar uma segunda ligação π em ângulo reto ao primeiro. Essas três ligações são mostradas separadamente na Figura 19.5, como sobrepostas em uma superfície limite. A combinação σ + π + π constitui uma tripla ligação, resumidamente representada por três pares de pontos no centro da estrutura de Lewis:

:N:::N:

Comentários Adicionais

Considerando que o eteno é hexaatômico, foi bom usá-lo, por ser uma molécula simples, para ilustrar a dupla ligação. Infelizmente, qualquer outra molécula hexaatômica introduz complicações que não desejamos abordar neste momento. Esta descrição da ligação no eteno deve ser vista como provisória. A molécula, na verdade, tem uma dupla ligação, mas considerando que é formada de uma sobreposição de orbitais do estado fundamental $2s$ e $2p$ de dois átomos de carbono, faz-se uma boa simplificação. Reconsideraremos a ligação na molécula de eteno na Seção 23.2.

A molécula de oxigênio (O_2) pode ser vista como boa candidata a um simples exemplo de uma molécula com uma dupla ligação. Por exemplo, é plausível, embora incorreta, a estrutura de Lewis para o O_2

:O::O: (incorreto)

e devido à configuração eletrônica do átomo de oxigênio no estado fundamental ser

$$O\ (Z=8): \frac{\uparrow\downarrow}{1s} \bigg| \frac{\uparrow\downarrow}{2s} \frac{\uparrow\downarrow\ \uparrow\ \uparrow}{2p}$$

é fácil imaginar o seguinte: considere que elétrons desemparelhados em cada átomo de oxigênio estão em orbitais $2p_x$ e $2p_y$. A sobreposição terminal dos orbitais $2p_x$ (um de cada átomo de oxigênio) forma uma ligação σ. Os orbitais $2p_y$ se sobrepõem lado a lado para formar uma ligação π. A combinação resultante σ + π constitui uma dupla ligação. Isto parece ser satisfatório, mas não é. A dificuldade aqui é: embora durante um tempo a estrutura de Lewis para O_2 tenha sido considerada correta, a molécula foi logo depois considerada paramagnética e contendo dois elétrons desemparelhados. (Ver Seção 6.1.) A estrutura de Lewis é claramente inconsistente com esse fato, e não é possível que seja correta. Infelizmente, a teoria de ligação de valência tem grande dificuldade para descrever a ligação na molécula de oxigênio, e precisaremos esperar até a Seção 19.3 para ver como a teoria do orbital molecular descreve a ligação na molécula de O_2.

19.2 ORBITAIS HÍBRIDOS

O carbono forma um número incontável de compostos cujos átomos ligam-se covalentemente a quatro outros átomos. O mais simples desses compostos é o metano, CH_4. Como a teoria VB pode descrever as ligações no metano? Quais orbitais são usados por um átomo de carbono para formação da ligação com quatro átomos de hidrogênio? A configuração eletrônica de C em seu estado fundamental é

$$C\ (Z=6): \underset{1s}{\uparrow\downarrow} \bigg| \underset{2s}{\uparrow\downarrow} \underset{2p}{\underbrace{\uparrow\ \uparrow\ \_}}$$

O carbono, como visto no diagrama, parece ser capaz de formar somente duas ligações covalentes normais, contribuindo com dois de seus elétrons desemparelhados para o compartilhamento. Desta forma, o átomo de carbono formará duas ligações com, por exemplo, dois átomos de hidrogênio. A molécula resultante CH_2, metileno, tem sido, na verdade, detectada, mas é tão reativa que tem vida curta. Em outras palavras, CH_4 é uma molécula muito mais estável; como o carbono forma quatro ligações?

De acordo com a estrutura de Lewis para o metano,

$$\begin{array}{c} H \\ H\!:\!\ddot{C}\!:\!H \\ H \end{array}$$

o átomo de carbono usa todos os seus quatro elétrons de valência para formar as ligações. Agora, a teoria VSEPR (Seção 8.6) prediz que, para uma repulsão eletrônica mínima, a molécula de metano deverá ser tetraédrica. Deverá ter em cada ligação H—C—H ângulo de 109,50°, chamado *ângulo tetraédrico*. (Ver Tabela 8.7.) Experimentos verificaram que tal ângulo de fato é formado na molécula de metano. (Ver Figura 19.6.) Como podemos considerar para o metano quatro ligações e uma estrutura tetraédrica? Suponha que um dos elétrons $2s$ do carbono seja promovido (energia maior) para o orbital $2p$ vazio:

$$C\ (Z=6): \underset{1s}{\uparrow\downarrow} \bigg| \underset{2s}{\uparrow} \underset{2p}{\underbrace{\uparrow\ \uparrow\ \uparrow}}$$

Agora o átomo de carbono parece estar pronto para formar quatro ligações σ pela sobreposição de seus orbitais $2s$ e $2p$ com os orbitais $1s$ dos quatro átomos H. A dificuldade aqui é que, se a ligação ocorresse dessa maneira, a molécula de CH_4 não seria tetraédrica. Em vez disso, sua forma seria semelhante àquela vista na Figura 19.7. Na Figura 19.7a até c são mostradas as três ligações que resultariam da sobreposição dos três orbitais $2p$ do carbono com os três orbitais $1s$ dos átomos H. A quarta ligação é formada pela sobreposição do orbital $2s$ do carbono com o orbital $1s$ do quarto hidrogênio, que poderá ir para qualquer direção, devido ao fato de que um orbital s é esfericamente simétrico. Atualmente, a quarta ligação deverá, provavelmente, localizar-se o mais afastado possível das outras três, de maneira a minimizar a repulsão inter-eletrônica (Figura 19.7d). Se isso acontecer, toda a estrutura hipotética do CH_4 será como mostrada na Figura 19.7e, uma pirâmide trigonal com um átomo H em um único ângulo, no alto. Como temos visto, entretanto, a molécula de metano é tetraédrica e não trigonal plana e, então, essa descrição da ligação no metano não poderá ser correta.

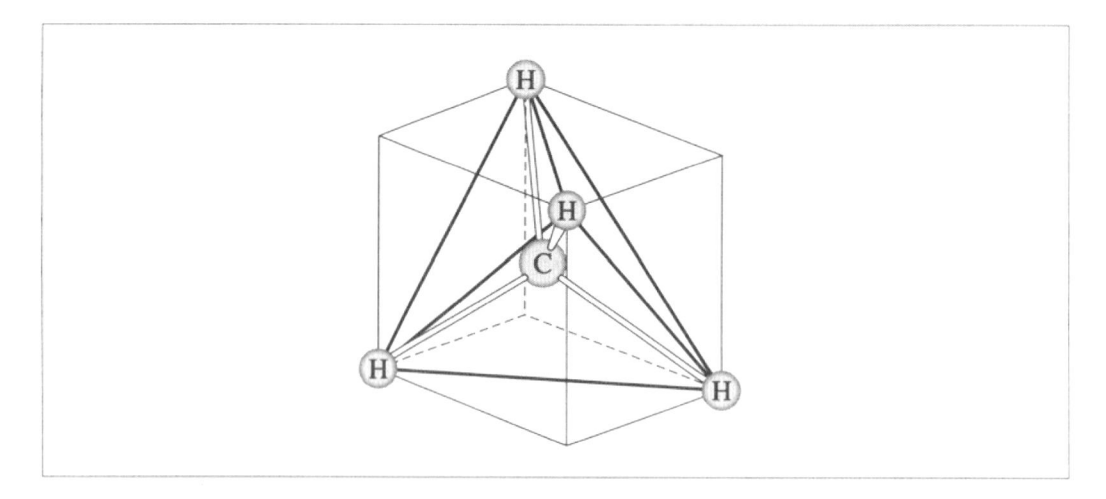

Figura 19.6 Molécula tetraédrica do metano.

Na molécula de metano tetraédrica, todas as quatro ligações C–H são equivalentes em todas as propriedades. (Todos os comprimentos das ligações são iguais, todos os ângulos de ligação são os mesmos etc.). Como é possível considerar que orbitais s e p não são geometricamente equivalentes? Deve ser pelo fato de que os orbitais $2s$ e $2p$ de um átomo isolado do carbono em seu estado fundamental não são os orbitais usados na ligação. De acordo com a mecânica quântica, quando um átomo de carbono forma quatro ligações equivalentes, os orbitais de carbono da camada de valência no seu estado fundamental não são usados diretamente na ligação, mas são transformados em um novo conjunto de orbitais equivalentes, um conjunto com a geometria correta para o elétron emparelhado da camada de valência em um vértice do tetraedro. Isto pode parecer como um passe de mágica e, para se compreender esta substituição, consideraremos primeiro dois casos simples, a ligação do berílio no BeH_2 e do boro no BH_3. Retornaremos ao "problema do metano" brevemente.

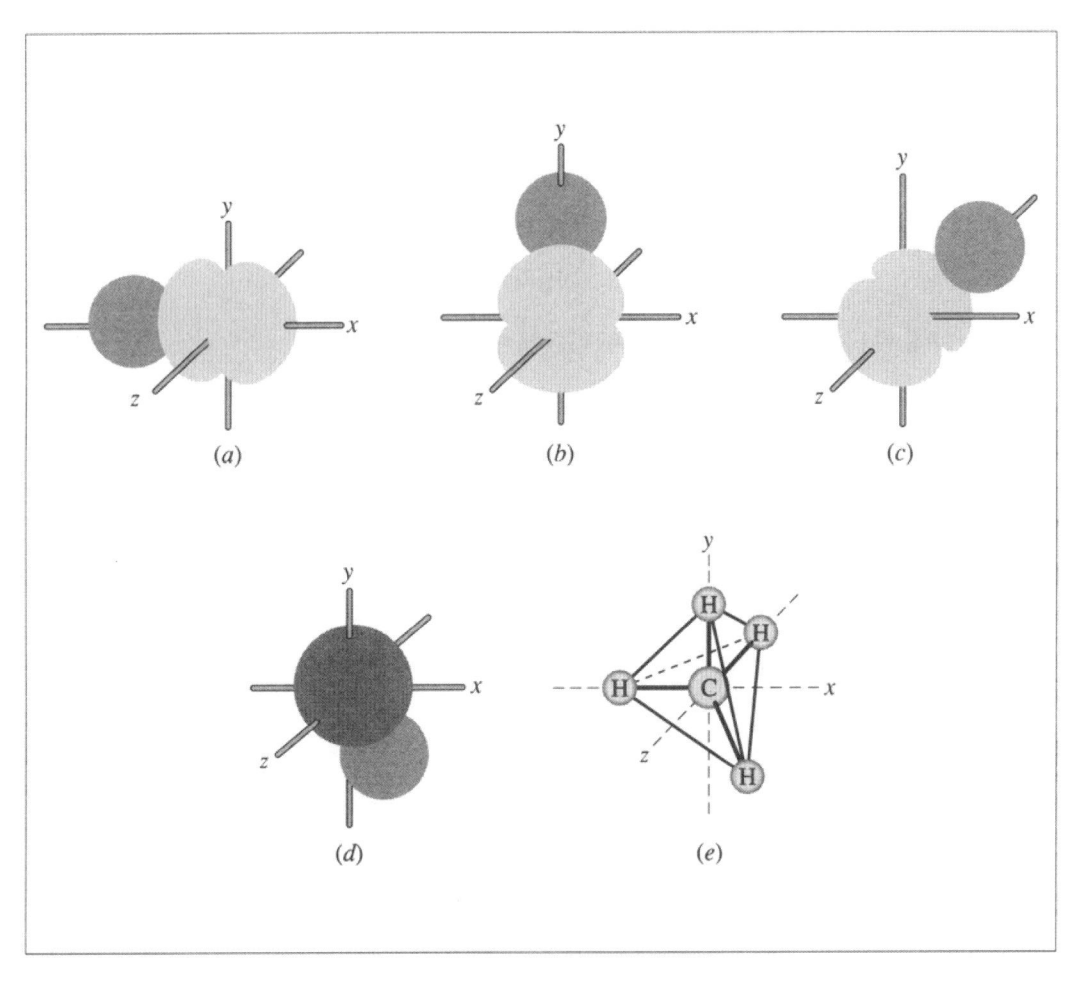

Figura 19.7 A ligação no metano: um modelo *incorreto*. (*a*) Primeira ligação: sobreposição $2p_x$ – $1s$. (*b*) Segunda ligação: sobreposição $2p_y$ – $1s$. (*c*) Terceira ligação: sobreposição $2p_z$ – $1s$. (*d*) Quarta ligação: sobreposição $2s$ – $1s$. (*e*) Molécula completa de CH_4: uma pirâmide trigonal (*incorreta*).

ORBITAIS HÍBRIDOS sp

O berílio (Z = 4) forma com o hidrogênio um composto que a altas temperaturas existe como moléculas discretas BeH_2. Sua estrutura de Lewis mostra menos que um octeto na camada de valência do Be:

$$H:Be:H$$

e, como predito pela teoria VSEPR, a molécula é linear.

Como um átomo de berílio usa os elétrons e os orbitais da camada de valência para formar uma molécula linear BeH_2? A configuração eletrônica do berílio no estado fundamental é

$$Be\ (Z=4): \underset{1s}{\uparrow\downarrow} \Big| \underset{2s}{\uparrow\downarrow} \underset{2p}{\underbrace{\text{— — —}}}$$

Quando o Be forma duas ligações, seus orbitais 2s e um dos 2p são substituídos por dois orbitais novos chamados *orbitais híbridos*, que são usados para a ligação.

Comentários Adicionais

Recorde da Seção 6.4 que cada orbital corresponde a uma solução, à função de onda da equação de Schrödinger. Essas soluções são chamadas *funções de onda*. Como a equação de onda é diferencial (não exatamente uma equação algébrica), qualquer conjunto de soluções pode ser combinado matematicamente para formar um novo conjunto equivalente. Do ponto de vista teórico, isto é o que acontece essencialmente na hibridização; os conjuntos de funções de onda para novos orbitais híbridos são combinações matemáticas das funções de onda para orbitais não-hibridizados originais. (Com toda certeza, um átomo não precisa resolver uma equação diferencial para formar ligações.)

Talvez algumas ilustrações sejam úteis. No lado esquerdo da Figura 19.8 são mostradas superfícies de orbitais 2s e 2p. Diz-se que esses orbitais devem se *misturar* ou *hibridizar*, para formar dois novos orbitais híbridos. Isto acontece de duas maneiras, primeiro pela adição de orbitais s e p (desenho à direita e no alto) e segundo, pela sua estruturação. (Realmente, funções de onda são adicionadas e subtraídas.) Neste processo os orbitais s e p_x são substituídos por dois *orbitais híbridos sp*, idênticos em forma e altamente direcionais, sendo compostos de um lóbulo maior e, 180° afastado, um lóbulo muito menor. Os dois orbitais híbridos são equivalentes em todos os aspectos, exceto pela orientação: eles têm seus lóbulos maiores direta e exatamente em sentidos opostos.

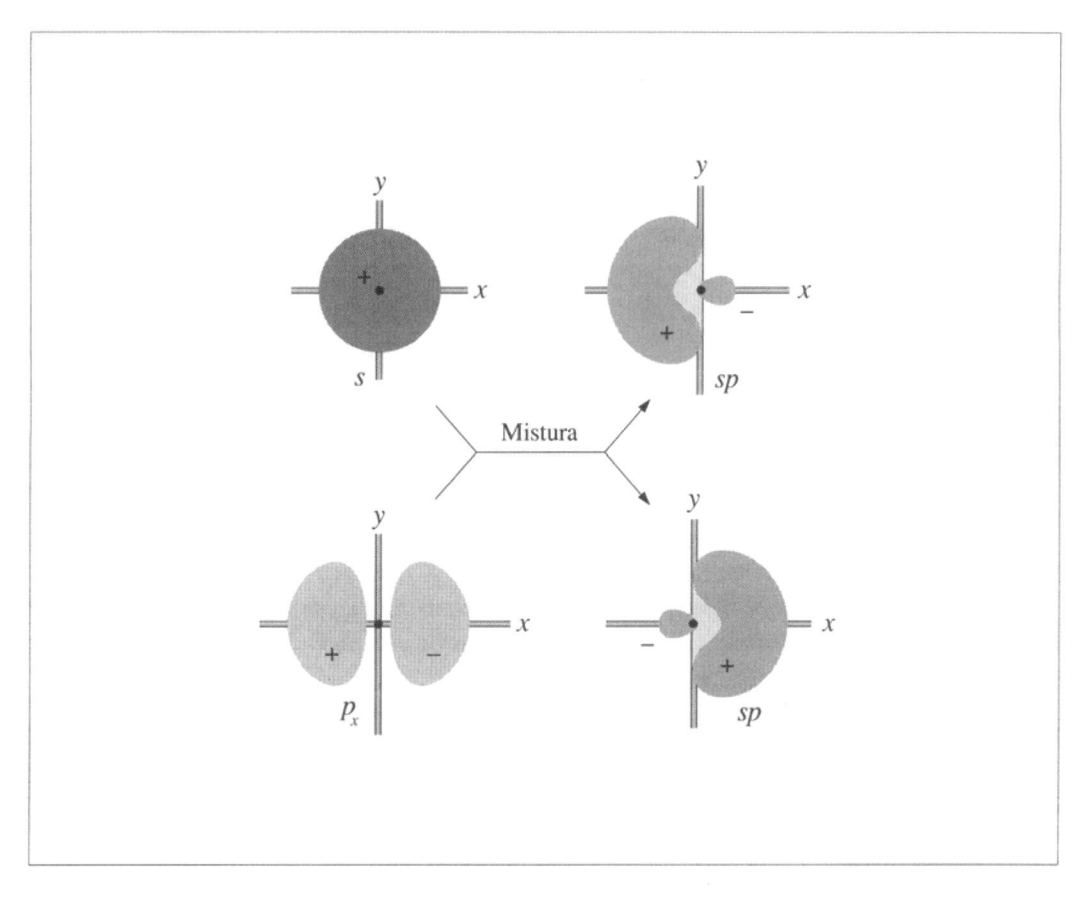

Figura 19.8 A formação de orbitais híbridos *sp*.

Comentários Adicionais

Os sinais "mais" e "menos" na Figura 19.8 não são cargas elétricas. Cada um é o sinal algébrico da função de onda de determinado lóbulo do orbital. As funções de onda para orbitais híbridos são calculadas pela adição ou subtração das funções de onda originais. A *adição* produz o orbital híbrido *sp* mostrado no desenho superior à direita do diagrama. Note que a densidade de carga eletrônica aumenta onde o orbital original tem o mesmo sinal algébrico e diminui onde os sinais são opostos. A *subtração* produz o orbital híbrido *sp* mostrado no lado inferior direito, no qual os sentidos de um lóbulo maior e menor são inversos.

Nesta hibridização, dois orbitais nos estados fundamentais *não-equivalentes* (um é um *s* e o outro um *p*) são substituídos por um par de orbitais híbridos *equivalentes*. Podemos seguir os passos dos elétrons antes e depois, como segue:

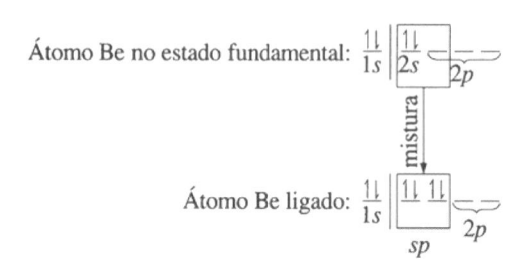

Átomo Be no estado fundamental: $\frac{\uparrow\downarrow}{1s}$ $\boxed{\frac{\uparrow\downarrow}{2s}}$ $\underset{2p}{\rule{1cm}{0.1pt}}$

↓ mistura

Átomo Be ligado: $\frac{\uparrow\downarrow}{1s}$ $\boxed{\underset{sp}{\uparrow\downarrow\ \uparrow\downarrow}}$ $\underset{2p}{\rule{1cm}{0.1pt}}$

onde as setas cheias representam os elétrons do átomo de boro, e as setas pontilhadas, os elétrons dos orbitais 1s de dois átomos de hidrogênio. A sobreposição dos orbitais híbridos *sp* do Be, com orbitais 1s de dois hidrogênios, é mostrada na Figura 19.9. Pode ser visto que os maiores lóbulos dos orbitais híbridos são orientados em 180° de cada um dos outros. Como resultado, o ângulo de ligação H—Be—H é 180°.

Como relacionar a teoria VSEPR, que prediz a linearidade do BeH_2, com a explicação anterior? *O uso de orbitais híbridos pelo átomo de Be no BeH_2 proporciona o mecanismo para o estabelecimento dos pares de elétrons de valência, de forma a minimizar a repulsão entre eles.*

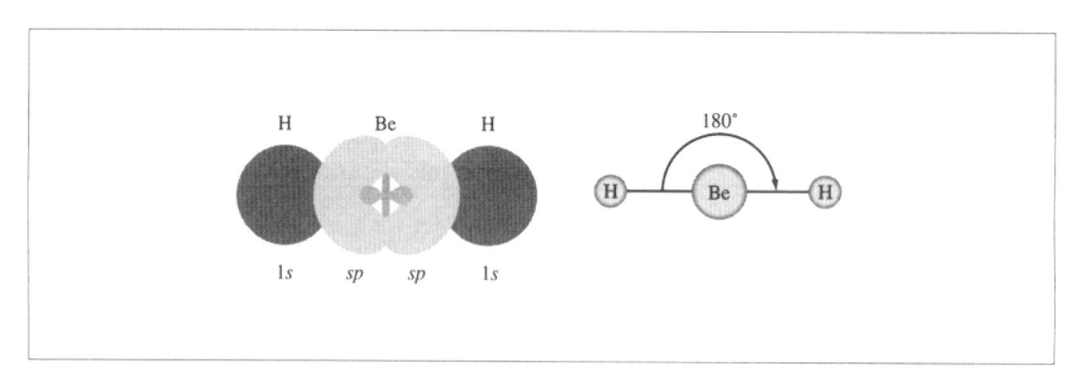

Figura 19.9 A molécula de BeH_2.

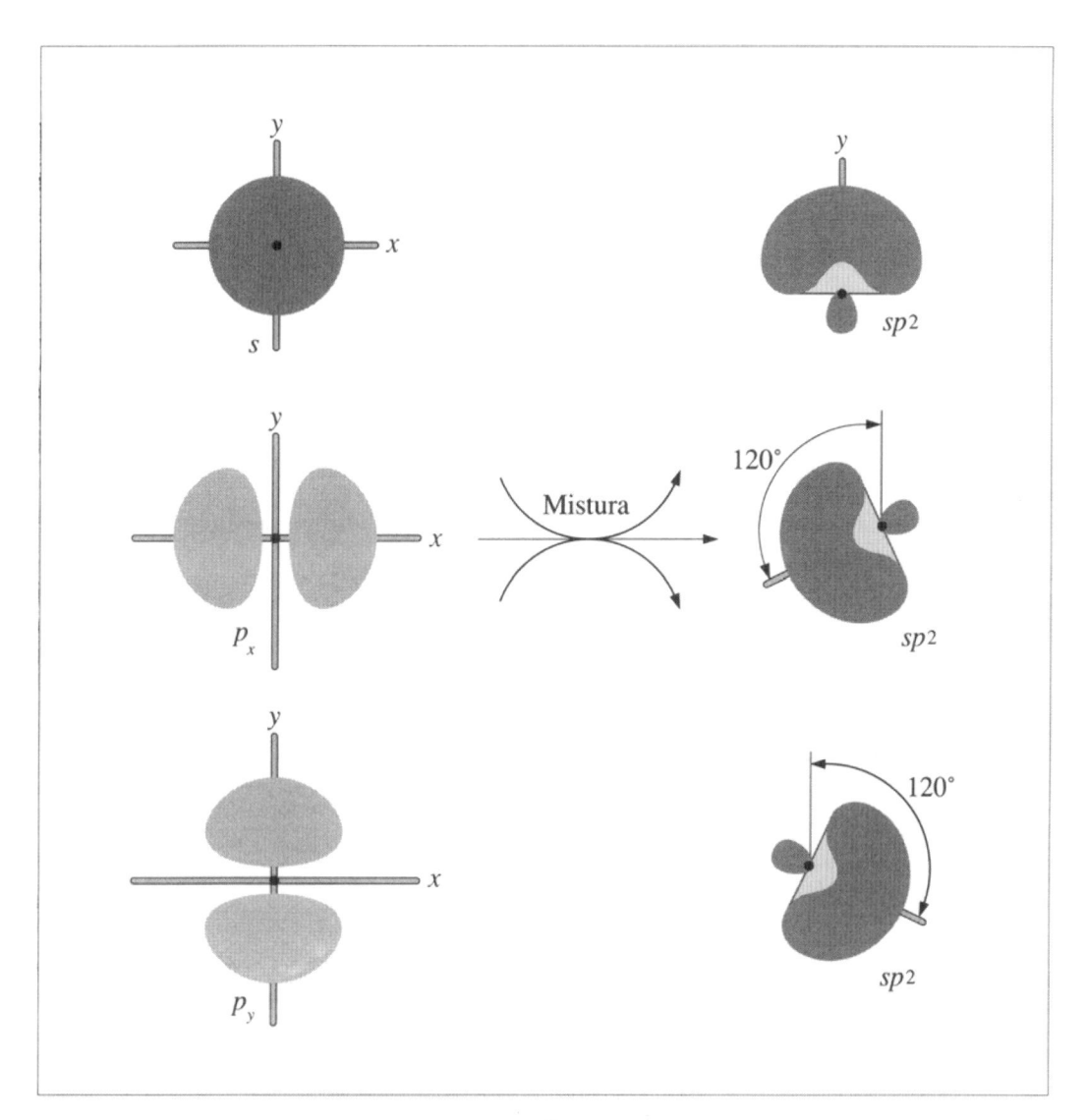

Figura 19.10 A formação de orbitais híbridos sp^2.

ORBITAIS HÍBRIDOS sp^2

Outras combinações de orbitais podem produzir conjuntos de orbitais híbridos que proporcionam a geometria necessária para o mínimo de repulsão entre pares. Considere, por exemplo, a molécula de BH_3. O boro ($Z = 5$) usa seus orbitais $2s$ e *dois* orbitais $2p$ para formar um conjunto de três orbitais híbridos equivalentes sp^2:

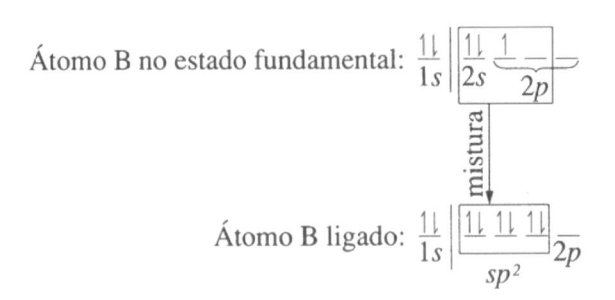

Átomo B no estado fundamental: $\frac{\uparrow\downarrow}{1s} \left| \frac{\uparrow\downarrow}{2s} \frac{\uparrow }{2p} \right.$

↓ mistura

Átomo B ligado: $\frac{\uparrow\downarrow}{1s} \left| \frac{\uparrow\downarrow \; \uparrow\downarrow \; \uparrow\downarrow}{sp^2} \overline{2p} \right.$

onde as setas cheias representam os elétrons do átomo de boro, e as setas pontilhadas os três outros átomos. Cada um dos três híbridos sp^2 tem aproximadamente a mesma forma de um orbital híbrido sp, mas os três são orientados a 120°, como é mostrado na Figura 19.10.

Se cada um dos híbridos sp^2 de um átomo de boro se sobrepõe a um orbital $1s$ de um átomo de hidrogênio, uma molécula de BH_3 (hidreto de boro ou borano) é formada:

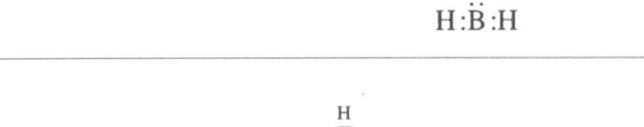

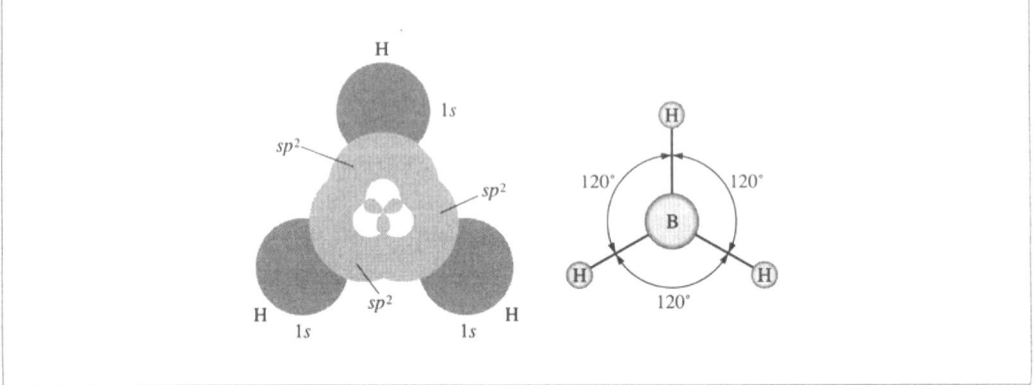

$$\begin{array}{c} H \\ H:\ddot{B}:H \end{array}$$

Figura 19.11 BH₃: estrutura provável.

Essa molécula, vista na Figura 19.11, deverá ter uma estrutura trigonal plana, consistente com a predição da teoria VSEPR e com a ligação sp^2. O BH_3 foi observado somente como um intermediário de vida curta em certas reações rápidas, e usando-se técnicas especiais poderá prolongar o seu tempo de vida. (Normalmente tem só uma existência passageira por ser menos estável que outros compostos de boro-hidrogênio, nos quais é rapidamente formado. Apesar de sua raridade, nós usamos BH_3 como exemplo por causa da analogia com BeH_2 e CH_4.) O boro forma moléculas adicionais estáveis do tipo BX_3, onde X é um átomo de halogênio:

$$:\ddot{X}:$$
$$:\ddot{X}:\ddot{B}:\ddot{X}:$$

Cada um desses é conhecido por ter uma forma trigonal plana, consistente com a hibridização sp^2 dos orbitais de valência do boro.

ORBITAIS HÍBRIDOS sp^3

Finalmente, retornamos ao problema da ligação tetraédrica no metano (CH_4). Nesta molécula o átomo de carbono usa o orbital $2s$ e *todos os três* orbitais $2p$ para formar um conjunto de *quatro* equivalentes orbitais híbridos sp^3:

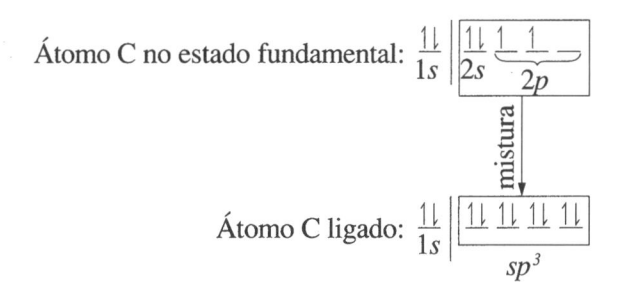

Átomo C no estado fundamental: $\frac{\uparrow\downarrow}{1s}$ | $\frac{\uparrow\downarrow}{2s}$ $\underbrace{\frac{\uparrow\quad\uparrow\quad\_}{2p}}$

mistura

Átomo C ligado: $\frac{\uparrow\downarrow}{1s}$ | $\underbrace{\frac{\uparrow\downarrow\ \uparrow\downarrow\ \uparrow\downarrow\ \uparrow\downarrow}{sp^3}}$

Novamente, as setas cheias representam elétrons do carbono, e as setas pontilhadas, elétrons dos átomos de hidrogênio. Orbitais sp^3 são muito semelhantes aos orbitais sp e sp^2 em sua forma, mas seus lóbulos maiores estão direcionados para os vértices de um tetraedro regular. Esses orbitais aparecem individualmente à direita na Figura 19.12, onde são mostrados circunscritos por um cubo para tornar a inter-relação geométrica clara.

A sobreposição de orbitais $1s$ dos quatro átomos de hidrogênio com um orbital sp^3 do átomo de carbono proporciona a forma tetraédrica requerida para o mínimo de repulsão eletrônica no CH_4 (Figura 19.6), o que é consistente não só com a predição feita pela teoria VSEPR, mas também com evidências experimentais.

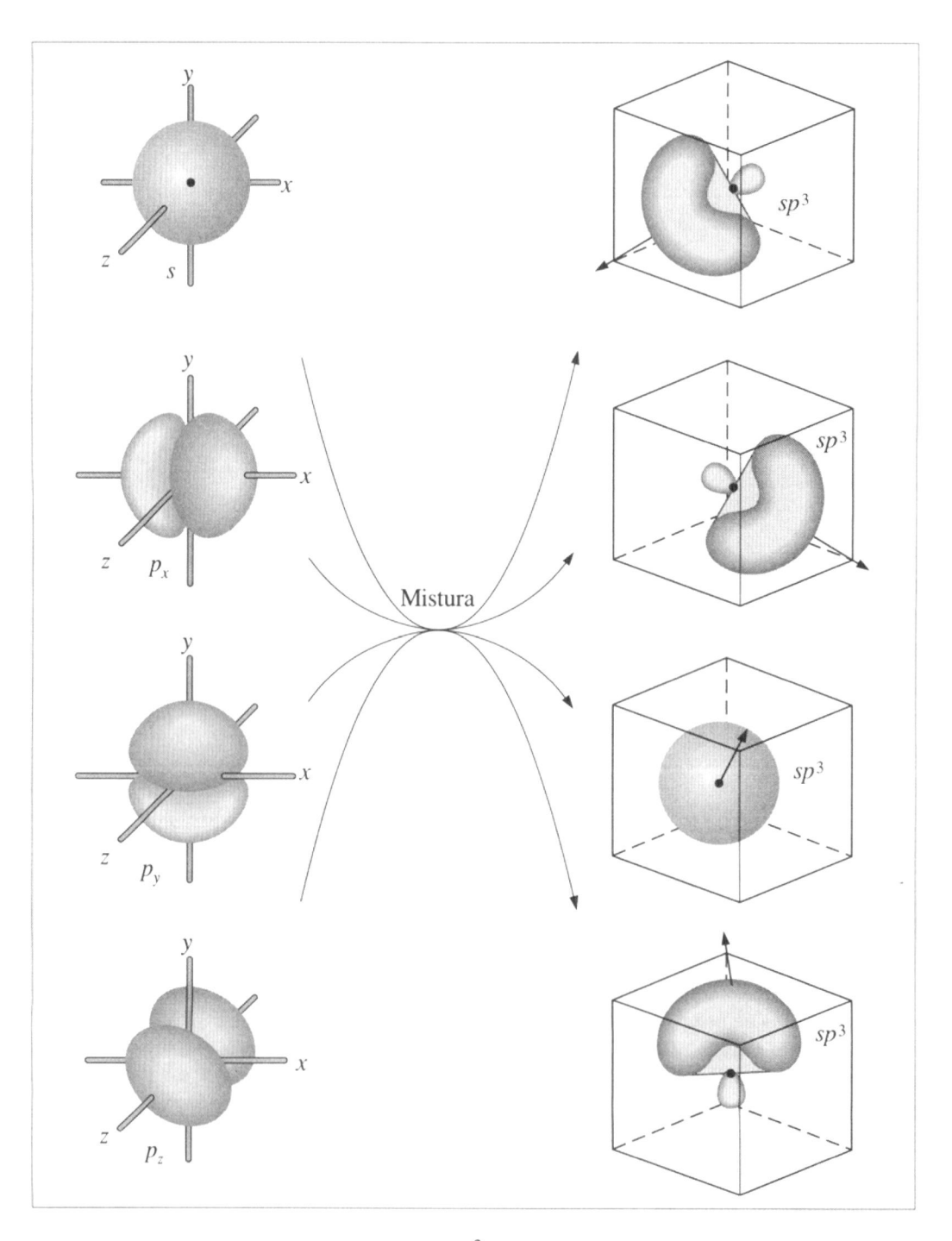

Figura 19.12 A formação de orbitais híbridos sp^3.

A MOLÉCULA DE AMÔNIA

Existem muitas moléculas pequenas nas quais a ligação é melhor descrita em termos de orbitais híbridos sp^3, incluindo algumas que não são de forma tetraédrica. Na amônia

$$\begin{array}{c} H \\ H:\ddot{N}:H \end{array}$$

a mistura de orbitais $2s$ e três orbitais $2p$ de um átomo de nitrogênio ($Z = 7$) para formar híbridos sp^3 ocorre essencialmente como no caso de C no CH_4:

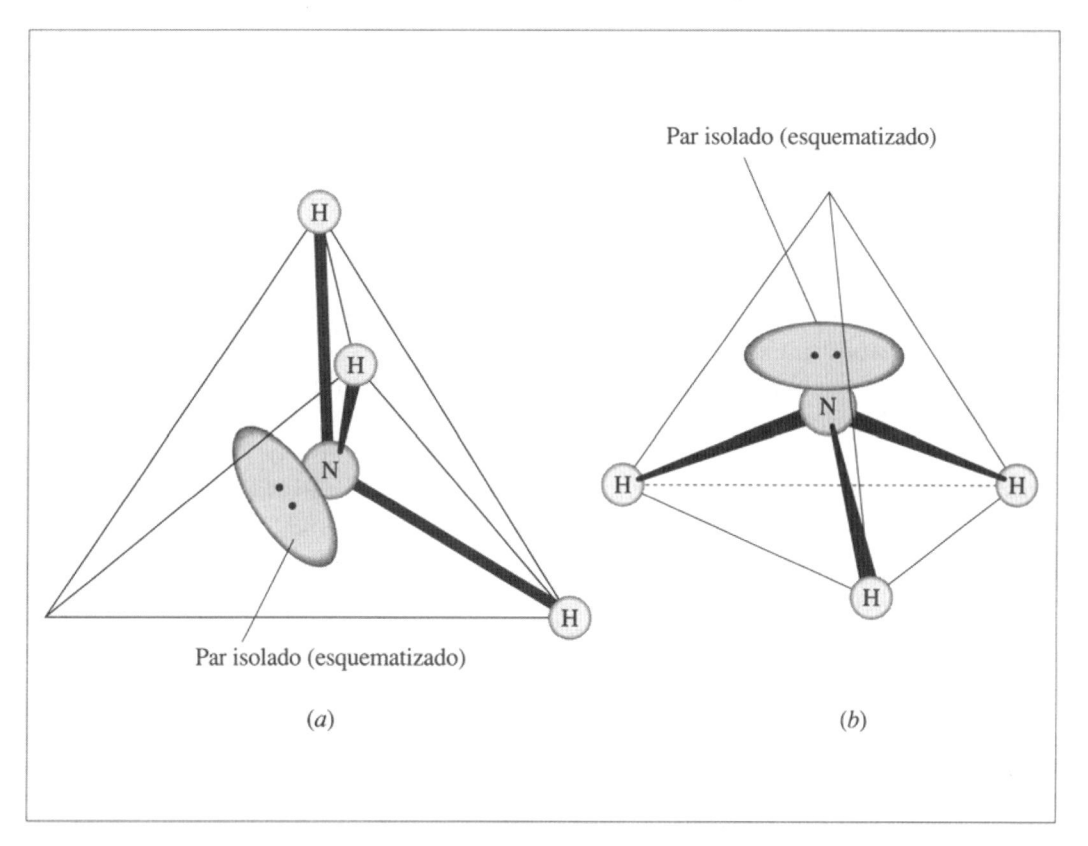

Figura 19.13 A molécula de NH_3. Em (a) a orientação é semelhante à do CH_4 na Figura 19.6; em (b) os três átomos H formam a base de uma pirâmide trigonal.

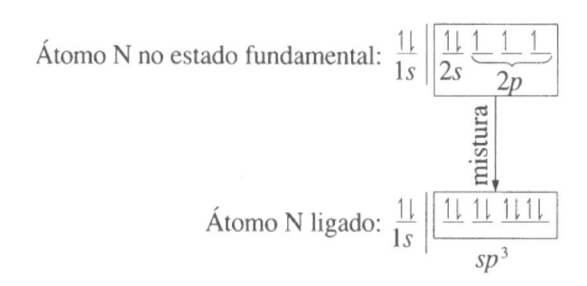

Átomo N no estado fundamental: $\frac{\uparrow\downarrow}{1s} \left| \frac{\uparrow\downarrow}{2s} \underbrace{\frac{\uparrow\ \uparrow\ \uparrow}{2p}} \right|$

↓ mistura

Átomo N ligado: $\frac{\uparrow\downarrow}{1s} \left| \underbrace{\frac{\uparrow\downarrow\ \uparrow\downarrow\ \uparrow\downarrow\ \uparrow\downarrow}{sp^3}} \right|$

Nesse caso, entretanto, como o átomo de nitrogênio tem um elétron a mais que o átomo de C, somente três dos orbitais híbridos sp^3 são acessíveis para formar ligações com os átomos H. O quarto contém um par isolado, como mostrado na estrutura de Lewis. Conseqüentemente, o NH_3 tem uma forma geométrica semelhante à do CH_4, exceto pela perda de um átomo de H. Em outras palavras, é uma pirâmide trigonal, cuja base é definida pelos três átomos de H, que estão de acordo com a teoria VSEPR e também com a observação experimental. A relação geométrica entre as estruturas NH_3 e CH_4 é mostrada na Figura 19.13.

Na amônia, os ângulos das ligações H–N–H são de 107,3°, um pouco menores que o ângulo tetraédrico de 109,5°. Isto é um resultado da repulsão entre o par eletrônico isolado e os três pares compartilhados. Como vimos (Seção 8.6), a nuvem eletrônica do par isolado é mais difusa, expandida lateralmente em espaço maior do que o par compartilhado, implicando repulsões par isolado-par compartilhado maiores que as repulsões par compartilhado-par compartilhado, para qualquer ângulo. A repulsão entre o par de elétrons isolado e três pares de ligações no NH_3 empurram os pares de ligação lentamente, e os átomos H ajustam suas posições para uma melhor sobreposição. (Ver Figura 19.14.)

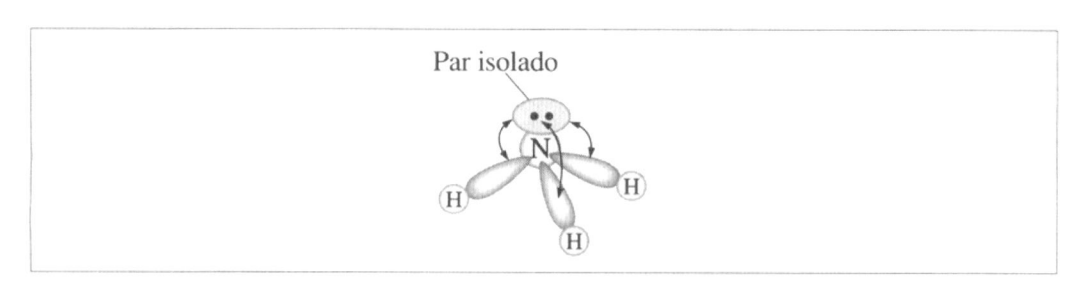

Figura 19.14 Repulsão par isolado – par compartilhado no NH_3.

A MOLÉCULA DE ÁGUA

A ligação na água

$$H:\overset{..}{\underset{H}{O}}:$$

também usa orbitais híbridos sp^3. Os quatro orbitais da camada de valência do átomo de oxigênio hibridizam

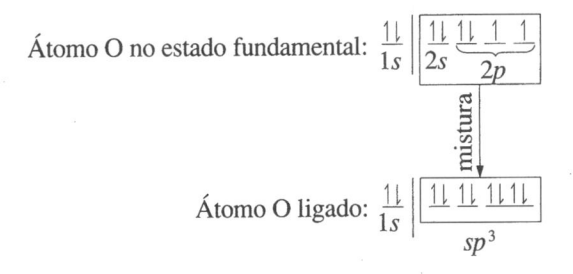

Átomo O no estado fundamental: $\frac{\uparrow\downarrow}{1s}$ | $\frac{\uparrow\downarrow}{2s}$ $\frac{\uparrow\downarrow\ \uparrow\downarrow\ \uparrow\ \uparrow}{2p}$ |

↓ mistura

Átomo O ligado: $\frac{\uparrow\downarrow}{1s}$ | $\frac{\uparrow\downarrow\ \uparrow\downarrow\ \uparrow\downarrow\ \uparrow\downarrow}{sp^3}$ |

e os quatro orbitais híbridos resultantes sp^3 são ocupados por dois pares de elétrons isolados e dois pares compartilhados. A estrutura da molécula da água é conseqüentemente curva, ou angular. (Ver Figura 19.15.)

Em H_2O, há um fechamento ainda maior do ângulo tetraédrico, 109,5°, que o de NH_3, por causa da existência de *dois* pares isolados; o ângulo medido em H_2O é somente 104,5°.

OUTROS CONJUNTOS DE ORBITAIS HÍBRIDOS

Existem outras possibilidades de mistura de orbitais atômicos puros (não-hibridizados) para formar conjuntos de orbitais híbridos. O mais importante desses é a hibridização de um orbital s, três orbitais p e dois orbitais d para formar *seis* equivalentes orbitais híbridos. Se os orbitais d pertencem à camada $n - 1$ do átomo, os híbridos são chamados d^2sp^3. Se eles são da mesma camada de valência (n), os híbridos são chamados orbitais sp^3d^2. Em ambos os casos, esses orbitais têm os lóbulos principais dirigidos para os vértices de um *octaedro regular*, um sólido com oito lados que tem faces triangulares equilaterais idênticas. É evidente que com tal hibridização a camada de valência do átomo central não contém somente um octeto, mas foi expandida a 12 elétrons, dois em cada um dos seis orbitais híbridos. Orbitais octaédricos híbridos são usados para descrever estruturas e ligações em muitos compostos de metais de transição, bem como de outros compostos.

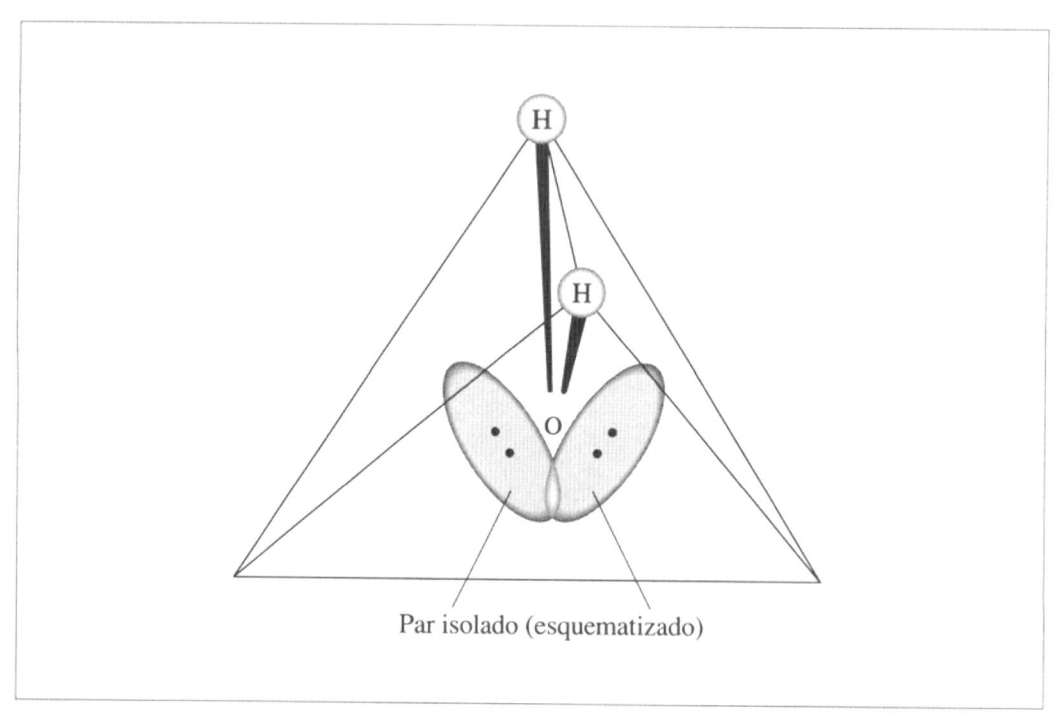

Par isolado (esquematizado)

Figura 19.15 A molécula de água.

A RELAÇÃO ENTRE AS TEORIAS VSEPR E ORBITAL HÍBRIDO

A teoria VSEPR e a teoria do orbital híbrido complementam uma a outra. A primeira permite-nos predizer a forma de uma molécula ou íon poliatômico pequeno e a segunda mostra-nos quais orbitais híbridos são usados pelo átomo central em agregado para produzir a forma prevista.

A Tabela 19.1 contém um resumo dos mais importantes grupos de orbitais híbridos, suas geometrias e alguns exemplos.

Tabela 19.1 Alguns conjuntos importantes de orbitais híbridos.

Conjunto de orbitais híbridos	Geometria	Lóbulos orbitais*	Exemplos
sp	Linear		BeF_2 $CdBr_2$ $HgCl_2$
sp^2	Trigonal planta		BF_3 $B(CH_3)_3$ GaI_3
sp^3	Tetraédrica		CCl_4 SiF_4 $TiCl_4$
dsp^3 ou sp^3d	Bipirâmide trigonal		PCl_5 $MoCl_5$ $TaCl_5$
d^2sp^3 ou sp^3d^2	Octaédrica		SF_6 SbF_6^- SiF_6^{2-}

*Nesses desenhos somente os lóbulos maiores são mostrados, os quais foram apropriadamente arranjados de maneira a enfatizar as suas características direcionais.

19.3 TEORIA DO ORBITAL MOLECULAR

ORBITAIS NAS MOLÉCULAS

A teoria dos orbitais moleculares (MO)[2] constitui uma alternativa para se ter uma visão da ligação. De acordo com este enfoque, todos os elétrons de valência têm uma influência na estabilidade da molécula. (Elétrons das camadas inferiores também podem contribuir para a ligação, mas para muitas moléculas simples o efeito é demasiado pequeno.) Além disso, a teoria MO considera que os orbitais atômicos, AOs, da camada de valência, deixam de existir quando a molécula se forma, sendo substituídos por um novo conjunto de níveis energéticos que correspondem a novas distribuições da nuvem eletrônica (densidade de probabilidade). Esses novos níveis energéticos constituem uma propriedade da molécula como um todo e são chamados, conseqüentemente, *orbitais moleculares*.

O cálculo das propriedades dos orbitais moleculares é feito comumente assumindo que os AOs se combinam para formar MOs. As funções de onda dos orbitais atômicos são combinados matematicamente para produzir as funções de onda dos MOs resultantes. O processo é remanescente da mistura de orbitais atômicos puros para formar orbitais híbridos, exceto que, na formação de orbitais MO, orbitais atômicos de mais de um átomo são combinados ou misturados. No entanto, como no caso da hibridização, o número de orbitais novos formados é igual ao número de orbitais atômicos originários da combinação.

Da mesma maneira que nos orbitais atômicos, estamos interessados em dois aspectos moleculares: (1) as formas de suas distribuições espaciais da densidade de probabilidade e (2) suas energias relativas. Inicialmente consideraremos as suas formas.

DISTRIBUIÇÕES ESPACIAIS DOS ORBITAIS MOLECULARES

Iniciaremos observando os MOs que são formados quando dois átomos idênticos se ligam numa molécula diatômica. Usando um enfoque simples, consideremos que um AO de um átomo se combina com um AO de um segundo átomo para formar dois MOs. Para que esse processo seja efetivo, duas condições devem ser introduzidas: (1) os AOs devem ter energias comparáveis e (2) eles devem se sobrepor de maneira significativa. Os cálculos da mecânica quântica para a combinação dos AOs originais consistem em: (1) uma adição e (2) uma subtração das funções de onda do AO. (Quando os dois átomos são diferentes, é incluído um fator que leva em conta o fato de que os dois AOs não contribuem igualmente

---

[2] N. do R.T.: Foi mantida a sigla MO, de "molécula orbital".

para a formação dos MOs.) Os resultados, então, são duas novas funções de onda MO, uma de adição e outra de subtração. Como sempre, o quadrado da função de onda para um elétron nos dá informações acerca da probabilidade de encontrar este elétron em várias regiões do espaço. Quando isto é feito para um MO, resultam informações sobre a densidade de probabilidade para um elétron ocupando aquele MO e, a partir dessas informações, as superfícies limites correspondentes (e também os níveis energéticos) podem ser encontradas. Este método é conhecido como a combinação linear de orbitais atômicos, ou método LCAO[3].

Comentários Adicionais

Tenha em mente que as representações dos orbitais moleculares são análogas às representações AO da Seção 6.4 e, como antes, podem ser interpretadas de duas maneiras equivalentes: elas mostram (1) a(s) região(ões) na(s) qual(is) o elétron passa a maior parte do tempo, isto é, a(s) região(ões) de maior probabilidade de encontrar o elétron ou, alternativamente, (2) a(s) região(ões) na(s) qual(is) a densidade da carga eletrônica é alta.

Na Figura 19.16 são mostradas as superfícies limites de dois orbitais moleculares que são formados pela combinação de dois orbitais atômicos $1s$. Vemos à esquerda a sobreposição dos AOs $1s$ e, à direita, os MOs resultantes. O MO formado pela subtração de funções de onda AO é representado por σ_s^* (leia: "sigma asterisco"), enquanto o formado pela adição é representado por σ_s. O contraste entre esses dois MOs é gritante. Há obviamente um aumento da densidade eletrônica de carga entre os núcleos no orbital σ_s, mas um decréscimo na mesma região no orbital σ_s^*. Por essa razão, o orbital, σ_s é chamado orbital *ligante*, e o σ_s^*, de orbital *antiligante*. O primeiro tende a estabilizar a ligação, enquanto o último tende a desestabilizá-la. Ambos são chamados orbitais σ porque estão centrados e são simétricos ao redor do eixo de ligação. Uma secção de cada orbital feita perpendicularmente ao eixo de ligação apresenta um formato circular.

---

[3] N. do R.T.: Foi mantida a sigla LCAO, do inglês "linear combination atomic orbitals".

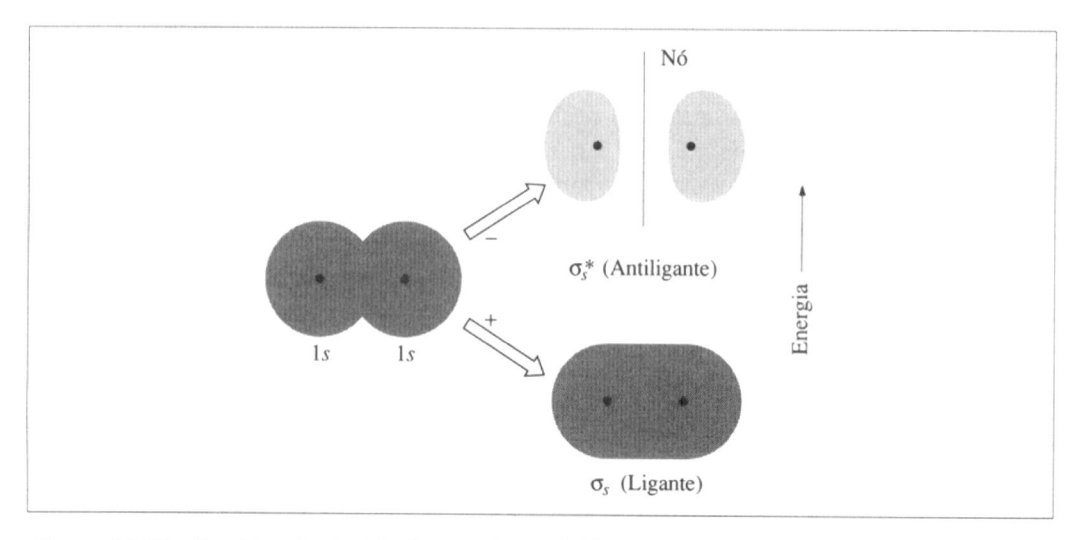

Figura 19.16 Combinação de AOs 1s para formar MOs σ.

A combinação de dois orbitais p pode produzir resultados diferentes dependendo de quais orbitais p são usados. Se o eixo x é o eixo de ligação, então dois orbitais $2p_x$ podem se sobrepor apropriadamente se eles se aproximarem segundo um único eixo, como é mostrado na Figura 19.17. Os MOs resultantes constituem, como antes, um orbital ligante (σ_x) com carga eletrônica acumulada entre os núcleos e um MO antiligante (σ_x^*) com decréscimo de carga entre os núcleos. Esses orbitais são também classificados como σ, porque são simétricos ao redor do eixo de ligação. Eles são designados σ_x e σ_x^* para indicar que derivaram de orbitais atômicos p_x.

Quando orbitais $2p_y$ e $2p_z$ se sobrepõem para formar MOs, eles o fazem lado a lado, como é apresentado na Figura 19.18. Em cada caso, o resultado é um orbital antiligante com quatro lóbulos e um orbital ligante com dois lóbulos. Esses orbitais não são simétricos em relação ao eixo de ligação; em vez disso, existem duas regiões, em lados opostos ao eixo da ligação, nas quais a densidade da nuvem de carga é alta. Isto é característico de um orbital π.

Observe que, como antes, o orbital ligante permite uma alta concentração da carga eletrônica na região entre os núcleos, enquanto o orbital antiligante mostra uma diminuição da densidade de carga nessa região. (Na realidade, cada orbital antiligante tem um plano nodal entre os dois núcleos.)

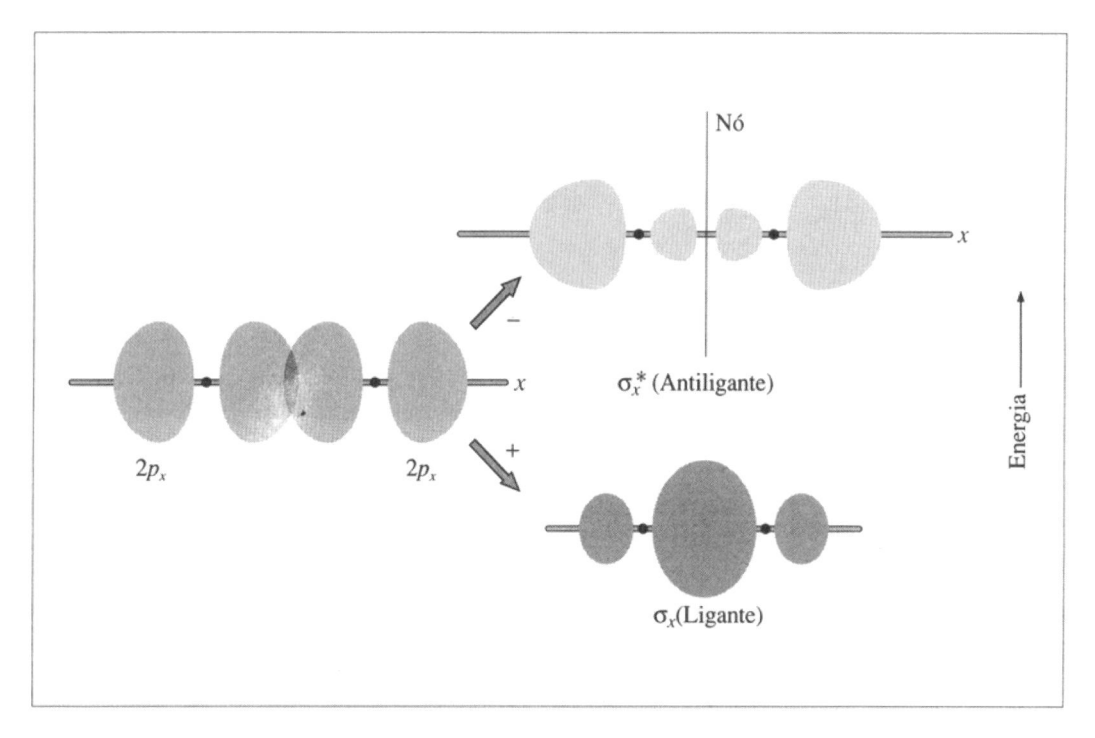

Figura 19.17 Combinação de AOs $2p_x$ para formar MOs σ.

ENERGIAS DOS ORBITAIS MOLECULARES

Quando dois orbitais atômicos se combinam para formar dois orbitais moleculares, a energia do MO ligante é sempre menor do que a dos AOs, enquanto a energia do MO antiligante é maior. Na Figura 19.19 aparece a relação de energias entre os AOs 1s e os resultantes MOs σ_s e σ_s^* para o caso de uma molécula diatômica *homonuclear*, na qual os dois átomos são iguais. À esquerda e à direita estão os níveis de energia 1s de dois átomos do elemento A (identificados com A e A′). No centro encontram-se os níveis de energia σ_s e σ_s^* da molécula A—A′. As linhas tracejadas diagonais mostram que os MOs se formaram dos AOs indicados. A Figura 19.19 poderá ser usada para mostrar a formação dos MOs de um par de qualquer orbital s (2s, 3s, 4s etc.). Em cada caso, um orbital antiligante (de energia mais alta) e um orbital ligante (de energia mais baixa) são formados.

Consideremos a seguir a formação dos orbitais moleculares de um par de orbitais $2p_x$ cujos lóbulos estão dirigidos para o eixo de ligação. (Ver Figura 19.20.) Novamente, temos a formação de um par de MOs, um ligante (σ_x) e um antiligante (σ_x^*).

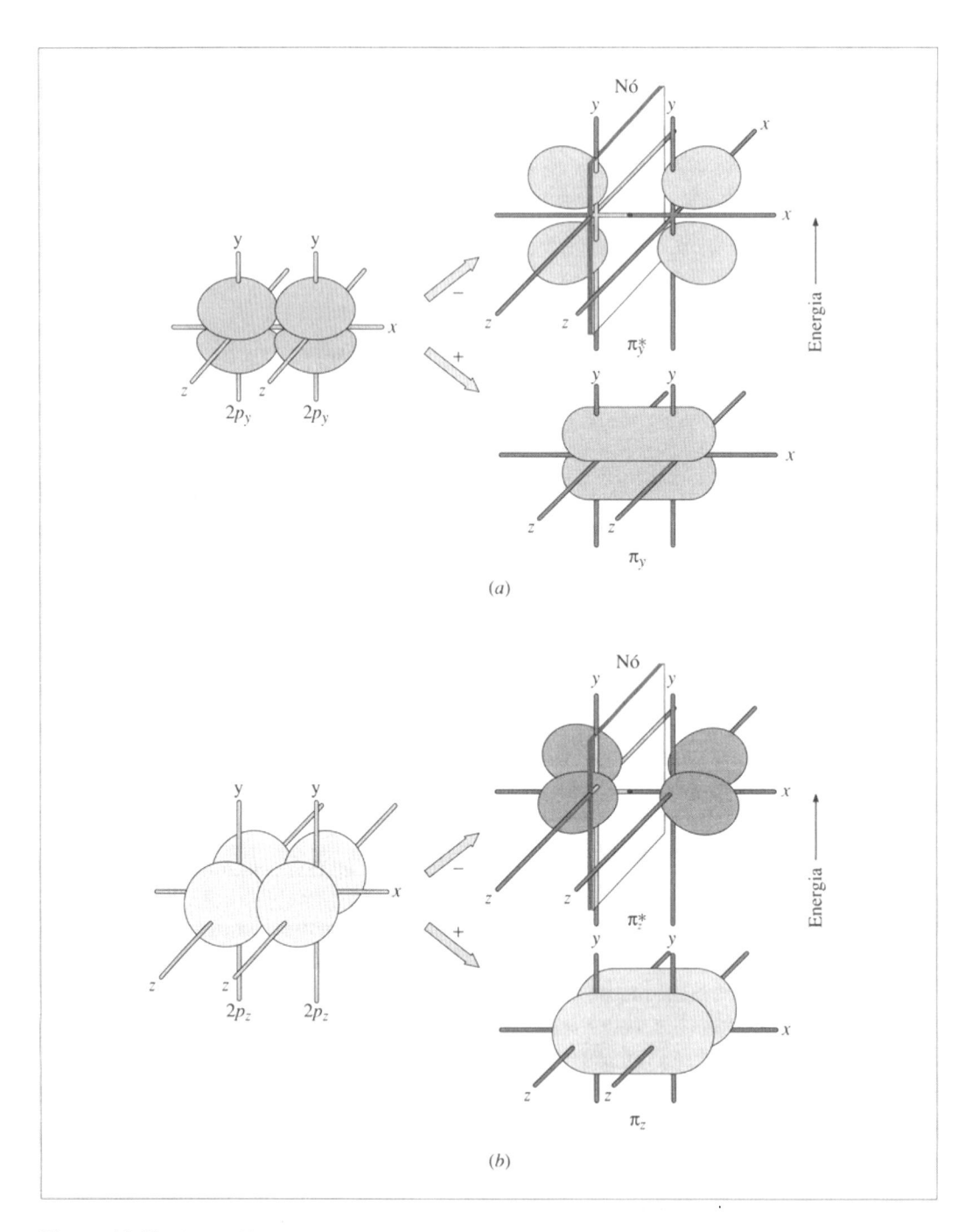

Figura 19.18 A combinação de AOs $2p$ na formação de MOs π. (a) π_y. (b) π_z. (Os núcleos estão nas intersecções dos eixos.)

Em seguida observe os AOs $2p_y$ e $2p_z$, que se sobrepõem *lado a lado*. Os MOs formados a partir deles são mostrados na Figura 19.21. A sobreposição $p_y - p_y$ é exatamente igual à sobreposição $p_z - p_z$ (exceto pela orientação) e assim os MOs formam dois conjuntos de orbitais de mesma energia: os orbitais π_y e π_z (ligantes) e os orbitais π_y^* e π_z^* (antiligantes).

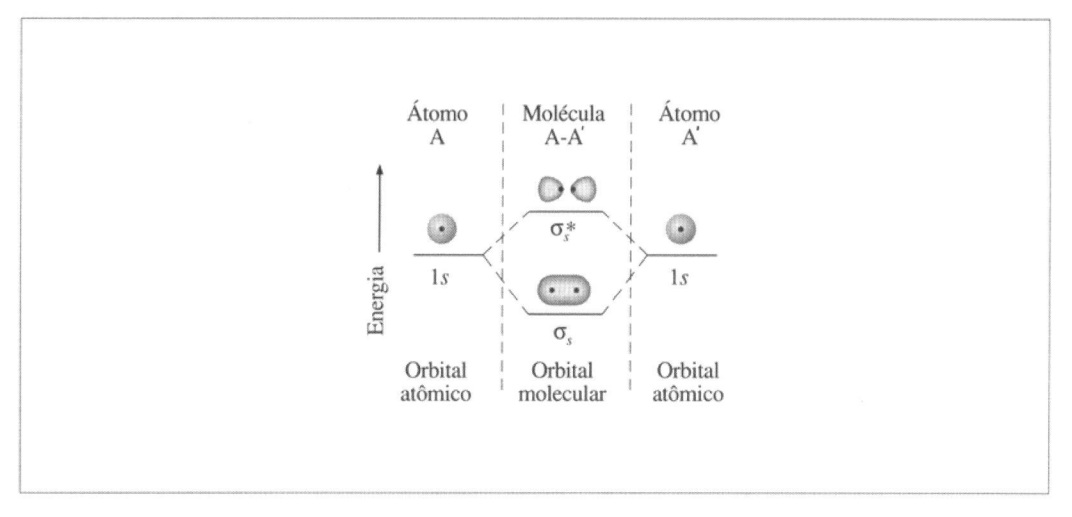

Figura 19.19 Energias relativas dos orbitais σ_s em moléculas diatômicas homonucleares.

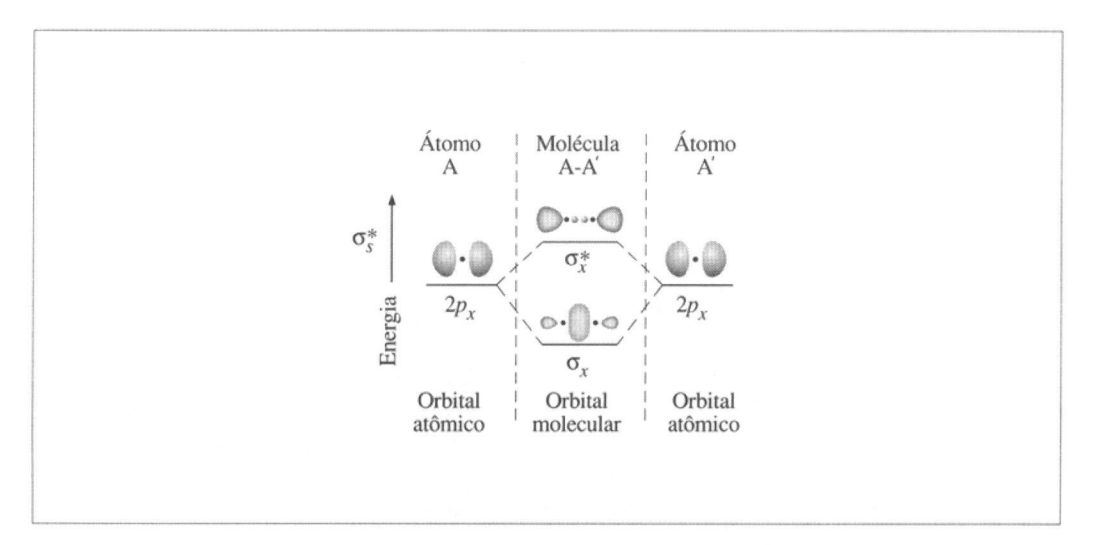

Figura 19.20 As energias relativas dos orbitais σ_x em moléculas diatômicas homonucleares.

O PREENCHIMENTO DOS ORBITAIS MOLECULARES

Na Seção 6.1 descrevemos o procedimento Aufbau, pelo qual os elétrons são adicionados um a um ao diagrama de energia dos AOs com o objetivo de construir a configuração eletrônica dos átomos. Usaremos agora uma técnica semelhante para preencher os níveis energéticos do diagrama de MO; desejamos construir a configuração eletrônica de moléculas diatômicas homonucleares no estado fundamental. Como antes, adicionaremos elétrons a partir da base do diagrama para cima, para os orbitais de maior energia.

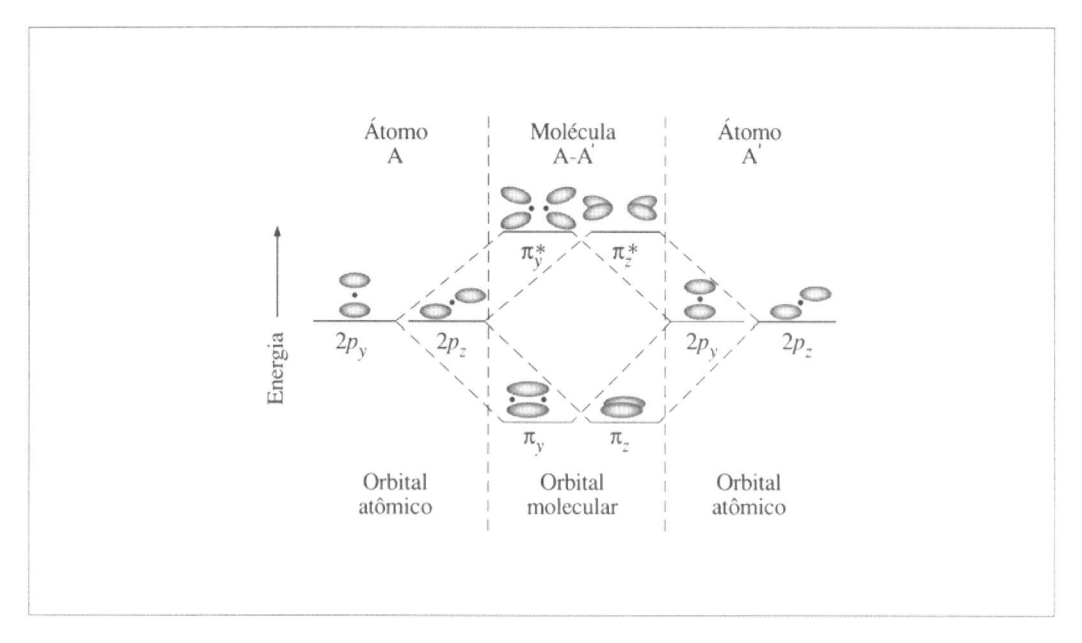

Figura 19.21 As energias relativas dos orbitais π_y e π_z em moléculas diatômicas homonucleares.

H_2 e He_2. O preenchimento do diagrama MO para as primeiras duas moléculas é mostrado na Figura 19.19.

H_2. A molécula mais simples é a de hidrogênio. A Figura 19.22 mostra, à esquerda e à direita, elétrons colocados em dois átomos de H não-ligados e, no meio do diagrama, a molécula de H_2 no estado fundamental. Os dois elétrons $1s$ vão constituir um par (spins opostos) no orbital σ_s (ligante) da molécula. Este par constitui uma ligação simples. A configuração eletrônica da molécula de hidrogênio pode ser escrita como

$$H_2 : (\sigma_s)^2$$

He$_2$. Consideremos, a seguir, a molécula que poderia ser formada por dois átomos de hélio, cada um dos quais é capaz de fornecer dois elétrons para a molécula. O total é de quatro elétrons, dois a mais que no H$_2$, de maneira que a distribuição no MO será a da Figura 19.23. A configuração eletrônica no estado fundamental na molécula de He$_2$ deverá ser

$$He_2: (\sigma_s)^2(\sigma_s^*)^2$$

Dizemos "deverá ser" devido ao fato de que o σ_s^* (antiligante) está agora preenchido e seu *efeito desestabilizador* cancela o efeito *estabilizador* do orbital σ_s. O resultado é que não há uma força de atração entre os átomos de hélio devido ao número igual de elétrons ligantes e antiligantes e, assim, He$_2$ não existe.

Na teoria dos orbitais moleculares a **ordem de ligação** é definida como

$$\text{Ordem de ligação} = \frac{\text{elétrons ligantes} - \text{elétrons antiligantes}}{2}$$

Assim, a ordem de ligação na molécula de H$_2$ é

$$\text{Ordem de ligação} = \frac{2-0}{2} = 1$$

enquanto na molécula hipotética de He$_2$ é

$$\text{Ordem de ligação} = \frac{2-2}{2} = 0$$

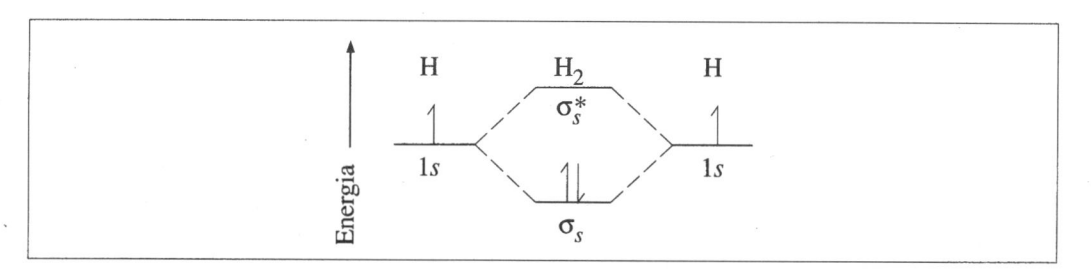

Figura 19.22 Preenchimento do diagrama MO para H$_2$.

Exemplo 19.1 Faça uma previsão sobre a estabilidade da molécula-íon de hidrogênio, H$_2^+$.

Solução O íon H$_2^+$ deve preencher um orbital como o H$_2$ (Figura 19.22), mas com um elétron a menos no orbital σ_s, portanto sua configuração eletrônica é

$$H_2^+ : (\sigma_s)^1$$

A ordem de ligação no H_2^+ é $\frac{1-0}{2}$ ou $\frac{1}{2}$. Isto significa que a ordem de ligação é maior que zero, indicando que a partícula H_2^+ deve existir, seus átomos ficam presos por "meia ligação". *Nota*: O íon H_2^+ existe de fato: sua energia de dissociação é 255 kJ mol^{-1}, uma energia de ligação relativamente alta. (Por comparação, entretanto, a energia de dissociação do H_2 é 432 kJ mol^{-1}).

Problema Paralelo Faça uma previsão da possível existência do íon H . **Resposta:** Este íon existe.

Li$_2$ e Be$_2$. Desde que o preenchimento de dois MOs σ formados de orbitais 1s está completo, passa-se para os dois MOs σ formados a partir dos orbitais 2s. Estes MOs são similares àqueles que já foram preenchidos.

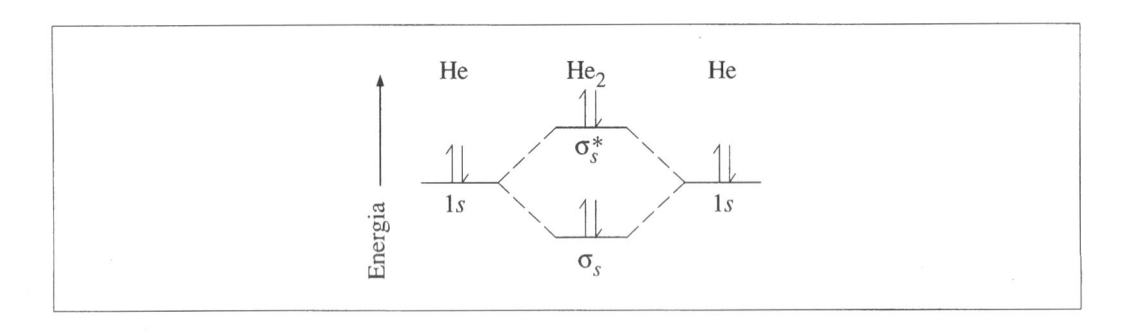

Figura 19.23 Diagrama de população do MO para a molécula hipotética He$_2$.

Li$_2$. Essa molécula possui um total de seis elétrons, mas quatro deles estão na camada K (interna) dos átomos de Li. Os elétrons de valência dos dois átomos de Li são usados para preencher um novo MO σ_s, como mostrado na Figura 19.24. Os orbitais atômicos 1s estão praticamente não perturbados e não são mostrados no diagrama. A configuração é muito semelhante à do H_2, e a ordem de ligação, que somente pode ser determinada com os elétrons de valência, é igual a $^1/_2(2-0)$ ou 1. Representando cada um dos orbitais 1s preenchidos por K (para a camada K), a configuração eletrônica de Li$_2$ pode ser escrita como

$$Li_2 : KK(\sigma_s)^2$$

Com uma ordem de ligação igual a 1 é possível prever a existência da molécula Li_2. Moléculas de lítio não existem no estado líquido ou sólido, mas sem dúvida as moléculas diatômicas são encontradas no lítio gasoso. A energia de ligação do Li_2 é 105 kJ mol^{-1}. Ela é menor do que a do H_2 (432 kJ mol^{-1}) porque há uma blindagem do núcleo pela camada K completa de cada átomo.

Be_2. Indo para a molécula hipotética Be_2, encontraremos uma situação semelhante à do He_2. O número atômico do berílio é 4 e o "sétimo" e o "oitavo" elétrons na molécula irão para o orbital σ_s^* (veja Figura 19.24). A desestabilização efetuada pelo σ_s^* preenchido, cancela o efeito de estabilização do orbital σ_s, a ordem da ligação é zero e, portanto, a molécula de Be_2 não deve ser estável. Realmente, Be_2 estável no estado fundamental não existe. Se existir, a configuração eletrônica no estado fundamental seria

$$Be_2 : KK(\sigma_s)^2(\sigma_s^*)^2$$

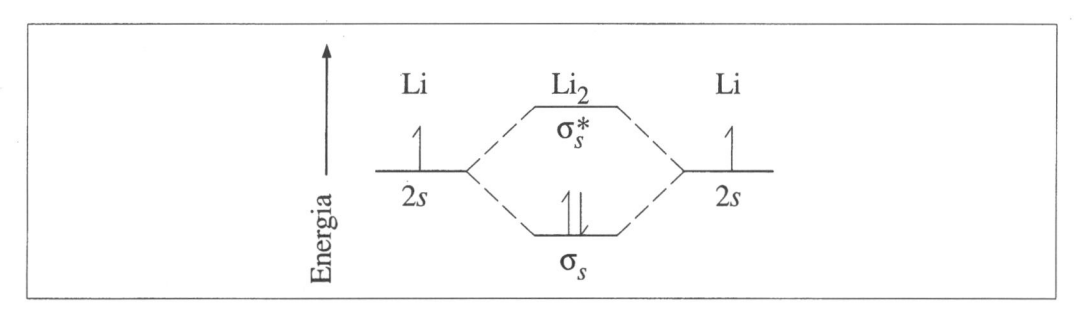

Figura 19.24 Diagrama de população da camada de valência do MO para Li_2.

B_2 até Ne_2. A seguir consideraremos a seqüência B_2, C_2, N_2, O_2, F_2 e Ne_2, percorrendo, assim, as demais moléculas diatômicas homonucleares do segundo período. Os MOs a serem preenchidos são os orbitais ligantes e antiligantes σ e π são representados nas Figuras 19.20 e 19.21. Entretanto, quando tentamos combinar esses dois diagramas em um, encontramos uma pequena dificuldade. A energia relativa dos orbitais π_y e π_z (Figura 19.21) é *menor* do que a do orbital σ_s (Figura 19.20) do B_2 ao N_2, mas maior para o resto da seqüência, O_2 até Ne_2. Assim, as energias dos MOs para B_2, C_2 e N_2 são mostradas na Figura 19.25a e para O_2, F_2 e Ne_2 na Figura 19.25b. A diferença principal nas Figuras 19.25a e b é a energia relativa de σ_s comparada com as energias dos orbitais π_y e π_z [4].

---

[4] A mudança na seqüência das energias MO entre N_2 e O_2 ocorre porque π_x e π_x^*, neste caso, algum caráter *s*, fato que ignoramos quando decidimos usar a simplificação, combinação de AOs para formar dois MOs. ("Um AO mais um AO fornece dois MOs). O caráter *s* nesses orbitais decresce à medida que a carga cresce no período. Por causa disso a energia de σ_x fica abaixo da energia π_y e π_z no O_2.

B$_2$. A Figura 19.26 mostra o preenchimento dos MOs para B$_2$, C$_2$ e N$_2$. Na primeira molécula, B$_2$, há somente um elétron em cada orbital π_y e π_z. Como são orbitais ligantes, e como em todos os níveis de energia mais baixos os elétrons antiligantes compensam exatamente os elétrons ligantes, a ordem de ligação é 1. (Podemos chamar a ligação de ligação simples, mas talvez ela seja melhor descrita como duas meias ligações.) Note que os orbitais π_y e π_z têm igual energia, e assim, os dois elétrons não se emparelham no mesmo orbital. Por ocuparem diferentes orbitais, os elétrons podem ocupar regiões diferentes do espaço, evitando um ao outro e reduzindo a repulsão inter-eletrônica. A configuração eletrônica no B$_2$ é escrita como

$$B_2: KK(\sigma_s)^2(\sigma_s^*)^2(\pi_y)^1(\pi_z)^1$$

A base experimental para essa configuração provém das medidas magnéticas: B$_2$ é paramagnético (ver Seção 6.1), e as medidas indicam que dois elétrons desemparelhados estão presentes na molécula.

Como o Li$_2$, o B$_2$ não é uma molécula que você possa encontrar em um frasco, nas prateleiras do almoxarifado. O boro elementar é encontrado como um sólido, no qual o arranjo dos átomos de B é complexo. A temperaturas muito altas, entretanto, as moléculas de B$_2$ podem ser detectadas no estado gasoso.

C$_2$. Adicionando mais dois elétrons (um para cada átomo), obteremos a configuração para o C$_2$ vista na Figura 19.26. Esses elétrons são adicionados aos orbitais π_y e π_z, preenchendo-os. Todos os elétrons estão agora emparelhados e, assim, C$_2$ não é paramagnético. A ordem da ligação no C$_2$ é 2, porque há quatro elétrons ligantes a mais na molécula. A configuração eletrônica no C$_2$ é

$$C_2 : KK(\sigma_s)^2(\sigma_s^*)^2(\pi_y)^2(\pi_z)^2$$

Como a ordem de ligação é diferente de zero, o C$_2$ deve existir e na verdade foi detectado a altas temperaturas. (À temperatura ambiente, o carbono existe principalmente em duas formas sólidas, grafite e diamante, cada um em retículo covalente, ampliado.)

N$_2$. O último preenchimento do diagrama de MO na Figura 19.26 é o da molécula de nitrogênio, N$_2$. Ela tem um conjunto de seis elétrons de ligação, que corresponde a uma ordem de ligação igual a 3. Estes elétrons ocupam os orbitais π_y, π_z e σ_x, dando ao N$_2$ a configuração

$$N_2 : KK(\sigma_s)^2(\sigma_s^*)^2 (\pi_y)^2(\pi_z)^2(\sigma_x)^2$$

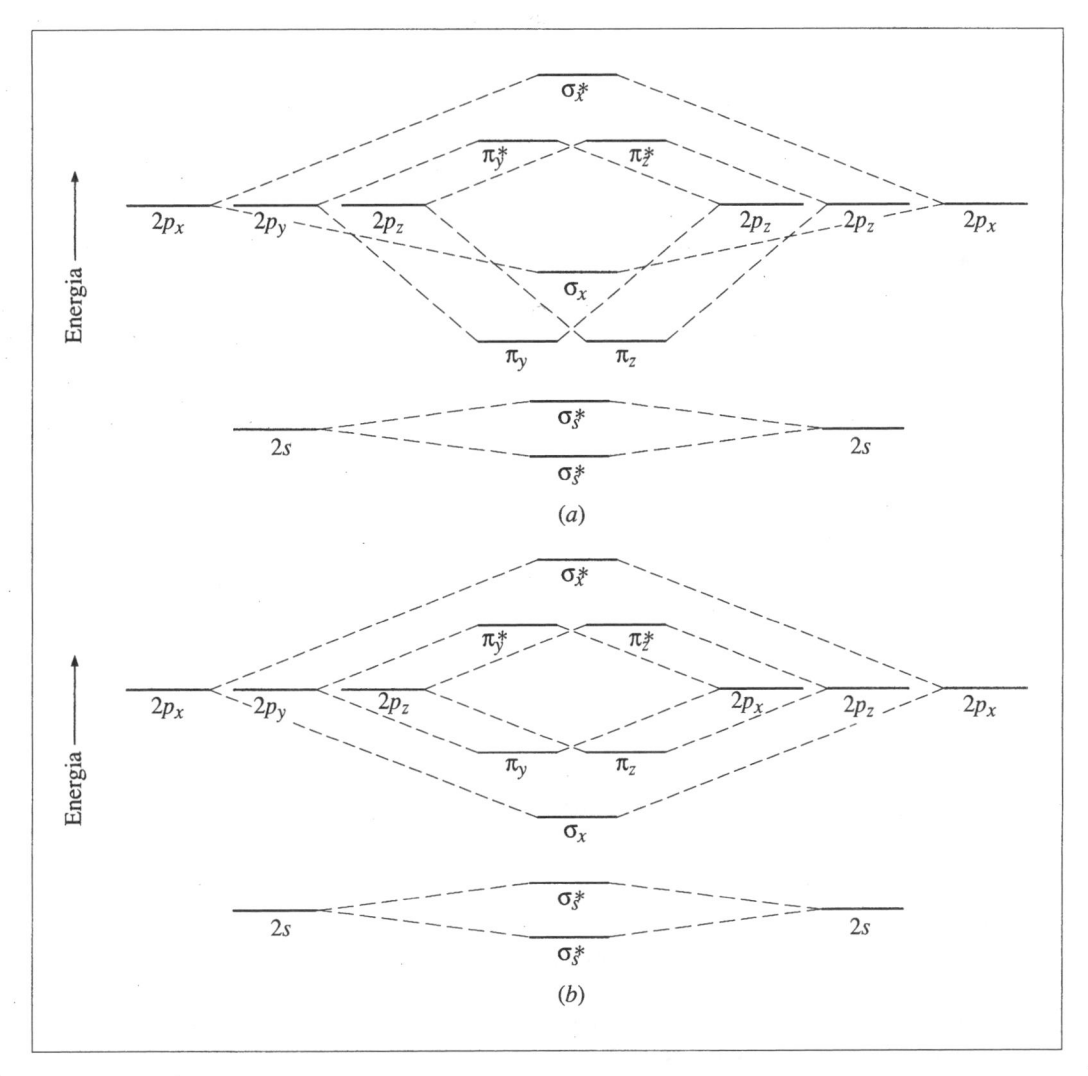

Figura 19.25 Energias MO da camada de valência. (a) B_2, C_2 e N_2. (b) O_2, F_2 e Ne_2.

N_2 é, sem dúvida, muito estável e comum, e nós o inalamos toda vez que respiramos. As medidas magnéticas indicam que todos os elétrons estão emparelhados no N_2. (Não é paramagnético.)

O modelo MO da molécula N_2 está muito bem correlacionado com aquele apresentado pela VB. Os seis elétrons dos orbitais π_y, π_z e σ_x correspondem aos seis elétrons da estrutura de Lewis:

:N:::N:

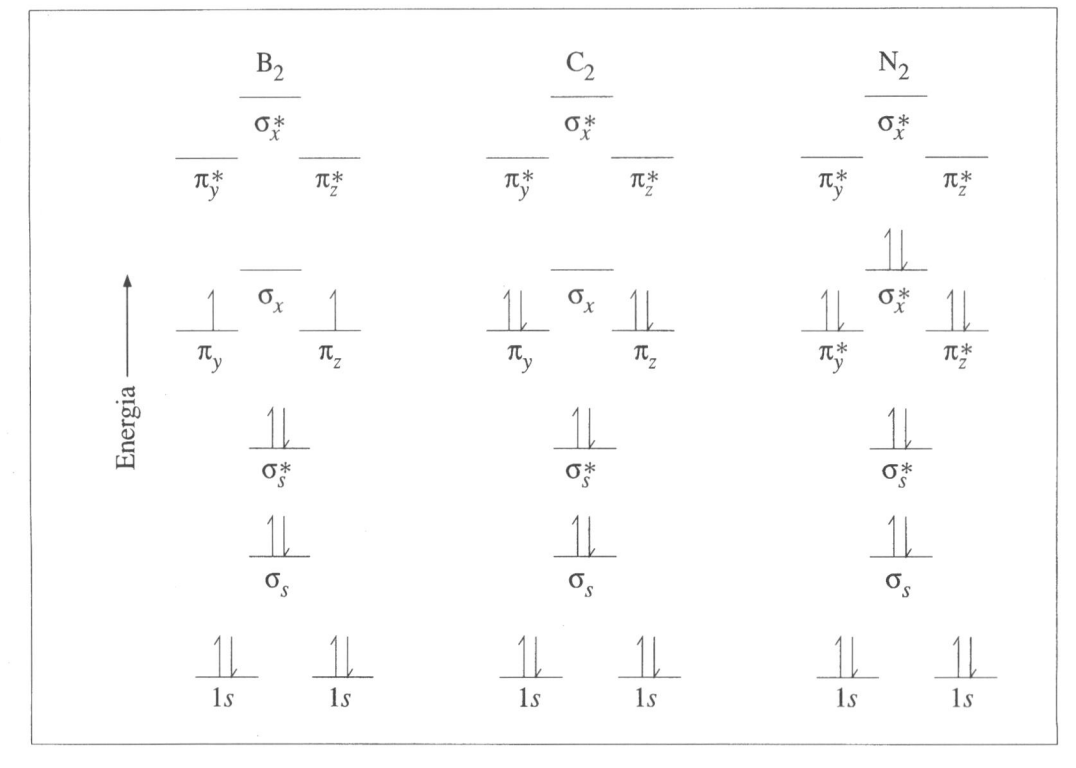

Figura 19.26 Diagrama de população da camada de valência do MO para: B_2, C_2 e N_2.

Comentários Adicionais

É um pouco arriscado tentar correlacionar o modelo MO com a estrutura de Lewis. Isto vai bem com o N_2, mas não com todas as moléculas. Mesmo no N_2 podemos tirar conclusões erradas, se os seis pontos do meio da estrutura de Lewis representam a tripla ligação; então o par isolado do átomo N deve ser um ligante, enquanto o outro seria um antiligante. Isso tem pouco sentido. Estruturas de Lewis são limitadas, como se pode ver.

O₂. A adição de mais dois elétrons à configuração do N_2 leva ao preenchimento dos níveis do O_2, como aparece à esquerda na Figura 19.27. Observe que esses dois elétrons devem ir para orbitais antiligantes, resultando em um decréscimo na ordem de ligação (de 3, no N_2) para 2. O valor mais baixo da ordem de ligação é consistente com o fato de O_2 ter uma energia de ligação menor e uma distância de ligação maior que o N_2.

A configuração eletrônica do O_2 é

$$O_2: KK(\sigma_s)^2(\sigma_s^*)^2(\sigma_x)^2(\pi_y)^2(\pi_z)^2(\pi_y^*)^1(\pi_z^*)^1$$

Um dos primeiros triunfos da teoria MO foi a sua capacidade de mostrar que a molécula de O_2 é paramagnética. (Sua configuração eletrônica mostra que ele tem dois pares de elétrons desemparelhados.) Este é o grande contraste com a teoria VB que leva à estrutura de Lewis

$$:\ddot{O}::\ddot{O}:$$

Sem dúvida, poderemos escrever

$$:\dot{\ddot{O}}::\dot{\ddot{O}}:$$

que mostra os elétrons desemparelhados, mas agora a ligação parece ser simples. Os fatos experimentais indicam que esta molécula é paramagnética e tem uma energia de ligação muito alta e uma distância de ligação muito curta para uma ligação simples. O modelo MO está de acordo com as características magnéticas e de ligação observadas.

F₂. A adição de mais dois elétrons nos dá o diagrama que é mostrado no centro da Figura 19.27. Como os orbitais π^* (antiligantes) estão ambos preenchidos, a ordem da ligação no F_2 é somente 1. Isto está de acordo com os dados experimentais determinados para a energia e o comprimento da ligação, pois ambos são aqueles esperados para uma ligação simples. Além disso, F_2 mostra ser não-paramagnético, o que é consistente com a ausência de elétrons desemparelhados. A configuração do F_2 é

$$F_2: KK(\sigma_s)^2(\sigma_s^*)^2(\sigma_x)^2(\pi_y)^2(\pi_z)^2(\pi_y^*)^2(\pi_z^*)^2$$

Ne₂. A adição de mais dois elétrons preenche o orbital σ_x^*, reduzindo a ordem de ligação para zero. O estado fundamental para Ne_2 nunca foi observado. Se existisse, sua configuração eletrônica seria

$$Ne_2: KK(\sigma_s)^2(\sigma_s^*)^2(\sigma_x)^2(\pi_y)^2(\pi_z)^2(\pi_y^*)^2(\pi_z^*)^2(\sigma_x^*)^2$$

A Tabela 19.2 sumariza a configuração eletrônica e apresenta um resumo das configurações eletrônicas de todas as moléculas diatônicas homonucleares, hipotéticas e reais, desde H_2 até Ne_2. Apresenta também todas as ordens da ligação energias e distâncias de ligações correspondentes.

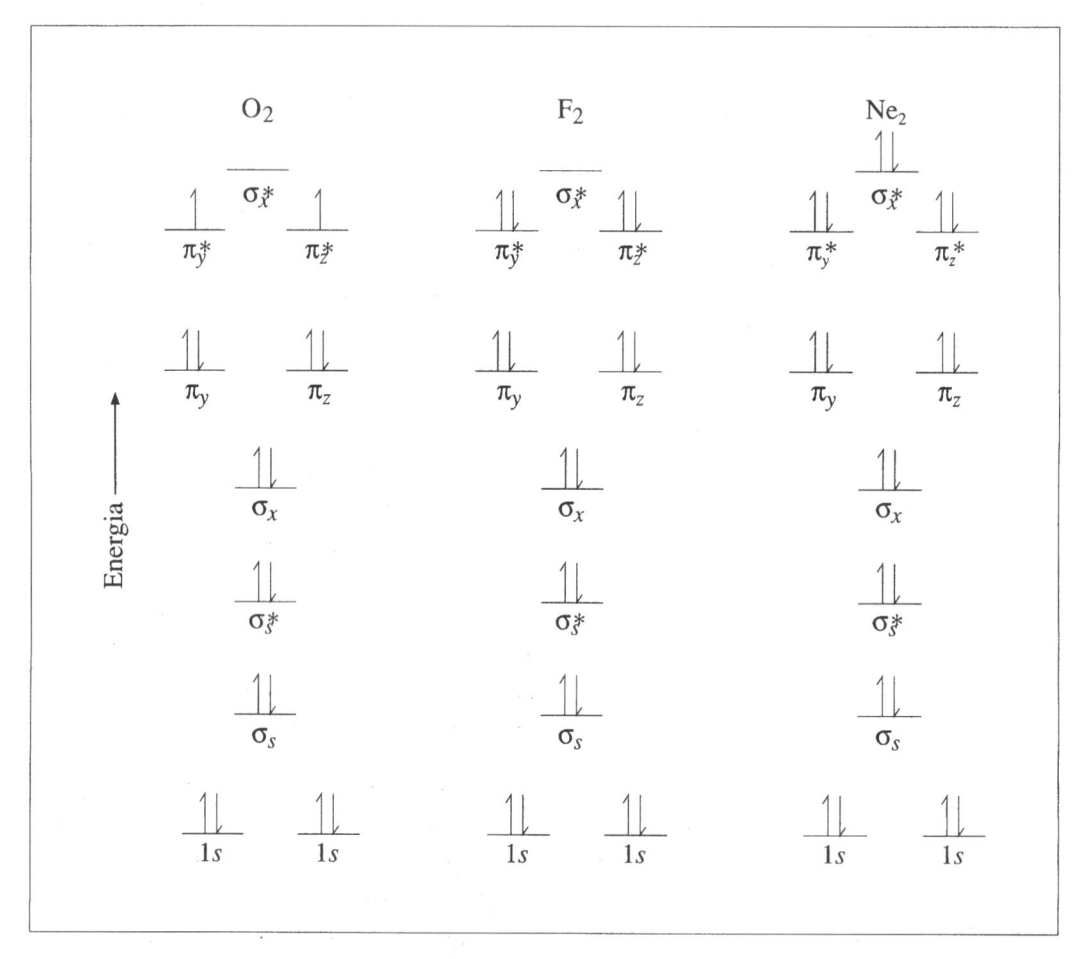

Figura 19.27 Diagrama de população da camada de valência do MO para: O_2, F_2 e Ne_2.

Tabela 19.2 Propriedades e configurações eletrônicas de algumas moléculas.

Molécula	Configuração eletrônica	Ordem de ligação	Energia de ligação, kJ mol^{-1}	Distância de ligação, nm
H_2	$(\sigma_s)^2$	1	432	0,074
He_2	$(\sigma_s)^2(\sigma_s^*)^2$	0	—	—
Li_2	$KK(\sigma_s)^2$	1	105	0,267
Be_2	$KK(\sigma_s)^2(\sigma_s^*)^2$	0	—	—
B_2	$KK(\sigma_s)^2(\sigma_s^*)^2(\pi_y)^1(\pi_z)^1$	1	289	0,159
C_2	$KK(\sigma_s)^2(\sigma_s^*)^2(\pi_y)^2(\pi_z)^2$	2	628	0,131
N_2	$KK(\sigma_s)^2(\sigma_s^*)^2(\pi_y)^2(\pi_z)^2(\sigma_x)^2$	3	945	0,110
O_2	$KK(\sigma_s)^2(\sigma_s^*)^2(\sigma_x)^2(\pi_y)^2(\pi_z)^2(\pi_y^*)^1(\pi_z^*)^1$	2	498	0,121
F_2	$KK(\sigma_s)^2(\sigma_s^*)^2(\sigma_x)^2(\pi_y)^2(\pi_z)^2(\pi_y^*)^2(\pi_z^*)^2$	1	158	0,142
Ne_2	$KK(\sigma_s)^2(\sigma_s^*)^2(\sigma_x)^2(\pi_y)^2(\pi_z)^2(\pi_y^*)^2(\pi_z^*)^2(\sigma_x^*)^2$	0	—	—

MOLÉCULAS DIATÔMICAS HETERONUCLEARES

Moléculas diatômicas contendo átomos diferentes são chamadas *heteronucleares*. As diferenças de eletronegatividade nessas moléculas fazem com que as distâncias e energias MO sejam diferentes das homonucleares diatômicas. Em muitos casos, entretanto, uma molécula diatômica heteronuclear tem a mesma configuração eletrônica da molécula diatômica homonuclear, que possui o mesmo número de elétrons com a qual é *isoeletrônica*. Assim, a configuração eletrônica do CO é a mesma do N_2.

RESUMO

Neste capítulo, nós reexaminamos a natureza da ligação covalente. De acordo com a *teoria da valência* (VB), a ligação covalente consiste em um par de elétrons compartilhados entre dois átomos ligados. Isto significa que dois orbitais (um de cada átomo) devem se *sobrepor* de tal maneira que o par eletrônico ocupe simultaneamente ambos os orbitais. Isto concentra a carga eletrônica na região entre os núcleos e então liga os átomos próximos. Também admite-se que a distribuição de carga-nuvem dilata-se para um volume maior em átomos pré-ligados, o que diminui a energia, e conseqüentemente aumenta a estabilidade da molécula.

A *ligação sigma* (σ) é aquela com *simetria axial*, na qual a distribuição da carga do par eletrônico é centrada e simétrica ao eixo de ligação. Esta ligação é formada como resultante da sobreposição *s–s*, *s–p*, ou da sobreposição *p–p* pelos lóbulos do mesmo eixo.

A *ligação* π (pi) é caracterizada por duas regiões de alta densidade em lados opostos do eixo de ligação. A ligação π é comumente formada como resultado da sobreposição de orbitais *p* lado a lado.

Ligações simples, *duplas* ou *triplas* são, respectivamente, um, dois ou três pares de elétrons ligados e compartilhados entre dois átomos. Uma ligação simples é uma σ; a dupla é uma σ mais uma π; e a ligação tripla é uma σ mais duas π, que são orientadas com ângulos retos uma à outra.

Em muitas moléculas a ligação é melhor descrita em termos de *orbitais híbridos*, que resultam da *mistura* (*combinação*, *hibridização*) de orbitais atômicos puros (s, p, d etc.). No processo de mistura, o número de orbitais hibridizados é igual ao número de orbitais puros combinados. Além disso, as relações geométricas entre os orbitais em um conjunto híbrido dependem do caráter do conjunto; por exemplo, os lóbulos maiores de um conjunto de dois híbridos *sp* apontam para direções opostas (a 180°), três híbridos sp^2 em conjunto têm seus lóbulos maiores a 120°, num plano, e os quatro orbitais sp^3 mostram geometria tetraédrica (tendo seus lóbulos a 109,5° uns dos outros).

Na teoria dos *orbitais moleculares* (MO) os orbitais atômicos se combinam para formar um novo nível de energia (MOs) para a molécula como um todo. Como no caso de orbitais híbridos, o número de MOs formados é igual ao número de orbitais atômicos (AOs) que se combinaram. Os elétrons ocupam os MOs da molécula da mesma maneira que ocupam os AOs: um máximo de dois (com spins opostos) em um orbital. Para as moléculas diatômicas homonucleares e moléculas compactas, configurações eletrônicas de MOs podem ser construídas como as configurações de AOs. Alguns MOs são *orbitais ligantes*; quando ocupados pelos elétrons, contribuem para a estabilidade da molécula. Outros são *orbitais antiligantes*; quando ocupados, contribuem para a instabilidade da molécula.

PROBLEMAS

Da Teoria VB e a Sobreposição de Orbitais

19.1 As ligações covalentes são ditas direcionais, enquanto as ligações iônicas não o são. Explique.

19.2 Descreva as diferenças essenciais entre ligações σ e π.

19.3 Faça um diagrama de contorno mostrando (a) uma ligação σ e (b) uma ligação π, como deveriam aparecer *se você olhasse por baixo do eixo de ligação*.

19.4 Classifique o tipo de ligação que pode ser formado como resultado de cada uma das seguintes sobreposições de orbitais atômicos: (a) $s + s$ (b) $s + p$ (c) $p + p$ (lado a lado); (d) $p + p$ (segundo o mesmo eixo).

Orbitais Híbridos

19.5 Que conjunto de orbitais híbridos tem uma orientação geométrica que é: (a) trigonal plana? (b) octaédrica? (c) tetraédrica? (d) linear?

19.6 Qual é a porcentagem de caráter s de cada orbital nos conjuntos do Problema 19.5?

19.7 Em certas condições, a molécula metileno, CH_2, pode ser detectada. Descreva a ligação nesta molécula de vida curta. Por que o metano, CH_4, é muito mais estável?

19.8 O fósforo forma dois fluoretos estáveis, PF_3 e PF_5. (a) Faça a estrutura de Lewis para cada um deles. (b) Leve em conta o fato de que os compostos de nitrogênio análogos a NF_3 existem, mas o composto NF_5 não.

Orbitais Moleculares

19.9 Em termos de distribuição de nuvem de carga, explique por que elétrons antiligantes reduzem a distância de ligação, enquanto elétrons ligantes a aumentam.

19.10 Desenhe o diagrama de população do MO para as seguintes moléculas: Si_2, P_2, Se_2.

19.11 Compare as energias de ligação em: (a) O_2, O_2^-, O_2^+; (b) N_2, N_2^-, N_2^+.

19.12 Determine a ordem de ligação e as propriedades magnéticas dos seguintes íons: CN, ClF, BN, PCl.

19.13 Arranje as espécies seguintes em ordem crescente da distância de ligação: O_2, O_2^-, O_2^+, O_2^{2-}.

19.14 Assumindo que o eixo de ligação é o eixo x, faça um esboço dos diagramas de contorno de MOs ligantes e antiligantes formados pela sobreposição de cada um dos pares seguintes de orbitais atômicos: (a) $1s + 1s$; (b) $1s + 2p$; (c) $2s + 2s$; (d) $2p_x + 2p_x$; (e) $2p_y + 2p_y$.

19.15 Para cada um dos MOs formados no Problema 19.14, determine o número nodal presente na distribuição da densidade de probabilidade resultante. Qual a forma ou contorno que cada nó possui?

19.16 Considere o fato de que a forma da distribuição da densidade de probabilidade de elétron *total* em uma molécula de N_2 tem simetria axial.

PROBLEMAS ADICIONAIS

19.17 Uma ligação pode ser formada da sobreposição das "laterais" de um orbital p de um átomo com um s de outro? Explique.

19.18 Um orbital σ (ligante) tem um lóbulo maior; um orbital π (ligante) tem dois. Com que você supõe que um orbital δ (delta) se pareça? Que sobreposição de orbitais atômicos podem produzir um MO δ?

19.19 O íon mercuroso é uma molécula rara diatômica homonuclear, Hg_2^{2+}. Comente a ligação neste íon.

19.20 Qual é a melhor medida da força de uma ligação: energia ou comprimento da ligação? Uma ligação curta implica uma grande energia de ligação? Explique.

19.21 O ângulo de ligação no sulfeto de hidrogênio, H_2S, é 92°, indicando que o enxofre usa essencialmente orbitais p não-hibridizados para a ligação nesta molécula. Compare com a ligação de H_2O e comente a diferença (ângulo de ligação 105°), no qual o átomo de oxigênio usa orbitais sp^3 para a ligação.

19.22 O ângulo de ligação no etano, C_2H_6, é 109,5°; no etileno, C_2H_4, 120°; e no acetileno, C_2H_2, 180°. Identifique todas as ligações σ e π em cada uma desta moléculas. (*Observação*: considere que os AOs do carbono se hibridizam antes da formação da ligação.)

19.23 Determine a ordem de ligação e as propriedades magnéticas dos seguintes íons: NO^+, NO^-, Cl_2^+, CS^+.

19.24 Discuta a possibilidade da existência de: (a) He_2 no estado fundamental; (b) He_2^+ no estado fundamental; (c) He_2 em estado excitado.

19.25 Prediga a ordem de ligação das seguintes espécies: NF, CN^-, BF, PF, NeO^+.

19.26 Qual das seguintes moléculas deve ter a primeira energia de ionização mais baixa: N_2, NO ou O_2? Justifique sua resposta.

19.27 A energia do estado excitado mais baixo do C_2 está ligeiramente acima da energia do estado fundamental. O estado excitado é paramagnético, enquanto o fundamental não é. Por quê?

19.28 Assumindo que o eixo de ligação é o eixo x, esboce o diagrama para MOs ligante e antiligante formados como um resultado da sobreposição de cada um dos seguintes pares de orbitais: (a) $sp + s$; (b) $sp^2 + s$; (c) $sp^3 + s$; (d) $sp^3 + p$.

19.29 Determine o número nodal em cada um dos MOs no Problema 19.28. Esboce a forma aproximada de cada um.

19.30 Discuta a ligação e a geometria na molécula de hexafluoreto de enxofre, SF_6. Inicie representando sua estrutura de Lewis. Então, aplique a teoria VSEPR para predizer a forma geométrica. A seguir, determine quais orbitais do átomo de enxofre espera-se usar para formar híbridos e para acomodar pares ligantes e isolados. Como cada um desses orbitais híbridos são chamados? Qual é a geometria do conjunto híbrido completo?

19.31 Repita o Problema 19.30 com a molécula de tetrafluoreto de enxofre, SF_4.

19.32 Repita o Problema 19.30 com a molécula de tricloreto de fósforo, PCl_3.

19.33 Repita o Problema 19.30 com a molécula de pentacloreto de fósforo, PCl_5.

Capítulo 20

OS NÃO-METAIS

TÓPICOS GERAIS

20.1 NOMENCLATURA INORGÂNICA

20.2 HIDROGÊNIO
Elemento hidrogênio
Preparação do hidrogênio
Compostos de hidrogênio

20.3 OXIGÊNIO
O elemento oxigênio
Preparação do oxigênio
Compostos de oxigênio

20.4 ÁGUA
Hidratos
Clatratos

20.5 OS HALOGÊNIOS
Flúor
Cloro
Bromo
Iodo
Compostos inter-halogênios

20.6 OS CALCOGÊNIOS, ESPECIALMENTE O ENXOFRE
Enxofre

20.7 O GRUPO VA (NÃO-METAIS): NITROGÊNIO E FÓSFORO
Nitrogênio
Fósforo

20.8 CARBONO
O elemento carbono
Compostos inorgânicos do carbono

20.9 GASES NOBRES
Compostos de xenônio

Com este capítulo iniciamos um breve exame da química descritiva, o estudo das propriedades e reações dos elementos e seus compostos. Um dos objetivos da química, bem como das outras ciências, é ser hábil em fazer predições acerca das propriedades e comportamento baseada em fundamentos puramente teóricos. Se isso fosse possível, capítulos como este não seriam necessários. Isso certamente seria conveniente se pudéssemos predizer todo comportamento químico dos conceitos teóricos e princípios básicos. Então, nós nunca precisaríamos saber os "fatos" da química porque poderíamos sempre antecipá-los. Por exemplo, nunca precisaríamos memorizar que ácido nítrico concentrado dissolve prata mas não ouro, porque este fato seria previsto por conhecimentos puramente teóricos. Embora tenhamos progredido rapidamente quanto a predizer muitos aspectos do comportamento químico, há pouca chance de que a teoria faça experimentos completamente obsoletos.

20.1 NOMENCLATURA INORGÂNICA

Você já percebeu como é importante usar o nome e a fórmula correta para uma substância. Muitas das regras de nomenclatura para compostos inorgânicos já foram introduzidas em algumas seções como Notas de Nomenclatura nos capítulos anteriores. A maioria destas regras estão de acordo com as recomendações da União Internacional da Química Pura e Aplicada, IUPAC, embora a prática comum americana tenha sido enfatizada em alguns casos. Neste e no capítulo subseqüente, questões específicas com respeito à nomenclatura química poderão surgir; você encontrará no Apêndice C um resumo das regras mais importantes de nomenclatura química.

Comentários Adicionais

O aprendizado dos nomes de alguns ânions poliatômicos pode causar embaraço a alguns estudantes. Para os que têm esse problema, os mais importantes destes íons estão listados na Tabela 20.1.

Tabela 20.1 Fórmulas e nomes de alguns ânions poliatômicos comuns.

Ânion	Nome
OH^-	Hidróxido
CN^-	Cianeto
CO_3^{2-}	Carbonato
HCO_3^-	Hidrogenocarbonato (bicarbonato)
$C_2O_4^{2-}$	Oxalato
$HC_2O_4^-$	Hidrogenooxalato (bioxalato)
$C_2H_3O_2^-$	Acetato
OCN^-	Cianato
SCN^-	Tiocianato
SO_3^{2-}	Sulfito
HSO_3^-	Hidrogenosulfito (bissulfito)
SO_4^{2-}	Sulfato
HSO_4^-	Hidrogenosulfato (bissulfato)
$S_2O_3^{2-}$	Tiossulfato
PO_4^{3-}	Fosfato
HPO_4^{2-}	Hidrogenofosfato
$H_2PO_4^-$	Dihidrogenofosfato
NO_2^-	Nitrito
NO_3^-	Nitrato
CrO_4^{2-}	Cromato
$Cr_2O_7^{2-}$	Dicromato
MnO_4^-	Permanganato

Tabela 20.1 Fórmulas e nomes de alguns ânions poliatômicos comuns. (*continuação*)

Ânion	Nome
Também, onde X representa Cl, Br ou I, e *hal* representa *-clor*, *-brom* e *-iod*, respectivamente:	
XO^-	Hipo*hal*ito
XO_2^-	*Hal*ito
XO_3^-	*Hal*ato
XO_4^-	Per*hal*ato

20.2 HIDROGÊNIO

O hidrogênio é um elemento relativamente abundante no universo. Na crosta terrestre, que aqui significa litosfera, hidrosfera e atmosfera incluídas, o hidrogênio é colocado em terceiro lugar (depois do oxigênio e do silício) em percentagem de átomos e o nono em percentagem de massa. Na Terra, todo o hidrogênio se acha combinado, a maior parte com o oxigênio, formando água. A molécula de hidrogênio é tão leve que, ao ser liberada, sobe rapidamente aos níveis mais altos da atmosfera e gradualmente se perde pelo espaço.

ELEMENTO HIDROGÊNIO

O hidrogênio, quando não-combinado, existe como molécula diatômica. Este é, sem dúvida, um estado mais estável do que aquele dos átomos não-combinados:

$$2H(g) \rightarrow H_2(g) \qquad \Delta G° = -407 \text{ kJ}$$

$\Delta H°$ para esta reação é também altamente negativo:

$$2H(g) \rightarrow H_2(g) \qquad \Delta H° = -432 \text{ kJ}$$

o que significa que a reação somente pode ser produzida a temperaturas muito altas; o hidrogênio atômico pode ser produzido em altas temperaturas (2000 a 3000 K) ou por meio de um arco elétrico.

O hidrogênio ocorre naturalmente como uma mistura de três isótopos prótio (^1_1H), deutério (^2_1H) e trítio (^3_1H). O deutério é também simbolizado por D e é ocasionalmente chamado de *hidrogênio pesado*. (O trítio, T, é denominado *hidrogênio superpesado*.) As massas e as abundâncias desses isótopos são dadas na Tabela 20.2. (O hidrogênio é o único elemento cujos isótopos têm nomes e símbolos especiais.) O trítio é radioativo e, portanto, sofre decaimento nuclear, como veremos no Capítulo 24; o seu decaimento segue uma cinética de primeira ordem. O decaimento do trítio envolve a emissão de uma partícula β (beta), ou alta energia eletrônica, fornecendo um núcleo de hélio (^3_2He); a meia-vida (Seção 13.2) para esse processo é de cerca de 12 anos. Acredita-se que o trítio se forma na atmosfera superior como resultado da atividade de partículas cósmicas.

Tabela 20.2 Os isótopos do hidrogênio.

Nome	Símbolo	Massa, u	Abundância, % atômica
Prótio	^1_1H ou H	1,0078	99,985
Deutério	^2_1H ou D	2,0141	0,015
Trítio	^3_1H ou T	3,0161	1×10^{-17}

Inúmeros estudos foram feitos sobre as diferenças entre as propriedades do prótio e do deutério, tanto como substâncias simples como em seus compostos. Em nenhum outro elemento as diferenças de percentagem de massas entre os isótopos é tão grande; conseqüentemente, as diferenças entre as propriedades físicas e químicas são singularmente grandes para os isótopos de hidrogênio. Assim, o ponto de ebulição normal do H_2 é 20,4 K, do HD é 22,5 K e do D_2 é 23,6 K. Os compostos de hidrogênio mostram *efeitos isotópicos* semelhantes. O ponto de fusão normal da água é 0,0°C, mas o de D_2O é 3,8°C, por exemplo. Os efeitos isotópicos químicos são também pronunciados: a 25°C o pD de D_2O puro é 7,35, comparado com pH 7,00 de H_2O pura. Os efeitos isotópicos são muito menores em outros elementos porque as diferenças de percentagem das massas são muito menores.

Há alguma evidência de que a pressões extremamente altas o hidrogênio pode ser convertido a uma forma metálica com propriedades não-usuais. Aparentemente a pressão causa átomos H por colapso e conseqüentemente elétrons tornam-se deslocalizados. (Talvez o hidrogênio seja o primeiro metal alcalino, apesar de tudo.)

PREPARAÇÃO DO HIDROGÊNIO

A preparação do gás H_2 consiste, usualmente, na redução do estado +1. Essa redução pode ser conseguida eletroliticamente ou quimicamente. O *hidrogênio eletrolítico*, comercialmente a forma mais pura, é obtido pela eletrólise da água:

$$2H_2O(l) \rightarrow 2H_2(g) + O_2(g) \qquad \Delta G° = 474 \text{ kJ}$$

O hidrogênio eletrolítico é relativamente caro por causa do custo da energia elétrica necessária para obtê-lo.

A *redução química* da água pode ser efetuada por meio de grande número de agentes redutores. Na *água pura* o potencial de redução para

$$2e^- + 2H_2O \rightarrow H_2(g) + 2OH^-(aq)$$

é, de fato, para o processo

$$2e^- + 2H^+(aq, 1,0 \times 10^{-7} \text{ mol/L}) \rightarrow H_2(g)$$

que a 1 atm de pressão é

$$\mathcal{E} = \mathcal{E}° - \frac{0{,}0257}{n} \ln \frac{P_{H_2}}{[H^+]^2}$$

$$= 0 - \frac{0{,}0257}{2} \ln \frac{1}{(1{,}0 \times 10^{-7})^2} = -0{,}41 \text{ V}$$

assim, qualquer agente redutor com um potencial de *oxidação* maior que +0,41 V poderá reduzir a água a pH = 7,0. Teoricamente, então, metais como alumínio, zinco e crômio deverão reduzir a água para hidrogênio:

$$Al(s) \rightarrow Al^{+3}(aq) + 3e^- \qquad \mathcal{E}° = +1{,}67 \text{ V}$$

$$Zn(s) \rightarrow Zn^{2+}(aq) + 2e^- \qquad \mathcal{E}° = +0{,}76 \text{ V}$$

$$Cr(s) \rightarrow Cr^{3+}(aq) + 3e^- \qquad \mathcal{E}° = +0{,}74 \text{ V}$$

porque seus potenciais de oxidação, quando adicionados a −0,41, produzem um total positivo. Na prática, entretanto, nenhum dos metais citados é muito efetivo para produzir hidrogênio da água, pelo menos não a pH = 7,0; em cada caso a velocidade é extremamente baixa, mesmo que a reação seja termodinamicamente espontânea.

> **Comentários Adicionais**
>
> Este é um exemplo do que talvez seja principal limitação na utilidade da termodinâmica no "mundo real". Uma reação termodinâmica espontânea não é necessariamente rápida.

Alguns metais, tais como sódio e cálcio, produzem hidrogênio da água, rápida e espontaneamente:

$$Na(s) \rightarrow Na^+(aq) + e^- \qquad \mathcal{E}° = +2,71 \text{ V}$$

$$Ca(s) \rightarrow Ca^{2+}(aq) + 2e^- \qquad \mathcal{E}° = +2,87 \text{ V}$$

A reação do sódio (e dos outros metais alcalinos, exceto o lítio) é rápida e geralmente espetacular:

$$2Na(s) + 2H_2O \rightarrow H_2(g) + 2Na^+(aq) + 2OH^-(aq)$$

Quando um pequeno pedaço de sódio é colocado na água, ele flutua (densidade = 0,97 g cm^{-3}) e o calor da reação provoca sua fusão (T_{fus} = 98°C), de maneira que um pequeno glóbulo esférico de sódio pode ser visto deslizar e crepitar na superfície da água, impulsionado pelo hidrogênio envolvido, o qual, muitas vezes, se queima com um estouro. (O uso de grandes massas de sódio pode resultar em perigosa explosão.) Se o pH da água é diminuído abaixo de 7,0 por adição de um ácido, a velocidade de redução por um metal aumenta. Zinco, por exemplo, embora de baixa velocidade para reagir com água pura (veja anteriormente), reage rapidamente com uma solução de ácido clorídrico e ácido sulfúrico 1 mol/L:

$$Zn(s) + 2H^+(aq) \rightarrow Zn^{2+}(aq) + H_2(g)$$

De maneira interessante, alguns metais, como zinco ou alumínio, produzem hidrogênio de soluções básicas como:

$$Zn(s) + 2OH^-(aq) + 2H_2O \rightarrow H_2(g) + Zn(OH)_4^{2-}(aq)$$

$$2Al(s) + 2OH^-(aq) + 6H_2O \rightarrow 3H_2(g) + 2Al(OH)_4^-(aq)$$

Essas reações ocorrem porque ambos os metais zinco e alumínio formam hidróxidos que são anfóteros, o que significa que formam hidroxiânions em solução básica. (Ver Seção 16.3.) A formação desses hidroxiânions provê um mecanismo para estabilização do zinco e alumínio oxidados na solução.

Vapor de água pode ser reduzido a hidrogênio em altas temperaturas pelo carbono ou hidrocarbonetos de baixa massa molecular, como o metano, CH₄. Com carbono a reação é

$$C(s) + H_2O(g) \rightarrow H_2(g) + CO(g)$$

A mistura H₂–CO é útil como combustível industrial e é conhecida como *gás d'água* (ver Seção 3.5). (Ambos CO e H₂ são combustíveis.) O CO pode ser removido da mistura (ele tem um calor de combustão mais baixo que H₂), oxidando cataliticamente CO a CO₂ (usando mais vapor),

$$CO(g) + H_2O(g) \rightarrow CO_2(g) + H_2(g)$$

e dissolvendo o CO₂ em água ou em uma solução básica:

$$CO_2(g) + OH^-(aq) \rightarrow HCO_3^-(aq)$$

O hidrogênio é também produzido industrialmente, como subproduto de inúmeras reações da refinação de petróleo.

Nessas reações, o hidrogênio comumente reage como um agente redutor. Por exemplo, em temperatura um tanto elevada, reduzirá certos óxidos metálicos a seus metais. Reações características incluem

$$CuO(s) + H_2(g) \rightarrow Cu(s) + H_2O(g)$$
$$Fe_2O_3(s) + 3H_2(g) \rightarrow 2Fe(s) + 3H_2O(g)$$

COMPOSTOS DE HIDROGÊNIO

O hidrogênio forma mais compostos do que qualquer outro elemento. Nesses compostos admitem-se os números de oxidação +1 ou –1, dependendo da eletronegatividade do elemento ao qual o átomo de hidrogênio está ligado.

Estado de Oxidação +1. Na maioria dos compostos o hidrogênio está com número de oxidação +1, mas em nenhum deles o hidrogênio existe como íon simples +1. Em vez disso, ele está covalentemente ligado a um átomo mais eletronegativo. Este fato é ilustrado pelos compostos binários, tais como HF, HCl, HBr, HI, H_2O, H_2S, NH_3, CH_4 etc. Todos podem ser formados pela combinação direta dos elementos.

Além dos compostos binários, os ternários e outros compostos do hidrogênio são comuns. Muitos deles são hidroxicompostos, incluindo ácidos tais como HNO₃ e H₂SO₄, os hidróxidos básicos NaOH e Ca(OH)₂ e os "sais ácidos" como NaH₂PO₄ e NaHCO₃. Todos esses hidrogênios estão ligados ao oxigênio e, portanto, são considerados no estado de oxidação +1. (O hidrogênio é mais eletropositivo que o oxigênio.) Muitos dos incontáveis compostos do carbono também possuem hidrogênio no estado +1. Entre esses incluem-se os hidrocarbonetos (Capítulo 23), como metano, CH_4, etano, C_2H_6, propano, C_3H_8 etc., bem como seus derivados.

Estado de Oxidação −1. Os compostos nos quais o hidrogênio está ligado a um elemento mais eletropositivo são chamados de *hidretos*[1]. Um átomo de hidrogênio pode receber um elétron para preencher o orbital $1s$, resultando um íon hidreto, H^-. Isto ocorre com elementos altamente eletropositivos, como os metais alcalinos e alcalino-terrosos, exceto Be e Mg. Esses hidretos podem ser preparados pela combinação direta dos elementos a temperaturas elevadas; a reação para a síntese de hidreto de sódio a 400°C é

$$2Na(l) + H_2(g) \rightarrow 2NaH(s)$$

Hidretos iônicos possuem características salinas típicas. São sólidos cristalinos, brancos, com retículos compostos de íons metálicos e íons hidretos. Todos os hidretos dos metais alcalinos têm estrutura de NaCl. Quando um hidreto iônico é fundido (ou dissolvido em haleto de metal alcalino fundido) e, em seguida, eletrolisado, hidrogênio gasoso é produzido no *ânodo*:

$$2H^-(aq) \rightarrow H_2(g) + 2e^-$$

O íon hidreto é um excelente agente redutor; ele reduz água, por exemplo, formando H_2:

$$H^-(aq) + H_2O \rightarrow H_2(g) + OH^-(aq)$$

O hidrogênio também pode adquirir o estado −1 *compartilhando* um par de elétrons com um átomo mais eletropositivo. Isto ocorre em hidretos binários moleculares, tais como SiH_4, AsH_3 e SbH_3, nos quais a ligação é predominantemente covalente. Diferentemente dos hidretos iônicos, esses são substâncias voláteis. (Em tais compostos, as atrações intermoleculares são apenas forças fracas de London.) Os hidretos moleculares são usualmente conhecidos por seus nomes triviais: SiH_4 é chamado *silano*, AsH_3 é *arsina* é SbH_3 é *estibina*, por exemplo. Esses hidretos são agentes redutores mais fracos que os hidretos iônicos. Um grupo de hidretos que tem alguma característica não-usual é o grupo dos hidretos de boro, discutido na Seção 21.5.

Hidretos Metálicos. O hidrogênio forma uma série interessante de compostos chamados *hidretos metálicos*. São combinações de metais de transição, um lantanídeo ou um actinídeo e hidrogênio, nos quais é difícil estabelecer números de oxidação. Alguns hidretos metáli-

---

[1] Há, infelizmente, algum desacordo sobre a definição de hidreto. Algumas referências usam hidreto para significar todo (ou qualquer composto binário) composto de hidrogênio, como H_2O, NH_3, CH_4 etc. Nós restringimos o emprego dessa palavra aos compostos nos quais H tem um estado de oxidação negativo. (Isto é equivalente a dizer que o átomo de hidrogênio está ligado a um átomo mais eletropositivo.)

cos, como LaH_3, TiH_2 e AgH, são compostos bem-definidos com estequiometrias fixas; outros parecem ter composições variáveis, com fórmulas como $ThH_{2,76}$, $VH_{0,56}$ e $PdH_{0,62}$. Quando alguns desses são formados, os metais parecem meramente dissolver o hidrogênio e acredita-se que átomos de hidrogênio ocupem posições intersticiais no retículo hospedeiro. Na formação de outros hidretos, novas estruturas cristalinas são formadas totalmente.

Os hidretos metálicos apresentam brilho metálico e condução metálica ou semicondução, muitas vezes dependente da concentração de átomos de hidrogênio no composto. Eles são geralmente bastante fracos e quebradiços, uma propriedade causada pelas modificações ocorridas no retículo cristalino do hospedeiro. Estes *compostos contendo hidrogênio* podem ser produzidos no cátodo metálico de uma célula eletrolítica em meio aquoso. Quando esses metais são laminados fora da solução muito rapidamente, pequenas quantidades de hidrogênio proveniente da redução da água são produzidas, e alguns desses hidrogênios aparentemente dissolvem no metal base, enfraquecendo-o consideravelmente. (Rodas cromadas de carros esportivos são consideradas perigosas por esta razão.)

20.3 OXIGÊNIO

O oxigênio é o elemento mais abundante na crosta terrestre, quer em percentagem de átomos (53%), quer em percentagem de massa (49%). Ele ocorre livre (sem combinar-se) na atmosfera, combinado com silício, alumínio e outros elementos em várias rochas e minerais.

O ELEMENTO OXIGÊNIO

Dioxigênio. O oxigênio ocorre naturalmente como uma mistura de três isótopos estáveis: $^{16}_{8}O$, $^{17}_{8}O$ e $^{18}_{8}O$, dos quais o primeiro é o mais abundante (99,8%). No estado livre ele aparece mais comumente como molécula diatômica O_2 (dioxigênio). A energia e a distância de ligação nessa molécula sugere uma dupla ligação, como se pode ver pela comparação com N_2 (tripla ligação) e F_2 (ligação simples), vista na Tabela 20.3.

A abordagem da teoria de ligação de valência leva à estrutura de Lewis incorreta,

$$:\ddot{O}::\ddot{O}: \qquad \text{(incorreta)}$$

que mostra a dupla ligação e está conforme a regra do octeto, mas que falha no que diz respeito ao experimentalmente observado paramagnetismo do oxigênio. As medidas magnéticas indicam a presença de dois elétrons desemparelhados por molécula. A dificuldade aparente da localização dos elétrons na molécula O_2 não existe nem pela teoria de ligação de valência nem pela teoria dos orbitais moleculares (MO). A configuração eletrônica MO pode ser escrita como

$$O_2 : KK(\sigma_s)^2(\sigma_s^*)^2(\sigma_x)^2(\pi_y)^2(\pi_z)^2(\pi_y^*)^1(\pi_z^*)^1$$

Tabela 20.3 Algumas moléculas diatômicas do segundo período.

Molécula	N_2	O_2	F_2
Comprimento da ligação, nm	0,110	0,121	0,142
Energia da ligação, kJ mol	945	498	158
Ordem da ligação	3	2	1

e aparece no diagrama da Figura 19.27. É possível ver que esta descrição é satisfatória para explicar o paramagnetismo e a dupla ligação. (O último pode ser considerado como uma ligação sigma mais duas meias ligações pi.)

O gás oxigênio se condensa a 90 K (a 1 atm), formando um líquido azul-claro, e se solidifica a 55 K, dando um sólido de cor semelhante.

Trioxigênio (ozônio). Um segundo alótropo do oxigênio é o trioxigênio, O_3, usualmente chamado *ozônio*. Este é um gás azul-claro a temperaturas e pressões ordinárias e é muito tóxico. Tem um odor peculiar irritante a altas concentrações.

A molécula de ozônio é curva e com um ângulo de ligação de 117°. A distância entre os oxigênios ligados no ozônio é de 0,128 nm, mais comprida que na molécula de O_2 (0,121 nm), mas menor do que no peróxido de hidrogênio (0,149 nm), no qual os oxigênios têm uma ligação simples. Isto indica uma ordem de ligação intermediária entre 1 e 2, um aspecto explicado pelo modelo MO da molécula. Usando a teoria VB, a molécula O_3 aparece como híbrido de ressonância de duas formas:

consistente com a ordem de ligação de 1,5.

O ozônio pode ser preparado do dioxigênio ordinário por meio de reação altamente endotérmica

$$3O_2(g) \to 2O_3(g) \qquad \Delta G° = 326 \text{ kJ}; \Delta H° = 286 \text{ kJ}$$

O ozônio pode ser produzido por ação de descargas elétricas silenciosas no oxigênio para prover a energia necessária para esta reação. Algum ozônio é produzido em pequena quantidade, por sistemas de iluminação e por alguns dispositivos como arco, centelha ou luz ultravioleta. A decomposição do ozônio para formar dioxigênio (o reverso da reação anterior), embora espontânea, é lenta em temperatura normal na ausência de catalisador.

Grandes quantidades de ozônio são produzidas na atmosfera superior pela ação de luz ultravioleta no dioxigênio. Isto é um fator importante na proteção da intensa radiação ultravioleta proveniente do sol. O chamado *ozônio protetor* é uma camada em uma altitude de aproximadamente 30 km que contém ozônio suficiente para absorver a radiação ultravioleta com comprimento de onda inferior a 350 nm.

Uma terceira variedade alotrópica do oxigênio foi detectada no oxigênio líquido e sólido. Sua fórmula é O_4 e parece ser um dímero (o dobro da molécula) do O_2. É possível prever a formação dessa molécula por causa dos dois elétrons isolados no O_2, mas a energia de dissociação de O_4 parece ser extremamente baixa.

PREPARAÇÃO DO OXIGÊNIO

Oxigênio comum, O_2, pode ser preparado no laboratório pela eletrólise da água,

$$2H_2O(l) \to 2H_2(g) + O_2(g)$$

ou pela decomposição térmica de certos óxidos, tal como óxido de mercúrio (II),

$$2HgO(s) \to 2Hg(g) + O_2(g)$$

ou de oxossais, tal como clorato de potássio,

$$2KClO_3(l) \to 2KCl(s) + 3O_2(g)$$

Essa última decomposição é catalisada pelo dióxido de manganês, MnO_2, e por muitos outros óxidos de metais que apresentam comumente mais de um estado de oxidação.

Industrialmente, o oxigênio é produzido por eletrólise da água, mas o custo (de energia) torna este método prático somente para obtenção de O_2 muito puro. A maior parte do oxigênio industrial é produzido pela separação do nitrogênio e outros componentes da atmosfera no processo conhecido como *destilação fracionada do ar líquido*. Esse processo é vantajoso devido ao fato de o ponto de ebulição do oxigênio (90 K) ser maior do que o do nitrogênio (77 K).

COMPOSTOS DE OXIGÊNIO

O estado de oxidação mais comum mostrado pelo oxigênio nos compostos é –2, embora os estados –1, –½, +½, +1 e +2 sejam conhecidos.

Estado de Oxidação –2 O estado –2 é mostrado pelo oxigênio em óxidos e muitos outros compostos. Ele é atingido quando o átomo de oxigênio completa o seu octeto, ganhando um par de elétrons para formar o íon óxido, O^{2-}, ou no compartilhamento de dois elétrons com um elemento menos eletronegativo, formando uma ligação covalente. Os chamados *óxidos iônicos* incluem aqueles formados pelos metais alcalinos e alcalino-terrosos (exceto BeO, no qual o oxigênio está covalentemente ligado). Os óxidos são *básicos*; eles reagem com água formando hidróxidos, nos quais a água pode quebrar a ligação metal–hidroxila. Para o óxido de sódio, as reações são

$$Na_2O(s) + H_2O(l) \rightarrow 2NaOH(s)$$
$$NaOH(s) \rightarrow Na^+(aq) + OH^-(aq)$$

Muitos óxidos iônicos são *refratários*, isto é, podem ser aquecidos a altas temperaturas sem fusão ou decomposição. O óxido de cálcio, CaO, "cal virgem", tem um ponto de fusão acima de 2500°C, por exemplo. Nos primórdios do teatro, o cal virgem era usado para iluminação, porque a altas temperaturas ele apresenta uma luz branca brilhante, a "luz da ribalta".

Óxidos moleculares covalentes são formados quando o oxigênio se liga a outros não-metais. Alguns exemplos são CO_2, SO_3, NO_2 e ClO_2. Esses óxidos são ácidos; a reação com água produz hidroxicompostos que se dissociam como ácidos. Para o CO_2, as reações são

$$CO_2(g) + H_2O \rightarrow H_2CO_3(aq)$$
$$H_2CO_3(aq) \rightarrow H^+(aq) + HCO_3^-(aq)$$

Os óxidos de elementos de eletronegatividade intermediária mostram o caráter intermediário da ligação, como seria de esperar. Muitos desses óxidos são *anfóteros* (Ver Seção 16.3), sendo insolúveis em água mas se dissolvendo em ácido ou base. Por exemplo, quando o óxido de zinco é adicionado na água, forma-se primeiro um hidróxido,

$$ZnO(s) + H_2O(l) \rightarrow Zn(OH)_2(s)$$

que é insolúvel em água mas que dissolverá em uma solução de um ácido forte ou uma base forte. As reações podem ser escritas

$$Zn(OH)_2(s) + 2H^+(aq) \rightarrow Zn^{2+}(aq) + 2H_2O$$
$$Zn(OH)_2(s) + 2OH^-(aq) \rightarrow Zn(OH)_4{}^{2-}(aq)$$

O produto da segunda reação é comumente chamado *íon zincato*. (Retorne à Seção 16.3 para maiores detalhes dessas reações descritas.)

Alguns elementos formam diversos óxidos. O crômio, por exemplo, forma três: CrO, óxido de crômio (II) ou óxido cromoso, que é básico; Cr_2O_3, óxido de crômio (III) ou óxido crômico, que é anfótero; e CrO_3, óxido de crômio (IV) ou trióxido de crômio, que é ácido. A variação na posição ácido-base com o estado de oxidação é explicada como segue: quando o óxido é adicionado à água, o hidróxido correspondente é formado. O fato de este composto reagir como um ácido (dissolve em solução básica) ou como uma base (dissolve em solução ácida) ou como ambos depende da rapidez relativa com a qual as ligações Cr—O e O—H (na estrutura Cr—O—H) podem ser quebradas. Como o estado de oxidação do átomo de crômio aumenta, elétrons são atraídos mais fortemente para fora do átomo de oxigênio eletronegativo, tornando a ligação Cr—O menos polar e, portanto, mais difícil para ser quebrada pela água. Ao mesmo tempo, elétrons são atraídos para a ligação polar O—H, tornando-a mais polar e conseqüentemente facilitando a quebra pela água. Portanto, como o estado de oxidação do Cr aumenta, torna-se mais difícil remover íons OH^- e mais fácil remover íons H^+; em outras palavras, os hidroxicompostos tornam-se mais ácidos.

Óxidos são muitas vezes referidos como *anidridos*, que significa *sem água*. Especificamente, um óxido é o anidrido do hidroxicomposto, que significa que reagirá com água para formar o respectivo hidróxido[2]. Por exemplo, óxido de sódio reage com água para formar hidróxido de sódio:

$$Na_2O(s) + H_2O(l) \rightarrow 2NaOH(s)$$

(Se excesso de água é adicionado ao óxido de sódio, os produtos na solução são íons sódio e hidróxido.) Outros exemplos incluem

---

[2] A reação de um óxido com água é rápida algumas vezes, como com Na_2O, mas algumas vezes é tão baixa que não é observada, como SiO_2 (areia do mar).

Anidrido (óxido)	Fórmula do hidroxicomposto	Nome
CaO	$Ca(OH)_2$	Hidróxido de cálcio
Al_2O_3	$Al(OH)_3$	Hidróxido de alumínio
Cl_2O	ClOH (usualmente escrito como HClO ou HOCl)	Ácido hipocloroso
SO_3	$SO_2(OH)_2$ (usualmente escrito como H_2SO_4)	Ácido sulfúrico

Hidróxidos são formados, pelo menos em princípio, pela reação de um óxido metálico com a água, como, por exemplo,

$$CaO(s) + H_2O(l) \rightarrow Ca(OH)_2(s)$$

(Como foi mencionado, o termo *hidróxido* tem uso limitado aos hidroxicompostos de metais ou semimetais.) Alguns hidróxidos contêm íons OH⁻ simples; os hidróxidos dos metais alcalinos e alcalino-terrosos pertencem a essa categoria. Outros elementos, notadamente os metais de transição, formam "hidróxidos" que são na realidade óxidos hidratados, também chamados *óxidos hidrosos*. Assim, o hidróxido férrico, usualmente formulado como $Fe(OH)_3$, é provavelmente melhor representado como $Fe_2O_3 \cdot xH_2O$ e chamado *óxido férrico hidratado*.

Os *oxoácidos* incluem os hidroxicompostos dos não-metais. Aqui o grupo hidroxila não existe como íons simples, mas, sem dúvida, está ligado covalentemente a um átomo não-metal, tal como S, N, Cl etc. Os oxossais são derivados de oxoácidos tais como Na_2SO_4 (derivado do H_2SO_4), NaOCl (derivado do HOCl) etc. Muitos desses, como o permanganato de potássio ($KMnO_4$) e o cromato de sódio (Na_2CrO_4), são muito mais comumente encontrados que seus ácidos pais.

Estado de Oxidação –1. Os compostos nos quais o oxigênio está no estado –1 são chamados de *peróxidos* (ou *peroxicompostos*). Os metais alcalinos e os alcalino-terrosos Ca, Sr e Ba formam peróxidos iônicos. Nesses casos, o ânion é o íon simples O_2^{2-} (peróxido), que pode ser imaginado como uma molécula de oxigênio à qual se adicionaram dois elétrons. Esses elétrons preenchem os dois orbitais antiligantes que estão semipreenchidos no O_2 (Figura 19.27). Conseqüentemente, o íon peróxido é diamagnético e tem a ordem de ligação 1.

A estrutura de Lewis para o íon peróxido é:

$$\left[:\ddot{O}:\ddot{O}: \right]^{2-}$$

O peróxido de sódio pode ser preparado pelo aquecimento de sódio metálico com oxigênio:

$$2Na(s) + O_2(g) \rightarrow Na_2O_2(s)$$

A ligação simples O—O está presente também nos peróxidos covalentes; deste, o mais importante é o peróxido de hidrogênio, H_2O_2:

$$\begin{array}{c} H \\ \ddot{\text{:}\ddot{O}\text{:}\ddot{O}\text{:}} \\ H \end{array}$$

Esta molécula tem uma estrutura angular que é vista na Figura 20.1, na qual o ângulo é 97° O—O—H e o ângulo entre os dois planos O—O—H, o *ângulo diédrico*, é 94°.

O peróxido de hidrogênio pode ser preparado pela adição de um peróxido iônico a uma solução de um ácido forte:

$$BaO_2(s) + 2H^+(aq) \rightarrow H_2O_2(aq) + Ba^{2+}(aq)$$

H_2O_2 é encontrado sob a forma de soluções aquosas de 3% e 30% (em massa).

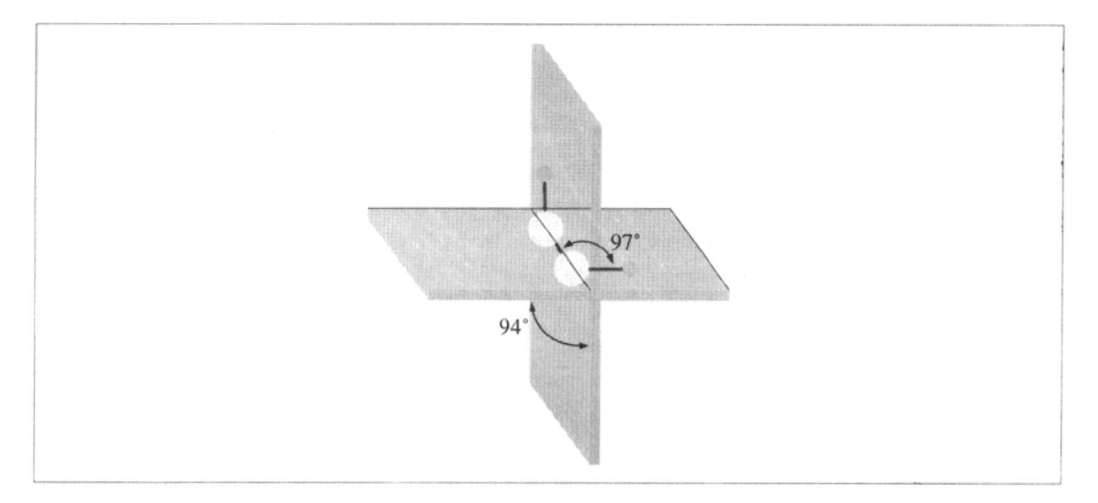

Figura 20.1 A estrutura do H_2O_2.

É um ácido extremamente fraco ($K_1 = 2 \times 10^{-12}$) e, quando puro, é um líquido incolor que apresenta pequena tendência à decomposição, à temperatura ambiente. Sua constante dielétrica e seu momento dipolar são mais altos do que os da água. A alta constante dielétrica em parte é conseqüência do fato de que o H_2O_2 apresenta ligações por hidrogênio (Seção 11.4) mais fortes do que a água. Isto também afeta sua densidade, também alta, de 1,46 g cm^{-3} a 0°C.

O peróxido de hidrogênio é um solvente protônico melhor do que a água, mas o seu forte poder oxidante limita muito o seu uso. Os potenciais de redução para H_2O_2 em solução ácida e básica são, respectivamente,

$$2e^- + H_2O_2(aq) + 2H^+(aq) \to 2H_2O \qquad \mathcal{E}° = 1,78 \text{ V}$$
$$2e^- + HO_2^-(aq) + H_2O \to 3OH^-(aq) \qquad \mathcal{E}° = 0,88 \text{ V}$$

Apesar do fato de o valor de $\mathcal{E}°$ ser mais alto para solução ácida, muitas oxidações efetuadas por H_2O_2 ocorrem mais *rapidamente* em solução básica.

Quando H_2O_2 é reduzido, recebe dois elétrons por molécula e os átomos de oxigênio vão para o estado –2. H_2O_2 também pode ser oxidado; nesse caso, os átomos de oxigênio ganham um elétron cada um e vão para o estado zero. Os potenciais de redução em meio ácido e básico são:

$$2e^- + O_2(g) + 2H^+(aq) \to H_2O_2(aq) \qquad \mathcal{E}° = 0,68 \text{ V}$$
$$2e^- + O_2(g) + H_2O \to OH_2^-(aq) + OH^-(aq) \qquad \mathcal{E}° = -0,08 \text{ V}$$

Para que o H_2O_2 seja oxidado em solução ácida, o agente oxidante deve ser suficientemente forte para inverter as reações anteriores, o que significa que seu potencial de redução deve ser maior que 0,68 V. Como o potencial de *redução* do H_2O_2 em si é 1,78 V, ele poderá ser capaz de oxidar (ou reduzir) a si mesmo.

Redução: $2e^- + H_2O_2(aq) + 2H^+(aq) \to 2H_2O$	$\mathcal{E}°$ =	1,78 V
Oxidação: $H_2O(aq) \to 2H^+(aq) + O_2(g) + 2e^-$	$\mathcal{E}°$ =	–0,68 V
Soma: $2H_2O_2(aq) \to 2H_2O + O_2(g)$	$\mathcal{E}°$ =	1,10 V

Sem dúvida, o peróxido de hidrogênio experimenta essa *auto-oxidação-redução* ou *desproporcionamento*. Soluções comerciais invariavelmente contêm inibidores para impedir que traços de íons de metais de transição catalisem esse desproporcionamento. Peróxido de hidrogênio puro (100%) é fácil de ser manuseado, mas traços de qualquer coisa e mesmo água tendem a torná-lo explosivamente instável.

Estado de Oxidação −½. Adicionando somente um elétron a uma molécula de oxigênio, o resultado é a formação de íon superóxido, O_2^-. Os superóxidos de K, Rb e Cs são os mais fáceis de serem formados; basta aquecê-los em O_2:

$$K(s) + O_2(g) \rightarrow KO_2(s)$$

Os superóxidos são sólidos cristalinos alaranjados que são agentes oxidantes extremamente poderosos. Oxidam muitas substâncias e a própria água:

$$2KO_2(s) + H_2O \rightarrow O_2(g) + HO_2^-(aq) + OH^-(aq) + 2K^+(aq)$$

Estados de Oxidação Positivos. O oxigênio pode formar o cátion O_2^+, chamado íon *dioxigenilo*, ao qual se pode atribuir o estado de oxidação $+1/2$ para cada átomo de oxigênio. Este íon ocorre em alguns poucos complexos conhecidos, como por exemplo O_2PtF_6. As configurações eletrônicas e as distâncias de ligação de espécies conhecidas contendo dioxigênio são mostradas na Tabela 20.4. Observe que, à medida que o número de elétrons antiligantes π aumenta, a ordem da ligação decresce e, assim, as distâncias de ligação crescem. A existência de espécies O_2^{2+} (ordem de ligação = 3) e O_2^{3-} (ordem de ligação = ½) poderia ser prevista, mas nunca foi confirmada.

Nos seus compostos binários com o flúor, o oxigênio apresenta número de oxidação positivo, porque o flúor é mais eletronegativo que o oxigênio. Uma série de fluoretos de oxigênio foi observada; desses, somente difluoreto de oxigênio, OF_2, e difluoreto de dioxigênio, O_2F_2, são razoavelmente estáveis à temperatura ambiente. OF_2 é uma molécula angular semelhante a H_2O com um ângulo de ligação de 103°. O_2F_2 é semelhante geometricamente à molécula H_2O_2, mas o ângulo diédrico, ângulo entre dois planos O—O—F, é 87°.

20.4 ÁGUA

Já descrevemos muitas propriedades da água (ver Seção 11.4). Você deve recordar que, por causa da existência de ligações de hidrogênio, a água é altamente associada. A baixas temperaturas, o líquido contém pequenas regiões chamadas aglomerados vacilantes, no qual moléculas de água se juntam para formar o gelo I (gelo comum; Ver Seção 10.7), separando-se logo depois. O gelo I tem uma estrutura aberta contendo canais hexagonais nas três direções, como é apresentado na Figura 20.2. Quando a água líquida é resfriada, o número e o tamanho dos aglomerados vacilantes aumentam e, por causa do número desses "quase gelo", certas regiões do líquido são menos densas do que deveriam ser. Abaixo de 3,98°C a sua aglomeração torna-se tão pronunciada que o líquido se expande enquanto continua a se resfriar. A 0°C os aglomerados formam uma estrutura rígida.

Tabela 20.4 Ligação em espécies com dioxigênio.

Espécies	O_2^+	O_2	O_2^-	O_2^{2-}
Nome	Ion dioxigênio	Dioxigênio	Ion superóxido	Ion peróxido
Distância de ligação, nm	0,112	0,121	0,133	0,149
Elétrons desemparelhados	1	2	1	0
Ordem de ligação	2,5	2	1,5	1
Configuração eletrônica				
σ_x^*				
$\pi_y^* \; \pi_z^*$	↑ __	↑ ↑	↑↓ ↑	↑↓ ↑↓
$\pi_y \; \pi_z$	↑↓ ↑↓	↑↓ ↑↓	↑↓ ↑↓	↑↓ ↑↓
σ_x	↑↓	↑↓	↑↓	↑↓
σ_s^*	↑↓	↑↓	↑↓	↑↓
σ_s	↑↓	↑↓	↑↓	↑↓
KK	↑↓ ↑↓	↑↓ ↑↓	↑↓ ↑↓	↑↓ ↑↓

HIDRATOS

A água pode se incorporar a compostos sólidos de diversas maneiras. Em alguns casos, a molécula de água perde a sua identidade, como por exemplo no caso em que se forma um hidróxido:

$$CaO(s) + H_2O(l) \rightarrow Ca(OH)_2(s)$$

Em outros casos, ela retém sua identidade como molécula servindo como ligante em aquocomplexos, como em $[Cr(H_2O)_6]Cl_3$, ou ocupando lugares próprios no retículo cristalino do sólido, sem estar fortemente ligada a um átomo específico, como em $CaSO_4 \cdot 2H_2O$. Neste último sólido, denominado *hidrato*, as moléculas de água são chamadas *água de hidratação* ou *água de cristalização*. Muitos hidratos perdem água ao serem aquecidos; $CaCl_2 \cdot 6H_2O$, por exemplo, sofre desidratação progressiva, formando compostos com quatro, duas, uma e finalmente nenhuma molécula de água. (Chamado, nesse caso, de $CaCl_2$ *anidro*). Muitos compostos anidros têm aplicação como agentes desidratantes porque eles tendem a recuperar a água perdida. Deve-se notar que cada hidrato constitui um composto diferente, com estrutura cristalina própria.

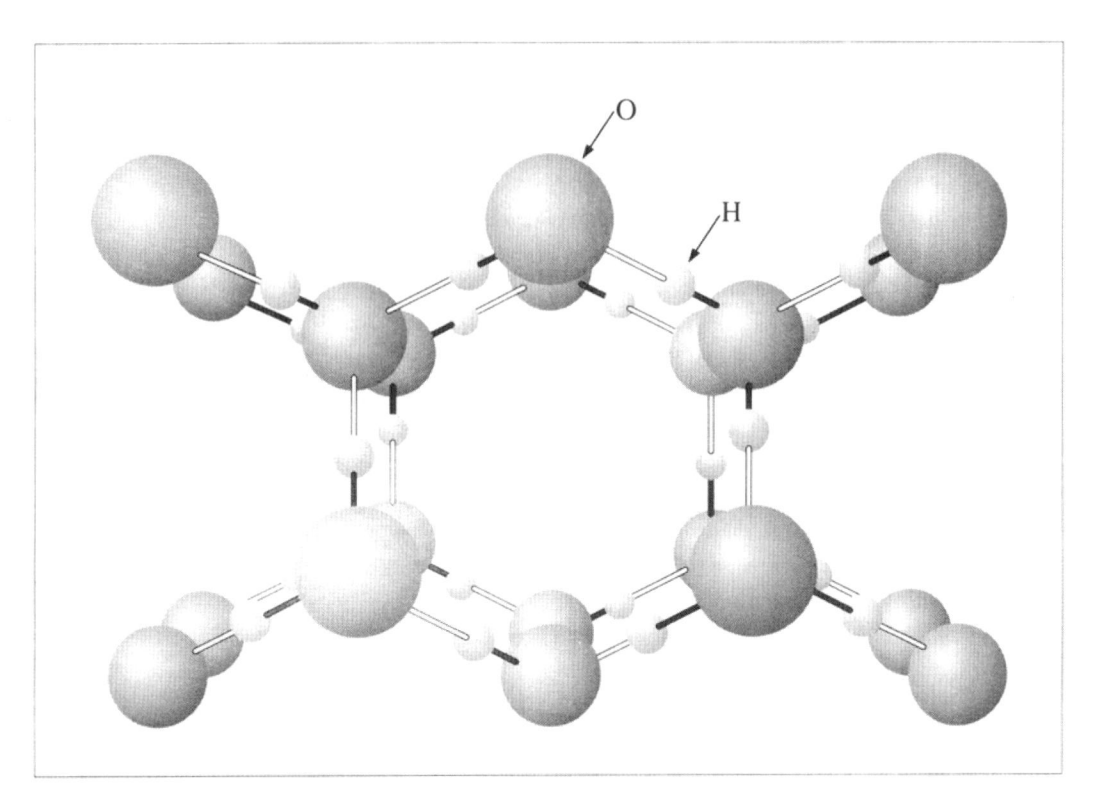

Figura 20.2 Um fragmento da estrutura do gelo I.

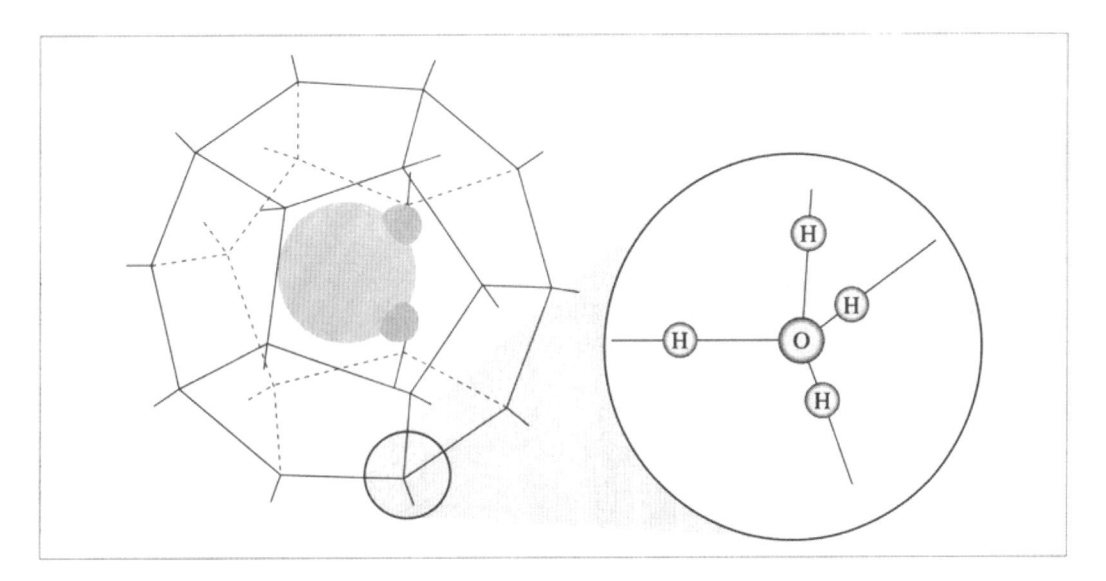

Figura 20.3 Molécula de H_2S em um clatrato, $(H_2S)_4(H_2O)_{24}$.

CLATRATOS

Uma espécie interessante de "compostos" é aquela formada quando a água é solidificada depois de ter sido saturada com um gás composto de moléculas pequenas, como Cl_2, Br_2, $CHCl_3$, H_2S, e também com os gases nobres Ar, Kr e Xe. Nestas substâncias, as moléculas pequenas são aprisionadas em cavidades ou buracos existentes na molécula de água. Essas substâncias, chamadas *clatratos* (do latim "enjaulado" ou "aprisionado entre grades"), não são verdadeiros compostos porque não há ligação direta (a não ser forças de London) entre a água e o sólido hospedeiro. A cavidade na qual a molécula pode se encontrar varia em tamanho e forma de um clatrato para outro, mas geralmente se apresenta como um poliedro regular. A Figura 20.3 mostra um clatrato no qual uma molécula de H_2S é aprisionada em um dodecaedro pentagonal quase regular (sólido de 12 lados), contendo um átomo de oxigênio em cada vértice. Muitos desses dodecaedros estão ligados por meio de ligações de hidrogênio, formando uma estrutura tridimensional com uma molécula presa em cada dodecaedro. Um número considerável dessas estruturas tem sido observado; em muitas, as cavidades são algo maiores do que os canais observados no gelo, devem a sua estabilidade às ligações de hidrogênio e de fato são mantidas "apropriadamente abertas" ou "infladas" pela molécula aprisionada.

20.5 OS HALOGÊNIOS

Os elementos do grupo periódico VIIA são constituídos de flúor, cloro, bromo, iodo e astato. Desses, discutiremos somente os quatro primeiros, porque o astato não ocorre na natureza e seu isótopo de vida mais longa tem a meia-vida de 8 h. (Pouco do que se pode dizer do comportamento químico do astato se resume em afirmar que ele lembra o iodo, mas é um pouco mais metálico.) Os elementos desse grupo são conhecidos como halogênios (do grego, "formadores de sais"). No estado livre, eles se encontram como moléculas diatômicas. Os halogênios se combinam com quase todos os elementos da tabela periódica, formando mais comumente haletos, nos quais exibem o estado de oxidação –1. Algumas propriedades dos halogênios são mostradas na Tabela 20.5.

Tabela 20.5   Os halogênios.

	F	Cl	Br	I
Configuração da camada de valência do átomo	$2s^22p^5$	$3s^23p^5$	$4s^24p^5$	$5s^25p^5$
Aparência física nas CNTP	Gás amarelo-pálido	Gás amarelo-esverdeado	Líquido castanho-avermelhado	Sólido cinza-escuro
Cor do gás	Amarelo pálido	Amarelo-esverdeado	Alaranjado	Violeta
Ponto de fusão normal, °C	–223	–102	–7,3	114
Ponto de ebulição normal, °C	–187	–35	59	183
Eletronegatividade	4,1	2,8	2,7	2,2

FLÚOR

O nome flúor é derivado de espatoflúor, um mineral agora mais comumente chamado *fluorita*. (Espatoflúor provém da palavra latina que significa "fluir"; foi usado como fundente na soda metálica.) O flúor ocorre em minerais como fluorita, CaF_2; criolita, Na_3AlF_6; e fluorapatita, $Ca_5F(PO_4)_3$.

O flúor elementar não pode ser preparado pela oxidação química de fluoretos porque F_2 é o agente oxidante mais forte:

$$F_2(g) + 2H^+(aq) + 2e^- \rightarrow 2HF(aq) \qquad \mathcal{E}° = 3,06 \text{ V (solução ácida)}$$
$$F_2(g) + 2e^- \rightarrow 2F^-(aq) \qquad \mathcal{E}° = 2,87 \text{ V (solução básica)}$$

Isto significa que, para se obter o elemento livre, devem ser usados métodos eletrolíticos. Geralmente se faz a eletrólise de uma mistura fundida de HF e KF usando ânodo de carbono, com o qual se produz F_2, que é um cátodo de prata, ou de aço inoxidável, com o qual há formação de H_2. Os produtos devem ser mantidos separados porque reagem explosivamente. (F_2 pode também ser obtido pela decomposição espontânea de difluoreto de criptônio, KrF_2.)

O poder extremamente oxidante do flúor faz com que ele reaja, geralmente de forma vigorosa, com a maioria das substâncias. Ele pode ser armazenado a baixas pressões em recipientes de aço, cobre ou certas ligas, somente porque ele forma, rapidamente, uma camada de fluoreto na superfície do metal, que é resistente e impede que a reação tenha prosseguimento. Também pode ser estocado em vidros, desde que HF não esteja presente como impureza.

O flúor reage violentamente com o hidrogênio, formando fluoreto de hidrogênio:

$$H_2(g) + F_2(g) \rightarrow 2HF(g) \qquad \Delta G° = -541 \text{ kJ}$$

Embora o HF seja um ácido fraco ($K_a = 6,7 \times 10^{-4}$ a 25°C), ele tem propriedades que o tornam difícil de manusear, tanto ele como sua solução aquosa (ácido fluorídrico) atacam o vidro. Se, para simplificar o tratamento, representamos o vidro (um silicato; ver Seção 21.5) como dióxido de silício, a reação pode ser escrita

$$SiO_2(s) + 6HF(aq) \rightarrow SiF_6^{2-}(aq) + 2H^+(aq) + 2H_2O$$

Estas reação ocorre devido à grande estabilidade do íon hexafluorossilicato. Muitos outros fluorocomplexos são estáveis.

O HF tem uma outra propriedade que o torna extremamente perigoso: causa "queimaduras" químicas que são extremamente dolorosas e que geralmente levam vários meses para cicatrizar. O HF gasoso e soluções ácidas de fluoretos devem ser manuseados com extremo cuidado e os experimentos devem sempre ser executados na capela e com vestuário e proteção facial apropriados. As soluções de HF devem ser guardadas em recipientes de polietileno ou de parafina.

Os metais tendem a formar fluoretos iônicos. Muitos metais com fórmula MF tendem a ser solúveis em água, mas muitos dos compostos de fórmula MF_2 não. Por outro lado, os não-metais e alguns metais, nos seus estados de oxidação mais elevados, formam fluoretos moleculares. Entre eles se incluem SF_2, CF_4, SiF_4, TiF_4 e UF_6. Existem muitos fluoretos complexos, tais como $Na_2[SiF_6]$, $Sr[PbF_6]$, $(NH_4)_3[ZrF_7]$ e $Na_3[TaF_8]$. O tamanho pequeno do íon fluoreto permite que um número maior que seis deles se coordene ao átomo central, uma situação pouco usual.

Isto evidencia que baixas concentrações de íons fluoreto na água potável e nas pastas de dente ajudam a reduzir a cárie e a queda dos dentes. O esmalte dos dentes consiste largamente de hidroxiapatita, $Ca_5OH(PO_4)_3$, e íons fluoreto nos fluidos na boca tendem a trocar com o grupo –OH na estrutura da hidroxiapatita para converter a fluoroapatita, $Ca_5F(PO_4)_3$. Esses compostos dissolvem muito mais lentamente que a hidroxiapatita no meio ambiente comumente ácido dentro da boca.

Os outros halogênios formam uma série de oxoácidos e oxossais, propriedade que não é encontrada no flúor. O único composto desse tipo observado é o HOF, o análogo fluorado do ácido hipocloroso, HOCl, mas que é extremamente instável.

CLORO

O nome *cloro* provém do grego, significando "verde"; o cloro livre é um gás venenoso amarelo-esverdeado. Ele se encontra combinado em cloretos, como os minerais *halita* (NaCl) e *silvita* (KCl), em depósitos subterrâneos e também nos oceanos. O cloro é um germicida poderoso e é usado em todo o mundo na purificação da água potável. Também serve como alvejante industrial. Ambas as aplicações dependem da capacidade e do poder oxidante do cloro.

A maior parte do cloro é preparada industrialmente ou pela eletrólise de cloreto de sódio fundido, NaCl, fornecendo o sódio como subproduto, ou de solução de NaCl. Neste último caso é usado cátodo de ferro e ânodo de carvão, com o hidrogênio produzido no cátodo. Quando se utiliza um cátodo de mercúrio, entretanto, íons sódio são reduzidos ao metal, em vez de água a H_2 gasoso. Isto acontece por duas razões: (1) o sódio metálico é solúvel no mercúrio (a solução é chamada *amálgama*, termo que denota qualquer espécie de combinação do mercúrio com outros metais), de maneira que a atividade química do sódio ficará muito abaixo daquela do sódio puro; e (2) uma voltagem anormalmente alta (sobrevoltagem) é necessária para libertar H_2 na superfície do mercúrio. As reações são

Ânodo:	$2Cl^-(aq) \rightarrow Cl_2(g) + 2e^-$
Cátodo:	$[e^- + Na^+ \rightarrow Na(Hg)] \times 2$
Célula:	$2Cl^-(aq) + 2Na^+(aq) \rightarrow Cl_2(g) + 2Na(Hg)$

O amálgama de sódio é então decomposto por reação com água,

$$2Na(Hg) + 2H_2O \rightarrow 2Na^+(aq) + 2OH^-(aq) + H_2(g)$$

dando uma solução de hidróxido de sódio, que pode ser evaporada para formar uma solução muito pura de NaOH. Infelizmente, no passado, pelo menos, esse processo dava origem a água de despejo industrial muito contaminada com mercúrio. Hoje, muitos veios d'água, em todo o mundo, estão carregados de mercúrio por causa dessa reação, embora muitos processos industriais tenham sido modificados no sentido de reduzir a perda de mercúrio a níveis bem baixos nos seus efluentes. (Discutiremos o mercúrio posteriormente, na Seção 22.6.)

No laboratório, o cloro é facilmente produzido pela oxidação de soluções ácidas de cloretos. O dióxido de manganês, MnO_2, é geralmente usado como agente oxidante:

$$MnO_2(s) + 2Cl^-(aq) + 4H^+(aq) \rightarrow Cl_2(g) + Mn^{2+}(aq) + 2H_2O$$

Cloretos. Cloretos são compostos em que o cloro apresenta o estado de oxidação –1. Eles podem ser iônicos, como NaCl e $CaCl_2$, e covalentes, que são cloretos não-metais, como HCl, CCl_4 e SCl_2. O cloreto de hidrogênio pode ser preparado pela adição de ácido sulfúrico concentrado a cloreto de sódio sólido e aquecendo levemente a mistura:

$$H_2SO_4(l) + NaCl(s) \rightarrow HCl(g) + NaHSO_4(s)$$

A energia de ligação no HCl é menor que no HF, o que ocorre pelo fato de HCl ser um ácido forte em água, enquanto HF é fraco.

Óxidos de Cloro. O cloro forma uma série de óxidos, todos instáveis e potencialmente explosivos: Cl_2O, Cl_2O_3, ClO_2, Cl_2O_4, Cl_2O_6 e Cl_2O_7. Desses, o dióxido de cloro, ClO_2, é industrialmente o mais importante; é um agente oxidante poderoso, usado como alvejante de polpa de papel. (O processo de alvejamento consiste, geralmente, na oxidação de compostos orgânicos coloridos formando produtos incolores ou menos intensamente coloridos.) O ClO_2 constitui uma *molécula ímpar* ou *radical livre*, porque possui número ímpar de elétrons de valência. Sua estrutura de Lewis é

$$:\!\ddot{\mathrm{O}}:$$
$$\cdot\ddot{\mathrm{C}}\mathrm{l}:\ddot{\mathrm{O}}:$$

De acordo com a teoria VSEPR (Seção 8.6), essa molécula deverá ser angular, com os três pares eletrônicos e o elétron isolado ocupando, aproximadamente, uma posição tetraédrica ao redor do cloro, semelhante à orientação dos pares eletrônicos ao redor do oxigênio em H_2O. Mas o elétron isolado deverá repelir menos os pares compartilhados; assim, podemos prever um ângulo de ligação no ClO_2 maior do que o da água. Sem dúvida, o ângulo observado é 116°, maior que o de H_2O (105°) e também maior que o ângulo tetraédrico (109°).

Em soluções básicas, ClO_2 se desproporciona, formando íons clorato, ClO_3^-, e clorito, ClO_2^-:

$$2ClO_2(g) + 2OH^-(aq) \rightarrow ClO_3^-(aq) + ClO_2^-(aq) + H_2O$$

Oxoácidos e Oxossais. Ao contrário do flúor, o cloro forma uma série de oxoácidos e correspondentes oxossais. A lista dos ácidos é apresentada na Tabela 20.6, juntamente com as estruturas de Lewis e as constantes de dissociação.

Ácido hipocloroso, HClO (ou HOCl), que nunca foi isolado no estado puro, é um ácido fraco, poderoso agente oxidante e pode ser preparado em pequenas quantidades de equilíbrio, pela dissolução de cloro em água. Na solução resultante o seguinte equilíbrio é estabelecido:

$$Cl_2(aq) + H_2O \rightleftharpoons HOCl(aq) + H^+(aq) + Cl^-(aq) \qquad K' = 4,7 \times 10^{-4}$$

O produto dessa desproporção pode ser considerado como uma mistura de dois ácidos: ácido hipocloroso fraco e ácido clorídrico forte. O valor da constante de equilíbrio é pequeno, indicando que muito pouco de ambos os ácidos está presente no equilíbrio. Entretanto, como entre os produtos encontramos H^+ e HOCl, a adição de OH^- deslocará o equilíbrio para a direita, havendo formação de H_2O (do H^+) e íon hipoclorito, OCl^- (do HOCl):

$Cl_2(aq) + H_2O$	$\rightleftharpoons HOCl(aq) + H^+(aq) + Cl^-(aq)$	(desproporcionamento)
$OH^-(aq) + HOCl(aq)$	$\rightleftharpoons OCl^-(aq) + H_2O$	(neutralização)
$OH^-(aq) + H^+(aq)$	$\rightleftharpoons H_2O$	(neutralização)
$Cl_2(aq) + 2OH^-(aq)$	$\rightleftharpoons OCl^-(aq) + Cl^-(aq) + H_2O$	(soma)

Tabela 20.6 Os oxoácidos do cloro.

Ácido	Fórmula	Estado de oxidação do cloro	Estrutura de Lewis	K_a	Existe puro?
Hipocloroso	HOCl	+1	H:Ö:Cl:	$3,2 \times 10^{-8}$	Não
Cloroso	HClO₂ (HOClO)	+3	H:Ö:Cl: :Ö:	$1,1 \times 10^{-2}$	Não
Clórico	HClO₃ (HOClO₂)	+5	H:Ö:Cl:Ö: :Ö:	(Ácido forte)	Não
Perclórico	HClO₄ (HOClO₃)	+7	:O: H:Ö:Cl:Ö: :Ö:	(Ácido forte)	Sim

O valor da constante de equilíbrio para o processo global mostra-nos que o desproporcionamento é mudado para a direita em soluções básicas. Isto pode ser encontrado descrito a seguir:

A constante de equilíbrio para o processo global pode ser escrita como:

$$K = \frac{[OCl^-][Cl^-]}{[Cl_2][OH^-]^2}$$

O lado direito desta igualdade pode ser desenvolvido para dar-nos:

$$K = \frac{[OCl^-][H^+]}{[HOCl]} \times \frac{[HOCl][H^+][Cl^-]}{[Cl_2]} \times \frac{1}{[H^+]^2[OH^-]^2}$$

$$= (K_a)_{HOCl} \times K' \times \frac{1}{K_w^2}$$

$$= (3{,}2 \times 10^{-8})(4{,}7 \times 10^{-4})\left[\frac{1}{(1{,}0 \times 10^{-14})^2}\right]$$

$$= 1{,}5 \times 10^{17}$$

Como o resultado é um grande número, concluímos que o desproporcionamento do Cl_2 é então essencialmente completo em solução básica. Tais soluções são comumente usadas para limpeza de roupas nas máquinas de lavar roupa domésticas e comerciais, sendo geralmente chamadas "água de lavadeira". A mistura dessas águas com substâncias ácidas como o vinagre (ácido acético) ou certos desinfetantes para banheiro (que contêm o composto ácido bissulfato de sódio, $NaHSO_4$) produz a inversão do equilíbrio apresentado, formando o gás cloro, muito venenoso. (A mistura desses alvejantes com "amônia doméstica", uma solução aquosa de NH_3, é também perigosa porque há formação de uma variedade de substâncias tóxicas.)

O íon OCl^- sofre outro desproporcionamento em água formando o íon clorato, ClO_3^-:

$$3OCl^-(aq) \rightleftharpoons ClO_3^-(aq) + 2Cl^-(aq) \qquad K = 10^{27}$$

Embora essa reação seja essencialmente quantitativa (observe o alto valor de K), é lenta à temperatura ambiente.

Ácido cloroso, $HClO_2$ (ou $HOClO$), embora ainda fraco, é um ácido mais forte do que o hipocloroso. Não pode ser isolado no estado puro, mas pode ser preparado acidulando uma solução contendo íon *clorito*, ClO_2^-, obtido do desproporcionamento do ClO_2. O ácido cloroso é instável, decompondo-se da seguinte maneira:

$$5HClO_2(aq) \rightarrow 4ClO_2(g) + H^+(aq) + Cl^-(aq) + 2H_2O$$

O íon clorito é cineticamente muito estável em meio básico e é um bom agente oxidante; serve como alvejante industrial.

Ácido clórico, $HClO_3$ (ou $HOClO_2$), é um ácido forte e também um poderoso agente oxidante, mas somente pode ser obtido em solução. Seu ânion, o clorato, ClO_3^-, é encontrado em muitos sais, mas o mais conhecido é o clorato de potássio, $KClO_3$. Este pode ser preparado pelo aquecimento de soluções contendo íon hipoclorito e adicionando KCl para precipitar o $KClO_3$, que não é muito solúvel na água. Industrialmente, $KClO_3$ é fabricado por eletrólise de uma solução aquecida, sob agitação, de KCl. O cloro desenvolvido no ânodo,

$$\text{Ânodo:} \quad 2Cl^-(aq) \rightarrow Cl_2(g) + 2e^-$$

reage com os íons hidroxila produzidos no cátodo,

$$\text{Cátodo:} \quad 2e^- + 2H_2O \rightarrow H_2(g) + 2OH^-(aq)$$

formando íons hipoclorito:

$$Cl_2(aq) + 2OH^-(aq) \rightleftharpoons OCl^-(aq) + Cl^-(aq) + H_2O$$

que, pelo fato da solução ser quente, se desproporciona fornecendo íons clorato,

$$3OCl^-(aq) \rightleftharpoons ClO_3^-(aq) + 2Cl^-(aq)$$

que são então precipitados como $KClO_3$:

$$ClO_3^-(aq) + K^+(aq) \rightarrow KClO_3(s)$$

Quando $KClO_3$ sólido é aquecido, primeiro se funde e, em seguida, se decompõe. Reações paralelas são possíveis:

$$2KClO_3(l) \rightarrow 2KCl(s) + 3O_2(g)$$

$$4KClO_3(l) \rightarrow 3KClO_4(s) + KCl(s)$$

A velocidade da primeira reação pode ser acelerada por catalisadores, como MnO_2 e Fe_2O_3, de maneira que, essencialmente, não há formação de $KClO_4$.

Diversamente dos outros oxoácidos do cloro, o ácido perclórico, $HClO_4$ (ou $HOClO_3$), pode ser isolado no estado puro. É um líquido incolor, oleoso, à temperatura ambiente, e um ácido ainda mais forte do que H_2SO_4, embora em água essa propriedade seja encoberta pelo efeito de nivelamento (Seção 12.1). $HClO_4$ é um agente oxidante poderoso e, quando puro, em altas concentrações, é bastante instável, decompondo-se explosivamente. O ácido perclórico comercial pode conter de 60 a 70% (em massa) desse ácido na solução aquosa para uso em laboratórios. Deve ser manuseado com cuidado e mantido fora de contato de agentes redutores.

O íon perclorato, ClO_4^-, é um bom agente oxidante, mas é geralmente lento. E muito útil na pesquisa, para ajustar a concentração total de íons na solução sem causar reações inconvenientes. (O íon perclorato raramente serve como ligante na maioria dos complexos.) O íon ClO_4^- tem sido usado em testes qualitativos de íons potássio, porque $KClO_4$ é bastante insolúvel.

Estruturas dos Oxoânions do Cloro. Os ânions OCl^-, ClO_2^-, ClO_3^- e ClO_4^- apresentam as estruturas geométricas previstas pela teoria VSEPR (Seção 8.6). O íon hipoclorito

$$\left[:\ddot{\underset{..}{O}}:\ddot{\underset{..}{Cl}}: \right]^-$$

é linear. O íon clorito

$$\left[\begin{array}{c} :\ddot{\underset{..}{O}}:\ddot{Cl}: \\ :\ddot{\underset{..}{O}}: \end{array} \right]^-$$

é angular, com dois pares eletrônicos no cloro. O íon clorato

$$\left[\begin{array}{c} :\ddot{O}: \\ :\ddot{O}::\ddot{Cl}::\ddot{O}: \\ :\ddot{O}: \end{array} \right]^-$$

tem uma estrutura de pirâmide trigonal, com um par de elétrons no cloro. O íon perclorato

$$\left[\begin{array}{c} :\ddot{O}: \\ :\ddot{O}::\ddot{Cl}::\ddot{O}: \\ :\ddot{O}: \end{array} \right]^-$$

é tetraedral, com todos os elétrons de valência aproveitados na ligação.

Acidez dos Oxoácidos do Cloro. Como mostrado na Tabela 20.6, os oxoácidos do cloro apresentam acidez crescente à medida que o número de oxidação do cloro aumenta. Isto é conseqüência da alta eletronegatividade do oxigênio; quanto maior o número de átomos de oxigênio ligados ao cloro, maior a remoção dos elétrons da ligação O—H e ela é mais facilmente rompida por moléculas de água. Assim, quanto maior o estado de oxidação, mais forte é o ácido.

BROMO

Este elemento, cujo nome, derivado do grego, significa "mau cheiro", ocorre em toda a crosta terrestre, formando brometos, associados em pequenas quantidades aos cloretos. No estado livre, é um líquido castanho-avermelhado com alta pressão de vapor à temperatura ambiente. O Br_2 é obtido industrialmente pela oxidação em meio ácido do Br^- das águas do mar, usando cloro como agente oxidante:

$$Cl_2(g) + 2Br^-(aq) \rightarrow 2Cl^-(aq) + Br_2(g)$$

O bromo é arrastado por uma corrente de ar e em seguida condensado ao estado líquido. No laboratório, o bromo pode ser preparado pela oxidação de Br^- em solução ácida usando MnO_2, Cl_2 ou por um agente oxidante forte.

O bromo deve ser manuseado com considerável cuidado; produz queimaduras dolorosas na pele, que dificilmente cicatrizam.

Estados Positivos de Oxidação do Bromo. O bromo forma diversos óxidos, dos quais Br_2O e BrO_2 são os mais característicos. Forma também oxoácidos e oxossais análogos àqueles do cloro, exceto pelo fato de que o ácido bromoso, $HBrO_2$, não tenha sido identificado, e nenhum dos oxoácidos do bromo foi isolado no estado puro.

O *ácido hipobromoso*, HBrO (ou HOBr) ($K_a = 2 \times 10^{-9}$), é ligeiramente mais fraco do que o hipocloroso. O íon hipobromito, OBr^-, pode ser obtido, da mesma maneira que o hipoclorito, pela dissolução do halogênio em uma solução básica:

$$Br_2(l) + 2OH^-(aq) \rightarrow OBr^-(aq) + Br^-(aq) + H_2O$$

Nesse caso, entretanto, a velocidade do desproporcionamento subseqüente é significativa à temperatura ambiente, levando à formação do íon bromato:

$$3OBr^-(aq) \rightarrow BrO_3^-(aq) + 2Br^-(aq)$$

O *ácido brômico*, $HBrO_3$ (ou $HOBrO_2$), é conhecido somente em solução. É um ácido forte, e as tentativas de concentrar a solução por evaporação levam à sua decomposição:

$$4H^+(aq) + 4BrO_3^-(aq) \to 2Br_2(g) + 5O_2(g) + 2H_2O(g)$$

Os *perbromatos*, BrO_4^-, podem ser preparados pela oxidação de BrO_3^- eletroliticamente ou por meio de oxidação usando F_2 ou XeF_2 como agentes oxidantes. O ácido perbrômico, $HBrO_4$ (ou $HOBrO_3$), é forte e decompõe-se quando se tenta concentrar as suas soluções. As ligações e as estruturas dos oxoácidos e oxoânions do bromo são semelhantes às dos compostos correspondentes do cloro.

IODO

O nome provém do grego e significa "violeta". O iodo ocorre naturalmente como íon iodeto nos oceanos, especialmente em certos organismos marinhos, como plantas, que o concentram. É também encontrado como íon iodato, IO_3^-, misturado em pequenas quantidades com $NaNO_3$ ("salitre do Chile"), em depósitos na América do Sul. O elemento livre é preparado na indústria por oxidação de I^- com gás Cl_2, ou pela redução do IO_3^- a I^-,

$$IO_3^-(aq) + 3SO_2(g) + 3H_2O \to I^-(aq) + 3HSO_4^-(aq) + 3H^+(aq)$$

seguido de uma oxidação pelo próprio IO_3^-:

$$IO_3^-(aq) + 5I^-(aq) + 6H^+(aq) \to 3I_2(s) + 3H_2O$$

O iodo é um sólido cinza-escuro, com um brilho semimetálico. Apresenta uma alta pressão de sublimação à temperatura ambiente; o odor de seu vapor pode ser facilmente percebido. O I_2 tem um ponto de fusão normal de 114°C e ponto de ebulição normal de 183°C. Seu vapor é violeta-escuro, cor que é reforçada nas suas soluções em solventes não-polares como CCl_4 e CS_2. Em solventes polares, como água e etanol, a cor das soluções é castanha, acreditando-se que isso ocorra devido à formação de complexos de transferência de carga, nos quais alguma carga eletrônica é transferida das moléculas do solvente para a molécula do iodo. O iodo forma um complexo azul-escuro com o amido.

As soluções de iodo em etanol (tintura de iodo) foram largamente empregadas como desinfetante e antisséptico; I_2 oxida e destrói muitos microorganismos. Infelizmente em alguma extensão ele faz o mesmo com os tecidos vivos, retardando o processo de restabelecimento; por esse motivo a tintura de iodo foi praticamente abandonada como primeiro socorro ao tratamento de feridas menores. Em 1955, entretanto, foi preparado um complexo de iodo (com um polímero orgânico) chamado povidona; nesse complexo a atividade de I_2 é reduzida, de maneira que ele se torna menos destrutivo, mas ainda atua como antisséptico.

O iodo apresenta uma solubilidade limitada em água, mas é muito mais solúvel em soluções contendo o íon iodeto. Este fato é atribuído à formação do íon castanho de triiodeto, I_3^-:

$$I_2(s) + I^-(aq) \rightarrow I_3^-(aq) \qquad K = 1,4 \times 10^{-3}$$

Esse íon ilustra uma violação da regra do octeto:

$$\left[:\ddot{\underset{..}{I}}: \ddot{\underset{..}{I}}: \ddot{\underset{..}{I}}: \right]^-$$

De acordo com a teoria VSEPR, os cinco pares eletrônicos do átomo central de iodo deveriam estar colocados nos vértices de uma bipirâmide trigonal. As repulsões eletrônicas são diminuídas, com os pares eletrônicos ocupando as posições equatoriais, deixando os pares compartilhados nas posições axiais. Isto leva à previsão de uma distribuição linear no íon I_3^-, que já era conhecida por medidas de difração de raios-x.

Estados Positivos de Oxidação do Iodo. O óxido mais importante do iodo é o pentóxido de diiodo, I_2O_5. Ele é o anidrido do ácido iódico e pode ser obtido pela desidratação deste ácido:

$$2HIO_3(s) \rightarrow I_2O_5(s) + H_2O(g)$$

O I_2O_5 é um agente oxidante bem conhecido pelo seu uso na análise quantitativa de monóxido de carbono. Ele oxida o CO,

$$I_2O_5(s) + 5CO(g) \rightarrow I_2(aq) + 5CO_2(g)$$

e o iodo liberado pode ser determinado pela adição de amido como indicador e titulação com tiossulfato de sódio, $Na_2S_2O_3$, de concentração conhecida. O tiossulfato reduz o iodo,

$$I_2(aq) + 2S_2O_3^{2-}(aq) \rightarrow 2I^-(aq) + S_4O_6^{2-}(aq)$$
$$\text{tiossulfato} \qquad\qquad\qquad \text{tetrationato}$$

e o ponto final da titulação é determinado quando a cor azul da solução de iodo-amido desaparece.

Dos oxoácidos do iodo, somente não existe o de número de oxidação +3, como no caso do bromo. O ácido hipoiodoso, HOI, é um ácido extremamente fraco ($K_a \approx 4 \times 10^{-13}$). O decréscimo na força dos ácidos do HOCl ao HOI reflete o aumento do caráter metálico ao percorrer o grupo. À medida que a eletronegatividade do halogênio diminui, a ligação O—H se torna mais forte. [De fato, a constante de dissociação básica do HOI (formando I^+ e OH^-) foi estimada em 3×10^{-10}.]

O ácido hipoiodoso pode ser preparado, em baixas concentrações, pela adição de I_2 à água:

$$I_2(s) + H_2O \rightarrow HOI(aq) + H^+(aq) + I^-(aq)$$

Mas em solução básica

$$I_2(s) + 2OH^-(aq) \rightarrow OI^-(aq) + H_2O$$

o íon *hipoiodito* se desproporciona imediatamente:

$$3OI^-(aq) \rightarrow IO_3^-(aq) + 2I^-(aq)$$

O *ácido iódico*, HIO_3 (ou $HOIO_2$), é forte e, ao contrário de $HClO_3$ e $HBrO_3$, pode ser isolado como um sólido branco cristalino. O íon iodato é um bom agente oxidante, porém mais fraco do que o clorato ou bromato.

No estado de oxidação +7, o iodo forma pelo menos três ácidos e seus sais. Os ácidos são chamados ácido *metaperiódico* (HIO_4 ou $HOIO_3$), ácido *mesoperiódico* (H_3IO_5) e ácido *paraperiódico* (H_5IO_6). O mais caracterizado deles é o último, H_5IO_6, que parece ser triprótico ($K_1 = 2 \times 10^{-2}$; $K_2 = 1 \times 10^{-6}$; $K_3 = 2 \times 10^{-13}$).

COMPOSTOS INTER-HALOGÊNIOS

Os halogênios formam uma série interessante de compostos binários entre eles mesmos. Todas as combinações possíveis XY foram observadas, onde X e Y representam halogênios diferentes. Compostos dos tipos XY_3, XY_5 e XY_7 também são conhecidos, onde X é sempre o halogênio maior. Alguns inter-halogênios podem ser preparados por combinação direta dos elementos:

$$Br_2(l) + 3F_2(g) \rightarrow 2BrF_3(l)$$

Outras preparações exigem caminhos indiretos:

$$3I_2(g) + 5AgF(s) \rightarrow 5AgI(s) + IF_5(l)$$

Vários inter-halogênios são muito instáveis e alguns decompõem-se violentamente.

As estruturas dos inter-halogênios, pelo menos daqueles cujas estabilidades tenham permitido determinações estruturais, estão de acordo com as previsões feitas pela teoria VSEPR. Em todos os inter-halogênios, exceto aqueles do tipo XY, são observadas transgressões da regra do octeto.

As estruturas de dois inter-halogênios são vistas na Figura 20.4.

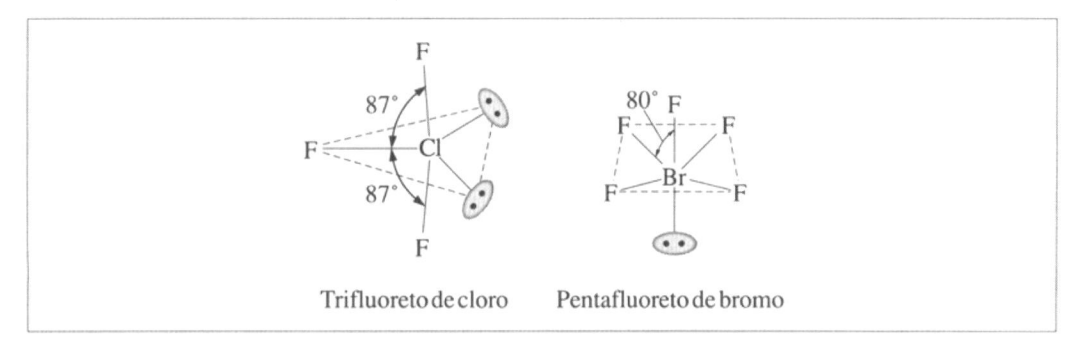

Figura 20.4 A estrutura de duas moléculas inter-halogênias.

20.6 OS CALCOGÊNIOS, ESPECIALMENTE O ENXOFRE

Os elementos do grupo VIA do sistema periódico são conhecidos como *calcogênios*. Essa palavra, derivada do grego, significa "formadores de cobre" e pode parecer um nome estranho, mas deixa de ser quando se sabe que minérios dos quais o cobre é obtido têm fórmulas tais como: Cu_2S, $CuFeS_2$, Cu_2O e $Cu_2O_3(OH)_2$. Outros membros do grupo VIA, que não oxigênio e enxofre, são também encontrados como impurezas nesses minérios.

Nos calcogênios vemos mais claramente do que nos halogênios, a variação das propriedades não-metálicas para metálicas, quando se percorre o grupo de cima para baixo. O oxigênio é claramente um não-metal. O enxofre é também um não-metal; nenhuma de suas formas alotrópicas tem qualquer aparência metálica. O átomo de enxofre apresenta a tendência não-metálica típica de ganhar elétrons; o único íon simples que forma é o sulfeto, S^{2-}. Na maioria de seus compostos, nos quais apresenta estados de oxidação positivos, *compartilha* elétrons com elementos mais eletronegativos, como o oxigênio, e seus hidroxicompostos são todos ácidos. O selênio também apresenta variedades alotrópicas, sendo que a mais estável delas, à temperatura ambiente, tem um suave brilho metálico, é semicondutora e é melhor classificada como um semimetal ou metalóide. Ele não forma cátions e seus hidroxicompostos são ácidos, embora menos do que os do enxofre. O telúrio é também um metalóide, mas seus hidroxicompostos são menos ácidos do que os do selênio. Muito pouco se sabe a respeito do polônio; sua radioatividade (é um emissor alfa) tem restringido seu estudo. Parece ser um metal, formando um hidróxido básico. (No futuro, à medida que observarmos outros grupos de elementos representativos da tabela periódica, veremos outras ilustrações dessa variação de não-metal para metal de cima para baixo no grupo.) Algumas propriedades dos calcogênios são mostradas na Tabela 20.7.

Tabela 20.7 Os calcogênios.

	O	S	S_e	T_e	P_o
Configuração da camada de valência	$2s^2 2p^4$	$3s^2 3p^4$	$4s^2 4p^4$	$5s^2 5p^4$	$6s^2 6p^4$
Aparência física (alótropo mais estável nas CNTP)	Gás incolor	Sólido amarelo	Sólido cinza-escuro com brilho metálico	Sólido metálico branco-acinzentado	Sólido metálico
Ponto de fusão normal, °C	–218	119	217	450	254
Ponto de ebulição normal, °C	–183	445	685	1390	962
Eletronegatividade	3,5	2,4	2,5	2,0	1,8

Nesta seção nos concentraremos apenas no enxofre. [Nós já descrevemos o oxigênio (Seção 20.3) e estudaremos o selênio e o telúrio com os metalóides (Seção 21.5).]

ENXOFRE

O enxofre é um elemento conhecido desde a antigüidade; seu nome provém do sânscrito. Por um tempo ele foi conhecido como *brimstone* (de "fogo e enxofre"), uma corruptela da palavra alemã que significa "pedra de fogo". Os alquimistas tentaram em vão introduzir a cor amarela do enxofre no chumbo para fazer ouro.

O enxofre encontra-se largamente distribuído na crosta terrestre. Ele é encontrado em vastos leitos subterrâneos como enxofre livre com pureza de 99,8% e em muitos sulfetos, como a *galena* (PbS), *pirita* (FeS_2), *esfalerita* (ZnS), e vários sulfatos de cálcio, magnésio e outros sulfatos. O método tradicional de obtenção do enxofre é o *processo Frasch*, no qual vapor d'água superaquecido (cerca de 170°C e sob pressão) e ar comprimido são introduzidos por encanamentos até os depósitos subterrâneos. O enxofre se funde e é impelido para a superfície como uma espuma de ar-água-enxofre.

Atualmente, enormes quantidades de enxofre estão sendo obtidas de sulfetos minerais e do petróleo, no qual é uma impureza indesejável. As razões para isso são de ordem econômica e ambiental. O enxofre em excesso nas operações de fusão metalúrgica e de refinação de óleo era queimado, formando o dióxido de enxofre, SO_2:

$$S(s) + O_2(g) \rightarrow SO_2(g)$$

Dióxido de enxofre é o anidrido do ácido sulfuroso fraco, H_2SO_3, que se forma pela combinação com umidade na atmosfera:

$$SO_2(g) + H_2O \rightarrow H_2SO_3(aq)$$

Subseqüente oxidação lenta produz o ácido forte, ácido sulfúrico, H_2SO_4,

$$2H_2SO_3(aq) + O_2(g) \rightarrow 2H^+(aq) + 2HSO_4^-(aq)$$

em gotas de uma solução aquosa (chuva ácida) que destrói desde o pulmão até a rocha calcária. Felizmente a recuperação de subprodutos do enxofre de vários processos industriais tem sido feita nos últimos anos.

O enxofre apresenta uma variedade de formas alotrópicas. O enxofre estável à temperatura ambiente é um sólido amarelo constituído de cristais ortorrômbicos. Este é conhecido como *enxofre rômbico* ou enxofre-α e é solúvel em solventes não-polares, como CS_2 e CCl_4. Nessa variedade a molécula é cíclica: um anel S_8 enrugado. (Ver Figura 20.5.) Esses anéis são empacotados num retículo cristalino ortorrômbico.

Quando o enxofre rômbico é aquecido lentamente, transforma-se na forma cristalina monoclínica a 96°C (a 1 atm). A mudança é muito lenta, como a maioria das transformações de fase sólido-sólido. A estrutura do enxofre monoclínico (ou β) não é conhecida, mas evidências indicam que as mesmas moléculas cíclicas S_8 estão presentes no retículo cristalino monoclínico. O aquecimento do enxofre monoclínico produz eventualmente a fusão a 119°C, formando um líquido móvel, brilhante, cor de palha. Este líquido é constituído basicamente de anéis S_8, mas evidências indicam que alguns anéis maiores, talvez S_{20} ou mais, estão também presentes. Acima de 160°C uma mudança brusca ocorre: o líquido escurece, dando um produto castanho-avermelhado, e se torna muito viscoso. Aparentemente a agitação térmica faz com que a maioria dos anéis se rompam e seus terminais se juntem formando cadeias compridas de átomos S, que então ficam entrelaçadas umas com as outras. Com o aquecimento contínuo, o líquido se torna menos viscoso, à medida que o tamanho médio das cadeias diminui, até que a 445°C ele ferve. No ponto de ebulição normal, o gás consiste em uma mistura de fragmentos que se dissociam formando fragmentos ainda menores a altas temperaturas. A 800°C, as moléculas S_2 predominam; são semelhantes a O_2 na configuração eletrônica. Acima de 2000°C, enxofre monoatômico está presente.

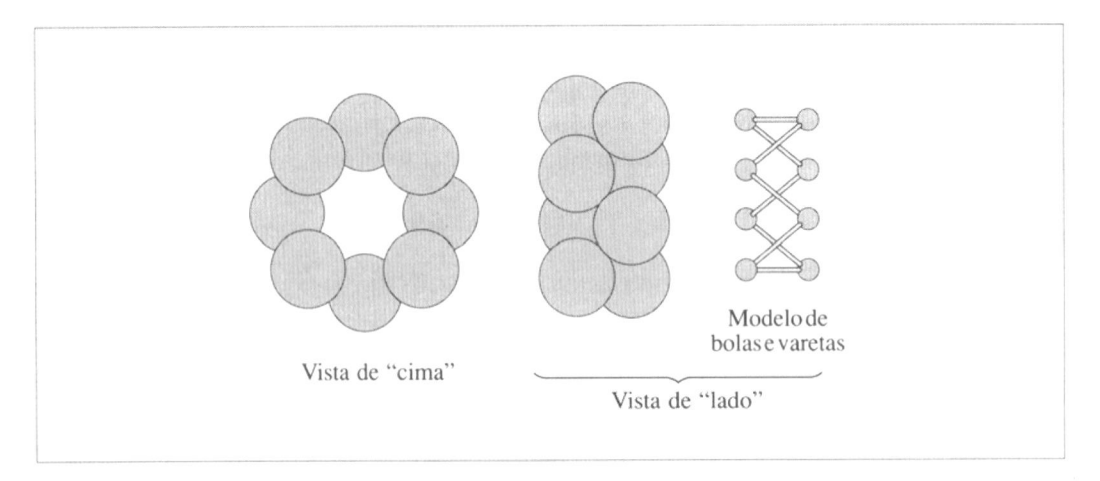

Figura 20.5 A molécula de enxofre.

Quando o enxofre líquido em cerca de 350°C é resfriado subitamente, sendo despejado em água, forma-se uma substância estranha, elástica, chamada e*nxofre plástico* ou *amorfo*. É muito parecida com uma goma de mascar e aparentemente consiste em muitas cadeias longas entrelaçadas. Depois de alguns dias, ela gradualmente torna-se menos elástica, mas quebradiça e de cor brilhante, voltando a se transformar nos cristais estáveis ortorrômbicos.

A Figura 20.6 mostra, esquematicamente, o diagrama de fases para o enxofre. Como se pode ver, existem três pontos triplos: fases rômbica-monoclínica-gás, monoclínica-líquida-gás e rômbica-monoclínica-líquida.

Os estados de oxidação mais comuns do enxofre em seus compostos são –2, +4 e +6. O estado –2 corresponde ao ganho de dois elétrons formando o íon sulfeto S^{2-} ou ao compartilhamento de dois elétrons com um ou dois elementos mais eletropositivos. O estado +4 corresponde ao compartilhamento dos quatro elétrons $3p$ do enxofre com átomos mais eletronegativos, enquanto o estado +6 indica que todos os seis elétrons de valência são usados na ligação. A existência de um estado de oxidação positivo correspondendo ao número do grupo e de outro estado duas unidades abaixo constitui um exemplo do *efeito do par inerte*. Este termo refere-se aos elétrons s da camada de valência, usados na ligação no estado de oxidação mais alto, mas não no estado de oxidação inferior.

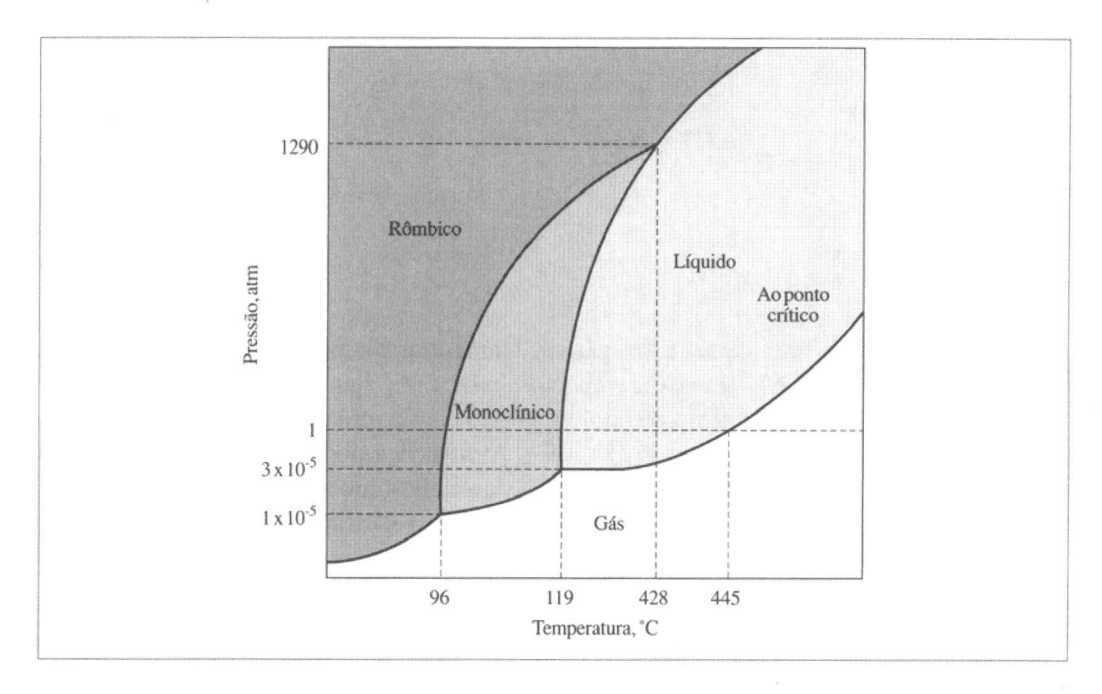

Figura 20.6 Diagrama de fases para enxofre (ambos os eixos distorcidos).

Sulfetos. Os *sulfetos* podem ser preparados por combinação direta dos elementos. Suas solubilidades em água variam absurdamente: o sulfeto de sódio, Na_2S, é extremamente solúvel, enquanto o produto de solubilidade do sulfeto de platina, PtS, é 1×10^{-72}. (Quantos íons Pt^{2+} estão presentes em 1 litro de uma solução saturada de PtS?) Os sulfetos metálicos se originam do *sulfeto de hidrogênio*, H_2S, um gás com "odor de ovo podre". (Quando os ovos ficam podres, eles desprendem, entre outras coisas, H_2S.) O sulfeto de hidrogênio é extremamente venenoso, ainda mais do que o cianeto de hidrogênio ou o monóxido de carbono. Felizmente, o olfato humano pode detectá-lo em níveis que estão muito abaixo do ponto de perigo; infelizmente, porém, ele tem a propriedade de gradualmente diminuir o sentido do cheiro, tornando o nariz um detector imperfeito do H_2S.

O sulfeto de hidrogênio pode ser preparado pela reação de hidrogênio com enxofre fundido, aquecendo o enxofre com vários hidrocarbonetos, como a parafina, ou pela reação de sulfetos mais solúveis com ácidos:

$$2H^+(aq) + FeS(s) \rightarrow H_2S(g) + Fe^{2+}(aq)$$

Essa reação foi usada por muitos anos na preparação de H_2S em laboratório, mas hoje ela foi substituída por um método mais seguro: a hidrólise da tioacetamida. Essa reação é muito lenta em soluções neutras, mas é rápida na presença de ácidos ou bases. Em solução ácida, a reação é:

$$\begin{array}{c}\text{H} \quad \text{S} \\ | \quad \parallel \\ \text{H}-\text{C}-\text{C} \\ | \quad \backslash \\ \text{H} \quad \text{N}-\text{H} \\ \quad | \\ \quad \text{H}\end{array} + \text{H}^+ + 2\text{H}_2\text{O} \rightarrow \begin{array}{c}\text{H} \quad \text{O} \\ | \quad \parallel \\ \text{H}-\text{C}-\text{C} \\ | \quad \backslash \\ \text{H} \quad \text{O}-\text{H}\end{array} + \text{NH}_4^+ + \text{H}_2\text{S}$$

ticacetamida   ácido acético

O sulfeto de hidrogênio é um gás em temperaturas e pressões normais. O baixo ponto de ebulição (–61°C), quando comparado com o da água, indica que deve haver pouquíssima ligação de hidrogênio no líquido. O H_2S é uma molécula angular, com ângulo de ligação de 92°, menor que o de H_2O (105°). A diferença pode ser explicada devido à menor eletronegatividade do enxofre, no qual os pares eletrônicos estão mais afastados no H_2S do que os do oxigênio em H_2O, e há uma redução de repulsão par compartilhado – par compartilhado, decrescendo o ângulo de ligação no H_2S.

O sulfeto de hidrogênio é um ácido diprótico fraco com $K_1 = 1,1 \times 10^{-7}$ e $K_2 = 1,0 \times 10^{-14}$. Já discutimos o papel do sulfeto de hidrogênio na precipitação de sulfetos de solubilidade variada. (Ver Seção 16.4.) Observe o valor baixo de K_2 no H_2S; isto significa que o íon sulfeto é muito hidrolisado e, portanto, as soluções dos sulfetos de metais alcalinos, todos muito solúveis, são extremamente básicas.

O íon sulfeto reage com o enxofre formando íons *polissulfeto*. Quando soluções de metais alcalinos ou sulfeto de amônio são aquecidas com enxofre, por exemplo, uma série de reações ocorre, das quais as duas primeiras são

$$S^{2-}(aq) + S(s) \rightarrow S_2^{2-}(aq)$$
$$S_2^{2-}(aq) + S(s) \rightarrow S_3^{2-}(aq)$$

(Aqui, representamos, simplificadamente, o enxofre pelo seu símbolo, preferencialmente à fórmula molecular S_8.) Esses íons são realmente íons sulfeto com número variável de átomos de enxofre ligados; por exemplo, a estrutura de Lewis para S_4^{2-} é

$$\left[\begin{array}{c}\ddot{\text{S}}\text{:} \\ \text{:}\ddot{\text{S}}\text{:}\ddot{\text{S}}\text{:} \\ \text{:}\ddot{\text{S}}\text{:}\end{array}\right]^{2-}$$

Soluções de sulfetos estocadas nos laboratórios, usualmente contêm polissulfetos, porque o íon sulfeto é oxidado a enxofre pelo oxigênio do ar,

$$O_2(g) + 2S^{2-}(aq) + 2H_2O \rightarrow 2S(s) + 4OH^-(aq)$$

e, então, parte do enxofre se combina (lentamente) com algum S^{2-} remanescente, formando uma mistura de polissulfetos (formulados com S_x^{2-}).

Dióxido de Enxofre e os Sulfetos. Quando o enxofre é queimado no ar, há produção de *dióxido de enxofre*, SO_2:

$$S(s) + O_2(g) \rightarrow SO_2(g)$$

Este é um gás incolor que se condensa num líquido a 10°C (a 1 atm). É tóxico, mas seu odor extremamente irritante, em circunstâncias normais, torna virtualmente impossível inalar uma dose fatal. Já foi utilizado em refrigeradores comerciais e domésticos, mas agora é praticamente produzido para oxidação posterior na fabricação do ácido sulfúrico (veja a seguir).

SO_2 é uma molécula angular, híbrido de ressonância de estruturas análogas às do ozônio:

O dióxido de enxofre é o anidrido do ácido diprótico, o *ácido sulfuroso*, H_2SO_3, ou $(HO)_2SO$. A reação de hidratação é escrita da seguinte forma:

$$SO_2(g) + H_2O \rightarrow H_2SO_3(aq)$$

e as soluções aquosas de SO_2 são usualmente denominadas "soluções H_2SO_3". Acredita-se, entretanto, que a maioria do soluto remanescente como SO_2 esteja em equilíbrio com pequenas quantidades de H_2SO_3,

$$SO_2(aq) + H_2O \rightleftharpoons H_2SO_3(aq)$$

e as concentrações de H_2SO_3 nestas soluções são, entretanto aparentemente muito baixas; portanto, a primeira dissociação é freqüentemente representada como

$$SO_2(aq) + H_2O \rightarrow H^+(aq) + HSO_3^-(aq) \qquad K_1 = 1,3 \times 10^{-2}$$

Os sais do ácido sulfuroso são os *hidrogenossulfitos* (*bissulfitos*), que contêm o íon HSO_3^-, e os *sulfitos*, que contêm o íon SO_3^{2-} em forma de pirâmide trigonal. Qualquer sulfito ou bissulfito desprende gás SO_2 quando acidulado:

$$SO_3^{2-}(aq) + 2H^+(aq) \rightarrow SO_2(g) + H_2O$$

Os sulfitos e os hidrogenossulfitos são agentes redutores; em laboratório, suas soluções aquosas não são estáveis, sendo gradualmente transformadas em soluções de sulfatos devido à oxidação pelo O_2 do ar:

$$2SO_3^{2-}(aq) + O_2(g) \rightarrow 2SO_4^{2-}(aq)$$

Os sulfitos são também agentes oxidantes; eles oxidam, por exemplo, o íons sulfeto em solução:

$$SO_3^{2-}(aq) + 2S^{2-}(aq) + 3H_2O \rightarrow 3S(s) + 6OH^-(aq)$$

Por essa razão, SO_3^{2-} e S^{2-} não podem coexistir em solução.

Trióxido de Enxofre e Sulfatos. A oxidação do SO_2 a SO_3 pelo oxigênio,

$$SO_2(g) + \tfrac{1}{2}O_2(g) \rightarrow SO_3(g) \qquad \Delta G° = -70,9 \text{ kJ}$$

é uma reação espontânea, mas descatalisada, é muito lenta. Essa reação constitui a etapa-chave da fabricação do ácido sulfúrico pelo *processo de contato*. (Acompanhe a seqüência.) Com o objetivo de aumentar a velocidade da reação, utiliza-se um catalisador, usualmente óxido de vanádio (V) (pentóxido de vanádio, V_2O_5).

A molécula de SO_3 é plana, trigonal e pode ser representada como híbrido de ressonância de três formas:

SO_3 é o anidrido do diprótico *ácido sulfúrico*, H_2SO_4 ou $(HO)_2SO_2$. Este ácido é o reagente industrial mais importante, com exceção, sem dúvida, da água. Quase todas as coisas fabricadas na terra dependem, de uma maneira ou de outra, do ácido sulfúrico. (Em 1987, foram produzidos 40 milhões de toneladas nos Estados Unidos.) É preparado quase que exclusivamente pelo *processo de contato*. Como foi descrito, esse processo envolve a oxidação catalítica do SO_2 a SO_3. Teoricamente, deveria ser possível adicionar água e obter H_2SO_4 do SO_3:

$$H_2O(l) + SO_3(g) \rightarrow H_2SO_4(l)$$

Na prática, essa reação é lenta: H_2SO_4 tende a formar uma névoa cujas partículas custam a coalescer[3]. O problema é resolvido industrialmente pela dissolução do SO_3 em H_2SO_4:

$$SO_3(g) + H_2SO_4(l) \rightarrow H_2S_2O_7(l)$$

O produto desta reação é conhecido como *ácido dissulfúrico* ou *pirossulfúrico*. (Há denominações antigas que ainda são usadas: *ácido sulfúrico fumegante* é *oleum*.) A adição de água ao ácido dissulfúrico produz o ácido sulfúrico desejado:

$$H_2S_2O_7(l) + H_2O(l) \rightarrow 2H_2SO_4(l)$$

Em todos esses compostos do enxofre cada átomo é circundado tetraedricamente por quatro oxigênios, de maneira que a reação anterior pode ser esquematizada como

Aqui, as cunhas indicam ligações a oxigênios acima do plano do papel, e as linhas tracejadas, a oxigênios abaixo desse plano.

O ácido sulfúrico comercial contém aproximadamente 95% em massa e constitui uma solução 18 mol/L. Seu ponto de ebulição é cerca de 330°C, embora a essa temperatura ele comece a se decompor em SO_3 e H_2O. O líquido puro é mais dissociado do que a água:

$$H_2SO_4 \rightleftharpoons H^+ + HSO_4^- \qquad K = [H^+][HSO_4^-] = 2 \times 10^{-4}$$

mas essa dissociação é usualmente escrita como

$$2H_2SO_4 \rightleftharpoons H_3SO_4^+ + HSO_4^- \qquad K = [H_3SO_4^+][HSO_4^-] = 2 \times 10^{-4}$$

18 mol/L, ou "concentrado", H_2SO_4 é um agente desidratante poderoso e é empregado como tal em laboratório. Ele deve sua ação desidratante à tendência de formar hidratos, tais como $H_2SO_4 \cdot H_2O$, $H_2SO_4 \cdot 2H_2O$ etc. Ele também remove água de carboidratos e outros materiais orgânicos que contêm hidrogênio e oxigênio. Com a sacarose (açúcar de cana), a reação pode ser escrita como

---

3   Ácido sulfúrico foi o maior componente do mortal "fog" da Londres vitoriana, Inglaterra.

$$C_{12}H_{22}O_{11}(s) + 11H_2SO_4 \rightarrow 12C(s) + 11H_2SO_4 \cdot H_2O$$

sendo que o carbono é obtido rapidamente como uma massa esponjosa preta e quebradiça.

A regra sempre repetida "adicione sempre o ácido à água e não o contrário" é muito importante quando se dilui o ácido sulfúrico concentrado. Se a água é adicionada ao ácido, como ela é menos densa, tende a flutuar na superfície do H_2SO_4 (densidade de cerca de 1,8 g cm^{-3}). A mistura dos dois líquidos é então limitada pela área de contato das duas camadas, de maneira que todo o calor de hidratação é gerado aí. Isso pode provocar salpicos de H_2SO_4 quente. O procedimento recomendado para diluição de H_2SO_4 concentrado é adicionar o ácido à água lentamente, resfriando externamente e agitando fortemente a mistura. Isto permite o aquecimento geral mais ou menos uniforme da solução. (Mesmo assim, o aumento da temperatura é pronunciado, portanto, o resfriamento exterior do frasco é um procedimento prudente.)

O ácido sulfúrico é um agente oxidante, mas não muito forte, e de baixa velocidade, a menos que seja concentrado e aquecido. Quando é reduzido, o produto é geralmente SO_2:

$$3H_2SO_4(l) + 2Br^-(aq) \rightarrow Br_2(aq) + SO_2(g) + 2HSO_4^-(aq) + 2H_2O$$

O cobre metálico, que não é um agente redutor suficientemente forte para ser dissolvido pelos chamados ácidos oxidantes, como HCl, se dissolve em H_2SO_4 concentrado e quente:

$$3H_2SO_4(l) + Cu(s) \rightarrow Cu^{2+}(aq) + SO_2(g) + 2HSO_4^-(aq) + 2H_2O$$

(Nas duas últimas equações representamos o ácido como H_2SO_4, porque essa é a espécie predominante; a presença de água é necessária para ocorrer apreciável formação de íons hidrônio e bissulfato, porém esta quantidade de água é pequena antes do início da reação.)

O ácido sulfúrico é um ácido diprótico forte. Também a sua segunda dissociação tem uma constante alta, $1,2 \times 10^{-2}$ mol/L. Ele forma duas séries de sais, os *hidrogenossulfatos* ou *bissulfatos*, que contêm o íon HSO_4^-, e os *sulfatos*, contendo o íon SO_4^{2-}. Os bissulfatos são ácidos, devido ao alto valor de K_2 para H_2SO_4. Os sulfatos deveriam ser básicos, mas a extensão da hidrólise é tão pouca que o efeito é muito pequeno: uma solução 1 mol/L de Na_2SO_4 tem pH = 7,9.

Tiossulfatos. Átomos de enxofre podem substituir átomos de oxigênio em oxoácidos e oxoânions. Um exemplo é o *íon tiossulfato*, $S_2O_3^{2-}$. (O prefixo *tio* indica a substituição do O pelo S.)

$$\left[\begin{array}{c} \ddot{\text{:\"O:}} \\ \text{:\"O:S:\"O:} \\ \text{:\"O:} \end{array}\right]^{2-} \quad \left[\begin{array}{c} \text{:\"O:} \\ \text{:\"O:S:\"O:} \\ \text{:\"O:} \end{array}\right]^{2-}$$

sulfato   tiossulfato

Esse íon pode ser preparado pela ebulição do enxofre em uma solução de sulfito:

$$S(s) + SO_3^{2-}(aq) \rightarrow S_2O_3^{2-}(aq)$$

O ácido correspondente, o *ácido tiossulfúrico*, $H_2S_2O_3$, é instável mesmo em solução; qualquer tentativa para produzi-lo por acidificação da solução de tiossulfato forma enxofre como uma suspensão leitosa, que gradualmente se coagula e sedimenta:

$$S_2O_3^{2-}(aq) + 2H^+(aq) \rightarrow S(s) + SO_2(aq) + H_2O$$

O íon tiossulfato é um agente complexante excelente. Com íons prata, forma-se um complexo

$$Ag^+(aq) + 2S_2O_3^{2-}(aq) \rightarrow Ag(S_2O_3)_2^{3-}(aq)$$

que é tão estável ($K_{diss} = 6 \times 10^{-14}$) que soluções de tiossulfato dissolvem os sais de prata AgCl, AgBr e AgI.

Haletos de Enxofre. O enxofre forma uma variedade de compostos com os halogênios. Entre eles se incluem compostos com as fórmulas gerais S_2X_2, SX_2, SX_4, SX_6, S_2X_{10}, embora nem todos os halogênios (X) sejam representados em cada formulação. Todos esses compostos têm baixo ponto de ebulição. As estruturas de suas moléculas podem ser previstas pela teoria VSEPR: as moléculas S_2X_2 têm uma estrutura enviesada, semelhante à do H_2O_2; SX_2 é angular; as moléculas SX_4 têm estrutura de gangorra, derivada da bipirâmide trigonal com um par eletrônico isolado na posição equatorial; SF_6, o único hexafluoreto bem caracterizado, é octaédrico; finalmente, S_2F_{10} pode ser considerado derivado de dois octaédricos SF_6, cada um dos quais perdeu um átomo F, de maneira que os átomos S ligam-se diretamente. As estruturas dos haletos de enxofre são vistas na Figura 20.7.

O hexafluoreto de enxofre, SF_6, merece atenção especial. Ele é um gás à temperatura ambiente, com peso molecular tal que é quatro vezes mais denso que o oxigênio gasoso. Ele é consideravelmente inerte, provavelmente devido à sua simetria; a "camada" de átomos de flúor protege o enxofre +6 do ataque dos reagentes. Isto leva a prever que sua inércia pode ser cinética e não termodinâmica. Considere, por exemplo, a reação

$$SF_6(g) + 3H_2O(g) \rightarrow SO_3(g) + 6HF(g)$$

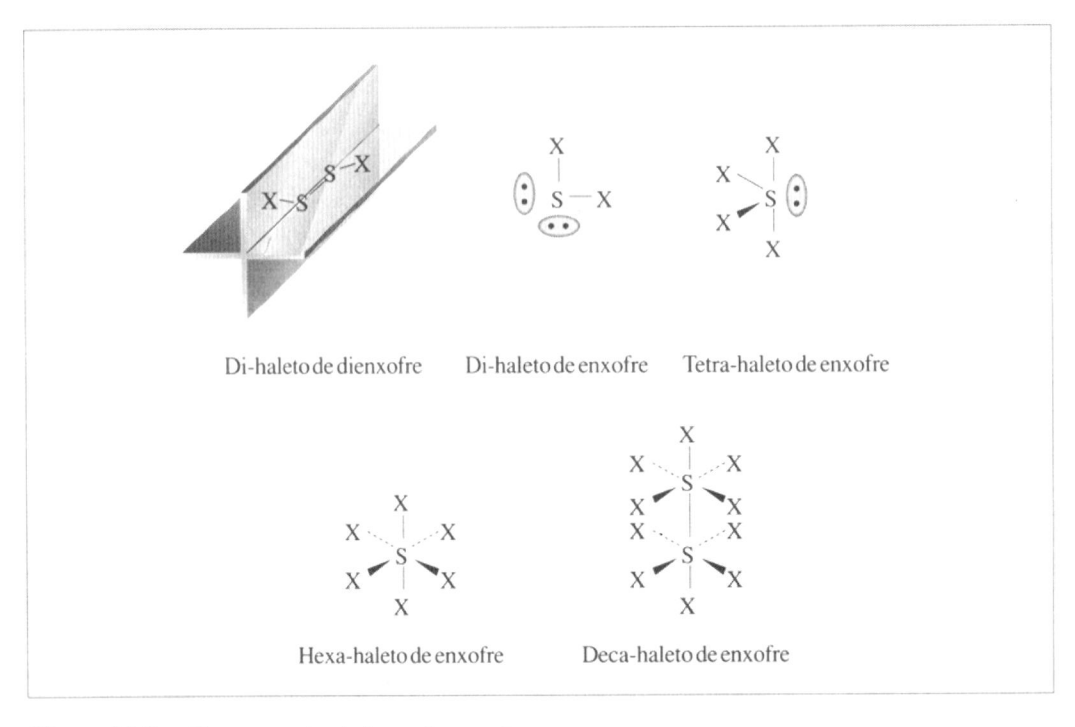

Figura 20.7 Estruturas dos haletos de enxofre.

Usando energias-padrão de formação, podemos calcular $\Delta G°$ para ela:

$$\Delta G° = [(\Delta G°_f)_{SO_3} + 6(\Delta G°_f)_{HF}] - [(\Delta G°_f)_{SF_6} + 3(\Delta G°_f)_{H_2O}]$$

$$= [(-371,1 + 6(-270,7)] - [(-1105,4) + 3(-228,6)]$$

$$= -204,1 \text{ kJ}$$

Termodinamicamente esta reação é espontânea, mas é muito lenta para ser observada. O hexafluoreto de enxofre é empregado como isolante gasoso em transformadores, chaves de alta voltagem e alto-falantes eletrostáticos.

20.7 O GRUPO VA (NÃO-METAIS): NITROGÊNIO E FÓSFORO

Os elementos do grupo VA são: nitrogênio, fósforo, arsênio, antimônio e bismuto. São ocasionalmente chamados *pnicogênios* ou *pnigogênios*, palavras originadas do grego que significam "sufocar". (Em alemão o nome para o nitrogênio é *Stickstoff*, literalmente "matéria sufocante".) Como no grupo VIA, há uma transição clara do caráter não-metálico para metálico quando se percorre a família de cima para baixo. Quimicamente, nitrogênio e fósforo são não-metais; seus hidroxicompostos são ácidos. Arsênio e antimônio são mais bem classificados como metalóides e seus hidróxidos são anfóteros. O bismuto é predominantemente metálico, formando hidróxidos básicos.

As propriedades físicas dos elementos do grupo VA refletem um decréscimo semelhante na firmeza com que os elétrons estão presos. O nitrogênio é um não-metal. O fósforo apresenta uma coleção confusa de variedades alotrópicas, mas uma delas é preta e conduz muito bem a eletricidade. Arsênio, antimônio e bismuto apresentam, cada um, pelo menos uma forma de aparência metálica, e suas condutividades aumentam na ordem esperada: arsênio < antimônio < bismuto.

Tabela 20.8 Os pnicogênios (grupo VA).

	N	P	As	Sb	Bi
Configuração eletrônica da camada de valência	$2s^2 2p^3$	$3s^2 3p^3$	$4s^2 4p^3$	$5s^2 5p^3$	$6s^2 6p^3$
Aparência física (variedade alotrópica mais estável nas CNTP)	Gás incolor	Sólido preto*	Sólido metálico	Sólido metálico	Sólido metálico
Ponto de fusão normal, °C	−210	416 (vermelho; sublima)	615 (sublima)	630	271
Ponto de ebulição normal, °C	−196	—	—	1635	1420
Eletronegatividade	3,1	2,1	2,2	1,8	1,7

* Outros alótropos são mais comumente observados.

Nesta seção focalizaremos o nitrogênio e o fósforo. (Discutiremos o arsênio e o antimônio na Seção 21.5 e o bismuto na Seção 21.4). Algumas propriedades dos elementos do grupo VA são apresentadas na Tabela 20.8.

NITROGÊNIO

O nome desse elemento provém do grego e significa "formador de nitron", onde "nitron" se refere ao nitrato de potássio, KNO_3. Em francês, o nome para o nitrogênio é *azoto*, que significa "sem vida". (O pioneiro químico francês A. L. Lavoisier[4] observou que um rato morreu quando mantido em atmosfera de nitrogênio.). Os sais de amônio e os nitratos eram conhecidos dos primeiros alquimistas, que também prepararam o que deveria ser o ácido nítrico.

O nitrogênio ocorre na terra como o principal constituinte do ar (~ 78% em volume). Compostos inorgânicos do nitrogênio não são comumente encontrados como minerais, porque a maioria deles é solúvel em água. Em alguns locais de clima seco (ou que no passado tiveram clima seco) existem jazidas de nitratos, geralmente nitratos impuros de sódio ou potássio.

O nitrogênio é encontrado em compostos orgânicos em todos os seres viventes, animais e plantas. *Proteínas*, por exemplo, são moléculas gigantes, cujas peças constituintes são compostos contendo nitrogênio chamados *aminoácidos* (Seção 23.14). Um exemplo de um aminoácido simples é o ácido aminoacético, ou glicina,

$$\begin{array}{c} HO \\ |\parallel \\ H-C-C \\ |\backslash \\ NO-H \\ /\backslash \\ HH \end{array}$$

A fonte de nitrogênio combinado na matéria viva é, em última análise, a atmosfera, embora o gás N_2 não seja diretamente útil na síntese de proteínas. Uma das conseqüências das tempestades elétricas é, entretanto, a produção de pequenas quantidades de nitratos (NO_3^-) e nitritos (NO_2^-), que são arrastados para a terra pela chuva. Além disso, certas bactérias no solo e raízes de algumas plantas, especialmente os legumes, convertem o nitrogênio atmosférico em nitrogênio orgânico, que é então transformado por outras bactérias em nitrato, a forma de nitrogênio mais usada pelas plantas na síntese de proteínas. (Esse processo é chamado

---

[4] Lavoisier é geralmente considerado o introdutor da química na era moderna. Em 1789, ele publicou o primeiro livro-texto de química geral, *Tratado Elementar de Química*.

"fixação".) A diminuição do nitrogênio atmosférico é compensada pela produção de N_2 por certas bactérias do solo e pela degradação de material protéico de plantas e animais. Existe uma inter-relação complexa envolvendo o N_2 da atmosfera, o NO_3^-, NO_2^- e NH_4^+ do solo e o nitrogênio orgânico das bactérias e organismos de grande porte. Essa relação, o *ciclo do nitrogênio*, mantém o conteúdo do nitrogênio atmosférico constante.

O nitrogênio elementar é preparado industrialmente pela destilação fracionada do ar líquido (Seção 20.3). Em laboratório, pode ser obtido pela decomposição térmica de certos compostos. N_2 muito puro pode ser preparado, por exemplo, quando azoteto de sódio, NaN_3, é aquecido cuidadosamente no vácuo:

$$2NaN_3(s) \rightarrow 2Na(l) + 3N_2(g)$$

A mesma reação ocorre (muito mais rapidamente) quando uma colisão aciona um "saco de ar" (*air bag*) em um automóvel.

O nitrogênio também é produzido pelo aquecimento do nitrato de amônio ou uma mistura de um sal de amônio e um nitrito:

$$NH_4NO_2(s) \rightarrow N_2(g) + 2H_2O(g)$$

Novamente, o aquecimento deve ser feito com cuidado; nitritos (e também nitratos) podem explodir quando aquecidos vigorosamente ou se traços de agentes redutores estão presentes. A decomposição do nitrito de amônio encontrou uma aplicação interessante na pressurização de bolas de tênis. Antes que as duas partes da bola sejam seladas, pequenas quantidades de NH_4Cl e $NaNO_2$ são colocadas dentro das mesmas e o calor usado para selar as duas partes produz nitrogênio, que pressuriza a bola.

A molécula de nitrogênio pode ser representada como

$$:N:::N:$$

enquanto a teoria dos orbitais moleculares representa a tripla ligação como $(\sigma_s)^2(\pi_y)^2(\pi_z)^2$. Essa ligação é muito forte, tendo uma energia de ligação de 945 kJ mol^{-1}. A grande força da tripla ligação no N_2 é responsável pela pequena velocidade com que o nitrogênio reage com a maioria das outras substâncias. A terra deveria ser um lugar muito diferente se essa ligação fosse mais fácil de ser rompida. Considere, por exemplo, a reação entre N_2 e O_2 no ar e H_2O nos oceanos, formando ácido nítrico:

$$2N_2(g) + 5O_2(g) + 2H_2O(l) \rightarrow 4H^+(aq) + 4NO_3^-(aq)$$

$$\Delta G° = +29{,}2 \text{ kJ (a 25°C)}$$

A partir do valor positivo de $\Delta G°$, parece que a reação é não-espontânea. Mas 29,2 kJ representam a variação de energia livre *padrão*. Se temos

$$\Delta G = \Delta G° + RT \ln \frac{[H^+]^4[NO_3^-]^4}{P_{N_2}^2 \, P_{O_2}^5}$$

$$= 29{,}2 \times 10^3 \text{ J} + (8{,}315)(298) \ln \frac{(0{,}010)^4(0{,}010)^4}{(0{,}78)^2(0{,}21)^5} \text{ J}$$

$$= -41{,}5 \times 10^3 \text{ J, ou } -41{,}5 \text{ kJ}$$

(ver Seção 17.5.) Assim, o ar e os oceanos são termodinamicamente instáveis, tendendo a mudar para uma solução diluída de ácido nítrico. Entretanto, a força da tripla ligação no N_2 implica uma energia de ativação muito alta para essa reação e, assim, ela é muito lenta. (Escritores de ficção científica "inventaram" um catalisador que permitiria que essa ração ocorresse rapidamente à temperatura ambiente.)

Em seus compostos, o nitrogênio mostra todos os estados de oxidação negativos e positivos desde –3 até +5. Na maioria desses compostos o nitrogênio compartilha elétrons com outros átomos. Somente com metais fortemente eletropositivos, como lítio e sódio, o nitrogênio forma íons *nitreto*, N^{3-}. Os nitretos de elementos menos eletropositivos, alumínio, por exemplo, consistem em redes cristalinas covalentes gigantes. Os chamados nitretos de metais de transição não contêm nitrogênio –3; consistem em átomos de N nos interstícios do retículo metálico. Um exemplo é o caso do *aço cementado duro*, obtido mergulhando-se o aço quente em cianeto de sódio fundido, NaCN, formando uma camada superficial de ferro tenaz e dura contendo N e C intersticial.

Amônia. Uma das substâncias químicas mais importantes é a amônia, NH_3, que é produzida por meio do *processo Haber*:

$$N_2(g) + 3H_2(g) \rightarrow 2NH_3(g) \qquad \Delta H° \; -92{,}2 \text{ kJ}$$

Uma pressão extremamente alta (500 a 1000 atm) é usada para favorecer a formação do produto (4 mol reagem para formar 2 mol do gás), juntamente com uma temperatura de 400 a 500°C, suficientemente alta para permitir que a reação ocorra com uma velocidade razoável, mas não alta o bastante para mudar o equilíbrio para a esquerda. Um catalisador de ferro é também utilizado para aumentar a velocidade de reação.

A amônia pode ser produzida no laboratório pela adição de uma base forte a um sal de amônio e aquecimento, se necessário:

$$NH_4^+(aq) + OH^-(aq) \rightarrow NH_3(g) + H_2O$$

A amônia é um gás incolor (ponto de ebulição normal $-33{,}4°C$) com um odor pungente característico. Não é muito tóxica, embora a inalação do gás em altas concentrações cause sérios problemas respiratórios. A amônia é considerada não-inflamável, mas pode queimar no ar:

$$4NH_3(g) + 3O_2(g) \rightarrow 2N_2(g) + 6H_2O(g)$$

e algumas misturas de NH₃ e ar podem explodir.

A amônia *líquida* é incolor e é um solvente protônico semelhante à água em muitos aspectos. Como a água, possui uma constante dielétrica muito elevada, apresenta ligações de hidrogênio e é auto-ionizada:

$$2NH_3 \rightarrow NH_4^+ + NH_2^- \qquad K = 1 \times 10^{-28}$$

A amônia líquida é, conseqüentemente, um bom solvente para sólidos iônicos, embora as solubilidades sejam geralmente menores que em água. Por outro lado, entretanto, a amônia líquida é muito diferente da água nas suas propriedades como solvente: embora a água reaja vigorosamente com metais fortemente eletropositivos, como o sódio,

$$H_2O + Na(s) \rightarrow Na^+(aq) + OH^-(aq) + \tfrac{1}{2}H_2(g)$$

a reação correspondente em amônia líquida,

$$NH_3 + Na(s) \rightarrow Na^+(NH_3) + NH_2^-(NH_3) + \tfrac{1}{2}H_2(g)$$

é muito lenta, especialmente se os reagentes são puros. [Nestas últimas equações, (NH₃) mostra que a espécie indicada está presente em meio amoniacal, não em solução aquosa.] Em vez disso, o sódio se *dissolve* em amônia, formando uma solução azul-escura. Medidas de condutividade magnética e elétrica mostram que as soluções contêm elétrons desemparelhados, aparentemente *solvatados* (formando *amoniatos*, nesse caso), como se fossem ânions. O processo de dissolução pode ser representado por

$$Na(s) \rightarrow Na^+(NH_3) + e^-(NH_3)$$

A mobilidade dos elétrons é muito alta, dando soluções de condutividades elétricas muito altas. À medida que a concentração da solução aumenta, a sua cor muda para bronze-brilhante e sua condutividade torna-se tão alta quanto a dos metais. Nas soluções diluídas, os elétrons estão fracamente presos em uma cavidade formada pelas moléculas de NH₃ circundantes, mas, em soluções concentradas, o elétron é essencialmente deslocalizado, como em um metal líquido. Soluções de todos os metais alcalinos, de alguns metais alcalino-terrosos (Ca, Sr e Ba) e de alguns dos metais de transição mais eletropositivos podem ser preparadas, todas com alta condutividade e apresentando a mesma cor azul, um resultado da presença do elétron amoniatado. Essas soluções não são indefinidamente estáveis; a decomposição esperada para formar hidrogênio, que pode ser escrita

$$e^-(NH_3) + NH_3 \rightarrow NH_2^-(NH_3) + \tfrac{1}{2}H_2(g)$$

ocorre a uma velocidade que depende da identidade do íon metálico que está presente e da presença de catalisadores como OH^- e NH_2^-, e de certos óxidos e sais metálicos.

A amônia é extremamente solúvel em água. Historicamente, soluções aquosas de NH_3 foram chamadas *hidróxido de amônio*, mas esse composto nunca foi isolado. Além disso, as evidências indicam que moléculas discretas de NH_4OH não existem mesmo em solução. O que na verdade está presente? O sistema é evidentemente muito complexo, envolvendo intercâmbios protônicos entre as seguintes espécies hidratadas: NH_3, NH_4^+, H_2O, OH^- e H^+. A dissociação de amônia básica pode ser representada como

$$NH_3(aq) + H_2O \rightleftharpoons NH_4^+(aq) + OH^-(aq)$$

ou como

$$NH_4OH(aq) \rightleftharpoons NH_4^+(aq) + OH^-(aq)$$

para a qual a constante de dissociação K_b foi determinada como $1,81 \times 10^{-5}$ a 25°C.

A molécula de amônia é uma pirâmide trigonal com um ângulo H—N—H igual a 108°. Ela sofre um movimento oscilatório interessante, rápido, conhecido como *inversão*, no qual o átomo de nitrogênio parece executar um movimento para baixo e para cima do plano constituído dos três átomos de hidrogênio da molécula. (Na verdade, os átomos de hidrogênio fazem a maior parte do movimento porque são muito mais leves do que o nitrogênio.) A inversão do NH_3 é mostrada esquematicamente na Figura 20.8.

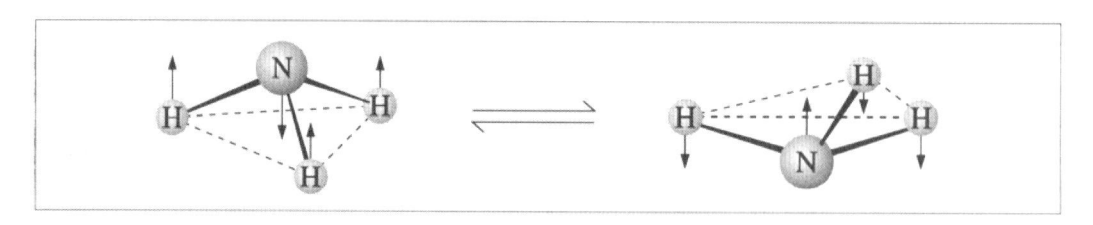

Figura 20.8 Inversão da molécula de amônia.

Os sais de amônio contêm o *íon de amônio*, NH_4^+, tetraédrico. As soluções dos sais de amônio de ácidos fortes são ácidas por causa da hidrólise, que pode ser representada como

$$NH_4^+(aq) + H_2O \rightleftharpoons NH_4OH(aq) + H^+(aq)$$

ou como

$$NH_4^+(aq) + H_2O \rightleftharpoons NH_3(aq) + H_3O^+(aq)$$

ou ainda como

$$NH_4^+(aq) \rightleftharpoons NH_3(aq) + H^+(aq)$$

NH_4Cl sólido se sublima com decomposição a 340°C:

$$NH_4Cl(s) \rightarrow NH_3(g) + HCl(g) \quad \Delta H° = 176 \text{ kJ}$$

Os dois gases formados imediatamente se recombinam, formando uma fumaça densa de NH_4Cl. Como H_2SO_4 é muito menos volátil que HCl, o aquecimento do sulfato de amônio produz somente amônia como produto gasoso:

$$(NH_4)_2SO_4(s) \rightarrow NH_4HSO_4(s) + NH_3(g)$$

Quando o nitrato de amônio é aquecido, há formação de óxido de dinitrogênio (óxido nitroso), N_2O:

$$NH_4NO_3(s) \rightarrow N_2O(g) + 2H_2O(g)$$

(Essa reação pode ser difícil de controlar e algumas vezes é explosiva.)

Outros Estados de Oxidação Negativos do Nitrogênio. O estado −2 do nitrogênio é representado pela hidrazina, N_2H_4, que contém uma ligação simples N—N:

$$\text{H:}\overset{..}{\underset{H}{N}}\text{:}\overset{..}{\underset{H}{N}}\text{:H}$$

A hidrazina é um líquido incolor que se parece com a amônia em alguns casos, embora sua ação redutora seja mais poderosa e geralmente violenta. Queima facilmente no ar e tem sido usada no sistema de propulsão de foguetes, nos quais é oxidada por vários oxidantes, incluindo H_2O_2 e N_2O_4.

O nitrogênio apresenta o estado de oxidação −1 na *hidroxilamina*, NH_2OH:

$$\text{H:}\overset{..}{\underset{H}{N}}\text{:}\overset{..}{\underset{..}{O}}\text{:H}$$

Ela é uma base fraca em água, que se dissocia formando *íons hidroxilamônio*:

$$NH_2OH(aq) + H_2O \rightleftharpoons NH_3OH^+(aq) + OH^-(aq) \quad K_b = 9,1 \times 10^{-9}$$

A hidroxilamina pura é um sólido extremamente instável à temperatura ambiente.

Óxidos de Nitrogênio. O nitrogênio se combina com o oxigênio formando uma série de óxidos.

O *óxido dinitrogênio*, N_2O, também chamado *óxido nitroso*, é uma molécula linear contendo nitrogênio no estado +1. Ele pode ser descrito como híbrido de ressonância das seguintes formas principais:

$$:\!\ddot{\underset{..}{N}}\!::\!N\!::\!\underset{..}{O}\!: \leftrightarrow :\!\underset{..}{N}\!::\!N\!:\!\ddot{\underset{..}{O}}\!:$$

Comparado com os outros óxidos de nitrogênio, o óxido de dinitrogênio é surpreendentemente estável e não-reativo, pelo menos à temperatura ambiente. Sofre decomposição térmica para formar seus elementos, o que pode ser responsável por sua habilidade de manter a combustão de muitas coisas que queimam em oxigênio gasoso. N_2O é conhecido como "gás hilariante" desde o começo de 1800, quando se descobriu que a inalação do mesmo produz euforia. Foi usado durante muitos anos misturado com o oxigênio como um anestésico geral brando por médicos e dentistas.

O estado de oxidação +2 do nitrogênio é representado pelo *óxido de nitrogênio*, NO, chamado de *óxido nítrico*. Ele se forma de N_2 e O_2 como conseqüência de descargas na atmosfera inferior e radiação ultravioleta na atmosfera superior. É também produzido quando ocorrem faíscas de alta temperatura, inclusive aquelas que ocorrem nos motores de automóveis. Pode ser obtido na redução do ácido nítrico em reações tais como

$$NO_3^-\,(aq) + 3Fe^{2+}(aq) + 4H^+(aq) \rightarrow NO(g) + 3Fe^{3+}(aq) + 2H_2O$$

NO é uma molécula ímpar (ou radical livre) e, por isso, é paramagnética. Sua estrutura pode ser representada como híbrido de ressonância das formas:

$$:\!\underset{..}{N}\!::\!\underset{..}{O}\!: \leftrightarrow :\!\underset{..}{N}\!::\!\ddot{\underset{..}{O}}\!:$$

A configuração eletrônica MO desta molécula é

$$KK(\sigma_s)^2(\sigma_s^*)^2(\sigma_x)^2(\pi_y)^2(\pi_z)^2(\pi_y^*)^1$$

que indica uma ordem de ligação de 2,5, em concordância com a distância de ligação observada.

O óxido nítrico é um gás incolor que reage facilmente com o oxigênio, formando o dióxido de nitrogênio, castanho, NO_2 (Ver a seguir). NO mostra alguma tendência em dimerizar no estado líquido. O sólido deve ser composto inteiramente de dímeros N_2O_2.

O *dióxido de nitrogênio*, NO_2, contém nitrogênio no estado +2. É um gás castanho formado pela oxidação do NO, como mencionado anteriormente. Ele também pode ser obtido pela redução de ácido nítrico concentrado por alguns metais ou pela decomposição térmica de nitratos:

$$2Pb(NO_3)_2(s) \rightarrow 2PbO(s) + 4NO_2(g) + O_2(g)$$

NO: NO_2 é outra molécula ímpar, mas mostra maior tendência em dimerizar do que

$$2NO_2(g) \rightleftharpoons N_2O_4(g) \quad \Delta H° = -61 \text{ kJ}$$

À medida que o dióxido de nitrogênio é resfriado, sua cor castanha esmaece e seu paramagnetismo decresce, como a mudança de equilíbrio para a direita, e a percentagem de NO_2 na mistura diminui. No líquido, no seu ponto de ebulição normal (21°C), a percentagem de NO_2 é somente 0,1%. A molécula de dióxido de nitrogênio é angular, e as principais formas que mais contribuem para o híbrido de ressonância são

[estruturas de Lewis do NO_2]

Oxoácidos e Oxoânions do Nitrogênio. O nitrogênio forma dois oxoácidos importantes. O primeiro é o *ácido nitroso*, HNO_2, ou HONO, um ácido fraco ($K_a = 5,0 \times 10^{-4}$) que pode ser preparado pela acidificação de nitritos, mas que não pode ser isolado no estado puro. Os *nitritos* dos metais alcalinos podem ser obtidos pela decomposição térmica dos nitratos:

$$2NaNO_3(l) \rightarrow 2NaNO_2(l) + O_2(g)$$

Em solução, o ácido nitroso lentamente se desproporciona, formando NO e ácido nítrico:

$$3HNO_2(aq) \rightarrow 2NO(g) + H^+(aq) + NO_3^-(aq) + H_2O$$

A ligação no HNO_2 é descrita pela estrutura de Lewis:

[estrutura de Lewis do HNO_2]

é o íon NO_2^- é melhor representado como um híbrido de ressonância:

[estruturas de ressonância do NO_2^-]

Os nitritos são venenosos, mas têm sido largamente usados em baixas concentrações para preservar carne de porco e outras carnes. Há evidência, entretanto, de que esses nitritos reagem com as proteínas formando compostos chamados *nitrosoaminas*, que são carcinogênicos (agentes causadores de câncer).

O *ácido nítrico*, HNO_3, ou $HONO_2$, é um reagente químico industrial importante, a maior parte do qual é produzida pelo *processo Ostwald*. Nesse processo, a amônia é inicialmente oxidada usando-se um catalisador de platina ou platina-ródio:

$$4NH_3(g) + 5O_2(g) \xrightarrow{Pt} 4NHO(g) + 6H_2O(g)$$

O óxido nítrico é então misturado com mais oxigênio, produzindo dióxido de nitrogênio,

$$2NO(g) + O_2(g) \to 2NO_2(g)$$

que então se desproporciona quando dissolvido em água:

$$3NO_2(g) + H_2O \to 2H^+(aq) + 2NO_3^-(aq) + NO(g)$$

A solução resultante é destilada e fornece HNO_3 puro, e o subproduto NO é reciclado. As formas de ressonância que contribuem para o híbrido do HNO_3 são

O ácido nítrico é forte e, quando puro ou em solução, sofre decomposição fotoquímica (luz induzida) lenta:

$$4H^+(aq) + 4NO_3^-(aq) \to 4NO_2(aq) + 2H_2O + O_2(g)$$

e NO dissolvido colore a solução de amarelo ou castanho. No laboratório, esta decomposição pode ser fortemente diminuída mantendo-se a solução em frasco âmbar.

O ácido nítrico é um oxidante poderoso no estado concentrado. Seus produtos de decomposição variam muito, dependendo do agente redutor e da concentração envolvida. Produtos que podem ser formados são: NO_2, HNO_2, NO, N_2O, N_2, NH_3OH^+, $N_2H_5^+$ e NH_4^+. Algumas reações típicas são

$$Cu(s) + 2NO_3^-(aq) + 4H^+(aq) \rightarrow Cu^{2+}(aq) + 2NO_2(g) + 2H_2O \quad (20.1)$$

$$3Cu(s) + 2NO_3^-(aq) + 8H^+(aq) \rightarrow 3Cu^{2+}(aq) + 2NO(g) + 4H_2O \quad (20.2)$$

$$4Zn(s) + 2NO_3^-(aq) + 10H^+(aq) \rightarrow 4Zn^{2+}(aq) + N_2O(g) + 5H_2O \quad (20.3)$$

$$4Zn(s) + NO_3^-(aq) + 10H^+(aq) \rightarrow 4Zn^{2+}(aq) + NH_4^+(aq) + 3H_2O \quad (20.4)$$

Das reações com cobre, a reação 20.1 é favorecida com HNO_3 concentrado e a reação 20.2 com o diluído. (Isto é razoável? Observe as estequiometrias nas reações 20.1 e 20.2.) Das reações com zinco, a reação 20.3 ocorre com HNO_3 diluído e a reação 20.4 com HNO_3 diluído, à qual se adicionou H_2SO_4 para aumentar $[H^+]$. Com muitos agentes redutores se pode obter uma mistura de produtos.

    O ácido nítrico concentrado dissolve praticamente todos os metais. Entre os que são resistentes à sua ação oxidante incluem-se os metais nobres platina, ouro, ródio e irídio. Alguns metais, como ferro e alumínio, por exemplo, reagem formando um filme impenetrável de óxido, que essencialmente interrompe a reação. (Ver passivação, Seção 22.6.) Mesmo a platina não resiste à poderosa mistura conhecida como *água régia*, que é uma mistura de duas ou três partes de HCl concentrado e uma parte de HNO_3 concentrado, em volume. A água régia dissolve metais e muitos compostos que são insolúveis nos ácidos isolados; seu poder solvente resulta da combinação da habilidade oxidante do NO_3^- e da habilidade complexante do Cl^-. Reações típicas são

$$3Pt(s) + 4NO_3^-(aq) + 16H^+(aq) + 18Cl^-(aq) \rightarrow 3PtCl_6^{2-}(aq) + 4NO(g) + 8H_2O$$

$$3HgS(s) + 2NO_3^-(aq) + 8H^+(aq) + 12Cl^-(aq) \rightarrow 3HgCl_4^{2-}(aq) + 2NO(g) + 3S(s) + 4H_2O$$

Na primeira das reações, o íon nitrato oxida a platina para o estado +4, e então o íon cloreto complexa-o. Na segunda reação, o íon nitrato oxida o sulfeto ao enxofre, e o íon cloreto complexa o mercúrio(II).

    Os sais do ácido nítrico são os *nitratos*, cuja maioria é bastante solúvel em água. O íon nitrato não se hidrolisa e é um agente complexante fraco. Ele pode ser detectado na análise qualitativa pela adição de sulfato de ferro(II), $FeSO_4$, e então adiciona-se cuidadosamente H_2SO_4 concentrado através das paredes do tubo de ensaio. Na parte superior da camada mais densa de H_2SO_4, NO_3^- é reduzido a NO pelo Fe^{2+}. NO então se complexa com o excesso de Fe^{2+}, formando o complexo nitrosilo ferro(II), $[FeNO]^{2+}$, que é percebido como um anel ou camada castanhos. (Este complexo é provavelmente melhor formulado como $[Fe(H_2O)_5(NO)]^{2+}$.) Esse é o *teste do anel castanho* para os nitratos.

O íon nitrato é um íon trigonal plano que pode ser representado como um híbrido de ressonância de três formas equivalentes:

$$\left[\begin{array}{c} :\ddot{O}: \\ :\ddot{O}:\overset{..}{N}\cdot\overset{..}{O}: \end{array} \right]^{-} \leftrightarrow \left[\begin{array}{c} :\ddot{O}: \\ :\ddot{O}:\overset{..}{N}\cdot\overset{..}{O}: \end{array} \right]^{-} \leftrightarrow \left[\begin{array}{c} :\ddot{O}: \\ :\ddot{O}:\overset{..}{N}\cdot\overset{..}{O}: \end{array} \right]^{-}$$

FÓSFORO

Fósforo (do grego, "luz de referência") é o segundo membro do grupo VA. Diversamente do nitrogênio, ele não ocorre isolado na natureza; a maior parte do fósforo é encontrada em depósitos de rochas de fosfato, $Ca_3(PO_4)_2$, apatita, $Ca_5F(PO_4)_3$, e compostos semelhantes contendo fosfato de cálcio. O fósforo elementar é obtido industrialmente pelo aquecimento das rochas contendo fósforo com carbono (na forma de coque) e dióxido de silício (areia) em fornos elétricos:

$$2Ca_3(PO_4)_2(s) + 6SiO_2(s) + 10C(s) \rightarrow P_4(g) + 6CaSiO_3 + 10CO(g)$$

O fósforo forma-se inicialmente como moléculas P_2 que se dimerizam e são condensadas debaixo de água, formando moléculas de fósforo branco, P_4.

O fósforo pode existir em pelo menos seis tipos de variedades alotrópicas, das quais mencionaremos apenas três. O *fósforo branco*, já mencionado, é uma substância muito reativa, venenosa, volátil, resinosa, branco-amarelada. É muito solúvel em solventes não-polares como o benzeno, C_6H_6, e dissulfeto de carbono, CS_2. Ele tem uma estrutura cúbica (embora uma variedade hexagonal também exista) na qual as moléculas P_4 ocupam os nós do retículo. A molécula P_4 tem estrutura compacta, não-polar, tetraédrica, mostrada na Figura 20.9. O fósforo branco deve ser guardado debaixo de água para impedir que se inflame espontaneamente ao ar, uma reação altamente exotérmica:

$$P_4(s) + 5O_2(g) \rightarrow P_4O_{10}(s) \qquad \Delta H° = -2940 \text{ kJ}$$

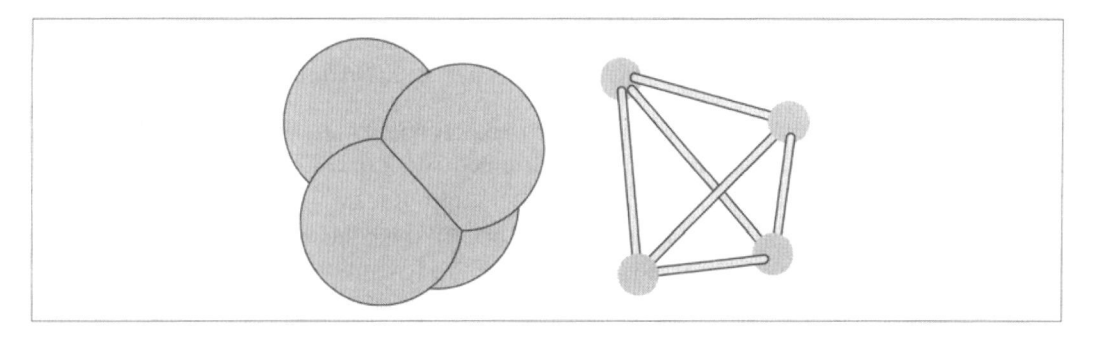

Figura 20.9 A molécula de fósforo branco.

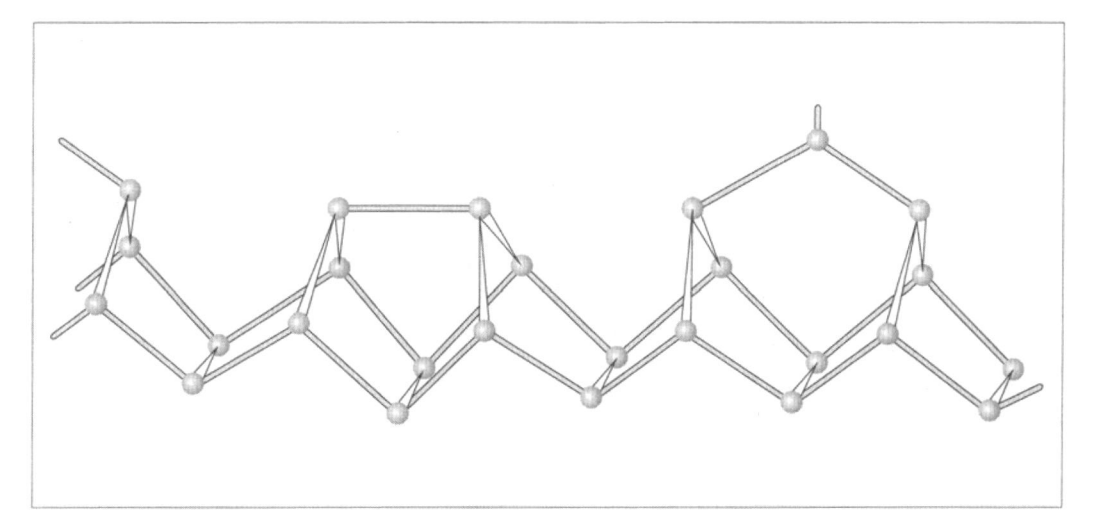

Figura 20.10 A estrutura do fósforo vermelho.

O fósforo branco ferve a 280°C formando vapor P_4, que se dissocia acima de 700°C, dando P_2, analogamente a N_2.

Aquecendo o fósforo branco a cerca de 260°C, usando iodo ou enxofre como catalisador, há formação de uma variedade vermelha amorfa de fósforo que subseqüentemente cristaliza a altas temperaturas, originando o *fósforo vermelho*, que é muito menos reativo e menos venenoso do que o branco, pode ser guardado em contato com o ar e é insolúvel na maioria dos solventes. Ele tem uma estrutura composta de "tubos" de seção pentagonal, arranjados em camadas tais que os tubos de camadas adjacentes estão em ângulos retos em relação aos outros. A estrutura de um desses tubos é vista na Figura 20.10.

Os fósforos branco e vermelho são variedades mais comuns do elemento, mas a forma termodinamicamente mais estável, nas condições ordinárias, é a do *fósforo preto*. Sua estrutura consiste em camadas em zigue-zague de átomos de fósforo.

Óxidos de Fósforo. Quando o fósforo é queimado em atmosfera limitada de oxigênio, o produto é o *hexaóxido de tetrafósforo*, P_4O_6. Também é conhecido como óxido fosfor*oso* (note o sufixo) ou *trióxido de fósforo*, um nome antigo que se justifica com base na sua fórmula empírica. P_4O_6 é um líquido volátil que se congela à temperatura ambiente (23,8°C). A sua molécula é apresentada na Figura 20.11, com a do P_4 para comparação. Pode ser considerado que a molécula de P_4O_6 é derivada de uma molécula de P_4 que se expande para acomodar um átomo de oxigênio ligado covalentemente entre cada par de átomos de fósforo.

Quando o fósforo se queima em excesso de oxigênio, ou simplesmente no ar, o produto é o *decaóxido de tetrafósforo*, P_4O_{10}, também chamado de *pentóxido de fósforo*. É um sólido branco, volátil, que se sublima a 360°C (a 1 atm). Sua molécula é semelhante ao P_4O_6, exceto que cada átomo de fósforo acomoda um oxigênio a mais além dos oxigênios em forma de pontes. (Ver Figura 20.11.)

P_4O_{10} é um dos agentes desidratantes mais fortes que se conhece. Quando exposto ao vapor d'água, ele se hidrata produzindo uma série de ácidos fosfóricos (veja a seguir) que forma uma camada gomosa na superfície do pó branco. Quando P_4O_{10} é hidratado rapidamente, sofrendo adição da água, há libertação de enorme quantidade de calor, podendo ocorrer violenta projeção do material.

Oxoácidos e Oxossais do Fósforo. Quando se adiciona água ao P_4O_6, há formação de *ácido fosfônico* (formalmente chamado *ácido fosforoso*):

$$P_4O_6(s) + 6H_2O(l) \rightarrow 4H_2PHO_3(s)$$

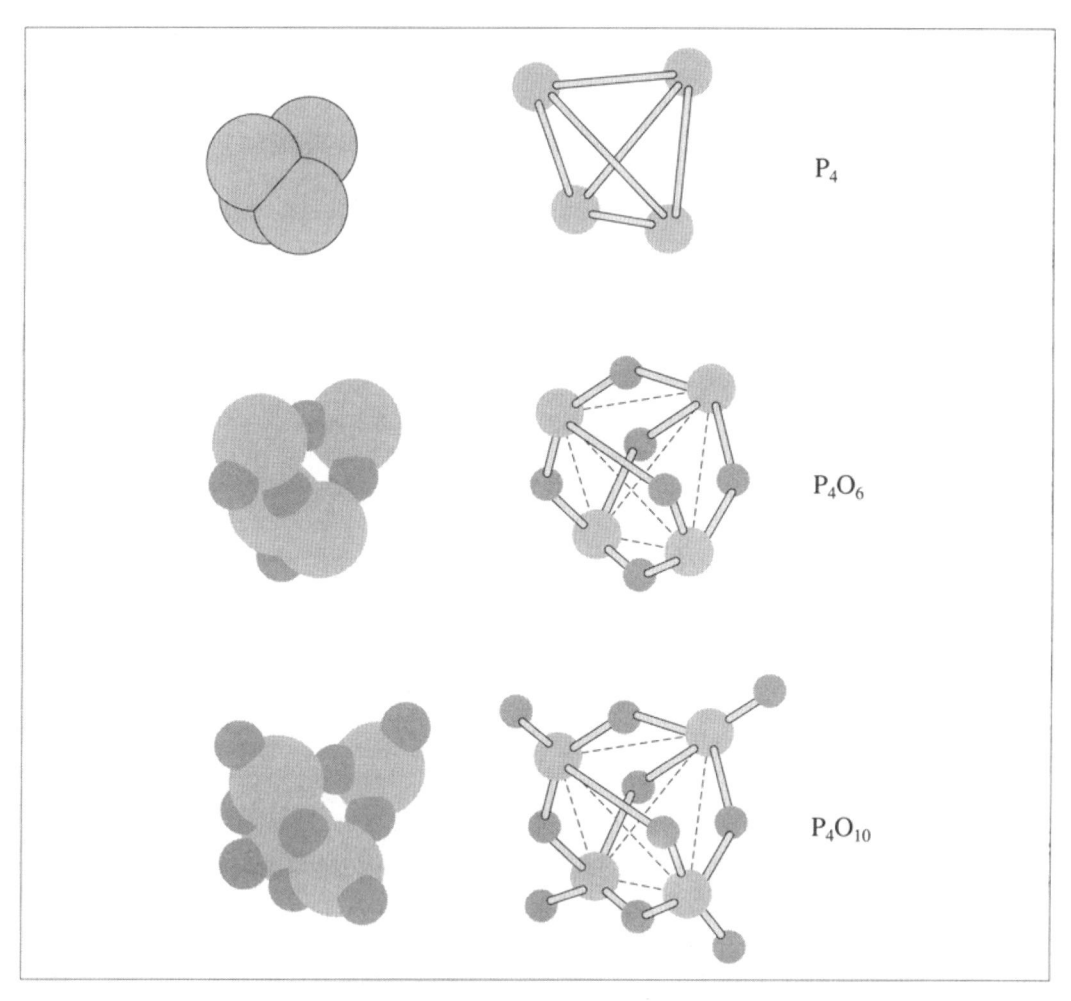

Figura 20.11 As estruturas de P_4, P_4O_6 e P_4O_{10}.

Esse ácido, sólido à temperatura ambiente, é melhor formulado como $(HO)_2PHO$, para indicar que ele é somente um ácido diprótico. ($K_1 = 1,6 \times 10^{-2}$ e $K_2 = 7 \times 10^{-7}$.) Sua estrutura de Lewis é

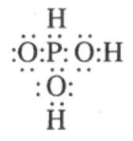

$$\begin{array}{c} H \\ :\ddot{O}:\overset{|}{P}:\ddot{O}:H \\ :\ddot{O}: \\ H \end{array}$$

Como a ligação P—H não é quebrada pela água, o ácido pode formar somente duas séries de sais: os *fosfonatos de hidrogênio* (formalmente chamado *dihidrogeno fosfitos*), contendo o íon $HOPHO_2^-$, ou HPO_3^-, e os *fosfonatos* (formalmente, *hidrogeno fosfitos*), contendo o íon PHO_3^{2-}. (Este último é chamado, simplesmente, ainda que incorretamente, *fosfito*.)

Quando se adiciona água ao P_4O_{10} há produção de uma série de *ácidos fosfóricos*. Algumas equações para a hidratação dos óxidos são:

$$P_4O_{10}(s) + 2H_2O(l) \rightarrow 4HPO_3(s)$$
Ácido metafosfórico

$$2HPO_3(s) + H_2O(l) \rightarrow H_4P_2O_7(s)$$
Ácido pirofosfórico

$$H_4P_2O_7(s) + H_2O(l) \rightarrow 2H_3PO_4(s)$$
Ácido ortofosfórico

O nome "ácido fosfórico" refere-se sempre ao ácido *orto*. Ele é um agente oxidante fraco e um ácido triprótico com $K_1 = 7,6 \times 10^{-3}$, $K_2 = 6,3 \times 10^{-8}$ e $K_3 = 4,4 \times 10^{-13}$. Sua estrutura de Lewis é

$$\begin{array}{c} :\ddot{O}: \\ H:\ddot{O}:P:\ddot{O}:H \\ :\ddot{O}: \\ H \end{array}$$

H_3PO_4 dá origem a três séries de sais: os *dihidrogeno fosfatos*, $H_2PO_4^-$, os *hidrogeno fosfatos*, HPO_4^{2-}, e os *fosfatos*, PO_4^{3-}. O valor de K_3 para H_3PO_4 é tão pequeno que as soluções de "fosfato trisódico", Na_3PO_4, são bem básicas. Esse composto foi largamente empregado na limpeza doméstica e na composição de outros detergentes, mas sua aplicação foi limitada, recentemente, por causa da poluição das águas.

20.8 CARBONO

No grupo IVA da tabela periódica há somente um elemento que pode ser classificado como um típico não-metal: o carbono. (O nome provém do latim e significa "carvão".) O silício, logo abaixo do carbono no grupo, é melhor classificado como metalóide, porque apresenta um caráter considerável de semimetal. À medida que percorremos a tabela periódica da direita para a esquerda, os grupos vão aumentando o caráter metálico, com os elementos não-metálicos limitados ao topo do grupo O carbono, o menos metálico do grupo, apresenta uma variedade alotrópica que é condutora de eletricidade; assim, vemos traços de caráter metálico também neste elemento. Os hidroxicompostos do carbono são, no entanto, claramente ácidos, o que é uma evidência do seu predominante comportamento não-metálico.

O ELEMENTO CARBONO

O *diamante* e a *grafita* são duas variedades alotrópicas do carbono. O diamante se cristaliza na forma cúbica ou octaedral, incolor quando puro, e geralmente apresenta faces e extremidades curvas devido a defeitos no retículo. (O diamante também apresenta uma outra forma, hexagonal.) O diamante é a substância natural mais dura; é usado na trituração, desbaste e gravação em metais duros e outras substâncias. A dureza do diamante provém de sua estrutura compacta, tridimensional, mostrada na Figura 20.12. Nessa estrutura, cada carbono usa todos os quatro elétrons de valência nos quatro orbitais híbridos equivalentes sp^3 (tetraédricos) para formar quatro equivalentes ligações covalentes com quatro átomos de carbono adjacentes.

O diamante é um isolante elétrico porque todos os elétrons de valência estão firmemente envolvidos na formação de ligações sigma (σ). Possui um alto *índice de refração*, o que significa que a luz que penetra sofre um forte desvio para o interior do diamante. Ele também apresenta grande *dispersão*, o que significa que o ângulo de desvio da luz varia com o seu comprimento de onda (cor). Essas duas propriedades são exploradas por lapidadores de diamantes, que fazem faces nas gemas do diamante visando produzir lampejos de grande "brilho".

A segunda variedade alotrópica do carbono é a grafita, cujas propriedades são muito diferentes das do diamante. A grafita é um sólido hexagonal (sua forma mais comum), preto, mole, com um brilho semimetálico que sugere a existência de elétrons pouco ligados. Tem uma estrutura em camadas na qual cada camada apresenta uma rede de átomos de carbono, semelhante a uma "tela de galinheiro", como é mostrado na Figura 20.13a. Em cada uma dessas redes cada carbono está ligado a três outros, à distância de 0,142 nm, que é mais curta que a distância C—C do diamante (0,154 nm). Cada camada está separada da outra por uma distância de 0,334 nm. (Ver Figura 20.13b.) Dentro de cada camada na estrutura da grafita, cada carbono está ligado a três carbonos adjacentes, empregando três de seus quatro elétrons de valência em híbridos sp^2 (trigonal plana) para formar três ligações covalentes equivalentes com seus três carbonos adjacentes dentro da camada. Isto dá origem a um esqueleto de ligações σ que é suplementado por ligações π da seguinte maneira: os quatro elétrons de valência de cada carbono estão em um orbital *p* cujo eixo é perpendicular à camada de átomos. Esses orbitais *p* se sobrepõem lado a lado, formando um imenso orbital π *deslocalizado*, que se estende acima e abaixo de toda camada e que se estende lateralmente para a extremidade da camada completa. Cada carbono contribui com um elétron para essa nuvem π deslocalizada e esses elétrons são responsáveis pelo brilho semimetálico da grafita. Eles também contribuem para a condutividade elétrica da grafita, que é cerca de 10^5 vezes maior nas direções dos planos paralelos do que na direção perpendicular. O modelo MO do orbital π deslocalizado está esquematizado na Figura 20.14.

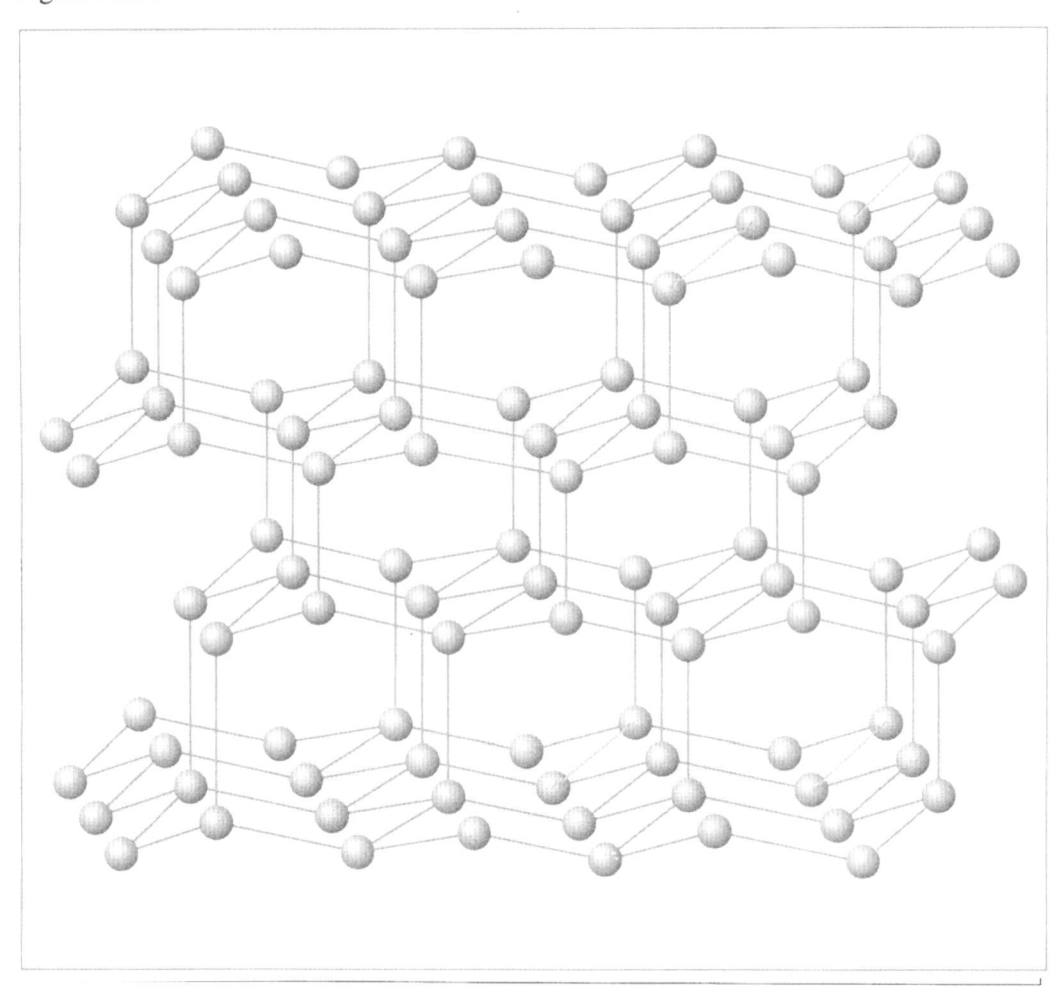

Figura 20.12 Retículo do diamante.

De acordo com a teoria de ligação de valência, a estrutura de uma camada de grafita pode ser alternativamente apresentada como um híbrido de ressonância de três formas equivalentes, indicadas na Figura 20.15.

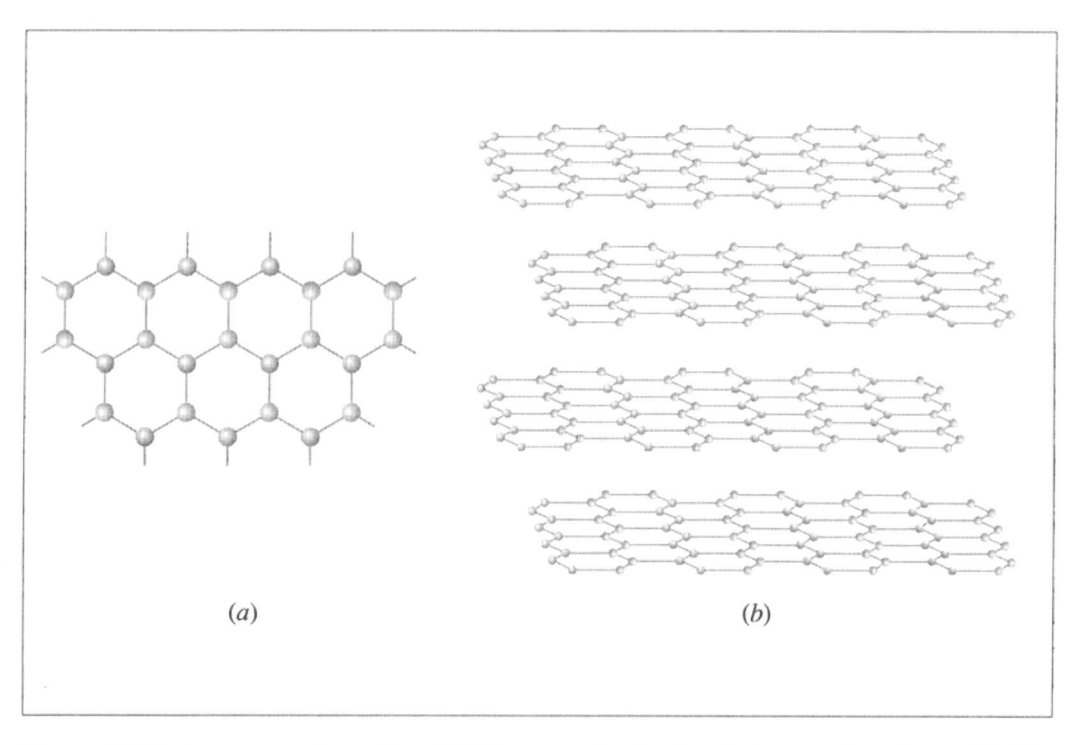

Figura 20.13 A estrutura da grafita. (a) Uma camada simples de átomos de carbono. (b) Um conjunto de camadas.

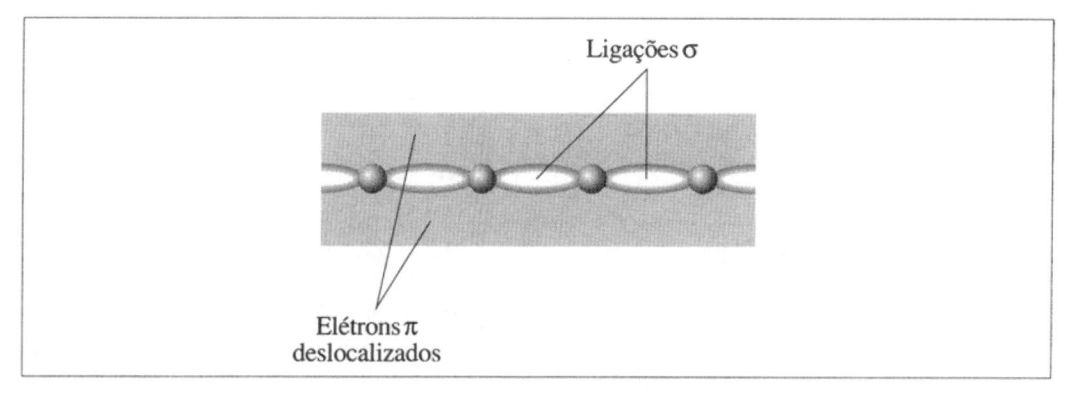

Figura 20.14 A ligação dentro de uma camada na grafita (esquematizada).

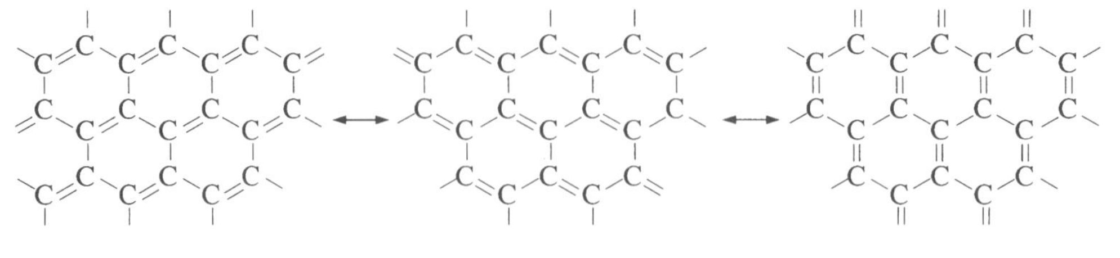

Figura 20.15 A ligação na grafita: modelo de ressonância.

Comentários Adicionais

Os elétrons responsáveis pela condução elétrica em um metal são deslocalizados em três dimensões sobre o retículo cristalino completo. (Ver Seção 9.5.) A grafita pode ser considerada um metal bidimensional.

A ligação entre as camadas de grafita é fraca, consistindo em forças de London que podem suportar o cristal da grafita somente porque as camadas são muito largas. As camadas podem escorregar umas sobre as outras, o que dá à grafita propriedades lubrificantes muito úteis. (Durante a Segunda Grande Guerra, entretanto, foi observado que em vários componentes nos quais a grafita foi usada como lubrificante, em aviões que voam a grandes altitudes, ela perdeu essa propriedade. Depois que muitos aviões foram perdidos, foi verificado que as camadas de grafita não deslizam no vácuo. A presença de algumas moléculas que atuam como "bolas de rolamentos", como H_2O, entre as camadas, parece facilitar o deslizamento, e essas moléculas deixam a estrutura em baixas pressões.)

A 25°C e a 1 atm a grafita é, por uma margem restrita, a forma alotrópica mais estável do carbono

$$C(diamante) \rightarrow C(grafita) \qquad \Delta G° = -2,9 \text{ kJ}$$

mas a transformação é muito lenta para ser observada nessas condições. Como o diamante tem uma estrutura mais compacta que a grafita, sua densidade é maior, e, como predito pelo princípio de Le Châtelier, ele se torna estável a altas pressões. Assim, próximo de 10^5 atm e 3000°C a transformação grafita-diamante pode ser efetuada com o auxílio de metais de transição como catalisadores. O processo é utilizado para obter cristais pequenos para fins industriais e também usado com sucesso na produção de gemas de diamantes de vários tamanhos, mas a custo muito mais alto do que o empregado na mineração. (Recentemente, um novo processo tem produzido diamantes de melhor qualidade do que qualquer já obtido da terra.)

Existem várias formas do carbono chamadas *amorfas*; incluem o carvão, fuligem e negro de fumo e, na verdade, são variedades microcristalinas de grafita. Os pequenos fragmentos de grafita são, nesses casos, tão minúsculos que a superfície total por grama de carbono é enorme. Como os elétrons nas superfícies dessas partículas não são todos necessários para a ligação entre elas, os átomos na superfície tendem a ligar com outros átomos que podem estar perto. Quando essas formas de carbono são tratadas para minimizar a área total da superfície, são chamadas *carvões ativados*, e podem absorver grandes quantidades de gases e de componentes de soluções líquidas. São empregadas para muitos propósitos, tais como controle de emissão de hidrocarbonetos usados como combustível nos automóveis, extração de ouro e na purificação da água para fornecimento aos municípios.

COMPOSTOS INORGÂNICOS DO CARBONO

Os derivados dos hidrocarbonetos (compostos que contêm somente carbono e hidrogênio) são comumente classificados como compostos *orgânicos*. Serão discutidos no Capítulo 23. Agora abordaremos alguns compostos *inorgânicos*. (A distinção entre compostos orgânicos e inorgânicos, entretanto, não é sempre muito nítida.)

O *monóxido de carbono*, CO, é um gás incolor e inodoro. É produzido quando as substâncias contendo carbono, como madeira, carvão, gasolina e tabaco, são queimadas, especialmente quando em atmosfera pobre de ar. O monóxido de carbono tem estrutura com uma tripla ligação:

$$: C : : : O :$$

muito semelhante à molécula N_2. CO e N_2 são isoeletrônicos; isto é, possuem a mesma configuração eletrônica.

CO atua como ligante neutro (sem carga) em complexos chamados *carbonilos*. Tetracarboniloníquel, $Ni(CO)_4$, e pentacarbonilaferro, $Fe(CO)_5$, podem ser obtidos pela combinação direta dos elementos dos metais com monóxido de carbono. O níquel tetracarbonilo se forma à temperatura ambiente e a 1 atm:

$$Ni(s) + 4CO(g) \rightleftharpoons Ni(CO)_4(g) \qquad \Delta H° = -191 \text{ kJ}$$

Como prediz o princípio de Le Châtelier, a reação ocorre no sentido inverso a temperaturas mais altas (ou pressões mais baixas); o processo é usado na purificação do níquel (*processo Mond*).

A natureza tóxica do monóxido de carbono é bem conhecida e relacionada com a sua habilidade de complexar metais. A molécula gigante da *hemoglobina* do sangue contém

4 íons de ferro (II), Fe^{2+}, que são complexados de tal maneira que eles podem aceitar um ligante extra. Quando esse ligante é o oxigênio molecular (O_2), a hemoglobina é convertida a *oxihemoglobina* por quatro etapas em um processo reversível:

$$\text{hemoglobina} + 4O_2 \rightleftharpoons \text{oxihemoglobina} \quad (4 \text{ etapas})$$

A oxihemoglobina é formada nos pulmões e transportada para as células, onde entrega o oxigênio. A hemoglobina se liga mais fortemente ao monóxido de carbono do que ao oxigênio, de tal modo que a inalação de pequenas quantidades de CO pode dar origem a quantidade suficiente da estável *carboxihemoglobina*, limitando a capacidade transportadora de oxigênio no sangue.

A combustão do carbono ou de compostos contendo carbono em um excesso de oxigênio conduz ao composto importante desse elemento, o *dióxido de carbono*, CO_2. Ele é produzido industrialmente em grandes quantidades em processos de fermentação e também na produção de cal virgem (óxido de cálcio, CaO), a partir do calcário (carbonato de cálcio, $CaCO_3$), pela decomposição térmica. E também a respiração dos animais produz CO_2.

O dióxido de carbono é o anidrido do *ácido carbônico*, H_2CO_3. Este ácido não pode ser isolado, mas existe em pequenas concentrações nas soluções aquosas de CO_2:

$$CO_2(aq) + H_2O \rightleftharpoons H_2CO_3(aq) \quad K \approx 2 \times 10^{-3}$$

Como foi observado na Seção 15.6, todo CO_2 dissolvido é considerado como "ácido carbônico", de maneira que o valor de K_1, para a primeira dissociação, usualmente escrito como

$$K_1 = \frac{[H^+][HCO_3^-]}{[H_2CO_3]}$$

ou como

$$K_1 = \frac{[H^+][HCO_3^-]}{[CO_2]}$$

é na realidade

$$K_1 = \frac{[H^+][HCO_3^-]}{[\text{"ácido carbônico"}]}$$

onde ["ácido carbônico"] se refere à concentração total molar de toda a espécie neutra contendo carbono. Empregando essa convenção, $K_1 = 4{,}2 \times 10^{-7}$ e $K_2 = 5{,}6 \times 10^{-11}$.

Sendo o ácido carbônico um ácido diprótico, ele forma duas espécies de sais, os *hidrogenocarbonatos* (*bicarbonatos*), contendo o ânion HCO_3^-, e os *carbonatos*, contendo o ânion CO_3^{2-}. O carbonato de sódio, Na_2CO_3, dá uma reação básica em água devido à hidrólise do íon carbonato:

$$CO_3^{2-}(aq) + H_2O \rightarrow HCO_3^-(aq) + OH^-(aq) \qquad K_{h_1} = 1,8 \times 10^{-4}$$

Por causa dessa reação, o carbonato de sódio deca-hidratado, $Na_2CO_3 \cdot 10H_2O$, é conhecido como "soda de lavagem"; já foi utilizado em residências para aumentar a ação lavadora do sabão. (Óleos e graxas podem ser mais facilmente removidos das roupas em soluções básicas.) O carbonato de sódio é usado, hoje em dia, como aditivo de detergentes. Diferente dos fosfatos (ver Seção 20.7), os carbonatos são relativamente inofensivos para o meio ambiente.

O hidrogenocarbonato de sódio (bicarbonato de sódio, $NaHCO_3$) dissolve em água para produzir uma solução fracamente básica por causa dos equilíbrios competitivos:

Hidrólise: $\qquad HCO_3^-(aq) + H_2O \rightleftharpoons H_2CO_3(aq) + OH^-(aq) \qquad K_{h_2} = 2,4 \times 10^{-8}$

Dissociação: $\qquad HCO_3^-(aq) \rightleftharpoons CO_3^{2-}(aq) + H^+(aq) \qquad K_2 = 5,6 \times 10^{-11}$

O primeiro predomina ligeiramente sobre o segundo. $NaHCO_3$ é conhecido como "fermento de soda". O "aumento" da ação no crescimento de bolos etc. é devido à reação do dióxido de carbono produzido pela reação do HCO_3^- com substâncias ácidas:

$$HCO_3^-(aq) + H^+(aq) \rightarrow H_2O + CO_2(g)$$

Dióxido de carbono também pode ser produzido pela decomposição térmica de hidrogenocarbonato de sódio e potássio, usado em "química seca" em extintores. Com bicarbonato de sódio a reação é

$$2NaHCO_3(s) \rightarrow Na_2CO_3(s) + H_2O(g) + CO_2(g)$$

Com o nitrogênio, o carbono forma uma classe de compostos, os *cianetos*, que podem ser considerados derivados do *cianogênio* $(CN)_2$, um gás altamente tóxico. Cianogênio tem a estrutura

$$: N ::: C : C ::: N :$$

O cianogênio é considerado um *pseudo-halogênio*, porque imita o comportamento dos halogênios. Compare, por exemplo, os desproporcionamentos de Cl_2 e $(CN)_2$ em solução básica:

$$Cl_2(aq) + 2OH^-(aq) \rightarrow OCl^-(aq) + Cl^-(aq) + H_2O$$
$$(CN)_2(aq) + 2OH^-(aq) \rightarrow OCl^-(aq) + CN^-(aq) + H_2O$$

O íon *cianeto*, CN^-, é o ânion do *cianeto de hidrogênio*, HCN, algumas vezes chamado *ácido cianídrico*, um ácido muito fraco ($K_a = 4,0 \times 10^{-10}$) em solução aquosa. O HCN é um gás muito tóxico (usado em execuções em prisões) à temperatura ambiente e a pressões atmosféricas ordinárias; tem odor de amêndoas amargas.

O segundo íon produzido no desproporcionamento do cianogênio é o *cianato*, OCN^-. Cianato de amônio, NH_4OCN, é de interesse histórico. Em 1828, o químico alemão Friedrich Wöhler preparou uréia

$$\underset{\underset{H}{|}}{H}\diagdown \underset{N}{}\diagup \overset{\overset{O}{\|}}{C} \diagdown \underset{\underset{H}{|}}{N} \diagup H$$

pelo aquecimento de cianato de amônio, NH₄OCN. Até aquela época, pensava-se que a uréia somente poderia ser produzida como um subproduto dos organismos vivos e que compostos como a uréia continham uma espécie de "força vital" que estava ausente em compostos "inorgânicos", como cianeto de amônio.

O íon *tiocianato*, SCN^-, está relacionado com o cianato. É um agente complexante muito útil; na análise qualitativa o complexo vermelho $FeNCS^{2+}$ (realmente, na solução diluída é $Fe(H_2O)_5(NCS)^{2+}$) serve como indicador virtualmente não-ambíguo da presença de íons Fe^{3+} na solução.

O carbono forma outros compostos com não-metais; incluem tetracloreto de carbono, CCl_4, sulfeto de carbono, CS_2, fosgeno, $COCl_2$, e fluorcarbonos, tais como C_2F_6.

O carbono forma com os metais vários tipos de *carbetos*. Os carbetos dos metais fortemente eletropositivos contêm ânions carbetos, como C^{4-} (no carbeto de alumínio, Al_4C_3) e C_2^{2-} (no carbeto de cálcio, CaC_2). O carbeto de cálcio reage com água dando o acetileno, C_2H_2, que foi usado como lampião dos mineiros e nos antigos faróis de automóveis. A reação é

$$CaC_2(s) + 2H_2O \rightarrow C_2H_2(g) + 2OH^-(aq) + Ca^{2+}(aq)$$

Muitos dos metais de transição formam carbetos intersticiais não-estequiométricos. Alguns deles, muito duros, apresentam altos pontos de fusão; os carbetos de tungstênio e tantálio são empregados em ferramentas de corte na usinagem de metais.

Com os metalóides o carbono forma sólidos covalentes muito duros. O *carborundum* (carbeto de silício, SiC) serve como abrasivo para afiar e triturar metais e outras substâncias. Ele tem a estrutura do diamante (Figura 20.12), exceto que os átomos de carbono e de silício se alternam no retículo.

20.9 GASES NOBRES

Os gases nobres hélio, neônio, argônio, criptônio, xenônio e radônio ocorrem na atmosfera em pequenas quantidades. O hélio também ocorre em alguns gases naturais nos Estados Unidos. Ele é obtido pela liquefação e subseqüente destilação fracionada. Neônio, argônio, criptônio e xenônio são todos obtidos na destilação fracionada do ar líquido. O radônio é intensamente radioativo; é um produto do decaimento radioativo do rádio (ver Capítulo 24). Algumas das propriedades dos gases nobres estão na Tabela 20.9.

Durante a primeira metade do século XX, poucos químicos deram atenção à possibilidade dos gases nobres formarem verdadeiros compostos. Na verdade, apenas clatratos dos gases nobres (Seção 20.4) eram conhecidos, mas eram considerados "pseudo-compostos". Como cada um desses elementos possui uma configuração da camada mais externa que impõe estabilidade, o termo *gás inerte* era comumente usado. Então, em 1962, Neil Bartlett, da British Columbia University, recusando se intimidar pela tradição, tentou obter um composto de gás nobre, a primeira tentativa durante muitos anos. Ele tinha, na ocasião, preparado o composto O_2PtF_6, que contém o cátion dioxigenilo, O_2^+; observando que a primeira energia de ionização do O_2 é muito próxima à do Xe, ele tentou preparar $XePtF_6$ por métodos semelhantes – e teve sucesso. Depois do rompimento da barreira, quando se percebeu que a inércia desses elementos não era absoluta, muitos outros compostos foram logo preparados.

A maioria dos compostos bem caracterizados dos gases nobres contêm xenônio, embora um pouco de compostos de criptônio e argônio tenha sido preparado. Um estudo detalhado da química desses compostos está fora da abordagem deste livro, mas discutiremos alguns poucos compostos de xenônio.

Tabela 20.14 Os gases nobres.

	He	*Ne*	*Ar*	*Kr*	*Xe*	*Rn*
Configuração da camada de valência	$1s^2$	$2s^2 2p^6$	$3s^2 3p^6$	$4s^2 4p^6$	$5s^2 5p^6$	$6s^2 6p^6$
Ponto de fusão normal, °C	−272	−249	−189	−157	−112	−71
Ponto de ebulição normal, °C	−296	−246	−186	−152	−107	−62
Percentagem em volume na atmosfera	0,0005	0,0016	0,093	0,0001	8×10^{-6}	6×10^{-18}

COMPOSTOS DE XENÔNIO

O xenônio apresenta os estados de oxidação +2, +4, +6 e +8 nos seus compostos. Alguns deles são explosivamente instáveis, enquanto outros são surpreendentemente estáveis. O *difluoreto de xenônio*, XeF_2, é um sólido branco, produzido na reação de xenônio com uma quantidade limitada de flúor sob alta pressão e temperatura moderada. A molécula de XeF_2 tem uma estrutura linear. O *tetrafluoreto de xenônio*, XeF_4, é um sólido branco, também preparado pela reação direta dos elementos, mas com maior pressão parcial de flúor. É um bom agente oxidante e sua molécula tem uma estrutura de quadrado planar. O estado de oxidação +6 do xenônio é representado por numerosos compostos incluindo XeF_6 (estrutura complexa), $XeOF_4$ (estrutura de pirâmide tetragonal) e XeO_3 (pirâmide trigonal). O *tetróxido de xenônio*, XeO_4, foi obtido e tem estrutura tetraédrica. Além disso, alguns sais como o *perxenato*, $Na_4XeO_6 \cdot 8H_2O$, foram isolados.

As estruturas desses compostos não-usuais concordam de forma marcante com as previsões feitas pela teoria VSEPR. (Ver a Figura 20.16.)

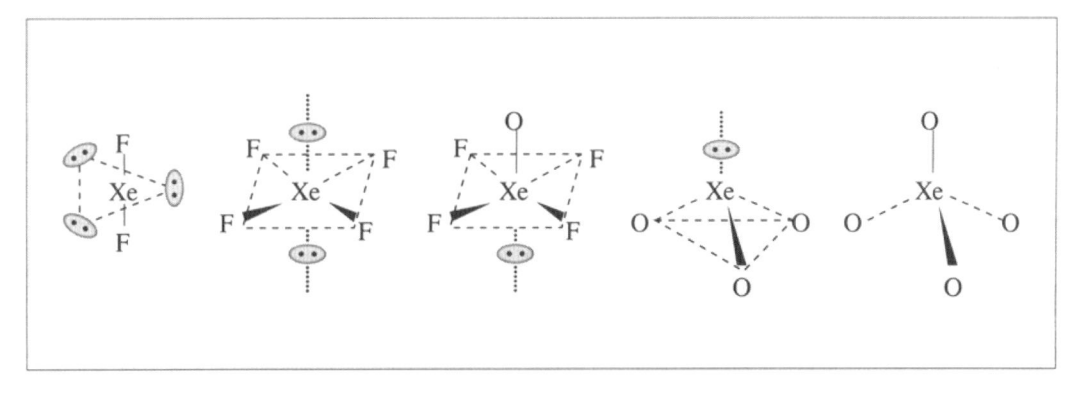

Figura 20.16 Alguns compostos do xenônio (pares isolados).

RESUMO

O *hidrogênio* existe na forma livre como moléculas H_2. São conhecidos três isótopos do hidrogênio. As diferenças de massas entre eles dão origem a diferenças nas propriedades físicas e químicas, fato conhecido como *efeito isotópico*, que é mais pronunciado no hidrogênio do que em qualquer outro elemento. O hidrogênio é usualmente preparado pela redução de compostos nos quais ele se encontra no estado de oxidação +1. Isto pode ser efetuado por agentes redutores químicos ou pela eletrólise. O hidrogênio apresenta o estado de oxidação +1 na maioria de seus compostos, mas pode ter estado –1 nos *hidretos*.

O *oxigênio* é o elemento mais abundante da terra e é encontrado na forma livre na atmosfera, como *dioxigênio* (O_2), e em baixas concentrações como *trioxigênio* (*ozônio*, O_2). O dioxigênio pode ser preparado pela eletrólise da água, pela decomposição térmica de certos óxidos e oxossais, ou pela destilação fracionada do ar líquido. Nos seus compostos, o oxigênio apresenta estados de oxidação que variam de –2 até estados positivos nos compostos com flúor. O estado de oxidação –2 é o mais comum e inclui óxidos, hidróxidos, oxoácidos e oxossais. Os *peróxidos* contêm oxigênio no estado de oxidação –1.

O composto mais importante do hidrogênio e do oxigênio é a *água*. Moléculas de água são incorporadas aos cristais nos *hidratos*. O gelo pode prender pequenas moléculas em estruturas fracas chamadas *clatratos*.

Os elementos do *grupo VIIA*, os *halogênios*, são *flúor, cloro, bromo, iodo* e *astato*. Esses elementos são não metálicos, mas essa tendência diminui à medida que se percorre o grupo de cima para baixo. Os halogênios podem ser obtidos por processos eletrolíticos ou químicos, exceto o flúor, que somente é preparado eletroliticamente. O flúor é o elemento mais negativo; nos seus compostos, apresenta o estado de oxidação −1, mas os outros halogênios mostram vários estados, até o máximo de +7.

Os *calcogênios*, os membros do *grupo VIA*, incluem *oxigênio* e *enxofre* caracteristicamente não-metálicos. O enxofre elementar existe numa variedade de formas das quais o *enxofre rômbico* é estável em condições ordinárias. Os estados de oxidação mais importantes são −2 (nos *sulfetos*), +4 (no *dióxido de enxofre* e seus derivados) e +6 (no *trióxido de enxofre* e seus derivados).

Os não-metais do *grupo VA*, algumas vezes chamados de *pnicogênios*, consistem em *nitrogênio* e *fósforo*. O nitrogênio ocorre naturalmente como moléculas diatômicas com uma tripla ligação. Nos seus compostos ele apresenta estados de oxidação de −3 a +5. Os seus compostos mais importantes são a *amônia*, os *nitritos* e os *nitratos*. O fósforo apresenta diversas variedades alotrópicas, das quais as mais comuns são a branca e a vermelha. Os mais importantes estados de oxidação apresentados pelo fósforo, nos seus compostos, são +3 e +5.

O *carbono* é o único não-metal típico do *grupo IVA*. Ele ocorre no estado livre como *diamante* e *grafita*. As propriedades dessas duas variedades são completamente diferentes e refletem diferenças fundamentais nas estruturas. Os *compostos inorgânicos* de carbono incluem os *óxidos* e seus derivados e o *cianogênio* e seus derivados.

Os *gases nobres* incluem *hélio*, *neônio*, *argônio*, *criptônio*, *xenônio* e *radônio*; são, em geral, pouco reativos, mas o xenônio e, em menor extensão, o criptônio e o argônio, também dão origem a alguns compostos, mais comumente com flúor.

PROBLEMAS

Nomenclatura

20.1 Dê os prefixos que são usados na nomenclatura química para representar os números de 1 a 10.

20.2 Proponha um nome alternativo aceitável para: (a) o íon crômico; (b) o íon de estanho (II); (c) o íon ferroso.

20.3 Explique o significado de cada um dos seguintes *sufixos*: (a) *eto*; (b) *ito*; (c) *ato*; (d) *ila*.

20.4 Explique o significado de cada um dos seguintes prefixos: (a) *hepta*; (b) *hipo*; (c) *tetra*; (d) *per*.

20.5 Dê o nome sistemático para: (a) bicarbonato de cálcio, $Ca(HCO_3)_2$; (b) bissulfeto de potássio, $KHSO_3$.

20.6 Especifique os nomes das seguintes substâncias como ácidas: (a) brometo de hidrogênio (HBr); (b) cianeto de hidrogênio (HCN); (c) sulfeto de hidrogênio (H_2S); (d) iodeto de hidrogênio (HI).

20.7 Dê o nome de cada ácido da série: HOBr, $HBrO_2$, $HBrO_3$, $HBrO_4$.

20.8 Indique o nome de cada ânion da série: IO^-, IO_2^-, IO_3^-, IO_4^-.

20.9 Dê o nome dos seguintes íons: (a) CrO_4^{2-}; (b) SCN^-; (c) PO_4^{3-}; (d) SO_3^{2-}; (e) S^{2-}; (f) SO_4^{2-}; (g) HSO_3^{2-}; (h) $S_2O_3^{2-}$; (i) $Cr_2O_7^{2-}$.

20.10 Dê os nomes dos seguintes compostos: (a) $AlCl_3$; (b) V_2O_5; (c) MnO; (d) $MgSO_3$; (e) $Cd(CN)_2$; (f) $AgClO_4$; (g) $(NH_4)_2Cr_2O_7$; (h) Ba_3P_2; (i) $Mg(HSO_3)_2$; (j) HNO_2; (k) BaO_2; (l) PH_3; (m) $AuCl_3$; (n) CaH_2; (o) HOBr.

20.11 Escreva a fórmula de cada uma das seguintes substâncias: (a) clorato de rubídio; (b) sulfito de cálcio; (c) carbeto de silício; (d) nitrito de cálcio; (e) ácido perbrômico; (f) iodeto de cobre (I); (g) cloreto de ouro (I); (h) ácido nitroso; (i) bissulfato de zinco; (j) hidrogênio peróxido de cálcio (k) telureto de cálcio; (l) óxido de gálio; (m) tetraenxofre; (n) sulfato de cobalto (III); (o) hidrogenocarbonato de bário.

Hidrogênio

20.12 Dê os nomes e caracterize os isótopos do hidrogênio. Por que o efeito isotópico é maior no hidrogênio do que em qualquer outro elemento?

■ **20.13** Calcule a razão das velocidades de difusão do H_2 e D_2 na mesma temperatura. Repita o cálculo para $^{16}O_2$ e $^{17}O_2$. (A massa de $^{16}O_2$ é 15,9949 u e a do $^{17}O_2$ é 16,9991 u.)

20.14 Escreva a equação para a reação que ocorre quando hidreto de sódio é adicionado a: (a) água; (b) amônia líquida.

■ **20.15** Se D_2O puro tem um $pD = 7,35$, qual será o K_w para D_2O?

20.16 Quais dos seguintes metais são termodinamicamente capazes de reduzir H_2O a H_2? (a) Sn; (b) Ag; (c) Cd; (d) Au.

20.17 Escreva uma equação balanceada para: (a) redução de H_2O por Ba; (b) oxidação do metano, CH_4, pelo vapor d'água para produzir monóxido de carbono; (c) adição de NaH a HCl 1 mol/L; (d) queima de H_2 em Cl_2.

Oxigênio

20.18 Quais das seguintes espécies podem ser paramagnéticas? (a) Na_2O; (b) Na_2O_2; (c) KO_2; (d) O_2F_2.

20.19 O que é ozônio? Você esperaria que sua molécula fosse polar? Explique.

20.20 Por que, à temperatura ambiente, os óxidos dos metais são sólidos enquanto os não-metais tendem a ser gases?

20.21 Escreva equações ilustrando o caráter anfotérico de: (a) $Zn(OH)_2$; (b) $Cr(OH)_3$.

20.22 Escreva uma equação para: (a) decomposição térmica de $NaNO_3$ formando $NaNO_2$ e O_2; (b) desidratação térmica de $Ca(OH)_2$; (c) queima de Na em O_2; (d) queima de Li em O_2; (e) dissolução de Na_2O_2 em água; (f) neutralização de H_2O_2 por uma base forte.

Água

20.23 A que temperatura a densidade da água líquida é máxima? Por que esse máximo ocorre?

20.24 O que é um clatrato? Por que os clatratos não são considerados compostos "verdadeiros"?

20.25 Escreva uma equação para a reação que ocorre quando cada uma das seguintes substâncias é adicionada à água: (a) K_2O; (b) K_2O_2; (c) KO_2; (d) SO_2; (e) Ca; (f) Cl_2O.

Halogênios

20.26 Embora o flúor oxide todos os metais, ele pode ser estocado em recipiente metálico. Explique.

20.27 Considere o decréscimo na força do ácido nas séries: (a) $HClO_4$, $HClO_3$, $HClO_2$, HClO; (b) HOCl, HOBr, HIO.

20.28 Br_2 e I_2 são ambos amarelos em solução aquosa diluída. Como você pode distinguir essas duas soluções no laboratório?

20.29 Usando a teoria VSEPR, preveja a forma de: (a) Cl_2O; (b) ClO_2; (c) ClO_2^-; (d) ClO_3^-; (e) Cl_2O_6; (f) Cl_2O_7; (g) IFO_2.

20.30 Desenhe a estrutura de Lewis para: (a) HOCl; (b) I_2O_7; (c) BrO_2; (d) I_3^-; (e) OCl_2^-.

20.31 O iodo líquido conduz a eletricidade por um mecanismo predominantemente eletrolítico. Dada a estabilidade do íon I_3^-, escreva uma equação para a dissociação do I_2.

20.32 Escreva a equação para cada um dos seguintes processos: (a) acidificação de uma solução de NaF; (b) oxidação de Cl^- a Cl_2 por MnO_4^- em meio ácido; (c) desproporcionamento de OBr^- em solução básica; (d) desproporcionamento de ClO_2 em solução básica.

20.33 Escreva a equação para cada um dos seguintes processos: (a) oxidação de NaI em solução aquosa pelo O_2; (b) redução de IO_3^- pelo I^- em meio ácido; (c) desidratação de HIO_3; (d) oxidação de NaI por H_2SO_4 concentrado formando IO_3^-.

Enxofre

20.34 Descreva as mudanças que ocorrem quando o enxofre é aquecido desde a temperatura ambiente até 2000°C. Correlacione as mudanças na aparência com as mudanças na estrutura.

20.35 Por que o anel S_8 é enrugado?

20.36 As soluções de sulfetos, sulfitos e nitratos geralmente se deterioram lentamente em laboratório. Por quê? Escreva as equações.

20.37 Escreva as estruturas de Lewis para: (a) SO_2; (b) SO_3; (c) $S_2O_3^{2-}$; (d) $S_4O_6^{2-}$; (e) $S_2O_7^{2-}$; (f) $S_2O_8^{2-}$.

20.38 Descreva o processo de contato para a fabricação de H_2SO_4.

20.39 Escreva uma equação para cada um dos seguintes processos: (a) dissolução de ZnS em HCl diluído; (b) dissolução de CuS em HNO_3 aquoso formando NO gasoso; (c) dissolução de PtS em água régia; (d) adição de HCl a Na_2SO_3

aquoso; (e) oxidação de S^{2-} em solução básica pelo CrO_4^{2-}, formando $Cr(OH)_4^-$; (f) oxidação de SO_3^{2-} por HO_2^- em meio básico; (g) dissolução de AgBr em solução aquosa de $Na_2S_2O_3$; (h) queima de H_2S.

Nitrogênio e Fósforo

20.40 Quais condições são usadas no processo Haber? Por quê?

20.41 Qual é a relação entre a cor azul de uma solução de sódio em NH_3 líquido e centros coloridos nos cristais?

20.42 Os interiores das janelas em laboratórios pouco ventilados geralmente ficam embaçados. Como o uso da amônia contribui para isso?

20.43 Desenhe a estrutura de Lewis para os óxidos de nitrogênio: (a) N_2O; (b) NO; (c) NO_2.

20.44 Por que o paramagnetismo do NO_2 decresce com a diminuição da temperatura?

20.45 Sugira uma razão pela qual quando Cu reduz HNO_3 concentrado há formação de NO_3, enquanto, com HNO_3 diluído, o produto é NO.

20.46 Compare as estruturas e as propriedades dos fósforos branco e vermelho.

20.47 Como estão relacionadas as estruturas de P_4, P_4O_6 e P_4O_{10}?

20.48 Escreva equações mostrando a hidratação progressiva do P_4O_{10}.

20.49 Coloque em ordem decrescente de concentração todas as espécies dos solutos presentes em: (a) solução 0,1 mol/L de H_3PO_4; (b) solução 0,1 mol/L de Na_3PO_4.

20.50 Escreva a equação para cada um dos seguintes processos: (a) decomposição térmica de azoteto de sódio; (b) aquecimento de magnésio em nitrogênio; (c) adição de água a nitreto de magnésio; (d) dissolução de cálcio em amônia líquida; (e) combustão de metano em óxido nitroso.

20.51 Escreva a equação para cada um dos seguintes processos: (a) queima de fósforo em excesso de O_2; (b) mistura de duas soluções de ácido fosforoso com excesso de base; (c) reação de soluções de $NaHCO_3$ e NaH_2PO_4.

Carbono

20.52 Compare as diferenças em propriedades e estruturas do diamante e da grafita.

20.53 Como o monóxido de carbono é preparado? Por que o monóxido de carbono é venenoso?

20.54 Por que a distância na ligação carbono-carbono é mais curta na grafita do que no diamante? Por que o diamante é mais denso que a grafita?

20.55 Desenhe a estrutura de Lewis para: (a) CO_2; (b) CO; (c) $HCHO_2$; (d) CO_3^{2-}; (e) HCN; (f) CaC_2 (g) $COCl_2$.

20.56 Coloque em ordem decrescente de concentração as espécies presentes em uma solução aquosa saturada de CO_2.

20.57 Escreva a equação para cada um dos seguintes processos: (a) reação de carbeto de cálcio com água; (b) desproporcionamento de cianogênio em meio básico; (c) decomposição térmica do níquel tetracarbonilo; (d) precipitação de carbonato de bário pelo borbulhamento de CO_2 em solução saturada de $Ba(OH)_2$; (e) redução de Fe_2O_3 pelo CO para formar ferro.

Gases Nobres

20.58 Por que muitos compostos dos gases nobres contêm flúor?

20.59 Preveja a estrutura de cada uma das seguintes espécies, usando a teoria VSEPR: (a) KrF_2; (b) XeF_4; (c) XeF^+; (d) XeO_3; (e) XeF_5^+; (f) XeF_2^{2+}.

PROBLEMAS ADICIONAIS

20.60 Embora o carbonato de cálcio seja insolúvel em água, bicarbonato de cálcio não o é. Por que o carbonato de cálcio pode ser dissolvido em solução aquosa de CO_2?

20.61 A energia vibracional no ponto zero (energia vibracional de nível mais baixo) é menor para D_2 do que para H_2. Como isso afetará a velocidade de uma reação de D_2 quando comparada com uma de H_2? Explique.

20.62 Quais das espécies apresenta o maior ponto de fusão: CaF_2 ou SF_2? Justifique a sua escolha.

20.63 O composto instável HOF foi chamado de ácido hipofluoroso. Em que aspecto esse nome é impróprio? Sugira um nome alternativo para esse composto.

20.64 Desenhe a estrutura de Lewis de acordo com a evidência de que O_2 é paramagnético e tem ligação dupla.

20.65 Sugira uma razão para o fato de que o iodeto de sódio cristalino tem uma coloração amarela, apesar de que Na^+ e I^- são incolores.

20.66 O calor de formação padrão do N_2O é +82 kJ mol^{-1}. Quando uma substância se queima em N_2O, o calor de combustão será maior ou menor do que aquele produzido na queima em O_2? Explique.

20.67 Justifique o fato de que o berílio não forma hidretos iônicos.

20.68 Compare a ligação no HCN com a do N_2. Por que o ponto de ebulição normal do HCN (26°C) é muito maior do que o do N_2 (– 196°C)?

20.69 A energia de dissociação do F_2 e a afinidade eletrônica do F são ambas menores do que os valores correspondentes para o cloro. Por que, então, F_2 é melhor agente oxidante que Cl_2?

20.70 O superóxido de potássio forma cristais tetragonais. Preveja a natureza da célula unitária de KO_2.

20.71 Discuta por que o momento dipolar de NH_3 (1,50 D) é maior do que o de NF_3 (0,20 D).

20.72 ΔS para a transformação do enxofre rômbico a monoclínico é positivo ou negativo? Explique.

20.73 PCl_5 líquido apresenta condutividade eletrolítica. Sugira as espécies que podem estar presentes no líquido.

20.74 Justifique o fato de que o óxido de cálcio é $Ca^{2+}O^{2-}$ e não Ca^+O^-. Como você poderia mostrar experimentalmente que isso é verdade?

20.75 Explique, em termos do princípio de Le Châtelier, por que HNO_3 não dissolve a platina, enquanto a água régia dissolve.

20.76 Sabe-se que uma solução contém SO_3^{2-} ou SO_4^{2-} (mas não ambas). Sugira duas maneiras pelas quais o ânion pode ser identificado no laboratório.

20.77 Com os dados fornecidos no capítulo, calcule $\Delta G°$ para o desproporcionamento do Cl_2 em solução básica a 25°C.

20.78 Você acha que a espécie O_2^{4-} pode ser estável? Explique.

20.79 Prediga a estrutura de cada um dos seguintes inter-halogênios por meio da teoria VSEPR: (a) ClF_3; (b) IF_5; (c) ClF_5; (d) ICl_2^-; (e) BrF_4^-; (f) IF_4^+; (g) BrF_2^+.

20.80 BaO_2 é um peróxido, enquanto PbO_2 não é, embora suas fórmulas sejam iguais. Explique.

20.81 Justifique o fato de que a hidoxilamina é uma base mais fraca que a amônia.

20.82 Escreva a equação para cada um dos seguintes processos: (a) oxidação de bromato a perbromato pelo flúor; (b) oxidação da água pelo flúor produzindo oxigênio; (c) queima de CH_4 em F_2.

20.83 Discuta por que, à temperatura ambiente, o nitrogênio existe como molécula diatômica, enquanto o fósforo não.

20.84 Mostre como a teoria VSEPR pode prever as estruturas de: (a) SCl_2; (b) $SOCl_2$; (c) SF_6; (d) SF_4.

20.85 Discuta o fato de que a lei dos gases ideais parece falhar completamente para o NO_2.

Capítulo 21

OS METAIS REPRESENTATIVOS E OS SEMI-METAIS

TÓPICOS GERAIS

21.1 OS METAIS ALCALINOS
Preparação dos elementos
Reações dos elementos
Compostos dos metais alcalinos
Usos dos metais alcalinos e de seus compostos

21.2 OS METAIS ALCALINO-TERROSOS
Preparação dos elementos
Reações dos elementos
Compostos dos metais alcalino-terrosos
Dureza da água
Usos dos metais alcalino-terrosos e seus compostos

21.3 O GRUPO DOS METAIS IIIA
Alumínio
Gálio, índio e tálio

21.4 OUTROS METAIS REPRESENTATIVOS
Estanho
Chumbo
Bismuto

21.5 OS SEMI-METAIS
Boro
Silício
Germânio
Arsênio
Antimônio
Selênio
Telúrio

Voltaremos a nossa atenção, a partir de agora, aos metais. Neste capítulo veremos os *metais representativos* que formam os mais longos grupos na tabela periódica. Estes grupos têm sido chamados "grupos principais", e, de acordo com o uso nos Estados Unidos, os "grupos A". [No Capítulo 22 discutiremos os metais de transição ("grupo B").]

Antes de começar é necessário rever o que entendemos por metal. A mais óbvia *propriedade física* dos metais é sua aparência (*brilho metálico*) e sua grande capacidade em *conduzir calor* e *eletricidade*. Como vimos na Seção 9.5, o retículo cristalino de um metal é envolvido por uma nuvem de elétrons *deslocalizados* ou *livres*, que são responsáveis por essas propriedades. A existência desses elétrons deslocalizados é, em parte, resultado da baixa energia de ionização desses metais (Seção 7.3); átomos metálicos tendem a perder seus elétrons de valência facilmente.

As *propriedades químicas* dos metais estão, também, relacionadas com a facilidade de remoção de elétrons, acompanhada de uma pequena tendência dos átomos de receber elétrons. Assim, encontramos os metais formando *íons positivos* típicos nos compostos sólidos e nas soluções aquosas, onde estão hidratados. Os metais têm *baixa eletronegatividade*; indicando uma pequena tendência para atrair elétrons. Como resultado, a ligação metal-oxigênio em um hidróxido é tipicamente iônica e portanto facilmente rompida pelas moléculas (polares) de água. Em outras palavras, os *hidróxidos metálicos são básicos*.

A variação de metálico a não-metálico, quando se percorre um período da esquerda para a direita, ou de baixo para cima em um grupo da tabela periódica é gradual, de maneira que alguns elementos que "estão indecisos" são melhor classificados como *metalóides* ou *semi-metais*. Esses elementos serão discutidos separadamente na Seção 21.5.

21.1 OS METAIS ALCALINOS

Os elementos do grupo periódico IA são conhecidos como metais alcalinos. A palavra *álcali* é derivada de um termo arábico antigo que significa "cinzas de plantas"; o potássio e o sódio são encontrados nas cinzas de plantas calcinadas. Esses elementos são todos metais leves, com pontos de fusão baixos, pelo fato da ligação nesses elementos ser puramente metálica e portanto não direcional. As densidades dos metais alcalinos são baixas, como conseqüência primária de seus raios atômicos elevados. As suas condutividades elétricas são muito altas. (Entretanto, não tão altas como da prata, o melhor condutor elétrico à temperatura ambiente.) Todos os metais alcalinos se cristalizam com a estrutura cúbica de corpo centrado. Os pontos de fusão e as densidades desses metais são mostrados na Tabela 21.1.

Os nomes dos metais alcalinos provêm de várias e interessantes fontes. *Lítio* provém do grego e significa "pedra"; o lítio é encontrado nas rochas e minerais. *Sódio* provém do latim, nome de um medicamento contra dor-de-cabeça. *Potássio* é derivado de "pot ash", que significa "pote de cinzas", nome antigo para o carbonato de potássio impuro, que foi obtido como resíduo em um recipiente de ferro depois da evaporação da solução aquosa que serviu para extrair cinzas de madeira. *Rubídio* e *césio* têm origem do latim, significando "vermelho" e "azul", respectivamente; esses elementos exibem linhas espectrais atômicas características nas regiões do vermelho e do azul do espectro visível. *Frâncio* foi descoberto pela física francesa Marguerite Perey.

O sódio e o potássio são relativamente abundantes na crosta terrestre, constituem respectivamente o sexto e o sétimo elemento mais comum. Ocorrem em inúmeros depósitos minerais, como *halita* (sal de cozinha, NaCl), *silvita* (KCl) e *carnalita* (KMgCl$_3$.6H$_2$O), como também no oceano. O lítio, o rubídio e o césio são muito raros; o lítio é encontrado em alguns minerais de silicato, enquanto são encontrados traços de rubídio e césio em rochas e minerais espalhados pelo globo. Todos os isótopos do frâncio têm meias-vidas muito curtas, mas suficientemente longas para permitir sua preparação artificial e a verificação das suas propriedades químicas como sendo aquelas esperadas de um metal alcalino.

PREPARAÇÃO DOS ELEMENTOS

Os metais alcalinos podem ser preparados por *redução eletrolítica*, geralmente de uma mistura de haletos fundidos ou hidróxidos. Assim, o lítio é produzido industrialmente por eletrólise de uma mistura de LiCl–KCl, na qual o KCl serve para abaixar o ponto de fusão. (Ver Seção 11.5.) Uma mistura de KCl–CaCl$_2$ é eletrolizada para obtenção do potássio.

Tabela 21.1   Os metais alcalinos.

	Li	*Na*	*K*	*Rb*	*Cs*	*Fr*
Configuração eletrônica da camada de valência	$2s^1$	$3s^1$	$4s^1$	$5s^1$	$6s^1$	$7s^1$
Ponto de fusão normal, °C	180	98	64	39	29	—
Densidade, g cm^{-3}	0,54	0,97	0,86	1,5	1,9	—

A *redução química* pode ser empregada na produção do potássio, rubídio e césio. Em temperaturas elevadas, os hidróxidos, cloretos e carbonatos desses elementos podem ser reduzidos por hidrogênio, carbono e cálcio. Com o carbonato de rubídio, a redução pelo carbono é escrita como

$$Rb_2CO_3(s) + 2C(s) \rightarrow 2Rb(g) + 3CO(g)$$

da qual o rubídio puro pode ser obtido por subseqüente condensação.

REAÇÕES DOS ELEMENTOS

Os metais alcalinos reagem invariavelmente para formar íons 1+, tanto nos produtos cristalinos como em solução. Assim, por exemplo, o sódio metálico reage vigorosamente com água dando uma solução de hidróxido de sódio:

$$2Na(s) + 2H_2O(l) \rightarrow 2Na^+(aq) + 2OH^-(aq) + H_2(g)$$

Por que os metais alcalinos não formam íons 2+? A resposta é que a quebra da camada ($n-1$) requer muita energia. (Como se pode verificar pelas energias de ionização dos átomos desses elementos na Tabela 21.2.) Em cada caso, a segunda energia de ionização é tão maior que a primeira, que a formação de íons 2+ se torna impossível, exceto quando energias extremamente altas são fornecidas (em arcos elétricos, a temperaturas extremamente altas etc.). Todos os metais alcalinos são agentes redutores muito fortes, como podemos verificar através dos potenciais de redução padrão, na Tabela 21.3. (Todos os valores dos potenciais são altamente negativos, indicando uma tendência muito pequena do íon ser reduzido a metal.) Escrita ao contrário,

$$M(s) \rightarrow M^+(aq) + e^-$$

cada semi-reação, agora uma oxidação, tem um potencial de oxidação padrão, com um valor positivo elevado, mostrando a forte tendência do metal alcalino em se oxidar. Entretanto, um paradoxo aparente é encontrado aqui. $\mathcal{E}°$ para a oxidação do lítio é 3,04 V, o maior do grupo, o que mostra-nos a forte tendência do lítio em se oxidar. Por outro lado, uma comparação da energia de ionização na Tabela 21.2 indica que é necessário mais energia para remover um elétron do átomo de lítio do que de qualquer outro metal alcalino. Por que é mais fácil oxidar o lítio do que qualquer outro metal alcalino? Se este é o que apresenta maior dificuldade em perder o seu elétron? Ou, em outras palavras, a tendência de formar o íon 1+ no lítio deveria ser a menor e não a maior ? A aparente contradição pode ser resolvida considerando que a energia de ionização e o potencial de oxidação se referem a diferentes processos. A *energia de ionização* é aquela necessária para arrancar um elétron do átomo gasoso para formar o íon gasoso:

$$M(g) \rightarrow M^+(g) + e^-$$

Tabela 21.2 Energias de ionização do átomos dos metais alcalinos.

	Energias de ionização dos átomos dos metais alcalinos, kJ mol^{-1}	
Elementos	*Primeira*	*Segunda*
Lítio	520	7296
Sódio	496	4563
Potássio	419	3069
Rubídio	403	2650
Césio	376	2420
Frâncio	370	2170

Por outro lado, o *potencial de oxidação* mede a tendência relativa para que um processo diferente ocorra, no qual o produto está como *íon hidratado na solução*:

$$M(s) \rightarrow M^+(aq) + e^-$$

Tabela 21.3 Potenciais-padrão de redução para os metais alcalinos (25°C.)

Redução	$\mathcal{E}°$, V
$e^- + Li^+ \rightarrow Li(s)$	−3,04
$e^- + Na^+ \rightarrow Na(s)$	−2,71
$e^- + K^+ \rightarrow K(s)$	−2,92
$e^- + Rb^+ \rightarrow Rb(s)$	−2,92
$e^- + Cs^+ \rightarrow Cs(s)$	−2,93

Esta última reação pode ser desdobrada em etapas:

Etapa 1: M(s) → M(g)   (energia de sublimação; absorvida)

Etapa 2: M(g) → M⁺(g) + e⁻   (energia de ionização; absorvida)

Etapa 3: M⁺(g) → M⁺(aq)   (energia de hidratação; liberada)

A primeira etapa requer certa quantidade de energia, a energia de sublimação, que é aproximadamente a mesma para todos os metais alcalinos. A Etapa 2 também necessita de energia, a energia de ionização, que é mais alta para o lítio. A Etapa 3, entretanto, libera energia, a *energia de hidratação* do íon. Essa é muito maior para o lítio do que para qualquer outro metal alcalino; devido a carga 1+ do íon lítio, que está concentrada num volume menor, ele interage muito fortemente com as moléculas de água. (As moléculas de água que estão agrupadas na solução são hábeis para aproximar seu centro de carga de forma mais compactadas.) Assim, a energia liberada quando o íon Li⁺ se hidrata é mais que suficiente para compensar a energia (relativamente) extra requerida para remover um elétron de um átomo do Li. Também, a tendência para o metal Li tornar-se oxidado ao estado +1 em *solução* é elevada, comparada com qualquer outro metal alcalino[1].

Poderíamos esperar que os metais alcalinos reagissem com o gás oxigênio para formar óxidos, mas o lítio é o único elemento do grupo que o faz e então somente a temperaturas elevadas:

$$4Li(l) + O_2(g) \rightarrow 2Li_2O(s)$$

O sódio reage com o oxigênio para formar pequena quantidade de Na_2O, mas o produto principal é o *peróxido de sódio*:

$$2Na(s) + O_2(g) \rightarrow Na_2O_2(s)$$

Em várias condições, o potássio, o rubídio e o césio formam superóxidos:

$$K(s) + O_2(g) \rightarrow KO_2(s)$$

---

1   Rigorosamente, nossa conclusão é válida para a oxidação de metais alcalinos para formar íons em solução. Um argumento semelhante pode ser feito, entretanto, para a formação de compostos de metais alcalinos puros, a qual tem muita alta energia reticular quando o cátion é Li⁺. Somos culpados, nesse caso, de não termos tido cuidado ao tratar de mudanças de *energia* de ionização de um lado, e valores $\mathcal{E}°$ (que medem as variações de *energia livre de Gibbs*) do outro. Uma comparação termodinamicamente válida, incluindo as considerações das variações de entropia, durante o processo de ionização, não altera, entretanto, a conclusão.

(Os diferentes produtos refletem, em parte, as diferenças de energia reticular dos sólidos resultantes.)

As reações de sódio, potássio, rubídio e césio com o oxigênio e vapor d'água do ar são suficientemente rápidas e exotérmicas e é por isso que a estocagem desses metais constitui um problema. Eles são, geralmente, mantidos debaixo de solventes tais como: óleo de parafina, ciclohexano ou querosene. Embora o lítio reaja mais lentamente com o ar, ele é guardado de modo semelhante. De maneira surpreendente, o lítio reage mais rapidamente com o nitrogênio do ar do que com o oxigênio:

$$6Li(s) + N_2(g) \rightarrow 2Li_3N(s)$$

O produto, *nitreto de lítio*, tende a aderir firmemente à superfície do metal e impede que a reação continue com N_2 ou O_2.

Com o hidrogênio, os metais alcalinos formam *hidretos iônicos*,

$$2Na(s) + H_2(g) \rightarrow 2NaH(s)$$

e com os halogênios, *haletos* iônicos,

$$2Na(s) + Cl_2(g) \rightarrow 2NaCl(s)$$

embora as velocidades de reação sejam extremamente variáveis.

Como mencionado anteriormente (Seção 20.7), todos os metais alcalinos se dissolvem em amônia líquida formando soluções azuis quando diluídas e de aparência metálica quando concentradas. A presença de elétrons solvatados nas soluções diluídas e elétrons deslocalizados nas concentradas tem sido descrita; e então essas soluções são consideradas como de "eletreto de sódio". À baixas temperaturas, o composto metálico, pouco comum, $Li(NH_3)_4$ pode ser precipitado das soluções de lítio em NH_3 líquida. (A ligação neste composto não é descrita facilmente.)

COMPOSTOS DOS METAIS ALCALINOS

Os metais alcalinos formam uma grande variedade de compostos. Entre este se incluem os sais iônicos de muitos ácidos binários e oxoácidos, muitos dos quais são solúveis em água. Os óxidos e hidróxidos desses elementos, como seria de esperar, são básicos. Em solução aquosa, os íons de metais alcalinos apresentam somente uma fraca tendência em se hidratarem, exceto o íon lítio, que é o menor de todos. Diferentemente dos sais de outros metais alcalinos, os sais de lítio se cristalizam das soluções aquosas *na forma de hidratos*: LiCl . $2H_2O$, $LiClO_4$. $3H_2O$, LiI . $3H_2O$ etc.

As altas solubilidades da maioria dos compostos de sódio e potássio fazem com que seja difícil testar a presença desses íons em solução por meio de reações de precipitação; por isso, os testes de chama são geralmente utilizados: um fio de platina é molhado na solução a ser testada, à qual se adicionou HCl. Quando o fio é levado à chama, a água evapora rapidamente e os cloretos metálicos presentes se fundem e evaporam na chama. A excitação térmica dos átomos ocorre e as transições eletrônicas de estados excitados para níveis de menor energia produzem linhas espectrais de cores características. A chama de sódio tem uma cor amarelo brilhante e persistente e o teste é, de qualquer maneira, muito sensível. (Cores mais fracas produzidas por outros íons são freqüentemente mascaradas pela cor amarela do sódio. Além disso, traços de íons sódio, sempre presentes em soluções armazenadas em vidro, são comumente sobrestimadas.) Por outro lado, a cor da chama do potássio é violeta fugaz, que para muitos é difícil de ver.

Poucas reações de precipitação tem sido usadas para identificar cátions de metais alcalinos em solução. Íons sódio, por exemplo, podem ser precipitados em poucos compostos; um deste é o precipitado amarelo cristalino que se forma lentamente, de acetato de sódio zinco e uranilo, $NaZn(UO_2)_3(C_2H_3O_2)_9 \cdot 9H_2O$. Perclorato de potássio, $KClO_4$, e hexanitrocobaltato (III) de potássio, $K_3Co(NO_2)_6$, são pouco solúveis e podem ser empregados na pesquisa de íons potássio em solução. Entretanto, a precipitação desses sais, muitas vezes, ocorre lentamente.

USOS DE METAIS ALCALINOS E DE SEUS COMPOSTOS

Pelo fato de serem moles e reativos, os metais alcalinos não podem ser utilizados para fins estruturais. O sódio tem sido aproveitado como trocador de calor em reatores nucleares por causa da sua alta condutividade térmica. Válvulas de exaustão contendo sódio são empregadas em motores a gasolina e diesel; o sódio no orifício da haste da válvula conduz rapidamente o calor da cabeça da válvula. O césio apresenta um forte *efeito fotoelétrico*, parcialmente por causa de sua energia de ionização muito baixa, e por isso é aplicado em fotocelas de fotocondutividade. Cada uma destas celas contém um par de eletrodos de cargas opostas e um bulbo ou cela evacuado. O eletrodo negativo é pintado com césio ou uma liga de césio e emite elétrons para a região entre os eletrodos, quando é atingido pela luz. Esses elétrons completam o circuito e permitem a passagem de corrente através de um circuito externo. Essa corrente pode ser aproveitada para abrir portas, tocar campainhas etc.

Muitos compostos dos metais alcalinos, em particular os de sódio e potássio, são industrialmente importantes. O hidróxido de sódio (cujo nome comum é "soda cáustica") e o hidróxido de potássio ("potassa cáustica") são usados na fabricação de um número incontável de produtos, como sabões, tintas, pigmentos, graxas e produtos para papel.

O carbonato de lítio tem sido usado com sucesso no tratamento de alguns tipos de doenças mentais, inclusive depressão.

21.2 OS METAIS ALCALINO-TERROSOS

Os elementos do grupo IIA da tabela periódica são conhecidos como *metais alcalino-terrosos*. A palavra *terrosos* provém de um termo da alquimia que se referia a qualquer composto de um metal (ou mistura de tais compostos) que não era muito solúvel em água e que era estável a altas temperaturas. Muitas "terras" eram óxidos e quando se descobriu que os óxidos dos elementos do grupo IIA davam reações alcalinas (básicas), foram chamados *alcalino-terrosos*.

Com exceção do berílio, os elementos desse grupo são todos metais típicos. Eles são bons condutores de calor e eletricidade, porém são mais duros, mais densos e se fundem a temperaturas mais altas do que os metais alcalinos. (Ver Tabela 21.4.) Evidentemente, o elétron adicional de valência por átomo torna a ligação metálica mais forte e os retículos cristalinos desses metais tornam-se mais rígidos do que os dos metais alcalinos. O berílio e o magnésio possuem retículo hexagonal de empacotamento denso; o cálcio e o estrôncio formam estruturas cúbicas de faces centradas, à temperatura ambiente; e o bário se cristaliza numa estrutura cúbica de corpo centrado. Todos esses elementos apresentam brilho metálico, embora o berílio tenha cor cinza escuro.

Tabela 21.4 Os metais alcalino-terrosos.

	Be	*Mg*	*Ca*	*Sr*	*Ba*	*Ra*
Configuração eletrônica da camada de valência	$2s^2$	$3s^2$	$4s^2$	$5s^2$	$6s^2$	$7s^2$
Ponto de fusão normal, °C	1280	651	851	800	850	960
Densidade, g cm^{-3}	1,86	1,75	1,55	2,6	3,6	5,0

Os nomes dos metais alcalino-terrosos têm as seguintes origens: *berílio* provém do mineral berilo, que é um silicato de alumínio e berílio; *magnésio* da Magnésia, uma região da Grécia; *cálcio* de uma palavra antiga que significava originalmente "produto de corrosão" e depois "cal"; *estrôncio* da Strontian, uma cidade da Escócia; *bário* do grego, significa "pesado"; *rádio* da palavra latina que significa "raio".

Os metais alcalino-terrosos ocorrem espalhados na crosta terrestre na forma de carbonatos, silicatos, fosfatos e sulfatos. O magnésio e o cálcio são os mais abundantes; montanhas inteiras são constituídas de *calcário*, $CaCO_3$, e *dolomita*, $CaMg(CO_3)_2$. O magnésio é também encontrado nos oceanos. O berílio é relativamente escasso, seu mineral mais comum é o *berilo*, $Be_3Al_2Si_6O_{18}$, que algumas vezes é encontrado na forma de gemas, como a *esmeralda*. (A cor verde característica é causada pela presença de crômio como impureza.) O estrôncio e o bário são relativamente raros, ocorrendo, principalmente, como carbonato e sulfato, respectivamente. O rádio é extremamente raro e é encontrado em minerais de urânio, como na *pechblenda*, na qual é formado como resultado do decaimento radioativo do urânio. (Ver Seção 24.1.)

PREPARAÇÃO DOS ELEMENTOS

Os metais alcalino-terrosos são preparados por redução eletrolítica ou química a partir do estado +2. O fluoreto de berílio fundido é reduzido pelo magnésio para dar o elemento berílio:

$$BeF_2(l) + Mg(s) \rightarrow Be(s) + MgF_2(s)$$

Alternativamente, a eletrólise de BeF_2 fundido dá origem a berílio no cátodo e flúor no ânodo.

Grande parte do magnésio é obtido dos oceanos. Adiciona-se óxido de cálcio às águas para precipitar hidróxido de magnésio, insolúvel,

$$CaO(s) + H_2O + Mg^{2+}(aq) \rightarrow Mg(OH)_2(s) + Ca^{2+}(aq)$$

que é então separado por filtração, lavado e dissolvido em ácido clorídrico:

$$Mg(OH)_2(s) + 2H^+(aq) \rightarrow Mg^{2+}(aq) + 2H_2O(l)$$

e a solução resultante é evaporada:

$$Mg^{2+}(aq) + 2Cl^-(aq) \rightarrow MgCl_2(s)$$

O cloreto de magnésio é então seco, fundido e eletrolisado, produzindo magnésio metálico e cloro gasoso no cátodo e ânodo, respectivamente.

Um segundo processo industrial para obtenção de magnésio envolve a desidratação térmica do hidróxido,

$$Mg(OH)_2(s) \rightarrow MgO(s) + H_2O(g)$$

seguida da redução do óxido com carbono a 2000°C:

$$MgO(s) + C(s) \rightleftharpoons Mg(g) + CO(g)$$

Por resfriamento dos produtos gasosos o magnésio se condensa e isto favorece a formação dos produtos, de acordo com o princípio de Le Châtelier.

Cálcio e estrôncio metálicos são obtidos industrialmente pela eletrólise de seus cloretos, aos quais se adiciona KCl para diminuir o ponto de fusão. O bário também é produzido por eletrólise, mas é usualmente preparado pela redução a alta temperatura do óxido de bário pelo alumínio sob vácuo:

$$2Al(s) + 3BaO(s) \rightarrow 3Ba(l) + Al_2O_3(s)$$

REAÇÕES DOS ELEMENTOS

Os metais alcalino-terrosos quase sempre reagem formando compostos nos quais o metal apresenta o estado de oxidação +2. Embora o berílio mostre uma tendência de formar ligações covalentes, os membros desse grupo dão tipicamente íons 2+, tanto em compostos sólidos como em solução aquosa. É, infelizmente, muito tentador explicar a estabilidade dos íons com essa carga, considerando meramente a configuração s^2 de sua camada de valência, sem realmente justificar a ausência dos íons 1+ ou 3+ desses elementos. Considere suas energias de ionização, por exemplo. Na Tabela 21.5 temos a primeira, a segunda e a terceira energias de ionização dos átomos dos metais alcalino-terrosos. Em cada caso, a remoção de um segundo elétron requer cerca do dobro da energia necessária para remover o primeiro. Essa energia adicional é considerável; então, por que não vemos íons 1+ nesses elementos? Em condições normais, os íons 2+ dos metais alcalino-terrosos são mais estáveis que os correspondentes 1+ por causa das energias de hidratação (para os íons em solução) ou energias reticulares (para os íons do cristal) que são muito altas para os íons 2+. Como o íon 2+ não é somente mais carregado eletricamente, mas também menor (lembre-se de que ele perdeu a camada de valência), interagirá muito mais fortemente com moléculas de água em solução ou com os ânions no cristal do que os correspondentes íons 1+. Isso faz com que o íon 2+ seja mais estável que 1+ e assim íons 1+ geralmente não são observados.

Tabela 21.5   Energias de ionização dos átomos dos metais alcalino-terrosos.

Elementos	Energia de ionização, kJ mol^{-1}		
	Primeira	Segunda	Terceira
Berílio	899	1.757	14.849
Magnésio	738	1.450	7.730
Cálcio	590	1.145	4.941
Estrôncio	549	1.064	4.207
Bário	503	965	3.420
Rádio	509	978	

Se as energias de hidratação e reticulares são responsáveis pela estabilização dos íons 2+, seriam os íons 3+ ainda mais estáveis? Não, por causa de dois efeitos. Primeiro, a energia necessária para remover o terceiro elétron, isto é, para romper a camada ($n-1$), é extremamente alta, como se pode verificar na Tabela 21.5. Segundo, o tamanho do íon 3+ não é muito menor que o correspondente 2+ e assim os aumentos das energias de hidratação e reticular não seriam suficientes para compensar a terceira energia de ionização para esses elementos. Portanto, íons dos metais alcalino-terrosos apresentam quase invariavelmente a carga 2+.[2]

Os metais alcalino-terrosos são agentes redutores poderosos, como se pode observar pelos seus potenciais de redução (Tabela 21.6). De fato, com exceção do berílio e magnésio, esses elementos são agentes redutores tão bons quanto os metais alcalinos. Isto pode parecer surpreendente em vista da alta segunda energia de ionização dos átomos dos metais alcalino-terrosos. O efeito estabilizante da energia de hidratação elevada dos íons 2+ quase compensa esse fato; entretanto, os potenciais de redução padrão do Ca, Sr e Ba são praticamente os mesmos daqueles correspondentes do grupo IA, K, Rb e Cs. Os valores menores para os membros mais leves do grupo IIA, Be e Mg, são conseqüência das suas altas energias de ionização.

Com exceção do berílio, os metais alcalino-terrosos (M) reagem com água formando hidrogênio:

$$M(s) + 2H_2O \rightarrow M^{2+}(aq) + H_2(g) + 2OH^-(aq)$$

Tabela 21.6 Potenciais de redução padrão para os metais alcalino-terrosos (25°C).

Redução	$\mathcal{E}°, V$
$2e^- + Be^{2+} \rightarrow Be(s)$	–1,69
$2e^- + Mg^{2+} \rightarrow Mg(s)$	–2,37
$2e^- + Ca^{2+} \rightarrow Ca(s)$	–2,87
$2e^- + Sr^{2+} \rightarrow Sr(s)$	–2,89
$2e^- + Ba^{2+} \rightarrow Ba(s)$	–2,91
$2e^- + Ra^{2+} \rightarrow Ra(s)$	–2,92

---

2   Atualmente, íons 1+ de alguns metais alcalino-terrosos podem ser formados, mas somente em condições excepcionais, como no estado gasoso a temperaturas muito altas ou em certas soluções em produtos de eletrólise de vida curta.

Entretanto, a reação com magnésio é muito lenta, devido ao fato de que esse elemento forma rapidamente uma camada fina, protetora de MgO, que efetivamente dificulta a reação com muitas substâncias, especialmente à temperatura ambiente.

Todos os metais alcalino-terrosos reagem com o oxigênio a pressões ordinárias dando óxidos, MO. Em altas pressões e temperaturas, o bário forma peróxido:

$$Ba(s) + O_2(g) \rightarrow BaO_2(s)$$

O peróxido de bário é uma fonte conveniente de peróxido de hidrogênio, que é produzido pela adição de ácido:

$$BaO_2(s) + 2H^+(aq) \rightarrow Ba^{2+}(aq) + H_2O_2(aq)$$

Os elementos do grupo IIA reagem com os halogênios formando *haletos*, MX_2, e com o nitrogênio dando *nitretos*, M_3N_2. O cálcio, o estrôncio e o bário reagem com o hidrogênio a temperaturas elevadas e formam *hidretos* iônicos, MH_2.

COMPOSTOS DE METAIS ALCALINO-TERROSOS

Os compostos dos metais alcalino-terrosos, exceto os do berílio, apresentam retículos cristalinos iônicos típicos. Os óxidos de Mg, Ca, Sr e Ba têm estrutura de NaCl, enquanto $CaCl_2$, $SrCl_2$ e $BaCl_2$ se cristalizam com a estrutura da fluorita (CaF_2). O berílio, por outro lado, tem um raio atômico extremamente pequeno (cerca de 0,09 nm) e então sua eletronegatividade é suficientemente alta para formar ligações consideravelmente covalentes. Assim, o $BeCl_2$ é essencialmente um sal covalente, como pode-se ver pelo seu ponto de fusão baixo (430°C), e baixa condutividade elétrica no estado fundido; ambos indicam a presença de moléculas $BeCl_2$, em vez de íons Be^{2+} e Cl^-. O $BeCl_2$ sólido mostrou, através de difração de raios–x, consistir de cadeias longas nas quais pares de átomos Cl servem de pontes entre átomos de Be (Figura 21.1). Cada átomo de Be está circundado, aproximadamente, tetraedricamente (hibridização sp^3) por quatro átomos Cl. O $BeCl_2$ gasoso é formado de moléculas lineares (hibridização sp).

Enquanto a maioria dos compostos dos metais alcalinos são solúveis em água, muitos compostos dos alcalino-terrosos não o são, especialmente aqueles nos quais a carga do ânion é maior que 1– (mais negativa). As energias reticulares elevadas são, aparentemente, responsáveis por isso, embora as energias de hidratação também sejam altas. A maioria dos haletos de metais alcalino-terrosos é solúvel, embora os fluoretos tenham tendência a serem insolúveis.

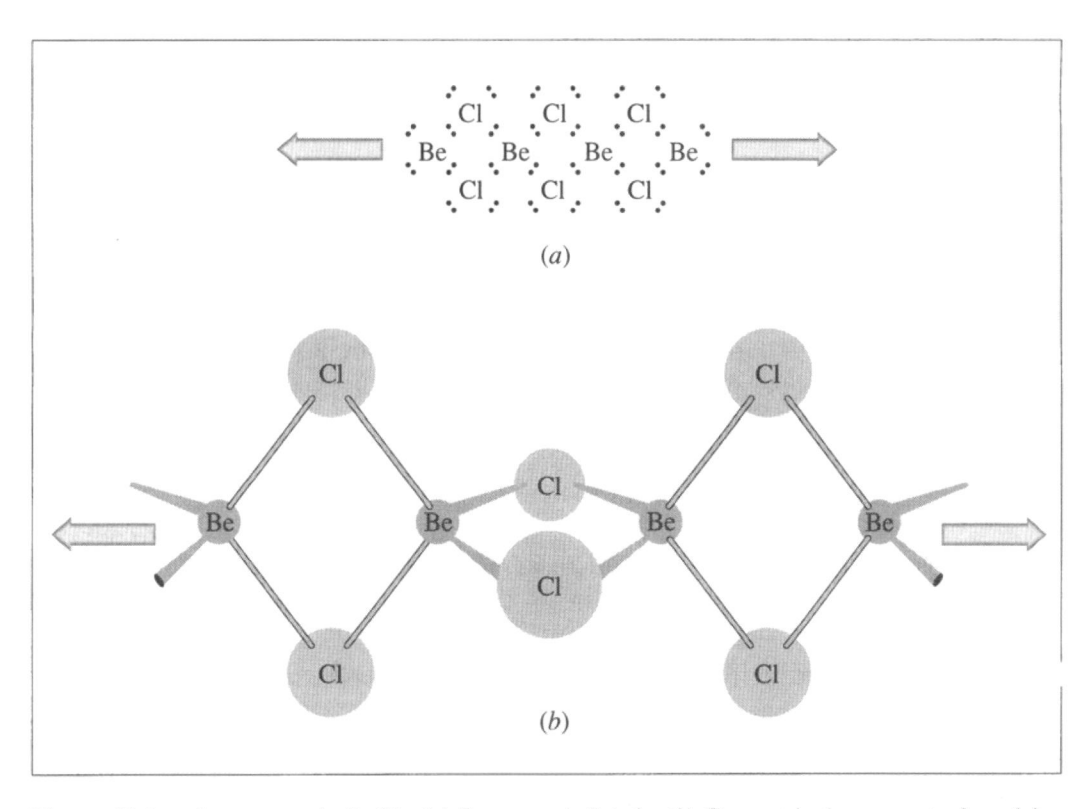

Figura 21.1 A estrutura do BeCl₂. (*a*) Estrutura de Lewis. (*b*) Geometria de segmento da cadeia.

Embora o óxido de berílio, BeO, seja essencialmente inerte em contato com a água, os outros óxidos dos metais alcalino-terrosos reagem facilmente com água em um processo exotérmico conhecido como *extinção*. *Cal extinta* (apagada) é hidróxido de cálcio, preparada do *cal* ou *cal virgem*, óxido de cálcio:

$$CaO(s) + H_2O(l) \rightarrow Ca(OH)_2(s) \qquad \Delta H = -66 \text{ kJ}$$

Os *hidróxidos* dos metais alcalino-terrosos são bases fortes, exceto o $Be(OH)_2$ que é fraco e anfótero, e são todos muito menos solúveis que os hidróxidos dos metais alcalinos.

O tamanho pequeno do átomo de berílio é responsável pelo fato de esse elemento ser o menos metálico do grupo IIA. Sua maior eletronegatividade é salientada no caráter anfótero do $Be(OH)_2$. Isto pode ser ilustrado pelas equações:

$$Be(OH)_2(s) + 2H^+(aq) \rightarrow Be^{2+}(aq) + 2H_2O$$

$$Be(OH)_2(s) + 2OH^-(aq) \rightarrow Be(OH)_4^{2-}(aq)$$

onde $Be(OH)_4^{2-}$ é chamado íon *berilato*. Na verdade, na maioria dos casos as reações são mais complicadas do que estas, porque o berílio apresenta uma grande tendência em formar muitos complexos catiônicos e aniônicos.

Os *nitratos* dos metais alcalino-terrosos são todos solúveis, mas os *sulfatos* $CaSO_4$, $SrSO_4$ e $BaSO_4$ não o são; a solubilidade decresce percorrendo o grupo de cima para baixo. O sulfato de cálcio se cristaliza como dihidrato, $CaSO_4 \cdot 2H_2O$, que ocorre naturalmente como *gipsita*.

Os *carbonatos* dos metais do grupo IIA são todos insolúveis em água, mas solúveis em ácidos diluídos por causa da formação do íon hidrogenocarbonato (bicarbonato). Para o carbonato de cálcio a reação é

$$CaCO_3(s) + H^+(aq) \rightarrow Ca^{2+}(aq) + HCO_3^-(aq)$$

Na análise qualitativa, os íons Mg^{2+}, Ca^{2+}, Sr^{2+} e Ba^{2+} podem ser precipitados como carbonatos brancos de soluções básicas. O magnésio precipita como fosfato de magnésio e amônio, $MgNH_4PO_4 \cdot 6 H_2O$, ou como hidróxido. Neste último caso, se o *reagente magnésio*, ou *magnéson* (*p*-nitrobenzenoazoresorcinol), está presente, há formação de uma *laca* azul (o hidróxido de magnésio é tingido de azul).

O cálcio precipita na forma de oxalato insolúvel, CaC_2O_4. O estrôncio e o bário dão ambos cromatos insolúveis, $SrCrO_4$ e $BaCrO_4$. Eles podem ser seletivamente separados pelo controle do pH. Em meio fracamente ácido a concentração do íon cromato é baixa por que o equilíbrio

$$2CrO_4^{2-}(aq) + 2H^+(aq) \rightleftharpoons Cr_2O_7^{2-}(aq) + H_2O$$

está mudado para a direita. Nessas condições, o K_{ps} do $BaCrO_4$ (8×10^{-11}) é geralmente atingido, mas o do $SrCrO_4$ (4×10^{-5}) não. Em condições mais básicas, $SrCrO_4$ precipitará. Testes de chama são geralmente usados para a confirmação desses elementos. Embora o magnésio, Mg^{2+}, não dê coloração à chama, Ca^{2+} dá coloração vermelho-alaranjado, Sr^{2+} carmesim e Ba^{2+} uma cor verde pálida.

DUREZA DA ÁGUA

Muitas águas naturais contêm cátions que interferem na ação de sabões e, em menor extensão, na dos detergentes. Tais águas são chamadas "duras". Os sabões são sais de *ácidos graxos*, ácidos orgânicos de cadeias compridas de átomos de carbono. Um sabão típico é o estearato de sódio, $NaC_{18}H_{35}O_2$, que se dissolve em água dando íons estearato:

$$NaC_{18}H_{35}O_2(s) \rightarrow Na^+(aq) + C_{18}H_{35}O_2^-(aq)$$

Os íons estearato são responsáveis pela ação limpante do sabão, mas infelizmente são precipitados por certos cátions, dentre os quais os mais importantes são Ca^{2+}, Mg^{2+} e Fe^{2+}. O produto é um sabão insolúvel. Com íons de cálcio a reação é

$$Ca^{2+}(aq) + 2C_{18}H_{35}O_2^-(aq) \rightarrow Ca(C_{18}H_{35}O_2)_2(s)$$

A insuficiência não provém só desse fato; além de se perder sabão pela reação de precipitação, o sabão insolúvel de cálcio forma uma "espuma" na água.

Águas naturais são geralmente duras nas regiões onde se encontram depósitos ($CaCO_3$). As águas das chuvas dissolvem CO_2 da atmosfera formando uma solução diluída de ácido carbônico:

$$CO_2(g) + H_2O \rightleftharpoons H_2CO_3(aq)$$

$$H_2CO_3(aq) \rightleftharpoons H^+(aq) + HCO_3^-(aq)$$

porque lentamente dissolve o calcário:

$$H^+(aq) + CaCO_3(s) \rightarrow HCO_3^-(aq) + Ca^{2+}(aq)$$

de maneira que o processo geral é

$$CO_2(g) + H_2O + CaCO_3(s) \rightarrow Ca^{2+}(aq) + 2HCO_3^-(aq)$$

O resultado é água dura (e cavernas de calcário). Esse tipo de dureza da água é conhecida como *dureza temporária*, porque o íon Ca^{2+} indesejável (ou íon Mg^{2+}, ou íon Fe^{2+}) pode facilmente ser removido por ebulição. Isto inverte completamente tais reações, porque o CO_2 é volátil:

$$Ca^{2+}(aq) + 2HCO_3^-(aq) \rightarrow CaCO_3(aq) + CO_2(g) + H_2O$$

O carbonato de cálcio forma um depósito que lentamente aumenta (no interior de uma chaleira, por exemplo) e que reduz a eficiência da transferência de calor para a água. Quando isso ocorre em grandes caldeiras, o depósito, conhecido como *escamas de caldeira*, causa superaquecimentos locais no metal da caldeira, resultando no seu rompimento.

Quando o ânion presente na água dura não é HCO_3^- (quando é SO_4^{2-}, NO_3^- ou Cl^-, por exemplo), a dureza é conhecida como *dureza permanente*. Nesse caso, o íon indesejável 2+ não pode ser removido por ebulição. (Quando o íon sulfato está presente, o $CaSO_4$ pode precipitar numa forma particularmente destrutiva de escamas de caldeira. Isso pode ocorrer em caldeiras de alta temperatura e alta pressão, mas a velocidade de evaporação da água é muito alta e o K_{ps} do $CaSO_4$ é, conseqüentemente, atingido.)

Como se pode eliminar a dureza da água (amolecer)? Um conjunto de métodos envolve a precipitação dos íons indesejáveis. A ebulição da água pode fazê-lo no caso da dureza temporária, mas não é prática para grandes quantidades de água, por causa da energia necessária e do problema das escamas. Também é impraticável a adição de quantidade suficiente de sabões para precipitar Ca^{2+} e ainda servir para a limpeza; isto é dispendioso e a espuma de sabão constitui um estorvo.

Em larga escala o *método da cal extinta* é útil para amolecer a água. Nesse método, a água é inicialmente analisada quanto à dureza temporária ou permanente. Então adiciona-se quantidade necessária de cal extinta, $Ca(OH)_2$, para remover a dureza temporária. Isto torna a solução básica,

$$Ca(OH)_2(s) \rightarrow Ca^{2+}(aq) + 2OH^-(aq)$$

e converte HCO_3^- a CO_3^{2-}:

$$OH^-(aq) + HCO_3^-(aq) \rightarrow H_2O + CO_3^{2-}(aq)$$

Se 1 mol de $Ca(OH)_2$ é adicionado por mol de HCO_3^- dissolvido, então uma quantidade suficiente de CO_3^{2-} é formada para precipitar o Ca^{2+} que estava presente na água dura, assim como Ca^{2+} da cal extinta:

$$Ca^{2+}(aq) + CO_3^{2-}(aq) \rightarrow CaCO_3(s)$$

(Lembre-se: dois íons HCO_3^- estão originalmente presentes para cada íon Ca^{2+}.) Finalmente, qualquer dureza residual permanente (ou excesso de Ca^{2+} adicionado) pode ser removida por adição de barrilha, Na_2CO_3. Embora outras bases como $NaOH$ ou NH_3 sejam satisfatórias para amolecer a água com dureza temporária, $Ca(OH)_2$ é comumente empregado porque é mais barato.

Um segundo método geral de amolecimento da água consiste em complexar os íons indesejáveis em vez de precipitá-los. A adição de trifosfato de sódio (também chamado de tripolifosfato), $Na_5P_3O_{10}$ libera o íon trifosfato

$$\begin{bmatrix} :\ddot{P}: \quad :\ddot{P}: \quad :\ddot{P}: \\ :\ddot{O}:\ddot{P}:\ddot{O}:\ddot{P}:\ddot{O}:\ddot{P}:\ddot{O}: \\ :\ddot{P}: \quad :\ddot{P}: \quad :\ddot{P}: \end{bmatrix}^{5-}$$

que complexa os íons de Ca^{2+}, por exemplo, reduzindo a sua concentração de maneira que eles não interferem sobre a ação de limpeza dos sabões.

Outros métodos mais sofisticados para eliminar a dureza da água também são utilizados; por exemplo, o método geral de purificação como a osmose inversa (Seção 11.5). Para o amolecimento de águas industriais e domésticas é usado um método muito especial conhecido como de *troca iônica*.

USOS DE METAIS ALCALINO-TERROSOS E SEUS COMPOSTOS

O berílio é raro, caro e tóxico; por isso ele e seus compostos apresentam uso limitado. O berílio puro é transparente para nêutrons e raios-X e assim é usado nas estruturas de reatores nucleares e janelas de alguns tubos de raios-X. Ligas de berílio e cobre são tão duras como alguns aços e são utilizadas na fabricação de ferramentas que são úteis quando há perigo de fogo ou explosão. (As ligas de cobre-berílio não emitem faísca quando golpeadas.) O óxido de berílio é muito refratário (ponto de fusão = 2670° C) e é empregado na construção de isoladores elétricos para altas temperaturas.

O magnésio é extensivamente aplicado na fabricação de ligas brilhantes e fortes que são particularmente usadas na indústria de aviação. Bulbos fotográficos antigos continham magnésio em um ambiente de oxigênio; o magnésio era inflamado eletricamente. (Nos tempos remotos da fotografia, a luz complementar era provida pelo "flash em pó", uma mistura de magnésio em pó com um agente oxidante. Quando ativada, dava um "flash" brilhante de luz e muita fumaça.)

Com poucas exceções, cálcio, estrôncio e bário não são aproveitados na forma livre, pois suas grandes reatividades com o oxigênio e a água tornam isto impraticável. O hidróxido de cálcio é uma base industrial de grande importância; e o óxido de cálcio serve para fabricação de cimento. Emplastro de paris, $CaSO_4 \cdot {}^{1}/_{2}H_2O$ (ou $2CaSO_4 \cdot H_2O$), é preparado pelo aquecimento da gipsita:

$$CaSO_4 \cdot 2H_2O \rightarrow CaSO_4 \cdot \frac{1}{2}H_2O(s) + \frac{3}{2}H_2O$$
$$\text{gipsita} \qquad\qquad \text{emplastro de paris}$$

Quando se adiciona água ao emplastro de paris, a reação é invertida e a gipsita é formada novamente. Há uma pequena expansão de volume quando isso acontece e assim os menores detalhes do interior de um molde são reproduzidos. Os compostos de estrôncio são utilizados em fogos de artifício e na sinalização vermelha das rodovias. O sulfato de bário é tão insolúvel ($K_{ps} = 1,5 \times 10^{-9}$) que, embora Ba^{2+} seja tóxico, $BaSO_4$ pode ser ingerido sem perigo. Por esse fato e considerando que íons Ba^{2+} refletem fortemente os raios-x, $BaSO_4$ é aplicado na medicina em radiografias; estruturas interiores do corpo podem ser claramente caracterizadas porque o $BaSO_4$ é opaco aos raios-X. O rádio é usado como emissor alfa no tratamento de câncer.

21.3 O GRUPO DE METAIS IIIA

O grupo IIIA não tem nome especial; é constituído dos elementos boro, alumínio, gálio, índio e tálio. Esses elementos são geralmente menos metálicos que os correspondentes metais alcalino-terrosos, mas, como em outros casos, o caráter metálico aumenta de cima para baixo no grupo. O boro é, na verdade, não-metálico (seu óxido e seu hidróxido são ácidos), como resultado do tamanho pequeno do seu átomo. Adiaremos a discussão sobre o boro e voltaremos a considerá-lo entre os metalóides na Seção 21.5.

Todos os átomos dos elementos do grupo IIIA apresentam um único elétron p, além dos dois elétrons s, na sua camada de valência. Devemos então esperar que o efeito do par inerte (Seção 20.6) seja evidente nos estados de oxidação desses elementos. Portanto, embora compostos +1 sejam encontrados em todos eles, em condições normais o estado +3 é o único observado, exceto para o tálio que comumente apresenta o estado +1. Algumas propriedades dos elementos do grupo IIIA são mostradas na Tabela 21.7.

O *alumínio* tem seu nome ligado ao de um de seus compostos, o *alúmen*, palavra latina que significa "sabor adstringente". O *gálio* provêm do latim, Gallia (França). *Índio* tem o seu nome da cor *índigo*, pois sua linha espectral tem essa cor. *Tálio* provém do grego, significando "ramo verde" ou "broto"; as linhas espectrais do tálio são verdes.

ALUMÍNIO

Embora o alumínio seja o terceiro em abundância na litosfera, não é prático extraí-lo de muitas rochas e minerais que o contêm. A maior parte do alumínio ocorre nos aluminosilicatos tais como: argilas, micas e feldspatos.

O mineral de alumínio é a bauxita[3], que é oxido de alumínio hidratado impuro $Al_2O_3 \cdot xH_2O$. Este é separado de suas impurezas, essencialmente óxido de ferro (III) e dióxido de silício, pelo *processo Bayer*, no qual o óxido de alumínio é inicialmente

---

[3] A pronúncia original, francesa, é **boe**-zita; nos Estados Unidos é mais comumente pronunciado **box**-ite.

dissolvido em hidróxido de sódio concentrado a quente. O óxido férrico (um óxido básico) é insolúvel, mas o dióxido de silício (ácido) e o óxido de alumínio (anfótero) se dissolvem. O óxido de alumínio se dissolve formando o íon *aluminato*:

$$Al_2O_3(s) + 2OH^-(aq) + 3H_2O \rightarrow 2Al(OH)_4^-(aq)$$

Tabela 21.7 Os elementos do grupo IIIA.

	B	Al	Ga	In	Tl
Configuração eletrônica da camada de valência	$2s^2 2p^1$	$3s^2 3p^1$	$4s^2 4p^1$	$5s^2 5p^1$	$6s^2 6p^1$
Ponto de fusão normal, °C	2300	660	30	156	449
Densidade, g cm^{-3}	2,4	2,7	5,9	7,3	11,8

Essa solução é então resfriada, agitada com ar e germinada com Al(OH)$_3$, resultando na precipitação de Al(OH)$_3$:

$$Al(OH)_4^-(aq) \rightarrow Al(OH)_3(s) + OH^-(aq)$$

O ar fornece CO$_2$ que, sendo ácido, ajuda a precipitação:

$$Al(OH)_4^-(aq) + CO_2(g) \rightarrow Al(OH)_3(s) + HCO_3^-(aq)$$

O hidróxido é então aquecido para formar o óxido de alumínio, chamado *alumina*.

$$2Al(OH)_3(s) \rightarrow Al_2O_3(s) + 3H_2O(g)$$

     O alumínio metálico é preparado eletroliticamente pelo *processo Hall*, a partir da alumina. No século XIX, Charles Martin Hall era estudante de graduação do Oberlin College, quando um de seus professores de química o incentivou a tentar encontrar um método para produção de alumínio que fosse prático para o emprego em escala industrial. (Na metade do século XVIII o alumínio era vendido por mais de US$ 500 por libra e era largamente usado como metal precioso em joalheria etc.). Hall teve o pressentimento de que a eletrólise deveria servir e, embora nada soubesse de potenciais de eletrodo padrão ou mesmo da existência de íons (ainda não se sabia da existência dos mesmos), ele conhecia o trabalho de Faraday sobre a eletrólise. Porém, Hall logo descobriu que a eletrólise de soluções aquosas de sais de alumínio produzia somente hidrogênio no cátodo. (O potencial padrão de redução do Al^{3+} a alumínio metálico é $-1,67$ V, e então H^+ ou H_2O são reduzidos, em vez de Al^{3+}.)

Uma segunda possibilidade, a eletrólise de alumina fundida, Al_2O_3, foi rejeitada por Hall devido ao ponto de fusão alto desse composto (2045°C). Hall então pensou num solvente não aquoso para o Al_2O_3 e incidentalmente acertou na criolita (do grego, "pedra congelada"), um mineral encontrado na Groelândia que parece gelo, mas se funde a 950°C (daí o seu nome). Criolita é hexafluoroaluminato de sódio, Na_3AlF_6, e quando fundida dissolve Al_2O_3. Hall montou uma espécie de laboratório num barracão de madeira da família e, em 1886, menos de um ano depois de formado, conseguiu eletrolisar uma solução de alumina em criolita fundida formando alguns glóbulos brilhantes de alumínio.[4]

A célula eletrolítica do processo Hall é operada a cerca de 1000°C e está esquematizada na Figura 21.2. Não é possível escrever equações simples para as reações que ocorrem nos eletrodos dessa célula. No cátodo, flúor e oxo complexos de alumínio são reduzidos a alumínio líquido metálico (ponto de fusão 660°C). Nos ânodos de grafita há formação de uma mistura de produtos, incluindo O_2 e F_2. Esses gases são muito reativos, especialmente a temperaturas elevadas e assim, os ânodos são gradualmente corroídos e devem ser substituídos periodicamente. O alumínio fundido formado no cátodo é retirado pelo fundo da cela, é moldado em lingotes. Hoje, a maior parte da criolita usada no processo Hall é produzida sinteticamente.

Embora o alumínio seja agora muito mais barato do que a 100 anos atrás, vasta quantidade de energia elétrica é utilizada para produzi-lo. Um equivalente de alumínio pesa $27/3$, ou 9g; significando que um faraday de eletricidade é necessário para produzir somente 9g do metal. Eis por que o reaproveitamento (de vários objetos) desse metal é tão importante. Sem dúvida, a energia gasta na produção do alumínio não é totalmente perdida; poderemos algum dia descobrir como empregar o alumínio em uma bateria comercialmente prática, que produzirá energia elétrica da oxidação anódica do alumínio. (Foi sugerido que o sistema definitivo para acionar motores elétricos de automóveis utilizará células de combustível que usam materiais de alumínio já usados e que podem ser recolhidos durante o seu trajeto.)

---

[4] Por coincidência, o mesmo processo foi descoberto uma semana depois por Paul Héroult na França. Na Europa é o processo usualmente conhecido como processo Héroult.

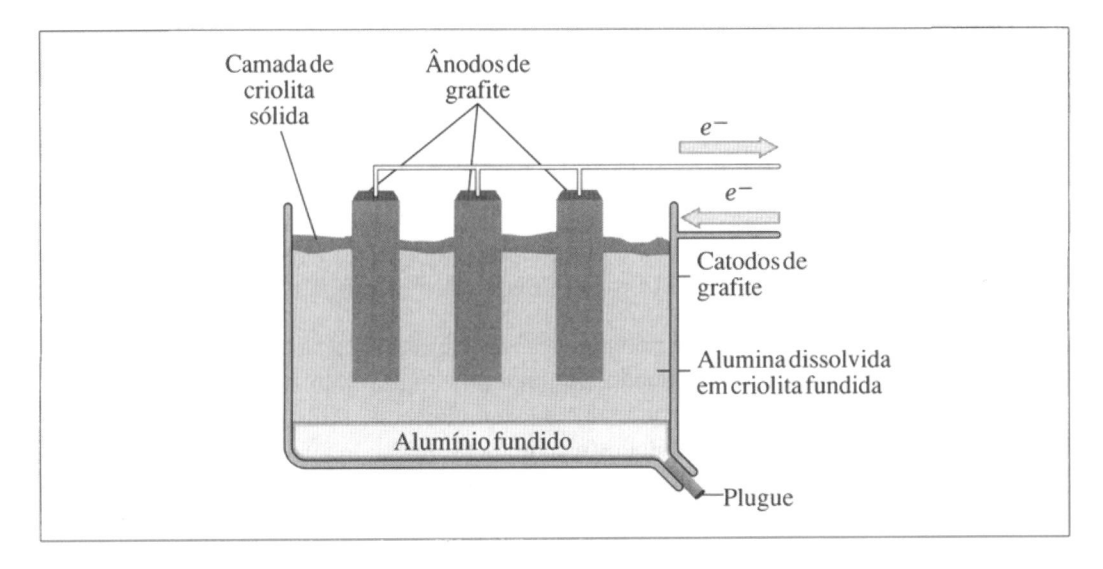

Figura 21.2 A célula Hall para a produção do alumínio

O alumínio é um metal extremamente versátil. Ele pode ser enrolado, prensado, moldado, curvado e extrudado, dando origem às mais variadas formas. Sua densidade baixa o torna útil na construção de aeronaves e, mais recentemente, nas indústrias automobilísticas. Atualmente, o alumínio puro é muito mole para ser utilizado nas estruturas, mas ligas que incorporam pequenas quantidades de cobre, silício, manganês ou magnésio têm resistência e dureza que se aproximam das de alguns aços. O alumínio puro é um excelente condutor elétrico e é aplicado em fios elétricos, competindo com o cobre.

O alumínio é termodinamicamente muito reativo, como se pode ver pelo seu potencial de redução padrão (dado anteriormente) e pela variação da energia livre para reações como

$$2Al(s) + \frac{3}{2}O_2(g) \rightarrow Al_2O_3(s) \qquad \Delta G° = -1582 \text{ kJ mol}^{-1}$$

As reações de alumínio metálico, à temperatura ambiente, são consideravelmente lentas por causa da formação de uma película superficial de alumina Al_2O_3. Essa camada superficial é lisa, forte e dura, portanto, o alumínio e a maioria das suas ligas, se auto-protegem do ataque do meio ambiente. Uma camada extra, fina, de alumina pode ser depositada eletroliticamente na superfície do alumínio no processo conhecido como *anodização*. A alumina pode ser colorida pela adição de vários corantes à solução anodizante e a camada colorida resultante é muito mais durável do que qualquer pintura.

O alumínio forma, os previamente mencionados óxido e hidróxido, como também uma grande variedade de sais. Sendo o íon de alumínio muito pequeno e de carga elevada, ele é fortemente hidrolisado pela água. A reação pode ser escrita como

$$Al^{3+}(aq) + H_2O \rightleftharpoons AlOH^{2+}(aq) + H^+(aq)$$

ou, mais corretamente, como

$$Al(H_2O)_6^{3+}(aq) + H_2O \rightleftharpoons Al(OH)(H_2O)_5^{2+}(aq) + H_3O^+(aq)$$

(Esta reação representa somente a primeira etapa da hidrólise.) A adição de quantidade limitada de base a uma solução contendo Al^{3+} precipita o hidróxido de alumínio, $Al(OH)_3$, que é branco ou incolor, e tem praticamente o mesmo índice de refração da água, tornando-o difícil de ser visto quando precipitado recentemente nas soluções diluídas. Na análise qualitativa do alumínio, o hidróxido é tornado mais visível pela adição de corante aluminon (o sal de amônio do ácido aurintricarboxílico), que forma uma laca vermelha com o hidróxido. Na verdade, "hidróxido de alumínio" recentemente precipitado não é bem caracterizado estequiometricamente e é mais corretamente considerado *óxido de alumínio hidratado*, $Al_2O_3 \cdot xH_2O$.

O hidróxido de alumínio é anfótero e portanto se dissolve em excesso de base,

$$Al(OH)_3(s) + OH^-(aq) \rightarrow Al(OH)_4^-(aq)$$

para formar o íon *aluminato*, mais completamente formulado como $Al(OH)_4(H_2O)_2^-$. A estabilidade deste íon é responsável pelo fato de que o metal se dissolve não somente em ácidos,

$$2Al(s) + 6H^+(aq) \rightarrow 2Al^{3+}(aq) + 3H_2(g)$$

mas também em bases,

$$2Al(s) + 2OH^-(aq) + 6H_2O \rightarrow 2Al(OH)_4^-(aq) + 3H_2(g)$$

O óxido de alumínio anidro ocorre na natureza, no mineral *córindon*. Apesar de a ligação Al–O ter caráter covalente considerável (Al não é muito eletropositivo), a estrutura do Al_2O_3 pode ser imaginada como um arranjo hexagonal de empacotamento denso de íons óxido, nos quais dois-terços das lacunas octaédrica são ocupadas por íons de alumínio. Al_2O_3 puro é incolor (ou branco, quando triturado) mas quando íons Cr^{3+} substituem alguns íons Al^{3+}, uma cor vermelha é produzida, como nas gemas chamadas *rubi*. A substituição por Fe^{3+} e Ti^{3+} produz a cor azul da *safira*.

A extrema dureza da alumina é devida em parte à força da ligação Al–O. Esta é também a razão para a grande quantidade de calor liberada na *reação térmica*, na qual o óxido de ferro(III) reage com alumínio em pó:

$$Fe_2O_3(s) \rightarrow 2Fe(l) + \tfrac{3}{2}O_2(g) \qquad \Delta H° = 824 \text{ kJ}$$
$$2Al(s) + \tfrac{3}{2}O_2(g) \rightarrow Al_2O_3(s) \qquad \Delta H° = -1676 \text{ kJ}$$

Global: $2Al(s) + Fe_2O_3(s) \rightarrow 2Fe(l) + Al_2O_3(s) \qquad \Delta H° = -852$ kJ

A reação é rápida e a grande quantidade de calor desenvolvida fornece temperaturas próximas de 3000°C, produzindo o ferro no estado fundido. A termita, uma mistura destes dois reagentes, é usada na solda em locais onde nem a eletricidade nem gases para solda são acessíveis.

O alumínio foi primeiramente descoberto em uma série de sais conhecidos como *alúmens*. Alúmens são sulfatos hidratados contendo íons mono e tripositivos: $A^+B^{3+}(SO_4)_2$. $12H_2O$. O alúmen comum é $KAl(SO_4)_2$. $12H_2O$. Íons monopositivos como Li^+, Na^+ e mesmo NH_4^+ podem substituir K^+ e íons tripositivos como Cr^{3+} e Fe^{3+} podem substituir Al^{3+}, formando uma série de alúmens diferentes, que se cristalizam com o mesmo retículo e que formam cristais octaédricos grandes que crescem facilmente. Na Figura 9.2 há um cristal grande de alúmen obtido em laboratório, (Iniciantes na arte de fazer crescer cristais geralmente começam com os alúmens e logo descobrem que camadas de um alúmen podem ser facilmente obtidas no cristal de um outro, quando se deixa crescer o cristal por evaporação a temperatura aproximadamente constante. O cristal mostrado na Figura 9.2 cresceu desta maneira.) Vasta quantidade de alúmen é empregada nas indústrias de papel e tintas.

O *cloreto de alumínio* se cristaliza das soluções aquosas como um hidrato, $AlCl_3$. $6 H_2O$, ou melhor, $[Al(H_2O)_6]Cl_3$. Este é um sal iônico típico contendo o cátion hidratado de Al^{3+}. O cloreto de alumínio anidro, por outro lado, consiste em uma rede tridimensional covalente, na qual os átomos de cloro formam pontes entre átomos adjacentes de alumínio. O $AlCl_3$ se sublima a 178°C (a 1 atm de pressão) formando um gás que é constituído de dímeros Al_2Cl_6, como na Figura 21.3. Como se pode observar, cada molécula usa dois de seus seis átomos de Cl para ligar, "como pontes", os dois átomos de Al. Acima de cerca de 4000°C a dissociação do Al_2Cl_6 é significativa:

$$Al_2Cl_6(g) \rightarrow 2AlCl_3(g)$$

O monômero $AlCl_3$ apresentou, por difração eletrônica, a estrutura trigonal plana (hibridização sp^2).

GÁLIO, ÍNDIO E TÁLIO

Os três últimos membros mais pesados do grupo IIIA são todos raros e encontrados, principalmente, como impurezas nos minerais de zinco, chumbo e cádmio, como também em muitos minerais contendo alumínio. Por causa de sua escassez, são usados apenas em pequenas quantidades. O gálio foi utilizado como impureza nas fabricações de semicondutores (Seção 9.7) e como componente de ligas. O arseneto de gálio é empregado em lasers sólidos. O índio tem sido aplicado na construção de mancais e em outros dispositivos. O tálio serve para fabricação de fotocelas, detectores de infravermelho e na manufatura de vidros especiais. O sulfato de tálio(I) é extremamente tóxico e é útil para combater roedores e formigas.

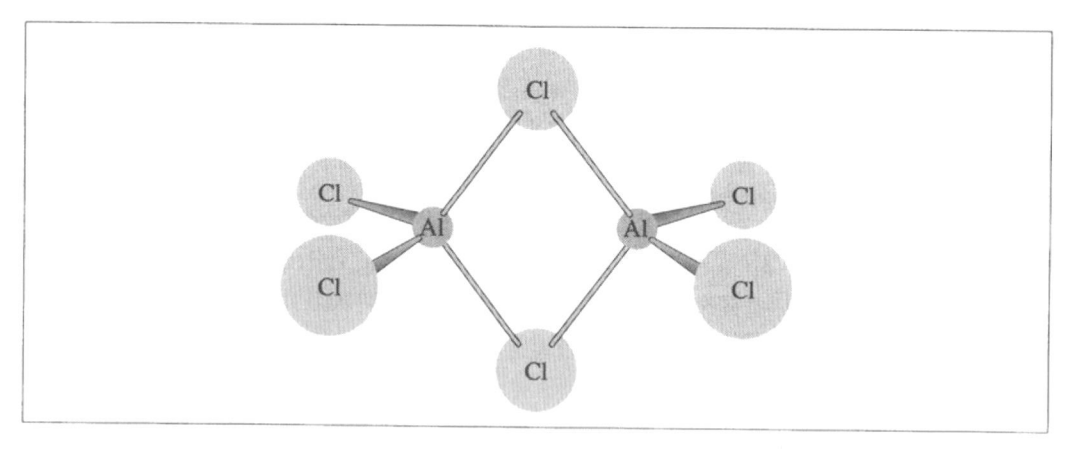

Figura 21.3 A molécula de Al_2Cl_6.

O gálio, índio e o tálio não são tão metálicos como seria de esperar; isto é conseqüência da série de metais de transição que os precedem na tabela periódica. Como o subnível $(n-1)d$ está preenchido, a carga nuclear elevada resultante e o tamanho pequeno dos átomos desses elementos tornam os elétrons mais fortemente presos que em outros casos. O hidróxido de gálio, $Ga(OH)_3$, é, conseqüentemente, muito semelhante ao hidróxido de alumínio no seu anfoterismo e mesmo o hidróxido de índio se dissolve pouco em bases, embora mais facilmente em ácidos. O tálio é o único elemento no grupo que ilustra o efeito do par inerte: ele forma compostos estáveis de Tl(I), ou *talosos*, e compostos de Tl(III), ou *tálicos*.

21.4 OUTROS METAIS REPRESENTATIVOS

Outros metais representativos importantes são o estanho e o chumbo (grupo periódico IVA) e o bismuto (grupo VA).

ESTANHO

O elemento *estanho* (o nome provém do anglo-saxão) é conhecido desde épocas pré-históricas. Sua fonte mais importante é a *cassiterita*, SnO_2, da qual pode ser obtido pela redução com carbono,

$$SnO_2(s) + 2C(s) \rightarrow Sn(l) + 2CO(g)$$

seguida de purificação eletrolítica.

O estanho apresenta três variedades alotrópicas sólidas: o estanho α, ou *estanho cinzento*, é uma forma não-metálica estável abaixo de 13°C. Nela, os átomos de estanho estão covalentemente ligados como no retículo do diamante. De 13 a 161°C o estanho β, ou *estanho branco*, é a forma estável. É o estanho comum, metálico e se cristaliza num retículo tetragonal. Acima de 161°C (até 232°C, o ponto de fusão) o estanho γ, ou *estanho rômbico*, é estável. Forma um retículo ortorrômbico e é muito quebradiço. A transição $\beta \rightarrow \alpha$ é lenta e quando ocorreu em tubos antigos de órgãos nas catedrais das regiões frias da Europa, foi chamada de "peste do estanho". (O "mal", apresentando "crescimento" de estanho cinzento, foi interpretado como obra do demônio.)

O estanho é geralmente usado na galvanoplastia ("folhas de flandres", chapas de ferro cobertas de estanho) e em ligas como *bronze* (com cobre), *peltro* e *solda* (com chumbo) e alguns metais usados para mancais em dispositivo mecânico.

A configuração eletrônica da camada de valência do estanho é $5s^25p^2$ e o efeito do par inerte é evidente no caso dos compostos com estanho no estado +2 (compostos *estanosos*) e +4 (compostos *estânicos*). O potencial de redução padrão para $Sn^{2+}(aq) + 2e^- \rightarrow Sn(s)$ é $-0,14$ V, e portanto, o estanho dissolve-se lentamente em ácidos diluídos (1 mol/L):

$$Sn(s) + 2H^+(aq) \rightarrow Sn^{2+}(aq) + H_2(g)$$

O *estanho(II)* ou íon *estanoso* forma uma grande variedade de compostos, tais como hidróxido, óxido, sulfeto, haleto etc. O íon estanoso é moderadamente hidrolisado em água:

$$Sn^{2+}(aq) + H_2O \rightleftharpoons SnOH^+(aq) + H^+(aq)$$

A adição de uma quantidade limitada de uma base forte ao íon estanoso precipita o hidróxido de estanho(II):

$$Sn^{2+}(aq) + 2OH^-(aq) \rightarrow Sn(OH)_2(s)$$

Esse é anfótero e se dissolve no excesso de base formando íon *estanito*:

$$Sn(OH)_2(s) + OH^-(aq) \rightarrow Sn(OH)_3^-(aq)$$

O íon estanoso é um agente redutor médio muito útil. Por exemplo, ele reduz cloreto de mercúrio(II) primeiro a cloreto de mercúrio(I) insolúvel, e então, se está presente em excesso, a mercúrio metálico:

$$2HgCl_2(aq) + Sn^{2+}(aq) \rightarrow Sn^{4+}(aq) + Hg_2Cl_2(s) + 2Cl^-(aq)$$

$$Hg_2Cl_2(s) + Sn^{2+}(aq) \rightarrow 2Hg(l) + Sn^{4+}(aq) + 2Cl^-(aq)$$

(Aqui escrevemos o cloreto mercúrico como uma molécula, porque ele é um sal incomumente fraco.)

Em soluções básicas, Sn(II) é um agente redutor ainda melhor que em solução ácida. Assim, o íon estanito é facilmente oxidado a íon *estanato*, $Sn(OH)_6^{2-}$.

O *estanho*(IV), ou estado *estânico*, forma um óxido hidratado insolúvel, geralmente representado, para efeito de simplificação, como hidróxido estânico, $Sn(OH)_4$. Ele se dissolve em excesso de base formando íon estanato, $Sn(OH)_6^{2-}$. Na verdade, dois óxidos hidratados diferentes do Sn(IV) são conhecidos: um é solúvel em ácido, enquanto o outro, formado na oxidação do estanho metálico ou íon estanoso, por ácido nítrico, é insolúvel em ácidos. As diferenças entre as duas formas não são bem esclarecidas.

Na análise qualitativa, o estanho é geralmente precipitado ou na forma de sulfeto de estanho(II) castanho, SnS, ou como sulfeto de estanho(IV), amarelo, SnS_2. O primeiro é insolúvel em excesso de sulfeto, enquanto o último se dissolve formando o íon *tioestanato*:

$$SnS_2(s) + S^{2-}(aq) \rightarrow SnS_3^{2-}(aq)$$

O sulfeto estanoso se dissolve, entretanto, em uma solução contendo íons polissulfeto (Ver Seção 20.6), aqui representado como S_2^{2-}:

$$SnS(s) + S_2^{2-}(aq) \rightarrow SnS_3^{2-}(aq)$$

A conversão desse complexo a um cloro complexo é realizada pela adição de excesso de HCl:

$$SnS_3^{2-}(aq) + 6H^+(aq) + 6Cl^-(aq) \rightarrow SnCl_6^{2-}(aq) + 3H_2S(g)$$

Depois de ferver para remover todo o sulfeto de hidrogênio, o estanho(IV) pode ser reduzido a estanho (II) pelo ferro,

$$SnCl_6^{2-}(aq) + Fe(s) \rightarrow Sn^{2+}(aq) + Fe^{2+}(aq) + 6Cl^-(aq)$$

e então reoxidado por cloreto mercúrico, formando Sn(IV), mais Hg_2Cl_2 e/ou Hg.

CHUMBO

O *chumbo* (outra palavra de origem anglo-saxônica) era também conhecido desde tempos remotos. Seu único mineral importante é a *galena*, PbS, do qual é obtido industrialmente por vários métodos. Um envolve a *ustulação* do minério: aquecê-lo na presença de ar para convertê-lo em óxido:

$$2PbS(s) + 3O_2(g) \rightarrow 2PbO(s) + 2SO_2(g)$$

Parte do PbS é convertido a sulfato de chumbo nesse processo:

$$PbS(s) + 2O_2(g) \rightarrow PbSO_4(s)$$

À mistura dos produtos (PbO e $PbSO_4$) é então adicionado mais PbS e novamente aquecida na ausência do ar:

$$PbS(s) + 2PbO(s) \rightarrow 3Pb(l) + SO_2(g)$$

$$PbS(s) + PbSO_4(s) \rightarrow 2Pb(l) + 2SO_2(g)$$

O chumbo resultante é, entretanto, bastante impuro e deve ser purificado para remover muitos contaminantes metálicos.

O chumbo existe em uma única variedade alotrópica, metálica, cinza, mole, de baixo ponto de fusão. Seu emprego principal consiste na fabricação de baterias de chumbo (Seção 18.6). Grandes quantidades de chumbo foram usadas na síntese de *tetraetilchumbo*, $(C_2H_5)_4Pb$, aplicado como aditivo antidetonante na gasolina. Pequena quantidade desse composto aumenta o índice de octanas da gasolina, o que significa prever detonação ("batidas") nos cilindros do motor e promover a queima regular da gasolina. Como, a maior parte do chumbo é expelido pelo escapamento, contribuindo para a poluição ambiental, a quantidade de tetraetilchumbo usado atualmente não é muito grande. Além disso, os compostos de chumbo envenenam os catalisadores (destroem sua eficiência) utilizados nos conversores catalíticos dos novos automóveis e, portanto, meios alternativos para aumentar o índice de octanas estão sendo introduzidos. O chumbo é aproveitável em várias ligas e numa tinta resistente à corrosão, o *zarcão*, que contém Pb_3O_4.

Nestes compostos, o chumbo, como também o estanho exibem estados de oxidação +2 e +4, embora o estado +2 seja o mais comum. O íon de chumbo(II), chamado algumas vezes de *plumboso*, precipita na forma de vários sais insolúveis, incluindo $PbCl_2$, PbS, $PbSO_4$, $PbCrO_4$ e $PbCO_3$. Os haletos de chumbo(II) se dissolvem em excesso de haleto formando complexos como $PbCl_3^-$ e $PbBr_4^{2-}$. O hidróxido de chumbo(II) é precipitado de uma solução de Pb^{2+} pela adição de base:

$$Pb^{2+}(aq) + 2OH^-(aq) \rightarrow Pb(OH)_2(s)$$

O hidróxido de chumbo é anfótero, dissolve-se num excesso de base e converte-se em íon *plumbito*:

$$Pb(OH)_2(s) + OH^-(aq) \rightarrow Pb(OH)_3^-(aq)$$
plumbito

O chumbo (II) forma alguns sais que são eletrólitos fracos. O sulfato de chumbo, insolúvel, $PbSO_4$, se dissolve em uma solução de acetato de amônio, por exemplo, por causa da formação do acetato de chumbo, solúvel, mas pouco dissociado:

$$PbSO_4(s) + 2C_2H_3O_2^-(aq) \rightarrow Pb(C_2H_3O_2)_2(aq) + SO_4^{2-}(aq)$$

No estado +4, ou *plúmblico*, o composto mais importante é o óxido de chumbo(IV), usualmente chamado dióxido de chumbo, PbO_2. É um poderoso agente oxidante e é usado em baterias de chumbo. Pode ser preparado pela oxidação do íon plumbito pelo hipoclorito:

$$Pb(OH)_3^-(aq) + OCl^-(aq) \rightarrow PbO_2(s) + OH^-(aq) + Cl^-(aq) + H_2O$$

PbO_2 é um agente oxidante bastante forte para oxidar Mn^{2+} a MnO_4^-.

Pb_3O_4, *zarcão*, é na realidade um composto complexo covalente contendo Pb(II) e Pb(IV) ligados aos átomos de oxigênio. É preparado pelo aquecimento de óxido de chumbo(II) ao ar a 500°C:

$$6PbO(s) + O_2(g) \rightarrow 2Pb_3O_4(s)$$

O chumbo, como muitos dos metais pesados, é um elemento tóxico. Alguns historiadores pensam que o declínio do Império Romano ocorreu, parcialmente, devido a doenças, infertilidade e morte por causa do envenenamento por chumbo. Parece que a aristocracia romana fez grande uso do chumbo em encanamentos de água e utensílios de cozinha. (A origem da palavra inglesa "plumbando" é a palavra latina para o chumbo, *plumbum*). Mais recentemente, *alvaiade de chumbo*, $Pb_3(OH)_2(CO_3)_2$, serviu como pigmento em pinturas e hoje em dia as crianças sofrem sua toxidez depois de comer pedaços de madeira, brinquedos etc. (Atualmente, compostos de chumbo não são usados nos

Estados Unidos na manufatura de tintas para uso doméstico.) Em muitos casos, a toxidez de metais pesados é um resultado do fato deles serem inibidores de muitas reações bioquímicas catalisadas por enzimas.

Em análise qualitativa, o chumbo é separado e/ou confirmado pela precipitação como cloreto, sulfeto, cromato ou sulfato.

BISMUTO

O *bismuto* (o nome parece ser corruptela das palavras germânicas que significam "massa branca") ocorre na natureza como Bi_2O_3 ou Bi_2S_3. Na extração industrial do elemento, o sulfeto é convertido ao óxido pela ustulação ao ar e o óxido é reduzido com carvão para formar o elemento livre.

O bismuto é um metal denso com um lustro metálico insípido. É usado em várias ligas, incluindo algumas que fundem a baixa temperatura e são úteis como sensores para detectar e apagar incêndios. Como a água, o bismuto é uma das poucas substâncias que se expandem ao congelar; ele imprime esta propriedade a algumas de suas ligas, que são usadas em tipografia. Esses se expandem quando são moldados, produzindo reproduções fiéis de detalhes finos no molde.

A química do bismuto é quase exclusivamente a do estado +3. O bismuto queima em oxigênio para produzir o trióxido:

$$4Bi(s) + 3O_2(g) \rightarrow 2Bi_2O_3(s)$$

Este composto e o hidróxido, $Bi(OH)_3$, não apresentam anfoterismo, sendo solúveis em ácidos, mas não em bases.

O íon bismuto, Bi^{3+}, apresenta forte tendência à hidrólise, de maneira que a adição de sais de bismuto em água produz um precipitado de hidróxido:

$$Bi^{3+}(aq) + 3H_2O \rightarrow Bi(OH)_3(s) + 3H^+(aq)$$

Se o íon cloreto está presente, quando $BiCl_3$ é adicionado à água, o precipitado contém algum cloreto e é geralmente formulado como $BiCl(OH)_2$ (hidróxido cloreto de bismuto) ou BiClO (óxido cloreto de bismuto). (É também comumente representado como BiOCl, denominado "oxocloreto de bismuto".) Essa hidrólise pode ser reprimida mantendo a solução fortemente ácida.

O "bismutato de sódio" é uma substância pouco caracterizada, preparada pela fusão de Bi_2O_3 com Na_2O_2 e NaOH. É geralmente representado como $NaBiO_3$ mas provavelmente Bi_2O_5 muito impuro; é um poderoso agente oxidante e oxida Mn^{2+} a MnO_4^-.

Na análise qualitativa o bismuto é precipitado como sulfeto castanho escuro, Bi_2S_3, que é insolúvel em excesso de sulfeto ou polissulfeto. A confirmação do bismuto envolve, usualmente, a observação da hidrólise do Bi^{3+}, mencionada anteriormente, ou a redução do $Bi(OH)_3$ pelo íon estanito, formando bismuto metálico, preto, finamente dividido:

$$2Bi(OH)_3(s) + 3Sn(OH)_3^-(aq) + 3OH^-(aq) \rightarrow 2Bi(s) + 3Sn(OH)_6^{2-}(aq)$$

21.5 OS SEMI-METAIS

A palavra *metalóide* significa "como um metal". Os metalóides não são metais típicos nem não metais típicos, mas apresentam propriedades de ambos; são comumente chamados de *semi-metais*. Os metalóides incluem os elementos boro (grupo IIIA), silício e germânio (grupo IVA), arsênio e antimônio (grupo VA) e selênio e telúrio (grupo VIA). Esses elementos são encontrados numa faixa estreita, cruzando diagonalmente a tabela periódica, como aparece na Figura 21.4. (Algumas vezes o selênio é classificado como um não-metal e astato, polônio e mesmo bismuto foram classificados como metalóides; mas essas decisões são algo arbitrárias.)

Os metalóides no estado livre tendem a ser duros, quebradiços e de pobres a médios condutores de calor e eletricidade. Eles geralmente apresentam semicondução elétrica ou podem ser tornados semicondutores por meio de impurezas. Apresentam um lustro semimetálico típico. Essas propriedades indicam que nos sólidos os elétrons de valência não estão livremente deslocalizados como nos metais e que há considerável ligação covalente presente. Como esperado, esses elementos têm eletronegatividades intermediárias. Seus hidroxocompostos são ou fracamente ácidos ou anfóteros.

BORO

O nome *boro* provém de palavra árabe que significa "branco". (O bórax, sua fonte principal, é branco.) O elemento pertence ao grupo IIIA e é sempre encontrado combinado na natureza, usualmente como sais de boratos, como no *bórax*, $Na_2B_4O_5(OH)_4 \cdot 8H_2O$. Os compostos de boro têm grande variedade de aplicações: o bórax é usado em algumas formulações de detergentes, onde ajuda o processo de limpeza e também deixa um pequeno brilho na roupa branca depois de passada a ferro. O boro é incorporado em *vidros borosilicatos*, como o Pyrex e Kimax, que possuem coeficientes de expansão térmica muito mais baixos do que os vidros de óxido de cálcio ("moles") e, portanto, podem suportar mudanças bruscas de temperatura. Fibras de boro elementar são combinadas com certos plásticos epóxi produzindo materiais muito resistentes e de baixa densidade.

O boro livre é obtido pela dissolução do bórax em ácido e cristalização do ácido bórico, H_3BO_3. A desidratação formando B_2O_3 é seguida pela redução com magnésio:

$$B_2O_3(s) + 3Mg(s) \rightarrow 2B(s) + 3MgO(s)$$

Boro mais puro pode ser preparado pela redução de tricloreto de boro com hidrogênio gasoso a alta temperatura:

$$2BCl_3(g) + 3H_2(g) \rightarrow 2B(s) + 6HCl(g)$$

ou pela decomposição térmica do triiodeto de boro na superfície de um fio, aquecido eletricamente, de tungstênio ou tântalo:

$$2BI_3(g) \rightarrow 2B(s) + 3I_2(g)$$

O boro elementar tem brilho semimetálico opaco e é um semicondutor elétrico. É o segundo elemento mais duro (depois do diamante) e existe em várias modificações cristalinas, todas contendo unidades estruturais B_{12} e que diferem umas das outras na maneira pela qual essas unidades estão ligadas no retículo cristalino. Em cada uma dessas unidades B_{12} os átomos de boro estão colocados nos 12 vértices de um icosaedro (um poliedro regular de 20 faces), como na Figura 21.5. Essa estrutura icosaédrica é encontrada também em alguns compostos do boro.

O boro forma uma série de trihaletos, BX_3, que são todos compostos moleculares de baixo ponto de fusão. A estrutura de Lewis para o BF_3, por exemplo, pode ser escrita

$$\begin{array}{c} ::\!\ddot{F}\!:: \\ ::\!\ddot{B}\!:\!\ddot{F}\!:: \\ ::\!\ddot{F}\!:: \end{array}$$

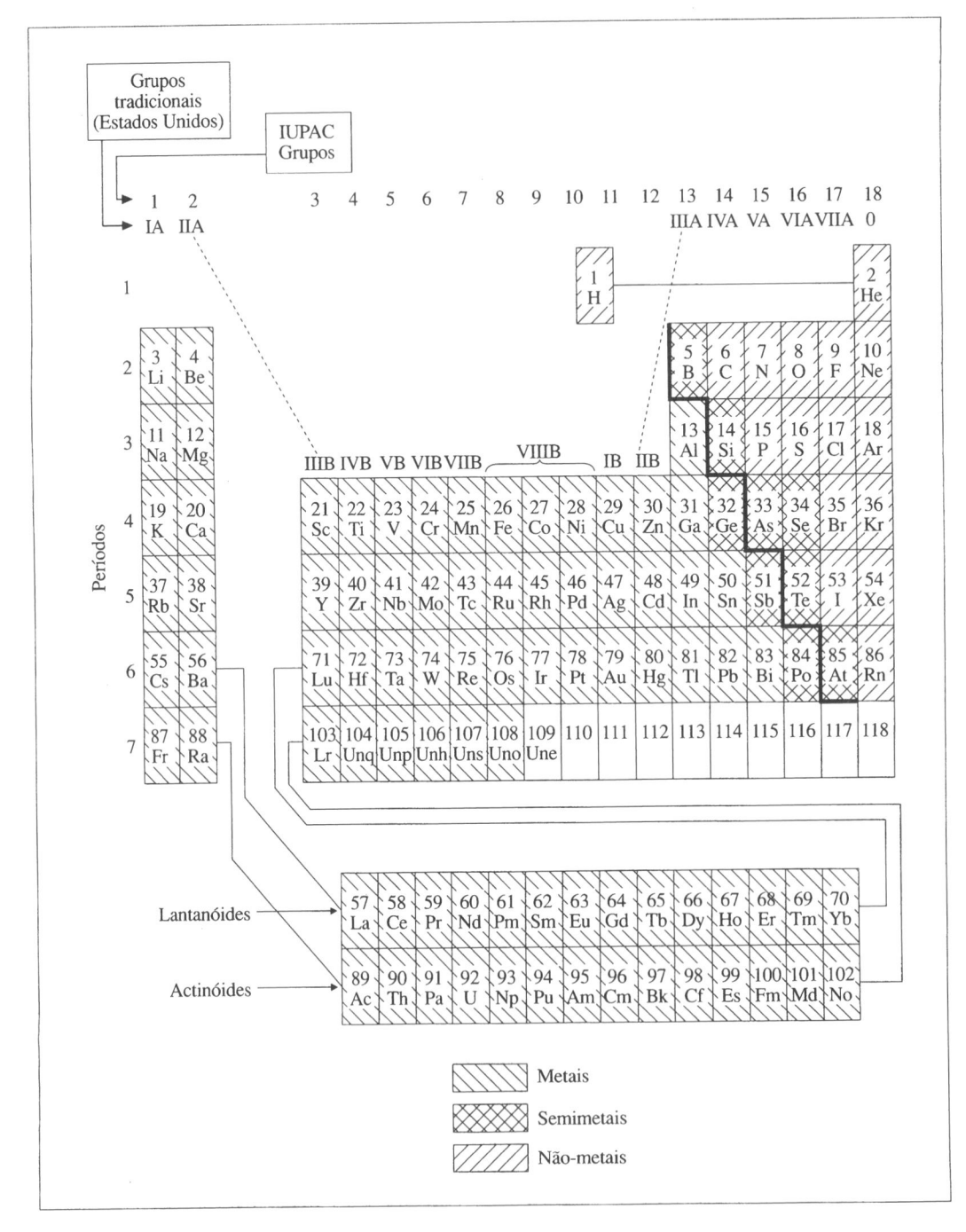

Figura 21.4 Metais, semi-metais e não metais.

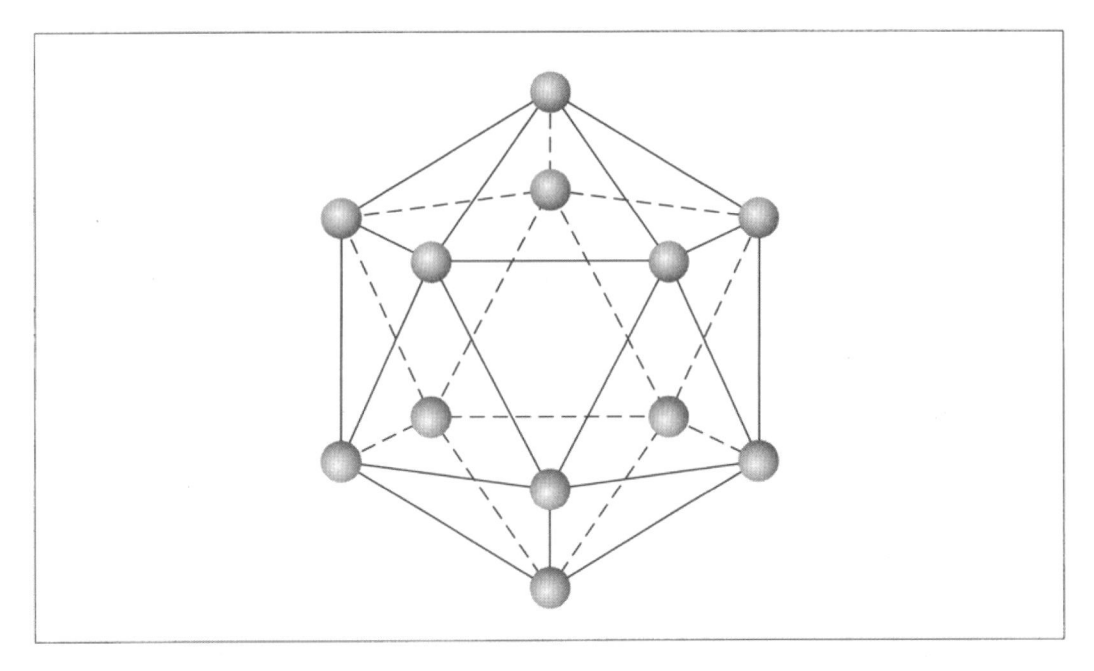

Figura 21.5 A unidade estrutural do B_{12}, icosaédrica.

A molécula é trigonal plana, como prevista pela teoria VSEPR, e portanto, presumivelmente, o boro sofre hibridização sp^2, formando três ligações equivalentes. As distâncias de ligação, entretanto, são algo mais curtas que o esperado, indicando a possibilidade de algum caráter de dupla ligação em cada ligação B–X. Este fato pode ser explicado considerando a sobreposição de um dos orbitais p cheios do átomo de halogênio com o orbital p vazio, não hibridizado do boro.

Os haletos de boro são ácidos de Lewis; em suas reações, o boro aceita um par de elétrons para completar seu octeto. Alguns exemplos são

$$\left[:\ddot{\underset{..}{F}}:\right]^{-} + \begin{matrix}:\ddot{F}:\\:\ddot{B}:\ddot{F}:\\:\ddot{F}:\end{matrix} \rightarrow \left[\begin{matrix}:\ddot{F}:\\:\ddot{F}:\ddot{B}:\ddot{F}:\\:\ddot{F}:\end{matrix}\right]^{-}$$

$$\begin{matrix}H\\H:\ddot{N}:\\H\end{matrix} + \begin{matrix}:\ddot{F}:\\:\ddot{B}:\ddot{F}:\\:\ddot{F}:\end{matrix} \rightarrow \begin{matrix}H\\H:\ddot{N}\\H\end{matrix} : \begin{matrix}:\ddot{F}:\\:\ddot{B}:\ddot{F}:\\:\ddot{F}:\end{matrix}$$

O último composto é um exemplo de um *composto de adição*, ou *aducto*.

O hidroxi-composto do boro é um ácido, o *ácido* bórico, H_3BO_3. Ele é um sólido pouco solúvel no qual não existem moléculas de H_3BO_3 simples. Em vez disso, as unidades planas BO_3 são ligadas por ligações de hidrogênio formando uma camada infinita, bidimensional, como é mostrado na Figura 21.6. O ácido bórico é um ácido fraco, monoprótico, com $K_a = 6 \cdot 10^{-10}$. Em baixas concentrações em soluções aquosas, sua dissociação é representada por

$$H_3BO_3(aq) + H_2O \rightarrow B(OH)_4^-(aq) + H^+(aq)$$

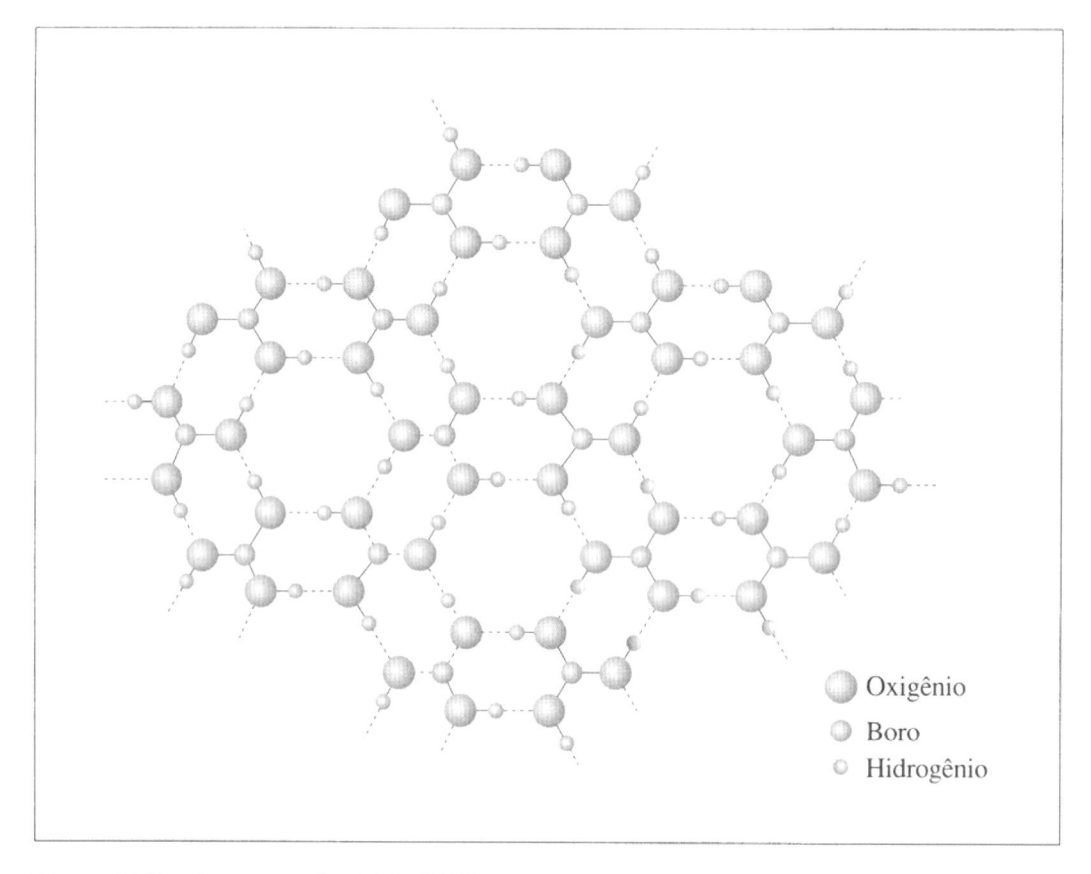

Figura 21.6 A estrutura do sólido H_3BO_3.

como o número de ligação de boro-oxigênio mudou de 3 a 4. Em soluções mais concentradas, a molécula simples H_3BO_3 é aparentemente substituída por espécies mais complexas.

O boro forma uma extensa série de sais, os *boratos*, nos quais o boro está presente em vários oxoânions. Alguns ânions são simples, como o íon trigonal planar ortoborato, BO_3^{3-}, enquanto outros formam cadeias extensas. Alguns ânions boratos são apresentados na Figura 21.7. Nesses íons cada átomo de boro está rodeado por três átomos de oxigênio, alguns dos quais formam pontes entre dois átomos de boro, e o restante são terminais. O número de átomos de oxigênio terminais é igual à carga do íon. No ânion borato externo da Figura 21.7 a fórmula empírica é encontrada identificando a *unidade de repetição* na cadeia, salientada pelas linhas tracejadas na ilustração. Sabe-se que, apesar da diversidade entre essas estruturas, cada átomo de boro, tem sempre um número estérico só de três, não há pares isolados de elétrons, e portanto localiza-se no centro de um triângulo eqüilátero de átomos de oxigênio (geometria trigonal planar).

O boro se combina com o hidrogênio formando uma série extremamente interessante de compostos, os *hidretos do boro*, ou *boranos*. Surpreendentemente, o mais simples deles, BH_3, é instável. Entretanto, muitos boranos estáveis são conhecidos; todos fundem a temperaturas baixas, são compostos reativos e moleculares. Fórmulas representativas incluem B_2H_6, B_4H_8, B_4H_{10}, $B_{10}H_{16}$ e $B_{18}H_{22}$. Os boranos mais leves queimam-se espontaneamente ao ar.

Os boranos são classificados como *compostos com deficiência eletrônica*, porque em todos os casos aparentemente há um número aparentemente insuficiente de elétrons para estabilizar a molécula. Isto é demonstrado pelo composto mais simples, o *diborano*, B_2H_6. Nesta molécula um número total de 12 elétrons de valência (6 dos boros e 6 dos hidrogênios) são acessíveis para formar a ligação. Se os átomos forem colocados aos pares para ligar os seis hidrogênios para dois boros, o resultado é uma estrutura de Lewis que mostra dois fragmentos BH_3 independentes:

$$\begin{array}{cc} H & H \\ H:\ddot{B} & \ddot{B}:H \\ H & H \end{array}$$

O dilema da deficiência eletrônica é obvio: mostra que não há elétrons disponíveis para ligar um boro a outro.

A indicação da ligação no diborano provém do conhecimento da geometria da molécula. Ela tem a estrutura vista na Figura 21.8, na qual dois hidrogênios atuam como pontes entre dois átomos de boro. Mas como o átomo de H pode ligar os dois átomos de B? Cálculos de mecânica quântica explicam a existência de duas *ligações de três centros* na molécula de B_2H_6. A maioria das ligações covalentes são ligações de dois centros, isto é, um par de elétrons liga dois átomos a um outro. Entretanto, a teoria do orbital molecular esclarece que é possível combinar três orbitais atômicos de três átomos para formar três orbitais moleculares, sendo que um é um ligante MO, no qual só um par de elétrons liga os três átomos. Esta é uma ligação de três centros.

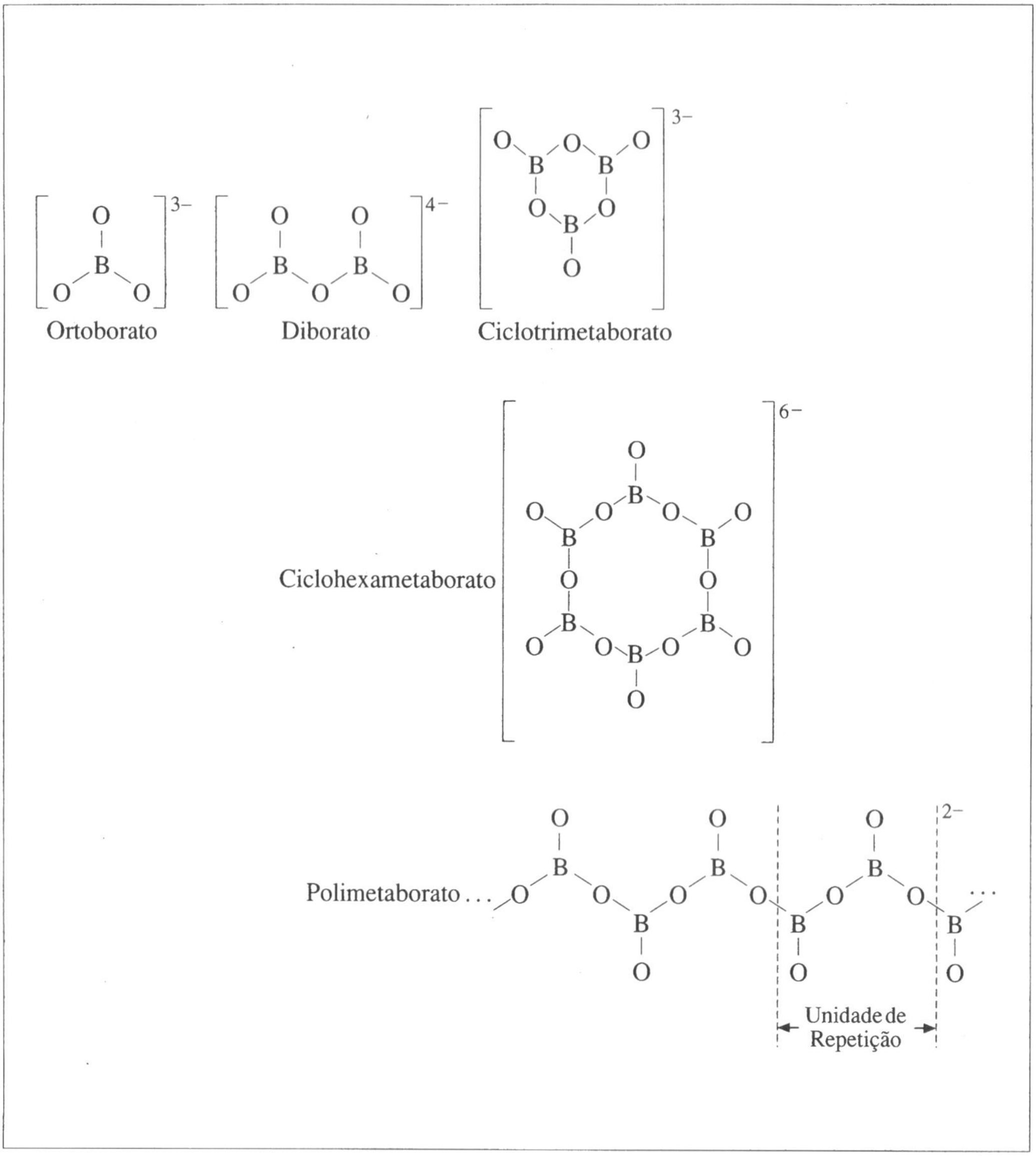

Figura 21.7 Alguns ânions boratos.

H⋯ＢＨ＼Ｂ⋯H
H◂Ｂ＼Ｈ／B▸H

Figura 21.8 A estrutura do diborano.

O esquema da ligação no diborano é ilustrado na Figura 21.9. Cada boro usa todos os seus orbitais da camada de valência formando quatro orbitais híbridos sp^3, dois dos quais são usados nas ligações com os átomos H terminais, com as ligações convencionais de dois centros.

Os quatros orbitais híbridos remanescentes (dois de cada boro) se sobrepõem aos orbitais $1s$ de dois átomos de H para formar orbitais moleculares de três centros, orbitais moleculares ligantes, cada um contendo um par de elétrons. Cada um deste MO apresenta menor energia do que os orbitais atômicos originais e então aumenta a estabilidade. Ligações de três centros são encontradas nas estruturas de todos os boranos.

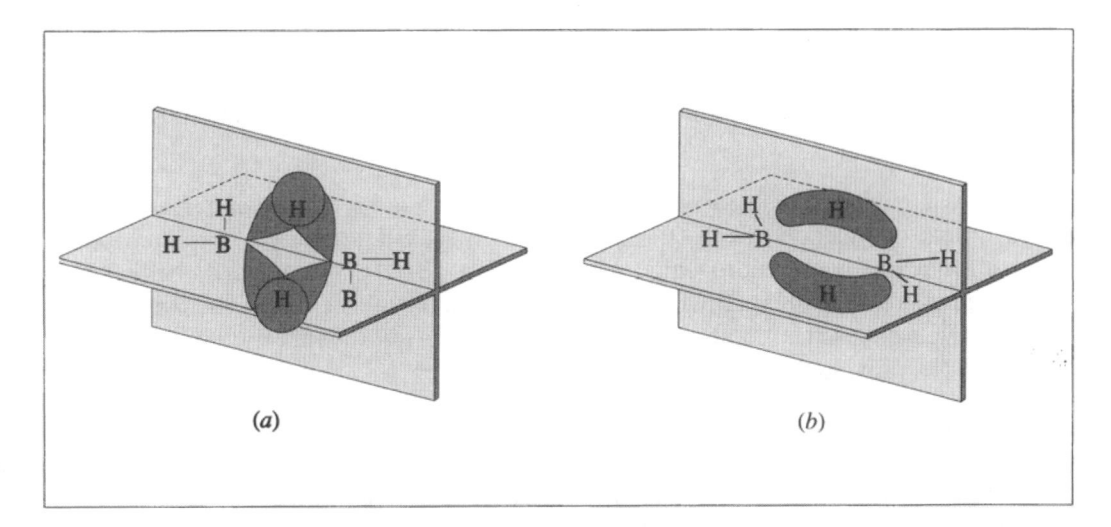

Figura 21.9 Ligações de três centros no diborano. (*a*) Sobreposição de orbitais atômicos de dois átomos de boro e dois átomos de hidrogênio. (*b*) Orbitais moleculares de três centros.

O boro forma um par interessante de *nitretos*, ambos com a fórmula BN. O *nitreto de boro hexagonal* é um sólido branco escorregadio, com muitas das propriedades da grafita. De fato, ele tem a estrutura da grafita (Seção 20.8), exceto que átomos de B e de N se alternam no retículo. (Observe que o número de elétrons de valência com os quais B e N contribuem não são equivalentes ao número dos dois átomos de C.) No *nitreto de boro cúbico* ou *borazon*, átomos de boro e nitrogênio ocupam sítios alternativos no retículo do diamante (Seção 20.8); é formado a altas pressões e é quase tão duro como o diamante. Serve para fabricação de ferramentas de corte e abrasivos e é mais resistente à oxidação a altas temperaturas do que o diamante.

SILÍCIO

No grupo IVA o silício é classificado como um metalóide. (O nome é derivado do latim e significa "sílex"; sílex é dióxido de silício impuro.) O silício só perde, em abundância, para o oxigênio. A grande maioria das rochas, solos, areias e terras são compostas de silício, ou das várias formas de *sílica* pura ou impura, SiO_2 (quartzo, sílex, tridimita, ágata, opala etc.), ou de *silicatos*, tais como feldspatos, micas, talcos e muitos outros.

O silício livre é obtido da redução a alta temperatura do SiO_2 pelo magnésio ou carbono. O silício puro, tetracloreto de silício, $SiCl_4$ é reduzido pelo magnésio. O elemento se cristaliza no mesmo retículo do diamante, formando um sólido muito duro, de alto ponto de fusão e aparência metálica. (O silício análogo à grafita não foi preparado.) Apesar de seu brilho metálico, ele é um mau condutor de eletricidade à temperatura ambiente, embora seja um semicondutor, uma propriedade que justifica seu uso especialmente quando dopado, no estado sólido, em muitos dispositivos eletrônicos tais como transistores, circuitos integrados etc.

A química do silício é essencialmente aquela do estado +4, no qual quatro elétrons de seu orbital de valência ($3s^2 3p^2$) são elementos mais eletronegativos. Embora forme compostos binários com o hidrogênio (os *silanos*: SiH_4, Si_2H_6 etc.) e com os halogênios, como o tetracloreto de silício, $SiCl_4$, esses compostos tendem a se converter a dióxido de silício, SiO_2, na presença de ar. A química do silício é sem dúvida a química de seus oxocompostos, dióxido de silício e silicato.

Ao contrário do carbono, o silício não forma dupla ligação com o oxigênio; em vez disso, muitos compostos de silício e oxigênio apresentam hibridização sp^3 dos elétrons de valência do Si, com ligação tetraédrica dos quatro átomos de oxigênio que rodeiam cada átomo de silício. A mais simples de tais estruturas é a do íon *ortossilicato*, SiO_4^{4-},

$$\left[\begin{array}{c} ..\ddot{O}.. \\ ..\ddot{O}..\ddot{S}i..\ddot{O}.. \\ ..\ddot{O}.. \end{array} \right]^{4-}$$

Este é o ânion do *ácido ortossilícico*, $Si(OH)_4$, que pode ser preparado somente em solução diluída. (Tentativas de concentrá-la resultam em ácidos silícicos complexos de cadeias compridas.) O íon simples SiO_4^{4-} é encontrado em poucos minerais, incluindo a *olivina* (Mg_2SiO_4) e o *zircão* ($ZrSiO_4$). (Ver Figura 21.10.)

O íon *dissilicato* (também chamado *pirossilicato*), $Si_2O_7^{-6}$, é encontrado na *thortveitita* ($Sc_2Si_2O_7$) e *barissilita* ($Pb_3Si_2O_7$.) Nesse íon, um dos sete oxigênios atua como ponte entre dois silícios. (Ver Figura 21.10.)

Alguns minerais consistem em ânions silicato *cíclicos*. Esses incluem a *benitoíta* ($BaTiSi_3O_9$), na qual os átomos de silício e oxigênio alternados formam um anel de seis membros, de *ciclotrimetasilicato*, $Si_3O_9^{-6}$, e berilo ($Be_3Al_2Si_6O_{18}$), no qual o íon *ciclohexametasilicato*, $Si_6O_{18}^{-12}$, tem um anel de 12 membros. (Ver Figura 21.10.) Em cada um desses ânions cada silício está ligado tetraedricamente por quatro átomos de oxigênio, dos quais dois são terminais e dois servem como pontes para dois outros silícios. Além disso note que a carga de cada íon é igual ao número de oxigênios terminais.

Ânions silicatos extensos também são conhecidos; são todos classificados como *meta-silicatos*. A *cadeia infinita* do íon SiO_3^{2-} é encontrada nos minerais classificados como *piroxenos*. Entre eles se encontram a *enstatita* ($MgSiO_3$) e a *jadeíta* [$NaAl(SiO_3)_2$]. A cadeia do piroxeno é mostrada na Figura 21.11a. Cadeias longas como essas são empacotadas juntamente com cátions. As atrações eletrostáticas (ligante iônico) entre o cátion e a cadeia carregada negativamente, mantêm o conjunto. Observe as linhas tracejadas na ilustração; elas indicam a unidade de repetição, que apresenta a fórmula empírica SiO_3^{2-}. Como em todos os silicatos, cada Si está ligado tetraedricamente para 4 átomos de O; no piroxeno duas destas cadeias são pontes de oxigênio, e duas são terminais.

Quando duas cadeias de silicato dão origem a ligações cruzadas, de maneira que metade dos silícios tenha três oxigênios formando pontes e o restante tenha dois, o resultado é uma *espécie infinita* (ou *cadeia dobrada*), $Si_4O_{11}^{6-}$, como apresentado na Figura 21.11b. Esse ânion ocorre em numerosos minerais chamados *anfibólios*. Os vários *asbestos* minerais são desse tipo; sua natureza fibrosa resulta da estrutura "monodimensional" do ânion.

Quando todos os silícios são ligados a três oxigênios em forma de ponte de oxigênio em um silicato, o resultado é um ânion silicato em *folhas infinitas*, com fórmula empírica $Si_2O_5^{2-}$, mostrados na Figura 21.11c. Esses ânions "bidimensionais" são encontrados no talco, $Mg_3(Si_2O_5)_2(OH)_2$, e nas argilas e micas. Geralmente, cátions extras, íons hidroxila e algumas vezes moléculas são incluídas entre os planos formando uma estrutura complexa. Íons alumínio podem estar presentes na forma de cátions entre as folhas ou substituindo regularmente os átomos de silício nos planos. (No último caso, a substância é chamada de *aluminosilicato*.)

SiO_4^{4-}	$Si_2O_7^{6-}$	$Si_3O_9^{6-}$	$Si_6O_{18}^{12-}$
Ortossilicato	Dissilicato	Ciclotrimetasilicato	Ciclohexametasilicato

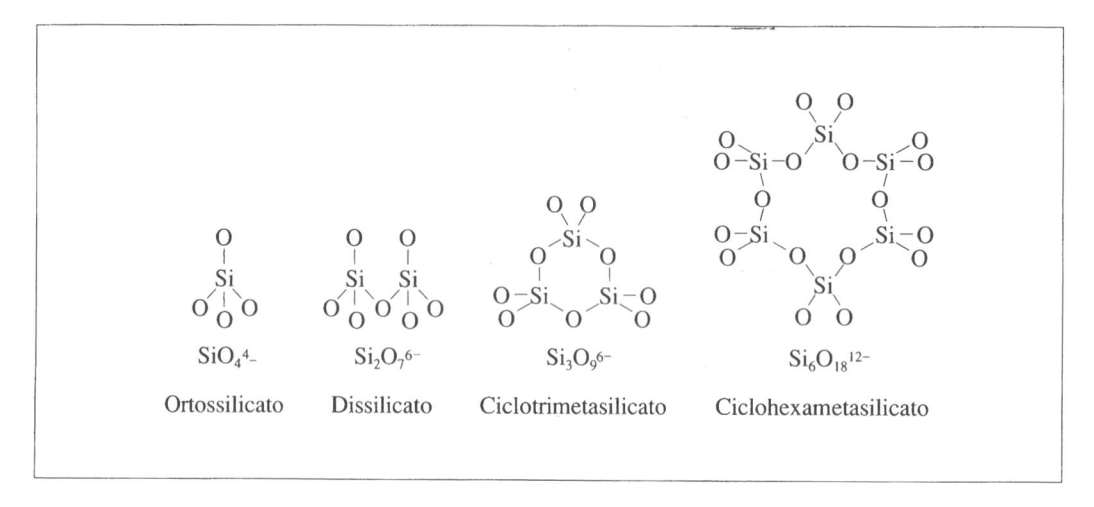

Figura 21.10 Alguns ânions silicatos.

À medida que o número de oxigênios em forma de ponte ultrapassa três, resultam estruturas tridimensionais. Entre elas se incluem os *feldspatos*, como o *ortoclásio* ($KAlSi_3O_8$), e as zeólitas, como a *analcita* ($NaAlSi_2O_6 \cdot H_2O$).

O limite dessa série de silicatos é encontrado na sílica, SiO_2, na qual cada silício tem quatro átomos de oxigênio atuando como pontes ligadas a quatro outros átomos de silício, tetraedricamente. (Oxigênios terminais não estão presentes.) Há pelo menos seis variedades cristalinas da sílica, sendo a mais conhecida a do *quartzo* comum. *Sílica vitrosa*, ou *quartzo fundido*, é sílica que foi super-resfriada do estado líquido. Essa substância vitrosa é transparente à luz ultravioleta próxima e tem um coeficiente de expansão térmica extremamente baixo. (Sílica vitrosa aquecida até o branco pode ser colocada em água fria produzindo muito barulho, mas sem quebrar.)

O silício forma alguns compostos comercialmente importantes chamados *siliconas*. Uma molécula típica de silicona tem uma cadeia comprida com átomos de silício e oxigênio alternados, como uma espinha dorsal, com substituintes orgânicos, como grupos metila, —CH_3, na extremidade da cadeia. A estrutura da metil-silicona, um lubrificante muito útil, é mostrado na Figura 21.12. Quando essas cadeias formam ligações cruzadas, resultam siliconas em forma de ceras, graxas ou borracha. Siliconas têm muito maior estabilidade térmica do que óleos, graxas e gomas formadas de hidrocarbonetos, em grande parte devido às cadeias de silicatos das moléculas.

Como já mencionamos anteriormente, o silício é usado na manufatura de carbeto de silício usado como um abrasivo (Seção 20.8).

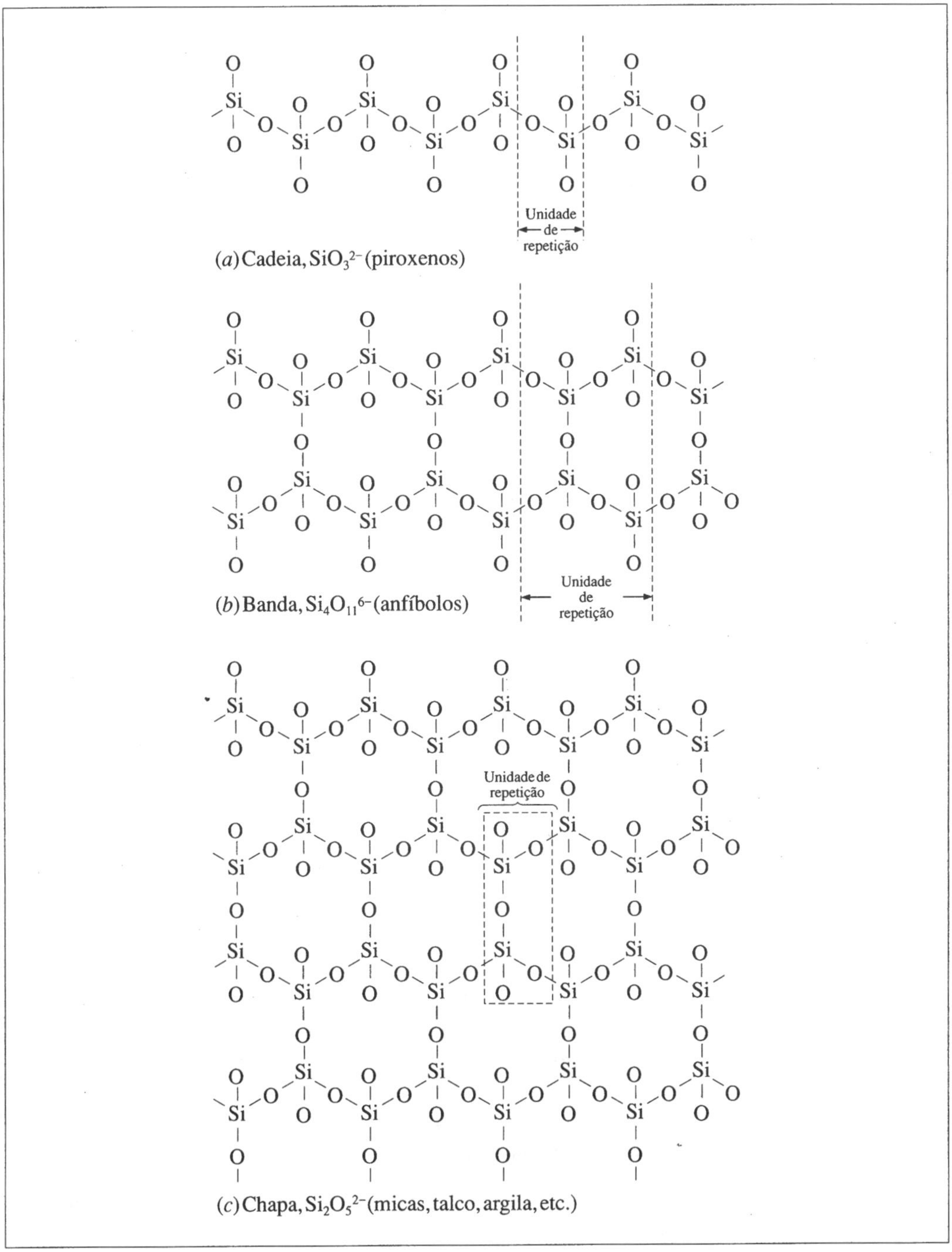
Unidade de repetição
(a) Cadeia, SiO_3^{2-} (piroxenos)
Unidade de repetição
(b) Banda, $Si_4O_{11}^{6-}$ (anfíbolos)
Unidade de repetição
(c) Chapa, $Si_2O_5^{2-}$ (micas, talco, argila, etc.)

Figura 21.11 Ânions dos silicatos extensos.

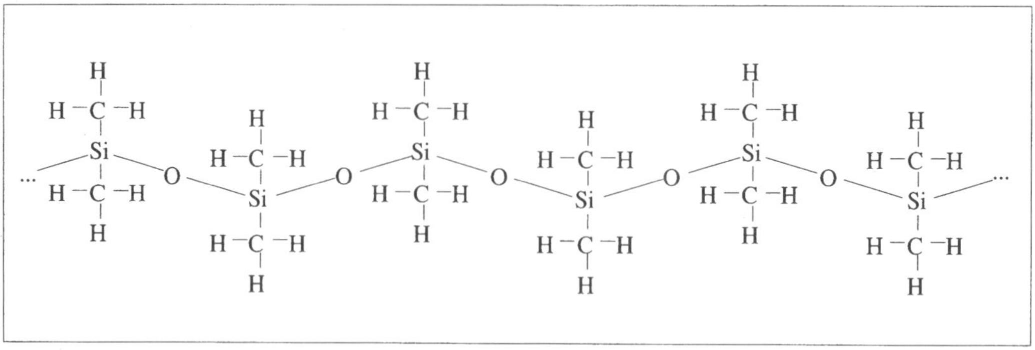

Figura 21.12 Metil silicone.

GERMÂNIO

Abaixo do silício no grupo IVA, na tabela periódica, está o *germânio*, nome originado da Germânia. É um sólido quebradiço, cinza esbranquiçado e, como o silício, se cristaliza no retículo do diamante. Também como o silício, é um semicondutor e é usado na fabricação de dispositivos eletrônicos como transistores, circuitos integrados etc. Aparelhos de germânio semicondutores são mais sujeitos a falhas a altas temperaturas do que os correspondentes de silício, por isso seu emprego foi de alguma forma limitado.

A química do germânio é muito semelhante à do silício. Entretanto, como SiO_2, GeO_2 pode cristalizar em uma forma na qual seis átomos de oxigênio circundam cada átomo de germânio, como conseqüência do tamanho do raio atômico do Ge. O germânio também forma uma série de *germanatos* como oxoânions discretos e extensos.

ARSÊNIO

O elemento *arsênio* está diretamente abaixo do fósforo no grupo VA. (O nome vem do grego: "pigmento amarelo", que se refere ao As_4S_6.) O elemento tem três formas alotrópicas. O *arsênio cinza* é estável à temperatura ambiente e tem aparência metálica, com camadas enrugadas de átomos de arsênio unidas por forças de London. O *arsênio amarelo* consiste em moléculas As_4 (semelhantes ao fósforo branco) no estado gasoso. *Arsênio negro* é uma variedade instável e pouco conhecida.

O arsênio tem a configuração da camada de valência $4s^24p^3$ e ilustra o efeito do par inerte, tendo a maioria dos seus compostos nos estados +3 e +5. O estado +3 é representado por As_4S_6, chamado *óxido de arsênio*(III), ou *óxido arsenioso*, ou "arsênio branco". Este é o anidrido do *ácido arsenioso*, escrito como H_3AsO_3 ou como $As(OH)_3$, que existe somente em solução. É um hidróxido anfótero, reagindo com ácido para formar As(OH)$_2^+$, e com base, dando As(OH)$_4^-$ ou íons H$_2$AsO$_2^-$. Oxosais como *arsenito de sódio*, Na$_3$AsO$_3$, podem ser preparados.

O estado +5 do arsênio é representado por As$_4$O$_{10}$, *óxido de arsênio (V)*, ou *óxido arsênico*, bem como H$_3$AsO$_4$, *ácido arsênico*, e por seus sais, os *arsenatos*. O ácido arsênico é tripositivo, mais fraco que o ácido fosfórico. Dá origem aos sais Na$_3$AsO$_4$, Na$_2$HAsO$_4$ e NaH$_2$AsO$_4$.

Na análise qualitativa, o arsênio precipita como As$_2$S$_3$ e As$_2$S$_5$, ambos amarelos. Na solução, o arsênio pode ser reduzido com alumínio e base, ou zinco e ácido para formar AsH$_3$, *arsina* gasosa, que forma uma mancha preta de prata metálica em papel de filtro embebido com uma solução de nitrato de prata.

ANTIMÔNIO

Abaixo do arsênio no grupo VA está o *antimônio*, também um metalóide. A origem do nome é obscura; é derivado do latim *anti* ("oposto a") e *monium* ("condições isoladas"), significando que tende a se combinar rapidamente. O antimônio, como o arsênio, exibe alótropos *cinza*, *amarelo* e *negro*, dos quais o cinza é metálico e estável termodinamicamente à temperatura ambiente. A quarta forma alotrópica negra, é chamada de "antimônio explosivo"; sua estrutura é desconhecida e converte-se violentamente em antimônio cinza quando raspada. O antimônio cinza é um condutor elétrico fraco; os outros alótropos são não condutores.

Os estados +3 e +5 são os mais importantes para o antimônio: o +3 é representado pelo Sb$_4$O$_6$, *óxido de antimônio(III)*, ou *óxido antimonioso*, que é um anidrido anfótero. Quando adicionado a água, Sb$_4$O$_6$ torna-se hidratado, porém continua insolúvel. Dissolve-se em ácido para formar Sb(OH)$_2^+$, ou em base, dando o íon *antimonito*, Sb(OH)$_4^-$.

O estado +5 para o antimônio é simbolizado pelo Sb$_2$O$_5$, óxido de *antimônio(V)*, ou *óxido antimônico*. É um anidrido ácido que se dissolve em base formando o íon *antimonato*, Sb(OH)$_6^-$.

Em análise qualitativa, o antimônio é precipitado como Sb$_2$S$_3$ ou Sb$_2$S$_5$, ambos vermelho-alaranjados. Em solução, Sb^{3+} apresenta grande tendência à hidrólise e precipita Sb(OH)$_3$ ou Sb(OH)$_2$Cl brancos, às vezes formulado SbOCl. A redução do antimônio(III) ou antimônio(V) dissolvido por alumínio em meio básico resulta em mancha negra de antimônio elementar.

SELÊNIO

O elemento *selênio* (grupo VIA) tem um comportamento muito metálico para ser classificado como metalóide. (Seu nome provém do grego e significa "lua"; foi chamado assim porque lembra telúrio, que significa terra.) O selênio é conhecido por existir em seis modificações alotrópicas; a forma comum é o *selênio cinza*, um sólido escuro que possui lustro semimetálico, mas que é um fraco condutor de eletricidade. Entretanto, o selênio é um *fotocondutor*; isto significa que sua condutividade aumenta na presença de luz, propriedade que é usada em células fotoelétricas, como revelações fotográficas e câmaras automáticas. O selênio é muito empregado na indústria de vidro. A cor rosa que dá ao vidro compensa a cor verde causada por impurezas de ferro, resultando um vidro quase sem cor. O selênio é altamente tóxico, mas atualmente acredita-se que quantidades mínimas, traços, são essenciais à vida humana.

  O selênio tem um comportamento químico muito semelhante ao enxofre. O *seleneto de hidrogênio*, H_2Se, é ainda mais malcheiroso que H_2S. O *dióxido de selênio*, SeO_2, é o anidrido do *ácido selenioso*, H_2SeO_3, com a primeira dissociação mais fraca que o H_2SO_3, mas com a segunda muito mais forte. O *trióxido de selênio*, SeO_3, é o anidrido do *ácido selênico*, H_2SeO_4, similar em muitos aspectos ao H_2SO_4, porém mais fraco como ácido e mais forte como agente oxidante.

TELÚRIO

O elemento telúrio está também no grupo VIA, abaixo do selênio. O elemento existe na sua modificação alotrópica cinza, que é um condutor elétrico melhor do que o selênio e apresenta semicondução.

  O telúrio forma o telureto de hidrogênio, H_2Te, que tem um odor indescritivelmente atroz. Pesquisadores químicos que têm de trabalhar com H_2Te repentinamente descobrem que são socialmente proscritos; o composto é aparentemente absorvido pelas proteínas (pele, cabelo, roupa de lã etc.) e somente é eliminado lentamente. O elemento também forma TeO_2 e TeO_3 e os correspondentes oxoácidos e sais.

RESUMO

Os elementos mais metálicos são os *metais alcalinos* (grupo IA), que possuem a camada de valência ns^1. São moles, têm baixa densidade, fundem-se facilmente, conduzem a corrente elétrica e apresentam brilho metálico. Os elementos não combinados podem ser obtidos por eletrólise de seus sais fundidos. Formam compostos iônicos nos quais apresentam estado de oxidação +1 e que tendem a ser bem solúveis em água.

Os *metais alcalino-terrosos* (grupo IIA) são um pouco menos eletropositivos que os metais alcalinos. Eles possuem a camada de valência ns^2, e também formam compostos iônicos com o metal no estado +2. (O berílio tem muitos compostos covalentes.) Muitos dos sais de metais alcalino-terrosos têm baixa solubilidade em água, especialmente quando os ânions possuem carga –2, ou –3. O íon de cálcio é responsável pela *dureza* da água natural. Pode ser removido por precipitação, complexação ou troca iônica.

O metal mais importante do grupo IIIA é o *alumínio*, que é produzido por redução de Al_2O_3 dissolvido em criolita. O alumínio é um metal altamente reativo, especialmente quando forma ligação com o oxigênio. Nos seus compostos, tem estado de oxidação +3. Seu hidróxido é anfótero.

Estanho e *chumbo* são os metais importantes do grupo periódico IVA. Estes elementos mostram os estados de oxidação +2 e +4 nos seus compostos. Seus hidróxidos +2 são anfóteros. *Bismuto* (grupo VA) tem geralmente estado +3 e seu hidróxido é básico.

Os *metalóides* (*semi-metais*) mais importantes são o boro (grupo IIIA) e o silício (IVA), apesar de arsênio, antimônio, selênio e telúrio também serem desta categoria. Os metalóides têm um brilho tipicamente semimetálico, são semicondutores e formam hidróxidos anfóteros ou ácidos fracos. O *boro* forma haletos moleculares, uma grande variedade de boratos, e os boranos, que são deficientes de elétrons. Os compostos mais comuns do *silício* são os silicatos, que ocorrem como minerais naturais. Os ânions silicatos podem ser discretos, cadeias infinitas, bandas infinitas, chapas infinitas ou tridimensionais.

PROBLEMAS

Metais Alcalinos

21.1 Por que o grupo de elementos IA: (a) apresenta propriedades metálicas? (b) geralmente tem nos seus compostos o estado de oxidação +1?

21.2 Qual dos metais alcalinos é melhor agente redutor? Como se pode explicar isto?

21.3 Por que é necessário usar eletrólise em meio *não aquoso* para obter o sódio metálico de seus sais?

21.4 Na fase gasosa, a temperaturas elevadas, os metais alcalinos são encontrados como moléculas diatômicas. Os halogênios formam moléculas diatômicas à temperatura ambiente. Por que os alcalinos não?

21.5 Escreva a equação balanceada para: (a) decomposição térmica de bicarbonato de sódio dando carbonato de sódio; (b) síntese de superóxido de potássio; (c) queima de LiH em oxigênio; (d) reação de césio com água; (e) reação de K_2O com CO_2.

21.6 O incêndio provocado por sódio é um problema especial para os bombeiros. Como este fogo pode ser extinto?

Metais Alcalino-Terrosos

21.7 Justifique o fato de que os metais alcalino-terrosos têm geralmente pontos de fusão mais altos que os metais alcalinos.

21.8 Óxidos metálicos reagem com óxidos de não-metais. Qual é o produto obtido quando $BaO(s)$ reage com $SO_2(g)$? Que espécie de solução é esta?

21.9 Esclareça por que o grupo de metais IIA tem somente estado de oxidação +2.

21.10 Escreva a equação balanceada para: (a) reação de cálcio metálico com excesso de água; (b) dissolução de berílio em HCl diluído; (c) dissolução de carbonato de cálcio em HCl diluído; (d) amolecimento de água dura temporária por aquecimento; (e) decomposição térmica de $CaCO_3$; (f) dissolução de $Ba_3(PO_4)_2$ em HCl diluído.

21.11 Como se pode distingüir experimentalmente entre: (a) CaO e Ca(OH)$_2$; (b) BaSO$_4$ e BaSO$_3$; (c) KCl e CaCl$_2$; (d) BeO e SrO; (e) CaH$_2$ e CaCl$_2$; (f) BaCO$_3$ e BaCl$_2$.

21.12 O que é agua dura? Por que a dureza da água é indesejável? Como se diferencia a dureza temporária da permanente?

21.13 Como as águas correntes próximas de um grande depósito de gipsita diferem daquelas próximas de depósitos de calcário?

21.14 Justifique o fato de que a adição de Ca(OH)$_2$ à água com dureza temporária pode amolecer a água.

Grupo IIIA (Metais)

21.15 O gálio se parece mais com o alumínio do que com o índio em seu comportamento químico. Esclareça isto em termos das configurações eletrônicas dos átomos desses elementos.

21.16 Por que o alumínio não pode ser reduzido eletronicamente das soluções aquosas de seus compostos?

21.17 Como você pode demonstrar experimentalmente que o hidróxido de alumínio é anfótero?

21.18 Descreva a remoção de impurezas de Al$_2$O$_3$ obtido por meio do processo de Bayer.

21.19 Responda por que, na maioria dos compostos de alumínio, o íon simples Al^{3+} não existe?

21.20 Escreva a equação balanceada para: (a) desproporcionamento do AlCl$_3$; (b) dissolução do hidróxido de alumínio em excesso de base; (c) hidrólise do cianeto de alumínio; (d) redução do MnO$_2$ por alumínio, dando manganês metálico; (e) oxidação de alumínio por aquecimento de H$_2$SO$_4$ concentrado, liberando SO$_2$ gasoso; (f) reação de hidreto de lítio e alumínio, LiAlH$_4$, com água, com desprendimento de H$_2$ gasoso.

Estanho, Chumbo e Bismuto

21.21 O chumbo tem uma aparência cinza opaca. Por que ele não parece mais metálico?

21.22 Explique a ocorrência de "peste de estanho" nas catedrais da Europa. Por que isto é muito menos comum em outros países, como no Brasil?

21.23 Escreva equações que ilustram o anfoterismo do hidróxido estanoso.

21.24 Como você poderia evidenciar experimentalmente que Bi_2O_3 não é anfótero?

21.25 Escreva as equações balanceadas para: (a) queima do bismuto no ar; (b) dissolução do sulfeto de estanho em sulfeto de sódio aquoso; (c) oxidação de Mn^{2+} por Bi_2O_5 (no bismutato de sódio) em solução ácida; (d) dissolução de estanho em HCl diluído; (e) dissolução de PbS em HNO_3 concentrado, formando S e NO; (f) formação de um precipitado da adição de HCl diluído a uma solução de estanito de sódio.

Semi-metais

21.26 Mostre que o boro elementar deve ser classificado como uma substância deficiente de elétrons.

21.27 O que é uma ligação por três centros? Como isto é descrito em termos da teoria MO?

21.28 Desenhe a estrutura de cada um dos ânions silicatos simples: (a) SiO_4^{2-}; (b) $Si_2O_7^{6-}$; (c) $Si_3O_9^{6-}$; (d) $Si_4O_{12}^{8-}$; (e) $Si_6O_{18}^{12-}$.

21.29 Esquematize a estrutura dos ânions silicatos extensos: (a) SiO_3^{2-}; (b) $Si_4O_{11}^{6-}$; (c) $Si_2O_5^{2-}$.

21.30 Explique por que o mineral mica pode ser facilmente clivado em folhas finas.

21.31 Na sílica vitrificada e no quartzo cada átomo de silício é rodeado tetraedricamente por quatro oxigênios. Como as estruturas dessas formas de SiO_2 diferem entre si?

21.32 Como se explica a grande diferença nas propriedades entre o CO_2 e o SiO_2?

21.33 Escreva a equação balanceada para: (a) queima de seleneto de hidrogênio em oxigênio; (b) formação de um precipitado por acidificação de SbS_3^{3-}; (c) redução de Ag^+ por AsH_3; (d) dissolução de As_2O_3 em HCl diluído; (e) hidrólise de Ge_2H_6 dando GeO_2; (f) dissolução de sílica em ácido fluorídrico; (g) oxidação de B_2H_6 ao ar; (h) desidratação de H_3BO_3; (i) reação de boreto de magnésio Mg_3B_2 com água formando diborano; (j) redução do SiF_4 por potássio metálico para formar o silício elementar.

PROBLEMAS ADICIONAIS

21.34 Como se poderia distingüir experimentalmente entre: (a) Na_2O e Na_2O_2; (b) NaCl e KCl; (c) K_2O e K_2CO_3; (d) K_2O e KCl; (e) MgO e K_2O; (f) MgO e BaO?

21.35 Proponha uma explicação para o fato de que, quando os metais alcalinos reagem com o oxigênio, os produtos dependem do tamanho do átomo metálico.

21.36 Sugira uma interpretação para as seguintes conversões em laboratório (em cada caso especificar os reagentes empregados é escrever as reações apropriadas: (a) NaCl a NaOH; (b) NaOH a NaCl (c) NaCl a Na_2O_2; (d) Li_3N a Li_2SO_4; (e) Na_2SO_4 a $BaSO_4$.

21.37 Explique por que a condutividade elétrica da solução 1 mol/L de Li_2SO_4 é menor do que a 1 mol/L de Cs_2SO_4.

21.38 Explique por que a condutividade elétrica da solução 1 mol/L de $BaCl_2$ é menor do que a 1 mol/L de $CaCl_2$.

21.39 Por que o Cs exibe estado de oxidação +3 no composto CsI_3? Explique.

21.40 Como pode ser demonstrado experimentalmente que CaO é $Ca^{2+}O^{2-}$ e não Ca^+O^-?

21.41 Discuta a tendência do berílio em formar ligações covalentes. Por que o estado de oxidação é limitado a +2 nestes compostos?

21.42 Explique os seguintes comportamentos percorrendo de cima para baixo o grupo II A do Be ao Ra: (a) os hidróxidos se tornam mais básicos; (b) os hidróxidos ficam mais solúveis; (c) os carbonatos são mais estáveis em relação à decomposição térmica para formação de óxidos e CO_2; (d) os sulfatos se tornam menos solúveis; (e) os potenciais de redução [para $M^{2+} + 2e^- \to M(s)$] ficam mais negativos.

21.43 Tomando o raio iônico do Li^+ como 0,078 nm e para o Be^{2+} como 0,034 nm, calcule a densidade de carga eletrônica média (carga por unidade de volume) em cada um destes íons. Como isto pode explicar a grande tendência do berílio em hidrolisar?

21.44 Estabeleça quais das seguintes conversões podem ser acompanhadas em laboratório: (a) $CaCO_3$ a CaH_2; (b) $BaCO_3$ a $BaSO_4$; (c) BaF_2 a BaO_2; (d) $MgCO_3$ a $MgCl_2$; (e) $MgSO_4$ a $MgCO_3$; (f) $Sr_3(PO_4)_2$ a $SrSO_4$.

21.45 O BiOCl pode ser chamado de hipoclorito de bismuto? Explique.

21.46 $\Delta G°$ para a oxidação do alumínio por O_2 é muito negativo. Por que esta reação é tão lenta a temperatura ambiente?

21.47 Diferencie a estrutura do $AlCl_3 \cdot 6H_2O$ do cloreto de alumínio gasoso.

21.48 Sugira um método de fabricação de criolita artificial.

21.49 Justifique por que o precipitado recentemente preparado de $PbCl_2$ é solúvel em excesso de HCl.

21.50 Responda por que o cromato de chumbo é solúvel em: (a) HNO_3 concentrado; (b) acetato de amônio. Escreva as equações.

21.51 Explique por que Sn(II) é um agente redutor melhor em solução básica do que em ácida.

21.52 Justifique por que a distância B–F no BF_3 é menor que no BF_4^-. Desenhe a estrutura de ressonância baseado em sua resposta.

21.53 O tetraborano, B_4H_{10}, tem uma molécula quatro ligações B—H—B por três centros. Proponha a estrutura para essa molécula.

21.54 Como você esperaria a força de ligação B–N no nitreto de boro hexagonal comparado com a forma cúbica? Justifique a resposta.

21.55 Em alguns feldspatos, um átomo de alumínio substitui um dos átomos de silício na estrutura distorcida de SiO_2. A neutralidade elétrica é mantida pela presença de íons Na^+. Qual é a à fórmula deste mineral?

21.56 Proponha a estrutura das seguintes moléculas: (a) Si_2Cl_6; (b) SbH_3; (c) SnH_4; (d) As_4O_6; (e) AsF_5; (f) $SbOF_3$.

21.57 Explique por que a forma semelhante à grafita não é observada no silício.

21.58 Responda por que os ácidos arsênico e selênico são relativamente fortes, enquanto os ácidos antimônico e telúrico são fracos.

21.59 (a) Explique o fato do SiO_2 ser sólido a temperatura ambiente, mas CO_2 ser um gás.

(b) Por que carbono forma dupla ligação com oxigênio, mas silício não?

Capítulo 22

OS METAIS DE TRANSIÇÃO

TÓPICOS GERAIS

22.1 CONFIGURAÇÕES ELETRÔNICAS

22.2 PROPRIEDADES GERAIS
Propriedades físicas
Propriedades químicas

22.3 ÍONS COMPLEXOS: ESTRUTURA GERAL E NOMENCLATURA
Número de coordenação

22.4 LIGAÇÃO QUÍMICA NOS COMPLEXOS
Teoria da ligação pela valência
Teoria do campo cristalino
Propriedades magnéticas
Cor e transições *d-d*
A série espectroquímica
Complexos tetraédricos
Teoria do orbital molecular

22.5 A ESTEREOQUÍMICA DOS ÍONS COMPLEXOS
Número de coordenação 2
Número de coordenação 4
Número de coordenação 6

22.6 QUÍMICA DESCRITIVA DE DETERMINADOS ELEMENTOS DE TRANSIÇÃO
Titânio
Vanádio
Crômio
Manganês
Ferro
Cobalto
Níquel
Os metais do grupo da platina
Cobre
Prata
Zinco
Cádmio
Mercúrio

1100   Química Geral   Cap. 22

Entre os grupos IIA e IIIA na tabela periódica encontra-se uma grande série de elementos conhecidos como os *metais de transição*, um termo inicialmente utilizado por Mendeleev (Seção 7.1). Esta série inclui os 10 elementos, do escândio ($Z = 21$) ao zinco ($Z = 30$) no quarto período, e os elementos correspondentes abaixo deles nos períodos seguintes. Existe certa controvérsia sobre quais elementos deveriam ser classificados como metais de transição; algumas vezes são excluídos Zn, Cd, Hg desta classificação, assim como Cu, Ag e Au. Seguiremos uma prática comum e incluiremos estes dois subgrupos de elementos.

Neste capítulo, iniciaremos considerando as propriedades gerais dos metais de transição, depois faremos um exame da ligação e estrutura nos íons complexos formados por estes elementos, para finalmente considerar a química descritiva dos metais de transição mais importantes.

22.1 *CONFIGURAÇÕES ELETRÔNICAS*

De acordo com o procedimento de Aufbau (Seção 6.1), cada série dos metais de transição corresponde ao preenchimento de elétrons em um subnível $(n - 1)d$, parte do segundo nível mais externo. (Ver Figura 7.5.) Como conseqüência, a primeira série (quarto período) corresponde ao preenchimento do subnível $3d$, como é mostrado na Tabela 22.1. O cálcio ($Z = 20$), elemento de "pré-transição", possui uma configuração $[Ar]4s^2$; e o escândio ($Z = 21$), o primeiro metal de transição nesta série, tem o "próximo" elétron adicionado ao seu subnível $3d$, e assim, este elemento possui configuração $[Ar]3d^14s^2$. A adição de elétrons no subnível $3d$ prossegue através do período até o zinco ($Z = 30$), onde o subnível $3d$ é totalmente preenchido $[Ar]3d^{10}4s^2$, e o subnível $4s$ contém ainda dois elétrons, como ocorreu com o cálcio. A transição de um subnível $3d$ vazio, no cálcio, até o preenchimento completo no zinco, exibe somente duas irregularidades, uma no crômio ($Z = 24$) e outra no cobre ($Z = 29$). A configuração $3d^54s^1$ do crômio e a configuração $3d^{10}4s^1$ do cobre, refletem o fato das energias dos subníveis $3d$ e $4s$ estarem muito próximas através de todo o período, e que um subnível d exatamente semi-preenchido (para Cr), e totalmente preenchido (para Cu), fornece estabilidade extra suficiente para produzir estas configurações (Seção 6.1).

Através dos segundo, terceiro e quarto períodos dos metais de transição, os subníveis $4d$, $5d$ e $6d$ vão sendo ocupados enquanto a população de elétrons no subnível ns permanece praticamente constante. Observe que os *lantanídeos* antecedem a terceira série dos metais de transição (6º período), e os *actinídeos* similarmente antecedem a quarta série (7º período). Ambos são algumas vezes denominados *série de transição interna* e correspondem ao preenchimento do subnível $(n - 2)f$, enquanto a população de elétrons nos subníveis $(n-1)d$, e ns permanece mais ou menos a mesma. As configurações eletrônicas destes elementos são mostradas na Tabela 6.1.

Tabela 22.1 Configurações eletrônicas: Primeira série dos metais de transição.

Metais de Transição

	Ca	Sc	Ti	V	Cr	Mn	Fe	Co	Ni	Cu	Zn	Ga
Z	20	21	22	23	24	25	26	27	28	29	30	31
População:												
Camada K	2	2	2	2	2	2	2	2	2	2	2	2
Camada L	8	8	8	8	8	8	8	8	8	8	8	8
Camada M	$3s^2$ $3p^6$ —	$3s^2$ $3p^6$ $3d^1$	$3s^2$ $3p^6$ $3d^2$	$3s^2$ $3p^6$ $3d^3$	$3s^2$ $3p^6$ $3d^5$	$3s^2$ $3p^6$ $3d^5$	$3s^2$ $3p^6$ $3d^6$	$3s^2$ $3p^6$ $3d^7$	$3s^2$ $3p^6$ $3d^8$	$3s^2$ $3p^6$ $3d^{10}$	$3s^2$ $3p^6$ $3d^{10}$	$3s^2$ $3p^6$ $3d^{10}$
Camada N	$4s^2$	$4s^2$	$4s^2$	$4s^2$	$4s^1$	$4s^2$	$4s^2$	$4s^2$	$4s^2$	$4s^1$	$4s^2$	$4s^2 4p^1$

22.2 PROPRIEDADES GERAIS
PROPRIEDADES FÍSICAS

Os elementos de transição exibem propriedades físicas tipicamente metálicas: *alta refletividade, brilho metálico* prateado ou dourado, e *elevada condutividade térmica e elétrica*.

Embora a *dureza* e os *pontos de fusão* dos metais de transição variem amplamente, estes elementos geralmente possuem tendência a serem mais duros e se fundir a temperaturas mais altas do que os metais alcalinos e alcalino-terrosos. A força e estabilidade de seus retículos cristalinos sugerem que a ligação metálica nos sólidos seja complementada por considerável ligação covalente, possível devido à presença de orbitais d parcialmente preenchidos de átomos metálicos adjacentes.

As *densidades* dos metais de transição variam desde 3,0 g cm^{-3} do escândio até 22,6 g cm^{-3} do irídio e do ósmio. (Um balde cheio de quatro litros de irídio pesaria cerca de 95 quilos.) As densidades altas são resultantes de elevadas massas atômicas, volumes atômicos pequenos e empacotamento compacto. *A maioria destes metais cristaliza segundo as estruturas hexagonal, ou cúbica densa ou cúbica de corpo centrado*. A Tabela 22.2 mostra os pontos de fusão e densidades dos metais de transição *junto com a origem de seus nomes*.

Tabela 22.2 Os metais de transição.

Elemento	Símbolo	Ponto de fusão, °C	Densidade, g cm^{-3}	Origem dos nomes
		Primeira série		
Escândio	Sc	1540	3,0	*Scandinavia*
Titânio	Ti	1680	4,5	Latina: *Titans* (gigantes)
Vanádio	V	1920	6,1	*Vanadis* (Deusa escandinava)
Crômio	Cr	1900	7,2	Grega: "cor"
Manganês	Mn	1250	7,3	Latina: "magnet" (ímã)
Ferro	Fe	1540	7,9	Palavra anglo-saxônica
Cobalto	Co	1490	8,9	Alemã: *goblin*
Níquel	Ni	1450	8,9	Alemã: *Satan*
Cobre	Cu	1080	8,9	Latina: derivada de *Chipre*
Zinco	Zn	419	7,1	Palavra alemã (*Zink*)
		Segunda série		
Ítrio	Y	1510	4,5	*Ytterby*: aldeia sueca
Zircônio	Zr	1850	6,5	Árabe: "cor de ouro"
Nióbio	Nb	2420	8,6	Grega: *Niobe* (deusa)
Molibdênio	Mo	2620	10,2	Grega: *Lead* (chumbo)
Tecnécio	Tc	2140	11,5	Grega: "artificial"
Rutênio	Ru	2400	12,5	Latina: "Russia"
Ródio	Rh	1960	12,4	Grega: "rosa"
Paládio	Pd	1550	12,0	*Pallas* (asteróide)

Elemento	Símbolo	Ponto de fusão, °C	Densidade, g cm^{-3}	Origem dos nomes
Prata	Ag	961	10,5	Anglo-saxônica
Cádmio	Cd	321	8,6	Grega: "earth" (terra)
Terceira série				
Lutécio	Lu	1650	9,8	*Lutetia*, antigo nome de Paris
Háfnio	Hf	2000	13,3	Latina: *Copenhagen*
Tantálio	Ta	3000	16,6	*Tantalus* (deus grego)
Tungstênio	W	3390	19,4	Sueca: "pedra pesada"
Rênio	Re	3170	21,0	Latina: *Rhine* (rio)
Ósmio	Os	2700	22,6	Grega: "odor"
Irídio	Ir	2440	22,6	Latina: "arco-íris"
Platina	Pt	1770	22,4	Espanhol: "prata"
Ouro	Au	1060	19,3	Do sânscrito
Mercúrio	Hg	–39	13,6	*Mercúrio* (planeta)

PROPRIEDADES QUÍMICAS

A maior parte dos metais de transição não reage facilmente com gases comuns ou líquidos à temperatura ambiente (hidrogênio, oxigênio, água, os halogênios etc.). Em muitos casos, todavia, esta reatividade aparentemente baixa é resultante da formação de um fina camada protetora constituída de um produto de reação. Por exemplo, muitos destes metais quando expostos ao ar, formam uma camada protetora de óxido ou nitreto, a qual não somente impede reação posterior com o ar, como também retarda grandemente reações com outras substâncias. Alguns dos metais reagem vigorosamente quando são recentemente preparados em estado finamente dividido; *ferro pirofórico*, obtido pela redução do Fe_2O_3 por H_2, se inflama quando exposto ao ar.

Tabela 22.2 Os metais de transição. (*continuação*)

Os potenciais de redução padrão dos metais de transição são dados na Tabela 22.3. Muitos destes possuem valores negativos indicando que em cada caso o metal deve dissolver-se em ácido diluído. Por exemplo, é de se esperar que o crômio se dissolva em ácido clorídrico 1 mol L^{-1},

$$2 \times [Cr(s) \rightarrow Cr^{3+} (aq) + 3e^-] \qquad \mathcal{E}° = 0,74 \text{ V}$$

$$3 \times [2e^- + 2H^+ (aq) \rightarrow H_2(g)] \qquad \mathcal{E}° = 0$$

$$2Cr(s) + 6H^+ (aq) \rightarrow 2Cr^{3+} (aq) + 3H_2 (g) \quad \mathcal{E}° = 0,74 \text{ V}$$

porém, a reação ocorre muito lentamente, a menos que a camada protetora de óxido seja inicialmente retirada. Alguns metais de transição, contudo, possuem potenciais de redução padrão bastante positivos. Isto significa que são agentes redutores mais fracos que o hidrogênio e são, portanto, difíceis de dissolver. A denominação *metal nobre* é aplicada a estes elementos, que incluem prata, ouro, platina, rutênio, ródio, paládio, ósmio e irídio. (O mercúrio também se qualifica como sendo quimicamente nobre, embora não aristocraticamente; seu potencial de redução é mais negativo do que o da prata.) A dissolução dos metais nobres requer a utilização de ácidos oxidantes fortes e, em alguns casos, um agente complexante. O menos reativo destes elementos resiste ao ataque de qualquer solução aquosa conhecida e somente pode ser dissolvido mediante aquecimento com certos sais fundidos.

Os metais de transição exibem uma extensa variação de números de oxidação (ver Tabela 22.3). Em muitos casos, o número de oxidação mais baixo é +2; o que geralmente corresponde à remoção dos dois elétrons *ns*. Os números de oxidação mais elevados correspondem à perda gradativa dos elétrons $(n-1)d$, ou ao compartilhamento deles com átomos mais eletronegativos. Na primeira metade de cada série dos metais de transição, o número de oxidação mais alto observado corresponde à remoção (ou compartilhamento com átomos mais eletronegativos) de todos os elétrons *ns* e $(n-1)d$. O irídio e o ósmio exibem até o número de oxidação +8. O decréscimo no número de oxidação máximo depois do manganês na primeira série e após o rutênio e ósmio nas segunda e terceira séries, respectivamente, reflete a dificuldade em destruir uma subcamada *d* semi-preenchida. Observe também que no sentido decrescente em qualquer subgrupo dos metais de transição, há um aumento na estabilidade dos números de oxidação superiores. Isto ocorre porque os orbitais $(n-1)d$ passam a ter energias mais próximas das energias dos orbitais *ns* com aumento no tamanho do átomo. A variabilidade dos números de oxidação é uma característica típica dos metais de transição. (A Tabela 22.3 mostra somente os números de oxidação mais comuns destes elementos; o manganês, por exemplo, mostra *integralmente* números de oxidação de +1 a +7.)

Tabela 22.3 Metais de transição: Potenciais de redução (25°C) e estados de oxidação comuns nos compostos (Os estados de oxidação menos comuns são mostrados entre parênteses).

Primeira série:	Sc	Ti	V	Cr	Mn	Fe	Co	Ni	Cu	Zn
$\mathcal{E}°$, V	−2,08	−1,63	−1,2	−0,74	−1,18	−0,45	−0,28	−0,26	+0,34	−0,76
Forma oxidada	Sc^{3+}	Ti^{2+}	V^{2+}	Cr^{3+}	Mn^{2+}	Fe^{2+}	Co^{2+}	Ni^{2+}	Cu^{2+}	Zn^{2+}
Estados de oxidação	+3	(+2)	+2	+2	+2	+2	+2	+2	(+1)	+2
		+3	+3	+3	(+3)	+3	+3	(+3)	+2	
		+4	+4	(+4)	+4	(+4)				
			+5	+6	(+6)	(+6)				
					+7					

Segunda série:	Y	Zr	Nb	Mo	Tc	Ru	Rh	Pd	Ag	Cd
$\mathcal{E}°$, V	−2,37	−1,5	−0,65	−0,2	+0,4	+0,5	+0,6	+1,2	+0,80	−0,40
Forma oxidada	Y^{3+}	ZrO^{2+}	Nb_2O_5	Mo^{3+}	Tc^{2+}	Ru^{2+}	Rh^{2+}	Pd^{2+}	Ag^+	Cd^{2+}
Estados de oxidação	+3	+4	(+3)	(+2)	(+2)	(+2)	(+1)	+2	+1	+2
			(+4)	(+3)	+4	+3	(+2)		(+2)	
			+5	(+4)	(+5)	+4	+3		(+3)	
				+5	(+6)	+6	+4			
				+6	+7	+8	(+6)			

Terceira série:	Lu	Hf	Ta	W	Re	Os	Ir	Pt	Au	Hg
$\mathcal{E}°$, V	−2,25	−1,7	−0,81	−0,12	−0,25	+0,9	+1,0	+1,2	+1,7	+0,80
Forma oxidada	Lu^{3+}	HfO^{2+}	Ta_2O_5	WO_2	ReO_2	Os^{2+}	Ir^{2+}	Pt^{2+}	Au^+	Hg_2^{2+}
Estados de oxidação	+3	+4	(+4)	(+2)	(+4)	(+2)	(+1)	+2	+1	+1
			+5	(+3)	(+5)	+3	(+2)	+4	+3	+2
				(+4)	(+6)	+4	+3			
				+5	+7	+8	+4			
				+6			(+6)			

> **Comentários Adicionais**
>
> Por que quando há remoção de elétrons de um átomo de metal de transição, os elétrons ns são mais facilmente removidos? em outras palavras, por que os elétrons ns deixam o átomo antes dos elétrons $(n-1)d$? [No procedimento de Aufbau (Seção 6.1), os elétrons ns são adicionados antes dos elétrons $(n-1)d$, e assim poderíamos concluir que tais elétrons possuem menor energia sendo, portanto, mais difíceis de remoção.] De fato, quando os elétrons ns são adicionados primeiro (como no caso do potássio e do cálcio no quarto período), este orbital tem menor energia do que os orbitais $(n-1)d$. Porém, o aumento da carga nuclear ao longo do período (não compensada por nenhuma blindagem das camadas mais internas) atrai mais intensamente os orbitais $(n-1)d$, de modo que as energias destes diminuem. Isto os deixa com uma energia um pouco mais baixa do que os orbitais ns no primeiro elemento de cada série de transição, permanecendo esta menor, embora não muito, através do período. Lembre-se também de que, na medida em que ocorre aumento de elétrons na eletrosfera, segundo o procedimento de Aufbau, a carga nuclear também aumenta. (Um próton é adicionado ao núcleo para cada elétron adicionado na eletrosfera, indo de um elemento para o outro.) Por outro lado, quando um átomo perde (ou compartilha) elétrons criando números de oxidação positivos, a sua carga nuclear permanece inalterada. A construção das configurações eletrônicas de uma *seqüência de átomos* e a remoção de elétrons de um *átomo simples* não são processos opostos.

Em grande extensão, a química dos metais de transição é dominada pela tendência à formação de *íons complexos*, tanto em solução como no estado sólido. Muitos compostos contendo estes complexos demonstram *cores* chamativas e são *paramagnéticos* (ver Seção 6.1). De modo contrário, a maioria dos compostos dos metais representativos são brancos (quando reduzidos a um pó fino) ou incolores (quando na forma de um cristal simples ou em solução), e a grande maioria não demonstra paramagnetismo. Discutiremos as origens das propriedades espectrais e magnéticas dos compostos dos metais de transição após examinar inicialmente a estrutura e ligação nos íons complexos.

22.3 ÍONS COMPLEXOS: ESTRUTURA GERAL E NOMENCLATURA

Como já havíamos mencionado, é difícil dar uma definição rigorosa de um íon complexo. Comumente o termo é utilizado para explicar uma espécie poliatômica que consiste em um íon metálico central rodeado por diversos *ligantes*, sendo considerado ligante um íon ou molécula ligada ao átomo central. Estas estruturas, entretanto, algumas vezes não possuem carga e não são, portanto, íons. O termo *complexo* é freqüentemente utilizado para se referir a todas estas estruturas, iônicas ou não.

NÚMERO DE COORDENAÇÃO

A formação de um íon complexo pode ser considerada um exemplo de uma reação ácido-base de Lewis (Seção 12.1). Por exemplo, na reação de íons de cobre(II) com moléculas de amônia,

$$Cu^{2+} + 4 \; :NH_3 \longrightarrow [Cu(NH_3)_4]^{2+}$$

cada NH_3 atua como uma base de Lewis (doa um par de elétrons) e contribui com seu par de elétrons na formação de uma *ligação covalente coordenada* entre o nitrogênio e o cobre. (Ver Seções 8.2 e 12.1.) O íon complexo resultante, $[Cu(NH_3)_4]^+$, é algumas vezes descrito como contendo quatro moléculas de NH_3 *coordenadas* ao átomo de cobre central. (Ver Figura 12.1.) O *número de coordenação* é definido como o número de ligações formadas pelos ligantes ao átomo central em um complexo. Assim, o número de coordenação do Cu no complexo acima é 4. (O estudo de formação e propriedades dos íons complexos é freqüentemente denominado *química* de coordenação.)

Números de coordenação de 2 até superiores a 8 têm sido observados, sendo os mais comuns 2, 4, e 6. O número de coordenação e a geometria em um complexo estão obviamente inter-relacionados. No complexo $[Ag(NH_3)_2]^{2+}$ o número de coordenação da prata é 2 e o íon complexo é *linear*. No $[Zn(NH_3)_4]^{2+}$ o número de coordenação do zinco é 4, e o complexo é *tetraédrico*. Uma geometria *quadrado-planar* também é possível para um número de coordenação igual a 4; esta é encontrada no $[Cu(NH_3)_4]^{2+}$. No $[Cr(NH_3)_6]^{3+}$, o número de coordenação do crômio é 6, e o complexo é *octaédrico*. Entre os complexos dos metais de transição, a geometria octaédrica é, de longe, a mais comum.

> **Notas de Nomenclatura**
>
> Um conjunto sistemático de regras para obter a fórmula e dar o nome aos complexos foi adotado pela IUPAC. Neste momento iremos listar e dar exemplos somente das regras mais básicas (detalhes adicionais podem ser encontrados no Apêndice C.2).

Fórmulas dos complexos

1. Na *fórmula* de um complexo, o *átomo central* aparece primeiro e é seguido pelos ligantes. O complexo é geralmente escrito entre colchetes com a carga colocada fora dos mesmos. (Especialmente para os complexos mais comuns não é usual omitir os colchetes na fórmula.) *Exemplo*:

$$[CrCl_6]^{3-}$$

2. Quando um ligante contém mais de um átomo, este é escrito entre parênteses. *Exemplo*:

$$[Cu(NH_3)_4]^{2+}$$

3. Quando um complexo contém *mais de um tipo de ligante*, os ligantes aniônicos são escritos antes dos neutros (ligantes catiônicos são raros). Dentro de cada classe, os ligantes são escritos em ordem alfabética. *Exemplos*:

$[CrCl_2(NH_3)_4]^+$ (ligantes aniônicos antes dos neutros)

$[CoBrCl(H_2O)_4]^+$ (ligantes aniônicos antes dos neutros; ligantes aniônicos ordenados alfabeticamente)

Nomes dos ligantes

Observação: Na fórmula de cada ligante seguinte, o traço indica qual átomo está ligado ao átomo central complexo.

1. *Ligantes aniônicos*

   (a) Um ânion com terminação *eto* ou *ido*, quando atuando como um ligante, tem estes sufixos substituídos por *o*. *Exemplos*:

Ânion	Nome do ânion	Ligante	Nome do ligante
Cl^-	cloreto	$-Cl$	cloro
Br^-	brometo	$-Br$	bromo
OH^-	hidróxido	$-OH$	hidroxo
CN^-	cianeto	$-CN$	ciano

(b) Um ânion com terminação *ato*, quanto atuando como um ligante, tem este sufixo inalterado. *Exemplos*:

Ânion	Nome do ânion	Ligante	Nome do ligante
SO_4^{2-}	sulfato	$-OSO_3$	sulfato
$S_2O_3^{2-}$	tiossulfato	$-SSO_3$	tiossulfato
$C_2O_4^{2-}$	oxalato	$-O(CO)_2O-$	oxalato

(c) Outros ligantes aniônicos:

Ânion	Nome do ânion	Ligante	Nome do ligante
SCN^-	tiocianato	$-SCN$	tiocianato
SCN^-	tiocianato	$-NCS$	isotiocianato
NO_2^-	nitrito	$-NO_2$	nitro
NO_2^-	nitrito	$-ONO$	nitrito

2. *Ligantes neutros (moleculares) e catiônicos*

Na maior parte dos casos, os nomes das moléculas e cátions (raros) não sofrem alteração quando atuam como ligantes (há algumas exceções para esta regra). Os mais importantes entre estes são

Molécula	*Nome da molécula*	*Ligante*	*Nome do ligante*
H_2O	água	$-OH_2$	aquo
NH_3	amônia	$-NH_3$	amin
CO	monóxido de carbono	$-CO$	carbonilo

Nomes dos complexos

1. No *nome* de um complexo os *nomes dos ligantes são escritos em primeiro lugar*, seguido pelo nome do átomo central. (*Observação*: trata-se do contrário da ordenação na fórmula.) *Exemplo*:

   $[Cr(H_2O)_6]^{3+}$ é o íon hexaaquocrômio(III).

2. *O número de oxidação do átomo central* é indicado com um *numeral romano entre parênteses* logo após seu nome. (*Observação*: não se usa espaço.) *Exemplo*:

   $[Co(H_2O)_4]^{2+}$ é o íon tetraaquocobalto(II).

3. O número de cada tipo de ligante é indicado mediante uso de prefixos gregos, *di-*, *tri-*, *tetra-* etc. *Exemplo*:

   $[FeCl_2(H_2O)_4]^+$ é íon tetraaquodicloroferro(III).

4. No nome de um complexo que contém *mais de um tipo de ligante*, os ligantes são escritos na ordem alfabética de seus nomes. (Na determinação desta ordem os prefixos devem ser ignorados, assim como a distinção entre ligantes aniônicos e neutros.) *Exemplo*:

   $[CuBr(H_2O)_3]^+$ é o íon triaquobromocobre(II).

   (Aquo é escrito antes do bromo)

5. Complexos que são *ânions* têm terminação *-ato* após o nome em português do átomo central. *Exceção*: Quando o símbolo do átomo central é derivado do nome do elemento em latim, o sufixo *-ato* é escrito após este nome. *Exemplos*:

$[CrCl_6]^{3-}$ é o íon hexaclorocromiato(III).

$[CuBr_4]^{2-}$ é o íon tetrabromocuprato(II).

Exemplos de nomes e fórmulas de alguns complexos são dados na Tabela 22.4

Nomes e fórmulas de compostos contendo íon complexos

Finalmente deve ser observado que, como nos compostos iônicos, ocorre o mesmo para os compostos contendo complexos: o cátion é escrito antes do ânion na fórmula, e depois do ânion quando se dá nome ao composto, sendo as cargas iônicas omitidas. *Exemplos*:

$[Cr(H_2O)_6] [Fe(CN)_6]$ é o hexacianoferrato(III) de hexaaquocrômio(III).

Tabela 22.4 Nomes de alguns complexos.

Fórmula	Nome
$[Co(H_2O)_6]^{2+}$	Íon hexaaquocobalto(II)
$[CoCl_4]^{2-}$	Íon tetraclorocobaltato(II)
$[Ni(CN)_4]^{2-}$	Íon tetracianoniquelato(II)
$[Cr(OH)_2(H_2O)_4]^+$	Íon tetraaquohidroxocrômio(III)
$[Cr(OH)_3(H_2O)_3]$	Íon triaquotrihidroxocrômio(III)
$[Cr(OH)_4(H_2O)_2]^-$	Íon diaquotetrahidroxocromiato(III)
$[CoCl_4(NH_3)_2]^-$	Íon diamintetraclorocobaltato(III)
$[FeBr_2(CO)_4]^+$	Íon dibromotetracarbonilferro(III)
$[FeI_2(CO)_4]^+$	Íon tetracarbonildiiodoferro(III)
$[FeCl_2(CN)_2(NH_3)_2]^-$	Íon diamindicianodicloroferrato(III)

22.4 LIGAÇÃO QUÍMICA NOS COMPLEXOS

Qual é a natureza da força que liga um ligante ao íon central em um complexo? Somos tentados a considerar que no íon [Fe(CN)$_6$]$^{3-}$, os seis ligantes CN$^-$ estão ligados a um íon central Fe^{3+} por seis ligações iônicas. E no [Cr(H$_2$O)$_6$]$^{3+}$ poderíamos supor que as seis moléculas de água estão presas ao íon central Cr^{3+} por forças do tipo íon-dipolo. Tal modelo puramente eletrostático de ligação nos complexos é atraente devido a sua simplicidade porém é inconsistente com várias observações experimentais. Em vez disso, a ligação metal-ligante em um complexo é melhor entendida como sendo predominantemente covalente; como resultado as teorias da ligação pela valência e do orbital molecular são úteis para explicar a natureza dos complexos de metais de transição.

TEORIA DA LIGAÇÃO PELA VALÊNCIA

A primeira descrição com razoável sucesso sobre ligação nos íons complexos foi estabelecida pela teoria da ligação pela valência, ou formação dos orbitais híbridos (Seção 19.2). De acordo com este modelo, o átomo central em um complexo forma uma ligação covalente coordenada com cada ligante no complexo, sendo os dois elétrons do par envolvido na ligação doados pelo ligante.

Para realizar tal intento, o átomo central utiliza um conjunto apropriado de orbitais híbridos formados pela combinação de alguns de seus orbitais $(n-1)d$, seu orbital ns, e alguns de seus np. Considere, por exemplo, a formação de seis ligações pelo Fe^{3+} para formar o íon complexo octaédrico [Fe(CN)$_6$]$^{3-}$, o hexacianoferrato(III), comumente chamado íon *ferricianeto*:

$$Fe^{3+} + 6CN^- \rightarrow [Fe(CN)_6]^{3-}$$

Um átomo de ferro isolado, em estado fundamental, tem a seguinte configuração:

Fe (Z = 26): [Ar] $\underbrace{\uparrow\downarrow \; \uparrow \; \uparrow \; \uparrow \; \uparrow}_{3d}$ | $\underbrace{\uparrow\downarrow}_{4s}$ $\underbrace{\_\_\_\_\_}_{4p}$

A remoção de três elétrons produz o ferro(III), ou íon férrico:

Tabela 22.4 Nomes de alguns complexos. *(continuação)*

$$Fe^{3+} \text{ (estado fundamental): [Ar]} \quad \underbrace{\uparrow \; \uparrow \; \uparrow \; \uparrow \; \uparrow}_{3d} \; \Big| \; \overline{4s} \; \underbrace{\overline{} \; \overline{} \; \overline{}}_{4p}$$

Considere agora que os cinco elétrons d tornam-se "empacotados" e passam a ocupar somente três dos orbitais $3d$ (os $3d_{xy}$, $3d_{yz}$, e $3d_{xz}$). Isto deixa desocupados os orbitais $3d_{x^2-y^2}$, $3d_z^2$, o $4s$, e os três orbitais $4p$. Estes orbitais vazios se combinam (ver Seção 19.2) para formar seis orbitais híbridos equivalentes $d^2\,sp^3$:

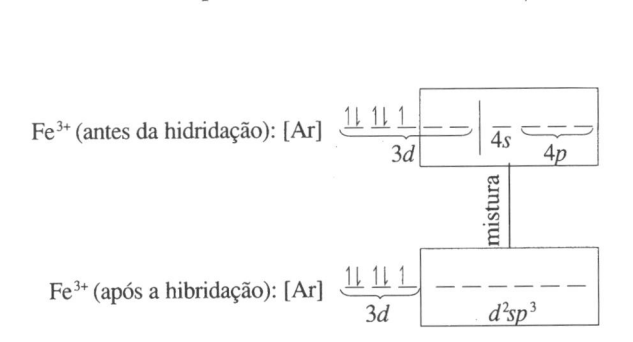

$$Fe^{3+} \text{ (antes da hibridação): [Ar]} \quad \underbrace{\uparrow\downarrow \; \uparrow\downarrow \; \uparrow}_{3d} \; \boxed{} \; \Big| \; \overline{4s} \; \underbrace{\overline{} \; \overline{} \; \overline{}}_{4p}$$

mistura

$$Fe^{3+} \text{ (após a hibridação): [Ar]} \quad \underbrace{\uparrow\downarrow \; \uparrow\downarrow \; \uparrow}_{3d} \; \boxed{}_{d^2sp^3}$$

Observe que os orbitais d utilizados nesta hibridação são os $3d_{x^2-y^2}$ e $3d_{z^2}$, os quais possuem maiores lados alinhados sobre os eixos coordenados, e portanto adequados para sobreposição com os orbitais do ligante em um complexo octaédrico. (Ver Figura 22.1.)

Agora, o íon férrico atua como um ácido de Lewis (Seção 12.1), recebendo seis pares de elétrons dos seis ânions cianeto e formando assim seis ligações covalentes coordenadas com estes, que passam agora a serem denominados ligantes *ciano*. Foi demonstrado que quando o íon cianeto,

$$[\,:C:::N:\,]^-$$

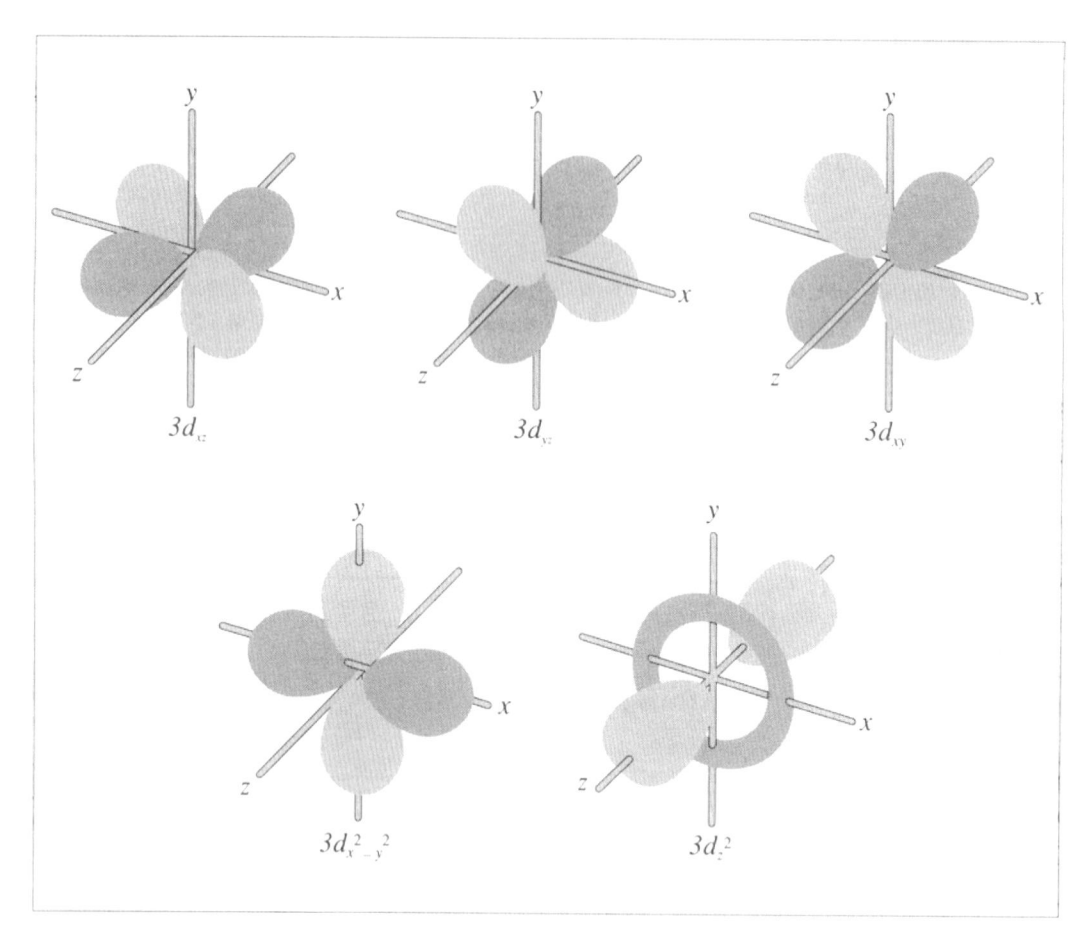

Figura 22.1 Distribuição espacial dos cinco orbitais $3d$.

torna-se um ligante em um complexo, é o átomo de carbono que se liga ao átomo central, ou seja, é o par solitário do carbono que é doado para formar uma ligação covalente coordenada. Quando seis íons CN^- ligam-se ao ferro deste modo, a configuração resultante no complexo é

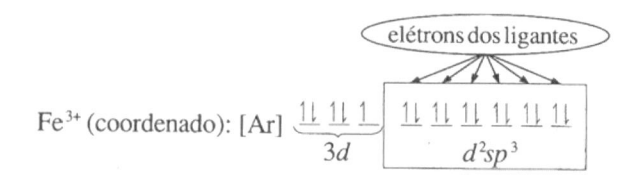

Fe^{3+} (coordenado): [Ar] $\underbrace{\underline{\uparrow\downarrow}\,\underline{\uparrow\downarrow}\,\underline{\uparrow}}_{3d}$ $\underbrace{\boxed{\underline{\uparrow\downarrow}\,\underline{\uparrow\downarrow}\,\underline{\uparrow\downarrow}\,\underline{\uparrow\downarrow}\,\underline{\uparrow\downarrow}\,\underline{\uparrow\downarrow}}}_{d^2sp^3}$ ← elétrons dos ligantes onde as setas dentro do retângulo representam os seis pares de elétrons doados pelos seis ligantes ciano. A mecânica quântica mostra que os seis orbitais d^2sp^3 constituem um conjunto octaédrico, ou seja, os seis maiores lobos dos orbitais apontam em direção aos vértices de um octaedro regular. A Figura 22.2 mostra esquematicamente a sobreposição dos seis orbitais híbridos d^2sp^3 do Fe^{3+} com os seis orbitais dos ligantes CN^- (contendo os pares solitários) para formar seis ligações e a estrutura de um complexo octaédrico.

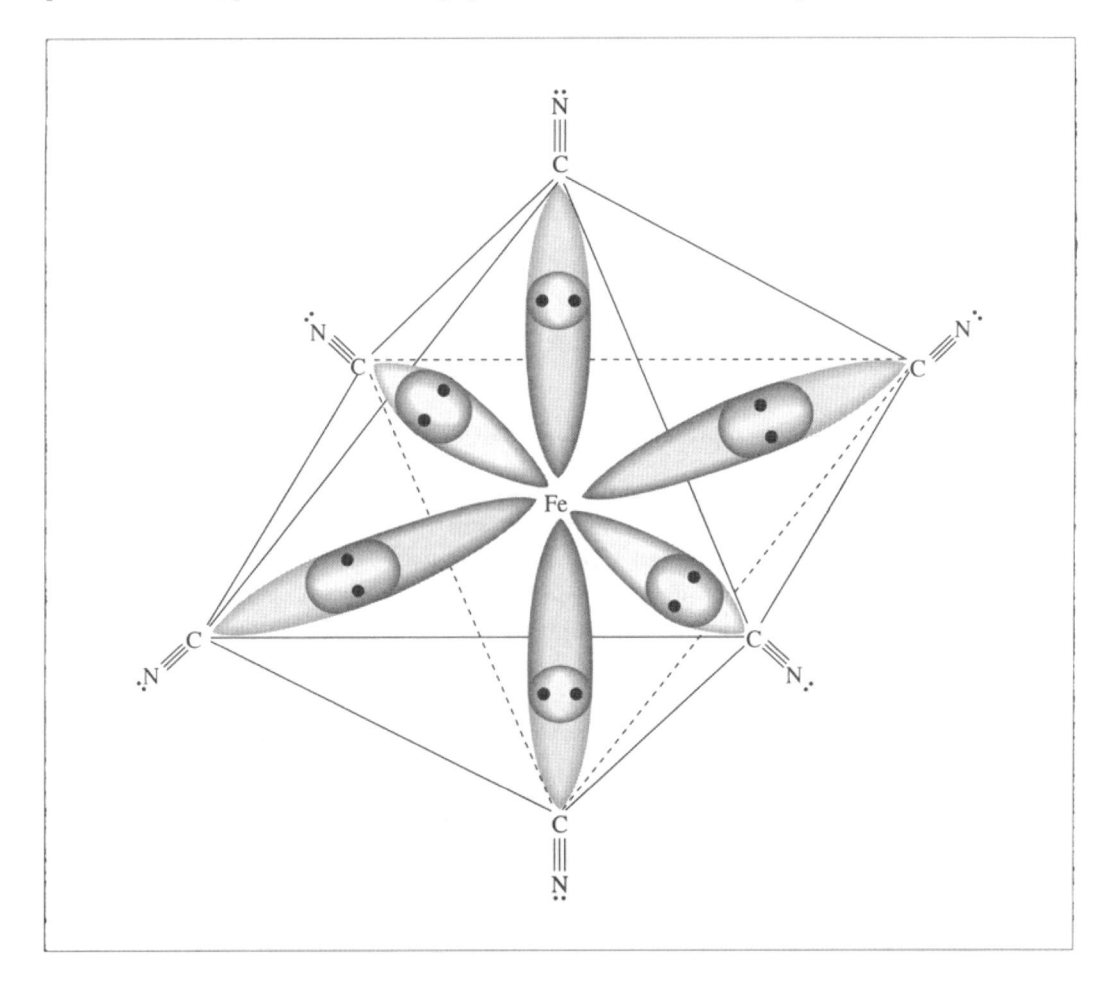

Figura 22.2 Íon $[Fe(CN)_6]^{3-}$, octaédrico (esquematizado).

A existência de outras geometrias nos complexos também pode ser explicada em termos da formação dos orbitais híbridos. Os cálculos na mecânica quântica mostram, por exemplo, que quatro orbitais híbridos dsp^2 constituem um conjunto quadrado-planar, o qual conduz à geometria quadrado-planar em um complexo. Tal hibridação é comumente observada em complexos de íons d^8 (íons com oito elétrons d), tais como o íon níquel, Ni^{2+}. Os oito elétrons d são empacotados em quatro dos cinco orbitais $3d$ do níquel, que torna o orbital remanescente desocupado (o $3d_{x^2-y^2}$) disponível para misturar com os orbitais $4s$, $4p_x$ e $4p_y$ forma quatro orbitais híbridos equivalentes dsp^2. Estes acomodam então quatro pares de elétrons de quatro ligantes. As configurações eletrônicas do íon níquel isolado, no estado fundamental, e do níquel no complexo quadrado-planar $[Ni(CN)_4]^{2-}$, o íon tetracianoniquelato(II), são mostrados abaixo:

Ni^{2+} (estado fundamental): [Ar] ↑↓ ↑↓ ↑↓ ↑ | ↑ ___ ___ ___ ___
                                                                                                 $3d$ $4s$ $4p$

elétrons dos ligantes

Ni^{2+} (coordenado): [Ar] ↑↓ ↑↓ ↑↓ ↑↓ | ↑↓ ↑↓ ↑↓ ↑↓ | ___
                                                                                                 $3d$ dsp^2 $4p_z$

As setas dentro do retângulo representam os pares de elétrons doados pelos ligantes ciano.

A geometria tetraédrica em um complexo é conseguida por intermédio de uma hibridação sp^3, tal como o carbono em muitos de seus compostos. (Ver Seção 19.2.) Esta geometria, por exemplo, é exibida por virtualmente todos os complexos de Zn^{2+}, um íon d^{10}. Devido ao íon zinco não possuir orbitais d desocupados, apenas os orbitais $4s$ e os três $4p$ são disponíveis para hibridação e subseqüente aceitação dos pares de elétrons doados pelos ligantes:

Zn^{2+} (estado fundamental): [Ar] ↑↓ ↑↓ ↑↓ ↑↓ ↑↓ | ___ ___ ___ ___
                                                                                   $3d$ $4s$ $4p$

No $[Zn(CN)_4]^{2-}$, o íon tetracianozincato(II), os orbitais híbridos sp^3 são utilizados pelo átomo de zinco para formar ligações com quatro ligantes CN^-:

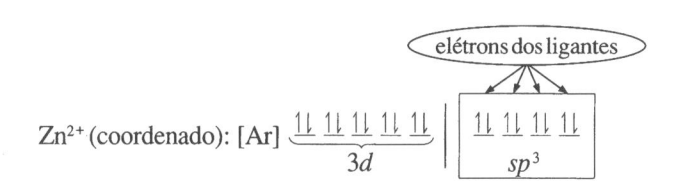

Zn^{2+} (coordenado): [Ar] $\underbrace{\uparrow\downarrow \;\uparrow\downarrow \;\uparrow\downarrow \;\uparrow\downarrow \;\uparrow\downarrow}_{3d}$ | $\boxed{\underset{sp^3}{\uparrow\downarrow \;\uparrow\downarrow \;\uparrow\downarrow \;\uparrow\downarrow}}$ ⟵ elétrons dos ligantes

A teoria da ligação pela valência, ou formação dos orbitais híbridos esclarece satisfatoriamente a existência das geometrias exibidas por vários complexos. Não obstante, existem certas falhas; uma das mais sérias reside na falta de explicação das propriedades magnéticas nos complexos. Por exemplo, as medidas magnéticas (ver a seguir) mostram que os complexos octaédricos de Fe(III) caem em duas classes. A primeira classe, *complexos de baixo spin*, consiste em complexos com um elétron desemparelhado por íon. Esta classe inclui o íon $[Fe(CN)_6]^{3-}$, descrito anteriormente. Porém, em uma segunda classe dos complexos de Fe(III), cada íon possui cinco elétrons desemparelhados; estes são denominados *complexos de alto spin*. O íon octaédrico $[FeF_6]^{3-}$ pertence a esta classe. Além do mais, determinados complexos de outros metais de transição também mostram esta divisão natural nas classes baixo spin e alto spin. A teoria de ligação pela valência e orbitais híbridos não explica a existência destas duas classes de complexos. Mais especificamente, esta teoria não responde a questões tais como:

1. Como podemos explicar a existência de duas classes de complexos; alto spin e baixo spin?

2. Por que é que o ligante determina, para um dado metal de transição, se um complexo será de baixo ou alto spin?

3. Como são ocupados os orbitais nas duas diferentes classes, particularmente nos complexos de alto spin?

Uma falha adicional da teoria da ligação pela valência encontra-se na explicação das propriedades espectrais dos complexos dos metais de transição. Por que mostram cores tão variadas e intensas, tanto no estado sólido como em solução?

TEORIA DO CAMPO CRISTALINO

Em 1929, o físico americano Hans Bethe sugeriu que as propriedades espectrais e magnéticas dos compostos de metais de transição são resultantes da degeneração de seus orbitais *d* em duas ou mais configurações de diferentes energias. Posteriormente, Bethe propôs que esta degeneração energética dos orbitais *d* ocorre devido à interação entre o campo elétrico dos ligantes e os orbitais *d* do átomo central em um complexo. Esta proposição, conhecida como *teoria do campo cristalino* (*TCC*), tornou-se surpreendentemente útil para explicar as propriedades de muitos complexos[1].

Considere um íon metálico de transição isolado, em seu estado fundamental, completamente livre das influências de qualquer átomo vizinho. Todos os cinco orbitais $(n-1)d$ neste íon tem a mesma energia. Segundo a teoria do campo cristalino, entretanto, a presença de ligantes vizinhos altera a energia destes orbitais *d* e, devido às diferentes orientações destes no espaço, as energias dos orbitais *d* são alteradas distintamente. A teoria do campo cristalino utiliza um modelo essencialmente eletrostático para predizer como os orbitais *d* são degenerados.

Vamos considerar inicialmente a formação de um complexo octaédrico: imagine um íon metálico situado na origem dos eixos do sistema tridimensional de coordenadas cartesianas, ao longo dos quais os ligantes se aproximam (ver Figura 22.3). Os ligantes podem ser tanto ânions como dipolos moleculares com seus terminais negativos apontando na direção do íon metálico. À medida que os ligantes se aproximam, os orbitais *d* do íon central são afetados diferentemente, dependendo se os seus lobos estão direcionados para os ligantes ou em uma direção a 45° dos mesmos (ver Figura 22.4). De acordo com a teoria do campo cristalino, desde que os lobos dos orbitais $d_{x^2-y^2}$ estejam apontados para os ligantes que se aproximam, os elétrons nestes orbitais experimentarão significativo aumento em energia devido à repulsão eletrostática. Por outro lado, a aproximação dos ligantes ao longo dos eixos cartesianos não afetará significativamente os outros três orbitais *d* (d_{xy}, d_{yz}, d_{xz}) porque estes possuem seus lobos localizados entre os eixos cartesianos, e a repulsão entre os ligantes e os elétrons nestes orbitais é consideravelmente menor. O resultado final é a divisão dos orbitais *d* em dois subconjuntos. O subconjunto de maior energia é constituído pelos orbitais $d_{x^2-y^2}$ e d_{z^2}, e é designado como e_g, e o subconjunto de menor energia consiste nos orbitais d_{xy}, d_{yz}, d_{xz}, e é designado t_{2g}.[2] A degeneração das energias dos orbitais *d* em um campo octaédrico é mostrada esquematicamente na Figura 22.5.

---

[1] A teoria do campo cristalino tem este nome devido ao fato de ter sido inicialmente proposta para explicar as energias dos orbitais dos íons nos cristais.

[2] Considere as designações e_g e t_{2g} meramente descritivas (elas se referem às simetrias dos dois subconjuntos de orbitais).

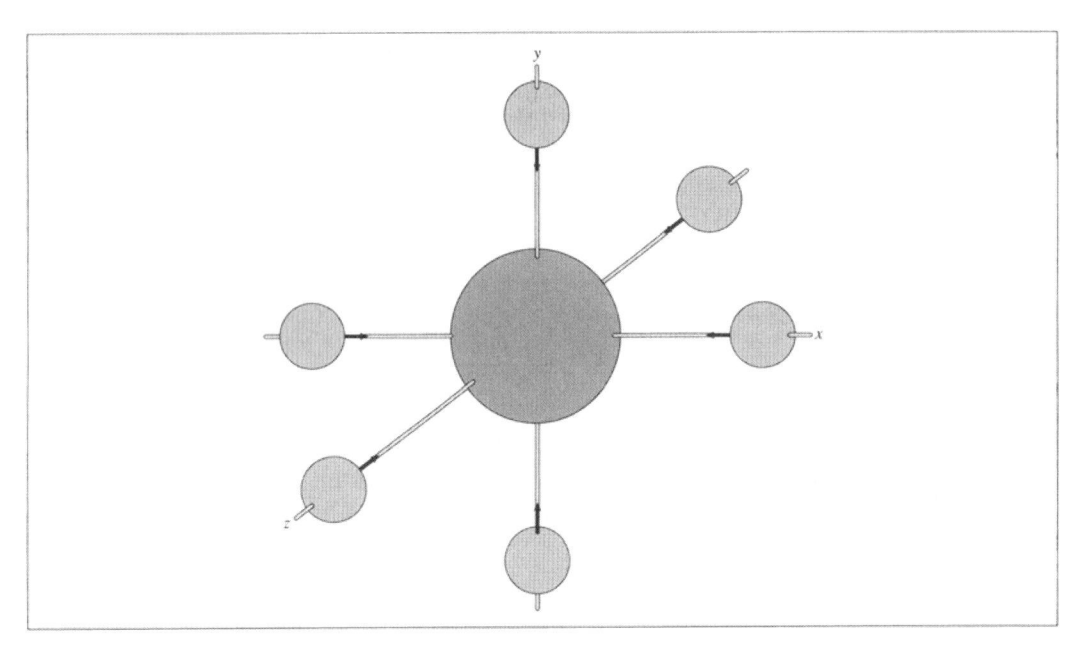

Figura 22.3 Aproximação de seis ligantes para formar um complexo octaédrico.

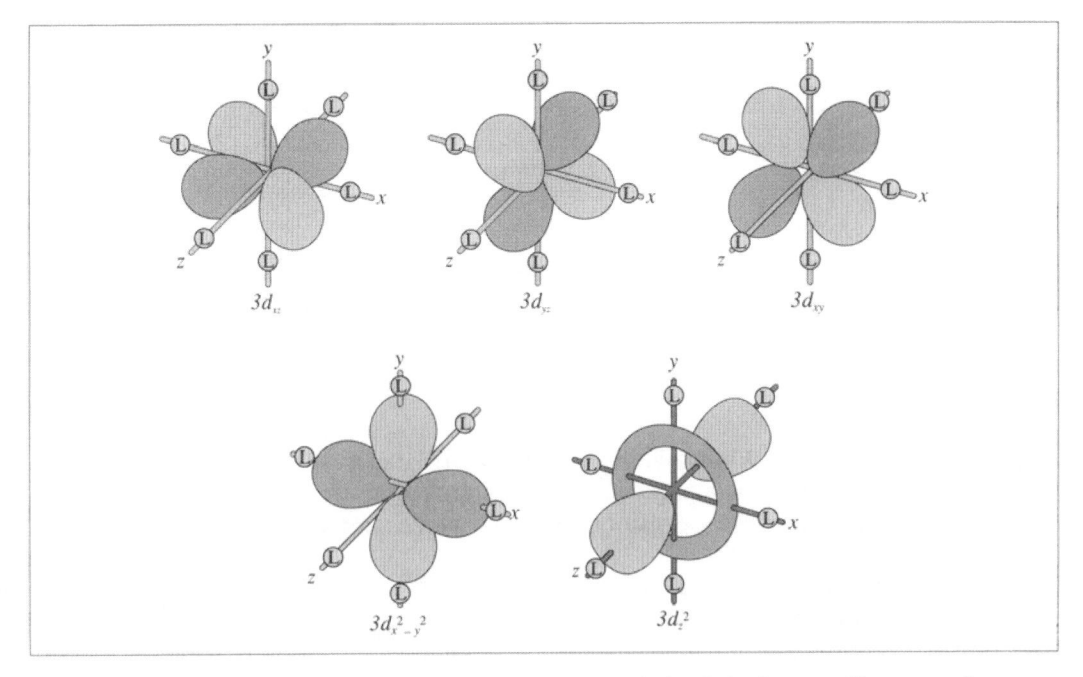

Figura 22.4 A interação dos ligantes (L) com os orbitais d do íon metálico central em um complexo octaédrico.

A diferença em energia entre os subconjunto de orbitais t_{2g} e e_g, como mostrado à direita da Figura 22.5 é denominada *energia de degeneração do campo cristalino*, Δ_o, onde o subscrito se refere ao complexo octaédrico. Podemos observar que a energia de cada orbital e_g está $3/5\ \Delta_o$ acima da energia média do orbital d, enquanto cada orbital t_{2g} está $2/5\ \Delta_o$ abaixo. Como veremos brevemente, a grandeza real de Δ_o depende da natureza dos ligantes.

Os orbitais nos subconjuntos t_{2g} e e_g são ocupados pelos elétrons que originalmente ocupavam os orbitais d não degenerados no íon não complexado. Isto significa que no estado fundamental de um complexo octaédrico são distribuídos até 10 elétrons neste dois subconjuntos. Além do mais, há uma tendência para estes elétrons d ocuparem os níveis de menor energia disponíveis e ao mesmo tempo se distribuírem e ocuparem diferentes orbitais de modo a minimizar as repulsões intereletrônicas (ver regra de Hund, Seção 6.1). Estas duas tendências não são sempre compatíveis, contudo. Como resultado, em alguns complexos octaédricos, dois tipos de distribuição dos elétrons são possíveis; cada um depende da força do campo eletrostático associado aos ligantes:

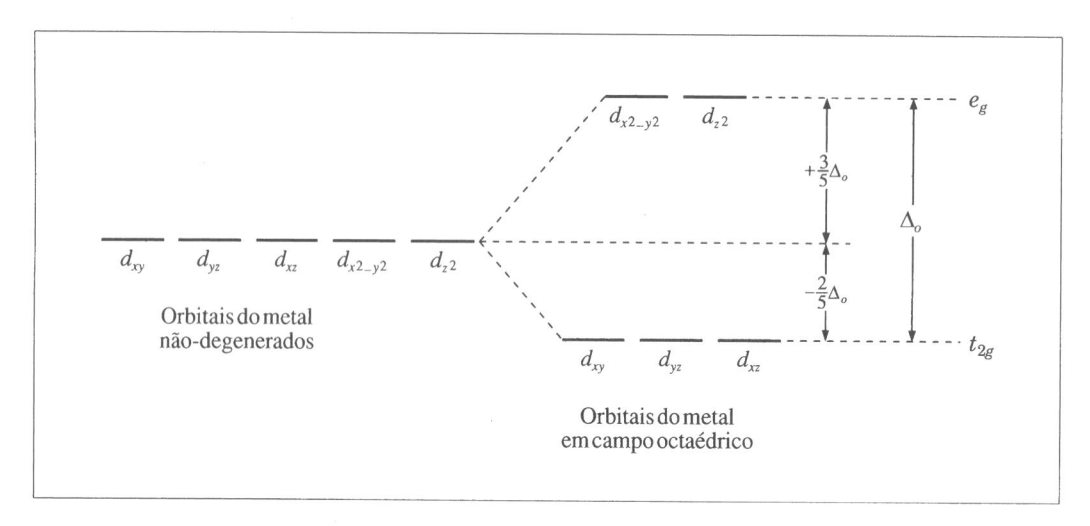

Figura 22.5 Teoria do campo cristalino: degeneração dos orbitais d em um campo octaédrico.

1. Se o campo produzido pelos ligantes é *fraco*, Δ_o é pequeno, e pelo fato da energia do subconjunto e_g não ser muito maior que a do subconjunto t_{2g}, os elétrons tendem a se distribuírem ocupando os orbitais e_g, assim como os t_{2g}.

2. Se o campo dos ligantes é *forte*, Δ_o é grande, e a energia do subconjunto e_g é conseqüentemente muito maior que a do subconjunto t_{2g}, e os elétrons são forçados ao emparelhamento nos orbitais t_{2g}. (A energia necessária para forçar os elétrons a emparelharem-se é menor do que a energia necessária para alcançar os orbitais e_g.)

Como exemplos destes dois casos, considere as duas classes de complexos octaédricos formadas pelo íon Fe^{3+}, um íon d^5. Pelo fato do íon F^- ser um ligante de campo fraco, a degeneração do campo cristalino no complexo $[FeF_6]^{3-}$ é pequena, e como resultado os cinco elétrons d se distribuem para ocupar todos os cinco orbitais d no íon complexo:

Campo fraco: e_g ↑ ↑
t_{2g} ↑ ↑ ↑ Δ_o pequeno
complexo de spin alto

Por outro lado, o íon cianeto, CN^-, é um ligante de campo forte, e no complexo $[Fe(CN)_6]^{3-}$ a degeneração do campo cristalino é elevada o suficiente para forçar os elétrons d a emparelharem-se nos orbitais t_{2g} de menor energia:

Campo forte: e_g — —
t_{2g} ↑↓ ↑↓ ↑ Δ_o grande
complexo de spin baixo

Pode ser observado no caso de campo fraco que o spin total (a soma dos spins dos elétrons desemparelhados) é $5 \times {}^1/_2$ ou ${}^5/_2$, e assim o complexo é um *complexo de alto spin*. No caso do campo forte, o spin total é somente ${}^1/_2$, tornando o complexo um *complexo de baixo spin*.

É claro que a força do campo ligante determina a magnitude de Δ_o, que por sua vez determina como os elétrons são posicionados entre os dois subconjuntos de orbitais d do átomo central no complexo. A Figura 22.6 mostra configurações de d^1 até d^{10} para os dois casos de campo ligante fraco e forte. Observe que a distribuição dos elétrons não é afetada pela força do campo ligante nos casos d^1, d^2, d^3, d^8, d^9, e d^{10}. A existência de duas diferentes classes de complexos, spin alto e baixo, é possível somente para os casos d^4, d^5, d^6 e d^7.

	Campo ligante fraco	Campo ligante forte
d^1	e_g ── ── ── t_{2g} ↑ ── ──	e_g ── ── ── t_{2g} ↑ ── ──
d^2	e_g ── ── t_{2g} ↑ ↑ ──	e_g ── ── t_{2g} ↑ ↑ ──
d^3	e_g ── ── t_{2g} ↑ ↑ ↑	e_g ── ── t_{2g} ↑ ↑ ↑
d^4	e_g ↑ ── t_{2g} ↑ ↑ ↑ } Spin alto	e_g ── ── t_{2g} ↑↓ ↑ ↑ } Spin baixo
d^5	e_g ↑ ↑ t_{2g} ↑ ↑ ↑ } Spin alto	e_g ── ── t_{2g} ↑↓ ↑↓ ↑ } Spin baixo
d^6	e_g ↑ ↑ t_{2g} ↑↓ ↑ ↑ } Spin alto	e_g ── ── t_{2g} ↑↓ ↑↓ ↑↓ } Spin baixo
d^7	e_g ↑ ↑ t_{2g} ↑↓ ↑↓ ↑ } Spin alto	e_g ↑ ── t_{2g} ↑↓ ↑↓ ↑↓ } Spin baixo
d^8	e_g ↑ ↑ t_{2g} ↑↓ ↑↓ ↑↓	e_g ↑ ↑ t_{2g} ↑↓ ↑↓ ↑↓
d^9	e_g ↑↓ ↑ t_{2g} ↑↓ ↑↓ ↑↓	e_g ↑↓ ↑ t_{2g} ↑↓ ↑↓ ↑↓
d^{10}	e_g ↑↓ ↑↓ t_{2g} ↑↓ ↑↓ ↑↓	e_g ↑↓ ↑↓ t_{2g} ↑↓ ↑↓ ↑↓

Figura 22.6 População dos orbitais d em campo octaédrico forte e fraco.

PROPRIEDADES MAGNÉTICAS

Forte evidência para a degeneração dos orbitais d é encontrada nas medidas magnéticas. O *paramagnetismo*, uma atração fraca em um campo magnético, é uma conseqüência da presença de elétrons desemparelhados numa substância (ver Seção 6.1).

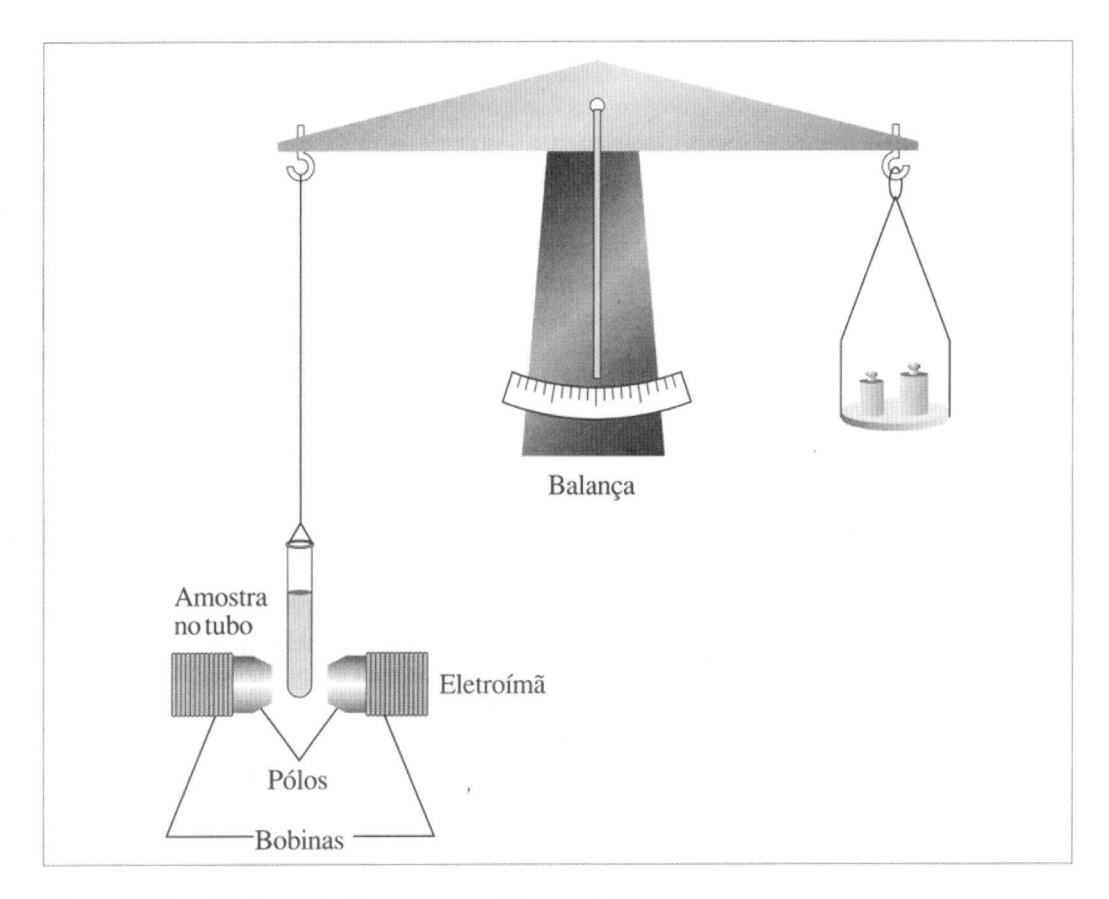

Figura 22.7   A balança de Gouy para medidas magnéticas.

A magnitude do efeito paramagnético é uma medida do número de elétrons desemparelhados. (O *diamagnetismo*, uma repulsão ainda mais fraca num campo magnético, é causado por uma variação no movimento dos elétrons que se opõem a um campo magnético externo. Todas as substâncias apresentam algum diamagnetismo.)

As medidas magnéticas podem ser efetuadas numa balança magnética como a *balança de Gouy*, mostrada na Figura 22.7. De acordo com a figura, a amostra é pesada inicialmente com aplicação de campo magnético externo (eletroímã ligado), depois sem o campo externo (ímã desligado). Uma substância paramagnética demonstra maior peso na presença do campo magnético pelo fato da atração aumentar a atração gravitacional (uma substância somente diamagnética demonstra peso ligeiramente menor).

O paramagnetismo é geralmente causado pelos movimentos de spin e orbital dos elétrons. (Qualquer objeto com carga que roda ou gira, gera um campo magnético, isto é, "age como um ímã"). Por razões diversas nas quais não nos aprofundaremos aqui, o efeito orbital não é freqüentemente muito forte, particularmente para os elementos da primeira série de transição. O efeito paramagnético devido apenas ao spin de um par de elétrons em um orbital é nulo. Por esta razão, a medição do paramagnetismo de uma substância pode ser utilizada com freqüência para determinar o número de elétrons desemparelhados presentes. Tais medidas magnéticas geralmente dão suporte às configurações eletrônicas dos complexos de metais de transição previstas pela teoria do campo cristalino. Elas são particularmente úteis para classificar ligantes como: ligantes de campo forte e ligantes de campo fraco.

Exemplo 22.1 Medidas magnéticas mostram que o $[CoF_6]^{3-}$ possui quatro elétrons desemparelhados enquanto o $[Co(NH_3)_6]^{3+}$ não possui nenhum. Classifique o íon fluoreto e a molécula de amônia como ligantes de campo forte e fraco.

Solução: Cada um deste íons complexos possuem Co(III), uma espécie d^6. Sobre a influência de um campo ligante fraco a degeneração do orbital d é pequena, e assim os dois níveis t_{2g} e e_g são ocupados. A configuração resultante $t_{2g}^4 e_g^2$, possui um total de quatro elétrons desemparelhados (ver Figura 22.4). Quando os orbitais d do íons central de Co(III) são submetidos a um campo ligante forte, o resultando é um complexo de baixo spin, devido a degeneração dos orbitais d ser suficientemente grande para forçar todos os elétrons d a ocuparem o nível t_{2g}. A configuração resultante é $t_{2g}^6 e_g^0$ e é caracterizada por ter todos os elétrons emparelhados. É evidente que o F^- é um ligante de campo fraco, e NH_3 um ligante de campo forte.

Problema Paralelo: Dê o número de elétrons desemparelhados em (a) $[MnF_6]^{3-}$, (b) $[Mn(NH_3)_6]^{3+}$.
Resposta: (*a*) 5, (*b*) 1.

COR E TRANSIÇÕES d–d

Como já mencionamos, os complexos dos metais de transição exibem notável e ampla variedade de cores, tanto em solução como constituindo sólidos cristalinos. Quando observada sob a luz branca, uma substância apresenta-se colorida se ela absorve uma porção da luz do espectro visível. Em muitos complexos a energia de degeneração do campo cristalino correponde a energia eletromagnética que se encontra em algum ponto do espectro visível. Isto significa que a energia necessária para uma transição eletrônica do nível t_{2g} para o e_g é com freqüência parte da luz branca. Por exemplo, as soluções do complexo octaédrico $[Ti(H_2O)_6]^{3+}$ tem cor violeta. Esta coloração resulta da transição

$$\begin{array}{c} e_g \\ t_{2g} \end{array} \quad \begin{array}{c} \underline{} \underline{} \underline{} \\ \underline{1} \underline{} \underline{} \end{array} \quad \xrightarrow{\text{absorção de energia}} \quad \begin{array}{c} \underline{1} \underline{} \underline{} \\ \underline{} \underline{} \underline{} \end{array}$$

No $[Ti(H_2O)_6]^{3+}$, a energia de degeneração do campo cristalino (Δ_o) corresponde à energia da luz que possui um comprimento de onda de cerca de 500 nm. Conseqüentemente, quando uma solução ou sólido contendo estes íons complexos for exposta à luz branca, que contém todos os comprimentos de onda do espectro visível, os íons absorverão luz de cerca de 500 nm na medida em que transições $t_{2g} \rightarrow e_g$ ocorram. (Considerando de modo ligeiramente distinto: luz de 500 nm *ocasiona* as transições eletrônicas.) Como resultado, após a passagem da luz através da amostra, esta agora demonstra coloração violeta, que compreende a soma de comprimentos de onda do espectro visível não absorvidos pela amostra. (A energia absorvida durante a transição é dissipada subseqüentemente na forma de calor quando os elétrons *retornam* aos seus níveis t_{2g} originais.) As transições de um subnível d para outro em um complexo são conhecidas como *transições d–d*.

Íons sem elétrons d não apresentam cor; incluem o $[Sc(H_2O)_6]^{3+}$ e $[Ti(H_2O)_6]^{4+}$. De modo similar, íons com configurações d^{10}, tais como $[Ag(NH_3)_2]^+$ e $[Zn(H_2O)_4]^{2+}$, também são incolores; nestes íons as transições d–d são impossíveis porque todos os orbitais d estão ocupados.

O Mn(II), um íon d^5, apresenta uma situação interessante: o $[Mn(H_2O)_6]^{2+}$ possui um coloração rósea pálida, tanto os sólidos como as soluções. (De fato, a sua coloração é tão pouco intensa que não pode ser vista em soluções diluídas.) Por outro lado, o $[Mn(CN)_6]^{4-}$ apresenta uma coloração intensamente violeta. Como podemos explicar esta notável diferença de coloração entre estes dois íons? A água é um ligante de campo fraco, e assim é provável que a seguinte transição d–d ocorra no $[Mn(H_2O)_6]^{2+}$:

$$e_g \quad \underline{\uparrow} \; \underline{\uparrow} \qquad \xrightarrow[\text{energia}]{\text{absorção de}} \qquad \underline{\uparrow} \; \underline{\uparrow\downarrow}$$
$$t_{2g} \quad \underline{\uparrow} \; \underline{\uparrow} \; \underline{\uparrow} \qquad \qquad \qquad \underline{\uparrow} \; \underline{\uparrow} \; \underline{}$$

A mecânica quântica indica que estas transições nas quais o spin *total* varia (de $^5/_2$ para $^3/_2$ neste caso) são muito pouco prováveis (são chamadas *transições proibidas por spin*). Isto significa que esta transição ocorre apenas ocasionalmente, e a cor de uma solução contendo este complexo é de baixa intensidade. Mas, e com relação à intensa coloração do íon $[Mn(CN)_6]^{4-}$? O íon CN^- é um ligante de campo forte, e as transições do tipo

$$e_g \quad \underline{} \; \underline{} \qquad \xrightarrow[\text{energia}]{\text{absorção de}} \qquad \underline{\uparrow} \; \underline{}$$
$$t_{2g} \quad \underline{\uparrow\downarrow} \; \underline{\uparrow\downarrow} \; \underline{\uparrow} \qquad \qquad \qquad \underline{\uparrow\downarrow} \; \underline{\uparrow\downarrow} \; \underline{}$$

não são proibidas por spin, e portanto mais prováveis. O íon tem, conseqüentemente, cor violeta profunda, tanto nos sólidos como em solução.

A SÉRIE ESPECTROQUÍMICA

Temos visto que diferentes ligantes possuem capacidades distintas para degenerar o conjunto de orbitais *d* em dois subconjuntos. É possível predizer esta capacidade de degeneração a partir da teoria do campo cristalino (acima) e também obter informações de medições experimentais das propriedades espectrais e magnéticas. Utilizando estas informações tem sido possível dispor diferentes ligantes em ordem crescente de força do campo ligante; o resultado é a seqüência conhecida como a *série espectroquímica*, parte da qual é a seguinte:

Ligantes de campo fraco
- $-I$
- $-Br$
- $-Cl, -SCN$
- $-F$
- $-OH$
- $-OH_2$
- $-NCS$
- $-NH_3$
- $-NO_2$

Ligantes de campo forte ↓ $-CO, -CN$

Na série espectroquímica, a linha divisória entre os ligantes de campo forte e campo fraco não é de modo algum nítida, e a eficiência com a qual muitos ligantes produzem a degeneração $t_{2g} - e_g$ varia de um complexo para outro. Conseqüentemente, torna-se difícil predizer se um dado complexo contendo ligantes próximos ao meio da série será de spin alto ou baixo, e a situação é óbviamente mais complicada quando mais de um tipo de ligante está presente em um complexo. Finalmente, cabe ressaltar que a magnitude da energia de degeneração do campo cristalino em um complexo depende, em certo grau, não somente da natureza dos ligantes, mas também da identidade e número de oxidação do átomo central. No mais, o conhecimento da série espectroquímica é com freqüência útil para se prever a ocupação dos níveis t_{2g} e e_g, especialmente quando os ligantes são iguais e estão próximos das extremidades da série.

COMPLEXOS TETRAÉDRICOS

É possível predizer a natureza da degeneração dos orbitais *d* para complexos com geometria não octaédrica. Quando um complexo tetraédrico é formado, por exemplo, os ligantes podem estar se aproximando ao longo das linhas mostradas na Figura 22.8. Pode ser observado que as cargas negativas dos ligantes se aproximam mais orientadas para os eixos dos orbitais d_{xy}, d_{zy} e d_{xz} do íon metálico central do que para os eixos dos orbitais $d_{x^2-y^2}$ e d_{z^2}. Os elétrons do primeiro subconjunto de orbitais *d*, denominado, no caso tetraédrico, como subconjunto t_2, são portanto mais fortemente repelidos pela aproximação das cargas negativas, adquirindo maiores energias do que os elétrons no outro subconjunto, denominado subconjunto *e*. A degeneração tetraédrica pode ser pensada como o "inverso" da octaédrica, como é mostrado na Figura 22.9.

A degeneração do campo cristalino em complexos quadrado-planares não é igual a dos complexos tetraédricos e octaédricos e será descrita posteriormente (ver Níquel, Seção 22.6).

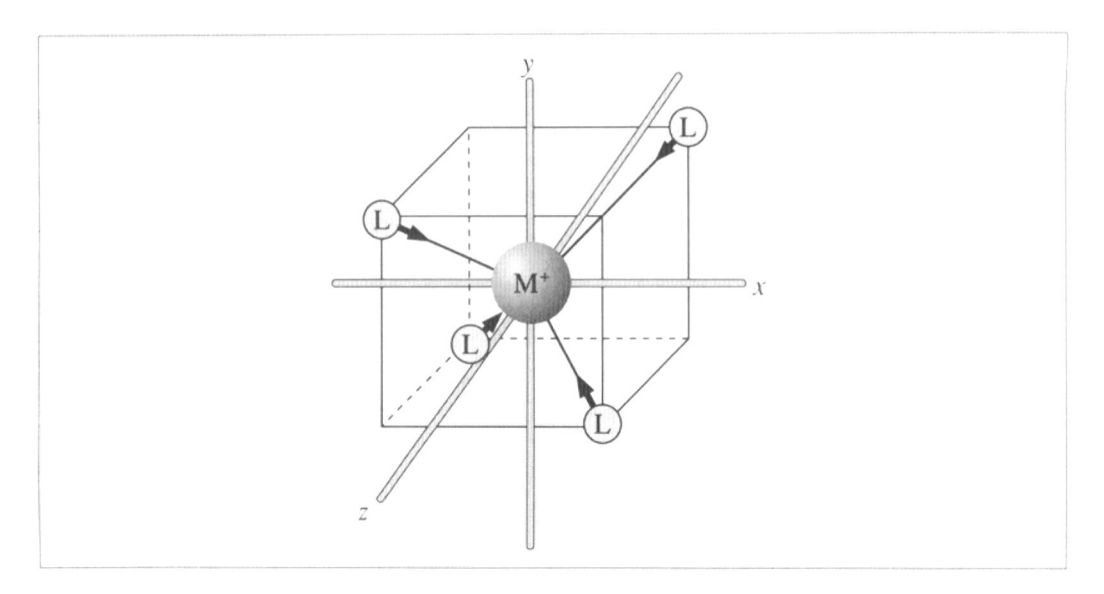

Figura 22.8 Aproxinação de quatro ligantes a um íon metálico para formar um complexo tetraédrico.

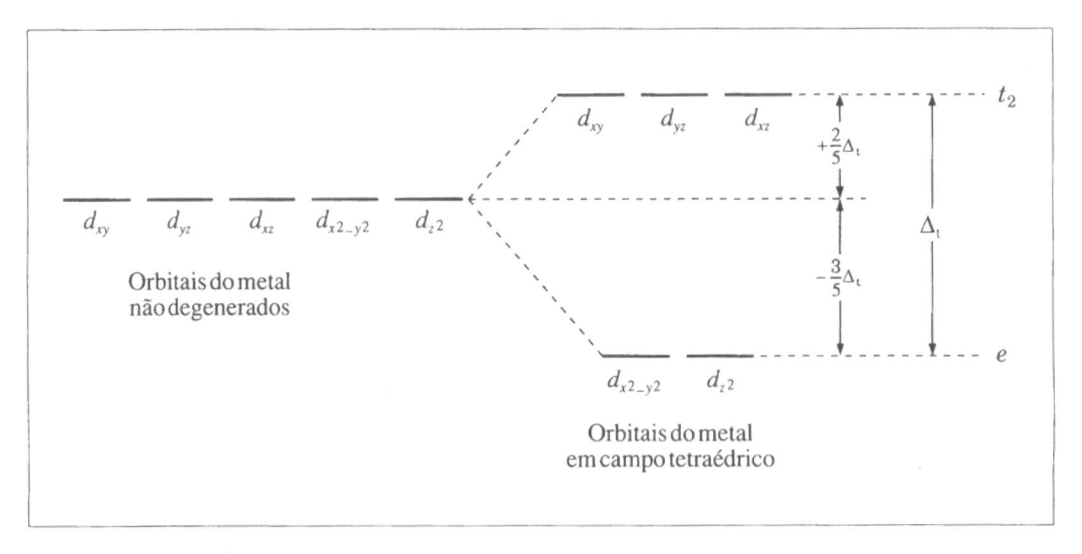

Figura 22.9 Degeneração dos orbitais d em campo tetraédrico.

TEORIA DO ORBITAL MOLECULAR

A teoria do orbital molecular (Seção 19.3) propicia um modelo elegante da ligação química nos complexos dos metais de transição. Esta influente teoria é geralmente denominada *teoria do campo ligante*. Uma discussão detalhada do modo como os orbitais atômicos de um átomo central se combinam com os orbitais dos ligantes para formar orbitais moleculares não é apropriada neste momento, porém, uma descrição sucinta do processo é dada a seguir.

Suponha um íon complexo sendo formado como segue: Seis ligantes se aproximam de um íon metálico ao longo dos três eixos de coordenadas cartesianas, com cada ligante posicionado em cada um dos seis vértices do octaedro e o íon metálico no centro. À medida em que os ligantes se movem, um orbital interno de cada ligante, digamos um orbital p, sobrepõe-se a determinados orbitais do íon central: os orbitais ns, np_x, np_y e np_z, e os orbitais $(n-1)d_{x^2-y^2}$ e $(n-1)d_{z^2}$, como mostrado na Figura 22.10. Apenas estes orbitais possuem a simetria certa para uma sobreposição favorável com os orbitais dos ligantes, onde "sobreposição favorável" significa um reforço nas funções de onda na região da sobreposição (ver Seção 19.1). O resultado é o aumento da densidade da carga eletrônica nesta região, em outras palavras, a formação de uma ligação. Como pode ser observado na Figura 22.10, os lobos dos orbitais internos dos ligantes se sobrepõem favoravelmente aos orbitais d, s e p, mas não aos orbitais d_{xy}, d_{xz} e d_{yz}[3].

A sobreposição favorável de orbitais atômicos conduz à formação de orbitais moleculares. Os seis orbitais do metal se combinam com os seis orbitais do ligante para formar 12 orbitais moleculares, sendo seis ligantes e seis antiligantes, como é mostrado na Figura 22.11. No diagrama, os subconjuntos dos orbitais moleculares são descritos por designações simbólicas para as simetrias dos orbitais, mas, exceto para as designações t_{2g} e e_g^*, não precisamos dar muita importância a estas designações. Observe, contudo, que os seis orbitais de menor energia, os orbitais moleculares *ligantes*, acomodam os seis pares de elétrons provenientes dos ligantes para a formação de seis ligações covalentes. Estes OMs são todos do tipo σ, porque cada um é simétrico com relação ao eixo da ligação. (A formação de ligação π entre o metal e os ligantes também é muito importante em alguns complexos.)

---

[3] A razão para este fato é que a função de onda sempre traz consigo sinais algébricos opostos nos dois lobos adjacentes de um orbital, separados por um ponto nodal. Entretanto, não importa o sinal algébrico da função de onda para o lobo do orbital do ligante, o reforço é impossível. (Isto significa exatamente que o reforço de um lobo do orbital d é cancelado pelo outro.)

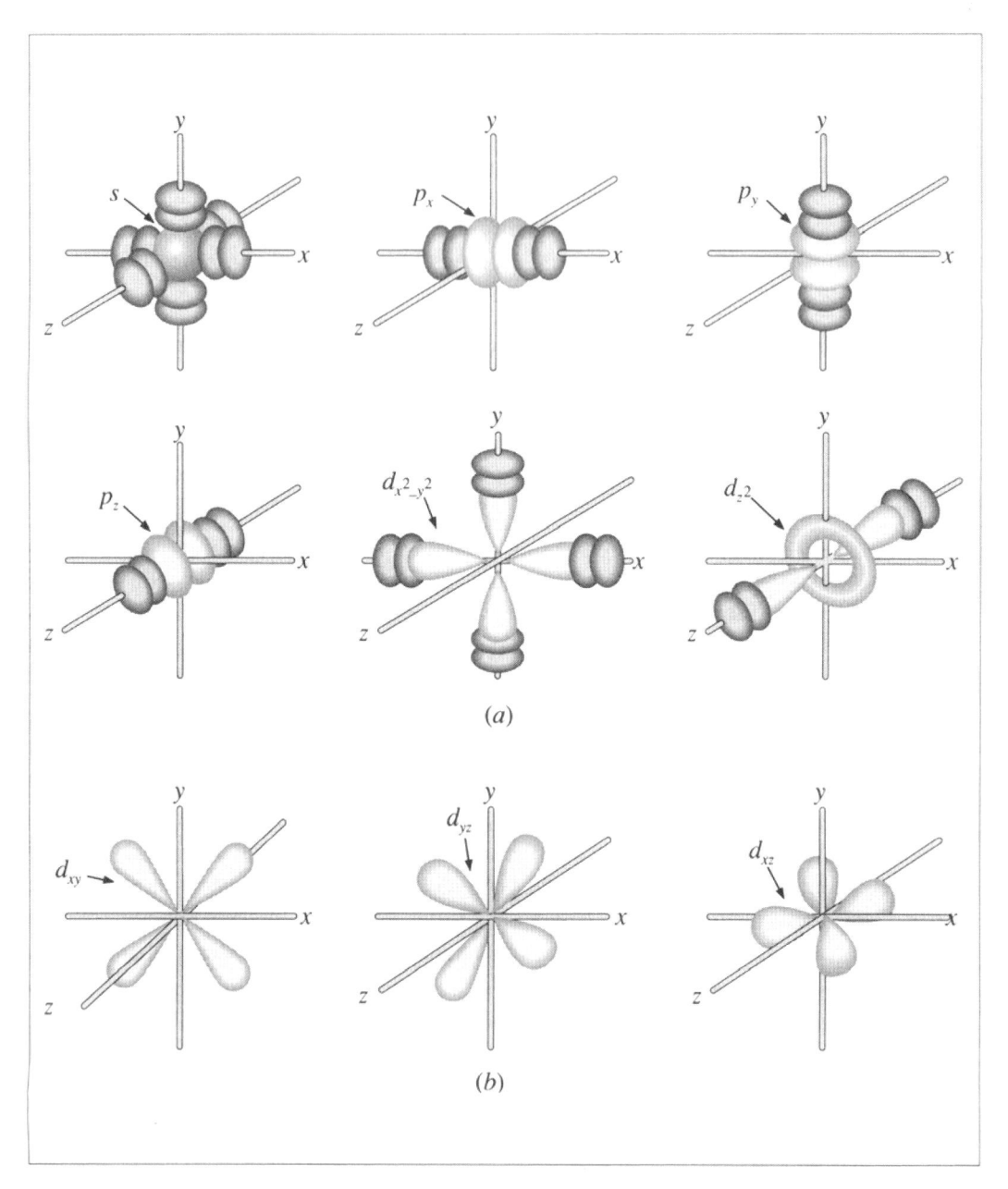

Figura 22.10 Sobreposição dos orbitais atômicos em um complexo octaédrico. (*a*) Sobreposição favorável. (*b*) Sem sobreposição. (*Nota*: Os sinais não são cargas, mas sinais algébricos correspondentes às funções de onda.)

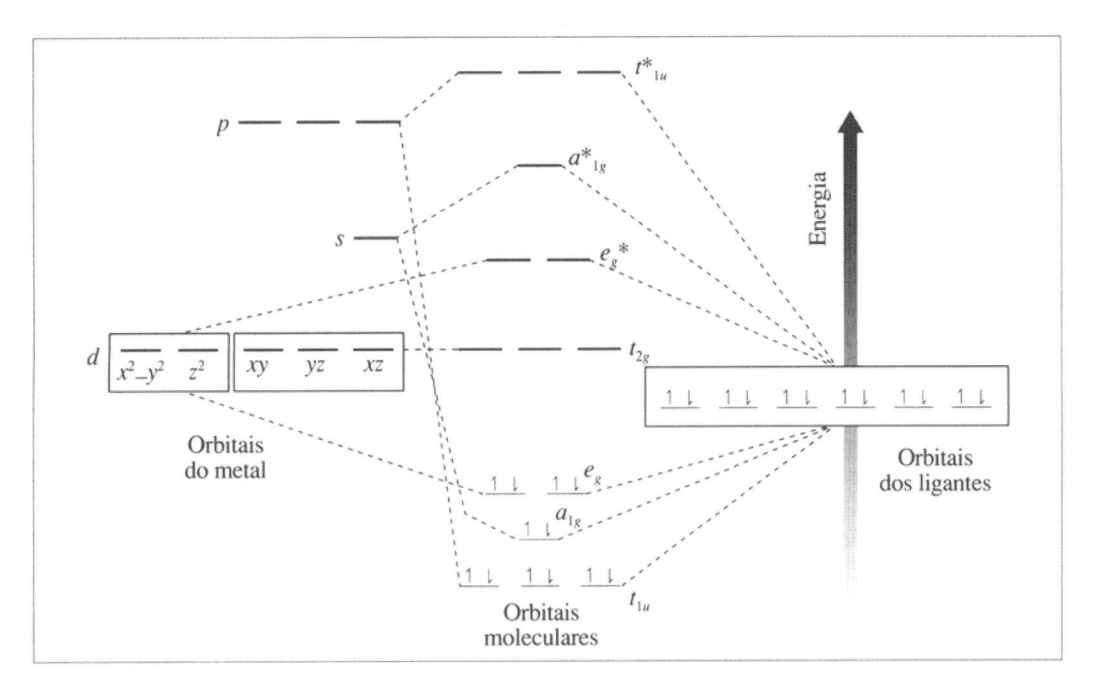

Figura 22.11 Diagrama de energia dos orbitais moleculares para um complexo octaédrico.

De maior energia que orbitais ligantes no complexo estão os orbtais t_{2g}, *orbitais não ligantes*. Temos observado que os elétrons nos orbitais ligantes aumentam a estabilidade de um agregado de átomos ligados, e os elétrons nos orbitais antiligantes a diminuem (Seção 19.3). Por outro lado, os elétrons nos orbitais não ligantes não oferecem estabilidade e nem instabilidade. Os três orbitais t_{2g} são essencialmente os orbitais d_{xy}, d_{yz} e d_{xz} do átomo ou íon central original. A Figura 22.11 mostra também que há seis orbitais antiligantes no complexo, cada um possuindo maior energia que os orbitais ligantes e não ligantes. Observe que os orbitais antiligantes de menor energia são aqueles dois designados como e_g^*. Torna-se claro agora que os subconjuntos de orbitais t_{2g} e e_g da teoria do campo cristalino são na realidade os subconjuntos t_{2g} e e_g^* da teoria dos orbitais moleculares, os quais são parte de um total de 15 orbitais moleculares no complexo octaédrico. (O fato de os orbitais neste último subconjunto serem antiligantes é ignorado pela teoria do campo cristalino.)

Na Figura 22.11 não foram mostrados nenhum dos elétrons que originariamente ocupavam o subnível $(n-1)d$ do íon metálico; estes foram distribuídos entre subconjuntos t_{2g} e e_g^* dos orbitais moleculares. O número destes elétrons d depende, é claro, da identidade e número de oxidação do íon, e as previsões de como eles estarão distribuídos entre os dois subconjuntos de orbitais estão de acordo com as previsões feitas com base na teoria do campo cristalino.

1132   Química Geral   Cap. 22

Quando os cálculos dos orbitais moleculares são realizados com o mínimo de aproximações possíveis, obtêm-se excelentes descrições quantitativas de muitos íons complexos. Todavia, tais cálculos são complicados e não são apropriados neste contexto. Felizmente, a teoria do campo cristalino propicia um modo mais simples de se prever as degenerações dos orbitais *d* nos complexos de metais de transição. Por esta razão, a teoria do campo cristalino pode ser considerada como uma versão simplificada da elegante teoria dos orbitais moleculares aplicada ao complexos dos metais de transições.

Comentários Adicionais

Uma teoria é essencialmente um modelo. Cada uma das três teorias que descrevemos possui suas próprias qualidades (e defeitos). A teoria de ligação pela valência é útil para se prever a geometria de muitos complexos; a teoria do campo cristalino fornece a maneira mais adequada de se prever a degeneração dos orbitais *d*, e portanto, as propriedades magnéticas e espectrais; a teoria do orbital molecular (campo ligante) dá as previsões mais *exatas* da maior parte das propriedades. Cada teoria tem seu lugar nos "arquivos" do químico.

22.5   A ESTEREOQUÍMICA DOS ÍONS COMPLEXOS

A relação espacial entre o átomo central e seus ligantes em um complexo é conhecida como a *estereoquímica* do complexo. Estereoquímicas diferentes podem ser agrupadas de acordo com o número de coordenação do átomo central. Mencionamos aqui apenas os mais importantes números de coordenação: 2, 4 e 6.

NÚMERO DE COORDENAÇÃO 2

Os complexos mais comuns com número de coordenação 2 são os de Ag(I) e Cu(I). Estes são *lineares* e incluem $[Ag(NH_3)_2]^+$, $[AgCl_2]^-$, $[Ag(CN)_2]^-$ e $[CuCl_2]^-$.

NÚMERO DE COORDENAÇÃO 4

Existem duas geometrias comuns associadas com um número de coordenação igual a 4: *quadrado-planar* e *tetraédrica*. Cada uma destas configurações permite uma diferente forma de *estereoisomerismo*. Moléculas de íons poliatômicos que possuem a mesma fórmula molecular, mas diferentes estruturas, são chamadas de *isômeros*. Quando, além disso, os agregados possuem as mesmas ligações, mas diferem no arranjo espacial desta ligações, são chamados *estereoisômeros*.

Um tipo importante de estereosomerismo é possível nos complexos quadrado-planares. Considere por exemplo os dois esteroisômeros quadrado-planares de [PtCl$_2$(NH$_3$)$_2$], ambos constituindo complexos neutros. Em um destes, a duas moléculas de amônia (ligantes amin) ocupam um par de vértices adjacentes no quadrado, enquanto os dois cloretos (ligantes cloro) ocupam o outro par:

$$\begin{array}{ccc} Cl & & NH_3 \\ & \diagdown \diagup & \\ & Pt & \\ & \diagup \diagdown & \\ Cl & & NH_3 \end{array}$$

cis-[PtCl$_2$(NH$_3$)$_2$]

Este é denominado isômero *cis*, onde *cis* significa " adjacente". O outro é o isômero *trans* ("oposto"):

$$\begin{array}{ccc} H_3N & & Cl \\ & \diagdown \diagup & \\ & Pt & \\ & \diagup \diagdown & \\ Cl & & NH_3 \end{array}$$

trans-[PtCl$_2$(NH$_3$)$_2$]

Embora estes dois isômeros sejam semelhantes em algumas propriedades, eles diferem significativamente em outras. O isômero *cis*, por exemplo, é utilizado no tratamento de alguns tumores cancerígenos. Por outro lado, o isômero *trans* não apresenta indubitavelmente nenhum efeito terapêutico.

Outros exemplos de complexos quadrado-planares incluem os [Ni(CN)$_4$]$^{2-}$, [PdCl$_4$]$^{2-}$, [Cu(NH$_3$)$_4$]$^{2+}$, e [AgF$_4$]$^-$. Esta geometria é particularmente comum nos íons com configurações eletrônica d^8.

Em um *complexo tetraédrico*, os quatro ligantes ocupam os vértices de um tetraedro regular. Exemplos destes complexos incluem os [ZnCl$_4$]$^{2-}$, [Co(CN)$_4$]$^-$ e [MnO$_4$]$^-$. O isomerismo *cis-trans* não é possível nos complexos tetraédricos. (Por que não?) Porém, existe a possibilidade de um novo tipo de estereoisomerismo denominado *enantiomerismo* (uma denominação mais antiga, ainda utilizada, é "isomeria óptica"). Duas estruturas que sejam imagens especulares uma da outra, as quais não são idênticas, são chamadas *enantiômeros*. O enantiomerismo é possível em um complexo tetraédrico que tenha *quatro ligantes diferentes* ligados ao átomo central.

Considere inicialmente um complexo tetraédrico do tipo MA_2BC, ou seja, um complexo no qual dois dos quatro ligantes são iguais, enquanto os demais são diferentes. Estes complexo está esquematicamente representado na Figura 22.12a. A estrutura representativa deste complexo é mostrada à esquerda, e a sua imagem no espelho, à direita, Pode ser observado que com uma leve rotação, a imagem especular pode ser superposta à estrutura da esquerda, indicando que as duas estruturas são realmente idênticas.

Considere agora o complexo MABCD da Figura 22.12b. Nesta, a imagem especular (à direita) não é idêntica à original. Nenhum movimento rotatório permitirá a superposição das duas estruturas. Estas estruturas são semelhantes a um par de mãos (pertencentes à mesma pessoa), mostradas na Figura 22.12c. Olhe para as suas mãos: sua mão esquerda é a imagem especular de sua mão direita, porém as duas não são superponíveis.

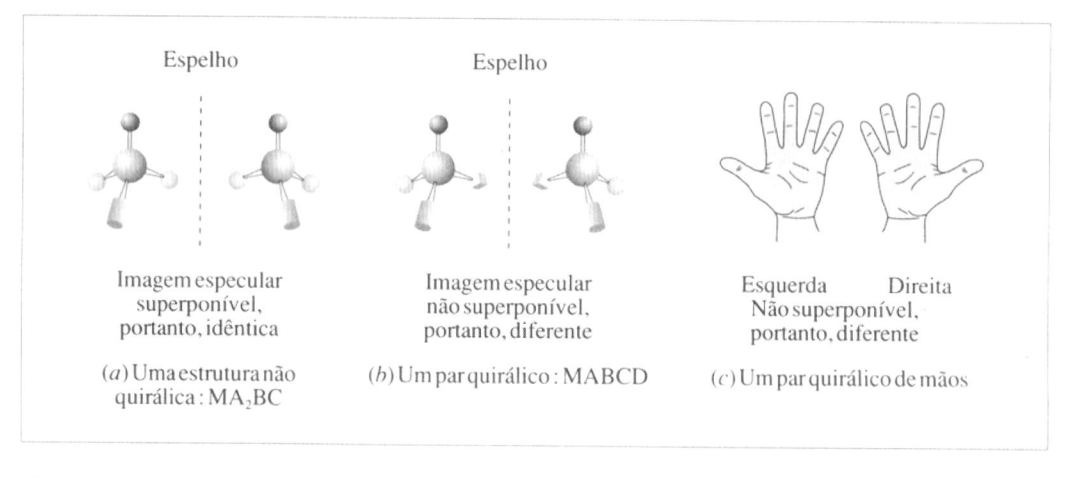

Figura 22.12 Quiralidade em complexos e mãos. (a) Uma estrutura não quirálica: MA_2BC. (b) Um par quirálico: MABCD. (c) Um par quirálico de mãos.

Quando quatro ligantes distintos são ligados ao átomo central em um complexo, o átomo central é considerado *assimétrico* e toda a estrutura é dita *quirálica*. (O termo *quiral* tem origem grega e significa "mão", direita ou esquerda.) Cada membro de um par quirálico de estruturas químicas tais como as esquematicamente ilustradas na Figura 22.12b é denominado um *enantiômero* (ou "isômero óptico").

Os enantiômeros puros ou em solução possuem a propriedade de girar o plano da luz polarizada. A Figura 22.13 mostra esquematicamente um aparelho para medir esta rotação: o *polarímetro*. Na luz comum, os campos elétrico e magnético da radiação eletromagnética vibram em todas as direções perpendiculares à direção de propagação da luz. O diagrama mostra um polarizador, que consiste em um filtro que retira toda luz, exceto aquela em que o campo elétrico vibra em um plano (o campo magnético vibra num plano perpendicular a este). Esta luz polarizada passa através de um tubo contendo a amostra. Se todas as espécies presentes possuem a mesma quiralidade, ou se existem mais espécies de um certa quiralidade em relação a de outras, o plano de polarização da luz é girado assim que a luz atravessa a amostra. Um outro filtro polarizante, o *analisador*, pode então ser usado para medir o ângulo de rotação. Substâncias que giram o plano da luz polarizada são chamadas de *opticamente ativas*.

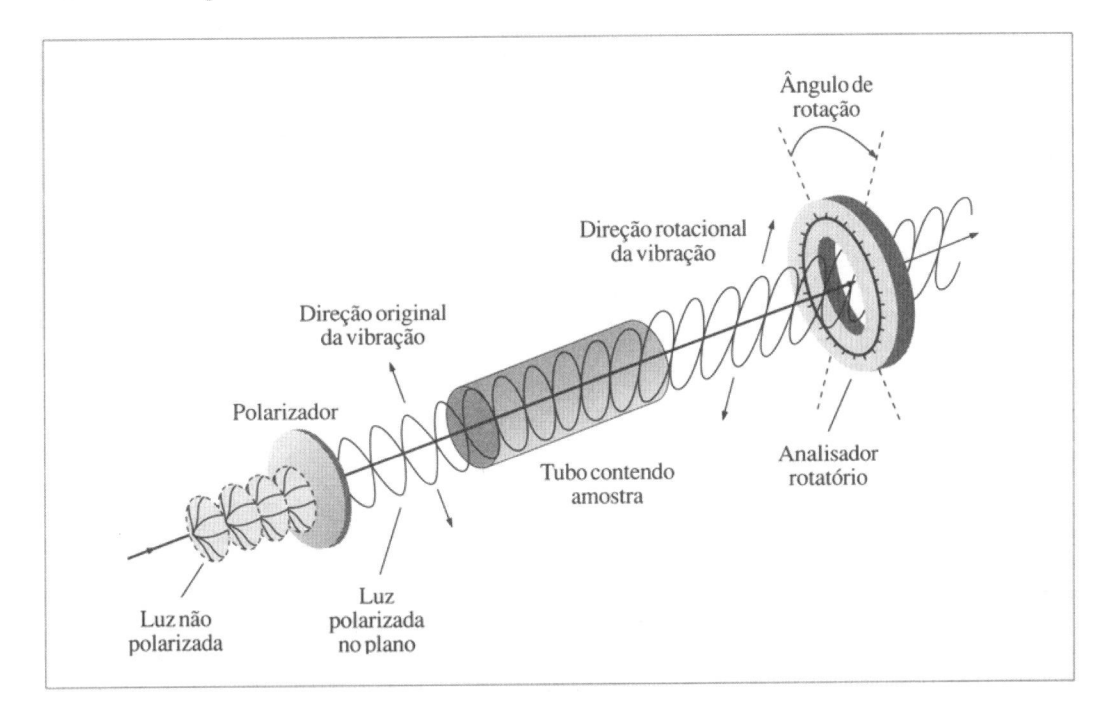

Figura 22.13 Rotação da luz plano-polarizada por uma amostra opticamente ativa.

A síntese de complexos tetraédricos do tipo MABDC é difícil e geralmente conduz à formação de uma mistura de dois enantiômeros. Ainda pior é que as espécies quirálicas nestes complexos existem quase sempre em um rápido equilíbrio de interconversão, na medida em que as ligações metal-ligante são rapidamente desfeitas e refeitas (os complexos são considerados *lábeis*). Ocorre, portanto, que o enantiomerismo é raramente observado nos complexos tetraédricos simples. Este estereoisomerismo é mais comum em complexos octaédricos e também em muitas moléculas orgânicas contendo átomos de carbono assimétrico (Seção 23.12).

NÚMERO DE COORDENAÇÃO 6

A geometria de complexos hexacoordenados é quase sempre baseada na geometria octaédrica. A coordenação octaédrica é a mais comum e permite diversos tipos de estereoisomerismo. A partir do fato que os *seis vértices de um octaedro são equivalentes*, apenas uma estrutura é possível para complexos dos tipos MA_6 e MA_5B. Para o MA_4B_2, contudo, as formas *cis* e *trans* podem existir. No isômero *cis* os dois ligantes B ocupam os vértices *adjacentes* do octaedro; no isômero *trans* estão nos vértices *opostos*, como mostrado na Figura 22.14a. Para complexos do tipo MA_3B_3, dois isômeros são novamente possíveis; são denominados isômeros *facial* (abreviatura *fac*), e *meridional* (*mer*), mostrados na Figura 22.14b.

Alguns ligantes ligam-se ao átomo central em um complexo em mais de um local; são denominados ligantes *polidentados* ou *multidentados* ("muitos dentes"). Um ligante bidentado é a etilenodiamina, freqüentemente abreviada como "en" especialmente nas fórmulas:

$$\begin{array}{c} HH \\ H-C-C-H \\ H-NN-H \\ HH \end{array}$$

Estas molécula pode se ligar através de dois locais (observe os pares de elétrons solitários nos átomos de nitrogênio) ao átomo central em um complexo, assim como no íon tetracloro(etilenodiamin)cobaltato(III), $[CoCl_4(en)]^-$, mostrado na Figura 22.15. Observe que o ligante *en* pode ocupar somente posições *cis* devido às posições *trans* estarem muito distantes para que o ligante consiga se estender. Os ligantes polidentados com duas, três, quatro e seis posições de coordenação são conhecidos. Tais ligantes são com freqüência chamados de *agentes quelantes* e o íon complexo resultante um *quelato* (do grego "claw", garra).

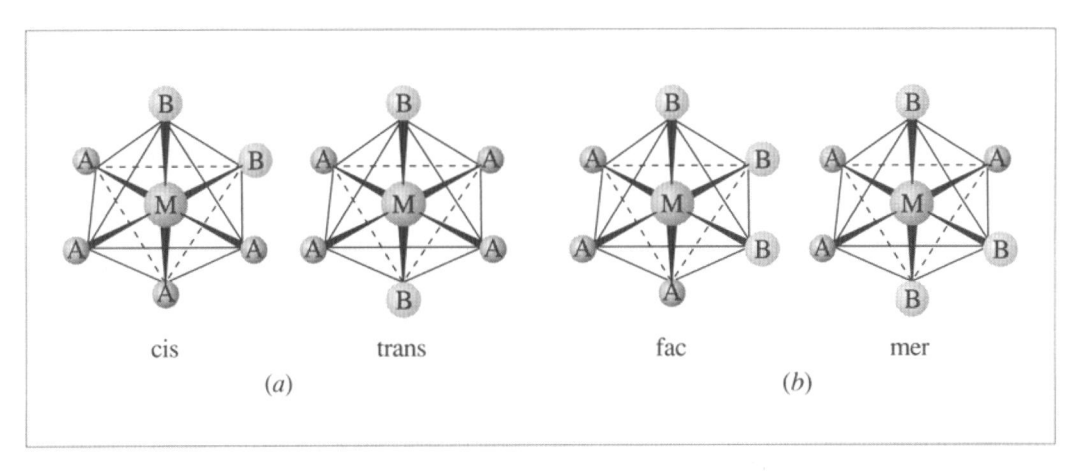

Figura 22.14 Estereoisomeria octaédrica: (a) MA_4B_2, (b) MA_3B_3.

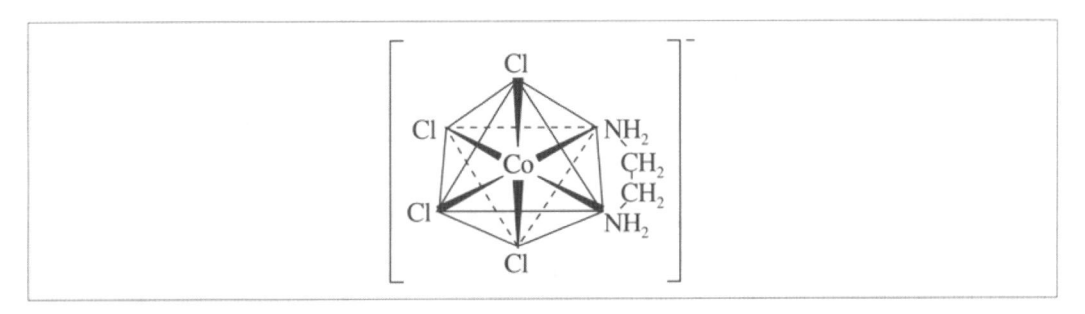

Figura 22.15 O íon $[CoCl_4(en)]^-$.

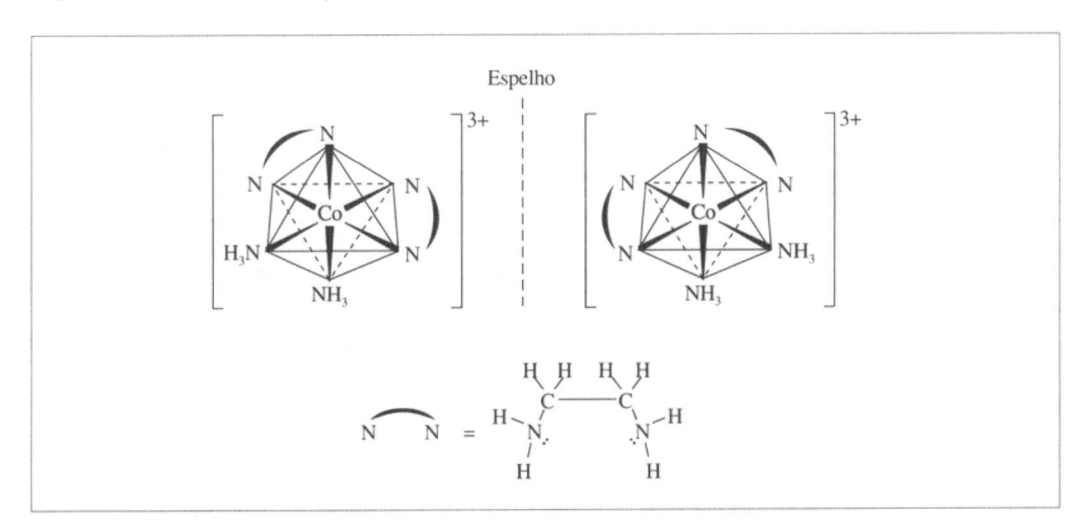

Figura 22.16 Isomeria óptica em um quelato.

O enantiomerismo é comum nos quelatos. A Figura 22.16 mostra os dois enantiômeros do íon *cis*-diaminbis(etilenodiamin)cobalto(III). (Na ilustração, os dois ligantes bidentados são mostrados simplificadamente como arcos.) Observe que uma forma não é superponível com sua imagem especular; eles constituem um par de enantiômeros.

Notas de Nomenclatura

Observe que no nome complexo desenhado da Figura 22.16, o ligante etilenodiamina é simplesmente dado com o nome da molécula, uma prática um tanto quanto usual para um ligante neutro. Observe também que o termo "bis" é usado (em vez de "di") antes de "etilenodiamin", uma convenção estabelecida para facilitar o caso dos ligantes com nomes complicados e a pronúncia de alguns outros casos. ("Bis", "tris", e "tetraquis" etc., são advérbios de origem grega significando "duas vezes", "três vezes", "quatro vezes" etc.) Finalmente, observe que o nome do ligante é colocado entre parênteses, pelo fato de ser complicado.

22.6 QUÍMICA DESCRITIVA DE DETERMINADOS ELEMENTOS DE TRANSIÇÃO

Nossa discussão sobre a química dos metais de transição concentra-se naqueles elementos mais importantes quimicamente, industrialmente, ou em nosso cotidiano. Esta inclui a maior parte dos elementos da primeira série de transição mais alguns poucos da segunda e terceira série. Em um dado subgrupo, os elementos das segunda e terceira séries de transição tendem a ser quimicamente muito semelhantes entre si, muito mais do que entre os elementos das primeira e segunda séries. Isto ocorre devido aos elementos da segunda e terceira séries possuírem raios atômicos muito semelhantes. Por que isso? Pelo procedimento de Aufbau, os lantanídeos têm 14 elétrons adicionados na camada $(n-2)$, enquanto a carga nuclear aumenta. Isto produz um decréscimo gradual no tamanho do átomo, pois todos os elétrons são atraídos mais fortemente. Assim, o háfnio ($Z = 72$) é menor do que normalmente seria se o mesmo não fosse precedido pelos lantanídeos. Normalmente deveria se esperar que o háfnio fosse um tanto quanto maior que o zircônio ($Z = 40$), diretamente acima na tabela periódica, mas devido ao háfnio possuir um camada a mais de elétrons, a carga nuclear é contrabalançeada pela elevada carga nuclear do Hf e pela baixa capacidade de blindagem dos elétrons $(n-2)f$. A contração do raio, que ocorre com os lantanídeos, é denominada *contração lantanídica* e explica a similaridade química entre os elementos das segunda e terceira séries de transição. Os elementos zircônio e háfnio, por exemplo, são invariavelmente encontrados juntos e combinados em compostos semelhantes; eles são difíceis de serem separados.

Titânio ($[Ar]3d^24s^2$)

O titânio é um metal branco prateado que resiste bem a corrosão. É excepcionalmente duro, tem alta resistência mecânica e baixa densidade (4,5 g cm^{-3}) e um grande número de aplicações em motores de avião a jato e foguetes, em aeronaves e veículos espaciais. É também utilizado onde uma elevada resistência à corrosão é necessária. Acredita-se que o titânio, quando exposto ao ar, forma um camada autoprotetora de óxido e nitreto.

Compostos de Titânio. O titânio, um elemento d^2, forma compostos em estados de oxidação +2, +3 e +4. O estado +2 corresponde à "perda" de dois elétrons $4s$ e os estados de oxidação mais altos correspondem à "perda" de um ou dois elétrons $3d$. (É bom lembrar que, especialmente no caso dos estados de oxidação mais altos, os elétrons não são completamente perdidos, mas sim compartilhados com átomos mais eletronegativos.)

Ti(II). O estado +2 não é comum, em grande parte devido ao Ti^{2+} ser um bom agente redutor, tão bom que é capaz de reduzir, por exemplo, água a hidrogênio. O cloreto de titânio(II), TiCl$_2$, pode ser obtido por redução do TiCl$_4$ com titânio metálico a altas temperaturas:

$$TiCl_4(g) + Ti(s) \rightarrow 2TiCl_2(s)$$

Ti(III). O íon Ti^{3+} é chamado íon *titanoso* ou *titânio(III)*. Em solução aquosa forma um aquocomplexo ocataédrico, [Ti(H$_2$O)$_6$]$^{3+}$. É um íon d^1, de cor violeta, como resultado da transição eletrônica $t_{2g} \rightarrow e_g$. É rapidamente oxidado pelo oxigênio do ar ao estado +4.

Ti(IV). Este é o estado de oxidação mais estável e importante do titânio. É encontrado no cloreto de titânio(IV), TiCl$_4$, um líquido incolor que se hidrolisa rapidamente quando exposto ao ar úmido, formando uma densa fumaça, processo que foi utilizado para produzir cortinas de fumaça na Primeira Guerra Mundial. Acredita-se que as duas reações seguintes ocorram.

$$TiCl_4(l) + 2H_2O(g) \rightarrow TiO_2(s) + 4HCl(g)$$

$$TiCl_4(l) + H_2O(g) \rightarrow TiOCl_2(s) + 2HCl(g)$$

O óxido de titânio(IV), TiO$_2$, comumente chamado dióxido de titânio, é um sólido branco utilizado como pigmento em tintas, plásticos, e outros materiais. Ocorre naturalmente como diversos minerais, um dos quais é o *rútilio*, que possui um índice de refração maior que o diamante, mas é muito mole para ser usado como pedra preciosa.

O íon Ti^{4+} livre, ou íon *titânico*, não existe em solução aquosa devido à sua elevada tendência a hidrólise. Existe, na realidade, um mistura de íons oxo e hidroxo; esta combinação é chamada normalmente, por uma questão de simplicidade, *íon titanilo*, TiO^{2+}. Na realidade, sais sólidos tais como sulfato de titanila. TiOSO$_4$. H$_2$O, podem ser preparados, mas nesse caso o íon titanilo ocorre na forma de um cátion de cadeia extensa.

Vanádio ([Ar]3$d^3$4s^2)

O vanádio é muito duro, tem grande resistência mecânica e à corrosão, porém é mais denso que o titânio. É raramente produzido na forma pura mas é encontrado em ligas com ferro, denominadas ligas *ferrovanádio*. O vanádio é muito usado em ligas de aço às quais confere resistência e ductibilidade.

Compostos de Vanádio. Nos seus compostos, o vanádio, um elemento d^3, exibe os estados de oxidação +2, +3, +4 e +5. Óxidos, haletos e complexos aniônicos, neutros e catiônicos encontram-se representados na maior parte destes estados de oxidação.

V(II). O *vanádio(II)*, ou íon *vanadoso*, V^{2+}, existe em solução aquosa como um hexaaquo-complexo, violeta. É facilmente oxidado pelo oxigênio e, assim como o Ti^{2+}, pela água. Pode ser formado pela redução dos estados de oxidação mais elevados em solução, tanto eletroliticamente bem como utilizando um agente redutor, tal como zinco em solução ácida.

V(III). No estado +3, o vanádio forma uma série extensa de complexos, tais como o [V(H$_2$O)$_6$]$^{3+}$, catiônico, de cor azul, denominado íon *vanádico* ou *vanádio(III)*, o [VF$_6$]$^{3-}$, aniônico, e o [VF$_3$(H$_2$O)$_3$], neutro. A adição de uma base a uma solução contendo o íon vanádico precipita um composto verde representado tanto como o hidróxido, V(OH)$_3$, como um óxido hidratado, V$_2$O$_3$. xH$_2$O. Trata-se de um óxido básico, lentamente oxidado pelo ar ao estado +4.

V(IV). Aquecendo uma mistura de V$_2$O$_3$ e V$_2$O$_5$, produz-se o dióxido, VO$_2$, azul escuro. Trata-se de um óxido básico, solúvel em ácidos formando o *íon pentaaquovanádio(IV)*, [VO(H$_2$O)$_5$]$^{2+}$, freqüentemente chamado íon *vanadilo(IV)*, formulado simplesmente como VO^{2+}. Este íon forma uma série de sais tais como VOCl$_2$ e VOSO$_4$.

V(V). O V$_2$O$_5$, *óxido de vanádio(V)*, é formado pelo aquecimento do metavanadato de amônio:

$$2NH_4VO_3(s) \rightarrow V_2O_5(s) + 2NH_3(g) + H_2O(g)$$

ou por acidificação de sua solução com H$_2$SO$_4$:

$$2H^+(aq) + 2VO_3^-(aq) \rightarrow V_2O_5(s) + H_2O$$

O V$_2$O$_5$ é óxido anfotérico, solúvel em meio básico formando o *íon vanadato*, VO$_4^{3-}$:

$$V_2O_5(s) + 6OH^-(aq) \rightarrow 2VO_4^{3-}(aq) + 3H_2O$$

e em ácidos dando origem a um mistura complexa de espécies contendo ligantes oxo e hidroxo. Em soluções fortemente ácidas acredita-se existir o *íon dioxovanádio(V)*, VO_2^+.

O único haleto formado pelo vanádio com número de oxidação +5 é o VF_5; todavia, os VOF_3 e $VOCl_3$ são conhecidos. O $VOCl_3$ é um composto pouco comum: possui elevada resistência a redução, sendo cineticamente inerte mesmo com sódio metálico. Forma soluções com não metais e solventes orgânicos apolares, mas decompõe-se violentamente com adição de água formando o V_2O_5.

Crômio ([Ar]$3d^54s^1$)

O crômio é um metal branco prateado, resistente à corrosão, muito duro e um tanto frágil quando puro. É usado para formar o aço e na galvanização do ferro e outros metais. O potencial de redução para

$$Cr^{3+}(aq) + 3e^- \rightarrow Cr(s) \qquad \mathcal{E}° = -0{,}74 \text{ V}$$

é suficientemente negativo, de maneira que pode-se esperar que o crômio reduza a água e se oxide durante o processo. A reação é normalmente lenta, contudo, e a permanência do brilho nos pára-choques "cromados" é conseqüência da formação de uma camada lisa e invisível de óxido, dificilmente decomponível. (As pessoas que vivem em local muito frio, onde sal é colocado sobre as estradas para liquefazer o gelo e a neve acumulados, deveriam, questionar esta atitude.) Devido ao fato do crômio eletroliticamente gerado não aderir bem ao ferro ou aço, um processo conhecido como "galvanização tripla" é utilizado para depositar crômio nestes metais. Neste processo sucessivas camadas de cobre, níquel e finalmente crômio são eletroliticamente depositadas na base metálica.

Após uma ação inicial onde a camada superficial de óxido se dissolve, o crômio metálico se dissolverá nos ácidos HCl, e H_2SO_4 diluídos, embora torna-se passivo em HNO_3. (Ver Ferro na seqüência, nesta mesma seção.)

Compostos de Crômio. Em seus compostos o crômio ($3d^54s^1$) mostra estados de oxidação de +1 a +6, porém, os mais comuns são os estados +3 e +6, sendo o estados +2 e +4 de menor importância.

Cr(II). O *crômio(II)*, ou íon *cromoso*, Cr^{2+}, é um íon hexaaquo azul que pode ser formado pela redução de Cr^{3+} ou $Cr_2O_7^{2-}$, por via eletrolítica ou por zinco metálico. Um precipitado amarelo de *hidróxido cromoso* básico, $Cr(OH)_2$, é formado com adição de uma base à solução. Tanto o Cr^{2+} como o $Cr(OH)_2$ reduzirão a água a hidrogênio, mas lentamente. A oxidação por O_2 produz Cr^{3+} e $Cr(OH)_3$, respectivamente.

Cr(III). No estado +3, o crômio é encontrado em inúmeros complexos, quase todos octaédricos. O *crômio(III)*, ou íon *crômico*, Cr^{3+}, existe como um hexaaquo complexo violeta em solução aquosa, e nos sais sólidos tais como $[Cr(H_2O)_6]Cl_3$ e alúmen contendo crômio (Seção 21.3). A adição de base ao Cr^{3+} conduz à formação do *crômio(III)* gelatinoso, o *hidróxido de crômio(III)*, $Cr(OH)_3$ ou $Cr_2O_3 \cdot xH_2O$, cinza esverdeado. O hidróxido crômico é anfótero; a dissolução em excesso de base produz o *íon cromita*, verde, formulado como $[Cr(OH)_4(H_2O)_2]^-$, $Cr(OH)_4^-$, ou mesmo CrO_2^-. (Observe que estas três formulações diferem no número de moléculas de água ou seus equivalentes, que são mostrados. Na realidade, o íon e provavelmente mais complicado do que estas.)

Cr(IV). O mais importante composto de Cr(IV) é o óxido, CrO_2. Pode ser obtido na oxidação do $Cr(OH)_3$ por O_2 em altas temperaturas:

$$4Cr(OH)_3(s) + O_2(g) \rightarrow 4CrO_2(s) + 6H_2O(g)$$

O CrO_2 é um condutor metálico e é ferromagnético (ver Ferro, mais adiante, nesta seção); seu comportamento magnético justifica sua utilização como revestimento em fitas de gravação de alta qualidade.

Cr(VI). Quando o íon cromita, formulado como $Cr(OH)_4^-$, é oxidado pelo peróxido de hidrogênio, que existe em solução alcalina como (HO_2^-), forma-se um composto amarelo, tetraédrico, conhecido como *íon cromato*, CrO_4^{2-}:

$$2Cr(OH)_4^-(aq) + 3HO_2^-(aq) \rightarrow 2CrO_4^{2-}(aq) + OH^-(aq) + 5H_2O$$

Em solução muito diluída, este íon reage com ácido para formar o *íon hidrogenocromato* alaranjado:

$$CrO_4^{2-}(aq) + H^+(aq) \rightarrow HCrO_4^-(aq)$$
$$\text{(amarelo)} \qquad\qquad\qquad \text{(laranja)}$$

Em ácido concentrado, forma-se o H_2CrO_4, *ácido crômico*. Devido K_2 para este ácido ser igual a $1,3 \times 10^{-6}$, o sistema hidrogenocromato-cromato atua como um indicador ácido-base inorgânico. Na realidade, na faixa de concentrações comuns, ao redor de 0,1 M, o íon hidrogenocromato é extensamente dimerizado para formar o *íon dicromato*, $Cr_2O_7^{2-}$, de mesma coloração;

$$2HCrO_4^-(aq) \rightarrow CrO_7^{2-}(aq) + H_2O \qquad K = 160$$
$$\text{(laranja)} \qquad\qquad \text{(laranja)}$$

a reação ácido-base é geralmente escrita como:

$$2CrO_4^{2-}(aq) + 2H^+(aq) \to Cr_2O_7^-(aq) + H_2O$$
(amarelo)   (laranja)

Pode-se considerar o íon dicromato como formado a partir de dois tetraedros CrO_4 que compartilham um oxigênio no vértice comum, como mostrado na Figura 22.17.

A conversão Cr(III) → Cr(VI) pelo peróxido de hidrogênio é realizada em solução básica, como já vimos. Em soluções ácidas, entretanto, a conversão ocorre de outra maneira, Cr(VI) → Cr(III), e $Cr_2O_7^{2-}$ é reduzido a Cr^{3+} por H_2O_2:

$$8H^+(aq) + Cr_2O_7^{2-}(aq) + 3H_2O_2(aq) \to 2Cr^{3+}(aq) + 3O_2(g) + 7H_2O$$

Por que H_2O_2 oxida Cr(III) a Cr(VI) em solução básica e reduz Cr(VI) a Cr(III) em meio ácido? A resposta encontra-se nos potenciais de redução:

Ácido: $6e^- + 14H^+(aq) + Cr_2O_7^{2-}(aq) \to 2Cr^{3+}(aq) + 7H_2O$ $\mathcal{E}° = 1,33$ V

Básico: $3e^- + 4H_2O + CrO_4^{2-}(aq) \to Cr(OH)_4^-(aq) + 4OH^-$ $\mathcal{E}° = -0,23$ V

Pode-se observar, em primeiro lugar, que a redução em meio ácido é mais espontânea do que em meio básico. Em segundo lugar, as duas reações de redução são favorecidas com aumento de [H+]. Isto ocorre porque a redução de Cr(VI) envolve a adição de íons H+ ao complexo. (Compare $Cr_2O_7^{2-}$ com $[Cr(H_2O)_6]^{3+}$ e CrO_4^{2-} com $[Cr(OH)_4(H_2O)_2]^-$). Assim, a redução é favorecida em solução ácida e a oxidação em solução básica. (Esta generalização é útil para outros sistemas redox semelhantes.)

A redução do $Cr_2O_7^{2-}$ por H_2O_2 ocorre através do CrO_5, o *peróxido de crômio*, um intermediário instável. O CrO_5 possui coloração azul e consiste em uma substância que permanece apenas uns poucos minutos na água, mas que pode ser relativamente estabilizada no éter. Pode-se decompor eventualmente, para formar Cr^{3+}. A cor do CrO_5 tem sido utilizada como ensaio confirmatório para crômio em análise qualitativa.

O anidrido do ácido crômico é o *óxido de crômio(VI)*, CrO_3, comumente chamado de trióxido de crômio. É um poderoso agente oxidante e é ingrediente de uma receita para *solução de limpeza* química, tradicionalmente utilizada na vidraria de laboratório. Atualmente, esta solução tem sido menos empregada devido à dificuldade em se remover crômio residual das superfícies do vidro após a limpeza, e pelo fato da possibilidade do crômio(VI) apresentar propriedades carcinogênicas. (O dicromato de sódio, $Na_2Cr_2O_7$, também é utilizado com este propósito.)

Manganês ($[Ar]3d^54s^2$)

O manganês é metal branco, brilhante, consideravelmente mais reativo (cineticamente) do que o titânio, vanádio ou crômio. Seu principal uso encontra-se como constituinte de ligas de aço.

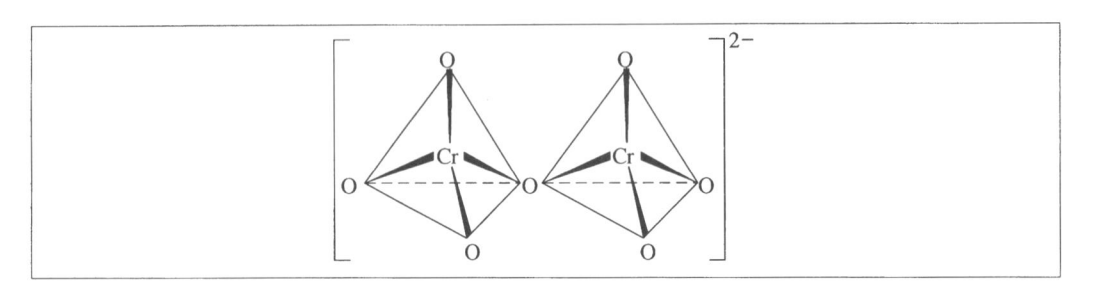

Figura 22.17 O íon dicromato.

Compostos de Manganês. O número máximo de oxidação mostrado pelo manganês (d^5) é +7. Também são importantes os estados de oxidação +2 e +4, e em menor extensão os estados +3 e +6.

Mn(II). O estado do manganês é bastante importante. Diferentemente dos íons Ti^{2+}, V^{2+} e Cr^{2+}, em solução aquosa, o *manganês(II)*, ou *íon manganoso*, Mn^{2+}, não é oxidado pelo oxigênio nem pela água. Os sais manganosos, tais como o sulfato, $MnSO_4 \cdot 5H_2O$, têm uma coloração rósea pálida, mas na água o íon $[Mn(H_2O)_6]^{2+}$ apresenta esta coloração somente em soluções muito concentradas. (As transições *d–d* são proibidas por spin neste íon; ver Seção 22.4.)

A adição de uma base ao Mn^{2+} (se puro) forma o hidróxido manganoso, $Mn(OH)_2$, branco, insolúvel, que é um hidróxido básico. Distintamente do Mn^{2+}, este composto é oxidado pelo O_2 para formar o MnOOH, preto amarronzado:

$$4Mn(OH)_2(s) + O_2(g) \rightarrow 4MnOOH(s) + 2H_2O$$

Mn(III). Na maioria das condições, o estado +3 do manganês é muito instável (contrastando com o crômio). O *manganês(III)*, ou *íon mangânico*, Mn^{3+}, existe em solução aquosa como um íon hexaaquo complexo, e é instável devido a:

1. É um agente oxidante poderoso e oxidará a água:

$$4 \times [e^- \ Mn^{3+}(aq) \rightarrow Mn^{2+}(aq)] \qquad \mathcal{E}° = 1{,}51 \ V$$

$$2H_2O \rightarrow O_2(g) + 4H^+(aq) + 4e^- \qquad \mathcal{E}° = -1{,}23 \ V$$

$$\overline{4Mn^{3+}(aq) + 2H_2O \rightarrow 4Mn^{2+}(aq) + O_2(g) + 4H^+(aq) \qquad \mathcal{E}° = 0{,}28 \ V}$$

2. Oxidará a si próprio, constituindo um bom exemplo de desproporcionamento:

$$Mn^{3+}(aq) + e^- \rightarrow Mn^{2+}(aq)] \qquad \mathcal{E}° = 1{,}51 \text{ V}$$

$$Mn^{3+}(aq) + 2H_2O \rightarrow MnO_2(s) + 4H^+(aq) + e^- \qquad \mathcal{E}° = -0{,}95 \text{ V}$$

$$2Mn^{3+}(aq) + 2H_2O \rightarrow 4Mn^{2+}(aq) + O_2(g) + 4H^+(aq) \qquad \mathcal{E}° = 0{,}56 \text{ V}$$

O Mn(III) é relativamente estável em determinados compostos sólidos, tais como $Mn_2(SO_4)_3$ e MnF_3, e em complexos, tais como o íon *hexacianomanganato(III)*, $[Mn(CN)_6]^{3-}$.

Mn(IV). O composto mais importante do manganês no estado +4 é o *óxido de manganês(IV)*, MnO_2, comumente chamado de *dióxido de manganês*, uma substância com cor variando de marrom a preta, que ocorre na natureza como o mineral *pirolusita*. O MnO_2 é um bom agente oxidante e tem sido utilizado em laboratório na preparação de cloro a partir do HCl:

$$MnO_2(s) + 4H^+(aq) + 2Cl^-(aq) \rightarrow Mn^{2+}(aq) + Cl_2(g) + 2H_2O$$

Vários compostos constituindo dióxido de manganês são *não-estequiométricos*, ou seja, a relação Mn:O varia consideravelmente da relação ideal de 1:2.

Mn(VI). A espécie química representativa mais importante do estado de oxidação +6 é o íon *manganato*, MnO_4^{2-}. Possui uma cor verde intensa e pode ser obtido por redução do MnO_4^- em solução fortemente alcalina.

Mn(VII). A espécie mais importante de Mn(VII) é o íon *permanganato*, MnO_4^-. Este íon possui uma coloração tão intensamente violeta que pode ser facilmente observada em soluções diluídas da ordem de 10^{-4} mol/L. A fonte mais comum deste íon é o sal de *permanganato de potássio*, $KMnO_4$. O íon MnO_4^- é um forte agente oxidante de grandes aplicações e comumente utilizado em titulações redox. Nestas, uma solução contendo o íon MnO_4^- é adicionada à solução de agente redutor (nunca vice-versa), até que no ponto final o súbito aumento na concentração de MnO_4^- possa ser facilmente observado. A titulação ocorre em solução ácida, na qual a semi-reação de redução é

$$5e^- + MnO_4^-(aq) + 8H^+(aq) \rightarrow Mn^{2+}(aq) + 4H_2O \qquad \mathcal{E}° = 1{,}51 \text{ V}$$

Se o agente redutor for adicionado à solução de MnO_4^-, o íon Mn^{2+} é oxidado pelo MnO_4^-, em excesso na solução (até o ponto final):

$$2MnO_4^-(aq) + 3Mn^{2+}(aq) + 2H_2O \rightarrow 5MnO_2(s) + 4H^+(aq)$$

e o MnO_2 formado, de cor marrom escura, obscurece o ponto final. Se a titulação ocorrer em solução neutra ou ligeiramente alcalina, o produto também é MnO_2:

$$3e^- + MnO_4^-(aq) + 2H_2O \rightarrow MnO_2(s) + 4OH^-(aq) \qquad \mathcal{E}° = 0,59 \text{ V}$$

Como já mencionamos, a redução do MnO_4^- em solução fortemente alcalina forma o íon manganato:

$$e^- + MnO_4^-(aq) \rightarrow MnO_4^{2-}(aq) \qquad \mathcal{E}° = 0,56 \text{ V}$$

Ferro ([Ar]$3d^64s^2$)

O ferro encontra maior uso do que qualquer outro metal. Sendo muito abundante (cerca de 5% da crosta terrestre é constituída por ferro) e de fácil obtenção a partir de seus minerais, o ferro tornou-se indispensável para a manufatura variando de peças de automóveis a cordas de guitarra. Ocorre naturalmente nos minerais *hematita*, (Fe_2O_3), *limonita* ($Fe_2O_3 \cdot H_2O$), *magnetita* (Fe_3O_4), *siderita* ($FeCO_3$), pirita (FeS_2), e como impureza de muitos outros minerais. Todos estes minerais servem como minérios de ferro, exceto a pirita (as "piritas de ferro" ou "ouro dos trouxas"), na qual a remoção total do sulfeto é difícil e de custo elevado.

A redução do minério de ferro, conhecida como *siderurgia*, é feita em um *alto forno*, uma construção imensa semelhante a uma torre cilíndrica colocada em pé. O alto forno funciona continuadamente e é periodicamente carregado na parte superior com minério de ferro, calcário ($CaCO_3$) e carvão (carbono). O ferro fundido e a *escória*, um material semifundido constituído predominantemente por silicatos, são drenados por aberturas separadas na base da torre. Ar quente é injetado pela base do alto forno, ocasionando a queima do carbono e a formação de monóxido de carbono,

$$2C(s) + O_2(g) \rightarrow 2CO(g)$$

que é o principal agente redutor no forno. Se o minério é de Fe_2O_3, este é reduzido pelo CO a Fe_3O_4 na parte superior do alto forno em uma temperatura de aproximadamente 300°C:

$$CO(g) + 3Fe_2O_3(s) \rightarrow 2Fe_3O_4(s) + CO_2(g)$$

O Fe_3O_4 escorre gradativamente pela torre e é reduzido (em cerca de 600°C) ao FeO:

$$CO(g) + Fe_3O_4(s) \rightarrow 3FeO(s) + CO_2(g)$$

Ainda mais baixo no forno, o FeO é reduzido a ferro (de 800 a 1600°C):

$$CO(g) + FeO(s) \rightarrow Fe(l) + CO_2(g)$$

O calcário colocado no alto forno sofre uma decomposição térmica:

$$CaCO_3(s) \rightarrow CaO(s) + CO_2(g)$$

e o óxido de cálcio reage com impurezas de sílica e silicato formando uma escória de silicato. A reação ocorre aproximadamente do seguinte modo

$$CaO(s) + SiO_2(s) \rightarrow CaSiO_3(l)$$

Por ser muito menos densa que o ferro, a escória flutua sobre o ferro fundido e pode ser drenada separadamente. Certas escórias são utilizadas na construção de estradas, fabricação de tijolos e pedras artificiais.

O produto proveniente do alto forno é denominado *ferro gusa*, que contém cerca de 5% de C e até 5% (total) de Si, P, Mn e S. Após fundir novamente o ferro, estas impurezas são em geral oxidadas pelo ar e são então removidas. A purificação parcial fornece o *ferro fundido*, o qual ainda contém considerável quantidade de carbono. Quando o ferro fundido, recentemente solidificado, é resfriado lentamente, o carbono é eliminado da solução sólida como grafita, e o produto é o *ferro fundido cinza*, um produto relativamente maleável e resistente. Por outro lado, o resfriamento rápido forma o *ferro fundido branco*, no qual o carvão encontra-se combinado em filamentos de *carbeto de ferro* ou *cementita*, Fe_3C. O ferro fundido branco é muito duro, mas muito quebradiço. O ferro batido, ferro no qual removeu-se a maior parte do carbono, é bastante dúctil e maleável. O *aço bruto* tem cerca de 0,1% de carbono, enquanto outros tipos de aço têm até 1,5%. São conhecidas centenas de *aços inoxidáveis*: as ligas resistentes à corrosão freqüentemente contêm crômio e/ou níquel. Os metais vanádio, titânio, manganês, tungstênio e outros, são também usados nas ligas.

O ferro disolve-se em ácidos não oxidantes tais como HCl e H_2SO_4 diluído para formar *ferro(II)*, ou íon *ferroso*:

$$Fe(s) + 2H^+(aq) \rightarrow Fe^{2+}(aq) + H_2(g)$$

O HNO_3 diluído oxida o ferro ao estado +3:

$$Fe(s) + NO_3^-(aq) + 4H^+(aq) \rightarrow Fe^{3+}(aq) + NO(g) + 2H_2O$$

Em HNO_3 concentrado, entretanto, pouca ou nenhuma reação é observada. Da mesma forma agentes oxidantes semelhantes ao HNO_3 ocasionam a *passivação* do ferro, isto é, tornam o ferro não reativo com relação a quase todos os reagentes. Acredita-se que o ferro passivo é protegido por uma fina camada de óxido; a reatividade do ferro pode ser restaurada ao raspar a superfície do mesmo, presumivelmente devido à eliminação desta camada. (Muitas tintas "antiferrugem" contêm um agente oxidante para tornar a superfície do ferro passivada; ver a seguir.)

O ferro metálico apresenta *ferromagnetismo*, uma forte atração em um campo magnético. Como o paramagnetismo, o ferromagnetismo tem sua causa nos spins de elétrons desemparelhados, porém trata-se de um efeito mais intenso. O ferromagnetismo ocorre quando átomos com spins de elétrons desemparelhados se encontram a uma distância tal, que permite o alinhamento de muito spins individuais uns como os outros, dentro de uma região relativamente grande (10^6 átomos ou mais) chamada um *domínio*. Devido aos spins individuais atuarem cooperativamente dentro de um domínio, o efeito magnético se torna grande. Os domínios ferromagnéticos são tão grandes que as suas fronteiras podem ser observadas mediante técnicas adequadas ao microscópio. Somente sólidos podem demonstrar ferromagnetismo, e os únicos elementos ferromagnéticos na temperatura ambiente são ferro, cobalto e níquel, embora alguns outros elementos sejam ferromagnéticos em baixas temperaturas. Muitos compostos ferromagnéticos, tais como CrO_2 e Fe_3O_4, são conhecidos, assim como as ligas ferromagnéticas, tais como *alnico*, (Al, Ni, Co, Fe e Cu).

A Corrosão do Ferro. O ferro se enferruja quando exposto ao ar úmido ou à água saturada com ar. A *ferrugem* é constituída primariamente por óxido férrico hidratado de composição variável, $Fe_2O_3 \cdot xH_2O$. Ela não forma um filme aderente, mas, ao invés disso se descama, expondo o ferro ainda mais à corrosão. O mecanismo de ferrugem é complexo e varia aparentemente, dependendo das condições. A ferrugem é acelerada pela presença de ácidos, sais, e metais reativos, assim como em elevadas temperaturas. Tanto a água como o oxigênio são necessários para a formação de ferrugem, que pensa-se iniciar com a oxidação do ferro ao estado +2,

$$Fe(s) \rightarrow Fe^{2+}(aq) + 2e^- \qquad (22.1)$$

o qual forma pequenos sulcos na superfície do ferro. O íon ferroso migra para fora do ferro através da água, a qual em alguns casos é apenas um fina película. O oxigênio é o agente oxidante nesta reação:

$$O_2(g) + 4H^+(aq) + 4e^- \rightarrow 2H_2O \qquad (22.2)$$

o O_2 também contribui para segunda oxidação, onde ocorre a conversão Fe(II) → Fe(III)

$$Fe^{2+}(aq) \rightarrow Fe^{3+}(aq) + e^- \qquad (22.3)$$

O íon férrico hidrolisa imediatamente e precipita como ferrugem:

$$2Fe^{3+}(aq) + (3+x)H_2O \rightarrow Fe_2O_3 \cdot xH_2O(s) + 6H^+(aq) \qquad (22.4)$$

O consumo de H^+ na reação (22.2) contribui para esta última reação. Observe que a reação (22.1) pode ocorrer à certa distância da reação (22.2). Isto é possível porque os elétrons provenientes da reação (22.1) podem ser conduzidos através do metal a um outro ponto de sua superfície, onde reduzirão o O_2. Similarmente, a difusão do Fe^{2+} da região onde a sulco foi formado, pode ocasionar a deposição da ferrugem onde houver oxigênio disponível, e não onde o ferro foi inicialmente oxidado. O sistema consiste essencialmente em uma cela galvânica com a oxidação do ferro (reação 22.1) no ânodo e a redução do oxigênio [reação (22.2)] no cátodo. O enferrujamento de um prego de ferro preso em um pedaço de madeira é mostrado na Figura 22.18.

O ferro pode ser protegido da corrosão por vários métodos: cobrir a superfície com uma camada de tinta, graxa ou óleo, oferece certa proteção. O ferro pode ser passivado pelo uso de um agente oxidante forte incorporado na tinta (são utilizados com este propósito os "zarcão", Pb_3O_4, e cromato de zinco, $ZnCrO_4$). A cobertura com um outro metal é um método normal de proteção, sendo exemplos comuns o recobrimento com estanho e a *galvanização* (recobrimento com zinco). O estanho protege muito bem o ferro, a não ser que a camada superficial do metal depositado seja desfeita. Quando porém a camada de estanho é arranhada ou gasta, o ferro exposto pode se enferrujar. Com a galvanização entretanto, o produto da corrosão do zinco é o hidróxido carbonato de zinco insolúvel, $Zn_2CO_3(OH)_2$, o qual tende a cobrir os buracos e arranhões na cobertura de zinco.

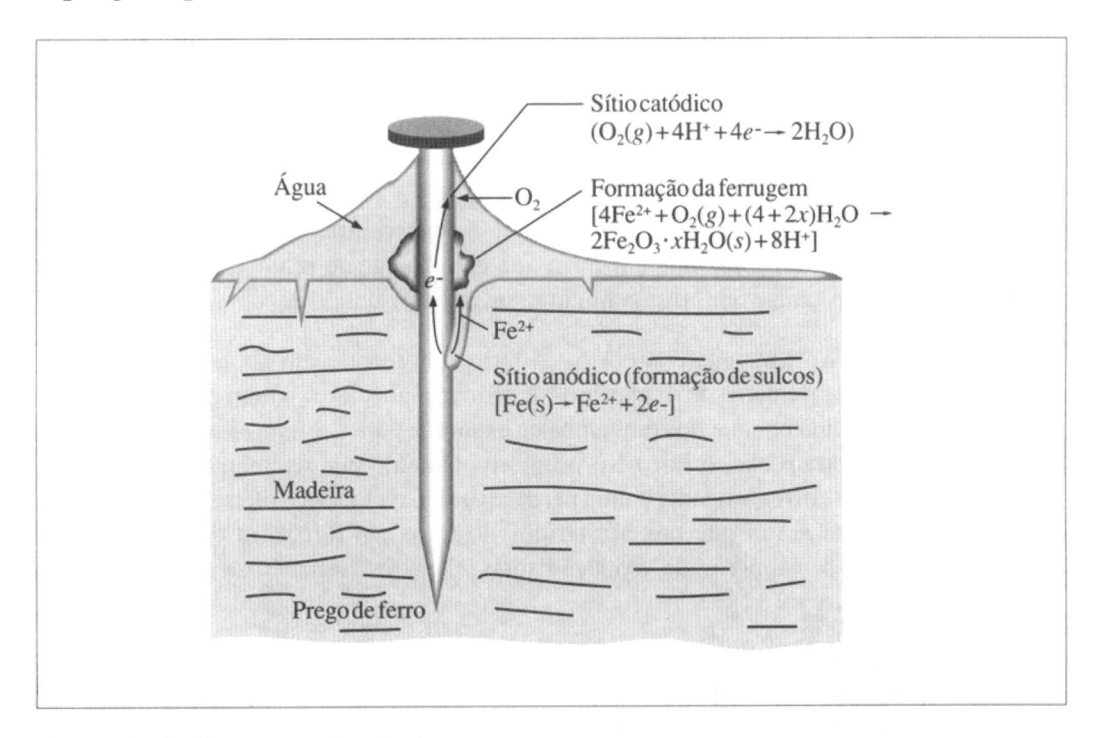

Figura 22.18 Um prego enferrujando.

A galvanização é um método eficiente de proteção da corrosão do ferro por uma outra razão; é um exemplo de *proteção catódica,* na qual tem-se vantagem no fato do potencial de redução do zinco ser mais negativo que o do ferro:

$$Zn^{2+}(aq) + 2e^- \rightarrow Zn(s) \qquad \mathcal{E}^\circ = -0,76 \text{ V}$$

$$Fe^{2+}(aq) + 2e^- \rightarrow Fe(s) \qquad \mathcal{E}^\circ = -0,44 \text{ V}$$

Na proteção catódica, o zinco (ou algum outro elemento com um potencial de redução negativo semelhante) protege o ferro de enferrujar mesmo que a superfície do mesmo seja exposta ao ar e água. Sendo o zinco um agente redutor mais eficiente que o ferro, ao ser ligado eletricamente ao ferro (em uma lâmina, um oleoduto, um casco de navio etc; ver Figura 22.19), este se oxida preferencialmente. Os íons de zinco se difundem através da água, e os elétrons são conduzidos para a superfície do ferro, onde reduzem o O_2. O zinco é o ânodo de uma célula galvânica, forçando o ferro a tornar-se o cátodo, reduzindo O_2, ou H^+, se a solução for muito ácida. Na medida em que o ferro é um cátodo, ele não é corroído.

A galvanização oferece uma excelente proteção contra a corrosão para o ferro porque propicia a proteção catódica, que protege o ferro mesmo que a cobertura de zinco seja arranhada. Por outro lado, devido ao potencial de redução do estanho ser menos negativo que o do ferro,

$$Sn^{2+}(aq) = 2e^- \rightarrow Sn(s) \qquad \mathcal{E}^\circ = -0,14 \text{ V}$$

o estanho não oferece proteção catódica; na verdade, o ferro exposto a um ambiente corrosivo irá corroer-se *mais rapidamente* quando estiver eletricamente ligado ao estanho do que se não estiver, uma vez que é o ferro que catodicamente protege o estanho. Daí a razão das "latas de estanho" enferrujarem tão rapidamente quando deixadas ao ar livre.

Compostos de Ferro. Em seus compostos, o ferro (d^6) mostra em geral os números de oxidação +2 e +3. (os números de oxidação +4 e +6 são conhecidos, porém menos comuns.) Observe que na medida em que nos movemos da esquerda para a direita através da primeira série dos metais de transição, o ferro é o primeiro elemento que realmente não exibe um número de oxidação correspondente a uma perda aparente de todos os elétrons ns e $(n-1)d$. Iremos perceber que assim que nos afastarmos do ferro em direção à direita na tabela periódica, teremos os números de oxidação mais elevados tornando-se crescentemente menos estáveis.

Fe(II). O íon de *ferro(II)*, ou íon *ferroso*, Fe^{2+}, de cor verde pálida, existe na realidade como um hexaaquo complexo octaédrico em água. Quando tratado com base precipita o *hidróxido ferroso,* $Fe(OH)_2$, um precipitado branco quando puro, mas que aparece quase sempre como um precipitado verde claro devido à existência de um intermediário na oxidação razoavelmente rápida do $Fe(OH)_2$ a $Fe(OH)_3$ pelo O_2. O íon ferroso é oxidado muito lentamente a Fe^{3+}, mesmo em solução ácida. O hidróxido ferroso é ligeiramente anfótero, dissolvendo-se em solução de NaOH concentrada, a quente.

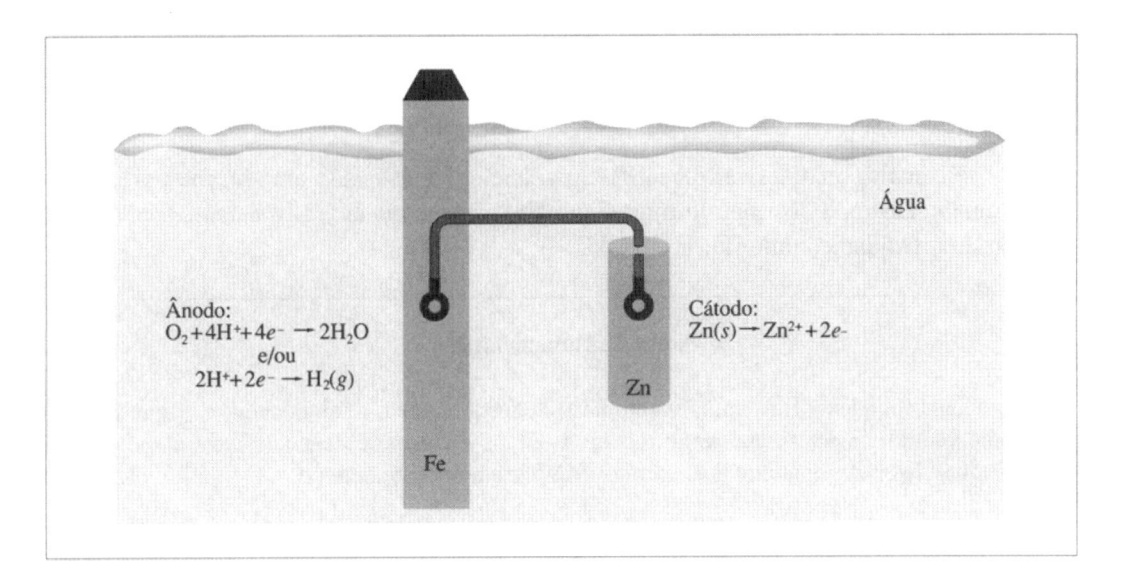

Figura 22.19 Proteção catódica.

Fe(III). O íon de *ferro(III)*, ou *íon férrico*, Fe^{3+}, é essencialmente incolor em água, embora as soluções de sais férricos geralmente demonstram uma coloração amarela ou amarela acastanhada devido à hidrólise, que forma complexos tais com $Fe(OH)^{2+}$ e $Fe(OH)_2^+$, os quais são na realidade $[Fe(H_2O)_5(OH)]^{2+}$ e $[Fe(H_2O)_4(OH)_2]^+$, respectivamente. A adição de base ao íon férrico precipita uma substância gelatinosa, de cor vermelha amarronzada, comumente chamada de *hidróxido férrico*, $Fe(OH)_3$; na verdade trata-se de um óxido hidratado, $Fe_2O_3 \cdot xH_2O$. Ele é menos solúvel que o hidróxido ferroso e não é anfótero.

O Fe(III) forma diversos complexos. Os mais comum destes são aniônicos e incluem $[FeF_6]^{3-}$, $[Fe(CN)_6]^{3-}$, e $[Fe(C_2O_4)_3]^{3-}$. O último, *íon trisoxalatoferrato(III)*, é um complexo quelado no qual cada um dos três ligantes oxalato bidentado liga-se em duas posições octaédricas adjacentes ao redor do ferro. Na realidade, esta fórmula representa um par quirálico (você poderia representá-los?).

Tanto os íons férricos como os ferrosos formam muitos complexos estáveis com cianeto; são os *íon hexacianoferrato(II)*, $[Fe(CN)_6]^{4-}$, chamado *íon ferrocianeto*, e o *íon hexacianoferrato*(III), $[Fe(CN)_6]^{3-}$, ou *íon ferricianeto*. A mistura de (1) uma solução de ferrocianeto de potássio, $K_4[Fe(CN)_6]$, com uma solução contendo o íon férrico ou (2) uma solução de ferricianeto de potássio, $K_3[Fe(CN)_6]$, com solução contendo o íon ferroso, produz um precipitado intensamente azul de $KFeFe(CN)_6 \cdot H_2O$. Historicamente, o produto no caso 1 é conhecido como "azul da Prússia" e o do caso 2 "azul de Turnbull", porém sabe-se atualmente que estes composto são idênticos. Os azuis da Prússia e de Turnbull possuem um imenso retículo com os íons de Fe(II) e Fe(III) se alternando na ligação com $-C\equiv N-$, e com íons K^+ e moléculas de água ocupando outras posições do retículo.

Na análise qualitativa, o Fe(III) é geralmente identificado em solução por reação com o íon tiocianato, SCN^-, para formar o complexo vermelho de isotiocianato, $[FeNCS]^{2+}$ que existe na realidade como $[Fe(H_2O)_5(NCS)]^{2+}$.

Notas de Nomenclatura

Em alguns complexos, tais como o complexo de ferro, no qual o íon tiocianato se liga ao átomo central via seu átomo de nitrogênio (–NCS), o ligante é chamado *isotiocianato;* quando se liga via seu átomo de enxofre (–SCN) seu nome é *tiocianato*.

Cobalto ($[Ar]3d^74s^2$)

O cobalto é um metal duro, relativamente não reativo, com um brilho azul prateado. Como o ferro, é ferromagnético e pode se tornar passivo por agentes oxidantes fortes. É utilizado amplamente em ligas com ferro, níquel, alumínio e outros metais.

Compostos de Cobalto. Nos seus compostos, o cobalto (d^7), geralmente mostra os números de oxidação +2 e +3; neste aspecto o cobalto assemelha-se ao seu vizinho, o ferro.

Co(II). O íon de *cobalto(II)*, ou íon *cobaltoso*, Co^{2+}, de cor rósea, é um agente redutor muito fraco para reduzir o oxigênio (contraste com o Fe^{2+}); como resultado, as soluções do íon cobaltoso são bastante estáveis. Quando uma solução contendo o íon cobaltoso é adicionada à solução de um base forte, forma-se o *hidróxido cobaltoso*, de cor azul, $Co(OH)_2$; quando a base é adicionada a uma solução de Co^{2+} a 0°C, forma-se o $Co(OH)_2$ de cor rósea. Supreendentemente, ninguém até hoje conseguiu determinar exatamente o que causa esta diferença de coloração.

O Co(II) forma complexos tetraédricos e octaédricos: os tetraédricos incluem $[CoCl_4]^{2-}$, $[Co(OH)_4]^{2-}$, e $[Co(NO_2)_4]^{2-}$. Acredita-se que o íon hexaaquocobalto(II) existe em equilíbrio com uma pequena concentração do íon tetraaquocobalto(II):

$$Co(H_2O)_6^{2+}(aq) \rightleftharpoons Co(H_2O)_4^{2+}(aq) + 2H_2O$$

Co(III). Como um aquocomplexo, o Co(III) (íon *cobáltico*) é instável em solução. O Co^{3+} é um agente oxidante extremamente forte,

$$Co^{3+}(aq) + e^- \rightarrow Co^{2+}(aq) \qquad \mathcal{E}° = 1,81 \text{ V}$$

e oxida água a oxigênio. Por outro lado, muitos ligantes estabilizam Co(III) mais do que Co(II), de modo que o estado de oxidação mais alto é observado em inúmeros íons complexos. Na presença de amônia, por exemplo, o potencial de redução acima torna-se

$$[Co(NH_3)_6]^{3+} + e^- \rightarrow [Co(NH_3)_6]^{2+} \qquad \mathcal{E}° = 0,1 \text{ V}$$

que reflete a maior estabilidade do Co(III) quando complexado. Muitos complexos de Co(III) podem ser obtidos adicionando-se os ligantes desejados a uma solução de Co(II) seguido de oxidação com O_2 ou H_2O_2. Complexos aniônicos, neutros ou catiônicos de Co(III) são todos comuns, assim como os complexos *polinucleares* (ou *policêntricos*), nos quais dois ou mais átomos de cobalto estão ligados por ligantes bidentados:

um complexo polinuclear de cobalto

Níquel ($[Ar]3d^84s^2$)

O níquel pertence à chamada *tríade do ferro* – ferro, cobalto e níquel. As semelhanças químicas entre estes três elementos são muito mais acentuadas que as semelhanças encontradas em cada um dos grupos B, por exemplo níquel-paládio-platina. O níquel é uma metal razoavelmente duro com um fraco brilho amarelado, em parte, talvez devido à camada de óxido auto-protetora. O níquel é utilizado na segunda camada da "galvanização tripla" do crômio (ver Crômio). O níquel também é utilizado como catalisador em certas reações de hidrogenação, tais como na fabricação de margarina a partir de gorduras líquidas (ver Seção 23.10).

O níquel metálico se combina com o monóxido de carbono, a 50°C, para formar um complexo tetraédrico neutro, *tetracarbonilníquel(0)*.

$$Ni(s) + 4CO(g) \rightarrow Ni(CO)_4(g) \qquad \Delta H° = 191 \text{ kJ}$$

Este é um composto volátil, altamente venenoso e utilizado no *processo Mond* para purificar níquel; a reação é invertida a cerca de 200°C para formar o metal extremamente puro.

Compostos de Níquel. A tendência ao decréscimo na estabilidade dos números de oxidação mais elevados, indo da esquerda para a direita na primeira série dos metais de transição, também ocorre com o níquel. Para este elemento, o número de oxidação +2 é a regra, o +3 é bastante incomum, e o +4, raro.

Ni(II). O íon de *níquel(II)*, ou íon *niqueloso*, Ni^{2+}, é um íon d^8, verde, e existe como um hexaaquocomplexo em solução aquosa. Quando uma base forte é adicionada a um solução de Ni^{2+}, precipita o *hidróxido niqueloso*, verde, $Ni(OH)_2$. O $Ni(OH)_2$ não é anfótero, mas se dissolverá em amônia para formar amin complexos, tal como o $[Ni(NH_3)_6]^{2+}$.

O Ni(II) forma complexos aniônicos, neutros e catiônicos. As geometrias incluem octaedro, tetraedro, quadrado-planar, e mesmo bipirâmide tetragonal. Os complexos quadrado-planares são comuns para os íons d^8, devido à degeneração do campo cristalino para esta geometria produzir um orbital de elevada energia, como mostrado na Figura 22.20. Os subconjuntos de orbitais em um complexo quadrado-planar podem ser considerados como sendo o resultado da remoção dos ligantes situados no eixo z do átomo central, em um complexo octaédrico. Este processo é denominado *distorção tetragonal*, e quando os ligantes no eixo z tiverem sido totalmente removidos, forma-se um complexo quadrado-planar. A remoção dos ligantes no eixo z reduz a energia do orbital d_z^2 e, em menor extensão, as energias dos orbitais d_{yz} e d_{xz}. O conjunto de níveis de energia resultante permite o emparelhamento de todos os elétrons em um complexo d^8, e um arranjo que torna vacante o orbital $d_{x^2-y^2}$ de maior energia, sendo portanto relativamente desestabilizante. Devido ao fato de serem ocupados somente os orbitais de menor energia, ocorre um decréscimo na energia total do complexo, estabilizando-o. Em alguns casos, os ligantes situados no eixo z são removidos apenas parcialmente, produzindo um octaedro distorcido, na realidade, uma bipirâmide tetragonal, tal como no $[Ni(NH_3)_4(H_2O)_2]^{2+}$.

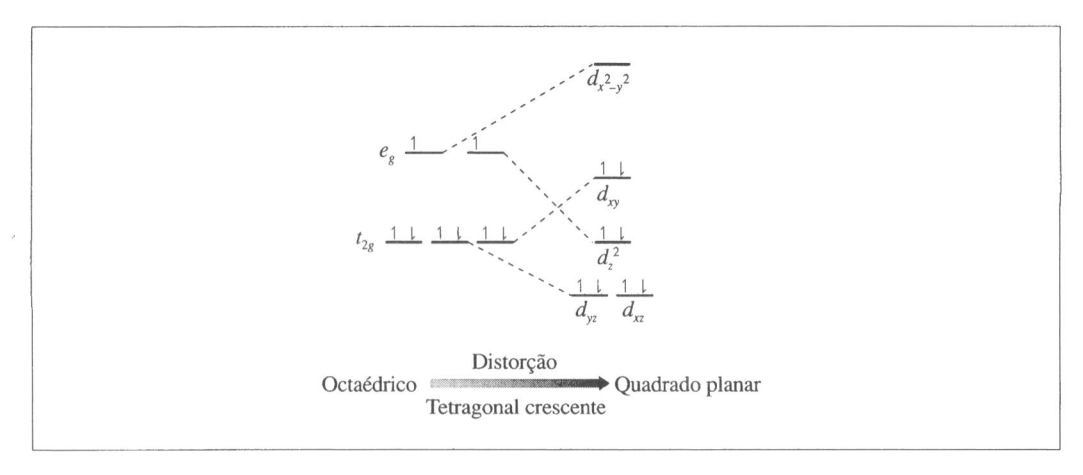

Figura 22.20 Degeneração do campo cristalino em complexos quadrado-planares com configuração d^8.

Um exemplo importante de complexo de níquel quadrado-planar neutro é o bis(dimetilglioximato)níquel(II):

$$
\begin{array}{c}
O-H\cdots O \\
H_3C \diagdown | | \diagup CH_3 \\
 C=N N=C \\
 \diagdown Ni \diagup \\
 C=N N=C \\
H_3C \diagup | | \diagdown CH_3 \\
O\cdots H-O
\end{array}
$$

Este é um sólido vermelho utilizado para confirmar níquel em análise qualitativa e para precipitá-lo em análise quantitativa.

Ni(III). Embora muitos compostos de níquel(III) sejam conhecidos, os íons simples de *níquel(III)*, ou Ni^{3+}, chamado algumas vezes de *íon niquélico*, não existe. A oxidação do $Ni(OH)_2$ pelo hipobromito ou hipoclorito produz o óxido hidratado negro, formulado como $NiO(OH)$, mas também escrito como Ni_2O_3 e mesmo como NiO_2 (este deve consistir na realidade de uma mistura do níquel em dois diferentes estados de oxidação).

Os Metais do Grupo da Platina

Alguma coisa deve ser dita sobre os seis metais do grupo da platina: rutênio, ródio e paládio (5º período) e ósmio, irídio, e platina (6º período). Estão localizados logo abaixo da tríade do ferro na tabela periódica, mas são muito diferentes nas propriedades, sendo bastante nobres, ou seja, pouco reativos. Estes metais ocorrem associados na natureza, algumas vezes com o ouro, como elementos não combinados. Muitos dos metais do grupo da platina são utilizados em ligas especiais e como chapas de proteção em outros metais. Alguns são úteis como catalisadores para várias reações orgânicas tais como as de hidrogenação. A platina é usada como conversor catalítico para automóveis.

Os metais platínicos são particularmente difíceis de dissolver. A maior parte é dissolvida em água régia ($HCl + HNO_3$) com a formação de complexos com cloro tal como $[PtCl_6]^{2-}$. (Ver Seção 20.7.) O ósmio e o irídio resistem mesmo à água régia, mas podem ser oxidados por aquecimento em uma mistura fundida de $KOH-KNO_3$.

Cobre ($[Ar]3d^{10}4s^1$)

Os elementos cobre, prata e ouro, que constituem um sub-grupo de metais de transição, são conhecidos como *metais de cunhagem*. O cobre é um metal familiar; seus minérios incluem sulfetos, tais como *chalcocita*, Cu_2S, e os óxidos, tais como a *cuprita*, Cu_2O. Também ocorre em pequenos depósitos como elemento não combinado, ou cobre *nativo*. O elemento é obtido inicialmente a partir da concentração do minério, o qual pode conter apenas umas dezenas de porcentagem de cobre, e então por aquecimento ao ar, convertendo muitas impurezas à escória de silicato, que é retirada. Este processo, que é desenvolvido na realidade em várias etapas, também faz a oxidação do sulfeto ao dióxido de enxofre gasoso, o qual pode ser transformado em ácido sulfúrico, um produto de valor. O cobre produzido tem pureza de 97% a 99% e apresenta-se manchado, por possuir bolhas de SO_2.

A purificação final do cobre é feita eletroliticamente num processo conhecido como eletrorrefino. A cela eletrolítica contém sulfato cúprico em meio aquoso, e seu componente anódico é um pedaço de cobre impuro, e seu cátodo uma placa fina de cobre puro. A voltagem na cela é controlada de tal modo que apenas o cobre é transferido do ânodo ao cátodo, e as impurezas permanecem em solução ou depositam-se. Considere, por exemplo, que o cobre impuro contenha ferro e prata como impurezas. Os potenciais de *oxidação* padrão para ferro, cobre e prata são

$$Fe(s) \rightarrow Fe^{2+}(aq) + 2e^- \qquad \mathcal{E}° = 0{,}44 \text{ V}$$

$$Cu(s) \rightarrow Cu^{2+}(aq) + 2e^- \qquad \mathcal{E}° = -0{,}34 \text{ V}$$

$$Ag(s) \rightarrow Ag^+(aq) + e^- \qquad \mathcal{E}° = -0{,}80 \text{ V}$$

Mantendo a tensão suficientemente alta de modo que as duas primeiras reações ocorram no ânodo mas não a terceira, o cobre e o ferro são dissolvidos, e a prata existente se depositará no fundo da cela. Em função dos íons ferrosos serem menos facilmente reduzidos que os íons cúpricos, somente o cobre se deposita no cátodo. No fundo desta típica cela de eletrorrefino restarão prata não combinada, ouro, e até mesmo traços de platina, em um depósito conhecido como "lama anódica" ou "barro anódico". (Em algumas operações, muitos destes elementos são recuperados para cobrir os custos com eletricidade.)

Quando puro, o cobre é bastante maleável e dúctil, e é um excelente condutor de eletricidade, sendo superado neste aspecto somente pela prata. Seu uso mais extenso é na manufatura de fios elétricos; é também usado em tubos de água e em ligas com zinco (*latões*) e com estanho (*bronzes*).

O cobre tem uma configuração $3d^{10}4s^1$, mas, embora possua um único elétron de valência, não apresenta comportamento semelhante aos metais alcalinos. O potencial de redução padrão do cobre é maior que o do hidrogênio,

$$Cu^{2+}(aq) + 2e^- \rightarrow Cu(s) \qquad \mathcal{E}° = 0{,}34 \text{ V}$$

e, portanto, não se dissolverá em ácidos não oxidantes, ou seja, ácidos cujos ânions não sejam bons agentes oxidantes. É oxidado pelo HNO_3, contudo; em tais reações o nitrato é reduzido a NO e/ou NO_2, dependo da concentração.

Compostos de Cobre. Em seus compostos, o cobre demonstra dois números de oxidação, +1 e +2, sendo este último de longe o mais comum.

Cu(I). Em solução, o íon de *cobre(I)*, ou íon *cuproso*, Cu^+, é facilmente reduzido ao metal,

$$Cu^+(aq) + e^- \rightarrow Cu(s) \qquad (\text{Redução: } \mathcal{E}° = 0,52 \text{ V})$$

ou oxidado ao estado +2,

$$Cu^+(aq) \rightarrow Cu^{2+}(aq) + e^- \qquad (\text{Oxidação; } \mathcal{E}° = -0,15 \text{ V})$$

A primeira destas duas equações pode ser combinada com a segunda conduzindo a um valor global de $\mathcal{E}°$ maior que zero. Em outras palavras, o Cu^+ pode se oxidar e reduzir ao mesmo tempo (se desproporciona):

$$Cu^+(aq) + e^- \rightarrow Cu(s) \qquad \mathcal{E}° = 0,52 \text{ V}$$
$$Cu^+(aq) \rightarrow Cu^{2+}(aq) + 2e^- \qquad \mathcal{E}° = -0,15 \text{ V}$$
$$\overline{2Cu^+(aq) \rightarrow Cu(s) + Cu^{2+}(aq)} \qquad \mathcal{E}° = -0,37 \text{ V}$$

O valor de $\mathcal{E}°$ corresponde a uma constante de equilíbrio igual a 2×10^6 a 25°C (ver Seção 18.4), e deste modo os íons cuprosos não são estáveis em solução aquosa. O desproporcionamento pode ser invertido, entretanto, na presença de ligantes que complexem mais fortemente o Cu(I) do que Cu(II). Este incluem Cl^- e CN^-. Compostos cuprosos insolúveis incluem CuCl e Cu_2O, os quais são estáveis em contato com água.

Cu(II). O íon de *cobre(II)*, ou íon *cúprico* (d^9), forma um hexaaquo complexo azul, no qual duas das seis moléculas de água estão mais afastadas do cobre do que as outras quatro, dando origem a uma estrutura octaédrica distorcida tetragonalmente (ver Níquel). Tal estrutura é geralmente formulada como $[Cu(H_2O)_4]^{2+}$ e classificada como um complexo quadrado-planar. A adição de base ao íon cúprico precipita o *hidróxido cúprico*, $Cu(OH)_2$, que é um pouco anfótero, dissolvendo-se ligeiramente em solução contendo OH^- concentrado, para formar o íon *cuprita*, $Cu(OH)_3^-$.

O $Cu(OH)_2$ dissolve-se rapidamente em soluções contendo amônio formando um complexo intensamente azul de $[Cu(NH_3)_4]^{2+}$, "planar", sendo na realidade um complexo tetragonalmente distorcido de $[Cu(NH_3)_4(H_2O)_2]^{2+}$. A adição gradativa de ácido a este complexo precipita o $Cu(OH)_2$, que se dissolve novamente com excesso de ácido formando $[Cu(H_2O)_4]^{2+}$.

Prata ($[Kr]4d^{10}5s^1$)

A prata é encontrada naturalmente como um elemento não combinado e em poucos compostos; é rara, entretanto, e na grande maioria é obtida como um subproduto de eletrorrefino do cobre. Quando pura, a prata é um metal mole, maleável, com os maiores valores de condutividades elétrica e térmica que se conhecem. A "prata genuína" é a prata na qual se adicionou 8% de cobre para endurecimento. Até a década de 1960, as moedas de prata nos Estados Unidos constituíam ligas com 10% de cobre; atualmente, moedas de "prata" são feitas de uma liga de cobre e níquel. O maior emprego da prata é na indústria fotográfica.

Assim como os metais do grupo da platina são menos reativos que os da tríade do ferro, as reatividades da prata e do ouro são menores que as do cobre. A prata metálica pode ser dissolvida em ácido nítrico e também em soluções de cianeto na presença de H_2O_2 ou O_2, devido à formação de um complexo muito estável de $[Ag(CN)_2]^-$.

Compostos de Prata. Em seus compostos a prata comumente exibe apenas o número de oxidação +1 (íon *argentoso*), embora os estados +2 (íon *argêntico*) e +3 sejam conhecidos.

Quando uma base forte é adicionada a uma solução aquosa de íon prata, Ag^+, precipita óxido de prata preto amarronzado:

$$2Ag^+(aq) \; 2OH^-(aq) \rightarrow Ag_2O(s) + H_2O$$

A adição de uma pequena quantidade de amônia a Ag^+ também precipitará Ag_2O, porém este se dissolve em excesso de NH_3 formando o íon diaminprata(I) estável, um "complexo de prata com amônia":

$$Ag_2O(s) + 2NH_3(aq) + H_2O \rightarrow [Ag_2(NH_3)_2]^+(aq) + 2OH^-(aq)$$

Muitos sais de prata são insolúveis. Estes incluem os haletos (exceto o AgF, que é solúvel), AgCN e Ag_2S. Sais de prata de ácidos fracos, tais como Ag_2CO_3 e Ag_3PO_4, são insolúveis em soluções neutras ou básicas mas solúveis em meio ácido. A maioria dos íons complexos formados por Ag(I) são lineares: $[Ag(NH_3)_2]^+$, $[AgCl_2]^-$, $[Ag(CN)_2]^-$ e $[Ag(S_2O_3)_2]^{3-}$.

Zinco ($[Ar]3d^{10}4s^2$)

O zinco é um metal razoavelmente mole, cinza prateado, com ponto de fusão moderado (419°C). É razoavelmente reativo (seu potencial de oxidação para formar Zn^{2+} é igual a 0,76 V), e serve como um bom revestimento protetor para o ferro porque protege-o catodicamente, e por formar em sua superfície uma camada autoprotetora de $Zn_2CO_3(OH)_2$. O zinco é usado em várias ligas e em baterias tais como a pilha seca (Leclanché). (Ver Seção

18.6). Artigos de formatos complicados, como grades de automóveis e enfeites, têm sido fabricados com zinco fundido e suas ligas. (O produto cromado tem aspecto semelhante ao do aço, mas cuidado com a primeira batida leve; o zinco não é um metal resistente.) Atualmente, devido à baixa densidade e ao baixo custo, os plásticos têm substituído largamente o uso do zinco em peças de automóveis e em outras aplicações.

Compostos de Zinco. O único número de oxidação importante do zinco em seus compostos é +2, pois a configuração $(n-1)d^{10}$ é bastante estável. Em solução aquosa, o íon de zinco, Zn^{2+}, existe como um tetraaquo complexo tetraédrico, e as soluções de sais de zinco tendem a serem ácidas em função da hidrólise:

$$Zn^{2+}(aq) + H_2O \rightarrow ZnOH^+(aq) + H^+(aq)$$

onde o $ZnOH^+$ existe na realidade como $[Zn(OH)(H_2O)_3]^+$. O hidróxido de zinco é precipitado com adição de base ao íon de zinco:

$$Zn^{2+}(aq) + 2OH^-(aq) \rightarrow Zn(OH)_2(s)$$

Este é anfótero e se dissolve em excesso de OH^- para formar soluções contendo espécies do tipo zincato, tais como $[Zn(OH)_3(H_2O)]^-$ e $[Zn(OH)_4]^{2-}$. (Ver também a Seção 16.3.)

    O zinco forma muitos outros íons complexos tetraédricos, incluindo $[Zn(NH_3)_4]^{2+}$, $[Zn(CN)_4]^{2-}$, e $[Zn(C_2O_4)_2]^{2-}$. Muitos destes complexos de zinco são menos estáveis do que aqueles formados com os outros metais de transição.

Cádmio ($[Kr]4d^{10}5s^2$)

O cádmio, membro da segunda série dos metais de transição (no quarto período, logo abaixo do zinco), é muito semelhante ao zinco em se tratando de suas propriedades químicas e físicas. É um metal cinza esbranquiçado, mais mole e de fusão inferior à do zinco. Seu principal uso está no revestimento do ferro, no qual pode ser depositado como uma camada bem lisa que, como no caso do revestimento de zinco, protege catodicamente o ferro e é autorestaurável quando sofre arranhões.

Compostos de Cádmio. Na maior parte de seus compostos, o cádmio exibe apenas o número de oxidação +2. Em soluções alcalinas o Cd^{2+} é precipitado como $Cd(OH)_2$, o qual, distintamente do $Zn(OH)_2$, não é anfótero. Todavia, o $Cd(OH)_2$ irá se dissolver em solução de NH_3 para formar um amin complexo:

$$Cd(OH)_2(s) + 4NH_3(aq) \rightarrow [Cd(NH_3)_4]^{2+}(aq) + 2OH^-(aq)$$

O cádmio forma íons complexos tetraédricos semelhantes em muitos aspectos aos de zinco. Entretanto, seus complexos com ligantes haletos são mais estáveis.

O cádmio apresenta um comportamento não muito comum pois forma numerosos "sais fracos", os quais não se dissociam completamente em água. Medidas de condutividade mostram a existência de espécies do tipo $CdCl^+$ e $CdCl_2$ em um solução aquosa de cloreto de cádmio, por exemplo. Os compostos de cádmio são muito tóxicos.

Mercúrio ($[Xe]5d^{10}6s^2$)

O elemento mercúrio apresenta-se como um líquido prateado fascinante na temperatura ambiente (seu ponto de fusão é de –39°C). Sua pressão de vapor é baixa, cerca de 1×10^{-3} mmHg a 20°C, porém é suficientemente alta para tornar o mercúrio potencialmente perigoso em vista de sua elevada toxicidade. Como muitos "metais pesados", o mercúrio é um veneno cumulativo. Nos primórdios da química muitos pesquisadores experimentaram seus efeitos após terem passado anos trabalhando em laboratórios pouco ventilados, nos quais o mercúrio derramado se escondia nas rachaduras e tábuas dos assoalhos.

O mercúrio é utilizado em termômetros, barômetros, chaves elétricas e lâmpadas a vapor de mercúrio, incluindo as lâmpadas fluorescentes. É também utilizado em ligas, chamadas de *amálgamas*, que podem se líquidas ou sólidas na temperatura ambiente. O amálgama dentário (para o preenchimento das cavidades com "prata") é uma liga composta por mercúrio, prata, cádmio, estanho e cobre.

Compostos de Mercúrio. Distintamente do zinco e do cádmio, os elementos acima do mercúrio na tabela periódica, o Hg exibe comumente o número de oxidação +1, assim como o +2.

Hg(I). O mercúrio forma um inesperado íon duplo, o *mercúrio(I)*, ou íon *mercuroso*, Hg_2^{2+}. (Zn_2^{2+} e Cd_2^{2+} tem sido observados, mas somente sob condições pouco comuns e em soluções não aquosas.) O íon mercuroso não é paramagnético, mostrando que os elétrons nos orbitais 6s em cada um dos dois íons Hg^+ estão sendo usados na formação de ligação simples no Hg_2^{2+}. É de se esperar que este íon se desproporcione, mas isto não ocorre, como pode ser observado com base nos seguintes potenciais de redução padrão:

$$2Hg^{2+}(aq) + 2e^- \rightarrow Hg_2^{2+}(aq) \qquad \mathcal{E}° = 0,92 \text{ V}$$

$$Hg_2^{2+}(aq) + 2e^- \rightarrow 2Hg(l) \qquad \mathcal{E}° = 0,78 \text{ V}$$

A inversão da primeira semi-reação e a adição da mesma à segunda resulta em

$$Hg_2^{2+}(aq) \rightarrow 2Hg^{2+}(aq) + 2e^- \qquad \mathcal{E}° = -0,92 \text{ V}$$

$$\underline{2e^- + Hg_2^{2+}(aq) \rightarrow 2Hg(l) \qquad \mathcal{E}° = 0,78 \text{ V}}$$

$$2Hg_2^{2+}(aq) \rightarrow 2Hg^{2+}(aq) + 2Hg(l) \qquad \mathcal{E}° = -0,14 \text{ V}$$

O que corresponde a uma valor de $\Delta G°$ (para a reação como está escrita) igual a 27 kJ. Dividindo por 2, obtemos

$$Hg_2^{2+}(aq) \rightarrow Hg^{2+}(aq) + Hg(l) \qquad \Delta G° = 14 \text{ kJ}$$

para a qual a constante de equilíbrio correspondente (ver Seção 18.4) é

$$K = \frac{[Hg^{2+}]}{[Hg_2^{2+}]} = 4 \times 10^{-3}$$

um valor suficientemente baixo para garantir estabilidade ao Hg_2^{2+} em solução. Porém, a adição de OH^- força a ocorrência da reação de desproporcionamento $Hg(I) \rightarrow Hg(0) + Hg(II)$ devido à formação de um produto com Hg(II) bastante insolúvel, o óxido mercúrico:

$$Hg_2^{2+}(aq) + 2OH^-(aq) \rightarrow Hg(l) + HgO(s) + H_2O$$

O composto mais comum de Hg(I) é provavelmente o cloreto de mercúrio(I) (cloreto mercuroso), Hg_2Cl_2, um sólido branco insolúvel chamado *calomelano*. É semelhante ao cloreto de prata com relação à sua insolubilidade, porém torna-se preto com adição de NH_3. A reação é um outro exemplo de desproporcionamento do Hg(I) e é geralmente representada como

$$Hg_2Cl_2(s) + 2NH_3(aq) \rightarrow HgNH_2Cl(s) + Hg(l) + NH_4^+(aq) + Cl^-(aq)$$
$$\text{branco} \qquad \text{preto}$$

embora seja aparentemente mais complexa.

Hg(II). O íon de *mercúrio(II)*, ou íon *mercúrico*, Hg^{2+}, é formado invariavelmente quando o mercúrio é dissolvido em um agente oxidante forte, porque qualquer reagente capaz de oxidar o Hg(0) a Hg(I) pode também oxidá-lo a Hg(II):

$$2Hg^{2+}(aq) + 2e^- \rightarrow 2Hg(l) \qquad \mathcal{E}° = 0,79 \text{ V}$$

$$Hg^{2+}(aq) + 2e^- \rightarrow Hg(l) \qquad \mathcal{E}° = 0,85 \text{ V}$$

O íon mercúrico forma um cloreto, $HgCl_2$, chamado *sublimado corrosivo*, o qual é um sal fraco, existindo em solução como moléculas lineares pouco dissociadas. O sulfeto mercúrico, HgS, é um sal muito insolúvel ($K_{ps} = 10^{-54}$), o qual não se dissolverá em HNO_3 concentrado a quente, mas se dissolverá em água régia com a formação do íon $[HgCl_4]^{2-}$, onde o sulfeto é oxidado a enxofre (e talvez a algum sulfato.)

O mercúrio representa um séria ameaça ao ambiente. Durante anos de ignorância e falta de cuidados, algumas partes do mundo tornaram-se intensamente poluídas com mercúrio. Os compostos de mercúrio nas águas residuais provenientes dos estabelecimentos industriais foram convertidos parcialmente a dimetil-mercúrio, $CH_3–Hg–CH_3$ que é solúvel nas gorduras e entra na cadeia alimentar, tornando-se eventualmente concentrado nos peixes. Uma conseqüência deste processo é a proibição da pesca em determinadas enseadas e águas continentais. Na maior parte do mundo, a descarga de mercúrio nos rios, lagos e oceanos tem sido proibida, porém levará um longo tempo para a limpeza daqueles corpos de águas já poluídas.

RESUMO

Neste capítulo, no qual completamos nosso estudo sobre a química inorgânica descritiva, discutimos os *metais de transição*, os elementos situados entre o grupos IIA e IIIA na tabela periódica. Embora na maior parte dos casos as suas propriedades físicas e químicas sejam aquelas típicas dos metais, possuem potenciais de redução variando desde valores altamente negativos para o escândio e outros, até valores muitos positivos para os metais nobres. As densidades e pontos de fusão também variam largamente, como resultado da variação no número de elétrons nos orbitais $(n-1)d$ e na ligação química resultante no sólido. Uma característica importante dos metais de transição é a variabilidade de seus números de oxidação nos compostos formados.

A ligação e estrutura dos complexos pode ser descrita em termos das teorias de formação dos orbitais híbridos, teoria do campo cristalino e teoria dos orbitais moleculares. Cada uma destas apresenta informações úteis. A *teoria de ligação pela valência* ou *formação de orbitais híbridos* é mais simples na previsão da geometria de um complexo. A *teoria do campo cristalino* propicia um modo simples para o entendimento das propriedades magnéticas e espectrais. A *teoria do orbital molecular* (campo ligante), embora mais complexa que as outras duas, fornece a mais completa representação da ligação e estrutura dos complexos dos metais de transição.

De acordo com a teoria do campo cristalino, as energias dos orbitais d são degeneradas em dois ou mais subconjuntos pelo campo eletrostático dos ligantes em um complexo. O campo ligante pode ser considerado como interagindo em graus diferentes com os distintos orbitais do subnível $(n-1)d$, de modo que os subconjuntos de orbitais resultantes, quando povoados com elétrons d, contribuem para as propriedades magnéticas e espectrais dos complexos. Os ligantes podem ser ordenados de acordo com a série espectroquímica, na qual estes são listados em ordem crescente de força no campo (capacidade de degenerar as energias dos orbitais d).

Os íons complexos podem ser classificados em termos do número de coordenação, o número de ligações formadas pelo átomo central com os ligantes no complexo. Os números de coordenação mais comuns são 2 (linear), 4 (tetraédrico e quadrado-planar), e 6 (octaédrico). O *estereoisomerismo* é uma forma de isomeria que inclui a *isomeria cis-trans* e o *enantiomerismo*.

O *titânio* é um metal leve e duro, com aplicação na indústria aeroespacial. É altamente resistente à corrosão devido a formação de uma camada impermeável de óxido e nitreto. Em seus compostos o titânio mostra os números de oxidação +2, +3 (íon titanoso), e +4 (íon titânico).

O *vanádio* é mais denso que o titânio mas possui propriedades semelhantes a este. É muito utilizado em ligas de aço. Em seus compostos exibe os números de oxidação +2 (íon vanadoso), +3 (íon vanádico), +4 e +5.

O *crômio* é um outro importante metal resistente à corrosão, utilizado em ligas e revestimentos. Comumente exibe os números de oxidação +2 (íon cromoso), +3 (íon crômico), e +6 em seus composto. Cromatos e dicromatos são compostos importantes de Cr(VI).

O *manganês* é um metal razoavelmente reativo utilizado em ligas de aço. Em seus compostos exibe os números de oxidação +2 (íon manganoso), +3 (íon mangânico). +4, +5 e +7, com os números +3 e +6 menos comuns. O íon permanganato, MnO_4^-, é um forte agente oxidante.

O *ferro* é um metal abundante e útil, se bem que um tanto propenso à corrosão. É obtido na redução de seus minérios em um alto forno, seguida de purificação posterior. A corrosão do ferro é um processo no qual o metal inicialmente se dissolve na medida em que é oxidado ao estado +2, e então é oxidado pelo O_2 ao estado +3, no qual precipita como óxido férrico hidratado, ferrugem. A ferrugem pode ser evitada pelo revestimento da superfície do ferro com um metal, cujo potencial de redução é mais negativo que o do ferro, uma aplicação da *proteção catódica*. Em seus compostos, o ferro exibe os números de oxidação +2 (íon ferroso) e +3 (íon férrico).

O *cobalto* é um metal duro, pouco reativo, extensamente utilizado em ligas. Como um aquo complexo, o número de oxidação +2 (íon cobaltoso) é estável, porém o estado +3 (íon cobáltico) é mais comum em vários íons complexos contendo outros ligantes que não a água.

O *níquel* é um metal duro utilizado em ligas e como revestimento. Geralmente mostra o número de oxidação +2 (íon niqueloso) nos compostos, embora números de oxidação mais elevados sejam conhecidos.

O *cobre* é um metal praticamente não reativo utilizado como revestimento, em ligas, e como condutor elétrico. Sua química é praticamente dominada pelo número de oxidação +2 (íon cúprico), embora o número de oxidação +1 seja estável em determinados sólidos e complexos.

A *prata* é um metal pouco reativo com condutividades elétrica e térmica muito altas. Sua química é praticamente dominada pelo número de oxidação +1 (íon argentoso). Grandes quantidades de prata são utilizadas na fabricação de filmes fotográficos e outros materiais sensíveis à luz.

O *zinco* é um metal utilizado no revestimento do ferro (galvanização) e em ligas. Sua química é a do número de oxidação +2.

O *cádmio* assemelha-se ao zinco em suas propriedades, embora os seus compostos sejam mais tóxicos. Em seus compostos, o cádmio mostra somente o número de oxidação +2.

O *mercúrio*, um líquido na temperatura ambiente, apresenta os números de oxidação +1 (íon mercuroso) e +2 (íon mercúrico). O íon mercuroso apresenta-se como um íon pouco comum, Hg_2^{2+}. Ligas com mercúrio são denominadas *amálgamas*.

PROBLEMAS

Metais de Transição: Geral

22.1 Quais são os metais de transição? Qual o significado do termo "transição"? Por que não há metais de transição nos segundo e terceiro períodos da tabela periódica?

22.2 Quais são os elementos classificados como metais de transição neste capítulo e que deveriam ser excluídos destes elementos, se o metais de transição tivessem sido definidos como (*a*) aqueles elementos cujos átomos isolados possuem subníveis *d* parcialmente preenchidos, (*b*) aqueles elementos cujos átomos tem subníveis *d* parcialmente preenchidos *tanto* isolados *como* associados no composto?

22.3 O que é contração lantanídica? Quais são as suas conseqüências para os elementos de transição? Por que fala-se muito pouco sobre contração actinídica?

22.4 Compare a propriedades dos metais alcalinos com aquelas dos elementos do grupo 1B: Cu, Ag e Au.

22.5 Utilizando somente a tabela periódica, faça um previsão do número de oxidação máximo esperado para (a) Ta (Z = 73), (b) Tc (Z = 43), (c) Ce (Z = 58), (d) Pd (Z = 46).

22.6 Por que muitos compostos dos metais de transição são (a) coloridos, (b) paramagnéticos?

Nomenclatura

22.7 Dê o nome segundo a IUPAC para cada um dos seguintes complexos:
(a) $[CrI_2(NH_3)_4]^+$, (b) $[Co(C_2O_4)_3]^{3-}$, (c) $[Ag(NH_3)_2]^+$, (d) $[CuBr_4]^{2-}$,
(e) $[PtCl_3(NH_3)]^-$, (f) $[Co(NCS)_4]^{-2}$, (g) $[Co(CN)_5(CO)]^{2-}$,
(h) $[Fe(OH)(H_2O)_5]^{2+}$, (i) $[WCl_5(OH)]^{2-}$, (j) $[Co(en)_3]^{3+}$.

22.8 Escreva a fórmula para cada um dos seguintes complexos iônicos ou neutros: (a) Hexaamincobalto(III), (b) Octafluorozirconato(IV), (c) Pentaaquoclorotitânio(III), (d) Triamintriclorocrômio(III), (e) Triaquotrifluorovanádio(III), (f) Octacianotungstato(IV), (g) Diaquodicloroditiocianatocromato(III), (h) Diamindiaquodiclorocobalto(III), (i) Bis(etilenodiamin)dinitroferro(III), (j) Bromodicianocloroniquelato(II), (K) Tetrafluorooxocobaltato(V).

Ligação Química nos Íons Complexos

22.9 A teoria do campo cristalino consiste em um modelo eletrostático modificado. Já que a ligação nos complexos de metais de transição é nitidamente covalente, qual é a justificativa para o uso da teoria do campo cristalino?

22.10 Descreva a degeneração das energias dos orbitais d em complexos (a) octaédricos, (b) tetraédricos, (c) quadrado-planares.

22.11 Faça uma previsão para o número de elétrons desemparelhados em cada um dos seguintes complexos:
(a) $[TiF_6]^{3-}$, (b) $[MnCl_6]^{3-}$, (c) $[Fe(CN)_6]^{4-}$, (d) $[Cu(NH_3)_4]^{2+}$,
(e) $[Zn(OH)_4]^{2-}$, (f)$[Co(CN)_6]^{3-}$, (g) $[Co(NH_3)_6]^{3+}$, (h) $[Ni(CN)_4]^{2-}$ (quadrado-planar), (i) $[NiCl_4]^{2-}$ (tetraédrico).

22.12 Descreva a formação dos orbitais moleculares em um complexo octaédrico.

22.13 Por que os complexos de alto e baixo spins não são observados para (a) complexos octaédricos d^3, (d) complexos quadrado-planares d^8?

Estereoquímica

22.14 Por que os isômeros *cis* e *trans* não são possíveis para os complexos tetraédricos?

22.15 Por que o enantiomerismo não é observado em complexos quadrado-planares?

22.16 Que estrutura característica deve possuir um complexo tetraédrico de modo a ser quiral?

22.17 Esboce todos os isômeros de um complexo quadrado-planar do tipo (*a*) MA_2BC, (*b*) MA_2B_2, (*c*) MABCD.

22.18 Esboce todos os estereoisômeros para cada um dos seguintes complexos octaédricos:
(*a*) $[CoCl_2(NH_3)_4]^+$, (*b*) $[CoCl_3(NH_3)_3]$, (*c*) $[CrCl_2(en)_2]^+$,
(*d*) $[Co(C_2O_4)(en)_2]^+$.

Química Descritiva

22.19 Descreva os números de oxidação mais altos e mais baixos comumente exibidos para cada um dos elementos em seus compostos: Ti, Cr, Mn, Fe, Cu, Zn, Ag, Hg.

22.20 Explique sucintamente cada uma das seguintes afirmações: (*a*) O $TiCl_4$ é um líquido na temperatura ambiente. (*b*) Quando zinco em pó é adicionado a uma solução ácida de metavanadato de amônio, a cor da solução sofre diversas alterações, chegando finalmente ao tom violáceo. (*c*) O hidróxido crômico é anfótero, enquanto o hidróxido cromoso não. (*d*) Prata metálica é insolúvel em peróxido de hidrogênio ou em cianeto de potássio, porém se dissolve em solução contendo ambos. (*e*) Quando MnO_4^- é reduzido, o número de oxidação Mn tende a decrescer mais se o meio for ácido comparativamente ao meio básico. (*f*) Canos de cobre e ferro nunca devem ser ligados um ao outro sem um encaixe eletricamente isolante. (*g*) Mercúrio líquido é muito menos venenoso do que os seus compostos.

22.21 Quais dos seguintes metais oferecem proteção catódica para o ferro: Mg, Co, Cr, Al, Cu.

22.22 A purificação do cobre envolve a eletrólise de uma solução de $CuSO_4$ utilizando um ânodo de cobre impuro e um cátodo de cobre puro. Explique como as impurezas, tais como ferro e prata, são removidas por este processo.

22.23 Escreva a equação balanceada para cada uma das seguintes reações: (*a*) Sulfeto mercúrico é dissolvido em água régia. (*b*) Dicromato de amônia sofre decomposição térmica (os produtos incluem nitrogênio e Cr_2O_3). (c) O íon cromoso é oxidado pelo permanganato em solução ácida. (d) Uma quantidade limitada de NH_3 é adicionada à solução de sulfato de cobre(II) até que se forme um precipado azul. (e) O precipitado do item d é dissolvido adicionando-se um excesso de NH_3. (f) A solução de sulfato cobáltico sofre decomposição. (g) Hidróxido férrico é desidratado. (h) Pb_3O_4 oxida Mn^{2+} a MnO_4^- em solução ácida.

22.24 Descreva a operação de um alto forno na siderurgia do ferro. Escreva as equações para a reações pertinentes.

22.25 O que é ferromagnetismo? Quais elementos são ferromagnéticos?

22.26 Por que o zircônio e háfnio são sempre encontrados juntos nos minérios?

22.27 Proponha um ensaio de laboratório para distinguir entre cada um dos seguintes pares em solução aquosa: (a) $AgNO_3$ e KNO_3, (b) $Cr_2(SO_4)_3$ e $NiSO_4$, (c) $FeCl_3$ e K_2CrO_4, (d) $AgNO_3$ e $Hg_2(NO_3)_2$, (e) $K_3[Fe(CN)_6]$ e $K_4[Fe(CN)_6]$.

22.28 Por que a redução do Cr(VI) forma espécies de Cr com mais baixos números de oxidação nas soluções ácidas do que nas básicas?

PROBLEMAS ADICIONAIS

22.29 Quais são os metais da primeira série de transição que podem ser obtidos por deposição eletrolítica em solução? Quais não podem? Por que não?

22.30 Como pode ser explicada a existência da configuração eletrônica $3d^54s^1$ para o crômio? Por que o crômio não exibe normalmente o número de oxidação +1.

22.31 O potencial de redução $[M^{2+}(aq) + 2e^- \rightarrow M(s)]$ para o titânio é igual a $-1,63$ V e para a platina $+1,2$ V. Dada esta enorme diferença, por que estes metais resistem tão bem à corrosão?

22.32 Dê o nome segundo a IUPAC para cada um dos seguintes compostos:

(a) $K_2[VCl_6]$ (b) $Cs[Cr(SCN)_4(NH_3)_2]$ (c) $Ca[AgF_4]_2$
(d) $Zn_3[Ag(S_2O_3)_2]_2$ (e) $Al[Au(OH)_4]_3$ (f) $[CoCl_2(NH_3)_4][CoCl_4(NH_3)_2]$
(g) $[CrCl(NH_3)_5](HSO_4)_2$ (h) $[FeCl(H_2O)_5][FeCl_4(H_2O)_2]_2$
(i) $[FeCl(H_2O)_5][FeCl_4(H_2O)_2]$

22.33 Escreva a fórmula para

(a) Cloreto de diaminprata(I),
(b) Fosfato de hexaaquoníquel(II),
(c) Ditiossulfatoargentato(I) de sódio,
(d) Oxalato de tetraamindicloroplatina(IV),
(e) Aminpentaclorocromato(III) de tetraamindiclorocrômio(III),
(f) Carbonilpentacianomanganato(II) de amônio,
(g) Diaquotetracianocobaltato(III) de cálcio.

22.34 Faça uma previsão das alterações na degeneração dos orbitais d que poderão ocorrer em um complexo octaédrico quando (a) o complexo for alongado por remoção de um par de ligantes *trans* do átomo central, (b) o complexo for "comprimido" com uma aproximação mais intensa de um par de ligantes *trans*. Como podemos justificar estas diferenças?

22.35 Faça uma previsão das alterações na degeneração dos orbitais d em um complexo tetraédrico, se o complexo for (a) comprimido na direção do eixo z, (b) alongado na direção do eixo z.

22.36 Por que os íons d^8 formam freqüentemente complexos quadrado-planares?

22.37 Que tipo de degeneração dos orbitais d você espera encontrar para um complexo com coordenação cúbica (oito ligantes nos vértices de um cubo)?

22.38 Por que o número de coordenação do Cu(II) em seus complexos em alguns casos é igual a 4 e em outros iguais a 6?

22.39 Certos ligantes podem formar ligações π com íons metálicos. Quais orbitais d são utilizados nestes MOs?

22.40 Dos dois complexos octaédricos $[Co(en)_3]^{3+}$ e $[Co(NH_3)_6]^{3+}$, o primeiro é muito mais estável em detrimento do fato de cada complexo ter seis átomos de nitrogênio ligados ao cobalto. Explique. (*Dica*: considere os efeitos entrópicos.)

22.41 Hidróxido de zinco recém precipitado se dissolverá tanto em solução de hidróxido de sódio (para formar o íon zincato) como em solução de amônia. Como você poderia demonstrar experimentalmente que quando NH_3 dissolver o hidróxido de zinco, o produto da reação *não* é o íon zincato?

22.42 Escreva uma equação para cada uma das seguintes reações *sucessivas*: (a) Uma solução de cloreto cromoso é oxidada por oxigênio. (b) Uma solução de NaOH é adicionada na solução para formar um precipitado. (c) Um excesso de NaOH é adicionado para dissolver o precipitado. (d) Peróxido de hidrogênio é adicionado em excesso. (*e*) O excesso de H_2O_2 na solução é decomposto por aquecimento. (*f*) A solução é acidificada. (*g*) Mais H_2O_2 é adicionado. (*h*) Zinco em pó é adicionado.

22.43 Diz-se com freqüência que "o íon cúprico é azul". Por que então o $CuSO_4$ apresenta-se como um sólido branco?

22.44 Como é possível evitar o desproporcionamento do Cu(I) em solução?

22.45 Uma série de soluções diferentes são preparadas, cada uma contendo o íon mercúrico em equilíbrio com mercúrio líquido. As soluções são analisadas e a razão encontrada entre as concentrações de Hg(I) e Hg(II) é constante. Mostre que este fato indica que o íon mercuroso é diatômico.

22.46 Explique o fato do hexaaquo complexo de Co(II) ser mais estável do que o de Co(III), e esta ordem ser invertida para os hexacianocomplexos.

22.47 Descreva todos os compostos distintos, teoricamente possíveis, de fórmula empírica $CoCr(NH_3)_6Cl_6$. Esboce a estrutura de cada um deles.

22.48 O zinco metálico se dissolverá tanto em base forte como em ácido forte, mas o ferro se dissolverá somente em ácidos. Explique e escreva as equações apropriadas.

22.49 A vitamina B_{12} é um complexo de cobalto no qual o ligante ciano e um ligante orgânico volumoso pentadentado são coordenados ao átomo de cobalto. A sua fórmula é $C_{63}H_{88}CoN_{14}O_{14}P$. Se a dose diária de vitamina B_{12} recomendada é de 5 microgramas, quantos átomos de cobalto combinados na vitamina B_{12} devem ser ingeridos por dia?

22.50 A seguinte reação foi realizada em laboratório: $[CoCl_2(NH_3)_4]^+ (aq) + Cl^-(aq)$
$\rightarrow [CoCl_3(NH_3)_3] + NH_3$

Foi encontrado que o produto contendo cobalto consiste em um isômero *simples*. O complexo reagente original era um isômero *cis* ou *trans*? Explique.

Capítulo 23

QUÍMICA ORGÂNICA

TÓPICOS GERAIS

23.1 HIDROCARBONETOS SATURADOS
  Os alcanos
  Os cicloalcanos
  Propriedades dos hidrocarbonetos saturados
  Reações dos hidrocarbonetos saturados

23.2 HIDROCARBONETOS INSATURADOS
  Os alcenos
  Os alcinos
  Propriedades dos hidrocarbonetos insaturados
  Reações dos hidrocarbonetos insaturados

23.3 HIDROCARBONETOS AROMÁTICOS
  Benzeno
  Outros hidrocarbonetos aromáticos
  Fontes e propriedades dos hidrocarbonetos aromáticos
  Reações dos hidrocarbonetos aromáticos

23.4 GRUPOS FUNCIONAIS

23.5 ÁLCOOIS
  Nomenclatura
  Propriedades
  Reações

23.6 ÉTERES
  Nomenclatura
  Propriedades
  Reações

23.7 ALDEÍDOS
  Nomenclatura
  Propriedades
  Reações

23.8 CETONAS
  Nomenclatura
  Propriedades
  Reações

23.9 ÁCIDOS CARBOXÍLICOS
Nomenclatura
Propriedades
Reações

23.10 ÉSTERES
Nomenclatura
Propriedades e usos
Gorduras e óleos
Saponificação dos glicerídeos

23.11 AMINAS
Nomenclatura
Propriedades
Reações

23.12 ISOMERIA ÓTICA EM COMPOSTOS ORGÂNICOS

23.13 CARBOIDRATOS E PROTEÍNAS
Carboidratos
Proteínas

Para os antigos químicos, compostos *orgânicos* eram aqueles encontrados nos organismos vivos ou produzidos por estes, e portanto, faziam parte dos processos vitais. Todos os outros foram classificados como compostos inorgânicos. Além disso, a doutrina prevalecente, a do *vitalismo*, colocava uma barreira instransponível entre os dois, uma vez que os compostos orgânicos seriam dotados de uma "força vital" que os tornariam, intrinsecamente, diferentes dos outros compostos. Em 1828, Friedrich Wöhler descobriu que, ao se aquecerem cristais do sal inorgânico *cianato de amônio*, formava-se uréia, que se sabia ser um composto da urina:

$$NH_4OCN \rightarrow \underset{\text{Uréia}}{H-\underset{|}{N}\overset{\overset{O}{\|}}{C}\underset{|}{N}-H}$$

Cianato de amônio

Assim, Wöhler demonstrou que a teoria dos vitalistas estava errônea e hoje em dia os termos *orgânico* e *inorgânico* são usados independentemente da presença ou ausência da "força vital".

Infelizmente, é impossível fornecer uma definição moderna de compostos orgânicos que seja completamente satisfatória. Às vezes se diz que compostos orgânicos são compostos de carbono, mas esta definição inclui os óxidos de carbono, os carbonatos, os cianetos, os carbetos e outros compostos que haviam sido considerados, tradicionalmente, inorgânicos. É melhor dizer que compostos orgânicos são compostos de carbono, hidrogênio e possivelmente de outros elementos. Embora tal definição não seja totalmente satisfatória para todos os químicos, ela é geralmente aceita e, portanto, a empregaremos.

Atualmente, existem aproximadamente 9 milhões de compostos orgânicos conhecidos, isto é cerca de 20 vezes o número de compostos inorgânicos conhecidos. Por que o carbono é um produto tão prolífico de composto? Existem várias razões, mas a principal é que os átomos de carbono formam entre si ligações simples, duplas e triplas, que são muito fortes, sendo assim possível a existência *cadeias* de átomos de carbono de qualquer comprimento. Originando assim, uma variedade ilimitada de compostos de carbono. Estas cadeias, que servem de esqueleto para as moléculas orgânicas, podem ser simples e lineares:

$$-\overset{|}{\underset{|}{C}}-\overset{|}{\underset{|}{C}}-\overset{|}{\underset{|}{C}}-\overset{|}{\underset{|}{C}}-\overset{|}{\underset{|}{C}}-\overset{|}{\underset{|}{C}}-\overset{|}{\underset{|}{C}}-\overset{|}{\underset{|}{C}}-$$

ou podem ser ramificadas em qualquer posição:

As cadeias às vezes se fecham em círculos, formando estruturas cíclicas:

Assim, as possibilidades do esqueleto carbônico em compostos orgânicos, e juntamente com o fato de que outros átomos podem ligar-se ao carbono e até mesmo substituí-lo no esqueleto, levam a uma variedade interminável de compostos orgânicos.

Cap. 23   Química orgânica

Nota: Este é um pequeno capítulo sobre um campo muito amplo da química. Esperamos que seja suficiente para ajudá-lo a decidir sobre futuras pesquisas na área da química orgânica.

23.1   HIDROCARBONETOS SATURADOS

Hidrocarbonetos são compostos que contêm unicamente carbono e hidrogênio. *Hidrocarbonetos saturados* são aqueles em que todas as ligações carbono-carbono são simples. São assim chamados porque não reagem com hidrogênio, enquanto que os *hidrocarbonetos insaturados*, (Seção 23.2), contêm ligações múltiplas e podem reagir com ele, tornando-se saturados.

OS ALCANOS

O hidrocarboneto saturado mais simples é o metano, CH_4. Na molécula do metano o átomo de carbono usa quatro orbitais híbridos, equivalentes sp^3, para se ligar tetraedricamente a quatro átomos de hidrogênio. O metano é o primeiro de uma série de hidrocarbonetos saturados chamados *alcanos*, todos de fórmula geral C_nH_{2n+2}. Cada carbono, num alcano, liga-se tetraedricamente a quatro outros átomos, C ou H. As fórmulas estruturais dos três primeiros alcanos, metano (CH_4), etano (C_2H_6) e propano (C_3H_8), são vistas na Figura 23.1. São mostrados também modelos "espaciais" e de "bola e vareta" referentes às moléculas.

Alcanos Normais. Alcanos que não apresentam ramificações nas cadeias são chamados *normais* ou *alcanos de cadeia linear*. São todos compostos apolares, encontrados no gás natural ou no petróleo. Apresentam pontos de ebulição diferentes, como pode ser visto na Tabela 23.1 para os dez primeiros alcanos normais, de maneira que podem ser separados por *destilação fracionada* que é da maior importância na refinação do petróleo. O aumento dos pontos de ebulição com o número de átomos de carbono depende do aumento das forças de London (Seção 9.5) no líquido.

A Tabela 23.1 contém as *fórmulas estruturais condensadas* dos dez primeiros alcanos normais. Tal fórmula deriva da fórmula estrutural completa sem apresentar entretanto, especificamente, todas as ligações. Por exemplo, a fórmula estrutural do butano normal (C_4H_{10}) é

$$\begin{array}{c} \text{H} \quad \text{H} \quad \text{H} \quad \text{H} \\ | \quad\; | \quad\; | \quad\; | \\ \text{H}-\text{C}-\text{C}-\text{C}-\text{C}-\text{H} \\ | \quad\; | \quad\; | \quad\; | \\ \text{H} \quad \text{H} \quad \text{H} \quad \text{H} \end{array}$$

Tabela 23.1 Os dez primeiros alcanos normais.

Nome	Fórmula molecular	Fórmula estrutural condensada	Ponto de fusão normal, °C	Ponto de ebulição normal, °C
Metano	CH_4	CH_4	–182	–161
Etano	C_2H_6	CH_3CH_3	–183	– 89
Propano	C_3H_8	$CH_3CH_2CH_3$	–188	– 42
Butano	C_4H_{10}	$CH_3CH_2CH_2CH_3$	–138	– 1
Pentano	C_5H_{12}	$CH_3CH_2CH_2CH_2CH_3$	–130	36
Hexano	C_6H_{14}	$CH_3CH_2CH_2CH_2CH_2CH_3$,	– 95	69
Heptano	C_7H_{16}	$CH_3CH_2CH_2CH_2CH_2CH_2CH_3$	– 91	98
Octano	C_8H_{18}	$CH_3CH_2CH_2CH_2CH_2CH_2CH_2CH_3$	– 57	126
Nonano	C_9H_{20}	$CH_3CH_2CH_2CH_2CH_2CH_2CH_2CH_2CH_3$	– 50	151
Decano	$C_{10}H_{22}$	$CH_3CH_2CH_2CH_2CH_2CH_2CH_2CH_2CH_2CH_3$	– 30	174

enquanto a fórmula estrutural condensada é escrita

$$CH_3 — CH_2 — CH_2 — CH_3$$

ou, mais simplificada,

$$CH_3CH_2CH_2CH_3$$

Note que, apesar dos alcanos normais serem denominados alcanos de *cadeia linear*, a cadeia carbônica, que constitui a espinha dorsal de cada molécula, de maneira alguma é linear. Devido ao fato de cada átomo de carbono ligar-se tetraedricamente (ângulo de ligação de 109°) aos seus vizinhos, o átomo de carbono forma um zigue-zague, como pode ser observado na visão "lateral" dos modelos de bolas e varetas na Figura 23.1 (O termo *linear* significa "não ramificado".)

Observe também que o nome de todo alcano normal, com mais de quatro átomos de carbono, deriva do termo grego correspondente ao número de carbonos (ver Tabela 23.1). Assim, o oc*ta*no, C_8H_{18}, tem *oito* átomos de carbono na sua molécula.

Alcanos Ramificados. A molécula de um alcano *de cadeia ramificada* tem, como o nome indica, uma cadeia de átomo de carbono que é ramificada. Se, por exemplo substituirmos um dos hidrogênio ligados ao segundo carbono na molécula de pentano,

$$\begin{array}{ccccc} H & H & H & H & H \\ | & | & | & | & | \\ H-C-C-C-C-C-H \\ | & | & | & | & | \\ H & H & H & H & H \end{array}$$

por um grupo *metila*, CH_3^-, obtém-se a molécula ramificada do alcano conhecida como 2-metilpentano:

$$\begin{array}{ccccc} H & H & H & H & H \\ | & | & | & | & | \\ H-C-C-C-C-C-H \\ | & | & | & | & | \\ H & & H & H & H \\ & H-C-H & & & \\ & | & & & \\ & H & & & \end{array}$$

2-metilpentano

O próprio nome indica que existe um grupo metila no *segundo* carbono de um cadeia de cinco carbonos (pentano). Repare que o grupo met*ila* provém da molécula de met*ano*, CH_4, com um átomo de hidrogênio a menos. A fórmula estrutural condensada do 2-metilpentano é

$$CH_3-\underset{\underset{CH_3}{|}}{CH}-CH_2-CH_2-CH_3 \quad \text{ou} \quad CH_3\underset{\underset{CH_3}{|}}{CH}CH_2CH_2CH_3$$

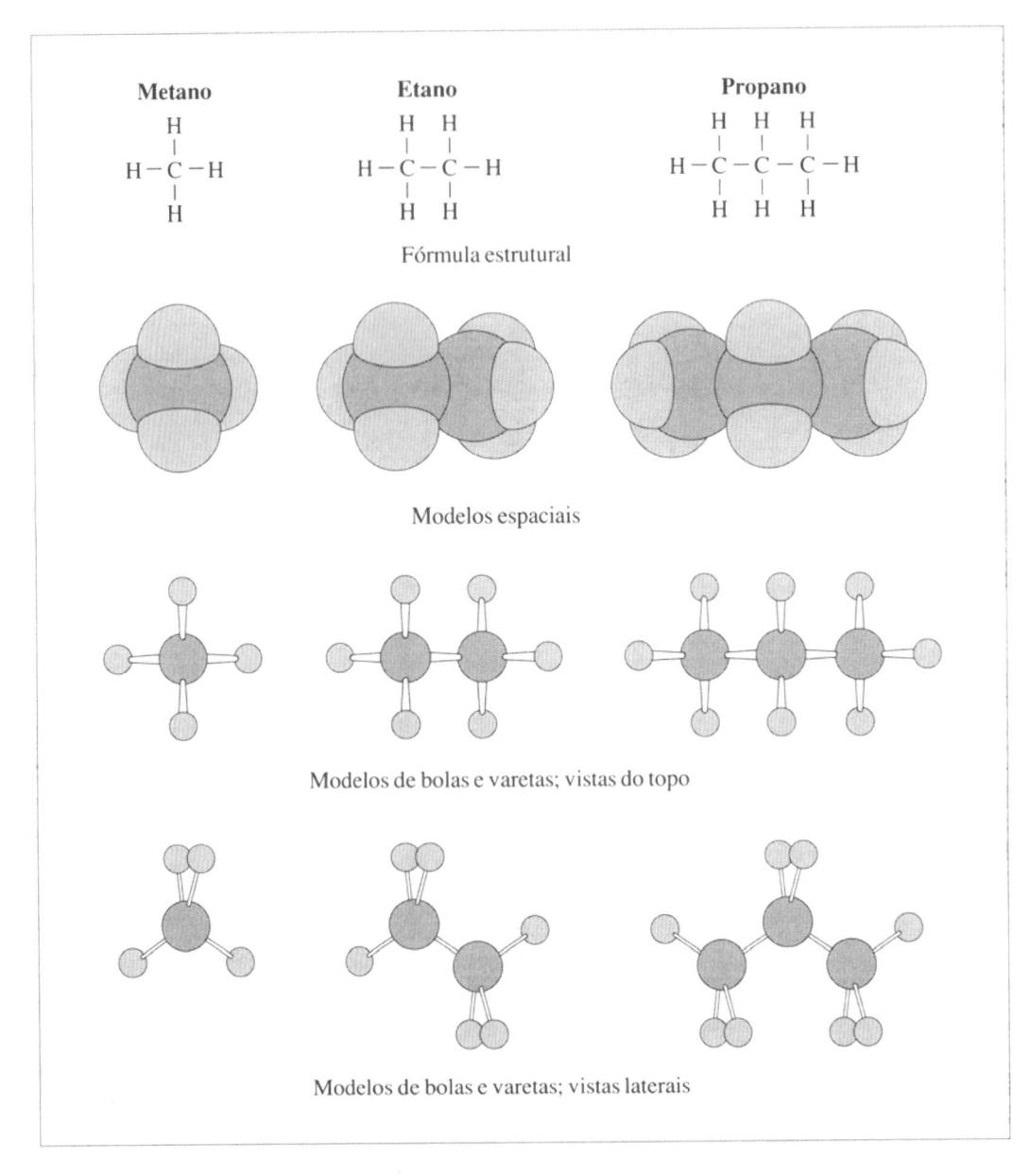

Figura 23.1 As estruturas dos três primeiros alcanos.

De acordo com o sistema IUPAC, os alcanos ramificados são denominados identificando-se primeiramente a *cadeia carbônica mais longa* da molécula e usando-se então um *número de localização* para indicar a posição dos grupos ou cadeias laterais. Por exemplo, a cadeia mais longa no composto

$$\underset{1}{CH_3}-\underset{\underset{CH_3}{|}}{\underset{2}{CH}}-\underset{3}{CH_2}-\underset{4}{CH_3}$$

é a de quatro carbonos do *butano* (ver Tabela 23.1). Pode-se ver que o grupo metila está no segundo carbono e portanto o número de localização 2 participa do nome 2-metilbutano. Os carbonos, numa cadeia, são numerados de maneira que o número de localização do nome seja o menor possível. Assim, o composto acima *não* é chamado 3-metilbutano, como ocorreria caso os carbonos fossem numerados começando-se pela outra extremidade da cadeia.

Comentários Adicionais

Note que os carbonos numa cadeia são sempre contados a partir de uma extremidade dela. Observe ainda que a numeração não é feita de maneira pela qual é escrita a fórmula estrutural. Assim, todas as fórmulas estruturais seguintes representam o 2-metilbutano:

$$\underset{4}{CH_3}-\underset{3}{CH_2}-\underset{\underset{CH_3}{|}}{\underset{2}{CH}}-\underset{1}{CH_3} \qquad \underset{3}{CH_2}-\underset{\underset{\underset{4}{CH_3}}{|}}{\underset{2}{CH}}-\underset{1}{CH_3}$$

$$\underset{4}{CH_3}-\underset{3}{CH_2}-\underset{\underset{CH_3}{|}}{\underset{2}{\overset{\overset{\overset{1}{CH_3}}{|}}{CH}}} \qquad \underset{1}{CH_3}-\underset{\underset{\underset{3}{CH_2}}{|}}{\underset{\underset{4}{CH_3}}{|}}\underset{2}{CH}-CH_3$$

Os grupos hidrocarbônicos (tais como o grupo metila) derivados dos alcanos são chamados grupos *alquila*. Alguns destes grupos se encontram na Tabela 23.2, com os seus nomes comuns e do sistema IUPAC.

Exemplo 23.1 Dê o nome IUPAC para

$$\begin{array}{c} \text{CH}_3 \\ | \\ \text{CH}_2\text{—CH—CH}_3 \\ | \\ \text{CH}_2\text{—CH}_3 \end{array}$$

Solução: O nome do composto não depende de como a sua fórmula estrutural foi escrita. O composto é ainda o 2-metilpentano. Lembre-se: *A numeração dos carbonos da cadeia principal começa da extremidade que confere o menor número (ou menores números) ao nome.*

Tabela 23.2 Alguns grupos alquila.

Grupo	Nome do sistema IUPAC	Nome comum	Comentário
CH_3—	Metila	Metila	
CH_3CH_2—	Etila	Etila	
$CH_3CH_2CH_2$—	Propila	*n*-Propila	*n* significa "normal" (cadeia linear)
CH_3—CH— | CH_3	1-Metiletila	Isopropila	*iso* significa que existe um grupo metila no penúltimo carbono
$CH_3CH_2CH_2CH_2$—	Butila	*n*-Butila	
CH_3CH_2CH— | CH_3	1-Metilpropila	*sec*-Butila	*sec* (também abreviado *s*), no lugar de "secundário", significa que ao primeiro carbono estão ligados outros dois carbonos
CH_3CHCH_2— | CH_3	2-Metilpropila	Isobutila	

Tabela 23.2 Alguns grupos alquila. (*continuação*)

Grupo	Nome do sistema IUPAC	Nome comum	Comentário

CH₃
  |
CH₃—C—
  |
CH₃
	1,1-Dimetiletila	*terc*-Butila	*terc* (também abreviado *t*) no lugar de "terciário" significa que ao primeiro carbono estão ligados outros três carbonos

CH₃CH₂CH₂CH₂CH₂—	Pentila	*n*-Amila	

Problema Paralelo Dê o nome IUPAC para

$$\begin{array}{c} CH_2-CH_2-CH_2-CH_3 \\ | \\ CH_2-CH-CH_2 \quad CH_3 \\ |\quad\quad\quad| \quad\quad\quad | \\ CH_3 \quad CH_2-CH_2 \end{array}$$

Resposta: 5-metildecano.

Exemplo 23.2 Dê o nome IUPAC para

$$\begin{array}{c} CH_2-CH_3 \\ | \\ CH_3-CH_2-CH \\ | \\ CH_3-CH_2-CH_2 \end{array}$$

Solução: A cadeia de carbono mais longa na molécula tem *seis* átomos. Por isso, é chamada 3-etilhexano.

Problema Paralelo: Dê o nome IUPAC para

$$\begin{array}{c} \text{CH}_3 \\ | \\ \text{CH}_2\!-\!\text{CH}_2 \\ | \\ \text{CH}_3\!-\!\text{CH}_2\!-\!\text{CH}\!-\!\text{CH}_2 \\ | \\ \text{CH}_3 \end{array}$$

Resposta: 3-etilhexano. (de novo!)

Exemplo 23.3 Dê o nome IUPAC para

$$\begin{array}{c} \text{CH}_3\!-\!\text{CH}_2\!-\!\text{CH}_2\!-\!\text{CH}_2 \\ | \\ \text{CH}_3\!-\!\text{CH}\!-\!\text{CH}\!-\!\text{CH}_2\!-\!\text{CH}_3 \\ | \\ \text{CH}\!-\!\text{CH}_2\!-\!\text{CH}_3 \\ | \\ \text{CH}_2\!-\!\text{CH}_2\!-\!\text{CH}_3 \end{array}$$

Solução: A cadeia mais longa tem 10 carbonos e é numerada do carbono de baixo, à direita, (carbono 1) para o carbono do alto à esquerda, conforme representado. O nome desta molécula é, portanto, 4,5 dietil-6-metildecano.

Problema Paralelo: Dê o nome IUPAC para:

$$\begin{array}{c} \text{CH}_2\!-\!\text{CH}_3 \\ | \\ \text{CH}_3\!-\!\text{CH}_2\!-\!\text{CH}\!-\!\text{CH}_2 \\ | \quad\quad | \\ \text{CH}_3\!-\!\text{CH} \quad \text{CH}_2\!-\!\text{CH}_3 \\ | \\ \text{CH}_2\!-\!\text{CH}_2 \\ | \\ \text{CH}_2\!-\!\text{CH}_2 \\ | \\ \text{CH}_3 \end{array}$$

Resposta: 4,4-dietil-5-metildecano.

Isomeria "de Esqueleto" ou de Cadeia. Os alcanos apresentam um tipo de isomeria estrutural conhecido como isomeria *de esqueleto* ou *de cadeia*. Dois alcanos que possuem a mesma fórmula molecular, mas que diferem na ramificação de suas cadeias carbônicas, são *denominadas isômeros de cadeia*. A isomeria de cadeia é possível quando a molécula possui quatro ou mais átomos de carbono. Os dois isômeros de fórmula molecular C_4H_{10} são

$$CH_3-CH_2-CH_2-CH_3 \qquad CH_3-\underset{\underset{CH_3}{|}}{CH}-CH_3$$

butano   2-metilpropano
(n-butano)   (isobutano)

Deve-se enfatizar que se tratam de compostos *diferentes*. (Eles apresentam diferentes pontos de ebulição, pontos de fusão, densidades, reatividades etc.)

Nos alcanos o número dos isômeros possíveis para uma dada fórmula aumenta drasticamente com o aumento do número de átomos de carbono. Assim sendo, há somente um isômero com a fórmula molecular CH_4, C_2H_6 ou C_3H_8, dois com a fórmula C_4H_{10}, três isômeros com a fórmula C_5H_{12}, cinco com C_6H_{14}, nove com C_7H_{16} e dezoito com C_8H_{18}. Foi calculado que 366.319 isômeros são possíveis para a fórmula molecular $C_{20}H_{42}$.

Exemplo 23.4 Represente e dê os nomes às fórmulas estruturais condensadas para todos os isômeros de cadeia com fórmula molecular C_5H_{12}.

Solução:

$$CH_3-CH_2-CH_2-CH_2-CH_2$$
pentano

$$CH_3-\underset{\underset{}{}}{\overset{\overset{CH_3}{|}}{CH}}-CH_2-CH_3$$
2-metilbutano

$$CH_3-\underset{\underset{CH_3}{|}}{\overset{\overset{CH_3}{|}}{C}}-CH_3$$
2,2-dimetilpropano

Problema Paralelo: Represente e dê o nome às fórmulas estruturais condensadas de todos os isômeros de cadeia de fórmula molecular C_4H_{10}.

Resposta:

$$CH_3-CH_2-CH_2-CH_3$$
butano

$$CH_3-\underset{\underset{\displaystyle CH_3}{|}}{CH}-CH_3$$
2-metilpropano

OS CICLOALCANOS

Um hidrocarboneto saturado, cujas moléculas possuem esqueletos de cadeias carbônicas fechadas em anéis, é chamada de *cicloalcano* e tem fórmula geral C_nH_{2n}. Cada carbono de um cicloalcano liga-se tetraedricamente ou aproximadamente tetraedricamente, a dois outros carbonos e a dois hidrogênios. A Tabela 23.3 mostra as fórmulas estruturais regulares e simplificadas dos quatros primeiros cicloalcanos. Note que, assim como ocorre com os alcanos, os nomes indicam o número de átomos de carbono de cada molécula, adicionando-se apenas o prefixo *ciclo*, que indica uma estrutura cíclica.

PROPRIEDADES DOS HIDROCARBONETOS SATURADOS

Os alcanos e cicloalcanos são compostos não-polares usados como solventes para outras substância não-polares, como matéria-prima na indústria para a síntese de outros compostos orgânicos, e como combustíveis. São geralmente menos densos do que a água e apresentam pontos de fusão e de ebulição que tendem a aumentar com o peso molecular, embora isômeros constituídos de moléculas mais compactas (com forças de London mais fracas) geralmente se fundem e fervem a temperaturas mais baixas do que os isômeros de cadeias mais extensas.

À temperatura ambiente, os alcanos geralmente não reagem com ácidos, bases, agentes oxidantes e redutores. Entretanto, os alcanos reagem com agentes oxidantes poderosos, como O_2 (a altas temperaturas, na combustão), F_2 e Cl_2. Os cicloalcanos são igualmente não reativos, com exceção do ciclo propano (C_3H_6) e ciclobutano (C_4H_8), que tendem a sofrer reações em que a cadeia carbônica é aberta. Nesses compostos os ângulos das ligações no anel C—C—C, não correspondem ao ângulo tetraédrico ideal e conseqüentemente a sobreposição dos orbitais não é muito eficiente, diminuindo a estabilidade. Isto aumenta a tendência de cada um destes compostos sofrerem alguma reação que permita ao ângulo de ligação C—C—C aproximar-se ao máximo do ângulo tetraédrico.

Tabela 23.3   Alguns cicloalcanos.

Fórmula molecular	Fórmula estrutural	Fórmula estrutural simplificada	Nome IUPAC
C_3H_6	H_2C—CH_2 com CH_2 acima	△	Ciclopropano
C_4H_8	H_2C—CH_2 / H_2C—CH_2	□	Ciclobutano
C_5H_{10}	anel de 5 CH_2	⬠	Ciclopentano
C_6H_{12}	anel de 6 CH_2	⬡	Ciclohexano

Os hidrocarbonetos saturados são encontrados no gás natural e no petróleo. O gás natural é composto principalmente de metano, mas contém algum etano e ainda outros hidrocarbonetos de baixo ponto de ebulição. O metano é produzido pela decomposição de animais e plantas nos pântanos e por isso foi chamado de *gás do pântano*. Ele se forma também na decomposição do lixo caseiro e resíduos das fazendas; atualmente, tecnologias estão sendo desenvolvidas para exploração destas fontes potenciais de combustíveis valiosos.

REAÇÕES DOS HIDROCARBONETOS SATURADOS

Os hidrocarbonetos são geralmente muito pouco reativos. Eles queimam em um excesso de ar ou em oxigênio produzindo água e dióxido de carbono:

$$CH_4(g) + 2O_2(g) \rightarrow CO_2(g) + 2H_2O(g) \qquad \Delta H° = -802 \text{ kJ mol}^{-1}$$

Limitando-se a quantidade de oxigênio, forma-se monóxido de carbono e menos calor:

$$CH_4(g) + \frac{3}{2}O_2(g) \rightarrow CO_2(g) + 2H_2O(g) \qquad \Delta H° = -519 \text{ kJ mol}^{-1}$$

Utilizando-se ainda menos oxigênio, há formação de carbono, sob a forma de fuligem ou *negro de fumo*:

$$CH_4(g) + O_2(g) \rightarrow C(s) + 2H_2O(g) \qquad \Delta H° = -409 \text{ kJ mol}^{-1}$$

Os alcanos e cicloalcanos reagem com os halogênios produzindo misturas de vários *hidrocarbonetos halogenados*. Por exemplo, o metano reage com o cloro gasoso, a temperaturas elevadas ou em presença de luz, formando CH_3Cl, CH_2Cl_2, $CHCl_3$, CCl_4.

Os cicloalcanos sofrem certas reações de abertura do anel. Um exemplo é a hidrogenação catalítica do ciclopropano em presença de níquel. Representando a molécula de ciclopropano

por

esta reação pode ser mostrada como

$$\triangle + H_2 \xrightarrow{Ni} CH_3CH_2CH_3$$

Ciclopropano   Propano

23.2 HIDROCARBONETOS INSATURADOS

Hidrocarbonetos insaturados são hidrocarbonetos cujas moléculas possuem um ou mais ligações múltiplas. Incluem o *alcenos e alcinos*.

OS ALCENOS

Hidrocarbonetos que possuem ligação dupla carbono-carbono são chamados alcenos e, de maneira idêntica aos cicloalcanos, apresentam a fórmula geral C_nH_{2n}. O alceno mais simples é o *eteno* (nomenclatura IUPAC), chamado também *etileno*, um nome mais comum nos Estados Unidos.

$$\underset{\substack{\text{eteno} \\ \text{(etileno)}}}{\begin{array}{c} H \\ \diagdown \\ H \end{array} C = C \begin{array}{c} H \\ \diagup \\ H \end{array}}$$

No eteno cada carbono usa seus orbitais $2s$, $2p_x$ e $2p_y$ formando três orbitais híbridos sp^2 (plana trigonal) conforme é ilustrado na Figura 23.2a. Dois destes três orbitais se sobrepõem aos orbitais $1s$ do dois hidrogênio, formando duas ligações σ C—H. O outro orbital sp^2 se sobrepõem ao orbital correspondente do outro carbono para formar um ligação σ C—C. Isto completa o *esqueleto sigma* de molécula, mostrado na Figura 23.2b. Cada um dos carbonos ainda mantém um orbital p_y não-híbrido; essa sobreposição lado a lado (Figura 23.2c) forma uma ligação π (Figura 23.2d). As ligações σ e π do C—C constituem a ligação dupla na molécula (para maior clareza o esqueleto sigma não é apresentado nas Figuras 23.2c e d).

A dupla ligação carbono-carbono em todos os alcenos é semelhantes àquela do eteno. Os nomes e as estruturas de alguns alcenos se encontram na Tabela 23.4. Os alcenos são denominados tomando-se o nome do alcano correspondente substituindo-se o sufixo *ano* por *eno* e, quando necessário, empregando-se um número para localizar o "início" da dupla ligação. Os carbonos são numerados de modo tal que este número seja o menor possível. Assim, o nome

$$CH_3 - CH_2 - CH_2 - CH = CH_2$$

é 1 penteno e não 4 penteno.

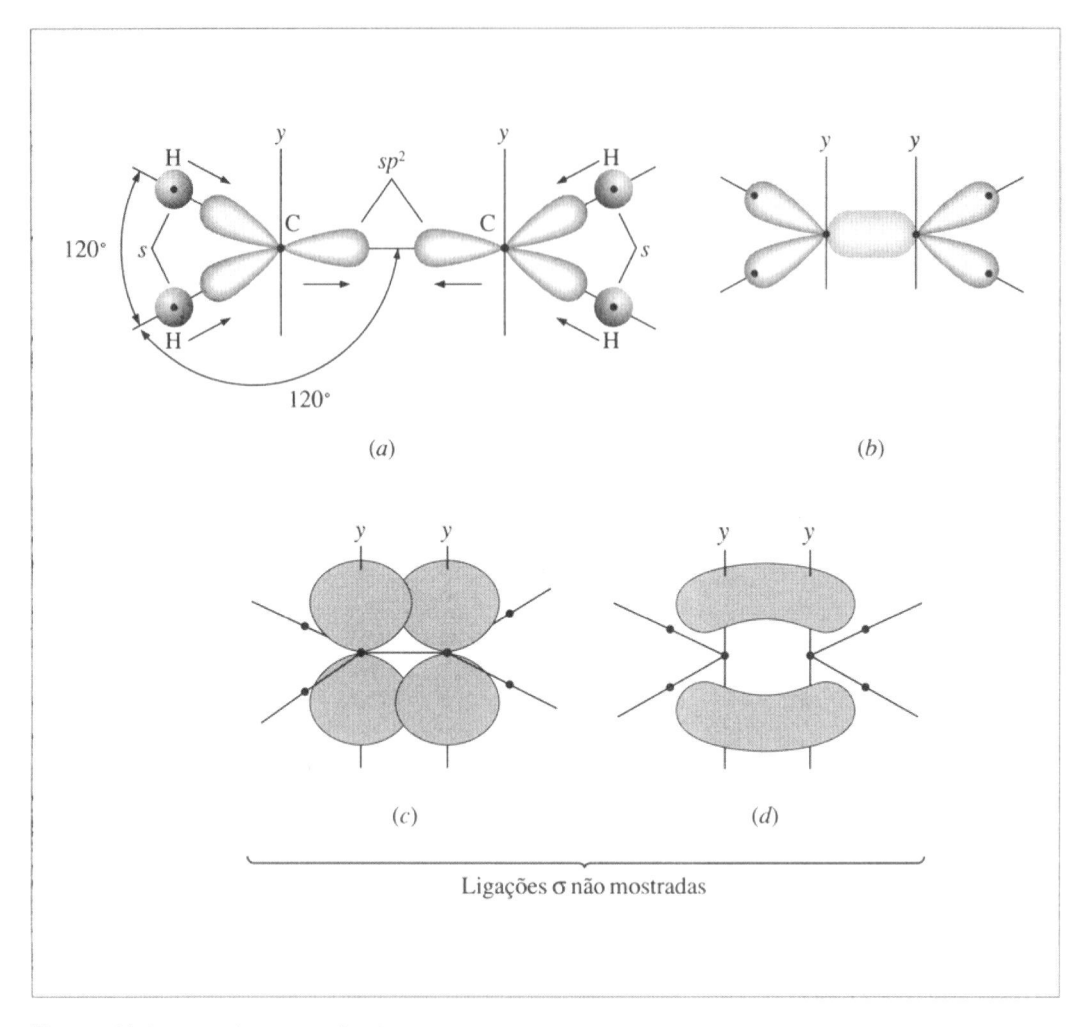

Figura 23.2 As ligações no etileno (eteno). (*a*) Aproximação dos átomos. (*b*) O esqueleto σ. (*c*) Sobreposição dos orbitais p_y. (*d*) A ligação π_y.

Exemplo 23.5 Dê o nome dos seguintes alcenos:

(a) $CH_3-CH-CH=CH_2$
        $\quad\quad\quad\;\;|$
        $\quad\quad\quad CH_3$

(b) $CH_3-C=CH-CH_3$
        $\quad\quad\;|$
        $\quad\;\;CH_2-CH_3$

Tabela 23.4 Alguns alcenos.

Fórmula molecular	Fórmula estrutural	Nome	Ponto de fusão normal, °C	Ponto de ebulição normal, °C
C_2H_4	CH_2=CH_2	Eteno (IUPAC), etileno (comum)	−169	−104
C_3H_6	CH_2=CH—CH_3	Propeno (IUPAC), propileno (comum)	−185	−48
C_4H_8	CH_2=CH—CH_2—CH_3	1-Buteno (IUPAC)	−130	−6
C_4H_8	H\C=C/H, H₃C/ \CH₃	cis-2-Buteno (IUPAC)	−139	4
C_4H_8	H₃C\C=C/H, H/ \CH₃	trans-2-Buteno (IUPAC)	−106	1
C_4H_8	H₃C\C=C/H, H₃C/ \H	2-Metilpropeno (IUPAC)	−140	−7

Solução: (a) 3-metil-1-buteno.

(b) 3-metil-2-penteno. (Note que a cadeia mais longa desta molécula é cadeia de cinco carbonos.)

Problema Paralelo: Dê o nome dos seguintes alcenos:

(a) CH_3—CH_2—CH_2—CH=CH—CH_3

(b) CH_3—CH=CH—$C(CH_3)_2$—CH_3

Respostas: (a) 2 hexeno. (b) 4,4-dimetil-2-penteno.

Tabela 23.5 Alguns alcinos.

Fórmula estrutural	Fórmula molecular	Nome	Ponto de fusão normal, °C	Ponto de ebulição normal, °C
C_2H_2	HC≡CH	Etino (IUPAC), acetileno (comum)	—	– 84 (sublima)
C_3H_4	HC≡C—CH_3	Propino (IUPAC), metilacetileno (comum)	– 101	– 23
C_4H_6	HC≡C—CH_2—CH_3	1-Butino (IUPAC), etilacetileno (comum)	– 126	8
C_4H_6	CH_3—C≡C—CH_3	2-Butino (IUPAC), dimetilacetileno (comum)	– 32	27

A rotação ao longo da dupla ligação num alceno não é possível porque destruiria a sobreposição necessária para formar a ligação π. Isto significa que isomeria *cis-trans* é possível (Seção 22.5). A forma *cis* (grupos metila adjacentes) e a forma *trans* (grupos metila opostos) do 2-buteno são apresentados na Tabela 23.4.

OS ALCINOS

Hidrocarbonetos com uma tripla ligação nas suas moléculas são chamados *alcinos* e possuem a fórmula geral C_nH_{2n-2}. O alcino mais simples é o *etino* (nomenclatura IUPAC), comumente denominado *acetileno*:

$$H—C≡C—H$$
etino (acetileno)

As ligações nos alcinos envolvem o uso de orbitais híbridos *sp* (linear) para cada carbono formar a cadeia linear σ H—C—C—H. Supondo que o eixo das ligações é o eixo *x*, então os orbitais não hibridizados p_y e p_z de cada carbono se sobrepõem lado a lado para formar duas ligações π. Os orbitais OMs ligantes σ + π + π constituem a ligação tripla.

A Tabela 23.5 reúne os nomes e as estruturas de alguns alcinos. Os alcinos são denominados da mesma maneira que os alcenos, apenas empregando-se o sufixo *ino* em vez de *eno*, de acordo com a IUPAC.

PROPRIEDADES DOS HIDROCARBONETOS INSATURADOS

Os alcenos e alcinos são compostos não-polares ou levemente polares que, semelhantemente aos alcanos, apresentam pontos de fusão e de ebulição que aumentam com o peso molecular. Estes compostos, entretanto, diferentemente dos alcanos, são bastante reativos quimicamente.

    Não existem fontes naturais importantes de hidrocarbonetos insaturados. Os alcenos são obtidos industrialmente como produtos de refinação do petróleo. Os alcenos podem ser sintetizados por meio de *reações de eliminação* em que dois átomos ou grupos, em carbonos adjacentes de uma cadeia saturada, são removidos simultaneamente, deixando uma dupla ligação. Assim, cloroetano, quando aquecido com uma solução de hidróxido de potássio em etanol, reage formando eteno (etileno):

$$H_3C-CH_2Cl + OH^- \rightarrow H_2C=CH_2 + Cl^- + H_2O$$

Cloroetano   eteno

    Etino (acetileno) pode ser preparado pela adição de água ao carbeto de cálcio:

$$CaC_2(s) + 2H_2O \rightarrow H-C \equiv C-H(g) + Ca^{2+}(aq) + 2OH^-(aq)$$

etino (acetileno)

REAÇÕES DOS HIDROCARBONETOS INSATURADOS

Um alceno, geralmente, deve sua reatividade à presença de sua ligação π. Um *eletrófilo*, um átomo ou grupo de átomos ávido por elétrons, pode romper esta ligação π. Assim, bromo, Br_2, reage com propeno formando 1,2-dibromopropano:

$$Br_2 + CH_2=CH-CH_3 \rightarrow CH_2(Br)-CH(Br)-CH_3$$

propeno   1,2-dibromopropano

Esta reação é chamada *reação de adição* e diz-se que o bromo adiciona-se à dupla ligação. A adição do hidrogênio a um alceno fornece um alcano:

$$H_2 + CH_2=CH-CH_3 \rightarrow CH_3-CH_2-CH_3$$
propeno   propano

Haletos de hidrogênio também se adicionam a duplas ligações

$$HCl + CH_2=CH-CH_3 \rightarrow CH_3-\underset{\underset{Cl}{|}}{CH}-CH_3$$
propeno   2-cloropropano

Para tais reações a *regra de Markovnikov* estabelece que o hidrogênio se adiciona ao carbono da dupla ligação que já está ligado ao maior número de átomos de hidrogênio. Assim, o produto principal é 2-cloropropano e não 1-cloropropano.

Adições eletrófilas à tripla ligação de um alcino também são possíveis, embora seja freqüentemente necessário um catalisador. Assim, um mol de HBr se adiciona a um mol de propino, formando 2-bromopropeno:

$$HC\equiv C-CH_3 + HBr \rightarrow CH_2=\overset{\overset{Br}{|}}{C}-CH_3$$
propeno   2 bromopropeno

A adição de um segundo mol de HBr fornece 2,2-dibromopropano:

$$CH_2=\overset{\overset{Br}{|}}{C}-CH_3 + HBr \rightarrow CH_2=\overset{\overset{Br}{|}}{\underset{\underset{Br}{|}}{C}}-CH_3$$
2-bromopropeno   2- dibromopropano

Hidrocarbonetos insaturados se queimam no ar ou oxigênio formando água e CO_2, CO, C ou uma mistura destes, dependendo da disponibilidade de O_2.

23.3 HIDROCARBONETOS AROMÁTICOS

Os *hidrocarbonetos aromáticos* constituem um tipo especial de hidrocarbonetos insaturados[1]. O exemplo mais simples de um hidrocarboneto aromático é o *benzeno*.

BENZENO

O benzeno, C_6H_6, é uma molécula cíclica que, de acordo com a teoria da ligação pela valência, é descrita como um híbrido de ressonância:

Como um híbrido de ressonância é uma estrutura composta ou híbrida, cada ligação carbono-carbono é intermediária entre uma ligação simples e uma dupla.

A teoria dos orbitais moleculares descreve as ligações do benzeno da seguinte maneira: cada carbono emprega seus orbitais $2s$, $2p_x$, e $2p_z$ formando três híbridos sp^2 (plana trigonal). Estes são usados para ligar o carbono a um hidrogênio e a dois carbonos adjacentes; construindo a cadeia σ da molécula vista na Figura 23.3a. Os orbitais p_y restantes, não hibridizados, um para cada carbono, se sobrepõem dos dois lados, acima e abaixo do plano do anel, como esquematizado na Figura 23.3b.

---

[1] O termo *aromático* foi empregado originalmente porque muitos destes compostos possuem odores pronunciados.

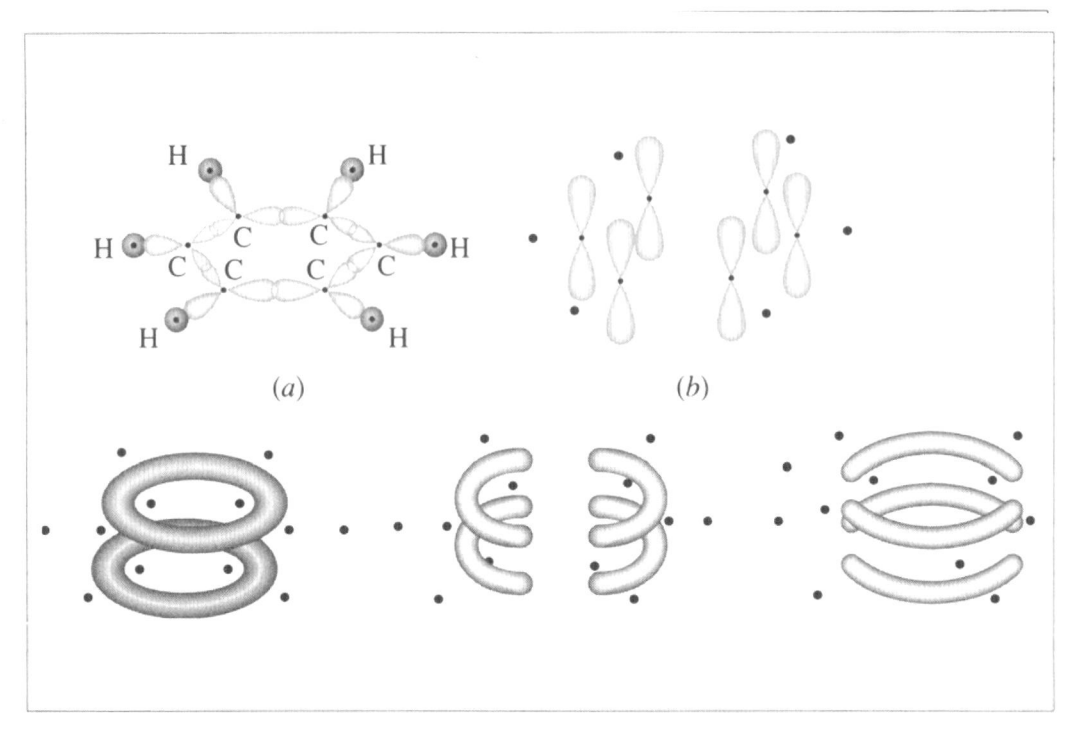

Figura 23.3 A ligação no benzeno. (*a*) O esqueleto σ. (*b*) Os orbitais p_y (os lobos foram reduzidos para efeito de clareza). (*c*) Orbitais π_y ligantes, deslocalizados.

O resultado da combinação de seis orbitais p_y são três, π OMs (ligantes) apresentados na Figura 23.3*c* e três orbitais π^* OMs (antiligantes), não mostrados na ilustração. Os OMs ligantes são *deslocalizados* porque se estendem sobre vários átomos. Vamos agora contar os elétrons: temos um total de 30 elétrons de valência para serem distribuídos (de todos os 12 átomos). Vinte e quatro destes pertencem ao esqueleto σ (dois para cada ligação). Os seis elétrons restantes, entram nos três orbitais π deslocalizados. Como três orbitais preenchidos para seis ligações constituem metade de uma ligação por par de átomos de carbono, a ordem da ligação π para cada ligação carbono-carbono é 1 (a ligação σ) mais $1/2$ (a meia ligação π), formando um total de $3/2$. Note que isto é consistente com a descrição da molécula em termo do modelo de ressonância anterior.

A fórmula estrutural do benzeno é algumas vezes abreviada como

e, uma vez que as ligações π são deslocalizadas, ela é geralmente apresentada assim

onde o hexágono representa a cadeia sigma da molécula e o círculo, os elétrons deslocalizados π. Todos os hidrocarbonetos aromáticos mais simples contêm o anel benzênico como parte de sua estrutura molecular.

OUTROS HIDROCARBONETOS AROMÁTICOS

Os hidrogênios numa molécula de benzeno podem ser substituídos por grupos alquila. A substituição de um hidrogênio por um grupo metila leva ao *metilbenzeno*, chamado geralmente *tolueno*:

metilbenzeno (tolueno)

A adição de dois grupos metila nos anéis de benzeno cria a possibilidade de três isômeros. No sistema IUPAC eles recebem os números 1,2-; 1,3- e 1,4-; respectivamente. Um sistema mais antigo, comumente usado, emprega os prefixos *orto-*, *meta-* e *para-* (abreviados *o-*, *m-* e *p-*, respectivamente), juntamente com o nome *xileno*. Os três dimetilbenzenos isômeros são

1,2-dimetilbenzeno (*o*-xileno)   1,3-dimetilbenzeno (*m*-xileno)   1,4-dimetilbenzeno (*p*-xileno)

Outro tipo de hidrocarboneto aromático possui anéis benzênicos *condensados*. O exemplo mais simples de tais compostos é o *naftaleno*, comumente usado como antitraças:

naftaleno

Um outro é o 3,4-benzopireno,

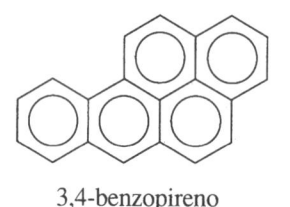

3,4-benzopireno

um potente cancerígeno produzido pela combustão de muitos materiais vegetais, como madeira, papel e fumo.

FONTES E PROPRIEDADES DE HIDROCARBONETOS AROMÁTICOS

Misturas de hidrocarbonetos aromáticos podem ser obtidas do alcatrão da hulha e separadas pelos seus diferentes pontos de ebulição por destilação fracionada. Atualmente a maior parte do benzeno, tolueno e xilenos são obtidos quimicamente a partir dos alcanos do petróleo. Assim, hexano é aquecido com platina como catalisador, a 400°C, produzindo benzeno:

$$CH_3-CH_2-CH_2-CH_2-CH_2-CH_3 \xrightarrow{Pt} \text{[benzeno]} + 4H_2$$

hexano   benzeno

Este processo é um exemplo de *reforma catalítica*.

Os hidrocarbonetos aromáticos são compostos de baixa polaridade e são tóxicos de intensidade variável. O benzeno é líquido volátil (ponto de ebulição normal, 80°C) tóxico e cancerígeno. O tolueno e os xilenos, aparentemente, não são cancerígenos, embora ainda bastante tóxicos. Cuidado especial deve ser tomado para evitar a inalação de vapores de benzeno e de seus derivados.

Deve-se esperar que os hidrocarbonetos aromáticos, sendo altamente insaturados, sejam bastante reativos. Na realidade isto não acontece. Por exemplo, Br_2, embora se adicione aos alcenos e alcinos, (Seção 23.2), não é capaz de semelhante reação com o benzeno. Efetuará, entretanto, uma reação de substituição, mas unicamente na presença de ferro como catalisador (ver a seguir). Benzeno e outros hidrocarbonetos aromáticos queimam no ar com chama muito fuliginosa e luminosa.

REAÇÕES DOS HIDROCARBONETOS AROMÁTICOS

Apesar de sua baixa reatividade, os hidrocarbonetos aromáticos podem ser levados a participar de várias reações se o catalisador apropriado estiver presente em cada caso. O benzeno pode sofrer uma reação de substituição com o bromo, na presença de ferro como catalisador:

$$\text{benzeno} + Br_2 \xrightarrow{Fe} \text{bromobenzeno} + HBr$$

A reação posterior com mais bromo produz uma mistura de dibromobenzenos isômeros. Essas reações são chamadas *bromações*. As *clorações* são semelhantes.

Numa reação de *nitração* um hidrogênio do anel benzênico é substituído por um grupo *nitro* ($-NO_2$). Com o benzeno, a reação é benzeno + HNO$_3$ $\xrightarrow{H_2SO_4}$ nitrobenzeno + H$_2$O

Quando o tolueno sofre nitração exaustiva, o produto é 2,4,6-trinitrotolueno, conhecido como TNT,

2.4.6-trinitrotolueno

23.4 GRUPOS FUNCIONAIS

As moléculas de muitos compostos orgânicos podem ser consideradas como sendo hidrocarbonetos em que um ou mais hidrogênios foram substituídos por novos átomos ou grupos de átomos. Estas moléculas são consideradas *derivadas* dos hidrocarbonetos, e os átomos ou grupos substituintes são chamados *grupos funcionais*. Assim, se um hidrogênio numa molécula de etano,

$$CH_3 - CH_3$$

é substituído pelo grupo funcional —OH,

$$CH_3 - CH_2 - OH$$

o composto resultante é o etanol. Cada grupo funcional confere uma propriedade característica, ou *função*, a uma molécula. O grupo —OH é chamado *grupo funcional álcool* e cada molécula orgânica que o incorpora apresenta propriedades típicas dos *álcoois*, uma classe importante de compostos orgânicos. Assim, a fórmula geral de um álcool pode ser escrita como ROH, onde R representa a parte hidrocarbônica ou *residual* da molécula.

A Tabela 23.6 apresenta grupos funcionais importantes.

Tabela 23.6 Alguns grupos funcionais.

Grupo funcional	Fórmula geral	Classe de compostos
—OH	ROH	Álcool
—O—	ROR'	Éter*
—C(=O)—H	RCHO	Aldeído†
—C(=O)—	RCOR'	Cetona*
—C(=O)—OH	RCOOH	Ácido carboxílico†
—C(=O)—O—	RCOOR'	Éster*,†
—NH(H)	RNH_2	Amina (primária)

* Nesses compostos as duas partes hidrocarbônicas residuais podem ser diferentes.
† Nesses compostos o R ligado ao carbono pode representar um átomo de hidrogênio.

23.5 ÁLCOOIS

Álcoois são compostos do tipo ROH.

NOMENCLATURA

O nome IUPAC de um álcool é obtido substituindo-se o *o* no fim do nome do alcano correspondente pelo sufixo *ol*. Por exemplo, CH_3OH é o metanol e CH_3CH_2OH é o etanol. Quando é necessário localizar a posição do grupo —OH, são usados números. Por exemplos: $CH_3CH_2CH_2CH_2OH$ é chamado 1-butanol (grupo —OH no primeiro carbono) e $CH_3CH_2CHOHCH_3$ é 2-butanol (grupo —OH no segundo carbono).

> **Comentários Adicionais**
>
> Lembre-se de contar os átomos de carbono de maneira que os números de localização tornem-se tão pequenos quanto possível. (O primeiro composto acima não tem o nome de 4-butanol.)

Freqüentemente são atribuídos nomes comuns aos álcoois (nomes não pertencentes à norma IUPAC). Isto se faz acrescentando a palavra *álcool* ao nome do grupo alquila ao qual se acha ligado o —OH. Assim, CH_3OH é o álcool metílico, e $CH_3CH_2CH_2CH_2OH$ é o álcool *n*-butílico. A Tabela 23.7 reúne os nomes e as estruturas de alguns álcoois.

PROPRIEDADES

Os pontos de ebulição dos álcoois são consideravelmente mais altos do que dos alcanos correspondentes (compare as Tabelas 23.1 e 23.7), isto resulta do alto grau de associação no líquido, provocado pelas ligações de hidrogênio. São também responsáveis pela solubilidade dos álcoois inferiores (cadeias menores) em água. Metano, etano e propano são pouco solúveis em água, enquanto metanol, etanol e 1-propanol são infinitamente solúveis (são totalmente miscíveis com a água), resultado da ligação de hidrogênio forte entre a água e ao álcool em solução (ver Seção 11.4). A solubilidade dos álcoois, porém, decresce com o aumento da cadeia hidrocarbônica, conforme é mostrado na Tabela 23.8. Quando a parte hidrocarbônica de um álcool é grande, a formação das ligações de hidrogênio álcool-água não consegue compensar as ligações de hidrogênio água-água que devem ser destruídas para dar lugar às moléculas do álcool durante o processo de dissolução.

Metanol, CH_3OH, é às vezes chamado *álcool de madeira* porque é um dos produtos da destilação destrutiva da madeira (aquecimento da madeira na ausência de ar). Atualmente a maior parte do metanol é produzida por meio da hidrogenação catalítica do monóxido de carbono:

$$CO(g) + 2H_2(g) \rightarrow CH_3OH(g)$$
$$\text{(metanol)}$$

O metanol é usado como solvente e como matéria-prima para muitas sínteses orgânicas. Também tem se mostrado promissor como aditivo para gasolina e como combustível para motores de combustão interna; é muito tóxico.

Tabela 23.7   Alguns álcoois.

Fórmula estrutural condensada	Nome IUPAC	Nome comum	Ponto de fusão normal, °C	Ponto de ebulição normal, °C
CH_3OH	Metanol	Álcool metílico	− 98	65
CH_3CH_2OH	Etanol	Álcool etílico	−114	78
$CH_3CH_2CH_2OH$	1-Propanol	Álcool n-propílico	−127	97
$CH_3CHOHCH_3$	2-Propanol	Álcool isopropílico	− 90	82
$CH_3CH_2CH_2CH_2OH$	1-Butanol	Álcool n-butílico	− 90	117
$CH_3CH_2CHOHCH_3$	2-Butanol	Álcool sec-butílico	−115	100
$(CH_3)_2CHCH_2OH$	2-Metil-1-propanol	Álcool isobutílico	−108	108
$(CH_3)_3COH$	2-Metil-2-propanol	Álcool terc-butílico	26	82

Tabela 23.8   Solubilidade de alguns álcoois em água.

Álcool	Fórmula	Solubilidade a 25°C, mol L^{-1}
Metanol	CH_3OH	(∞)
Etanol	CH_3CH_2OH	(∞)
1-Propanol	$CH_3(CH_2)_2OH$	(∞)
1-Butanol	$CH_3(CH_2)_3OH$	1,1
1-Pentanol	$CH_3(CH_2)_4OH$	0,25
1-Hexanol	$CH_3(CH_2)_5OH$	0,01
1-Heptanol	$CH_3(CH_2)_6OH$	0,0008

Etanol, CH_3CH_2OH, também denominado *álcool de cereais*, é produzido em grandes quantidades pelas indústrias de fermentação. A fermentação natural dos hidratos de carbono nos cereais, frutas e bagos produz etanol, que é separado das misturas de reação por meio de destilação fracionada. A reação de formação de etanol é catalisada por um sistema de enzimas de levedura. Para a fermentação da glicose, o processo total pode ser representado por:

$$C_6H_{12}O_6(aq) \rightarrow 2CH_3CH_2OH(aq) + 2CO_2(g)$$
$$\text{glicose} \qquad\qquad \text{etanol}$$

Etanol pode também ser produzido industrialmente pela reação entre ácido sulfúrico e eteno (etileno).

$$CH_2 = CH_2 + H_2SO_4 \rightarrow CH_3CH_2OSO_3H$$
$$\text{eteno} \qquad\qquad \text{hidrogenosulfato de etila}$$

seguido por reação com água.

$$CH_3CH_2OSO_3H + H_2O \rightarrow CH_3CH_2OH + HSO_4^- + H^+$$
$$\text{etanol}$$

Grande parte do etanol serve para a produção de bebidas alcoólicas. Comumente é chamado apenas de *álcool*, sendo o menos tóxico dos álcoois. O etanol é um solvente valioso e matéria-prima para muitas sínteses orgânicas. Foi empregado, durante muitos anos na Europa e agora nos Estados Unidos, para aumentar o índice de octanas da gasolina, numa mistura conhecida com *gasool*[2].

Polióis. Os polióis são álcoois contendo mais de um grupo —OH por molécula. Um exemplo de um *diol* é o 1,2-etanodiol, também chamado *etilenoglicol*

$$\begin{array}{cc} CH_2 - CH_2 \\ | \quad\quad | \\ OH \quad OH \end{array}$$
1,2-etanodiol
(etilenoglicol)

---

[2] N. do R.T.: No Brasil é misturado à gasolina e atualmente o álcool hidratado (~ 95%) está sendo empregado como combustível para os automóveis.

empregado como anticongelante automotivo. Glicerol (comumente chamado "glicerina") é *triol*, 1,2,3-propanotriol,

$$\begin{array}{ccc} CH_2 & CH & CH_2 \\ | & | & | \\ OH & OH & OH \end{array}$$

1,2,3-propanotriol
(glicerol; "glicerina")

É um subproduto da fabricação de sabão (ver Seção 23.10), sendo empregado em cosméticos e cremes medicinais, ungüentos e loções e é adicionado aos produtos do tabaco para conservá-los úmidos.

REAÇÕES

Os álcoois podem ser oxidados por vários agentes oxidantes. Etanol reage com uma solução ácida de dicromato de potássio formando um composto chamado *aldeído*. A equação balanceada é

$$3CH_3-CH_2-OH + Cr_2O_7^{2-} + 8H^+ \rightarrow 3\,CH_3-C\overset{\displaystyle O}{\underset{\displaystyle H}{\diagup}} + 2Cr^{3+} + 7H_2O$$

etano   etanal
(acetaldeíco)

As reações orgânicas são freqüentemente representadas por meio de equações abreviadas, nas quais são colocadas apenas os reagentes e produtos orgânicos principais, enquanto os outros reagentes aparecem sobre a flecha. A oxidação do etanol pode, portanto, ser representada como

$$CH_3-CH_2-OH \xrightarrow{K_2Cr_2O_7} CH_3-C\overset{\displaystyle O}{\underset{\displaystyle H}{\diagup}}$$

etano   etanal

Deve-se notar que esta oxidação corresponde a uma *desidrogenação*, a remoção de átomo de hidrogênio da molécula. O aldeído produzido pode ser em seguida oxidado para formar um *ácido carboxílico* (ver Seção 23.9).

Álcoois Primários, Secundários e Terciários. Etanol é chamado um *álcool primário* porque o grupo —OH está ligado a um carbono que contém ao menos dois hidrogênios. Álcoois primários produzem aldeídos por oxidação:

$$R-CH_2-OH \xrightarrow{oxidação} R-C\overset{\displaystyle O}{\underset{\displaystyle H}{\nwarrow\!\!\!\nearrow}}$$

álcool primário → aldeído

Um *álcool secundário* tem somente um H no carbono ao qual está ligado o grupo —OH. Um exemplo é o 2-propanol,

$$CH_3-\underset{\underset{\displaystyle OH}{|}}{CH}-CH_3$$

2-propanol

Álcoois secundários podem ser oxidados para formar *cetonas*:

$$R-\underset{\underset{\displaystyle }{|}}{\overset{\overset{\displaystyle OH}{|}}{CH}}-R' \xrightarrow{oxidação} R-\overset{\overset{\displaystyle O}{||}}{C}-R$$

álcoois secundários → cetona

Num *álcool terciário* o grupo funcional —OH está ligado a um carbono sem nenhum átomo de H. Álcoois terciários não são facilmente oxidados.

Álcoois reagem com haletos de hidrogênio em reações conhecidas como *substituições nucleofílicas*. Vimos que um eletrófilo é um átomo ou grupo de átomos ávidos por elétrons. Um *nucleófilo* é um átomo ou grupo rico em elétrons, tal como uma base de Lewis (ver Seção 12.1), o qual procura compartilhar seus elétrons com um íon positivo. Quando o metanol reage com o brometo de hidrogênio, os produtos são brometo de metila e água:

$$CH_3-OH + HBr \rightarrow CH_3-Br + H_2O$$

metanol — brometo de metila (bromometano)

O produto desta reação, brometo de metila, é um exemplo de *haleto de alquila*. A reação ocorre com a formação de um intermediário, $CH_3-OH_2^+$:

$$CH_3-OH + HBr \rightarrow \left[CH_3-\underset{\underset{\displaystyle H}{|}}{\overset{\overset{\displaystyle H}{|}}{O}}-H \right]^+ + Br^-$$

Em seguida, o Br⁻ nucleófilo substitui a H₂O nucleófila para tornar o produto:

$$\left[\begin{array}{c} H \\ | \\ CH_3-O-H \end{array}\right]^+ + Br^- \rightarrow CH_3-Br + H_2O$$

A temperaturas elevadas e em presença de ácido sulfúrico um álcool sofre uma *reação de eliminação* em que uma molécula de água é eliminada formando um alceno:

$$CH_3CH_2-OH \xrightarrow[200°C]{H_2SO_4} CH_2=CH_2 + H_2O$$
$$\text{etanol} \qquad\qquad \text{eteno}$$
$$\text{(etileno)}$$

Este é um exemplo de uma *desidratação*. Quando a reação é efetuada a temperaturas mais baixas, ocorre uma *desidratação intermolecular*, uma molécula de água sendo eliminada entre duas moléculas do álcool para formar um *éter*.

$$CH_3CH_2-OH + HO-CH_2CH_3 \xrightarrow[135°C]{H_2SO_4} CH_3CH_2-O-CH_2CH_3 + H_2O$$
$$\text{éter dietílico}$$

23.6 ÉTERES

Os éteres são compostos de fórmula geral R—O—R′, onde os dois grupos hidrocarbônicos não são necessariamente os mesmos, (R e R′).

NOMENCLATURA

Os éteres não são usualmente denominados pelo sistema IUPAC. São mais freqüentemente chamados especificando-se os grupos hidrocarbônicos que estão ligados ao oxigênio e adicionando-se palavra *éter*. Quando os dois grupos são os mesmos, emprega-se o nome destes, geralmente sem o prefixo *di*. Por exemplo, quando os dois restos hidrocarbônicos são grupos metila, o composto se chama éter dimetílico (algumas vezes, éter metílico).

$$CH_3 — O — CH_3$$
éter dimetílico
(éter metílico)

A Tabela 23.9 reúne vários éteres comuns.

Tabela 23.9 Alguns éteres.

Fórmula estrutural condensada	Nome IUPAC	Nome comum	Ponto de fusão normal, °C	Ponto de ebulição normal, °C
CH_3OCH_3	Metoximetano	Éter dimetílico	–142	–25
$CH_3CH_2OCH_2CH_3$	Etoxietano	Éter dietílico	–116	35
$CH_3CH_2OCH_3$	Metoxietano	Éter metiletílico	—	11
$CH_3CH_2CH_2OCH_3$	1-Metoxipropano	Éter metilpropílico	—	39

PROPRIEDADES

Devido à ausência de ligações de hidrogênio no líquido, os pontos de ebulição dos éteres são muito mais baixos do que aqueles dos álcoois de massa molecular comparável. (São aproximadamente tão baixos quanto os pontos de ebulição dos hidrocarbonetos comparáveis.) Os éteres são solúveis em água, mais do que os hidrocarbonetos comparáveis, provavelmente como resultado das ligações de hidrogênio água-éter. Éteres são bons solventes para uma grande variedade de compostos orgânicos. Éter dimetílico, um gás à temperatura ambiente, tem sido empregado como um refrigerante. À temperatura ambiente, o éter dimetílico é um líquido extremamente volátil que, devido à sua inflamabilidade, deve ser manuseado com bastante cuidado. Seu vapor é muito mais denso do que o ar, de modo que pode escorrer de um béquer aberto, sobre a superfície de uma bancada de laboratório, até uma chama livre a uma distância de dois ou mais metros onde assemelha-se à ignição e "retornar" para o béquer. O dietil é o "éter" usado como anestésico geral. Éter metilpropílico serve também para esta finalidade e é menos irritante para nariz, garganta e pulmões. Devido a serem altamente inflamáveis, os éteres são menos usados para anestesia hoje em dia do que já foram no passado.

REAÇÕES

Os éteres são muito pouco reativos, Obviamente, eles se queimam (e explodem) ao ar, formando CO_2 e H_2O. Éteres podem sofrer *clivagem* pela reação com ácidos halogenídricos fortes. Se um excesso de ácido for utilizado, serão produzidos haletos orgânicos:

$$CH_3-OCH_2CH_3 + 2HI \rightarrow CH_3I + CH_3CH_2I + H_2O$$

éter metiletílico   iodeto de   iodeto de
                                               metila   etila

Os éteres estão entre os mais perigosos produtos químicos, principalmente, devido a sua inflamabilidade e natureza explosiva. É perigoso guardar, por muito tempo, vidros de éter que já foram abertos, pois o éter reage com oxigênio formando pequenas quantidades de peróxido, altamente explosivos. Como estes tendem a se concentrar pela evaporação do éter, é potencialmente muito perigoso manusear um velho vidro aberto de éter que ainda contém um pouco dessa substância.

23.7 ALDEÍDOS

Vimos (Seção 23.5) que a oxidação de um álcool primário produz um *aldeído*:

$$RCH_2OH \rightarrow R-\overset{\overset{\displaystyle O}{\|}}{C}-H$$

álcool primário   aldeído

Um aldeído possui um resíduo hidrocarbônico e um átomo de hidrogênio ligado ao $-\overset{\overset{\displaystyle O}{\|}}{C}-$, ou grupo *carbonila* (*Exceção*: metanal, HCHO, comumente chamado *formaldeído*, possui dois hidrogênios ligados ao carbono carbonílico.)

Tabela 23.10 Alguns aldeídos.

Fórmula estrutural condensada	Nome IUPAC	Nome comum	Ponto de fusão normal, °C	Ponto de ebulição normal, °C
HCHO	Metanal	Formaldeído	− 92	−19
CH_3CHO	Etanal	Acetaldeído	−123	21
CH_3CH_2CHO	Propanal	Propionaldeído	− 81	49

NOMENCLATURA

Usando a nomenclatura IUPAC, um aldeído é denominado substituindo o *o* pelo sufixo *al* no final do nome do hidrocarboneto correspondente. Assim, HCHO é o metanal, CH_3CHO é o etanal etc. Aldeídos são freqüentemente conhecidos pelos seus nomes comuns, todos contendo o o sufixo *aldeído*. Alguns exemplos corriqueiros são apresentados na Tabela 23.10.

PROPRIEDADES

Os pontos de ebulição dos aldeídos são mais altos do que aqueles dos hidrocarbonetos e éteres de massa molecular comparável, conseqüência direta da maior polaridade produzida pela presença do grupo carbonila. Mas, uma vez que oxigênio carbonílico não possui átomos de hidrogênio, ligações de hidrogênio não são possíveis no líquido e conseqüentemente os pontos de ebulição dos aldeídos são mais baixos do que os dos álcoois comparáveis. Por outro lado, a solubilidade dos aldeídos é comparável à dos álcoois devido às ligações de hidrogênio aldeído-água existentes em solução:

Embora aldeídos com apenas poucos carbonos possuam odor freqüentemente desagradável (acetaldeído está presente na neblina fotoquímica), certos aldeídos de alta massa molecular são usados na fabricação de perfumes e aromas para cosméticos, sabões etc. Vanilina é o componente do sabor da baunilha natural e é o principal constituinte da baunilha artificial.

vanilina

Citral tem um forte sabor de limão, sendo empregado como sabor artificial e em aromas "cítricos".

$$\begin{array}{c} CH_3 \\ | \\ C=CHCH_2CH_2-C=CHC-H \\ | \quad\quad\quad\quad\quad | \quad\quad \| \\ CH_3 \quad\quad\quad\quad CH_3 \quad O \end{array}$$

3,7-Dimetil-2,6-octadienal
(citral)

REAÇÕES

O grupo carbonila, altamente polar, torna os aldeídos facilmente reativos. Conforme foi descrito na Seção 23.5, utilizando-se condições bastante brandas os álcoois podem ser oxidados a aldeídos. O aldeído resultante pode ser posteriormente oxidado ao *ácido carboxílico*. Uma reação típica é

$$CH_3-\overset{\overset{\displaystyle O}{\|}}{C}-H \xrightarrow{KMnO_4} CH_3-\overset{\overset{\displaystyle O}{\|}}{C}-OH$$

etanal → ácido etanóico
(acetaldeído) (ácido acético)

A facilidade relativa de oxidação dos aldeídos pode ser aproveitada para distingui-los de uma outra classe de compostos carbonílicos, *as cetonas* (ver Seção 23.8). Isto é possível empregando o *reagente de Tollens*, um solução contento o íon diaminprata(I), $[Ag(NH_3)_2]^+$. Este íon, ao oxidar um aldeído, é reduzido a prata metálica, que pode se depositar sobre a superfície limpa de um vidro, sob a forma de espelho de prata (espelhos de prata são produzidos comercialmente por meio desta reação). Cetonas não sofrem reações semelhantes. Com metanal, a reação é

$$H-\underset{\underset{\text{metanal}}{\text{(formaldeído)}}}{\overset{\overset{O}{\|}}{C}}-H + 2[Ag(NH_3)_2]^+ + 2OH^- \longrightarrow$$

$$\left[H-\overset{\overset{O}{\|}}{\underset{\underset{\text{íon metanoato}}{\text{(fórmico)}}}{C}}-H\right]^- + 2Ag(s) + NH_4^+ + 3NH_3 + H_2O$$

Aldeídos sofrem *reações de adição nucleofílica*. Cianeto de hidrogênio, por exemplo, reage com etanal (acetaldeído) formando uma *cianoidrina*:

$$CH_3-\overset{\overset{O}{\|}}{\underset{\underset{\text{etanal}}{\text{(acetaldeído)}}}{C}}-H \xrightarrow{HCN} \underset{\text{cianoidrina}}{CH_3-\overset{\overset{O}{|}}{\underset{\underset{\underset{N}{\overset{\|||}{}}}{C}}{C}}-H}$$

Esta reação ocorre em duas etapas: primeiramente o íon cianeto, um nucleófilo, é atraído para o carbono carbonílico:

$$CH_3-\overset{\overset{O}{\|}}{C}-H + [C\equiv N]^- \longrightarrow \left[CH_3-\overset{\overset{O}{|}}{\underset{\underset{\underset{N}{\overset{\|||}{}}}{C}}{C}}-H\right]^-$$

Em seguida ocorre a adição de um próton ao oxigênio:

$$\left[\begin{array}{c} \text{O} \\ | \\ \text{CH}_3-\text{C}-\text{H} \\ | \\ \text{C} \\ ||| \\ \text{N} \end{array} \right]^{-} + \text{H}^{+} \longrightarrow \begin{array}{c} \text{OH} \\ | \\ \text{CH}_3-\text{C}-\text{H} \\ | \\ \text{C} \\ ||| \\ \text{N} \end{array}$$

Cianoidrinas são intermediários úteis em sínteses orgânicas.

23.8 CETONAS

Conforme foi descrito na Seção 23.5, a oxidação de um álcool secundário fornece uma *cetona*:

$$\underset{\text{álcool secundário}}{\begin{array}{c} \text{OH} \\ | \\ \text{R}-\text{CH}-\text{R'} \end{array}} \xrightarrow{\text{oxidação}} \underset{\text{cetona}}{\begin{array}{c} \text{O} \\ || \\ \text{R}-\text{C}-\text{R'} \end{array}}$$

Cetonas possuem um grupo carbonila ligado a dois resíduos hidrocarbônicos, que podem ser iguais ou diferentes.

NOMENCLATURA

Empregando-se a nomenclatura IUPAC, uma cetona é denominada adicionando-se o sufixo *ona* à raiz do nome do alcano correspondente. O número de localização do grupo carbonila deve se especificado no caso de se ter mais de quatro átomos carbonos presentes. O nome comum de uma cetona é composto pelo nome dos dois grupos ligados ao grupo carbonila, seguido pela palavra *cetona*. Alguns exemplos são apresentados na Tabela 23.11.

Tabela 23.11 Algumas cetonas.

Fórmula estrutural condensada	Nome IUPAC	Nome comum	Ponto de fusão normal, °C	Ponto de ebulição normal, °C
CH_3COCH_3	Propanona	Dimetilcetona (acetona)	−95	56
$CH_3CH_2COCH_3$	Butanona	Etilmetilcetona (MEK)	−86	80
$CH_3CH_2COCH_2CH_3$	3-Pentanona	Dietilcetona	−42	102

PROPRIEDADES

Por causa da existência do grupo carbonila na estrutura da cetona, suas volatilidades e solubilidades em água são semelhantes às dos aldeídos de massa molecular comparável. Muitas cetonas são encontradas na natureza como produtos ou intermediários do metabolismo vegetal ou animal. Algumas cetonas possuem aromas agradáveis. A *cânfora* é a cetona obtida da árvore de cânfora, encontrada no Oriente e na América do Sul, usada para fins medicinais.

cânfora

Muscona é a cetona obtida do almiscareiro do Himalaia e utilizada na formulação de perfumes.

3-metilciclopentadecanona
(muscona)

REAÇÕES

As cetonas não são mais facilmente oxidadas do que os aldeídos, podendo ser diferenciadas destes em laboratório, usando o reagente de Tollens, conforme descrito anteriormente (ver Seção 23.7). Semelhantemente aos aldeídos, as cetonas sofrem adições *nucleofílicas*. A adição do *reagente de Grignard* a uma cetona produz um álcool terciário. Um reagente de Grignard é preparado reagindo-se um haleto orgânico com magnésio metálico, na presença de um solvente sem água, como o éter dietílico:

$$\underset{\text{haleto alquila}}{\text{RBr}} + \text{Mg} \rightarrow \underset{\text{reagente de Grignard}}{\text{RMgBr}}$$

Que reage com um cetona,

$$\underset{}{R'\!-\!\overset{\overset{\text{O}}{\|}}{C}\!-\!R''} + \text{RMgBr} \longrightarrow R'\!-\!\underset{\underset{R}{|}}{\overset{\overset{\text{OMgBr}}{|}}{C}}\!-\!R''$$

e pela adição de água há formação de um álcool terciário:

$$R'\!-\!\underset{\underset{R}{|}}{\overset{\overset{\text{OMgBr}}{|}}{C}}\!-\!R'' \xrightarrow{H_2O} \underset{\text{álcool terciário}}{R'\!-\!\underset{\underset{R}{|}}{\overset{\overset{\text{OH}}{|}}{C}}\!-\!R''} + Mg^{2+} + OH^- + Br^-$$

(Reagentes de Grignard reagem com metanal formando um álcool primário e com os outros aldeídos para formar álcoois secundários.)

23.9 ÁCIDOS CARBOXÍLICOS

Vimos na Seção 23.7 que oxidação de uma aldeído produz um *ácido carboxílico*:

$$\underset{\text{aldeído}}{R\!-\!\overset{\overset{\text{O}}{\|}}{C}\!-\!H} \xrightarrow{\text{oxidação}} \underset{\text{ácido carboxílico}}{R\!-\!\overset{\overset{\text{O}}{\|}}{C}\!-\!OH}$$

As estruturas moleculares destes ácidos são caracterizadas pela presença do grupo funcional $\underset{-C-OH}{\overset{O}{\parallel}}$ chamado *grupo carboxila*.

NOMENCLATURA

Os nomes IUPAC dos ácidos carboxílicos derivados dos alcanos são formados adicionando-se o sufixo *óico* à raiz do nome alcano correspondente, antecedido da palavra *ácido*. Por exemplo, CH_3COOH é chamado *ácido etanóico*. Entretanto, a maioria dos ácidos carboxílicos é conhecida pelos nomes comuns. Por exemplo, o ácido etanóico é universalmente conhecido como *ácido acético*. Os nomes IUPAC e os nomes comuns de alguns ácidos carboxílicos são dados na Tabela 23.12. Notes que o ácido oxálico é um *ácido dicarboxílico*, sendo portanto diprótico.

Tabela 23.12 Alguns ácidos carboxílicos.

Fórmula estrutural condensada	Nome IUPAC	Nome comum	Ponto de fusão normal, °C	Ponto de ebulição normal, °C	pK_b (25°C)
HCOOH	Ácido metanóico	Ácido fórmico	8	101	3,77
CH_3COOH	Ácido etanóico	Ácido acético	17	118	4,74
CH_3CH_2COOH	Ácido propanóico	Ácido propiônico	−22	141	4,88
$CH_3CH_2CH_2COOH$	Ácido butanóico	Ácido butírico	−5	163	4,82
$CH_3(CH_2)_{16}COOH$	Ácido octodecanóico	Ácido esteárico	96	338	4,85
HOOC–COOH	Ácido etanodióico	Ácido oxálico	189	—	1,27 / 4,28

PROPRIEDADES

No estado líquido os ácidos carboxílicos são altamente associados devido a ligações de hidrogênio. Disto resultam seus pontos de ebulição comparativamente altos, mais altos mesmo do que os dos álcoois de massa molecular comparável. São parcialmente associados, seja no estado líquido, seja no estado gasoso, em dímeros que são mantidos juntos por suas ligações de hidrogênio:

$$R-C\begin{matrix}\nearrow O --- H-O \searrow \\ \searrow O-H --- O \nearrow\end{matrix}C-R$$

As solubilidades em água dos ácidos de cadeia curta são altas; os ácidos de um até quatro carbonos são completamente miscíveis com a água em qualquer proporção. Os ácidos de cadeia maior são menos solúveis devido à maior porção hidrocarbônica da molécula. As constantes de dissociação da maioria dos ácidos monocarboxílicos são da ordem de 10^{-5}. A substituição dos hidrogênios da cadeia alquílica por átomos eletronegativos atrai os elétrons da ligação O—H, tornando o ácido mais forte, como é mostrado pelas constantes de dissociação a seguir:

CH_3COOH	$K_a = 1,8 \times 10^{-5}$
$CH_2ClCOOH$	$K_a = 1,4 \times 10^{-3}$
$CHCl_2COOH$	$K_a = 5,6 \times 10^{-2}$
CCl_3COOH	$K_a = 2,3 \times 10^{-1}$

Ácidos carboxílicos são comumente encontrados na natureza. Ácido metanóico (fórmico) é encontrado no veneno das formigas vermelhas. Ácidos etanóico (acético) é o componente principal do vinagre. Estes ácidos têm odor um tanto acre e irritante e, conforme a cadeia alquílica se torna mais comprida, desprendem cheiros mais desagradáveis. Ácido butanóico (butírico) tem odor de manteiga rançosa (e está presente nela). Ácido pentanóico (valérico) é descrito como tendo odor semelhante ao de meias velhas e sujas.

O ácido lático é *difuncional*, a sua molécula possui uma grupo carboxila e um grupo hidroxila:

$$CH_3-\underset{\underset{H}{|}}{\overset{\overset{OH}{|}}{C}}-C\underset{OH}{\overset{O}{\nearrow}}$$

ácido lático

Ele é encontrado no soro de leite e é um produto do metabolismo da atividade muscular. Deve-se notar que o ácido lático apresenta um *átomo de carbono assimétrico* mostrado na fórmula estrutural acima em tom mais escuro. (Ver Seção 22.5.) Isto significa que o ácido lático pode existir sob a forma de um par de enantiômeros, um dos quais, a forma (+), gira o plano da luz polarizada para a direita e o outro, a forma (–), gira para a esquerda. Unicamente a forma (+) é produzida no metabolismo muscular. (Mais informações sobre enantiomerismo em compostos orgânicos ver Seção 23.12.)

REAÇÕES

Os ácidos carboxílicos podem ser *neutralizados* por meio de bases inorgânicas em solução aquosa:

$$CH_3-C\underset{OH}{\overset{O}{\nearrow}} + OH^- \rightarrow \left[CH_3-C\underset{O}{\overset{O}{\nearrow}}\right]^- + H_2O$$

ácido etanóico　　　　íon etanoato
(ácido acético)　　　　(íon acetato)

Em tais reações a ligação O—H do grupo carboxila é quebrada. O ânion formado, um íon *carboxilato*, tem uma estrutura que pode ser descrita como um híbrido de ressonância:

$$\left[CH_3-C\underset{O}{\overset{O}{\nearrow}}\right]^- \leftrightarrow \left[CH_3-C\underset{O}{\overset{O}{\nearrow}}\right]^-$$

A ligação C—O do grupo carboxila é rompida em reações chamadas *esterificações*. Reações catalisadas por ácidos de um ácido carboxílico com um álcool:

$$CH_3CH_2-\overset{O}{\underset{\|}{C}}-\boxed{OH} + H\boxed{OCH_2CH_3} \xrightarrow{H^+} CH_3CH_2-\overset{O}{\underset{\|}{C}}-O-CH_2CH_3 + \boxed{H_2O}$$

ácido propanóico   etanol   propanoato de etila
(ácido propiônico)   (ácido etílico)   (propionato de etila)

O produto é chamado *éster* (ver Seção 23.10). As evidências de que nas esterificações a ligação C—O do ácido é cindida provêm de experiências que empregam reagentes marcados isotopicamente. Se parte do etanol utilizado na reação acima contém ^{18}O, os átomos deste isótopo seriam encontrados todos no éster e não na água.

23.10 ÉSTERES

Os *ésteres* possuem a fórmula geral $R-\overset{O}{\underset{\|}{C}}-O-R'$, e podem ser sintetizados, conforme acabamos de ver, pela reação catalisada por ácido de um álcool com um ácido carboxílico.

NOMENCLATURA

Segundo a nomenclatura IUPAC, os ésteres são denominados especificando-se o *grupo alquila* ligado ao oxigênio, depois do nome do *grupo carboxilato*. (Nomes IUPAC, como também nomes comuns, podem ser empregados, sem entretanto misturá-los.) Por exemplo,

$$CH_3-\overset{O}{\underset{\|}{C}}-O-CH_2CH_2CH_3$$

grupo etanoato (acetato)   grupo propila (*n*-propila)

é chamado etanoato de propila (nome IUPAC) ou acetado de *n*-propila (nome comum). Alguns ésteres se encontram listados na Tabela 23.13.

PROPRIEDADES E USOS

Os ésteres de baixa massa molecular são solúveis em água como resultado da ligação de hidrogênio entre a água e o oxigênio carbonílico. Entretanto, à medida que a massa molecular aumenta, a solubilidade diminui.

Ésteres encontram-se abundantemente distribuídos na natureza. Muitos ésteres são responsáveis pelos perfumes naturais e pelos odores e aromas de frutas. Etanoato de pentila (acetado de *n*-amila), tem odor de banana (chamado "óleo de banana"); metanoato de 2-metilpropila (formiato de isobutila) tem odor e sabor de framboesa; propanoato de pentila (propionato de *n*-amila) tem sabor de damasco.

Tabela 23-13 Alguns ésteres.

Fórmula estrutural condensada	Nome IUPAC	Nome comum	Ponto de fusão normal, °C	Ponto de ebulição normal, °C
$HCOOCH_3$	Metanoato de metila	Formiato de metila	–99	32
CH_3COOCH_3	Etanoato de metila	Acetato de metila	–98	57
$CH_3COOCH_2CH_3$	Etanoato de etila	Acetato de etila	–84	77
$CH_3CH_2COOCH_3$	Propanoato de metila	Propionato de metila	–88	80

GORDURAS E ÓLEOS

Gorduras animais e vegetais são constituídas de ésteres de *ácidos graxos*, ácidos carboxílicos com cadeias carbônicas que são extensas e o triol *glicerol*. (Ver Seção 23.5). Por exemplo, o triéster formado entre o ácido esteárico e glicerol é chamado *triestearato de glicerila*, comumente conhecido como *triestearina*:

$$\begin{array}{c} \quad\quad\quad\quad\quad\quad O \\ \quad\quad\quad\quad\quad\quad \| \\ CH_3(CH_2)_{16}-C-O-CH_2 \\ \quad\quad\quad\quad\quad\quad O \quad\quad | \\ \quad\quad\quad\quad\quad\quad \| \quad\quad | \\ CH_3(CH_2)_{16}-C-O-CH \\ \quad\quad\quad\quad\quad\quad O \quad\quad | \\ \quad\quad\quad\quad\quad\quad \| \quad\quad | \\ CH_3(CH_2)_{16}-C-O-CH_2 \end{array}$$

triestearato de glicerila (triestearina)

O termo *gordura* é conferido a um éster de glicerol que seja sólido ou semisólido e o termo *óleo*, a um líquido. Gorduras e óleos são chamados freqüentemente *glicerídeos*. A maioria dos glicerídeos naturais é derivada de dois ou três ácidos carboxílicos diferentes. Quando estes são relativamente *insaturados*, isto é, quando possuem várias duplas ligações carbono-carbono, o glicerídeo é um óleo. Quando os ácidos são relativamente *saturados* (poucas duplas ligações) o glicerídeo é um gordura. Óleos vegetais podem ser convertidos em gorduras vegetais semi-sólidas por *hidrogenação*, que reduz o número de duplas ligações no carboxilato dos glicerídeos. Assim, parte do *linoleato* de um glicerídeo pode se convertido em *estearato*:

$$CH_3(CH_2)_4-\underset{H}{\overset{H}{C}}=\underset{H}{\overset{H}{C}}-CH_2-\underset{H}{\overset{H}{C}}=\underset{H}{\overset{H}{C}}-(CH_2)_7-\overset{O}{\overset{\|}{C}}-O- \xrightarrow{H_2 \atop Ni}$$

linoleato

$$CH_3(CH_2)_4-\underset{H}{\overset{H}{\underset{|}{\overset{|}{C}}}}-\underset{H}{\overset{H}{\underset{|}{\overset{|}{C}}}}-CH_2-\underset{H}{\overset{H}{\underset{|}{\overset{|}{C}}}}-\underset{H}{\overset{H}{\underset{|}{\overset{|}{C}}}}-(CH_2)_7-\overset{O}{\overset{\|}{C}}-O-$$

estearato

Glicerídeos saturados estão envolvidos na deterioração do sistema vascular de animais, incluindo os homens (arteriosclerose).

SAPONIFICAÇÃO DOS GLICERÍDEOS

Glicerídeos sofrem *hidrólise básica*, comumente chamada *saponificação*, produzindo *sabões*.

$$\begin{array}{l} CH_3(CH_2)_{16}-\overset{O}{\overset{\|}{C}}-O-CH_2 \\ CH_3(CH_2)_{16}-\overset{O}{\overset{\|}{C}}-O-CH \\ CH_3(CH_2)_{16}-\overset{O}{\overset{\|}{C}}-O-CH_2 \end{array} + 3\,NaOH \longrightarrow 3\,CH_3(CH_2)_{16}COONa + \begin{array}{l} HO-CH_2 \\ HO-CH \\ HO-CH_2 \end{array}$$

triestearina (uma gordura)   estearato de sódio (um sabão)   glicerol

Os sabões mais comuns são sais de sódio ou potássio. A extremidade carboxílica de um ânion sabão, assim como o íon estearato, é altamente polar e por isso tende a se dissolver em água, sendo chamada de *hidrofílica* ("ávido por água"). A cadeia longa, hidrocarbônica, não polar, do íon é solúvel em óleos e é chamada *hidrofóbica* ("repulsão a água"). Esta estrutura permite que os ânions de sabão dispersem pequenos glóbulos de óleo em água. A própria cadeia hidrocarbônica dos ânions de sabão penetra nos glóbulos oleosos deixando as extremidades carboxílicas nas superfícies dos glóbulos. Isto evita que os glóbulos unam-se uns aos outros e deixa o óleo *emulsionado*. Freqüentemente, partículas de sujeiras acompanham os óleos, de maneira que a lavagem com sabão é utilizada porque a sujeira é removida com o óleo emulsionado. Como tivemos ocasião de mencionar (ver Seção 21.2), os íons de sabão carboxilato são precipitados em água dura por íons, como por exemplo o Ca^{2+}.

23.11 AMINAS

Aminas são compostos que podem ser considerados derivados da amônia. Em uma *amina primária*, R—NH_2, um hidrogênio de uma molécula de amônia foi substituído por um grupo hidrocarbônico residual. A substituição de dois ou três hidrogênios produz *aminas secundárias*, $\underset{R-N-R'}{\overset{H}{|}}$, ou *terciárias*, $\underset{R-N-R'}{\overset{R''}{|}}$, respectivamente.

NOMENCLATURA

O nome IUPAC de uma amina é formado adicionando-se o sufixo *amina* ao nome do grupo alquila presente. Assim, CH_3NH_2 é metilamina. Algumas aminas simples estão reunidas na Tabela 23.14.

Tabela 23.14 Algumas aminas.

Fórmula estrutural condensada	Nome IUPAC	Ponto de fusão normal, °C	Ponto de ebulição normal, °C	pK_b (25°C)
CH_3NH_2	Metilamina	−94	−6	3,36
$(CH_3)_2NH$	Dimetilamina	−96	7	3,28
$(CH_3)_3N$	Trimetilamina	−117	3	4,30
$CH_3CH_2NH_2$	Etilamina	−81	17	3,33
$CH_3CH_2CH_2NH_2$	Propilamina	−83	48	3,29

PROPRIEDADES

Sendo o nitrogênio menos eletronegativo do que o oxigênio, as ligações de hidrogênio nas aminas líquidas primárias e secundárias são mais fracas do que nos álcoois de massa molecular comparável. Conseqüentemente, os pontos de ebulição das aminas tendem a ser menores do que os dos álcoois. Aminas terciárias, não possuindo hidrogênio que possam participar de ligações, apresentam pontos de ebulição mais baixos do que as aminas primárias e secundárias semelhantes. Aminas de todos os tipos podem se ligar à água por ligações de hidrogênio e, portanto, as aminas de massa molecular menor são altamente solúveis em água.

As aminas têm odores variados. As aminas menores têm cheiro semelhante ao da amônia, mas, com o aumento da porção hidrocarbônica da molécula, os odores se tornam muito pútridos. Putrescina, $H_2N(CH_2)_4NH_2$, e cadaverina, $H_2N(CH_2)_5NH_2$, são nomes adequados para duas diaminas.

REAÇÕES

As aminas possuem um par eletrônico isolado no nitrogênio e portanto reagem como bases, semelhantemente à amônia, A dissociação da metilamina em água pode ser escrita como

$$CH_3-\underset{\underset{H}{|}}{\overset{\overset{H}{|}}{N}}: + H_2O \rightleftharpoons \left[CH_3-\underset{\underset{H}{|}}{\overset{\overset{H}{|}}{N}}-H\right]^+ + OH^-$$

metilamina   solução de hidróxido de metilamônio

As alquilaminas são, em geral, ligeiramente mais básicas do que a amônia.

As aminas reagem com ácidos inorgânicos formando sais:

$$CH_3CH_2NH_2 + HCl \rightarrow CH_3CH_2NH_3Cl$$

metilamina   cloreto de metilamônio

Esta reação é análoga à da amônia com um ácido:

$$NH_3(g) + HCl(g) \rightarrow NH_4Cl(s)$$

Aminas secundárias reagem com ácido nitroso ou nitritos formando N-nitrosoaminas:

$$R-\underset{\underset{}{}}{\overset{\overset{R'}{|}}{N}}-H + HNO_2 \rightarrow R-\underset{\underset{}{}}{\overset{\overset{R'}{|}}{N}}-N=O + H_2O$$

amina secundária N-nitrosoamina

Sabe-se que esta reação interessante ocorre durante o cozimento de carnes, às quais foi adicionado nitrito de sódio. (Nitrito de sódio é adicionado às salsichas e à carnes para conservar a sua cor vermelha e prevenir o desenvolvimento da bactéria letal *Clostridium botulinum*). Durante o cozimento, as proteínas, que contêm grupos amino, reagem com o nitrito, formando várias N-nitrosoaminas, muitas das quais foram reconhecidas como sendo cancerígenas.

23.12 ISOMERIA ÓTICA EM COMPOSTOS ORGÂNICOS

Na Seção 22.5 explicamos que uma molécula é *quiral* se um de seus átomos é assimétrico, isto é, ligado tetraedricamente a quatro grupos *diferentes*. Esta é um ocorrência comum em química orgânica, pois os átomos de carbono usam, freqüentemente, seus orbitais híbridos sp^3 (tetraédricos) para formar as ligações. Um par de moléculas de quiralidade oposta constitui um par de *enantiômeros*. No passado, eles haviam sido denominados *dextrorotatório*, *dextro* (do latim: "direita") ou *d*, se a molécula gira o plano da luz polarizada para a direita, e *levorotatório*, levo (do latim: "esquerda"), ou *l*, se a molécula gira o plano da luz polarizada para a esquerda. Entretanto, tem sido recomendado que se abandone estes termos em favor dos símbolos (+) e (−) para rotações para a direita e esquerda, respectivamente. Assim, a configuração tridimensional do ácido (−)-lático é

$$\begin{array}{c} COOH \\ H \blacktriangleright C \blacktriangleleft OH \\ CH_3 \end{array}$$

ácido (−)-lático

e do ácido (+)-lático é

$$\begin{array}{c} COOH \\ OH \blacktriangleright C \blacktriangleleft H \\ CH_3 \end{array}$$

ácido (+)-lático

(Traços "cheios" significam acima do plano do papel e pontilhados, abaixo.)

Conhecem-se muitas moléculas que possuem um único carbono assimétrico. O hidrocarboneto 3-metilhexano é um exemplo:

$$CH_3CH_2 - \underset{\underset{CH_3}{|}}{\overset{\overset{H}{|}}{C}} - CH_2CH_2CH_3$$

3-metilhexano

Como o terceiro carbono está ligado a quatro grupos diferentes (um grupo metila, um grupo etila, um grupo propila e um átomo de hidrogênio), a fórmula anterior representa um par de enantiômeros. Estes podem ser representados esquematicamente como

$$\begin{array}{cc} C_3H_7 \diagdown \quad H & C_3H_7 \diagdown \quad H \\ C & C \\ C_2H_5 \diagup \quad CH_3 & C_2H_5 \diagup \quad CH_3 \end{array}$$

enantiômeros do 3-metilhexano

Outros exemplos de fórmulas estruturais que representam moléculas quirais são:

$$CH_3-\underset{\underset{H}{|}}{\overset{\overset{Cl}{|}}{C}}-CH_2CH_3 \qquad CH_2=CH-\underset{\underset{CH_3}{|}}{\overset{\overset{H}{|}}{C}}-CH_2CH_3$$

2-clorobutano 3-metil-1-penteno

$$CH_3CH_2-\underset{\underset{H}{|}}{\overset{\overset{CH_3}{|}}{C}}-CH_2OH \qquad CH_3-\underset{\underset{NH_2}{|}}{\overset{\overset{H}{|}}{C}}-\overset{\overset{O}{\|}}{C}-OH$$

2-metil-1-butanol alanina (um aminoácido)

Moléculas com mais de dois carbonos assimétricos podem existir sob forma de mais de dois estereoisômeros.

23.13 *CARBOIDRATOS E PROTEÍNAS*

Sob o ponto de vista químico, *vida* pode ser considerada como sendo um conjunto de sistemas de reações complexas encontrado em organismos tradicionalmente chamados *viventes*. O estudo de tais sistemas é o objetivo da *bioquímica*. Embora não seja escopo e propósito deste livro considerar de maneira mais profunda a bioquímica, daremos exemplos significativos de duas classes de compostos bioquimicamente importantes.

CARBOIDRATOS

O nome *hidratos de carbono*, ou *carboidratos*, não reflete a natureza real deste compostos. Assim, glicose, $C_6H_{12}O_6$, pode ser representada $C_6 \cdot 6H_2O$. Entretanto, na glicose não existem águas de hidratação, conforme será visto a seguir. Apesar disso, muitos (embora não todos) hidratos de carbonos possuem a fórmula geral $C_x(H_2O)_y$. Hidratos de carbono são melhor definidos como *aldeídos* ou *cetonas* que são ao mesmo tempo *polióis* de seus polímeros. Os carboidratos incluem os açúcares, amidos, celulose e outros compostos e são encontrados em todas as plantas e organismos vivos.

A nomenclatura dada ao isômero "D" especifica a posição do grupo que está ao redor ao átomo de carbono que é "próxima do último", quando a molécula é atraída, como mostrado acima.) A glicose é classificada como uma *aldo-hexose*, *aldo* porque se trata de aldeído e *hex* porque tem seis carbonos. D-(+)-glicose é encontrada em várias fontes naturais, entre as quais o mel e o milho. É também o "açúcar do sangue" e serve como fonte energética para a vida de muitos animais. Como ela gira o plano da luz polarizada para a direita, foi chamada *dextrose*.

Os carboidratos mais simples são os *monossacarídeos*, os quais são todos açúcares. Um exemplo comum é a D-(+)-glicose:

$$\begin{array}{c} H \\ | \\ C=O \\ | \\ H-C-OH \\ | \\ OH-C-H \\ | \\ H-C-OH \\ | \\ H-C-OH \\ | \\ H-C-OH \\ | \\ H \end{array}$$

D-(+)-glicose

Outro monossacarídeo natural é a D-(−)-frutose,

$$\begin{array}{c}
\text{H} \\
| \\
\text{H—C—OH} \\
| \\
\text{C=O} \\
| \\
\text{OH—C—H} \\
| \\
\text{H—C—OH} \\
| \\
\text{H—C—OH} \\
| \\
\text{H—C—OH} \\
| \\
\text{H}
\end{array}$$

D-(−)-frutose

que é uma *ceto-hexose*, pois apresenta estrutura de cetona. A frutose é encontrada nas uvas e no mel.

Estritamente falando, monossacarídeos no estado sólido, apresentam formas *cíclicas*. Em solução, as formas cíclicas predominam, mas estão em equilíbrio com as formas acíclicas, como aquelas mostradas anteriormente. As formas cíclicas da D-(+)-glicose e da D-(−)-frutose são mostradas a seguir:

D-(+)-glicose   D-(−)-frutose

Dissacarídeos são constituídos por dois monossacarídeos ligados entre si. O dissacarídeo mais comum é *sacarose*. Pode ser considerada como uma molécula de D-(+)-glicose que se ligou a uma de D-(−)-frutose pela eliminação de uma molécula de água. Sua estrutura é

sacarose

A sacarose é o açúcar mais comum, sendo obtido comercialmente da cana-de-açúcar e da beterraba. A sacarose sofre hidrólise por catálise ácida ou da enzima *invertase*, originando as moléculas de glicose e frutose. A mistura desses dois açúcares é chamada *açúcar invertido* e é encontrada no mel.

A ligação de vários açúcares produz *polissacarídeos*. Uma forma de amido, a *amilose*, é composta de unidades de D-(+)-glicose ligadas entre si, conforme é visto a seguir:

amilose (amido)

Esse tipo de ligação é chamada *ligação* α. Amidos naturais consistem em misturas de amilose e *amilopectina*, que é semelhante à amilose, com exceção de que as cadeias das unidades de glicose estão cruzadas através de grupos CH_2OH laterais.

O carboidrato mais abundante, aliás o composto orgânico mais abundante, é a *celulose*. Trata-se de um polissacarídeo com estrutura semelhante à da amilose, diferenciando-se apenas pela ligação entre as unidades de glicose:

$$\text{celulose}$$

Esta ligação é chamada *ligação* β. É interessante observar que a ligeira diferença no modo das unidades de glicose se ligarem no amido e na celulose determina o fato de estas substância poderem ou não ser digeridas por nós. Se os nossos organismos possuíssem uma enzima capaz de hidrolisar a celulose, poderíamos, talvez, viver de árvores, ou até mesmo de papel.

PROTEÍNAS

Proteínas são compostos de alta massa molecular, constituídos por muitos aminoácidos ligados entre si. *Aminoácido* é uma molécula bifuncional que possui os grupos funcionais amino e ácido carboxílico. Alguns exemplos de aminoácidos são:

glicina, alanina, valina

leucina, isoleucina

Vinte aminoácidos diferentes são encontrados nas proteínas da maioria dos animais. Alguns são chamados aminoácidos *essenciais*, porque não podem ser sintetizados pelos organismos dos animais e devem, portanto, ser ingeridos como os alimentos. O número de aminoácidos essenciais varia de um animal para outro. Oito aminoácidos são essenciais para o homem, nove para o cão e dez para as abelhas.

Em cada aminoácido, com exceção da glicina, o átomo de carbono ao qual está ligado o grupo amino é assimétrico, tornando possível a existência de enantiômeros. É extremamente interessante que apenas L-aminoácidos são encontrados nas proteínas.

Os aminoácidos estão unidos nas proteínas por meio de ligações que resultam da reação de um grupo amino de um aminoácido com o grupo carboxila de outro aminoácido. Estas ligações se chamam *ligações peptídicas*:

$$\text{HO}-\underset{\underset{R}{|}}{\overset{\overset{O}{\|}}{C}}-\underset{\underset{R}{|}}{\overset{\overset{H}{|}}{C}}-\overset{H}{N}\boxed{-H + HO}-\underset{\underset{R}{|}}{\overset{\overset{O}{\|}}{C}}-\underset{}{\overset{\overset{H}{|}}{C}}-\overset{H}{N}-H \longrightarrow$$

$$\text{HO}-\underset{}{\overset{\overset{O}{\|}}{C}}-\underset{\underset{R}{|}}{\overset{\overset{H}{|}}{C}}-\underset{\boxed{}}{\overset{H}{N}}-\underset{}{\overset{\overset{O}{\|}}{C}}-\underset{\underset{R}{|}}{\overset{\overset{H}{|}}{C}}-\overset{H}{N}-H + \text{\large (}H_2O\text{\large)}$$

ligação peptídica

Quando apenas poucos aminoácidos estão ligados assim, o produto é chamado *peptídio*. Peptídios naturais incluem os *hormônios*. *Insulina* é um hormônio peptídico típico, é constituída de 51 aminoácidos em duas cadeias ligadas entre si por meio de duas ligações dissulfídicas —S—S— cruzadas.

Quando muitos aminoácidos, digamos mais de 60, se encontram ligados entre si, a molécula resultante é classificada como *proteína*. Algumas proteínas tem massas moleculares da ordem de milhões. Cada proteína tem sua seqüência própria, específica, de aminoácidos. Esta seqüência é conhecida como *estrutura primária* da proteína. A proteína *hemoglobina*, encontrada nos glóbulos vermelhos do sangue, consiste em quatro cadeias, cada uma de 146 aminoácidos. A seqüência em cada cadeia é específica. A doença genética *anemia falciforme* consiste numa condição em que duas das cadeias da hemoglobina possuem uma unidade de aminoácido valina, enquanto a unidade de ácido glutâmico está presente na hemoglobina normal. Esta diferença, aparentemente insignificante, reduz enormemente a capacidade dos glóbulos vermelhos de transportar oxigênio, sendo que as células adquirem uma forma de arco em vez de disco.

A *estrutura secundária* de uma proteína é o modo em que a cadeia de aminoácidos é dobrada ou curvada. As duas estruturas protéicas principais são a α e a β. A estrutura α é uma *hélice de mão direita*, uma espiral em forma de rosca direita. A cadeia protéica é mantida nesta posição por ligações de hidrogênio entre o grupo amino de um aminoácido e o oxigênio carboxílico de um outro aminoácido pertencente à espiral adjacente da hélice. A lã é um exemplo de uma proteína com estrutura α-helicoidal.

A estrutura secundária β de uma proteína consiste em várias cadeias protéicas esticadas umas perto das outras, sendo as cadeias adjacentes mantidas juntas por ligações de hidrogênio. O resultado é um *folha trançada* ou *enrugada*. A estrutura β é encontrada na proteína da seda.

A *estrutura terciária* de uma proteína é a forma tridimensional em que é curvada uma proteína α-helicoidal. Proteínas específicas possuem estruturas terciárias específicas que são mantidas por ligações do hidrogênio, ligações dissulfídicas e forças eletrostáticas. Algumas proteínas têm *estruturas quaternárias*. Elas indicam as maneiras pelas várias moléculas de proteínas se arranjam no espaço para formar uma grande unidade. A estrutura quaternária de hemoglobina é o arranjo das suas quatro cadeias α-helicoidais dobradas.

RESUMO

A introdução à química orgânica começou com uma discussão sobre os *hidrocarbonetos*, compostos contendo unicamente carbono e hidrogênio. *Hidrocarbonetos saturados* são compostos cujas moléculas não contêm ligações múltiplas. Os *alcanos* são hidrocarbonetos saturados de fórmula geral C_nH_{2n+2}. Eles podem ser *normais* (de cadeia linear) ou de *cadeia ramificada*. Os *cicloalcanos* são hidrocarbonetos saturados de fórmula geral C_nH_{2n} e são constituídos de cadeias carbônicas fechadas em anéis.

Hidrocarbonetos insaturados contêm ligações múltiplas. Incluem os *alcenos* (C_nH_{2n}), que contêm ligações duplas, e os *alcinos* (C_nH_{2n-2}), que contêm ligações triplas. A *isomeria cis-trans* é possível nos alcenos, mas não nos alcanos ou alcinos. Os hidrocarbonetos insaturados sofrem várias reações de *adição eletrofílicas*, em que a ligação múltipla é convertida numa de ordem menor.

Hidrocarbonetos aromáticos contêm um tipo especial de insaturação. Os compostos aromáticos mais comuns contêm em sua molécula o anel benzênico. A molécula de benzeno, C_6H_6, tem um anel de seis átomos de carbono e cada carbono está ligado a um hidrogênio. Três ligações π encontram-se deslocalizadas sobre o anel, contribuindo para a estabilidade desta estrutura. Os hidrocarbonetos aromáticos são facilmente pouco reativos, mas podem ser submetidos a reações de substituição catalítica em que um ou mais hidrogênios são substituídos por outros átomos ou grupos.

Uma variedade de compostos orgânicos pode ser considerada como derivada de hidrocarbonetos. Eles contêm *grupos funcionais* ligados a resíduos hidrocarbônicos. Neste capítulo mencionamos os *álcoois* (R—OH), os *éteres* (R—O—R'), os *aldeídos*

$$\left(\begin{array}{c} O \\ \| \\ R-C-H \end{array} \right), \text{ as cetonas } \left(\begin{array}{c} O \\ \| \\ R-C-R' \end{array} \right), \text{ os } \textit{ácidos carboxílicos} \left(\begin{array}{c} O \\ \| \\ R-C-OH \end{array} \right),$$

os *ésteres* $\left(\begin{array}{c} O \\ \| \\ R-C-O-R' \end{array} \right)$, e as *aminas* $\left(\begin{array}{ccc} R' & R' \\ | & | \\ R-NH_2, R-NH, \text{ e } R-N-R'' \end{array} \right)$.

Aos compostos de cada classe podem ser atribuídos nomes IUPAC ou comuns, sendo que eles sofrem reações químicas semelhantes.

Isomeria ótica é apresentada por moléculas orgânicas que possuem um átomo de carbono assimétrico. Os símbolos (+) e (−) são empregados para indicar a rotação do plano da luz polarizada ao sentido horário e anti-horário, respectivamente.

Carboidratos e *proteínas* são duas classes de compostos bioquimicamente importantes. Carboidratos são polióis que são também aldeídos ou cetonas. Os mais simples são os *monossacarídeos*. dois monossacarídeos ligados entre si constituem um *dissacarídeo*. *Polissacarídeos* são polímeros naturais constituídos de monossacarídeos. Incluem *amido* e *celulose*, que diferem especialmente na ligação entre os monômeros de glicose.

Proteínas são também polímeros naturais. Trata-se de moléculas com longas cadeias, constituídas de muitos *aminoácidos* ligados entre si por meio de *ligações peptídicas*. Proteínas existem em formas muito complexas e podem ser descritas em termos de estruturas *primária*, *secundária*, *terciária* e, às vezes, *quaternária*.

PROBLEMAS

Carbono e Compostos Orgânicos

23.1 Por que existem tantos compostos de carbono? Que elemento forma o maior número de compostos? Por quê?

23.2 É possível *provar* que não existe algo como a "força vital"? Explique.

23.3 Qual a origem da palavra *orgânica*? Como é empregada, hoje em dia, na química?

23.4 Esquematize uma estrutura de Lewis para cada uma das seguintes moléculas: CH_4, C_2H_6, C_2H_4, C_2H_2, CH_4O, CH_5N, C_3H_4.

Hidrocarbonetos Saturados

23.5 Escreva a fórmula estrutural para cada um dos alcanos seguintes: (a) 2-metilpentano, (b) 2,3,5-trimetilheptano e (c) 2-metil-5-propildecano.

23.6 Esquematize as fórmulas estruturais para todos os isômeros de fórmula: (a) C_4H_{10}, (b) C_5H_{12} e (c) C_6H_{14}.

23.7 Por que nos alcanos não ocorre a isomeria *cis-trans*? Tal isomeria é possível nos cicloalcanos? Explique.

23.8 Dê o nome IUPAC a cada um dos seguintes compostos:

(a)
$$\begin{array}{c} CH_2CH_2CH_2CH_3 \\ | \\ CHCH_3 \\ | \\ CH_2CH_2CH_3 \end{array}$$

(b)
$$\begin{array}{c} CH_3CH_2CH-CH_2 \\ |\quad\quad\quad | \\ CH_3\quad CH_3 \end{array}$$

(c)
$$\begin{array}{c} CH_3 \\ | \\ CH_3-C-CHCH_3 \\ |\quad\quad | \\ CH_3\quad CH_3 \end{array}$$

(d)
$$\begin{array}{c} CH_3CH_2CHCH_2CH_3 \\ | \\ CH_3CH_2CHCH_2CH_3 \end{array}$$

23.9 Indique o produto da reação de adição com abertura do anel do ciclopropano com: (a) H_2, (b) Br_2 e (c) HBr.

23.10 A reação de 1 mol de Cl_2 como 1 mol de um alcano é uma reação de substituição em que átomo Cl substitui um átomo H formando uma molécula de HCl. Quais os produtos da reação de 1 mol de Cl_2 com 1 mol de : (a) CH_4? (b) C_2H_6? (c) C_3H_8? (d) C_4H_{10}?

Hidrocarbonetos Insaturados

23.11 Descreva os orbitais usados pelo carbono para formar ligações em: (a) C_2H_4, (b) C_2H_2, (c) CH_3CHCH_2.

23.12 Escreva a fórmula estrutural de cada um dos seguintes compostos: (a) 3-hexeno, (b) 1,4-pentadieno, (c) 4,4-dimetil-2-hexeno, (d) 2-pentino e (e) 3-penten-1-ino.

23.13 Dê o nome IUPAC a cada um dos seguintes compostos:

(a) $CH_3C \equiv CCH_3$

(b) $CH_3CH_2\overset{\overset{H}{|}}{C}=\overset{\overset{H}{|}}{C}CH_3$

(c) $CH_3C \equiv CCH_2C \equiv CCH_3$

(d) $CH_3\overset{\overset{H}{|}}{C}=\underset{\underset{H}{|}}{C}-CH_2CH_3$

(e) $CH_3\overset{\overset{CH_3}{|}}{\underset{\underset{CH_3}{|}}{C}}HC=CH_2$

23.14 *Aleno* é propadieno. (a) Descreva os orbitais utilizados por cada carbono do aleno na formação das ligações, (b) Qual a relação geométrica entre os quatro átomos de hidrogênio em tal molécula? (c) Escreva a estrutura de cada *dimetilaleno*.

23.15 Qual o produto de adição de 1 mol de HBr a 1 mol de: (a) propeno, (b) acetileno, (c) 4-metil-2-pentino e (d) 1-bromopropeno.

Hidrocarbonetos Aromáticos

23.16 Descreva as ligações do benzeno do ponto de vista da: (a) teoria de ressonância e (b) teoria MO.

23.17 Esquematize a fórmula estrutural e dê o nome IUPAC a todos os isômeros dos seguintes compostos, (a) dimetilbenzeno, (b) trimetilbenzeno e (c) tetrametilbenzeno.

23.18 Esquematize as fórmulas de ressonância para:

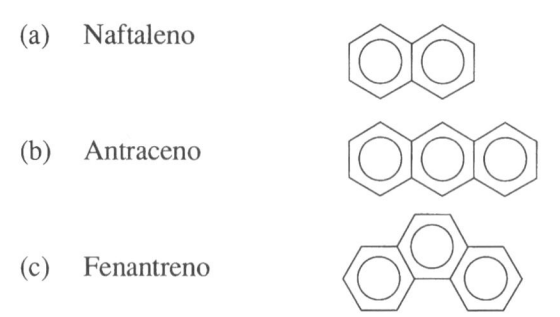

(a) Naftaleno

(b) Antraceno

(c) Fenantreno

23.19 Escreva a fórmula estrutural para: (a) *p*-diclorobenzeno, (b) *m*-bromonitrobenzeno, (c) 1,3,5-trinitrobenzeno, (d) *o*-clorotolueno e (e) clorometilbenzeno.

Derivados dos Hidrocarbonetos

23.20 Dê as estruturas e os nomes IUPAC a todos os isômeros acíclicos e saturados dos álcoois de cinco carbonos.

23.21 Que tipo de composto é formado na oxidação de: (a) álcool primário? (b) álcool secundário?

23.22 Uma mistura de metanol, etanol e ácido sulfúrico é deixada reagir a 135°C. Especifique cada um dos éteres formados.

23.23 Esquematize a fórmula estrutural para cada um dos seguintes compostos: (a) 3-cloro-2-pentanona, (b) ciclohexanol, (c) trietilamina, (d) ácido tricloroacético, (e) 3-hexanona, (f) butirato de isopropila, (g) 2,3-butanodiol, (h) ciclodecanona, (i) 2-etil-3-hidrohexanal, (j) ácido 2-cloropropanóico e (k) 2-amino-3-metilheptano.

23.24 Explique por que o ponto de ebulição do éter metílico é muito mais baixo do que o de seu isômero estrutural, o etanol.

23.25 Ácido oxálico HOOCCOOH e ácido malônico HOOCCH$_2$COOH, são dois ácidos dicarboxílicos. Justifique o fato de que o primeiro é um ácido mais forte.

23.26 Mostre que 1,2-diclorociclopentano existe em dois isômeros, *cis* e *trans*.

23.27 Classifique cada um dos seguintes compostos, como amina primária, secundária ou terciária:

(a) CH$_3$NHCH$_2$CH$_3$

(b) $CH_3CH_2CH_2NH_2$

(c) $CH_3NHCH_2NH_2$ e

(d) $(CH_3)_2NCH_2CH_3$.

23.28 Ordene os compostos a seguir em função da constante de dissociação decrescente do ácido:

$CH_3CHClCOOH$, CH_3CH_2COOH,

CH_3CCl_2COOH; CH_2ClCH_2COOH

Isomeria Ótica

23.29 Qual o menor (a) hidrocarboneto e (b) composto de carbono que pode apresentar isomeria ótica?

23.30 Dê as fórmulas estruturais e os nomes de todos os isômeros do butanol, C_4H_9OH.

Carboidratos

23.31 Defina os seguintes termos: monossacarídeo, aldohexose, cetopentose.

23.32 Os açúcares mais simples são uma aldotriose e uma cetotriose. Esquematize as estruturas correspondentes. Qual dos dois apresenta isomeria ótica?

23.33 Quais as semelhanças e diferenças entre celulose e amido?

Proteínas

23.34 Um único aminoácido não apresenta isomeria ótica. Qual é ele? Por que ele não é enantiomérico?

23.35 Descreva o que se entende por estrutura protéica primária, secundária, terciária e quaternária.

23.36 Sabe-se que um determinado peptídio consiste em seis aminoácidos diferentes. Quantas seqüências diferentes de aminoácidos são possíveis para tal peptídio?

PROBLEMAS ADICIONAIS

23.37 Ciclohexano, C_6H_{12} existe em dois isômeros conformacionais, ou *confôrmeros*, chamados de *forma cadeia e forma barco*. Esquematize ou construa modelos destas duas formas.

23.38 (a) O carbono forma normalmente quatro ligações covalentes. Pode-se admitir uma molécula em que o carbono forme menos de quatro ligações? (b) Um átomo de carbono pode usar dois de seus orbitais $2p$ para formar metileno, CH_2, uma molécula de vida curta. Por que o metileno não é uma molécula estável? (c) Comente sobre a possibilidade da ligação em C_2 ser uma ligação quádrupla.

23.39 (a) Explique, em termos de sobreposição de orbitais, por que a rotação é possível ao longo da ligação simples C—C, mas não ao longo de uma dupla. (b) Comente sobre o conceito de rotação ao longo de uma ligação tripla carbono-carbono.

23.40 Escreva a fórmula estrutural dos seguintes compostos: (a) 3,3-dimetilhexano, (b) 3,3,4,4,5,5-hexametilnonano, (c) 1,1,3-trimetilciclohexano e (d) ciclopentilciclohexano.

23.41 Quais tipos de compostos são representados pela fórmula geral C_nH_{2n}? Esquematize a estrutura de cada isômero de C_5H_{10}.

23.42 Deduza uma fórmula geral para os *dienos*, hidrocarbonetos com duas duplas ligações.

23.43 O ciclopentino tem somente uma existência transitória? Explique.

23.44 Por que os álcoois terciários não são facilmente oxidados?

23.45 Esquematize as estruturas dos ésteres que podem ser formados pela reação do glicerol com ácido propanóico.

23.46 O ácido carbônico é um ácido carboxílico? O que é um anidrido? Qual é o anidrido do ácido fórmico?

23.47 Justifique a classificação das ligações dupla e tripla como grupos funcionais.

23.48 Mostre como um aminoácido pode reagir: (a) com ácido, (b) com base e (c) com ácido e base simultaneamente.

23.49 Por que a maioria dos ácidos carboxílicos normais têm, aproximadamente, a mesma constante de dissociação?

23.50 Prove que a estrutura abaixo é impossível:

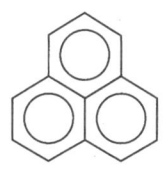

23.51 Descreva os orbitais empregados para as ligações em todos os átomos de: (a) formaldeído, b) metilamina e (c) ácido acético.

23.52 Na síntese dos aldeídos a partir dos álcoois é necessário minimizar a oxidação posterior do produto ao ácido carboxílico. Sugira um método para que isto seja possível.

23.53 1,3-butadieno pode sofrer polimerização formando três polímeros diferentes. Desenhe as estruturas correspondentes.

23.54 Sacarose e glicose são freqüentemente empregadas na manufatura de doces. Que açúcar atua como fonte de energia mais rápida para o organismo? Explicar.

23.55 Numa célula eletrolítica um aminoácido migra numa direção a pH baixo e na direção contrária a pH alto. Explique.

23.56 Foi provado que o ângulo da ligação C—N—C na ligação peptídica é de cerca de 120°. Mostre como o ângulo observado pode ser explicado por meio de uma forma de ressonância contendo a dupla ligação C=N.

23.57 Descreva uma prova simples de laboratório que permita diferenciar entre D-glicose e D-frutose.

23.58 Se a massa molecular média dos aminoácidos é 115, quantos resíduos de aminoácidos estão presentes, aproximadamente, numa proteína de massa molecular 700.000?

23.59 Além do ciclohexano, existem 15 isômeros cíclicos de fórmula C_6H_{12}. Indique a estrutura de cada isômero.

Capítulo 24

PROCESSOS NUCLEARES

TÓPICOS GERAIS

24.1 RADIOATIVIDADE
Radioatividade natural
Detecção e medida de radioatividade
Séries de desintegrações radioativas
Outros processos nucleares naturais

24.2 A CINÉTICA DA DESINTEGRAÇÃO NUCLEAR
Desintegração radioativa de primeira ordem
Datação radioquímica

24.3 REAÇÕES NUCLEARES
Transmutação

24.4 ESTABILIDADE NUCLEAR
O cinturão de estabilidade
Fissão nuclear

24.5 FISSÃO, FUSÃO E ENERGIA DE LIGAÇÃO NUCLEAR
Variações de massa e energia na fissão nuclear
Energia de ligação nuclear
Armas nucleares e reatores nucleares
Fusão nuclear

24.6 APLICAÇÕES QUÍMICAS DA RADIOATIVIDADE
Traçadores radioativos
Técnicas analíticas
Modificações estruturais
Difração de nêutrons

Até agora, prestamos pouca atenção ao núcleo atômico, exceto ao considerar como a carga nuclear afeta as propriedades atômicas, tal como o raio atômico, a eletronegatividade, a energia de ionização etc. O núcleo em si permanece praticamente inalterado durante uma reação química. Profundamente enterrado no centro do átomo, ele parece alheio a todo o tumulto e mudanças que ocorrem na região extranuclear. Mas o núcleo atômico pode certamente sofrer mudanças, o estudo dessas alterações é focalizado neste capítulo.

24.1 RADIOATIVIDADE

Em 1895, Wilhelm Röntgen descobriu que os raios-x, são emitidos do ânodo de um tubo de raios catódicos de alta voltagem. Menos de um ano depois, Antoine Henri Becquerel pensou que tinha encontrado uma fonte natural de raios-x: sulfato uranila de potássio, $K_2UO_2(SO_4)_2 \cdot 2H_2O$, mas, mais tarde, ele percebeu que os raios naturais emanados destes e de outros compostos de urânio eram diferentes dos raios-x de Röntgen. Foi Becquerel quem inventou a palavra *radioatividade* para descrever a produção desses raios.

Eventualmente, três espécies de emissões radioativas naturais foram identificadas e caracterizadas e foi demonstrado que todas são emitidas pelo núcleo atômico, provocando mudanças na composição ou estrutura. Tais emissões foram chamadas raios *alfa*, *beta* e *gama*. Raios alfa (α) consistem em um fluxo de partículas (agora chamadas *partículas alfa*) que são idênticas a núcleos de ^4_2He. Raios beta (β) são constituídos de uma corrente de elétrons, geralmente de alta energia, chamadas *partículas beta* e designados $^{\ 0}_{-1}e$. Aqui, o subíndice –1 indica a carga e o sobreescrito 0, a massa extremamente pequena do elétron. Raios gama (γ) não são partículas; são radiações eletromagnéticas, como raios-x, mas são geralmente de freqüência mais alta e, portanto, energia mais alta ($E = h\nu$).

RADIOATIVIDADE NATURAL

Na ausência de influências externas, muitos nuclídeos[1] são permanentemente estáveis. Porém, alguns não o são e sofrem *decaimento radioativo*, também conhecido como *desintegração nuclear*. Tal processo é representado por uma *equação nuclear* na qual o símbolo,

---
1   Nuclídeo é uma espécie atômica específica com certa composição nuclear.

o número atômico (Z) e número de massa (A) de cada partícula são especificados. A primeira radioatividade detectada por Becquerel foi o resultado de um decaimento alfa do isótopo de urânio, $^{238}_{92}U$. A equação nuclear para esse processo é escrita

$$^{238}_{92}U \rightarrow {}^{234}_{90}Th + {}^{4}_{2}He$$

nuclídeo pai   nuclídeo filho   partícula alfa

A equação mostra que o nuclídeo *pai* de urânio emitindo uma partícula alfa forma o nuclídeo *filho* tório. Note que a equação acima mostra a conservação dos núcleons (prótons mais nêutrons) e da carga. Em outras palavras, cada lado da equação tem um total de 238 núcleons e número total de prótons, ou cargas positivas, de 92.

O nuclídeo filho pode ser, por si mesmo, instável. Por exemplo, o tório 234 sofre decaimento beta para formar o protactínio 234:

$$^{234}_{90}Th \rightarrow {}^{234}_{91}Pa + {}^{0}_{-1}e$$

partícula beta

Nesse caso, pode ser visto que o número total de núcleons no nuclídeo filho é o mesmo do nuclídeo pai. Porém, o filho tem um próton a mais que o pai; quando uma partícula beta é emitida do núcleo de tório 234, *um nêutron é evidentemente convertido em um próton.*

A emissão gama é muito comum, geralmente acompanha outras espécies de desintegrações e representa perda de energia quando o núcleo cai de um nível de energia mais alto para um mais baixo. (Há estados de energia quantizada para o núcleo de um átomo, da mesma forma como há para elétrons.) A emissão gama não é explicitamente mostrada em equações nucleares, porque nem o número de massa nem a carga mudam durante essa espécie de emissão.

Exemplo 24.1 Radônio 219 decai por emissão α. Que nuclídeo filho se forma?

Solução: A perda de uma partícula α significa que o nuclídeo filho deve ter dois prótons a menos e quatro núcleons a menos. Em outras palavras, a equação nuclear é

$$^{219}_{86}Rn \rightarrow {}^{215}_{84}(?) + {}^{4}_{2}He$$

Como 84 é o número atômico do polônio, o nuclídeo filho é $^{215}_{84}$Po. (A equação nuclear completa é escrita $^{219}_{86}$Rn $\rightarrow$ $^{215}_{84}$Po + $^{4}_{2}$He .)

Problema Paralelo Quando o tório 232 sofre decaimento α, qual nuclídeo filho é formado? *Resposta*: $^{228}_{88}$Ra.

Exemplo 24.2 Quando o chumbo 210 se desintegra, ele forma o bismuto 210. Que espécie de decaimento é esse?

Solução: A equação nuclear é

$$^{210}_{82}Pb \rightarrow {}^{210}_{83}Bi + (?)$$

Para conservar as cargas e os núcleons, escrevemos

$$^{210}_{82}Pb \rightarrow {}^{210}_{83}Bi + {}^{0}_{-1}(?)$$

Claramente, a partícula emitida é uma partícula β, $^{0}_{-1}e$.

Problema Paralelo Rádio 228 sofre desintegração nuclear para formar actínio 228. Que partícula é emitida? *Resposta*: uma partícula β ou $^{0}_{-1}e$.

DETECÇÃO E MEDIDA DA RADIOATIVIDADE

Muitos métodos foram usados para detectar e medir a radioatividade. Um dos mais antigos é o do *contador Geiger-Müller*, mostrado na Figura 24.1. A radiação entra no tubo contador através da janela fina existente na extremidade. Ela colide com os átomos de argônio no interior do tubo, ionizando-os. A presença de partículas com carga dentro do tubo causa uma descarga elétrica entre o fio central e o tubo externo. Cada uma dessas descargas é detectada e o evento contado eletronicamente.

Tão antigo quanto o contador Geiger-Müller é o uso da fosforescência para detectar radiação de alta energia (ver Seções 5.1 e 5.2). Atualmente, os *contadores de cintilação* podem ser considerados como descendentes das antigas telas fosforescentes. Nos contadores de cintilação, os cristais especiais dopados de haleto de metal alcalino, emitem pequenos lampejos de luz ao serem atingidos pela radiação de alta energia. Esta luz é detectada por um tubo fotomultiplicador, uma fotocela ultra sensível, que por sua vez está ligada a um amplificador e contador eletrônico.

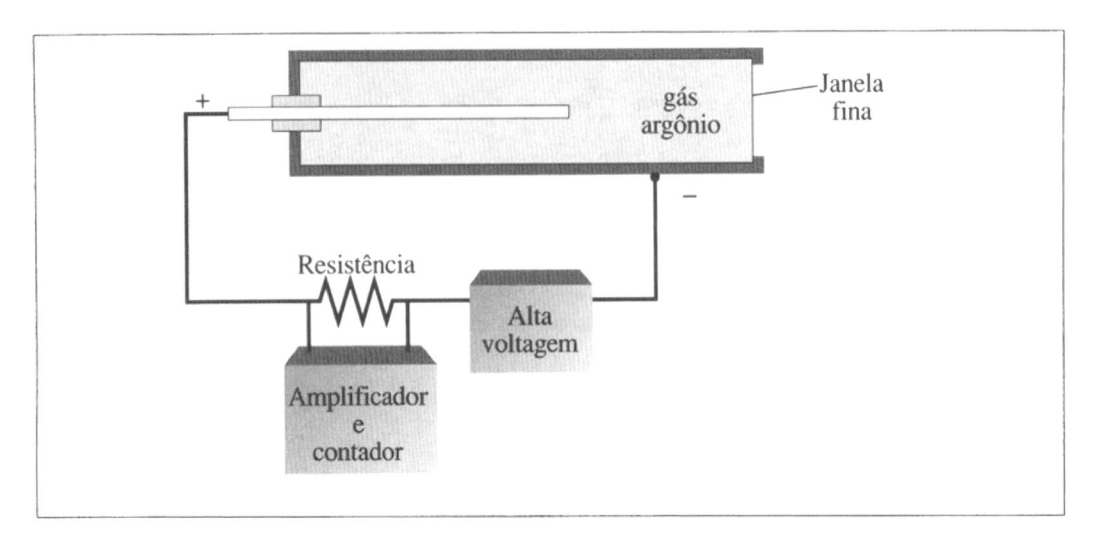

Figura 24.1 O contador Geiger-Müller.

Emulsões fotográficas foram usadas por muitos anos na observação do rastro de partículas de alta energia. De maneira semelhante são usadas *câmaras de vapor*, nas quais o percurso de uma partícula pode ser visto pelo traço deixado pela condensação de gotículas de água, ou outro líquido, na câmara supersaturada de vapor. Na *câmara de bolhas*, o caminho das partículas é revelado pela formação de bolhas minúsculas no hidrogênio líquido e, na *câmara de centelhas*, pelo aparecimento de faíscas entre eletrodos delgados de cargas opostas. Nas câmaras de vapor, de bolhas ou de centelhas o traçado é em geral fotografado para se ter um registro permanente.

SÉRIES DE DESINTEGRAÇÕES RADIOATIVAS

Se um núcleo é instável, ele se desintegra, e se o núcleo filho é instável, ele também se desintegra. Este processo continua até que se forme um núcleo estável. A seqüência ordenada de núcleos instáveis que leva à formação de núcleos estáveis é chamada de *série de desintegração radioativa*. Existem várias séries naturais de desintegração. Uma delas, a série do urânio, começa com $^{238}_{92}U$ radioativo e termina com o $^{206}_{82}Pb$, que é estável. Esta série é vista na Figura 24.2. Como se pode observar, cada emissão alfa reduz o número de massa de 4 e o número atômico de 2, à medida que o $^{4}_{2}He$ abandona o núcleo. De maneira semelhante, toda emissão beta deixa o número de massa inalterado, mas aumenta o número atômico de 1, quando $^{0}_{-1}e$ deixa o núcleo. A sucessão de desintegrações nucleares continua através de uma série de nuclídeos intermediários, até que o $^{206}_{82}$Pb, que é estável, é produzido. Observe que em vários lugares existem seqüências laterais. Por exemplo, há duas maneiras do $^{218}_{84}$Po se desintegrar a $^{214}_{83}$Bi.

OUTROS PROCESSOS NUCLEARES NATURAIS

Muitos anos depois da descoberta dos processos de emissão alfa, beta e gama, um quarto tipo de desintegração natural foi observado: captura eletrônica (CE). Nesse caso, o núcleo captura um elétron extranuclear:

$$^{40}_{19}K + {}^{0}_{-1}e \xrightarrow{CE} {}^{40}_{18}Ar$$

Note que o número de massa permanece inalterado, enquanto o número atômico diminui de uma unidade. Geralmente o elétron pertence à camada K, que tem um máximo na sua curva probabilidade-densidade (Seção 6.4) imediatamente adjacente ao núcleo (ver Figura 6.14). Neste caso o processo é chamado *captura K*.

Uma quinta espécie de desintegração natural é a fissão espontânea, que discutiremos na Seção 24.5.

24.2 A CINÉTICA DA DESINTEGRAÇÃO NUCLEAR

A velocidade da desintegração nuclear é proporcional ao número de núcleos instáveis presentes na amostra. Usando o simbolismo da cinética química introduzida no Capítulo 13 e considerando N o número de núcleos pais em uma dada amostra, podemos escrever

$$\text{Velocidade de desintegração} = -\frac{dN}{dt} = kN$$

onde k é a constante de proporcionalidade e t é o tempo. Esta equação descreve uma *reação de primeira ordem*; a desintegração nuclear portanto segue uma cinética de primeira ordem.

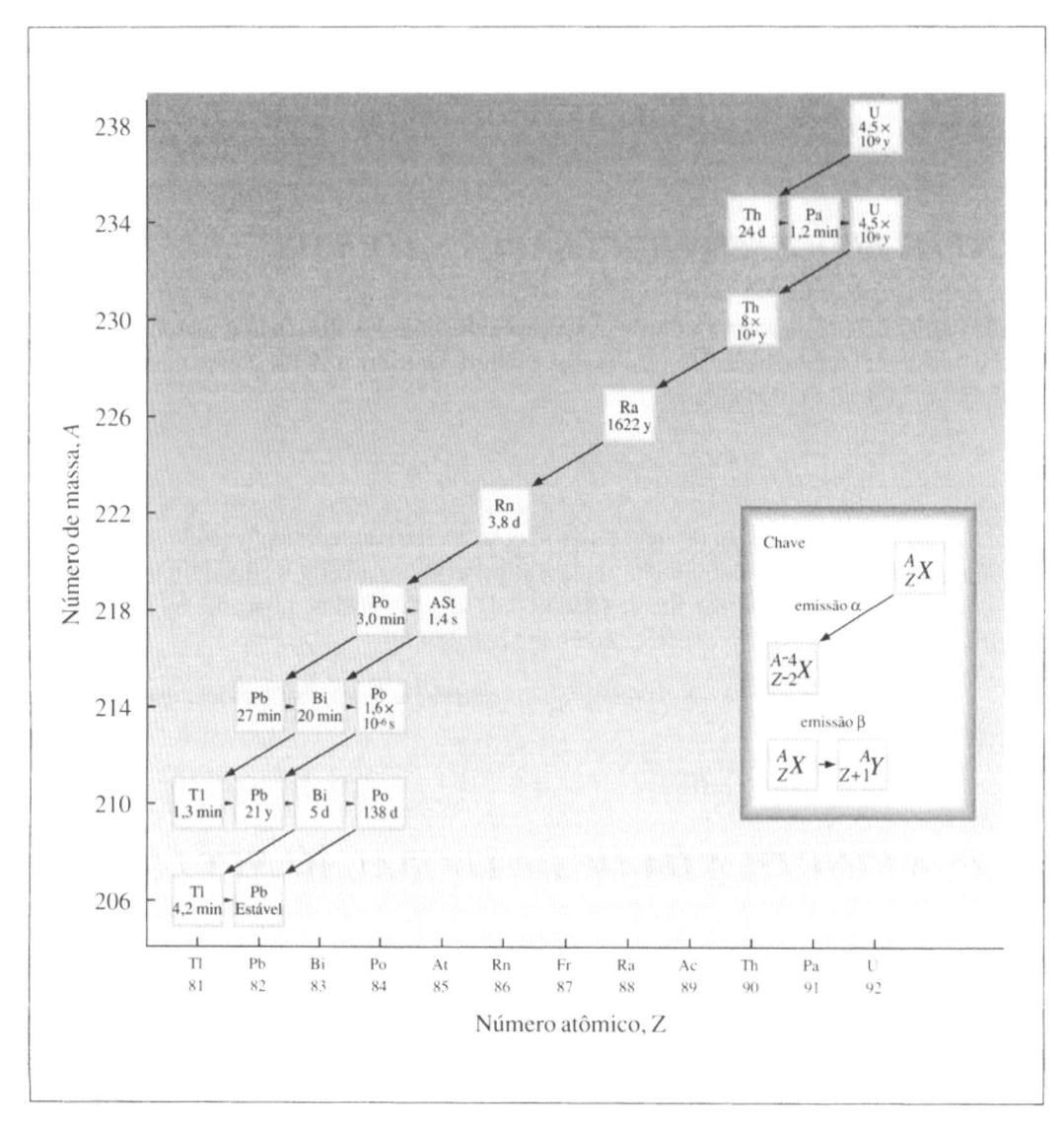

Figura 24.2 A série de desintegração radiotiva do urânio. [Meia-vida é mostrada em segundos (s), minutos (min), dias (d) ou anos (y).]

DESINTEGRAÇÃO RADIOATIVA DE PRIMEIRA ORDEM

Na Seção 13.2 estabelecemos que por meio do cálculo é possível tomar a lei da velocidade de primeira ordem acima e derivar a relação

$$\ln N = -kt + \ln N_0$$

onde N, nesse caso, é o número de núcleos pais no tempo t é N_0 o número a $t = 0$. Isto pode ser escrito como

$$\ln \frac{N}{N_0} = -kt$$

Esta relação útil fornece a fração de núcleos instáveis e $\frac{N}{N_0}$, remanescente, depois de decorrido o tempo, t.

Exemplo 24.3 A constante de velocidade da desintegração α do $^{222}_{86}Rn$ é 0,18 dia^{-1}. A que quantidade será reduzida a massa de $4,5 \times 10^{-5}$ g desse nuclídeo depois de um período de 8,5 dias?

Solução: Considerando que para qualquer nuclídeo a massa e o número de átomos devem ser proporcionais, podemos escrever

$$\ln \frac{x}{x_0} = -0,18t$$

onde x_0 é x são as massas de radônio no início e no tempo t, respectivamente. Substituindo, teremos

$$\ln \frac{x}{4,5 \times 10^{-5} \text{ g}} = -(0,18 \text{ dia}^{-1})(8,5 \text{ dias})$$

ou

$$x = 9,7 \times 10^{-6} \text{ g}$$

Problema Paralelo A constante de velocidade de reação para o decaimento β do $^{90}_{38}Sr$ é $2,50 \times 10^{-2}$ ano^{-1}. Qual a quantidade de estrôncio 90 tendo uma massa de 0,100 g que estará presente depois de um período de 10 anos? *Resposta*: 0,0779 g.

A estabilidade de um nuclídeo é medida por sua *meia-vida*, $t_{1/2}$. Como vimos na Seção 13.2, esse é o período de tempo necessário para que a metade de um reagente desapareça. Para qualquer desintegração nuclear, então, podemos escrever

$$\ln \frac{\left(\dfrac{N_0}{2}\right)}{N_0} = -kt_{1/2}$$

ou

$$t_{1/2} = \frac{\ln 2}{k} = \frac{0{,}693}{k}$$

Exemplo 24.4 Dos dados do Exemplo 24.3, calcule a meia-vida do $^{222}_{86}\text{Rn}$.

Solução

$$t_{1/2} = \frac{0{,}693}{k} = \frac{0{,}693}{0{,}18 \text{ dia}^{-1}}$$

$$= 3{,}8 \text{ dias}$$

Problema Paralelo A constante de velocidade de reação para um decaimento β do $^{90}_{38}\text{Sr}$ é $2{,}50 \times 10^{-2}$ ano^{-1}. Calcule o valor de meia-vida para o estrôncio 90. *Resposta*: 27,7 anos.

DATAÇÃO RADIOQUÍMICA

Um dos usos da desintegração radioativa consiste na determinação da idade de relíquias antigas, fósseis, rochas etc. Por exemplo, a série de desintegração do $^{238}_{92}\text{U}$ no diagrama da Figura 24.2 é usada para *datação do urânio*. Como a primeira fase da série de desintegração é, de longe, a de meia-vida, a série é semelhante a uma reação química em multi-etapas, cuja primeira etapa é a determinante de velocidade. Nesse caso, o número de átomos de chumbo (o produto estável final) é essencialmente igual ao número de átomos de urânio que se desintegrou. Na determinação da idade de rochas e alguns artefatos, principalmente inorgânicos, o número de átomos de urânio e de chumbo são obtidos pela análise, e o total equacionado com o número de átomos de urânio a $t = 0$, isto é, quando as rochas se formaram. Se a meia-vida do urânio 238 é conhecida ($4{,}5 \times 10^9$ anos), a idade das rochas pode ser calculada do número de átomos de urânio presentes em relação ao número original. As rochas mais antigas encontradas até agora têm uma idade de cerca de 3×10^9 anos, determinada por esse método.

Exemplo 24.5 Uma certa amostra de rocha contém $1,3 \times 10^{-5}$ g de urânio 238 e $3,4 \times 10^{-6}$ g de chumbo 206. Se a meia-vida de $^{238}_{92}U$ é $4,5 \times 10^9$ anos, qual a idade da rocha?

Solução: Inicialmente devemos encontrar quantos gramas de urânio 238 se desintegraram.

$$3,4 \times 10^{-6} \text{ g } ^{206}Pb \times \frac{238 \text{ g } ^{238}U \text{ mol}^{-1}}{206 \text{ g } ^{206}Pb \text{ mol}^{-1}} = 3,9 \times 10^{-6} \text{ g } ^{238}U \text{ desintegrados}$$

Total ^{238}U no início $1,3 \times 10^{-5}$ g + $3,9 \times 10^{-6}$ g = $1,7 \times 10^{-5}$ g

Seja x = gramas de urânio 238 em um tempo presente (tempo t). Então

$$\ln \frac{x}{x_0} = -kt$$

$$t = \frac{-\ln\left(\frac{x}{x_0}\right)}{k}$$

Da meia-vida podemos determinar a constante de velocidade k (ver Seção 13.2):

$$k = \frac{0,693}{t_{1/2}} = \frac{0,693}{4,5 \times 10^9 \text{ anos}} = 1,5 \times 10^{-10} \text{ ano}^{-1}$$

e então, pela substituição,

$$t = \frac{-\ln\left(\frac{1,3 \times 10^{-5}}{1,7 \times 10^{-5}}\right)}{1,5 \times 10^{-10} \text{ ano}^{-1}} = 1,8 \times 10^9 \text{ anos}$$

Problema Paralelo Uma amostra de rocha é encontrada e contém $2,1 \times 10^{-4}$ g de urânio 238 e $2,5 \times 10^{-5}$ g de chumbo 206. Se a meia-vida do $^{238}_{92}U$ é $4,5 \times 10^9$ anos, qual a idade da rocha? *Resposta*: $8,6 \times 10^8$ anos.

A *datação do carbono* é usada para substâncias que fizeram parte de organismos vivos. Na atmosfera superior os nêutrons das radiações cósmicas bombardeiam os núcleos de nitrogênio 14 para formar carbono 14:

$$^{14}_{7}N + ^{1}_{0}n \rightarrow ^{14}_{6}C + ^{1}_{1}H$$

O núcleo do carbono é instável e se desintegra formando $^{14}_{7}N$ através de emissão beta:

$$^{14}_{6}C \rightarrow ^{14}_{7}N + ^{0}_{-1}e \quad t_{1/2} = 5730 \text{ anos}$$

Assume-se que a relação carbono 14 para carbono 12 se mantém constante por milhares de anos e que o $^{14}_{6}C$ oxidado a CO_2 é absorvido pelas plantas, que são então ingeridas pelos animais, que excretam o carbono 14 etc., de tal maneira que a relação entre os dois isótopos permanece constante durante o tempo de vida da planta e do animal. Mas depois da morte, o carbono 14 continua se desintegrando no organismo e não é substituído, e assim, a relação $^{14}_{6}C/^{12}_{6}C$ começa a diminuir. A partir da relação observada na peça antiga de madeira, no osso etc., a idade do objeto pode ser determinada.

Exemplo 24.6 Uma raspadeira antiga foi encontrada numa escavação arqueológica na África. A relação $^{14}_{6}C/^{12}_{6}C$ é 0,714 da relação atmosférica atual. Qual a idade da raspadeira?

Solução: A partir da meia-vida da desintegração beta do carbono 14 calculamos a constante de velocidade

$$k = \frac{0,693}{t_{1/2}}$$

$$= \frac{0,693}{5730 \text{ anos}} = 1,21 \times 10^{-4} \text{ ano}^{-1}$$

Como no Exemplo 24.5, teremos

$$t = \frac{-\ln \frac{x}{x_0}}{k}$$

$$= \frac{-\ln 0,714}{1,21 \times 10^{-4} \text{ ano}^{-1}} = 2780 \text{ anos}$$

Problema Paralelo Um fragmento de osso encontrado em um sítio arqueológico tem a relação carbono 14-carbono 12 de 0,839 da relação atmosférica atual. Qual a idade do fragmento? *Resposta*: 1450 anos.

24.3 REAÇÕES NUCLEARES

A emissão natural de uma partícula alfa ou beta transforma um determinado núcleo em novo núcleo com número diferente de prótons. Assim, cada uma dessas desintegrações radioativas representa a *transmutação* de um elemento em outro. Transmutação também pode ser efetuada artificialmente. (O sonho dos antigos alquimistas foi realizado.)

TRANSMUTAÇÃO

Em 1919, Rutherford bombardeou nitrogênio 14 com partículas alfa obtidas da desintegração radioativa do rádio. Os nuclídeos produzidos eram de oxigênio 17 e a equação abaixo representa a primeira transmutação artificial de sucesso:

$$^{14}_{7}N + ^{4}_{2}He \rightarrow \left[^{18}_{9}F \right] \rightarrow ^{17}_{8}O + ^{1}_{1}H$$

O intermediário altamente instável, um estado excitado do flúor 18, é algumas vezes chamado de núcleo composto. Sua meia-vida é menos que 10^{-12} s e sua desintegração por emissão de um próton da origem ao oxigênio 17 estável.

Em muitos casos, o produto de uma reação de bombardeio nuclear é instável e produz subseqüente desintegração radioativa. Por exemplo, quando o núcleo do cobalto 59 é bombardeado com um nêutron de alta energia, a seguinte reação ocorre:

$$^{59}_{27}Co + ^{1}_{0}n \rightarrow \left[^{60}_{27}Co \right] \rightarrow ^{56}_{25}Mn + ^{4}_{2}He$$

Porém, o manganês 56 produzido não é estável, desintegrando-se com uma meia-vida de 2,6 h e formando-se o ferro 56, que é estável:

$$^{56}_{25}Mn \rightarrow ^{56}_{26}Fe + ^{0}_{-1}e$$

Este é um exemplo de radioatividade *induzida* ou *artificial*.

A radioatividade induzida ilustra várias maneiras de desintegração que não são encontradas na radioatividade natural. Uma dessas é a *emissão de nêutrons*, como pode ser ilustrada em um dos modos de desintegração do bromo 87:

$$^{87}_{35}Br \rightarrow ^{86}_{35}Br + ^{1}_{0}n$$

Outra forma de desintegração muito comum é a beta-positiva (β^+), também conhecida como *emissão de pósitrons*. Partículas beta são mais propriamente chamadas beta-negativas (β⁻), para distingui-las das partículas β⁺, que são pósitrons, $_{1}^{0}e$. Um *pósitron* é uma partícula que tem a massa de um elétron, mas com uma carga positiva. Um exemplo de desintegração β⁺ é a do nuclídeo de nitrogênio 13:

$$^{13}_{7}N \rightarrow {}^{13}_{6}C + {}^{0}_{1}e$$

A radioatividade induzida e a transmutação artificial são possíveis por causa do desenvolvimento de aceleradores de partículas de alta energia como o *cíclotron*, o *síncrotron* e o *acelerador linear*. A Figura 24.3 mostra o diagrama esquemático do cíclotron. Eletrodos metálicos ocos e rarefeitos, chamados *dees*, são montados entre os pólos de um grande ímã (não mostrado no diagrama) e uma fonte de corrente alternada de alta frequência é conectada aos *dees*. Os prótons injetados no centro percorrem uma espiral cada vez mais larga. Eles ganham energia considerável à medida que giram e finalmente colidem com um alvo. Durante a operação são os aceleradores de partículas que produzem feixes de partículas com energias superiores a 1000 BeV (bilhões de elétron-volts).

Os *elementos transurânicos*, aqueles que seguem o urânio na tabela periódica, foram preparados por técnicas de bombardeio. Por exemplo, o neptúnio (Z = 93) foi sintetizado pelo bombardeio de núcleos de urânio 238 com *dêuterons*, núcleos de hidrogênio 2:

$$^{238}_{92}U + {}^{2}_{1}H \rightarrow {}^{238}_{93}Np + 2\,{}^{1}_{0}n$$

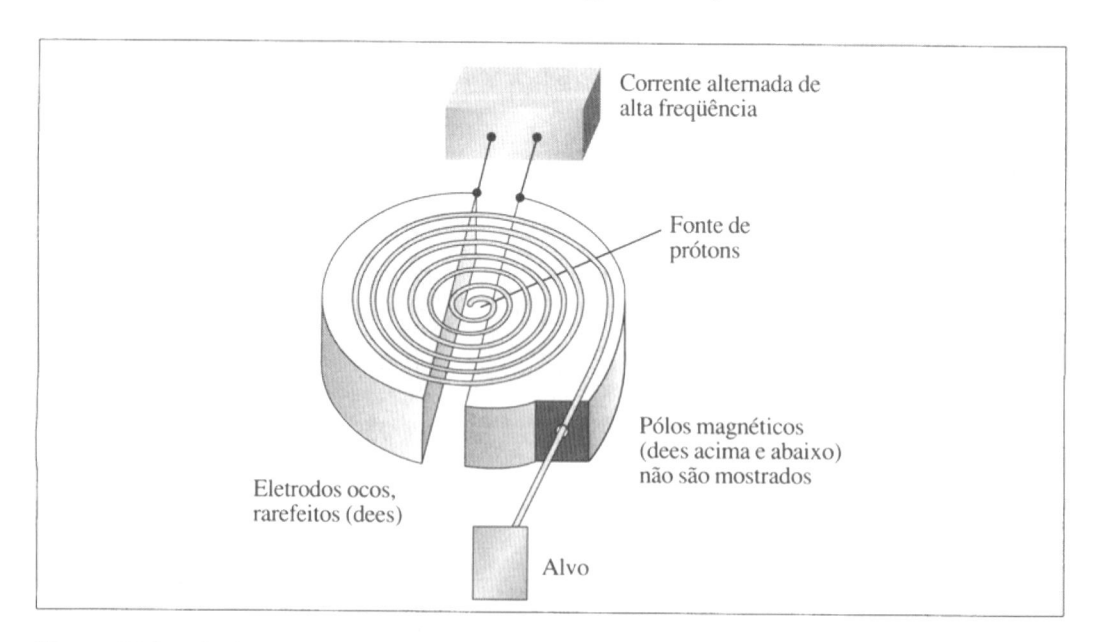

Figura 24.3 O cíclotron (esquematizado).

Os átomos de números atômicos mais altos foram preparados por bombardeio, usando partículas relativamente massivas como as de $^{10}_{5}B$, $^{12}_{6}C$ e $^{14}_{7}N$. O unnilpentium (Unp, Z = 105), por exemplo, foi sintetizado pelo bombardeio do califórnio 249 com núcleos de nitrogênio 15:

$$^{249}_{98}Cf + ^{15}_{7}N \rightarrow ^{260}_{105}Unp + 4\,^{1}_{0}n$$

24.4 ESTABILIDADE NUCLEAR

Embora uma discussão extensa dos fatores que contribuem para estabilidade e a instabilidade do núcleo esteja além dos objetivos deste livro, algumas poucas observações são necessárias. Primeiro, com exceção do $^{1}_{1}H$, todos os núcleos estáveis contêm pelo menos um nêutron. Segundo, à medida que o número de prótons do núcleo aumenta, o número de nêutrons *por próton* aumenta nos núcleos estáveis. Aparentemente, os nêutrons são necessários para impedir uma autodestruição do núcleo como resultado da repulsão próton-próton, e quanto maior o número de prótons que está presente no núcleo, tanto maior deverá ser a relação nêutron/próton para que o núcleo seja estável. Terceiro, quando há mais de 83 prótons num núcleo, nenhum número de nêutrons o estabilizará. Na tabela periódica, o bismuto (Z = 83) é o último elemento que tem isótopo estável.

O CINTURÃO DE ESTABILIDADE

A Figura 24.4 apresenta um gráfico dos números de nêutrons e de prótons para todos os núcleos estáveis. Esses núcleos se encontram num *cinturão de estabilidade*, a região no gráfico na qual a relação nêutron-próton está próxima de 1 para os núcleos mais leves, mas no qual a relação cresce à medida que o número de prótons cresce. Assim, no $^{6}_{3}Li$ a relação é 1:1, no $^{110}_{48}Cd$ é 1,29:1 e no $^{202}_{80}Hg$ é 1,53:1.

Nessa espécie de mapa nêutron-próton, os núcleos instáveis podem estar acima, abaixo ou entre os extremos do cinturão de estabilidade. Aqueles que estão acima do cinturão têm uma relação nêutron-próton muito alta, aqueles que estão abaixo, uma relação muito baixa e aqueles que estão além do cinturão simplesmente têm núcleons demais para serem estáveis. Os núcleos nessas regiões tendem a se transformar em núcleos de dentro do cinturão ou, pelo menos, próximos a ele.

Núcleos que estão *acima* do cinturão de estabilidade diminuem sua relação nêutron-próton através de desintegração β⁻ ou, menos comumente, emissão de nêutrons. No processo de desintegração β⁻,

$$^{133}_{54}Xe \rightarrow {}^{133}_{55}Cs + {}^{0}_{-1}e$$

o nuclídeo filho de césio é estável, mas em alguns casos são necessárias várias desintegrações sucessivas até que o núcleo atinja o cinturão de estabilidade. Por exemplo, antimônio 131 sofre três desintegrações β⁻ sucessivas para formar um núcleo estável:

$$^{131}_{51}Sb \rightarrow {}^{131}_{52}Te + {}^{0}_{-1}e$$
$$\longrightarrow {}^{131}_{53}I + {}^{0}_{-1}e$$
$$\longrightarrow {}^{131}_{54}Xe + {}^{0}_{-1}e$$

Um processo ocasionalmente observado para diminuir a relação nêutron-próton é a *emissão de nêutrons*. Um exemplo é

$$^{90}_{36}Kr \rightarrow {}^{89}_{36}Kr + {}^{1}_{0}n$$

Núcleos situados *abaixo* do cinturão de estabilidade aumentam a relação nêutron-próton por emissão β⁺ (pósitron) ou por captura eletrônica. Um exemplo de emissão β⁺ é

$$^{105}_{48}Cd \rightarrow {}^{105}_{47}Ag + {}^{0}_{1}e$$

Na captura eletrônica (CE) um elétron de baixa energia é capturado pelo núcleo

$$^{127}_{54}Xe + {}^{0}_{-1}e \xrightarrow{CE} {}^{127}_{53}I$$

e a energia liberada no processo é em geral emitida na forma de raios-x.

Algumas vezes, não é uma relação nêutron-próton desfavorável que produz a desintegração. Mais propriamente, o número total de núcleons pode ser tão grande que a força de ligação nuclear não é suficientemente forte para mantê-los juntos. Em outras palavras, o nuclídeo está além do final do cinturão de estabilidade. Esta situação geralmente leva a uma emissão alfa, porque assim o núcleo pode se livrar de dois prótons e dois nêutrons ao mesmo tempo:

$$^{211}_{84}Po \rightarrow {}^{207}_{82}Pb + {}^{4}_{2}He$$

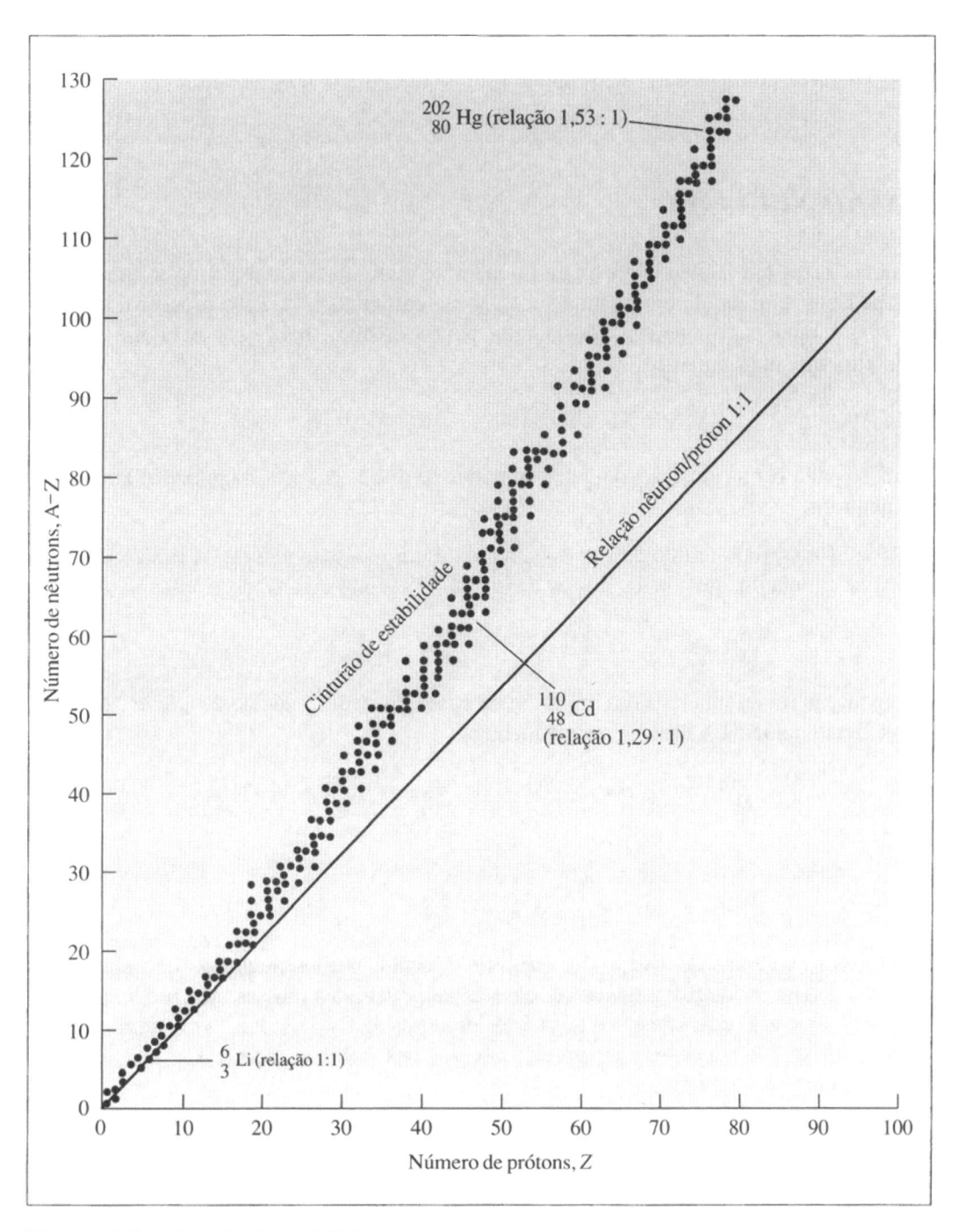

Figura 24.4 Cinturão de estabilidade.

Se o nuclídeo filho ainda está além do cinturão de estabilidade, várias emissões sucessivas podem ocorrer, como na série de desintegração do urânio 238 (Figura 24.2).

FISSÃO NUCLEAR

Algumas vezes um núcleo que esta muito além do cinturão de estabilidade se quebra em dois pedaços, em vez de emitir uma sucessão de partículas alfa. Esse processo, a *fissão nuclear*, é uma das maneiras, considerada pouco comum, pela qual o urânio 235 se desintegra espontaneamente:

$$^{235}_{92}U \rightarrow {}^{140}_{56}Ba + {}^{92}_{36}Kr + 3\ {}^{1}_{0}n$$

Como se pode ver na equação, o núcleo de urânio se divide em dois fragmentos, libertando três nêutrons.

A fissão do urânio 235 descrita acima é um processo natural. A fissão pode ser *induzida*, entretanto, quando um núcleo de urânio 235 captura um nêutron lento ou *térmico*:

$$^{235}_{92}U + {}^{1}_{0}n \rightarrow \left[{}^{236}_{92}U\right] \rightarrow {}^{90}_{38}Sr + {}^{143}_{54}Xe + 3\ {}^{1}_{0}n$$

Essa equação representa uma das muitas maneiras pelas quais o núcleo de urânio 235 pode sofrer fissão induzida. Outras maneiras incluem:

$$^{235}_{92}U + {}^{1}_{0}n \rightarrow \left[{}^{236}_{92}U\right] \rightarrow {}^{94}_{36}Kr + {}^{139}_{56}Ba + 3\ {}^{1}_{0}n$$

e

$$^{235}_{92}U + {}^{1}_{0}n \rightarrow \left[{}^{236}_{92}U\right] \rightarrow {}^{90}_{38}Sr + {}^{144}_{54}Xe + 2\ {}^{1}_{0}n$$

Assim, os fragmentos de fissão são variáveis. Quando muitos nuclídeos de urânio 235 sofrem a fissão, inúmeros fragmentos, com as mais variadas massas, são produzidos. A Figura 24.5 mostra os rendimentos dos vários produtos da fissão induzida do urânio 235. A fissão nuclear é o processo que produz energia nas bombas atômicas e nos reatores nucleares (ver Seção 24.5).

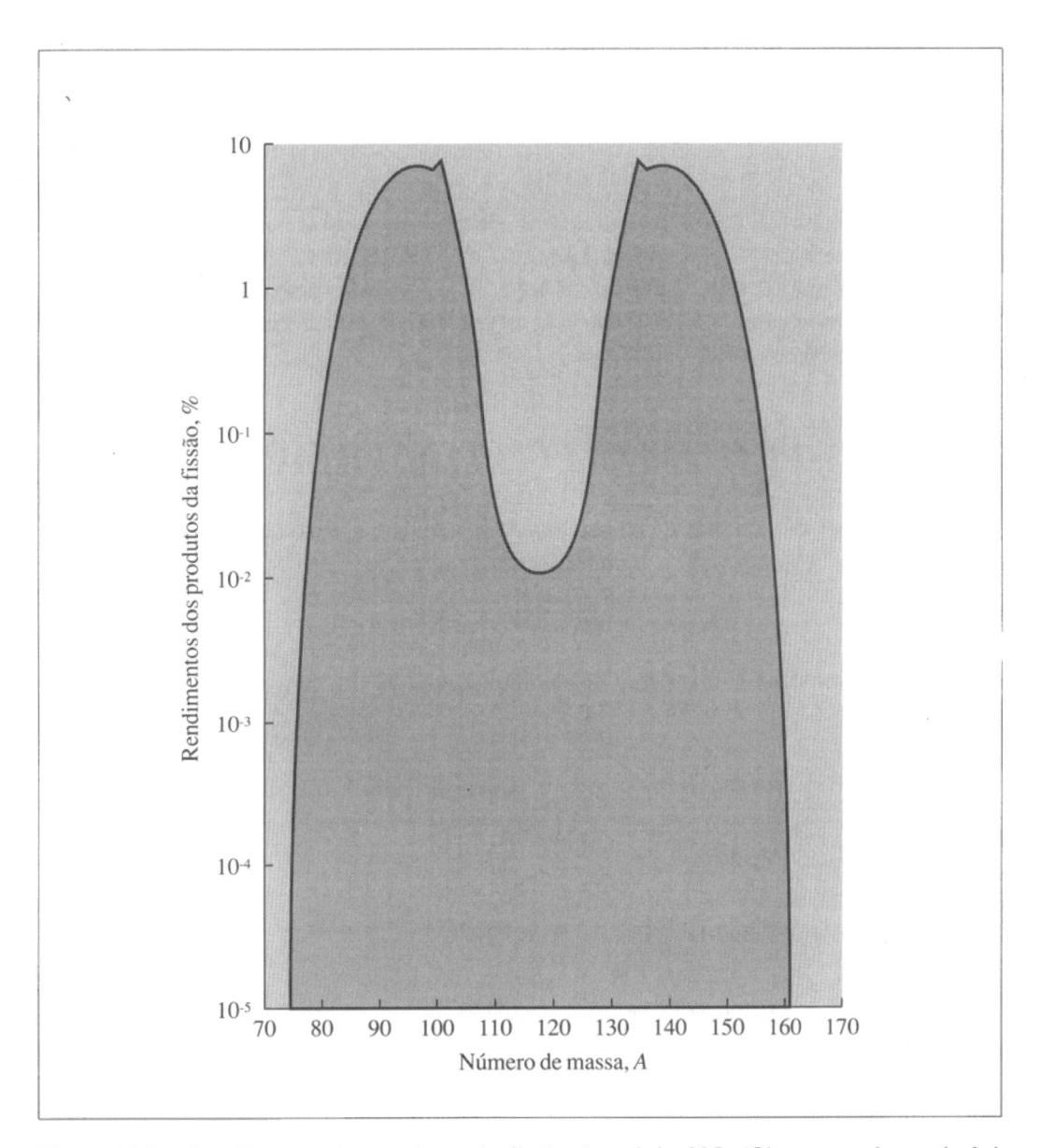

Figura 24.5 Rendimentos dos produtos de fissão do urânio 235. (Obs.: a escala vertical é logarítmica.)

24.5 FISSÃO, FUSÃO E ENERGIA DE LIGAÇÃO NUCLEAR

Todos nós sabemos da enorme quantidade de energia que pode ser obtida de um processo nuclear. De onde esta energia provém e por que ela é tão poderosa? A resposta é dada pela equação de Einstein, $E = mc^2$ (refere-se à Seção 6.2), baseada na idéia de que massa pode ser convertida em energia e vice-versa. (Ou, talvez melhor, massa e energia são diferentes, mas são manifestações interconvertíveis.)

VARIAÇÕES DE MASSA E ENERGIA NA FISSÃO NUCLEAR

Na fissão nuclear há uma significativa perda de massa, isto é, a massa total dos produtos é menor que a dos reagentes. Por exemplo, considere a reação

$$^{235}_{92}U + ^{1}_{0}n \rightarrow ^{94}_{38}Sr + ^{139}_{54}Xe + 3\,^{1}_{0}n$$

Agora, vamos comparar as massas dos produtos com as dos reagentes. Com os dados seguintes:

Partícula	Massa, u
Átomo de $^{235}_{92}U$	235,0439
Átomo de $^{94}_{38}Sr$	93,9154
Átomo de $^{139}_{54}Xe$	138,9178
Nêutron	1,0087

calculamos a variação de massa total, Δm, que resulta do processo de fissão anterior do nuclídeo de urânio 235,

$$\Delta m = \Sigma\,(massa)_{produtos} - \Sigma\,(massa)_{reagentes}$$

$$= [93,9154 + 138,9178 + 3\,(1,0087)] - [235,0439 + 1,0087]\,u$$

$$= -0,1933\,u$$

O sinal negativo indica que o sistema *perde* 0,1933 u por átomo de urânio. Isso corresponde a uma perda de 0,1933 g mol^{-1} ou 1,933 × 10^{-4} kg mol^{-1}. A velocidade da luz no vácuo, c, é 2,998 × 10^{-8} m s^{-1} e, assim, calculamos a energia que é equivalente à perda de massa observada usando a equação de Einstein.

$$E = mc^2$$

$$= (1{,}933 \times 10^{-4} \text{ kg mol}^{-1})(2{,}998 \times 10^8 \text{ m s}^{-1})^2$$

$$= 1{,}737 \times 10^{13} \text{ kg m}^2 \text{ s}^{-2} \text{ mol}^{-1}$$

Como 1 kg m^2 s^{-2} é 1 J, a energia é 1,737 × 10^{13} J mol^{-1}, ou 1,737 × 10^{10} kJ mol^{-1}.

Podemos ver que a quantidade de energia produzida pela fissão de um mol de átomo de urânio 235 é colossal. Ela é maior, por um fator de cerca de um milhão, que a energia desprendida numa reação química altamente exotérmica. Na fissão nuclear, cerca de sete oitavos desta energia aparece na forma de energia cinética dos produtos e um oitavo como energia eletromagnética (radiante).

ENERGIA DE LIGAÇÃO NUCLEAR

A estabilidade de um núcleo é medida através da sua *energia de ligação*, a energia liberada quando ele é formado a partir dos componentes prótons e nêutrons. Por exemplo, consideremos a formação do núcleo de $^{57}_{27}$Co, massa = 56,9215 u, com 27 prótons e 30 nêutrons. Como a massa do próton é 1,00728 u e a do nêutron 1,00866 u, a perda de massa que ocorre quando o núcleo de cobalto 57 se forma é

Massa de 27 prótons	=	27 (1,00728)	=	27,1966 u
Massa de 30 nêutrons	=	30 (1,00866)	=	30.2598 u
				57,4564 u
Menos a massa do núcleo $^{57}_{27}$Co,				−56,9215 u
		Perda de massa	=	0,5349 u

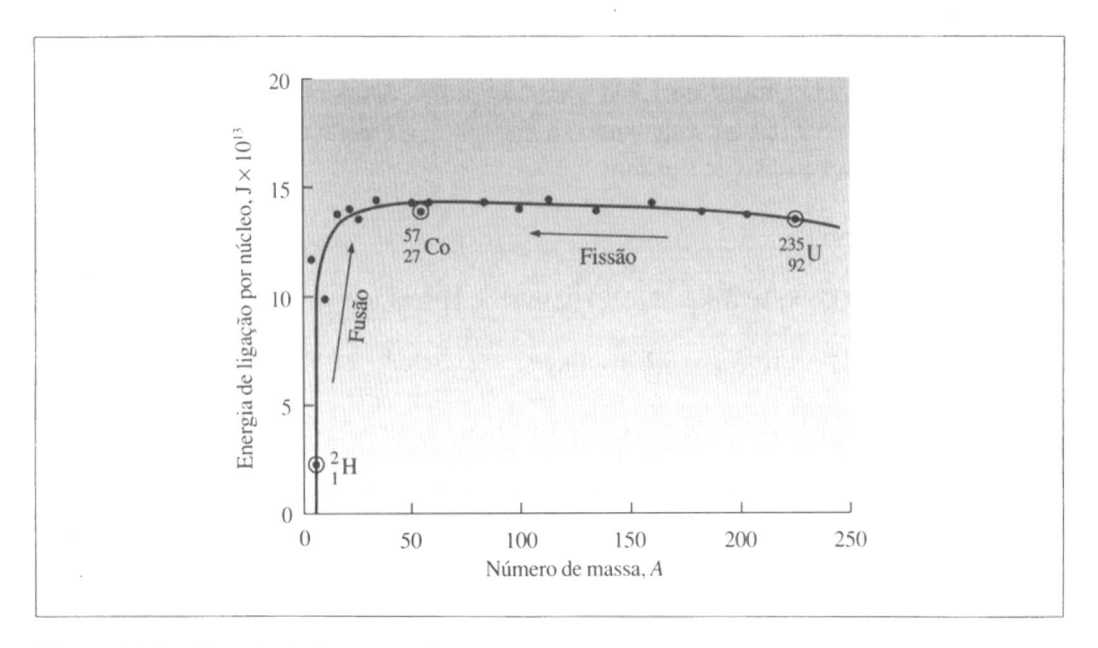

Figura 24.6 Energia de ligação nuclear.

Isto é,

$$0{,}5349 \text{ u} \times \frac{1 \text{ g}}{6{,}022 \times 10^{23} \text{ u}} = 8{,}882 \times 10^{-25} \text{ g}$$

ou

$$8{,}882 \times 10^{-28} \text{ kg}$$

que corresponde a

$$E = mc^2$$
$$= (8{,}882 \times 10^{-28} \text{ kg})(2{,}998 \times 10^8 \text{ (m s}^{-1})^2 = 7{,}984 \times 10^{-11} \text{ J}$$

As energias de ligação no núcleo são geralmente expressas por *núcleon*. Como há 57 núcleons no $^{57}_{27}$Co, a energia de ligação nuclear é

$$\frac{7{,}983 \times 10^{-11} \text{ J}}{57 \text{ núcleons}} = 1{,}401 \times 10^{-12} \text{ J núcleon}^{-1}$$

A Figura 24.6 mostra a maneira pela qual a energia de ligação nuclear varia em função do número de massa. O gráfico mostra que, quando o urânio 235 sofre fissão produzindo dois fragmentos mais leves (com números de massa próximos aos do meio da curva), há um aumento de estabilidade, à medida que a energia de ligação por núcleon aumenta. Este aumento representa realmente a energia libertada quando o urânio sofre fissão.

ARMAS NUCLEARES E REATORES NUCLEARES

Vimos que quando um núcleo sofre fissão, ele se divide em dois fragmentos e vários nêutrons. Se cada um desses nêutrons for capturado por um outro núcleo físsil, o processo continua e o resultado é uma *reação em cadeia* de reações, na qual a fissão súbita de muitos núcleos e a liberação resultante de enorme quantidade de energia produzem uma *explosão nuclear*. Na chamada bomba atômica (nome não muito descritivo) uma certa quantidade, *massa crítica*, de nuclídeos físseis é repentinamente acionada pelo mecanismo da bomba e resulta na explosão nuclear. Se a massa for menor que a massa crítica, muitos nêutrons se perderão e a reação em cadeia não se sustentará. Uma maneira de disparar a bomba consiste em usar uma explosão química para ativar duas massas subcríticas separadas, contendo material físsil em ambas, e assim a massa crítica poderá ser atingida. Urânio 235 e plutônio 239 foram ambos usados em armas nucleares. O plutônio 239 é produzido pelo bombardeio de urânio 238, o isótopo mais comum do urânio, com nêutrons

$$^{238}_{92}U + ^{1}_{0}n \rightarrow ^{239}_{93}U$$

O urânio 239 se desintegra em duas etapas, formando plutônio 239:

$$^{239}_{92}U \rightarrow ^{239}_{93}Np + ^{0}_{-1}e$$

$$^{239}_{93}Np \rightarrow ^{239}_{94}Pu + ^{0}_{-1}e$$

Em um *reator nuclear*, somente um dos nêutrons emitidos quando o núcleo sofre fissão é capturado por outro núcleo físsil. Dessa maneira a reação é mantida sob controle. A fissão continua, mas a uma velocidade mais baixa do que a de uma bomba. O reator é mantido sob controle ajustando a posição de absorção de nêutrons nas barras de controle que são inseridas entre os elementos combustíveis nucleares do reator. Essas barras são geralmente feitas de cádmio ou boro, dois elementos altamente eficientes na absorção de nêutrons. A Figura 24.7 mostra o esquema de um reator nuclear. Observe que o reator serve apenas como fonte de calor para ferver a água. Então, como numa máquina de energia convencional, o vapor aciona uma turbina geradora que produz eletricidade.

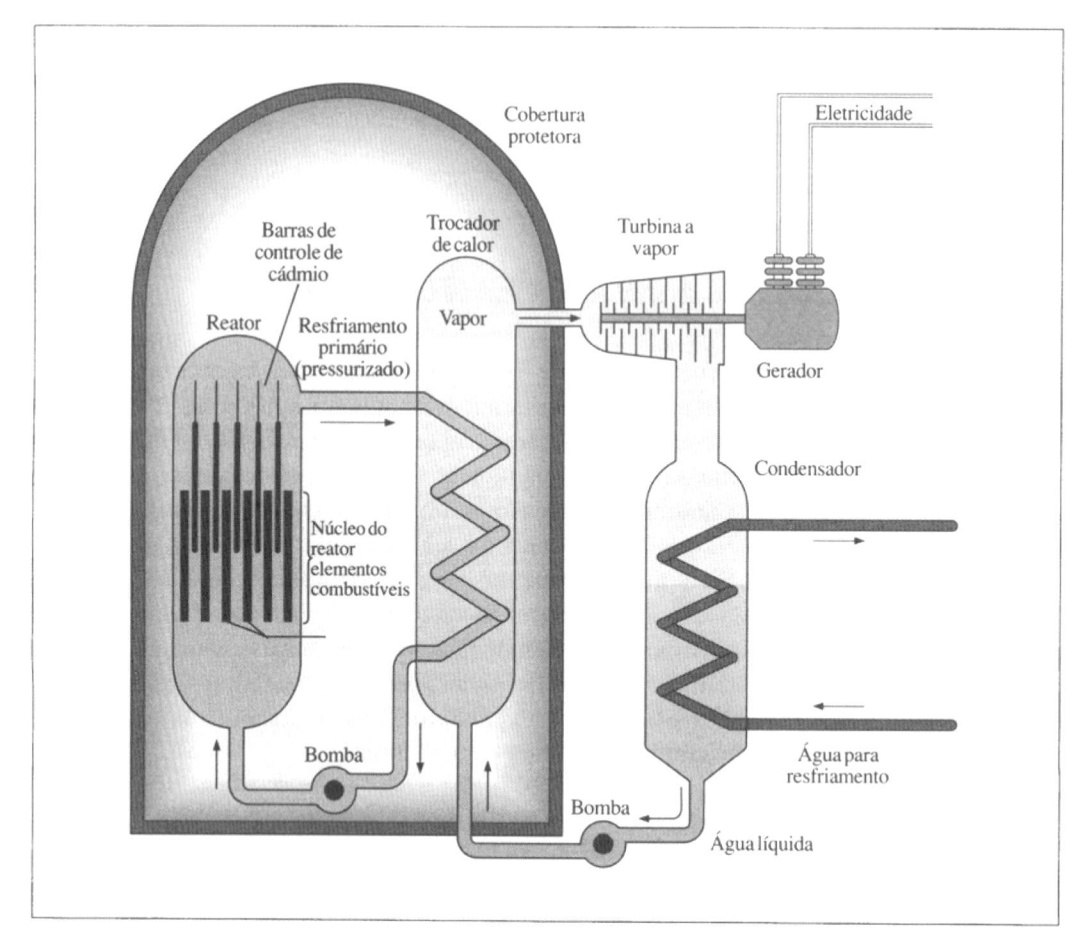

Figura 24.7 Reator nuclear (esquematizado).

FUSÃO NUCLEAR

Na curva das energias de ligação nucleares (Figura 24.6) pode-se notar que a conversão de núcleos muito leves (no lado esquerdo da curva) em núcleos pesados também resulta num aumento da energia de ligação por núcleon e então poderá haver liberação de grandes quantidades de energia, ainda maiores que na fissão. Tais reações são chamadas *reações de fusão* porque, nesse caso, os núcleos menores se fundem e formam núcleos maiores.

A fonte de energia solar é constituída de uma série de reações, cujo resultado final é a fusão de quatro prótons para formar um núcleo simples de $^{4}_{2}He$. A reação, sem dúvida, ocorre em etapas. Uma possibilidade é

$$_1^1H + {_1^1H} \rightarrow {_1^2H} + {_1^0e}$$

$$_1^2H + {_1^1H} \rightarrow {_2^3He}$$

$$_2^3He + {_1^1H} \rightarrow {_2^4H} + {_1^0e}$$

Resultado: $\quad 4\,{_1^1H} \rightarrow {_2^4He} + 2\,{_1^0e}$

A única aplicação "prática" de sucesso das reações de fusão foi nas chamadas bombas de hidrogênio ou termonucleares. Um problema fundamental nas reações de fusão consiste em iniciá-la. Para se conseguir que dois núcleos leves se fundam, eles devem ter energias extremamente altas, de tal maneira que as nuvens eletrônicas das regiões extranucleares dos átomos, não impeçam que os núcleos se aproximem. O que é necessário é uma temperatura extremamente alta, cerca de 10^{8}°C. Em uma arma termonuclear a reação de fissão é usada para prover as altas energias necessárias para iniciar a fusão. Num desses dispositivos, uma bomba de fissão é circundada por uma camada de deutereto de lítio. Os nêutrons de uma reação de fissão são capturados pelos núcleos de lítio,

$$_3^6Li + {_0^1n} \rightarrow {_2^4He} + {_1^3H}$$

e sob condições de alta energia, suprida pela reação de fissão, o produto trítio se funde com o deutério:

$$_1^3H + {_1^2H} \rightarrow {_2^4He} + {_0^1n}$$

Em uma bomba chamada fissão-fusão-fissão, uma camada de $^{238}_{92}U$ circunda o dispositivo de fusão. Normalmente esse isótopo de urânio não sofre fissão, mas em condições de alta energia ele o fará. A "vantagem" desse artefato é que $^{238}_{92}U$ é relativamente barato porque ele é, sem dúvida, o isótopo mais abundante desse elemento.

O controle da fusão nuclear de maneira que possa ser usado em formas úteis de energia, constitui um problema que vem desafiando os cientistas e engenheiros há 45 anos. Presumivelmente, as reações utilizando $_1^1H$ e $_1^2H$ poderão ser empregadas; e, embora somente cerca de 0,015% do hidrogênio na Terra seja constituído de deutério, há água suficiente nos oceanos, fazendo com que a quantidade deste isótopo do hidrogênio acessível seja muito grande. Mas, além da dificuldade da ignição de uma fusão nuclear, há o problema do recipiente para conter a mistura de reação a temperatura demasiadamente alta, suficiente para vaporizar qualquer material. Ordinariamente, os experimentos estão sendo executados usando uma bateria de lasers de alta potência, todos dirigidos para uma pequeníssima amostra de hidrogênio. Espera-se que os lasers concentrem energia suficiente para iniciar a reação de fusão. Outros experimentos estão sendo executados, nos quais misturas a ultra-altas temperaturas são confinadas em "garrafas magnéticas", um arranjo de campo magnético intenso que impede que a mistura escape.

24.6 APLICAÇÕES QUÍMICAS DA RADIOATIVIDADE

Desde a descoberta da radioatividade por Becquerel em 1896, a química desempenhou um papel importante na tentativa de aplicar os processos nucleares a todos os campos da ciência, medicina e tecnologia. Já mencionamos os processos de datação radioquímica (Seção 24.2) e concluiremos este capítulo descrevendo um pouco mais das aplicações da radioatividade na química.

TRAÇADORES RADIOATIVOS

Como a radioatividade pode ser detectada mesmo em níveis muito baixos, pequeníssimas quantidades de materiais radioativos podem ser usados como *traçadores*, permitindo acompanhar o desenvolvimento de muitas espécies de processos. Por exemplo, alguns tipos de distúrbios vasculares podem ser diagnosticados ao injetar pequena quantidade de cloreto de sódio contendo sódio 24, na corrente sangüínea. Esse isótopo de sódio é um emissor β^- e γ, e seu percurso nas artérias, capilares e veias pode ser facilmente acompanhado. Uma técnica semelhante é usada na indústria do petróleo: Quando se muda o tipo de óleo a ser bombeado através de um oleoduto, uma pequena quantidade de um nuclídeo radioativo é adicionada por ocasião da mudança. Muitos quilômetros depois, a chegada do novo óleo é detectada pela emissão radioativa do traçador.

Estudos com traçadores têm sido úteis na química em muitos processos. A velocidade de muitas reações de troca tem sido medida através do uso de traçadores. Por exemplo, o intercâmbio de elétrons entre Fe^{3+} e Fe^{2+} em solução aquosa pode ser seguido por adição de íons $^{55}Fe^{3+}$ radioativos a íons Fe^{2+} não radioativos. A velocidade de troca

$$^{55}Fe^{3+}(aq) + Fe^{2+}(aq) \rightarrow {}^{55}Fe^{2+}(aq) + Fe^{3+}(aq)$$

é determinada tomando periodicamente amostras da mistura, separando Fe^{2+} de Fe^{3+} e determinando o quanto rapidamente a radioatividade decresce no Fe(III) ou cresce no Fe(II).

Estudos com traçadores foram usados como auxiliares na elucidação de estruturas. A estrutura de Lewis para o íon tiossulfato é

$$\left[\begin{array}{c} :\ddot{O}: \\ :\ddot{O}:S:\ddot{O}: \\ :\ddot{O}: \end{array} \right]^{2-}$$

Evidências para esta estrutura provêm do fato de que os dois átomos de enxofre não são equivalentes no íon. Quando enxofre 35 (emissor β^-) é dissolvido em uma solução contendo íons sulfito, o produto é um íon tiossulfato, no qual um dos átomos de enxofre, aquele proveniente do enxofre elementar, é "marcado" ou "rotulado":

$$^{35}S(s) + SO_3^{2-}(aq) \rightarrow {}^{35}SSO_3^{2-}(aq)$$

Quando essa solução é acidificada, enxofre elementar e ácido sulfuroso são produzidos. Se os dois átomos de enxofre fossem equivalentes no íon tiossulfato, então cada um teria 50:50 de probabilidade de ir para o enxofre elementar e então metade da radioatividade deveria estar no $S(s)$ e metade no $H_2SO_3(aq)$. Porém, os resultados são outros: Toda a radioatividade está contida no enxofre sólido e nenhuma na solução. Esta constitui uma evidência clara de que os dois átomos de enxofre no $S_2O_3^{2-}$ são estruturalmente não equivalentes, o que é consistente com a estrutura de Lewis anterior.

Estudos com traçadores têm sido de grande importância para se estabelecer mecanismos metabólicos nos organismos vivos. O cientista americano Melvin Calvin usou o CO_2 marcado com carbono 14 (emissor β^-) na determinação do mecanismo de fotossíntese pelo qual as plantas convertem dióxido de carbono e água a glicose e oxigênio. Analisando as partes das plantas expostas ao CO_2 e luz solar em vários períodos de tempo, Calvin conseguiu desdobrar a reação global

$$6H_2O(l) + 6CO_2(g) \rightarrow C_6H_{12}O_6(aq) + 6O_2(g)$$

em uma complexa seqüência de etapas.

TÉCNICAS ANALÍTICAS

Isótopos radioativos têm inúmeras aplicações em análises químicas. Uma das técnicas, conhecida como *análise por diluição isotópica*, é útil na determinação de componentes de uma mistura que são difíceis de separar completamente. Por exemplo, suponha que se deseja determinar a quantidade de $NaNO_3$ presente em uma solução. Inicialmente se adiciona uma quantidade conhecida de $NaNO_3$, contendo sódio 24, radioativo dissolvido em solução. Depois, a água é evaporada até que alguma quantidade de $NaNO_3$ cristalize da solução. A radioatividade do sólido é então medida e se, por exemplo, ela é 3% daquela quantidade de $NaNO_3$ radioativa adicionada, então a relação entre a original e a adicionada no cristal deve ser de 97:3. Mas esta também deve ser a relação na solução e assim, da quantidade de $NaNO_3$ radioativa marcada, a quantidade de $NaNO_3$ originalmente presente pode ser determinada.

Outra técnica analítica, a *análise por ativação com nêutrons* é útil como método analítico não destrutivo para muitas substâncias. Quando um nuclídeo estável é bombardeado com nêutrons, há formação de um isótopo pesado, quando o nuclídeo estável captura um nêutron:

$$^{A}_{Z}X + ^{1}_{0}n \rightarrow ^{A+1}_{Z}X$$

Se o nuclídeo está acima do cinturão de estabilidade, ele sofre desintegração β^-, com meia-vida característica:

$$^{A+1}_{Z}X \rightarrow ^{A+1}_{Z+1}Y + ^{0}_{-1}e$$

Mesmo que o nuclídeo formado seja estável, ele geralmente está num estado excitado por causa da energia que recebeu na colisão com os nêutrons. Então, ele emite um ou mais fótons (raios γ) de energia característica, até que atinja o estado fundamental. Como as meias-vidas e as energias características de emissão γ são conhecidas para a maioria dos nuclídeos, as medidas dessas quantidades permitem a identificação de substâncias desconhecidas. As análises por ativação com nêutrons são especialmente úteis na determinação de amostras muito pequenas e em amostras nas quais o elemento procurado está em concentrações extremamente baixas, geralmente menor que $10^{-4}\%$.

MODIFICAÇÕES ESTRUTURAIS

Radiações de alta energia podem produzir mudanças estruturais importantes na matéria. A irradiação de plástico de polietileno com radiação β^- ou γ produz dissociação de alguns átomos de hidrogênio das cadeias de hidrocarbonetos. Esses átomos formam moléculas de hidrogênio, H_2, e cadeias adjacentes formam ligações cruzadas onde os átomos de H estavam presentes. Essas ligações cruzadas aumentam a dureza e durabilidade dos plásticos.

Os nuclídeos radioativos são usados em muitas aplicações médicas. O cobalto 60 é usado no tratamento de câncer. (A radioterapia não é mais comumente usada por causa do alto custo desse elemento.) O $^{60}_{27}Co$ é emissor β^- e γ e a radiação é dirigida para o tecido maligno para destruí-lo. Pequenas quantidades de compostos contendo iodo 131 são ingeridas por pacientes com câncer de tiróide. O iodo radioativo se concentra na tiróide e destrói os tecidos da glândula, com mínimo efeito no resto do organismo.

DIFRAÇÃO DE NÊUTRONS

Uma das técnicas mais valiosas usada na área de determinação de estrutura é a *difração de nêutrons*. Essa técnica é análoga à difração de raios-x (Seção 9.2), mas há uma grande diferença: os raios são fortemente espalhados somente por altas concentrações de elétrons.

Assim, átomos como o de hidrogênio que têm poucos elétrons são difíceis ou mesmo impossíveis de serem localizados no cristal pelo uso da difração de raios-x. Por outro lado, nêutrons são espalhados não pelos elétrons, mas pelo núcleo e podem ser usados para localizar a posição de elementos leves, mesmo hidrogênio, em estruturas sólidas.

RESUMO

Muitos nuclídeos naturais podem apresentar *radioatividade natural*. Este fato é usualmente caracterizado pela emissão de *partículas alfa* (α), *beta-negativas* (β^-) e *raios gama* (γ). Uma partícula alfa é essencialmente um núcleo de ^4_2He e, quando ela é emitida, o número de massa do núcleo que se desintegra decresce de 4 e o número atômico de 2. A partícula beta-negativa é um elétron de alta energia, $^{\ 0}_{-1}e$, e quando ela é emitida o número atômico do núcleo que sofre desintegração aumenta de 1, permanecendo o número de massa inalterado. Os raios gama são radiações eletromagnéticas de alta energia, cuja emissão não é acompanhada de qualquer variação do número atômico ou número de massa do núcleo que se desintegra. Outras maneiras menos comuns de desintegração radioativa natural são a *captura eletrônica* e a *fissão espontânea*.

Núcleos estáveis podem tornar-se radioativos ao serem bombardeados com partículas de alta energia, como as partículas alfa, nêutrons ou elétrons. Essa *radioatividade induzida* é semelhante à radioatividade natural, exceto que modos adicionais de desintegração são observados, incluindo a emissão de nêutrons e de pósitrons (β^+).

Quando, se constrói um gráfico do número de nêutrons em função do número de prótons, os núcleos estáveis formam um *cinturão de estabilidade*. Núcleos instáveis tendem a emitir partículas que mudarão ou a relação nêutron/próton ou reduzirão o número total de núcleons de maneira que eles se localizem perto do cinturão de estabilidade.

Toda desintegração radioativa segue uma cinética de primeira ordem. Como as meias-vidas, constantes de primeira ordem, são características das espécies envolvidas, a medida da radioatividade ou dos produtos de desintegração constitui um método para determinação da idade de objetos antigos. Esse método é chamado *datação radioquímica* e é baseado no conhecimento das meias-vidas de nuclídeos radioativos.

A *energia de ligação nuclear* é a energia liberada quando um núcleo é formado dos núcleons componentes. Essa energia é equivalente ao decréscimo de massa durante esse processo, ambos sendo relacionados pela fórmula de Einstein, $E = mc^2$. Durante a *fissão nuclear*, núcleos pesados se dividem formando núcleos mais leves, com maiores energias de ligação. Ao mesmo tempo, nêutrons são também libertados e, se eles são capturados por núcleos físseis, uma *reação em cadeia* é iniciada. Durante a *fusão nuclear*, núcleos leves se fundem formando núcleos mais pesados com energias maiores de ligação. Em ambos os casos, na fissão e na fusão, o efeito de massa produz grande quantidade de energia.

As muitas aplicações da radioatividade incluem o uso de *traçadores* para seguir o movimento físico de substâncias, para seguir os caminhos dos átomos nas reações e na determinação de estrutura. Os nuclídeos radioativos são usados em química analítica em *análise por diluição isotópica* e *análise por ativação com nêutrons*. A radiação de alta energia produz mudanças fundamentais na estrutura da matéria. Vantagens especiais são obtidas na modificação de estruturas de substâncias tais como plásticos e na destruição de tecidos malignos em organismos vivos. A *difração de nêutrons* é uma técnica para determinação de estrutura, semelhante à difração de raios-x, mas que fornece informações sobre a localização de elementos leves pesados na estrutura.

PROBLEMAS

Núcleo Atômico

24.1 Faça uma distinção entre *nuclídeo* é *isótopo*.

24.2 Como é possível que: (a) partículas alfa, (b) partículas beta e (c) raios gama possam provir de núcleos que não as possuam?

24.3 O que é um *pósitron*? O que acontece a um núcleo quando ele emite um pósitron? Um pósitron e um elétron ambos desaparecem quando colidem. Para onde eles vão?

Radioatividade

24.4 Quais são as energias de radioatividade natural que ocorrem? Como elas diferem umas das outras?

24.5 Descreva o processo de captura eletrônica. Como esse processo pode ser detectado?

24.6 O que podemos concluir acerca da estrutura do núcleo através do fato de que a emissão gama constitui uma maneira comum de desintegração?

24.7 Que partícula é emitida durante cada uma das seguintes desintegrações nucleares?

(a) $^{223}_{88}Ra \rightarrow {}^{219}_{86}Rn + ?$

(b) $^{241}_{94}Pu \rightarrow {}^{241}_{95}Am + ?$

(c) $^{56}_{27}Co \rightarrow {}^{56}_{26}Fe + ?$

(d) $^{89}_{36}Kr \rightarrow {}^{88}_{36}Kr + ?$

24.8 Escreva a equação nuclear para a emissão de uma partícula alfa para: (a) $^{178}_{79}Au$ (b) $^{227}_{90}Th$ (c) $^{257}_{104}Unq$.

24.9 Escreva a equação nuclear para a emissão β^- de: (a) $^{127}_{50}Sn$ (b) $^{10}_{4}Be$ (c) $^{56}_{25}Mn$.

24.10 Escreva a equação nuclear para a captura eletrônica de: (a) $^{125}_{55}Cs$ (b) $^{195}_{82}Pb$ (c) $^{243}_{98}Cf$.

24.11 Escreva a equação nuclear para a emissão de pósitron por: (a) $^{203}_{83}Bi$ (b) $^{105}_{48}Cd$ (c) $^{70}_{33}As$.

24.12 Como diferem entre si os raios γ e os raios-x em: (a) energia? (b) comprimento de onda? (c) freqüência?

24.13 Na série de desintegração do actínio, um total de sete partículas são emitidas. Se os nuclídeos de partida e de término são $^{235}_{92}U$ e $^{207}_{82}Pb$, quantas partículas beta são emitidas, supondo que não são emitidas outras partículas?

Cinética de Reações Nucleares

24.14 Meias-vidas para processos de desintegração radioativa são independentes dos tamanhos das amostras. O que isto lhe diz acerca da cinética desses processos?

■ **24.15** O tálio 202 se desintegra por captura eletrônica com uma meia-vida de 12 dias. Se uma amostra de 1,00 g de tálio se desintegra por um período de 36 dias, que quantidade de tálio permanece?

■ **24.16** A constante de velocidade para uma desintegração alfa do tório 230 é $8,7 \times 10^{-6}$ anos^{-1}. Qual é a meia-vida desse isótopo do tório?

■ **24.17** Uma amostra de pechblenda, um minério de urânio, foi analisada e encontrou-se 51,09% de $^{238}_{92}U$ e 2,542% de $^{206}_{82}Pb$ em massa. Se a meia-vida do urânio 238 é $4,5 \times 10^9$ anos, qual é a idade da rocha?

24.18 Alguns fragmentos de ossos encontrados em uma escavação no Egito possuíam $^{14}_{6}C$ radioativo em quantidade 0,629 vezes daquela dos animais vivos. Qual a idade desses fragmentos?

Estabilidade e Energia Nuclear

24.19 O que é *cinturão de estabilidade*?

24.20 Cite duas maneiras pelas quais um nuclídeo instável pode se aproximar do cinturão de estabilidade se: (a) sua relação nêutron/próton é muito alta, (b) sua relação nêutron/próton é muito baixa, (c) o número total de núcleons presentes é muito alto.

24.21 Faça uma previsão sobre o modo de desintegração de cada um dos seguintes nuclídeos: (a) $^{37}_{19}K$ (b) $^{129}_{56}Ba$ (c) $^{143}_{57}La$ (d) $^{255}_{101}Md$.

24.22 O nobélio sofre fissão espontânea. Escreva equações nucleares mostrando três pares possíveis de produtos de fissão. (Assumir que em cada caso há formação de três nêutrons.)

24.23 Considerando todos os outros fatores constantes, qual dos processos produz mais energia por grama de matéria: fusão ou fissão?

24.24 Quais são os problemas existentes para ignição de uma bomba de fissão, no controle de um reator de fissão nuclear?

Aplicações

24.25 Descreva um experimento que você possa executar com o objetivo de determinar se é a ligação oxigênio-carbonila ou a ligação oxigênio-etila que se quebra na hidrólise do acetato de etila para formar ácido fórmico e etanol.

24.26 Suponha que você deseja determinar o volume de água de um pequeno açude. Você coloca 220 litros de água que foi enriquecida com trítio (^3_1H) no açude, mistura bem com um barco a motor e em seguida retira uma amostras. Se a radioatividade é $1,4 \times 10^{-4}\%$ da radioatividade original da água, quantos litros de água estão contidos no açude?

24.27 Descreva um experimento com traçador radioativo que você possa fazer para: (a) determinar o produto de solubilidade do brometo de chumbo, (b) determinar a velocidade de difusão no estado sólido, de um metal em outro, (c) medir a pressão de vapor de uma substância pouco volátil, (d) determinar o desgaste dos anéis do pistão de um automóvel.

PROBLEMAS ADICIONAIS

24.28 Quando uma partícula de alta energia de um acelerador colide com um núcleo, uma nova partícula, um *méson* é formado. Sua massa é intermediária entre a de um próton e a de um elétron. Se nem prótons nem nêutrons são destruídos, de onde elas provêm?

24.29 Considere a relação nêutron/próton em um nêutron isolado e então escreva uma equação nuclear mostrando como o nêutron se desintegra.

24.30 Complete as seguintes equações, indicando o núcleo filho de cada caso:

(a) $^{49}_{24}Cr \rightarrow ? + ^{0}_{-1}e$

(b) $^{126}_{53}I \rightarrow ? + ^{0}_{+1}e$

(c) $^{214}_{83}Bi \rightarrow ? + ^{4}_{2}He$

(d) $^{214}_{83}Bi + ^{0}_{-1}e \rightarrow ?$

24.31 Complete as seguintes equações, indicando em cada caso a partícula capturada pelo nuclídeo à esquerda:

(a) $^{59}_{27}Co + ? \rightarrow {}^{56}_{25}Mn + {}^{4}_{2}He$

(b) $^{43}_{20}Ca + ? \rightarrow {}^{46}_{21}Sc + {}^{1}_{1}H$

(c) $^{7}_{3}Li + ? \rightarrow {}^{7}_{4}Be + {}^{1}_{0}n$

(d) $^{130}_{52}Te + ? \rightarrow {}^{130}_{53}I + 2\,{}^{1}_{0}n$

(e) $^{246}_{96}Cm + ? \rightarrow {}^{254}_{102}No + 5\,{}^{1}_{0}n$

24.32 Na série de desintegração radioativa do tório, o núcleo de $^{232}_{90}Th$ emite as seguintes partículas sucessivamente: α, β, β, α, α, α, β, α, α, β. Que nuclídeo filho estável se forma?

■ **24.33** A constante de velocidade por uma desintegração beta de $^{118}_{48}Cd$ é $1,4 \times 10^{-2}$ min^{-1}. Que fração de qualquer amostra de cádmio permanece depois de 12 h?

24.34 Uma amostra de granito tem a relação de massas $^{40}_{19}Kr/^{40}_{18}Ar$ igual a 0,592. Se a meia-vida de $^{40}_{19}K$ é $1,28 \times 10^9$ anos, qual é a idade da rocha?

24.35 Calcule a energia de ligação média por núcleon para: (a) $^{6}_{3}Li$ (massa = 6,01512 u), (b) $^{58}_{26}Fe$ (massa = 57,9333 u), (c) $^{235}_{92}U$ (massa = 235,0439 u).

24.36 Nas reações de fusão ou fissão, a massa é convertida em energia. Por que, então, o número de prótons e nêutrons permanece constante?

24.37 Comente a afirmação: Numa reação química endotérmica a massa dos produtos é maior que a massa total dos reagentes.

24.38 Faça uma estimativa da energia (kJ mol^{-1}) libertada em cada um dos seguintes processos:

(a) $^{238}_{92}U \rightarrow {}^{234}_{90}Th + {}^{4}_{2}He$

(b) $^{1}_{1}H + {}^{3}_{1}H \rightarrow {}^{4}_{2}He$

(c) $^{235}_{92}U + {}^{1}_{0}n \rightarrow {}^{139}_{56}Ba + {}^{94}_{36}Kr + 3\,{}^{1}_{0}n$

24.39 O isótopo mais estável do astato é $^{210}_{85}At$, com a meia-vida de apenas 8,3 h. Usando somente traços de astato, como você pode mostrar que esse elemento é um halogênio?

Apêndice A

GLOSSÁRIO DE TERMOS IMPORTANTES

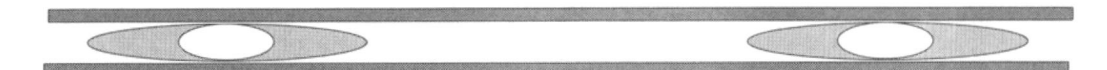

abaixamento da pressão vapor. Uma propriedade coligativa: o decréscimo da pressão de vapor do solvente devido à presença de um soluto.

ácido. Substância que: (1) produz íons hidrogênio em solução aquosa (definição de Arrhenius); (2) é um doador de prótons (Brønsted-Lowry); (3) é um receptor de um par eletrônico (Lewis); ou (4) aumenta a concentração de cátion dissolvidos, relacionados com o solvente (definição do sistema solvente).

ácido carboxílico. Composto orgânico com a fórmula geral $\begin{matrix} & O \\ & \| \\ R- & C-OH \end{matrix}$.

ácido diprótico. Ácido de dois H^+ (prótons) disponíveis.

ácido poliprótico. Ácido que pode fornecer mais de um H^+ por molécula (definição de Arrhenius). Um ácido que pode doar mais que um próton por molécula (definição de Brønsted-Lowry).

actinóide. Um membro da série dos 14 elementos que começa com o actínio na tabela periódica. É também chamado *actinídeo*.

aerosol. Uma dispersão coloidal de um sólido ou de líquido em um gás: *neblina* ou *fumaça*.

afinidade eletrônica. A quantidade de energia liberada quando um átomo gasoso, isolado (ou algumas vezes um íon), ganha um elétron.

agente oxidante. Substância ou espécie que ganha elétrons em uma reação; um receptor de elétrons.

agente redutor. Substância ou espécie que perde elétrons numa reação.

água régia. Uma mistura de ácido clorídrico e de ácido nítrico que possui grande habilidade como solvente. Geralmente preparado pela mistura de três partes de HCl concentrado e uma parte de HNO_3 concentrado.

alcano. Hidrocarboneto saturado de fórmula geral C_nH_{2n+2}.

alceno. Hidrocarboneto insaturado de fórmula geral C_nH_{2n}. Contém a ligação $C=C$.

alcino. Hidrocarboneto insaturado de fórmula geral C_nH_{2n-2}. Contém a ligação $C\equiv C$.

álcool. Composto orgânico do tipo R—OH.

aldeído. Composto orgânico do tipo
$$\begin{matrix} & O \\ & \| \\ R-&C-H \end{matrix}$$

alótropos. Variedades diferentes de um elemento na forma livre.

alquimia. O período da química de cerca de 300 a.C. a 1500 d.C., durante o qual o objetivo principal era a transformação de metais comuns em ouro.

amálgama. Uma liga na qual um dos componentes é o mercúrio.

amina. Composto orgânico com a fórmula geral R—NH_2 (amina primária),
$$\begin{matrix} H \\ | \\ R-N-R' \end{matrix}$$ (amina secundária), ou $$\begin{matrix} R'' \\ | \\ R-N-R' \end{matrix}$$ (amina terciária).

aminoácido. Ácido carboxílico com um grupo amina (—NH_2) em um carbono não carboxílico.

amin. Nome dado à amônia, NH_3, quando serve como ligante em um complexo.

anfiprotismo. Habilidade de uma substância de ganhar ou perder um próton.

anfoterismo. Habilidade de uma substância de reagir como ácido ou como base.

anidrido. Um óxido. Adição de água a um anidrido pode formar um hidroxicomposto, um hidroxo de um metal ou um oxoácido.

ânion. Um íon carregado negativamente.

ânodo. O eletrodo no qual ocorre a oxidação, numa célula eletroquímica. O eletrodo carregado positivamente, num tubo de descarga de gás.

antinó. Região ou local de distúrbio máximo em uma onda estacionária.

aquo-complexo. Complexo no qual as moléculas de água atuam como ligantes.

atividade. Uma quantidade que mede a concentração aparente ou efetiva, ou a pressão parcial de uma espécie e que leva em consideração as interações entre partículas que favorecem um comportamento não ideal. É também conhecida como *atividade termodinâmica* ou *atividade química*. A baixas concentrações (ou pressões parciais), a atividade é essencialmente igual à concentração (ou pressão parcial).

atividade química. Uma quantidade que mede a concentração aparente ou efetiva, ou a pressão parcial de uma espécie e que leva em consideração as interações entre partículas que produzem um comportamento não ideal. É também conhecida por *atividade termodinâmica* ou simplesmente *atividade*. A baixas concentrações (ou pressões parciais), a atividade é essencialmente igual à concentração (ou pressão parcial).

atmosfera (atmosfera padrão, atm). Unidade de pressão não pertencente ao SI; 1 atm = $1{,}013 \times 10^5$ pascals (Pa) = 760 milímetros de mercúrio (mmHg).

atmosfera iônica. Espaço ao redor de um dado íon em solução, ocupado essencialmente por íons de carga oposta e molécula do solvente.

átomo. A menor partícula de um elemento que apresenta as propriedades do elemento.

autodissociação. A produção de cátions e ânions pela dissociação de moléculas de solvente sem interação com outras espécies.

auto óxido-redução. Uma reação na qual uma substância atua simultaneamente como um agente oxidante e como um agente redutor; também chamada *desproporcionamento*.

base. Substância que: (1) produz íons hidróxido em solução aquosa (definição de Arrhenius); (2) é receptora de prótons (Brønsted-Lowry); (3) é doadora de pares eletrnicos (Lewis); (4) aumenta a concentração de ânions relacionados com o solvente (definição do sistema solvente).

bateria. (1) Conjunto de células galvânicas, conectadas em série. (2) Uma única célula galvânica comercial.

calcogênio. Elemento do grupo VIA na tabela periódica.

calor. Energia que passa espontaneamente de um corpo quente para um corpo frio.

calor de formação (ΔH_f). A variação de entalpia para a reação na qual um mol de um composto é formado a partir de seus elementos livres. É também chamada *entalpia de formação*.

calor molar de fusão (ΔH_{fus}). Calor absorvido por um mol de substância quando funde. A variação de entalpia que acompanha tal processo.

calor molar de solução (ΔH_{sol}). Calor trocado com as vizinhanças quando um mol de soluto é dissolvido em um solvente. A variação de entalpia que acompanha este processo.

calor molar de vaporização (ΔH_{vap}). Calor absorvido quando um mol de uma líquido é vaporizado. A variação de entalpia que acompanha este processo.

caloria (cal). Uma unidade de energia ou trabalho não pertencente ao SI. 1 cal = 4,184 J.

camada. O conjunto principal de energia do elétron num átomo; designado por K, L, M, N,... ou por *n* (número quântico principal) = 1, 2, 3, 4 ...

camada de valência. A camada mais externa de elétrons em um átomo. A camada correspondente ao mais alto valor do número quântico principal.

capacidade calorífica. A quantidade de calor necessária para aumentar a temperatura de uma substância de 1 K. A capacidade calorífica molar, *C*, é a capacidade calorífica por mol de substância.

captura eletrônica. Uma maneira de desintegração radioativa na qual um elétron geralmente da camada K, é capturado pelo núcleo.

carboidrato. Aldeído ou cetona que constitui um poliol ou um polímero destes.

carga formal. Uma maneira um tanto arbitrária para indicar a característica elétrica aproximada ou carga de um átomo. (Ver Seção 8.5.)

catalisador. Substância ou espécie que aumenta a velocidade de reação e, contudo, não é consumida por esta. Uma catalisador fornece um mecanismo alternativo de baixa energia de ativação para a reação.

cátion. Íon carregado positivamente.

cátodo. Numa célula eletroquímica, é o eletrodo no qual ocorre a redução. Num tubo de descarga de gás, é o eletrodo carregado negativamente.

cela centrada. Uma célula unitária que tem constituintes (átomos, moléculas, íons) em localização adicional em relação às dos vértices, também conhecida com *cela não primitiva*.

célula de combustível. Uma célula galvânica na qual os reagentes são repostos continuamente a medida que energia é retirada da mesma.

célula eletrolítica. Uma célula eletroquímica na qual a energia elétrica é usada para produzir transformações químicas. Uma célula na qual ocorre uma eletrólise.

célula eletroquímica. Qualquer dispositivo que converte energia elétrica em química ou vice-versa.

célula galvânica. Uma célula eletroquímica que produz energia elétrica como resultado de uma reação química espontânea.

célula primitiva. Uma célula unitária que possui entidade (átomos, moléculas, íons) apenas nos vértices.

célula unitária. Uma pequena porção de um retículo cristalino que é um paralelepípedo e que pode ser usado para gerar o retículo completo, movendo a cela a distâncias iguais aos comprimentos dos eixos e paralelamente a esses eixos.

centro de cor. Um tipo de defeito de ponto em um cristal. (Ver Seção 9.7.)

cerne. É o átomo despojado de sua camada de valência. É também chamado *tronco*.

cetona. Composto orgânico do tipo
$$\begin{array}{c} O \\ \parallel \\ R-C-R' \end{array}$$

cíclico. Que possui estrutura em forma de anel, na qual a cadeia de átomos ligados é fechada.

cicloalcano. Um hidrocarboneto cíclico tendo como fórmula geral C_nH_{2n}.

clatrato. Composto em "forma de gaiola", no qual átomos ou moléculas são aprisionados em uma gaiola formada de átomos ligados covalentemente, mas que não estão diretamente ligados a eles.

CNTP. Condições normais de temperatura (0°C) e pressão (1 atm).

colóide. Dispersão de uma fase em outra na qual as partículas ou unidades da fase dispersa possuem pelo menos um tamanho que é maior do que o das moléculas comuns.

complexação. Reação na qual um complexo se forma.

complexo. Íon ou molécula que consiste de um átomo ou íon central rodeado por ligantes (átomos periféricos, íons ou moléculas) ligados a ele.

complexo ativado. Uma combinação de átomos, fracamente ligados e de vida curta, formada pela colisão de partículas reagentes num processo elementar; também chamado *estado de transição*.

composto. Substância pura composta de átomos de diferentes elementos. Os elementos que formam o composto não podem ser separados por meios físicos.

composto com deficiência eletrônica. Composto no qual existe um número insuficiente de elétrons para ligar todos os átomos com ligações covalentes (de dois centros) convencionais.

comprimento de onda (λ). A distância entre dois picos (ou outros pontos correspondentes) de uma onda.

concentração em quantidade de matéria (C). Unidade de concentração; a quantidade de matéria de soluto por litro de solução. Antigamente era denominada *molaridade* ou *concentração molar*.

condição de equilíbrio. Condição na qual a expressão da lei de ação das massas se torna igual à constante de equilíbrio para a reação, e que é satisfeita quando o sistema reagente está em equilíbrio.

constante dielétrica. Medida da facilidade com que as partículas de uma substância podem ser polarizadas (distorcidas, orientadas, ou deslocadas temporariamente) por um campo elétrico.

constante de dissociação (K_{diss} ou K_d). Constante de equilíbrio para o equilíbrio de dissociação.

constante de equilíbrio. O valor da expressão da lei de ação das massas quando o sistema que reage se encontra no equilíbrio.

constante de faraday ($\mathfrak{J}$). Constante de proporcionalidade entre coulombs (C) e faradays (F). $\mathfrak{J} = 9,65 \times 10^4$ C F^{-1}.

constante de hidrólise (hidrolítica) (K_h). Constante para um equilíbrio de hidrólise.

constante de velocidade. Constante de proporcionalidade na equação de velocidade. Também chamada *constante de velocidade específica*.

contração lantanóidica. Diminuição gradual dos raios atômicos dos lantanóides com o aumento do número atômico.

corrente iônica. Corrente elétrica que consiste da migração de íons entre dois eletrodos numa célula eletroquímica.

coulomb (C). A unidade derivada SI de carga elétrica. É a quantidade de carga que passa através de um condutor em um segundo quando este transporta uma corrente de 1 ampère.

defeito. Uma irregularidade na estrutura interna do cristal.

densidade. Massa de uma substância que ocupa uma unidade de volume. Densidade = massa/volume.

densidade de probabilidade (Ψ^2). O quadrado da função de onda para um elétron; a probabilidade de encontrar um elétron em um elemento de volume muito pequeno; a densidade da nuvem de carga eletrnica.

deslocamento. Defeito estrutural no qual os planos reticulares em um cristal são incompletos ou arqueados. Também conhecido como *defeito de linha*.

deslocamento em cunha. Deslocamento no qual uma camada de partículas no cristal fica incompleta.

deslocamento helicoidal. Deslocamento no qual camadas de partículas num cristal são deslocadas segundo o eixo de uma hélice.

desproporcionamento. Reação na qual uma substância age simultaneamente como agente oxidante e como agente redutor. Também é chamada *auto óxido-redução*.

deutério. O isótopo de hidrogênio cujo número de massa é 2; ^2_1H, "hidrogênio pesado".

diagrama de contorno. Curva fechada que representa a superfície limite, com um plano que passa através do núcleo de um átomo ou dos núcleos de agregados poliatômicos; a curva da densidade de probabilidade constante, Ψ^2, em tal plano.

difração de raio x. A difração de raios x, por átomos de um cristal.

difusão. Passagem de uma substância através da outra.

dímero. Combinação de duas moléculas idênticas ligadas juntas. (Uma "molécula dupla".)

diminuição do ponto de congelamento (ΔT_c). Diminuição do ponto de congelamento de um solvente devido à presença de um soluto; é uma propriedade coligativa.

dipolo. Molécula polar; uma molécula na qual os centros de carga positiva e negativa não coincidem.

dissociação. Divisão de uma molécula ou outra espécie formando dois fragmentos, em geral íons. A reação de um eletrólito com um solvente para formar íons. É algumas vezes chamada *ionização*.

distância de ligação. É a distância entre os núcleos de dois átomos ligados. É também conhecida como comprimento de ligação.

domínio. Região numa substância ferromagnética na qual os momentos magnéticos de todos os átomos estão alinhados.

"doping". Adição de quantidade pequena e controlada de uma substância diferente a outra substância pura.

ebulição descontrolada. Ebulição instantânea, às vezes explosiva, de um líquido superaquecido.

efeito do íon comum. Deslocamento de um equilíbrio inico devido à adição de um íon envolvido nesse equilíbrio; geralmente se refere à repressão da dissociação de um eletrólito fraco ou ao decréscimo da solubilidade de um eletrólito devido à adição de íon que é um produto da dissociação.

efeito Tyndall. A dispersão de um feixe de luz por um colóide.

efeito de gaiola. O aprisionamento de duas partículas reagentes por uma camada de moléculas do solvente.

efeito isotópico. Dependência de uma propriedade tal como a velocidade de reação no número de massa de um elemento.

efusão. Passagem de uma substância através de um pequeno orifício.

eixo de ligação. Traço que passa através dos núcleos de dois átomos ligados.

elemento. Substância pura composta por átomos que apresentam mesmo número atmico. Um elemento não pode ser decomposto quimicamente.

elemento de transição. Um membro de um dos grupos B, que se localizam entre os grupos IIA e IIIA na tabela periódica.

eletrodo padrão de hidrogênio. Um eletrodo que consiste em um pedaço de platina (recoberto com negro de platina) que está em contato com gás hidrogênio e é imerso em uma solução aquosa. A concentração de íons hidrogênio em solução é 1 mol/L (melhor, atividade = 1) e o gás hidrogênio está a uma pressão de 1 atm (melhor, atividade = 1). A tensão de um eletrodo padrão de hidrogênio é por definição igual a zero.

elemento representativo. Um membro de qualquer um dos grupos A da tabela periódica.

eletrófilo. Átomo ou grupo de átomos que parecem procurar elétrons nas suas reações.

eletrólise. O uso de energia elétrica para forçar a ocorrência de uma reação não espontânea; uma transformação química pela passagem de uma corrente elétrica através do meio.

eletrólito. Substância que produz íons quando dissolvida em um solvente.

eletrólito forte. Eletrólito que está totalmente ou quase dissociado em solução.

eletrólito fraco. Parcialmente dissociado.

elétron. Partícula subatômica que possui massa muito pequena e carga elétrica negativa e que é encontrada na região extranuclear de um átomo.

eletronegatividade. A tendência relativa de um átomo ligado em atrair elétrons para si.

elevação do ponto de ebulição. Uma das propriedades coligativas: o aumento do ponto de ebulição de um solvente devido à presença de um soluto.

emulsão. Dispersão coloidal de um líquido em outro líquido.

enantimero. Um dos pares de uma estrutura quiral.

encontro. Numa reação em solução, período de tempo durante o qual duas partículas reagentes são presas por uma gaiola de moléculas do solvente.

energia (U). Capacidade de realizar trabalho.

energia cinética (E_k). Energia associada ao movimento de um objeto. Um objeto de massa m movendo-se com velocidade v possui uma energia cinética $1/2\ mv^2$.

energia de ativação. Energia cinética que as partículas reagentes devem possuir para que sua colisão resulte na formação de um complexo ativado.

energia de ionização. Energia necessária para remover um elétron de um átomo gasoso, isolado e no estado fundamental (ou, algumas, vezes de um íon). Também chamado *potencial de ionização*.

energia do ponto zero. O mais baixo estado de energia de uma substância. Energia de sólido no zero absoluto devido ao movimento residual nuclear, eletrônico, atômico e molecular.

energia livre (G). Quantidade termodinâmica que expressa a energia de um sistema disponível para efetuar um trabalho diferente de expansão. A energia H e o produto de sua entropia com a temperatura. $G = H - TS$.

energia livre de formação (ΔG_f). Variação de energia livre que acompanha a reação na qual um mol de um composto é formado a partir de seus elementos livres.

energia potencial. Energia associada com a posição ou configuração de um objeto.

energia reticular. Energia necessária para separar um mol de um sólido cristalino em uma coleção de unidades gasosas, provenientes dos pontos do retículo do sólido. (Exceção: no caso de um sólido metálico, forma-se uma coleção de átomos gasosos.)

entalpia (H). Quantidade termodinâmica que é útil na descrição de trocas de calor ocorrendo à pressão constante. A entalpia de um sistema é definida como sendo a soma de sua energia interna e o produto pressão-volume: $H = U + PV$.

entalpia de formação(ΔH_f). Variação da entalpia para uma reação na qual o composto é obtido a partir de seus elementos livres.

entropia (S). Quantidade termodinâmica que mede o grau de desordem em um sistema.

enzima. Proteína que serve como um catalisador bioquímico.

equação de onda. Equação matemática descrevendo o movimento de uma onda.

equação de velocidade. Expressão algébrica da dependência da velocidade de uma reação baseada nas concentrações de várias substâncias ou espécies, geralmente reagentes.

equação global. Equação que apresenta somente reagentes efetivos do lado esquerdo e produtos efetivos do lado direito da seta.

equação termoquímica. Equação para uma reação química que inclui a quantidade de calor liberada ou absorvida durante a reação.

equilíbrio. Estado no qual processos opostos ocorrem com a mesma velocidade, de forma que nenhuma variação líquida é observada.

equivalente (ácido-base). Quantidade de um ácido que fornece um mol de H^+. A quantidade de uma base que fornece um mol de OH^- ou reage com um mol de H^+.

equivalente (redox). A quantidade de um agente oxidante que recebe um mol de elétrons. A quantidade de um agente redutor que fornece um mol de elétrons.

escala kelvin de temperatura. Escala absoluta de temperatura cuja unidade é o kelvin (K), definido como sendo 1/273,15 da diferença de temperatura entre o zero absoluto e o ponto triplo da água.

estado excitado. Qualquer estado com energia superior ao estado fundamental.

estado fundamental. Estado de mais baixa energia.

estado padrão. Estado de referência para especificar quantidades termodinâmicas, geralmente definido como a forma mais estável de uma substância a uma pressão de 1 atm. Para o soluto, o estado padrão é a solução ideal, 1 mol L^{-1}.

éster. Composto orgânico com fórmula geral
$$R-\overset{\overset{\displaystyle O}{\|}}{C}-O-R'$$

estereoismeros. Moléculas ou íons poliatômicos com os mesmos átomos e as mesmas ligações porém, com diferentes orientações geométricas dos átomos e ligações.

estereoquímica. Estudo da geometria espacial de moléculas e íons poliatômicos.

estrutura de Lewis. Método que designa os elétrons de valência num átomo, molécula ou íon, representado-os como pontos ao redor dos símbolos que representam os troncos, ou cernes, dos átomos.

etapa determinante da velocidade. A etapa mais lenta em um mecanismo seqüencial de reações.

éter. Composto orgânico que tem fórmula geral R—O—R'.

exatidão. O valor verdadeiro ou correto de um número, obtido por medida experimental.

expansão livre. Expansão de uma substância, em geral um gás, contra uma pressão de oposição nula.

expressão da lei de ação das massas (Q). Produto das concentrações ou pressões parciais (ou melhor, das atividades) dos produtos de uma reação dividido pelo dos reagentes. Cada termo é elevado a uma potência que corresponde ao coeficiente da substância ou espécie na equação balanceada. Sólidos, líquidos puros e substâncias em quantidades excessivas não aparecem na expressão pois sua concentração é constante sendo englobada na própria constante Q. É também conhecida como quociente de reação.

faraday (F). Unidade de carga elétrica. Um faraday é igual a 9,65 x 10^4 coulombs.

fase. Região física distinta, com um conjunto uniforme de propriedades em todos os sentidos.

fator de freqüência. Quantidade que precede o termo exponencial na equação de Arrhenius (Ver Seção 13.3).

fator estérico. A fração das colisões num processo elementar na qual as partículas que colidem têm entre si orientação geométrica apropriada para produzir o complexo ativado.

ferromagnetismo. Atração forte em um campo magnético.

fissão. Processo nuclear no qual núcleos massivos se separam para formar núcleos mais leves, alguns nêutrons e muita energia.

forças de dispersão. Forças fracas entre átomos ou moléculas devido a flutuações momentâneas da distribuição eletrnica da nuvem carregada. Também chamadas *forças de London*.

forças de London. Forças fracas entre átomos ou moléculas causadas por flutuações instantâneas da distribuição de cargas da nuvem eletrônica. Também conhecidas como *forças de dispersão*.

força (de um eletrólito). Extensão da dissociação de um eletrólito em solução.

forças de van der Waals. Forças fracas entre átomos ou moléculas, incluindo forças de London, e dipolo-dipolo.

forças dipolo-dipolo. Forças entre moléculas polares.

fórmula empírica. Fórmula que expressa a relação numérica simples, de números inteiros, dos átomos de cada elemento num composto. Também chamada *fórmula mais simples*.

fórmula estrutural. Um diagrama que mostra como os átomos estão ligados entre si numa molécula ou íon poliatômico.

fórmula molecular. A fórmula que expressa o número de átomos de cada elemento em uma molécula.

fórmula unitária. O grupo de átomos indicado pela fórmula de uma substância.

fóton. Um quantum de energia eletromagnética.

fração em mol (X). Uma unidade de concentração: a quantidade de matéria de composto em uma solução dividido pela soma das quantidades de matéria de todos os componentes.

frequência (υ). O número de vibrações, oscilações ou excursões por segundo; medido em hertz (Hz), ciclos por segundo (cps), ou recíproco de segundos (s^{-1}), todas unidades equivalentes.

fumaça. Uma dispersão coloidal de um sólido num gás.

função de onda. A solução de uma equação de onda. Para um elétron num átomo ou numa molécula, cada função de onda corresponde a um estado discreto de energia e a uma distribuição espacial do elétrons.

fusão. Processo nuclear no qual núcleos leves se fundem formando núcleos mais massivos, libertando enorme quantidade de energia.

gás eletrônico. Os elétrons deslocalizados num metal.

gás ideal. Um gás cujo comportamento é descrito pela lei do gás ideal $PV = nRT$.

gás nobre. Um membro do grupo 0 da tabela periódica.

gel. Colóide sólido-líquido no qual a fase sólida mono ou bidimensional é contínua por todo o colóide.

gordura. Éster sólido ou semi-sólido do triol glicerol e ácidos graxos.

grade (rede) de difração. Conjunto de linhas próximas, espaçadas, que foram traçadas ou riscadas em um espelho (grade de reflexão) ou pedaço de vidro ou plástico transparente (grade de transmissão).

gráfico de Arrhenius. Gráfico do logaritmo natural ou comum da constante de velocidade de uma reação em função do recíproco da temperatura absoluta. O gráfico de Arrhenius é útil na determinação da energia de atividade da reação.

grupo. Coluna vertical de elementos na tabela periódica. Algumas vezes chamada *família dos elementos*.

grupo alquila. Grupo hidrocarboneto equivalente a uma molécula de alcano que perdeu um de seus átomos de hidrogênio.

grupo carbonila. A estrutura
$$\begin{matrix} & O \\ & \| \\ -&C- \end{matrix}$$

grupo funcional. Grupo de átomos em uma molécula que imprime à mesma uma série de reações características.

halogênio. Um membro do grupo VIIA na tabela periódica.

heterogêneo. Formado por duas ou mais fases.

híbrido de ressonância. Estrutura que não pode ser representada por uma única estrutura de Lewis, e é mostrada como sendo a combinação ou média de duas ou mais estruturas.

hidratação. A interação do soluto com água.

hidrato. Composto sólido que incorpora moléculas de água na sua estrutura cristalina.

hidreto. Composto contendo hidrogênio com número de oxidação igual a –1.

hidrocarboneto. Composto que consiste de apenas carbono e hidrogênio.

hidrocarboneto aromático. Hidrocarboneto contendo, geralmente, pelo menos um anel benzênico na sua estrutura.

hidrocarboneto não saturado. Hidrocarboneto com uma ou mais ligações múltiplas.

hidrocarboneto normal. Hidrocarboneto cuja cadeia carbnica não é ramificada.

hidrocarboneto saturado. Hidrocarboneto não contendo ligações múltiplas.

hidrólise. Reação de um ânion com a água formando um ácido fraco e OH^-, ou a reação de um cátion com a água formando uma base fraca e H^+ (Arrhenius). Também qualquer reação na qual a água se dissocia.

homogêneo. Formado por uma única fase.

homonuclear. Formado por átomos de um mesmo elemento.

indicador. Um par ácido-base conjugado do qual pelo menos um dos membros é altamente colorido.

inércia. Resistência que toda matéria apresenta em mudar o seu estado de movimento.

inibidor. Substância que diminui a velocidade de uma reação.

insolúvel. De baixa solubilidade; muito pouco solúvel; fracamente solúvel.

interhalogênio. Composto entre dois halogênios diferentes.

interstício. Um espaço entre objetos, como por exemplo, átomos num cristal.

íon. Átomo ou grupo de átomos ligados covalentemente apresentando carga elétrica.

íon carboxilato. O ânion de ácido carboxílico.

íon de carga oposta. Íon que apresenta carga oposta ao íon em estudo.

íon hidrônio. O íon hidrogênio hidratado, representado por H_3O^+. Também conhecido como íon oxônio.

ionização. (1) A perda de um elétron por um átomo, molécula ou íon. (2) A dissociação de um eletrólito.

íon oxônio. O íon H_3O^+, também denominado íon hidrônio.

isomeria de cadeia. Isomeria que envolve diferenças nas estruturas das cadeias de átomos nas moléculas.

ismero *cis*. Qualquer ismero no qual dois átomos ou grupos idênticos são adjacentes entre si ou no mesmo lado de uma estrutura.

ismero facial (*fac-*). Ismero de um complexo octaédrico no qual três posições octaédricas adjacentes são ocupadas por uma única espécie de ligante.

ismero meridional (*mer–*). Ismero de um complexo octaédrico no qual um plano contém três ligantes idênticos e o átomo central.

ismero ótico. Ismero que gira o plano da luz polarizada porque é um quiral.

ismero *trans*. Ismero no qual dois grupos idênticos estão localizados em lados opostos da estrutura.

isótopos. Átomos de um elemento tendo diferentes números de nêutrons nos seus núcleos, e portanto, diferentes números de massa.

IUPAC. União Internacional de Química Pura e Aplicada.

joule (J). A unidade derivada SI para energia ou trabalho. 1 J = 1 Nm (newton-metro).

lantanóide. Membro da série dos 14 elementos que começa pelo lantânio na tabela periódica. Também conhecido como *lantanídeo*.

lei (lei natural) Generalização que descreve um comportamento natural.

liga. Uma combinação de metais: pode ser uma solução sólida, um composto ou uma mistura de compostos.

ligação covalente coordenada. Ligação covalente na qual ambos os elétrons do par compartilhado pertencem ao mesmo átomo.

ligação covalente. Ligação que consiste em um par de elétrons compartilhados entre os átomos ligados (modelo da ligação de valência).

ligação covalente não-polar. Ligação covalente na qual o par de elétrons é compartilhado por igual por ambos os átomos; uma ligação covalente entre átomos de mesma eletronegatividade.

ligação covalente normal. Ligação covalente na qual os elétrons do par compartilhado pertencem a ambos os átomos, ou seja, um de cada.

ligação covalente polar. Ligação covalente na qual o par de elétrons não é compartilhado por igual e está mais próximo do elemento mais eletronegativo.

ligação iônica. Ligação química que consiste da atração eletrostática entre íons de carga elétrica oposta.

ligação pi (π). Ligação covalente na qual a nuvem de carga do par compartilhado se encontra em duas regiões em lados opostos do eixo de ligação.

ligação por três centros. Ligação que consiste em um par de elétrons compartilhados por três átomos, ligando-os.

ligação sigma (σ). Ligação covalente na qual a nuvem de carga do par compartilhado de elétrons está centrada e distribuída simetricamente ao redor do eixo de ligação.

ligante. Um átomo, molécula ou íon ligado a um átomo central num complexo.

ligante polidentado. Ligante poliatômico com mais de um par solitário de elétrons que podem se ligar simultaneamente ao átomo central num íon complexo.

massa. A medida da quantidade de matéria de uma amostra ou objeto.

massa atômica. É a massa média dos isótopos de um elemento, encontrados na natureza. É expressa em unidade de massa atômica (u). É a massa "média" de um átomo. Pode ser referida também como "peso" atômico.

massa crítica. A massa de material físsil necessária para que a reação de fissão se sustente por si mesma.

massa equivalente. A massa em gramas de um equivalente. Também chamado "peso" equivalente.

massa de fórmula. A soma das massas dos átomos indicados em uma fórmula, expressa em unidade de massa atômica (u); a massa de uma fórmula unitária. Também chamada "peso".

massa molecular. A soma das massas dos átomos (massas atômicas) em uma molécula, expressa em unidade de massa atômica (u); a massa de uma molécula. Também chamada "peso molecular".

matéria. Qualquer coisa que possui existência física real. O material do qual são feitas as substâncias.

mecânica clássica. Mecânica desenvolvida antes das idéias da mecânica quântica; é útil para descrever o comportamento dos objetos ou partículas muito maiores que os átomos.

mecânica ondulatória. Parte da física que descreve o comportamento de partículas pequenas e atribui propriedades ondulatórias a elas. Também denominada *mecânica quântica*.

mecânica quântica. Ramo da física que descreve o comportamento de pequenas partículas atribuindo-lhe propriedades de onda. Também conhecida como *mecânica ondulatória*.

mecanismo. Seqüência de etapas (processos elementares) que juntas compõem uma reação.

meia-vida. Período de tempo necessário para que metade de um reagente seja consumido num processo.

membrana semipermeável. Membrana que irá permitir a passagem de alguns componentes de um solução, mas que impede a passagem de outros.

metal. Elemento que apresenta altas condutividades elétrica e térmica, um brilho característico, e energia de ionização, afinidade eletrônica e eletronegatividade baixas.

metal alcalino. Elemento do grupo IA na tabela periódica.

metal alcalino terroso. Elemento do grupo IIA na tabela periódica.

milímetro de mercúrio (mmHg). Unidade de pressão. 1 mmHg = 1/760 atm. Essencialmente equivalente ao *torr*.

mistura. Combinação de duas ou mais substâncias diferentes que apresentam composição variável e podem ser separadas por meios físicos.

mol. Número de Avogadro ($6,02 \times 10^{23}$) de partículas.

mol %. Fração em mol multiplicada por 100.

molalidade, concentração molal (m). Unidade de concentração: o número de mols de soluto por quilograma de solvente.

molécula. O menor agregado de átomos capaz de agir como uma unidade e exibir as propriedades químicas da substância. A combinação de dois ou mais átomos.

molécula não-polar. Molécula na qual os centros de cargas positivas e negativas coincidem.

molécula polar. Molécula na qual os centros das cargas positivas e negativas não coincidem, um dipolo.

molecularidade. Em um processo elementar, o número de partículas que colidem para formar o complexo ativado.

momento dipolar. O produto da grandeza da carga num dos lados pela distância entre as cargas opostas.

monômero. Unidade de um polímero que se repete; uma molécula pequena a partir da qual um polímero cresce.

não-eletrólito. Soluto que não se dissocia em íons numa solução.

não-metal. Elemento com baixas condutividades elétrica e térmica; brilho insípido; e energia de ionização, afinidade eletrônica e eletronegatividade elevadas.

nêutron. Um núcleon que não possui carga elétrica.

nevoeiro. Dispersão coloidal de um líquido num gás.

nó. Região ou local de distúrbio mínimo de uma onda estacionária. Em um átomo, uma superfície na qual a densidade de probabilidade eletrônica (Ψ^2) é igual a zero.

normalidade (N). Unidade de concentração; o número de equivalentes de soluto por litro de solução.

nucleófilo. Átomo rico em elétrons ou grupo de átomos que procura compartilhar seus elétrons com um átomo relativamente positivo.

núcleon. Partícula no núcleo de um átomo; um próton ou nêutron.

número atômico. O número de prótons no núcleo de um átomo.

número de Avogadro. Número de átomos em exatamente 12 g de $^{12}_{6}C$. O número de entidades em um mol de entidades; o número igual a 6,02 x 10^{23}.

número de coordenação. É o número de ligações formadas pelo átomo central com os ligantes, num complexo.

número de massa. O número total de núcleons (prótrons e nêutrons) no núcleo de um átomo.

número de oxidação (estado de oxidação). Maneira um tanto arbitrária de se atribuir a propriedade elétrica característica de um átomo. (Ver Seção 12.4.)

número estérico. A soma do número de ligações e de pares solitários ao redor de um átomo ligado (teoria VSEPR).

número quântico. Número usado para descrever o estado de um elétron.

número quântico azimutal (l). Número quântico que especifica o subnível de um elétron.

número quântico spin (m_s). Número quântico que especifica o spin de um elétron.

número quântico magnético (m_l). Número quântico que *indica o orbital* ocupado por um elétron num átomo.

número quântico principal (*n*). Número quântico que especifica o nível de um elétron num átomo.

óleo. Éster líquido do triol glicerol e ácidos graxos.

orbital. Nível eletrônico. Também é a distribuição espacial da densidade de probabilidade do elétron Ψ^2, para tal nível.

orbital antiligante. Orbital molecular no qual os elétrons apresentam energias mais altas do que átomos não ligados; orbital caracterizado por uma região de baixa densidade de probabilidade eletrônica entre os átomos ligados, produzindo um efeito desestabilizante na molécula.

orbital ligante. Orbital molecular no qual os elétrons possuem energias mais baixas do que átomos não ligados; caracteriza-se por uma região de maior densidade de probabilidade eletrônica, levando à estabilização da molécula.

orbital híbrido. Orbital atômico formado pela combinação ou mistura de dois ou mais orbitais atômicos no estado fundamental.

orbital molecular deslocalizado. Orbital que se estende a mais de dois átomos na molécula, íon ou agregado extenso.

orbital molecular (MO). Nível de energia de um elétron em uma molécula e a correspondente distribuição de cargas no espaço.

ordem de reação. O expoente num termo de concentração na equação simples de velocidade (ordem em relação a um componente), ou a soma de todos estes expoentes (ordem total).

osmose. A passagem de moléculas de solvente através de uma membrana semipermeável, de uma solução de mais alta concentração de solvente (mais baixa concentração de soluto) para uma de mais baixa concentração de solvente (alta concentração de soluto).

oxidação. A perda de elétrons por uma espécie ou uma substância numa reação.

óxido hidratado. Composto pouco caracterizado que se forma na combinação de certos óxidos com a água ou pela adição de base a um íon em solução aquosa.

paralelepípedo. Sólido geométrico que possui seis lados sendo cada um paralelogramo.

paramagnetismo. Atração fraca de uma substância em um campo magnético devido à presença de elétrons desemparelhados.

par conjugado ácido-base. O ácido e a base formada pela remoção de um próton de um ácido (definição de Brønsted-Lowry).

par inerte. Par de elétrons s em um átomo que tem a camada de valência com pelo menos um elétron p.

par ligante. Par de elétrons compartilhados entre dois átomos e constituindo uma ligação covalente (modelo da ligação de valência).

par solitário. Par de elétrons que pertence a apenas um átomo e, portanto, não é compartilhado com outro átomo (modelo da ligação de valência).

partícula alfa (α). Emissão radioativa que consiste de dois prótons e de dois nêutrons ligados na forma de núcleos de $^{4}_{2}He$.

partícula beta negativa (β^-). Emissão radioativa que consiste em um elétron $^{0}_{-1}e$. Simplesmente conhecida como *partícula beta*.

partícula beta positiva (β^+). Emissão radioativa consistindo de um pósitron $^{0}_{1}e$.

percentagem em massa. Unidade de concentração: 100 a massa de um componente, dividido pela massa total da mistura.

período. Série horizontal de elementos (fila) na tabela periódica.

peso. A força de atração gravitacional entre um objeto e (geralmente) a terra.

pH. O logaritmo comum negativo da concentração (ou melhor, da atividade) de íons hidrogênio (hidroxônio) numa solução aquosa.

pK. O logaritmo comum negativo da constante de equilíbrio.

pnicogênio. Membro do grupo VA da tabela periódica.

polarizabilidade. A facilidade com que as partículas de uma substância podem ser distorcidas, orientadas ou deslocadas por um campo elétrico.

polimerização por adição. Reação de formação de polímeros na qual os monômeros se combinam através de reações de adição sucessivas.

polimerização por condensação. Reação de formação de um polímero na qual uma molécula pequena é desdobrada, quando cada par de monômeros se liga.

polímero. Molécula de cadeia longa composta de muitas unidades de repetição (monômeros).

polimorfismo. A habilidade de uma substância cristalizar em diferentes estruturas.

poliol. Molécula orgânica com mais de um grupo funcional álcool (–OH).

ponte de hidrogênio. Força atrativa entre um átomo de hidrogênio ligado a um átomo eletronegativo e um átomo eletronegativo ligado a outra molécula.

ponto crítico. Temperatura e pressão acima das quais os estados sólidos e líquidos se confundem.

ponto de congelamento normal. Ponto de congelamento de uma substância a uma pressão de 1 atm.

ponto de ebulição normal. Ponto de ebulição de uma substância a uma pressão de 1 atm.

ponto de equivalência. O estágio numa titulação no qual números iguais de equivalentes dos reagentes e dos produtos foram misturados.

pósitron. Partícula que possui a mesma massa de um elétron e com uma carga da mesma magnitude, mas com sinal oposto (positivo).

potencial de decomposição. Tensão mínima que deve ser aplicada entre um par de eletrodos inertes imersos em um certo meio, a fim que haja uma reação de eletrólise.

potencial de eletrodo. Tensão associada com uma semi-reação escrita (por convenção) como redução. Também chamado *potencial de redução*.

potencial de junção líquida. Tensão produzida na junção entre dois líquidos diferentes.

potencial de oxidação. Medida da tendência de uma semi-reação de oxidação a ocorrer, expressa como uma tensão produzida por uma célula galvânica empregando a semi-reação do ânodo e usando o eletrodo padrão de hidrogênio como cátodo.

potencial de redução. Medida da tendência de uma semi-reação de redução a ocorrer, expressa como uma tensão produzida por uma célula galvânica empregando a semi-reação do cátodo e usando o eletrodo padrão de hidrogênio como ânodo.

precipitação. Formação de uma fase condensada (sólida ou líquida) durante uma reação.

precisão. O grau de exatidão ou a nitidez com que um número obtido experimentalmente é expresso.

pressão. Força exercida sobre uma área unitária de uma superfície.

pressão de vapor. Pressão de um gás quando está em equilíbrio com seu líquido.

pressão osmótica. Uma propriedade coligativa: a pressão que deve ser aplicada a uma fase da solução de um lado da membrana semipermeável, a fim de que a osmose não ocorra.

pressão parcial. Pressão exercida por um gás numa mistura sobre as paredes do recipiente, caso nenhum outro gás esteja presente.

princípio de incerteza de Heisenberg. Princípio que determina que o produto da incerteza na posição de uma partícula pelo seu momento é uma constante. É impossível determinar simultaneamente a posição e o momento de uma partícula com exatidão.

princípio de Le Châtelier. Refere-se ao comportamento de sistemas em equilíbrio: quando um sistema em equilíbrio sofre uma tensão, ele se ajustará de maneira a minimizar, se possível, o efeito da tensão.

processo Aufbau. Procedimento para a colocação de elétrons começando pelo nível de energia mais baixo (de um conjunto de níveis) até os mais altos. Processo de "construção" da estrutura eletrônica.

processo bimolecular. Processo elementar, no qual o complexo ativado se forma como resultado da colisão de duas partículas.

processo elementar. Uma etapa de um mecanismo de reação.

processo termolecular. Processo elementar no qual o complexo ativado é formado pela colisão simultânea de três partículas.

processo unimolecular. Processo elementar no qual a probabilidade de desativação colisional de um complexo ativado excede a probabilidade de decomposição, formando produtos.

produto. Substância ou espécie que se forma em uma reação química.

produto de solubilidade (K_{ps}). A constante de equilíbrio para um equilíbrio iônico de solubilidade. Também chamada *constante do produto de solubilidade*.

produto iônico. (1) Produto da concentração de íons hidrogênio (hidroxnio) e íons hidróxido em água. (2) A expressão da lei de ação das massas para o equilíbrio de solubilidade.

propriedades coligativas. Propriedade da solução que depende da concentração das partículas do soluto, mas não de sua natureza.

propriedade física. Propriedade que pode ser descrita sem se referir a uma reação química.

propriedade química. Propriedade de uma substância que é descrita referindo-se a uma reação química.

proteção catódica. Prevenção da corrosão oxidante de um metal, forçando-o a ser cátodo.

proteína. Um grande agregado de aminoácidos.

prótio. Hidrogênio comum ^1_1H.

próton. Núcleon que transporta uma carga positiva igual em magnitude à do elétron e que é muito mais massivo que o elétron.

quantização da energia. Restrição da energia de um sistema a valores discretos.

quelato. Complexo no qual os ligantes são polidentados.

química. Ciência que estuda as composições e estruturas das substâncias e as transformações que estas sofrem.

quiralidade. *Quiral* significa "que tem mãos". Como em mão direita e mão esquerda, a molécula quiral não pode ser superposta à sua imagem especular.

radical livre. Uma molécula, em geral um intermediário de reação, com um par desemparelhado de elétrons. Uma molécula *instável*.

radioatividade. A desintegração ou decomposição de núcleos atômicos.

raio catódico. Feixe de elétrons emitidos pelo cátodo de um tubo de descarga de gás.

raio gama (γ). Radiação eletromagnética de alta energia emitida pelo núcleo.

raio x. Alta energia (baixo comprimento de onda, alta freqüência); energia eletromagnética.

reação de adição. Reação na qual uma molécula é adicionada a outra sem que nenhuma perca átomos.

reação de eliminação. Reação na qual átomos adjacentes ou grupos de átomos em uma molécula são removidos deixando uma ligação dupla ou tripla entre os átomos.

reação de neutralização. Reação ácido-base (definição de Arrhenius).

reação de óxido-redução. Reação que ocorre com transferência de elétrons.

reação de substituição. Reação na qual um átomo ou grupo de átomos são substituídos por outros numa molécula.

reação endotérmica. Reação que ocorre com absorção de calor.

reação exotérmica. Reação que ocorre com liberação de calor.

reação redox. Reação de óxido-redução ou de transferência de elétrons.

reagente. Substância ou espécie que é consumida em uma reação química.

redução. Ganho de elétrons por uma substância ou espécie durante uma reação.

refratário. Que tem um ponto de fusão muito alto.

região extranuclear. Região além do núcleo do átomo.

regra de Hund. Regra que diz que dois elétrons tendem a permanecer desemparelhados e em orbitais separados de mesma energia, ao invés de se emparelhar num mesmo orbital.

regra do octeto. Regra que diz que uma configuração com oito elétrons na camada de valência de um átomo (uma configuração ns^2np^6) é particularmente estável.

retículo cristalino. É o arranjo regular de partículas que se repetem (átomos, íons, moléculas) em um cristal.

retículo espacial. Arranjo regular e repetitivo de pontos no espaço.

sal. Composto formado a partir de íons positivos de uma base de Arrhenius, e de íons negativos de um ácido de Arrhenius.

sal ácido. Sal cujo ânion pode atuar como ácido ao perder H^+ (doando um próton, $NaHCO_3$, hidrogenocarbonato de sódio, é um sal ácido.)

saponificação. A hidrólise básica de uma gordura ou óleo formando glicerol e um sabão.

semicondutor. Substância cuja condutividade elétrica aumenta com o aumento da temperatura.

semicondutor do tipo n. Semicondutor no qual os transportadores de cargas são elétrons fracamente ligados.

semicondutor do tipo p. Semicondutor no qual o transporte da corrente é feito por meio de vazios (buracos com falta de elétrons).

semi-metal. Elemento que possui propriedades que são intermediárias entre as de um metal típico e as de um não-metal típico. Também chamados de metalóides.

semi-reação. Equação para a oxidação ou a redução; metade de uma reação de óxido-redução.

série espectroquímica. Uma lista de ligantes por ordem de sua habilidade em provocar o desdobramento dos orbitais d num complexo.

sistema. Porção do universo sob investigação.

sistema isolado. Sistema que não pode trocar nem matéria, nem energia com o meio externo.

sítio ativo. Local na superfície de um catalisador heterogêneo ou enzima no qual moléculas reagentes podem se combinar e reagir.

sólido amorfo. Substância que apresenta a aparência externa e outras características de um sólido, mas que possui uma estrutura interna irregular de um líquido; um líquido altamente super-resfriado; um vidro.

sólido covalente. Sólido no qual os átomos estão ligados covalentemente, formando um arranjo externo tridimensional que constitui uma molécula gigante.

sólido cristalino. Um sólido verdadeiro com uma estrutura interna regular.

sólido iônico. Sólido composto de ânions e cátions em um retículo cristalino.

sólido metálico. Sólido no qual íons positivos ocupam posições reticulares e estão ligados entre si por meio de elétrons deslocalizados.

sólido molecular. Sólido onde as moléculas ocupam os pontos do retículo cristalino e são unidas entre si por meio de forças de London ou de dipolo-dipolo.

solubilidade. Concentração de um soluto em uma solução saturada; a quantidade máxima de soluto que pode ser dissolvida pela simples adição em um solvente à temperatura e pressão constantes.

solução. Mistura homogênea.

solução ácida. Solução aquosa na qual a concentração dos íons hidrogênio (hidrônio) excede a de íons hidróxido.

solução básica. Solução aquosa na qual a concentração de íons hidróxido excede a de íons hidrogênio (hidrônio).

solução ideal. Solução cujo comportamento obedece a lei de Raoult. (Ver Seção 11.5.) Uma solução onde cada espécie age independentemente uma da outra.

solução não-saturada. Solução na qual a concentração do soluto é menor que sua solubilidade.

solução neutra. Solução aquosa na qual as concentrações de íons hidrogênio e hidróxido são iguais. A 25°C, uma solução aquosa tem pH = 7,00.

solução saturada. Solução que está, ou pode estar, em equilíbrio com um excesso de soluto.

solução supersaturada. Solução na qual a concentração de soluto é maior que sua solubilidade (um estado instável).

soluto. Componente de uma solução presente numa concentração que é baixa em relação à concentração maior do solvente.

solvatação. A interação de um soluto com um solvente; o invólucro das partículas de solvente ao redor das partículas de soluto.

solvente. Componente em maior concentração numa solução.

solvente diferenciador. Solvente que pode diferenciar a força de ácidos e bases, os quais são fortes (completamente dissociados) em água (definição de Brønsted-Lowry).

spins antiparalelos. Dois spins que possuem sentidos opostos. Dois elétrons no mesmo orbital atômico ou molecular, possuem spins antiparalelos.

spins paralelos. Spins que possuem a mesma direção.

sublimação. Conversão direta do estado sólido ao gasoso.

subnível (subcamada). Subconjunto de energias eletrônicas no átomo; designados por s, p, d, f ..., ou pelos valores de l (o número quântico azimutal): 1, 2, 3, ...

substrato. Substância ou espécie que se liga e então reage num sítio ativo na catálise heterogênea ou enzimática.

superaquecimento. O aquecimento de um líquido acima de seu ponto de ebulição, sem que ocorra ebulição.

superfície limite. Superfície de densidade de probabilidade eletrônica constante, Ψ^2.

super-resfriamento. Resfriamento de um líquido abaixo de seu ponto de congelamento, sem que haja congelamento.

tampão. Solução que contém uma concentração moderada ou alta de pares conjugados ácido-base de Brønsted-Lowry; solução cujo pH praticamente não varia quando se adiciona à mesma ácido ou base.

temperatura. Propriedade de uma substância que determina a direção do fluxo de calor para dentro ou para fora da mesma; o calor flui de uma substância de temperatura mais alta para uma substância de temperatura mais baixa. A temperatura de uma substância mede a energia cinética média de suas partículas.

temperatura de inversão. Temperatura na qual a expansão livre de um gás real não produz nem aquecimento, nem resfriamento do mesmo.

tendência de escape. Tendência mostrada por uma substância em escapar de sua fase para uma outra.

tensão superficial. Medida da energia necessária para aumentar a área superficial de um líquido.

teoria. Uma explanação proposta ou justificação de um comportamento observado em termos de um modelo.

teoria VSEPR. Teoria da repulsão do par eletrônico da camada de valência. (Ver Seção 8.6.)

termodinâmica. Estudo das mudanças ou transformações de energia que acompanham uma transformação física ou química da matéria.

titulação. A adição gradativa de uma solução de um reagente à solução de outro, até que o ponto de equivalência seja assinalado por uma mudança de cor ou outra indicação.

titulante. Substância que é adicionada lentamente durante a titulação.

torr. Unidade de pressão. Um torr é essencialmente igual a 1 mmHg, ou 1/760 atm.

trabalho. Produto da distância em que um objeto se move, vezes a força que se opõe ao movimento.

transformação adiabática. Transformação que ocorre sem que haja ganho ou perda de calor.

transformação espontânea. Transformação que pode ocorrer naturalmente, sem ajuda externa; uma transformação possível.

transformação química. Transformação na qual uma ou mais substâncias são transformadas em outras substâncias novas; uma reação química.

transmutação. Transformação de um elemento em outro.

trítio. Hidrogênio $_1^3H$.

unidade de massa atômica (u). É uma unidade de massa. Definida como sendo exatamente igual a $1/12$ da massa do átomo do carbono 12.

vacância. Um ponto no reticulo cristalino que perdeu a sua partícula, também chamado *vazio*.

vazio (localização). Em um semicondutor, aonde falta um elétron.

vazio octaédrico. Numa estrutura de empacotamento denso, um espaço rodeado por seis esferas localizadas nos vértices de um octaedro.

velocidade de reação. Variação da concentração ou da pressão parcial em relação ao tempo (ou, algumas vezes quantidade) de um reagente ou produto na reação.

vidro. Um sólido amorfo.

viscosidade. A resistência ao fluxo mostrada por um fluido.

volátil. Tem alta pressão de vapor.

volume molar (V_m). Volume ocupado por um mol de substância. O volume molar de um gás ideal é 22,4 L mol^{-1} nas CNTP.

zero absoluto. Temperatura na qual todas as partículas de uma substância estão no seu estado de energia mais baixo: 0 K ou $-273,15°C$. A temperatura teórica mais baixa que pode ser atingida.

Apêndice B

UNIDADES, CONSTANTES E EQUAÇÕES DE CONVERSÃO

B.1 UNIDADES

UNIDADES SI

A versão do sistema métrico de unidades que foi aprovada pela União Internacional de Química Pura e Aplicada (IUPAC) e outros organismos internacionais é o *Système International d'Unités* ou SI. Sete *unidades básicas* servem como fundamento desse sistema:

Quantidade física	*Unidade*	*Símbolo*
Comprimento	metro	m
Massa	quilograma	kg
Tempo	segundo	s
Corrente elétrica	ampère	A
Temperatura	kelvin	K
Intensidade luminosa	candela	cd
Quantidade de substância	mol	mol

Além destas, duas unidades suplementares SI foram aprovadas. São o radiano (rad) para medidas de ângulos planos, e esteradiano (sr) para medidas de ângulos sólidos.

Muitas outras unidades são derivadas das unidades básicas SI. Algumas dessas unidades derivadas SI não têm nomes especiais. São elas:

Quantidade física	Unidade	Símbolo
Área	metro quadrado	m^2
Volume	metro cúbico	m^3
Velocidade	metro por segundo	$m\ s^{-1}$
Aceleração	metro por segundo ao quadrado	$m\ s^{-2}$
Densidade	quilograma por metro cúbico	$kg\ m^{-3}$

Outras unidades derivadas do SI apresentam nomes especiais. São as seguintes:

Quantidade física	Unidade	Símbolo	Definição
Força	newton	N	$kg\ m\ s^{-2}$
Energia ou trabalho	joule	J	$kg\ m^2\ s^{-2}$
Pressão	pascal	P	$kg\ m^{-1}\ s^{-2}\ (= N\ m^{-2})$
Carga elétrica	coulomb	C	$A\ s$
Diferença de potencial elétrico	volt	V	$J\ A^{-1}\ s^{-1}\ (= J\ C^{-1})$
Freqüência	hertz	Hz	s^{-1}

Muitas unidades antigas foram definidas em termos de SI e são conservadas por serem tradicionais e úteis. São elas:

Quantidade física	Unidade	Símbolo	Definição
Tempo	minuto	min	60 s
	hora	h	3.600 s
	dia	d	86.400 s
Ângulo plano	grau	°	$(\pi/180)$ rad
	minuto	'	$(\pi/10.800)$ rad
	segundo	"	$(\pi/648.000)$ rad
Volume	litro	L	10^{-3} m^3 = 1 dm^3
Temperatura	grau Celsius	°C	K – 273,15

Recomenda-se que o emprego de certas unidades não SI seja gradualmente abandonado. A mais importante delas é atmosfera padrão (atm), definida como 101.325 Pa. Além disso, foi recomendado que o uso da unidade de pressão milímetro de mercúrio (mmHg), essencialmente a mesma que torr (sem abreviação), seja imediatamente deixada de lado. (1 mmHg = $^1/_{760}$ atm.) A atmosfera e o milímetro de mercúrio provavelmente desaparecerão gradativamente, mas são medidas tão convenientes que continuam a ser utilizadas. Algumas outras unidades não pertencentes ao SI desaparecerão rapidamente do uso científico, por exemplo, a caloria (cal), uma unidade de energia (1 cal = 4,184 J).

PREFIXOS MÉTRICOS

Os seguintes prefixos métricos para múltiplos a submúltiplos de unidades podem ser aplicados para unidades SI ou não SI:

Múltiplo ou submúltiplo	Prefixo	Símbolo
10^{18}	exa	E
10^{15}	peta	P
10^{12}	tera	T

(*continuação*)

Múltiplo ou submúltiplo	Prefixo	Símbolo
10^9	giga	G
10^6	mega	M
10^3	quilo	k
10^2	hecto	h
10^1	deca	da
10^{-1}	deci	d
10^{-2}	centi	c
10^{-3}	mili	m
10^{-6}	micro	μ
10^{-9}	nano	n
10^{-12}	pico	p
10^{-15}	femto	f
10^{-18}	ato	a

B.2 CONSTANTES FÍSICAS

Constante	Símbolo	Valor
Número de Avogadro	N	$6{,}022137 \times 10^{23}\ mol^{-1}$
Carga do elétron	e	$-1{,}6021773 \times 10^{-19}\ C$

(*continuação*)

Constante	Símbolo	Valor
Massa do elétron	m_e	$5{,}485800 \times 10^{-4}$ u $9{,}109390 \times 10^{-28}$ g
Constante de Faraday	$\mathcal{F}$	$9{,}648531 \times 10^4$ C F^{-1}
Constante do gás ideal	R	$8{,}20578 \times 10^{-2}$ L atm K^{-1} mol^{-1} $8{,}31451$ J mol^{-1}
Volume molar de um gás ideal na CNTP	V_m	$22{,}414$ L mol^{-1}
Massa do nêutron	m_n	$1{,}008665$ u $1{,}674929 \times 10^{-24}$ g
Constante de Planck	h	$6{,}626076 \times 10^{-34}$ J s
Massa do próton	m_p	$1{,}007277$ u $1{,}672623 \times 10^{-24}$ g
Velocidade da luz no vácuo	c	$2{,}99792458 \times 10^8$ m s^{-1} (exatamente)

B.3 EQUAÇÕES DE CONVERSÃO

Conversão	Equação
Unidades de massa atômica – gramas	$1\ u = 1{,}660540 \times 10^{-24}\ g$
Calorias – joules	$1\ cal = 4{,}184\ J$ (exatamente)
Elétron-volts – joules	$1\ eV = 1{,}602 \times 10^{-19}\ J$
Ergs – joules	$1\ erg = 1 \times 10^{-7}\ J$ (exatamente)
Angstroms – metros – nanômetros	$1\ \text{Å} = 10^{-10}\ m$ (exatamente) $= 10^{-1}\ nm$ (exatamente)
Polegadas – centímetros	$1\ in = 2{,}54\ cm$ (exatamente)
Milhas – quilômetros	$1\ mi = 1{,}609\ km$
Libras – quilogramas	$1\ lb = 0{,}4536\ kg$
Onças – gramas	$1\ oz = 28{,}35\ g$
Quartos – litros	$1\ qt = 0{,}9464\ L$
Atmosferas – pascals – quilopascals	$1\ atm = 1{,}01325 \times 10^5\ Pa$ (exatamente) $= 101{,}325\ kPa$ (exatamente)

Apêndice C

NOMENCLATURA QUÍMICA

C.1 NOMES TRIVIAIS

Muitas substâncias são conhecidas, ao longo dos anos, por seus nomes triviais ou comuns. De fato, algumas substâncias são muito mais conhecidas pelos seus nomes comuns do que pelos seus nomes sistemáticos. Por exemplo, a *água* raramente é denominada óxido de hidrogênio. Alguns nomes triviais são utilizados em aplicações específicas. Então, o tiossulfato de sódio é o *hipossulfito* dos fotógrafos, e os mineralogistas conhecem o sulfeto de zinco por *esfalerita*. Alguns nomes comuns devem ser usados com cuidado. O álcool, por exemplo, é um nome trivial para um composto específico, e é também um nome usado para uma classe geral de compostos. A lista seguinte mostra alguns exemplos de nomes triviais e sistemáticos:

Fórmula	Nome(s) trivial(is)	Nome sistemático
NH_3	amônia	nitreto de hidrogênio
Al_2O_3	alumina	óxido de alumínio
CH_3CH_2OH	álcool; álcool de cereais	etanol
CH_3OH	álcool de madeira	metanol
NaOH	lixívia; soda cáustica	hidróxido de sódio

(continuação)

Fórmula	Nome(s) trivial(is)	Nome sistemático
KOH	potassa cáustica	hidróxido de potássio
NaCl	sal; sal de cozinha	cloreto de sódio
CaO	cal; cal viva	óxido de cálcio
Ca(OH)$_2$	cal apagada	hidróxido de cálcio

C.2 NOMENCLATURA SISTEMÁTICA INORGÂNICA

As regras seguintes obedecem a maior parte das recomendações da União Internacional da Química Pura e Aplicada, IUPAC, salientando a prática comum norte-americana quando as alternativas permitirem estas recomendações.

ELEMENTOS

Os nomes dos elementos algumas vezes variam de uma para outra língua, mas os símbolos químicos são universais. Cada símbolo consiste de uma, duas ou três letras do nome do elemento (em geral, inglês ou latim). A primeira letra das duas ou três letras do símbolo é maiúscula, mas a segunda e a terceira são minúsculas. Os elementos podem se apresentar em dois ou mais alótropos moleculares, e são denominados sistematicamente pelo uso de um prefixo indicativo do número de átomos por molécula. (Estes prefixos são também utilizados na denominação de alguns compostos.) Os prefixos e os números que eles representam estão a seguir:

mono	1	penta	5	nona ou ênea	9
di	2	hexa	6	deca	10
tri	3	hepta	7	undeca ou hendeca	11
tetra	4	octa	8	dodeca	12

(As alternativas dadas para 9 e 11 são derivadas das formas do latim e do grego, respectivamente.)

O uso destes prefixos para denominar os elementos são ilustrados a seguir:

Fórmula	Nome sistemático	Nome comum
O_2	dioxigênio	oxigênio
O_3	trioxigênio	ozônio
P_4	tetrafósforo	fósforo branco
S_8	octaenxofre	enxofre
H	monohidrogênio	hidrogênio atômico

CÁTIONS

CÁTIONS MONOATÔMICOS

Quando um elemento forma apenas um cátion monoatômico, o íon é denominado a partir do nome do elemento (não modificado) precedido pela palavra "íon". Exemplos:

Na^+ íon sódio

Ca^{2+} íon cálcio

Al^{3+} íon alumínio

Quando um elemento puder formar mais de um cátion monoatômico (com diferentes estados de oxidação), cada íon é denominado de uma forma diferenciada dos outros íons. Há duas maneiras de se denominar tais íons: o *sistema Stock* e *sistema oso-ico*. O sistema Stock é o mais explícito dos dois, e é recomendado pela IUPAC. De acordo com este sistema, o estado de oxidação do elemento é indicado por meio de um número em algarismos romanos entre parênteses imediatamente (sem espaço) após o seu nome. Alguns exemplos desta denominação de cátions são mostrados na Tabela C.1.

O sistema *oso-ico* é sistema mais antigo, ainda aceito pela IUPAC. Pode ser utilizado quando o elemento formar dois cátion diferentes, empregando os sufixos -*oso* e -*ico* na seqüência da raiz do nome do elemento para indicar os *estados de oxidação menor e maior*, respectivamente. A raiz é em geral formada retirando o -*um* ou -*ium*, do nome do elemento em inglês ou, algumas vezes, em latim. Se o nome do elemento não terminar em -*um* e -*ium*, em geral a última sílaba é retirada para formar a raiz. Por exemplo, *manganoso* e *mangânico* são provenientes de *manganese*. (Os íons da Tabela C.1 foram redenominados na Tabela C.2.)

Os sistema Stock é usualmente preferível ao sistema *oso-ico*, porque evita qualquer ambiguidade. Embora o sistema *oso-ico* não forneça de maneira explícita o estado de oxidação, permanece em uso comum, sendo considerado um sistema prático se usado com cuidado. *Nota*: Nem o sistema Stock e nem o sistema *oso-ico* são usados quando o íon apresenta "com certeza" apenas um nome; "o íon sódio", por exemplo, significa unicamente Na^+. (O sistema IUPAC subentende um certo conhecimento de química, o sódio costuma exibir apenas um estado de oxidação : +1.)

Tabela C.1   O sistema Stock para denominação de cátions.

Elemento	Estado de oxidação	Fórmula do cátion	Sistema Stock nome do cátion
Cobre	+1	Cu^+	íon cobre(I)
	+2	Cu^{2+}	íon cobre(II)
Estanho	+2	Sn^{2+}	íon estanho(II)

Tabela C.1 O sistema Stock para denominação de cátions. (*continuação*)

Elemento	Estado de oxidação	Fórmula do cátion	Sistema Stock nome do cátion
	+4	Sn^{4+}	íon estanho(IV)
Crômio	+2	Cr^{2+}	íon crômio(II)
	+3	Cr^{3+}	íon crômio(III)
Ferro	+2	Fe^{2+}	íon ferro(II)
	+3	Fe^{3+}	íon ferro(III)
Cobalto	+2	Co^{2+}	íon cobalto(II)
	+3	Co^{3+}	íon cobalto(III)
Titânio	+2	Ti^{2+}	íon titânio(II)
	+3	Ti^{3+}	íon titânio(III)
	+4	Ti^{4+}	íon titânio(IV)

Tabela C.2 O sistema *oso-ico* para a denominação de cátions.

Elemento		Estado de oxidação	Fórmula do cátion	Nome *oso-ico* do cátion
Nome em inglês	Nome em latim			
Copper	cuprum	+1	Cu^+	íon cuproso
		+2	Cu^{2+}	íon cúprico
Tin	stannum	+2	Sn^{2+}	íon estanoso
		+4	Sn^{4+}	íon estânico
Chromium	—	+2	Cr^{2+}	íon cromoso

Tabela C.2 O sistema *oso-ico* para a denominação de cátions. *(continuação)*

Elemento				
Nome em inglês	*Nome em latim*	*Estado de oxidação*	*Fórmula do cátion*	*Nome oso-ico do cátion*
		+3	Cr^{3+}	íon crômico
Iron	ferrum	+2	Fe^{2+}	íon ferroso
		+3	Fe^{3+}	íon férrico
Cobalt	—	+2	Co^{2+}	íon cobaltoso
		+3	Co^{3+}	íon cobáltico
Titanium	—	+2	Ti^{2+}	—
		+3	Ti^{3+}	íon titanoso
		+4	Ti^{4+}	íon titânico

CÁTIONS POLIATÔMICOS

Cátions com mais de um átomo são denominados de várias maneiras, dependendo do tipo. Os cátions que consistem de um ou mais átomos de oxigênio ligados a um átomo de um segundo elemento são denominados com os sufixo *-ilo*. Exemplos:

$$UO_2^{2+} \quad \text{íon uranilo(VI)}$$

$$NO^+ \quad \text{íon nitrosilo}$$

Alguns cátions poliatômicos são denominados universalmente de um modo tradicional, não sistemático. O *íon amônio*, NH_4^+, é um bom exemplo. O nome IUPAC para H_3O^+ é *íon oxônio*, embora nos Estados Unidos o nome *íon hidrônio* ainda é utilizado. Finalmente, o íon diatômico Hg_2^{2+} é denominado de íon mercúrio(I) ou íon mercuroso, exatamente como se este íon fosse monoatômico.

Os cátions complexos serão discutidos em *Complexos* mais adiante.

ÂNIONS

ÂNIONS MONOATÔMICOS

Os ânions monoatômicos são denominados pela adição dos sufixos *-eto* e *ido*, à raiz do nome do elemento precedida pela palavra "íon". Exemplos de alguns ânions monoatômicos são listados na Tabela C.3.

Tabela C.3 Nome de alguns ânions monoatômicos.

Fórmula	Nome	Fórmula	Nome
F^-	íon fluoreto	O^{2-}	íon óxido
Cl^-	íon cloreto	S^{2-}	íon sulfeto
Br^-	íon brometo	Se^{2-}	íon seleneto
I^-	íon iodeto	N^{3-}	íon nitreto
H^-	íon hidreto	P^{3-}	íon fosfeto

ÂNIONS POLIATÔMICOS

Por causa de uma prática adotada por um longo tempo, alguns ânions poliatômicos são denominados com os sufixos *-eto* e *-ido*, como se fossem monoatômicos. Exemplos:

CN^-	íon cianeto	OH^-	íon hidróxido
S_2^{2-}	íon dissulfeto	O_2^{2-}	íon peróxido
I_3^-	íon triiodeto	O_2^-	íon superóxido

OUTROS ÂNIONS POLIATÔMICOS: OXOÂNIONS

Os ânions de oxoácidos (ácidos que contém oxigênio) podem ser denominados de modo sistemático, considerando estes ânions como se fossem íons complexos em que os íons óxidos atuam como ligantes. (Ver o Capítulo 22.) Na prática, contudo, os nomes tradicionais para estes íons são quase sempre usados, e são aprovados pela IUPAC. Quando o átomo central formar apenas um ânion comum, o sufixo -*ato* é usado. *Exemplos*:

CO_3^{2-} íon carbonato

SiO_4^{4-} íon silicato

Os sufixos -*ito* e -*ato* são usados na distinção entre dois oxoânions que têm o mesmo átomo central com diferentes estados de oxidação:

Estados de oxidação	*sufixo*
maior	-ato
menor	–ito

Exemplos:

NO_2^-	íon nitrito	NO_3^-	íon nitrato
SO_3^{2-}	íon sulfito	SO_4^{2-}	íon sulfato
AsO_3^{3-}	íon arsenito	AsO_4^{3-}	íon arsenato

Quatro diferentes estados de oxidação podem ser diferenciados pelo uso do prefixo *hipo-* para indicar um menor estado de oxidação do que o de -*ito*, e o prefixo *per-* para indicar um maior estado de oxidação do que o de -*ato*.

Estado de oxidação	*Prefixo*	*Sufixo*
o maior	per-	-ato
o segundo maior	—	-ato
o segundo menor	—	-ito
o menor	hipo-	-ito

Exemplo:

Fórmula	Estado de oxidação do Cl	Nome
ClO^-	+1	íon hipoclorito
ClO_2^-	+3	íon clorito
ClO_3^-	+5	íon clorato
ClO_4^-	+7	íon perclorato

Alguns ânions contêm um ou mais "hidrogênios ácidos". Estes se formam quando um ácido poliprótico é *parcialmente* neutralizado, isto é, quando ao menos um de seus hidrogênios removíveis permanece no ânion após a neutralização. Tais ânions são denominados com a palavra *hidrogeno* e, se necessário, usa-se um prefixo. (Embora a recomendação da IUPAC seja para não haver espaço após a palavra "hidrogeno", nos Estados Unidos é comum introduzir-se um espaço.) Se mais de um "hidrogênio ácido" estiver presente, o prefixo apropriado deverá ser incluído.

Exemplos:

HS^-	íon hidrogenossulfeto
HCO_3^-	íon hidrogenocarbonato
HO_2^-	íon hidrogenoperóxido
HSO_4^-	íon hidrogenossulfato
$H_2PO_4^-$	íon diidrogenofosfato

Nota: Existe um sistema mais antigo que, apesar de ilógico, ainda é comumente utilizado na denominação destes íons, quando eles contêm somente um hidrogênio. Este sistema usa o prefixo *-bi* para representar o hidrogênio. Exemplos:

HCO_3^-	íon bicarbonato
HSO_3^-	íon bissulfito
HSO_4^-	íon bissulfato
HS^-	íon bissulfeto

As origens deste sistema são muito antigas, e o uso de *bi-* para designar um átomo de hidrogênio é pelos menos mal empregado. Contudo, o "íon bicarbonato" é um velho amigo para muitos químicos. Originalmente, $CaCO_3$ foi denominado carbonato de cálcio, e $Ca(HCO_3)_2$ bicarbonato de cálcio, por causa da diferença na razão de cálcio-para-carbono nos dois compostos. Os técnicas analíticas na época foram inadequadas para detectar a presença de hidrogênio no segundo composto.

Conhecer os nomes dos ânions poliatômicos pode apresentar a muitos estudantes alguma dificuldade. Alguns dos mais importantes destes ânions estão listados na Tabela C.4.

Tabela C.4 Nomes de alguns ânions poliatômicos comuns.

Ânion	*Nome*
CN^-	íon cianeto
OCN^-	íon cianato
SCN^-	íon tiocianato
CO_3^{2-}	íon carbonato
HCO_3^-	íon hidrogenocarbonato; íon bicarbonato
$C_2O_4^{2-}$	íon oxalato
$HC_2O_4^-$	íon hidrogenooxalato; íon binoxalato
CrO_4^{2-}	íon cromato
$Cr_2O_7^{2-}$	íon dicromato
MnO_4^-	íon permanganato
MnO_4^{2-}	íon manganato
NO_2^-	íon nitrito
NO_3^-	íon nitrato
OH^-	íon hidróxido
PO_4^{3-}	íon fosfato
HPO_4^{2-}	íon hidrogenofosfato

Tabela C.4 Nomes de alguns ânions poliatômicos comuns. (*continuação*)

Ânion	Nome
$H_2PO_4^-$	íon diidrogenofosfato
SO_3^{2-}	íon sulfito
HSO_3^-	íon hidrogenossulfito; íon bissulfito
SO_4^{2-}	íon sulfato
HSO_4^-	íon hidrogenossulfato; íon bissulfato
$S_2O_3^{2-}$	íon tiossulfato

Também:

XO^-	hipo*hal*ito	
XO_2^-	*hal*ito	onde X representa Cl, Br, I ou At, e *hal* representa *clor*, *brom*, *iod*, ou *astat*. (A existência de alguns destes íons é incerta.)
XO_3^-	*hal*ato	
XO_4^-	per*hal*ato	

SAIS, ÓXIDOS E HIDRÓXIDOS

SAIS

O nome de um sal consiste do nome de seu ânion seguido pelo nome de seu cátion. (Os dois nomes são separados pela preposição de.) Os prefixos tais como *di-* e *tri-* não são normalmente usados. Alguns exemplos de sais e seus nomes são dados na Tabela C.5.

Tabela C.5 Nomes de alguns sais.

Fórmula	Nome
KCl	cloreto de potássio
$CaBr_2$	brometo de cálcio
NH_4NO_3	nitrato de anômio
$Ba_3(PO_4)_2$	fosfato de bário
NaH_2PO_4	diidrogenofosfato de sódio
Na_2HPO_4	hidrogenofosfato de sódio
Na_3PO_4	fosfato de sódio
$Ca(OCl)_2$	hipoclorito de cálcio
$LiBrO_2$	bromito de lítio
$Al(IO_3)_3$	iodato de alumínio
$Ti(ClO_4)_4$	perclorato de titânio(IV)
Na_2O_2	peróxido de sódio
$CuCO_3$	carbonato de cobre(II); carbonato cúprico
$Co(HCO_3)_3$	hidrogenocarbonato de cobalto(III); bicarbonato cobáltico
$Sn(CN)_2$	cianeto de estanho(II); cianeto estanoso
$Sn(SCN)_4$	tiocianato de estanho(IV); tiocianato estânico
$FeCrO_4$	cromato de ferro(II); cromato ferroso
$Fe_2(Cr_2O_7)_3$	dicromato de ferro(III); dicromato férrico

ÓXIDOS

Os óxidos de metais são denominados do mesmo modo que os sais.

Exemplos:

Fórmula	Nome
Na_2O	óxido de sódio
CaO	óxido de cálcio
SnO	óxido de estanho(II); óxido estanoso
SnO_2	óxido de estanho(IV); óxido estânico

Os óxidos de não-metais são denominados de acordo com o método geral de denominação de compostos binários não-metal-não-metal. (Ver a seguir.)

HIDRÓXIDOS

Um *hidróxido* é um hidroxi-composto de um metal. (Um hidroxi-composto contém o grupo —OH.) A nomenclatura dos hidróxidos é análoga à dos sais. A palavra hidróxido é citada primeiro, seguida pela preposição *de* e pelo nome do íon do metal. *Exemplos*:

Fórmula	Nome
$NaOH$	hidróxido de sódio
$Ca(OH)_2$	hidróxido de cálcio
$Fe(OH)_2$	hidróxido de ferro(II); hidróxido ferroso
$Fe(OH)_3$	hidróxido de ferro(III); hidróxido férrico

ÁCIDOS

ÁCIDOS BINÁRIOS

Os compostos binários que se comportam como ácidos de Arrhenius podem ser denominados pelo uso do nome do ânion do ácido, seguido pela preposição *de* e pela palavra "hidrogênio". O nome resultante é comumente utilizado para o composto quando este for puro, e não é aplicado quando este estiver dissolvido em água. *Exemplos*:

HCl	cloreto de hidrogênio
HF	fluoreto de hidrogênio
H_2S	sulfeto de hidrogênio

Uns poucos ácidos, não binários, (e que não são oxoácidos) são similarmente denominados. *Exemplo*: HCN é chamado *cianeto de hidrogênio*.

Em solução aquosa, os ácidos binários são freqüentemente denominados pelo uso da palavra *ácido* seguida da raiz do nome do ânion e o sufixo-*ídrico*. *Exemplos*:

Fórmula	*Nome*
HF	ácido fluorídrico
HCl	ácido clorídrico
HBr	ácido bromídrico
HI	ácido iodídrico

(Este método é, em comum, restrito aos haletos de hidrogênio em solução. Mas alguns ácidos também recebem esta denominação, como por exemplo o ácido sulfídrico, H_2S.)

OXOÁCIDOS

Cada um dos hidrogênios ionizáveis em um oxoácido está ligado a um átomo de oxigênio, e desse modo os oxoácidos são classificados como compostos hidroxi-ácidos. Raramente são denominados de acordo com o modelo "nome do ânion + *de* + hidrogênio". (Por exemplo, H_2SO_4 é poucas vezes chamado de sulfato de hidrogênio.) Em vez disso, são denominados pela eliminação do *-ito* ou *-ato* do nome do ânion, e pela adição de *ácido-oso* ou *ácido-ico*, respectivamente. Assim, *-oso* indica que o átomo central na molécula do ácido está no menor estado de oxidação, e *-ico* indica que ele está no maior estado. *Exemplos*:

Fórmula	*Nome*
H_2CO_3	ácido carbónico
H_2SO_3	ácido sulfuroso
H_2SO_4	ácido sulfúrico

Este método também é usado na presença de prefixos que indicam os números de oxidação relativos, como mostrado a seguir.

Fórmula	*Estado de oxidação do Cl*	*Nome*
HClO	+1	ácido hipocloroso
$HClO_2$	+3	ácido cloroso
$HClO_3$	+5	ácido clórico
$HClO_4$	+7	ácido perclórico

(Compare estes nomes com o dos ânions correspondentes, citados anteriormente.)

OUTROS COMPOSTOS INORGÂNICOS

Muitos compostos inorgânicos, particularmente aqueles constituídos apenas por não-metais, são denominados considerando-se primeiro o(s) nome(s) do(s) elemento(s) mais eletronegativo(s) modificando a terminação para *-ido* ou *-ito*, seguido pelo(s) nome(s) do(s) elemento(s) mais eletropositivo. Os prefixos (*di-*, *tri-*, etc) são usados quando necessários. (*mono-* é freqüentemente omitido.) Este sistema é pouco usado para compostos do tipo metal-não-metal. Por exemplo, embora a IUPAC não proíba, raramente o $FeCl_3$ é chamado de "tricloreto de ferro"; nomes tais como: cloreto de ferro(III) ou cloreto férrico são bem mais comuns. Os nomes de alguns compostos de não-metal-não-metal são dados na Tabela C.6

Tabela C.6 Nomes de alguns compostos não-metal-não-metal.

Fórmula	Nome
SO_2	dióxido de enxofre
SO_3	trióxido de enxofre
SF_6	hexafluoreto de enxofre
CO	óxido de carbono; monóxido de carbono
SiC	carbeto de silício
NO	óxido de nitrogênio; monóxido de nitrogênio
N_2O_5	pentóxido de dinitrogênio
PCl_5	pentacloreto de fósforo

COMPLEXOS

Um complexo é constituído por um átomo central, ou principal, circundado por e ligado a um ou mais ligantes, os quais podem ser átomos, íons ou moléculas. (Ver o Capítulo 22.)

NOMES DE LIGANTES

Ligantes aniônicos. O sufixo no nome do ânion é algumas vezes modificado quando o ânion atua como um ligante:

-eto, em geral, torna-se *-o*

-ido, em geral, torna-se *-o*

-ato e *-ito* são mantidos desta forma

Alguns exemplos de ânions e seus nomes como ligantes são mostrados na Tabela C.7.

Tabela C.7 Ligantes aniônicos.

Fórmula	Nome como um ânion	Nome como um ligante
Cl^-	cloreto	cloro
Br^-	brometo	bromo
OH^-	hidróxido	hidroxo
CN^-	cianeto	ciano
O^{2-}	óxido	oxo
H^-	hidreto	hidro
CO_3^{2-}	carbonato	carbonato
SO_4^{2-}	sulfato	sulfato
SO_3^{2-}	sulfito	sulfito
HSO_3^-	hidrogenossulfito	hidrogenossulfito
$C_2O_4^{2-}$	oxalato	oxalato
SCN^-	tiocianato	tiocianato (–SCN) / isotiocianato (–NCS)
$S_2O_3^{2-}$	tiossulfato	tiossulfato
NO_2^-	nitrito	nitrito (–ONO) / nitro (–NO$_2$)

Ligantes Neutros. O nome de uma molécula neutra que atua como um ligante geralmente permanece inalterado. Contudo, há algumas exceções importantes:

H_2O	*aquo*
NH_3	*amin*
CO	*carbonilo*
NO	*nitrosilo*

FÓRMULAS DE COMPLEXOS

Na fórmula de um complexo escreve-se primeiro o átomo central, seguido pelos ligantes aniônicos em ordem alfabética de suas fórmulas. Os ligantes neutros são listados a seguir, também em ordem alfabética. A IUPAC recomenda que a fórmula completa do complexo esteja entre colchetes, com a carga total do lado superior direito. Alguns exemplos incluem:

$[NiF_6]^{2-}$

$[Ag(S_2O_3)_2]^{3-}$

$[CoCl_4(NH_3)_2]^{-}$

$[Al(OH)(H_2O)_5]^{2+}$

$[CoBr_3(H_2O)_3]$

$[Co(NCS)(NH_3)_5]^{2+}$

NOMES DE COMPLEXOS

Os complexos são denominados especificando-se primeiro os ligantes, que estão listados em ordem alfabética desprezando-se a carga. Os prefixos *di-*, *tri-*, *tetra-*, *penta-*, *hexa-* etc., são úteis para indicar o número de ligantes no complexo. Quando o nome do próprio ligante contém tais prefixos, então se usa *bis-* (duas vezes), *tris-* (três vezes), *tetraquis-* (quatro vezes) etc. (Contudo, os prefixos são ignorados na ordem alfabética.) Se todo o complexo for um ânion, o sufixo *-ato* é adicionado; se o complexo total for um cátion ou for neutro, nenhum sufixo é adicionado. O estado de oxidação do átomo central ou principal é indicado pelo uso de algarismos romanos conforme o sistema Stock. (O número arábico 0 é utilizado para o zero, e o sinal de menos é usado com um algarismo romano, no caso de um estado de oxidação negativo.) Alguns exemplos de complexos e seus nomes são mostrados na Tabela C.8

Tabela C.8   Alguns complexos.

Fórmula	Nome
$[Cr(H_2O)_6]^{3+}$	íon hexaaquocrômio(III)
$[CrCl_2(H_2O)_4]^+$	íon diclorotetraaquocrômio(III)
$[CrCl_3(H_2O)_3]$	íon triclorotriaquocrômio(III)
$[CrCl_4(H_2O)_2]^-$	íon tetraclorodiaquocromiato(III)
$[CrCl_6]^{3-}$	íon hexaclorocromiato(III)
$[Fe(CN)_5NO]^{2-}$	íon pentacianonitrosiloferrato(III)
$[AuCl_4]^-$	íon tetracloroaurato(III)
$[CoCO_3(NH_3)_5]^+$	íon carbonatopentamincobalto(III)
$[Ni(H_2O)_2(NH_3)_4]^{2+}$	íon tetramindiaquoníquel(II)

Abreviações. Quando a fórmula de um ligante for longa, freqüentemente será abreviada. Um exemplo comum é do ligante etilenodiamina, que é biodentado e tem a estrutura

$$H-\ddot{N}-\underset{\underset{H}{|}}{\overset{\overset{H}{|}}{C}}-\underset{\underset{H}{|}}{\overset{\overset{H}{|}}{C}}-\ddot{N}-H$$
$$\phantom{H-\ddot{N}}||$$
$$HH$$

Nas fórmulas, este ligante, é costumeiramente abreviado para *en*. Desse modo, temos

$[CoCl_4(en)]^-$ íon tetracloro(etilenodiamina)cobaltato(III)

$[CoCl_2(en)_2]^+$ íon diclorobis(etilenodiamina)cobalto(III)

SAIS CONTENDO ÍONS COMPLEXOS

Para a denominação de um sal, é de uso prático o nome do ânion preceder o do cátion, separados pela preposição *de*. Alguns exemplos são dados na Tabela C.9.

Tabela C.9   Alguns sais contendo íons complexos.

Fórmula	Nome
$K_2[Pt(NO_2)_4]$	tetranitroplatinato(II) de potássio
$[Cr(OH)(H_2O)_5]Cl_2$	cloreto de hidroxopentaaquocrômio(III)
$K[Co(CN)_3(CO)_2(NO)]$	tricianodicarbonilonitrosilocobaltato(II) de potássio
$Na_3[Ag(S_2O_3)_2]$	ditiossulfatoargentato(I) de sódio
$[Co(en)_3]_2(SO_4)_3$	sulfato de tris(etilenodiamina)cobalto(III)

C.3   NOMENCLATURA SISTEMÁTICA ORGÂNICA

(Ver também o Capítulo 23.)

HIDROCARBONETOS

ALCANOS NORMAIS

Os nomes IUPAC da maioria dos alcanos normais (de cadeias retas, não ramificadas) são derivados de palavras gregas, para designar o número de átomos de carbonos presentes, seguidas pelo sufixo *-ano*. *Exceções*: Os quatro primeiros alcanos normais têm nomes especiais: metano, etano, propano e butano. A Tabela C.10 mostra as fórmulas e os nomes dos dez primeiros alcanos normais.

Tabela C.10 Alcanos normais e grupos alquilas.

Nº de átomos de C	Alcanos		Grupos alquilas	
	Nome	Fórmula	Nome	Fórmula
1	metano	CH_4	metila	CH_3^-
2	etano	CH_3CH_3	etila	CH_3CH_2-
3	propano	$CH_3CH_2CH_3$	propila	$CH_3CH_2CH_2-$
4	butano	$CH_3(CH_2)_2CH_3$	butila	$CH_3(CH_2)_2CH_2-$
5	pentano	$CH_3(CH_2)_3CH_3$	pentila	$CH_3(CH_2)_3CH_2-$
6	hexano	$CH_3(CH_2)_4CH_3$	hexila	$CH_3(CH_2)_4CH_2-$
7	heptano	$CH_3(CH_2)_5CH_3$	heptila	$CH_3(CH_2)_5CH_2-$
8	octano	$CH_3(CH_2)_6CH_3$	octila	$CH_3(CH_2)_6CH_2-$
9	nonano	$CH_3(CH_2)_7CH_3$	nonila	$CH_3(CH_2)_7CH_2-$
10	decano	$CH_3(CH_2)_8CH_3$	decila	$CH_3(CH_2)_8CH_2-$

GRUPOS AQUILA NORMAIS

Os nomes IUPAC do(s) grupo(s) dos hidrocarbonetos formados pela remoção de um hidrogênio do átomo de carbono terminal de um alcano normal é obtido pela modificação do sufixo *-ano* por *-ila*. O grupo resultante é denominado um *grupo alquila normal*. A Tabela C.10 também mostra as fórmulas e os nomes dos primeiros 10 grupos alquilas normais.

ALCANOS DE CADEIA RAMIFICADA

Os alcanos de cadeias ramificadas são denominados pela adição do(s) nome(s) do(s) grupo(s) substituinte(s) hidrocarbônico(s) como um prefixo (ou prefixos) para o nome da cadeia hidrocarbônica contínua e mais longa. A posição de cada grupo substituinte é indicada com um número localizador, e a cadeia mais longa é enumerada a partir da extremidade que resultar nos menores números localizadores para os grupos substituintes.

$$\underset{\text{2-metilbutano}}{CH_3CHCH_2CH_3} \quad \underset{\text{2-metilpentano}}{CH_3CH_2CH_2CHCH_3}$$
(com CH_3 ligado ao carbono indicado)

Os prefixos *di-*, *tri-*, *tetra-* etc., são usados para indicar a presença de mais de um substituinte.

$$\underset{\text{2,2-dimetilbutano}}{CH_3CCH_2CH_3} \quad \underset{\text{2,2,4-trimetilpentano}}{CH_3CHCH_2CCH_3}$$
(com grupos CH_3 ligados)

GRUPOS ALQUILA DE CADEIA RAMIFICADA

Os nomes IUPAC (e entre parênteses, os nomes comuns) são dados a seguir para vários grupos hidrocabônicos.

$$\underset{\substack{\text{1-metiletila}\\\text{(isopropila)}}}{CH_3CHCH_3} \quad \underset{\substack{\text{1-metilpropila}\\\text{(sec-butila)}}}{CH_3CHCH_2CH_3}$$

$$\underset{\substack{\text{1,1-dimetiletila}\\\text{(terc-butila)}}}{CH_3CCH_3} \quad \underset{\substack{\text{2-metilpropila}\\\text{(isobutila)}}}{CH_3CHCH_2-}$$

Quando grupos hidrocarbônicos diferentes estão ligados à cadeia hidrocarbônica mais longa, estes são listados em ordem alfabética. (Os prefixos *di-*, *tri-* etc., são ignorados.)

$$\underset{\text{3-etil-2,2-dimetilpentano}}{CH_3C-C\!\!-\!\!-\!\!-\!\!CHCH_2CH_3}$$

ALCENOS E ALCINOS

Os alcenos, hidrocarbonetos com ligações duplas carbono-carbono, são denominados pela substituição no nome do correspondente alcano, do sufixo -*ano* por -*eno*. (Se duas ligações duplas estão presentes, o novo sufixo é -*adieno*, se três estão presentes, atrieno.) Os alcinos, hidrocarbonetos com ligações triplas carbono-carbono, são denominados pela substituição no nome do correspondente alcano, do sufixo -*ano* pro -*ino*. (se duas ligações triplas estão presentes, o novo sufixo é -*adiino*, se -três estão presentes, -*atriino*.) A cadeia hidrocarbônica mais longa é enumerada pela extremidade que resulta nos menores número localizadores para o carbono, iniciando pelas ligações múltiplas.

$$CH_3CH_2CH=CH_2 \qquad CH_3C\equiv CCH_3$$
$$\text{1-buteno} \qquad\qquad \text{2-butino}$$

$$CH_2=CHCH=CH_2 \qquad CH\equiv CCH=CHCH_3$$
$$\text{1,3-butadieno} \qquad\qquad \text{3-penten-1-ino}$$

CICLOALCANOS

Os cicloalcanos são denominados pela adição do prefixo *ciclo-* no nome do alcano com o mesmo número de átomos de carbono.

ciclopropano ciclobutano ciclopentano

HIDROCARBONETOS AROMÁTICOS

Os nomes de muitos hidrocarbonetos aromáticos podem ser simplesmente memorizados. Exemplos destes compostos incluem:

benzeno   metilbenzeno (tolueno)   etilbenzeno

estireno   cumeno   naftaleno

Quando dois substituintes hidrocarbônicos estão presentes no anel benzênico suas posições são indicadas pelo uso de números localizadores ou dos prefixos *o-* (de *orto-*), *m-* (de *meta-*), ou *p-* (de *para-*).

1,2-dimetilbenzeno (*o*-xileno)   1,3-dimetilbenzeno (*m*-xileno)   1,4-dimetilbenzeno (*p*-xileno)

DERIVADOS DE HIDROCARBONETOS

Alguns derivados hidrocarbônicos são denominados com um prefixo indicativo do grupo funcional, mais o nome do hidrocarboneto principal. Os grupos funcionais assim denominados incluem —F (*fluoro*), —Cl (*cloro*), —Br (*bromo*), —I (*iodo*), e —NO_2 (*nitro*).

CH_3F CH_2Cl_2 CH_3CH_2Br
fluorometano   diclorometano   bromoetano

CH_3NO_2 $CH_3CH_2CH_2I$ CH_3CHICH_3
nitrometano   1-iodopropano   2-iodopropano

Outros derivados de hidrocarbonetos são mais comumente denominados pelo uso de um sufixo para indicar o grupo funcional. Nestes o *o* do nome de hidrocarboneto principal é substituído pelo sufixo apropriado. Algumas classes de compostos denominados desse nodo são:

Classe	*Grupo funcional*	*Sufixo*
Álcoois	—OH	-*ol*
Aldeídos	—C(=O)—H	-*al*
Cetonas	—C(=O)—	-*ona*
Ácidos carboxílicos	—C(=O)—OH	*ácido-óico*

Alguns exemplos do uso destes sufixos estão a seguir. (Os nomes comuns estão entre parênteses.)

CH_3—OH CH_3—C(=O)—H CH_3—C(=O)—CH_3
metanol   etanol   propanona
(álcool metílico)   (acetaldeído)   (acetona)

CH_3—C(=O)—OH $CH_3CH_2CH_2OH$ $CH_3CHOHCH_3$
ácido etanóico   1-propanol   2-propanol
(ácido acético)   (álcool *n*-propílico)   (álcool isopropílico)

As **aminas** têm o grupo funcional —NH_2. As aminas primárias, R—NH_2, são mais habitualmente denominadas pela adição do sufixo -*amina* ao nome do grupo alquila a ela ligado.

$CH_3—NH_2$ $\qquad\qquad$ $CH_3CH_2—NH_2$

metilamina $\qquad\qquad\qquad$ etilamina

As aminas secundárias, R—NH—R', e as aminas terciárias, $\begin{array}{c}R''\\|\\R—N—R'\end{array}$, são denominadas como os derivados *N-substituídos* da *amina* da cadeia carbônica mais longa. (O prefixo *N*-mostra que o grupo menor está ligado ao átomo de nitrogênio.)

$$CH_3CH_2CH_2—\overset{\overset{H}{|}}{N}—CH_3 \qquad CH_3CH_2—\overset{\overset{CH_3}{|}}{N}—CH_3$$

$\qquad$ *N*-metilpropilamina $\qquad\qquad$ *N,N*-dimetiletilamina

Os **éteres** têm o grupo funcional —O— e são mais comumente denominados especificando-se os grupos alquilas presentes na molécula. Quando ambos os grupos são os mesmos, o prefixo *di-* é algumas vezes omitido.

$$CH_3—O—CH_3 \qquad CH_3—O—CH_2CH_3$$

$\qquad$ éter dimetílico $\qquad\qquad$ etilmetiléter
$\qquad$ ou éter metílico

Os **ésteres** são derivados dos ácidos carboxílicos e têm a fórmula geral $\begin{array}{c}O\\\|\\R—C—O—R'\end{array}$. São denominados especificando-se o grupo alquila ligado ao átomo de oxigênio e modificando o nome *ácido -óico* do ácido carboxílico por *-ato*.

$$CH_3—\overset{\overset{O}{\|}}{C}—O—CH_2CH_3 \qquad CH_3CH_2—\overset{\overset{O}{\|}}{C}—O—CH_3$$

$\qquad$ etanoato de etila $\qquad\qquad$ propanoato de metila
$\qquad$ (acetato de etila) $\qquad\qquad$ (propionato de metila)

Os **derivados aromáticos** são usualmente denominados não sistematicamente ou semi-sistematicamente.

ácido benzóico

benzaldeído

fenol

anilina

1,2-dinitrobenzeno
(o-dinitrobenzeno)

ácido 4-aminobenzóico
(ácido p-aminobenzóico)

Apêndice D

OPERAÇÕES MATEMÁTICAS

D.1 EQUAÇÕES LINEARES E SEUS GRÁFICOS

Uma equação da forma

$$y = mx + b$$

onde b é uma constante e m é qualquer constante diferente de zero, é denominada *equação linear*. Quando pares de valores de x e y relacionados pela equação acima, forem colocados em um gráfico usando-se as coordenadas cartesianas bidimensionais (retangular) convencionais, o resultado é um conjunto de pontos que obedecem uma linha reta. O *coeficiente angular* da linha reta corresponde ao valor de m na equação anterior; ele pode ser obtido do gráfico pela escolha de dois pontos quaisquer da reta, por exemplo, $(x_1;y_1)$ e $(x_2;y_2)$, sendo calculado pela relação

$$m = \frac{y_2 - y_1}{x_2 - x_1},$$

O *intercepto y* (coeficiente linear), ou seja, o ponto onde a linha reta cruza o eixo vertical y, é dado pelo valor de b. O *intercepto x* (eixo horizontal) é dado pelo valor de $-b/m$.

      Supondo que um certo experimento foi realizado com a finalidade de fornecer um valor numérico de alguma quantidade A, quando qualquer outra quantidade, digamos a temperatura T, tem um valor conhecido. Agora, supondo que o experimento seja realizado em uma série de temperaturas, de modo a obter uma série de valores de A, cada um obtido em uma temperatura diferente. A seguir, considere que os pares de dados (A, T) sejam colocados em um gráfico, com A no eixo y e T no eixo x, encontrando-se que os dados obedecem, ou resultam, em uma linha reta, Isto evidencia que as quantidades A e T estão algebricamente relacionadas pela equação

$$A = mT + b$$

Agora suponha que num segundo experimento uma série de medidas seja realizada fornecendo valores diferentes de uma quantidade B a várias temperaturas T. Se um gráfico de pontos (B, T) não resulta em uma linha reta, isto evidencia que a relação algébrica entre B e T não é simplesmente uma relação linear. Contudo, considere que se os valores de B forem colocadas num gráfico, no eixo y, em função do *recíproco* da temperatura, isto é, $1/T$, no eixo x, e que desta vez os pontos resultem em uma linha reta. Este resultado evidencia que B e $1/T$ estão relacionados linearmente, isto é, que

$$B = m\left(\frac{1}{T}\right) + b$$

D.2 EQUAÇÕES QUADRÁTICAS

Uma equação que pode ser escrita na forma

$$ax^2 + bx + c = 0$$

onde b e c são constantes e a é qualquer constante diferente de zero, é denominada de equação quadrática. Cada equação quadrática tem duas raízes,

$$x = \frac{-b \pm \sqrt{b^2 - 4ac}}{2a}$$

onde o sinal de "mais" do "mais-ou-menos" é usado para uma raiz, e o sinal de "menos" para outra raiz. A relação é conhecida como *fórmula quadrática*.

Assim, para resolver a equação

$$\frac{(x)(x)}{0{,}2 - x} = 1{,}6 \times 10^{-2}$$

inicialmente a rearranjamos para a forma $ax^2 + bx + c = 0$:

$$x^2 + (1{,}6 \times 10^{-2})x - 3{,}2 \times 10^{-3} = 0$$

Nesta equação, $a = 1$, $b = 1,6 \times 10^{-2}$, e $c = -3,2 \times 10^{-3}$. Substituindo na fórmula quadrática, obtemos:

$$x = \frac{-1,6 \times 10^{-2} \pm \sqrt{(1,6 \times 10^{-2})^2 - 4(1)(-3,2 \times 10^{-3})}}{2(1)}$$

da qual obtemos as raízes

$$x = \frac{(-1,6 \times 10^{-2}) + 0,114}{2} = 4,9 \times 10^2$$

ou

$$x = \frac{(-1,6 \times 10^{-2}) - 0,114}{2} = -6,5 \times 10^{-2}$$

Ainda que cada uma destas raízes resolva a equação original, se esta equação descrever uma situação física real, pode ser que apenas uma das raízes dê uma solução que seja de fato significativa. (Um exemplo de uma raiz que não apresenta um significado físico é aquele que corresponde a uma concentração negativa.)

D.3 LOGARITMOS

O logaritmo de um número N é a potência exponencial x, a qual um número b, uma base, deve ser elevado para resultar N. Em outras palavras, se

$$b^x = N$$

então

$$x = \log_b N$$

onde $\log_b N$ é lido "logaritmo de N na base b".

Embora os logaritmos possam ser expressos em qualquer base, duas bases são especialmente comuns em ciência. Estas são 10, a base dos *logaritmos comuns*, e e, a base dos *logaritmos naturais*. (e é um, número irracional, 2,71828....) Os logaritmos comuns são freqüentemente representados pelo símbolo log, e os logaritmos naturais por ln. Em outras palavras,

$$\text{logaritmo comum de } N = \log_{10} N = \log N$$

logaritmo natural de $N = \log_e N = \ln N$

Os logaritmos comuns e naturais estão relacionados pela equação simplificada:

$$\ln N = 2{,}303 \log N$$

Os logaritmos naturais e comuns dos números podem ser facilmente obtidos por meio de uma calculadora de bolso que tenha estas funções. (Eles também podem ser encontrados em tabelas.)

Algarismos significativos e logaritmos. A regra para manipular os algarismos significativos nos cálculos envolvendo logaritmos é importante:

O mínimo de dígitos *após a vírgula decimal* no logaritmo de um número de algarismos significativos do próprio número. Esta regra é aplicada tanto aos logaritmos naturais como para os comuns. *Exemplos*:

$$\log (\underline{7{,}32} \times 10^{-17}) = -16{,}\underline{136}$$

↑ ↑

três algarismos significativos   três dígitos após a vírgula decimal

$$\ln (\underline{2{,}33646}) \times 10^3) = 7{,}\underline{756392}$$

↑ ↑

seis algarismos significativos   seis dígitos após a vírgula decimal

Apêndice E

MÉTODO DE CLARK PARA REPRESENTAR A ESTRUTURA DE LEWIS

O Capítulo 8 apresenta uma aproximação para esboçar as estruturas de Lewis que é útil para muitas moléculas pequenas e íons poliatômicos. Um método mais sistemático, particularmente útil para estruturas complexas, foi projetado pelo químico americano T. Clark. O **método de Clark** consiste das seguintes etapas:

1. Efetuar uma contagem de elétrons (Ver seção 8.2).

2. Avaliar a quantidade de $6y + 2$, onde y é número total de átomos, sem considerar o hidrogênio na molécula ou íon.

3. Comparar o número de elétrons obtidos da contagem de elétrons com o valor de $6y + 2$.

    (a) Se os dois são *iguais*, todos os átomos no agregado obedecem a regra do octeto, e não há ligação múltiplas.

    (b) Se o número de elétrons for *maior que* $6y + 2$, então o átomo central tem uma *camada de valência expandida*.

    (c) Se o número de elétrons for *menor que* $6y + 2$, então

    (i) Há ligações múltiplas na estrutura (uma deficiência de 2 indica a presença de uma ligação dupla; uma deficiência de 4 indica a presença de uma ligação tripla ou duas ligações duplas, ou

(ii) Um átomo do grupo IA, IIA, ou (mais provavelmente) IIIA tem *menos que um octeto* de elétrons de valência. (A falta em elétrons é dada pela diferença.)

4. Escolher o átomo central e então esquematizar o esqueleto da estrutura para o agregado, omitindo temporariamente qualquer átomo de hidrogênio.

5. Adicionar os elétrons da etapa 1 para o esqueleto da estrutura. Começar com os elétrons para alguma ligação múltipla prevista na etapa $3c(i)$, localizá-los entre o átomo central e um átomo periférico. Em seguida completar os octetos para os átomos periféricos. Finalmente, some os elétrons que permanecem no átomo central. *Nota*: Neste evento, esta etapa conduz a mais uma estrutura além daquela esquematizada, assim, uma comparação pode ser feita posteriormente.

6. Adicionar os átomos de hidrogênio na estrutura. *Nota*: Novamente, se isto puder ser feito por mais de uma maneira, escreva abaixo cada estrutura possível.

7. Se duas ou mais estruturas foram esquematizadas neste ponto, indicar as cargas formais para todos os átomos em cada estrutura, e então selecionar a estrutura que tem o menor número de átomos com qualquer carga formal (diferente de zero) e que minimiza as intensidades destas cargas formais. Também, tente evitar selecionar uma estrutura com cargas formais que sejam inconsistentes com a eletronegatividade.

O procedimento de Clark é útil por permitir-nos prever características de uma estrutura de Lewis (ligações múltiplas, uma camada de valência expandida etc.) antes de esquematizá-la. Em adição, em alguns casos complicados ajuda-nos a selecionar a mais provável estrutura de Lewis para várias estruturas aparentemente corretas.

Exemplo E.1

Esboce a estrutura de Lewis para $COCl_2$ (cloreto de carbonilo), também chamado fosgênio.

Solução:

Seguindo o procedimento de Clark, encontramos

1. O número total de elétrons de valência mostrados como pontos é $4 + 6 + 2(7)$, ou 24.

2. $6y + 2 = 6(1 + 1 + 2) + 2 = 26$

3. 24 < 26 e assim, espera-se uma ligação múltipla; desde que 26 − 24 = 2, haverá *uma ligação dupla*.

4. Escolhemos o átomo de carbono como átomo central devido a apenas um C estar presente e também devido a C pertencer ao grupo IVA. (Ver seção 8.2) O esqueleto da estrutura é então

$$\begin{matrix} & O & \\ Cl & C & Cl \end{matrix}$$

5. A ligação dupla poderia localizar-se entre o átomo de carbono e oxigênio ou entre o carbono e o cloro. Esboçamos a estrutura de Lewis para cada possibilidade:

$$\begin{matrix} \ddot{\text{O}}: & & :\ddot{\text{O}} \\ :\ddot{\text{Cl}}:\text{C}:\ddot{\text{Cl}}: & & :\ddot{\text{Cl}}:\text{C}::\ddot{\text{Cl}} \\ \text{I} & & \text{II} \end{matrix}$$

Note que cada estrutura usa todos os 24 elétrons e obedece à regra do octeto.

6. Não há hidrogênio a serem adicionados.

7. Em seguida escolhe-se a estrutura I ou II, indicando as cargas formais, como segue

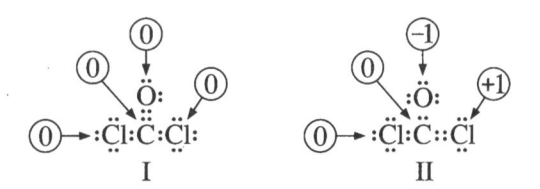

Devido a estrutura II apresentar cargas formais diferentes de zero, esta é prevista ser menos estável que a estrutura I, e assim escolhemos a I como a estrutura de Lewis preferida. Na realidade, a estrutura I e as duas formas de ressonância que correspondem a estrutura II, ambas contribuem para uma estrutura ressonante híbrida. Contudo, a estrutura I tem a principal contribuição.

Problema Paralelo

Esboce a estrutura de Lewis para ClF_3, trifluoreto de cloro. **Resposta:**

$$\ddot{:}\ddot{F}:$$
$$:\ddot{F}:\quad:\ddot{F}:$$
$$:\ddot{Cl}:$$

Exemplo E.2

Esboce a estrutura de Lewis para C_3H_4.

Solução:

1. O número total de elétrons de valência é $3(4) + 4(1)$, ou 16.

2. $6y + 2 = 6(3) + 2 = 20$

3. $16 < 20$, e assim uma ligação múltipla é esperada; a falta de 4 indica uma tripla ou 2 duplas ligações.

4. Desde que um átomo de hidrogênio pode formar apenas uma ligação, os três átomos de carbono devem estar ligados um com o outro. O esqueleto da estrutura é

$$C \quad C \quad C$$

5. Há uma tripla ligação entre dois carbonos, ou cada ligação C—C é uma dupla ligação. As possibilidades conduzem as estruturas:

$$:C:::C:\ddot{C}: \qquad :\ddot{C}::C::\ddot{C}:$$
$$\text{I} \qquad\qquad \text{II}$$

6. Adicionando-se os quatro átomos de H, obtemos

$$\text{H:C}\vdots\vdots\text{C:}\overset{\text{H}}{\underset{\text{H}}{\ddot{\text{C}}}}\text{:H} \qquad \text{H:}\overset{\text{H}}{\ddot{\text{C}}}\text{::C::}\overset{\text{H}}{\ddot{\text{C}}}\text{:H}$$

I II

Note que cada estrutura usa todos os 16 elétrons de valência e obedece à regra do octeto.

7. Em cada uma destas estruturas, cada átomo tem uma carga formal de zero, e assim ambas estruturas são prováveis. De fato, elas são estruturas estáveis de dois diferentes compostos, cada um com uma fórmula molecular C_3H_4. A estrutura I representa a molécula do propino, também chamada metilacetileno. A estrutura II, representa o propadieno, também chamada aleno.

Problema Paralelo

Esboce a estrutura de Lewis do CHOCl, cloreto de formila. *Resposta:*

$$\text{H:}\overset{\ddot{\text{O}}\text{:}}{\underset{}{\ddot{\text{C}}}}\text{:}\ddot{\text{Cl}}\text{:}$$

Apêndice F

PRESSÃO DE VAPOR DA ÁGUA

Temperatura °C	Pressão		
	mmHg	*atm*	*kPa*
−10	2,15	$2,83 \times 10^{-3}$	0,287
−5	3,16	$4,16 \times 10^{-3}$	0,425
0	4,58	$6,03 \times 10^{-3}$	0,611
1	4,93	$6,49 \times 10^{-3}$	0,657
2	5,29	$6,96 \times 10^{-3}$	0,705
3	5,69	$7,49 \times 10^{-3}$	0,759
4	6,10	$8,03 \times 10^{-3}$	0,813
5	6,54	$8,61 \times 10^{-3}$	0,872
6	7,01	$9,22 \times 10^{-3}$	0,935
7	7,51	$9,88 \times 10^{-3}$	1,00
8	8,04	$1,06 \times 10^{-2}$	1,07

(*continuação*)

Temperatura °C	Pressão		
	mmHg	atm	kPa
9	8,61	$1,13 \times 10^{-2}$	1,15
10	9,21	$1,21 \times 10^{-2}$	1,23
11	9,84	$1,29 \times 10^{-2}$	1,31
12	10,52	$1,384 \times 10^{-2}$	1,403
13	11,23	$1,478 \times 10^{-2}$	1,497
14	11,99	$1,578 \times 10^{-2}$	1,599
15	12,79	$1,683 \times 10^{-2}$	1,705
16	13,63	$1,793 \times 10^{-2}$	1,817
17	14,53	$1,912 \times 10^{-2}$	1,937
18	15,48	$2,037 \times 10^{-2}$	2,064
19	16,48	$2,168 \times 10^{-2}$	2,197
20	17,54	$2,308 \times 10^{-2}$	2,338
21	18,65	$2,454 \times 10^{-2}$	2,486
22	19,83	$2,609 \times 10^{-2}$	2,644

Temperatura °C	Pressão		
	mmHg	atm	kPa
23	21,07	$2,772 \times 10^{-2}$	2,809
24	22,39	$2,926 \times 10^{-2}$	2,985

(*continuação*)

Temperatura °C	Pressão		
	mmHg	atm	kPa
25	23,76	$3,126 \times 10^{-2}$	3,168
26	25,21	$3,317 \times 10^{-2}$	3,361
27	26,74	$3,518 \times 10^{-2}$	3,565
28	28,35	$3,730 \times 10^{-2}$	3,780
29	30,04	$3,953 \times 10^{-2}$	4,005
30	31,82	$4,187 \times 10^{-2}$	4,242
35	42,18	$5,550 \times 10^{-2}$	5,624
40	55,32	$7,279 \times 10^{-2}$	7,375
45	71,88	$9,458 \times 10^{-2}$	9,583
50	92,51	0,1217	12,33
55	118,04	0,15532	15,738
60	149,38	0,19655	19,916
65	187,54	0,24676	25,003
70	233,7	0,3075	31,16
75	289,1	0,3804	38,54
80	355,1	0,4672	47,34
85	433,6	0,5705	57,81
90	525,76	0,69179	70,095
95	633,90	0,83408	84,513
100	760,000	1,00000	101,325

(*continuação*)

Temperatura °C	Pressão		
	mmHg	*atm*	*kPa*
105	906,07	1,1922	120,80
110	1074,56	1,41389	143,262
115	1267,98	1,66839	169,050

Apêndice G

ALGUMAS PROPRIEDADES TERMODINÂMICAS A 25 °C

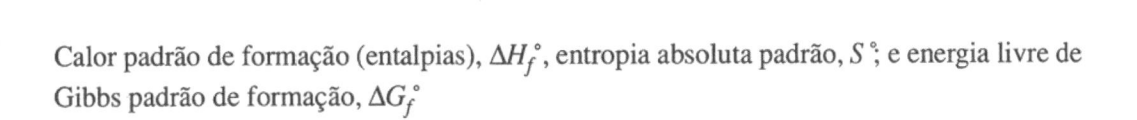

Calor padrão de formação (entalpias), $\Delta H_f°$, entropia absoluta padrão, $S°$; e energia livre de Gibbs padrão de formação, $\Delta G_f°$

Substância	$\Delta H_f°$, kJ mol^{-1}	$S°$, J K^{-1} mol^{-1}	$\Delta G_f°$, kJ mol^{-1}
$H_2(g)$	0	130,6	0
	Grupo IA		
Li(s)	0	28,0	0
LiCl(s)	−408,8	55,2	−383,7
Li_2O(s)	−595,8	37,9	−560,2
Na(s)	0	51,0	0
NaCl(s)	−410,9	72,4	−384,0
Na_2O(s)	−415,9	72,8	−376,6
NaOH(s)	−425,6	64,5	−379,5

(*continuação*)

Substância	$\Delta H_f°$, kJ mol^{-1}	$S°$, J K^{-1} mol^{-1}	$\Delta G_f°$, kJ mol^{-1}
$NaNO_3(s)$	−466,7	116,3	−365,9
$K(s)$	0	63,6	0
$K_2O(s)$	−361,5	94,1	−318,8
$KOH(s)$	−424,8	78,9	−379,1
$KCl(s)$	−435,9	82,7	−408,3
Grupo IIA			
$Mg(s)$	0	32,5	0
$MgCl_2(s)$	−641,8	89,5	−592,3
$MgO(s)$	−601,8	26,8	−569,6
$Ca(s)$	0	41,6	0
$CaCl_2(s)$	−795,8	104,6	−748,1
$CaO(s)$	−635,1	39,7	−604,2
$Ca_3(PO_4)_2(s)$	−4137	236,0	−3899
Grupo IIIA			
$B(s)$	0	6,5	0
$B_2O_3(s)$	−1264	54,0	−1184
$Al(s)$	0	28,3	0
$AlCl_3(s)$	−705,6	109,3	−630,1
$Al_2O_3(s)$	−1676	51,0	−1576

(continuação)

Substância	$\Delta H_f°$, kJ mol^{-1}	$S°$, J K^{-1} mol^{-1}	$\Delta G_f°$, kJ mol^{-1}
	Grupo IVA		
C(diamante)	1,90	2,38	2,87
C(grafite)	0	5,74	0
$CH_4(g)$	−74,8	187,9	−50,8
$CH_3OH(l)$	−239,0	126,3	−166,5
$C_2H_2(g)$	226,8	200,8	209,2
$C_2H_4(g)$	52,3	219,5	68,1
$C_2H_6(g)$	−84,6	229,5	−32,9
$C_2H_5OH(g)$	−277,6	160,7	−174,8
$C_2H_6(l)$	49,00	173,3	124,3
$CO(g)$	−110,5	197,6	−137,2
$CO_2(g)$	−393,5	213,6	−394,4
$CCl_4(l)$	−139,5	214,4	−68,7
$HCN(g)$	130,5	201,1	120,1
$Si(s)$	0	18,7	0
SiO_2(quartzo)	−859,4	41,8	−805,0
	Grupo VA		
$N_2(g)$	0	191,5	0
$NH_3(g)$	−46,1	192,3	−16,5
$NH_4Cl(s)$	−314,4	94,6	−202,9

(*continuação*)

Substância	$\Delta H_f°$, kJ mol^{-1}	$S°$, J K^{-1} mol^{-1}	$\Delta G_f°$, kJ mol^{-1}
NO(g)	90,4	210,6	86,7
NO$_2$(g)	33,8	240,4	51,8
N$_2$O(g)	81,5	220,0	103,6
HNO$_3$(l)	−173,2	155,6	−79,9
P$_4$(branco)	0	44,0	0
P$_4$O$_{10}$(s)	−2940	228,9	−2675
Grupo VIA			
O$_2$(g)	0	205,1	0
O$_3$(g)	143	237,6	163,2
H$_2$O(g)	−241,8	188,7	−228,6
H$_2$O(l)	−285,8	69,9	−237,2
H$_2$O$_2$(l)	−187,6	92	−120,4
S$_8$(rômbico)	0	255,1	0
S$_8$(monoclínico)	2,4	261	0,80
SO$_2$(g)	−296,8	248,1	−300,2
SO$_3$(g)	−395,7	256,6	−371,1
H$_2$S(g)	−20,6	205,7	−33,6
H$_2$SO$_4$(l)	−814,0	156,9	−690,1

(continuação)

Substância	$\Delta H_f°$, kJ mol^{-1}	$S°$, J K^{-1} mol^{-1}	$\Delta G_f°$, kJ mol^{-1}
	Grupo VIIA		
$F_2(g)$	0	203,3	0
$HF(g)$	−268,6	173,5	−270,7
$Cl_2(g)$	0	222,9	0
$HCl(g)$	−92,3	186,8	−95,3
$Br_2(g)$	0	152,3	0
$I_2(s)$	0	116,7	0
$HI(g)$	25,9	206,3	1,72
	Grupo 0		
$He(g)$	0	126,1	0
$Ne(g)$	0	144,1	0
$Ar(g)$	0	154,7	0
$Kr(g)$	0	164,0	0
$Xe(g)$	0	169,6	0
$Rn(g)$	0	176,2	0
	Elementos de transição		
$Ag(s)$	0	42,5	0
$AgCl(s)$	−127,1	96,2	−109,8
$AgNO_3(s)$	−124,4	141	−33,5
$Co(s)$	0	30,0	0

(continuação)

Substância	$\Delta H_f°$, kJ mol^{-1}	$S°$, J K^{-1} mol^{-1}	$\Delta G_f°$, kJ mol^{-1}
$CoSO_4(s)$	−888,3	118	−782,4
$CoSO_4 \cdot 6H_2O$	−2684	367	−2236
$CoSO_4 \cdot 7H_2O$	−2980	406	−2474
$Cr(s)$	0	23,7	0
$CrCl_3(s)$	−556,5	123	−486,2
$Cr_2O_3(s)$	−1135	81,2	−1053
$Cu(s)$	0	33,3	0
$CuCl(s)$	−137,2	86,2	−119,9
$CuCl_2(s)$	−205,9	108,1	−161,9
$CuO(s)$	−155,2	43,5	−127,2
$Cu_2O(s)$	−166,7	100,8	−146,4
$CuSO_4(s)$	−769,9	113,4	−661,9
$CuSO_4 \cdot 5H_2O$	−2278	305,4	−1880
$Fe(s)$	0	27,2	0
$FeCl_2(s)$	−341,8	117,9	−302,3
$FeCl_3(s)$	−399,5	142,3	−334,1
$FeO(s)$	−272,0	60,8	−251,5
$Fe_2O_3(s)$	−824	90,0	−741,0
$Fe_3O_4(s)$	−1121	146,4	−1014
$Hg(l)$	0	77,4	0
$HgCl_2(s)$	−230,1	144	−185,8

(continuação)

Substância	ΔH_f°, kJ mol^{-1}	S°, J K^{-1} mol^{-1}	ΔG_f°, kJ mol^{-1}
$Hg_2Cl_2(s)$	−264,9	195,8	−210,7
HgO(vermelho)	−90,7	72,0	−58,5
HgO(amarelo)	−90,2	73,2	−58,4
$Mn(s)$	0	31,8	0
$MnCl_2(s)$	−481,3	118,2	−440,5
$MnSO_4(s)$	−1065	112	−957,4
$MnO_2(s)$	−519,6	53,1	−466,1

Apêndice H

CONSTANTES DE EQUILÍBRIO A 25°C

H.1 CONSTANTES DE DISSOCIAÇÃO DE ÁCIDOS FRACOS

Nome	Fórmula	K_a
Ácido acético	$HC_2H_3O_2$	$1,8 \times 10^{-5}$
Ácido ascórbico	$H_2C_6H_6O_6$	$K_1 = 5,0 \times 10^{-5}$ $K_2 = 1,5 \times 10^{-12}$
Ácido bórico	H_3BO_3	$6,0 \times 10^{-10}$
Ácido carbônico	$\begin{Bmatrix} H_2CO_3 \\ (CO_2 + H_2O) \end{Bmatrix}$	$K_1 = 4,2 \times 10^{-7}$ $K_2 = 5,6 \times 10^{-11}$

(*continuação*)

Nome	Fórmula	K_a	
Ácido cloroso	$HClO_2$	$1{,}1 \times 10^{-2}$	
Ácido pirofosfórico	$H_4P_2O_7$	$K_1 = 3{,}0 \times 10^{-1}$	
		$K_2 = 4{,}4 \times 10^{-3}$	
		$K_3 = 2{,}5 \times 10^{-7}$	
		$K_4 = 5{,}6 \times 10^{-10}$	
Ácido fluorídrico	HF	$6{,}7 \times 10^{-4}$	
Cianeto de hidrogênio (ácido cianídrico)	HCN	$4{,}0 \times 10^{-10}$	
Íon hidrogenossulfato (íon bissulfato)	HSO_4^-	$1{,}2 \times 10^{-2}$	
Sulfito de hidrogênio (ácido sulfídrico)	H_2S	$K_1 = 1{,}1 \times 10^{-7}$	
		$K_2 = 1{,}0 \times 10^{-14}$	
Ácido hipocloroso	HOCl	$3{,}2 \times 10^{-8}$	
Ácido nitroso	HNO_2	$5{,}0 \times 10^{-4}$	
Ácido oxálico	$H_2C_2O_4$	$K_1 = 5{,}4 \times 10^{-2}$	
		$K_2 = 5{,}0 \times 10^{-5}$	

(*continuação*)

Nome	Fórmula	K_a
Ácido fosforoso	H_2PHO_3	$K_1 = 1,6 \times 10^{-2}$; $K_2 = 7 \times 10^{-7}$
Ácido fosfórico	H_3PO_4	$K_1 = 7,6 \times 10^{-3}$; $K_2 = 6,3 \times 10^{-8}$; $K_3 = 4,4 \times 10^{-13}$
Ácido sulfuroso	H_2SO_3 $(SO_2 + H_2O)$	$K_1 = 1,3 \times 10^{-2}$; $K_2 = 6,3 \times 10^{-8}$

H.2 CONSTANTES DE DISSOCIAÇÃO DE BASES FRACAS

Nome	Fórmula	K_b
Amônia ("hidróxido de amônio")	NH_3 (NH_4OH)	$1,8 \times 10^{-5}$
Cafeína	$C_8H_{10}N_4O_2$	$4,1 \times 10^{-4}$
Etilamina	$CH_3CH_2NH_2$	$5,6 \times 10^{-4}$
Hidroxilamina	NH_2OH	$9,1 \times 10^{-9}$

(continuação)

Nome	Fórmula	K_a
Metilamina	CH_3NH_2	$4,4 \times 10^{-4}$
Nicotina	$C_{10}H_{14}N_2$	$K_1 = 7,4 \times 10^{-7}$ $K_2 = 1,4 \times 10^{-11}$
Fosfina	PH_3	1×10^{-14}

H.3 PRODUTOS DE SOLUBILIDADE

Compostos	K_{ps}
Brometos	
AgBr	$5,0 \times 10^{-13}$
Hg_2Br_2	9×10^{-17}
$PbBr_2$	$4,0 \times 10^{-5}$
Carbonatos	
$MgCO_3$	$2,1 \times 10^{-5}$
$CaCO_3$	$4,7 \times 10^{-9}$
$SrCO_3$	$7,0 \times 10^{-10}$
$BaCO_3$	$1,6 \times 10^{-9}$

(continuação)

Compostos	K_{ps}
Ag_2CO_3	$8,2 \times 10^{-12}$
Cloretos	
$AgCl$	$1,7 \times 10^{-10}$
Hg_2Cl_2	$1,1 \times 10^{-18}$
$PbCl_2$	$1,6 \times 10^{-5}$
Cromatos	
$CaCrO_4$	$7,1 \times 10^{-4}$
$SrCrO_4$	$3,6 \times 10^{-5}$
$BaCrO_4$	$8,5 \times 10^{-11}$
Ag_2CrO_4	$1,9 \times 10^{-12}$
$PbCrO_4$	$2,0 \times 10^{-16}$
Fluoretos	
MgF_2	$7,9 \times 10^{-8}$
CaF_2	$1,7 \times 10^{-10}$
SrF_2	$2,5 \times 10^{-9}$
BaF_2	$1,7 \times 10^{-6}$
PbF_2	4×10^{-8}

(*continuação*)

Compostos	K_{ps}
Hidróxidos	
$Mg(OH)_2$	$8,9 \times 10^{-12}$
$Ca(OH)_2$	$1,3 \times 10^{-6}$
$Sr(OH)_2$	$3,2 \times 10^{-4}$
$Ba(OH)_2$	$5,0 \times 10^{-3}$
$Cr(OH)_3$	$6,7 \times 10^{-31}$
$Mn(OH)_2$	2×10^{-13}
$Fe(OH)_2$	2×10^{-15}
$Fe(OH)_3$	6×10^{-38}
$Co(OH)_2$	$2,5 \times 10^{-16}$
$Ni(OH)_2$	$1,6 \times 10^{-16}$
$Cu(OH)_2$	$1,6 \times 10^{-19}$
$Zn(OH)_2$	5×10^{-17}
$Cd(OH)_2$	$2,8 \times 10^{-14}$
$Al(OH)_3$	5×10^{-33}
$Pb(OH)_2$	4×10^{-15}
$Sn(OH)_2$	3×10^{-27}

(continuação)

Compostos	K_{ps}
Iodetos	
AgI	$8,5 \times 10^{-17}$
Hg_2I_2	$4,5 \times 10^{-29}$
HgI_2	$2,5 \times 10^{-26}$
PbI_2	$8,3 \times 10^{-9}$
Oxalatos	
CaC_2O_4	$1,3 \times 10^{-9}$
SrC_2O_4	$5,6 \times 10^{-8}$
BaC_2O_4	$1,5 \times 10^{-8}$
PbC_2O_4	$8,3 \times 10^{-12}$
Fosfatos	
$Ca_3(PO_4)_2$	$1,3 \times 10^{-32}$
$Sr_3(PO_4)_2$	1×10^{-31}
$Ba_3(PO_4)_2$	$6,0 \times 10^{-39}$
Ag_3PO_4	1×10^{-21}
$Pb_3(PO_4)_2$	$8,0 \times 10^{-43}$
Sulfatos	
$CaSO_4$	$2,4 \times 10^{-5}$

(*continuação*)

Compostos	K_{ps}
$SrSO_4$	$7{,}6 \times 10^{-7}$
$BaSO_4$	$1{,}5 \times 10^{-9}$
$PbSO_4$	$1{,}3 \times 10^{-8}$
Ag_2SO_4	$1{,}6 \times 10^{-5}$
Sulfetos	
MnS	7×10^{-16}
FeS	4×10^{-19}
CoS	5×10^{-22}
NiS	3×10^{-21}
CuS	8×10^{-37}
Ag_2S	$5{,}5 \times 10^{-51}$
ZnS	$1{,}2 \times 10^{-23}$
CdS	$1{,}0 \times 10^{-28}$
HgS	$1{,}6 \times 10^{-54}$
PbS	7×10^{-29}
SnS	1×10^{-26}
SnS_2	1×10^{-70}
Bi_2S_3	1×10^{-96}

(continuação)

Compostos	K_{ps}
Sulfitos	
Ag_2SO_3	5×10^{-14}
$BaSO_3$	6×10^{-5}
$MgSO_3$	$3{,}2 \times 10^{-3}$

Apêndice I

POTENCIAIS DE REDUÇÃO PADRÃO A 25 °C

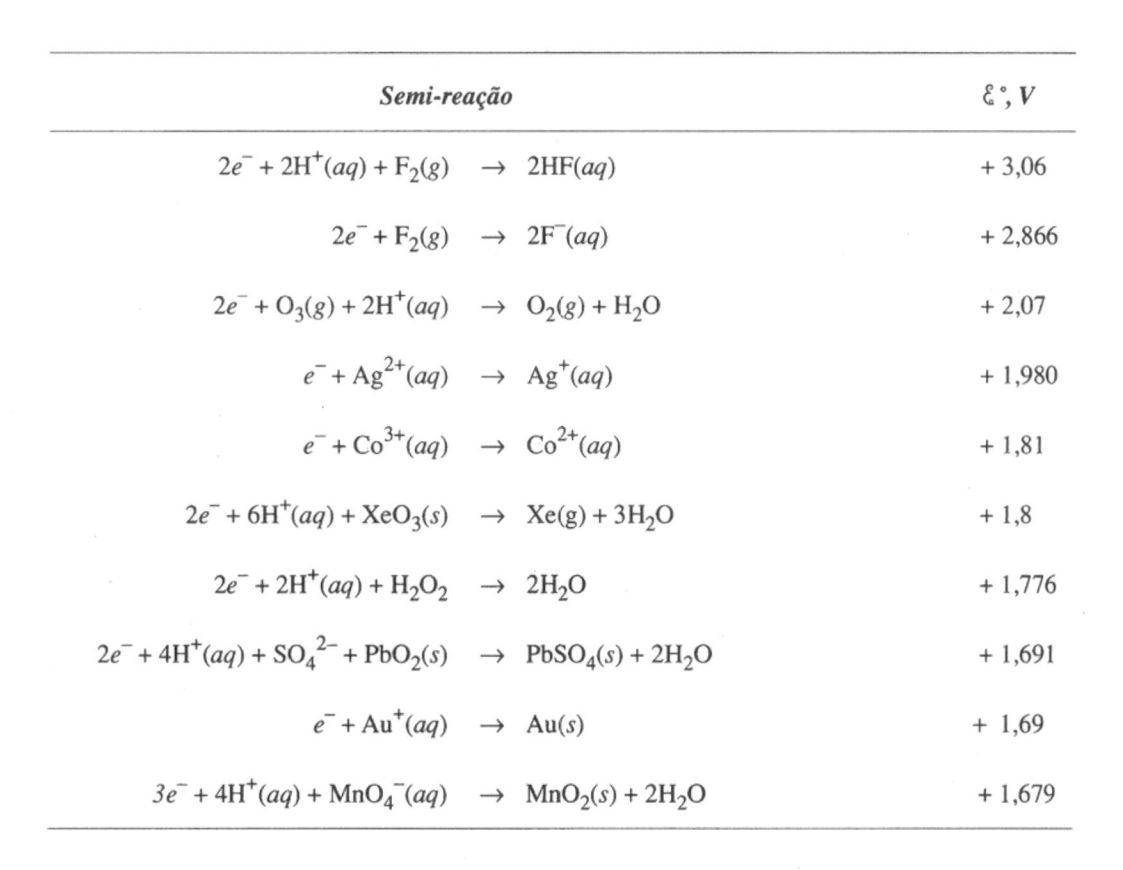

Semi-reação	$\mathcal{E}°, V$
$2e^- + 2H^+(aq) + F_2(g) \rightarrow 2HF(aq)$	+ 3,06
$2e^- + F_2(g) \rightarrow 2F^-(aq)$	+ 2,866
$2e^- + O_3(g) + 2H^+(aq) \rightarrow O_2(g) + H_2O$	+ 2,07
$e^- + Ag^{2+}(aq) \rightarrow Ag^+(aq)$	+ 1,980
$e^- + Co^{3+}(aq) \rightarrow Co^{2+}(aq)$	+ 1,81
$2e^- + 6H^+(aq) + XeO_3(s) \rightarrow Xe(g) + 3H_2O$	+ 1,8
$2e^- + 2H^+(aq) + H_2O_2 \rightarrow 2H_2O$	+ 1,776
$2e^- + 4H^+(aq) + SO_4^{2-} + PbO_2(s) \rightarrow PbSO_4(s) + 2H_2O$	+ 1,691
$e^- + Au^+(aq) \rightarrow Au(s)$	+ 1,69
$3e^- + 4H^+(aq) + MnO_4^-(aq) \rightarrow MnO_2(s) + 2H_2O$	+ 1,679

(continuação)

Semi-reação	$\mathcal{E}°, V$
$e^- + Mn^{3+}(aq) \rightarrow Mn^{2+}(aq)$	+ 1,51
$5e^- + 8H^+(aq) + MnO_4^-(aq) \rightarrow Mn^{2+}(aq) + 4H_2O$	+ 1,507
$3e^- + Au^{3+}(aq) \rightarrow Au(s)$	+ 1,50
$2e^- + 4H^+(aq) + PbO_2(s) \rightarrow Pb^{2+}(aq) + 2H_2O$	+ 1,455
$2e^- + Cl_2(g) \rightarrow 2Cl^-(aq)$	+ 1,358
$6e^- + 14H^+(aq) + Cr_2O_7^{2-}(aq) \rightarrow 2Cr^{3+}(aq) + 7H_2O$	+ 1,33
$2e^- + H_2O + O_3(g) \rightarrow O_2(g) + 2OH^-(aq)$	+ 1,24
$2e^- + 4H^+(aq) + MnO_2(s) \rightarrow Mn^{2+}(aq) + 2H_2O$	+ 1,23
$4e^- + 4H^+(aq) O_2(g) \rightarrow 2H_2O$	+ 1,229
$2e^- + 4H^+(aq) + MnO_2(s) \rightarrow Mn^{2+}(aq) + 2H_2O$	+ 1,224
$2e^- + Br_2(aq) \rightarrow 2Br^-(aq)$	+ 1,07
$2e^- + Br_2(l) \rightarrow 2Br^-(aq)$	+ 1,066
$2e^- + 2H^+(aq) + V(OH)_4^+(aq) \rightarrow VO^{2+}(aq) + 3H_2O$	+ 1,00
$3e^- + 4H^+(aq) + NO_3^-(aq) \rightarrow NO(g) + 2H_2O$	+ 0,957
$2e^- + 2Hg^{2+}(aq) \rightarrow Hg_2^{2+}(aq)$	+ 0,920
$2e^- + 4H^+(aq) + 2NO_3^-(aq) \rightarrow N_2O_4(g) + 2H_2O$	+ 0,80
$2e^- + Hg_2^{2+}(aq) \rightarrow 2Hg(l)$	+ 0,800

(continuação)

Semi-reação	$\mathcal{E}°, V$
$e^- + Ag^+(aq) \rightarrow Ag(s)$	+ 0,7991
$e^- + Fe^{3+}(aq) \rightarrow Fe^{2+}(aq)$	+ 0,771
$2e^- + 2H^+(aq) + O_2(g) \rightarrow H_2O_2(g)$	+ 0,695
$e^- + MnO_4^-(aq) \rightarrow MnO_4^{2-}(aq)$	+ 0,558
$2e^- + I_2(s) \rightarrow 2I^-(aq)$	+ 0,536
$e^- + Cu^+(aq) \rightarrow Cu(s)$	+ 0,521
$4e^- + 2H_2O + O_2(g) \rightarrow 4OH^-(aq)$	+ 0,41
$e^- + 2H^+(aq) + VO^{2+}(aq) \rightarrow V^{3+}(aq) + H_2O$	+ 0,36
$2e^- + Cu^{2+}(aq) \rightarrow Cu(s)$	+ 0,342
$2e^- + Hg_2Cl_2(s) \rightarrow 2Hg(l) + 2Cl^-(aq)$	+ 0,268
$e^- + AgCl(s) \rightarrow Ag(s) + Cl^-(aq)$	+ 0,2225
$2e^- + 4H^+(aq) + SO_4^{2-}(aq) \rightarrow H_2SO_3(aq) + H_2O$	+ 0,172
$e^- + Cu^{2+}(aq) \rightarrow Cu^+(aq)$	+ 0,153
$2e^- + Sn^{4+}(aq) \rightarrow Sn^{2+}(aq)$	+ 0,15
$2e^- + S(s) + 2H^+(aq) \rightarrow H_2S(aq)$	+ 0,14
$e^- + AgBr(s) \rightarrow Ag(s) + Br^-(aq)$	+ 0,07
$2e^- + 2H^+(aq) \rightarrow H_2(g)$	0 (exatamente)
$3e^- + 2H_2O(aq) + CrO_4^{2-}(aq) \rightarrow CrO_2^-(aq) + 4OH^-(aq)$	− 0,12

(*continuação*)

Semi-reação	$\mathcal{E}°, V$
$2e^- + Pb^{2+}(aq) \rightarrow Pb(s)$	$-0,126$
$2e^- + Sn^{2+}(aq) \rightarrow Sn(s)$	$-0,138$
$e^- + V^{3+}(aq) \rightarrow V^{2+}(aq)$	$-0,255$
$2e^- + Ni^{2+}(aq) \rightarrow Ni(s)$	$-0,257$
$2e^- + Co^{2+}(aq) \rightarrow Co(s)$	$-0,28$
$2e^- + PbSO_4(s) \rightarrow Pb(s) + SO_4^{2-}(aq)$	$-0,359$
$e^- + Ti^{3+}(aq) \rightarrow Ti^{2+}(aq)$	$-0,37$
$2e^- + PbI_2(s) \rightarrow Pb(s) + 2I^-(aq)$	$-0,37$
$2e^- + Cd^{2+}(aq) \rightarrow Cd(s)$	$-0,403$
$e^- + Cr^{3+}(aq) \rightarrow Cr^{2+}(aq)$	$-0,407$
$2e^- + Fe^{2+}(aq) \rightarrow Fe(s)$	$-0,447$
$3e^- + Ga^{3+}(aq) \rightarrow Ga(s)$	$-0,560$
$3e^- + Cr^{3+}(aq) \rightarrow Cr(s)$	$-0,744$
$2e^- + Zn^{2+}(aq) \rightarrow Zn(s)$	$-0,762$
$2e^- + Cr^{2+}(aq) \rightarrow Cr(s)$	$-0,913$
$2e^- + Mn^{2+}(aq) \rightarrow Mn(s)$	$-1,185$
$2e^- + V^{2+}(aq) \rightarrow V(s)$	$-1,19$
$2e^- + Ti^{2+}(aq) \rightarrow Ti(s)$	$-1,63$

(*continuação*)

Semi-reação	$\mathcal{E}°, V$
$e^- + Al^{3+}(aq) \rightarrow Al(s)$	$-1,67$
$3e^- + Sc^{3+}(aq) \rightarrow Sc(s)$	$-2,1$
$2e^- + Mg^{2+}(aq) \rightarrow Mg(s)$	$-2,372$
$3e^- + La^{3+}(aq) \rightarrow La(s)$	$-2,522$
$e^- + Na^+(aq) \rightarrow Na(s)$	$-2,710$
$2e^- + Ca^{2+}(aq) \rightarrow Ca(s)$	$-2,868$
$2e^- + Sr^{2+}(aq) \rightarrow Sr(s)$	$-2,89$
$2e^- + Ba^{2+}(aq) \rightarrow Ba(s)$	$-2,912$
$e^- + K^+(aq) \rightarrow K(s)$	$-2,931$
$e^- + Li^+(aq) \rightarrow Li(s)$	$-3,040$

Apêndice J

RESPOSTAS DOS PROBLEMAS NUMÉRICOS SELECIONADOS

CAPÍTULO 1

1.13	(a)	100,0 g
	(b)	100,0 g
	(c)	100,0 g
	(d)	151,5 g
	(e)	3,48 g
1.14	2,01% Na	
	11,3% I	
	77,0% O	
	9,62% H	
1.19	(a)	21°C
	(b)	−3,9°C
	(c)	110°C
1.21	(a)	4
	(b)	4
	(c)	4
	(d)	4
	(e)	3
	(f)	3
	(g)	4
	(h)	3
	(i)	4
	(j)	3
	(k)	3
	(l)	3
	(m)	5
	(n)	1
1.22	(a)	$3,9368 \times 10^2$
	(b)	$1,762 \times 10^{-1}$
	(c)	$1,4 \times 10^6$

	(d)	$7{,}23 \times 10^{-7}$		(m)	$3{,}22 \times 10^{6}$
	(e)	$7{,}00 \times 10^{-7}$		(n)	$1{,}87 \times 10^{4}$
	(f)	7×10^{-7}		(o)	$7{,}9 \times 10^{5}$
	(g)	$1{,}0070 \times 10^{2}$		(p)	11
	(h)	$1{,}2 \times 10^{3}$		(q)	$6{,}72 \times 10^{-14}$
	(i)	$1{,}200 \times 10^{3}$		(r)	$2{,}3 \times 10^{21}$
1.23	(a)	68		(s)	$7{,}79 \times 10^{11}$
	(b)	0,0036		(t)	$-2{,}6$
	(c)	0,0036 ou 0,0037	1.30	(a)	176 mm
	(d)	$9{,}3 \times 10^{-34}$		(b)	0,176 m
	(e)	$4{,}7 \times 10^{22}$		(c)	$1{,}76 \times 10^{-4}$ km
	(f)	$1{,}3 \times 10^{2}$		(d)	$1{,}76 \times 10^{8}$ nm
	(g)	$3{,}2 \times 10^{-21}$	1.32	(a)	5,0 g/mL
1.24	(a)	326		(b)	$5{,}0 \times 10^{3}$ g/L
	(b)	29,364		(c)	$5{,}0 \times 10^{-3}$ kg/mL
	(c)	30,16		(d)	5,0 kg/L
	(d)	$-5{,}4$		(e)	$5{,}0 \times 10^{3}$ kg/m³
	(e)	66		(f)	$5{,}0 \times 10^{6}$ g/m³
	(f)	$4{,}9 \times 10^{2}$	1.34		$3{,}0 \times 10^{1}$ mpg
	(g)	41,7	1.38		0,328 g/cm³
	(h)	1,8	1.50	(a)	7,42 g
	(i)	3×10^{1}		(b)	8,16 g
	(j)	3	1.53	(a)	151,8248 g
	(k)	$6{,}1 \times 10^{9}$		(b)	151,8374 g
	(l)	$-1{,}2 \times 10^{5}$		(c)	155,069 g

	(d)	166,06 g	2.7	(a)	$6,02 \times 10^{23}$ átomos
	(e)	183,3 g		(b)	$2,66 \times 10^{23}$ átomos
	(f)	249 g		(c)	$5,02 \times 10^{23}$ átomos
1.55	(a)	95 pés/s		(d)	$3,54 \times 10^{19}$ átomos
	(b)	29 m/s	2.8	(a)	35,5 g
	(c)	$1,0 \times 10^2$ km/h		(b)	70,9 g
	(d)	$2,9 \times 10^3$ cm/s		(c)	186 g
				(d)	743 g
				(e)	80,0 g

CAPÍTULO 2

			2.9	(a)	1,00 mol
2.1	(a)	12,0 u		(b)	1,00 mol
	(b)	197 u		(c)	$6,24 \times 10^{-2}$ mol
	(c)	$7,09 \times 10^3$ u		(d)	0,677 mol
	(d)	$1,46 \times 10^{25}$ u	2.10	(a)	21,9 g
2.2	84,2 (g/mol)			(b)	6,76 g
2.3	(a)	35,5 g		(c)	$7,64 \times 10^{-23}$ g
	(b)	108 g	2.18	(a)	1,45 mol C
	(c)	111 g		(b)	4,34 mol H
	(d)	40,1 g		(c)	0,724 mol O
2.4	(a)	$2,4 \times 10^{21}$ g	2.20	$1,6 \times 10^{-2}$ mol	
	(b)	$2,4 \times 10^{21}$ u	2.22	(a)	0,498 mol
2.5	(a)	$9,27 \times 10^{-23}$ g		(b)	0,124 mol
	(b)	56 g		(c)	0,124 mol
	(c)	$2,69 \times 10^{-3}$ mol		(d)	0,249 mol
	(d)	$1,62 \times 10^{21}$ átomos		(e)	0,0830 mol

2.23	(a)	2,914 mol		(e)	309 g	
	(b)	0,7285 mol		(f)	103 g	
	(c)	0,7285 mol	**2.39**	(a)	100 moléculas	
	(d)	1,457 mol		(b)	200 moléculas	
	(e)	0,4857 mol		(c)	370 moléculas	
2.25		30,2% C		(d)	185 moléculas	
		5,07% H	**2.40**	(a)	24,0 g	
		44,6% Cl		(b)	48,0 g	
		20,2% S		(c)	3,26 g	
2.27		$KClO_3$		(d)	35,5 g	
2.29	(a)	C_3H_2Cl	**2.45**		0,883 mol L^{-1}	
	(b)	$C_6H_4Cl_2$	**2.47**		98,3 cm^3	
2.34	(a)	2 moléculas	**2.49**	(a)	0,448 mol	
	(b)	54 moléculas		(b)	1,20 mol	
	(c)	6 moléculas		(c)	$5,47 \times 10^{-2}$ mol	
	(d)	120 moléculas	**2.51**		0,364 mol L^{-1}	
2.35	(a)	0,400 mol	**2.53**		0,175 mol L^{-1}	
	(b)	1,96 mol	**2.60**		25,7 mL	
	(c)	33,3 mol	**2.61**		0,100 mol L^{-1}	
	(d)	0,521 mol	**2.63**	(a)	55,7 g	
2.36	(a)	7,05 g		(b)	139 g	
	(b)	2,35 g		(c)	1,15 g	
	(c)	27,5 g		(d)	63,9 g	
	(d)	127 g	**2.66**		$C_6H_6O_2$	

2.68	CCl_4		**3.15**	$4{,}91 \times 10^3$ kJ mol^{-1}	
2.71	246,2 g CaC_2 e		**3.16**	$-1{,}3668 \times 10^3$ kJ mol^{-1}	
	138,4 g H_2O		**3.19**	(a)	$-2{,}660 \times 10^3$ kJ mol^{-1}
2.72	8,0 g			(b)	$-1{,}748 \times 10^3$ kJ mol^{-1}
2.75	1,68 mol L^{-1}		**3.20**	(a)	$-98{,}9$ kJ
				(b)	$+98{,}9$ kJ
				(c)	$-99{,}0$ kJ
			3.25	$7{,}157 \times 10^3$ kJ mol^{-1}	

CAPÍTULO 3

			3.32	$-198{,}6$ kJ mol^{-1}	
3.1	(a)	10,0 kJ			
	(b)	10,0 kJ			
	(c)	0			

CAPÍTULO 4

3.2	(a)	8,0 kJ			
	(b)	5,0 kJ	**4.2**	$9{,}65 \times 10^3$ mm (31,7 pés)	
	(c)	8,0 kJ	**4.3**	(a)	1,79 atm
	(d)	$-3{,}0$ kJ		(b)	$1{,}36 \times 10^3$ mmHg
3.3	(a)	$-8{,}0$ kJ		(c)	$1{,}81 \times 10^5$ Pa
	(b)	$-10{,}0$ kJ		(d)	$1{,}81 \times 10^2$ kPa
	(c)	$-8{,}0$ kJ	**4.5**	(a)	197 cm^3
	(d)	$-2{,}0$ kJ		(b)	197 mL
3.7	41,0 J			(c)	0,197 L
3.9	71,5°C			(d)	0,197 dm^3
3.11	(a)	28,6°C	**4.11**	121 (g mol^{-1})	
	(b)	$1{,}60 \times 10^2$ J	**4.12**	(a)	22,414 L mol^{-1}
	(c)	$1{,}60 \times 10^2$ J		(b)	15,3 L mol^{-1}
3.13	$5{,}64 \times 10^3$ kJ mol^{-1}			(c)	26,9 L mol^{-1}

4.14	14,0 dm³	
4.16	2,39 atm	
4.18	(a)	2,04 L
	(b)	0,854 L
	(c)	1,59 L
4.19	(a)	1,43 g
	(b)	2,26 g
	(c)	0,134 g
4.20	(a)	0,180 atm
	(b)	1,05 atm
4.22	(a)	1,00 atm
	(b)	0,581 atm
	(c)	1,20 atm
4.23	147,1 kPa	
4.25	(a)	0,714 g L^{-1}
	(b)	0,736 g L^{-1}
	(c)	0,591 g L^{-1}
4.26	(a)	5,88 g
	(b)	1,11 × 10^{23} moléculas
4.28	32,3 (g mol^{-1})	
4.30	1,10 × 10² (g mol^{-1})	
4.32	(a)	8 vezes tantas moléculas de H$_2$
	(b)	$P_{H_2} = 8 \times P_{CH_4}$
	(c)	igual
	(d)	v_{H_2} média = = 2,8 × v_{CH_4} média
4.36	2,22 L	
4.38	(a)	9,66 L
	(b)	5,02 L
4.40	(a)	4,11 L
	(b)	4,56 L
	(c)	3,76 L
4.47	(a)	437 atm
	(b)	1,00 × 10² atm
4.50	(a)	12,7 L
	(b)	4,46 L
	(c)	3,31 L
	(d)	0,155 L
4.52	24 atm	
4.54	3,66 L	
4.57	59,5 L	
4.60	32,6% KClO$_3$	

CAPÍTULO 5

5.14	(a)	+4,646 × 10^{-18} C
	(b)	+29
5.15	(a)	1,007 g
	(b)	1,672 × 10^{-24} g

5.16	35,45 (g mol^{-1})	
5.23	24,31 (g mol^{-1})	
5.25	$7,14 \times 10^{-4}$ m, ou 714 nm	

CAPÍTULO 6

6.2	7.3×10^{-7} m, ou 0,73 nm
6.3	$1,2 \times 10^{-37}$ m

CAPÍTULO 7

7.13	C: 2,4 g cm^{-3}
	N: 1,0 g cm^{-3}
7.30	148 kJ mol^{-1} absorvidos
7.31	$v = 1,30 \times 10^{15}$ Hz e $\lambda = 2,30 \times 10^2$ nm

CAPÍTULO 8

8.4	(a)	-219 kJ mol^{-1}
	(b)	-572 kJ mol^{-1}
8.28		-245 kJ mol^{-1}

CAPÍTULO 9

9.8	0,115 nm
9.10	0,153 nm
9.17	0,286 nm

9.21	$7,54 \times 10^{-2}$ nm raio
9.41	72,1°

CAPÍTULO 10

10.12	$1,1 \times 10^3$ mmHg
10.14	70,8°
10.23	91,5 kJ mol^{-1}
10.38	9×10^{-1} kJ mol^{-1}

CAPÍTULO 11

11.9	(a)	$3,42 \times 10^{-2}$ mol L^{-1}
	(b)	$1,02 \times 10^{-2}$ mol L^{-1}
	(c)	3,64 mol L^{-1}
11.10	(a)	$9,36 \times 10^{-2}$ m
	(b)	$9,36 \times 10^{-2}$ m
	(c)	7,17 m
11.11	(a)	0,663
	(b)	0,395
11.12	(a)	42%
	(b)	3,67%
	(c)	1,46 mol L^{-1}
	(d)	2,12 m
11.13	(a)	42%
	(b)	0,221
	(c)	15,7 m

(d)	8,49 mol L^{-1}	

11.16 (a) 0,15 mol L^{-1}
(b) 0,30 mol L^{-1}
(c) 0,84 mol L^{-1}

11.19 $1,11 \times 10^{-2}$ mol L^{-1} Na$^+$
$3,11 \times 10^{-2}$ mol L^{-1} Mg^{2+}
$6,00 \times 10^{-2}$ mol L^{-1} Al^{3+}
$2,53 \times 10^{-1}$ mol L^{-1} Cl$^-$

11.22 $1,29 \times 10^{-4}$

11.23 34,5 mL

11.30 (a) $-0,73°C$
(b) $100,20°C$

11.31 (a) 23,6 mmHg
(b) 7,43 atm

11.32 $3,10 \times 10^2$ (g mol^{-1})

11.33 129 (g mol^{-1})

11.37 (a) $P_{benzeno} = 39,8$ mmHg
$P_{tolueno} = 24,4$ mmHg
(b) $P_{total} = 64,2$ mmHg
(c) $X_{benzeno} = 0,619$
$X_{tolueno} = 0,381$

11.40 0,750 mol L^{-1} Na$^+$
0,250 mol L^{-1} Cl$^-$
0,500 mol L^{-1} K$^+$
0,500 mol L^{-1} SO$_4^{2-}$

11.41 $-0,47°C$

11.43 $7,2 \times 10^4$ (g mol^{-1})

11.59 8,87 mol L^{-1}

CAPÍTULO 12

12.38 (a) $1,88 \times 10^{-2}$ mol
(b) $1,88 \times 10^{-2}$ equiv

12.39 (a) $8,45 \times 10^{-2}$ mol
(b) $1,69 \times 10^{-1}$ equiv

12.40 (a) 80,91 g equiv^{-1}
(b) 41,04 g equiv^{-1}
(c) 32,67 g equiv^{-1}
(d) 44,49 g equiv^{-1}
(e) 56,91 g equiv^{-1}
(f) 85,66 g equiv^{-1}

12.41 $3,65 \times 10^{-2}$ mol

12.42 833 mL

12.43 146 mL

12.47 $0,418\ N$

12.48 (a) $0,213\ N$
(b) 0,106 mol L^{-1}

12.49 (a) 0,150 equiv
(b) 0,450 equiv
(c) 0,600 equiv
(d) 0,750 equiv

12.50	(a)	$0{,}100$ mol^{-1}		(b)	$6{,}17 \times 10^{-3}$ mol L^{-1} min^{-1}	
	(b)	$6{,}67 \times 10^{-2}$ mol L^{-1}		(c)	$6{,}32 \times 10^{-3}$ mol L^{-1} min^{-1}	
	(c)	$5{,}00 \times 10^{-2}$ mol L^{-1}	**13.9**	(a)	$6{,}07 \times 10^{-3}$ mol L^{-1} min^{-1}	
	(d)	$3{,}33 \times 10^{-2}$ mol L^{-1}		(b)	$1{,}00 \times 10^{-2}$ mol L^{-1} min^{-1}	

12.51 41,7 mL

12.52 34,5 mL

13.15 (a) $\quad -\dfrac{d[A]}{dt} = k[A][B]^2$

12.55 526 g equiv^{-1}

(b) $\quad 1{,}08 \times 10^{-4}$ (mol L^{-1})$^{-2}$ s^{-1}

12.66 (a) H$^+$

(c) $\quad 4{,}31 \times 10^{-6}$ mol L^{-1} s^{-1}

(b) $1{,}3 \times 10^{-2}$ mol L^{-1}

(d) $\quad 6{,}47 \times 10^{-7}$ mol L^{-1} s^{-1}

(c) $8{,}57 \times 10^{-2}$ mol L^{-1} Na$^+$

$9{,}86 \times 10^{-2}$ mol L^{-1} Cl$^-$

13.17 $\quad -\dfrac{d[A]}{dt} = k[A][B]^2$

12.68 $0{,}268$ mol L^{-1} H$^+$

$0{,}472$ mol L^{-1} ClO$_4^-$

$k = 5{,}24 \times 10^{-4}$ (mol L^{-1})$^{-2}$ s^{-1}

13.19 (a) 1ª ordem

$2{,}55 \times 10^{-2}$ mol L^{-1} K$^+$

(b) $9{,}0 \times 10^{-2}$ h^{-1}

0 mol L^{-1} MnO$_4^-$

13.21 $5{,}0 \times 10^1$ min

$5{,}09 \times 10^{-2}$ mol L^{-1} Fe^{2+}

13.23 $6{,}5 \times 10^3$ s, ou 1,8 h

$0{,}178$ mol L^{-1} SO$_4^{2-}$

13.24 $2{,}7 \times 10^2$ s

$2{,}55 \times 10^{-2}$ mol L^{-1} Mn^{2+}

$0{,}127$ mol L^{-1} Fe^{3+}

13.32 (a) 53 kJ mol^{-1}

(b) $3{,}5 \times 10^2$ kJ mol^{-1}

CAPÍTULO 13

13.34 34°C

13.5 $7{,}80 \times 10^{-3}$ mol L^{-1} s^{-1}

13.53 $\quad -\dfrac{d[A]}{dt} = k[A][B]$

13.6 $5{,}20 \times 10^{-3}$ mol L^{-1} s^{-1}

13.7 51,0 mmHg (aumento)

13.57 (a) $0{,}659$ mol L^{-1}

13.8 (a) $6{,}05 \times 10^{-3}$ mol L^{-1} min^{-1}

(b) 8,0 h

CAPÍTULO 14

- **14.20** $5{,}85 \times 10^{10}$
- **14.22** $1{,}8 \times 10^{-4}$
- **14.23** $4{,}7 \times 10^{2}$
- **14.25** -185 kJ
- **14.26** $20{,}1$ mol L^{-1}
- **14.27** $0{,}265$ mol L^{-1}
- **14.28** $24{,}3$ mol
- **14.29** (a) $1{,}89$ mol L^{-1}
  (b) $1{,}89$ mol L^{-1}
  (c) $0{,}11$ mol L^{-1}
  (d) $0{,}11$ mol L^{-1}
- **14.30** (a) $0{,}395$ mol L^{-1}
  (b) $0{,}395$ mol L^{-1}
  (c) $2{,}27 \times 10^{-2}$ mol L^{-1}
  (d) $2{,}27 \times 10^{-2}$ mol L^{-1}
- **14.31** $[CO_2] = 0{,}378$ mol L^{-1}
  $[H_2] = 0{,}378$ mol L^{-1}
  $[CO] = 2{,}2 \times 10^{-2}$ mol L^{-1}
  $[H_2O] = 2{,}2 \times 10^{-2}$ mol L^{-1}
- **14.32** $[CO] = 2{,}66 \times 10^{-2}$ mol L^{-1}
  $[H_2O] = 2{,}66 \times 10^{-2}$ mol L^{-1}
  $[CO_2] = 0{,}573$ mol L^{-1}
  $[H_2] = 0{,}373$ mol L^{-1}
- **14.35** $6{,}7 \times 10^{-17}$ mol L^{-1}
- **14.37** $9{,}1 \times 10^{-4}$ mol L^{-1}
- **14.43** -226 kJ
- **14.49** $[SO_2] = 0{,}090$ mol L^{-1}
  $[O_2] = 0{,}54$ mol L^{-1}
  $[SO_3] = 1{,}9$ mol L^{-1}
- **14.52** $0{,}14$ g

CAPÍTULO 15

- **15.1** (a) $0{,}00$
  (b) $2{,}34$
  (c) $8{,}22$
  (d) $11{,}66$
- **15.2** (a) $6{,}0 \times 10^{-3}$ mol L^{-1}
  (b) $3{,}6 \times 10^{-5}$ mol L^{-1}
  (c) $2{,}2 \times 10^{-7}$ mol L^{-1}
  (d) $7{,}6 \times 10^{-13}$ mol L^{-1}
- **15.3** (a) $2{,}1 \times 10^{-10}$ mol L^{-1}
  (b) $3{,}5 \times 10^{-8}$ mol L^{-1}
  (c) $1{,}0 \times 10^{-10}$ mol L^{-1}
  (d) $1{,}6 \times 10^{-11}$ mol L^{-1}
- **15.4** (a) $12{,}32$
  (b) $8{,}75$
  (c) $4{,}95$
  (d) $0{,}59$
- **15.6** 11 mL

15.8	6,63		**15.33**	7,00
15.10	$3,5 \times 10^{-5}$ mol L^{-1}		**15.34**	8,86
15.11	2,475		**15.36**	5,10
15.12	4,95		**15.38**	2×10^{-3} mL
15.13	$5,7 \times 10^{-2}$ mol L^{-1}		**15.40** (a)	10,21
15.15 (a)	2,58		(b)	9,26
(b)	4,25		(c)	8,30
15.18	$1,2 \times 10^{-7}$		(d)	7,3
15.19	$7,4 \times 10^{-4}$		(e)	5,28
15.20	$2,0 \times 10^{-4}$ mol L^{-1}		**15.42**	$3,9 \times 10^{-5}$
15.21	0,13 mol		**15.44** (a)	4,7
15.23 (a)	11,30		(b)	9,3
(b)	12,21		(c)	6,4
15.27 (a)	9,07		(d)	10,3
(b)	11,53		**15.46**	$3,1 \times 10^{-2}$ mol
(c)	5,13		**15.49** (a)	2,47
15.28 (a)	10,19		(b)	4,52
(b)	12,68		(c)	4,27
15.31	9×10^{-12}		**15.52** (a)	5,00
15.32	[H$_3$O$^+$](ou [H$^+$]) = $1,3 \times 10^{-5}$ mol L^{-1}		(b)	9,40
	[NH$_3$] = $1,3 \times 10^{-5}$ mol L^{-1}		(c)	9,40
	[NH$_4^+$] = 0,31 mol L^{-1}		(d)	11,40
	[OH$^-$] = $7,6 \times 10^{-10}$ mol L^{-1}		(e)	0,60
	[Cl$^-$] = 0,31 mol L^{-1}		**15.57**	[H$^+$] = $8,7 \times 10^{-2}$ mol L^{-1}
	[H$_2$O] = 55,3 mol L^{-1}			[H$_2$PO$_4^-$] = $8,7 \times 10^{-2}$ mol L^{-1}

$[HPO_4^{2-}] = 6,3 \times 10^{-8}$ mol L^{-1}

$[PO_4^{3-}] = 3,2 \times 10^{-19}$ mol L^{-1}

15.58 2,67

CAPÍTULO 16

16.1 $8,5 \times 10^{-11}$

16.3 $7,9 \times 10^{-8}$

16.6 $1,2 \times 10^{-13}$

16.7 $2,0 \times 10^{-13}$

16.11 $1,6 \times 10^{-4}$ mol L^{-1}

16.12 $2,2 \times 10^{-2}$ mol L^{-1}

16.14 9×10^{-9} mol L^{-1}

16.16 3,4 mol L^{-1}

16.19 0,68

16.25 $4,8 \times 10^{-5}$ mol L^{-1}

16.28 0,11 mol L^{-1}

CAPÍTULO 17

17.2 (a) $w = 0$

(b) $w = -912$ J

17.3 $-6,85 \times 10^2$ J

17.8 (a) $-w = 1,46 \times 10^3$ J

(b) $w = -1,46 \times 10^3$ J

17.10 1,84 kJ

17.11 -251 kJ

17.13 $\Delta H = 13,0$ kJ

$\Delta U = 12,4$ kJ

17.15 6,008 kJ mol^{-1}

17.18 $\Delta S_{vap} = 87,2$ J K^{-1} mol^{-1}

$\Delta S = 1,12$ J K^{-1} g^{-1}

17.23 $-243,2$ J K^{-1} mol^{-1}

17.27 $-720,8$ kJ mol^{-1}

17.29 $-1226,6$ kJ mol^{-1}

17.31 7×10^{24}

17.33 2×10^{12}

17.37 (a) -3139 kJ mol^{-1}

(b) $\Delta H° = -3267$ kJ mol^{-1}

$\Delta U° = -3263$ kJ mol^{-1}

17.42 284,5 J K^{-1}

17.46 $w = -3,19$ kJ mol^{-1}

$q = 33,5$ kJ mol^{-1}

$\Delta H = 33,5$ kJ mol^{-1}

$\Delta U = 30,3$ kJ mol^{-1}

$\Delta G = 0$

$\Delta S = 87,2$ J K^{-1} mol^{-1}

CAPÍTULO 18

18.15 124 mL

18.17 $6,23 \times 10^4$ C

18.19 1,24 g

18.21 (a) −0,41 V
(b) −0,34 V
(c) −1,36 V
(d) −1,36 V

18.22 (a) 1,81 V
(b) 0,29 V
(c) −0,29 V
(d) 0,28 V
(e) 0,62 V

18.26 (a) 1,30 V
(b) 3,17 V
(c) 1,67 V
(d) 0,56 V

18.29 0,42 V

18.31 1,02 V

18.32 (a) $-1,06 \times 10^3$ kJ
(b) −56 kJ
(c) +56 kJ
(d) $-5,4 \times 10^2$ kJ
(e) $-3,6 \times 10^2$ kJ

18.34 (a) −251 kJ mol^{-1}
(b) −612 kJ mol^{-1}
(c) −481 kJ mol^{-1}
(d) −54 kJ mol^{-1}

18.36 0,388 V

18.38 1

18.39 21,3 A

18.49 9,21

18.53 −0,828 V

CAPÍTULO 20

20.13 1,4137
1,03091

20.15 $2,0 \times 10^{-15}$

CAPÍTULO 24

24.15 0,125 g

24.16 $8,0 \times 10^{-4}$ anos

24.17 $3,7 \times 10^{-8}$ anos

24.33 4×10^{-5}

ÍNDICE ANALÍTICO

A

A (ampère), 31
Abaixamento da pressão de vapor, 526-532
Abundância isotópica, 221-222
Acelerador linear, 1248
Acetaldeído, 1206
Acetileno (etino), 1184
    estrutura de Lewis do, 365-366
    preparação do, 1036
Acetona, 1210
Ácido, 89, 232, 551
    de Arrhenius, 551, 564-565
    de Brønsted-Lowry, 566-570
    de Lewis, 570-571
    equivalente de um, 607
    forte, 546, 568
    fraco, 723-735
    poliprótico, 606, 725, 767
    sistema solvente, 566
Ácido acético, 1212
Ácido bórico, 1079
Ácido brômico, 998
Ácido butanóico, 1212
Ácido butírico, 1212
Ácido carbônico, 1034
Ácido carboxílico, 1211
    propriedade do, 1213-1214
    reações do, 1214-1215
Ácido cianídrico, 1036
Ácido clórico, 995
    estrutura de Lewis do, 992
Ácido clorídrico, eletrólise de, 889
Ácido cloroso, 995
    estrutura de Lewis para, 992
Ácido de Lewis, 570-571

Ácido dicarboxílico, 1212
Ácido diprótico, 606, 952
Ácido etanóico, 1212
Ácido fluorídrico, 990
Ácido fosfônico, 1026-1027
    estrutura de Lewis para o, 1027
Ácido fosfórico, 1026-1028
    estrutura de Lewis para o, 1028
Ácido fosforoso, 1026
    ácidos fracos, 580
    dissociação de, 723-735
Ácido graxo, 1216
Ácido hipobromoso, 997
Ácido hipocloroso, 992-993
    estrutura de Lewis para, 992
Ácido hipoiodoso, 1000
Ácido iódico, 1000
Ácido lático, 1213
Ácido metafosfórico, 1028
Ácido metanóico, 1076
Ácido metaperiódico, 1000
Ácido mesoperiódico, 1000
Ácido nítrico, 1021-1024
    estrutura de Lewis para o, 1021
Ácido nitroso, 1021
    estrutura de Lewis para o, 1021
Ácido ortofosfórico, 1028
    estrutura de Lewis para o, 1028
Ácido ortossilícico, 1087
Ácido oxálico, 1212
Ácido paraperiódico, 1000

Ácido perbrômico, 998
Ácido perclórico, 995-996
    estrutura de Lewis para o, 381, 992
Ácido pirofosfórico, 1028
Ácido pirossulfúrico, 1009
Ácido poliprótico, 725-726
Ácido sulfúrico, 1003, 1008-1010
    "concentrado", 1009
    diluição com água, 1010
    eletrólise da solução aquosa do, 890-891
    fumegante, 1009
Ácido sulfuroso, 1003, 1007
Ácido tiossulfúrico, 1010
Acidose, 774
Aço
    cementado, 1016
    doce, 1147
    inoxidável, 1147
Actínio, localização na tabela periódica, 300n
Actinóide, 300n
Açúcar invertido, 1225
Açúcar no sangue, 122
Adição eletrofílica, 1190
Adição nucleofílica, 1208
Adsorção
    quimissorção, 669
    física, 669
Afinidade eletrônica, 316-320
Afinidade por elétrons, 316-320
Ágata, 1086
Agente complexante, 575

Agente oxidante, 593-594
    força relativa, 901
Agente redutor, 593-594
    força relativa, 901
Água, 985-988
    aglomerados cintilantes, 985
    alta pressão, 492
    associação nos líquidos, 514
    constante de dissociação da, 741
    constante dielétrica da, 513
    diagrama de fases para a, 486-493
    dissociação da, 741-745
    dureza da, 1062-1065
    estrutura cristalina da, 985
    estrutura de Lewis da, 359
    formação de clatratos, 988
    formação de hidratos, 986
    ligação de hidrogênio, 513-516
    ligação na, 945
    polaridade da molécula de, 398-400
    pressão de vapor da, 170-172
    tabela, 171, 1339-1342
    produto iônico da, 742
    propriedades de solvente da, 513
Água de lavadeira, 994
Água dura, 1062-1065
Água régia, 1023, 1155
Águas de cristalização, 986
Águas de hidratação, 986
Alcanos, 1173
    cadeia linear, 1173
    cadeia normal, 1173
    cadeia ramificada, 1175
    cadeia reta, 1173
Alcenos, 1185
Alcino, 1188
Alnico, 1148
Alcoóis, 1197-1203
    polióis, 1200-1201
    primário, 1202
    propriedade dos, 1198
    reações dos, 1201
    secundário, 1202
    terciário, 1202
Álcool de cereal, 1200
Álcool de madeira, 1198
Álcool primário, 1202
Álcool secundário, 1202
Álcool terciário, 1202
Aldeído, 1201, 1205
    propriedades dos, 1206-1207
    reações dos, 1207-1208
Aldo-hexose, 1223
Alfa (α)
    acoplamento, 1225
    emissão, 1237
    enxofre, 1002-1003
    espiral, 1228
    estanho, 1073
    hélice, 1227-1228
    partícula, 214, 1237, 1238
Algarismos significativos, 25-27

Alotropia, 979, 1003, 1024, 1029, 1270

Alto forno, 1146

Alúmen de cromo, 410-411

Alúmens, 410-411, 1071

Alumina, 1067

Aluminato, íon, 1067, 1069

Alumínio, 1066, 1071
    alúmen, 1071
    anodização do, 1069
    compostos do, 1070-1071
    metalurgia do, 1066-1069
    ocorrência do, 1066
    propriedades e usos, 1070-1071

Aluminossilicatos, 1087

Amálgama, 991

Amálgama dentária, 1160

Amido, 1225

Amilopectina, 1225

Amilose, 1225

Aminas, 1218-1220
    propriedades das, 1219
    reações das, 1219-1220

Amina primária, 1218

Amina secundária, 1218

Amina terciária, 1218

Aminoácido, 1226
    essencial, 1226

Amolecimento da água dura, 1064-1065

Amônia, 1016-1019
    autodissociação da, 1018
    líquida, 1017-1018

Amônio, íon
    estrutura de Lewis do, 363, 366
    hidrólise do, 1018-1019

Ampère (a), 31, 900

Amplitude, 228

Analcita, 1088

Análise de diluição isotópica, 1262

Análise dimensional, 34

Análise elementar, 67-68

Análise por ativação de nêutrons, 1262

Anfibólios, 1087

Anfiprotismo, 808

Anfoterismo de hidroxi-compostos, 333, 807-809

Ângulo tetraédrico, 933

Anidrido, 980-981

Anidrido básico, 980-981

Ânion, 328-871

Anodização, 1069

Ânodo
    em células eletroquímicas, 871
    em tubos de descarga de gás, 210

Antimônio, 1091

Apatita, 1024

Aquo-complexo, 574, 576

Argilas, 1086, 1089

Argônio, 1037-1038
    célula unitária do sólido, 421
    compostos do, 1037

Arredondamento, 29

Arrhenius, Svante, 564

Arrhenius
    ácido de, 551, 564-565
    base de, 551, 564-565
    equação de, 657
    gráfico de, 659-660
Arseneto de níquel, estrutura, 433
Arsênio, 1090-1091
Arteriosclerose, 1217
Asbesto, 1087
Astato, 988
Atividade química, $725n$, 858-860
Atividade química ou termodinâmica, $725n$, 858-860
Atividade termodinâmica, $725n$, 858-860
Átomo assimétrico, 1134, 1221
Átomo de Bohr, 206, 225, 232-237
Átomo de Dalton, 207
Átomo de Rutherford, 214-217
Átomo de Thomson, 213-214
Átomo marcado, 1261
Átomo, não-colapso, 224
Átomo nuclear, 213-220
Átomo(s), 52, 205-241
    massa dos, 58-59, 221-223
Atmosfera padrão (atm), 142
Austenita, 505
Auto-óxido-redução, 984
Avogadro, Amedeu, 61, $61n$
Azul da prússia, 1151
Azul de Turnbull, 1151

B

Balança de Gouy, 1124
Balança magnética, 1124
Balanceamento
    analítico ou químico, 8
    Gouy, 1124
Balanceando equações
    por óxido-redução, 594-604
    por tentativa, 72-74
Balão, volumétrico, 85
Balmer, J. J., 228-229
Bário, 1056-1066
Barissilita, 1087
Barômetro, 142
Bartlett, Neil, 1037
Base, 89, 232, 551
    de Arrhenius, 551
    de Brønsted-Lowry, 570
    de Lewis, 570
    equivalente de, 607
    forte, 545-547
    fraca, 545-546
    sistema solvente, 566
Bases fracas, 580
    dissociação de, 735-740
Bateria, 913
Bateria de chumbo, 915-916
Bateria de níquel-cádmio, 917
Bauxita, 1066
Becquerel, H., 1237

Benitoite, 957
Benzeno, 1191
    ligações no, 1191-1192
Berílio, 1056-1066
    molécula diatômica hipotética do, 957
Berilato, íon, 1062
Berilo, 1057-1087
Beta (β)
    acoplamento, 1226
    decaimento, 1247
    emissão, 1237
    enxofre, 1003
    estanho, 1073
    partícula, 214, 1237
Bethe, Hans, 1117
Bicarbonato de sódio, 1035
Bicarbonatos, 1035
Bifuncional, 1213
Bioquímica, 1222
Bipirâmide trigonal, 386
"Bismutato de sódio", 1078
Bismuto, 1077-1078
    análise qualitativa do, 1078
    compostos de, 1077-1078
    ocorrência do, 1077
    usos do, 1077
Blenda de zinco, estrutura, 433
Bloco d, 304-307
Bloco f, 304-307
Bloco p, 303-304
Bloco s, 303-304

Bohr, Neils, 225
Boltzman, Ludwig, 651, 841
Bomba calorimétrica, 121
Borano, ligação no, 940
Boranos, 1083-1086
Boratos, 1082-1083
Bórax, 1078
Borazon, 1086
Born-Haber, ciclo de, 354
Boro, 1078-1086
    compostos do, 1079-1086
    elemento, 1079
    hidretos de, 1083-1086
    molécula diatômica do, 957
    ocorrência do, 1078
    usos do, 1078-1079
Boyle, Robert, 5, 146
Bragg, equação de, 415
Bragg, Lawrence, 415
Bragg, William, 415
Bravais, A., 420
Bravais, retículos de, 420
Brilho metálico, 438
Bromação, reação de, 1195
Bromato, íon, 997
Bromo, 997-998
    oxoácidos de, 997
    preparação do, 997-998
Brønsted, J. N., 566
Brønsted-Lowry, definição de ácido e base, 566-570

Bronze, 1073, 1156
Bureta, 90
Butano, 1173-1174

C

C (coulomb), 892
c (velocidade da luz no vácuo), 226
Cal (caloria), 121
Cálcio, 1056-1066
Cadaverina, 1219
Cádmio, 1159-1160
    formação de sal fraco por, 1160
Cd (Candela), 31
Cal, 1061
Cal apagada, 1061
    apagando, 1061
Cal-soda, método, 1064
Cal virgem, 1034, 1061
Calcáreo, 1034, 1066
Calcário, 1063
Calcogênios, 302, 1001-1012
Calomelano, 1161
Calor, 21, 112, 823-824
    absorvido por um sistema (q), 112
    de condensação (ΔH_{cond}), 476
    de congelamento (ΔH_{crist}), 471
    de cristalização (ΔH_{crist}), 471
    de formação padrão (ΔH^o_f) 128
    de fusão (ΔH_{fus}), 471
    de neutralização (ΔH_{neut}), 564
    de reação, 126, 127-132
    de solidificação (ΔH_{crist}), 471
    de solução (ΔH_{sol}), 519-522
    de vaporização (ΔH_{vap}), 461
    e entalpia, 117-118
    e primeira lei da termodinâmica, 116
    e trabalho, 116, 823-824
    tabela, H, Apêndice H 129
    Tabela, 129, 1343-1349
Calor específico, $122n$
Calor padrão
    de formação (ΔH^o_f), 128
    de reação, 128-129
    de um elemento, 128
Caloria (cal), 121
Caloria nutricional, 125
Calorimetria, 121
Calorímetro, 121
Calvin, Melvin, 1261
Camada, 248
Câmara de bolha, 1240
Câmara de Spark, 1240
Camada de valência, 303-304
Câmara de vapor, 1240
Candela, (cd), 31
Cânfora, 1210
Capacidade calorífica (C), 122-124
Capacidade calorífica molar, 122-124
Captura, K, 1241
Captura eletrônica (CE), 1241, 1250
Caráter parcial iônico e covalente, 376

Carbeto de silício, 55-57, 437, 1037, 1087

Carbohidratos, 1223

Carbonato de sódio, 1035

Carbonatos, 1035

Carbono, 1028-1037

    amorfo, 1033

    ativado, 1033

    compostos do

        inorgânicos, 1033-1037

        orgânicos, 1170-1228

    datação pelo, 1243

    diamante, 1032-1033

    formas alotrópicas do, 1029

    grafite, 1032-1033

    molécula de (C_2), 958

Carbono amorfo, 1033

Carbono ativado, 1033

Carborundum, 55-57, 437, 1037

Carboxiemoglobina, 1034

Carboxilato, íon, 1214

Carga da nuvem eletrônica, 275

Carga formal, 380-384

    comparação com o número de oxidação, 588

Carlisle, Anthony, 208

Cassiterita, 1073

Catalisador heterogêneo, 669-670

"Catalisador negativo", 670

Catalisadores, 667

Catálise, 667-670

    heterogênea, 669-670

    homogênea, 668-669

    "negativa", 670

Catálise homogênea, 668-669

Cátion, 323

Cátodo

    em células eletroquímicas, 323, 871

    em tubos de descarga de gás, 208

Cavernas de calcário, 1063

Célula

    compartimentos de, 871

    eletroquímica, 868

    eletrolítica, 879-894

    galvânica, 868-878

    não-primitiva, 419

    primária, 913

    primitiva, 419

    secundária, 915

    solar, 446

    unitária, 417-429

    voltaica, 869

Célula, diagrama de, 873

Célula, tensão de

    e espontaneidade, 877-878, 900

    efeito da concentração sobre a, 905-908

    energia livre e, 902-908

    e princípio de Le Châtelier, 907

    equilíbrio e, 902-908

Célula de Daniell, 873

Célula eletroquímica, 868

Célula não-primitiva, 417

Célula primitiva, 417

Célula solar, 446
Célula unitária, 417-420
    cúbico de corpo centrado (ccc), 419
    cúbico de face centrada (cfc), 419
    cúbico simples, 419
    da blenda de zinco, 433
    da sfalerita, 433
    de argônio, 421
    de dióxido de carbono, 53-54
    de etileno, 421
    primitiva, 417
Célula unitária cúbica simples, 419
Célula voltaica, 869
Células eletrolíticas, 868, 879-883
    e reação não-espontânea, 879-883
Células galvânicas, 868-878
    bateria de chumbo, 915-917
    bateria de níquel-cádmio, 917
Célula de Leclanché, 913-914
Célula de mercúrio, 914-915
    comercial, 913-917
    pilha seca, 913-914
    primária, 913-915
    secundária, 915-917
Celulose, 1225
Cementita, 1147
Centímetro (cm), 33-34
Centímetro cúbico, 141
Centro ativo (ou sítio ativo), 670
Centro de cor, 442
Cerne atômico, 345

Césio, 1049-1055
Ceto-hexoses, 1224
Cetonas, 1209-1211
    propriedades das, 1210
    reações das, 1211
Chalcocita, 1156
Charles, Jacques, 152
Chumbo, 1075-1077
    análise qualitativa do, 1077
    compostos de, 1075-1077
    ocorrência do, 1075
    usos do, 1075
    toxicidade do, 1076-1077
Chumbo branco, 1077
Chumbo tetraetila, 1075
Chumbo vermelho, 1076, 1149
Chuva ácida, 1003
Cianato de amônio, 1036, 1171
Cianeto, íon, 1036
Cianeto de hidrogênio, 1036
Cianogeno
    como pseudohalogênio, 786
    estrutura de Lewis para o, 1035
Cianohidrina, 1208
Cicloalcano, 1182
Ciclo hexametassilicato, íon, 1087
Cíclotron, 1248
Ciências naturais, 2
Cinética química, 624-671
    e equilíbrio, 698-701
Circuito externo, 872

Citral, 1207

Clatratos, 988, 1037

Clivagem em cristais, 434

Clorato, íon, estrutura de Lewis do, 996

Cloreto, íon
    estrutura de Lewis para, 996

Cloreto de alumínio, 1071

Cloreto de berílio, estrutura do, 1061

Cloreto de bromo, estrutura de Lewis para, 370

Cloreto de hidrogênio
    estrutura de Lewis para, 370

Cloreto de sódio
    eletrólise de sais fundidos de, 886-888
    eletrólise de solução aquosa de, 888-889
    estrutura cristalina do, 421

Cloretos, 992

Cloro, 991-997
    composto do, 991-992
    ocorrência do, 991
    óxidos de, 992
    oxoácidos de oxoânions de, 992-997
    preparação do, 1257

Cobalto, 1152-1153
    compostos, 1152
    propriedades e usos, 1152

Cobre, 1155-1157
    compostos de, 1157
    metalurgia do, 1156
    ocorrência do, 1156
    propriedades e usos, 1156

Cobre natural, 1156

Cobre vesiculado, 1156

cm (centímetro), 33-34

Combustão, análise, 79-80

Combustão de carvão, 132-134

Complexação, 575-577

Complexo ativado, 663-666

Complexo de baixo spin, 1117, 1120-1121

Complexo de spin alto, 1117, 1120-1121

Complexo lábil, 1135

Complexo octaédrico, 1118-1127

Complexo tetraédrico, 1127

Complexos, 1106

Composição centesimal, 67

Composto de adição, 1081

Composto estequiométrico, 52, 65-71

Composto químico, 10

Compostos deficientes de elétrons, 1083

Compostos inorgânicos, 1171

Compostos inter-halogânicos, 1000-1001

Compostos orgânicos, 1171

Compostos pseudobinários, 330

Comprimento de ligação (distância de ligação), 307

Comprimento de onda (λ), 225

Condição de equilíbrio, 694

Condição limite, 268

Condução
    metálica, 438
    semi-, 444

Condução metálica, 40

Configurações eletrônicas dos átomos, 248-249

Congelamento, 470-471

Contador de cintilações, 1239

Contador Müller-Geiger, 1239

Contração lantanóidica, 309, 1138

CNTP (condições normais de temperatura e pressão), 165

Convenção cerne do gás nobre, 254

Constante de Boltzmann (K) 841

Constante de equilíbrio de pressão (K_P), 694-695

Constante de equilíbrio e concentração (K_c), 694

Constante de equilíbrio termodinâmica(K_a), 859

Constante dielétrica, 513

Constante(s) de dissociação

    para a água, 741

    para ácidos fracos (K_a), 723

        tabelas, 724, 726, 1350-1352

    para bases fracas (K_b), Tabela, 737, 1352-1353

    para íons complexos (K_{diss}), Tabela, 805

Constante de dissociação (K_d), 723

Constante de dissociação cumulativa (K_{diss}), 804

Constante(s) de equilíbrio

    caráter adimensional da, 696

    concentração (K_c), 694-695

    e energia livre, 858-860

    para reações heterogêneas, 702-703

    para reações homogêneas, 682-689

    potencial padrão e, 907-908

    pressão (K_p), 694-695

    pressão de vapor de equilíbrio, 458

    variação com a temperatura, 463-470

    reação direta e inversa, 698-699

    termodinâmica (K_a), 859

    variação com a temperatura, 703-707

Constante de equilíbrio (K), 691-698

Constante de ionização (K_i), 723

Constante de Faraday (F), 789, 1301

Constante do gás ideal (R), 161-165

Constante molal da diminuição do ponto de congelamento (ΔT_c), 534, 536-538

Constante molal de elevação do ponto de ebulição (ΔT_e), 534

Constante de Planck (H), 232

Constante de Rydberg (R), 229

Constante de velocidade (k), 633-634

Corundum, 1070

Coulomb (C), 900

Criolita, 822, 989

Criptônio, 1037-1038

    compostos de, 1037

Cristal, 410-411

    perfeito, 411

Cromato, íon, 1142

Cromato de zinco, 1146

Cromito, íon, 1142-1143

Cromo, 1141-1143

    compostos de, 1141-1143

    de posição tripla, 1141

    passivação do, 1141

    propriedades e usos, 1141

Crookes, William, 208

Cúbico de corpo centrado (ccc) célula unitária, 419
Cúbico de face centrada (cfc) célula unitária, 419
Cunhagem de metais, 1155
Cuprita, 1156
Curva de aquecimento, 474-476
Curvas de resfriamento, 476-477
Curvas de titulação, 764-768
    ácido forte e base forte, 765-767
    ácido fraco e base forte, 766-767
    ácido poliprótico, 767-768
    base fraca e ácido forte, 766-768

D

Dados experimentais, 5
Dalton, John, 167, 207
Datação com urânio, 1244
Datação radioquímica, 1244
Davisson, C., 263
Davy, Humphrey, 208
dm (decímetro), 33
    de Broglie, Louis, 261-262
Debye, Peter J. W., 396n
Decaimento radioativo, 1241
    cinética de, 1241-1246
Decaóxido de tetrafósforo, 1026
Decímetro cúbico, 141
Defeitos de linha, 442
Defeitos, estado sólido, 441-446
    de linha, 442
    de ponto, 442-444

Defeitos do retículo, 441-442
Definição do sistema solvente de ácidos e bases, 565-566
Delta (Δ) símbolo, 115
Densidade, 40-42
    periodicidade na, 320
Densidade de probabilidade (Ψ^2), 274
Dênteron, 1248
Deposição tripla, 1141
Desdobramento de orbital d
    em complexos octaédricos, 1120, 1121
    em complexos, quadrado planar, 1154
    em complexos tetraédricos, 1126
Desdobramento de energia do campo cristalino (Δ), 1120
Desdobramento de energia de campo ligante, (Δ), 1120
Desintegração nuclear, 1237
    cinética da, 1241
Deslocamento, 442
    em cunha, 442, 443
    em hélice, 442-443
Deslocamento em cunha, 442, 443
Desordem e probabilidade, 835-840
Desproporcionamento, 984
Destilação fracionária, 1173
Destrógiro, 815
Desvio do comportamento de gás ideal, 189-191
Deutério, 972
Dextrose, 1223
Diagrama de contorno, 277
Diagrama de fase, 486-493

alta pressão, 492-493

para a água, 489-492

para o dióxido de carbono, 493

Diagrama de orbital, 249

Diagrama de preenchimento, 252

Diagrama de pó, 416

Diamagnetismo, 1123

Diamante, 1029-1033

Diborano, 1083

Dicromato, íon, 1147

Diferença de potencial elétrico, 872

Difração

de elétrons, 263-264

de luz, 263

de nêutrons, 1263

de raios x, 411-416

Difração de nêutrons, 1263

Difração de raios x, 411-416

descoberta da, 411-412

diagrama de Laue, 412

mecanismo da, 412-416

método do pó, 416

Difusão

de gases, 172-178

de líquidos, 455

Lei de Grahan, 172-178

Dihidrogenofosfatos, 1028

Dihidrogenofosfitos, 1028

Diluição, 87

Diminuição do ponto de congelamento, 536-538

Diodo de emissão, 446

Diodo, estado sólido, 445

fotodioto, 446

luz-emitida (LED), 446

Dióxido de carbono

diagrama de fase para, 493

estrutura cristalina do sólido, 54

estrutura de Lewis para, 396-397

geometria molecular do, 396-398

sólido, 53-493

soluções aquosas do, 1034

Dióxido de cloro

estrutura de Lewis para, 992

Dióxido de enxofre, 1003, 1107-1108

estrutura de Lewis para, 1007

Dióxido de manganês, 1149

Dióxido de nitrogênio

estrutura de Lewis para o, 1020

formação do, 1140

Dioxigênio, íon, 985, 1037

Dipolo, 395

Dispersão da luz, 227

Dissacarídeos, 1224

Distorção tetragonal, 1154

Dissilicato, íon, 1087

Dissociação, 353

da água, 741-745

de ácidos fracos, 723-735

de bases fracas, 735-740

de íons complexos, 802-807

grau de, 547-548

Dissulfeto de carbono, 1036
Doador
    dopagem, 444
    empacotamento denso duplo hexagonal, 429
Doador de próton, 566
Dolomita, 1056
Domínio ferromagnético, 1148
Dureza permanente da água, 1063
Dureza temporária da água, 1063

E

e_g orbitais de subconjunto, 1118-1120
e_g^* orbitais de subconjunto, 1129
E_k (energia cinética), 19
E_p (energia potencial), 19-20
$\mathcal{E}$ (tensão, diferença de potencial) 762
Ebulição, 459
Efeito de blindagem, 309
Efeito de gaiola, 662
Efeito de nivelamento, 568
Efeito de orientação, 653
Efeito do íon comum
    em equilíbrios ácido-base, 732
    em equilíbrios de solubilidade, 793-797
Efeito do par inerte, 1004, 1066, 1072
Efeito estérico, 653
Efeito fotoelétrico, 1055
Efeito isotópico, 972
Eficiência de empacotamento, 424

Efusão, 175
    lei de Graham da, 175
Einstein, Albert, 232, 261
Elemento químico, 10
    de transição, 300
    representativo, 299
Elementos de transição (metais de transição), 300, 1100, 1162
    propriedades químicas dos, 1103-1104
Elementos de transição interna, 169
Elementos representativos, 299
Elementos transurânicos, 1248
"Eletreto de sódio", 1054
Eletrodo(s)
    calomelano, 906-908
    calomelano saturado, 906-908
    em tubo de descarga de gás, 210
    hidrogênio, 895-896, 909-911
    hidrogênio padrão, 895-896
    inerte "oxidação-redução", 876
    íon gás, 875
    medidas de pH com, 909-911
    membrana, 876-877
    metal-ânion de sal insolúvel, 875-876
    metal-íon-metal, 874
    referência, 909
    tipos de, 874-876
    vidro, 911-912
Eletrófilo, 1189
Eletrólise, 208, 884-894
    de ácido clorídrico, 889

de ácido sulfúrico, 890-891
de cloreto de sódio aquoso, 888-889
de cloreto de sódio fundido, 886-887
de sulfato de sódio aquoso, 891
Lei de Faraday, 208, 892-894

Eletrólito(s), 543-555
    dissociação de, 544-545
    força de, 545-547
    forte, 545-546
    fraco, 545-546
    iônico, 544
    molecular, 545

Elétron(s)
    carga de, 211-212
    como raios catódicos, 212
    deslocalizados, 437
    difração de, 263-264
    em amônia líquida, 1017, 1054
    emparelhado, 357
    livre, 437
    massa de, 212, Apêndice B
    níveis de energia, 233-234, 245-248
    propriedades ondulatórias dos, 272-285
    relação carga-massa dos, 212
    spin do, 245-246
    valência, 302
    vazio, 445

Elétron deslocalizado, 437
Elétron de valência, 302
Elétron gasoso, 437
Eletronegatividade, 370-376
    e número de oxidação, 588
    e polaridade de ligação, 372-373
    periodicidade em, 370-371
    valores de, 374

Elétrons livres, 437
Eletroquímica, 868-918
    e termodinâmica, 902-904
Eletrorrefino de cobre, 1156
Elevação de ponto de ebulição, 533-536
Emissão de nêutrons, 1250
Emissão de positrons, 1248, 1250
Emulsão fotográfica, uso com o detector de radiação, 1240
Emulsificação dos óleos, 1218
Empacotamento denso, 424-433
    bidimensional, 425
    cúbico, (edc), 427-429
    eficiência de, 424-425
    hexagonal (ehd) 427-429
    tridimensional, 425-429

Enantiomerismo, 1134, 1221
Encontro, 662
Energia, (U), 18-21
    cinética, (E_k), 19
    de ativação, (E_a) 652-657
    e entalpia, 118, 829-832
    e massa, 16n, 1254-1257
    eletromagnética, 226
    e primeira lei da termodinâmica, 115-116, 823-824
    hidratação, 520, 533
    ionização, 312-316, 353

lei da conservação da, 20
mecânica, 19
potencial, (E_p), 19-20
radiante, 226
velocidade da, 227
reticular, 434-335, 439-441, 520
Energia de elétron nos átomos, 233-236, 245-248
Energia de ligação, 376-380
Energia de ligação nuclear, 902-904
Energia de ponto zero, 474
Energia eletromagnética, 226
Energia livre de Gibbs (G), 842-847
    definição, 844
    de reação, 852-854
    e equilíbrio, 845, 855-860
    e reações químicas, 852-871
    e tensão de cela, 871-902
    e transformação espontânea, 845-847
    padrão de formação espontânea (ΔG_{f_o}), 851-852
    tabela, 853, 1343-1349
Energia média de ligação, 378-380
Energia nuclear de ligação, 1254
Enstatita, 1087
Entalpia (H), 117-118, 829
    definição de, 829
    de formação, 128
    de reação, 126, 130-131
    de um elemento, 130
    e energia, 118, 829-832
    e processos a pressão constante, 118, 829-832
    tabela, 129, 1343-1349
Entropia, (S), 841-842
    e mudanças de fase, 847-848
    e probabilidade, 841-842
    e reações químicas, 850-851
    padrão absoluto, ($S°$), 848-849
    tabela de, 849, 1343-1349
Envenenamento de catalisadores, 671
Enxofre, 1002-1012
    compostos do, 1005-1012
    diagrama de fases, 1005
    formas alotrópicas do, 1003-1004
    ocorrência do, 1002
Enxofre amorfo, 1004
Enxofre monoclínico, 1003
Enxofre ortorrômbico, 1003
Enxofre plástico, 1004
Equação (ões)
    balanceada, 72
    balanceamento por tentativas, 72-74
    conversão de unidades, 34, Apêndice B
    de estado, 163
        para o gás ideal, 163
        para o gás real, 190-192
    escrevendo, 577-585
    iônica, 574-575
    para reações de óxido-redução, 594-604
    química, 71-72
    significados de, 74-75

termoquímica, 117-132
Equação de Clausius-Clapeyron
    e a equação de van't Hoff, 705
    equilíbrio líquido-gás e, 466
    equilíbrio sólido-gás e, 484
Equação de Henderson-Hasselbalch, 770
Equação de Nernst, 905-907
Equação de onda, 272
Equação de Rydberg, 231
Equação de Shrödinger, 272
Equação de van der Waals, 190-192
Equação de van't Hoff, 53
    e equação de Clausius-Clapeyron, 705
    e o princípio de Le Châtelier, 704-707
Equação(ões) de velocidade, 632-634
Equação iônica líquida, 574, 577-585
Equação nuclear, 1237-1238
Equações de Maxwell Boltzmann, 652
Equilíbrio, 456-463, 682-714
    abordagem do, 684-685
    ácido-base, 723-781
    cinéticos e, 698-701
    deslocamento do, 686-689
    efeito de temperatura em, 703-707
    Energia livre de Gibbs e, 855-860
    e termodinâmica, 854-859
    heterogêneo, 702-703
    homogêneo, 682-698
    íon complexo, 801-809
    lei de, 689-698
    líquido-gás, 457-459
    princípio de Le Châtelier e, 480-482, 686-689
    químico, 682-714
    sólido-gás, 484-485
    sólido-líquido, 470-474, 483-484
    solubilidade, 788-797
    tensão de cela e, 855-860
Equilíbrio dinâmico, 458
Equilíbrio químico, 682-714
    ácido fraco, 723-735
    base fraca, 735-740
    abordagem do, 684-685
    em soluções aquosas, 723-817
    enunciado de, 694
    e princípio de Le Châtelier, 686-689
    equilíbrio ácido-base, 723-781
    e temperatura, 703-707
    e termodinâmica, 855-860
    homogêneo, 682-689
    lei do, 689-698
Equilíbrios simultâneos
    ácido sal, 778-779
    ácidos polipróticos, 725-726, 778
    mistura de ácidos fracos, 775-778
    solubilidade e íons complexos, 809-811
Equivalência massa-energia, 1254-1257
Equivalente
    ácido-base, 607
    redox, 609-611
Escala de temperatura absoluta, 146
Escala de temperatura Celsius, 21, 145

Escala de temperatura Fahrenheit, 22
Escala de temperatura Kelvin, 145
Escândio, 1102
Escória, 1147
Esfarelita, 1002
    estrutura da, 433
Esfera de hidração, primeira, 533
Esmeralda, 1057
Espatoflúor, 989
Espectro contínuo, 228-229
Espectro de linha, 229-231
Espectro eletromagnético, 226-227
Espectrocopia
    atômica, 227-232
Espectrômero de massa, 221
Estabilidade nuclear, 1249
    cinturão de, 1249
Estado da matéria, 10
    transformação do, 474-494
Estado de oxidação, 586
Estado excitado, 233
Estado fundamental, 233
Estado padrão, 128
Estados de transição, 663
Estanato, íon, 1074
Estanho, 1073-1075
    análise qualitativa do, 1074
    composto do, 1073-1075
    formas alotrópicas do, 1073
    usos do, 1073
Estanho, γ, 1073

Estanho branco, 1073
Estanho cinza, 1073
Estanho rômbico, 1073
Estequiometria, 52-100
    ácido-base, 89-90, 604-613
    ácido fraco, 723-735
    base fraca, 735-740
    composto, 52, 65-71
    equação, 52
    fórmula, 52, 65-71
    gás, 184-188
    periodicidade na, 334
    reação, 52, 74-83
    redox, 609-611
    solução, 83-92, 604-613
Éster, 1215-1217
    propriedades e usos, 1216
Estereoisomerismo, 1132
    cis-trans, 1132, 1136, 1188
    enantiomerismo, 1121, 1133, 1138
    fac-mer, 1136
Estereoquímica
    de complexos, 1132-1138
Estrôncio, 1056-1066
Estrutura cristalina
    antifluorita, 433
    argônio, 421
    arseneto de níquel, 433
    blenda de zinco, 433
    carbeto de silício, 55-57
    cloreto de sódio, 421

diamante, 1029-1030

dióxido de carbono, 54-55

esfarelita, 433

etileno, 421

fluorita, 433

grafita, 1029-1031

sal de cozinha, 1050

Estrutura de gelo, 985

Estrutura de Lewis

    de composto iônico, 347-350

    de íons, 346-347

    e ligações covalentes, 359-364

    para átomos, 343-345

    regras para escrever, 359-364

    Método de Clark, 1334-1338

Estrutura de Lewis para íon cianato, 383

Estrutura de proteína primária, 1227

Estrutura de proteína quaternária, 1228

Estrutura de proteína secundária, 1227

Estrutura de proteína terciária, 1228

Estrutura quiral, 1134

Estudando química, 3-4

Etano, 1173-1174

    estrutura de Lewis para, 363

Etanol, 1198-1199

Etapa determinante da velocidade, 666

Etapa limitante de velocidade, 666

Eteno (etileno), 1185

    célula unitária, 421

    estrutura de Lewis para, 932

    ligação em, 932, 1185

Éter dietílico, 1204

Éter dimetílico, 1204

Éteres, 1025-1203

    formação de peróxidos explosivos por, 1204

    propriedades de, 1204

    reações de, 1205

Etilenoglicol, 1200

Etino (acetileno), 1188

    estrutura de Lewis para, 366

Evaporação, 455-456

    resfriamento por, 456

Expansão da camada de valência, 385, 1334-1338

Expansão livre, 195

Exatidão, 23

Experimento da gota de óleo, 211

Experimento de Davisson-Germer, 264, 272

Experimento de Stern-Gerlach, 246

Experimentos em tubos de descarga, 206-213

Explosão nuclear, 1257

Expressão da lei da ação das massas (Q)

    para reações heterogêneas, 702-703

    para reações homogêneas, 689-690

F

F (faraday), 892

F centro, 442

F (constante de faraday), 902-903, 1301

Faculdade Oberlin, 1067

Faraday, Michael, 208

Fase, 11-12
Fator de freqüência (A), 657
Fator de probabilidade (p), 654
Fator estérico (p), 653
Fator unitário, 36-40
Feldspato, 1086, 1088
Fenolftaleína, 761-767
Ferricianeto, íon, 1112, 1151
Ferro, 1146-1152
    análise qualitativa do, 1152
    cinza, 1147
    compostos do, 1150
    corrosão do, 1148
    fundido, 1147
    gusa, 1147
    metalurgia do, 1146-1147
    ocorrência do, 1146
    passivação do, 1147
    pirofórico, 1103
    proteção contra, 1150
    ranço, 881
Ferro forjado, 1147
Ferrocianeto, íon, 1151
Ferromagnetismo, 1147-1148
Ferropirofórico, 1103
Ferrugem, 1148
Fissão espontânea, 1241
Fissão nuclear, 1241, 1252
Fissão nuclear, 1252-1254
    produto de fissão, 1253
Fluido, 989-991

Flúor, 989-991
    estrutura de Lewis para a molécula, 372
    ligação na molécula, 930, 961
    ocorrência, 989
    reações de, 990
Fluorapatita, 989
Fluoreto, 989
    estrutura cristalina, 433
Fluoreto de cálcio, estrutura cristalina, 433
Fluoreto de hidrogênio, 990
    ligação na molécula, 929-930
    estrutura de Lewis para, 360, 373
Fluoreto de oxigênio, 985
Fluorita, 989
Força de eletrólito, indicação para, 581-582
Força eletrostática, 343
"Força vital", 1171
Forças de dispersão, 435
Forças de London, 435-436
Forças de van der Waals, 435
Forças dipolo-dipolo, 435
Formação
    calor de, 128
    energia livre de Gibbs padrão de (ΔG_f°), 851-852
    padrão, (ΔH_f°), Tabela, 129, 1343-1349
    tabela, 853, 1343-1349
Formação de bolhas em líquidos em ebulição, 462
Formaldeído, 1205, 1206
Fórmula estequiométrica, 52, 65-71
    periodicidade em, 334

Fórmula química, 11, 53-57
    condensada, 1173
    empírica, 55-56
    estrutural, 57
    mínima, 55
    molecular, 54-55, 70-71
    significado de, 65-66
Fórmula unitária, 59
Fosfato de sódio, 1028
Fosfato trissódico, 1028
Fosfatos, 1028
Fosfitos, 1028
Fósforo, 1024-1028
    branco, 1024-1026
    compostos de, 1026-1028
    ocorrência do, 1024
    óxidos de, 1026
    oxoácidos de, 1026-1028
    preto, 1026
    vermelho, 1025-1026
Fosgênio, 1036
Fotocela, 1055
Fotodiodo, 446
Fóton, 232-233, 261
Fotossíntese, 1261
Fração molar (X), 506-507
Frâncio, 1049-1055
Freqüência, (v), 225
Freqüência de colisões (Z), 651
Frutose, 1223-1224, 1225
Função de onda, 274

Fusão do ferro, 1147
Fusão nuclear, 1258

G

Galena, 1002
Gálio, 1072
Gama, (γ) raio, 214
Galvanização, 1149
Galvanização com estanho, 1073
Gás de água, 975
Gás de Marsh, 1183
Gás(es), 10, 141-197
    densidade, 166
    estequiometria, 184-188
    ideal, 141
    real, 188-196
Gas(es) reais, 188-196
    equação de estado para, 190-193
    teoria cinético-molecular e, 193-194
Gás hilariante, 1020
Gás ideal, 141, 147, 154, 160
    volume molar do, 165
Gás nobre, 254, 298, 331, 1037-1039
Gasolina com chumbo, 1075
Gasool, 1200
Gay Lussac, Joseph, 152
Geiger, H., 213
Gelo seco, 484
Geometria molecular
    e método VSEPR, 384-394

    e orbitais híbridos, 933-947
    e pares solitários, 385
    e polaridade da molécula, 396-398
Gerlach, Walther, 245
Germânio, 1090
Germer, L.H., 263
Gesso, 1062, 1065
Glicerídeos, 1217
Glicerol, 1201
Glicose, 1223-1225
Glioxima dimetílica, 1155
Goldstein, E., 212
Gordura, 1217
Gráfico de primeira ordem, 641
Gráfico de segunda ordem, 647
Grafita, 132, 1029-1033
Graham, Thomas, 172-173
Grupo (em tabela periódica), 299-300
Grupos A (tabela periódica), 299
Grupo alquila, 1177-1178
Grupos B (tabela periódica), 300
Grupo carbonila, 1205
Grupo carboxila, 1212
Grupo de transição (tabela periódica), 300
Grupo funcional, 1196-1197
Grupo hidrófilo, 1218
Grupo hidrófobo, 1218
Grupo principal (tabela periódica), 299
Grupo representativo (tabela periódica), 299
Guldberg, Maximilian, 694n

H

h (constante de Planck), 232-233
H (entalpia), 117-118, 829
Haber, Fritz, 354
Háfnio, 1103
Haleto, 988
Haleto alquílico, 1202
Haletos de enxofre, 1011-1012
Halita, 991, 1050
Hall, Charles Martin, 1067-1068
Halogênios, 299, 329, 988-1001
Heisenberg, Werner, 244
Hélio, 1037-1038
    molécula diatômica hipotética, 955-956
Hematita, 1146
Hemoglobina, 1034, 1227
Héroult, Paul, 1068n
Hexaóxido de tetrafósforo, 1026
Hexose, 958-959
Híbrido de ressonância, 369-370
Hidratação, 520, 553
    água de, 986
Hidrato, 986
Hidrazina
    estrutura de Lewis para, 364
Hidreto de berílio, ligação no, 936-938
Hidretos, 976
    covalente, 976
    iônico, 976
    metálico, 976-977

Hidretos de boro, 1083-1086
Hidrocarboneto insaturado, 1173, 1185
    propriedades, 1188
    reações, 188
Hidrocarboneto normal, 1173
Hidrocarboneto saturado, 1173
    propriedades de, 1182-1183
    reações de, 1183-1184
Hidrocarbonetos, 1173
    aromáticos, 1191
    "cadeia linear", 1173
    cadeia ramificada, 1175
    insaturados, 1173, 1184
    halogenados, 1185
    normal, 1173
    saturados, 1173
Hidrocarbonetos aromáticos, 1191
    fontes, 1194
    propriedades dos, 1194
    reações, 1195
Hidrocarbonetos halogenados, 1184
Hidrocarbonetos ramificados, 1175
Hidrogênio, 329, 971-977
    compostos de, 975-977
        distância de ligação de, 356-357
    elementar, 971-972
        energia de dissociação de ligação de, 358, 376
    estrutura de Lewis para, 359
    isótopos de, 219-220, 972
        ligado em, 356-358, 928-929, 955

    molécula de
        preparação de, 973-975
Hidrogênio, íon, 554
Hidrogênio frágil, 977
Hidrogeniocarbonatos, 1035
Hidrogenofosfato, 1028
Hidrogenofosfitos, 1028
Hidrogenofosfonado, 1028
Hidrogeno-molécula íon, 956
Hidrólise, 745-757
    ânion, 745-751
        constantes para, 748-751
    cátion, 751-757
        constantes para, 752-753
    de sais, 756-757
    e pH, 755-756
    mecanismo de, 753-755
Hidrólise do ânion, 745-757
    constantes, 748-751
Hidroxiapatita, 990
Hidroxi-compostos, 332-334
Hidróxido de alumínio, 1070
Hidróxido de amônio, 736-737, 1018
Hidróxidos, 982
Hidroxilamina
    estrutura de Lewis para, 1019
Hidroxilamônio, íon, 1019
Hipobromito, íon, 997
Hipoclorito, íon, 995-996
    estrutura de Lewis para, 363, 996

Hipoidito, íon, 1000

Hipótese, 6

I

Imagem especular, 1133-1134

Impulso, 188

Indicadores ácido-base, 90, 757-768
    tabela de, 762

Índio, 1072

Inércia, 8

Influência da concentração
    na tensão de cela, 904-905
    nas velocidades de reação, 633-634

Influência da velocidade de reação com a temperatura, 657-662

Inibidor, 670

Insolubilidade, 573

Insulina, 1227

Intermediários de reação, 666

Interstício, 505

Interstícios reticulares, 442

Inversão da molécula de amônia, 1018

Iodato, íon, 1000

Iodo, 998-1000
    ácidos oxigenados de, 999-1000
    tintura de, 998

Íon(s), 89, 213
    complexos, 571, 801-809, 1106-1111
    em solução aquosa, 553-555
    estrutura de Lewis dos, 346-350
    hidratação de, 553
    negativo(s), 213
    positivo(s), 213

Íons complexos, 571, 575, 1106-1111
    alto spin, 1117, 1120-1121
    baixo spin, 1117, 1120-1121
    bipirâmide tetragonal, 1154
    cor de, 1106, 1125-1126
    dissociação de, 802-807
    estereoisomerismo em, 1133-1134
    cis-trans, 871, 1133
    enantiomerismo, 1133-1134, 1221-1222
    fac-mer, 1136
    ligações em, 1112-1132
    linear, 1132
    nomenclatura dos, 1108-1111
    números de coordenação em, 1132-1138
    octaédrico, 1113-1116, 1136-1138
    ótica, 1133
    propriedades espectrais dos, 1125-1127
    propriedades magnéticas dos, 1123-1124
    quadrado planar, 1115-1116, 1132-1133, 1154
    teoria do campo cristalino, 1117-1122
    teoria do campo ligante, 1129-1132
    teoria dos orbitais híbridos, 1112-1117
    teoria dos orbitais moleculares, 1129-1132
    tetraedro, 1116-1117

Íon de carga oposta, 343

Íon espectador, 582

Ionização de eletrólitos, 543n
Irídio, 1103, 1155
Isomeria
    cis-trans, 1188
    de cadeia, 1181
    de estrutura, 1181
    enantiomeria, 1133-1134, 1221
    estereoisomeria, 1133-1134
    fac-mer, 1136
    ótica, 1133
Isomeria cis-trans
    em alcenos, 1188
    em íons complexos, 1133, 1136
Isomeria ótica
    em compostos inorgânicos, 1221-1222
    em íons complexos, 1133-1136
Isômero, 1133
Isótopo, 219-220
Ítrio, 1102
IUPAC, 1306

J

J (joule), 32, 112
Jadeíta, 1087
Joule, (J), 32

K

k (constante de velocidade), 634
K (constante de equilíbrio), 691-698
K_a (constante de dissociação de ácidos), 723
K_{diss} (constante de dissociação), 723-805
Kelvin (K), 31, 145-146
kg (quilograma), 31
K_{hid} (constante de hidrólise), 748-750
kJ (quilojoule), 112
K (Kelvin), 31
K_{ps} (produto de solubilidade), 789
K_w, (constante de dissociação da água), 741

L

Lama do ânodo (borra), 1156
Lâmpada negra, 1259
Lantânio, localização na tabela periódica, 300n
Lantanóide, 300, 300n
Latões, 1156
Lavoisier, A. L., 16, 1014n
Le Châtelier, Henry, 478
Lei da composição definida, 17, 207
Lei da conservação da massa, 16, 207
Lei da conservação de energia, 20
Lei das proporções definidas, 17
Lei de Boyle, 5, 146-152, 182
Lei de Charles, 152-159, 182
Lei de Dalton das pressões parciais, 167-169, 182-183
Lei de Gay Lussac da combinação dos volumes, 160
Lei de Graham, 172-177
Lei de Henry, 524-525

Lei de Hess, 126-127
Lei de Mariotte, 147n
Lei de Raoult, 527-532
    desvio da, 532-533
Lei do equilíbrio químico, 694
Lei do gás ideal, 160-167, 184
Lei natural, 5
Lei periódica, 296-299
    descoberta, 296-297
    descrição moderna da, 298-299
Lei(s) da termodinâmica, 822
    primeira, 115, 823-829
    segunda, 832-842
    terceira, 848-849
Leis de Faraday, 208, 892-894
Leis de Graham da difusão e efusão, 172-177
Levógiro, 1221
Ligação covalente, 355-369
    coordenada, 366, 1107
    e estruturas de Lewis, 359-366
    e orbitais híbridos, 933-947
    normal, 366
    teoria e ligação de valência (VB) 927-932
    teoria e orbital molecular (MO), 927, 948-963
Ligação de hidrogênio, 513-516
    em água, 513-515
    em soluções água-álcool, 516
    no gelo, 985
    simétrica e não-simétrica, 515
Ligação de três centros, 1083

Ligação dupla, 365, 931
Ligação iônica, 342-355
    energia na, 350-355
    estruturas de Lewis e, 347-350
Ligação não-polar, 372
Ligação peptídica, 1227
Ligação pi (π), 931
Ligação polar, 372-373
Ligação química, 53, 341-402
    coordenada, 366
    covalente, 355-369, 927-964
    iônica, 342-355
    múltipla, 365-366
    não-polar, 372
    normal, 366
    pi (π), 931
    polar, 372-373
    sigma (σ), 928
Ligação simples, 928
Ligação σ, 931
Ligação sigma (σ), 928
Ligação tripla, 931
Ligações, 341-402, 927-964
    covalentes, 355-369, 927-964
    em complexos, 1112-1132
    em sólidos, 434-439
    iônicas, 342-355
    metálicas, 437-439
    múltiplas, 930-932
Ligância, 1107
Ligante, 576, 1107

polidentado (multidentado), 1136

Ligante de campo forte, 1121

    e a série espectroquímica, 1126-1127

Ligante de campo fraco, 1121

    e a série espectroquímicas, 1126-1127

Limonita, 1146

Líquido, 417

Líquido associado, 514

Líquido(s), 10, 454-474

    associados, 514

    propriedades gerais dos, 454-455

    superaquecimento do(s), 461-463

Lítio, 1049-1055

    molécula diatômica de, 957

L (litro), 33, 141

l (número quântico azimutal), 286

Lobo, orbital, 280

Logaritmos, Apêndice D-3

London, Fritz, 435

Lowery, T. M., 566

Lutécio, 1103

M

m (metro), 32

m (molalidade), 509-510

m_l (número quântico magnético), 287

mL (mililitro), 33, 141

mmHg (milímetro de mercúrio), 142

m_s (número quântico de spin), 287

M (molaridade), 508-509

Magnésio, 1056-1066

Magneson, 1062

Magnetita, 1146

Manganato, íon, 1146

Manganês, 1144-1146

    compostos de, 1144-1146

    propriedades e usos, 1144

Manômetro, 143-144

Mariotte, Edme, 146

Marsden, E., 214

Massa, 8

    atômica, 58-59

    crítica, 1257

    e energia, 16n, 1254

    de fórmula, 59

    lei da conservação da, 16, 207

    molecular, 59

Massa atômica, 58-59, 221-223

Massa crítica, 1257

Massa de fórmula, 59

Massa equivalente, 608

Massa molecular, 59

    e abaixamento da pressão de vapor, 529-531

    e densidade do gás, 540-542

    e diminuição do ponto de congelamento, 536-538

    e elevação do ponto de ebulição, 533-536

    e pressão osmótica, 540-542

    e velocidade de efusão de um gás, 175-176

Matéria, 8-10
    classificação da, 14
    microestrutura da, 53-55
    tipos de, 10-14
Matéria viva, 1227
Max, Born, 354
Maxwell-Boltzmann, distribuição de, 657
Maxwell, James Clerk, 652
Mecânica, 243-244
    falhas na mecânica clássica, 243-244
    quântica, 243
Mecânica quântica, 243
Mecanismo de dissolução, 511-513
Mecanismo(s) de reação, 631, 666-667
Meia-vida, 643, 1244
Mendeleev, Dimitri, 296
Mercúrio, 1160-1162
    amálgamas, 1160
    formação de sais fracos de, 1161
    poluição ambiental causada pelo, 1162
    propriedades e usos do, 1160
    toxicidade, 1160, 1161
Metaboratos, 1083
Metais, 322-328, 437-439
    brilho dos, 438
    condutividade dos, 437
    de transição, 1099-1164
    na tabela periódica, 322-328
    representativos, 1049-1078
Metais alcalinos, 298, 326-327, 1049-1055
    análise qualitativa dos, 1054-1055
    compostos dos, 1054-1055
    energias de ionização dos, 1051
    potenciais padrão de redução dos, 1051
    preparação dos, 1050-1051
    reações dos, 1051-1054
    testes de chama dos, 1055
    usos dos, 1055
Metais alcalino-terrosos, 302, 327, 1056-1066
    análise qualitativa dos, 1062
    compostos dos, 1060-1062
    energias de ionização dos, 1058-1060
    potenciais padrão de redução dos, 1059-1060
    preparação dos, 1057-1058
    reações dos, 1058-1060
    testes de chama dos, 1062
    usos dos, 1065-1066
Metais da família da platina, 1155
Metais de pós-transição, 325
Metais nobres, 298
Metalóides, 321, 1049-1078-1092
Metanal, 1206
Metano, 1173-1174
    estrutura de Lewis do, 361, 934
    estrutura tetraédrica do, 933-935, 941-942
    ligação no, 941-942
Metanol, 1198-1199
Metassilicatos, 1087
Metilbenzeno, 1193
Método científico, 4-7
    método da meia-vida (cinética)

para reações de primeira ordem, 646

Método da repulsão dos pares eletrônicos da camada de valência (VSEPR), 384-394

Método da velocidade inicial

para reações de primeira ordem, 635-640

para reações de segunda ordem, 644-645

Método de Clark para escrever as estruturas de Lewis, 1334-1337

Método gráfico (cinética)

para reações de primeira ordem, 635-640

para reações de segunda ordem, 644-645

para reações de ordem zero, 649-650

Método LCAO, 949

Metro (m), 31

Meyer, Lothar, 296

Micas, 1086-1089

Mililitro (mL), 33, 141

Milímetro de mercúrio (mmHg), 142

Millikan, Robert A., 211-212

Mistura, 10-12

Mistura heterogênea, 12-15

Mistura homogênea (solução), 12

Modelo

bolas e varetas, 54

espacial, 54

Modelo bolas e varetas, 54

Modelo de Laue, 412

Modelo de preenchimento, 54

Modificações estruturais por irradiação, 1262-1263

Mol (mol), 31, 61, 93

Molalidade (m), 509-510

Molaridade (M), 84, 508-509

Molécula

estrutura da, 943-944

estrutura de Lewis da, 361, 366, 384

inversão da, 1018, 1019

ligação na, 943-944

soluções aquosas da, 736-737, 1019

soluções de metais na, 1017-1018, 1054

Molécula(s), 53

formas da(s), 36, 394

ímpar(es), 1020-1021

polaridade da(s), 394-400

Molécula não-polar, 395

Molécula polar, 394-400

Molecularidade, 650-651

Moléculas diatômicas heteronucleares, 963

Moléculas diatômicas homonucleares, 234

Moléstia do estanho, 1073

Molibdênio, 1102

Momento, 244n

Momento de dipolo, 395-396

Momento dipolar, 395-396

Monossacarídeo, 1223

Monóxido de carbono

como um ligante, 1033

estrutura de Lewis para, 1033

na carboxiemoglobina, 1034

propriedades do, 1033

Movimento de onda, 225-227

Muscona, 1210

N

Não-eletrólito, 543
Não-metal, 320, 328-332
Naftaleno, 1194
Nagaoka, H. 215
Neônio, 1037-1038
    molécula diatômica hipotética do, 963
Nernst, Walther, 905
Neutralização, 89-90, 564, 763
Nêutron, 217
Newton (N), 32
N-nitrosoamina, 1220
Nicholson, William, 208
Nióbio, 1102
Níquel, 1153-1155
    compostos do 1154-1155
    em deposição tripla, 1153
    preparação pelo processo de Mond, 1152
    propriedades e usos, 1153
Nitrato, íon
    estrutura de Lewis do, 394, 1023-1024
    teste do anel castanho para o, 1023
Nitratos, 1015, 1023
Nitreto de boro
    cúbico (borazon), 1086
    hexagonal, 1085
Nitreto de lítio, 1054
Nitreto de sódio, 1014-1015
Nitreto, íon, 1016
Nitrito, íon
    estrutura de Lewis, 1021
Nitritos, 1015
Nitrogênio, 1014-1024
    compostos de, 1016-1024
    elementar, 1014-1016
    habilidade oxidante do, 1020
    ocorrência, 1014-1015
    preparação do, 1015
Nó, 277
    angular, 280
    esférico, 277
    planar, 280
    radial, 277
Nó angular, 270, 280
Nó esférico, 277
Nó planar, 280
Nó radial, 277
Nobre, 254
Nome trivial, 1303-1304
Nomenclatura inorgânica, 1304-1322
Nomenclatura química, 1303-1329
Normalidade (N), 608-609
Notação científica, 22
Notação espectroscópica, 251
Notação exponencial, 23-24
Núcleo atômico, 217
    composto, 1247
    energia de ligação do, 1255-1257
    estabilidade do, 1249
Núcleo composto, 1247
Nucleófilo, 1202

Núcleon, 217

Nuclídeo filho, 1238

Nuclídeo pai, 1238

Número atômico (Z), 219

Número de Avogadro, 61-62

Número de coordenação, 1107

Número de hidratação, 553

Número de massa (A), 219

Número de oxidação, 586-589

    comparação com as cargas formais, 587

    obtenção a partir das estruturas de Lewis, 588

    obtenção por meio de regras, 588-589

Número estérico, 385

Número localizador, 1176

Número quântico azimutal (l), 286

Número quântico de spin, (m_l), 287

Número quântico magnético, (m_l), 287

Número quântico principal (n), 248, 285-286

Número(s) quântico(s), 285-290

    azimutal (l), 286

    magnético (m_l), 287

    nó e, 288-290

    principal (n), 248, 285-286

Números aproximados, 23-24

Nuvem de carga eletrônica, 275

O

Observações em ciência, 4

Observações qualitativas, 4-5

Octaedro, 388

Octano, 1174

Octeto de elétrons, 304

Óleo, 1216-1217

Oleum, 1009

Olivina, 1087

Onda

    corrente, 265

    de água, 226

    eletromagnética, 225-227

    estacionária, 265-272

Onda eletromagnética, 227

    velocidade de, 226

Onda estacionária, 265-272

    antinó em, 268

    bidimensional, 265-271

    modos de vibração, 269

    nós em, 270

    quantização em, 271

    tridimensional, 272

    unidimensional, 265-269

    modos de vibração, 265-267

    nós em, 268

Ondas correntes, 265

Opalina, 1087

Operações matemáticas

    algarismos significativos, 25

    análise dimensional, 28

    equações lineares, 1330-1331

    logaritmos, 1332-1333

notação exponencial, 22
Orbital antiligante, 949
Orbital d, 282-283, 1113
Orbital deslocalizado, 1029-1030, 1193
Orbital f, 242, 283-284
Orbital π, 950
Orbital s, 274
Orbital σ, 950
Orbital(is)
    σ, 950
    σ^*, 950
    π, 950
    π^*, 950
    antiligante(s), 949
    atômico(s), 245
    energias do(s), 951-953
    formas do(s), 948
    híbrido(s), 933-947
    ligante(s), 949
    molecular(es) 948-963
Orbitais híbridos, 933-947, 1113-1117
Orbitais ligantes, 949
Orbitais moleculares, 948-963
    antiligantes, 949
    energias dos, 951-953
    ligantes, 949
    preechimento dos, 954-963
Orbitais não-ligantes, 1131
Ordem de ligação, 956
Ordem de reação, 634
    determinação da, 635-650

Ortoclásico, 1088
Ortossilicato, íon, 1086
Ósmio, 1103, 1129
Osmose, 539
    inversa, 542-543
Ouro, 1103
Ouro dos tolos, 1145
Oxidação, 592
Óxido ácido (anidrido), 981
Óxido anfótero (anidrido), 980
Óxido básico, 980
Óxido de dinitrogênio
    estrutura de Lewis, 1020
    propriedades de, 1020
Óxido fosfórico, 1025
Óxido fosforoso, 1025
Óxido nítrico
    configuração eletrônica MO do, 1020
    estrutura de Lewis para o, 1020
    formação do, 1020
Óxido de nitrogênio
    configuração eletrônica MO para o, 1020
    estrutura de Lewis para o, 1020
    formação do, 1020
Óxido nitroso
    estrutura de Lewis para o, 1020
    propriedades do, 1020
Óxidos, 980-981
Oxigênio, 331, 977-985
    alotropia do, 977-978

composta de, 980-985

dioxigênio, 977-978

elementar, 977-989

estrutura de Lewis para o, 368-369, 978

geometria e ligação, 368-369, 978

ligação, 368-369, 978

ligação no, 961, 977-978

paramagnetismo do, 978

preparação do, 979-980

tetraoxigênio, 978

trioxigênio (ozônio), 978-979

Oxihemoglobina, 1034

Oxoácidos, 982

Oxônio, íon, 554-555

Ozônio, 979

    estrutura de Lewis do, 368-369, 978

    geometria e ligação, 368-369, 978

P

Paládio, 974, 1155

Paralelepípedo, 417

Paramagnetismo, 247, 1123

Par compartilhado, 358

Par conjugado ácido-base, 567

Par de elétrons, 570

Par iônico, 343

Pares solitários, 359

Pascal, Blaise, 142n

Pascal (Pa), 32, 142

Passivação dos metais, 1177

Pauling, Linus, 374

Pechblenda, 1057

Pedra, 1086

Pedra de limpeza, 1003

Pedras de ebulição, 463

Pedras de ebulição, politetrafluoroetileno, 463

Peltro, 1073

Pentacloreto de fósforo

    estrutura de Lewis para o, 367

Pentano, 1174

Pentóxido de diodo, 999

Pentóxido de fósforo, 1026

Peptídeo, 1227

Perbromatom, íon, 997

Percentagem em massa (% em massa), 67, 510

Percentagem em mol (mol%), 507

Perclorato, íon

    estrutura de Lewis para o, 996

Periodicidade nas propriedades físicas, 320-322

Periodicidade nas propriedades metálicas, 322-334

Periodicidade química, 296-336

Período (na tabela periódica), 300

Permanganato, íon, 1145

Peróxido de cromo, 1143

Peróxido de hidrogênio, 982-984

Peróxido de sódio, 1053

Peróxidos, 982-984, 1053

    explosivos, obtenção a partir de éteres, 1205

Peso, 8
pH, 743-745
    de soluções de sais, 756-757
    indicadores e, 758-761
    hidrólise e, 755-756
    medida eletroquímica do, 909-912
pH metro, 911-912
Pi (π), 950
Pilha de Leclanché, 913
Pilha seca, 913
Pinturas anti-ferrugem, 1148
Pipeta, 86
Pirâmide tetragonal, 1038-1039
Pirâmide trigonal, 385-389
Piritas de ferro, 1002, 1146
Piroxenos, 1087
Pirolusita, 1145
Pisossilicato, íon, 1087
pK, 744
Planck, Max, 232, 261
Plaster de Paris, 1065
Platina, 1103, 1155
Pnicogênio, 78
Polaridade de ligação, 372-376
Polarímetro, 1135
Polarizabilidade, 513
Polimorfismo, 492-493
Poliol, 1200
Polissacarídeos, 1225
Polissulfeto, íon, 1006

Ponte salina, 872
Ponto crítico, 485
Ponto de congelamento normal, 471
Ponto de congelamento (T_c), 471
Ponto de ebulição, 459
Ponto de ebulição normal, 459
Ponto de equivalência, 90, 761
Ponto final, 767
Ponto de fusão (T_{fus}), 471
    periodicidade no, 320
Ponto de fusão normal, 471
Ponto triplo, 145, 485, 489
Potassa cáustica, 1055
Potássio, 1049-1055
Potencial de decomposição, 700
Potenciais padrão de eletrodo, 894-902
    Tabela de, 898, 1359-1363
Potencial de junção líquida, 872
Potencial de ionização, 312*n*
Potencial de oxidação, 896
Potencial(is) de eletrodo padrão, 894-902
    tabela, 897
Potencial(is) padrão de redução, 896-902
    tabela, 898
Potencial(is) de redução, 896
    padrão, Tabela, 898
Povidona, 998
Prata, 1158
    compostos de, 1158
    propriedades e usos, 1158

Precipitação, 572-574, 798, 801
    de sulfetos insolúveis, 812-816
    previsão de, 799-801
Precisão, 23, 27
Prefixos métricos, 33, 1299-1300
Pressão, 32, 142
    de vapor, 170
    osmótica, 538-542
    parcial, 169
Pressão crítica (P_c), 486
Pressão de sublimação, 484-485
Pressão de vapor, 458
    abaixamento, 526-527
    da água, 169
    Tabela, 171, 1339-1342
    variação com a temperatura, 463-470
Pressão no estado padrão, 128
Pressão osmótica, 538-542
Pressão parcial, 167
Primeira esfera de hidratação, 553
Primeira lei da termodinâmica, 116, 823-824, 842
Princípio da incerteza de Heisenberg, 244-245
Princípio de Avogadro, 161
Princípio de exclusão de Pauli, 288
Princípio de Le Châtelier
    efeito do íon comum e, 732, 793-797
    equação de Nernst e, 905
    equação de van't Hoff e, 704-707
    equilíbrio físico e, 478-480
    equilíbrio químico e, 686-689

    e tensão de cela, 905
    grau de dissociação e, 547
    solubilidade e, 522-524
Princípio do gargalo, $666n$
Probabilidade
    e desordem, 835-842
    e entropia, 841-842
    termodinâmica, 840
Probabilidade, densidade do elétron, 274
Probabilidade termodinâmica (W), 841
Procedimento Aufbau, 252
Processo adiabático, 194
Processo Bayer, 1066-1067
Processo de contato, 1008
Processos elementares, 650
Processos energeticamente desfavoráveis, 352
Processos energeticamente favoráveis, 351
Processo Frasch, 1002
Processo Haber, 1016
Processo Hall, 1067-1068
Processo Héroult, $1068n$
Processo Mond, 1033, 1153
Processo Ostwald, 1022
Produto de reação, 15, 684
Produto de solubilidade (K_{ps}), 788-793
Produto iônico
    em equilíbrio de solubilidade, 795
    da água, 741
Propano, 53, 1173-1174
Propriedades ácido-base, 89
Propriedades atômicas

afinidade eletrônica, 316-320
eletronegatividade, 370-376
energia de ionização, 312-316
tabela, 375
raio atômico, 307-311
tendências periódicas nas, 307-320
Propriedades coligativas, 526
Propriedades magnéticas
de complexos, 1123-1124
diamagnetismo, 1123
ferromagnetismo, 1147
paramagnetismo, 247, 1123
Propriedades químicas, comportamento periódico, 322-334
Proteção catódica, 1150
Proteínas, 1014, 1226-1228
estrutura primária, 1227
estrutura quaternária, 1228
estrutura secundária, 1227
estrutura terciária, 1228
Prótio, 972
Próton, 217, 566
Pseudo-halogênio, 1035
Psi (ψ), 274
Putrescina, 1219

Q

q (calor absorvido pelo sistema), 112, 823
Quantização da energia do elétron, 233
Quantum, 261

Quartzo, 410, 1086, 1088
Quartzo fundido, 1088
Quelatos, 1136
Quilograma (kg), 33
Quilojoule (kJ), 112
Química de coordenação, 1107
Química descritiva, 969
Química orgânica, 1170-1229
Quimissorção, 669
Quociente de reação (Q)
para reações heterogêneas, 702-703
para reações homogêneas, 689-690

R

Radical livre, 1020
Rádio, 1056-1066
Radioatividade, 237-238, 1237-1241
aplicação da, 1260-1263
induzida (artificial), 1247
medida da, 1249
natural, 1237-1239
Radioatividade induzida, 1247
Radioatividade natural, 1237
Radônio, 1037-1038
Raio atômico, 307-311
Raio canal, 212
Raio (gama) (γ), 1237
Raios catódicos, 211-212
Raios x, 1237
Razão estequiométrica, 81

Razão nêutron-próton, 1249
Reação bimolecular, 651
    em fase gasosa, 651-655
    em solução líquida, 662
Reação controlada por difusão, 662
Reação de adição, 1189
Reação de cloração, 1195
Reação de desidratação, 1203
Reação de desidratação intermolecular, 1203
Reação de desidrogenação, 1201
Reação de eliminação, 1189
Reação de esterificação, 1214
Reação de formação, 127
Reação de hidrogenação, 1217
Reação de nitração, 1195
Reação de ordem fracionária, 649
Reação de ordem zero, 649-650
Reação de substituição, 1195
Reação de troca, 803, 1260
Reação direta, 685
Reação endotérmica, 126
Reação exotérmica, 126
Reação inversa, 685
Reação(ões)
    ácido-base, 89, 564-571
    balanceamento de equações de, 594-604
    de adição, 1189
    de adição nucleofílica, 1208
    de bromação, 1195
    de cloração, 1195
    de desidratação, 1203
    de desidrogenação, 1201
    de eliminação, 1189
    de esterificação, 1214
    de hidrogenação, 1217
    de hidrólise, 745-757
    de multietapas, 700-701
    de neutralização, 89-90
    de nitração, 1195
    de ordem zero, 649-650
    de ordem negativa, 649
    de óxido-redução, 592-604
    de precipitação, 572-574, 798-801
    de primeira ordem, 635-643
        meia-vida de, 643
    de segunda ordem, 644-648
        meias-vidas, 648
    de substituição, 1195
    de substituição nucleofílica, 1202
    de terceira ordem, 648
    de transferência de elétrons, 591-604
    de troca, 802, 1260
    elementar, 650
    endotérmica, 126
    exotérmica, 126
    formação, 127
    método da semi-reação, 602-604
    método do número de oxidação, 594-595, 598
    nuclear, 1247-1249
    ordem fracionária, 648
    redox, 592-594

termonuclear, 1259

tipos de, 578-581

unimolecular, 651, 655-656

Reações de terceira ordem, 648

Reações elementares, 650-651

Reações em multietapas, 700-701

Reações espontâneas, 868-874

Reações nucleares, 1247-1249

Reações nucleares em cadeia, 1257

Reações redox, 592-604

balanceamento de equações para, 594-604

Reação química, 15

Reação termita, 1073-1074

Reação termolecular (trimolecular), 651, 655-656

Reação termonuclear, 1259

Reação unimolecular, 651, 655-656

Reagente de Grignard, 1211

Reagente de magnésio, 1062

Reagente de Tollens, 1208

Reagente em excesso, 81

Reagentes, 15, 685

limitantes, 81

Reator nuclear, 1257

R (constante dos gases ideais), 161-165, Apêndice B

R (constante de Rydberg), 229-230, 1301

Receptor

par eletrônico, 570

próton, 566

Rede (grade) de difração, 264

Redução, 590

Reforma catalítica, 1195

Refração da luz, 277-278

Região de estabilidade, 1249-1250

Região extranuclear, 217

Regra da adição-subtração, 28

Regra da multiplicação-divisão, 29

Regra de Hund, 251, 1120

Regra de Markovnikov, 1190

Regra do octeto, 304

exceções, 367

Regras de solubilidade, 579

Reid, A., 263

Rênio, 1103

Repulsão de pares eletrônicos, 384-394

Repulsão entre pares, 384

Resfriamento

por evaporação, 456

por expansão de gás, 194-196

Resolução de problemas numéricos, 34-40

Ressonância, 368-369

Retículo, 429

Retículo cristalino, 416-423

cúbico de corpo centrado (ccc), 419

cúbico de face centrada (cfc), 419, 429

empacotamento denso cúbico (edc), 427-429

empacotamento denso hexagonal (edh), 427-429

empacotamento denso hexagonal duplo, 429

espaço, 416

Retículo espacial, 416

Retículo intersticial, 442

Retificador de estado sólido, 445

Ródio, 1102, 1155

Romboedro, 419

Röntgen, W., 1237

Rubi, 1070

Rubídio, 1049-1055

Rutênio, 1102, 1155

Rutherford, Ernest, 214, 223

Rutílio, 1139

S

σ (sigma), 950

s (segundo), 31-32

Sabão, 1217

Safira, 1070

Sal, 553

    fraco, 1076, 1161

Sangue, sistemas tampão no, 772-774

Saponificação, 1217

Segunda lei da termodinâmica, 832-842

Segundo (s), 31-32

Selênio, 1092

Semicélula, 871

Semicondutor, 445

Semicondutor tipo n, 445

Semicondutor tipo p, 445

Semiligação, 169

Semimetal, 321, 1049, 1078-1092

Semi-reação, 602, 870-871

Séries de Balmer, 231

Séries de decaimento radioativo

    traçadores radioativos, 1260

Séries de Lyman, 231

Séries de Paschen, 231

Série espectroquímica, 1126-1127

Shrödinger, Erwin, 272

Siderita, 1146

Sigma esqueleto, 1185, 1191

Silanos, 1086

Sílica, 1086, 1088

Sílica vítrea, 1088

Silicatos, 1086-1089

Silício, 1086-1089

    compostos de, 1086-1089

    ocorrência do, 1086

Silicona, 1086-1089

Silvita, 991, 1050

Símbolo químico, 10

Síncrotron, 1248

Sistema, 111

Sistema de unidades métricas, 31-34, 1297-1301

Sistema isolado, 841-842

Sistema oso-ico, 325

Sistema Stock, 325

Sobreposição de orbitais, 928

Sobreposição de orbitais atômicos, 928

Soda cáustica, 1055

Sódio, 1049-1055

Solda, 1073
Sólido(s), 408-447
    amorfo, 409
    atômico, 437
    covalente, 437
    cristalino, 409
    definição, 409
    formação dos, 353
    ideal, 411
    iônico, 434-435
    ligações nos, 434-435
    metálico, 437-439
    molecular, 435-436
    perfeito, 411
    propriedades do(s), 410
Solubilidade, 518
    definição, 518
    de sólidos iônicos, 788-797
    efeito do íon comum e, 793-797
    e pressão, 524-525
    e temperatura, 522-524
    precipitação e, 799-801
    regras de, 578-593
Solução(ões), 12, 502-556
    ácida(s), básica(s) e neutra(s), 332-333, 742-745
    calor de, 519
    concentrada, 87-88
    diluída, 87-88
    gás, 503
    ideal, 527, 532
    insaturada, 517, 797
    líquida, 504
    mecanismo de formação, 511-513
    propriedades gerais, 502
    saturada, 517, 798
    sólida, 504-505
    supersaturada, 518
    unidades de concentração, 84
Soluções aquosas, 543-555
    equilíbrio ácido-base em, 723-781
    equilíbrio de solubilidade em, 788-797
    reações em, 564-614
    tipos de, 578
Soluto, 84
Solúvel infinitamente, 519
Solvatação, 520
Solvente diferenciador, 570
Solvente(s), 83-84
    não-polar, 512
    polar, 512-513
Spin (m_s), 287
Spins antiparalelos, 247
Stern, Otto, 245
Subcamada, 247
    estabilidade de subcamada preenchida ou semipreenchida, 258
Subgrupo (tabela periódica), 300
Sublimação, 484-485
Sublimado corrosivo, 1161
Substância pura, 9
Substituição nucleofílica, 1202

Sucrase, 938
Sucrose, 938
Sulfato, íon, 1011
Sulfetos, 1005-1007
    de metais
        precipitação, 812-816
        solubilidades, 1005-1007
Sulfeto de hidrogênio, 1006
Sulfeto de zinco
    como fosforescente, 208
Sulfeto, íon, 1006
Superaquecimento, 461
Superfície-limite, 276
Superóxidos, 985, 1053
Super-resfriamento, 472-473, 476

T

T (temperatura), 21-22, 145-146
t_{2g}, subsérie de orbitais, 1118, 1129
Tabela, 792, 1353-1358
Tabela de constantes físicas, 1300-1301
Tabela periódica, 301, 303
Tabela periódica
    de Mendeleev, 296
    forma convencional, 303
    forma expandida, 301
    moderna, 299-302
Talco, 1086, 1089
Tálico, 1072

Tampão (solução tampão), 768-774
    em sistemas biológicos, 772-774
Tântalo, 1103
Tecnécio, 1102
Teflon, 463
Telúrio, 1092
Temperatura (T), 21, 145
    de inversão, 197
    unidades de, 21-22
Temperatura crítica (T_c), 486
Temperatura e pressão em condições normais (CNTP), 165
Tendência à desordem, 833-835
Tendência ao escape, 458, 526
Tensão, célula galvânica, 872
    espontaneidade, 877-878, 900
    sinal, 877-878
    variação da energia livre de Gibbs, 902-908
Tensão superficial, 455
Teoria, 6
Teoria cinético-molecular, 177-184
    e gases ideais, 184
    e gases reais, 193-194
    premissas, 178
    sucesso da, 182-184
Teoria da ligação de valência (VB), 927-932
    e íons complexos, 1112-1117
Teoria da velocidade absoluta de reação, 663-666
Teoria das colisões, 650-662
Teoria do campo cristalino, 1117-1122

Teoria do campo ligante, 1129

Teoria do estado de transição, 663-666

Teoria do orbital híbrido, relacionada com a teoria VSEPR, 946

Teoria dos orbitais moleculares (MO), 946, 963

    e íons complexos, 1129-1132

    e molécula diatmicas heteronucleares, 963

    e moléculas diatmicas homonucleres, 951-963

    método LCAO, 949

    ordem de ligação, 956

Terceira lei da termodinâmica, 848-849

Termodinâmica, 822-861

    e eletroquímica, 902-904

    e equilíbrio, 855-860

    primeira lei da, 116, 823-824, 842

    química, 822-861

    segunda lei da, 832-842

    terceira lei da, 848-849

Termoquímica, 101-136

Terra (termo alquímico), 1056

Terras raras, elementos, 300n

Terras raras, elementos pesados, 300n

Teste de anel para nitratos, 1023

Testes de chama, 1055

Tetracloreto de carbono, 1036

    estrutura de Lewis para o, 362

Tetraedro, 386, 388

Tetrafluoreto de enxofre

    estrutura de Lewis para, 385

Tetraóxido de dinitrogênio, 1020-1021

Thomson, G. P., 263

Thomson, J. J., 209, 213

Thortveitita, 1087

Tintura de iodo, 998

Tioacetamida, 1005

Tiocianato, íon, 1036

Tioestanato, íon, 1074

Tiossulfato, íon, 1010-1011

    estrutura de Lewis do, 1011

Titanilo, íon, 1140

Titânio, 1139-1140

    compostos de, 1139-1140

    propriedades e usos, 1139

Titulação(ões), 90, 757-768

    ponto de equivalência de uma, 761

    ponto final de uma, 767

Titulante, 761

TNT (trinitrotolueno), 1196

Tolueno, 1193

Torr, 143

Torricelli, Evangelista, 143n

Trabalho, 18-19

    de expansão, 825-829

    e primeira lei da termodinâmica, 116, 823

    realizado sobre o sistema (w), 112-114, 823-829

Trabalho mecânico, 19, 825

Traçador radioativo, 1260-1261

Transformação

    de estado, 474-477

física, 15
leis da, 16
química, 15
Transformação espontânea, 821, 833-835, 842-847
    e células galvânicas, 879-873
    e energia livre de Gibbs, 842-847
    em sistema isolado, 841-842
Transformação não-espontânea, 822, 833-835, 844-847
    e células galvânicas, 879-883
Transição d-d, 1125-1126
Transição proibida de spin, 1126
Transistor, 446
Transmutação, 1247
Tríade do ferro, 1153
Tridimita, 1086
Triestearato de glicerila, 1216
Triestearina, 1216
Tricloreto de arsênio, estrutura de Lewis para o, 385
Trifluoreto de boro, estrutura de Lewis para, 367
Trifluoreto de cloro, estrutura de Lewis para, 391
Trifosfato, íon
    estrutura de Lewis do, 1064
Triiodeto, íon, 999
Trióxido de enxofre, 1008-1010
    estrutura de Lewis para, 1009
Trióxido de fósforo, 1026
Trítio, 972
Tubos de Crookes, 208-213

Tubo de descarga de gás, 208-213
Tungstênio, 1103

U

u (unidade de massa atômica), 58
U (energia), 18-22, 115-116, 823-824
    e entalpia, 829-832
União Internacional de Química Pura e Aplicada (IUPAC), 1306
Unidade de massa atômica (u), 58
Unidades de concentração, 505-511
    fração molar (X), 506-507
    molalidade (m), 509-510
    molaridade (M), 84, 508-509
    normalidade (N), 608-609
    percentagem em massa (% em massa), 510
    percentagem por mol (mol %), 507
Unidades SI, 31-32, 1297-1299
Uréia, 1035, 1171
Ustulação, 1075

V

Vacância (vazio)
    elétron, 445
    retículo, 442
Vale de Gibbs, 855-858
Valência, 303-304
Valores de pH de substâncias comuns, 747

Van der Waals, J. D., 435

Vanádio, 1140-1141

    compostos, 1140-1141

    propriedades e usos, 1140

Vanadilo (IV), íon, 1140

    teoria cinético molecular e, 193-194

Vanilina, 1207

Vaporização, 455

    calor de (ΔH_{vap}), 461

Vazio

    em semicondutor, 445

    octaédrico, 432

    tetraédrico, 432

Vazios reticulares, 442

Velocidade da luz (c), 226

Velocidade da luz no vácuo, (c), 226

Velocidade de reação, 624-631

    efeito de catalisadores sobre, 667-670

    em solução líquida, 662

    influência da concentração a, 633-634

    influência da temperatura na, 657-662

    instantânea, 627-629

    média, 624-627

    medida de, 632-633

Velocidade instantânea, 627-629

Velocidade média, 624-627

Velocidade(s) de reação, 624-630

    média, 624-627

Vermelho de clorofenol, 758-763

Vermelho de metila, 758, 762

v (freqüência), 225

Vibração de uma corda, 265-269

Vibração do couro de um tambor, 269-271

Vida, 1222

Vidros de borossilicatos, 1079

Vidro (sólido amorfo), 409, 911-912

Viscosidade, 454

Volt (V), 896-897

Volume molar de gás ideal, 165

Volume (V), 32, 34

    de um gás, 141

von Laue, Max, 411-412

VSEPR (repulsão dos pares eletrônicos da camada de valência) método, 384-394

    relação com a teoria do orbital híbrido, 946

V (volt), 872

W

Waage, Peter, 694n

w (trabalho realizado sobre o sistema), 111-114, 823-829

Wöhler, Friedrich, 1036, 1171

X

Xenônio, 1037-1039

    compostos de, 1038-1039

Xilenos, 1194

Z

Zeólito, 1088
Zero absoluto, 146, 154
Zinco, 1158-1159
  galvanização, 1149
  reação com ácido, 761
Zircônio, 1102, 1139
Zirconita, 1087